JOY OF COOKING

廚藝之樂

75
週年紀念版

從食材到工序，
烹調的關鍵技法與實用食譜

蛋糕・餅乾・點心・糖霜、甜醬汁・果凍、果醬・醃菜、漬物・罐藏、燻製

Irma S. Rombauer & Marion Rombauer Becker & Ethan Becker
厄爾瑪・隆鮑爾、瑪麗安・隆鮑爾・貝克、伊森・貝克——著

周佳欣——譯

目錄

編按：《廚藝之樂》一書分三冊出版，相關資料皆可相互參考，為方便查詢，在內文或菜單上會分別標示★與★的記號，說明如下：
標示★，請參考《廚藝之樂［飲料・開胃小點・早、午、晚餐・湯品・麵食・蛋・蔬果料理］》
標示★，請參考《廚藝之樂［海鮮・肉類・餡、醬料・麵包・派・糕點］》

蛋糕和杯子蛋糕

Cakes and Cupcakes

想要受到眾人歡迎，就成為一名蛋糕烘焙師吧。雖然成就看似簡單，但是你將得到遠超過甜點本身的回饋！不論是生日、婚禮和其他比較不正式的場合，蛋糕通常是眾人興致所在，而這股興致也如人所知的會延伸到廚師身上。

蛋糕應該是視覺和味蕾的饗宴，而且不管好壞也絕對會成為話題之一。不論你做的蛋糕是要送給朋友當禮物，還是為了糕點義賣而烘烤一批杯子蛋糕，或者是越過後院圍欄遞給鄰居一堆薑餅來聊表心意，這樣的舉動是情誼的展現，增加了個人高度並豐厚了居家生活。此外，烘烤蛋糕的樂趣無窮。時間不多的話，可以快速做個「閃電蛋糕」，45頁，上頭烤層肉桂、糖和堅果加料或是澆淋「蜂蜜糖汁」，170頁，從烤爐端出來溫溫熱熱的，馬上就能大快朵頤；若是閒暇時刻，就動手做出質地完美的「磅蛋糕」，35頁，只需在最後撒上一把糖粉就可完成一種簡單優雅的風味；慶祝生日的話，可以烘焙「新鮮椰奶蛋糕」，30頁，用一根精巧蠟燭來吸引目光。而在其他的特別時刻，你可能會想挑戰經典的「耶誕樹幹蛋糕」，69頁，或「黑森林蛋糕」，62頁。「真是一個好棒的蛋糕！」的讚美依舊會為許多主人博得美名。

優質食材是製作這類蛋糕的第一步。因為蛋糕烘焙師做蛋糕的時候，無法一直試吃或調整食材。你一定要多注意➡模具大小、量測分量和所有溫度，這包括了食材溫度及➡烤爐熱度。➡也要注意你進行攪拌、糖油拌合（creaming）與切拌（folding）的實際情況。我們的圖例說明只能讓你有個好開始，然而只要不斷地練習，你就會知道拌合得宜的奶油和糖、可以進烤爐烘烤的麵糊和其他蛋糕製作關鍵階段的恰當「外觀」。

| 蛋糕類型 |

我們以使用的蓬鬆劑來區分蛋糕。如果你知道蛋糕如何發酵，這將有助你在混合過程中確保膨脹作用。天使蛋糕和海綿蛋糕有時叫做➡泡沫蛋糕（foam cake），這是因為這些蛋糕完全是靠富含雞蛋的麵糊裡所包藏的蒸氣膨脹來讓糕體蓬鬆。因為蛋黃裡有脂肪而蛋白沒有，所以天使蛋糕沒有脂肪。➡然而，雖然天使蛋糕的質地輕盈，但是裡頭的蛋黃卻反而讓蛋糕有可觀的脂肪含量。

➡奶油蛋糕需要泡打粉才能發酵得宜。我們覺得這類型大部分的蛋糕只用奶油做為脂肪的話，味道比較好。不過，香料蛋糕可能就非如此，其強烈的風味反而會掩蓋奶油香味。如果喜歡用植物性起酥油的話，你等於是捨棄了蛋糕的獨特風味來換取更經濟的做法、質地更蓬鬆的糕體和更大的蛋糕體積。

蛋糕的食材若有➡融化的奶油，如經典的「全蛋打法海綿蛋糕」，23頁，最後才放入奶油。而以油為材料的蛋糕，要使用特殊的混合技法讓空氣滯留麵糊中。

果仁蛋糕（torte）所含的脂肪通常來自蛋黃，而不是奶油，並用蛋白發酵；堅果粉和麵包屑則替代了麵粉來做蛋糕基底。我們的食譜全都因應食材的特定要求而在做法上有所調整，因此為了做出美味蛋糕，請照食譜說明。

➡這些蛋糕類型或許都可以冰凍保存，12頁，但解凍後卻很快會乾掉。

▲在高海拔烘焙蛋糕，見84頁。

| 量測與過篩食材 |

烘焙糕點是最注重食材準確量測的烹飪料理。相較於其他食譜，有些做法確實是較有彈性，但你要是隨便量測食材的分量，是不可能每次都烤出完美糕點的。

烘焙蛋糕的時候，通常量測麵粉前就要過篩，量測分量才可能一致。即便麵粉包裝上寫著「已經過篩」，食譜標明要過篩，還是要確實過篩。在量測未過篩麵粉之前，先在袋子或容器裡搖動攪打麵粉以減輕重量。一杯未過篩麵粉重五盎司，而一杯過篩中筋麵粉只有四盎司重，這差別可大了！量測未過篩或過篩的麵粉時，放入量杯的麵粉不要壓平——而是輕輕舀起麵粉，用刀子掃平量杯口即可。使用量杯量測如發酵粉等的少量乾燥食材，也是以與杯口齊平的分量為準。使用透明液體量杯來測量液態食材，從視線高度來檢查液位，因為往下讀取量杯不會得出準確的結果，但如果你使用的量杯原初的設計是由上往下閱讀容量刻度，這就另當別論。更多量測食材資訊，見608頁。

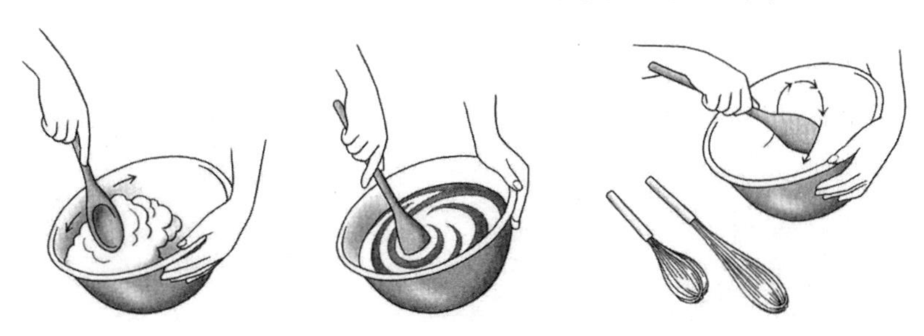

用手進行蛋糕糊的糖油拌合與混合步驟。

| 關於食材溫度 |

一般而言，烘焙蛋糕前，所有食材溫度都應為室溫溫度（二十到二十一度）。在製作奶油蛋糕時，使用室溫食材尤其重要，因為奶油、液態材料與雞蛋在混合階段會成乳膠狀態，如果一些食材的溫度比其他食材的溫度低的話，會導致乳膠分離或者（如醬汁般）凝結，這樣一來，麵糊無法留滯空氣，也會做出厚實沉重的蛋糕成品。

麵糊應該是冷涼的，溫度約為二十度到二十一度，擠壓的時候具有展性而不柔軟黏糊。太軟或軟化的麵糊不能留滯空氣，而且攪打的時間一久即會鬆垮。

冷雞蛋打發後增加的體積，並不像室溫雞蛋或溫雞蛋那麼多，而且太冷的雞蛋並無法跟含有大量融化巧克力的麵糊均勻混合。

明智的做法是把冷涼的奶製品放入微波爐快速降溫成室溫食材，以低火力或「解凍」加熱，一次加熱幾秒鐘。微波加熱前，要打破雞蛋、分離蛋白和蛋黃或是輕輕攪打一下，而且每次測量溫度前都先攪拌一下。二十度到二十一度的液體摸起來相當涼，不是溫的。你要是不能確定這個溫度的感覺，可以使用便宜的即讀溫度計來核對你的判斷。如果你沒有微波爐，就把整顆雞蛋或一碗散蛋，放入碗器隔溫水加熱到室溫即可。相同的方法適用於液態食材。

| 混合蛋糕糊 |

不管你是用手或是用電動攪拌器混合蛋糕糊（同一份食譜通常都可以這兩種方式），混合程序會影響發酵，也就連帶會改變蛋糕的體積和質地。食材和目的不同，使用的混合、糖油拌合、攪拌、擊打和切拌方式也不一樣。

電動攪拌器分**強力立式（固定）**和**手拿（可攜）**兩種。食譜上都有說明如何使用這兩種機器的混合次數和段速。手拿攪拌器可以處理如混合蛋糕糊、餅乾麵團和糖霜的大部分工作，但是如果碰到堅實的麵團，就比較沒效率。細鋼絲做成的攪拌頭較容易處理在角落的食材，不太會被稠厚的餅乾麵團塞住，在

將蛋白半切到蛋糕糊中。

攪打材料上也比起寬槳攪拌頭迅速。有些機型附有打發鮮奶油的打蛋器。如果你喜歡的工作場所附近沒有電源插座，不妨考慮使用無線充電機型。

大容器立式攪拌器，是讓蛋糕糊快速充滿氣體或處理大量糖霜的最佳利器，也非常適合用來揉搓堅實的糕點麵團或麵包麵團。立式攪拌器通常有固定攪拌杯和可轉動的攪拌棒，大部分都附有一根處理蛋糕糊的開放槳葉攪拌棒、一根可以打發蛋白或鮮奶油的打蛋器和一根麵團攪拌鉤。我們不建議做蛋糕的時候，以果汁機或食物調理機來取代電動攪拌器。

食譜上都有說明使用次數和段速，而最重要的信息則隱藏在攪拌杯裡。不管時間或攪拌器設定為何，研習烘焙蛋糕就是學著辨識糖加進蛋黃何時打到「濃稠淺黃」，或是跟糖一起擊打的奶油何時「顏色變淡、質地鬆發」。

➡拌合奶油與糖是混合奶油蛋糕糊的首要基礎步驟：由於摻入空氣，奶油和糖要一起打到顏色變淡而質地均勻順滑，且呈乳稠或鬆發的樣態。奶油和糖拌合的時候，糖晶會在脂肪中切出氣孔；這些小孔或氣泡是不可或缺的，因為它們在烘烤時會跟著發酵氣體變大而膨脹蛋糕。➡務必使用砂糖，不用糖粉或特細砂糖。拌合均勻的奶油和糖打造出麵糊的基本結構，之後加入材料才不會弄垮蛋糕糊。

用手拌合奶油與糖，是以木匙背面順著碗壁滑動壓糊奶油，讓奶油固定在碗內某處，不要弄得到處都是。必要時把奶油刮聚一起，繼續滑動壓糊奶油到軟化為止。慢慢加糖，將奶油和糖拌合到顏色變淡，質地如同糖霜般均勻滑順且呈奶稠狀。如果看來凝固發泡且開始流出融化的奶油的話，就代表拌合時間太長而導致奶油中的油脂分離，這樣做出的蛋糕成品質地較粗。補救的方法，就是讓混合物再冷藏十至十五分鐘再擊打。

使用電動攪拌器拌合奶油與糖，要以低速擊打麵糊約三十秒到奶稠狀為止。徐徐加糖，以高速打到混合物顏色變淡，質地如同糖霜般均勻滑順且呈奶稠狀。而攪打時間則視分量多寡而定，通常要三到七分鐘。假如是用強力攪拌器並可選用槳葉攪拌棒或打蛋器的話，就用槳葉攪拌棒以中速攪打，以節省一些時間。

攪拌法用來溫和混勻乾濕食材與其他混合物，但又不至於過度混勻或攪打。**用手攪拌法**，是用木匙或橡膠抹刀從碗具中央開始以畫圓方式攪拌，而食材開始混合就加大畫圓。需要的話，不時刮聚沾黏碗壁的食材。而整個添加混合乾濕食材的過程，應該不超過兩分鐘即可完成。**機器攪拌法**，則是以低速將食材均勻調和即可，但不要混合過度。

用手擊打或拌攪，➡要大動作自由攪動，不停地把底部蛋糕糊翻攪到上面，好讓空氣滯留其中，增加蛋糕糊體積。擊打鮮奶油或蛋白要用細長或球形打蛋器；攪打蛋糕糊則用木匙或橡膠抹刀。拌攪要快速進行而且不斷加快節奏，就像是你甩著套繩般地轉動手腕，每擊打一次，你都會聽到器具敲擊碗底的聲音。若想漂亮地打發蛋白，使用細長的打蛋器。選擇電動攪拌器時，請觀察攪拌棒的鋼絲是否細薄與耐用度相符。

機器攪打，以中高速將蛋糕糊打出理想的樣態、滑順度和目標體積。如果攪拌器配有打蛋器和槳葉攪拌棒的話，用打蛋器來打發蛋白或鮮奶油，而槳葉攪拌棒則用來做麵糊和麵團。

將蛋白切拌到蛋糕糊中是細緻的操作技法，目標是調勻食材卻不流失混入其中的空氣。切拌程序永遠要手動完成，就是捨棄電動攪拌器而使用大橡膠抹刀或矽膠抹刀。➡進行切拌，首先要確定碗器有足夠的大小。將打發的蛋白舀到蛋糕糊上，用抹刀邊緣往下切過蛋白的中間部分直到碗底，抹刀再沿著碗壁向上推掃，以將蛋糕糊從碗底帶到頂部。每做一次切拌動作，另一隻手都要稍微轉動碗器，反覆切拌蛋糕糊到均勻為止。

| 關於蛋糕烤模 |

你如果想烤出均勻焦褐的薄酥皮，➡最好是用堅固的重量適中的霧面不沾鍋鋁製烤模。不鏽鋼無法均勻導熱，請不要使用。金屬製的較深色烤模和玻璃烤模能吸收並留住更多的熱能，烤出的酥皮色澤更深而質地更厚實。你如果用這些烤模來烤焙蛋糕，➡烤爐溫度要降低約十五度，烘焙時間大致不變。無論是什麼情況下，烤模材質都會影響烘焙時間，因此早一點檢查蛋糕完成度比較保險。烘焙夾層蛋糕要用直邊烤模，只放入二分之一到三分之二左右的蛋糕糊；長條蛋糕烤模和中空烤模可以放滿一點。

使用每份食譜指定的烤模尺寸，就能做出最棒的成品。你使用的烤模如果比食譜所需的來得大一些，你的蛋糕就會比較薄，所需的烘焙時間也會少一些；如果烤模壁太高，烤出來的蛋糕會不夠焦褐；如果用了比較小的烤模，蛋糕不是口感不夠綿細，就是會脹大超出了烤模。

你手邊的烤模不符合食譜標示的尺寸形狀，見9頁的圖表來找尋表面或平方吋面積類似的烤模，以大小接近的烤模來替換。需用九吋圓烤模（同六十四平方吋）的食譜，烘烤時可以換成八吋方烤模（亦約六十四平方吋）。➡一個九吋圓烤模的容量約只有一個九吋方烤模的四分之三。食譜若是指示使用兩個九吋夾層蛋糕烤模，烘烤時可以換成一個13×9吋烤盤，但成品會比用個別蛋糕夾層烤模來得高些（64吋×2等於128吋，而13×9吋烤模面積則是117吋）。如果方形或長方形烤盤太大，你可以如圖示將鋁箔紙摺成隔板來縮小尺寸，如此一來，麵糊會在一側固定隔板，填入的乾豆子或米粒則在另一側支撐隔板。

蛋糕的質地和口感會因烤模的麵糊深度而有所變化，在奶油蛋糕上尤其明顯。用個別烤模做出來的薄蛋糕夾層，其質地較輕盈卻容易乾燥。相同的蛋糕放入長條蛋糕烤模、圓形或波形中空烤模烘焙，常會更濕潤密實且柔軟光滑。居家烘焙師製作夾層蛋糕，習慣會將麵糊均分放入二或三個淺烤模烘焙。如果比較喜歡濕潤密實的口感，你不妨用同等直徑的三吋高彈簧扣模鍋來烘烤蛋糕層，再將二到三吋高的成品橫切成薄蛋糕夾層，97頁。別忘了比較厚的蛋糕，其所需的烘焙時間也較長。

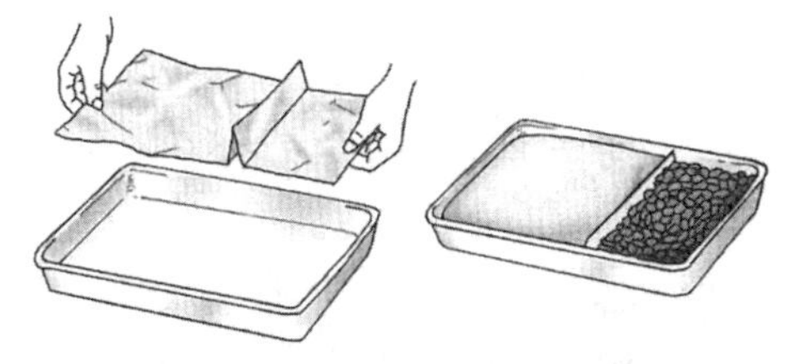

使用鋁箔紙隔板縮小烤模尺寸，而一側加重支撐。

不同製造商生產的烤模，確切的量測尺寸都不一樣，而烤模容量也會因烤盤壁平直或呈喇叭型而有所不同。圖表中，烤模是以通過頂部的內側邊緣做為測量基準，容量則取近似值。

| 關於蛋糕烤模形狀和容量 |

不管是什麼樣的心情與場合，從小兔子到火箭飛船的各式蛋糕烤盤裡，總可以找到適合的烤盤。使用這些烤模時，蛋糕糊最多只能放三分之二滿，遵照食譜標示的溫度烘焙，並以其測試方法來檢查完成度。如果烤模的形狀奇特，先用水來測出烤模體積，再決定該混合的麵糊分量。就是用液體量測杯裝滿水，一杯杯倒入

長條蛋糕烤模

尺寸	容量
5又1/2×3×2吋	2杯
7又1/2×3又3/4×2又1/4吋	4杯
8又1/2×4又1/2×2又1/2吋	6杯
9x 5×3吋	8杯
10×4×3吋	7又1/2杯

圓形蛋糕夾層烤模和直邊彈簧扣模鍋

尺寸	表面積（平方吋）	容量
6×2吋	28	3又3/4杯
8×2吋	50	7杯
8×2又1/2吋（或8×3吋）彈簧扣模鍋	50	10到11杯
9×2吋	63	8又2/3杯
9×2又1/2吋（或9×3吋）彈簧扣模鍋	63	10到12杯
10×2吋	79	10又3/4杯
10×2又1/2吋（或10×3吋）彈簧扣模鍋	79	12到14杯
12×2吋	113	15又1/2杯
14×2吋	154	21杯

烤模直到水位與模緣等齊為止，然後算出那水量的三分之二，即為麵糊分量。一般而言，食譜標明兩個八或九吋圓形蛋糕夾層烤模或一個八到十杯分量的圓形或波形中空烤模，麵糊用量六到七杯；食譜標明三個八或九吋圓形蛋糕夾層烤模，麵糊用量是八到九杯；食譜建議六杯波形中空烤模，麵糊用量約四杯；食譜為八吋方烤模，麵糊用量則約四到五杯。

直邊或錐邊的方烤盤、長方形烤盤和果醬蛋糕捲烤盤

尺寸	表面積（平方吋）	容量
8×8×2吋	64	8又3/4杯
9×9×2吋	81	11杯
11×7×2吋	77	8杯
13×9×2吋	117	15杯
15又1/2×10又1/2×1吋果醬蛋糕捲	163	10杯
17×11又1/2×1吋果醬蛋糕捲	201	13杯

圓形或波形中空蛋糕烤模

尺寸	容量
6又1/4×3又1/4吋 波形中空	5杯
8又1/4×3又1/4吋 波形中空	6到7杯
8×4吋 波形中空	8到10杯
10×3又1/4吋 波形中空	12杯
9×3吋 圓形中空	9到10杯
9又1/2×4又1/4吋 圓形中空（天使蛋糕烤模）*	16到17杯

*常規尺寸為10×4吋 圓形中空

| 關於烤模準備工作 |

烘焙天使蛋糕、戚風蛋糕、大部分的海綿蛋糕以及果仁蛋糕都用未抹油的烤模，如此一來，在烘烤和冷卻的時候，蛋糕糊才有支撐力攀爬黏附在模壁上。大多其他類型的蛋糕，傳統上都是用抹油或抹油與裹麵粉的烤模進行烘焙，而絕大多數的夾層蛋糕的底部平坦且側邊光滑，並不需要如法炮製。我們建議只在烤模底襯上蠟紙或羊皮紙。襯墊紙張的方法，將烤模放在羊皮紙或蠟紙上，用鉛筆描出烤模大小，然後裁下放入塗油的烤模裡。用薄刀或金屬製抹刀沿著蛋糕側邊刮繞一圈，就能讓蛋糕離模。

羊皮紙通常不需抹油。然而在襯放羊皮紙之前，有時會將烤模塗點油來防止紙張滑脫。

波形中空烤模和裝飾性模具的準備方式不同。這些器具一定要仔細塗油並刷麵粉，所有的溝槽裂隙都不能放過。這樣一來，蛋糕不需要借助刀子就能脫模，也能避免刀子破壞蛋糕表層，而側邊沒有抹糖霜的夾層蛋糕也是這麼處理。

替烤模抹油要用固態植物性起酥油，以紙巾、糕點刷或你的手指頭在烤模內壁均勻塗上一層薄薄的起酥油。不要使用奶油、油、不沾鍋食用噴霧油或人

造奶油，因為它們不像起酥油一樣可以讓蛋糕輕鬆脫模。一定要塗上足夠的起酥油。一個夾層蛋糕烤模需一又二分之一小匙分量；一個小號圓形或波形烤模是一大匙；而一個大號圓形或波形烤模則要兩大匙。

替烤模刷麵粉的方法，將約一大匙麵粉撒放到抹油的烤模，再輕拍並轉動烤模，麵粉才能均勻地附著在上油的表面，之後倒轉烤模蓋到另一個要裹粉的烤模或放到水槽拍掉多餘的麵粉。蛋糕如果不脫模直接端上桌的話，烤模不要裹粉，因為蛋糕留在模裡，裹上的麵粉會黏糊一團。而巧克力蛋糕要換用可可粉來裹烤模，以免留下一層難看的白邊，而可可粉常會在烤模底糾黏成塊，所以要過篩，就是把濾網放於烤模上，輕輕拍撒可可粉到烤模的每個角落。

如果是用不沾鍋烤模，請遵循製造商的指示說明；模底仍可襯放蠟紙或羊皮紙。即便是不沾鍋和鍍膜的中空烤模，都應抹油和刷麵粉。至於烤模送入烤爐的位置，見658頁。

| 關於測試蛋糕的完成度 |

有些蛋糕，如「熔岩巧克力蛋糕」，56頁，在中央部分仍濕黏的時候即該從烤爐取出。然而，以下方法可以測出大部分蛋糕的完成度。將細金屬或木製針棒等蛋糕測試棒插入蛋糕中心，拔出時如果十分乾淨或是只沾些濕細屑，乾淨程度視食譜而定，即表示蛋糕已經烤熟。此時蛋糕應該有一點焦褐、正要從模壁縮退，用手指頭輕壓蛋糕，應該馬上彈回原狀。然而料多豐富的蛋糕和巧克力蛋糕例外，其受壓後可能會稍微凹陷，但還是算烘烤完成。

蛋糕從烤爐取出後，讓蛋糕不脫模先在烤架上稍微冷卻，普通蛋糕約五分鐘，料多豐富的蛋糕則需十到十五分鐘。之後讓蛋糕脫模並放到架上完全冷卻，即倒扣取出蛋糕放到盤子或另一烤架上，或將盤子蓋在蛋糕頂部，輕輕彈拍而取出蛋糕即可。例外部分，見「關於天使蛋糕」，15頁、「關於海綿蛋糕」，19頁、「全蛋打法海綿蛋糕」，23頁以及「關於水果蛋糕」，49頁。如果留在模裡太久，蛋糕會太燜濕而不好處理。不然的話，把蛋糕烤模放在泡過熱水的乾布上，這麼做可以幫助蛋糕脫模。

| 關於蛋糕保存 |

除非蛋糕需要冷藏，不然蓋上蛋糕罩或放入蛋糕盒，存放在室溫下即可。至於切過的蛋糕，你可以用張保鮮膜或蠟紙壓蓋切過的邊緣以免蛋糕變乾。冷藏的蛋糕最好存放在密封容器，以免吸附異味和其他食物的味道。除非另有說明，不然蛋糕一旦拿出冰箱，請待其溫度降到室溫再享用。

| 關於冷凍蛋糕 |

大部分的蛋糕在冷凍下可以保存四到六個月而品質不變。越是濃郁料豐的蛋糕，在冷凍和解凍後，越可能保有原初的口感味道。因此，奶油蛋糕、起司蛋糕和濃郁的巧克力果仁蛋糕可以冰凍保存良好。幾乎沒有油脂或零油脂的蛋糕，如天使蛋糕、許多的海綿蛋糕和大部分的減脂蛋糕，過了六到八星期就會乾扁降質。香料蛋糕放在冰箱裡約六星期後，可能就會走味。

蛋糕包裹得越好（意指包裝裡的空氣愈少），冷凍得越快，儲放效果越佳。為此，蛋糕在冷凍之前要先冷卻，之後用保鮮膜密封包好，再包上強力鋁箔紙或放入冷藏袋或容器做為第二道保鮮防護措施。

解凍蛋糕的時候不要解開包裝或自冷藏盒取出，因為這麼一來解凍物的凝結物才會滯留在包裝或容器表層，而不在蛋糕上。冰涼食用的蛋糕要在冰箱內解凍；室溫下享用的蛋糕則靜置於室溫下解凍。

| 關於零售蛋糕粉 |

我們知道人們會為了省時間而使用零售蛋糕粉，但究竟能省下多少時間就要再深究了，然而我們知道他們也同時折損了味道。如果你非用蛋糕粉不可，記得廠商調製蛋糕粉時，全都盡量使用可以久放的材料。來自蛋黃的脂肪可能腐臭，因此廠商偏好蛋白而不是全蛋，而其偏愛無脂奶粉也是基於相同的理由；從不用真正的奶油，而巧克力、調味料和香料也常常是人工產品。因此，為何不學會做一些不費工的蛋糕，調製出真正的好味道呢？

如果你真要使用蛋糕粉，不妨替你的蛋糕澆飾自製餡料和糖霜，而又快又好的選擇就是調味或原味「發泡鮮奶油」，98頁，加倍食譜的分量就足夠好好替一個雙層蛋糕填塗餡料和糖霜。

▲大部分的蛋糕粉都有「高海拔調整」說明。高山烘焙師傅常仰賴蛋糕粉，卻往往對做出來的蛋糕感到失望。事實上，目前研發的蛋糕粉最高只能用於海拔六千五百呎，再高的話，即便是遵照包裝盒上的調整做法，成品不是失敗，不然就是冷卻後中央出現碗狀窟窿。在海拔八千呎以上，儘管依指示做法，你會發現蛋糕還是黏著烤模，而且許多做出來的蛋糕質地粗糙。海拔六千五百呎以上的解決之道：**遵照包裝盒上的高海拔調整說明，且**➡烤模永遠要抹油、襯放烘焙羊皮紙或蠟紙，襯紙要抹油且刷裹麵粉，並拍掉多餘粉末。多加一到四大匙麵粉來強化麵糊，增加一到三大匙水，多放一小匙香草或其他調味萃取液。海拔七千呎以上，烤架要放在烤爐底層，蛋糕才能多吸收熱能，並（或）多烤二到五分鐘。

｜關於婚禮蛋糕和其他的大蛋糕｜

務必選用可以增加一倍或兩倍分量的食譜來製作大蛋糕；見「白蛋糕I」，28頁說明。製作一個雙夾層的三層大型白蛋糕，約七十五位客人分量，是簡單到讓人吃驚的一件事。若要多準備二十五人份，你可以做一個雙夾層的「備用」大蛋糕，就是用兩個13×9吋烤模多烘焙一個食譜分量的蛋糕，並澆飾四到五杯分量的糖霜。我們發現使用的若是很淺的烤模，即每夾層不超過兩吋厚，烤出來的蛋糕比較均勻，切分起來也較好看。製作任何一種大蛋糕，請將食譜指示的烤爐溫度再調低十五度。而在不可避免較長時間的烘焙過程中，不時轉動烤模，蛋糕才能烤得更勻稱。

製作蛋糕層：準備兩個12×2吋烤模、兩個9×2吋烤模和兩個6×2吋圓烤模，模壁都要抹油、刷麵粉，底部都襯墊蠟紙或羊皮紙。照著「白蛋糕I」的食譜，28頁，分別調混烘烤三個蛋糕：使用這單份食譜調混足夠的蛋糕糊，做出一個十二吋蛋糕夾層加上一個六吋夾層，或是兩個九吋夾層。量好麵糊分量放入烤模：十二吋烤模約六杯；九吋烤模約四杯；六吋烤模約兩杯。而烘焙時間，六吋蛋糕夾層需十到二十分鐘；兩個九吋蛋糕夾層需二十五到三十分鐘；十二吋蛋糕夾層需四十到五十分鐘，而且十二吋的蛋糕夾層千萬要烤熟再取出。

為三層婚禮蛋糕填充餡料、塗抹糖霜和添加裝飾：你需要十六杯「瑞士蛋白霜奶油淇淋」，159頁，或「速成白糖霜」，161頁，（四到五杯填抹夾層，而十到十一杯則為蛋糕上糖霜與澆擠邊飾）。製作五份食譜分量的「瑞士蛋白霜奶油淇淋」，或八份食譜分量的「速成白糖霜I」，且每兩份食譜分量使用一磅糖粉。

夾層填餡並組合蛋糕層：夾層必須完全冷卻再組合成蛋糕層，每層有兩塊蛋糕夾層，夾層間需填餡或抹糖霜。將一片無邊餅乾烘焙淺盤滑進大塊蛋糕夾層之間，搬動時才不至於損裂夾層。如果夾層不平或頂部酥皮乾硬，可以用鋸齒刀修整。

組合十二吋蛋糕層時，先在十二吋蛋糕圓紙板上抹上糖霜，可以防止蛋糕滑脫。將一個十二吋蛋糕夾層正面朝上對準紙板中心放好，塗上二到二又二分之一杯糖霜，再倒疊上第二塊夾層，塗上一層極薄的蛋糕屑塗層，147頁，接著在蛋糕頂部和周邊塗抹一層薄糖霜或果醬，這可以蓋住裂痕並固定蛋糕屑。放入冷藏，或置於陰涼處讓糖霜凝固。

使用無邊淺盤搬移大塊蛋糕夾層。

在九吋蛋糕圓紙板上組合九吋蛋糕層，用約一又四分之一杯糖霜填塗夾層，然後再上蛋糕屑塗層。在六吋蛋糕圓紙板上組合六吋蛋糕層，用約三分之一杯糖霜填塗夾層，然後再抹蛋糕屑塗層。放入冷藏，或置於陰涼處。

為蛋糕層抹糖霜：在蛋糕盤或展示板上，在離邊緣約四吋的地方分別貼上三到四條雙面膠（製作展示板，可以準備一塊十八吋圓合板，以花店用箔紙或包裝箔紙包好，再用底下的膠帶條黏好箔紙即可）。替十二吋蛋糕層上糖霜，糖霜可以盡量塗抹平滑或是澆飾漩渦樣式。若要抬起、移動蛋糕層，最好是用有著超寬、硬實鏟面的長鍋鏟。不然，也可以將結實的金屬製抹刀滑入蛋糕層底部斜抬起一側，你的手就能順勢從下方滑入扶著蛋糕。將蛋糕層抬移到蛋糕盤或展示板中央上方，先將（離你最遠的）蛋糕前緣放在距盤緣或板邊兩吋的地方，需要的話，從左邊或右側校正蛋糕位置是否置中，再放下蛋糕後緣。冷藏、或放置在陰涼處讓糖霜定形。另外兩塊蛋糕層頂部、周邊也要塗抹糖霜，之後放入冷藏或置於陰涼處。

疊放蛋糕層：用蠟紙或羊皮紙裁出一個直徑七吋圓形，置中放在十二吋蛋糕層頂部。在圓紙片邊緣筆直插入一根塑膠吸管，在吸管上畫記糖霜表面的位置即可拔出，切下畫記長度以作支撐暗釘，再切下五段等長的塑膠吸管。把吸管暗釘沿著圓紙片周圍等距插入蛋糕，並在圓紙片中央塗上厚厚的一小匙糖霜。

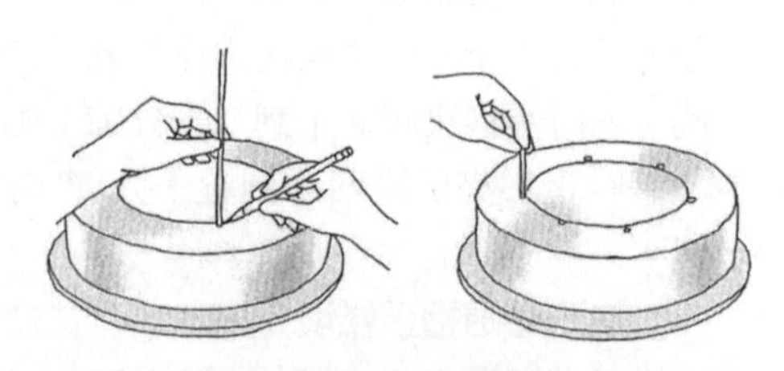

以糖霜表面為基準畫記暗釘長度，再把暗釘等距插入蛋糕。

用蠟紙或羊皮紙裁出一個直徑四吋圓形，置中放在九吋蛋糕層頂部。畫記、切出四或五根吸管暗釘，沿著圓紙片周圍等距插入蛋糕，並在圓紙片中央塗放一小份糖霜。

使用長鍋鏟或用手抬起九吋蛋糕層，置中對準著十二吋蛋糕層的圓紙片，先放下（面對你的）蛋糕前緣，有可能的話，請朋友引導你進行這個步驟。之後，因為小型水果刀或曲柄抹刀抽出時比較不會弄壞糖霜，因此用它們替代你的手或抹刀，放在下層蛋糕層來放好蛋糕層，完成後小心抽出水果刀。

將九吋蛋糕層放到十二吋蛋糕層上面。

將六吋蛋糕層移到九吋蛋糕層中央，重複上述步驟。移動蛋糕的時候，你或許希望替它「打樁」增強穩定性。切出一根長度四分之一吋的木釘，稍微比蛋糕高度短一點，將其一端削尖，也可以用削鉛筆機削尖，用榔頭將木釘筆直敲入蛋糕中心（之後再用裝飾物掩飾洞孔）。

澆擠糖霜掩飾接合縫，完成婚禮蛋糕。

裝飾蛋糕：需要的話，調整糖霜或奶油淇淋的黏稠度，見147頁，這樣澆擠出的形狀才能堅實。將擠花袋裝上星形擠花頭，並放入奶油淇淋或糖霜，分量最多半滿。沿著與下一層相接的最頂層底部澆擠邊飾，也順著九吋蛋糕層與底部蛋糕層交界澆擠一圈相似的邊飾來掩蓋接合縫。放入冷藏讓糖霜凝固定形，再裝飾蛋糕。現在，冷藏後的蛋糕可以裝飾上奶油淇淋圖案、糖霜花朵，314頁、糖霜葡萄，314頁，或➡可食用花朵，見「裝飾蛋糕的鮮花」，173頁，而關於裝飾說明，見15頁。

切下第一片蛋糕後，不管是圓的還是矩形的婚禮蛋糕，都從最底層開始切分。刀子要垂直切穿貼著第二層夾層的下層蛋糕夾層，這樣切下的蛋糕塊厚度才會一致。以同樣的程序切分每一層蛋糕層，連續切片到只剩下頂著華麗頂層的中央圓柱部分，取下這一層留給新婚夫婦，或是冰凍到第一年結婚週年紀念日時再享用。然後，從上面完成切分中央部分的蛋糕。

| 關於泡沫蛋糕 |

天使蛋糕、海綿蛋糕和戚風蛋糕都屬於泡沫蛋糕。相對於使用到的其他食材，泡沫蛋糕含有高比例的雞蛋或蛋白，仰賴攪打雞蛋或蛋白所產生的泡沫來鬆發糕體而形成細緻的結構。在烤爐裡，滯留在雞蛋泡沫裡的空氣會發熱脹大，再借助濕麵糊烘烤時產生的蒸氣而讓糕體蓬鬆。有些泡沫蛋糕加了泡打粉，增加蓬鬆度。雞蛋泡沫的打發和處理，是泡沫蛋糕製作成功與否的關鍵步驟：一定要以特定的方式混合、切拌，以便讓泡沫盡可能留住最多的空氣。因此，謹慎照著食譜的說明，並溫習打蛋白，6頁，與切拌的技巧，6頁。

大多數的細緻海綿蛋糕，通常是用未抹油的中空烤模來進行烘焙，如此一來，蛋糕糊膨脹和冷卻時，就可以攀附在模壁（中空管壁）以為支撐。這類型的蛋糕在脫模前，要倒放冷卻以使糕體結構定形，如天使蛋糕就是如此，見17頁。而比較結實的海綿蛋糕則是正面朝上冷卻。

| 關於天使蛋糕 |

某些食譜的實驗室研究報告是鉅細靡遺，其中就屬關於天使蛋糕的參考書單最多，而讓家庭烘焙心生畏懼，他們怎麼可能知道自己用的雞蛋的確切生產時間或是麵粉的精確混合量。然而，一心只想要烘焙蛋糕的家庭烘焙師，仍舊可以輕輕鬆鬆做出讓人垂涎的成品。

天使蛋糕不會添加如泡打粉或蘇打粉的化學蓬鬆劑，主要是藉由空氣和蒸氣來讓糕體蓬鬆，因此，打入蛋白的空氣體積及謹慎切拌其他材料至打發的蛋白就顯得格外重要。關於碗器類型和器具準備，見「打蛋」，494頁。

烤模的選擇和準備功夫，是烘焙出美味蛋糕最為基本的要求。請選擇可拆底盤的天使蛋糕烤模或中空烤模。由於麵糊輕盈，中央空管在烘烤時可以給予額外支撐力。➡烤模不要抹油或刷麵粉。蛋糕若要發得漂亮，乾燥、未抹油的乾淨烤模是不可或缺的；使用前，烤模要先用清潔劑洗淨。

蛋白至少要用三天前產下的雞蛋，溫度約十六到二十一度，使用前再分離蛋白和蛋黃。不管是用手拿或強力立式攪拌器，攪拌段速都不要超過中段；過度攪打蛋白，是製作天使蛋糕最常見的錯誤。與大部分的其他蛋白霜不同的是，天使蛋糕的蛋白不該打得太堅實，打好的蛋白應是鬆軟，不需要刮下就可以倒進蛋糕烤模。

天使蛋糕用塔塔粉來維持顏色白皙，並穩定蛋白。一部分的糖和麵粉要一起過篩，讓糖粒均勻分散，進行切拌時才不至於結塊；剩餘的糖就打入蛋白裡。用手或者用橡膠、矽膠抹刀進行切拌程序。你的攪拌杯若是高邊窄口，要是能把麵糊換到很大的寬口碗杯裡再做切拌，效果比較好。添加材料不要急躁。復習切拌技巧，見6頁。

麵糊放入烤模之後，用細抹刀輕輕劃過麵糊以戳破很大的氣泡。烤爐預熱至一百八十度，將蛋糕放入底層烤架烘焙。一烤好就立即倒置烤模冷卻，蛋糕才不會塌陷，這可以利用烤模立腳讓蛋糕立於桌面上，或是用瓶子或倒放的漏斗頂住中央空管來立高烤模。讓蛋糕冷卻至少一個半小時，直到完全定形。蛋糕脫模後再存放。

替蛋糕脫模，可以滑入薄刀並繞刮蛋糕一圈而使之離模，而相同的方式也能用於中空烤模的蛋糕。如果烤模有可拆底盤，拉起中央空管，讓蛋糕脫離模壁，再將刀子滑入蛋糕底部，使它與底盤脫離。如果沒有可拆底盤，就將烤模倒放在檯面上，輕輕拍打脫模，並讓脫模的蛋糕落到烤架或上菜淺盤上，蛋糕完全冷卻後再裹糖霜或密封包好。

天使蛋糕可以存放兩到三天而不變質，它們不像奶油蛋糕或是其他的海綿蛋糕能冰凍而完好保存，所以不要寄望放到冷凍庫裡就能讓天使蛋糕多保持一星期。

切分天使蛋糕最好是用特別的蛋糕齒狀刮板，那是一種看起來有著幾根細長、寬距分枝的叉子；或是插入兩根背靠背的叉子，輕輕撬分蛋糕；不然就是用非常銳利的鋸齒刀，輕輕地鋸切蛋糕，而不至於壓扁柔軟的糕體。

若想將天使蛋糕做成果醬捲，一個10又1/2×15又1/2吋烤模用一份食譜分量，且烤模底部要抹油。天使蛋糕的餡料，見關於包餡蛋糕，58頁。新鮮漿果和發泡鮮奶油都是天使蛋糕的天然良伴。你也可以把蛋糕橫切成三或四層，抹上「檸檬凝乳」，102頁、慕斯、「巴伐利亞鮮奶油」，202頁、冰淇淋、冰糕或調味發泡鮮奶油。

天使蛋糕（Angel Cake）（1個10吋中空蛋糕）

這種天使蛋糕是高的，質地相當濕潤溫嫩。

蛋白溫度應為16到21度，烤爐預熱至180度，一只未抹油的10吋中空烤模備用。

將下面材料一起過篩三次：

1杯過篩低筋麵粉
3/4杯糖
1/2小匙鹽

將下面材料放入大碗，以低速攪打1分鐘：

1又1/2杯蛋白（約11顆大蛋白）
1大匙水
1大匙新鮮檸檬汁
1小匙塔塔粉
1小匙香草
（1/4小匙杏仁萃取液）

將段速調至中高段，繼續擊打到混合物的體積增大4又1/2到5倍，看起來像是1碗軟泡沫為止（這大概需要3到5分鐘的時間）。拿起攪拌棒時，泡沫外觀非常柔細濕潤。加入下面材料，一次只放1大匙，以中高段速攪打，需2到3分鐘：

3/4杯糖

加完所有的糖後，泡沫會呈奶白色，出現柔軟、濕潤、有光澤的彎鉤尖角，但不要打硬泡沫。如果攪拌杯快要滿溢，把混合物換到4到6夸特的寬口碗器，如此比較容易切拌。接著，將麵粉混合物（約1/4杯）過篩，在麵糊上均勻撒上薄薄一層，用橡膠抹刀溫和地切拌到幾乎與麵粉結合；不要攪拌或混合。再重複此步驟7次，最後一次添加時要切拌到看不到麵粉痕跡為止。將麵糊倒入烤模，左傾右斜或推展麵糊以讓頂部齊平。放入烘烤，烤到插入蛋糕測試棒到糕體中央、抽出時不帶沾黏物，約35到40分鐘。冷卻、脫模說明，見上述「關於天使蛋糕」。

我們喜歡在蛋糕上灑放：

歐式巧克力糖霜，166頁

可以多加1大匙鮮奶油，稍微淡化口味。

或試試：

透明糖汁，171頁

上述材料可加柳橙汁或檸檬汁調味。

咖啡斑點天使蛋糕（Coffee-Flecked Angel Cake）

用擀麵棍將**3大匙即溶咖啡**壓碎，也可以放入咖啡研磨機內碾碎。依循天使蛋糕做法，將咖啡跟著最後一次添加的麵粉切拌（但咖啡不會分散均勻）。倘若想要整個蛋糕散發著咖啡香味，而不僅只有咖啡斑點而已，請將水換成**3大匙超濃冷咖啡或速沖咖啡**。可以直接享用或澆淋加糖發泡鮮奶油，98頁，或是任何的巧克力糖霜或糖汁，164-168頁。

糖果天使蛋糕（Candy Angel Cake）

用擀麵棍壓碎足夠分量的薄荷棒、酸檸檬硬糖、太妃糖棒或巧克力花生醬杯，共1/3杯。依循天使蛋糕做法，將糖果跟著最後一次添加的麵粉切拌。糖霜則使用發泡鮮奶油，98頁、沸煮白糖霜，155頁和七分鐘白糖霜，155頁，你也可以把更多的碎糖果加進糖霜。

椰香天使蛋糕（Coconut Angel Cake）

依循天使蛋糕做法，將1/2小匙椰子萃取液加入尚未擊打的蛋白。將1/2杯加糖乾椰絲跟著最後一次添加的麵粉切拌到麵糊中。糖霜使用發泡鮮奶油，98頁，上頭撒上加糖乾椰絲。也可以淋上速成檸檬糖霜，161頁、美味柳橙糖霜，157頁，或加入蘭姆酒的透明糖汁，171頁。

檸檬或柳橙天使蛋糕（Lemon or Orange Angel Cake）

依循天使蛋糕做法。將1小匙檸檬皮絲或2大匙柳橙皮絲拌入麵粉混合物，並以1小匙檸檬或柳橙萃取液取代杏仁萃取液。糖霜可用速成檸檬糖霜、美味柳橙糖霜、加了蘭姆酒的透明糖汁或巧克力甘納許糖汁或糖霜，165頁。

可可粉或特級巧克力天使蛋糕（Cocoa or Extra-Chocolate Angel Cake）

依循天使蛋糕做法。以1/2杯（未過篩）無糖可可粉，最好是荷蘭加工（鹼化）可可粉，來取代1/2杯過篩低筋麵粉，檸檬汁也要減量至1小匙。在水中溶解（1小匙即溶咖啡或速沖咖啡粉）。製作特級巧克力天使蛋糕，將2盎司細碎的半甜或苦甜巧克力跟著最後一次添加的可可粉和麵粉切拌到麵糊中。將冷卻的蛋糕淋上巧克力鬆軟白糖霜，156頁，或是摩卡糖霜，162頁。或者，想要口感豐富一點的話，可以填抹發泡甘納許餡料，106頁，並淋上苦甜巧克力糖汁，165頁。亦可塗抹、澆淋巧克力慕斯糖霜，167頁，或摩卡奶油淇淋，160頁，上頭再撒上碎胡桃。

果仁天使蛋糕（Nutty Angel Cake）

依循天使蛋糕或上述可可粉天使蛋糕的做法。將3/4杯剁碎堅果或堅果細粉跟著最後一次添加的麵粉切拌到該麵糊中。糖霜則用（巧克力慕斯糖霜）。

大理石天使蛋糕（Marble Angel Cake）（2個10吋中空蛋糕）

依循天使蛋糕和上述可可粉天使蛋糕的做法。準備兩個未抹油的10吋中空烤模，輪流放入兩種麵糊，這是指將它們分層疊放，或是每一種麵糊一團團地交替放入烤模中，再用刀子打旋成大理石紋路。

| 關於海綿蛋糕 |

純正的海綿蛋糕與天使蛋糕一樣，主要是靠空氣及蒸氣來讓糕體蓬鬆，因此「關於天使蛋糕」談到留滯空氣的所有建議都適用於此，再加上這項告誡：蛋黃的溫度若約在二十一度，打發後的體積更多。蛋黃要打到輕盈發泡，之後一面攪打一面徐徐加糖，直到混合物顏色發白、質地濃稠。用湯匙舀起一點麵糊樣本再落放回去，樣本要是能立於剩餘麵糊上一下子且不立即化入其中，就表示濃稠度是恰當的。用電動攪拌器來擊打蛋和糖的混合物，然後小心地人工手動拌入乾燥材料，這要用6頁的切拌技巧。

至於準備烤模和烘焙說明，見「關於天使蛋糕」，15頁。

海綿蛋糕的忠實熱愛者蔑視泡打粉，然而它卻真能保證以下食譜有令人滿意的泡沫體積。再者，此處的海綿蛋糕不含化學蓬鬆劑。調味天使蛋糕，17-18頁，除了可可粉、巧克力和大理石口味除外，都可以從基本的海綿蛋糕來加以調整變化而完成。

海綿蛋糕（Sponge Cake）

I. 2個8或9吋圓蛋糕夾層、1個9吋圓蛋糕或1個10吋中空蛋糕

使用3顆蛋的海綿蛋糕相當輕盈；而用了6顆蛋的蛋糕，體積更大、質地也更濕潤。用一或兩個圓烤模烘烤的小蛋糕，可以做成「波士頓鮮奶油派」，62頁，或是夾層蛋糕；而中空烤模則烘焙大蛋糕。

所有的材料（水除外）需為室溫溫度，約21度。

烤爐預熱至180度。做3顆蛋的海綿蛋糕，準備兩個8或9×2吋圓蛋糕烤模或一個9×3吋彈簧扣模鍋，內底需鋪襯蠟紙或羊皮紙。6顆蛋的蛋糕，就準備一個未抹油的10吋中空烤模。

下面材料一起過篩：

1杯過篩低筋麵粉

1又1/2小匙泡打粉

1/4小匙鹽

準備：

1杯糖

下面材料放入大碗，以中高段速打到黏稠，約1分鐘：

3或6顆大蛋黃

一面攪打一面慢慢加糖，之後再打3分鐘。

放入攪打：

1/4杯滾水

加入下面材料一起攪打：

1小匙檸檬皮絲或柳橙皮絲

1大匙新鮮檸檬汁或柳橙汁

（1小匙香草）

（3滴大茴香油或萃取液）

以低速慢慢將過篩材料打入上述混合物。使用乾淨的攪拌棒，以中高段速在一只中的或大的碗器內擊打下面材料，打到堅實、但不乾燥即可：

3或6顆大蛋白

1/4小匙塔塔粉

先切拌1/4的蛋白到麵糊中，之後再切拌剩餘的蛋白。刮下麵糊放入烤模中，推抹均勻。放入烘烤，烤到輕壓

蛋糕頂部會回彈，且插入蛋糕測試棒到糕體中央、抽出時不帶沾黏物即可。兩個圓烤模約烤25分鐘；一個彈簧扣模鍋或中空烤模約需40到50分鐘。冷卻、脫模說明，見「關於天使蛋糕」，15頁。

II. 1個10吋中空蛋糕或1個10吋圓蛋糕

這種海綿蛋糕不含化學蓬鬆劑。

所有的材料需為室溫溫度，約21度，烤爐預熱至165度。

將以下材料過篩：

1杯低筋麵粉

下面材料放入大碗，以高速打到濃稠並呈淺黃色，約2到3分鐘：

2/3杯糖

7顆大蛋黃

1小匙香草

再放入下面材料攪打：

2大匙水或新鮮柳橙汁

（1小匙檸檬皮絲）

（1小匙柳橙皮絲）

1/4小匙鹽

將麵粉均勻地篩到上述混合物頂部，但不要混合拌入。

使用乾淨的攪拌棒，將下面材料放入大碗，以中段速打到軟性發泡：

7顆大蛋白

1大匙糖

1/2小匙塔塔粉

一面以高速擊打，一面加入：

1/3杯糖

將上述混合物打到硬性發泡且不乾燥。使用橡膠抹刀先切拌1/4的蛋白到蛋黃混合物中，然後再切拌剩餘的蛋白。備好一個乾燥、未抹油的乾淨中空烤模或圓蛋糕烤模，內底要襯上蠟紙或羊皮紙。刮下麵糊放進烤模，推抹均勻。

送入烘焙，烤到輕壓蛋糕頂部會回彈，且插入蛋糕測試棒到糕體中央、抽出時不帶沾黏物，需40到50分鐘。冷卻、脫模說明，見「關於天使蛋糕」，15頁。

可以不加料食用或淋上以下糖霜：

美味柳橙糖霜，157頁，或速成檸檬糖霜，161頁

或與下面食材一起食用：

草莓和鮮奶油

踰越節海綿蛋糕（Passover Sponge Cake）（1個10吋中空蛋糕）

所有的材料需為室溫溫度，約21度，烤爐預熱至180度。

攪勻：

2/3杯無酵餅粉（matzo meal）

1/3杯太白粉

1/4小匙鹽

將下面材料放入一只大碗，以高速打到黏稠、呈淺黃色，約2分鐘：

9顆大蛋黃

1杯糖

再打入：

1小匙柳橙皮絲

1小匙檸檬皮絲

1/4杯新鮮柳橙汁

1大匙新鮮檸檬汁

慢慢將乾燥材料加入上述混合物，以低段速打到剛好滑順即可。使用乾淨攪拌棒，在一只大碗內以中速攪打下面材料到軟性發泡：

9顆大蛋白

1/2小匙塔塔粉

一面以高速擊打，一面慢慢加入：

1/2杯糖

將上述混合物打到硬性發泡且不乾燥。

使用橡膠抹刀先切拌1/4的蛋白到蛋黃混合物中，然後再切拌剩餘的蛋白。將麵糊輕舀到乾燥、未抹油的乾淨中空烤模裡，需推抹均勻。送入烘焙，烤到輕壓蛋糕頂部會回彈，且插入蛋糕測試棒到糕體中央而抽出時不帶沾黏物，需40到45分鐘。冷卻與脫模說明，見「關於天使蛋糕」，15頁。

踰越節堅果海綿蛋糕（Passover Nut Sponge Cake）

依照上述踰越節海綿蛋糕的做法，在第二次加入蛋白時，把1杯剁細碎或粉狀的核桃或胡桃一起切拌到混合物中。

巧克力海綿蛋糕（Chocolate Sponge Cake）（1個10吋中空蛋糕）

你可以把這種蛋糕切層，在夾層上淋上蘭姆酒或精選利口酒，喜歡的話，不妨塗上「發泡甘納許餡料」，106頁，也可以加抹餡料或淋上「苦甜巧克力糖汁」，165頁。

所有的材料需為室溫溫度，約21度 。烤爐預熱至180度，一只未抹油的10吋中空烤模備用。將下面材料一起過篩三次，再放回篩內：

2/3杯過篩低筋麵粉

1/2杯荷蘭加工（鹼化）可可粉

1/4小匙鹽

將下面材料放入大碗混合：

6顆大雞蛋

2小匙香草

2小匙即溶咖啡粉

以高段速攪打到柔軟發泡鮮奶油的黏稠度，約10分鐘。緩緩攪入下面材料，一次1大匙，一共約擊打3分鐘：

1杯糖

篩放1/5的可可粉混合物到上述混合物上頭，並加以切拌，剩下的可可粉混合物再分四次過篩切拌。刮下麵糊放進中空烤模，推抹平整。送入烘焙，烤到輕壓蛋糕頂部會回彈，且插入蛋糕測試棒到糕體中央、抽出時不帶沾黏物即可，約45分鐘。冷卻、脫模說明，見「關於天使蛋糕」，15頁。可直接食用或與以下材料一同享用：

發泡鮮奶油，98頁

黃水仙蛋糕（Daffodil Cake）（1個10吋中空蛋糕）

這是黃白紋路交錯的大理石蛋糕。

所有的材料需為室溫溫度，約21度，烤爐預熱至180度。

將下面材料裝於兩個不同容器備用：

3/4杯過篩低筋麵粉

1/4杯又2大匙過篩低筋麵粉

將下面材料放入大碗，以中高段速打到發泡：

10顆大蛋白

再加入：

1小匙塔塔粉

1/2小匙鹽

打到硬實，但不要過於乾燥。一面以低速擊打，一面緩緩加入：

1又1/4杯糖

繼續擊打到蛋白出現光滑的小尖角即可。將一半的混合物放到另一只大碗；而3/4杯過篩麵粉和下面材料，一次一些、切拌到一半的混合物裡：

6顆打過的大蛋黃

1顆柳橙皮絲

再將剩餘的過篩麵粉和以下材料，一次一些切拌到另外一半混合物：

1小匙香草

將兩種麵糊以每次1杯或多一點的分量，交替放入乾燥、未抹油的乾淨中空烤模裡。放入烘焙，烤到輕壓蛋糕頂部會回彈，且插入蛋糕測試棒到糕體中央、拔出不帶沾黏物即可，約35分鐘。冷卻、脫模說明，見「關於天使蛋糕」，15頁。

三奶蛋糕（Three Milks Cake；西班牙文為Tres Leches）（1個9吋方蛋糕或1個11×7吋蛋糕）

這種拉丁美洲海綿蛋糕是兩種牛奶和濃鮮奶油的香甜混合物。傳統上，蛋糕頂層會淋上甜滋滋的軟蛋白霜，喜歡的話，可以用發泡鮮奶油取代蛋白霜。

所有的材料需為室溫溫度，約21度，烤爐預熱至180度（若是玻璃材質烘焙烤模，預熱至165度）。

一個9吋方烤模或一個11×7吋烘焙烤模抹油備用。

一起過篩：

1杯中筋麵粉、2小匙泡打粉

以下材料放入大碗，以中速擊打到軟性發泡：

3顆大蛋白、1/8小匙塔塔粉

一面以高速擊打，一面徐徐放入：

1杯糖

下面材料一次放入一顆擊打：

3顆大蛋黃

一次將1/4的麵粉混合物加到上述混合物裡，以低速擊打或用橡膠抹刀攪拌到恰好調混，期間必要時刮下沾附在碗壁的混合物。加入下面材料，打到滑順勻稱為止：

1/4杯牛奶

刮下麵糊放入烤模，並推抹平整。放入烘焙，烤到輕壓蛋糕頂部會回彈，且用牙籤插到糕體中央而抽出時不帶沾黏物即可，需25到30分鐘，蛋糕不脫模放在架上冷卻10分鐘。

其間，混合：

1/2杯濃鮮奶油

3/4杯奶水

3/4杯又2大匙甜煉乳

讓蛋糕靜置在烤模內，用牙籤以1吋為間隔扎孔。將牛奶混合物緩緩倒到蛋糕上面，蛋糕邊緣角落都要淋到。靜置冷卻，然後冷藏至少1小時或過夜才端上桌享用。

準備下面材料做為加料：

軟蛋白霜加料I或II，169頁

蛋糕可以不脫模端上桌，或是滑入薄刀並繞刮蛋糕一圈而使之離模，倒扣蛋糕到上菜大淺盤，淺盤邊緣要足以盛住從蛋糕周邊慢慢溢出如醬汁的牛奶，蛋白霜加料塗抹或澆擠到蛋糕上。分切蛋糕成小方糕，讓客人享用，需24小時內食畢。

法式海綿蛋糕（比司吉）（French Sponge Cake，法文Biscuit）（2個9吋圓形蛋糕夾層或1個10吋圓蛋糕）

比司吉原文為biscuit（發音bis-KWEE），是以空氣蓬鬆糕體的經典海綿蛋糕，可用來製作花俏的夾層蛋糕。這種質地乾燥的輕蛋糕，本就要先沾浸糖漿後才填塗奶油淇淋、慕斯或其他餡料。這份食譜可以做出2個1吋厚的蛋糕夾層，或是1

個2吋厚的夾層，可再切分成2或3片薄夾層。

所有的材料需為室溫溫度，約21度，烤爐預熱至165度。準備兩只9×2吋圓蛋糕烤模或一個10吋彈簧扣模鍋，內底抹油並刷麵粉，不然就要鋪上蠟紙或羊皮紙。（見「關於天使蛋糕，15頁。）

量秤下面材料並放入篩網：

1杯又2大匙過篩低筋麵粉

將以下材料放入大碗，以高速擊打到黏稠並呈淺黃色，需2到3分鐘：

6顆大蛋黃

1/4杯糖

1小匙香草

將麵粉均勻篩撒到混合物上，但不要調混。將下面材料放入另外一只大碗，使用乾淨的攪拌棒以中段速擊打到軟性發泡：

6顆大蛋白

1/4小匙塔塔粉

一面以高速擊打，一面徐徐加入：

1/3杯糖

將上述混合物打到硬性發泡且不乾燥。使用橡膠或矽膠抹刀，將1/3的蛋白稍微切拌到蛋黃混合物就好，將剩下的蛋白分兩次加入切拌。刮下麵糊放入烤模，且要推抹均勻。

放入烘焙到輕壓蛋糕頂部會回彈，且用牙籤插到糕體中央而拔出時不帶沾黏物即可，蛋糕烤模需烤20到25分鐘，而彈簧扣模鍋則是35到40分鐘。冷卻和脫模說明，見10頁。

全蛋打法海綿蛋糕（Génoise）（1或2個9吋蛋糕夾層）

這種源自義大利的蛋糕，內含些許奶油而質地濕潤濃郁，用途多樣更是無出其右：搭配水果餡料風味最佳，如做成鮮奶油蛋糕捲、單純糖汁或新鮮水果薄蛋糕都是人間美味。這份食譜可以做出兩個1吋厚的蛋糕夾層，或是一個2吋厚夾層，這可再切分成3片或4片薄夾層。使用澄化奶油的蛋糕成品味道最好，但也能使用一般奶油。如果自己澄化奶油的話，就需要多用一點奶油才能達到1/3杯的分量。

所有的材料需為室溫溫度，約21度，烤爐預熱至180度。準備兩只9×2吋圓蛋糕烤模或一個9吋彈簧扣模鍋，內底抹油並刷麵粉，不然就鋪上蠟紙或羊皮紙。

下面材料一起過篩3次再放回篩網：

1又1/4杯過篩低筋麵粉

1/4杯糖

將下面材料放入小平底深鍋加熱融化：

1/3杯（5又1/3大匙）無鹽奶油，最好是澄化過的，465頁

靜置一旁。將下面材料放入耐高溫的大碗一起攪打：

6顆大雞蛋

3/4杯糖

一只煎鍋內盛未煮沸的水，將大碗放入鍋內隔水加熱，不時攪拌到混合物摸起來是溫熱的（約43度）。停止加熱大碗，以高速擊打到混合物呈檸檬色，且體積較原來增加兩倍，就是打發到大家熟知的緞帶階段（au ruban），即用湯匙落放混合物時如同一條綿延不斷的扁平緞帶（在強力電動攪拌器以打蛋器攪拌約5分鐘；手拿攪拌器10到15分鐘）。將麵粉混合物分三次篩撒其上，再用橡膠抹刀溫和切拌。

將奶油重新加熱到炙熱後就放入中碗裡，將約1又1/2杯雞蛋混合物與下面材料切拌到奶油中，直到完全調混為止：

1小匙香草

刮下混合物放到剩餘的蛋混合物中，並進行切拌。然後刮下麵糊放到烤模中，再推抹均勻。

放入烘烤，烤到蛋糕周邊開始離模且輕壓蛋糕頂部會回彈，蛋糕烤模約烤15分鐘，而彈簧扣模鍋則需30分鐘。讓蛋糕留在烤模裡，烤模放在烤架上冷卻10分鐘。滑入薄刀並繞刮蛋糕一圈而使之離模；如果使用的是彈簧扣模鍋，就拿掉鍋具側邊。若有襯紙，請倒扣蛋糕移除紙張。將蛋糕放到烤架上，正面朝上冷卻。

巧克力全蛋打法海綿蛋糕（Chocolate Génoise）

將過篩麵粉分量減至1/2杯又1大匙，再與1/2杯又1大匙無糖可可粉一起過篩三次，再放回篩網。麵粉混合物不要與任何的糖一起過篩；反之，把所有的糖（共1杯）跟雞蛋一起攪打。之後，按指示繼續完成蛋糕。

| 關於戚風蛋糕 |

戚風蛋糕的質地相當輕盈、鬆軟且柔潤，較天使蛋糕不甜，較海綿蛋糕濕潤。戚風蛋糕含油而不是起酥油或奶油，並且是用蛋白、泡打粉和（或）蘇打粉來讓糕體蓬鬆。為了做出輕盈質地，戚風蛋糕內含大量的糖和蛋，卻也因而有與奶油蛋糕相等的卡洛里熱量。雞蛋要分離加入，先加蛋黃，接著再切拌已經打硬的蛋白。戚風蛋糕的混合技法明確，因此可說是泡沫蛋糕中最易上手的種類。

一定要選用中性味道的油，紅花油、菜籽油、玉米油和葵花籽油都是不錯的選擇，不要選用橄欖油或花生油。戚風蛋糕有特別的配方，不要嘗試用軟化奶油或起酥油來代替油（反之，做其他種類的蛋糕時，不要用油來取代奶油或起酥油）。油不像奶油能散發濃濃的香氣，戚風蛋糕因而要借助其他材料的多重味道來調味，如味道強烈的柑橘汁和柑橘皮絲、香料、巧克力或可可粉和（或）烤堅果。你可以藉由更動味道來量身特製這類的蛋糕——調整香料、萃取液和柑橘皮絲；改變水、果汁或咖啡等液態食材；與（或）添加細碎堅果或巧克力碎片。

戚風蛋糕的脫模方式和「天使蛋糕」是一樣的。所有的戚風蛋糕都可以簡單撒上糖粉享用。想要調味的話，不妨在蛋糕上滴撒一顆柑橘汁或利口酒糖汁，171頁。油可以讓戚風蛋糕即便在冷藏中仍舊柔軟、在冷凍中保持柔潤。因此，戚風蛋糕是搭配冰淇淋餡料和夾餡不錯的選擇。做法是將戚風蛋糕橫切成三層，填抹上軟化的冰淇淋、冰糕或冷凍優格。放入冷凍至少幾小時或是過夜，之後加上巧克力、果醬或發泡鮮奶油以及烤堅果，即可盡情享用。

戚風蛋糕（Chiffon Cake）（1個10吋中空蛋糕或13×9吋蛋糕）

請讀「關於戚風蛋糕」，恪遵指示調製蛋糕。
一律使用室溫材料，約21度，烤爐預熱至165度。一只未抹油的10吋中空烤模或一只13×9吋烤模備用。
將以下材料放入大碗一起攪勻：
2又1/4 杯過篩低筋麵粉、1又1/4杯糖
1大匙泡打粉、1小匙鹽
加入下面材料，以高速打到滑順為止：
5顆大蛋黃、3/4杯水、1/2杯植物油
（1小匙檸檬皮絲）、1小匙香草
將下面材料放入另一只大碗，使用乾淨攪拌棒以中速打到軟性發泡：
8顆大蛋白、1/2小匙塔塔粉
一面以高速擊打，一面緩緩加入：
1/4杯糖
將蛋白打硬到開始失去光澤的程度即可。用橡膠抹刀先把1/4的蛋白切拌到蛋黃混合物中，然後再將剩餘蛋白切拌完畢。刮下麵糊放入烤模中，並推抹均勻。烘烤到輕壓蛋糕頂部會回彈，且用牙籤插到糕體中央而拔出時不帶沾黏物即可。中空烤模需烤55到65分鐘，而烘焙烤模則需30到35分鐘。讓中空蛋糕如「天使蛋糕」，15頁般倒置冷卻；將9×13吋烤模放在四只玻璃杯上冷卻。脫模，見24頁。
糖霜則使用：
速成檸檬糖霜，161頁或**美味柳橙糖霜**，157頁
或與下面材料一起享用：
新鮮漿果和發泡鮮奶油，98頁

柳橙戚風蛋糕（Orange Chiffon Cake）

準備上述戚風蛋糕，用2大匙柳橙皮絲和3/4杯新鮮柳橙汁來取代水和檸檬皮絲。可以澆擠上**美味柳橙糖霜**來凸顯柳橙風味，或用加了**蘭姆酒的透明糖汁**，171頁。

南瓜戚風蛋糕（Pumpkin Chiffon Cake）

可用「奶油起司糖霜」，163頁兩倍食譜分量來做為糖霜，或加香草冰淇淋一起食用。
準備上述戚風蛋糕。將1又1/2小匙肉桂粉、3/4小匙薑粉、1/2小匙磨碎的肉豆蔻或其粉末和1/4小匙丁香粉加入乾燥食材內。喜歡的話，可以將（3/4杯細碎核桃或胡桃）隨著第二次添加的蛋白一同切拌。以1又1/4杯煮熟或罐裝南瓜來取代水，不要放檸檬皮絲。烘烤到輕壓蛋糕頂部會回彈，且用牙籤插到糕體中央而拔出時不帶沾黏物即可，約1小時。冷卻，方法如左。

乳脂戚風蛋糕（Fudge Chiffon Cake）（1個10吋中空蛋糕）

一律使用室溫材料（水除外），約21度。
烤爐預熱至165度。一只未抹油的10吋中空烤模備用。將下面材料放入中碗一起攪打到順滑：
3/4杯滾水
1/2杯無糖可可粉
1大匙又1小匙即溶咖啡粉

靜置冷卻，再放入下面材料攪打：

1/2杯植物油

5顆大蛋黃

1小匙香草

將下面材料放入大碗一起攪打：

1又3/4杯過篩低筋麵粉

1又1/4杯糖

2小匙泡打粉

1/4小匙蘇打粉

1/2小匙鹽

將可可粉混合物加入上述混合物，打到滑順為止。下面材料放入另一只大碗，使用乾淨的攪拌棒以中速打到軟性發泡：

8顆大蛋白

1/2小匙塔塔粉

一面以高速擊打，一面慢慢加入：

1/4杯糖

繼續打到硬性發泡。用橡膠抹刀將1/4蛋白切拌到可可粉混合物，然後將剩餘蛋白切拌完畢。刮下麵糊放入烤模中，且推抹均勻。烘烤到輕壓蛋糕頂部會回彈，且用牙籤插到糕體中央、拔出時不帶沾黏物即可，約55到65分鐘。用「天使蛋糕」，16頁的方法冷卻。脫模，見24頁。可以選用下面糖霜：

美味柳橙糖霜，157頁、速成摩卡糖霜，162頁、任何種類的巧克力糖霜，164-168頁或是原味或調味發泡鮮奶油，98-100頁。

| 關於奶油蛋糕 |

奶油蛋糕是美國常備蛋糕的得意之作。我們執意使用奶油來保持它的味道質地，這也是十八世紀以來烘焙師傅世世代代的一貫堅持，那時奶油蛋糕的四種材料——奶油、麵粉、蛋和糖——都是一磅的分量，「磅蛋糕」的名稱也開始不脛而走。自此，我們不做天馬行空的想像，從經驗中學習，在蛋糕中加入一些泡打粉，終於研發出口味細緻、質地更輕柔的奶油蛋糕。

量好所有材料備用，也要準備烤模和預熱烤爐，這樣一來就不會中斷做蛋糕的程序，可以順利將蛋糕糊送入烤爐。➠在悶熱的廚房或天氣裡，所有材料的溫度應在二十到二十一度之間，稍微低到十八度是不打緊的。在這樣的溫度下，奶油柔軟而有點涼，不會融化糊掉。奶油若是冰冷，則不容易推散；融化的奶油會讓麵糊無法滯留足夠的空氣（見「關於食材溫度」，6頁）。

奶油或起酥油與糖拌合時，是慢慢加糖並攪拌到顏色變淡而質地輕柔；以中高段速拌合需三到十分鐘，時間長短就要看材料品質和攪拌器的種類了（強力攪拌器若可選用槳葉攪拌棒或打蛋器，用槳葉攪拌棒；食譜標示的拌合次數和段速就會降低）。食譜要是標明全蛋，可能一開始就跟糖和奶油拌合，不過有時會在途中才把全蛋或蛋黃加到糖和奶油中➠緩緩加入才不會減少混合物的體積，不破壞其乳膠狀態。如果加蛋的速度太快或是蛋溫太冷，與奶油形成的乳膠就會「崩壞」而讓混合物凝結。果真如此的話，混合物體積會縮減而影響到蛋糕質地。暫時調高攪拌器的段速，有時可以讓麵糊滑順而回到乳膠狀態。

調混雞蛋之後，將乾燥材料（麵粉、蓬鬆劑、有時還有可可粉和香料）分三等分加入，而濕潤食材（如牛奶、水、酪奶、優格、酸鮮奶油以及任何調味液）則分二等分，與乾燥材料兩相交替加入。為了盡量保持混合物的穩定度，一開始跟最後加入的都要是乾燥材料。因此，先加三分之一的麵粉混合物，接著是一半液態材料，然後再加另外三分之一的麵粉，隨後是剩下的液態材料，最後則是剩餘麵粉。添加乾燥材料和濕潤材料都要用低段速。必要時順著碗壁刮集麵糊至中，才能把麵糊打到順滑，添加材料混合均勻即可；➜這個階段若是混合過度，麵粉會產生太多麩質而使蛋糕變硬且碎屑太細。因此，有些比較細心的烘焙師傅，喜歡手拿橡膠抹刀來混合乾燥材料和濕潤材料。如果要加入堅果或其他塊狀材料，要等到混合程序末了才用叉子輕輕切拌進去，或是用攪拌棒以低速稍加拌入即可。

如果分離蛋白和蛋黃，只將蛋黃加入打發的奶油和糖中，那蛋白要加一些糖並攪打到「硬實且不乾燥」。➜然後，將蛋白切拌到麵糊之中，動作要如6頁所述溫和快速，這能讓蛋糕的質地更輕柔。務必這麼做➜開始打蛋白之前，先預熱烤爐到正確溫度且烤模抹油備用。打蛋白方法，見6頁。蛋糕冷卻至少十分鐘再脫模。

替蛋糕脫模，可以滑入薄刀並繞刮蛋糕一圈而使之離模，倒置架上並撕掉蠟紙或羊皮紙，然後讓蛋糕正面朝上冷卻。如果使用的是波形中空烤模，將烤模靠在檯面上一面旋轉一面輕拍，直到蛋糕周圍離模為止。蛋糕倒放在架上冷卻。除非另有說明，不然讓蛋糕完全冷卻才密封保存或澆淋糖霜。

不要隨意增減糖、蛋或液態材料的食譜分量。而且，即使只在麵糊中多加巧克力或可可粉，可能就做不出奶油蛋糕了，因為這類的材料變動會牽連到其他層面，或許就需要額外的調整。不過，你可以隨自己的口味喜好來變換調味料、萃取液或香料。而大部分的奶油蛋糕糊，你都可以溫和切拌細碎乾果、葡萄乾或堅果、巧克力碎片或磨碎的柑橘皮。

只要是夾層烘烤的奶油蛋糕，都可以用長條蛋糕烤模或中空烤模進行烘焙；要是你想端上桌的是沒有糖霜的磅蛋糕或午後茶點，也可以烤塊厚厚的蛋糕夾層。經驗法則是，使用長條蛋糕烤模或中空烤模，蛋糕糊只放三分之二到四分之三滿。如果不知道食譜做出的麵糊分量或該選何種長條蛋糕烤模或中空烤模，動手前就先準備幾個不同容量的烤模。把麵糊刮入四夸特玻璃量杯或一只碗，然後選擇容量是麵糊液體量度的一又三分之一到一倍半之間的烤模，而這要比烤薄夾層更長的烘烤時間。長條蛋糕通常烤五十到六十分鐘，有時更久；六到八杯的波形中空烤模大概是四十到五十分鐘，而用二吋厚八吋和九吋烤模烘焙蛋糕夾層，模內麵糊放三分之二滿，也需四十到五十分鐘；使用九吋或十吋平底中空烤模和十二杯的波形中空烤模，所需時間近一小時或更長。用牙籤測試完成度，每一次都早點測試才好。較深烤模烤出來的蛋糕質地，如濕潤的磅蛋糕，就比薄夾層烘焙的蛋糕更有顆粒感且更軟綿。你也可以用個別烤模、模具來烘焙奶油蛋糕，如杯子蛋糕烤盤、小塔餅烤盤或瑪德蓮蛋糕烤盤都是不錯的選擇。

奶油蛋糕可試搭烤好的「鬆脆杏仁加料」，170頁或「烤糖霜」，168頁。

白蛋糕（White Cake）

I. 3個8吋圓蛋糕夾層或1個9吋圓蛋糕

這是一份奇妙的食譜，用它做出八倍分量的蛋糕，滋味跟以下分量較少的一樣好。我們親眼目睹有個婚禮蛋糕就是照這份食譜做出來的，蛋糕用了130顆蛋而且分量足以讓400位賓客享用。請見「關於婚禮蛋糕和其他的大蛋糕」，13頁的說明。這份配方也是「巴的摩爾夫人蛋糕」的經典基底，在那美好的舊時代，五層的大蛋糕可是一點也不算多。

一律使用室溫材料，約21度。烤爐預熱至190度。三只8×2吋或9×2吋圓蛋糕烤模需抹油和刷麵粉或在模底襯上蠟紙或羊皮紙備用。（見「關於天使蛋糕」，15頁。）

將下面材料放入中碗一起攪勻：

3又1/2杯過篩低筋麵粉

1大匙又1小匙泡打粉

1/2小匙鹽

在另一只碗或液體測量杯裡混合下面材料：

1杯牛奶、1小匙香草

（1/4小匙杏仁萃取液）

將下面材料放入大碗打到奶稠狀：

1杯（2條）無鹽奶油

慢慢加入下面材料並打到輕盈鬆軟，需3到5分鐘：

1又2/3杯糖

麵粉混合物分3等分；牛奶混合物分2等分。將這兩種混合物輪流加入奶油混合物，以低速擊打到滑順為止。下面材料放入另一只大碗，使用乾淨的攪拌棒以中速打到軟性發泡：

8顆大蛋白、1/2小匙塔塔粉

一面以高速擊打，一面徐徐加入：

1/3杯糖

繼續將混合物打硬但不乾燥。使用橡膠抹刀將1/4的蛋白切拌到麵糊中，然後再切拌剩餘的蛋白。麵糊分成適當分量放入備用烤模並推抹均勻。送入烤爐烤到用牙籤插到糕體中央、拔出時不帶沾黏物即可，約25分鐘。冷卻、脫模，見6頁。蛋糕冷卻後再塗抹喜歡的糖霜，152-168頁。

II. 我們用這種麵糊來做大蛋糕，分量夠填7杯分量的模具或烤模。

一律使用室溫材料，約21度。烤爐預熱至190度。三只8×2吋或9×2吋圓蛋糕烤模需抹油、刷麵粉或在模底襯上蠟紙或羊皮紙備用。

將下面材料放入中碗一起攪勻：

2又1/4杯篩過低筋麵粉

2又1/2杯泡打粉、1/2小匙鹽

在另一只碗或液體測量杯裡混合下面材料：

1杯牛奶、1小匙香草

將下面材料放入一只大碗，以中高速打到輕盈鬆軟，需5分鐘：

1又1/4杯糖

1/2杯（1條）無鹽奶油

麵粉混合物分3等分；牛奶混合物分2

等分 。將這兩種混合物輪流加入奶油混合物，以低速打到滑順為止。將下面材料放入另一只大碗，使用乾淨的攪拌棒以中高速打硬但不乾燥：

4顆大蛋白、1/4小匙塔塔粉

將1/4的蛋白切拌到麵糊中，然後再切拌剩餘的蛋白。麵糊抹放到備用烤模，送入烤爐烤到用牙籤插到糕體中央而拔出時不帶沾黏物即可，約25分鐘。如白蛋糕I的方法脫模、冷卻。依喜歡的方式填抹糖霜；以下的糖霜尤其是不錯的選擇：

美味柳橙糖霜，157頁或速成巧克力奶油糖霜，162頁

巴的摩爾夫人蛋糕（Lady Baltimore Cake）

做好白蛋糕I，冷卻備用。將1杯核桃或胡桃、6粒無花果乾和1/2杯葡萄乾剁細碎。準備七分鐘白糖霜，155頁，先預留2/3備用。將堅果、無花果和葡萄乾加至剩餘糖霜，並塗抹夾層，再將預留糖霜澆塗到蛋糕頂部和周邊。

檸檬椰子夾層蛋糕（Lemon Coconut Layer Cake）

做好白蛋糕I，冷卻備用。填抹檸檬餡料，102頁或檸檬凝乳，102頁。蛋糕頂部和周邊則澆抹沸煮白糖霜，155頁或七分鐘白糖霜，155頁。將1到2杯磨碎的新鮮椰肉或加糖椰片乾壓貼到糖霜裡。

蘭恩蛋糕（Lane Cake）（3個8吋蛋糕夾層）

1898年出版的《值得一吃的好東西》（*Some Good Things to Eat*），艾瑪．瑞藍得．蘭恩（Emma Rylander Lane）與世人分享了這份南方蛋糕食譜。蘭恩女士的原始餡料裡有蛋黃、奶油、糖和葡萄乾，又額外加入胡桃、椰肉、棗子和櫻桃或甚至金柑，正是廚師喜歡美化創造食物的具體展現。

依照白蛋糕I的做法，烘焙3個8吋蛋糕夾層並冷卻備用。準備蘭恩蛋糕餡料，106頁，將2/3的餡料塗到夾層間，再把剩餘餡料淋抹到蛋糕頂部。喜歡的話，可以在蛋糕頂部、周邊澆抹沸煮白糖霜或七分鐘白糖霜。

請將蛋糕放入封口容器中，靜置於室溫下8到24小時再食用，風味最佳。

大理石蛋糕（Marble Cake）（1個8到10吋或9吋中空蛋糕）

這種舊式蛋糕仍深受大家的喜愛。

烤爐預熱至180度，一只8吋或10吋波形中空烤模、或是9吋中空圓烤模需抹油並刷麵粉備用。

依照上述白蛋糕II的做法，但在打蛋白之前，先將一半的麵糊放到另一只碗內。一半的麵糊加入1又1/2盎司融化冷卻的無糖巧克力、1小匙肉桂粉、一小撮丁香粉和1/8小匙蘇打粉。

依照指示攪打蛋白和塔塔粉，之後一半切拌到淡色麵糊中，而另一半則切拌至深色麵糊。將兩種麵糊一大匙一大匙輪番舀放到備用烤模中。

烤到用牙籤插到糕體中央而拔出時不帶沾黏物即可，約45分鐘。蛋糕不脫模放在架上冷卻10分鐘，然後用刀子離模、脫

模，倒置在烤架上冷卻。
放涼之後，塗抹：
沸煮白糖霜，155頁或速成巧克力奶油糖霜，162頁。

淑女蛋糕（Lady Cake）（1個10吋波形中空蛋糕或9吋中空圓蛋糕）

這是另一種只使用蛋白的白蛋糕，可以做成中空蛋糕或圓蛋糕，也是用來做「花色小糕點」，72頁的絕佳麵糊，其口味和外觀跟傳統白婚禮蛋糕非常相似。
一律使用室溫材料，約21度。烤爐預熱至180度，一只10吋波形中空烤模或是9吋中空圓烤模需抹油、刷麵粉備用。如果是做「花色小糕點」的話，準備一只13×9吋烤模，內壁抹油且墊入羊皮紙，再刷麵粉。
將下面材料放入中碗一起攪勻：
1又3/4杯過篩低筋麵粉
2小匙泡打粉
1/4小匙鹽
以下材料放入大碗並打到濃稠狀態：
3/4杯（1又1/2條）無鹽奶油
慢慢加入下面材料，不斷打到輕盈鬆軟為止，約5分鐘：
1杯糖
將麵粉混合物分3等分 而下面材料分2等分，交替加入奶油混合物：
1/2杯牛奶
再打到剛好滑順，加入：
3/4小匙杏仁萃取液
1顆檸檬皮絲
將下面材料放入中碗，用乾淨的攪拌棒打到硬實但不乾燥：
3顆大蛋白
切拌1/4的蛋白到麵糊中，然後再將剩餘的蛋白切拌完畢，即將麵糊刮入烤模，並推抹均勻。烘烤到用牙籤插到糕體中央而拔出時不帶沾黏物即可，中空烤模約45分鐘，而花色小糕點需28到30分鐘。
蛋糕不脫模放在架上冷卻10分鐘，然後用刀子離模並倒放在烤架上完全冷卻。撒上以下材料：
糖粉
或塗抹：
速成檸檬糖霜，161頁

新鮮椰奶蛋糕「樂土」（Fresh Coconut Milk Cake Cockaigne）（3塊8吋圓蛋糕夾層）

多年前我們給了友人一份寶貝食譜，她不久就回敬了下面這份食譜，而且這種用新鮮椰奶做出的蛋糕口味是最棒的。她說，她的家族傳統是，只要收到珍貴的食譜，必要回贈一則同等珍貴的食譜。我們真是喜歡這份散發歡樂的小回禮。
一律使用室溫材料，約21度。烤爐預熱至180度。三只8×2吋圓蛋糕烤模需抹油和刷麵粉，或在模底襯上蠟紙或羊皮紙備用。
準備下面材料並留下椰子汁備用：
1又1/2杯磨碎的新鮮椰肉
將下面材料放入碗內拌勻：
3杯過篩低筋麵粉
1大匙泡打粉
1/2小匙鹽
以下材料放入大碗，以中高速打到濃稠：
3/4杯（1又1/2條）軟化的無鹽奶油
徐徐加入以下材料並打到非常輕盈鬆軟，約5分鐘：
1又1/2杯糖

打入：
3顆大蛋黃
加入：
1/2小匙香草
麵粉混合物分3等分，下面材料分2等分，兩相交替加入奶油混合物，以低速攪打到正好滑順：
3/4杯從新鮮椰子取出的椰奶，481頁、罐裝椰奶或牛奶
再拌入3/4杯刨碎椰肉。將下面材料放入大碗，使用乾淨攪拌棒以中高速打到硬實但不乾燥：
3顆大蛋白
切拌1/4的蛋白到麵糊中，然後將剩餘蛋白切拌完畢。刮下麵糊放入烤模，並抹平頂部。烘烤到用牙籤插到糕體中央而拔出時不帶沾黏物即可，20到25分鐘。冷卻、脫模，見6頁。夾層間塗抹下面材料：
3/4到1杯醋栗、草莓或覆盆子果醬
將蛋糕塗抹以下糖霜：
七分鐘白糖霜，155頁
再將剩餘刨碎椰肉抹到蛋糕的頂部和側邊。

椰香胡桃蛋糕（Coconut Pecan Cake）（2塊8吋圓蛋糕夾層或1個10吋波形中空蛋糕）

一律使用室溫材料，約21度。烤爐預熱至180度。兩只8×2吋圓蛋糕烤模或一只10吋波形中空烤模需抹油和刷麵粉，或在圓模底襯上蠟紙或羊皮紙備用。
一起攪勻下面材料：
1又1/2杯過篩低筋麵粉
3/4小匙蘇打粉、1/4小匙鹽
混合：
2/3杯酪奶、1小匙香草
以下材料放入大碗內打到奶稠狀，約30秒：
1/2杯（1條）軟化的無鹽奶油
徐徐加入以下材料，以高速打到輕盈鬆軟，4到6分鐘：
1又1/3杯糖
打入下面材料，每次1顆：
3顆大蛋黃
攪拌器調至低速。麵粉混合物分3等分，酪奶混合物分2等分，兩相交替加入奶油混合物並打到滑順。拌入下面材料：
1杯甜椰絲乾、2/3杯碎胡桃
將下面材料放入大碗，用乾淨攪拌棒以中速打到軟性發泡：
3顆大蛋白、1/8小匙塔塔粉
一面以高速擊打，一面緩緩加入：
1/4杯糖
繼續打到硬性發泡但不乾燥。使用橡膠抹刀將1/4的蛋白切拌到酪奶混合物中，再將剩餘蛋白切拌完畢。刮下麵糊放入烤模並推抹均勻。
烘烤到用牙籤插到糕體中央而拔出時不帶沾黏物即可，圓烤模30到35分鐘，而波形中空烤模則55到65分鐘。冷卻、脫模，見11頁。塗抹以下糖霜：
奶油起司糖霜，163頁。

義式鮮奶油蛋糕（Italian Cream Cake）

這種南方特產跟義大利一點都沾不上邊。它是放了椰肉和胡桃的全美式酪奶蛋糕，再填抹並淋上奶油起司糖霜製作而成的。

準備椰香胡桃蛋糕，31頁，靜置冷卻。做兩倍食譜分量（4杯）奶油起司糖霜，163頁備用。
每塊蛋糕夾層橫切對半，塗抹糖霜為夾餡和糖衣。之後儲存於封口容器中，享用前一定要置於室溫中或冰箱裡至多24小時，而在食用前1小時取出冰箱中的蛋糕。

酪奶夾層蛋糕（Buttermilk Layer Cake）（2個8或9吋圓蛋糕夾層）

烤爐預熱至180度。一律使用室溫材料，約21度。兩只9×2吋或8×2吋圓蛋糕烤模需抹油和刷麵粉，或在模底襯上蠟紙或羊皮紙備用。
將下面材料完全攪勻：
2又1/3杯過篩低筋麵粉
1又1/2小匙泡打粉
1/2小匙蘇打粉
1/4小匙鹽
以下材料放入大碗內打到濃稠為止：
3/4杯（1又1/2條）無鹽奶油
徐徐加入以下材料並以高速打到輕盈鬆軟，3到5分鐘：
1又1/3杯糖
攪拌並慢慢放入下面材料並攪打約2分鐘：
3顆大雞蛋
1小匙香草
麵粉混合物分3等分，下面材料分2等分，兩相交替加入奶油混合物並以低速打到滑順：
1杯酪奶
必要時刮集沾黏碗壁的混合物。將麵糊分放到烤模裡，並推抹均勻。烘烤到用牙籤插到糕體中央而拔出時不帶沾黏物即可，9吋烤模需25到30分鐘，而8吋烤模30到35分鐘。冷卻、脫模，見10頁。填抹以下糖霜做為夾餡和糖衣：
巧克力糖霜或雙倍食譜分量的奶油起司糖霜，163頁。

酸鮮奶油蛋糕（Sour Cream Cake）（2個8吋圓蛋糕夾層）

一律使用室溫材料，約21度。烤爐預熱至190度。兩只8×2吋圓蛋糕烤模需抹油和刷麵粉，或在模底襯上蠟紙或羊皮紙備用。
將下面材料放入大碗拌勻：
1又3/4杯過篩低筋麵粉
1又3/4小匙泡打粉
1/4小匙蘇打粉
1/4小匙鹽
以下材料放入大碗內打到濃稠狀態：
5大匙無鹽奶油
徐徐加入以下材料並打到輕盈狀，3到5分鐘：
1杯糖
打入：
2顆大蛋黃
1小匙香草
麵粉混合物分3等分，下面材料分2等分，兩相交替加入奶油混合物並打到滑順：
1杯酸鮮奶油或原味優格
將下面材料放入中碗，用乾淨攪拌棒以中高速打硬但不乾燥：
2顆大蛋白
1/8小匙塔塔粉
將1/3的蛋白切拌到麵糊中，再將剩餘蛋白切拌完畢。刮下麵糊放入烤模並推抹均勻。
烘烤到用牙籤插到糕體中央而拔出時不帶沾黏物即可，約25分鐘。冷卻、脫模，見10頁。
填塗：
杏仁和無花果或葡萄乾餡料，105頁
澆淋：
沸煮白糖霜，155頁或七分鐘白糖霜，155頁。

四蛋黃蛋糕（Four-Egg Yellow Cake）（3個8吋或9吋圓蛋糕夾層）

這是有一點現代化的老式1-2-3-4蛋糕。
一律使用室溫材料，約21度。烤爐預熱至180度。三只8×2吋或9×2吋圓蛋糕烤模需抹油並刷麵粉，或在模底襯上蠟紙或羊皮紙備用。
將下面材料放入碗裡拌勻：
2又2/3杯過篩低筋麵粉
2又1/4小匙泡打粉
1/2小匙鹽
在另一只碗或液體量杯中混合下面材料：
1杯牛奶
1又1/2小匙香草或1小匙香草加1/2小匙杏仁萃取液
以下材料放入大碗內打到奶稠狀：
1杯（2條）軟化無鹽奶油
徐徐加入以下材料，用高速打到輕軟，3到5分鐘：
1又1/2杯糖
打入下面材料，每次1顆：
4顆大蛋黃
麵粉混合物分3等分，牛奶混合物分2等分，兩相交替加入奶油混合物並以低速打到滑順。將下面材料放入大碗，用乾淨攪拌棒以中速打到軟性發泡：
4顆大蛋白
1/4小匙塔塔粉
一面高速擊打，一面緩緩加入：
1/4杯糖
繼續打到硬性發泡但不乾燥。使用橡膠抹刀切拌1/4的蛋白到蛋黃混合物裡，然後將剩餘蛋白切拌完畢。將麵糊均分放入烤模並推抹均勻。
烘烤到用牙籤插到糕體中央而拔出時不帶沾黏物即可，25到35分鐘。冷卻和脫模，見10頁。

椰子蛋糕（Coconut Cake）（3個8或9吋圓蛋糕夾層或1個10吋中空蛋糕或2個9×5吋長條蛋糕）

依照四蛋黃蛋糕的做法。但切拌蛋白之前，先將3/4杯甜椰絲乾、1又1/2小匙檸檬皮絲和1/4小匙鹽加入麵糊之中。可如上述，用烤模烘烤3層蛋糕夾層；或用一個上油和裹麵粉的10吋中空烤模烤55到70分鐘，或以兩只9×5吋的長條蛋糕烤模約烤50分鐘。

八蛋黃金蛋糕（Eight-Yolk Gold Cake）（3個9吋圓蛋糕夾層）

這種蛋糕非常適合搭配各式柳澄或巧克力的餡料糖霜。製作時，善加利用做「天使蛋糕」，15頁或「白蛋糕I」，28頁所用剩的蛋黃。
烤爐預熱至180度。一律使用室溫材料，約21度。三只9×2吋圓蛋糕烤模需抹油、刷麵粉或在模底襯上蠟紙或羊皮紙備用。
將下面材料一起拌勻：
2又1/2杯過篩低筋麵粉

2又1/2小匙泡打粉
1/4小匙鹽
將下面材料放入大碗打到濃稠並呈檸檬色：
8顆大蛋黃、1小匙香草
1小匙檸檬皮絲、1小匙新鮮檸檬汁
將下面材料放入大碗打到乳稠狀：
3/4杯（1又1/2條）無鹽奶油
徐徐加入以下材料，以高速打到輕盈鬆軟，3到5分鐘：
1又1/4杯糖
加到蛋黃混合物內一起攪打。麵粉混合物分3等分，下面材料分2等分，兩相交替加入奶油混合物並以低速打到滑順：
3/4杯牛奶
將麵糊適當切分放入烤模並推抹均勻。烘烤到用牙籤插到糕體中央而拔出時不帶沾黏物即可，18到20分鐘。冷卻、脫模，見10頁。填抹、澆淋下面材料：
美味柳橙糖霜，157頁或七分鐘白糖霜，155頁。
或撒放：糖粉
並配搭：
水果和發泡鮮奶油，98頁

| 關於兩件式蛋糕模具 |

準備鑄鐵模具，見664頁，或遵循製造商的指示準備光滑的鐵製模具。綿羊、兔寶寶、聖誕老公公等造型蛋糕要用密實的麵糊。堅果和葡萄乾等材料要做為裝飾物而不要加入麵糊中，因為這些堅硬的材料即便可以讓蛋糕生動活潑，卻往往會破壞麵糊的抗張力，但香料粉就是可以加入麵糊中的添加物。

烤爐預熱至一百八十度。使用糕點毛刷為模具抹油，油塗多一點，然後再刷麵粉。

下面材料備用：

白蛋糕II麵糊，28頁

將麵糊填入模具正面（任何用剩的麵糊都可以拿來做杯子蛋糕），模具如有散氣閥，麵糊就填到接合處下方的實體部分即可（我們照著這些指示，用蛋糕模具烤焙蛋糕，一直以來都很順利，即使模具沒有散氣閥也沒有問題）。用木匙輕輕攪拌麵糊消除氣泡；➡小心不要弄壞了抹油和裹麵粉的模具表面。你也可以在造型動物的鼻子和耳朵接頭部的部位插入木牙籤，➡但切蛋糕時，別忘了抽出牙籤。模具蓋上蓋子，一定要卡緊，再捆綁或用金屬絲加以固定，這樣一來，發脹麵糊產生的水蒸氣才不會衝開蓋子。

把模具放到有邊框的烘烤淺盤裡，烤四十分鐘到一小時。之後用你慣用的方式來檢查蛋糕完成度，就是從散氣閥插入細金屬針或木牙籤測試蛋糕熟了沒有。

蛋糕不脫模放在烤架上冷卻約十五分鐘。小心掀開模具頂蓋再冷卻約五分鐘，好讓蒸氣發散且蛋糕再脹大結實一點，脫模並置於烤架上完全冷卻。➡不要直立蛋糕到變涼。蛋糕要是結構比較脆弱，澆擠糖霜前可以放入木籤或金屬針加以強化。

澆淋以下糖霜：

沸煮白糖霜，155頁或七分鐘白糖霜，155頁。

或想為兔寶寶模具造型的糖霜做一點變化，可以用：

焦糖糖霜，158頁

或你趕時間的時候，試試：

速成白糖霜，161頁

糖霜要塗厚的話，就多增加一半的食譜分量。在糖霜上壓貼下面材料，可以做出毛茸茸或安哥拉山羊毛的效果，：

半杯到一杯甜椰絲

使用下面材料來凸顯造型物五官：

葡萄乾、堅果、櫻桃或（或）軟糖

在你的造型動物周圍裝飾季節性（當然是可食用、非噴擠）的花朵。如果兔寶寶和綿羊是復活節的應景糕點，你或許也想做些有著五顏六色糖霜的蛋糕彩蛋，見「天使蛋糕球」，71頁。

磅蛋糕（Pound Cake）（2個9×5吋長條蛋糕或1個10吋中空蛋糕）

放入全蛋做出來的是傳統密實的磅蛋糕，而分離蛋白和蛋黃做出來的蛋糕質地則較為蓬鬆。我們有時會將一半的麵糊摻入糖漬或乾櫻桃、糖漬或剁碎鳳梨和香櫞或是堅果和黃金葡萄乾，這每種材料的分量都是1/2杯滿，如此就能做出好吃的水果蛋糕。

一律使用室溫材料，約21度。烤爐預熱至165度。兩只9×5吋長條蛋糕烤模或一只10吋中空烤模需抹油和刷麵粉，或在模底襯上蠟紙或羊皮紙備用。將下面材料放入大碗，以中高速擊打1分鐘：

2杯（4條）無鹽奶油

慢慢加入以下材料並打到輕軟，5到7分鐘：

2杯糖

打入下面材料，每次1顆：

8或9顆大蛋黃（見上文說明）

而且每加1顆後都要攪勻。加入下面材料攪打1分鐘：

2小匙香草

（2大匙白蘭地或8滴玫瑰水）

（1/2小匙肉豆蔻乾皮粉）

慢慢加入下面材料，以低速混合到完全均勻：

4杯過篩低筋麵粉

將下面材料放入大碗，使用乾淨攪拌棒以中高速打硬但不乾燥：

8或9顆大蛋白

1/2小匙塔塔粉

1/2小匙鹽

切拌1/4的蛋白到麵糊裡，然後再將剩餘蛋白切拌完畢。將麵糊刮入烤模並推抹均勻。

烘烤到用牙籤插到糕體中央而拔出時不帶沾黏物即可，長條蛋糕烤模約烤1小時，中空烤模要多烤15分鐘。小長條蛋糕不脫模放在架上冷卻10分鐘，而中空蛋糕需15分鐘。然後，小長條蛋糕正面朝上冷卻，中空蛋糕則倒置冷卻。

種子蛋糕（Seed Cake）

這種從維多利亞時代就出現的蛋糕，總是讓人想起那使用椅套和種滿葉蘭植物的逝去年代，人們是用種子而不是萃取液來替蛋糕調味。

依照上述磅蛋糕的做法，跟著麵粉加入2到4小匙葛縷子籽、1/3杯碎糖漬香櫞或糖漬柳橙皮和1小匙檸檬皮絲。

酒浸磅蛋糕（Liquor-Soaked Pound Cake）

準備上述磅蛋糕，做成9×5吋的長條蛋糕。烘焙時，將2又2/3杯糖、1又1/3杯水和2/3杯玉米糖漿放入中型平底深鍋，以中火煮沸並攪拌到糖溶解為止。沸水溶解糖約需1分鐘。放涼後再拌入1又1/3杯蘭姆酒、白蘭地或其他酒類。過程中要用針棒或叉子以1/2吋為間隔在溫蛋糕上刺小孔。淋上糖漿，靜置冷卻，脫模。

檸檬罌粟籽磅蛋糕（Lemon Poppy Seed Pound Cake）（1個8吋波形中空蛋糕或8又1/2×4又1/2吋長條蛋糕）

一律使用室溫材料，約21度；烤爐預熱至180度。一只6吋波形中空烤模或一只8又1/2×4又1/2吋長條蛋糕烤模抹油並刷麵粉，或在模底襯上蠟紙或羊皮紙備用。

下面材料放入中碗一起攪打：

3顆大雞蛋
3大匙牛奶
1又1/2小匙香草

下面材料放入大碗拌勻：

1又1/2杯過篩低筋麵粉
3/4杯糖
3大匙罌粟籽
1大匙檸檬皮絲
3/4小匙泡打粉
1/4小匙鹽

將一半的蛋混合液與下面材料加入麵粉混合物：

13大匙（1條又5大匙）無鹽奶油

用低速攪打到乾燥材料濕潤，速度調到高速再擊打1分鐘整。順著碗壁刮集沾黏麵糊，將剩餘蛋混合液分2份徐徐加入其中，每加1份就攪打20秒。刮抹碗壁並刮下混合物放入烤模，推抹均勻。烘烤到用牙籤插到糕體中央而拔出時不帶沾黏物即可，波形中空烤模烤35到45分鐘，長條蛋糕烤模55到65分鐘。

蛋糕快烤好前，同時將下面材料放入一只小深底平鍋，以小火混攪到糖溶解為止：

1/3杯糖
1/4杯濾過的新鮮檸檬汁

蛋糕一出爐就放到烤架上，用木籤在整個蛋糕表面刺孔並刷上一半的糖漿。蛋糕不脫模放於架上冷卻10分鐘。

將薄刀滑入繞刮蛋糕一圈而使之離模，或靠在檯面上輕拍中空烤模四周迫使蛋糕離模。蛋糕倒放在抹油的架上，如有用襯紙，則將之撕掉。使用籤棒刺戳蛋糕底部，再刷抹一些糖漿。將蛋糕倒放在另一個抹油的架子上，用剩餘糖漿刷塗側邊。靜置於架上完全冷卻，正放或倒置皆可，然後密封包好，至少存放24小時再享用。

酸鮮奶油磅蛋糕（Sour Cream Pound Cake）（1個10吋波形中空蛋糕或1個9吋中空蛋糕）

這種蛋糕可以保持濕潤近一星期。
一律使用室溫材料，約21度；烤爐預熱至165度。一只10吋波形中空烤模或一只9吋中空圓烤模需抹油、刷麵粉備用。
將下面材料一起攪勻：
3杯過篩低筋麵粉
1/4小匙蘇打粉
1/4小匙鹽
下面材料放入小碗混合：
1杯酸鮮奶油
2小匙香草
將下面材料放入大碗打到奶稠狀，約30秒：
1杯（2條）無鹽奶油
緩緩放入下面材料，以高速打到輕盈鬆軟，3到5分鐘：
2杯糖
打入下面材料，每次1顆：
6顆大蛋黃
麵粉混合物分3等分，酸鮮奶油分2等分，兩相交替加入奶油混合物並以低速打到滑順，必要時用橡膠抹刀刮集沾黏碗壁的混合物。將下面材料放入大碗，用乾淨攪拌棒以中速打到軟性發泡：
6顆大蛋白
1/4小匙塔塔粉
一面以高速攪打，一面慢慢加入：
1/2杯糖
打到硬性發泡但不乾燥。使用橡膠抹刀切拌1/4的蛋白到酸鮮奶油混合物裡，然後再將剩餘蛋白切拌完畢。刮下麵糊放入烤模並推抹均勻。烘烤到用牙籤插到糕體中央、拔出時不帶沾黏物即可，需1小時10分鐘到1小時20分鐘。蛋糕不脫模放於架上冷卻10分鐘。滑入薄刀繞刮蛋糕一圈而使之離模，倒扣蛋糕並正面朝上置於架上冷卻。

紅絲絨蛋糕（Red Velvet Cake）（2個8或9吋圓蛋糕夾層）

這個濃郁滑順的巧克力蛋糕有著奇特的紅顏色。
依照酪奶夾層蛋糕，32頁的做法。而將1大匙無糖可可粉加入麵粉混合物；第一次添加酪奶時一道放入1到3大匙紅色食用色素。用雙份食譜分量的奶油起司糖霜，163頁填抹夾層和上糖衣，並可撒放（甜椰絲）。

巧克力蛋糕（Chocolate Cake）（1個13×9吋蛋糕）

這個口味清淡的輕巧克力蛋糕，以「隆鮑爾特製蛋糕」（Rombauer Special）之名首次出現於本書1931年的版本之中。
烤爐預熱至180度。
一律使用室溫材料，約21度；一只13×9吋烤模抹油備用。
將下面材料一起攪勻：
1又3/4杯過篩低筋麵粉
1大匙泡打粉
1/4小匙鹽
（1小匙肉桂粉）
（1/4小匙丁香粉）
（1杯粗碎核桃或胡桃）
在熱水中溶化：
2盎司無糖巧克力
加入下面材料：

1/3杯滾水
在大碗內以高速攪打下面材料到奶糊狀：
1/2杯（1條）無鹽奶油
加入下面材料並打到輕盈鬆軟，約5分鐘：
1又1/2杯糖
打入下面材料，每次1顆：
4顆大蛋黃
加入冷卻的巧克力混合物。麵粉混合物分3等分，與下面材料交替加入奶油混合物：
1/2杯牛奶
以上每一次加入材料都要以低速打到滑順。
加入以下材料：
1小匙香草
將下面材料放入大碗，使用乾淨攪拌棒以中高速打到硬實但不乾燥：
4顆大蛋白
輕輕將上面混合物切拌到麵糊之中。刮下麵糊放入備好烤模，烤到蛋糕測試棒插到糕體中央而拔出時不帶沾黏物即可，需30分鐘。蛋糕不脫模放在架上冷卻。
塗抹厚厚一層下面材料：
澆淋巧克力的沸煮白糖霜，156頁；或速成巧克力奶油糖霜，162頁，薄荷萃取液調味的巧克力奶油糖霜

惡魔蛋糕「樂土」（Devil's Food Cake Cockaigne）（1個9吋夾層蛋糕）

這是我們所知道最棒的蛋糕，質地如此輕盈卻又豐富濕潤。
一律使用室溫材料，約21度；烤爐預熱至180度。兩只9×2吋圓蛋糕烤模抹油和刷麵粉，或在模底鋪蠟紙或羊皮紙備用。
雙層蒸鍋放在滾水上方而不是水裡，下面材料放入鍋中烹煮攪拌到滑順濃稠：
4盎司剁碎無糖巧克力
1/2杯牛奶
1杯壓實的淡紅糖
1顆大蛋黃
停止加熱上述混合物，靜置冷卻至室溫。
將下面材料放入碗裡拌勻：
2杯過篩低筋麵粉
1小匙蘇打粉
1/2小匙鹽
將下面材料放入小碗混合：
1/2杯牛奶
1/4杯水
1小匙香草
將下面材料放入大碗，以中高速打到奶稠狀，約30秒：
1/2杯（1條）無鹽奶油
慢慢加入下面材料並打到輕盈鬆軟，約5分鐘：
1杯糖
打入下面材料，每次1顆：
2大顆蛋黃
麵粉混合物分3等分，牛奶混合物分2等分，兩相交替加入奶油混合物並以低速打到滑順。拌入巧克力混合物。
將下面材料放入中碗，使用乾淨攪拌棒以中高速打到硬實但不乾燥：
2大顆蛋白
輕輕將上面混合物切拌到麵糊之中。刮下麵糊放入備好烤模且抹平頂部，烤到用牙籤插到糕體中央而拔出時不帶沾黏物，約25分鐘。冷卻、脫模，見27頁。
填塗：
椰肉胡桃餡料，105頁
糖霜可用下面材料：
焦糖糖霜，158頁或巧克力乳脂糖霜，158頁

可可粉惡魔蛋糕（Cocoa Devil's Food Cake）（1個9吋圓中空蛋糕、10吋波形中空蛋糕或2個9吋圓蛋糕夾層）

不妨試著用一半白糖和一半紅糖來調製出淡淡的焦糖味道。若是要慶祝重要場合的蛋糕，就填抹「發泡甘納許餡料」，106頁），並淋上「巧克力甘納許糖汁」，165頁或是「苦甜巧克力糖汁」，165頁。

一律使用室溫材料，約21度；烤爐預熱至180度。一只9吋圓中空烤模、一只10吋波形中空烤模或兩個9×2吋圓蛋糕烤模抹油和刷麵粉，或在圓模底鋪蠟紙或羊皮紙備用。

將下面材料放入中碗一起攪拌：

2杯過篩低筋麵粉

1小匙蘇打粉

1/2小匙鹽

將下面材料放入另一只碗一起攪拌：

1杯糖

1杯酪奶或優格

1/2杯未鹼化可可粉

1小匙香草

將下面材料放入大碗打到奶稠，約30秒：

1/2杯（1條）無鹽奶油

緩緩加入下面材料並以高速打到輕盈鬆軟，3到5分鐘：

1杯糖

加入下面材料，每次1顆：

2顆大雞蛋

麵粉混合物分3等分，酪奶混合物分2等分，兩相交替加入奶油混合物並以低速打到滑順，必要時用橡膠抹刀刮集沾黏碗壁的混合物。刮下麵糊放入烤模且推抹均勻，烤到用牙籤插到糕體中央、拔出時不帶沾黏物即可，圓烤模烤30到35分鐘，中空烤模則需45到55分鐘。冷卻、脫模，見27頁。

以下面糖霜做為夾餡和糖衣：

沸煮白糖霜，155頁、七分鐘白糖霜，155頁或任何的速成巧克力奶油糖霜，162頁

巧克力美乃滋蛋糕（Chocolate Mayonnaise Cake）（1個13×9吋蛋糕或2個9吋圓蛋糕夾層）

這種蛋糕是如此的深黑、豐美與濕潤，因此根本不需要澆淋糖霜。

一律使用室溫材料，約21度；烤爐預熱至180度 。一只13×9吋烤模或兩個9吋圓蛋糕烤模抹油和刷麵粉，或在圓模底墊蠟紙或羊皮紙備用。

將下面材料放入中碗攪拌：

2杯中筋麵粉

1小匙蘇打粉

1/2小匙泡打粉

融化：

4盎司剁碎的無糖巧克力

上述材料放置一旁。將下面材料放入大碗，以中高速打到輕軟，約3分鐘：

3顆大雞蛋

1又2/3杯糖

1小匙香草

將融化的巧克力與下面材料混到滑順為止：

3/4杯美乃滋

再攪打到麵糊裡。將麵粉混合物分3等分，下面材料分2等分，兩相交替加入麵糊：

1又1/3杯水

並以低速攪打到滑順即可。刮下麵糊放入備好的烤模。

烘烤到用牙籤插到糕體中央而拔出時不帶沾黏物即可，需30到40分鐘。喜歡的話，可以讓這13×9吋蛋糕不脫模置於架上冷卻，或者如6頁的說明將之冷卻、脫模。

喜歡的話，可撒放下面材料：

（糖粉或可可粉）

杰門巧克力蛋糕（German Chocolate Cake）（3個8或9吋圓蛋糕夾層）

這個深受大家喜愛的美式蛋糕，使用的是有個名叫杰門的男人所發明的甜巧克力做成的。

一律使用室溫材料，約21度；烤爐預熱至180度。三只8×2吋或兩個9×2吋圓蛋糕烤模抹油和刷麵粉，或鋪上蠟紙或羊皮紙備用。

下面材料一起攪拌到完全均勻：

2又1/4杯過篩低筋麵粉

1小匙蘇打粉、1/2小匙鹽

將下面材料放入小碗，攪拌到巧克力融化且滑順即可：

4盎司細碎的甜烘焙巧克力

1/2杯滾水

拌入下面材料：

1小匙香草

下面材料備用：

1杯酪奶或酸鮮奶油

在大碗內攪打下面材料到濃稠狀態，約30秒：

1杯（2條）無鹽奶油

慢慢加入以下材料，以高速打到輕盈鬆軟，4到6分鐘：

1又3/4杯糖

打進下面材料，每次1顆：

4顆大蛋黃

加入融化巧克力並以低速攪打到正好混勻。麵粉混合物分3等分，酪奶或酸鮮奶油混合物分2等分，兩相交替加入上述混合物並打到滑順，必要時用橡膠抹刀刮集沾黏碗壁的混合物。

將下面材料放入大碗，用乾淨攪拌棒以中速打到軟性發泡：

4顆大蛋白、1/4小匙塔塔粉

一面高速擊打，一面加入：

1/4杯糖

繼續打到硬性發泡但不乾燥。使用橡膠抹刀切拌1/4蛋白到蛋黃混合物之中，再將剩餘蛋白切拌完畢。將麵糊均分放入烤模且推抹均勻。

烘烤到用牙籤插到糕體中央而拔出時不帶沾黏物即可，9吋烤模烤25到30分鐘，8吋烤模則需30到35分鐘。冷卻和脫模，見27頁。

將下面材料塗抹於蛋糕夾層與頂部，但不要塗側邊：

（椰肉胡桃餡料，105頁）

喜歡的話，可塗抹澆淋糖霜。

絲絨香料蛋糕（Velvet Spice Cake）（1個9吋中空蛋糕或8、10吋波形中空蛋糕）

這種蛋糕有層非常嬌脆的蛋糕屑，其獨特味道在其他香料蛋糕中無可比擬。

一律使用室溫材料，約21度；烤爐預熱至180度。一只9吋圓中空烤模或一只8或10吋波形中空烤模抹油和刷麵粉備用。

將下面材料完全混勻：

2又1/3杯過篩低筋麵粉
1又1/2小匙泡打粉
1/2小匙蘇打粉
1小匙磨碎肉豆蔻或其粉末
1小匙肉桂粉
1/2小匙丁香粉
1/2小匙鹽
將下面材料放入大碗打到奶糊狀，約30秒：
3/4杯（1又1/2條）無鹽奶油
慢慢放入下面材料，以高速打到輕盈鬆軟，2到4分鐘：
1又1/4杯糖
加入下面材料，每次1顆：
3顆大蛋黃
麵粉混合物分3等分，下面材料分2等分，兩相交替加入上述混合物：
3/4杯又2大匙優格或酪奶
並打到滑順，必要時用橡膠抹刀刮集沾黏在碗壁的混合物。
將下面材料放入大碗，用乾淨攪拌棒以中速打到軟性發泡：
3或4顆大蛋白
1/8小匙塔塔粉
一面以高速擊打，一面加入：
1/4杯糖
繼續打到硬性發泡但不乾燥。使用橡膠抹刀切拌1/4蛋白到蛋黃混合物之中，再將剩餘蛋白切拌完畢。將麵糊刮入烤模且推抹均勻。
烘烤到用牙籤插到糕體中央而拔出時不帶沾黏物即可，45到55分鐘。冷卻和脫模，見27頁。
喜歡的話，可以塗抹以下糖霜：
巧克力奶油糖霜，162頁、沸煮白糖霜，155頁或七分鐘海泡沫糖霜，156頁

紅糖香料蛋糕（Brown Sugar Spice Cake）

依照上述絲絨香料蛋糕的做法，用1又1/2杯壓實的紅糖來取代白糖，並在麵糊中放入2到3小匙柳橙皮絲提味。

焦糖蛋糕（Burnt Sugar Cake）（2個9吋圓蛋糕夾層）

焦糖滋味是味覺感官的極致，這自1931年以來就是本書的經典風味。
一律使用室溫材料，約21度；烤爐預熱至190度。兩只9×2吋圓烤模抹油和刷麵粉，或在模底鋪上蠟紙或羊皮紙備用。
用下面材料來做焦糖，273頁：
1/2杯糖
再緩緩加入下面材料並攪拌順滑：
1/4杯滾水
讓糖漿冷卻到形成糖蜜的黏稠度。
將下面材料完全攪勻：
2又1/2杯過篩低筋麵粉
2又1/2小匙泡打粉、1/4小匙鹽
把下面材料放到大碗，以中高速打到奶糊狀：
1/2杯（1條）無鹽奶油
慢慢加入下面材料並打到輕盈鬆軟，約5分鐘：
1又1/2杯糖
打入下面材料，每次1顆：
2顆大蛋黃
麵粉混合物分3等分，下面材料分2等分，兩相交替加入上述混合物：
1杯水
以低速打到順滑即可。加入並攪打：
3大匙焦糖（剩餘的部分留著備用）
1小匙香草
將下面材料放入中碗，用乾淨攪拌棒打

到硬實但不乾燥：

2顆大蛋白

輕輕切拌上述混合物到蛋糕糊中，再將麵糊放入烤模並抹平頂部。

烘烤到用牙籤插到糕體中央而拔出時不帶沾黏物即可，約25分鐘。冷卻和脫模，見6頁。

除了香草之外，準備以下材料來填抹澆淋蛋糕：

沸煮白糖霜，155頁、7分鐘白糖霜，155頁或2杯「速成白糖霜」，161頁並加4小匙焦糖調味。

（將任何剩餘的焦糖儲放在密封瓶罐內，一定能保存一段時間）

蘋果醬蛋糕（Applesauce Cake）（1個8吋方蛋糕、8吋波形中空蛋糕或8又1/2×4又1/2吋長條蛋糕）

8吋方形烤模做出的是質地最輕盈的蘋果醬蛋糕，而長條蛋糕烤模的成品就比較密實。使用白糖可以更凸顯蘋果的香味，而紅糖則會加強蛋糕香料的味道。如果你的家庭成員中有人對雞蛋過敏，請不要加蛋，放入蘇打粉時加入1小匙的泡打粉。

一律使用室溫材料，約21度；烤爐預熱至180度。一只8吋方烘焙烤模、一只8吋波形中空烤模或一個8又1/2×4又1/2吋長條蛋糕烤模抹油且刷麵粉，或在模底鋪上蠟紙或羊皮紙備用。

攪勻下面材料：

1又3/4杯過篩中筋麵粉、1小匙蘇打粉

1小匙肉桂粉、1/2小匙丁香粉

（1/2小匙多香果粉）

（1/4小匙磨碎肉豆蔻或其粉末）

1/2小匙鹽

將下面材料放入大碗打到奶稠狀，約30秒：

1/2杯（1條）無鹽奶油

緩緩加入下面材料，以高速打到顏色變淡且質感輕盈即可，需3到5分鐘：

1杯白糖或壓實的淡紅糖

打入：

1顆大雞蛋

麵粉混合物分3等分，下面材料分2等分，交替加入上述混合物：

1杯稍甜或無糖的濃蘋果醬

每加一次材料都要打到調勻，必要時用橡膠抹刀刮集沾黏碗壁的混合物。喜歡的話，拌入下面材料：

（1杯細碎的核桃或胡桃）

（1杯葡萄乾或醋栗乾）

將麵糊刮入烤模且推抹均勻。烘烤到用牙籤插到糕體中央而拔出時不帶沾黏物即可，方烤模約烤25到30分鐘，波形中空烤模40到45分鐘，長條蛋糕烤模則1小時到1小時10分鐘。冷卻和脫模，見6頁。

澆淋：

焦糖糖霜，158頁、速成奶油糖果糖霜，162頁或速成焦味奶油糖霜，162頁

或撒放：

糖粉

隆鮑爾果醬蛋糕（Rombauer Jam Cake）（1個8或10吋波形中空蛋糕或9吋圓中空蛋糕）

一律使用室溫材料，約21度；烤爐預熱至180度。一只8吋或10吋波形中空烤模或一只9吋圓中空烤模抹油和刷麵粉備用。

將下面材料放入碗裡攪勻：

1又1/2杯過篩中筋麵粉、1小匙泡打粉

1/2小匙蘇打粉、1/2小匙丁香粉

1小匙肉桂粉、1小匙磨碎肉豆蔻或其粉末
1/2小匙鹽
將下面材料放入大碗打到輕盈蓬鬆，約5分鐘：
2/3杯壓實的深紅糖
10大匙（1又1/4條）無鹽奶油
打入下面材料，每次1顆：
3顆大雞蛋
打入：
1/4杯牛奶
即加入麵粉混合物，以低速打到幾近混合即可。打入：
2/3杯無籽覆盆子或黑莓果醬
（1/2杯粗碎核桃或胡桃）
將麵糊刮入烤模且推抹均勻。烘烤到用牙籤插到糕體中央而拔出時不帶沾黏物即可，約30分鐘。蛋糕不脫模放在架上冷卻10分鐘，然後烤模輕拍檯面使蛋糕離模，將之脫模倒置於架上冷卻。
澆淋：
速成焦味奶油糖霜，162頁或速成奶油糖果糖霜，162頁

燕麥蛋糕（Oatmeal Cake）（1個13×9吋蛋糕）

這種淋上烤糖霜的蛋糕相當香甜濕潤，因而吸引了一批忠實粉絲。最好在食用前一到兩天就烘焙好。
一律使用室溫材料（水除外），約21度；烤爐預熱至180度。一只9×13吋烘焙烤模抹油備用。
混合下面材料並靜置20分鐘：
1杯傳統燕麥片
1又1/2杯滾水
其間，攪勻：
1又1/3杯中筋麵粉
1小匙蘇打粉
1小匙肉桂粉
1/2小匙磨碎肉豆蔻或其粉末
1/2小匙鹽
將下面材料放入中碗，以高速打到輕盈蓬鬆，4到6分鐘：
1/2杯（1條）無鹽奶油
1杯糖
1杯壓實的紅糖
打入：
2顆大雞蛋
1小匙香草
一面低速攪打，一面加入燕麥片混合物，然後再加麵粉混合物。將麵糊刮入烤模且推抹均勻。烘烤到用牙籤插到糕體中央而拔出時不帶沾黏物即可，約30分鐘。蛋糕不脫模放在架上短暫冷卻，趁著糕體溫熱時，澆淋以下糖霜：
雙倍食譜分量的烤糖霜，168頁
並如指示烤炙蛋糕。

番茄湯蛋糕（或神祕蛋糕）（Tomato Soup Cake〔Mystery Cake〕）（1個9吋方蛋糕）

這些食材組合可以做出滋味出奇好的蛋糕。怎麼可能會不好吃呢？這種蛋糕的祕方就是用了番茄，番茄畢竟是種水果，而且蛋糕裡頭沒有用到雞蛋或牛奶。
一律使用室溫材料（水除外），約21度；烤爐預熱至180度。一只9吋方形烘焙烤模抹油備用。
下面材料放入大碗攪勻：
2杯過篩中筋麵粉
1小匙蘇打粉
1小匙肉桂粉

1/2小匙磨碎肉豆蔻或其粉末
1/2小匙丁香粉、1/2小匙鹽
將下面材料放入大碗，以高速打到輕盈蓬鬆，約5分鐘：
1/4杯（1/2條）無鹽奶油、1杯糖
麵粉混合物分3等分，下面材料分2等分，兩相交替加進上述混合物：
1罐10又3/4盎司濃縮番茄湯罐頭
以低速打到順滑即可。再切拌：
1杯碎核桃或胡桃、1杯葡萄乾
刮下麵糊放入備好的烤模裡且抹平頂部。烘烤到用牙籤插到糕體中央而拔出時不帶沾黏物，約45分鐘。蛋糕不脫模放在架上冷卻。塗抹下面糖霜：
沸煮白糖霜，155頁或奶油起司糖霜，163頁
或撒上下面材料：
糖粉

香蕉蛋糕「樂土」（Banana Cake Cockaigne）（2個9吋圓蛋糕夾層）

如果蛋糕剛出爐即要享用，不需上糖霜，只要撒點糖粉即可。
一律使用室溫材料，約21度；烤爐預熱至180度。兩只9×2吋圓蛋糕烤模抹油並刷麵粉或在模底鋪墊蠟紙或羊皮紙備用。
將下面材料放入碗內攪勻：
2又1/4杯過篩低筋麵粉
3/4小匙蘇打粉
1/2小匙泡打粉
1/2小匙鹽
下面材料放入碗內混合：
1杯稍加搗碎的熟香蕉（約2大根）
1/4杯原味優格或酪奶
1小匙香草
將下面材料放入大碗打到奶稠狀，約30秒：
1/2杯（1根）軟化的無鹽奶油
慢慢加入下面材料並打到輕盈蓬鬆，約5分鐘：
1杯又2大匙糖
打入下面材料，每次1顆：
2顆大雞蛋
麵粉混合物分3等分，香蕉混合物分2等分，兩相交替加入上述混合物，以低速打到滑順，即可刮下麵糊放入烤模且抹平頂部。
烘烤到用牙籤插到糕體中央而拔出時不帶沾黏物，約30分鐘。冷卻和脫模，見27頁。
將以下材料排放在蛋糕夾層間：
2根熟香蕉，切片
澆淋下面糖漿：
沸煮白糖霜，155頁、七分鐘白糖霜，155頁

關於速成蛋糕或「單碗」蛋糕

我們都想要很快就做出很棒的蛋糕。速成蛋糕之所以讓人喜愛，不單是因為製作容易，也是因為美妙的滋味和令人滿足的豐盛質地。即便不趕時間，你一樣可以做速成蛋糕，順道引導小孩學習動手做蛋糕。這些蛋糕都可以在幾分鐘內以單碗調製完成，其中許多的蛋糕用手調製跟用電動攪拌器一樣簡單。我們通常堅持麵粉在量秤前一定要先過篩，不過我們在這裡反而給予未過篩的麵粉分量，一來節省一個步驟，二來是因為這些蛋糕糊是能容許些許誤差的。

調製所謂用雞蛋、奶油或固態起酥油做成的**單碗**蛋糕，通常是在單只大碗內放入麵粉、泡打粉、任何香料和可可粉、脂肪和三分之二的液態材料，再以中等速度攪打約二分鐘，再放入剩餘液態材料，接著開始攪打食譜要求的未打的全蛋、蛋黃或蛋白。➡攪打期間，要刮集碗壁沾黏麵糊數次。➡攪打過度會減少打發體積，而做出質地密實有顆粒感的蛋糕。

閃電蛋糕（Lightning Cake，德文Blitzkuchen）（1個13×9吋蛋糕或2個8吋蛋糕夾層）

本書這款經典蛋糕，傳統做法是烘焙一層薄蛋糕夾層，上頭撒放糖、堅果和肉桂粉。不過，蛋糕糊可以不加頂層加料，放入圓烤模烘烤來做成夾層蛋糕。

一律使用室溫材料，約21度 ；烤爐預熱至190度。一只烤焙茶點心的13×9吋烤模抹油，或者兩個8×2吋圓蛋糕烤模抹油並刷麵粉，或在模底鋪蠟紙或羊皮紙備用。如果你想做出好吃的佐茶薄糕點，準備：

1/2杯糖粉
1大匙肉桂粉
1/4到1/2杯碎胡桃或杏仁片

在大碗內攪拌下面材料：

1又3/4杯低筋麵粉或1又1/2杯中筋麵粉
1杯糖
1又1/2小匙泡打粉
1/2小匙鹽

加入下面材料，以中速混合2分鐘：

2顆大雞蛋、1/2杯牛奶
（1小匙香草）

打入：

1/2杯（1條）軟化的無鹽奶油

用低速攪打上述混合物1分鐘。刮集沾黏碗壁的麵糊，以中高速打1分鐘半，再刮集碗壁並以低速打30秒。

刮下麵糊放入烤模。如果是做茶點心，要均勻撒上加料。烘烤到用牙籤插到糕體中央而拔出時不帶沾黏物，約20分鐘。茶點心不要脫模就放在架上完全冷卻；蛋糕夾層先不脫模在架上冷卻10分鐘，就要用刀子離模和脫模，正面朝上置於架上冷卻。

用以下糖霜做為夾餡或糖衣：

花生醬糖霜，163頁或焦味奶油糖霜，162頁

速成可可粉蛋糕（Quick Cocoa Cake）（2塊 8吋圓蛋糕夾層）

使用兩只圓烤模製作上述閃電蛋糕。頂層不加料，並用1/4杯荷蘭加工可可粉替代1/4杯麵粉。待蛋糕冷卻，夾餡和糖衣則使用歐式巧克力糖霜，166頁。

速成焦糖蛋糕（Quick Caramel Cake）

依照上述閃電蛋糕的做法，頂層不加料，並用1杯紅糖代替白糖。你也可以將（3/4杯碎胡桃或核桃）或（3/4杯碎棗子）加到麵糊中。待蛋糕冷卻，就塗抹焦味奶油糖霜，162頁。

巧克力大蛋糕，亦稱德州大蛋糕（Chocolate Sheet Cake〔Texas Sheet Cake〕）（1個13×9吋蛋糕）

你要親手混製這種蛋糕，完成後不脫模即可端上桌享用。

使用室溫材料，約21度；烤爐預熱至190度。一只13×9吋烤模抹油備用。

將下面材料放入大碗拌勻：

2杯糖

2杯中筋麵粉

1小匙蘇打粉

1/2小匙鹽

將下面材料放入中型平底深鍋煮沸且不時攪拌：

1杯水

1/2杯植物油

1/2杯（1條）無鹽奶油

1/2杯無糖可可粉

將熱燙的混合物倒進乾燥材料內一起攪拌均勻，稍微冷卻就拌入下面材料：

2顆大雞蛋

1/2杯酪奶

1小匙香草

刮下麵糊放入烤模並推抹均勻。烘烤到用牙籤插到糕體中央而拔出時不帶沾黏物，約20到25分鐘，蛋糕不脫模放於架上冷卻。

喜歡的話，塗抹：

1又1/2杯速成摩卡糖霜，162頁或速成巧克力奶油糖霜，162頁

或在蛋糕頂部撒放下面材料：

（1杯碎胡桃或核桃）

或塗抹：

咖啡發泡鮮奶油，99頁或摩卡發泡鮮奶油，100頁

密西西比泥蛋糕（Mississippi Mud Cake）（1個13×9吋蛋糕）

這份簡單食譜做出的蛋糕塞滿好料，正好可以讓孩子們輪流享受烘焙樂趣。

準備下面蛋糕：

巧克力大蛋糕

蛋糕一出爐，就在頂層均勻塗抹以下材料：

3又1/2杯迷你棉花糖

跟著棉花糖一起撒放下面材料：

1杯碎胡桃

再將蛋糕送回烤爐，烤到棉花糖軟化冒煙，2到3分鐘，蛋糕出爐並在頂部塗抹以下糖霜：

2到3杯巧克力軟緞糖霜，166頁

要輕輕塗抹糖霜，才不會動到棉花糖和堅果。將蛋糕放在架上冷卻到頂部加料凝固。

不含奶類巧克力蛋糕（Dairy-Free Chocolate Cake）（1個8吋方蛋糕）

無論是否有飲食上的限制，這款簡單的蛋糕令人愉悅。

烤爐預熱至190度。一只8吋方形烘焙烤模抹油和刷麵粉，或在模底墊上蠟紙或羊皮紙備用。

將下面材料放入大碗拌勻：

1又1/2杯中筋麵粉

1杯又2大匙糖

1/3杯又1大匙無糖可可粉

1小匙蘇打粉

1/2小匙鹽

加入：

1杯冷水

1/4杯植物油

1大匙蒸餾白醋
2小匙香草
將麵糊攪打順滑，即可刮放到烤模裡並推抹均勻。
約烤30分鐘，直到把蛋糕測試棒插到糕體中央而拔出時不帶沾黏物即可。蛋糕不脫模放於架上冷卻10分鐘，就可滑入薄刀繞刮蛋糕側邊一圈而使之離模。若有鋪襯紙，倒扣蛋糕撕掉紙張，放到架上正面朝上冷卻。
可以原味食用或撒放：
糖粉
或淋上：
速成餅乾糖霜，172頁佐以蘭姆酒、白蘭地或咖啡利口酒

柳橙蘭姆蛋糕（Orange Rum Cake）（1個8吋圓蛋糕）

這款柳橙蛋糕融合了海綿蛋糕的輕盈質地與磅蛋糕的奶油口感。
一律使用室溫材料，約21度；烤爐預熱至190度。一只8×2吋圓烤模抹油和刷麵粉，或在模底鋪上蠟紙或羊皮紙備用。
融化下面材料並靜置冷卻：
3大匙無鹽奶油
將下面材料放入大碗，以高速打到濃稠並呈淺黃色，約4分鐘：
1杯糖、3顆大雞蛋
1顆柳橙皮絲、1/8小匙鹽
將下面材料篩到混合物上面並加以切拌：
1又1/4杯中筋麵粉
1又1/2小匙泡打粉
再與下面材料一同拌入融化的奶油中：
1/3杯濃鮮奶油
刮下麵糊放入烤模並推抹均勻。烘烤到用牙籤插到糕體中央而拔出時不帶沾黏物，約30到35分鐘。冷卻和脫模說明，見27頁。
用木籤戳刺整個蛋糕底部，並淋上：
1/2杯黑蘭姆酒
靜置到完全冷卻。
澆抹：
苦甜巧克力糖汁，165頁
或撒放：
糖粉

柳橙杏仁蛋糕（Orange Almond Cake）

依照上述柳橙蘭姆蛋糕的做法，但烘焙前先用蛋糕烤模做好鬆脆杏仁加料，170頁備用，並將1/8小匙杏仁萃取液跟著柳橙皮絲一起加入麵糊。

蘋果蛋糕（Apple Cake）（1個8吋方蛋糕）

我們喜歡使用帶皮的青蘋果。
烤爐預熱至180度。一只8吋方形烘焙烤模抹油並刷麵粉，或在模底鋪上蠟紙或羊皮紙備用。
將下面材料放入大碗攪拌均勻，且要擰碎結塊的紅糖：
1又1/2杯中筋麵粉，或1杯中筋麵粉加1/2杯全麥麵粉
1杯壓實的紅糖、1小匙蘇打粉
1小匙肉桂粉、1/2小匙丁香粉
1/2小匙磨碎肉豆蔻或其粉末
1/2小匙鹽
加入且拌勻：
1杯酪奶、1/2杯植物油

（2大匙蘭姆酒或白蘭地）
1小匙香草
拌入：
1杯剁碎的蘋果、1/2杯剁碎的核桃或胡桃
刮下麵糊放入烤模並推抹均勻。烘烤到用牙籤插到糕體中央而拔出時不帶沾黏物，需40到45分鐘。蛋糕不脫模放於架上冷卻，或照6頁的說明進行冷卻和脫模。
蛋糕趁熱食用，不加料或搭配下面材料皆宜：
香草冰淇淋
或靜置完全冷卻，並塗抹：
速成白糖霜，161頁或速成奶油糖果糖霜，162頁

胡蘿蔔蛋糕（Carrot Cake）（2個9吋圓蛋糕夾層、2個8吋方形蛋糕夾層或1個13×9吋蛋糕）

胡蘿蔔蛋糕就跟蘋果派一樣如今都可以算是美式食物。我們美國人的胡蘿蔔蛋糕濕潤，好吃到不需要塗抹任何糖霜。
一律使用室溫材料，約21度；烤爐預熱至180度。兩只9×2吋圓蛋糕烤模、兩個8吋方烤模或一個13×9吋烤模需抹油和刷麵粉，或在模底鋪上蠟紙或羊皮紙備用。
將下面材料放入大碗拌勻：
1又1/3杯中筋麵粉、1杯糖
1又1/2小匙蘇打粉、1小匙泡打粉
1小匙肉桂粉、1/2小匙丁香粉
1/2小匙磨碎肉豆蔻或其粉末
1/2小匙多香果粉、1/2小匙鹽
而下面材料放入小碗拌勻，然後用橡膠抹刀將其跟麵粉混合物一起拌勻：
2/3杯植物油、3大顆雞蛋
拌入：
1又1/2杯胡蘿蔔絲、1杯碎核桃
（1杯黃金葡萄乾）
（1/2杯罐裝鳳梨碎泥，稍微瀝乾）
刮下麵糊放入烤模並推抹均勻。烘烤到用牙籤插到糕體中央而拔出時不帶沾黏物即可，圓形或方形烤模烤25到30分鐘，而13×9吋烤模則需30到35分鐘。喜歡的話，13×9吋蛋糕可不脫模置於架上冷卻，或照6頁的說明冷卻和脫模。塗抹：
奶油起司糖霜，163頁、速成白糖霜，161頁或速成焦味奶油糖霜，162頁
或大蛋糕可撒放下面材料：
糖粉

薑餅（Gingerbread）（1個9吋方蛋糕）

一律使用室溫材料，約21度；烤爐預熱至180度 。一只9吋方烤模抹油和刷麵粉，或在模底鋪上蠟紙或羊皮紙備用。
拌勻下面材料：
2又1/4杯中筋麵粉、1又1/2小匙蘇打粉
1小匙薑粉、1小匙肉桂粉
1/2小匙鹽
在小碗內攪拌：
1杯熱水、1/2杯淡糖蜜
1/2杯蜂蜜
在大碗裡攪拌：
1/2杯（1條）融化和冷卻的無鹽奶油
1顆大雞蛋、1/2杯糖
將乾燥和濕潤材料兩相交替放入奶油混合物，而且每加一次材料都要打勻。喜歡的話，可以加入：
（3大匙剁細碎的糖薑）
將麵糊放入備好烤模，烤到用牙籤插到糕體中央而拔出時不帶沾黏物，約1小時，即可讓烤模在爐架上冷卻10分鐘，再連模放到物架上冷卻。

蓋福克斯節蛋糕（Guy Fawkes Day Cake）（1個8吋方蛋糕）

這種不太甜的蛋糕是北英格蘭的傳統薑餅，又名帕金薑餅（parkin），配上發泡鮮奶油享用，味道更是無可挑剔。

烤爐預熱至180度，一只8吋烤模抹油備用。

將下面材料放入平底深鍋攪拌融化：

1/2杯（1條）無鹽奶油

2/3杯糖蜜

停止加熱。將下面材料放入大碗拌勻：

1杯中筋麵粉、2/3杯傳統燕麥片

1大匙糖、1小匙薑粉、1/4小匙丁香粉

1/2小匙鹽、1/2小匙蘇打粉

（1小匙檸檬皮絲）

將融化奶油混合物與下面材料交替加入乾燥混合材料：

2/3杯牛奶

拌到乾燥材料濕潤即可。這種麵糊不太濃稠，倒入烤模烤到蛋糕四周離模，約35分鐘，蛋糕不離模放到架上冷卻。

蜂蜜蛋糕（Honey Cake）（1個13×9吋蛋糕）

這是典型的東歐蛋糕，在意第緒語稱為*lekach*。

烤爐預熱至150度，一只13×9吋玻璃烤模抹油備用。將下面材料全放入中型平底深鍋，以小火烹煮並輕輕拌勻：

1又1/2杯蜂蜜、1杯咖啡

3/4杯植物油、2小匙香草

停止加熱，靜置冷卻。將下面材料放入大碗拌勻：

3又3/4杯中筋麵粉

1又1/2小匙蘇打粉

1小匙泡打粉、2小匙肉桂粉

1/2小匙薑粉

（3/4杯葡萄乾）、（3/4杯剁碎的核桃）

將下面材料放入中碗，以高速打到濃稠且呈淡黃色，需4到5分鐘：

3顆大雞蛋、3/4杯糖

將冷卻的蜂蜜混合物打入雞蛋裡，再放入乾燥材料攪打均勻，即可刮下麵糊放入烤模且推抹均勻。烘烤到用牙籤插到糕體中央而拔出時不帶沾黏物，40到45分鐘。蛋糕一出爐，就用叉子戳刺整個表面。將下面材料加熱到微溫：

1/4杯蜂蜜

用大湯匙將蜂蜜澆淋到蛋糕表面，蛋糕不脫模置於架上完全冷卻，再切分。

關於水果蛋糕

縱然不是所有人都同意，不過，確實有許多人都認為水果蛋糕已經隨著時間演進而越做越好。這些蛋糕浸潤在烈酒裡（可以提神並抑制黴菌）且深埋於緊密錫皿的糖粉之中，據說可以在烤好後放上二十五年再享用呢！

水果蛋糕基本上是奶油蛋糕，所含的麵糊分量恰好可以黏合水果。你如果不是那麼喜歡吃一般的糖漬水果，可以用剁碎果乾來替代，如杏桃、洋梨或棗子等，再搭配傳統葡萄乾或醋栗。使用抹油的剪刀來剪碎糖漬水果或果乾，而不要用刀子切分——這道程序只是麻煩些而已。因為切蛋糕的時候，刀子會一路切過堅果和水果，所以根本不需要擔心水果碎片有大有小。你要是真的喜歡裹糖霜水果或蜜餞，就多花些錢在專門店選買上等貨色，你會在蛋糕成品上看到回報的。糖漬水果越大，通常越新鮮而品質也越好。

烘焙水果蛋糕要使用光亮金屬烤模，不要用深色或玻璃材質的烤盤，這樣一來，在三小時半的漫長烘焙過程中，蛋糕體和觸碰模具的碎果片才不會烤得過焦。模具邊壁與底部都要墊蠟紙、羊皮紙或牛皮紙來進一步隔離蛋糕糊，確保厚實脆弱的蛋糕可以脫模，而不會黏在模具或碎裂。如果使用的是中空烤模，先將紙張裁出一個管柱大小的洞口，再鋪到模底，而管柱與模壁也要用寬紙條鋪好。模具先抹油來固定襯紙，而蠟紙或羊皮紙不一定要抹油，但抹油的紙張比較好從蛋糕上撕下。

一個兩磅半到三磅的蛋糕，要用兩個8又1/2×4又1/2吋或9×5吋的長條蛋糕烤模，其成品可以切出半吋厚的蛋糕三十塊以上。而兩個任何尺寸的長條蛋糕烤模的麵糊分量，也可以放入一個十吋中空烤模加以烘焙，但烘焙時間因而增加一倍。不論是使用小型（至多六杯容量）波形模具或拋棄型鋁製烤模，可別低估了做出小長條糕點來當禮物的可能性。波形模具不能放襯紙，但務必要大量抹油和刷麵粉。一般說來，水果蛋糕烘焙時不太會膨脹，因此烤模填裝麵糊可以到距頂部四分之三吋之內。

熱水果蛋糕可能碎裂，因此先不要脫模放在架上冷卻最少三十分鐘而最多到六十分鐘，再非常小心地為蛋糕脫模。若有鋪襯紙，脫模後再撕掉，並讓其在架上冷卻。

蛋糕冷卻後，你可以用針棒戳刺幾次，並將加熱但未煮沸的酒品（如白蘭地、波本威士忌、蘭姆酒或酒）慢慢滴倒於蛋糕上使其有時間吸收，（兩磅半的蛋糕）酒品用量最多一杯。不過要當心的是，浸泡酒品的水果蛋糕及那些包裹烈酒布塊的蛋糕（見下文），在分切時往往易於碎裂。

為蛋糕裝飾糖漬水果或堅果時，裝飾物底部先沾浸淡糖漿再貼放上去，不然也可以直接替蛋糕裹糖漿，才排放水果跟堅果。

儲存蛋糕時，先包一層保鮮膜，再包上一層鋁箔紙。或是喜歡的話，也可以包裹浸泡白蘭地或烈酒的亞麻布或棉紗布，裝入可重新密封的強力塑膠袋。水果蛋糕在室溫下可存放約一個月，而置於冰箱則可保存至少六個月。

水果蛋糕「樂土」（Fruitcake Cockaigne）（2個8×4吋長條蛋糕）

這款白色磅蛋糕的水果色澤柔淡。

請讀「關於奶油蛋糕」，26頁與上文「關於水果蛋糕」。一律使用室溫材料，約21度；烤爐預熱至165度 。兩只8又1/2×4又1/2吋長條蛋糕烤模抹油，並在模底和模壁鋪上蠟紙、羊皮紙或牛皮紙備用。

量秤：

4杯過篩中筋麵粉
將1/2杯麵粉和下面材料混合：
1杯碎堅果（最好是杏仁片）
1杯黃金葡萄乾
（1/2杯糖漬香櫞薄片或糖漬柳橙皮或檸檬皮）
（1/4杯糖漬鳳梨）
（1/4杯糖漬櫻桃）
（1/2杯甜椰絲乾）
將剩餘的麵粉和下面材料一起攪拌：
1小匙泡打粉
1/2小匙鹽
將下面材料放入大碗打到奶稠狀，約30秒：
3/4杯（1又1/2條）無鹽奶油
慢慢加入下面材料，並以高速打到輕盈鬆軟，5到7分鐘：
2杯糖
打入下面材料，每次1顆：
5顆大雞蛋
再打入：
1小匙香草
以低速慢慢放入麵粉和泡打粉的混合物，並打到完全均勻，再切拌裹麵粉的堅果和水果。將麵糊均分放入烤模且推抹均勻。烘烤到用牙籤插到糕體中央而拔出時不帶沾黏物，約1小時。冷卻和脫模，見6頁；儲存方式，見11頁。

深色水果蛋糕（Dark Fruitcake）（4個8又1/2×4又1/2吋或9×5吋長條蛋糕或2個10吋中空蛋糕）

I. 請讀「關於奶油蛋糕」，26頁與「關於水果蛋糕」，49頁。食譜分量或可輕易減半。
一律使用室溫材料，約21度；烤爐預熱至135度。四只8又1/2×4又1/2吋或9×5吋長條蛋糕烤模，或是兩只10吋中空烤模抹油，並在模底和模壁鋪上蠟紙或羊皮紙備用。
準備：
4杯過篩中筋麵粉
預留1杯麵粉備用，剩下的麵粉則與下面材料放入大碗混勻：
1大匙肉桂粉、1大匙丁香粉
1大匙多香果粉
1大匙磨碎肉豆蔻或其粉末
1又1/2小匙肉豆蔻乾皮粉
1小匙鹽
在特大的碗內拌攪預留的麵粉和下面材料：
2又1/2磅醋栗乾（8杯）
2又1/2磅葡萄乾（6又2/3杯）
1磅糖漬香櫞，切丁（3杯）
1磅粗碎的胡桃（3又1/2杯）
將下面材料放入特大碗內打到濃稠狀態，約30秒：
2杯（4條）無鹽奶油
慢慢加入下面材料，以中高速將混合物打到相當輕盈鬆軟，5到7分鐘：
2杯壓實的深紅糖
打入下面材料，每次1顆：
12顆大蛋黃
麵粉混合物分3等分，並與下面材料交替加入上述混合物：
1/2杯波本威士忌或白蘭地或1/2杯梅汁或黑葡萄汁
1/2杯糖蜜
加入並拌勻裹麵粉的水果跟堅果。將下面材料放入大碗，用乾淨的攪拌棒打到硬實但不乾燥：
12顆大蛋白
先切拌1/4的蛋白到麵糊之中，再將剩餘麵糊切拌完畢。將麵糊均分放入備好的烤模，烤到蛋糕有點縮小而離模，用牙籤插到糕體中央而拔出時不帶沾黏物即可，約1又1/2到3小時，確切時間則視烤模尺寸而定，完成後正面朝上置於架上冷卻。儲存方式，見49頁。

II. 有人說，這種蛋糕最好放上至少1個月再端上桌食用，但我們覺得剛出爐的水果蛋糕也相當美味。

2個9×5吋長條蛋糕或1個10吋中空蛋糕

一律使用室溫材料，約21度；烤爐預熱至150度。兩只9×5吋長條蛋糕烤模或是一只10吋中空烤模抹油，並在模底和模壁鋪放蠟紙或羊皮紙備用。

準備：

3杯中筋麵粉、1小匙泡打粉
1/2小匙蘇打粉、1/4小匙鹽
1小匙肉桂粉
1小匙磨碎肉豆蔻或其粉末
1/2小匙肉豆蔻乾皮粉
1/2小匙丁香粉

將下面材料放入大碗打到濃稠為止，約30秒。

1杯（2條）無鹽奶油

慢慢加入下面材料，並以高速打到混合物顏色變淡而質地輕盈，3到5分鐘：

2杯壓實的深紅糖

加入以下材料，每次1顆，必要時刮抹一下碗壁：

6顆大雞蛋

打入：

1/2杯糖蜜
1顆柳橙皮絲與其汁液
1顆檸檬皮絲與其汁液

麵粉混合物分3等分，下面材料分2等分，兩相交替加入並以低速攪打上述混合物：

1/2杯白蘭地

打到均勻為止，需要的話，用橡膠抹刀刮一下碗壁四周。拌入：

2又1/2杯切丁的綜合糖漬水果（香櫞、鳳梨、櫻桃、金柑和／或柳橙皮和檸檬皮）
2杯剁粗碎的核桃
1又1/2杯碎棗子
1又1/2杯醋栗乾（約1磅）
1又1/2杯黃金葡萄乾

刮下麵糊放入烤模並推抹均勻。烘烤到牙籤插到糕體中央而拔出時不帶沾黏物即可，長條蛋糕約1又1/2小時，而中空蛋糕則需2又1/2到3小時左右（蛋糕頂部顏色若快烤得過深，最後30到60分鐘，請用鋁箔紙稍加覆蓋）。

蛋糕不脫模置於架上冷卻約1小時。倒扣蛋糕脫模並撕掉襯紙，放到架上正面朝上冷卻。儲存方式，見6頁。

關於果仁蛋糕

許多人都認為烘焙果仁蛋糕是件不可能的任務，卻沒想到果仁蛋糕只不過就是個海綿蛋糕，但其中麵粉換成以乾麵包或蛋糕屑和果仁磨成的細粉。因此，果仁蛋糕的做法與製作海綿蛋糕是一樣的：將蛋黃和糖打到濃稠並呈淡黃色，隨後添加調味品與果仁。其蛋糕體的發酵膨脹不是得力於泡打粉，大多是拜所切拌的打硬蛋白所賜。

以下是製作果仁蛋糕的一些訣竅：➡不要使用市面上的麵包屑粉；它們

太纖細。可以自己來做，就是將去外皮的乾燥白麵包放入塑膠袋，隨後用擀麵棍擀碎，或是放進食物調理機調製。➠果仁不可以磨碎到出油的程度。帶利刃的小咖啡香料研磨機或食物調理機，即能磨出所需的輕乾鬆軟的果仁。每次研磨的分量不要超過四分之一杯。

果仁蛋糕的質地通常嬌弱而禁不起過多的觸碰，因此烘焙時會用彈簧扣模鍋或有可拆底盤的中空烤模。➠烤模決不上油，因為這種蛋糕跟海綿蛋糕一樣，糕體都要攀附模壁而發脹膨大。脫模前要先讓蛋糕置於模內完全冷卻。

若要取出用彈簧扣模鍋烤焙的果仁蛋糕，自蛋糕邊緣滑入有彈性的薄刀或小型金屬抹刀而繞刮一圈，而且刀子要緊靠模鍋外框才不會撕裂糕體。喜歡的話，也可以在蛋糕尚未脫模時，如下圖，使用你的手指頭按壓緊實糕體邊緣以使中間和邊緣部分齊高，果仁蛋糕因而就會平整。拿掉烤鍋外框並倒扣蛋糕，如有用襯紙請撕掉。喜歡的話，可以正面朝上放好蛋糕。

你也可以不要推平果仁蛋糕，而在糕體窪處堆淋發泡鮮奶油。如果希望蛋糕有勻稱整齊的外觀，請如上述推平糕體，再用飾布或手裁印花模紙在蛋糕頂部創作印花圖案，148頁或淋上巧克力糖汁，165頁。

果仁蛋糕不論是原味還是搭配咖啡享用，味道都很棒。這種蛋糕也能浸泡烈酒增加香氣，並用糕點鮮奶油填塗夾餡或糖霜，而又有誰能抗拒得了發泡鮮奶油或水果醬汁裝飾糖衣的誘惑呢？

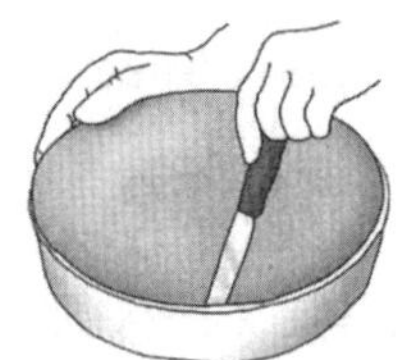

將果仁蛋糕自彈簧扣模鍋脫模取出。

杏仁蛋糕「樂土」（Almond Torte Cockaigne）（2個8吋圓蛋糕或1個8吋彈簧扣模鍋烘焙的蛋糕）

這是經典的德式杏仁蛋糕（Mandeltorte），味道不是太甜，只散發一絲淡淡的柑橘香味。烘焙時多放1顆雞蛋，蛋糕成品的質地會更輕盈。請讀上文「關於果仁蛋糕」。

一律使用室溫材料，約21度；烤爐預熱至165度。準備兩只8×2吋圓蛋糕烤模或是一只8吋彈簧扣模鍋，底部需抹油並刷麵粉或鋪上蠟紙或羊皮紙。

細磨：

3/4杯未去皮的全顆杏仁

將下面材料放入大碗，以高速打到濃稠和呈淡黃色，約2分鐘：

3/4杯糖、6顆大蛋黃

拌入杏仁與下面材料：

1/2杯烤過或乾燥的白麵包屑

1顆檸檬或小柳橙的皮絲與汁液

1小匙肉桂粉

2小匙杏仁萃取液

將下面材料放入另一只大碗，用乾淨的攪拌棒以中速打到軟性發泡：

6或7顆蛋白

1/4小匙塔塔粉

一面以高速擊打，一面慢慢加入：
1/4杯糖
打到硬性發泡但不乾燥。用橡膠抹刀切拌1/4的蛋白到杏仁混合物中，再將剩餘蛋白切拌完畢。將麵糊均分放入備好烤模，且推抹均勻。
烘烤到用牙籤插到糕體中央而拔出時不帶沾黏物即可，圓烤模約20分鐘，彈簧扣模鍋則需50到55分鐘。蛋糕不脫模在架上完全冷卻；糕體冷卻後，中間部分應會凹陷。推平糕體和脫模程序，見上述「關於果仁蛋糕」。
用以下糖霜塗裹糖衣或（或餡料）：
發泡鮮奶油，98頁、咖啡發泡鮮奶油，99頁、巧克力奶油糖霜，162頁或苦甜巧克力糖汁，165頁
或撒放：
糖粉
並搭配：
巧克力醬「樂土」，256頁
或用以下材料填塗夾層：
發泡鮮奶油、發泡鮮奶油與檸檬凝乳，102頁混合餡料或檸檬柳橙卡士達餡料，103頁
並撒放：
糖粉

胡桃蛋糕（Pecan Torte）

準備上述杏仁蛋糕「樂土」以做出更濕潤豐富的蛋糕，請將杏仁換成胡桃。

無酵餅粉杏仁蛋糕（Flourless Matzo Almond Torte）

依照上述杏仁蛋糕「樂土」做法，但將麵包屑換成1/2杯無酵餅粉。

榛果蛋糕（Hazelnut Torte）（1個10吋彈簧扣模鍋烘焙的蛋糕）

烤榛果會散發出更濃烈的香氣。
請讀「關於果仁蛋糕」，52頁。
一律使用室溫材料，約21度；烤爐預熱至180度。一只10吋彈簧扣模鍋底部抹油和刷麵粉，或鋪放蠟紙或羊皮紙備用。
下面材料放入大碗，以中高速擊打1分鐘：
12顆大蛋黃
緩緩加入下面材料並打到濃稠和呈檸檬色：
1杯糖
拌入下面材料到充分混合：
1杯榛果細粉
1杯胡桃細粉或核桃細粉
（2大匙乾麵包屑，460頁）
將下面材料放入大碗，用乾淨的攪拌棒以中高速擊打硬實但不乾燥：
8顆大蛋白
1/2小匙塔塔粉
切拌1/4的蛋白到麵糊之中，再將剩餘蛋白切拌完畢，即可把麵糊均分放入烤模。
烤到用牙籤插到糕體中央而拔出時不帶沾黏物即可，約40分鐘。蛋糕不脫模放置架上冷卻；糕體冷卻後，中間部分應會凹陷。推平糕體和脫模說明，見6頁。
配搭：
香草或甜雪利酒調味的發泡鮮奶油
或在蛋糕上塗抹：
速成摩卡糖霜，162頁或焦味奶油糖霜，162頁

巧克力核桃蛋糕（Chocolate Walnut Torte）（1個9吋蛋糕）

請讀「關於果仁蛋糕」，52頁。

一律使用室溫材料，約21度；烤爐預熱至165度。一只9吋彈簧扣模鍋底部抹油並刷麵粉，或鋪上蠟紙或羊皮紙備用。

將下面材料放入大碗，以中高速擊打1分鐘：

6顆大蛋黃

慢慢加入下面材料，打到發白濃稠：

3/4杯又2大匙糖

加入並拌勻：

3/4杯碎核桃、1/2杯細碎的餅乾屑
2盎司磨碎的無糖巧克力
2大匙白蘭地或蘭姆酒
1/2小匙泡打粉
（1/2小匙肉桂粉）、（1/4小匙丁香粉）
（1/4小匙磨碎肉豆蔻或其粉末）

將下面材料放入大碗，用乾淨的攪拌棒以中高速打到硬實但不乾燥：

6顆大蛋白
1/4小匙塔塔粉

切拌1/4的蛋白到麵糊之中，再將剩餘蛋白切拌完畢，即可把刮下麵糊放入烤模。

烤到用牙籤插到糕體中央而拔出時不帶沾黏物即可，約1小時。蛋糕不脫模靜置冷卻，糕體中間部分應會凹陷些。推平糕體和脫模的部分，見6頁。

塗抹：

巧克力奶油糖霜，162頁或苦甜巧克力糖汁，165頁

或配搭下面配料享用：

卡士達醬，254頁

薩赫蛋糕（Sachertorte）（1個9吋蛋糕）

薩赫夫人（Frau Sacher）是維也納的偉大人物之一。她經營的著名餐廳，供養了一群長期賒賬的貧困奧地利貴族。今日，正當各地數不盡的巧克力蛋糕食譜都聲稱其源自正統，而薩赫夫人卻能以她的巧克力蛋糕而讓世人忘不了她。我們在此不是要宣告什麼，只是覺得以下食譜的蛋糕滋味令人回味無窮。烘焙時再多放1顆雞蛋，蛋糕成品的質地會更輕盈。

請讀「關於果仁蛋糕」，52頁。

一律使用室溫材料，約21度；烤爐預熱至165度。一只9吋彈簧扣模鍋底部抹油並刷麵粉，或鋪上蠟紙或羊皮紙備用。

研磨：

6盎司半甜或苦甜巧克力

將下面材料放入大碗，以中高速打到輕盈奶稠為止，約3分鐘：

1/2杯糖、1/2杯（1條）無鹽奶油

打入下面材料，每次1顆：

6顆大蛋黃

加入磨碎的巧克力和以下材料：

3/4杯乾麵包屑
1/4杯去皮杏仁細粉
1/4小匙鹽

將下面材料放入大碗，用乾淨的攪拌棒以中高速打到硬實但不乾燥：

6或7顆大蛋白、1/2小匙塔塔粉

切拌1/4的蛋白到麵糊中，再將剩餘蛋白切拌完畢，即可刮下麵糊放入烤模。

蛋糕烤到用牙籤插到糕體中央而拔出時不帶沾黏物即可，需50分鐘到1小時。蛋糕不脫模放在架上完全冷卻，則可移除模鍋外框，將蛋糕橫切成兩夾層。如果蛋糕頂部凸起，請倒置夾層以壓平蛋糕成品頂部。夾層間塗抹下面材料：

1杯杏桃果醬或果肉果醬

將下面糖霜淋到蛋糕上：

苦甜巧克力糖汁，165頁

上述糖汁應呈現出油亮光澤。如果想再現道地的維也納口味的話，將每片蛋糕裝飾上一團*Schlag*，或稱發泡鮮奶油。

| 關於無麵粉巧克力蛋糕 |

這些密實的蛋糕與果仁蛋糕的相似之處，都是以雞蛋做為蓬鬆劑和大部分的糕體結構。它們在冷卻後中央部分往往會凹陷，也比其他蛋糕來得濕潤。除了富含雞蛋、奶油之外，它們亦有相當多的巧克力。因此請選用優質巧克力，因為這是蛋糕的靈魂材料。➡ 請依照個別食譜說明來測試蛋糕完成度，比方說，有些蛋糕在中央部分仍濕黏的時候就要自烤爐取出。

單份熔岩巧克力蛋糕（Individual Molten Chocolate Cakes）（8塊小蛋糕）

這些不用麵粉且超級豐富的熔岩巧克力蛋糕，是以瑪芬模具烘烤而成的溫食，絕對適合在迷人的晚宴上享用。你可以事先做好蛋糕糊，將其刮放到瑪芬模具中並密封冷藏一晚，以備烘烤用。

一律使用室溫材料，約21度；烤爐預熱至200度。八只瑪芬烤杯抹上奶油和糖備用。

將下面食材放入雙層蒸鍋頂層或微波爐，以中火加熱並不時攪拌到融化滑順為止：

6盎司粗碎的苦甜或半甜巧克力

6大匙（3/4條）無鹽奶油

離火，篩入下面材料：

1/4杯無糖可可粉

拌到滑順。將下面材料放入中碗，以中速打到軟性發泡：

4顆大蛋白、1/4小匙塔塔粉

慢慢加入下面材料，以高速打到硬性發泡但不乾燥：

2大匙糖

使用橡膠抹刀切拌1/4的蛋白到巧克力混合物中，再將剩餘蛋白切拌完畢。將混合物放入瑪芬烤杯至3/4滿。

烤到蛋糕頂部裂開而中心軟黏即可，需7到8分鐘（冷藏蛋糕，請多烤焙1分鐘或更久一點）。靜置2到3分鐘；蛋糕會稍微萎縮而自行離模。將架子放在蛋糕上，倒置脫模。趁熱搭配下面材料食用：

發泡鮮奶油，98頁

無麵粉巧克力軟雪糕（Flourless Chocolate Decadence）（1個8吋圓蛋糕）

食用時，將蛋糕切成很小的楔形糕塊，配上發泡鮮奶油和新鮮覆盆子或「新鮮覆盆子醬」，267頁。

一律使用室溫材料，約21度；烤爐預熱至165度。一只8×2吋圓蛋糕烤模（不用彈簧扣模鍋）抹油，並於模底鋪上蠟紙或羊皮紙備用。

在耐熱大碗內混合：

1磅粗碎的苦甜或半甜巧克力

10大匙（1又1/4條）無鹽奶油，分切10塊

一只大煎鍋裝盛未煮沸的水，將大碗放入隔水加熱，不停攪拌到巧克力和奶油溫熱而融化順滑。離火，拌入：

5顆大蛋黃

將下面材料放入大碗，以中速打到軟性發泡：

5顆大蛋白、1/4小匙塔塔粉

慢慢加入下面材料，以高速打到硬性發泡但不乾燥：

1大匙糖

使用橡膠抹刀切拌1/4的蛋白到巧克力混合物中，再將剩餘蛋白切拌完畢。把蛋糕糊刮入烤模且推抹平整。將蛋糕烤模放入大型淺烤盤或烤炙模具，隨即放入烤爐，並注入足夠的滾水到蛋糕烤模模壁一半的高度，烘烤30分鐘整，蛋糕頂部會烤出一層薄硬殼而內部仍舊軟濕。

將蛋糕模具放在架上完全冷卻，送入冷藏到蛋糕冰冷為止或是冷藏一晚。用刀子沿模壁繞刮蛋糕一圈離模以便脫模，倒扣蛋糕並撕下襯紙，再倒放於上菜淺盤。喜歡的話，可以用飾布或手裁印花模紙，148頁來篩撒下面材料：

糖粉

蛋糕放入冰箱儲存，但至少在食用前1小時甚至更早，就將蛋糕取出放到室溫下軟化。

巧克力慕斯蛋糕（Chocolate Mousse Cake）（1個8吋圓蛋糕）

這款糕點只有1吋到1又1/2吋高，慕斯的質地飄散出苦甜巧克力松露的強烈味道。

一律使用室溫材料，約21度；烤爐預熱至180度。一只8×2吋圓蛋糕烤模（不用彈簧扣模鍋）的內壁抹油，並於模底鋪上蠟紙或羊皮紙備用。

將下面材料放入耐熱大碗：

5盎司粗碎的苦甜或半甜巧克力

在小型厚平底深鍋中混合：

2/3杯糖

1/2杯荷蘭加工（鹼化）可可粉

2大匙中筋麵粉

下面材料先拌入足夠做成麵糊的分量，再拌入剩餘部分 ：

3/4杯牛奶

以中火煮沸，不時用木匙攪拌以避免煮焦。火力調小，溫和沸煮，不時攪拌到混合物有點黏稠為止，約1分鐘。此時，立即把這熱混合物澆淋到碎巧克力上，並攪拌到巧克力融化且混合物滑順為止。打入：

2顆大蛋黃

1小匙香草

將下面材料放入大碗，以中速打到軟性發泡：

4顆大蛋白

1/4小匙塔塔粉

慢慢加入下面材料，以高速打到硬性發泡但不乾燥：

1/4杯糖

使用橡膠抹刀切拌1/4的蛋白到巧克力混合物中，再將剩餘蛋白切拌完畢。把蛋糕糊刮放到烤模裡且推抹平整。之後，依照「無麵粉巧克力軟雪糕」，56頁的方式來烘烤、冷卻、脫模。

喜歡的話，用飾布或手裁印花模紙，148頁，撒放：

糖粉

或搭配以下材料一起享用：

香草冰淇淋，227頁、糖煮漿果，241頁、發泡鮮奶油，98頁或英式奶油醬，253頁

用熱刀切分蛋糕。

|關於冷藏包餡蛋糕|

我們在此彙集了一些自己特別喜歡的食譜，也給予一些基本蛋糕搭配餡料的建議。如果非得如此，就購買基本天使蛋糕、海綿蛋糕和冰淇淋，然而，調混時，可以使用新鮮鮮奶油、雞蛋、水果以及最重要的純正香草、新鮮香料和優質烈酒，自己做出唇齒留香的醬料。海綿蛋糕和天使蛋糕，15頁到第24頁、「全蛋打法海綿蛋糕」，23頁、「黃水仙蛋糕」，21頁及果仁蛋糕，52頁等蛋糕糊都能鋪進蛋糕模中。外加餡料和搭配組合的說明，見「關於蛋糕餡料」，96頁。

包餡天使蛋糕、包餡戚風蛋糕或包餡海綿蛋糕（Filled Angel, Chiffon, or Sponge Cake）（1個10吋中空蛋糕）

不只好吃，更可說糕點中的上乘之作。蛋糕提早一到兩天烤好且不脫模儲放，爾後較容易處理。

用中空烤模烤焙以下任何一種蛋糕備用：

天使蛋糕，15頁、戚風蛋糕，25頁、（6顆蛋）海綿蛋糕I，19頁、海綿蛋糕II，20頁或黃水仙蛋糕，21頁

一把鋸齒刀或一條長細繩備用。如圖示，用牙籤標出要分割的部分，以牙籤標示為基準順著蛋糕切進一圈1吋切口，再切開糕體；或是使用細繩，拉緊如拉鋸般來回切開頂層1吋厚的截面。將蛋糕頂層留作蓋子之用。

然後在剩下的蛋糕體上切出一條平邊溝渠來裝填餡料。留出1吋的蛋糕壁，以1吋的基底寬度劃出兩條垂直的圓切線。再來，刀子從外緣內壁頂部斜插到內緣內壁的切口底部，慢慢拿掉切口鬆動的糕體，繼續沿著糕體斜切到溝渠核心一圈，然後從內緣頂部到外緣內壁的切口底部，逆勢重複切割動作。這兩道切口會以X形對分彼此，而劃出三個容易移除的鬆脫三角區域，並在距蛋糕底部1吋處切開仍連著底部的第四個三角區域。使用像是葡萄柚料理刀的曲刃刀，可以幫助你切出餡料溝渠。

準備：

任何的巴伐利亞糕餅鮮奶油，202-203頁或巧克力慕斯，200頁

製作包餡蛋糕。

喜歡的話，切碎一些從溝渠切下的蛋糕，將之與餡料混合。如下圖所示，將自選餡料舀入溝渠，再蓋回蛋糕頂層。將下面材料放入大碗混合並打到硬實為止：

1又1/2到2杯冷的濃鮮奶油

1/2杯糖粉、1/2小匙香草

將發泡鮮奶油或糖霜塗抹到蛋糕頂層，冷藏至少8小時或至多24小時。撒放：

烤堅果，544頁

椰絲或果仁糖，306頁

檸檬冰盒蛋糕（Lemon Icebox Cake）（1個8吋蛋糕）

這款是本書1931年版的經典糕點，口感輕盈香甜。

請讀「關於蛋類的食用安全須知」，497頁。一只8吋的碗或舒芙蕾烤盤鋪上蠟紙或保鮮膜，且襯紙側邊要超過碗的高度，而周邊和底部鋪放的是下面材料：

海綿蛋糕，19頁切片或天使蛋糕，15頁

混合：

1顆檸檬皮絲、1杯糖

將下面材料放入大碗打到奶稠狀：

1/2杯（1條）無鹽奶油

一面緩緩加糖，一面將混合物打到呈檸檬色。打入下面材料，每次1顆：

4顆大蛋黃

打入下面材料：

3大匙新鮮檸檬汁

下面材料放入大碗，用乾淨的攪拌棒打到硬實但不乾燥：

4大顆蛋白

1/8小匙鹽

切拌1/4的蛋白到蛋糕糊中，再將剩餘蛋白切拌完畢。再切拌：

1/4杯杏桃漿，過壓粒器的燉杏桃或瀝乾罐頭鳳梨泥

碗內放入一些卡士達，然後上一層蛋糕片，再放更多的卡士達，最後疊上一層蛋糕，封蓋放入冷凍至少12小時。

將蛋糕倒置放在上菜淺盤。打硬：

1杯冷的濃鮮奶油

切拌下面材料到鮮奶油內：

1/4杯糖粉、1/2小匙香草

將鮮奶油塗抹在蛋糕上。

草莓冰盒蛋糕（Strawberry Icebox Cake）

如檸檬冰盒蛋糕的做法將之鋪放到碗內。將蛋糕片和草莓巴伐利亞鮮奶油，層層交疊放入碗內。放入冷卻約6小時，之後開封澆飾發泡鮮奶油，98頁和全顆漿果。

摩卡冰淇淋蛋糕（Mocha Ice Cream Cake）（1個10吋蛋糕）

下面材料橫切成4片：

天使蛋糕，15頁

並存放於冰庫30分鐘。軟化下面材料：

2夸特咖啡冰淇淋，228頁

將軟化冰淇淋分成3個1杯分量和1個4又1/2杯的分量，冷凍備用。剁碎下面材料：

3條5盎司的甜巧克力杏仁棒

每片蛋糕夾層間都填塗1杯冰淇淋，並在冰淇淋上撒放1/3的碎巧克力，然後將剩餘的冰淇淋塗裹蛋糕。放入冷凍至少6小時，能夠過夜最好，以讓餡料凝固定形。且蛋糕先放到冷藏室20分鐘軟化再端上桌享用。

西西里卡薩塔（Sicilian Cassata）（1個8吋蛋糕）

卡薩塔是西西里的特殊慶典糕點。質地最輕柔的海綿蛋糕加入甜蘭姆酒糖漿調味，並以瑞科塔起司綴著辛辣的糖漬香櫞、肉桂和香草做為餡料。整個蛋糕包裹大片大片的杏仁膏糖，並裝飾著糖漬水果。

準備：

海綿大蛋糕，66頁

一只8吋彈簧扣模鍋備用。用食物調理機將下面材料打成完美順滑的漿泥，3到4分鐘：

2磅全脂瑞科塔起司

加入下面材料並脈衝調理混合：

1杯糖粉

2/3杯細碎的糖漬香櫞或糖漬柳橙皮

1小匙香草

（1/4小匙肉桂粉）

將冷卻的海綿蛋糕切成2塊8吋圓蛋糕夾層和2塊13×1又1/2吋蛋糕條。大量刷塗下面材料：

1/4杯蘭姆酒

將1塊蛋糕夾層放入彈簧扣模鍋底部，濕潤面朝上；在鍋壁貼鋪蛋糕條，濕潤面朝內，並修裁到適當大小並與鍋緣等高。再來，刮下瑞科塔餡料放入鍋模並推抹均勻。將第2塊蛋糕夾層濕潤面朝下鋪放於餡料上，下壓使其齊平。鍋模封口，送入冷藏至少2小時或是過夜。

將蛋糕脫模且倒放於上菜淺盤（或留在鍋模底盤），冷藏備用。

在小平底深鍋內混合下面材料，慢慢加熱燒開：

2/3杯杏桃果醬、3大匙水

濾過上述混合物。將下面材料搓揉到平滑柔軟：

14盎司杏仁膏，自製，307頁或外購皆可

把接近一半分量的杏仁糖膏夾放在2張蠟紙中間，用擀麵棍擀成1張9又1/2吋滑順的杏仁糖圓皮，期間要不時撕開蠟紙調整杏仁膏的位置，這樣糖皮才不會產生皺摺。在蛋糕頂部和側邊大量刷抹溫杏桃糖汁，對準蛋糕頂部中央疊上杏仁糖皮，好的一面朝上，順平表面並將邊緣推壓至蛋糕側邊。剩下的杏仁膏則擀成1張約略8×12吋的矩形糖皮，將之切出4塊整齊的長條，每條7吋長、寬度則與蛋糕高度等長，之後，一條條邊緣重疊整齊地按壓貼平到蛋糕側邊。將下面材料以幾何圖形排飾蛋糕的頂部：

糖漬水果

用一些杏桃果醬或淡玉米糖漿來黏固水果，放入冷藏至少2小時或至多8小時再享用。

摩爾人頭（Moors' Heads，德文Mohrenköpfe）（12個3吋方蛋糕）

這些「摩爾人頭」蛋糕連同「堅果單塔」，137頁和「果醬蛋白杏仁塔」，138頁，都是聞名遐邇的聖路易麵包店的失傳招牌糕點，它們為無數的咖啡茶點聚會增添不少風采。純正摩爾人頭的烤焙，使用的是特殊的半圓形模具，填入餡料再合起兩塊半圓形蛋糕，而遵循以下做法即可做出道地的摩爾人頭。

使用17×12吋烤模烘烤：

全蛋打法海綿蛋糕，23頁

將冷卻的蛋糕縱向均切成4塊蛋糕條，各約3吋寬。

使用下面材料製作「三明治」夾餡：

2杯發泡鮮奶油，98頁，並依照口味喜好添加1小匙蘭姆酒或杏仁香甜酒調味

1/2杯去皮並剁細碎的烤榛果，544頁

將兩塊蛋糕條均勻塗抹發泡鮮奶油混合物，再蓋上剩下的蛋糕條而做成兩個長「三明治」。塗抹下面糖霜：
歐式巧克力糖霜，166頁或苦甜巧克力糖汁，165頁
待糖霜凝固，再將每個蛋糕條均等斜切成6塊。

罌粟籽卡士達蛋糕「樂土」（Poppy Seed Custard Cake Cockaigne）（1個9吋夾層蛋糕）

這是讓人心情愉悅的包餡茶點心。
一律使用室溫溫度的材料，約21度。
將下面材料放入小碗浸泡2小時：
3/4杯牛奶、2/3杯罌粟籽
烤爐預熱至190度 。兩只9×2吋圓蛋糕烤模抹油且刷麵粉，或是鋪放羊皮紙備用。
下面材料放入碗內攪勻：
2杯過篩低筋麵粉、2又1/2小匙泡打粉
1/2小匙鹽
將下面材料加入罌粟籽牛奶混合物：
1/4杯牛奶、1小匙香草
將下面材料放入大碗內，以中高速打到濃稠狀態，約30秒：
11大匙（1條又3大匙）軟化的無鹽奶油
慢慢加入下面材料，攪打到輕柔鬆軟，約5分鐘：
1又1/2杯糖
乾燥材料分3等分，液態材料分2等分，兩相交替加入上述混合物，以低速攪打混勻。下面材料放入大碗，用乾淨的攪拌棒以中高速打到硬實但不乾燥：
4顆大蛋白、1/4小匙塔塔粉
切拌1/4的蛋白到麵糊中，再將剩餘的蛋白切拌完畢。刮下麵糊放入烤模且推平頂部，烘烤到用牙籤插到糕體中央而拔出時不帶沾黏物，約20分鐘。蛋糕不脫模放在烤架上冷卻10分鐘，再用刀子讓蛋糕離模與脫模，正面朝上放在架上冷卻。
塗抹下面餡料：
檸檬餡料，102頁
撒放下面材料：
糖粉

柳橙餡蛋糕（Orange-Filled Cake）（3個九吋圓蛋糕夾層）

使用室溫溫度的材料，約21度。烤爐預熱至190度。三只9×2吋圓蛋糕烤模抹油並刷麵粉，或在模底鋪蠟紙或羊皮紙備用。
下面材料放入碗內拌勻：
3杯過篩低筋麵粉
3又1/2小匙泡打粉
3/4小匙鹽
在另一只碗器或玻璃量杯混合下面材料：
1/2杯柳橙汁
1/2杯水
2大匙新鮮檸檬汁
磨碎：
1顆柳橙皮絲
將下面材料放入大碗：
1又1/2杯糖
並加入下面材料，以中高速打到輕盈鬆軟，約5分鐘：
3/4杯（1又1/2條）無鹽奶油
打入下面材料，每次1顆：
3顆大雞蛋
麵粉混合物分3等分，液態材料分2等分，兩相交替加入上述混合物，以慢低速打到滑順。刮下麵糊放入烤模，並推平頂部。
烤到用牙籤插到糕體中央而拔出時不帶

沾黏物，約30分鐘。蛋糕不脫模在烤架上冷卻10分鐘，用刀子讓蛋糕脫模，若有放襯紙，則倒扣撕去，讓蛋糕正面朝上在架上冷卻。蛋糕夾層刷塗：

柳橙汁

並於夾層間塗抹下面材料：

柳橙鮮奶油餡料，103頁

塗抹：

1至2杯美味柳橙糖霜，157頁或柳橙利口酒調味的發泡鮮奶油，99頁

波士頓鮮奶油派（Boston Cream Pie）（2個8或9吋蛋糕夾層）

由於蛋糕夾層最早是用派盤來烘烤，故以派餅為名，但這其實是雙層夾層蛋糕，其蛋糕體可以用海綿蛋糕或普通奶油蛋糕。

以下材料兩夾層備用：

海綿蛋糕I，19頁、四蛋黃蛋糕，33頁或酪奶夾層蛋糕，32頁

填抹：

約1又1/2杯糕餅鮮奶油，100頁

將以下材料塗抹於蛋糕頂部，但不要塗側邊：

巧克力奶油糖霜，162頁

黑森林蛋糕（Black Forest Cake）（1個9吋夾層蛋糕）

如果你想用比傳統的發泡鮮奶油不甜的餡料來填抹這款蛋糕，不妨用3杯法式酸奶油來取替2杯濃鮮奶油。糖要分次分開攪打。

準備：

1個9吋巧克力全蛋打法海綿大蛋糕，23頁，切成3塊蛋糕夾層

混合：

1/2杯保濕糖漿，107頁

1/4杯櫻桃白蘭地

解凍且瀝乾：

兩包10到12盎司裝的冷凍櫻桃，最好是無糖的

在小碗內混合：

6盎司剁細碎的苦甜或半甜巧克力

1/4杯滾水

攪到巧克力融化且混合物滑順即可。將1塊蛋糕夾層放於9吋的蛋糕圓紙板或彈簧扣模鍋底盤，恣意刷塗櫻桃白蘭地糖漿。

將下面材料放入大碗打到軟性發泡：

4杯冷的濃鮮奶油或法式酸奶油

4到5大匙糖

2小匙香草

將1/3杯發泡鮮奶油切拌到巧克力混合物中，再切拌另外的1/2杯，立即將巧克力鮮奶油塗在濕潤蛋糕上。用糖漿將另一塊夾層蛋糕頂部抹濕，濕潤面朝下疊放於巧克力鮮奶油上，按壓使之齊平，再浸濕夾層頂部並排上鬆鬆的單層櫻桃；此時，你應會剩下一些櫻桃。在櫻桃間塗上約2杯的發泡鮮奶油。用糖漿將最後一塊夾層蛋糕浸濕，濕潤面朝下疊放於鮮奶油和櫻桃上，輕壓使之齊平。蛋糕及剩餘的發泡鮮奶油和櫻桃即可送入冷藏到硬實，至少需30分鐘。

使用剩餘的發泡鮮奶油塗裹蛋糕頂部和側邊。擠花袋裝上大號星形擠花頭，沿著蛋糕頂部邊緣澆擠12到16朵發泡鮮奶油玫瑰花飾或是一圈發泡鮮奶油邊飾。剩餘的櫻桃瀝乾後，1朵玫瑰花飾放上1顆櫻桃。下面材料則用來裝飾蛋糕中央部分：

巧克力刨花

蛋糕至少冷藏12小時而最多24小時才端上桌享用。

巧克力覆盆子鮮奶油蛋糕（Chocolate Raspberry Cream Cake）

依照上述黑森林蛋糕的做法。以兩個5盎司紙盒裝（約2又1/2杯）的新鮮覆盆子來取代櫻桃；1/4杯覆盆子白蘭地來取代櫻桃白蘭地。不然，就是用3/4杯覆盆子利口酒來取代櫻桃白蘭地混合液。

關於花式蛋糕（SHORTCAKES）

實在很難想像，有什麼可以比花式蛋糕更是經典美式糕點了。切開的比司吉小包、司康或海綿蛋糕夾層都可以用來做花式蛋糕，裡頭的夾餡是加了糖的新鮮水果，上頭更抹了厚厚的發泡鮮奶油。有許多麵糊都很適合用來做花式蛋糕。想做傳統花式蛋糕的話，可以選用「蓬鬆比司吉或花式蛋糕」★，433頁、「鮮奶油比司吉」★，433頁、或「鮮奶油司康」★，436頁；若是要來點當代的花樣，不妨試試「粗玉米粉比司吉」★，433頁。比司吉麵糊要擀到差不多四分之三吋厚的薄皮，因為要是薄於四分之三吋的話，就不會膨脹得夠大而能輕易裂開。使用「海綿大蛋糕」，66頁，或「全蛋打法海綿大蛋糕」，68頁，也能做出很棒的花式蛋糕。製作八塊花式蛋糕，要將大蛋糕切成十六塊方形、圓形、心形或是其他形狀的小蛋糕，再兩兩一組疊合，而中間就夾放水果。

你可以使用任何一種漿果、桃子或油桃切片，也可以用冷卻或熱騰騰的燉水果來取代新鮮水果和糖。而微甜發泡法式酸奶油或是三分之一用酸鮮奶、另外三分之二為濃鮮奶油的混合物，則可取代原味發泡鮮奶油。水果和鮮奶油可以至多提早到兩小時就備用好；水果放在室溫下即可，而鮮奶油則需冷藏。鮮奶油放在冰箱裡會稍微出水，但只要快速攪拌幾下就會再度混合。

草莓花式蛋糕（Strawberry Shortcake）（8塊花式蛋糕）

下面材料備用：

8塊蓬鬆比司吉或花式蛋糕★，433頁、3吋鮮奶油比司吉★，433頁、或鮮奶油司康★，436頁，其麵糊要拍打或擀至3/4吋厚再切塊，或是準備16塊方形或圓形海綿蛋糕，19頁。

清洗、拍乾下面材料並去殼：

3品脫草莓

將1/4的漿果放入碗內，用馬鈴薯搗碎器或叉子碾碎成泥，而剩下的漿果則切片備用。將漿果片和漿果泥與下面材料混合：

1/4杯糖或依口味喜好酌量加放

食用前，將比司吉或司康放入預熱至120度的烤爐加熱10分鐘（如使用海綿蛋糕，不要加熱）。

期間也準備：

1又1/2食譜分量的發泡鮮奶油，98頁

用叉子將每個溫熱的比司吉橫切成半。將比司吉下半部（或1塊海綿蛋糕夾層）分別放在8個點心盤上，皆舀放上漿果混合物，再疊上比司吉小包上半部或另1塊蛋糕夾層。每個花式蛋糕頂部再舀放上一大坨鮮奶油，即可端上桌享用。

| 關於薩瓦藍蛋糕和巴巴蛋糕 |

輕如羽毛的相同酵母發酵麵糊也能用來製作薩瓦藍和巴巴蛋糕，不過成品形狀不同，而且巴巴蛋糕有加葡萄乾或醋栗。薩瓦藍蛋糕可大可小，烘烤時可以用個別的甜甜圈烤模、大型薩瓦藍模具或是波形中空烤模，但巴巴蛋糕則要使用個別烤杯。薩瓦藍和巴巴都會完全泡在糖漿中並蘸浸蘭姆酒或其他烈酒，成品因而濕潤醉人。傳統做法是用來自馬丁尼克（Martinique）或牙買加獨具風味的黑蘭姆酒，也可以使用水果白蘭地，如櫻桃白蘭地、西洋梨白蘭地、覆盆子白蘭地或黃香李酒，來為薩瓦藍和巴巴調味。

薩瓦藍蛋糕（Savarin）（1個8吋波形中空蛋糕）

將下面材料放入大碗或是強力攪拌器的攪拌杯混合，並靜置以待酵母溶解，約5分鐘：

1包（2又1/4小匙）活性乾燥酵母
3/4杯溫水（41到46度）

加入：

1又1/3杯中筋或高筋麵粉
1大匙糖、1小匙鹽

混合均勻。緩緩拌入：

2顆稍微打過的大雞蛋
1又1/3杯中筋或高筋麵粉

將麵糊混合到聚成一團，約2分鐘，隨後徒手搓揉10分鐘或是用攪拌鉤攪揉約6分鐘，直到麵糊柔順而有彈性且不沾手或碗即可。慢慢揉入：

1/4杯（1/2條）冷卻的融化無鹽奶油

繼續搓揉麵糊到完全混勻，柔軟而有彈性。將麵糊放入抹油的大碗，蓋上保鮮膜，於溫暖的地方（24到27度）靜置約15分鐘。一只薩瓦藍烤模或一只8吋波形中空烤模抹點油（使用油脂是因為奶油會讓薩瓦藍表面產生坑窪），把麵糊輕輕放進烤模，並用手指頭推抹而使其均勻填鋪在模具之中。蓋上保鮮膜，靜置在溫暖的地方（24到27度）直到麵糊體積發脹一倍，約1小時。

烤爐預熱至180度。將烤模放於烘烤淺盤，並烤焙到薩瓦藍全部（包括側邊）呈金棕色，此時將刀子插到糕體中央且拔出時不會帶沾黏物即可，約45分鐘。立即將薩瓦藍脫模，並放到架上待其完全冷卻（薩瓦藍可以放入密封保鮮袋中，在冰箱中保鮮達4天，而放入冷凍庫的保鮮期則長達2星期）。

先用淡的純糖漿浸泡薩瓦藍蛋糕，再端上桌享用。糖漿做法是，將下面材料放入平底深鍋煮沸，並攪拌而讓糖溶解其中：

1杯糖、2杯水、1/2顆檸檬皮絲
（1根切開的香草莢）

離火。如果不放香草莢，就拌入：

（1小匙香草）

烘烤淺盤放入一個烤架。將薩瓦蘭蛋糕放在盤子裡，並將熱糖漿澆淋到蛋糕頂部（烘烤時是在底部），直到整個蛋糕都浸滿了糖漿為止。糖漿一定要熱的，這樣蛋糕才能快速吸收而不會弄得濕嗒嗒或變形；流到外面的糖漿可以重新加熱再澆回蛋糕上。讓完全浸濕的蛋糕靜置瀝乾10分鐘。刷抹：

1/2杯黑蘭姆酒或水果白蘭地

喜歡的話，輕塗：

（濾過且溫過的杏桃果醬）
要端上桌享用前，在薩瓦藍中央填塗：
發泡鮮奶油，98頁
頂部放上以下加料：
草莓或其他新鮮或浸漬的水果

巴巴蘭姆酒蛋糕（Baba au Rhum）（12個巴巴蛋糕）

下面材料放到小平底深鍋，注入冷水至1/2吋以覆蓋材料：
1/2杯醋栗乾或葡萄乾
加熱煮沸，然後瀝乾後就放到小碗並撒放：
1/4杯蘭姆酒
封口浸泡最少30分鐘或最多3天。
準備：
上述的薩瓦蘭麵糊
瀝乾的醋栗緊跟著奶油揉入麵糊，而這道程序可以用手或藉由攪拌鉤完成。讓麵糊靜置在溫暖的地方（24到27度）約15分鐘。
十二只傳統巴巴烤模或十二只標準瑪芬烤杯輕輕抹油備用。將麵糊均分成12小塊放入每只烤模中，並稍加蓋上抹油的保鮮膜，放置於溫暖的地方讓麵糊發酵體積脹大一倍而填滿烤模，約30分鐘。
烤爐預熱至180度。烤到巴巴蛋糕呈金棕色，用刀子插到糕體中央而拔出時不帶沾黏物，約30分鐘。與薩瓦藍的做法一樣，冷卻的巴巴要整個浸入糖漿。浸濕的巴巴可以直接食用，或是橫切成半，在底部的半邊填上：
（發泡鮮奶油，98頁或糕餅鮮奶油，100頁）
然後蓋上巴巴的頂部半邊。喜歡的話，在頂部刷塗：
（濾過的且溫過的杏桃果醬）
並裝飾：
（杏仁和／〔或〕糖漬水果）

｜關於蛋糕捲｜

幾乎所有的泡沫蛋糕都能做成蛋糕捲用的大蛋糕，只要把蛋糕糊放進17又1/2×11又1/2×1吋或10又1/2×15又1/2×1吋的烤模烘烤即可。烘烤淺盤抹油且務必鋪放蠟紙或羊皮紙，只烘烤十到十五分鐘。除了經典海綿蛋糕、戚風蛋糕和天使蛋糕的蛋糕糊之外，與薄舒芙蕾蛋糕糊相似的無麵粉巧克力蛋糕糊，也可以用來做蛋糕捲。

大家都知道瘦薄的大蛋糕在烘烤時容易烤焦邊緣，收捲蛋糕時又容易碎裂。為了防止這些情況發生，烤模裡的蛋糕糊要一路推勻到邊緣，因為過薄的邊緣在蛋糕其他部分烤好之前就會烤焦。烤模中央的蛋糕糊若是半吋厚，烤模邊緣整圈的厚度也應都是半吋厚，而曲柄抹刀正是用來推勻淺烤模中的蛋糕糊的最佳利器。大蛋糕烘烤過度且乾燥的話，捲收時就容易碎裂；烘烤時，瘦薄的大蛋糕又比胖厚的蛋糕更容易過度烘烤。因此，要盡早測試蛋糕完成度，只要輕壓蛋糕頂部會回彈或是蛋糕達到食譜指示的測試標準，馬上拿出烤爐。烘焙得宜的大蛋糕即便不脫模，冷卻後仍會平整而具有彎捲的柔韌度。

收捲大蛋糕

以下說明如何緊實地將冷卻大蛋糕收捲成漂亮的圓柱形。如同每份食譜的說明，讓大蛋糕靜置完全冷卻，再移到鋁箔紙上（不用蠟紙或保鮮膜）填放餡料。

蛋糕捲就像收睡袋一樣，一開始務必捲緊，這樣到最後才能捲出結實形狀。從蛋糕短邊著手，將約一吋的蛋糕緊實摺壓於餡料上開始滾捲。初始的彎旋要盡量牢實，只要蛋糕捲越來越厚，糕體破裂的情況就會減少，且在蛋糕下方墊張鋁箔紙來幫助彎捲蛋糕。一旦捲好蛋糕，用雙手將蛋糕小心移回鋁箔紙中央，之後將後半部的鋁箔紙拉蓋於蛋糕上，這樣一來就會與前半部重疊而把蛋糕捲完全包在裡面。如下圖所示，將烘烤淺盤邊緣放到對著你的蛋糕捲長邊前的鋁箔紙上，此時你要一面抓好鋁箔紙底部，一面讓烘烤淺盤斜抵著工作檯做壓擠動作，蛋糕捲就會因而緊實。然後用鋁箔紙包好捲緊的蛋糕捲，連同兩端也要包好，放入冷藏待蛋糕捲牢固定形才拆封食用。

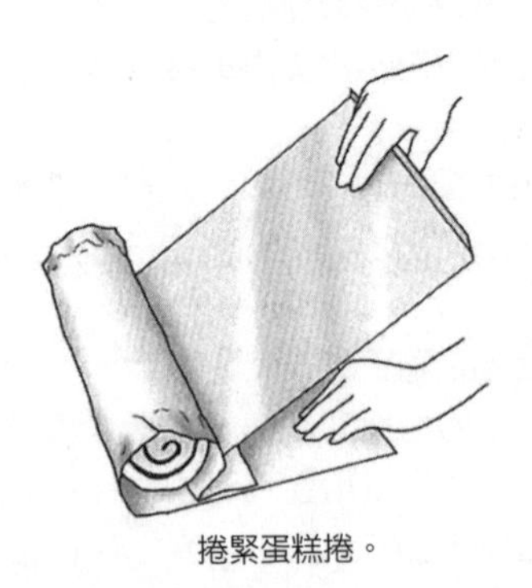
捲緊蛋糕捲。

海綿大蛋糕（Sponge Cake Sheet）（1條11吋蛋糕捲所需的1個17×11吋大蛋糕）

這個可愛的海綿蛋糕，質地軟濕而密實，可以漂亮收捲而不會碎裂。

使用室溫溫度的材料，約21度。烤爐預熱至200度。一只17又1/2×11又1/2吋有邊的烘烤淺盤抹油，並在盤底鋪上蠟紙或羊皮紙備用。

量秤下面材料再放回篩網：

3/4杯過篩的低筋麵粉

下面材料放入小平底深鍋加熱到奶油融化為止：

1/4杯牛奶、3大匙無鹽奶油

下面材料放入大碗混合，打到顏色變淡而體積為原來三倍，且達到柔軟的發泡鮮奶油的黏稠度（強力攪拌器以打蛋器攪打約需5分鐘；用手拿攪拌器的話，則需7到10分鐘）：

3/4杯糖、5顆大雞蛋

打入：

1小匙泡打粉

重新加熱奶油和牛奶到熱燙冒氣。麵粉混合物分3等分，依次篩撒在雞蛋混合物上頭並加以切拌，而熱牛奶混合物一次加入並切拌混勻，即刮下麵糊放入烤盤且推抹均勻。烘烤到蛋糕頂部呈金棕色、輕壓頂部會彈回即可，需8到10分鐘。趁著蛋糕熱騰騰的時候，用刀子沿著烤盤邊緣刮劃一圈讓蛋糕離模，馬上讓蛋糕倒放在烤盤頂部或砧板上的鋁箔紙上以便脫模。待蛋糕完全冷卻，才撕去襯紙。提起烤盤和箔紙，同時倒置另一個烤盤並鋪上箔紙，將蛋糕正面朝上放於其上，撕掉仍黏在蛋糕頂部的第一張箔紙，而你這麼做也會同時撕去蛋糕的棕色「外皮」，再將1又1/2到2杯餡料塗在蛋糕上。捲蛋糕，見上述「收捲大蛋糕」部分，包好冷藏至少1小時，直到蛋糕捲牢固為止。

喜歡的話，蛋糕可以抹上或篩放下面材料，再端上桌享用：

（糖粉）

果醬蛋糕捲（Jelly Roll）（1條10吋蛋糕捲所需的1個15×10吋大蛋糕）

這是我們的標準蛋糕捲，可以用兩只8吋圓夾層烤模來烤焙蛋糕糊。

使用室溫溫度的材料，約21度。烤爐預熱至190度。一只15又1/2×10又1/2×1吋有邊的烘烤淺盤抹油，並在盤底鋪上蠟紙或羊皮紙備用。

在碗內拌勻：

3/4杯過篩低筋麵粉、3/4小匙泡打粉

1/2小匙鹽

下面材料放入大碗，以中高速擊打1分鐘：

4顆大蛋黃

慢慢加入下面材料並打到發白濃稠：

1/2杯糖

調至低速，慢慢加入麵粉，將混合物打到滑順為止。

將下面材料放入大碗，用乾淨的攪拌棒以中高速打到軟性發泡：

4顆大蛋白、1/4小匙塔塔粉

緩緩加入以下材料，打到硬實但不乾燥：

1/4杯糖

用橡膠抹刀切拌1/4的蛋白到麵糊中，再將剩餘的蛋白切拌完畢。

喜歡的話，可以加入下面材料加以切拌：

（1/2杯剁細碎的堅果）

刮下麵糊放入烤盤且推抹均勻。烘烤到蛋糕頂部呈金棕色且輕壓頂部會彈回即可，需10到12分鐘。用刀子沿著烤盤邊緣刮劃一圈使蛋糕離模，之後把蛋糕倒放在撒放了下面材料的鋁箔紙上：

糖粉

待蛋糕至完全冷卻，再撕去襯紙。填塗：

約3/4杯果醬或果凍，口味選擇如覆盆子、黑莓、杏桃等

捲蛋糕，見「收捲大蛋糕」，66頁。依照「海綿大蛋糕」，66頁的做法，把蛋糕包好並送入冷藏。

戚風大蛋糕（Chiffon Cake Sheet）（1條11吋蛋糕捲所需的1個17×11吋大蛋糕）

烤爐預熱至165度 。一只17又1/2×11又1/2×1吋有邊烘烤淺盤抹油，並在盤底鋪上蠟紙或羊皮紙備用。

準備：

1/2食譜分量的任何戚風蛋糕糊，25-26頁

刮下麵糊放入烤盤且推抹均勻。烘烤到蛋糕頂部呈淡金黃色，而輕壓頂部會彈回即可，約15分鐘。用刀子沿著烤盤邊緣刮劃一圈讓蛋糕脫模，然後倒放在撒放了下面材料的鋁箔紙上：

糖粉

待蛋糕至完全冷卻，再撕去襯紙，並在蛋糕上填塗1又1/2到2杯喜歡的餡料。捲蛋糕，見「收捲大蛋糕」，包好放入冷藏至少1小時，讓蛋糕捲牢固即可。

喜歡的話，蛋糕可以抹上或篩放下面材料，再端上桌享用：

（糖粉）

天使大蛋糕（Angel Cake Sheet）（1條10吋蛋糕捲所需的1個15×10吋大蛋糕）

天使蛋糕收捲後會變得相當密實。

烤爐預熱至180度。一只15又1/2×10又1/2×1吋有邊烘烤淺盤或果醬蛋糕捲標準烤模，需抹油並在盤底鋪上蠟紙或羊皮紙備用。

準備：

1/2食譜分量的天使蛋糕糊，15頁

刮下麵糊放入烤盤且推抹均勻，烘烤到輕壓蛋糕頂部會彈回即可，約15分鐘。

用刀子沿著烤盤邊緣刮劃一圈讓蛋糕離模，然後將之倒放在蠟紙上脫模並撕去襯紙。提起蠟紙以將蛋糕轉至正面朝上放到錫箔紙上，撕下襯紙。

蛋糕上塗抹1又1/2到2杯喜歡的餡料。捲蛋糕，見「收捲大蛋糕」，66頁，包好放入冷藏至少1小時，直到蛋糕捲牢固即可。

喜歡的話，蛋糕可以塗抹或篩放下面材料，再端上桌享用：

（糖粉）

全蛋打法海綿大蛋糕或巧克力全蛋打法海綿大蛋糕（Génoise or Chocolate Génoise Sheet）（1條11吋蛋糕捲所需的1個17×11吋大蛋糕）

你也可以將這款大蛋糕分切4塊，做成一個矩形夾層蛋糕。

烤爐預熱至180度。一只17又1/2×11又1/2×1吋有邊烘烤淺盤抹油，且盤底鋪上蠟紙或羊皮紙備用。

準備：

全蛋打法海綿蛋糕，23頁、或巧克力全蛋打法海綿蛋糕，24頁的麵糊

刮下麵糊放入烤盤且推抹均勻，烘烤到輕壓蛋糕頂部會彈回即可，約15到20分鐘。趁著蛋糕仍溫熱時，用刀子沿著烤盤邊緣刮劃一圈使蛋糕離模，立即倒放蛋糕在鋁箔紙上並脫模。撕下襯紙之前，要讓蛋糕完全冷卻。冷卻的蛋糕會沾黏在箔紙上。撕下襯紙，提起箔紙將蛋糕轉至正面朝上放到另外一張箔紙上，撕掉仍黏在蛋糕頂部的第一張箔紙，而你這麼做時也同時會撕掉蛋糕的「外皮」。

將下面材料刷抹在蛋糕上：

1/2杯保濕糖漿，107頁，並加入2到5大匙烈酒或利口酒調味

將蛋糕塗上1又1/2到2杯喜歡的餡料。捲蛋糕，見「收捲大蛋糕」，66頁，包好放入冷藏至少1小時，直到蛋糕捲牢固即可。

喜歡的話，蛋糕可以塗抹或篩放下面材料，再端上桌享用：

（糖粉）

鮮奶油蛋糕捲（Cream Roll）（1條11吋蛋糕捲）

準備海綿大蛋糕，66頁、上述戚風大蛋糕或上述全蛋打法海綿大蛋糕。將放涼的大蛋糕塗上2到2又1/2杯微甜原味或調味發泡鮮奶油、1又1/2到2杯糕餅鮮奶油，100頁、或薑味水果餡料，104頁。捲蛋糕，見「收捲大蛋糕」，66頁，包好放入冷藏至少1小時、或讓蛋糕捲牢固即可。

喜歡的話，蛋糕可以塗抹或篩放糖粉，再端上桌享用。

檸檬蛋糕捲（Lemon Roll）（1條11吋蛋糕捲）

用天使大蛋糕做出來的檸檬蛋糕捲特別好吃，而且用剩的蛋黃可以一併做成餡料。

準備海綿大蛋糕，66頁、上文提及的戚風大蛋糕或全蛋打法海綿大蛋糕。將放涼的大蛋糕塗上檸檬餡料，102頁、或檸檬凝乳，102頁。捲蛋糕，見「收捲大蛋糕」，66頁，包好放入冷藏至少1小時、或讓蛋糕捲牢固即可。喜歡的話，蛋糕可以塗抹或篩放糖粉，再端上桌享用。

巧克力蛋糕捲（Chocolate-Filled Roll）（1條10或11吋蛋糕捲）

準備海綿大蛋糕，66頁、戚風大蛋糕，67頁、天使大蛋糕，68頁、或全蛋打法海綿大蛋糕，68頁。將放涼的大蛋糕塗上2杯（若是用天使大蛋糕的話）或3杯發泡巧克力甘納許，165頁、可可粉發泡鮮奶油，100頁、或摩卡發泡鮮奶油，100頁、或1又1/2到2杯巧克力奶油淇淋、巧克力卡士達餡料，101頁、或摩卡餡料，101頁。捲蛋糕，見「收捲大蛋糕」，66頁，包好放入冷藏1到2小時讓蛋糕捲牢固，或冷藏至多24小時。再撒上可可粉或糖粉。

耶誕樹幹蛋糕（法文Bûche de Noël，Yule Log Cake）（1條11吋蛋糕捲）

這會成為餐桌中央最漂亮的節日擺飾。烘焙時如不用奶油淇淋，試試「發泡甘納許餡料和糖霜」，165頁。準備：

海綿大蛋糕，66頁、或巧克力全蛋打法海綿大蛋糕，68頁

3杯經典奶油淇淋，159頁或瑞士蛋白霜奶油淇淋，159頁

以下面材料來替1又2/3杯奶油淇淋調味：

1又1/2小匙即溶速沖咖啡或咖啡粉溶於1小匙水或依口味喜好調整，或1小匙香草

將下面材料放入中碗裡混合：

8到9盎司苦甜或半甜巧克力，剁細碎

1/3杯滾水

攪拌到巧克力融化且混合物滑順，再拌入剩下的原味奶油淇淋，放入冷藏備用。混合：

1/2杯保濕糖漿，107頁

1/4到1/3杯白蘭地或蘭姆酒

海綿蛋糕正面朝上放在1張大錫箔紙上，刷抹厚厚的糖漿並塗上奶油淇淋。從蛋糕的短邊著手，用箔紙來協助收捲蛋糕，要捲得緊實，見66頁，再用箔紙包好。為了方便處理，讓蛋糕至少冷凍3小時到半結凍的狀態，而完全冷凍的蛋糕可保存長達3個月。

裝飾蛋糕時，讓巧克力奶油淇淋降到室溫溫度，而且要拌到順滑為止。將大部分的奶油淇淋粗略塗在蛋糕捲上，再用叉子做出類似樹皮的質地。利刀浸熱水後，先從蛋糕捲兩端各切下1塊2吋的厚片，之後把蛋糕捲放到盤子上，而剛切下的厚片則擺在蛋糕捲旁代表樹墩。用剩下的奶油淇淋澆蓋接合處。立即享用的話，用下面材料裝飾樹幹蛋糕：

蛋白霜香菇，76頁

食用前要放入冷藏至多48小時（這樣一來，樹幹旁的香菇可能會軟掉，不妨在室溫下的密封盒內多放一些備用，食用前再取出裝飾）。食用前2到3小時就要從冰箱取出樹幹蛋糕，蛋糕才會展現最棒的質地和味道。

|關於杯子蛋糕和迷你造型蛋糕|

任何一種蛋糕糊都可以用鋪了襯紙的瑪芬烤具，或者是用已經抹油裹粉的烤模來烤成杯子蛋糕（甚至是一向用不抹油烤模烤焙而成的海綿和天使蛋糕糊也可以）。襯紙讓一切顯得簡單俐落，也能讓杯子蛋糕保濕和保鮮久一點。孩子們喜愛用平底冰淇淋甜筒烤成的杯子蛋糕（烘烤前就將甜筒放在烘烤淺盤中）。

在瑪芬烤杯或普通冰淇淋甜筒填入約三分之二滿的蛋糕糊，用一百八十度的烤爐烘烤約十八到二十五分鐘。最好要提早檢查蛋糕的完成度並小心查看。烤到輕壓蛋糕頂部會彈回，而且用牙籤插到杯子蛋糕中央而拔出時沒有沾黏物為止。蛋糕靜置約五分鐘再脫模。

你也可以用豐富的奶油蛋糕糊做成精緻的迷你造型蛋糕，吃法跟吃餅乾一樣。烘烤這類蛋糕可以用小裝飾造型烤模，如圓形或矩形的小塔餅烤模或瑪德蓮蛋糕烤模。將烤模抹油和裹麵粉後，倒入蛋糕糊約至半滿，烘烤時間依烤模尺寸斟酌調整，約十分鐘左右。食用時，撒點糖粉或是淋上以蘭姆酒調製而成的「透明糖汁」，171頁，或「速成檸檬糖霜」，161頁，可以搭配咖啡或茶一同享用。

杯子蛋糕可以搭配糖霜或點綴霜，用小型刀子或抹刀來塗抹硬挺或奶稠的糖霜。上巧克力糖汁時，將杯子蛋糕倒拿而讓頂部蘸汁；頂部若有尖漩渦造型，就蘸抹如「七分鐘白糖霜」，155頁的鬆軟加料，取出時再扭轉杯子蛋糕使其正面朝上。

可以用臉部造型來裝飾給孩子的杯子蛋糕，在上面裝飾葡萄乾、堅果和（或）糖果來創造出五官造型。或者可以在每個杯子蛋糕都插入一個便宜的小塑膠娃娃，深度及腰，用蛋糕裱花做出華麗的舞會禮服或芭蕾舞蓬蓬裙，並用糖果、彩糖或裝飾小顆粒做出小金屬片和珠寶。孩子有派對活動時，不妨準備好各式各樣的蛋糕裝飾物，讓他們創作出自己的迷你造型蛋糕。

黃色杯子蛋糕（Yellow Cupcakes）（約18個杯子蛋糕）

杯子蛋糕的烘焙和糖霜裝飾，見上述「關於杯子蛋糕和迷你造型蛋糕」。

烤爐預熱至180度。準備烘焙「八蛋黃金蛋糕」，33頁、「閃電蛋糕」，45頁、或「四蛋黃蛋糕」，33頁的蛋糕糊，可以加入（1杯碎葡萄乾或醋栗）。送入烘烤到呈金黃色，需18到25分鐘。待杯子蛋糕冷卻，撒放糖粉。

海綿杯子蛋糕（Sponge Cupcakes）（約20個杯子蛋糕）

杯子蛋糕的烘焙和糖霜裝飾，見「關於杯子蛋糕和迷你造型蛋糕」。
烤爐預熱至180度。準備「海綿蛋糕I」，19頁的蛋糕糊，烘烤18到25分鐘。待杯子蛋糕冷卻，撒放糖粉。

天使杯子蛋糕或天使蛋糕球（Angel Cupcakes or Balls）（約40個杯子蛋糕）

杯子蛋糕的烘焙和糖霜裝飾，見「關於杯子蛋糕和迷你造型蛋糕」。烤爐預熱至180度，準備「天使蛋糕」，17頁、或任何調味「天使蛋糕」，17-18頁的蛋糕糊。烘烤約20分鐘，待杯子蛋糕冷卻，橫切成半並填抹夾餡。烘焙建議，見「包餡蛋糕」，58頁，和「關於果仁蛋糕」，52頁。若想做出精緻的茶點心，就塗上柔軟的糖霜並滾裹碎堅果或剁碎的甜椰絲。

巧克力杯子蛋糕（Chocalate Cupcakes）（約24個杯子蛋糕）

杯子蛋糕的烘焙和糖霜裝飾，見「關於杯子蛋糕和迷你造型蛋糕」。烤爐預熱至180度，準備「惡魔蛋糕」，38頁麵糊。待杯子蛋糕冷卻，塗抹「速成白糖霜」，161頁、「速成巧克力奶油糖霜」，162頁、或「巧克力奶油淇淋」，160頁。

焦糖杯子蛋糕（Caramel Cupcakes）（約20個杯子蛋糕）

杯子蛋糕的烘焙和糖霜裝飾，見「關於杯子蛋糕和迷你造型蛋糕」。烤爐預熱至180度，「速成焦糖蛋糕」，45頁麵糊備用。待杯子蛋糕冷卻，塗抹「焦糖糖霜」，158頁、或「速成奶油糖果糖霜」，162頁。

酸鮮奶油香料杯子蛋糕（Sour Cream Spice Cupcakes）（約18個杯子蛋糕）

杯子蛋糕的烘焙和糖霜裝飾，見「關於杯子蛋糕和迷你造型蛋糕」。烤爐預熱至180度，「酸鮮奶油蛋糕」，32頁麵糊備用。將1/2小匙肉桂粉和1/4小匙丁香粉加入乾燥材料，並以1杯壓實的紅糖替代白糖，切拌3/4杯碎核桃或胡桃到做好的麵糊中。烘焙15分鐘，不加料單吃或搭配糖霜享用皆宜。

果醬杯子蛋糕（Jam Cupcakes）（約20個杯子蛋糕）

杯子蛋糕的烘焙和糖霜裝飾，見「關於杯子蛋糕和迷你造型蛋糕」。烤爐預熱至180度，「隆鮑爾果醬蛋糕」，42頁麵糊備用。待杯子蛋糕冷卻，塗抹「速成奶油糖果糖霜」，162頁。

椰子杯子蛋糕（Coconut Cupcakes）（約3六個杯子蛋糕）

杯子蛋糕的烘焙和糖霜裝飾，見「關於杯子蛋糕和迷你造型蛋糕」。烤爐預熱至180度，準備「椰子夾層蛋糕」，29頁的麵糊，但不加檸檬。待杯子蛋糕冷卻，塗上有烤椰肉的「七分鐘白糖霜」，155頁。

黑底杯子蛋糕（Black Bottom Cupcakes）（約18個杯子蛋糕）

杯子蛋糕的烘焙和糖霜裝飾，見「關於杯子蛋糕和迷你造型蛋糕」。這是濕潤的黑巧克力杯子蛋糕，其中包著奶油起司和巧克力碎片。

使用室溫溫度的材料，約21度，烤爐預熱至180度。將下面材料放入中碗並打到滑順：

8盎司軟奶油起司、1/3杯糖

加入下面材料並打到滑順：

1顆大雞蛋

拌入：

1杯巧克力碎片

將下面材料放入大碗攪勻：

1又1/2杯中筋麵粉、1杯糖

1/4杯非鹼化可可粉、1小匙蘇打粉

1/2小匙鹽

加入：

1杯水、1/3杯植物油

1大匙蒸餾白醋、1小匙香草

用橡膠抹刀將上述混合物拌到滑順，就放入瑪芬烤杯約到半滿，並在每只烤杯中央都放上滿滿1大匙的奶油起司混合物。烘烤到用牙籤插到杯子蛋糕糕體而拔出時不會沾黏為止，需20到25分鐘。蛋糕脫模，靜置於架上到完全冷卻，再上糖霜或撒糖粉。

花色小糕點（Petits Fours）（約80個1吋方塊糕點）

花色小糕點的傳統做法，是用白蛋糕、磅蛋糕或海綿蛋糕切成的方塊再切半填入果醬餡料，並抹上白色、粉紅色和綠色的翻糖。然而你願意多方試驗的話，幾乎可以選用任何蛋糕、餡料和糖霜來做出有趣優雅的花色小糕點。

準備：

海綿大蛋糕，66頁、全蛋打法海綿大蛋糕或巧克力全蛋打法海綿大蛋糕，68頁、淑女蛋糕，30頁、或磅蛋糕，35頁的蛋糕糊。

使用一只13×9吋烤盤，墊入蠟紙或羊皮紙並裹麵粉，以建議的烤爐溫度來烘焙蛋糕，約28到30分鐘。烤到輕壓蛋糕頂部會彈回，而且用牙籤刺插糕體幾處而拔出時沒有沾黏物即可。蛋糕不脫模放在架上完全冷卻，再填餡料和上糖霜。

將蛋糕成品橫切對半，每半邊都塗抹：

1杯含果肉果醬（可以加熱濾過或煮爛製成漿而易於塗抹），或自選餡料或奶油淇淋，159頁

疊放蛋糕夾層，最上面放上沒有裹糖霜的蛋糕切片。如果成品厚度為1吋或高於1吋，切分3大塊會比較好處理，而在填塗餡料前，用鋸齒刀將每一塊橫切成兩夾層（如果蛋糕的內容豐富，你不需切半夾餡，而只要切分小塊和塗抹糖霜即可）。填加夾餡的蛋糕應會加重：將包餡蛋糕放入餅乾烘烤淺盤，並用保鮮膜包起頂部和側邊，上面再放上第二個烘烤淺盤，且用罐頭食品鎮壓以推平緊實蛋糕夾層，蛋糕才不會在切塊時散開。冷藏數小時以使蛋糕結實，或封包冷凍蛋糕，保鮮期可長達3個月。

花色小糕點的切分和上糖霜：喜歡的話，包餡蛋糕先刷上濾過的熱果肉果醬，頂部加放一層1/8吋厚的杏仁膏，307頁，而全蛋打法海綿蛋糕刷上「保濕糖

漿」，107頁，風味最佳。使用利鋸齒刀把蛋糕切分為方塊或點心棒，而1吋方塊即可做出兩口剛好吃完的經典糕點。或者，使用餅乾或卡納佩切模，將蛋糕切成小的或菱形、圓形、心形或其他的形狀（這樣做出來的花色小糕點會大些，所以數量也會少些）。

如果尚未塗果醬或杏仁糖的話，現在就可以在每個切好形狀的糕點頂部和側邊刷上熱果醬，或上層薄薄的奶油淇淋，放入冷藏使其凝固定形後再上糖霜。

如圖示，將小糕點以1吋為間隔排放在烘烤淺盤金屬網架或烤架上，用湯匙舀取「苦甜巧克力糖汁」，165頁、「巧克力甘納許糖汁」，165頁、或「翻糖糖霜」，157頁，澆淋每個小糕點（80塊花色小糕點的糖霜分量為4磅翻糖，若需更詳盡的說明，見「翻糖糖霜」，157頁），之後冷藏或靜置糕點來凝固定形糖霜。只要翻糖或糖汁凝固，你就可以準備糖漬紫羅蘭或玫瑰花瓣、糖漬水果、銀色砂糖、杏仁片或開心果來裝飾花色小糕點，或者以融化巧克力或有色翻糖為其澆飾精巧的圖案。喜歡的話，小糕點可以放在褶皺紙杯中而端上桌享用，並可提早24小時做好備用。

替花色小糕點上糖衣。

瑪德蓮蛋糕（Madeleines）（約20塊茶點心）

法國作家普魯斯特（Proust）筆下的主人翁偶然咬了一口泡過茶的瑪德蓮蛋糕，因而觸動潛意識，喚醒了在法國鄉間小鎮的兒時敏感記憶——就是從那裡開展了《追憶逝水年華》（*Remembrance of Things*）的浩蕩長篇。

這些奶香濃郁的法式茶點心，質地介在海綿蛋糕和奶油蛋糕之間，傳統烘焙是使用扇貝形狀的瑪德蓮烤模，但也能用任何形狀的迷你造型瑪芬烤模或小塔餅烤盤來取而代之。

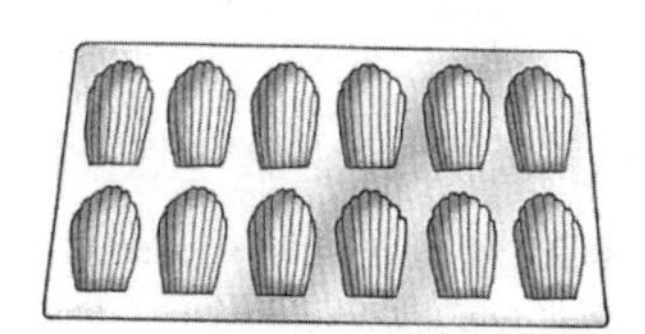

瑪德蓮烤模。

使用室溫溫度的材料，約21度。

將下面材料一起過篩，再放回篩網：

1又1/2杯過篩低筋麵粉

1/2小匙泡打粉、1/4小匙鹽

將以下材料放入中碗，以木匙或橡膠抹刀搗打到如美乃滋黏稠的泥糊：

3/4杯（1又1/2條）無鹽奶油，切小塊

需要讓奶油軟化得快一點的話，可以把碗器放入熱水加溫。將下面材料放入大碗，以高速打到濃稠而呈淡黃色，需2到5分鐘：

3顆大雞蛋、1顆大蛋黃

3/4杯糖、1又1/2小匙香草

將麵粉混合物篩至其上，並用橡膠抹刀切拌均勻。拌切一份蛋混合物到奶油中，然後刮下奶油混合物並放回到剩餘的蛋混合物裡以拌切均勻，即靜置至少30分鐘。

烤爐預熱至230度，用融化的奶油為一或兩個12只入瑪德蓮烤模抹上厚厚一層。每單只模洞填裝麵糊至3/4滿；剩餘麵糊擱置一旁備用。烘烤到瑪德蓮頂部呈金黃色且邊緣呈金棕色為止，8到10分鐘。立刻用薄刀刀尖鬆離每塊蛋糕，並將之脫模放到架上冷卻。需要的話，將烤模擦拭乾淨，待其冷卻再抹奶油烤焙剩餘麵糊。當天出爐的瑪德蓮最好吃，但也可以放入密封保鮮盒內保存1到2天。

手指糕餅（Ladyfingers）（36個4吋手指糕餅）

這些輕盈的手指海綿糕餅是美味小零嘴，但大多給做成了冷藏點心，如提拉米蘇，205頁、或「夏洛特蛋糕」，204頁。

烤爐預熱至180度，兩只大烘烤淺盤抹油且裹麵粉、或盤底鋪上羊皮紙備用。準備：

法式海綿蛋糕（比司吉麵糊），22頁

準備一只裝配5/8吋圓擠花頭的大號擠花袋，刮下麵糊放入袋中，之後在烘烤淺盤上澆擠一個個4吋的手指糕餅，間隔至少1吋。在手指糕餅上輕撒：

糖粉

烘烤到呈金棕色，需10到15分鐘，即把糕餅放到架上或是直接將連羊皮紙移到架上完全冷卻，再存放於密封保鮮盒內。

| 關於蛋白霜糊 |

「蛋白霜」一詞最廣泛的意思，是指任何烘烤或未烘烤的打發蛋白和糖的混合物。生蛋白霜可以切拌到蛋糕糊、慕斯、巴伐利亞鮮奶油、醬汁、鬆餅、舒芙蕾和其他需要灌入空氣或輕盈質地的混合物。所有的蛋白霜和其變化樣式都是以打發蛋白為基礎，正確打蛋技巧請見494頁。

然而，於此我們關心烘烤蛋白霜的技巧。烘烤過的蛋白霜可以是由裡到外完全乾燥酥脆、外面酥脆而內部如棉花糖鬆軟，或是如蛋糕般的乾燥質地。滋味可能為原味、調味或堅果香。「達克瓦茲蛋糕」，76頁又叫日式達克瓦茲（Japonaise）、堅果粉渣蛋糕（Broyage）和勝利蛋糕（Succès），是含堅果粉的酥脆蛋白霜大蛋糕，通常也加些麵粉或玉米澱粉。蛋白霜和達克瓦茲可以做為蛋糕夾層，單獨使用或與薄海綿蛋糕夾層或全蛋打法海綿蛋糕夾層交疊皆可。而以奶油淇淋為夾餡或糖霜的話，即可做出如「鮮草莓達克瓦茲」，77頁的優雅夾層蛋糕。蛋白霜也能用來做餅乾，126頁、蛋白霜香菇和蛋白霜派皮★，478頁。

蛋白霜質地的酥脆或鬆軟，全是由糖和蛋白的比例與蛋白霜的烘烤溫度而定。一律使用室溫雞蛋，且做法大多在材料和用量比例方面是固定的，即每四顆大蛋白配一杯糖。蛋白霜要在相當低溫的烤箱內（九十到二百二十五度）烘烤兩小時之久，以便烤到完全乾燥但不至於呈棕黃色或改變色澤，然後將蛋白霜留在關機的烤爐內冷卻以確保乾燥；若是放在留著母火的烤爐內過夜的話，保證出爐的蛋白霜成品臻至完美。相同的蛋白霜基底要是放入一百三十五度的烤爐烘烤一小時，質地則是外酥內軟，我們常見到這類蛋白霜裝飾著發泡鮮奶油和水果（而製作軟蛋白霜加料和柔軟的乾果仁蛋白霜夾層蛋糕，只需用約一半分量的糖，但以更高的溫度和更短的時間烘烤而成）。

不要冷藏或冰凍乾脆的蛋白霜，放入密封保鮮盒裡即可保存數星期之久。酥脆的烤蛋白霜外殼或夾層，如果包夾發泡鮮奶油、卡士達、慕斯或其他濕潤餡料，想要保持酥脆度的話，上桌享用前才填放夾餡；蛋白霜填有冰淇淋或冷凍點心夾餡稱為冰鎮蛋白霜，都能先包好餡料，再放回冷凍室保鮮備用達四天之久，因為蛋白霜結構在冷凍狀態下不會瓦解。由於奶油淇淋的高脂肪含量有防潮功效，因此疊塗奶油淇淋的酥脆蛋白霜或達克瓦茲夾層不太會流失酥脆度。

| 關於蛋白霜和達克瓦茲蛋糕的塑形及烘烤 |

塑形個別蛋白霜：用湯匙挖舀十二球勻稱的三吋蛋白霜，落丟到備好的烘烤淺盤。

使用抹刀塑形夾層：用抹刀將蛋白霜均分放入事先描好的圓內並推抹均勻，蛋白霜的厚度盡量一致，再用你的手指頭繞著圓圈抹平邊緣。

使用擠花袋製作蛋白霜夾層：準備一只大號擠花袋裝配一個八分之三到半吋的圓形擠花頭，刮下蛋白霜放入擠花袋裡。從圓心開始以螺旋形狀向外澆擠，直到每個圓圈都是旋繞的蛋白霜線條為止。

烘烤時間一個半到兩小時。若要檢查完成度，可以從烤爐取出測試樣本並冷卻五分鐘，如果口感乾燥酥脆，代表相似尺寸的蛋白霜已經烤好了。至於大一點的蛋白霜，可以用銳利的水果刀尖端戳刺來測試完成度，即便蛋白霜中央似乎有點黏，這在冷卻後就會變得酥脆。蛋白霜如要包夾餡料，用你的手指在每個霜內部仍有些黏的時候，於平坦面壓出凹槽並放回烤爐。若不確定蛋白霜是否烘烤完成的話，就乾脆烘烤兩小時整，甚至再長一點的時間，完成後讓蛋白霜留在熄火的烤爐內冷卻。若不立即食用，請密封存放。蛋白霜夾層相當脆弱，所以為了多層保護，存放時只要裁去蛋白霜周邊多餘的羊皮紙，就連紙放入儲存。屆時只要把薄金屬抹刀滑入每塊蛋白霜夾層底部，即可移除羊皮紙。

蛋白霜（Meringue）（2塊8或9吋圓形蛋白霜或3塊7吋圓形蛋白霜或12塊3吋蛋白霜）

使用室溫溫度的材料，約21度。烤爐預熱到110度，餅乾淺盤鋪上羊皮紙以排放不規則形狀的蛋白霜或個別蛋白霜殼。或做蛋白霜夾層時，先在羊皮紙上描繪出兩個8或9吋的圓或三個7吋的圓，圓與圓間隔1吋，之後翻面讓圓從背面透出，使用時才不會轉印到蛋白霜上。

I. 將下面材料放入大碗，以中速打到軟性發泡：

4顆大蛋白（約1/2杯）

（1小匙香草）、1/2小匙塔塔粉

非常緩慢地加入下面材料，一次1大匙，並以高速擊打：

1杯特細白糖

繼續擊打蛋白霜到硬性發泡。塑形和烘烤，請遵照「關於蛋白霜和達克瓦茲蛋糕的塑形及烘烤」，75頁或單份食譜的說明。

II. 準備：

蛋白霜I，75頁

特細白糖分量減至2/3杯。打入白糖後，在蛋白霜上篩放：

2/3杯糖粉

並用橡膠抹刀進行切拌。

溫熱法蛋白霜（Warm-Method Meringue）

蛋白霜I或II都適用此法，75頁。在一只耐熱大碗裡一起攪拌蛋白、特細白糖、塔塔粉和香草（若有使用的話），將大碗放入煎鍋隔著沸水加熱攪打，直到蛋白到摸起來溫熱但不滾燙（43到115度)為止。把碗器從鍋內取出，以高速攪打硬蛋白。如果是製作蛋白霜II，要切拌糖粉到蛋白中。

咖啡調味蛋白霜（Coffee-Flavored Meringue）

準備蛋白霜I或II。特細白糖尚未加入蛋白之前，2又1/2小匙即溶速沖咖啡粉或研磨咖啡要先拌入白糖中。

可可粉蛋白霜（Cocoa Meringue）

準備蛋白霜II，76頁，而3大匙無糖可可粉要先與糖粉一起過篩，再切拌到蛋白霜之中。

蛋白霜香菇（Meringue Mushrooms）（48到60朵香菇）

最好採用溫熱法來製作這些香菇的蛋白霜原料，因為用這種的蛋白霜來澆擠菇傘和菇柄，形狀較能持久。

烤爐預熱至93度，兩只烘烤淺盤鋪上羊皮紙備用。準備：

蛋白霜I或II，以上述溫熱法製作

準備一只大號擠花袋並裝配1/2吋的圓形擠花頭，刮下蛋白霜放入袋裡。在烘烤淺盤上澆擠約1吋高的尖頭「吻」形做為菇柄，再澆擠圓釦形做為菇傘。需要的話，用稍微弄濕的手指或是原本就濕潤的手指來推平菇傘頂部。輕撒：

無糖可可粉

蛋白霜烤酥且完全乾燥，約2小時，然後留在關機的烤爐內冷卻。融化：

2盎司粗碎的半甜或苦甜巧克力

用尖銳的刀子切掉蛋白霜菇柄尖端，並在每朵蛋白霜菇傘的平坦面抹上一些融化的巧克力，趁著巧克力尚未凝固前接上菇柄，靜待巧克力凝固。這些香菇可以放在密封盒內保存至4星期。

達克瓦茲蛋糕（Dacquoise）（2個8或9吋的圓蛋糕或3個7吋圓蛋糕）

見「關於蛋白霜糊」，74頁。使用1/2到3/4杯堅果，分量多寡則視你喜好的堅果味道濃淡而調整。

使用室溫溫度的材料，約21度。烤爐預熱

到95度，餅乾淺盤鋪上羊皮紙。在羊皮紙上描出2個8或9吋的圓或3個7吋的圓，圓與圓間隔至少1吋，之後翻面讓圓從背面透出，使用時才不會轉印到蛋白霜上。

用食物調理機混合：

1/2到3/4杯堅果（整顆或碎片皆可）

1/3杯特細白糖

1大匙玉米澱粉

脈衝調理到混合物如細玉米粉般細密；不要過度調理，否則堅果會透油。將下面材料放入大碗，以中速打到軟性發泡：

4顆大蛋白（約1/2杯）

1/2小匙塔塔粉

龜速加入下面材料，一次1大匙，並以高速擊打：

1/2杯特細白糖

繼續擊打蛋白霜到硬性發泡，將堅果混合物切拌到蛋白霜中。塑形和烘烤夾層，請照「關於蛋白霜和達克瓦茲蛋糕的塑形及烘烤」，75頁的說明。

鮮草莓蛋白霜或加發泡鮮奶油和巧克力的達克瓦茲蛋糕（Fresh Strawberry Meringue or Dacquoise With Whipped Cream And Chocolate）（1個9吋蛋糕）

這豐盛的點心吃起來香脆、濃郁、酸甜。你可以調製自己喜歡的口味：如改變放入達克瓦茲的堅果、夾層不抹巧克力糖霜或（和）用整顆覆盆子替代草莓切片。你也可以在花生達克瓦茲蛋糕夾層試試香蕉和鮮奶油，放上蘸塗巧克力的草莓頂層加料，即可做出別具風味的美式口味。

準備：

3個9吋蛋糕夾層（1又1/2食譜分量）蛋白霜I或II，75頁或上述加了杏仁的達克瓦茲蛋糕

從下面材料中選出12顆最漂亮的漿果：

2品脫去蒂梗的草莓

將草莓半蘸浸於：

1杯苦甜巧克力糖汁，165頁

餅乾淺盤鋪上蠟紙或羊皮紙，放上蘸汁的草莓並送入冷藏。用剩餘糖汁來塗抹每塊蛋白霜或達克瓦茲夾層的兩側，夾層淋上糖汁就放在蠟紙或羊皮紙上，並冷藏到巧克力凝固定形。剩餘的草莓切片備用。將下面材料打稠：

2杯濃鮮奶油或法式酸奶油

再加入下面材料並打到幾近硬是發泡為止：

1到2大匙糖、1小匙香草

切拌草莓切片到2杯發泡鮮奶油。將約一半的草莓餡料塗抹到一塊裹巧克力糖衣的夾層，疊上第二塊夾層，抹上剩下餡料，再疊上第三塊夾層，最後整個夾層蛋糕頂部和側邊都要塗上原味發泡鮮奶油。蛋糕側邊壓貼：

3/4杯去皮的烤杏仁片，544頁

要是鮮奶油沒有用完的話，就放入有中號星星擠花頭的擠花袋，並沿著蛋糕頂邊裱一圈玫瑰邊飾，再用裹巧克力糖汁的草莓裝飾蛋糕頂部。冷藏2到4小時再端上桌享用。

| 關於起司蛋糕 |

起司蛋糕分成兩大類，一種是奶油起司類，另一種是瑞科塔起司或凝乳形

式起司類。當然也有奶稠或乾燥、密實或輕爽的不同風味的愛好者。同樣的，酥皮（或沒有酥皮）的種類、加料與搭配酸鮮奶油的風味、調味與原味的起司蛋糕也因個人偏好而迥異。我們在此提供幾種食譜，你和賓客可以選擇所愛——大概會繼續爭執下去。

滿是起司和雞蛋卡士達的起司蛋糕其實不能說是蛋糕。正因如此，起司蛋糕需要低溫烘焙和恰當烘烤時間，否則就會發生重大失誤：破裂、縮水和邊緣過度烘烤。➡雖然過度混合是某些狀況的罪魁禍首，但是多數狀況都是因為過長烤焙時間，過高烘烤溫度和（或）冷卻過快所造成。更糟的是，非得等到起司蛋糕出爐冷卻時，否則根本無從得知是否有破裂和縮水的狀況。

起司蛋糕大部分的烘焙問題的解決方法是➡烤焙溫度保持低溫（一百五十到一百六十五度，有些情況例外），檢查你的烤箱的準確度，知道在蛋糕中央仍柔晃時即從烤爐中取出。➡切記，起司蛋糕要到完全冷卻或甚至冷凍狀態才會定形。將起司蛋糕放在檯桌上慢慢冷卻時，請將一只大碗或鍋子倒蓋其上以保持冷卻環境的溫暖潮濕。在裝填烤模之前，我們會在烤模內側小心抹油，這麼一來蛋糕冷卻縮小而脫模時，糕體中央才不會破裂。如下圖，以水浴法烘烤起司蛋糕，也是避免起司蛋糕蛋糕烘焙失誤的有效方法。

混合起司蛋糕

如果你的攪拌器附有槳葉攪拌棒和打蛋器，使用槳葉攪拌來做出最棒的蛋糕質地。起司蛋糕糊必須攪混均勻但不過度擊打。要是將太多空氣打入起司蛋糕糊，蛋糕烘烤時會脹得像舒芙蕾，但在冷卻時急劇凹縮破裂。要是擊打得極端過火的話，密實的薄起司糊成品可能無法脹大，這是使用食物調理機經常發生的情況。

食物調理機若是使用得當，最能將鄉村起司、瑞科塔起司和其他凝乳起司打成完美順滑的起司泥，料理時間三到四分鐘整，期間要刮集在碗壁和葉槳的沾黏物數次。這比起將凝乳起司壓過細篩的傳統手法來得更簡單有效，但我們卻很少用料理機來混合起司和其他材料，因為過度料理會破壞起司而做出完全不發脹的、密實的薄起司糊。使用調理機時，我們到最後才會加入很軟的奶油起司，好與其他材料快速混合。

起司糊出現團塊是完美起司蛋糕的致命傷；為了防範未然，請用室溫溫度的起司蛋糕，或攪打前先在微波爐加熱軟化（八盎司起司需高溫加熱二十到三十秒）。如果一開始就用冷的奶油起司，你正奮力打掉團塊時，非常可能就過度擊打了起司。對於大部分的食譜來說，加糖打奶油起司是除去團塊的最後機會，一旦加進蛋和其他液態材料，起司中的任何團塊是不太可能消失的。因為加了蛋和液體之後，黏在碗和攪拌器上較硬的起司混合物很難混入較稀薄的混合物之中，所以整個攪打過程中，要不時刮擦碗和攪拌棒的側邊。食譜若指示用發泡鮮奶油或打發的蛋白，這些材料都是最後手動切拌到混合物之中。

烘烤起司蛋糕

傳統烤焙法：只要起司糊混合得當、烤爐溫度正確、烘焙師傅完美拿捏烤焙時間、並且緩慢冷卻，就可以中到低的火候烤出不破裂的滑順起司蛋糕。由於酥皮會隔離起司糊，因此這種方式最適合用來做出底部與周邊有酥皮的起司蛋糕。唉！但是可變因素實在太多，這種方式也因而相當微妙，到頭來還是可能做出過度烤焙的破裂起司蛋糕。

紐約烤焙法：這是一種低溫烤焙法，需要烘焙師傅的巧手來感覺拿捏。蛋糕送入二百六十度烤爐烘焙十五分鐘，然後烤爐溫度降至九十度再烘焙約一小時，最後蛋糕留在關火且半開爐門的烤爐之中。這方法做出來的起司蛋糕實在很棒，表皮烤出了金棕色澤，至於內部是乾燥亦或奶稠質地，就取決於食譜做法了。

水浴烤焙法：將蛋糕烤模放在盛注熱水的烤盤中，烤盤放入烤爐時，因而可以將蛋糕烤模與極端熱度隔離，起司蛋糕中央和邊緣就能以相同速度烤煮，蛋糕周邊幾乎就能跟中央一樣奶香濃郁，也能溫和均勻發脹而不會縮水。水浴法是容許失誤的：即便多烤了十分鐘也不太會損害蛋糕質地，我們就從沒見過水浴法做出的破裂起司蛋糕。

然而，你或許會問，為什麼我們不建議用水浴法烤焙所有的蛋糕。水浴法是無法烤出酥皮質地酥脆的起司蛋糕，而且起司蛋糕愛好者要求的乾實奶稠的質感與濃濃的起司香味，並不是水浴烤焙法所能做到的。因此，不妨讓每位起司蛋糕行家選擇所愛，讓不同的蛋糕味道百花齊放！

如果你使用的是彈簧扣模鍋，進行水浴法時就必須先用箔紙包覆鍋底和鍋壁，才不會從縫隙滲水而浸濕蛋糕。將模具放在寬大的強力鋁箔紙上，頂著模具側邊摺起箔紙，並要確認紙張沒有破洞裂口，更保險一點，你或許可以考慮包兩層箔紙。用水浴法時，選用比蛋糕烤模至少寬三吋的烤盤或炙烤模具，而深度不超過烤模。當你預熱烤爐時，也要燒開一壺水。起司蛋糕烤模填好餡料後放到烤盤裡，小心從蛋糕烤模周邊倒入滾水至一吋高，並將烤盤架輕輕滑入烤爐，不要讓水濺出。

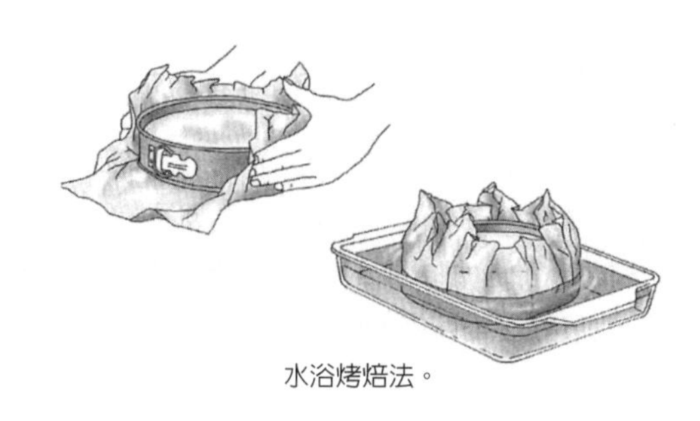

水浴烤焙法。

倘若你使用的是無空隙的蛋糕烤模，於模底鋪上圓形蠟紙或羊皮紙且模壁要抹油（烤模不需包箔紙），即可依指示放入水中烤焙。待蛋糕放涼且完全冷卻之後再脫模。

起司蛋糕的脫模與上桌享用

彈簧扣模鍋烘烤的起司蛋糕，可以在其仍溫熱時脫模，然而先冷卻蛋糕的話，糕體比較結實。如果蛋糕已經徹底離模，只要鬆開彈簧扣並小心移除模鍋外框即可。不然在移除外框前，先滑入薄刀片繞刮蛋糕側邊一圈使其離模，而且刀刃要緊靠鍋模以免撕裂蛋糕。蛋糕可以直接留在鍋模底座食用，或待完全冷卻後放到盤子或蛋糕硬紙圓底盤上桌享用。

為無空隙烤模烘焙的起司蛋糕脫模，用保鮮膜緊緊蓋住烤模頂部，並在保鮮膜頂部放上厚紙板或量輕的烘焙淺盤，倒扣烤模和厚紙板，並輕敲烤模邊緣直到起司蛋糕滑出，即可拿掉烤盤並撕掉襯紙。將蛋糕圓底盤或盤子放在蛋糕上頭，小心倒扣蛋糕使其正面朝上，再移除保鮮膜。

提升起司蛋糕的風味和質地可以藉由➡食用前，蛋糕至少有二十四小時且最好是四十八小時的時間完全冷卻；越長的冷卻時間可以強化起司味道和蛋糕密度。包好起司蛋糕放入冰箱儲放，享用前一小時左右即自冰箱取出，以便引發香味並軟化質地。

起司蛋糕的加料

特製起司蛋糕可以是任何想像得到的口味，任何人只要會做原味起司蛋糕，就有能力研發出花俏的新口味。不妨從變化酥皮的堅果或香料開始；除了酸鮮奶油之外，「苦甜巧克力糖汁」，165頁、「檸檬凝乳」，102頁、焦糖醬汁、碎烤果仁或焦糖堅果、新鮮水果或帶果肉的果醬都可以做為起司蛋糕加料。裹糖的新鮮漿果、浸泡烈酒的葡萄乾或剁碎果乾、碎糖薑、焦糖堅果、一些瀝乾的糖栗子、碎巧克力餅乾（亦可鋪放成層）或切丁的布朗尼都可以切拌到原味起司蛋糕糊之中。為起司糊調味的話，你可以用堅果糊或果仁糖粉、可可粉、即溶咖啡粉、檸檬皮絲或烈酒。而「檸檬凝乳」或「柳橙凝乳」，102頁、帶果肉的果醬或甜栗子泥，都能為起司糊調製出大理石花紋。你可以將部分白糖換成紅糖或楓糖並放入堅果和一些波本威士忌，即可調配出果仁焦糖的風味。所有的起司蛋糕幾乎都可以烤成有酥皮或不帶酥皮的成品，而且你可以改用水浴法或紐約烤焙法來變化傳統起司蛋糕質地。

起司蛋糕「樂土」（Cheesecake Cockaigne）（12到16人份）

這是最為簡單好吃的起司蛋糕。這種淋著酸鮮奶油的老式蛋糕只有1又1/4吋高，吃起來就像自家做的食物。

準備以下材料，放入10吋彈簧扣模鍋烘

烤：

全麥餅乾「碎屑外皮」*，481頁

使用室溫溫度的材料，約21度，烤爐預熱到150度。將以下材料放入中碗打到奶稠為止，約30秒：

1又1/2磅（3盒8盎司裝）奶油起司

慢慢打入：

1杯糖

1小匙香草或1/4小匙杏仁萃取液

放入下面材料，每次1顆，打到混合即可，而且每加一次材料就刮一下沾黏在碗壁四周和攪拌棒的混合物：

3顆大雞蛋

刮下起司糊放進酥皮並抹平頂部，就放到餅乾淺盤上，送入烘烤到拍打烤模時蛋糕中心不太會振動為止，需45到55分鐘。蛋糕不脫模置於架上冷卻至少1小時。混合下面材料並塗抹在蛋糕上：

1杯酸鮮奶油

1/4糖

1大匙香草

1/8小匙鹽

蛋糕脫模前，先放在架上待其完全冷卻，見80頁。包好蛋糕，放入冰箱冷藏至少3小時，放至24小時更好，再端上桌搭配下面材料享用：

新鮮草莓

紐約起司蛋糕（New York-Style Cheesecake）（15到20人份）

不要擔心烤爐的極度高溫——蛋糕表面會因而烤得金黃而內部仍是濃稠狀態。

烤爐預熱到200度，一只9吋彈簧扣模鍋輕輕抹油備用。為以下材料準備蛋糕糊：

奶油酥餅外皮*，477頁

將1/3或更少一些的蛋糕糊放壓到烤模底部，壓得越均勻越好，並用叉子搓刺整個蛋糕糊。烘烤到外皮呈淡金棕色，需10到15分鐘，就放在架上到完全冷卻。將剩下的蛋糕糊繞著模壁壓貼一圈約1/8吋厚，且一定要與底部外皮相連。外皮的底部和四周刷抹下面材料：

1顆打好的蛋白

如果你還沒有要填放餡料，就將外皮冷藏備用。

使用室溫溫度的材料，約21度，烤爐預熱到260度。

將下面材料放入大碗打到滑順奶稠，約30秒：

2又1/2磅（5盒8盎司裝）奶油起司

刮集好沾黏在碗壁四周和攪拌棒的奶油起司。慢慢加入以下材料並打到滑順奶稠，需1到2分鐘：

1又3/4杯糖

（你如果偏好較密實的質地的話，至多3大匙中筋麵粉）

打入：

1小匙檸檬皮絲

1/2小匙香草

放入下面材料，每次1顆，攪打到混合即可，且每加一次材料就刮一下沾黏在碗壁四周和攪拌棒的混合物：

5顆大雞蛋

2顆大蛋黃

以低速打入：

1/2杯濃鮮奶油

刮下起司糊放進酥皮並抹平表面，以260度的溫度烘烤15分鐘，然後調降烤爐溫度到95度，再烤 1小時。關掉烤爐，用木匙柄讓爐門維持半開，蛋糕留在爐中冷卻30分鐘，就移到架上到完全冷卻再脫模，見80頁。包好蛋糕，送入冷藏至少6小時，放至24小時更好，再端上桌享用。蛋糕冷藏48小時後，起司香味更是濃郁。

水浴烤焙奶油起司蛋糕（Creamy Water-Bath Cheesecake）（12到16人份）

水浴烤焙法所調製的起司蛋糕濃濃的奶香四溢，而且質地從邊緣到中心均勻一致。你可以用此法做出無酥皮起司蛋糕。

使用室溫溫度的材料，約21度，烤爐預熱到165度。

用以下材料塗抹一只9吋彈簧扣模鍋底部和內壁：

1大匙無鹽奶油

撒上：

1/4杯全麥餅乾細屑

傾斜拍打烤模以讓餅乾屑能均勻裹覆模底和模壁。將下面材料放入大碗並攪打到恰好滑順為止，30到60秒：

2磅（4盒8盎司裝）奶油起司

刮集好沾黏在碗壁四周和攪拌棒的奶油起司。慢慢加入以下材料並打到滑順奶稠，需1到2分鐘：

1又1/3杯糖

放入下面材料，每次1顆，攪打到混合即可，且每加一次材料就刮一下沾黏在碗壁四周和攪拌棒的混合物：

4顆大雞蛋

加入下面材料，以低速打到恰好混合即可：

1/4杯濃鮮奶油
1/4杯酸鮮奶油
2小匙香草
1小匙檸檬皮絲

刮下起司糊放進酥皮並抹平表面。將模具放在一大張強力鋁箔紙上，靠著模具側邊小心摺起箔紙而不要將之撕裂。將烤模放到一只大烤盤或炙烤模具，就把烤盤放入烤爐，並倒入足夠的滾水至起司蛋糕烤模模壁的一半高。烤到起司蛋糕邊緣看來凝固成型，而拍打烤模時蛋糕中心稍會振動，需55到60分鐘。關掉烤爐，用木匙柄讓爐門維持半開，蛋糕留在爐裡冷卻1小時，就移到架上到完全冷卻再脫模，見80頁。包好蛋糕，送入冷藏至少6小時，放至24小時更好，再端上桌享用。

新鮮覆盆子水浴烤焙起司蛋糕（Fresh Raspberry Water-Bath Cheesecake）

輕輕將1/2品脫覆盆子滾裹2大匙糖，或足夠滾裹覆盆子的分量即可。準備上述水浴烤焙奶油起司蛋糕糊，並刮下其3/4放入烤模。在蛋糕糊上撒放糖漬漿果，刮放剩餘的蛋糕糊並抹平頂部，將烤模敲擊桌檯來消除氣泡，如指示說明送入烘焙。冷藏之後，在蛋糕頂部塗抹上1杯酸鮮奶油，於其上排飾1/2到1品脫的覆盆子。

瑞科塔起司蛋糕（Ricotta Cheesecake）（10到12人份）

為了做出奶香濃郁、最棒的起司蛋糕，請購買全脂瑞科塔起司。如果你使用部分脫脂瑞科塔，可以放入食物調理機中料理3到4分鐘或按壓過細篩，起司就會變得更濃稠滑細。

一只9吋彈簧扣模鍋抹油備用。準備下面材料：

盤內輕拍奶油麵團★，479頁

麵團要壓放到烤模內，所以會有點延伸到模壁（可以用擀麵棍麵團揉擀到1/8吋厚，再貼合到烤模）。冷藏至少30分鐘。

烤爐預熱到200度。用叉子搓刺麵團，模底和模壁鋪上鋁箔紙，填入米或鎮派石並烘烤約15分鐘，小心移去箔紙和鎮派石後再繼續烤到外皮為金棕色，約15分鐘。蛋糕放在架上到完全冷卻，填餡前先用麵團屑塊填補裂縫洞口。

使用室溫溫度的材料，約21度，烤爐預熱到190度。混合下面材料：

3大匙烤松子，544頁

2大匙剁碎且去皮的烤杏仁，544頁

（2大匙碎糖漬香櫞或糖漬柳橙皮或檸檬皮）

（2大匙巧克力碎片）

1大匙中筋麵粉

下面材料放入大碗，以高速打到濃稠並呈白黃色，1到2分鐘：

4大顆雞蛋、1杯糖

1又1/2小匙香草

拌入：

3杯全脂或部分脫脂瑞科塔起司

再拌入堅果混合物。刮下麵團放入外皮並抹平頂部，送入烘烤30分鐘，就將烤爐溫度調降到160度，繼續烤到刀子從外皮邊緣插入約2吋而再抽出無沾黏物即可，此階段需20到25分鐘。中心部分比較柔軟，縱然蛋糕體似乎太不穩固，但待冷卻後即會凝固定形。蛋糕移到架上到完全冷卻再脫模，80頁，包封好送入冷藏至少6小時，放至24小時更好，再端上桌享用。

巧克力起司蛋糕（Chocolate Cheesecake）（12到16人份）

這款蛋糕的口味濃郁至極，只獻給巧克力愛好者。

準備下面材料，放入一只9吋彈簧扣模鍋或蛋糕烤模烘烤：

巧克力威化餅「碎屑外皮」*，481頁

靜置冷卻。使用室溫溫度的材料，約21度。一個長條蛋糕烤模或蛋糕烤模裝水，放於烤爐底部烤架來濕潤空氣，且烤爐預熱到180度。下面材料放入小碗：

8盎司苦甜或半甜巧克力，剁細碎

加入：

1/3杯滾水

攪拌到巧克力融化柔順。將以下材料放入大碗打到滑順即可，30到60秒：

1磅（2盒8盎司裝）奶油起司

刮集好沾黏在碗壁四周和攪拌棒的混合物。慢慢加入以下材料並打到滑順奶稠，需1到2分鐘：

2/3杯糖

1小匙香草

放入下面材料，每次1顆，打到混合即可，且每加一次材料就刮一下沾黏在碗壁四周和攪拌棒的混合物：

3顆大雞蛋

打入：

2杯酸鮮奶油

1大匙無糖可可粉

再加入溫巧克力混合物，以低速打到混合均勻。刮下麵團放入外皮並抹平頂部，就放到烘烤淺盤。送入烘烤到蛋糕邊緣腫脹，但中心仍濕潤且輕敲烤模時會晃動，40到45分鐘。關掉烤爐，用木匙柄讓爐門維持半開，蛋糕留在爐裡冷卻1小時，就移到架上到完全冷卻再脫模，見80頁。包封好蛋糕，送入冷藏至少6小時，放至24小時更好，再端上桌享用。冷藏48小時後，蛋糕味道更是濃郁。

南瓜起司蛋糕（Pumpkin Cheesecake）（10到12人份）

濃郁的起司蛋糕中是溫暖的秋季南瓜派香料。

準備下面材料，放入一只8吋彈簧扣模鍋或蛋糕烤模烘烤：

全麥餅乾「碎屑外皮」*，481頁或胡桃做的「堅果外皮」*，481頁

靜置冷卻。使用室溫溫度的材料，約21度。一個長條蛋糕烤模或蛋糕烤模裝熱水，放進烤爐來濕潤空氣，且烤爐預熱到180度。

下面材料放入小碗：

2/3杯壓實的紅糖

3/4小匙肉桂粉

1/4小匙丁香粉

1/4小匙薑粉

1/8小匙磨碎的肉豆蔻或肉豆蔻粉

下面材料放進大碗並攪打滑順，30到60秒：

1磅（2盒8盎司裝）奶油起司

刮集好沾黏在碗壁四周和攪拌棒的混合物。慢慢加入糖混合物而打到滑順奶稠，1到2分鐘。放入下面材料，每次1顆，打到混合即可，且每加一次材料就刮一下沾黏在碗壁四周和攪拌棒的混合物：

2顆大雞蛋

2顆大蛋黃

放入下面材料並攪打均勻：

1杯罐裝或煮熟的南瓜

刮下麵團放入外皮並抹平頂部，就把烤模放到烘烤淺盤，在180度的溫度烤30分鐘，將烤爐溫度調降到160度，繼續烤到蛋糕中心仍濕潤且輕敲烤模時會晃動，這階段需10到15分鐘。期間，將下面材料攪勻：

1又1/2杯酸鮮奶油

1/3杯壓實的淡紅糖

1小匙香草

用抹刀將上述混合物刮到熱蛋糕上並推抹均勻，再送回烤爐烤7分鐘。蛋糕出爐放於架上，用一只大碗或鍋子倒蓋烤模以使蛋糕緩慢冷卻。靜置到完全冷卻再脫模，見80頁，包好蛋糕送入冷藏至少6小時，放至24小時更好，再端上桌享用。

▲關於高海拔蛋糕烘焙

高海拔烘焙的蛋糕可能是頑皮搗蛋的變化款式，常不按常理出牌。在海拔三千呎左右，蛋糕開始對大氣變化產生強烈的反應，而且隨著海拔高度增加，改變愈是劇烈：蛋糕可能快速脹大再跌平，或在冷卻後糕體中央出現碗狀窟窿。蛋糕可能頂部烤成硬殼而中央卻潮濕沒烘透，不然就是烤出粗厚的碎屑。

有解決方法嗎？唉，唯一真正的規則就是沒有規則可循。是有一些調整方針，但每一份食譜都有其個別的調整做法。閱讀以下說明來更動你最喜歡的平地食譜，往後再自行調整，一開始紀錄烘焙過程，直到知道什麼能讓你做出最棒的蛋糕為止。

高海拔烘焙蛋糕要考慮三個主要因素：第一➡所在海拔高度愈高，氣壓愈低，烘焙物中的發酵氣體（空氣、二氧化碳、水蒸氣）就會更快脹大。在大

部分的食譜中，泡打粉和（或）蘇打粉因而必須減量或重新平衡用量以使蛋糕發脹得宜。

➡酸性有助於蛋糕糊在烤爐的熱氣中定形，因此你有時需要減少比自己預期多的蘇打粉（其會中合特定材料的酸性）分量，以保全有些蛋糕糊的酸性。➡在海拔五千呎以上，我們偏好使用酪奶而不用一般的牛奶，因為它可以讓蛋糕呈酸性且更為濕潤、豐富和柔軟（可以使用粉狀酪奶，但液態酪奶效果較好；若是要以一般牛奶取代液態酪奶的話，一杯牛奶請加入三大匙原味優格）。因為氣壓減低，擊打蛋白時若沒有特別照料（見下文），打發的蛋白往往會脹大得很誇張而再暴跌攤平。有時，多加一顆雞蛋來增加濕氣和強度，就能改善平地食譜的問題，然而蛋白過多可能會讓蛋糕糊乾掉，因此要小心使用。為了做出最好吃的蛋糕，請確實遵照我們撰寫的高海拔食譜。

第二➡海拔高度愈高，水的沸點愈低（見表，642頁，因而越無法傳送足夠的熱氣到密實的濕蛋糕中心以使蛋糕發脹。海拔高度每上升五百呎，水的沸點就會下降約○・六度。➡海拔高度愈高，有些蛋糕就需要更長的烘焙時間，在水中或水面上烹煮食物的時間也因而拉長；卡士達需要更長的時間定形，而玉米澱粉也要更長的時間才會呈現膠稠狀態。

烤焙蛋糕時，有時建議將烤爐溫度調高十五度，但這可能導致在蛋糕中心尚未熟透前就先烤硬了頂部。解決方法是降低烤爐溫度並拉長烤焙時間。➡烘烤長條蛋糕和茶點糕餅時的簡單解決方法，就是用中空烤模取代傳統長條蛋糕烤模而使熱氣傳導到蛋糕糊中心。

第三➡海拔高度愈高，液體和濕氣蒸發得愈快而留下高濃度的糖和脂肪。過多的糖會使蛋糕質地變粗；過多的糖和脂肪會降低麵粉裡的筋性強度，減弱結構而導致蛋糕崩落。➡在高海拔地區，許多的食譜會要求減少糖的分量，而一些富含奶油的食譜也需在脂肪上減量。➡務必使用高海拔食譜指示的麵粉種類：通常捨低筋麵粉而用中筋麵粉，因為中筋麵粉稍多的蛋白質含量可以強化蛋糕糊的結構，使得蛋糕冷卻後不會崩壞。

其他的大氣因素也會影響到蛋糕烘焙。濕度在任何的海拔高度都捉摸不定，其會隨著氣壓的改變而影響到曝露於外的食物表面的蒸發速率。➡海拔高度愈高，空氣愈乾燥，（烤焙物、你的皮膚、你的咖啡）表面就越容易乾涸冷卻。烤蛋白霜的酥脆度可以較持久，而其他的烤焙食物很快就會腐壞。

在海拔山區較乾燥的空氣意味著➡麵粉需要和入更多的液體（水分的需求主要取決於麵粉種類——高蛋白質麵粉的吸水性比中筋麵粉高，而中筋麵粉的吸水性又高過低筋麵粉）。較高、較乾燥的空氣，也代表有能力將味道與氣味傳送到你的口鼻的水分子減少了；海拔高度愈高，你對烤焙食物味道的知覺就愈薄弱。➡不妨放些鹽和調味萃取液來強化食物的味道。

在高海拔地區，一旦烤焙食物完全冷卻，一定要雙層密封保鮮。送入冷凍，也是雙層密封後，再裹一層強力箔紙或是放入冷凍自封保鮮袋即可。海拔高度的烤焙守則，大概適用其上下增減一千五百呎的範圍。比方說，針對海拔七千呎的食譜，最高約可用於八千五百呎。

高海拔蛋糕烘焙的特殊技巧

材料：烘焙前，包括雞蛋的所有食材溫度都要是室溫溫度（約二十一度），而且奶油應該柔軟易壓。

烤模和烤模的準備工作：烤模尺寸應符合食譜要求。奶油在過小的烤模會滿溢，過大的烤模又會烤薄烤硬。若不確定的話，烤模只填裝蛋糕糊到差不多四分之三滿以預留其發脹的空間。

在高海拔地區，準備烤模尤其是關鍵性工作。「抹油」的意思，就是用純植物起酥油或不沾鍋噴霧油來刷抹烘焙烤模底部和內壁。抹油的模具要裹麵粉時，篩放或搖撒一層薄薄的麵粉，輕敲烤模邊緣以使麵粉分布均勻，然後倒扣輕拍模底敲出多餘的麵粉。

從平地到海拔五千呎的地區，蛋糕夾層或長條蛋糕烤模要抹油，然後鋪墊蠟紙或羊皮紙。矩形烘焙烤模要抹油與裹麵粉，但不需要墊襯紙，而用其烘烤出的蛋糕會直接留在烤模之中切分享用。天使蛋糕烤模從不抹油；烘焙完成，蛋糕以烤模腳或酒瓶瓶頸倒置冷卻。有些海綿蛋糕使用不抹油烤模，有些則要用抹油且刷麵粉的烤模。因此，謹慎遵循食譜說明來準備模具。杯子蛋糕烤模於此海拔高度要抹油，有時刷麵粉，但不墊烘焙紙。

在海拔五千呎（含）以上烤模的準備工作，此高度烤焙物極易黏鍋，➡所以尤要替烤模上層厚厚的油脂，鋪墊烘焙羊皮紙，羊皮紙再抹油並撒放麵粉且拍掉多餘的粉末。到了約海拔一萬呎，如要額外防止蛋糕沾黏於裝飾繁複的中空圓烤模，你可以先在抹油的烤模底部壓放一圈羊皮紙或箔紙，再重新抹油和裹麵粉。在一萬呎的地區，杯子蛋糕烤模也要裹抹厚厚的油脂和麵粉，或是鋪放烘焙紙或箔紙。

打蛋白：海拔三千呎以上，蛋白不要打到硬性發泡；以高速將蛋白打到你開始看到表面出現攪拌棒打過的痕跡即可。此刻就要留心觀察，打到蛋白軟性發泡為止，即光滑柔順且提起攪拌棒時出現稍微下垂的柔軟小尖角。烘烤時，蛋白的柔軟尖角留有發脹的空間且能支撐糕體形狀。而在高海拔地區，出現硬挺小尖角就是蛋白打過火了——烘烤時，小尖角會發脹到爆裂而讓烤焙物崩壞，見「打蛋白」，494頁。

烘烤前除去多餘的氣泡：想除去厚實奶油蛋糕糊中的多餘氣泡，可以將烤模底部猛急地敲扣工作檯一兩次，再放入烤爐烘烤。海綿蛋糕或天使蛋糕糊是利用打發蛋白發鬆糕體，要送入烤爐前，用刀子劃過蛋糕糊一次即可。

測試完成度：遵照食譜所標明你的海拔地區的烘焙時間；在最早時間進行測試，並且就烤到蛋糕測試棒插入糕體中央而拔出沒有沾黏物為止。此時，蛋糕發脹、摸起來有彈性，有些蛋糕甚至邊緣會開始有點縮小離模。

蛋糕冷卻和脫模：除非食譜另有說明，不然所有的烤焙物應該不脫模放在金屬架上冷卻至少十到十五分鐘（波形中空蛋糕或是大號中空蛋糕約需二十五分鐘，或是冷卻到可以觸碰模部為止），再進行脫模程序；如果過早脫模，蛋糕可能會沾黏烤具。處理蛋糕夾層或大塊蛋糕時，用薄刀在蛋糕和模壁間刮劃一圈來鬆脫蛋糕；若是中空烤模，也要用刀子順著烤模壁刮劃一圈。蛋糕頂部疊上平盤、烤架或厚紙蛋糕圓底盤（有包覆箔紙更好），倒置脫模，若有放襯紙的話，也一併撕掉。靜置完全冷卻，而且都要包好放涼的蛋糕來保持其濕潤度。

烘烤杯子蛋糕：烤杯裝入蛋糕糊近四分之三滿（要是烤盤內留有空烤杯的話，倒點水即可）。

高海拔蛋糕烘焙的一般調整守則

每一海拔高度的烤焙守則大概適用其上下增減一千五百呎的範圍，而每份食譜都有具體的調整做法。這些一般守則可以幫助你起步，開始自己依平地食譜找出變通的做法。

從平地到約海拔二千五百呎地區，依循平地食譜做法即可。當你所處位置接近海拔三千呎，要是烤爐溫度調高約十五度，有些蛋糕會因而發脹得更漂亮。蛋白只打到軟硬發泡，而材料方面可能（並非總要）要做些調整。如果蛋糕成品令人失望，不妨試試以下的調整做法：以每一杯多加一大匙的比例來調整麵粉分量；以每一小匙減少八分之一小匙的比例來調整泡打粉或蘇打粉；以每一杯少一大匙的比例來調整糖；以每一杯最多加放兩大匙的比例來調整液態材料。

此章節的食譜撰寫是適用於海拔五千呎地區，再附上更高海拔高度的調整做法。如食譜所說的，大約在五千呎地區，有些蛋糕因烤爐溫度調高十四度而發脹得更漂亮。你或許要用每一杯多加零到兩大匙的比例來調整麵粉用量；用每一小匙減少八分之一到四分之一小匙的比例來調整泡打粉或蘇打粉；用每一杯減少零到兩大匙的比例來調整糖；用每一杯加放二到四大匙的比例來調整液態材料。

到了約海拔七千呎，有些蛋糕（不是全部都如此）用中溫（假定一百八十度）烤久一點而不是調高烤爐的溫度，反而會比較好吃。以每一杯多加三到四大匙的比例來調整麵粉用量；用每一小匙減少四分之一到半小匙的比例來調整泡打粉或蘇打粉；每一杯減少二到四大匙的比例來調整糖；並以每一杯加放三到四大匙的比例來調整液態材料。

在約海拔一萬呎的地區，要以每一杯多加二到四大匙的比例來調整麵粉用量；用每一小匙減少半匙到三分之二小匙的比例來調整泡打粉或蘇打粉；每一杯減少三到四大匙的比例來調整糖；並以每一杯加放三到四大匙的比例來調整液態材料。如果蛋糕非常豐富濃郁，用每一杯減少一到二大匙的比例來調整脂肪分量。

▲高海拔經典1-2-3-4蛋糕（或杯子蛋糕）（High-Altitude Classic 1-2-3-4 Cake〔or Cupcakes〕）

2塊9吋圓蛋糕夾層或1個13×9 吋蛋糕或約24個2又3/4吋杯子蛋糕

這份簡易的配方，在平地一開始就是為了讓人能牢記腦海才這樣設計的：1杯奶油、2杯糖、3杯麵粉、4顆蛋。而在比較高海拔地區做法要有所調整，你可以從下面食譜觀察到材料的數字比例都不一樣了。你可以保有香草而藉由添加柳橙、檸檬或杏仁萃取液來變化口味。

請讀「關於高海拔蛋糕烘焙」，84頁和「關於奶油蛋糕」，26頁的說明。這份食譜適用於海拔5,000呎的地區，如在海拔7,000呎進行烘焙的話，烤爐溫度要調降到180度，增加2大匙麵粉，糖的分量減少1大匙，增加2大匙酪奶。蛋糕夾層烘烤22到27分鐘；大塊蛋糕30到32分鐘；杯子蛋糕22到25分鐘。到了海拔10,000呎，烤爐預熱到190度再調降到180度，增加2大匙麵粉和3大匙又1小匙酪奶，而泡打粉減量1/2小匙，糖減量1大匙。蛋糕夾層烘烤28到30分鐘；大塊蛋糕30到35分鐘；或杯子蛋糕28到30分鐘。

烤爐預熱到190度。依你所在的海拔高度的指示，準備兩只9吋圓蛋糕烤模、一只13×9吋烤模或12杯入的瑪芬烤盤，84頁。

一起攪勻以下材料：

3杯又1大匙過篩中筋麵粉
2小匙泡打粉
3/4小匙鹽

將下面材料放入大碗混合打勻：

1杯（2條）軟化的無鹽奶油
2杯減1大匙糖
2小匙香草
（1小匙杏仁或其他萃取液）

刮下沾黏碗壁的混合物，再打1分鐘。加入下面材料，一次加2或3顆，而且每加入一次就要打勻：

5顆大雞蛋

再刮下沾黏碗壁的混合物（麵糊要是凝結一團，也不需擔心）。麵粉混合物分2份，以下材料分2份，兩相交替加入上述混合物，以低速攪打均勻：

1杯又2大匙酪奶

然後再以高速攪打麵糊約1分鐘或打到滑順奶稠為止。將麵糊均分放入圓烤模或刮入烤盤；而做的是杯子蛋糕的話，將麵糊裝入烤杯近3/4滿。蛋糕夾層烤22到25分鐘，大塊蛋糕30到33分鐘，而杯子蛋糕20到22分鐘，不然就是烤到用牙籤插入糕體中央而抽出時沒有沾黏物即可。蛋糕不脫模置於架上冷卻約15分鐘，然後依指示脫模，87頁且靜置完全冷卻（大蛋糕可以直接用烤盤端上桌享用）。

▲高海拔天使蛋糕（High-Altitude Angel Cake）

1個10吋中空蛋糕

這款蛋糕有著軟綿綿的蛋糕屑，入口即化，真的是天使們的食物。

這份食譜專為5,000呎到7,000呎的海拔高度而設計。如果身在海拔10,000呎，烤爐溫度要降到180度，增加2大匙麵粉和1/2小匙塔塔粉，使用杏仁或柳橙萃取液的話，多加入1小匙，烘焙時間30到35分鐘。

請讀「關於高海拔蛋糕烘焙」，84頁和「關於天使蛋糕」，15頁的說明。使用室溫溫度的材料，約21度，且烤爐預熱到190度，一只未抹油10吋中空烤模備用。

以下材料一起過篩，再放回篩網：

1杯又2大匙過篩低筋麵粉

1/2杯過篩糖粉

下面材料放入大碗打到發泡：

1又1/2杯蛋白（10到13顆大蛋白）

1又1/2小匙塔塔粉

1/2小匙鹽

慢慢加入下面材料並以高速打到柔軟，稍微出現下垂的小尖角：

3/4杯糖，最好是特細白糖

切拌下面材料：

2小匙香草萃取液

（1小匙杏仁或柳橙萃取液）

2大匙水

乾燥材料分成3等分依次篩到打發的蛋白上，再溫和拌切到看不見麵粉為止。將麵糊挖放到中空烤模之中，並要用刀子劃過一次來弄破大氣泡。送入烤焙到將蛋糕測試棒插入糕體中央而拔出時沒有沾黏物為止，25到30分鐘。蛋糕的冷卻與脫模，見「關於天使蛋糕」。下面材料篩放一點到蛋糕頂部：

糖粉

▲高海拔巧克力天使蛋糕（High-Altitude Chocolate Angel Cake）

依照上述高海拔天使蛋糕的做法，而低筋麵粉分量減至1杯，並加入1/4杯過篩無糖可可粉且最好是用荷蘭加工可可粉。特細白糖或砂糖的分量增加1/4杯。

▲高海拔椰子天使蛋糕（High-Altitude Coconut Angel Cake）

依照上述高海拔天使蛋糕的做法，使用香草萃取液，喜歡的話，就用杏仁萃取液並加1又1/2小匙可可萃取液。量測約2大匙過篩的麵粉和糖混合物放入小碗，並拌入1/3杯稍微壓實、壓平的甜椰絲，將椰絲麵粉混合物跟著過篩麵粉一道拌入蛋白之中。

▲高海拔白蛋糕（High-Altitude White Cake）

2個8或9吋的圓蛋糕夾層

使用8吋烤模的蛋糕糊會比在9吋烤模中發脹得高。你若不介意蛋糕夾層的高度多1吋的話，選擇9吋烤模也不錯。

請讀「關於高海拔蛋糕烘焙」，84頁和「關於奶油蛋糕」，26頁的說明。這份食譜適用於海拔5,000呎的地區。如於海拔7,000呎進行烘焙的話，烤爐溫度要調降到180度。泡打粉要減量1/4小匙，與奶油拌合的糖要減量2大匙，增加1/4小匙塔塔粉，牛奶換成酪奶且分量增加1又1/2大匙，烘焙時間約25分鐘。在海拔10,000

呎，烘焙溫度為190度。使用1又1/4杯又1大匙過篩低筋麵粉和1又1/4杯又1大匙過篩中筋麵粉的混合麵粉，泡打粉減量1/4小匙，奶油減量1大匙，與奶油拌合的糖要減量1/4杯，增加1/4小匙鹽和1/4小匙塔塔粉，香草和杏仁萃取液各增加1/2小匙，牛奶換成酪奶且分量增加1/4杯，烘焙時間約27分鐘。烤爐預熱到190度，按你所在的海拔高度指示準備兩只8或9吋圓蛋糕烤模，84頁。

一起拌勻下面材料：

2又1/2杯過篩低筋麵粉

1又1/2小匙泡打粉、1/4小匙鹽

下面材料放入大碗打到發泡：

4顆大蛋白、1/4小匙塔塔粉

慢慢加入下面材料，以高速打軟且稍微出現下垂的小尖角：

1/3杯糖

靜置一旁。下面材料放入另外一只大碗（不需清洗攪拌棒）打勻即可：

1/2杯（1條）無鹽奶油

1杯糖、1小匙香草萃取液

（1小匙杏仁或其他種類的萃取液）

麵粉混合物分3份，以下材料分2份，兩相交替加入上述混合物，以低速攪打均勻：

1又1/4杯牛奶

而且每加一次材料都刮下沾黏碗壁的混合物，以高速將混合物打到滑順奶稠，約30秒。蛋白分成3等分，依序用手輕輕切拌到麵糊中，直到看不見麵粉為止。將麵糊均分放入烤模之中，烤到將蛋糕測試棒插入糕體中央而抽出時沒有沾黏物即可，25到27分鐘。蛋糕不脫模放在架上冷卻10到15分鐘，然後倒置蛋糕，有用襯紙的話，一併撕掉，靜待其完全冷卻。

▲高海拔乳脂蛋糕（High-Altitude Fudge Cake）

2個9吋圓蛋糕夾層或1個13×9吋蛋糕或約24個2又3/4吋杯子蛋糕

這款蛋糕散發著濃濃的巧克力香味和濕柔的蛋糕碎屑，無論做成夾層蛋糕、大塊蛋糕或是杯子蛋糕都很合適。烘焙時使用無糖巧克力，蛋糕成品的巧克力風味稍微濃郁些，但你仍然可以選用半甜巧克力碎片。

請讀「關於高海拔蛋糕烘焙」，84頁和「關於奶油蛋糕」，26頁的說明。這份食譜適用於海拔5,000呎地區。如在海拔7,000呎進行烘焙的話，低筋麵粉要換成中筋麵粉，泡打粉減量1/2小匙，一般牛奶換成酪奶且分量增加1大匙，攪打進蛋白的糖要減到2大匙。蛋糕夾層或大蛋糕烘烤35到40分鐘，杯子蛋糕則需15到20分鐘。在海拔10,000呎，低筋麵粉要換成中筋麵粉並增加1大匙分量，泡打粉則減量3/4小匙，牛奶換成酪奶且分量增加2大匙。如果使用無糖巧克力的話，放入與奶油一起攪打的糖要酌減1/2杯；使用半甜巧克力的話，糖要減量3/4杯。蛋糕夾層約烤33分鐘，大蛋糕約42分鐘，而杯子蛋糕25分鐘。

使用室溫溫度的材料，約21度，且烤爐預熱到180度。按你所在的海拔高度指示，準備兩只9吋圓蛋糕烤模、一只13×9吋烘焙烤盤或兩只2又3/4吋12杯入瑪芬烤盤，84頁。

融化下面材料：

4盎司剁碎的無糖巧克力或1杯半甜巧克力碎片

下面材料一起攪勻：

2杯過篩低筋麵粉、2小匙泡打粉

1/2小匙鹽

以下材料放入大碗打到發泡：

3顆大蛋白
1/4小匙塔塔粉
慢慢加入下面材料，以高速打軟且稍微出現下垂的小尖角：
1/4杯糖
靜置一旁。下面材料放入另外一只大碗（不需清洗攪拌棒）打到輕盈蓬鬆即可：
1/2杯（1條）無鹽奶油
2杯糖（如用巧克力碎片的話，酌減至1又1/2杯）
2小匙香草
刮下沾黏在碗壁的混合物，再多攪打幾秒鐘。放入下面材料，攪打均勻：
3顆大蛋黃
將融化的巧克力打入上述混合物，並刮下沾黏在碗壁的混合物。麵粉混合物分2份，以下材料分3份，兩相交替放入上述混合物，以低速攪打均勻：
1又1/2杯牛奶
每加一次材料都刮下沾黏碗壁的混合物而攪打均勻。蛋白分成3等分，依序用手輕輕切拌到麵糊中，直到看不見麵粉為止。均分麵糊放入圓烤模或刮入烘焙烤盤；做的是杯子蛋糕的話，麵糊填入烤杯近3/4滿。蛋糕夾層或大蛋糕要烤35到40分鐘，而杯子蛋糕則烤15到20分鐘，不然就是烤到蛋糕測試棒插入糕體中央而抽出時沒有沾黏物即可。蛋糕不脫模置於金屬架上冷卻約10到15分鐘，然後依指示脫模，87頁，待冷卻完全（大蛋糕可以直接用烤盤端上桌享用）。

▲高海拔雙蛋蛋糕（High-Altitude Two-Egg Cake）

2塊8吋圓蛋糕夾層
在老式蛋糕中，這款蛋糕做法簡單，烤出的蛋糕碎屑層香甜濕潤，是大家的最愛。
請讀「關於高海拔蛋糕烘焙」，84頁和「關於奶油蛋糕」，26頁的說明。這份食譜適用於海拔5,000呎地區。如在海拔7,000呎進行烘焙的話，烤爐溫度要降到180度 。增加1大匙麵粉，泡打粉減量1/4小匙，糖減量2大匙，一般牛奶換成酪奶且分量增加1大匙，烘烤時間約25分鐘。在海拔10,000呎，烤爐預熱到190度再降到180度來烤蛋糕。增加2大匙麵粉和1/2小匙香草，牛奶換成酪奶且分量增加2大匙，泡打粉減量1/2小匙，糖減量3大匙，烘烤23到25分鐘。
烤爐預熱到190度。依你的海拔高度指示，84頁，一只8吋圓蛋糕烤模抹上一層厚油脂備用。
放入下面材料一起攪勻：
2杯過篩低筋麵粉
1又1/2小匙泡打粉
1/2小匙鹽
下面材料放入一只大碗打到輕盈蓬鬆，期間刮下沾黏碗壁的混合物1或2次：
1/2杯（1條）無鹽奶油
1杯糖
1小匙香草萃取液
放入下面材料並拌勻：
2顆大雞蛋
刮下沾黏碗壁的混合物並打到硬實。麵粉混合物分3份，下面材料分2份，兩相輪流加入上述混合物：
3/4杯又1大匙牛奶
每加一次材料都刮下沾黏碗壁的混合物，並打到均勻奶稠。刮下麵糊放入烤模，烤到烤到用牙籤插入糕體中央而抽出時沒有沾黏物即可，22到25分鐘。蛋糕不脫模放於架上冷卻15分鐘，再如指示，87頁脫模且冷卻完全。

▲高海拔香料蛋糕（High-Altitude Spice Cake）

這份食譜適用於海拔5,000呎地區。如在海拔7,000呎進行烘焙的話，牛奶換成酪奶並多加1大匙。在海拔10,000呎，牛奶換成酪奶並多加1大匙，肉桂粉、肉豆蔻粉和薑粉也要多加1/4大匙。

照著高海拔雙蛋蛋糕的做法，91頁，同時留心你烘焙食物的海拔高度來做調整。

加入乾燥食材在進行攪打：1小匙肉桂粉、1小匙磨碎的肉豆蔻或肉豆蔻粉、1小匙薑粉、1/4小池丁香粉、1大匙過篩無糖可可粉和（1小撮紅辣椒粉或依口味喜好酌量增減）。

▲高海拔海綿蛋糕（High-Altitude Spong Cake）

1個10吋波形中空蛋糕

這款散發柑橘香氣的蛋糕是用了柳橙和檸檬來提升味道。

請讀「關於高海拔蛋糕烘焙」，84頁和「關於奶油蛋糕」，26頁的說明。這份食譜適用於海拔5,000呎到 7,000呎地區。在10,000呎地區，烤爐溫度降到180度，奶油減量2大匙，只使用7顆蛋黃，而且打入蛋黃的糖減量2大匙，麵粉增加2又1/3大匙，塔塔粉增加1/2大匙。烘焙時間25到30分鐘，然後（不先冷卻）就馬上倒置在架上脫模並待完全冷卻。

烤爐預熱到190度，一只10吋波形中空蛋糕烤模抹層厚油脂，刷抹麵粉並拍掉多餘的部分。

加熱融化：

3大匙無鹽奶油

倒入中碗，待至冷卻再拌入：

1又1/2大匙檸檬皮絲

1大匙柳橙皮絲

1/4杯新鮮檸檬汁

2小匙檸檬萃取液

1小匙香草

下面材料過篩再放回篩網：

1又1/4杯又1大匙過篩低筋麵粉

1/2小匙鹽

放入下面材料並打到發泡：

7顆大蛋白

1/2小匙塔塔粉

慢慢加入下面材料，以高速打軟且稍微出現下垂小尖角：

1/2杯糖

靜置備用。下面材料放入另外一只大碗，（不必清洗攪拌棒）以高速打到麵糊黏稠且呈淡檸檬色，用攪拌棒提起落放時形成一條長長的扁平緞帶：

8顆大蛋黃

1/2杯糖

切拌1/4的打發蛋白到麵糊中，麵粉過篩切拌到麵糊之中，照著這樣的方式將麵粉與約1又1/2杯蛋白輪流切拌完畢。攪拌融化奶油檸檬汁混合物，並將其切拌到剩餘的蛋白之中；混合液體時，試著維持打發蛋白的體積。將檸檬混合物切拌到蛋黃中，碗底不要殘留液汁。小心把麵糊挖進烤模而不要觸碰烤模本身，用刀子切劃麵糊一次來去除大氣泡，送入烘烤到用蛋糕測試棒插入糕體中央而抽出時不帶沾黏物即可，20到25分鐘。蛋糕不脫模放在架上冷卻約10分鐘，然後將刀子滑入蛋糕邊緣和烤模之間繞括一圈，放上一只盤子倒置脫模，並靜置冷卻完全。

端上桌食用前撒上下面材料：

糖粉

用鋸齒刀切分蛋糕。

▲高海拔胡蘿蔔蛋糕（High-Altitude Carrot Cake）

1個9又1/2到10吋波形中空蛋糕或中空圓蛋糕

這款有史以來最好吃的胡蘿蔔蛋糕，不太甜且滿滿都是營養豐富的堅果、葡萄乾和葵花籽，頂部再簡單撒上糖粉或塗抹傳統的奶油起司糖霜，163頁。

請讀「關於高海拔蛋糕烘焙」，84頁和「關於奶油蛋糕」，26頁的說明。這份食譜適用於海拔5,000呎地區。如在海拔7,000呎進行烘焙的話，烤爐溫度降到180度，糖減量1/4杯，增加2大匙麵粉和1/4小匙薑粉，烘焙時間35到40分鐘。在10,000呎地區，烤爐先預熱到190度再降到180度烤蛋糕。油脂減量1/4杯，糖減量1/2杯，蘇打粉1/4小匙，增加1顆大雞蛋又1顆蛋黃，麵粉增加1/4杯，而肉豆蔻粉和薑粉各增加1/4小匙，烘烤55到58分鐘。

使用室溫溫度的材料，約21度，且烤爐預熱到190度 。按你所在海拔高度指示，84頁，準備一只9又1/2到10吋波形中空烤模或中空烤模。

混合：

3杯磨碎的胡蘿蔔、1杯碎核桃

（1/4杯葵花籽）

（1/3杯葡萄乾或醋栗乾）

1/4杯小麥胚芽、小麥或燕麥麥麩

下面材料放入大碗一起攪拌：

1又1/2杯植物油、2杯糖

6顆大雞蛋、2小匙香草

將大過濾器放在碗器上，將下面材料量放入內：

2杯又1大匙過篩中筋麵粉

1又1/2小匙蘇打粉、1小匙鹽

2小匙肉桂粉

3/4小匙磨碎肉豆蔻或肉豆蔻粉

1/2小匙薑粉、1/2小匙多香果粉

將乾燥材料拌入油蛋混合物並拌勻，再拌入水果堅果混合物。刮下麵糊放入烤模，烤到插入牙籤而抽出時無沾黏物即可，需42到45分鐘。蛋糕不脫模放在架上冷卻約25分鐘，或是冷卻到幾乎可用手觸摸為止。如指示說明脫模，87頁，靜置冷卻完全。

▲高海拔桃子胡桃倒轉蛋糕（High-Altitude Peach-Pecan Upside-Down Cake）

1個9或10吋圓蛋糕

這款美味的桃子蛋糕，是由傳統的倒轉鳳梨蛋糕變化而來的，摻和一些香料和蜂蜜小荳蔻醬汁。新鮮或整顆的冷凍覆盆子可以取代堅果，而桃子可以換成油桃或用新鮮或罐裝杏果、洋李、蘋果或整粒漿果。

請讀「關於高海拔蛋糕烘焙」，84頁和「關於奶油蛋糕」，26頁的說明。

這份食譜適用於海拔5,000呎地區。如在海拔7,000呎進行烘焙的話，烤爐溫度降到165度並烤40分鐘；在海拔10,000呎，烤焙溫度則調到180度。頂部加料只用5大匙奶油且糖要減量1大匙。麵糊裡的糖減量2大匙又2小匙，泡打粉減少1/2小匙；增加2大匙麵粉和1/4小匙鹽。烘烤時間45到48分鐘。

使用室溫溫度的材料，約21度，且烤爐預熱到180度。

下面材料備用：

3到4顆中型或大型桃子，剝皮、切半、去核並切片（約30片）；30顆冷凍（或部分解凍）的桃子切片，或30顆罐裝桃子切片（2罐15盎司裝並以淡糖漿浸泡）且用紙

巾瀝乾

下面材料放入一只10吋耐烤箱高溫的煎鍋或一只9×2吋圓蛋糕烤模混合，並以中火加熱攪拌到奶油融化：

5大匙無鹽奶油

2/3杯壓實的淡紅糖（水果多汁的話則酌量減少）

加入下面材料，拌到平滑且正要起泡即可：

1/4蜂蜜

1/4小匙磨碎肉豆蔻或肉豆蔻粉

1/4小匙小荳蔻粉或薑粉

1小撮鹽

離火。將浸泡在糖漿的桃子切片排成旋轉風車的形狀，並在桃子周圍塞入下面材料：

1/2杯胡桃，切半或碎片皆可

靜置備用。一起攪打下面材料：

1又1/2杯過篩中筋麵粉

1又1/2小匙泡打粉

1/4小匙鹽、1小匙小荳蔻粉

1又1/2小匙薑粉、1/2小匙肉桂粉

1/2小匙磨碎肉豆蔻或肉豆蔻粉

將以下材料放入大碗一起擊打：

1/3杯（5又1/3大匙）融化無鹽奶油

1/2杯糖、1/4杯蜂蜜、2顆大雞蛋

1小匙香草、1/3杯酪奶

再加入麵粉混合物並攪拌均勻，即麵糊舀放到烤模內的水果上頭（別擔心麵糊看來不足的樣子；烤焙時自會發脹）。烤模放入餅乾烘焙淺盤，烘烤35到40分鐘，只要蛋糕測試棒插入糕體中央而抽出時不帶沾黏物或有些濕蛋糕屑即可。蛋糕不脫模放在架上冷卻約5分鐘，或是冷卻汁液不沸騰冒泡為止。用盤子蓋住蛋糕且盤子要有邊唇以盛住醬汁，極快速往下搖晃而翻轉蛋糕並拿起烤模，並重新排好殘黏在烤模的水果。放置冷卻約5分鐘，搭配下面材料趁熱享用：

（發泡鮮奶油，98頁）

▲高海拔酸鮮奶油酥粒糕點（High-Altitude Sour Cream Streusel Coffee Cake）

1個9或9又1/2吋波形中空蛋糕

這款豐富的濕潤蛋糕有層酥脆的肉桂堅果烤酥粒，搭配熱咖啡或茶一起享用，真是奇妙的好滋味。更是每個人在早午餐或野餐時間的最愛，而且烘烤完成當天食用風味更佳。

請讀「關於高海拔蛋糕烘焙」，84頁和「關於奶油蛋糕」，26頁的說明。這份食譜適用於海拔5,000呎地區。如果在海拔7,000呎進行烘焙的話，烤爐溫度降到180度，增加2又1/2大匙牛奶或酪奶，烤焙50到55分鐘。在海拔10,000呎的話，烤爐溫度降到180度，增加3大匙麵粉，1大匙糖和2大匙又1小匙牛奶或酪奶，烤焙55到58分鐘。

使用室溫溫度的材料，約21度，烤爐預熱到190度。按你所在海拔高度指示，準備一只9吋到9又1/2吋波形中空烤模。

下面材料備用：

1/4杯碎核桃

混合：

3/4杯碎核桃、1/3杯糖

3/4小匙肉桂粉

將下面材料攪拌均勻：

3杯過篩中筋麵粉

1小匙泡打粉

1/2小匙蘇打粉、1小匙鹽

下面材料放入大碗打到混合均勻：

3/4杯（1又1/2條）無鹽奶油

1又1/4杯糖、2小匙香草

刮下沾黏在碗壁和攪拌棒的麵糊，再擊打1分鐘。加入下面材料，每次加2或3顆並攪勻：

5大顆雞蛋

刮下黏在碗壁和攪拌棒的麵糊，打入：

1又1/2杯酸鮮奶油

3大匙牛奶或酪奶

以低速攪打且慢慢加入麵粉混合物，刮下黏在碗壁和攪拌棒的麵糊，打到剛好滑順奶稠；不要過度攪打。將預留的1/4杯碎核桃撒到備用烘焙烤盤底部，舀放約2杯麵糊完全覆蓋核桃，之後撒放約一半的肉桂粉堅果酥屑，當心不要撒得太靠近烤盤邊，再放2杯麵糊並加入剩下的酥屑，最後再放上剩下的麵糊。

烤焙到插入牙籤而抽出時無沾黏物即可，需45到50分鐘。蛋糕不脫模放在架上冷卻約25分鐘，或是冷卻到幾乎可用手觸摸，再如指示說明脫模，87頁，靜置冷卻完全。此時，堅果仍會在蛋糕的頂部。

▲高海拔薑餅（High-Altitude Gingerbread）

1個9吋方蛋糕

這種濕軟的薑餅帶著美妙的辣嗆味，認真的薑餅愛好者也可以放入磨碎的鮮薑。

請讀「關於高海拔蛋糕烘焙」，84頁和「關於奶油蛋糕」，26頁的說明。

這份食譜適用於海拔5,000呎地區。如在海拔7,000呎的話，烤爐溫度降到180度，增加1/4小匙鹽，水則增加2大匙，烘焙40到45分鐘。在海拔7,000呎，烤爐溫度為190度，不要放泡打粉，蘇打粉減量1/4小匙，糖減量2大匙，烤42到45分鐘。

使用室溫溫度的材料，約21度，烤爐預熱到190度。按你所在的海拔高度指示，準備一只9吋方烘焙烤盤。

下面材料攪拌均勻：

2又1/2杯過篩中筋麵粉

3/4小匙蘇打粉、1/2小匙泡打粉

1/2小匙鹽、1又1/2小匙薑粉

1小匙肉桂粉

1/2小匙磨碎肉豆蔻或肉豆蔻粉

1/4小匙又2大匙黑胡椒或白胡椒

下面材料放入大碗打勻：

1/2杯（1條）無鹽奶油

1/2杯又2大匙糖

加入下面材料，每次加1顆並打勻：

2顆大雞蛋

刮下黏在碗壁和攪拌棒的混合物，並打入下面材料：

2/3杯酸鮮奶油

（1大匙削皮的磨碎鮮薑）

在2杯的量器裡混合以下材料並攪拌到溶解為止：

1/2杯未硫化的糖蜜、1杯相當熱的水

以低速攪拌，麵粉混合物分4等分，糖蜜混合物分3等分，兩相輪流加入奶油混合物，每次加入都要擊打均勻。打好的麵糊是稀軟的，將之倒入烤盤並烤到插入牙籤而抽出時無沾黏物，約38到40分鐘，即放在架上冷卻。直接將烤盤端上桌並搭配以下材料食用：

（發泡鮮奶油，98頁）

▲高海拔巧克力海綿蛋糕捲（High-Altitude Chocolate Sponge Roll）

10吋蛋糕捲用的1個15×10吋大蛋糕

這款蛋糕的填餡可以用你最愛的手工果醬、加糖發泡鮮奶油或任何奶油淇淋糖霜。而到了耶誕節，還可以做成耶誕樹幹蛋糕，69頁。

請閱讀「關於高海拔蛋糕烘焙」，84頁和「關於蛋糕捲」，65頁的說明。這份食譜在平地使用荷蘭加工可可粉，但在海拔5,000呎及以上的高度，使用稍微酸一點的無鹼化（自然）可可粉做出來的蛋糕味道較好。

這份食譜適用於海拔5,000呎地區。如在海拔7,000呎的話，增加1/2小匙塔塔粉，烤焙9到10分鐘。在海拔10,000呎，烤爐溫度降到180度，增加1大匙麵粉，泡打粉減量1/8小匙，而塔塔粉增加3/4小匙，烤焙9到10分鐘。

使用室溫溫度的材料，約21度，烤爐預熱到190度 。按你所在的海拔高度指示，84頁，一只10×15吋有邊烘焙淺盤抹油並鋪上蠟紙或羊皮紙，在紙上塗層厚厚的油脂和撣裹麵粉（這份食譜也能使用一只11×17×1吋烤盤，然而做出來的蛋糕會稍薄些）。

一起將下面材料打勻：

1/4杯過篩低筋麵粉

1/4杯過篩無鹼化可可粉

1/2小匙泡打粉、1/4小匙鹽

放入下面材料到1只大碗並打到發泡：

6顆大蛋白、1/4小匙塔塔粉

慢慢加入以下材料，以高速打軟並稍有下垂的小尖角：

3大匙糖

靜置備用。下面材料放入另外一只大碗，（不必清洗攪拌棒）以高速打到麵糊黏稠且呈淡檸檬色，用攪拌棒提起落放時形成一條長長的扁平緞帶：

6顆大蛋黃、1/2小匙香草、3大匙糖

切拌約1/3的蛋白到上述糊狀物，並在上頭撒上約1/4的可可粉麵粉混合物，要輕輕切拌以免體積變小。重複這道程序，將蛋白和麵粉混合物輪流加入糊狀物；若糊狀物中遺留幾道未攪勻的白條紋是無關緊要的。

舀下糊狀物放入烤盤並塗抹均勻。送入烤焙到蛋糕頂部摸起來有彈性，插入牙籤而抽出時無沾黏物，5到7分鐘；不要烘烤過度而讓蛋糕太乾。

期間，將以下材料篩到與烤盤一樣尺寸的乾淨茶巾上：

1/3杯無鹼化可可粉

等到蛋糕一烤好，即將烤盤倒放到可可粉上，拿起烤模並撕掉襯紙。用鋸齒刀裁掉一條約1/8吋的蛋糕硬殼邊緣。平放蛋糕任其完全冷卻，然後再抹上喜歡的餡料並收捲蛋糕，見66頁，包好送入冷藏至少1小匙或到硬實為止。如果不馬上放餡料，要用保鮮膜包緊以防蛋糕乾掉。

| 關於蛋糕餡料 |

除了某些餡料以外，蛋糕餡料的甜度一般不會超過糖霜或點綴霜，其濃稠口感與蛋糕本身形成對比。餡料通常以澱粉做為基底，或如一些布丁，或如檸檬凝乳或卡士達會添加雞蛋來變得濃稠。而如檸檬等酸性餡料，幾乎其所有的餡料都是直接加熱混合調煮而成，原因是即便混合物慢慢煮到沸騰，檸檬汁內的酸會產生保護作用，雞蛋因而不會凝結。較不酸的餡料使用玉米澱粉或麵粉、澱粉、糖和蛋為材料，會先混合攪打到濃稠狀態再放入熱液體中烹煮。烹煮餡料時，澱粉可以防止雞蛋凝固。

我們不把餡料放入過去愛用的雙層蒸鍋裡，而直接用火加熱大部分的餡料，並用厚底鍋和攪拌棒來防止餡料煮焦或結塊。如果混合物有柑橘汁，請確認使用不鏽鋼或其他不起化學反應的鍋具。我們建議過濾處理好的混合物，以除去任何丁點的熟蛋白。對於用玉米澱粉或麵粉做成的任何餡料，要留心時間安排和加熱的細節：烹煮過度或過度攪打會做出薄餡料的成品；烹煮不及的成品又會出現澱粉味，或者因為烹煮不足的雞蛋破壞了澱粉黏度而讓餡料變得濕爛。

調煮卡士達時，雞蛋食用安全是個問題。為了避免腐敗和沙門氏菌感染，一定要刮下熟餡料成品放到乾淨容器（不是留有生蛋的那一個），並使用乾淨的攪拌棒。大部分的卡士達形式餡料應該在一到兩天內使用完畢，檸檬凝乳可以冷藏保存至多一星期。而填抹糕餅鮮奶油的蛋糕或其他以麵粉或玉米澱粉調製的黏稠卡士達，則可以冰凍保存，但這樣的鮮奶油或卡士達不應放入保鮮盒冷凍，因為解凍後會出水濕爛而且吃起來沙沙的。

除了「發泡甘納許餡料」，106頁之外，你也可以用「巧克力甘納許」做為餡料（見巧克力甘納許和其他濃郁的巧克力糖霜或糖汁，165頁）。

填塗夾層蛋糕

待蛋糕完全冷卻後再進行裁切或填抹的動作，因為溫熱的蛋糕會融化餡料而使夾層鬆脫滑動。

將單只蛋糕或蛋糕夾層橫切成更薄的蛋糕夾層：如果蛋糕剛出爐仍相當柔軟，先放入冷藏二十分鐘。將蛋糕放在厚紙圓底盤、鋁箔紙或裝飾旋盤或餐桌轉盤，如果蛋糕不平，就在此刻修平（見下圖），之後在蛋糕一側切出一個槽口，如此一來，你在疊蛋糕時就能對齊蛋糕夾層。

切分蛋糕或蛋糕夾層時，一手平放在蛋糕頂部，另一手將長鋸齒刀刀刃抵著要切分的蛋糕側邊，逆時針轉動蛋糕（如果你是左撇子就要順時針轉動蛋糕）繞著蛋糕一圈切出一道淺溝槽，都要與蛋糕頂部等距，如此才能切出均平的夾層。在切劃第一圈時，不要整個切開蛋糕。你劃好一道溝槽後，繼續一面轉動蛋糕一面切深溝槽到蛋糕分離為止。另外一種做法是，一旦切好第一道溝槽，用強韌的線繩或牙線順著溝槽纏繞蛋糕且尾端在前方交會，拉移細繩來切離夾層。將一張厚紙板或餅乾烤盤滑入切好的夾層底部，提起夾層放置一旁備用。需要的話，重複此道程序。

處理圓頂蛋糕或裁修蛋糕夾層：有些蛋糕頂部可能稍微呈圓頂狀。因此堆疊夾層時，放置底部和中間夾層時通常會讓圓頂面朝下，頂部夾層則是圓頂面朝上。如果夾

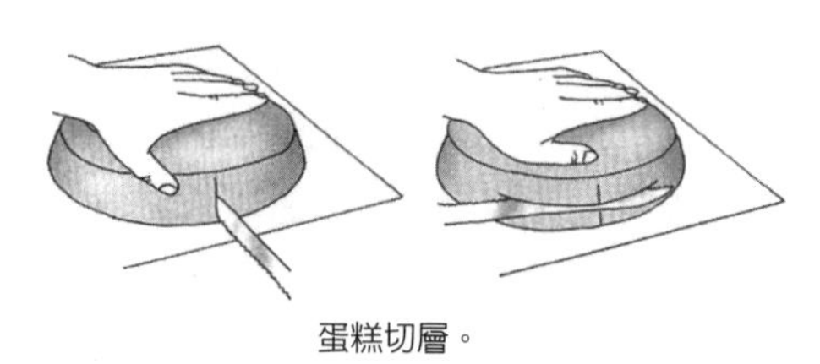
蛋糕切層。

層的圓頂相當明顯，就裁修平齊並倒放所有的夾層，因為未裁切的表面比較好上糖衣。

為蛋糕建立底座：準備與蛋糕等直徑的厚紙做的蛋糕圓底盤或是彈簧扣模鍋底盤，用一些糖霜將蛋糕固定於底盤，如此一來只要將金屬抹刀滑入其底部並將之提起，即可安全地移動蛋糕成品。不然，也可以直接在上菜大淺盤上疊放蛋糕夾層並塗裹糖霜。為了保持盤子清潔，在蛋糕四面側邊邊緣滑放蠟紙或羊皮紙寬紙條，而蛋糕上好糖衣後，即可移除。

餡料的正確用量：特定蛋糕的餡料使用分量，取決於蛋糕形式和餡料豐富度。相較於密實的奶油淇淋，鬆軟的糖霜和發泡鮮奶油會塗抹得厚些。多層薄蛋糕夾層之間，奶油淇淋夾餡不應超過八分之一吋厚（八吋蛋糕夾層間的餡料只需三分之一杯奶油淇淋，九吋蛋糕夾層間的餡料為三分之一到半杯），較厚的蛋糕夾層間的餡料可以塗到四分之一吋厚（夾層餡料最多用量一杯）。換句話說，如果夾層較薄，塗抹的夾餡就較薄；如果夾層較厚，塗抹的夾餡也較厚。你每疊放一層夾層，定要確認對準下方夾層中心，若要分切夾層則要對準槽口，必要時滑動夾層以調整位置。

這些都是一般準則；此外仍要顧及自己的口味，及蛋糕夾層和糖霜的風味、豐富度和甜度。發泡鮮奶油和七分鐘白糖霜相當鬆軟，可以使用超過建議量的分量或甚至更多；夾層薄瘦的歐式蛋糕，其濃郁巧克力糖汁或奶油淇淋用量就可以少些，而且應當用不完準備的分量。

每塊蛋糕夾層餡料用量：

8到9吋蛋糕夾層：1/2到1杯

17又1/2×11又1/2果醬蛋糕捲：1又1/2到3杯

糖霜用量：

13×9吋大蛋糕：1又1/2到3杯

| 發泡鮮奶油 |

鮮奶油一定要至少百分之三十是乳脂，如此打發的泡沫才會穩定聚合；若想達到最佳穩定狀態，最好使用乳脂含量為百分之三十六或更高的鮮奶油。市面上通常都有販售乳脂含量百分之三十或百分之三十六的鮮奶油，前者為「中度」鮮奶油，後者為「濃」鮮奶油。挺讓人困惑的是，無論是乳脂含量百分之三十或百分之三十六的鮮奶油，標示有可能是「發泡」（whipping）或「濃」鮮奶油。因此，我們建議只要選用你買得到的最濃的鮮奶油即可。

鮮奶油必須是冷的，不然脂肪會融化，就不能滯留空氣而變濃發脹。熱天時，有個好法子就是，先冰凍碗和攪拌棒五分鐘再來打鮮奶油。如果你的廚房很暖和，打鮮奶油時，盛裝鮮奶油的碗器底部可以放在冰水中。你當然可以手持大型球形打蛋器來打發鮮奶油，但使用電動攪拌器比較輕鬆。打發鮮奶油，見485頁。

完美的發泡鮮奶油有著起伏波浪而硬中帶柔，經常都還沒做成蛋糕糖霜或夾餡、刷塗在大蛋糕上而收捲成果醬蛋糕捲或是從擠花袋推出做成玫瑰花飾，就變為奶油。這是因為對發泡鮮奶油的任何操作動作，包括攪拌、塗抹或是從小開口推擠而出，其結果跟繼續擊打是相同的。解決之道就是不要完全打發做為糖霜、餡料或裱花裝飾的鮮奶油，我們也建議不要完全打發使用前需冷藏數小時的鮮奶油；使用前，再很快地將鮮奶油打到想要的黏稠度，以便重新混合分離的液體。以鮮奶油做為糖霜或餡料的蛋糕，當天享用風味最佳。

加糖發泡鮮奶油（Sweetened Whipped Cream）（2到2又1/2杯）

將下面材料放入冷藏過的碗器，用冷藏過的攪拌棒以高速或中高速打到濃稠：

1杯冷的濃鮮奶油

喜歡的話，加入以下材料攪打到想要的黏稠度：

（2小匙到2大匙糖、1到4大匙糖粉或2小匙蜂蜜）

（1/2小匙香草）

立即使用或儲藏備用。

穩定發泡鮮奶油（Stabilized Whipped Cream）

濃鮮奶油可以用來做為蛋糕糖霜或餡料，甚至能提早一天做好備用而不需添加穩定劑。加入膠質的鮮奶油，呈現出更堅實且如慕斯般的質地而不會出水。雖然蛋糕一定要存放冷藏室，但在自助餐桌上可以維持外觀長一點的時間。你可以放心在前一天就為蛋糕塗上鮮奶油糖霜或夾餡。

將1大匙冷水倒入耐高溫的杯子，撒進半小匙原味膠質，不要攪拌而待其軟化，需5分鐘。鍋內裝盛快要煮滾的水，將杯子放入其中隔水加熱到膠質融化且液體清澈為止，靜置冷卻到室溫溫度。準備上述加糖發泡鮮奶油，而當你擊打鮮奶油到開始黏稠時，加入放涼的（不是冷的）膠質混合物。穩定發泡鮮奶油可照下面食譜加以調味變化，但盡量在膠質凝固前完成。保存說明，見97頁。

咖啡發泡鮮奶油（Coffee Whipped Cream）

調製加糖發泡鮮奶油，加入2小匙即溶咖啡或速沖咖啡粉到放了香草的鮮奶油。約用2大匙糖或依口味喜好酌量調整。

烈酒調味發泡鮮奶油（Liquor–Flavored Whipped Cream）

調製加糖發泡鮮奶油，加入1到1又1/2大匙烈酒到加糖的鮮奶油。

可可粉發泡鮮奶油（Cocoa Whipped Cream）

調製加糖發泡鮮奶油，將少量鮮奶油與1/3杯過篩糖粉、3大匙荷蘭加工可可粉和1/8小匙鹽一起混合，若有使用的香草的話，也一起放入，之後拌入剩餘的鮮奶油，並照食譜說明攪打混合物，但不要添加額外的糖。

摩卡發泡鮮奶油（Mocha Whipped Cream）

調製加糖發泡鮮奶油，將少量鮮奶油與2小匙即溶咖啡或速沖咖啡粉和2大匙荷蘭加工可可粉一起混合，若有使用的香草的話，也一起放入，之後拌入剩餘的鮮奶油，並照食譜說明攪打混合物，加入2到3大匙的糖。

堅果、水果、糖果或餅乾發泡鮮奶油餡料（Whipped Cream Filling With Nuts, Fruit, Candy or Cookies）

如果你正要切拌的是如水果泥等濕潤材料，不妨考慮使用上述「穩定發泡鮮奶油」。

調製下面材料但不要打到太硬：

發泡鮮奶油

切拌下面任何材料到鮮奶油之中：

1/2杯碎堅果——核桃、胡桃、開心果、榛果或杏仁

1/2杯烤過的，544頁，或未烘烤的甜椰絲（並加1大匙蘭姆酒調混）

1/4杯果仁糊（並與1大匙相配的利口酒調混）

1/2杯果醬或柑橘醬

1/2杯新鮮、冷凍或罐裝水果泥（並與2大匙櫻桃白蘭地或相配的利口酒調混）

3/4杯瀝乾的切碎新鮮水果（留下1/4杯最好的漿果或水果切片作裝飾用途）

1/2杯壓碎或剁碎的糖果，如薄荷、太妃糖、果仁脆糖或巧克力花生醬杯

1/2杯碎巧克力威化餅或夾心餅乾

糕餅鮮奶油（Pastry Cream，法文 Crème Pâtisserie）（約2杯）

這是香草卡士達餡料，可以搭配許多蛋糕及「波士頓鮮奶油派」，62頁、閃電泡芙、新鮮水果塔和其他無數的點心。你可以將1到2大匙利口酒加進這種卡士達的任何變化糕點，喜歡的話也可以放入香草。如果想做出比較清淡但口感層次更豐富的餡料的話，將1/4到3/4杯「發泡鮮奶油」，切拌到現述鮮奶油或以下任何的變化口味。

I. 香草鮮奶油

將以下材料放入中碗，以高速打到黏稠並呈淡黃色，約2分鐘：

1/3杯糖

2大匙中筋麵粉

2大匙玉米澱粉

4顆大蛋黃

期間，把以下材料放入中型平底深鍋加熱煮到接近沸騰狀態：

1又1/3杯牛奶

（1根切開的香草莢）

如果有放香草莢的話，請取起丟棄。慢慢倒入約1/3的熱牛奶到蛋混合物並攪拌混勻。刮下蛋混合物放入鍋子，以中小火烹煮，不時攪拌並刮擦鍋底和角落以免煮焦，煮到卡士達黏稠且開始沸騰發泡，繼續烹煮攪拌45到60

秒。用乾淨的抹刀把卡士達刮放到一只乾淨的碗。你如果沒有放香草莢，拌入：

（3/4小匙香草）

用蠟紙或羊皮紙覆蓋卡士達表面，以免其凝結成薄皮。靜置冷卻，冷藏備用，這麼做可以最多保存2天。

II. 巧克力鮮奶油

準備上述糕點鮮奶油。將3到5盎司細碎半甜或苦甜巧克力放入熱卡士達，溫和拌到巧克力正好融化混勻。

III. 咖啡鮮奶油

準備上述糕點鮮奶油，將2到3小匙即溶咖啡或速沖咖啡粉拌入熱牛奶。

IV. 香蕉鮮奶油

準備上述糕點鮮奶油，將1到2大匙蘭姆酒拌入熱卡士達，使用前再切拌2根或更多的香蕉薄片到冷的卡士達之中。

V. 杏仁鮮奶油（Frangipane）

準備上述糕點鮮奶油，將1/3杯熱燙去皮杏仁粉和1/8到1/4小匙杏仁萃取液切拌到熱卡士達之中。或使用前，切拌1/3杯壓碎的杏仁蛋白餅和（2到3小匙切碎的糖漬柳橙皮）到冷的卡士達中。

VI. 奶油糖果鮮奶油

準備上述糕點鮮奶油，但白糖要換成紅糖並加入1小撮鹽。

奶油糖果餡料（Butterscotch Filling）（約2杯）

準備奶油糖果鮮奶油派餅餡料，287頁，用1又1/2杯牛奶。

巧克力卡士達餡料（Chocolate Custard Filling）（約1又1/2杯）

在中型厚平底深鍋混合：

1杯牛奶

1/4杯濃鮮奶油

2盎司細碎無糖巧克力

以中小火烹煮，並不時攪拌到巧克力融化且混合物開始要沸騰為止。

期間，下面材料放入中碗，以高速打到黏稠且呈淡黃色，約1分鐘：

1/3杯糖

1大匙玉米澱粉

1大匙中筋麵粉

2顆大蛋黃

1/8小匙鹽

將約1/4的熱巧克力混合物慢慢倒入蛋混合物並攪拌混勻。刮下蛋混合物放入鍋子，以中火烹煮，不時攪拌並刮擦鍋子底部和角落以免煮焦，煮到卡士達黏稠且開始沸騰發泡，繼續烹煮攪拌約1分30秒。使用乾淨的抹刀，將餡料刮放到一只乾淨的碗，拌入：

1小匙香草

用蠟紙或羊皮紙覆蓋於餡料表面，以免其凝結成薄皮，並放入冷藏使其凝稠，這麼做最多可以保鮮2天。

摩卡餡料（Mocha Filling）（約1又2/3杯）

這款黑巧克力卡士達散發濃郁的摩卡香氣，質地如濃稠布丁，是咖啡愛好者青睞的美食。

在中型厚平底深鍋混合：

3/4杯特濃咖啡

1/3杯濃鮮奶油

1盎司細碎無糖巧克力

以中小火烹煮，並不時攪拌到巧克力融

化且混合物開始要沸騰為止。
期間，下面材料放入中碗，以高速打到黏稠且呈淡黃色，約1分鐘：
1/3杯糖
1又1/2大匙玉米澱粉
1/8小匙鹽
3顆大蛋黃，或1顆大雞蛋加1顆大蛋黃
將約1/4的熱巧克力混合物慢慢倒入蛋混合物並攪拌混勻。刮下蛋混合物放入鍋子，以中火烹煮，不時攪拌並刮擦鍋底和角落以免煮焦，煮到混合物黏稠且開始沸騰發泡，繼續烹煮攪拌約1分30秒。使用乾淨的抹刀，刮下餡料放到一只乾淨的碗。用蠟紙或羊皮紙覆蓋於餡料表面，以免其凝結成薄皮，放入冷藏使其凝稠，這麼做最多可以保存2天。

檸檬餡料（Lemon Filling）（約1又1/3杯）

這種餡料是用玉米澱粉調煮到濃稠狀態，而呈現出檸檬蛋白霜派餅餡料的質地口感。
在小型不鏽鋼或搪瓷的平底深鍋一同攪拌：
3/4杯糖、2大匙玉米澱粉、1/8小匙鹽
1/2顆檸檬皮絲、1/2杯水或柳橙汁
1/4杯濾過的新鮮檸檬汁
3顆大蛋黃，或1顆大雞蛋加1顆大蛋黃
加入：
1大匙無鹽奶油
以中火烹煮，不時攪拌並刮擦鍋底和角落以免煮焦，煮到混合物開始沸騰發泡黏稠，然後繼續烹煮並迅速拌約30秒。
將中孔篩網放於碗器上方，用抹刀刮下餡料並篩放到碗內。用蠟紙或羊皮紙覆蓋於餡料表面，靜置冷卻，然後放入冷藏使其凝稠，如有需要，使用前溫和攪拌，但不要擊打。冷藏餡料最多可以保鮮2天。

檸檬凝乳（Lemon Curd）（約1又2/3杯）

比起上述檸檬餡料，檸檬凝乳更酸更刺鼻，可以做為海綿蛋糕捲或「天使蛋糕」，17頁的餡料來挑逗人的味覺，也可以加入原味起司蛋糕來做出漩渦紋路。
將以下材料放入中型不鏽鋼或搪瓷的平底深鍋，一起攪拌到顏色變淡：
3顆大雞蛋、1/3杯糖
1顆檸檬皮絲
加入：
1/2杯濾過的新鮮檸檬汁
6大匙（3/4條）無鹽奶油，切小塊
以中火烹煮攪拌到奶油融化，繼續不時攪拌到混合物稠黏並溫和煨煮數秒。將中孔篩網放於碗器上方，用抹刀刮下餡料並篩放到碗內。拌入：
1/2小匙香草
靜置冷卻，然後包封放入冷藏使其凝稠，這麼做可以保鮮約1星期。

柳橙凝乳（Orange Curd）（約1又2/3杯）

如果你找得到血橙的話，就用血橙來調製這種餡料，味道出奇得好。
將以下材料放入中型不鏽鋼或搪瓷的平底深鍋，一起攪拌到顏色變淡：
8顆大蛋黃，或2顆大雞蛋加4顆大蛋黃
2/3杯糖
1又1/2顆柳橙皮絲
加入下面材料：

1/2杯濾過的新鮮柳橙汁

10大匙（1又1/4條）無鹽奶油，切小塊

以中火烹煮攪拌到奶油融化，繼續不時攪拌到混合物稠黏並煨煮數秒。將中孔篩網放於碗器上方，用抹刀刮下餡料並篩放到碗內。靜置冷卻，然後蓋封放入冷藏使其凝稠，這麼做可以保鮮約1星期。

柳橙卡士達餡料（Orange Custard Filling）（約1又1/2杯）

在中型平底深鍋一起拌勻：

1/3杯糖

1/3中筋麵粉

1/4小匙鹽

加入下面材料並攪拌滑順：

1杯牛奶

拌入：

1/2杯柳橙汁

以中火烹煮，不時攪拌到混合物開始沸騰，繼續煨煮並輕快地攪拌1分鐘，即停止加熱。

將下面材料放入小碗打到發泡：

1顆大雞蛋

將約1/3的汁液放入雞蛋一起攪打，之後把這混合液放回鍋內，繼續煮攪到餡料開始沸騰黏稠即可。靜置冷卻，然後蓋封放入冷藏使其凝稠，如此可以保鮮約1星期。

檸檬柳橙卡士達餡料（Lemon-Orange Custard Filling）（約1杯）

在中型平底深鍋一起拌勻：

1/2顆檸檬皮絲、1/4顆柳橙皮絲

1/2杯新鮮柳橙汁、3大匙新鮮檸檬汁

3大匙水、1/3杯糖、2大匙中筋麵粉

1/8小匙鹽

3顆大蛋黃，或1顆大雞蛋加1顆大蛋黃

以中火烹煮，不時攪拌並刮擦鍋子底部和角落以免煮焦，煮到混合物黏稠且開始沸騰發泡，繼續沸煮並輕快地攪拌約1分鐘。將中孔篩網放於碗器上方，用抹刀刮下餡料並篩放到碗內。用蠟紙或羊皮紙覆蓋於餡料表面，然後放入冷藏使其凝稠，如有需要，使用前溫和攪拌，但不要擊打。冷藏餡料最多可以保鮮2天。

杏果卡士達餡料（Apricot Custard Filling）（約1又1/2杯）

在中型平底深鍋混合下面材料，並慢慢烹煮25分鐘至接近沸騰：

1/2杯鬆裝的杏果乾

1杯水

拌入：

1大匙糖

慢慢煮沸到混合液濃縮成糖汁，需3到5分鐘，即將混合物放入食物調理機調理成滑順杏果泥。

下面材料備用：

上述的檸檬柳橙卡士達餡料

將杏果泥拌入熱餡料即可。

柳橙鮮奶油餡料（Orange Cream Filling）（約2又1/2杯）

將下面材料浸泡於1大匙冷水：

1小匙原味膠質

浸泡時間約5分鐘。期間，在中型平底深鍋混合拌勻：

3/4杯糖、2大匙玉米澱粉

2大匙中筋麵粉

拌入：
3/4杯熱水
以中火烹煮，攪拌到混合物沸騰。加入：
1大匙無鹽奶油
同時在小碗攪打：
2顆大蛋黃
將約1/3的玉米澱粉混合物攪拌到蛋黃裡，然後再倒回平底深鍋烹煮攪拌到卡士達接近沸騰並黏稠，即加入浸泡的膠質到其溶解為止，離火。刮下餡料放入碗器，並拌入：
1顆柳橙皮絲、3大匙新鮮柳橙汁
3大匙新鮮檸檬汁
在卡士達表面覆蓋上一層保鮮膜，送入冷藏到卡士達涼冷但不冰冷定形，需15到30分鐘。將下列材料擊打到硬性發泡：
1/2濃鮮奶油
將上述鮮奶油切拌到卡士達中，即可送入冰箱冷藏1小時，然後在膠質定形之前塗抹在蛋糕上。如果塗抹在蛋糕夾層間，可以裹抹：
美味柳橙糖霜，157頁

碎水果餡料（Chopped Fruit Filling）（約1又3/4杯）

I. 在雙層蒸鍋頂層混合下面材料，不要放在滾水裡而是於上方加熱，攪拌到糖溶解為止：
3/4杯奶水、1/4杯水
3/4杯糖、1/8小匙鹽
加入下面材料並烹煮到黏稠狀態：
1/4杯細碎棗子、1/4杯細碎無花果乾
靜置冷卻，再加入下面材料：
1/2杯碎堅果、1小匙香草

II. 約2杯
在小平底深鍋混合下面材料，並慢慢烹煮25分鐘至接近沸騰：
1/2杯鬆裝的杏果乾、1杯水
調至大火沸煮到幾乎所有液體都已蒸發，就放入食物調理機打成泥，再倒回平底深鍋的混合物中，並拌入下面材料：
2/3杯糖
以小火煨煮到黏稠狀態，約3分鐘，停止加熱並加入：
2大匙柳橙皮絲
2大匙新鮮柳橙汁
3/4杯碎葡萄乾
1/4杯碎棗子或無花果乾

薑味水果餡料（Ginger Fruit Filling）（約1又1/2杯）

在小平底深鍋混勻下面材料，以中火調煮並不時攪拌到混合物開始沸騰黏稠為止：
1杯罐裝鳳梨汁、1/4杯糖粉
3大匙玉米澱粉、1/4小匙鹽
再烹煮1分鐘，即停止加熱，加入：
1/2杯壓碎香蕉
1/2杯罐裝且瀝乾的碎鳳梨
再加熱烹煮並輕輕攪拌2分鐘。加入：
3大匙細碎糖薑、1小匙香草
（1/4杯杏仁薄片）
將餡料放到碗器，用保鮮膜封口，放入冷藏至冷卻備用。

巧克力水果餡料（Chocolate Fruit Filling）（約2杯）

將下面材料一起拌勻：
2/3杯細碎核桃或胡桃
2/3杯壓實的淡紅糖
1/3杯巧克力碎片

2大匙無糖可可粉
2大匙即溶咖啡或速沖咖啡粉
2小匙肉桂粉
1/4杯蔓越莓乾、櫻桃乾或碎杏果乾
冷卻備用。放入冷藏可以保鮮約1星期，使用前要先放到室溫軟化。

杏仁和無花果或葡萄乾餡料（Almond And Fig or Raisin Filling）（約1又1/2杯）

在小平底深鍋中混勻：
1/2杯糖
2大匙中筋麵粉
拌入：
1大匙柳橙皮絲
1/2杯柳橙汁
1/2杯水
1又1/2杯細碎或粉末狀的無花果乾或葡萄乾
1/8小匙鹽
以中火煨沸，不斷攪拌，沸煮5分鐘。離火，拌入：
3/4杯烘烤過的杏仁薄片，544頁
1/2小匙香草
靜置冷卻備用。放入冷藏可保鮮約1星期，使用前要先放到室溫下軟化。

烤核桃或胡桃餡料（Toasted Walnut or Pecan Filling）（約1又1/2杯）

紅糖搭配烤堅果可以做成一流的餡料。
在小平底深鍋混勻：
1杯壓實的淡紅糖
1/4杯（1/2條）無鹽奶油，切小塊
2大匙水
1/4小匙鹽
以小火煨煮，攪拌到奶油融化且混合物開始沸騰即可。停止加熱，拌入：
2顆大蛋黃
放回小火烹煮，不時攪拌混合物到呈黏稠狀為止，1到2分鐘。停止加熱，拌入：
1又1/2杯剁碎的烤核桃，544頁或胡桃
靜置冷卻備用。放入冷藏可保鮮約1星期，使用前要先放在室溫下軟化。

杏仁或榛果卡士達餡料（Almond or Hazelnut Custard Filling）（約1又1/2杯）

在雙層蒸鍋頂層中混合下面材料，之後不要放在滾水裡而是放在上方加熱，攪拌到稍微黏稠即可：
1杯糖
1杯酸鮮奶油
1大匙中筋麵粉
期間，在小碗裡擊打：
1顆大雞蛋
將約1/3的酸鮮奶油混合物拌入蛋裡，然後刮放到碗內並拌入：
1杯磨成粉末的去皮或未去皮的杏仁或榛果
放回雙層蒸鍋，烹煮並攪拌卡士達到呈黏稠狀即可。
1杯磨成粉末的熱燙去皮或未去皮的杏仁或榛果
待卡士達冷卻，加入：
1/2小匙香草或1大匙杏仁利口酒或榛果利口酒

椰肉胡桃餡料（Coconut Pecan Filling）（約3又1/4杯）

這種餡料香甜可口，正是傳統「杰門巧克力蛋糕」，40頁的餡料和頂層加料，其側邊不需裹糖衣。

在中型平底深鍋中混合：

1杯糖、1杯奶水或濃鮮奶油

3顆大蛋黃

1/2杯（1條）無鹽奶油，切小塊

以中火烹煮，不停攪拌，煮到混合物黏稠且周邊輕輕沸煮冒泡，就將火力降至小火，再煮拌1到2分鐘。離火，拌入下面材料：

1又1/3杯乾燥的甜椰片

1又1/3杯碎胡桃

靜置冷卻至可以塗抹的狀態。放入冷藏可保鮮約1星期，使用前要先放到室溫下軟化。

蘭恩蛋糕餡料（Lane Cake Filling）（約2又1/4杯）

在中型厚平底深鍋中，一起攪拌下面材料：

8顆大蛋黃

1杯糖

1/8小匙鹽

1/2杯波本威士忌

1/2杯（1條）無鹽奶油，切小塊

以中小火烹煮，不停攪拌到混合物的黏稠度足以依附在湯匙背部，約10分鐘。離火，拌入：

1杯細碎的胡桃

3/4杯甜椰絲乾

3/4杯細碎葡萄乾

1/2杯碎棗子或葡萄乾

（1/4杯剁碎的醉櫻桃）

1/4小匙磨碎肉豆蔻或肉豆蔻粉

靜置冷卻備用。放入冷藏可保鮮約1星期，使用前要先放在室溫下軟化。

發泡甘納許餡料（Whipped Ganache Filling）（約1又1/2杯）

這款巧克力餡料即便顏色不深，卻相當豐富濃郁。加倍食譜分量，即是一個17又1/2×11又1/2吋果醬蛋糕捲用的大蛋糕的豐厚餡料。如果你把甘納許打得過硬了，可以用熱水溫燙抹刀來幫助塗抹餡料，而且至少要在幾個小時前就開始此步驟。

使用中型平底深鍋煮沸：

1杯濃鮮奶油

停止加熱並拌入：

4盎司細碎苦甜或半甜巧克力

蓋上鍋蓋，靜置10分鐘。用橡膠抹刀攪拌混合物到完全滑順為止，並刮擦鍋底確定是否所有的巧克力都已經融化。蓋上鍋蓋，靜置數小時待其冷卻（甘納許在冷藏下可以存放5天；冷凍的話，則可保存長達6個月之久）。使用時，以低中速打到甘納許黏稠且可以塑形即可；不要過度擊打。立即使用。

發泡白巧克力或牛奶巧克力餡料（Whipped White Chocolate or Milk Chocolate Filling）

準備上述的發泡甘納許餡料，以白巧克力或牛奶巧克力來取代苦甜或半甜巧克力。

摩卡甘納許餡料（Mocha Ganache Filling）

準備上述的發泡甘納許餡料，將拌入鮮奶油的巧克力換成牛奶巧克力，並加入2小匙即溶咖啡粉。

保濕糖漿（Moistening Syrup）（約1杯）

尚未填餡和裹糖衣前，可以用保濕糖漿來稀釋和增甜利口酒，以便濕潤如「全蛋打法海綿蛋糕」，23頁的蛋糕夾層。使用等分量的糖和水，可以調出淡一點的糖漿。

在小平底深鍋中混合：

1杯糖

2/3杯水

以小火烹煮，輕輕攪拌到糖溶解即可，不需要煮沸糖漿。停止加熱，靜置冷卻，蓋上鍋蓋備用。糖漿放入密封瓶罐中，在室溫下可以保存至3星期，放入冷藏則可保鮮6個月之久。

檸檬糖漿（Lemon Syrup）

準備上述的保濕糖漿，但水要換成2/3杯新鮮檸檬汁。混合物只要加熱到糖溶解其中即可，因為沸煮會破壞檸檬的風味。蛋糕一出爐，即把烤模放到架上，用木叉搓刺整個蛋糕，刷上一半分量的糖漿。蛋糕不脫模冷卻10分鐘，即脫模倒放在抹油的架上，用木叉搓刺蛋糕底部並刷抹一些糖漿。再將蛋糕正面朝上放在架上，刷完剩餘的糖漿，即可靜置待其冷卻完全，然後包好存放至少24小時，再端上桌食用。

餅乾和點心棒

Cookies and Bars

餅乾跟棒球和蘋果派一樣，也象徵著美式文化。我們可以自豪地說，巧克力碎片餅乾是美國人發明的。餅乾是傳統的課後點心，也是小孩子在聖誕夜留給聖誕老公公的午夜點心。

| 關於混合裝飾餅乾 |

攪拌餅乾麵團通常又快又簡單。有些材料要一起攪拌；有些攪糊了再加入6頁的方法，其他的就像是做糕點一樣混勻★，470頁。請照著食譜的指示，以獲得最好的烘焙效果。除非是特別說明，不然奶油、雞蛋、堅果和其他材料的溫度最好是接近室溫。而且你照著食譜一旦把麵粉加入潮濕的食材後，就不要過度擊打麵團，因為這會讓做出來的餅乾太硬。

沒有東西可以媲美完全用奶油做出來的餅乾口感，但是我們也知道有時必須考慮到飲食和預算的限制。➡假使不想使用奶油，可以把至多二分之一分量的奶油換成一般的條狀人造奶油或是植物起酥油，還是能做出好吃的餅乾。➡你若不要用奶油，為了做出最佳口感的餅乾，請使用分量等同的優質條狀人造奶油或奶油口味的起酥油。然而，奶油是奶酥和奶油餅乾香濃口感的來源，因此我們不建議以人造奶油或起酥油取代。➡做餅乾時，避開低脂盒裝人造奶油和抹醬，因為它們的含水量高，做出來的餅乾就會鬆軟、脹大。

你可能會想混合不同的麵粉。如這麼做的話，➡務必閱讀505頁麵粉替換的說明。我們的食譜要求中筋麵粉，你可以選用漂白或未漂白過的。請留心➡麵粉放得太多，做出來的餅乾會太過乾硬；麵粉放得太少，餅乾又會散開而無法成形。在這份食譜中，或許可以換用全麥麵粉，但可要有心理準備，做出來的餅乾會較實且有點乾。使用糖蜜、巧克力或花生醬做出來的重口味餅乾，是最棒的全麥餅乾。你如果想換用蜂蜜或其他的糖品，請閱讀「固態糖」581頁與「液態糖」580頁。

有的食譜的餅乾麵團會加入如堅果、果乾或巧克力碎片等東西，而更動這些材料並不困難。不斷嘗試就是最好的老師：試著把堅果換成果乾、果乾換成堅果或是兩種混合使用；你如果有喜愛的堅果，就用它來替代食譜所建議的種類，萃取液、巧克力碎片或椰子也都可以添加自己的最愛。➡但要留意不要超過食譜建議的總杯量，其他材料的分量也要量測正確無誤。

我們總是喜歡用裝飾物來暗示餅乾的口味——例如，撒一些肉桂粉和糖來示意香料，或是一些椰絲來表示裡頭的椰子餡料。無論你選擇了什麼來做為裝飾物，簡單就是王道。

烘焙之前，為了讓糕點裝飾物固定在餅乾頂部，就要用力把它們壓入麵團內（如果是扁平的餅乾，使用寬刃抹刀），不然也可以烘烤完畢之後再裝飾餅乾，並用皇家糖霜，153頁加以固定。

|關於烘烤餅乾|

烘烤之前一定要預熱烤爐二十分鐘。如果你使用的是對流烤爐，請將溫度設在比食譜要求的再少十五度的溫度，或依照烤爐製造商的指示。選用中高厚度的烘烤淺盤。平底深鍋會產生熱偏折而難以取出餅乾。最好的鋁製淺盤有一層閃亮的烘烤表面加工，底部經過特別鈍化處理而稍呈褐色。如果你只有深色薄烤盤的話，烘烤時，可以在第一個烤盤下面放上第二個空烤盤以做隔離之用。

除非食譜另有標示，否則為餅乾淺盤抹油都是用奶油、起酥油、不沾鍋噴霧式的油、羊皮紙襯墊或矽膠襯墊。有些餅乾可以在未抹油的淺盤上烘烤，例如，奶酥或是脂肪含量高的餅乾即是如此；有些則會貼附在餅乾淺盤上而不至於變形，如蛋白霜吻和以大量蛋白做成、油脂含量極少或無的餅乾。➠都將形狀、厚度一致的餅乾，間隔至少一吋或依指示，排滿烘烤淺盤。如果烘烤到最後一輪，所剩的麵團做出來的餅乾填不滿淺盤，就把小型烤盤或派餅用平鍋翻過來使用，烤完最後一批餅乾。

除非另有指示，不然一次只在中央爐架烤一層餅乾，且烘烤到一半時要轉動淺盤，餅乾才能烘烤均勻。由於很多的因素都會影響烘烤時間，你會發現我們食譜的建議時間不一。➠將你的計時器設在所指示的最低烘烤時間，有需要的話，重新設定計時器，再多烤一下。但餅乾一下子就會烤太久或烤焦（尤其是含有糖蜜或紅糖的餅乾）。

➠靜置在爐架上冷卻。冷卻的餅乾要是黏貼在淺盤上，請放回烤爐再加熱幾分鐘使其軟化。每烤一批新餅乾之前，淺盤要先冷卻並用乾紙巾擦拭。你如果手邊有一、兩個多餘的烘烤淺盤，就可以輪番使用，工作起來更有效率。

|▲高海拔烘烤餅乾|

在海平面與海拔高度三千呎之間，製作簡單的糖餅乾（sugar cookies）或許不需要任何的調整，然而隨著高度的增加，很多種餅乾就會開始出現變化。在海拔高度五千呎（含）以上，因氣壓會隨著高度增加而遞減，餅乾容易散開而變得較薄、較硬或過脆。為了控制餅乾糊的開散，可以加入一點麵粉和／或減少糖量，或少放一些泡打粉、蘇打粉或塔塔粉。有時，把烤爐溫度調高七至十度也有效，即便有些餅乾在適中溫度下烘烤久一點會比較好吃。因此，這個問題的解決之道不只一種。餅乾口感若是太乾，就再多加一大匙或更多的液體、一顆蛋黃或一些深色玉米糖漿。餅乾在高海拔的乾燥空氣下變質得快，因此做好的餅乾一完全冷卻就務必密封保存。

| 保存烤好的餅乾 |

餅乾要密封存放在塑膠儲存盒、餅乾罐或可重新封口的塑膠袋。餅乾一種一種分別放在自己的盒罐內，以免混雜味道與改變其水含量。大部分的餅乾都可以在室溫下存放一到兩星期。

餅乾和長條糕要是沒有好好保存，往往不是乾掉就是變得軟趴趴的。➜餅乾沒有完全放涼之前，不要放入任何的儲存容器，原因是若是這麼做的話，溫熱的餅乾所散發的熱氣會讓整批餅乾鬆軟，甚至腐壞。假如餅乾上了糖霜，存放之前，糖霜一定要完全凝固乾燥。食用前稍微加熱一下，就可以讓餅乾再度可口。

餅乾若是密封包裝的話，大部分都可以冷藏保存一個月，特別是布朗尼、巧克力碎片餅乾、糖餅乾以及各式酥脆薄餅可以冷藏保存得相當好。冷藏長條餅乾的時候，不要切割，之後讓它解凍部分再切分食用。餅乾不要澆糖裝飾就冷藏保存，且完全解凍之後才裹糖、澆淋糖汁或糖霜。解凍餅乾的時候，最好拆封部分包裝，讓餅乾透氣、不結霜。

你如果想要馬上食用冰凍的餅乾，請以一百五十度預熱烤爐數分鐘，把餅乾放在烘烤淺盤上推入加熱。手工餅乾，甚至是從商店購買來的餅乾，都可以透過這樣的方式恢復鬆脆。解凍餅乾的時候，最好拆封部分包裝，好讓餅乾透氣、不結霜。

如果餅乾已經乾硬，可以將一片蘋果放入餅乾盒內，它們又新鮮可口了。蓋緊蓋子，不然餅乾過了一兩天又會變軟。

| 關於儲藏餅乾麵團 |

因為餅乾麵團可以藉冷藏或冰凍而保存完好，尤其對於時間不多的烘焙師傅來說，餅乾可說是夢寐以求的選擇。捲餅、造型餅乾或落球餅乾（drop cookies）的麵團可以事先準備，之後放入冰箱冷藏至多可以保鮮三天，而存放在冷凍庫中則能保兩個月。無論你是冷凍或冷藏麵團，依照以下方式來包裹要儲藏的麵團。

麵團有沒有擀捲、塑形或落球都可以冰凍冷藏，但是每一種麵團得獨自儲放在密封的容器中或分批包好。你如果事先擀捲或切分餅乾麵團，請放入冰箱托盤冷藏使其變硬，再分裝冰凍或冷藏；如果事後才要切分，就先把麵團擀成一條，再用不透氣塑膠包裹起來，或是分批裝入容器中。至於落球餅乾麵團，可以像未塑形的麵團或現成的麵團球一樣冰凍儲存。長條餅乾的儲藏方式，則是密封存放在要用來烘烤的容器中。若要烘烤冰凍的餅乾麵團，只需在食譜指示的溫度下進行，有需要的話，再多烤個數分鐘即可。

| 關於運送和送禮的餅乾包裝 |

如果你要把餅乾送給外地的朋友，最好選擇中、小型餅乾或長條餅乾，至少四分之一吋厚而且硬度結實。至於比較易脆的餅乾，如果裝在錫罐或有皺蠟紙或羊皮紙保護的堅固塑膠盒，就可以成功送達目的地。易脆的特薄餅乾和軟脆餅並不適合運送，而裹著黏糖衣或餡料、糖霜濕軟的餅乾也不恰當。蛋白霜吻和其他蛋白做成的餅乾也不是聰明的選擇。

先將餅乾放進耐用的硬質容器，再裝進大一點的盒子，裡頭要填放泡泡粒、塑膠氣泡布、縐報紙，不然就用老爸、老媽以前常在物品四周塞滿爆米花的方法來防止顛簸撞擊。這些外加的保護措施，使得餅乾能抵達目的地完好無損，並可考慮空運。

無論是餅乾錫罐、餅乾陶瓶、透明的玻璃儲藏罐或是裝飾漂亮的木盒子，都會讓家庭烘烤餅乾成為別出心裁的禮物，別忘了用緞帶綁好鬆動的瓶蓋。如果你會點縫紉，也可以把餅乾裝在麻布袋裡，再用緞帶紮好或金屬緞帶打個花結（套上大小適中的塑膠袋，裡面放張密封襯墊）。精緻的小餅乾可以塞入彩色糖果紙或迷你杯子蛋糕的紙模，再放入淺平的糖果盒內。當你用緞帶纏繞禮物袋或禮盒包紮時，不妨在打結處綁上一個餅乾切模並附上食譜，增添一點特別的心意。

| 關於耶誕餅乾和餅乾裝飾 |

耶誕節和餅乾是密不可分的。星星、天使、耶誕鈴、耶誕樹和親愛的耶誕老人都是歷史悠久的節慶糕點造型。你或許早已收集了在這個特別年節時刻才會使用的餅乾切模，或者你有自己的餅乾造型。

將餅乾做成懸吊裝飾時，用麥稈的尾端在造型生麵團切個洞孔，而且洞孔一定要遠離餅乾頂端，這樣才足以支撐餅乾懸吊時的重量而不斷裂。餅乾完全烤好冷卻之後，將緞帶、細繩或蕾絲邊飾穿過洞孔打結。你若想要裝飾桌子或壁爐架，薑餅屋142-144頁很迷人，也是可以讓孩子動手做的理想作業。

| 關於長條糕和方塊糕 |

方塊糕（squares）和長條糕是製作最為便捷的餅乾，在至少一吋半深、抹油的烤盤上就可以烘烤。➡特別注意每份食譜要求的烤盤尺寸——尺寸不同會打亂烘焙時間，烤盤裡的麵團厚度也會影響到質地。太大的烤盤會烤出乾、脆的成品；烤盤比食譜要求來得小的話，做出來的成品口感又會像蛋糕一樣沒有嚼勁。

為了烘烤完成後容易取出糕餅，將抹油的鋁箔紙鋪在烤盤上，兩邊或尾端要多預留一些鋁箔紙做為把手用。冷卻的厚板可以從烤盤上拿下，放到工作板上進行切分，清潔起來也方便。長條糕要完全冷卻後才用刀子切成點心棒、方塊糕或三角糕。製作包餡長條糕時，將三分之二的麵團鋪在13×9吋的烤盤上，然後塗上餡料，見「包餡餅乾」136頁，再用剩餘的麵團包裹餡料。我們建議使用瑪芬烘烤盤來製作單人分量；派餅用平鍋可以用來做較大的節慶圓糕，以做為冰淇淋的基底。見9頁烤模比較圖表。

布朗尼「樂土」（Brownies Cockaigne）（約30塊布朗尼）

幾乎每一個人都想做出這種經典美式西點，而早在本書1931年初版就收錄了這份食譜。布朗尼在口味的濃郁層次上可能差別極大，搭配每杯麵粉的食材比例，從1又1/2杯奶油和5盎司巧克力到2大匙奶油和2盎司巧克力不等。你如果想要做出香Q濕潤的布朗尼，使用13×9吋的烤盤；如果想要蛋糕口感，就用9×9吋的。

預熱烤爐至180度，烤盤要抹油並鋪上錫箔紙638頁。將以下材料放入小平底深鍋加熱融化：

1/2杯（1條）無鹽奶油

4盎司無糖巧克力

靜置冷卻。你不這麼做的話，布朗尼就會變得厚重乾燥。將下面材料打發到白化程度：

4顆蛋、1/4小匙鹽

慢慢加入下面材料，繼續打到黏稠：

2杯糖、1小匙香草

快速攪打幾下，就拌入冷卻的巧克力混合物直到均勻混合。即便你使用的是電動攪拌器，也要換成木匙進行這個拌勻的步驟。將下面材料拌入混勻：

1杯中筋麵粉

喜歡的話，溫和拌入：

（1杯碎胡桃）

刮下麵團放入準備好的烤盤，約烤20分鐘，之後放在烤架上到完全冷卻。澆擠下面材料做為裝飾：

發泡鮮奶油98頁、冰淇淋221頁

或糖霜152-173頁

書俱樂部布朗尼（Book Club Brownies）（約30塊布朗尼）

準備上述布朗尼「樂土」，但糖要減量到1又3/4杯。將1/2小匙泡打粉拌入麵粉，再加糖，烘烤到插入一根牙籤到布朗尼中間、抽出時沒有沾黏麵糊即可，約35分鐘。

奶油糖布朗尼或布隆迪（Butterscotch Brownies or Blondies）（16塊2吋方塊糕）

預熱烤爐到180度，8 吋方烤盤要抹油並鋪上錫箔紙638頁。將下面材料拌勻：

1杯中筋麵粉、1/4小匙泡打粉

1/8小匙蘇打粉、1/8小匙鹽

將下面材料放入一只大的厚平底深鍋加熱融化再煮沸，不時攪拌到呈淡金黃色，約4分鐘：

1/2杯（1條）無鹽奶油

停止加熱，放入下列材料，攪拌均勻：

2/3杯壓實的淡紅糖

1/4杯糖

靜置冷卻到恰好溫熱。放入下列材料，攪拌均勻：

1顆大雞蛋、1大顆蛋黃

1大匙淡玉米糖漿

1又1/2小匙香草

喜歡的話，可以將下面材料拌入麵糊：

（1杯烤碎胡桃，544頁、1杯巧克力碎片或2/3杯加糖的椰絲）

刮下麵糊放入烤盤，烘烤到麵糊頂部呈焦黃色，插入一根牙籤到布朗尼中間、抽出時沒有沾黏麵糊即可，約需25到30分鐘。將烤盤裡的成品靜置在烤架上到完全冷卻。

起司蛋糕布朗尼（Cheesecake Brownies）（12塊2吋方塊糕）

預熱烤爐到180度，8 吋方烤盤要抹油並鋪上錫箔紙。攪拌下面的材料：

1杯中筋麵粉、1/4小匙蘇打粉

1/4小匙鹽

將下面材料放入大的厚平底深鍋，用微火慢慢加熱融化並攪拌到軟滑狀：

6盎司苦甜或半甜的粗碎巧克力

1/4杯（1/2條）無鹽奶油

停止加熱，靜置冷卻到恰好溫熱，再放入下列材料，攪拌均勻：

2/3杯糖、2又1/2小匙香草

加入下面材料，一次一個，攪打到混合均勻：

2顆大雞蛋

再拌入：

2大匙淡玉米糖漿

將以上混合物加入麵糊攪拌均勻。

將麵糊均勻攤塗在烤盤上，烘烤12分鐘。同時，把下面的材料放進大碗內打到均勻軟滑：

12盎司軟化的奶油起司

1/2杯糖

2大匙融化的無鹽奶油

1大顆雞蛋

1小匙香草

將奶油起司加料均勻地塗抹在巧克力層上。調低烤爐溫度到165度，烘烤到奶油起司層恰好呈現焦褐色、頂端開始破裂，插入一根牙籤到布朗尼中間、抽出時沒有沾黏麵糊，但底部仍然濕潤軟黏，時約36分鐘。將烤盤裡的布朗尼靜置在烤架上到完全冷卻。放入冰箱完全冷藏後再切成方塊，於室溫下上桌享用。

巧克力糖霜太妃點心棒（Chocolate-Glazed Toffee Bars）（24塊2又2/3×1吋點心棒）

這種糕點是在奶酥上抹上一層嚼勁十足的棕色糖胡桃太妃糖，頂層再抹上巧克力。最好提早一天製作這些點心棒。

預熱烤爐到180度，8吋方烤盤要抹油並鋪上錫箔紙。備好一只碗，放入以下材料並加以攪拌：

2/3杯中筋麵粉、1又1/2大匙糖

1/8小匙鹽

加入：

1/4杯（1/2條）冷的無鹽奶油，切成小塊備用

使用酥皮切刀或是你的手指頭來切分奶油，跟麵粉等食材攪和成小屑塊，在上頭撒放下面的材料，攪拌混合：

2小匙牛奶

搓揉混合物讓牛奶均勻分散，此時小屑塊會開始聚合（不然，可以把乾燥食材和奶油放入食物調理機中做脈衝處理，直到混合物看起來是一塊塊的小屑塊；小心不要過度料理。一次加入一點牛奶，脈衝料理讓屑塊聚合）。將麵團扎實地壓到烤盤底部，形成均勻平滑的一層。烘烤麵團12分鐘，之後就置於烤架上。

將以下材料放入一只中型厚平底深鍋，以中火煮沸並不時攪拌：

5大匙無鹽奶油，切塊

1/2杯壓實的淡紅糖

2大匙丁香或淡味蜂蜜

1/8小匙鹽

不加蓋煮沸3分鐘，熄火，拌入：

1又1/2杯烤碎胡桃

1小匙香草

將屑塊混合物均勻塗抹在烤好的酥皮上，再烘烤到焦黃冒泡，邊緣色澤會稍微深一點，約 17到20分鐘。將烤盤放置於烤架上，撒上：

1/4杯半甜或苦甜巧克力碎片

等到有些巧克力碎片化開，再用餐刀將巧克力塗抹均勻，但巧克力不會完全蓋住糕點的表面。將下面材料撒於糕點頂部：

2大匙細碎胡桃

讓巧克力冷卻到開始凝固，但有點柔軟的狀態，切分成點心棒，然後就留在烤盤內到完全冷卻才拿取成品。

耶誕巧克力點心棒「樂土」（Christmas Chocolate Bars Cockaigne）（54塊2×1吋點心棒）

預熱烤爐到180度，13×9 吋烤盤要抹油並鋪上錫箔紙。攪拌：

1又1/2杯中筋麵粉

1/2小匙蘇打粉

1/2小匙鹽

1又1/2小匙肉桂粉

3/4小匙丁香粉

1/4小匙多香果粉

將以下材料放入大碗打到濃稠發白：

3顆大雞蛋

1又1/3杯壓實的紅糖

將麵粉混合物分成2份，輪流加入：

1/4杯蜂蜜或糖蜜

再拌入：

1又1/4杯混合果乾、黃金葡萄乾和去皮碎杏仁

2盎司細碎無糖巧克力

將麵團鋪平在抹油的烤盤，烘烤約20分鐘直到定形即可。把烤盤放到烤架上，趁著點心棒仍溫熱的時候，均勻塗抹：

檸檬糖汁，171頁

讓點心棒靜置冷卻，糖汁凝固定形。

巧克力燕麥點心棒（Chocolate Oat Bars）（54塊2×1吋點心棒）

預熱烤爐到180度，13×9 吋烤盤要抹油並鋪上錫箔紙。備好一只大碗，放入以下材料攪打：

3/4杯（1又1/2條）軟化無鹽奶油

1又1/2杯壓實的紅糖

打入：

1大顆雞蛋、1大顆蛋黃、1又1/2小匙香草

先將上述混合物放在一旁，用另一只碗來攪拌：

1又3/4杯中筋麵粉、3/4小匙蘇打粉

3/4小匙鹽

拌入：

2又1/4杯傳統燕麥片

將下面材料放入中型平底深鍋，以小火加熱攪拌到滑順為止：

1又1/2杯半糖巧克力碎片

1又1/4杯加糖煉乳

1又1/2大匙無鹽奶油

1小撮鹽

再拌入：

3/4小匙香草、3/4杯碎核桃或胡桃

熄火。將麵粉混合物拌入雞蛋混合物，把約2/3的分量輕拍進烤盤，並澆淋上巧克力混合物，再加點剩餘的麵團，烘烤約25分鐘。將烤盤裡的點心棒放在烤架上完全冷卻。

覆盆子酥粒點心棒（Raspberry Streusel Bars）（20塊2又1/2×2又1/8吋點心棒）

預熱烤爐到190度，13×9 吋烤盤要抹油並鋪上錫箔紙。備好一只碗，攪拌：

2杯中筋麵粉、1/4杯糖、1/4小匙鹽

加入：

3/4杯（1又1/2條）冷的無鹽奶油，切成小塊

使用酥皮切刀或是你的手指頭來切分奶油，跟麵粉等食材攪和成小屑塊。將下面材料攪拌混合：

3大匙牛奶、1小匙杏仁萃取液

將上面混合物撒在麵粉混合物上，並溫柔攪拌均勻，然後搓揉到麵團開始聚合（不然，可以把乾燥食材和奶油放入食物調理機中做脈衝處理，直到混合物看起來是一塊塊的小屑塊；小心不要過度料理。慢慢加入牛奶，脈衝料理讓屑塊開始聚合）。將麵團均勻壓平在烤盤裡，烤到中央部分恰好硬實，12到15分鐘，之後讓烤盤置於烤架上（不要關掉烤爐），在熱酥皮上均勻塗抹：

1杯無籽覆盆子果醬

將下列材料放入碗裡攪拌：

1又3/4杯中筋麵粉、2/3杯糖

1/4小匙鹽、1/2小匙肉桂粉

加入：

1/2杯（1條）冷的無鹽奶油，切成小塊

使用酥皮切刀或是你的手指頭來切分奶油，直到混合物混合均勻（或者，將麵粉、糖、肉桂粉和鹽放入食物調理機，再撒上奶油，將它們料理混勻，取出放進碗內）。用叉子拌入：

3/4杯（去皮或不去皮）杏仁片

1/2杯傳統燕麥片

將下列材料混合、輕輕攪打：

1大顆蛋、2大匙牛奶

將上述混合物拌入麵粉混合物，直到酥粒濕潤而糾結成小團塊。將酥粒均勻撒在覆盆子果醬上，用叉子或你的手指頭分開大的團塊，之後將酥粒好好烤到焦黃且覆盆子混合物發泡，需25到30分鐘，讓烤盤內的成品放在烤架上完全冷卻。

胡桃或天使點心片（Pecan or Angel Slices）（12塊2又3/4×2又2/3吋點心片）

許多人買了本書可要歸功於這份食譜。有位粉絲說，她的家人認定這些就是天使聖彼得在天堂大門前給小孩的蛋糕，好讓他們捱過首次想家的煎熬。

預熱烤爐到180度，9×9吋烤盤要抹油並鋪上錫箔紙。將下列材料放進一只中碗，攪打均勻：

1/4杯（1/2條）軟化無鹽奶油

2大匙糖、1大顆蛋黃、1/4小匙香草

加入下列材料，攪拌到混勻滑順為止：

3/4杯中筋麵粉

把麵團放入烤盤均勻壓平，烘烤10分鐘。同時，將以下材料放入中碗裡攪打均勻：

2顆大雞蛋、1杯壓實的淡紅糖

1又1/2大匙中筋麵粉

1/4小匙泡打粉、1/8小匙鹽

1又1/2小匙香草

拌入：

1又1/2杯烤過、切碎的胡桃或核桃

1杯輕烤過的甜椰片或椰絲

將上述混合物均勻塗抹在烤好、熱騰騰的酥皮上，再烘烤到頂部堅實、焦黃，而且插入一根牙籤到糕點中間而抽出時有點潮濕，需20到25分鐘，烘烤完畢就讓烤盤靜置於烤架上。喜歡的話，趁著點心片仍溫熱時，均勻塗抹：

（檸檬糖汁，171頁）

讓點心片靜置冷卻，糖汁凝固定形。

堅果點心棒（Nut Bars）（54塊2×1吋點心棒）

預熱烤爐到180度，13×9吋烤盤要抹油並鋪上錫箔紙。將下列材料放進碗內攪打均勻：

1/2杯（1條）軟化無鹽奶油、1/4杯糖

打入：

1大顆雞蛋、1/2小匙香草

攪拌：

1又1/4杯中筋麵粉、1/8小匙鹽

之後約分成3等分加入奶油混合物，混合均勻。將麵團放入烤盤均勻壓平，約烤15分鐘。同時，在一只中型厚平底深鍋內，將下面材料打到開始發泡：

4顆大蛋白

再拌入：

2又1/4杯細碎胡桃、1杯糖

1又1/2小匙肉桂粉

用小火烹煮，攪拌到糖溶解為止。稍微加大火力，煮到混合物不沾黏鍋邊，且在它變乾之前就熄火。將堅果混合物塗放到熱騰騰的酥皮上，再烘烤到有點膨脹，約需15分鐘。讓烤盤內的點心棒在烤架上冷卻。

棗子點心棒「樂土」（Date Bars Cockaigne）（24塊2又1/2×2吋點心棒）

預熱烤爐到165度，13×9吋烤盤要抹油並鋪上錫箔紙。攪拌：

1/2杯傳統燕麥片、3大匙中筋麵粉

1/4小匙泡打粉、1小撮鹽

3/4小匙肉桂粉、1/4小匙多香果粉

1小撮丁香粉

將下列材料放入一只大碗攪打均勻：

1/3杯（5又1/3大匙）軟化無鹽奶油

1/3杯壓實的紅糖

再加入以下材料並攪打均勻：

1大顆蛋黃、4又1/2大匙牛奶
3/4杯切碎的棗子、3/4杯碎胡桃
1/2顆分量的檸檬汁和檸檬皮絲
將上述混合物拌入麵粉混合物，需完全混合。
均勻塗抹到烤盤內，烘烤15至20分鐘，或是烤到麵團開始與烤盤四周邊緣分離，就將烤盤留在烤架上。喜歡的話，趁著點心棒仍溫熱時，均勻塗抹下列材料：
（檸檬糖汁，171頁）
讓點心片靜置完全冷卻，糖汁凝固定形。

能量點心棒（Energy Bars）（18塊3×1又1/2吋點心棒）

預熱烤爐到180度，9×9吋方烤盤要抹油並鋪上錫箔紙。準備一只中碗混合：
1又1/2杯包裝粗碎果乾（杏桃、去核棗子、葡萄乾、無花果、櫻桃和／或蔓越莓）
1杯傳統燕麥片
3/4杯中筋麵粉
1杯壓實的深紅糖
1/2杯碎核桃、胡桃、榛果、杏仁
1/4小匙鹽、3/4小匙肉桂粉
再加入以下材料並攪拌均勻：
3/4杯（1又1/2條）融化的無鹽奶油
1又1/2小匙香草
將混合物放入烤盤壓平，烘烤到頂部呈焦黃色，約35到40 分鐘，烤盤裡的成品就留在烤架上冷卻。

檸檬凝乳點心棒（Lemon Curd Bars）（18塊3×2吋點心棒）

預熱烤爐到165度。將以下材料放入碗中攪拌：
1又1/2杯中筋麵粉、1/4杯糖粉、1小撮鹽
加入：
3/4杯（1又1/2條）冷的無鹽奶油，切成小塊
使用酥皮切刀或是你的手指頭來切分奶油，讓混合物攪和如豌豆大小的屑塊。之後，備好未抹油的13×9吋烤盤，將麵團均勻壓進烤盤底部、厚度至烤盤邊的3/4吋，烘烤到焦黃色，約25到30分鐘。把烤盤留在烤架上，烤爐溫度調降到150度。
把下面材料放入一只大碗攪拌均勻：
6顆大雞蛋
3杯糖
再拌入：
1顆檸檬皮絲
1杯又2大匙新鮮檸檬汁（約5顆檸檬）
上頭再篩撒下面材料，並攪勻到平滑即可：
1/2杯中筋麵粉
將麵團澆到烤好的酥皮上，再烤35分鐘，直到頂層的加料凝固定形，烤盤裡的成品就留在烤架上冷卻。

德國蜂蜜餅（Lebkuchen〔German Honey Bars〕）（54塊2×1吋糕餅）

這些蜜蜂餅若是放在密封罐內，尤其是像我祖母以前常會眼睛發亮，說著「鎖上」的話，可以保存6個月。喜歡糕餅鬆脆一點的話，可以把泡打粉和蘇打粉換成阿摩尼亞粉，455頁；將1大匙阿摩尼亞粉溶解在2大匙溫水、蘭姆酒或酒之中。
預熱烤爐到180度，13×9吋烤盤要抹油並鋪上錫箔紙。將以下材料放進大平底深鍋烹煮攪拌，讓奶油融化：
2/3杯蜂蜜或糖蜜、1/3杯糖
1又1/2大匙無鹽奶油
熄火。攪拌：

1杯中筋麵粉、1/2小匙泡打粉
1/4小匙蘇打粉、1小撮鹽
拌入：
1/2杯去皮碎杏仁、2大匙碎糖漬香櫞
2大匙碎糖漬橙皮或檸檬皮
1小匙肉桂粉、1/4小匙小豆蔻粉
1/8小匙薑粉、1小撮丁香粉
拌入：
1杯中筋麵粉
麵團觸感應該黏糊糊的，把它平均壓入烤盤，之後約烤25分鐘到焦黃即可，就將烤盤留在烤架上。喜歡的話，趁著糕餅仍溫熱時，均勻塗上：
（檸檬糖汁，171頁）
靜置糕點到完全冷卻，糖汁凝固定形。

關於落球餅乾

除非另有說明，一般都應該用大、小量匙來丟落麵糊。這麼做的原因是為了量測準確，來確保食譜分量和烘烤時間的正確。落球餅乾糊的質地不一：有些很容易從量匙落下而在烘烤時展平成威化餅；比較硬的麵糊，就需用手指頭或另一支湯匙推一推才會掉落。

這些麵糊冷卻後，可能在你的手掌間形成小球進而展平。首先，弄濕你的雙手或沾抹麵粉或糖粉，但如果是巧克力餅乾或其他深色麵糊的話，可以抹點可可粉。使用玻璃杯底來壓平小球，但杯底要先抹些油或沾抹麵粉、糖粉或可可粉，也可以用沾浸冰水的抹刀來壓平小球。若是要有方格花紋，可以用沾了麵粉的叉子來畫線。

餅乾烘烤淺盤要塗抹奶油、起酥油或不沾鍋食用噴霧油，不然也可以放置羊皮紙或矽膠襯墊。除非另有指示，落球餅乾應先在淺盤內冷卻一到兩分鐘，才放到烤架上完全冷卻。請見「關於烘烤餅乾」109頁。

壓平落球餅乾的兩種方法。

落球奶油威化餅（Drop Butter Wafers）（約48塊2吋威化餅）

預熱烤爐到190度，兩個餅乾烘烤淺盤要抹油或放上襯墊。
將下列材料放入一只中碗，攪打到輕柔蓬鬆：
1/2杯（1條）軟化無鹽奶油、1/2杯糖
打入：
1大顆雞蛋
1小匙香草
1/4小匙檸檬皮絲
3/4杯過篩的低筋麵粉
1小撮鹽
（1又1/2大匙罌粟籽或1小匙柳橙皮絲）
用小量匙丟落餅乾糊到烘焙淺盤，兩兩間隔1吋。一次烘烤一個淺盤，烤到餅乾邊緣焦黃即可，約7分鐘。讓烤好的餅乾靜置一會兒，再放到烤架冷卻。

糖落球餅乾（Sugar Drop Cookies）（約60塊2又1/2吋餅乾）

預熱烤爐到190度，兩個餅乾烘烤淺盤稍微抹油或鋪上襯墊。

攪拌：

2又1/2杯中筋麵粉
1又1/2小匙泡打粉
3/4小匙鹽
1/4小匙肉桂粉或1/2小匙碎肉豆蔻或肉豆蔻粉

將下面材料放入大碗混合：

1杯糖、3/4杯植物油

加入下面材料，一顆打勻後再加另一顆：

2顆大雞蛋

再加入：

1小匙香草

加入麵粉混合物，擊打均勻。

將麵糊捏成一個個的1/2吋小球，並沾抹下面材料：

糖

把小球兩兩間隔1吋排放到烘烤淺盤，也可如上文圖示壓平糊球。然後撒糖，一次烘烤一個淺盤，約10到12分鐘，烤到焦黃色即可。烤好的餅乾要靜置一會兒，再放到烤架上冷卻。

巧克力碎片餅乾（Chocolate Chip Cookies）（約36塊2又1/2吋餅乾）

這是本書經典食譜，早在1943年戰時的版本就有了這份食譜。

預熱烤爐到190度，兩只餅乾烘烤淺盤稍微抹油或鋪上襯墊。

攪拌：

1杯又2大匙中筋麵粉
1/2小匙蘇打粉

將下面材料放入大碗裡攪打均勻：

1/2杯（1條）軟化無鹽奶油
1/2杯糖
1/2杯壓實的淡紅糖

加入以下材料，攪打均勻：

1大顆蛋
1/4小匙鹽
1又1/2小匙香草

將上述混合物拌入麵粉混合物，拌到均勻滑順為止。

再拌入：

1杯巧克力碎片
（3/4杯碎核桃或美洲薄殼胡桃）

用小量匙從麵糊挖舀出一個個小球，以2吋為間隔丟放到餅乾烘烤淺盤裡。一次烘烤一只淺盤，烤到餅乾正好出現色澤、邊緣焦褐即可，需8到10分鐘。讓烤好的餅乾先靜置一會兒，再放到烤架冷卻。

酥脆巧克力碎片餅乾（Crisp Chocolate Chip Cookies）

準備上述的巧克力碎片餅乾，不放紅糖，全部換用1杯糖。額外加入2大匙中筋麵粉，約烤13到15 分鐘，直到焦黃即可。

薑味脆餅（Gingersnaps）（約40塊2又1/4吋餅乾）

若要做出脆餅乾，就要稍微烤久一點；若要餅乾軟一點，就少烤一、兩分鐘。

預熱烤爐到180度，兩只烘烤淺盤要抹油或鋪上襯墊。攪拌：

1又3/4杯中筋麵粉、3/4小匙泡打粉
1/4小匙蘇打粉、1小撮鹽

2又1/2小匙薑粉、1小匙肉桂粉
1/8小匙丁香粉
將下面材料放入大碗裡攪打到鬆軟：
6大匙（3/4條）軟化無鹽奶油、3/4杯糖
加入下面材料擊打均勻：
1大顆蛋、1/4杯深色糖蜜
1/4小匙檸檬皮絲或柳橙皮絲
1小匙新鮮檸檬汁
將上述混合物跟麵粉混合物拌勻，之後把這麵糊做成3/4吋的小球，以1吋半為間隔排放到烘烤淺盤上，一次烘烤一只淺盤，約需12分鐘。烘烤時，餅乾會展平並出現皺皺的表面。讓烤好的餅乾靜置一會兒，再放到烤架冷卻。

白巧克力夏威夷豆怪獸餅（White Chocolate Macadamia Monsters）（14塊5吋餅乾或24塊2又1/2吋餅乾）

若要做一般大小的餅乾，用量匙從麵糊挖舀出小球分量，以1吋半為間隔落放在淺盤上，烘烤約13到15分鐘。
預熱烤爐到180度，兩只烘烤淺盤要抹油或鋪上襯墊。攪拌：
2又1/2杯中筋麵粉、1小匙蘇打粉
1/4小匙鹽
將下列材料放入大碗，攪打到輕柔蓬鬆：
1杯（2條）軟化無鹽奶油
1又1/3杯糖
2/3杯壓實的深紅糖
攪打下面材料，一次一顆：
2大顆雞蛋、1小匙香草
拌入以下乾燥食材：
1杯粗碎夏威夷果仁（約4盎司）
1杯粗碎的白巧克力（約4盎司）
用1/3杯為量測基準來捏塑落球小球，以約3吋為間隔，在烘烤淺盤上排放整齊，一次烤一只淺盤到呈焦黃色即可，需18到20分鐘。讓烤好的餅乾靜置一會兒，再放到烤架冷卻。

花生奶油餅乾（Peanut Butter Cookies）（約60塊1又1/2吋餅乾）

那些特別愛吃花生奶油餅的人們，不妨嚐嚐這種富飽足感的酥脆餅乾。這又是本書的一則經典食譜。
預熱烤爐到190度，兩只烘烤淺盤要抹油或鋪上襯墊。攪和：
1又1/2杯中筋麵粉、1/2小匙蘇打粉
將下列材料放入大碗裡攪打均勻：
1/3杯（5又1/3大匙）軟化無鹽奶油
1/2杯糖、1/2杯壓實的紅糖
打入：
1大顆蛋
1杯花生奶油（滑順或塊粒狀）
1/2小匙香草
將上述混合物加入麵粉混合物拌勻。把這團麵糊捏成一粒粒1吋的小球，以2吋為間隔，在餅乾烘烤淺盤上排好。如118頁圖例，用叉子壓平小球，一次烘烤一只淺盤，需10到12分鐘。讓烤好的餅乾靜置一會兒，就放到烤架冷卻。

燕麥葡萄乾餅乾（Oatmeal Raisin Cookies）（約48塊3吋餅乾）

預熱烤爐到180度，兩只烘烤淺盤要抹油或鋪上襯墊。攪拌：
1又3/4杯中筋麵粉、3/4小匙蘇打粉
3/4小匙泡打粉、1/2小匙鹽
1/2小匙肉桂粉
1/2小匙刨碎的肉豆蔻或肉豆蔻粉

將下列材料放入大碗裡攪打均勻：
1杯（2條）軟化無鹽奶油
1/4杯糖、1又1/2杯壓實的紅糖
2顆大雞蛋、2又1/2小匙香草
將上述混合物拌入麵粉混合物，再拌入：
1杯碎葡萄乾、3又1/2杯傳統燕麥片
（3/4杯碎核桃）
把這團麵糊捏成一粒粒1吋半大的小球，以2吋為間隔，在餅乾烘烤淺盤上排好，再壓平到厚度1/2吋薄片。一次烘烤一只淺盤，直到餅乾全部有點焦黃，需12到14分鐘。讓烤好的餅乾靜置一會兒，再放到烤架冷卻。

燕麥巧克力碎片餅乾（Oatmeal Chocolate Chip Cookies）

準備上述的燕麥葡萄乾餅乾，但不放肉桂粉或肉豆蔻，並把葡萄乾換成1杯巧克力碎片。

肉桂奶油餅乾（Snickerdoodles）（約36塊3吋餅乾）

預熱烤爐到180度，兩只烘烤淺盤要抹油或鋪上襯墊。將以下材料攪拌混合：
2杯中筋麵粉、2小匙塔塔粉
1小匙蘇打粉、1/4小匙鹽
將下面材料放入一只大碗攪打：
1杯（2條）軟化無鹽奶油
1又1/2杯糖
加入下面材料並攪打均勻：
2大顆雞蛋
將上述混合物拌入麵粉混合物，並加入：
1/4杯糖、4小匙肉桂粉
將麵糊捏成一粒粒1又1/4吋小球，並裹上肉桂糖，以2又3/4吋為間隔，排好在烘烤淺盤上。一次烘烤一只淺盤，直到餅乾邊緣呈現淡焦黃色即可，需12到14分鐘。擱置烤好的餅乾一會兒，再放到烤架冷卻。

胡椒果仁餅乾（Peppernuts〔Pfeffernüsse〕）（約60塊1吋餅乾）

攪拌：
1杯又1大匙中筋麵粉、1/4小匙泡打粉
1/8小匙蘇打粉、1/8小匙鹽
1小匙肉桂粉、1/2小匙小豆蔻粉
1/4小匙丁香粉
1/4小匙刨碎的肉豆蔻或肉豆蔻粉
1/8小匙黑胡椒
大碗內再加入以下材料，打到相當鬆軟即可：
1/4杯（1/2條）軟化無鹽奶油、1/2杯糖
加進以下材料，攪打均勻：
1大顆蛋黃
拌入：
1/4杯細碎杏仁片、1/4杯細碎的糖漬橙皮
1小匙檸檬皮絲
把下面材料依次拌入麵粉混合物：
3大匙糖蜜、3大匙白蘭地
覆蓋麵團，冷藏至少8小時或長達2天的時間，以便入味。預熱烤爐到180度，兩個餅乾烘烤淺盤要抹油或鋪上襯墊。將麵團捏成一顆顆3/4吋小球，以1吋為間隔，排好在淺盤上。一次烘烤一只淺盤，直到餅乾呈淡焦黃色即可，需12到14分鐘。擱置烤好的餅乾一會兒，為仍然溫熱的餅乾裹上下面材料：
1/2到2/3杯糖粉
再將餅乾移至烤架冷卻。

墨西哥結婚蛋糕（Mexican Wedding Cakes）（約60塊1又1/4吋餅乾）

預熱烤爐到180度，兩個餅乾烘烤淺盤要抹油或鋪上襯墊。將下面材料放入一只大碗，攪打均勻：

1杯（2條）軟化無鹽奶油

1/2杯糖粉、1/4小匙鹽、2小匙香草

拌入：

1杯烘烤過的胡桃粉末

加入下面材料，攪拌均勻：

2杯中筋麵粉

將麵團捏成一顆顆1吋小球，以1又1/4吋為間隔放入淺盤。一次烘烤一只淺盤，直到餅乾呈淡焦黃色即可，需12到14分鐘。擱置烤好的餅乾一會兒，再放在烤架上冷卻。冷卻的餅乾要裹上以下材料：

3/4杯糖粉

關於堅果落球餅乾

以下食譜的共通之處，就是用紅糖和雞蛋做成的基底，所以➡不要在濕熱的天氣下烘烤堅果落球餅乾。關於研磨堅果的方法，請見「堅果」，542頁。

這些餅乾大部分都很脆弱，然而，如果把餅乾做小一點，遵照指示放在抹油的餅乾烤盤或矽膠襯墊上烘，就容易移放而不會破裂。➡它們要是在烤盤內變硬了，先放回烤爐一陣子再移放他處。見「關於烘烤餅乾」，109頁。

胡桃鬆餅（Pecan Puffs）（約40個1又1/2吋鬆餅球）

胡桃鬆餅香濃又好吃。

預熱烤爐到150度，並將以下材料打軟：

1杯（1條）無鹽奶油

加入下面材料，攪拌到乳脂狀：

2大匙糖

加入：

1小匙香草

量好以下材料分量，放入堅果研磨機處理：

1杯美洲薄殼胡桃

秤量下面材料前先過篩：

1杯低筋麵粉

將胡桃和麵粉拌入奶油混合物，之後把麵糊揉成小球，放在抹油的餅乾淺盤上烘烤30分鐘。趁著餅乾還熱騰騰的時候，裹上以下材料：

糖粉

將淺盤放回烤爐加熱1分鐘再淋上糖霜。餅乾放涼後，即可食用。

芝麻威化餅（Sesame Seed〔Benne Seed〕Wafers）（約42塊2又1/4吋餅乾）

Benne（芝麻）這個英文字源自非洲，目前在美國南方，尤其是南卡萊納州，仍有人使用。芝麻威化餅吃起來像是放了很多果仁，人們因而常會誤認為裡頭放了花生。做這種餅時，一定要買白芝麻。請讀「關於堅果落球餅乾」。

預熱烤爐到190度，將兩個餅乾淺盤抹油、撒上麵粉，也可以使用羊皮紙或矽膠襯墊。攪拌：
1又1/2杯中筋麵粉
1/3杯烤白芝麻籽
1又1/4小匙泡打粉
1/2小匙蘇打粉
1/4小匙鹽
準備一只大碗打勻下面材料：
1/2杯（1條）軟化無鹽奶油
3/4杯壓實的淡紅糖
放入下面材料，攪打均勻：
1大顆雞蛋、1又1/2小匙香草
再拌入麵粉混合物。拿下麵團塊，用你的手掌搓揉成一顆顆1吋小球，之後將小球頂部沾黏以下材料：
1/2杯烤白芝麻籽，或是1杯碎胡桃
將小球以2吋為間隔放在餅乾淺盤上，有芝麻的部分朝上。溫和壓平小球至1又1/2大小，一次烘烤一只淺盤，直到餅乾邊緣呈淡焦黃色即可，需6到8分鐘。烤好的餅乾先放一會兒，再移到烤架上冷卻。

無麵粉堅果球餅（Flourless Nut Balls）（約36塊1又1/4吋餅乾球）

請讀「關於堅果落球餅乾」。
預熱烤爐到165度，將兩個餅乾淺盤多塗抹些油。
將下面材料放入堅果研磨機，或食物調理機打磨：
1又1/2杯杏仁或胡桃、1小撮鹽
備好平底深鍋，放入上述材料並與下面食材混合：
滿滿1杯紅糖、1大顆蛋白
1又1/2 小匙無鹽奶油
並用小火烹煮、攪拌均勻，之後放涼。將麵團捏成一個個小球，麵團要是不好掌控，雙手不妨沾一些糖粉。以2吋為間隔，將餅乾排放到餅乾淺盤，烘烤30到40分鐘，之後把裝餅乾的淺盤放到烤架上冷卻，再為冷卻的餅乾淋上以下糖汁：
檸檬糖汁，171頁或巧克力糖霜，164-168頁

果仁果乾落球餅乾（Nutty Dried Fruity Drops）（約20塊2又1/2吋餅乾）

預熱烤爐到180度，兩個餅乾淺盤要抹油或鋪上襯墊。將下面材料放入大碗打勻：
2大顆蛋白、1/2杯壓實的淡紅糖
1小撮鹽、1小匙香草
再拌入：
1又1/2杯剁碎的杏仁、美洲薄殼胡桃和／或核桃
1又1/2杯混合什錦碎果乾（杏、葡萄乾、棗子、櫻桃和／或蔓越莓）
用大匙挖舀上述混合物，做成一顆顆的落球，以1吋半為間隔排放在餅乾烘烤淺盤上。一次烘烤一只淺盤到焦黃即可，需10到12分鐘。烤好的餅乾先放一會兒，再移到烤架上冷卻。

胡桃蕾絲威化餅（Pecan Lace）（約48塊3吋威化餅）

這些坑坑洞洞的威化餅，最吸引人的地方就是那焦糖風味的薄脆質地，因此烘焙時間一定要在乾燥的日子。
預熱烤爐到190度，兩個餅乾淺盤要抹油或鋪上襯墊。準備一只中型平底深鍋加熱融化：
10大匙（1又1/4條）無鹽奶油
溫煨奶油，偶爾攪拌一下，直到鍋底的固體材料呈淡焦黃色，需3到4分鐘。熄火，放入下面材料，攪拌均勻：
1杯壓實的淡紅糖、1/4杯淡玉米糖漿
1大匙牛奶、1/4小匙鹽

放入下面材料，攪拌均勻：

1又1/2杯傳統燕麥片

1/2杯細碎的烤胡桃

2大匙中筋麵粉

2小匙香草

將做好的麵糊用小量匙挖出一顆顆小麵糊球，以3吋半為間隔，排放在餅乾淺盤上。一次烘烤一只淺盤，直到餅乾呈淡焦黃色即可，需10到12分鐘。烤好的餅乾先放一會兒，再移到烤架上冷卻。

佛羅倫斯餅乾「樂土」（Florentines Cockaigne）（約15片3吋餅乾）

這種餅乾是我媽媽的最愛，它們在她的眼裡可是「優雅的極致」。

預熱烤爐到180度，兩個餅乾淺盤墊上羊皮紙、矽膠墊或鋁箔紙。

輕拌下面材料，好讓水果散開：

1又1/4杯現成的碎混合糖漬水果

1/2杯中筋麵粉

用食物調理機再跟下面材料混合：

1/4杯壓實的淡紅糖、1/4杯蜂蜜

1/2小匙香草、1/2杯杏仁片、1/8小匙鹽

脈衝調理到水果和堅果大小約1/4吋。

加入：

1/4杯（1/2條）融化無鹽奶油

再用料理機調理一下，讓水果和堅果的大小約1/8吋，就把麵糊放進碗裡，並捏塑成一顆顆的小球，以3吋為間隔，排放在烘烤淺盤上，之後將壓平小球到2吋半大小。一次烘烤一只淺盤到餅乾焦黃即可，需7到9分鐘。先讓烤好的餅乾稍微冷卻，再移到烤架上並讓餅乾底部裹上以下材料：

4盎司苦甜或半甜融化的巧克力

薑薄餅（Ginger Thins）（約300片3/4吋薄餅）

這些小薄餅烤好後大概是一個美金25分硬幣的大小。

預熱烤爐到165度，兩個餅乾烘烤淺盤要抹油或鋪上襯墊。

一起將下面材料過篩：

1又1/2杯中筋麵粉、1/2小匙蘇打粉

1/4小匙鹽、1/2小匙丁香粉

1/2小匙肉桂粉、1/2小匙薑粉

備妥一只大碗，放入下面材料，攪打到輕柔蓬鬆：

3/4杯（1又1/2條）軟化無鹽奶油

1杯壓實的紅糖

1大顆打好的雞蛋

1/4杯糖蜜

再放入上面的乾食材，攪拌均勻。將麵團做成一個個1/8小匙分量的小球點，以1吋為間隔，排放在烘烤淺盤上。一次烘烤一只淺盤，約5到6分鐘。完成後，放在烤架上冷卻。你要是稍微扭動淺盤，涼了的餅乾就會彈起。

莫爾多糖蜜餅乾（Molasses Cookies Moldow）（約42塊2吋餅乾）

這份收在本書的食譜是我們的出版商提供的，這是她最愛吃的餅乾，這是她弟妹蓋穎・莫爾多（Gay Moldow）給的食譜。

在一只大碗內，攪打下面材料到輕柔蓬鬆：

3/4杯（1又1/2條）人造奶油或無鹽奶油

1杯糖或紅糖

加入下面材料，攪打均勻：

2杯過篩的中筋麵粉、1/2小匙鹽

2小匙肉桂粉、1小匙丁香粉

1小匙薑粉、1大顆雞蛋

1/4杯糖蜜、1小匙蘇打粉

做出來的麵糊是柔軟的，所以要放入冰箱冷藏到硬度適合捏塑，約2小時。預熱烤爐到180度，兩個餅乾烘烤淺盤要抹油或鋪上羊皮紙。將麵糊捏成一個個1吋小球，再裹上：糖

並以2吋為間隔，將小球排放在餅乾烘烤淺盤上。一次烘烤一只淺盤，直到餅乾堅實，約8分鐘。先讓烤好的餅乾靜置一會兒，再移到烤架上冷卻。

隱士餅乾（Hermits）（約40塊2吋餅乾）

預熱烤爐到190度，兩個餅乾烘烤淺盤要抹油或鋪上襯墊。

拌匀：

1又1/3杯中筋麵粉、1/4小匙蘇打粉

1小撮鹽、3/4小匙肉桂粉

1/2小匙丁香粉

把下面材料放入大碗內打到濃稠狀：

1/2杯（1條）軟化無鹽奶油

1杯壓實的淡紅糖

打入：

1大顆蛋、1/2杯酸鮮奶油或酪奶

加入麵粉混合物，打到軟滑為止，再拌入：

1/2杯碎葡萄乾、乾棗、無花果、乾杏果或糖漬香櫞

1/4杯碎山核桃或其他的堅果

（1/4杯甜椰絲）

用小量匙從做好的麵糊挖出一顆顆小球，以3吋半為間隔，排放在餅乾淺盤上。一次烘烤一只淺盤，烤到餅乾焦黃，約10分鐘。先讓烤好的餅乾靜置一會兒，再移到烤架上冷卻。

柑橘醬落球餅乾（Orange Marmalade Drops）（約36塊2吋餅乾）

用來做這種有嚼勁的餅乾的柑橘醬，應該要很酸才對味。

預熱烤爐到190度，替兩個餅乾烘烤淺盤抹油或鋪上襯墊。

攪勻：

1又1/2杯中筋麵粉

1又1/4小匙泡打粉

1小撮鹽

將下面材料放入中碗裡，攪打均勻：

1/3杯（5又1/3大匙）軟化無鹽奶油

2/3杯糖

打入：

1大顆蛋

6大匙酸柑橘醬

跟麵粉混合物攪拌均勻，就用小量匙舀出一顆顆小球，以2吋為間隔，落放在餅乾淺盤上。一次烘烤一只淺盤，烤到餅乾焦黃，約8到10分鐘。讓烤好的餅乾先靜置一會兒，再移到烤架上冷卻。

奶油糖堅果餅乾（Butterscotch Nut Cookies）（約30塊1又1/2吋餅乾）

預熱烤爐到190度，兩個餅乾烘烤淺盤抹油或鋪上襯墊。

準備奶油糖布隆迪麵糊，113頁，加入2大匙中筋麵粉和（1杯剁碎的烤胡桃、1杯巧克力碎片或2/3杯甜椰絲）。用小量匙從做好的麵糊挖舀出一顆顆小球，以2吋為間隔，落放在餅乾淺盤上。將餅乾烤到頂部稍微焦黃，8到10分鐘。讓烤好的餅乾靜置一會兒，再移到烤架上冷卻。

杏仁馬卡龍（Almond Macaroons）（約30塊1又3/4吋餅乾）

用食物調理機將下面材料混合料理到細碎狀：

7盎司杏仁糊、1杯糖粉

1小撮鹽

調理機繼續運作，慢慢放入料理下面的材料，直到混合物滑順即可，約1分鐘：

3大顆雞蛋

（1/4小匙杏仁萃取液）

把做好的混合物放入大的厚平底深鍋，以中火烹煮，不時攪拌到稍微黏稠即可，約4分鐘，就倒入碗內並放入冰箱冷卻，讓混合物變硬一些，約20到30分鐘。

預熱烤爐到190度，兩個餅乾烘烤淺盤抹油或鋪上襯墊。用小量匙從做好的麵糊挖舀出一顆顆小球，以2吋為間隔，落放在餅乾淺盤上。一次烘烤一只淺盤，烤到餅乾呈焦褐色，15到17分鐘。讓烤好的餅乾靜置一會兒，再移到烤架上冷卻。

椰香馬卡龍（Coconut Macaroons）（約36塊1又1/2吋餅乾）

預熱烤爐到190度，兩個餅乾烘烤淺盤抹油或襯墊。將下面材料攪拌均勻：

2/3杯加糖煉乳、1大顆蛋白

1又1/2小匙香草、1/8小匙鹽

加入拌勻：

3又1/2杯甜椰絲或椰片

用大量匙從做好的麵糊挖舀出一顆顆小球，以2吋為間隔，放入餅乾淺盤。一次烘烤一只淺盤，烤到餅乾焦黃，20到24分鐘。讓烤好的餅乾靜置一會兒，再移到烤架上冷卻。

巧克力椰香馬卡龍（Chocolate Coconut Macaroons）

依照上述椰香馬卡龍做法。在小平底深鍋裡，混合3大匙無糖可可粉或1盎司無糖巧克力與煉乳。以小火加熱，攪拌到可可粉溶解或是巧克力融化為止。如指示，放涼之後再進行後續程序。

蛋白霜吻（Meringue Kisses）（約36塊1又1/2吋餅乾）

你可以同時烘烤這在兩個烘烤淺盤裡的餅乾。

預熱烤爐到110度，兩個餅乾烘烤淺盤不需抹油，或是鋪上羊皮紙也可以。以低速將下面材料打到發泡：

3顆大蛋白

1/4小匙塔塔粉

1/8小匙鹽

將攪打速度調至高速，打到蛋白正好開始出現柔軟的尖角，慢慢加入下面材料並攪打均勻：

3/4杯糖

將速度調至低速，加入：

3/4小匙香草

（1/4小匙杏仁萃取液）

將蛋白霜打到滑順，呈硬性發泡。使用裝著開嘴1/2吋擠花頭的擠花袋，或是弄掉底部一角的大密封塑膠袋，在餅乾烘烤淺盤上，以1吋為間隔，澆擠麵糊做成一個個1又1/4吋的霜吻（不然，就用小量匙挖舀麵糊，做出小尖丘形狀的霜吻）。烘烤45分鐘，烤到一半時要轉動淺盤以變化位置。停止加熱，但讓餅乾在烤爐內靜置30分鐘或至冷卻為止。

可可蛋白霜吻（Cocoa Meringue Kisses）

依照上述蛋白霜吻的做法。加入糖的時候，順道放入3大匙無糖可可粉，然後如指示捏塑麵糊並烤成餅乾。

碎果仁蛋白霜吻（Nutty Meringue Kisses）

依照上述蛋白霜吻的做法，麵糊要揉入3/4杯細碎的胡桃、杏仁、開心果或去皮榛果。

| 關於擀捲、模壓和捏塑的餅乾 |

阿姨和奶奶為小朋友擀做餅乾或是帶著他們一起做餅乾的景況，如今相當少見了。然而，做餅乾真的很好玩，實在應該多多鼓勵小朋友學著自己動手做餅乾。沒有經驗的烘焙師，常會在擀捲的過程中加了太多麵粉而搞砸了餅乾，額外的麵粉加得越少越好。為了讓餅乾麵團不會沾黏工作檯面表面和擀麵棍，➜至少讓麵團冷卻一小時再擀揉，並且在工作檯表面要撒上糖粉，而不是麵粉。將麵團均分成三份或四份，擀成圓盤狀，包上保鮮膜。麵糊可以冷藏保存最多兩天或冰凍存放至一個月。

切餅乾或捏塑餅乾的時候，➜試著切下大小厚度一致的餅乾，烘烤時才會均勻。你如果要做比食譜所說的大一點或小一點的餅乾的話，不要忘記麵團攤展分量、烘烤時間和食譜分量都會因而不同。使用沾抹過麵粉的餅乾切模，盡量不要觸拿麵團。

其他的餅乾則是用手、模具、擠花器或其他特別工具做成的。可以用小冰淇淋勺或雙手抹點麵粉將麵團挖捏成小球，過程越少碰到麵團越好。麵團要是太軟或過黏，可以冷藏幾分鐘再動手。

裝配金屬擠花頭的擠花袋，可以用來做各式餅乾，而麵團必須軟到可以從擠花頭擠出。也可以使用造型餅乾擠花器，但麵團➜必須是冷藏過且有點結實，否則就不能乾淨俐落地擠出來。見使用餅乾擠花器的麵團食譜，132頁。如奶酥和大茴香酥的結實麵團也可以使用傳統餅乾模具；➜模具一定要均勻抹油或麵粉，之後才容易移除。

滾動式切割器也可以加快切割餅乾的速度。傳統法式鳩尾心型和菱形滾動式切割器，以及可以相當快速旋切出形狀的滾輪刀，這兩種都是省時的器具。而你可以在古董店或是當代廚房用具商店找到有趣的餅乾切割器。

捲餅（Roll Cookies）（約40塊2吋餅乾）

這種麵團的質地用途很廣，可以做成包餡餅乾或塔餅的酥皮，也可以裁切成細緻的樣式。

將下面材料打成糊：

1/2杯白糖或紅糖

1/2杯（1條）軟化無鹽奶油

再打入：

1小匙香草、2顆蛋

2又1/2杯過篩的中筋麵粉

2小匙泡打粉、1/2小匙鹽

擀麵皮前先讓麵團冷藏3到4小時，且預熱烤爐到190度。餅乾的擀捲、切割方法，見上述「關於擀捲、模壓和捏塑的餅乾」，之後排放在抹油或鋪襯墊的烘焙淺盤裡。你可以用下面材料來裝飾餅乾：

（彩色裝飾物、肉桂、糖或裝飾糖晶）

（1/2顆果仁或1顆糖漬櫻桃）

烘烤7到12分鐘。

香濃捲餅（Rich Roll Cookies）（約36塊2到3吋餅乾）

這種餅乾正如其名，好吃可口。

將下面材料放入大碗打成糊：

1杯（2條）軟化無鹽奶油

2/3杯糖

加入下面材料，攪打均勻：

1大顆蛋、1/4小匙泡打粉、1/4小匙鹽

1又1/2小匙香草萃取液或杏仁萃取液

放入下面材料，攪拌均勻：

2又1/2杯中筋麵粉

將麵團均分成3份或4份，擀成圓盤狀，包上保鮮膜，就放入冷藏到能夠擀捲的硬度。預熱烤爐到180度，將兩個餅乾烘焙淺盤抹油或鋪上襯墊。麵團一次只擀1份，擀成1/4吋厚的麵皮，用2或3吋的切模壓切出餅乾，再以約1吋為間隔排在烘烤淺盤裡。重擀剩下的麵團，壓切餅乾。喜歡的話，在餅乾上撒上一些下面的材料：

（彩色裝飾物、裝飾糖晶或彩色糖珠）

一次烘烤一只淺盤，烤到餅乾頂部稍微有顏色，而邊緣色澤稍微深一點，10到12分鐘。讓烤好的餅乾靜置一會兒，再移到烤架上冷卻。喜歡的話，可以用下面材料裝飾涼了的餅乾：

（皇家糖霜，153頁）

沙塔餅（Sand Tarts）（約80塊1又1/2吋餅乾）

我們在諾曼第旅行的時候，遇上了一種在地名產，說來也奇怪，竟然就是我們這份食譜的沙塔餅。

過篩：

3杯中筋麵粉

再加入下面材料過篩一次：

1/4小匙鹽

將下面材料放入大碗打成糊：

3/4杯（1又1/2條）軟化無鹽奶油

緩緩加入以下材料，攪打到輕柔蓬鬆：

1又1/4杯過篩的糖

打入：

1大顆蛋、1大顆蛋黃

1小匙香草、1小匙檸檬皮絲

將混合物慢慢與麵粉攪拌均勻，而最後丁點麵粉可能要手動揉入。將麵團均分成3、4份，擀成圓盤狀，包上保鮮膜，放入冷藏數小時。

預熱烤爐到190度，兩個餅乾烘焙淺盤要抹油或鋪上襯墊。 麵團每次只擀1份，擀成非常薄的麵皮。使用1吋半的圓形或波浪邊切模切出餅乾，以約1吋半為間隔，排在烘烤淺盤裡。餅乾頂部刷抹：

1大顆打發的蛋白

多撒些：糖
在每塊餅乾中央放上以下材料：
（1/2顆去皮杏仁）

一次烘烤一只淺盤，約烤8分鐘到餅乾呈金黃色即可。讓烤好的餅乾靜置一會兒，再移到烤架上冷卻。

紅糖沙塔餅（Brown Sugar Sand Tarts）

依照沙塔餅的做法，將糖替換成1又1/3杯壓實的紅糖即可。

摩拉維亞糖蜜薄餅（Moravian Molasses Thins）（約65塊2又1/2吋餅乾）

這些薄如紙片的餅乾是美國境內中歐摩拉維亞移民社群的傳統食物。
攪拌：
1杯中筋麵粉、1/2小匙蘇打粉
1小撮鹽、1又1/2小匙肉桂粉
1小匙薑粉、1/2丁香粉
1/4小匙小豆蔻粉
將下面材料放入中碗打勻：
1/3杯糖蜜、1/4杯植物起酥油或優質豬油
1/2杯壓實的深紅糖、1小匙香草
再拌入麵粉混合物，搓揉到滑順為止。將麵團均分成3、4份，擀成圓盤狀，包上保鮮膜，至少靜置於室溫6小時，但最好是12小時（麵團也可以放入冷藏至多4天，使用前再放至室溫下）。預熱烤爐到150度，兩個餅乾烘焙淺盤要抹油或鋪上襯墊。麵團每次只擀1份，擀成的麵皮越薄越好（約1/8吋）。使用2又1/4吋的圓形或波浪邊切模切出餅乾，以約1吋為間隔放入烘烤淺盤。一次烘烤一只淺盤，烤到餅乾邊緣正好呈焦褐色，所需時間視餅乾厚度而定，6到8分鐘不等；不要過度烘烤，不然餅乾味道會變苦。烤好後靜置一會兒，再移到烤架上冷卻。

薑餅人（Gingerbread Men）（20個4吋薑餅人）

準備：
1/2食譜分量「薑餅屋麵團」，142頁
將麵團分成2份，擀成圓盤狀，包上保鮮膜，至少靜置於室溫2小時，或至8小時。麵團也可以放入冷藏至多4天，使用前再放回室溫下。預熱烤爐到190度，兩個餅乾烘焙淺盤要抹油或鋪上襯墊。麵團每次只擀1份，擀成厚度1/4吋的麵皮。使用4、5吋的薑餅男孩或女孩的餅乾切模壓切餅乾，以約1吋半為間隔放入烘烤淺盤。喜歡的話，不妨用下面材料來裝飾薑餅人：
（用葡萄乾和／或Red Hots糖果粒來做薑餅人眼睛跟鈕釦）
一次烘烤一只淺盤，烤到餅乾邊緣的色澤正好變深，需7到10分鐘。趁薑餅人仍溫熱時，均勻塗上：
檸檬糖汁，171頁
完成後靜置一會兒，再移到烤架上冷卻。用以下材料裝飾冷卻的薑餅人：
皇家糖霜，153頁
使用木籤或小刀塗畫糖霜來做額外的裝飾，如車子、頭髮、鬍子和皮帶等。

製作薑餅人。

維也納新月餅乾（Viennese Crescents）（約48塊2又1/4吋餅乾）

預熱烤爐到180度，兩個餅乾烘焙淺盤要抹油或鋪上襯墊。將下面材料放入大碗打成糊：

1杯（2條）軟化無鹽奶油

加入下面材料，攪打均勻：

3/4杯糖粉

放入下面材料攪打均勻：

1杯核桃粉或去皮杏仁粉

2小匙香草、（1小匙肉桂）

放入下面材料，攪拌均勻：

2杯中筋麵粉

讓麵團冷卻。如果使用新月餅乾切模，麵團要搓揉成1/4吋厚的麵皮；若是要徒手揉塑新月形狀，將麵團以1大匙分量分等分，一個個揉搓成短麵條後再捏成新月。以約1/4吋為間隔放入烘烤淺盤，烘烤到新月餅乾呈焦褐色即可，需13到15分鐘。完成後靜置一會兒，再移到烤架上冷卻。將冷卻的餅乾滾抹下面材料：

2/3杯糖粉

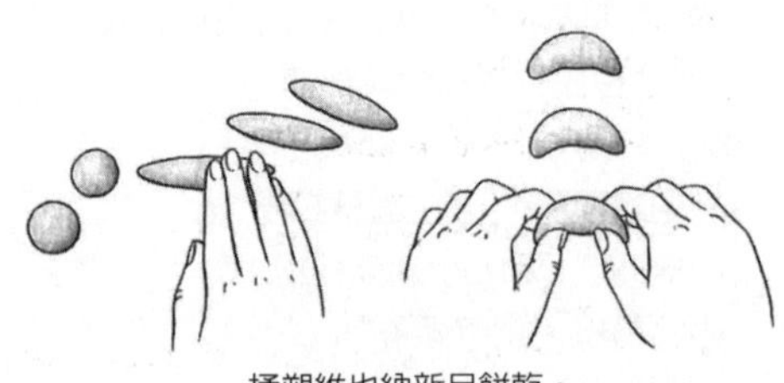

揉塑維也納新月餅乾。

字母餅乾（Letter Cookies）（約50個字母或1又1/2吋長的薄餅）

這些餅乾可以用光剩餘的蛋黃，有足夠的硬度，是堅果或果醬塔餅外殼的絕佳選擇。我們在訂婚派對上會使用這種餅乾，當然也是小朋友學習字母和烘焙技巧的美妙方法。

將下面材料放入大碗攪打均勻：

1/2杯（1條）軟化無鹽奶油

1/2杯糖、1/4小匙鹽

加入下面材料並加以擊打：

1/4小匙檸檬皮絲、3/4小匙新鮮檸檬汁

4顆大蛋黃

拌入：

2杯中筋麵粉

將麵團分成3、4等分，擀成圓盤狀，包上保鮮膜，放入冷藏至少1小時。預熱烤爐到190度，兩個餅乾烘焙淺盤要抹油或鋪上襯墊。一次只處理一份圓麵團，把它揉成3吋長、直徑1/4吋的麵條，再捏成字母，以1吋半為間隔放入餅乾烘烤淺盤。

將下面材料塗刷在餅乾上：

1顆打散的蛋黃

再輕撒：

（彩色裝飾物、裝飾糖晶或彩色糖珠）

一次烘烤一只淺盤，烤到餅乾呈焦黃色，烘烤時間視餅乾形狀而定，約需6到10分鐘。完成後靜置一會兒，再移到烤架上冷卻。

杏仁結餅（Almond Pretzels）（48個3吋結餅）

攪拌：

2又1/2杯中筋麵粉、1小匙泡打粉

1小撮鹽、2小匙肉桂粉

（1小匙檸檬皮絲）

將下面材料放入大碗攪打均勻：

1杯（2條）軟化無鹽奶油、1杯糖

打入：

2顆大雞蛋、1顆大蛋黃

1/4杯酸鮮奶油、1小匙香草

（1/4小匙杏仁萃取液）

之後拌入麵粉混合物。將麵團一分為二，擀成圓盤狀，包上保鮮膜，放入冷藏至可以揉擀的硬度，約2小時。預熱烤爐到190度，兩個餅乾烘焙淺盤要抹油或鋪上襯墊。一次只處理一份圓麵團，分成24等分，再揉成細麵條、扭成結餅的形狀，以2吋為間隔放入餅乾烘烤淺盤。

將以下材料塗抹到結餅：

1顆打散的蛋黃

在結餅上頭撒上：

去皮碎杏仁、糖

一次烘烤一只淺盤，烤到結餅邊緣呈焦褐色，約10到12分鐘。完成後靜置一會兒，再移到烤架上冷卻。

義式脆餅（Biscotti）（約42塊3又1/2吋義式脆餅）

預熱烤爐到190度，兩個餅乾烘焙淺盤要抹油或鋪上襯墊。攪拌：

3又1/2杯中筋麵粉、2又1/2小匙泡打粉

1/2小匙鹽

將下面材料放入大碗打勻：

1/4杯玉米或菜籽油

1又1/4杯糖

2顆大雞蛋

2顆大蛋白

1小匙檸檬皮絲

1/2小匙柳橙皮絲

1小匙大茴香或杏仁萃取液

1小匙香草

之後加入麵粉混合物拌勻。將麵團分為2份，各自揉塑成11×1又1/2吋的順滑圓麵條，可以藉由將圓麵條包上保鮮膜來回滾動使它滑順，也可以雙手稍沾麵粉來揉塑麵條。將圓麵條放入餅乾烘烤淺盤，兩個圓麵條彼此離得越遠越好，並稍微往下壓平。烘烤25分鐘之後，將淺盤放到烤架上。

圓麵條冷卻到可以處理的時候，就小心地把它放到砧板上，以稍微傾斜的角度，切成3/8吋厚的切片。將切片平放至淺盤，送回烤爐烘烤10分鐘，翻面再烤5到10分鐘到稍微焦黃，就可以把脆餅放到烤架冷卻。

肉桂星型餅乾（Cinnamon Stars）（約36個1又1/2吋星星餅乾）

肉桂星型餅乾可以說是最受歡迎的一種聖誕節裝飾餅乾。這種麵團也可以揉成一個個的1吋小球，再稍加壓平。

預熱烤爐到150度，兩個餅乾烘焙淺盤要抹油或鋪上襯墊。將下面材料放入大碗，並打出中度硬實的小尖角，494頁：

3顆大蛋白、1/8小匙鹽

慢慢打入：

1又1/3杯糖粉

1又1/4小匙肉桂粉

1/2小匙檸檬皮絲

將上述混合物打到硬實光滑，把其中1/3放入另一只碗，並將以下材料摻入剩下的混合物：

2又1/3杯整顆去皮杏仁，細磨成粉

將工作檯面撒上糖粉，輕拍並向外推開麵團到1/3吋的厚度；這樣的麵皮太嬌弱，是不能揉捲的。麵團很黏的話，手掌可以沾些糖粉。用1吋半的星星切模壓切出餅乾，約以1吋半為間隔，放入烘烤淺盤，餅乾頂部要刷塗備好的蛋白混合物，送入烘烤到頂部看起來稍微乾裂即可，約20分鐘。完成後靜置一會兒，再移到烤架上冷卻。

大茴香酥（Springerle）（約30塊2至4吋各式酥餅）

這份食譜做出來的是鼎鼎有名的德國大茴香酥，那有著木製模具或滾輪壓模壓印的精巧圖案或畫像。如果沒有模具或滾輪壓模，你可以將麵團切成又3/4×2又1/2吋的條塊。為了更凸顯大茴香的味道，可以加1到2小匙大茴香籽到儲存盒。

攪拌：

3又1/4杯中筋麵粉、1/4小匙泡打粉

將以下材料放入大碗攪打：

4顆大雞蛋

加入下面材料，攪打均勻：

1又2/3杯糖、1小匙檸檬皮絲

1小匙大茴香萃取液

將上述混合物跟麵粉混合物攪拌均勻。兩個餅乾烘焙淺盤要抹油或鋪上襯墊，乾淨的工作檯面撒上：

1/4杯中筋麵粉

拿出麵團放到工作檯面，再多撒一點麵粉。麵團要揉進足夠的麵粉才得以結實、可以操控。將麵團分成2份，用保鮮膜包好其中一份（不要冷藏），而另外一半要擀開成1/4吋厚的麵團塊。刻有大茴香酥圖案的滾輪壓模或模具要撒些麵粉，並把多餘的拍掉。滾輪壓模要切實滾過麵團以壓印圖案，不然就是用力把模具壓印在麵團上，然後拿開，再用烘焙輪刀或利刀切分圖案，以1/2吋為間隔，放到餅乾烘焙淺盤上。不要覆蓋餅乾，任其在一旁靜置10到12小時。預熱烤爐到150度。喜歡的話，餅乾可以撒上：

（2到3大匙完整或壓碎的大茴香籽）

烘烤酥餅到硬實但色澤不變，約18到25分鐘。烤完後靜置一會兒，再移到烤架上冷卻。

耶誕甜薑餅（Spekulatius）（約28塊2×4吋薄餅乾）

這種來自丹麥的香濃餅乾，用木製雕刻模具壓出耶誕老公公和耶誕節相關圖案。

用派餅麵團的做法，把下面材料攪打到如粗玉米粉的質地：

2/3杯無鹽奶油、1杯麵粉

打散：

1顆蛋

再加入：

滿滿1/2杯紅糖

加入：

1/8小匙丁香或1/16小匙小豆蔻

1小匙肉桂

將雞蛋混合物加入奶油混合物拌勻，把這麵團攤平在14×17吋的餅乾烘烤淺盤，就讓它靜置冷卻12小時。

預熱烤爐到180度，模具沾撒麵粉後，放在麵團上壓印出圖像，烘烤約10分鐘或烤到酥餅完成即可。

擠花餅乾（Cookie-Press or Spritz Cookies）（約60塊2吋餅乾）

有些擠花餅乾柔軟，接近蛋糕的質地，但是這些餅乾吃起來是脆軟的，可以用擠花袋或餅乾擠花器做出這種餅乾。

將下面材料一起過篩：

2又1/4杯中筋麵粉

1/2小匙鹽

把以下材料打成糊：

3/4杯糖、1杯（2條）無鹽奶油

再加入：

2顆蛋黃、1小匙香草或杏仁萃取液

之後拌入麵粉，打勻冷卻。把麵團放入餅乾擠花器，在未抹油的烘烤淺盤上擠出造型餅乾。這麵團應該是柔軟的，但假使過軟的話，就再稍微冷卻一下。在180度的烤爐烤個約10分鐘到餅乾有點焦黃即可。

蘇格蘭奶酥（Scotch Shortbread）（24塊2又2/3×1吋奶酥）

喜歡的話，可以把1/3杯中筋麵粉換成等分量的糯米粉或玉米澱粉，如此做出來的奶酥特別鬆脆柔軟。

預熱烤爐到150度，在大碗裡攪打：

3/4杯（1又 1/2條）軟化無鹽奶油

1/4杯糖粉、1/4杯糖

1/4小匙鹽

拌入：

1又1/2杯中筋麵粉

稍微揉勻上面的麵團，然後放入未抹油的8吋方型烤盤或長方形奶酥模具底部，壓推平整。用烤盤烘烤的話，可以用叉子深刺全部的麵團而做出裝飾圖案。

喜歡的話，可以撒些：

（1到2小匙糖）

烘烤到奶酥有點焦黃，而邊緣色澤深些即可，45到50分鐘。趁著奶酥仍溫熱時，立即切塊，然後靜置在烤盤或烤架上冷卻。

巧克力奶酥（Chocolate Shortbread）（15塊3×2又1/2吋奶酥）

我們深愛的米德芮．科羅爾（Mildred Kroll），生前就常趁著她孩子去上學的時候，用這份食譜做奶酥來當作他們的點心。

預熱烤爐到150度，將下面材料放進大碗打到蓬鬆：

1杯（2條）軟化無鹽奶油

1/2杯超細白糖、1/4小匙鹽

放入下面材料拌勻：

3盎司半甜或苦甜巧克力，融化且稍微冷卻過

慢慢拌入：

2杯中筋麵粉

將做好的麵團放入未抹油的13×9吋烤盤底部，壓推平整。放入烘烤，烤到稍微下壓時奶酥頂部是堅實的，且插入一根牙籤到奶酥中心、再抽出並無沾黏物即可，約40分鐘，就將烤盤放到烤架上放涼到微溫即可分切成小塊奶酥，再放到烤架上冷卻。

｜關於冰盒餅乾｜

一九五〇年代，我的母親替這些餅乾重新命名為「冰箱餅乾」（Refrigerator Cookies），但是我們大部分人仍沿用了我祖母本書一九三一年初版的稱法，叫它們為「冰盒餅乾」。

這類型的麵團有個好處，即➡你如果馬上要補做一批落球餅乾，118頁，全都不需冷卻，就可以製作烘烤。混好麵團後，把它放在羊皮紙或蠟紙上，揉捏成一條直徑兩吋的圓麵塊，再用那張襯紙包裹好，靜置四到十二小時冷卻，之後就可以用利刀切成薄片。你也可以把圓麵塊放入冷凍庫以縮短冷卻所需的時間。

整顆堅果可以加在麵團裡，也可以用來裝飾餅乾，不然整條圓麵塊也可以滾捲碎堅果，這樣一來，切好的餅乾就會出現邊框紋路。如下圖所示，兩淺

盤上不同顏色的麵團或可以一起捲裹，切片之後，就會做出有旋轉焰火圖案的餅乾。

除非食譜另有指示，不然冷藏餅乾要放在抹油或鋪了襯紙的淺盤上，送入溫度一百九十度的烤爐內烘烤八到十分鐘。

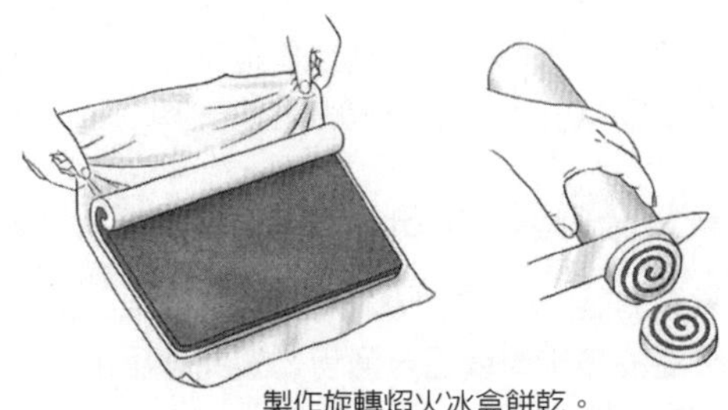

製作旋轉焰火冰盒餅乾。

香草冰盒餅乾（Vanilla Icebox Cookies）（約42塊2又1/2吋餅乾）

這種麵團也能做出漂亮的包餡餅乾或口感豐富的落球餅乾，見「關於落球餅乾」，118頁或「包餡餅乾」，136頁。

攪拌：

1又1/2杯中筋麵粉

1又1/2小匙泡打粉

1/4小匙鹽

將下面材料放入大碗打到蓬鬆即可：

10大匙（1又1/4條）軟化無鹽奶油

2/3杯白糖

放入以下材料，攪打均勻：

1顆大雞蛋、2小匙香草

（1/4小匙檸檬皮絲）

再加入麵粉混合物，攪拌均勻。將這做好的麵團均勻捏成一條11吋長的圓麵塊。請讀上文「關於冰盒餅乾」，冷藏或冰凍麵團以使它結實。

預熱烤爐到190度，兩個餅乾烘焙淺盤要抹油或鋪襯墊。將圓麵塊切片，每片3/16吋厚，並以2吋為間隔，排放在烘烤淺盤上。一次烘烤一只淺盤，烤到餅乾稍微焦褐即可，需8到10分鐘。烘烤時間愈長，餅乾會愈酥脆。烤完後靜置一會兒，再移到烤架上冷卻。

奶油糖冰盒餅乾（Butterscotch Icebox Cookies）

按上述香草冰盒餅乾的做法，不要放檸檬提味物，白糖則換成1杯壓實的深紅糖，並將1杯碎堅果加到麵粉混合物之中。

巧克力碎片冰盒餅乾（Chocolate Chip Icebox Cookies）（40到48塊餅乾）

按上述香草冰盒餅乾的做法，不要放檸檬提味物，把1/3杯的糖換成1/3杯淺紅糖，並將1杯迷你巧克力碎片加到麵粉混合物之中。

巧克力冰盒餅乾（Chocolate Icebox Cookies）

按上述香草冰盒餅乾的做法，不要放檸檬提味物。加入4盎司苦甜或半甜的融化巧克力、（1大匙白蘭地或蘭姆酒）與糖。

旋轉焰火冰盒餅乾（Pinwheel Icebox Cookies）

按上述香草冰盒餅乾的做法，不要放檸檬提味物。將麵團分成2份，其中一份揉入2盎司苦甜或半甜的融化巧克力。如果麵團軟趴趴的，請冷藏變硬。如上圖，將白色和棕色麵團各自揉捲成大小相同、1/8吋厚度的長方形。深色麵團疊在淺色麵團上，然後像做果醬捲心蛋糕一樣捲起即可。

咖啡冰盒餅乾（Coffee Icebox Cookies）

按上述香草冰盒餅乾的做法，不要放檸檬提味物。白糖換成滿滿3/4杯紅糖，在小碗裡混合，跟著糖再加1大匙咖啡利口酒和1大匙速沖咖啡或細磨咖啡粉。

奶油起司冰盒餅乾（Cream Cheese Icebox Cookies）（約42塊2又1/4吋餅乾）

攪拌：

2杯中筋麵粉

1/2小匙泡打粉

1/8小匙蘇打粉

1/2小匙鹽

將以下材料放入大碗打到蓬鬆：

11大匙融化無鹽奶油

3盎司軟化奶油起司

1杯糖

打入：

1顆大雞蛋

1小匙香草

（1/4小匙檸檬皮絲）

之後加入麵粉混合物，攪拌均勻，放入冷藏以使麵團稍微硬實，約1小時。將麵團揉成一條12吋長的圓麵塊，請讀「關於冰盒餅乾」，133頁，把麵團送入冷藏或冰凍，讓它非常結實。預熱烤爐到190度，兩個餅乾烘焙淺盤要抹油或鋪襯墊。將圓麵塊切片，每片3/16吋厚，並以2吋為間隔，排放在烘烤淺盤上。烘烤之前，餅乾頂部撒上以下材料：

（裝飾糖晶、肉桂糖或彩色糖珠）

一次烘烤一只淺盤，烤到餅乾邊緣稍微焦褐即可，需10到12分鐘。完成後靜置一會兒，再移到烤架上冷卻。

糖蜜脆餅「樂土」（Molasses Crisps Cockaigne）（約48塊3吋餅乾）

將下面材料放入中型平底深鍋煮沸：

1/4杯糖蜜

停止加熱，加入下面材料，擊打均勻：

2大匙糖、3大匙無鹽奶油

1又1/2小匙牛奶

1又1/4杯中筋麵粉

1/4小匙泡打粉

1/4小匙鹽

1小匙肉桂粉

1/4小匙磨碎肉豆蔻或肉豆蔻粉

1/4小匙丁香粉

將上述麵團捏成3又1/2吋長的圓麵塊，請讀「關於冰盒餅乾」，把麵團送入冷藏或冰凍到非常結實。預熱烤爐到165度，兩個餅乾烘焙淺盤要抹油或鋪襯墊。將圓麵塊切成一片片1/16吋厚的薄片，並以1吋為間隔，排放在烘烤淺盤上。若有需要，手指頭可以稍微沾點麵粉，輕拍餅乾到如紙片的薄度。將下面材料壓入每片餅乾的中央：

半顆胡桃或去皮杏仁

一次烘烤一只淺盤，10到12分鐘。完成後靜置一會兒，再移到烤架上冷卻。

| 關於包餡餅乾 |

從拇指印餅乾的填餡果醬到金黃威化餅的巧克力薄荷夾心，都是所謂的餡料。因為包餡餅乾的形塑、處理和烘烤方式不勝枚舉，並沒有許多適用的通則。因此，不妨遵循每份食譜的說明，研讀以下插圖，尋求靈感。

包餡餅乾（Filled Cookies）（約40塊2到3吋餅乾）

準備：

香濃捲餅，128頁、香草冰盒餅乾，134頁或捲餅，128頁的麵團

將麵團揉成一個個1吋小球，如左下圖示，用你的大拇指在小球上按壓出凹洞來填放餡料。不然，也可以將麵團揉細、切成小圓塊來做半圓形餡餅，拿單個小圓塊，放入不到1大匙的餡料，折起並用沾了麵粉的叉子沿著邊緣壓實，確實封合餡餅。而一個閉合的塔餅需要兩個小圓片，其中一片放入1大匙的餡料，再將另一片蓋上封口。至於鏤空塔餅，可以用甜甜圈切割器鏤刻塔餅頂部，然後以相同的方式閉封外表邊緣。以下是四種基本的餡料。

I. 葡萄乾、無花果或棗子餡料

將下面材料放入小型平底深鍋，混合並煮沸：

1杯碎葡萄乾或無花果乾或棗乾
6大匙糖
5大匙水
1/2小匙檸檬皮絲
2小匙新鮮檸檬汁
2小匙無鹽奶油
1/8小匙鹽

將混合物滾煮攪拌到濃稠即可，靜置冷卻備用。

II. 杏果柳橙餡料

將下面材料放入小型平底深鍋，混合並煮沸：

1杯碎杏果乾
1/3杯糖
2大匙柳橙皮絲
1/4杯柳橙汁
（1/2杯碎葡萄乾）

將混合物滾煮攪拌到濃稠即可，靜置冷卻備用。

III. 椰子餡料

混合：

1大顆雞蛋，稍加打散
1/2杯紅糖
1大匙中筋麵粉
1又1/2杯加糖椰片或椰絲

IV. 使用瀝乾肉餡，358頁。

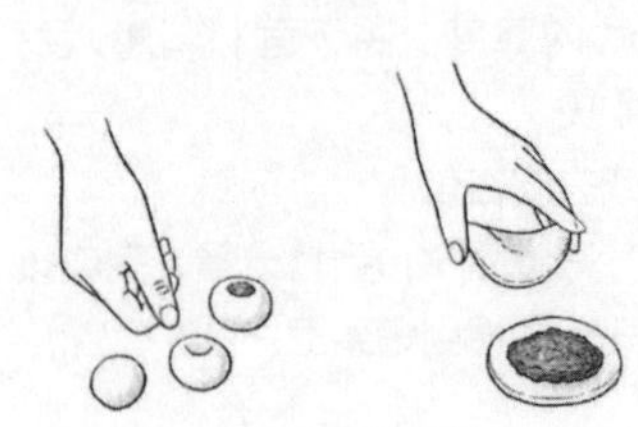
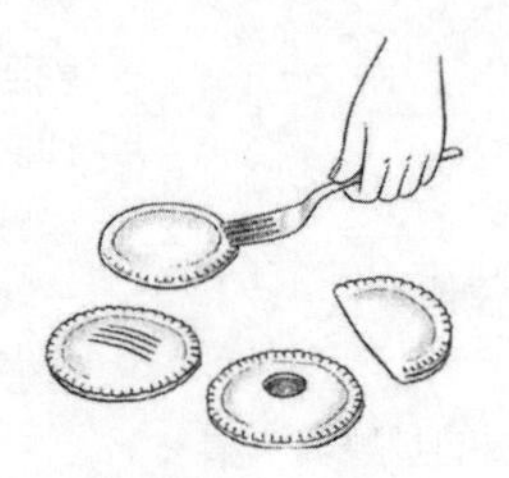

包餡餅乾。

牛角餅乾（Rugelach）（約30個牛角捲或16個大的或32個小的新月牛角）

牛角餅乾要用含有碎果肉或大塊果肉的果醬，不能用沒有果肉的半透明果醬。而做好的麵團可以冷藏保存至多1星期；在密封或冷凍的情況下，可保存長達1個月。

將下面材料放入大碗打勻：

1杯（2條）軟化無糖奶油

6盎司軟化奶油起司

加入以下材料，攪打均勻：

2又1/4杯中筋麵粉

將做好的麵團分成3等分。要做牛角捲的話，就將它壓平成6×4吋的矩形；要做新月牛角，就平壓成6吋圓盤。包上保鮮膜，至少冷藏1小時。

預熱烤爐至180度，一只大烘焙淺盤要抹油或襯上羊皮紙。攪和：

1/3杯糖

1小撮鹽

1小匙肉桂粉

每次只處理1等分麵團，剩餘的仍留置冷藏。在工作檯面和麵團頂部撒上大把麵粉。

牛角捲：每份麵團揉成16×10吋矩形，約1/8吋厚。撣掉麵團頂部和底部及工作檯面多餘的麵粉，矩形麵團的長邊要轉到對著你。每一份皆留邊1/4吋，塗抹下面材料：

1/4杯覆盆子果肉果醬或杏果手工果醬（共3/4杯）

將下面材料沿著離你最近的果醬邊緣排成一排：

1/4杯葡萄乾或巧克力碎片（共3/4杯）

剩下的果醬上則撒放2小匙肉桂粉和下面材料：

2又1/2大匙核桃粉（共1/2杯）

從離你最近的一邊開始捲麵團，一面捲一面輕塞裹緊麵團。之後將牛角捲的接合邊朝下，切片，每片1吋半厚，以1吋為間隔，放入準備好的餅乾淺盤。

新月牛角：每份麵團揉成直徑約14吋、1/8吋厚的圓環，留邊1/4吋，塗上一層薄薄的果肉果醬；然後表面都撒上葡萄乾、肉桂糖和堅果粉。如下圖，將麵團圓環如披薩般切成楔型，做出8個（大牛角餅乾）或16個（小牛角）三角形。將每一個三角形從寬邊捲到頂點，並將頂點塞在下方。牛角接合邊朝下，放入準備好的餅乾淺盤內。每一個牛角餅乾都撒上1/8小匙的剩餘肉桂糖，並烘烤到餅乾底部稍微焦黃即可，約25分鐘。完成後靜置一會兒，再移到烤架上冷卻。

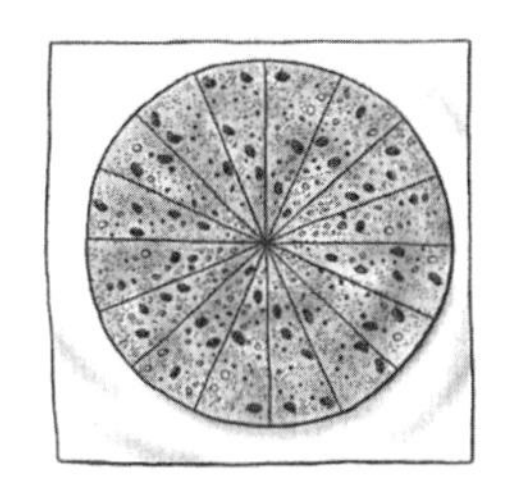

做新月牛角餅乾。

堅果單塔（Individual Nut Tarts）（10到12塔餅）

準備以下材料並冷卻12小時：

香草冰盒餅乾麵團，134頁

預熱烤爐至180度，準備12個瑪芬杯，杯底抹點油。將麵團輕拍揉搓變薄，用餅乾切模切出圓形，排入淺瑪芬烘烤盤中。將下面材料放入大碗擊打：

3顆大蛋黃

1杯糖

1/4小匙鹽

拌入：

1杯去皮杏仁或其他堅果，磨成粉
1又1/2大匙新鮮檸檬汁
將下面材料攪打到濕潤堅實。494頁：
3顆大蛋白
喜歡的話，在每個塔皮底部放入：
（1小匙杏果糖汁，172頁，共1/4杯）
將堅果和蛋混合物填入塔皮，烘烤約20分鐘，讓烤盤內的成品移置烤架上冷卻。

果醬巧酥（Jelly Tots）（約42個1又1/2吋餅乾）

你或許會叫這些餅乾是嵌環酥、深井酥或愛之坑（Pits of Love）——最後一種稱法當然是借自法語——但玫瑰不叫玫瑰，依舊芬芳如故。
準備：
捲餅麵團，128頁
將麵團揉成球，包上保鮮膜並稍微冷卻，才會比較好處理。預熱烤爐至190度，兩個餅乾烘焙淺盤要抹油或襯墊。把麵團揉成一個個1吋小球，摻入下面材料：
糖
想讓餅乾花俏一點的話，可以加入：
1顆稍微打過的蛋白
再加入：
1杯剁細的堅果
以1吋為間隔，將餅乾排在抹油或襯墊的烘烤淺盤上。一次烘烤一只淺盤，5分鐘後，用嵌環或你的大拇指，在每一個餅乾中央壓出一個凹坑，136頁，再繼續烘烤到稍微焦黃即可，約8分鐘。讓成品稍加靜置，冷卻後，將巧酥中央凹坑填入下面材料：
含碎果肉或大塊果肉的草莓果醬、糖漬櫻桃、半顆胡桃或塗些糖霜，152頁

果醬蛋白杏仁塔（Macaroon Jam Tarts）（約14塊2吋餅乾）

這是餅乾中的極品。
將下面材料放入中碗打成糊：
1/2杯（1條）軟化無鹽奶油
2大匙糖
打入：
1顆大蛋黃
1又1/2小匙新鮮檸檬汁
1/2小匙檸檬皮絲
放入下面材料，慢慢拌勻：
1又1/2杯中筋麵粉
1小撮鹽
其間加入：
2大匙冷水
將麵團擀成圓盤狀，包上保鮮膜，放入冷藏12小時。
預熱烤爐至165度，兩個烘焙淺盤要抹油或襯墊。把麵團揉開到1/8吋厚，使用圓形餅乾切模壓切出3吋圓麵皮，以1吋為間隔排入淺盤裡。將下面材料放入中碗，打到發泡：
3大顆蛋白
慢慢打入下面材料，打到濕潤堅實：
1又1/3杯糖粉
1小匙香草
再加入：
8盎司去皮、磨碎的杏仁
使用擠花袋、抹刀或湯匙，沿著每份塔餅邊緣澆上上述混合物，做出3/4吋的邊界。喜歡的話，還可以在塔餅頂部加上交叉線，136頁。送入烘烤20分鐘或烤到好即可。待冷卻後，將下面材料填入塔餅中央：
濃稠的帶果肉果醬

三眼夾心餅（Drei Augen）（約36塊1又1/2吋夾心餅）

*Drei Augen*在德語中的意思是「三隻眼睛」，而所謂的「眼睛」就是餅乾上的三個小孔，孔洞露出了果醬內餡。

放入下面材料一起攪勻：

2又1/2杯中筋麵粉

1/2杯未去、細磨的整粒杏仁

1小撮鹽、1小匙肉桂粉

將下面材料放入大碗打勻：

1又1/4杯（2又1/2條）軟化無鹽奶油

2/3杯糖

跟麵粉混合物一起拌勻。麵團分成3等分，每一份麵團夾放在兩大張蠟紙或羊皮紙的中間，並擀至1/8吋的厚度，翻開覆蓋上頭的紙張，依需求撒些麵粉，再蓋回紙張，就將擀好的麵團疊放在烘焙淺盤內，冷藏至少1小時或讓麵團結實即可。

預熱烤爐至180度，兩個烘焙淺盤要抹油或襯墊。一次處理一份麵皮（剩下的仍放置冷藏）：輕輕剝下上面的紙張，使用1吋半的切模壓切出圓形。然後，用3/8吋圓形擠花頭小開口的一端或是吸管，將半數的圓麵皮切出3小孔，就以1吋半為間隔排到淺盤上。餅乾頂部和底部麵皮要放在不同的淺盤。烘烤到餅乾呈淡金黃色，10到15分鐘。完成後稍微靜置成品，再移到烤架上冷卻。

將下面材料煮沸2分鐘：

3/4杯紅醋栗無果肉果醬

放置冷卻至微溫。

將下面材料過篩到冷卻、有壓孔的餅乾上：**1杯糖粉**

將硬實的餅乾翻面，底部朝上。每片都放上1/4小匙的冷果醬，之後再蓋上有壓孔的餅乾，輕壓讓果醬填滿洞孔。

林茲心形夾心餅（Linzer Hearts）

依照上述三眼夾心餅的做法，使用心形切模而不要壓孔。紅醋栗無果肉果醬則換成**3/4杯無籽覆盆子果肉果醬**。

| 關於捲曲餅 |

有些捲曲餅的做法就只不過是落放到餅乾烘烤淺盤上；有些則要使用特製的鐵模。無論是何種做法，這類餅乾做成捲管、聚寶盆，或是趁麵團溫熱時，用擀麵棍或木匙柄推擀成半捲曲的模樣，可是相當地優雅。➡上桌前，再填餡，就完成了一道甜點。餡料可以是調味發泡鮮奶油，99頁、「發泡甘納許餡料」，106頁或加糖奶油起司。也可以搭配口味對比的奶油淇淋餡料，159頁，做為茶糕點來享用。想做成節慶餅乾的話，就把捲曲餅的尾端沾點以下材料：

開心果粉、裝飾用巧克力或融化的黑色或白色巧克力

斯堪地納維亞威化薄餅（Scandinavian Krumkakes）

若想做出這些美味的威化薄餅，你要準備一台威化薄餅鐵模，這不貴，可以放在瓦斯爐或電爐上，永遠都使用中度火候。市面上也有電動威化薄餅鐵模。每次要烤一批前，先用無鹽奶油塗抹機器的鐵板，第一次抹油之後，就不需要再做抹油的動作。麵糊需要做初步測試，它會因麵粉而產生變化，因此一開始不要把食譜所指定的分量都加下去。首先，烤一大匙麵糊來試試黏稠度：威化薄餅鐵模本是設計使用一大匙麵糊來做一份威化餅，所以上部鐵板壓下時，麵糊應該很容易就能塗滿表面，邊緣也不會外溢。麵糊如果太稀，就加多一點麵粉。假如麵糊外溢，將鐵板從機器框架卸下，用刀子沿著邊緣切除多餘的麵糊。每份薄餅的每一面約烤個2分鐘，不然就是烤到出現色澤即可。如圖示，你一從鐵模取下薄餅，就要馬上將它順著木匙柄或圓錐物捲起。待它冷卻後，才填入餅乾餡料。或者，你不想捲曲薄餅，而想用它們來做夾心酥；見下文「法蘭克福威化薄餅」。如果想做出烤芝麻的風味，有位粉絲建議，每次蓋上鐵板前，可以在麵糊上頭撒1/4小匙的芝麻。至於餡料的建議，見「關於捲曲餅」。

I. 奶油威化薄餅（Butter Krumkakes）

約30片5吋威化餅

鄰家有位青少年建議用冰淇淋做餡料，而我們喜歡酸鮮奶油再加上一點酸果醬或是調味發泡鮮奶油，99-101頁。

將下面材料放入中碗，攪打到輕柔狀：

2顆大雞蛋

慢慢加入下面材料並打到顏色發白：

2/3杯糖

慢慢加入：

1/2杯（1條）融化、冷卻的無鹽奶油

1小匙香草

再加入以下材料，攪拌均勻：

至多1又3/4杯中筋麵粉

烘烤、塑形和餡料的部分，請見上文。

II. 檸檬威化薄餅（Lemon Krumkakes）

約30片5吋威化餅

依照上述奶油威化薄餅的做法，放糖時一起加入3/4小匙檸檬皮絲提味。烘烤、塑形和餡料的部分，請見上文。

III. 杏仁威化薄餅（Almond Krumkakes）

約30片5吋威化餅

依照上述奶油威化薄餅的做法，放糖時一起加入3大匙杏仁粉。之後，放入香草時，一道加入1/4小匙杏仁萃取液。烘烤、塑形和餡料的部分，請見上文。

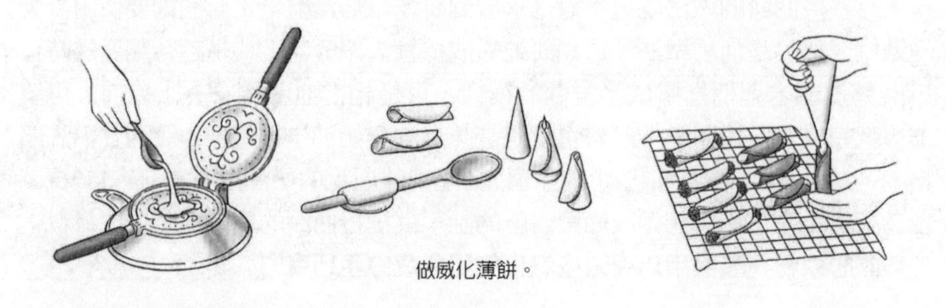

做威化薄餅。

法蘭克福威化薄餅（Frankfurter Oblaten）

依照上述奶油、檸檬或杏仁威化薄餅的做法，但不要捲曲餅乾。把成對餅乾做成夾心，填入一層薄薄的調味基本翻糖，290頁或生翻糖，292頁餡料。

冰淇淋甜筒（Ice Cream Cones）（10支大甜筒或20支小甜筒）

如果要使用威化薄餅鐵模的話，如前頁圖所示，這麵糊可以捲成美味的薄甜筒或是順著小冰淇淋杯模具塑形。如果使用的是矩形威化薄餅鐵模，做出來的成品就成了典型的法式蜂巢鬆餅或威化餅乾，它們常常搭配酒或冰淇淋一起食用。義大利人稱這為*Pizzelle*，你也可以用義式威化薄餅鐵模來製作這類餅乾。

如指示預熱烤爐。將下面材料放入中碗擊打到堅實濕潤：

2顆大蛋白

慢慢加入：

3/4杯糖粉、1/8小匙糖、1/4小匙香草

再放入：

1/2杯中筋麵粉

溫和拌入：

1/4杯（1/2條）融化、冷卻的無鹽奶油

將1大匙麵糊放入預熱好的鐵模。有需要的話，約1分半鐘後，翻轉鐵模，將薄餅的另外一面烤到米黃色即可。取出薄餅，如前頁圖，不捲薄餅、用模具倒置形塑薄餅或做成錐筒。之後靜置冷卻，再填餡食用。不然，就如上文談到的，學法國人不加餡料直接享用。

幸運餅乾（Fortune Cookies）

在派對上，這類的餅乾和上述杏仁威化薄餅都能變身成西洋版的幸運餅乾，只要再將幸運籤印在薄紙條上即可。

烤爐預熱至180度，兩個餅乾淺盤墊上羊皮紙或矽膠墊。將下面材料放入中碗，混合攪拌：

3顆大蛋白、2/3杯糖

1/8小匙鹽

放入下面材料，一次一項，攪打均勻後再拌入下一項：

1/2杯（1條）融化、稍微冷卻的無鹽奶油

1/2杯中筋麵粉

（1/3杯細磨的去皮杏仁）

1/4小匙香草或1又1/2小匙新鮮檸檬汁

將上述麵糊舀起一個個大匙分量的小球，以4吋為間隔，落放到餅乾淺盤，並烘烤到餅乾邊緣金黃焦褐，約10分鐘。一次只翻動一塊薄餅，在餅乾中央放入一張幸運籤，可以露出部分籤紙，之後餅乾對折成半，捏壓封口，提起餅乾，把邊角捏在一起做成C的形狀即可，讓做好的幸運餅乾放在烤架上冷卻。

白蘭地脆餅（Brandy Snaps）（約20個3又1/2吋脆餅）

烤爐預熱至150度，將下面材料放入中型厚平底深鍋，以小火攪拌到奶油融化且混合物滑順為止：

1/2杯（1條）無鹽奶油

1/2杯糖或1/4杯糖加1/4杯楓糖

1/3杯糖蜜、1小撮鹽

1/2小匙肉桂粉

1/4小匙薑粉1/2小匙檸檬皮絲或柳橙皮絲

停止加熱，拌入：

1杯中筋麵粉、2小匙白蘭地

讓上述麵糊冷卻結實到可以塑形。將麵糊揉成一顆顆3/4吋小球，以2吋為間隔，排放在未抹油或鋪著羊皮紙的餅乾烘烤淺盤（不要使用矽膠墊），送入烘烤，一次一個淺盤，烤到餅乾邊緣焦褐為止，需12到15分鐘。取出烤盤，置於烤架上2到3分鐘，然後再使用木匙柄一個個將餅乾捲好。如果有些薄餅太涼而不能塑形，就將淺盤放回烤爐稍微加熱，餅乾就恢復柔軟。

瓦片餅（法式杏仁威化薄餅）（Tuiles [French Almond Wafers]）（約30片3吋薄餅）

瓦片餅幾乎如紙片般細薄，微微散發著杏仁香味。在餅乾仍溫熱、柔軟的時候，就要貼覆於擀麵棍或玻璃瓶上，等到冷卻硬實取下，才能做出瓦片餅的捲曲弧度。過程中，最難的一步是從烘烤淺盤取下餅乾，而訣竅就是用極薄刃寬版抹刀快速把餅乾鏟起。

烤爐預熱至180度，兩個烘烤淺盤要充分抹油或墊上羊皮紙或矽膠墊，並準備幾個大小差不多的擀麵棍或瓶罐來捲薄餅。

粗切下面食材：

1/2到2/3杯杏仁片，去皮或未去皮皆可。

將下面材料放入中碗打到發泡：

2顆大蛋白、1/8小匙鹽

1/3杯加1大匙糖

1/2小匙香草

（1/4小匙杏仁萃取液）

慢慢打入：

1/2過篩的低筋麵粉

加入下面材料，攪打到均勻滑順：

5大匙融化、稍微放涼的無鹽奶油

將上述麵糊舀起一個個大匙分量的小球，以3吋為間隔，落放到餅乾淺盤。用金屬抹刀畫圓般地把小麵糊球推開成3吋圓片，再撒上堅果。

放入烘烤到餅乾周圍黃金焦黃即可，需6到9分鐘。取出淺盤，置於烤架上數秒，快速把餅乾底部貼蓋在擀麵棍或瓶罐上到完全冷卻為止。如果有些薄餅太涼而不能塑形，把淺盤放回烤爐，稍微加熱軟化餅乾。

薑餅屋（Gingerbread House）

一個薑餅屋立於9吋方形底座，約5又1/2吋寬、7吋高，再加10到15塊餅乾

蘇珊．普蒂（Susan G. Purdy）居住在康乃狄克，撰寫食譜，也教授烘焙課程。三十多年來，她一直都用這份食譜與外面的大人小孩團體一起做節慶薑餅屋，而在家就跟女兒卡珊卓一起動手做，女兒如今也成了一名廚師。你不妨也讓製作薑餅屋成為自己家中逢年過節的傳統。你可以提前至一星期先烘烤並組裝好薑餅屋。

將下面材料放入中型（2夸特）平底深鍋加熱融化：

1杯（2條）奶油或人造奶油

加入下面材料，以小火攪拌到糖溶化且混合物感覺不到顆粒：

1杯糖

1杯未硫化的糖蜜

即停止加熱，靜置一旁冷卻到微溫備用。

將下面材料一併放入大碗攪拌：

4又1/2杯中筋麵粉

1小匙蘇打粉

1小匙鹽

1大匙薑粉

1小匙肉桂粉

1小匙磨碎或磨成粉的肉豆蔻

在這些乾食材中央弄個凹洞，倒進微溫的奶油混合物並攪打均勻。再放入下面材料：

1/2杯中筋麵粉

繼續攪打到麵團成球團且不沾黏碗壁為止：

從碗裡取出麵團，放到工作檯上揉搓3、4次到它順滑柔軟，之後包好放入冷藏，讓麵團完全冷卻（可以提早幾天做好麵

團備用）。

假如冷藏後的麵團仍太軟而擀不開，就要揉入一點麵粉。

製作模型拼片：在硬板上依樣描繪並裁下模型組件。你應該有7片組件：2片側邊拼片、1片前部拼片、1件背部拼片、2片屋頂拼片和1片底座。模型拼片正反面都抹上麵粉，這樣就不會沾黏到麵團。

薑餅屋的裁切和烘烤：用烤架將烤爐分成3區塊，烤爐預熱至180度。擀麵棍要稍微沾撒麵粉，將1/3的麵團直接放到未抹油的餅乾烘烤淺盤上，最好是用只有一側盤緣高起的那一種，擀開到1/4吋厚。麵皮撒上一點麵粉後，在擀開的麵皮上排好組件，愈多片愈好，每片之間要預留約3/4吋的烘烤膨脹空間。用銳利的水果刀沿邊裁切、取下模型拼片，剝下拼片間的麵皮，集中起來再使用。需要的話，在第二個、第三個餅乾淺盤上，使用剩餘麵團、裁切拼片，重複整個流程。窗戶和大門拼片，只要沿邊裁切，但還不需取出（因為如果現在就移走的話，餅屋形狀就會變形）。將零散麵團擀開，用餅乾切模或水果刀切出薑餅人、圍欄柱、動物和其他的圖案樣式。

烘烤薑餅屋拼片12到15分鐘，或是烤到拼片餅乾顏色稍微變深、快要硬實就好，因為只要餅乾一放涼，就會酥脆了（註：如果拼片餅乾完全冷卻後卻不鬆脆，請送回烤爐再烤個幾分鐘）。

從烤爐拿出烘烤淺盤放到耐熱表面，趁著麵團仍燙的時候，馬上將模型拼片放到對應的熱薑餅上，一次一個，每個拼片上要放塊鍋墊保護雙手，用水果刀沿邊切下拼片（修一下薑餅屋的拼片邊緣，組裝起來才會平整好看）。拿掉暫

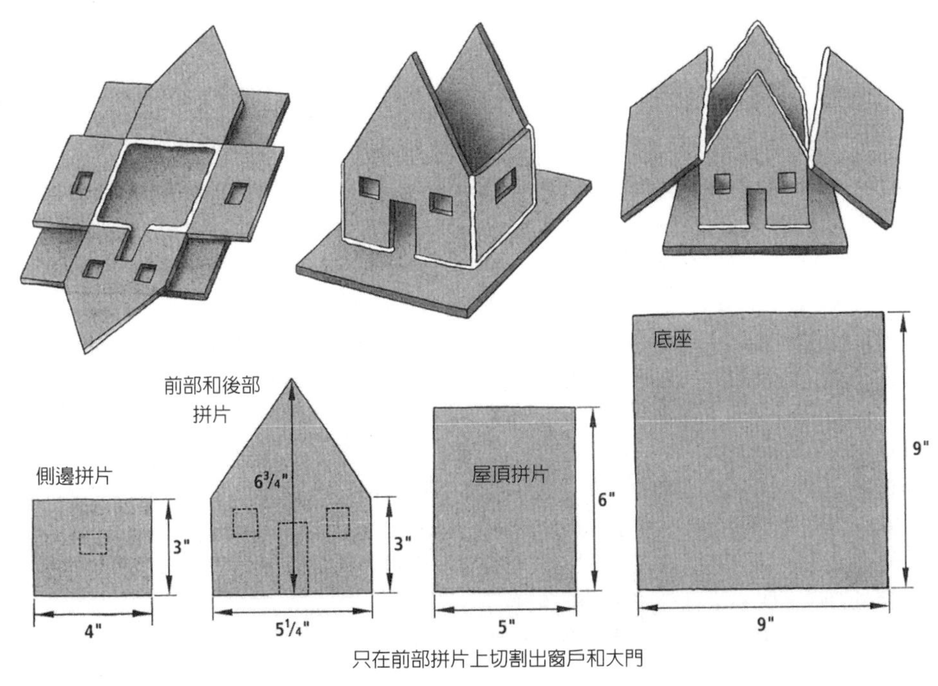

只在前部拼片上切割出窗戶和大門

薑餅屋藍圖

時多餘的麵皮，留著做些小裝飾擠花。裁切取下大門和窗戶，趁著麵團仍溫熱的時候，將窗戶切分成半，做出百葉窗。等到拼片餅乾變硬、仍有點溫熱，用寬版抹刀鏟起，放到金屬絲烤架上完全冷卻。可以先把拼片餅乾平放儲藏在托盤或結實的盒子裡，置於乾燥涼爽的地方，等要組裝薑餅屋時使用。

組裝薑餅屋，請準備：

皇家或速成裝飾性糖霜，152頁，食譜分量需增加1倍或2倍

這幢薑餅屋需用2到6杯糖霜，而用量多寡則要看裝飾擠花的形式而定。碗內約一半的糖霜留用於組裝餅屋，其餘的就用來做擠花。將剩下的糖霜舀進杯子或小碗，混合以下材料：

植物性食用色素數滴

碗裡的糖霜要馬上用保鮮膜包好，才不至於乾涸；不使用時，糖霜一定要密封。

將薑餅屋底座正確的一面朝上放在烘盤上（每一拼片的正確面是指在烘焙時朝上的那一面）。在薑餅屋底座之上，將前部、後部和側邊部分的正確的一面朝下放好，這些部分的底端邊角要相接。中間的黑線就是薑餅屋的「地基」記號。

擠花袋裝入1/4到1/2吋的圓形擠花嘴、或是在塑膠袋的一角裁出1/4吋的洞孔，放入一些白色糖霜，然後沿著地基線澆擠出1/2吋厚的線條。將屋牆拼片一次一片地放好定位，用擠花袋或是手指尖，在每片組件的兩側邊緣擠上或抹上很多糖霜。以同樣步驟在前部和後部拼片的兩側邊緣抹糖霜，將拼片在旁邊地基的糖霜上立起。輕壓所有抹了糖霜的邊緣，以便搭建好薑餅屋。如果糖霜夠稠，屋子應該不需要支撐就能站立。然而，屋子要是搖搖欲墜，就用瓶罐支撐著屋子四周直到糖霜乾燥為止，1小時、甚至是過夜，就視濕度而定。等到糖霜乾了、屋子結構堅固之後，再加放屋頂拼片（註：不要擔心糖霜外露，特別是接縫的糖霜，因為屆時會用「冰柱」擠花或其他的糖霜擠花遮蓋）。

組裝屋頂：沿著每片餅屋拼片的頂部邊緣和每片屋頂拼片的長邊，塗上厚厚的糖霜。將屋頂拼片嵌入定位，兩拼片會在屋脊接合。用手指尖抹平拼片的接合處，需要的話，再多擠抹一些糖霜來加強穩定度。屋頂拼片如果垂下來，就用瓶罐支撐到糖霜凝固為止。糖霜定形後再裝飾屋頂，不然裝飾擠花可會壓壞屋頂。

裝飾薑餅屋：用糖霜澆黏百葉窗，並裝好大門，門扉半敞。把糖霜當成黏著劑，可以用以下的材料來裝飾餅屋：

雷根糖、水果軟糖、糖衣巧克力片、彩色糖珠、果凍樹葉、圓薄荷硬糖、糖果拐杖、銀色砂糖、Red Hots糖果粒、五彩糖威化餅、戒指硬糖、焦糖、「石頭」糖果、迷你碎麥片、烤燕麥片、紅甘草鞋帶、棉花糖、迷你結餅、結餅棍、彩糖、葵花籽和南瓜籽、果乾、葡萄乾和（或）堅果

用糖霜黏合扁平的糖果做成一根煙囪，堆疊在屋頂脊線上。為了防止沾黏，剪刀先抹油再裁切軟糖。百葉窗、大門、煙囪放置定位之後，將一些白糖霜加水稀釋成汁，再用擠花袋沿著屋頂邊緣澆滴出冰柱花樣。至於雪花的話，就將下面材料過篩並輕輕撒在屋頂和底座上：

糖

糖霜、加料與糖汁

Icings, Toppings, and Glazes

糖霜、加料與糖汁就像是派對衣裳，簡單的蛋糕淋上之後就變身成各式狂歡現場：生日蛋糕、糕餅甜點、婚禮盛宴和難忘的派對點心。這些混合原料可以增加濕度、濃稠度、風味和視覺吸引力，當然這也可以藉機讓你的心血獨樹一格，從中發揮無限的創意，享受無窮的樂趣。我們雖然在這裡給予指導，但更鼓勵你們發揮想像力，多方嘗試不同的組合。

比較濃稠的糖霜或點綴霜通常會謹慎使用且塗抹薄薄一層，而鬆軟混合的原料，如發泡鮮奶油，就可以多放一些。蛋糕淋上糖霜時，要留心味道、甜度、濃稠度和密度，以補足對比蛋糕的風味、質地和豐富度。惡魔蛋糕，「樂土」淋上了苦甜巧克力糖汁就十分出色，分層加強相同的風味；味道強烈的檸檬蛋糕加上巧克力糖霜，其鮮明的對比風味一樣令人驚豔。

以上的遊戲就叫做平衡的藝術。發泡鮮奶油的質地清淡到可做為各式蛋糕的出色配料，從濃郁的巧克力果仁蛋糕到最鬆輕的海綿蛋糕，都適合。六層清淡的全蛋打法或蛋白霜薄層做成的蛋糕，通常會塗上超薄的濃郁奶油淇淋。果仁蛋糕和無麵粉巧克力蛋糕相當濃郁，通常不需要再加上糖霜，不過薄薄的一層濃巧克力糖衣或是一份發泡鮮奶油卻可以為糕點增添一股魅力。

經典夾層蛋糕的特點是塗滿糖霜的厚夾層，然而，這些糖霜並不特別油膩，如「沸煮白糖霜」和「七分鐘白糖霜」，155頁，就有著棉花糖的質地，甜滋滋的。速成糖粉糖霜有奶油般的口感，製作容易。這款輕薄如紗的糖衣可以為天使蛋糕、戚風蛋糕和海綿蛋糕增添甜度和風味，卻又不會喧賓奪主。談論餅乾的章節，108頁起，給予獨特糖霜的建議。若自己要為餅乾配製糖霜，不妨讓想像力馳騁，從覆盆子和巧克力或是草莓和香草等經典配搭口味來創造出的好滋味。

爲蛋糕上糖衣

在替蛋糕上糖衣時，你如果直接在淺盤上工作，就可以在蛋糕底下重疊墊入蠟紙或箔紙細條至淺盤的邊緣，以保持器具的清潔，在糖衣凝固定形之後即可移除。若使用的是旋盤或是其他的工作平台，可以在蛋糕底下四周墊上幾張耐用的紙條或箔紙，在蛋糕上好糖衣之後，手持紙條將蛋糕移至淺盤，之後即可將之抽出丟棄。在填餡或上糖衣時，蛋糕夾層應該倒轉至較平較粗的那一面。蛋糕若是不夠平整，你或許可以稍加修整抹勻。

使用全部糖霜的四分之一至三分之一來填充在蛋糕夾層之間。然後視糖霜的黏稠度而定，你可以從頂部傾倒，再用抹刀均勻抹平至四周；不然就是順著蛋糕四周抹滿厚厚的糖霜，再塗抹至蛋糕頂部。湯匙的背部可用來製作高高低低的裱花。

搭配蛋糕與糖霜時，也要考慮到冷藏的問題。因為海綿蛋糕、戚風蛋糕和天使蛋糕放在冰箱中不會變硬，所以適合搭配需要冷藏的糖霜，如發泡鮮奶油或奶油淇淋。任何以奶油淇淋為糖霜的蛋糕，享用一小時或更早之前就應先從冰箱拿出來，才能恢復細滑的口感。奶油蛋糕和濃郁的巧克力果仁蛋糕在冷藏後會縮小，失去味道和香氣，其柔軟細緻的質地也會硬化。你若要將這類的蛋糕搭配需冷藏的糖霜，請最後再上糖霜，不然在享用前就早早從冰箱拿出冷藏的蛋糕。速成糖粉糖霜不需冷藏，因而特別適合搭配奶油蛋糕。

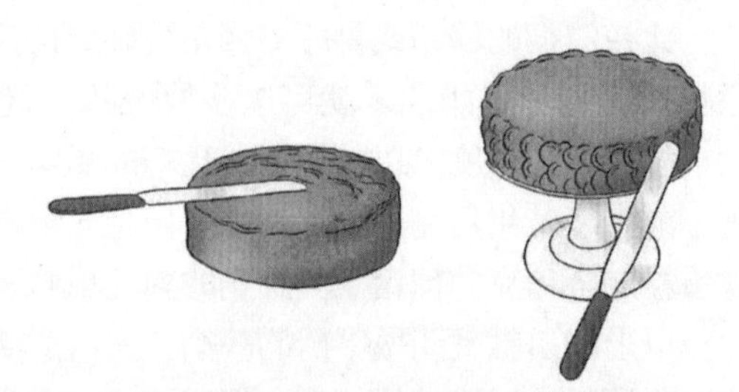

抹刀可以讓你製作平滑或帶有紋理的糖衣。

糖霜分量

這些糖霜和夾餡食譜以杯計量，因此可以依據蛋糕的尺寸來做混合搭配。烤模的相較尺寸與面積，見9頁。蓬鬆的糖霜要較多的分量；奶油糖霜則所需的分量較少。

關於餡料資訊，請見96頁。

僅在頂部和側邊上糖霜的分量

1個8吋或9吋的單層蛋糕：1至1又1/2杯

1個8吋或9吋的2層蛋糕：1又1/2杯至2又2/3杯

1個8吋或9吋的3層蛋糕：2又1/4杯至3杯

1個9×13吋的大塊蛋糕：2又1/2至3杯

1個9又1/2×5又1/2×3吋的長條蛋糕：1至1又1/2杯

1個16×5×4吋的長條蛋糕：2至2又1/2杯

1個9吋或10吋空心圓蛋糕：3杯

為1個9吋或10吋的蛋糕上糖霜：1杯

12個杯子蛋糕的頂部：1又1/2杯

頂部、側邊與夾餡的分量

1個8吋或9吋的2層蛋糕：2至3杯

1個8吋或9吋的3層蛋糕：3至4杯

為1個9吋或10吋的蛋糕上糖霜：1杯

為1個10×15吋的蛋糕捲夾餡：2杯

器具

烘焙師都有自己信賴慣用的各式器具。一支**八吋窄刀片的不鏽鋼抹刀**，是為蛋糕上糖霜的絕佳萬用工具。這支抹刀能讓你抹平糖霜或製作拉尖或螺旋裱花，也能塗抹澆倒的巧克力糖霜。**蛋糕齒狀刮板**或是**鋸齒刀**，也能幫你製作蛋糕側邊、頂部的糖霜質地。若說替蛋糕裹上一層完美調勻的糖衣是最難駕馭的質地，或許並不令人吃驚。如果下定了決心要學會這項技術，拿穩抹刀均勻塗抹糖霜時，有個**裝飾旋盤**或是**餐桌轉盤**來旋轉蛋糕，就會比較容易。

平滑定形的糖霜或點綴霜，都可以用配有**擠花嘴**的**擠花袋**來裝飾裱花。請利用蛋糕烘焙模具底部來練習裱花裝飾。

糖粉糖霜和奶油淇淋，在使用前應先用**橡膠抹刀**快速攪拌，並不時消除氣泡來讓糖霜滑順。

調整糖霜的黏稠度

糖霜的軟硬度對於你想達到的效果是決定性的關鍵。太厚、太硬的糖霜會撕裂蛋糕而拉出碎屑；太薄的糖霜在裱花的時候會塌陷成泥，甚至可能從蛋糕上滑落。請依據需求來調整糖霜的軟硬度。富含奶油或巧克力的糖霜，可以將盛糖霜的碗具放入裝有溫水或冰水的鍋內並加以攪拌，使糖霜變軟或變硬至所需的軟硬度。糖粉糖霜也可以如法炮製，不然就是一次加些汁液連續拌攪到柔軟為止，而加入糖粉攪拌則可以讓糖霜變硬。

發泡鮮奶油糖霜的處理方式有些不同。其一旦製作完成，就不要試圖改變其黏稠度，在製作過程中也不要溫熱抹刀，以免破壞奶油。當你使用發泡鮮奶油（或發泡甘納許）做為糖霜時，不要完全打發，均勻塗抹在蛋糕上時就會軟硬適中。如果鮮奶油在開始塗抹前就是硬的，如此上好的糖霜的外觀和口感就是攪打得太過且有顆粒感。請見下文的「蛋糕裝飾技法」章節。

處理糖霜的蛋糕碎屑

上糖霜時，若有需要的話，可以先刷掉蛋糕夾層散落的細屑。如果硬的糖霜撕裂蛋糕而產生碎屑，請如上面的指示來調整軟硬度。每次要將抹刀浸回糖霜時，都請用另一個容器將其刮乾淨，這樣蛋糕屑才不會「玷污」到碗裡的糖霜。不然就是將糖霜分裝在兩只碗中，一只用來做「蛋糕屑塗層」（見下文），而另一只則留待上末道糖霜。

「蛋糕屑塗層」和蛋糕末道糖霜

若不要蛋糕屑玷污了末道糖霜或糖汁，請先在蛋糕裹上薄薄的一層蛋糕屑，使表層均勻平滑並貼牢細屑。上蛋糕屑塗層時，使用「玷污」到細屑的糖霜無妨。有些蛋糕包裹的則是過濾過的熱果醬或果肉果醬；加熱兩杯果醬或是果肉果醬，用篩網濾過後即可立即使用。上末道糖霜時，你可以將蛋糕放入冰箱冷藏幾分鐘來固定蛋糕屑塗層。至於巧克力奶油糖霜與甘納許，請冷卻到適合為蛋糕屑塗層上糖霜的軟硬度，之後緩緩加熱剩餘的糖霜到裹糖霜該有的溫度與濃稠度。

上末道糖霜時，請使用沒有沾染蛋糕屑的的乾淨抹刀，依照個人喜好，為蛋糕上最後一道螺旋裱花或是平滑的誘人糖霜。你可以如146頁的指示來製作側邊的裝飾紋理、裹覆剁碎的堅果，或使用湯匙背面在糖霜上製作高高低低的裱花——請見以下的裝飾技巧。

| 蛋糕裝飾技法 |

為裹好糖霜的蛋糕製作頂部和側邊的裝飾紋理

趁著糖霜仍舊柔軟時，將齒狀刮板或是鋸齒刀沾浸熱水後擦乾，輕輕將它握在蛋糕側邊四十五度的角度。如果你使用旋盤或是餐桌轉盤，拿穩齒狀刮板或刀並慢慢旋轉轉盤，不然就是沿著蛋糕四周輕輕刷抹。

蛋糕頂部的模紙印花

對於清蛋糕或糖霜蛋糕，模紙印花都是一種快速裝飾蛋糕的好技法。若蛋糕有上糖霜，務必先冷藏凝固糖霜。使用花底紙或是手裁印花模紙：將一張比蛋糕表面稍大的圓形蠟紙或羊皮紙折成八等分或十六等分，沿著摺層裁出小小的形狀（如雪花形狀），且不需是特定或對稱的形狀。而手裁印花模紙的好處是，裁下的圖形會比蕾絲花底紙的圖形來得大些、清晰，因而才會更清楚地顯現出圖案。你不需擅長設計特別的圖案，甚至可以召集孩子來剪裁花樣。使用前如有需要的話，可以將印花模紙放在電話簿下壓平。將花底紙或印花模紙放在蛋糕頂部，使用細孔篩網在蛋糕上均勻篩出一層薄的糖粉或可可粉，並在間隙填

使用模紙印花在蛋糕的頂部。

補上可可糖。之後，使用雙手小心地把模紙往上拿離蛋糕，而且不要弄壞圖案。在要食用蛋糕前才進行模紙印花的步驟，因為只要糖粉或可可粉被糖霜吸收，印花圖案就會褪掉。

使用擠花袋

若使用糖霜、奶油淇淋或鮮奶油來裱邊、裱花、裱星星或是其他較大的花樣，有布製、塑膠製或拋棄型的數種擠花袋可供選擇。如果你選擇了布製的，使用時，其不平整布面接縫務必在外。擠花袋組內有數種不同形狀的金屬擠花嘴，見150頁的圖示。而玫瑰花、星形和圓形的擠花嘴用途最為廣泛。

如何製作自己的擠花袋

使用羊皮紙或是厚磅證券紙裁出一個約11×15吋的長方形，如150頁的左邊圖示，紙張對角摺半，讓對摺邊在遠離自己的那一邊。將紙張自右邊捲滾成角錐形，從右上方看去，其尖端落於長的摺面的中心，繼續捲滾紙張到完全做好角錐形。接著，翻轉接縫朝上對著你，而尖端則在離你較遠的那一邊，此時接縫應該與擠花袋的最高峰成一直線，這樣一來，當你將高峰朝遠離自己的一邊外摺時，即固定了角錐形狀和接縫。見圖示的兩只直立的擠花袋。如果你能看到較低的一層袋子，這個空角錐就能預備來填裝糖霜了。右邊的直立擠花袋展示了最後的雙摺處緊緊封合了填充擠花袋的頂部，而袋子高峰已內翻來幫助角錐的尖端受壓時不會外漏內填物。填入糖霜之前，將這紙角錐的尖端壓平，裁去末梢。你如果打算使用擠花袋組內的金屬擠花嘴，務必使開口大到能夠裝入擠花嘴，但又不能過大而讓它在受壓時鬆脫。你若不要使用金屬擠花嘴，而想使用紙角錐本身的尖嘴來製作圖案，分開製作每個「尖嘴」的紙角錐：平裁尖端就能做出圓形的小開口；裁出一個波形就成了星形擠花嘴，若是兩個波形就是玫瑰花擠花嘴了。

擠花袋。

用於澆飾花樣的糖霜，在硬度上應要能支托清脆的外形。將糖霜放入擠花袋之前，先用橡膠抹刀攪拌到光滑平順為止。發泡鮮奶油用來裝飾裱花前應不要過度攪拌，因為它擠出袋子後會再變硬；而生硬的鮮奶油在擠出袋子後會看起來拌打得太過且有顆粒感。為了最佳效果，不要用小於四分之一吋的擠花嘴來擠發泡鮮奶油。

若要使用幾種顏色來裝飾蛋糕，請將糖霜分裝在幾個小碗內，用顏料或液態食用色素加以染色。➡請用保鮮膜包罩住碗口。所需的顏色分量只是少量，故請用較小的擠花袋，擠花袋的填充物絕對不要超過三分之二滿，並使用小型抹刀將糖霜推到擠花袋的尖嘴。而你在開始澆飾花樣之前，先搓揉調勻糖霜並將裡頭的氣泡從尖嘴擠出，這樣一來就不會破壞裝飾花樣的順滑感。

練習製作、填充擠花袋，然後在蛋糕烘焙模具的底部練習澆淋糖霜。練習時，可以將糖霜刮下重複使用，試著如塗鴉寫字般練習製作圖案，直到熟練為止。

➡請不斷試驗拿著擠花袋的手感，讓自己可以均勻施壓畫出直線，並變換不同的力道製作邊飾、花瓣及樹葉的樣式。你或許能用慣用的那隻手拿著擠花袋，練就如同手上拿的是枝鉛筆或畫筆揮灑自如的功夫。

現在你可以準備澆飾花樣。蛋糕飾若是放在旋盤或是餐桌轉盤上，工作起來會比較順手。在裝飾側邊時，都要試著讓蛋糕的位置略高於手肘。施壓和動作➡都操控在你用來書寫的那隻手。➡你的另外一隻手只用來固定擠花袋。如下圖所示，將袋子輕輕握穩在手掌心中➡讓大拇指擱放在袋子頂部，當你轉動手部和手腕繪製圖案的時候，其他的手指頭就能自由擠壓袋子。有時候，你可以將袋子靠在呈剪刀V字型的食指跟中指間；其他時候，你只是如圖示中的倒數第二個插圖操縱袋子。當你用完下方的糖霜，重新摺疊袋子的頂部把糖霜往下推送。

糖霜的圖案取決於三項因素：擠花袋和擠花嘴跟蛋糕表面的角度；擠壓時間和力道；線條和移動的方向速度。手握的擠花袋和擠花嘴，不是與蛋糕表面成四十五度角就是九十度角（意思是說，你直握著袋子在蛋糕的頂部澆飾花樣）。先很快擠壓袋子，再移動擠花嘴；瞬間停止擠壓袋子作結。圖形的飽滿和開展取決於在移動擠花嘴之前所擠壓的分量。如果你的圖案拖著一條尾巴，那是因為你畫完之後還擠壓袋子；如果你在結束筆畫時減輕力道，它就會逐漸

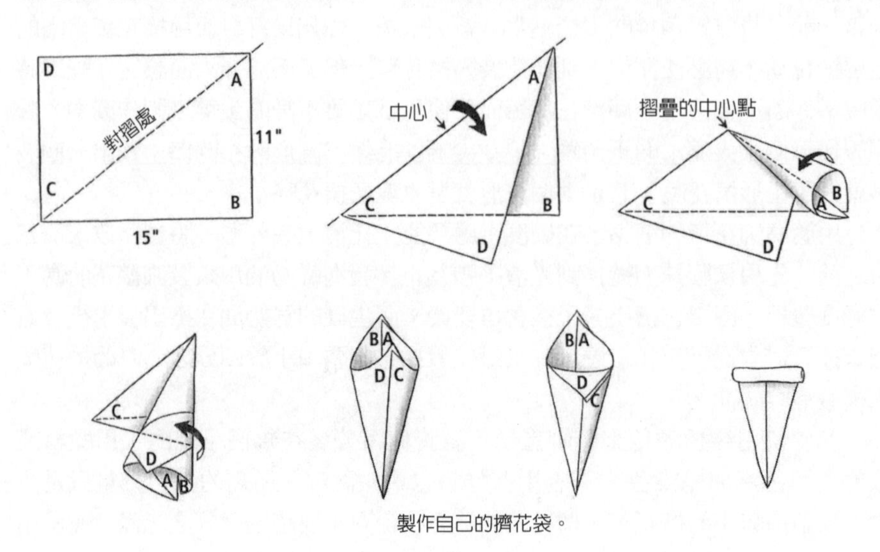

製作自己的擠花袋。

變細。

假如你無法搞定圖案的話，不妨試著更動一下這三項因素的其中一項，但練習真的是不二法門啊。有兩種經濟實惠又耐用的混合物可以用來反覆練習澆飾花樣：你可以將現搗的馬鈴薯泥加水混合到想要的黏稠度，並在練習時再跟據需要加水調整濃稠度；而另一種方法是用奶油淇淋來練習，其做法是在一杯半的蔬菜起酥油中加入兩大匙水和一大匙玉米糖漿，再將四杯（一磅）的糖粉打入其中。

如同任何的藝術作品，其想法應是忘掉技巧。一開始先草繪出你想做的東西，或是在腦袋中構想清楚。150頁的插圖是傳統樣式；試著自己畫畫看，然後再發展自己的風格。有一回亞歷山大・考爾德（Alexander Calder）特地為了我們家族的友人製作蛋糕，最後以活動雕塑妝點，清晰的線條充分展現出他特有的才華，我們至今仍記憶猶新。

過度裝飾是裝飾蛋糕過程中難以抵擋的引誘。請試試一些不對稱的構圖，如運用花環來連結蛋糕部分的頂部和側邊，但別忘了留下很多的留白來襯托裝飾。一開始，你可能會想另外在蠟紙上做些比較複雜的圖案，留待乾燥後再放到蛋糕上。對於這些分開製作的糖霜物件，在紙上乾硬後才輕輕剝去紙張，再用一些預留的糖霜將物件黏到蛋糕上。

澆擠細花邊或字體

「皇家糖霜」，153頁和融化的純巧克力（稀釋過的，若有需要可加入幾滴無味植物油），是用來澆飾細花邊的最好混合物。使用如前頁以蠟紙或羊皮紙做成的角錐，或可重複密封的小塑膠袋。填入糖霜後，摺疊捲起紙角錐的開口（就像是牙膏管一樣）或是抓起扭緊塑膠袋的開口，將糖霜推送到容器底部，再剪去末端來製作一個小開口來澆擠糖霜。先在盤子或蠟紙上練習一下，測試開口大小是否合適；若有需要，再將開口裁剪大一些。

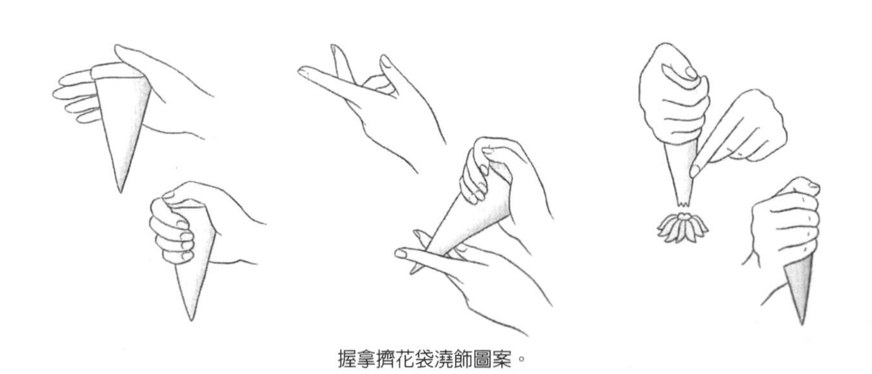

握拿擠花袋澆飾圖案。

| 爲小蛋糕和糖果上糖衣 |

有一些方法可以快速為小蛋糕澆飾糖衣。I. 在溫熱的杯子蛋糕放上半甜或甜巧克力，融化後塗抹均勻。II. 就在從烤爐拿出餅乾之前，為每一塊餅乾套上薄荷味的巧克力糖果糯米紙，再將餅乾烘烤淺盤送回烤爐讓糯米紙融化。III. 為杯子蛋糕或樹葉餅乾上糖衣時，快速將糕餅浸入柔軟的糖霜，處理蛋糕時要打旋一下。IV. 處理杯子蛋糕，也可以用細孔篩網篩濾糖粉到蛋糕上頭。V. 使用花色小糕點的裹糖衣技法，158頁。

為杯子蛋糕上糖衣。

| 關於裝飾用途的糖霜 |

裝飾糕點時，有三種細緻的糖霜供你選擇使用：如下述的「裝飾性糖霜」和「濃稠裝飾性糖霜」及「皇家糖霜」，153頁。不管怎樣都要為蛋糕上一層蛋糕屑塗層，148頁，並放入冰箱冷藏定形，再淋上一層光滑的末道糖霜，不過皇家糖霜應該只用來裝飾。➠以裝飾性糖霜和皇家糖霜來說，你或許可以使用沾浸過溫水的抹刀來塗抹光亮的末道糖霜。➠讓底層糖霜有時間乾燥。

裝飾性糖霜（或稱回鍋糖霜）（Decorative Icing〔Twice-Cooked Icing〕）（約1又3/4杯）

如果用保鮮膜密封，糖霜很長一段時間都不會硬化。請閱讀「關於沸煮糖霜」章節，154頁。在製作糖霜之前，準備好所有的器具材料，酒石酸可以從網路零售商購得。將下列材料放入小平底深鍋中混合攪拌到糖分融化為止，之後不需攪拌而用中火煮沸：

1杯糖、1/2杯水

同時，將以下原料在大碗裡以中高速度連續擊打，直到黏稠發泡但不乾硬：

2顆大蛋白、1/8小匙鹽

慢慢加入以下的材料，並連續擊打：

3大匙糖

其間，將少許的水倒入一只大平底深鍋煮沸。當糖漿在湯匙上滴下呈黏稠狀時，約110度，就把少量糖漿加入雞蛋和糖並連續擊打。重複此步驟，將糖漿分成4份或5份與雞蛋混合連續擊打。如果放糖漿的時間計算得當，到放入最後一份時，那糖漿應該已經成了糖絲。

將碗放在盛水的平底深鍋上方；碗的位置是在水的上方，而不是水中。當鍋內的水開始沸騰時，將以下材料加入糖霜：

1/8小匙泡打粉、1/8小匙塔塔粉

繼續擊打糖霜到能沾黏在碗器底部和四周，並呈硬性發泡即停止加熱。將裝飾蛋糕所需的糖霜放入一只小碗，通常是1/3左右的分量，用蠟紙將糖霜覆蓋一下。別忘了加入：
至少1小匙的熱水
如此才能將糖霜稀釋到適合塗抹的黏稠度。拍打糖霜並澆淋於蛋糕上。請見上述「關於裝飾用途的糖霜」的部分來裝飾蛋糕。

濃稠的裝飾性糖霜（Creamy Decorating Icing）（足以為一層9吋蛋糕澆淋糖霜並稍加裝飾）

這種糖霜在處理精準的裝飾花樣上相當容易上手，若是加以密封儲存，即可完好保存圖飾。
將下列材料篩濾到一只大碗內：
1磅（4杯）糖粉
使用電動攪拌器拌勻：
1/2杯蔬菜起酥油
2到4大匙牛奶或濃或淡的鮮奶油
1小匙香草或是1/2小匙香草及1/2小匙杏仁萃取液
繼續打發糖霜到平滑為止，其質地會稍加硬挺些。加入更多的液體，可以調配出適合澆飾蛋糕的黏稠度。

皇家或速成裝飾性糖霜（Royal or Quick Decorative Icing）（約兩杯）

這種糖霜會變得非常堅硬。為了避免糖霜在準備過程中自然變成淺灰色，不妨在你要的分量中加入少量的藍色蔬菜顏料來維持它的白色澤，但不要在你要染黃、染橘或染成其他溫暖淺白色調的糖霜中加入藍色顏料。篩濾下面的材料：
1/8小匙塔塔粉
3又1/2杯糖粉
連續擊打下列材料到硬性發泡卻又不會太乾燥：
在室溫下的2顆大蛋白
慢慢加入過篩的糖及：
2大匙檸檬汁
直到適合用來塗抹的黏稠度為止。未使用前，都覆蓋上一塊濕布。
將其用來澆擠花樣或是製作裝飾效果，請見「關於裝飾用途的糖霜」章節。假如你想讓糖霜硬一些，請加多一些過篩的糖；若想要糖霜軟些，以非常緩慢的速度用檸檬汁、更多的蛋白或是水來加以稀釋。

皇家糖霜（Royal Icing）（3/4杯）

這種裝飾性糖霜乾燥後的硬度如灰泥，除非染著食用色素，不然是純白色的。若是製作時使用少一點的糖，還是可以塗抹裝飾（不然你也可以加入些許的水）；此外，它的硬度足以用來澆擠製作漂亮的細絲花樣、蕾絲、小圓點和婚禮蛋糕上的糖霜拉線。雖然傳統的婚禮（或其他）蛋糕使用這種糖霜來澆飾圖案，但因其成分大部分是糖，所以味道並不獨特。我們的建議是，只在裝飾功用大過口感及／或用量相當少的時候再使用。上文說明了皇家糖霜的做法，通常是將糖粉擊打拌入生蛋白。這樣的做法會將蛋白加熱至70度，是防止感染沙門氏菌的保護措施，這是道簡單的程序。我們也提供不需加熱、使用蛋白粉的做法。避免在潮濕的時節製作皇家糖霜。而糖霜會接觸到的容器用具務必沒有沾染油脂，且不要使用塑膠器皿來儲放糖霜。工作時，用一條濕布蓋住盛裝糖霜的碗器，而尚未澆擠花樣時，也將封住擠花袋的嘴口，以防止糖霜乾硬。

I. 使用新鮮蛋白製作皇家糖霜

將下列材料放入適用微波爐加熱的碗具，充分攪拌均勻：

1顆大蛋白、1/3杯糖粉

用微波爐高溫加熱到混合物在溫度計上是70度（不應超過80度），加熱時間30秒到60秒。你如果要用溫度計量溫度不止一次，請完全洗淨溫度計或在裝著熱水的杯子中浸泡一下，再進行下一輪的測溫。添加下列材料並高速擊打，直到糖霜冷卻而呈硬性發泡：

2/3杯糖粉，或是所需的分量

假如糖霜不夠硬實發泡，就加入更多的糖。

喜歡的話，可以使用液狀、粉狀或是膏狀的食用顏料為糖霜上色；糖霜硬實的時候，就會加深色澤。糖霜可以放在封住的容器中長達3天；或是直接在糖霜表層壓上一張蠟紙或羊皮紙來防止乾燥。若有需要，可以再次擊打糖霜。若要澆擠花樣，可使用裝配纖細花嘴小擠花袋，不然就將可重複封口的塑膠袋裁去一角，或是剪去羊皮紙製的紙角錐的尖端皆可。

II. 使用蛋白粉製作皇家糖霜

將下列材料一起放入中型碗器擊打到硬性發泡：

1又1/3杯糖粉

1大匙蛋白粉

2大匙水

喜歡的話，可以使用液狀、膏狀或是粉狀的食用顏料為糖霜上色。如上述的引導來使用儲存糖霜。在密封的狀態下，糖霜可以存放至兩星期而不壞損。

| 關於沸煮糖霜 |

沸煮糖霜跟做糖果一樣，祕訣在於合適的氣候並能識別準備糖漿時的特定階段，271頁。如果糖霜太軟或太硬，請依照下面的建議步驟進行修正。

➨千萬別讓不到位的糖霜毀了美味的蛋糕。

「沸煮白糖霜」的主要成分是義大利蛋白霜——蛋白是不可或缺的，其做法是➨將熱糖漿慢慢攪打進蛋白中。

使用沸煮糖霜的時候，必須等蛋糕完全冷卻才淋上糖霜。➨所有的器具絕對不沾留油脂，而蛋白部分➨一定不能殘留蛋黃並放置於室溫下。你必須從打發到硬實、用塔塔粉平衡鹼性的蛋白開始進行，494頁。

將糖漿煮沸到一百一十五至一百一十六度之間，即軟球狀態，272頁，再把鍋底浸入冷水一秒鐘以停止熬煮。拿著熾熱但不再沸騰的鍋子，此時糖漿在碗器上方且緩緩細流倒入蛋白之中，同時，你要不停打發此混合物。熱糖漿讓蛋白熟透的當下，糖霜的體積也會因為受到擊打而增加，當糖漿傾倒完畢，你應該幾乎做好了一大堆的蛋白糖霜，就等著為蛋糕穿上糖衣。此時，可以把你所選擇的口味與蛋白糖霜攪打混合，或是加入任何的穩定劑——如幾滴檸檬汁或醋、一撮塔塔粉或是一小匙或兩小匙的淡玉米糖漿。這些材料可以讓糖霜不要形成糖漬、出現顆粒感。之後，繼續擊打到糖霜冷卻至室溫為止，就可以使用了。➡如果碗底或周邊的糖霜看起來黏糊或有顆粒感，請不要刮擦。

如果糖漿煮沸得不夠久，糖霜因而有點鬆軟，就置於強烈陽光下擊打。這個小偏方若是不奏效，就將糖霜放入雙層蒸鍋的上層或是耐高溫的碗內加熱➡其位置在沸水上方，而不是在沸水中，且要不斷擊打糖霜到呈現適當的黏稠度。這個方法總能讓糖霜黏稠，但也會出現顆粒感，因此只在萬不得已的情況才祭出此法。如果煮過頭了，糖霜黏硬到塗抹不開，加入一、兩小匙的沸水或幾滴檸檬汁即可恢復原狀。若糖霜要添加葡萄乾、堅果、調味物或是其他的材料，等到最後才放入混合，而這麼做的原因是其所含的油、酸會稀釋糖霜。

▲在海拔高度五千呎以上，水的沸點因海拔高度升高而降低，這意味著蒸發的水分愈多；直接加熱製作沸煮白糖霜的時候，在溫度上要相當留心，見273頁（「高海拔烹煮糖漿的溫度調整」章節）。若使用的是雙層蒸鍋，就需要更長的時間才能將蛋白攪打至硬實穩定的泡沫狀態。若是直接加熱製作七分鐘白糖霜，不出多少時間就能完成；若在雙層蒸鍋裡攪打蛋白，就要看你所在的海拔高度，最多十五分鐘即能做好。

沸煮白糖霜（Boiled White Icing）（約3又2/3杯）

在一只厚重的小平底深鍋拌攪下列材料到糖融化後，再用大火煮沸：

1杯糖

1/2杯水

同時，在大攪拌碗內用中、高速度將下面的材料打發到硬性發泡：

3顆大蛋白

1/8小匙塔塔粉

將火候調至小火，蓋鍋蓋慢慢煨煮，讓蒸氣化開沾黏在平底深鍋鍋壁的糖晶。此時，將攪拌器調到最低速度，繼續攪打內容物。掀開鍋蓋，將糖漿烹煮至約110度的軟球狀態。

當糖漿達到正確的溫度，把鍋底浸入冷水一秒鐘，來停止。此時以高速攪打蛋白，緩緩將糖漿倒入蛋白中，不要停止擊打的動作，並加入：

1小匙香草

繼續高速擊打糖霜到冷卻為止，約需4分鐘。將攪拌速度調至中速後，再擊打1分鐘，馬上使用成品。

七分鐘白糖霜（Seven-Minute White Icing）（約3杯）

這種糖霜非常鬆軟可口，與上述的沸煮白糖霜類似。

將下面的食材一同放入雙層蒸鍋頂層或是一只耐高溫的碗器內，攪打到均勻混合：

3顆大蛋白

1又1/2杯糖

1/3杯冷水

1大匙淡玉米糖漿

1/4小匙塔塔粉

放置在滾滾沸水之上。手持攪拌器或是網狀攪拌棒以中高速度不斷擊打，直到混合物呈現硬性發泡，需7分鐘，即停止加熱。請加入：
1小匙香草
繼續擊打混合物到冷卻至室溫為止。此時，你或許可以加入：
（1/2杯加糖的碎堅果或碎椰子，或是一條碾碎的薄荷糖）
做好的糖霜馬上使用。

七分鐘檸檬糖霜（Seven-Minute Lemon Icing）

使用3大匙水及2至3大匙的新鮮檸檬汁製作汁液。等到糖霜硬實冷卻後，加入1/4小匙檸檬皮絲調味。

七分鐘柳橙糖霜（Seven-Minute Orange Icing）

將水換成1/4杯新鮮柳橙汁和1大匙新鮮檸檬汁。待糖霜硬實冷卻後，加入 1/2小匙柳橙皮絲調味。

七分鐘海泡沫糖霜（Seven-Minute Seafoam Icing）

將白糖換成1又1/3杯壓實的紅糖。喜歡的話，跟著香草一道加入1/2小匙楓樹、核桃或美洲薄殼胡桃的萃取液。

鬆軟白糖霜的巧克力糖衣（Chocolate Coating For Fluffy White Icing）（約1/3杯）

這可以說是在好東西錦上添花。
替蛋糕裹上前面所描述的「沸煮白糖霜」或「七分鐘白糖霜」，之後再上一層巧克力糖衣（表面一定要是平滑的）。只要白糖霜一塗抹好，就可以上巧克力糖衣，總是塗抹得薄薄的，若是冷藏的話，這層糖衣會硬得更快。但不建議在濕熱的天氣使用。
融化：
4盎司半甜或苦甜巧克力
冷卻之後再用鏟刀或抹刀塗抹到裹了糖霜的蛋糕上，讓糖衣有數小時的時間凝固定形，不然就放入冰箱冷藏以縮短凝固成形的時間。

鬆軟葡萄乾或葡萄乾堅果糖霜（Fluffy Raisin or Raisin-Nut Icing）（約4杯）

加入開心果來製作1931版本所使用的《廚藝之樂》經典糖霜。
切碎1杯葡萄乾或1/2杯葡萄乾及1/2杯堅果。
備好上述的「沸煮白糖霜」或「七分鐘白糖霜」。最後才加入葡萄乾（和堅果），不然就是撒在蛋糕頂層後再塗上糖霜。

鬆軟堅果或椰子糖霜（Fluffy Nut or Coconut Icing）

堅果或椰子糖霜的做法是，把碎堅果或經過乾燥切絲或磨碎的新鮮椰子，約1杯的分量，輕輕壓進裹上糖霜的蛋糕。
使用「沸煮白糖霜」，或是「七分鐘白

糖霜」，替蛋糕上糖霜。趁著糖霜仍柔軟的時候，將盤中蛋糕放在你非寫字的那隻手的掌心中，另外一隻手則順著蛋糕弧度握住蛋糕，如圖示，將椰絲或碎堅果貼抹至糖霜上，而蛋糕下方放置一只碗器來盛接掉落的多餘材料以供再度使用。

用堅果裹上蛋糕的側邊。

美味柳橙糖霜（Luscious Orange Icing）（約4杯）

請閱讀「關於沸煮糖霜」章節，154頁。
在一只厚重的小平底深鍋中，翻攪下列的材料到糖融化為止，然後大火煮沸：

1杯糖、1/2杯水
1大匙淡玉米糖漿

同時，在一只大攪拌碗中，以中高速度把以下材料打發到硬性發泡：

3顆大蛋白
1/8小匙塔塔粉

將溫度調至小火，蓋鍋蓋慢慢沸煨，讓蒸氣化開沾黏在平底深鍋鍋邊的糖晶。此時，將攪拌器調到最低速度，繼續攪打內容物。掀開深鍋鍋蓋，將糖漿熬煮至約115到116度的軟球狀態，把鍋底浸入冷水一秒鐘來停止熬煮。用高速打發蛋白，並慢慢傾倒糖漿，再擊打十分鐘到混合物冷卻為止。加入：

1/4杯糖粉
1小匙柳橙皮絲
1大匙新鮮柳橙汁或3/4小匙香草

將糖霜打發到可以塗抹的黏稠度，立即使用。

關於翻糖糖霜（Fondant Icing）

沸煮糖霜是溫熱稀釋糖果軟餡，使其能澆注糕點或是達到適合塗抹的黏稠度（見290頁「關於翻糖」章節）。翻糖做得漂亮的話，就能為花色小糕點和蛋糕穿光亮的糖衣。如同料理裹糖汁的東西，翻糖的溫度與黏稠度很重要，而這需要花費一些工夫才能得心應手。

為了做出最好的翻糖，在煎鍋倒入四十三度的水並放上耐高溫的碗器，在碗器中慢慢溫熱翻糖；若有需要，在爐上將水重新加熱來保持溫度。用塑膠抹刀輕輕攪拌翻糖直到其溫度在三十七至四十一度之間為止，小心不要製造氣泡。喜歡的話，可以放入食用色素，或用萃取液、檸檬汁、利口酒或是幾小匙水溶解的即溶咖啡粉等東西來增添口味。需要的話，不妨謹慎用溫水把翻糖稀釋到想要的黏稠度——比較稀薄的翻糖適合用來澆在如花色小糕點等小型甜品；比較黏稠的就適合用來做蛋糕頂部的糖霜。你可以在備用糕餅上測試翻糖的黏稠度。

翻糖掩蓋不住糕餅龜裂、凹凸不平、碎屑或其他的瑕疵，因此未上翻糖前，蛋糕和花色小糕點就需做得乾淨平滑。而一般的做法，就是在糕點頂部和側邊刷抹上一層薄薄平滑的奶油淇淋或是熱杏果糖汁。冷卻或是（短暫地）冰凍上了翻糖的糕點，如此一來，糕點的表面結實了，翻糖就能趕快定形。

保存翻糖的方法就是用保鮮膜覆蓋表面，在室溫下可以保存至多一星期內而不腐壞，冷藏的話更可長達六個月之久。

使用翻糖覆蓋花色小糕點或是其他的糕點

在烘烤淺盤上的金屬網架或物架組間隔排列糕點，就能接住多餘的翻糖，只要沒有沾到碎屑就可刮下再使用。依照上述指示來溫熱翻糖，用小瓶子或是湯匙來澆淋糕點。如果需用到抹刀塗抹翻糖，在翻糖一面迅速凝滯成光滑表層的時候，一面穩健快速刷抹，不要重複做工。你也可以用叉子從底部戳拿花色小糕點或其他的小甜品，沾浸翻糖來上糖衣。要添加任何的裝飾，請在翻糖仍舊濕軟的時候進行。假如你只要澆飾的蛋糕數量很少，使用有開槽的煎餅鍋鏟或湯匙一次將蛋糕置於鍋子上方，然後再一個一個裹上翻糖。

巧克力乳脂糖霜（Chocolate Fudge Frosting）（約2又1/2 杯）

對於任何一種巧克力夾層蛋糕，舊式的乳脂糖霜是再適合不過了，而塗抹在餅乾和甜甜圈也相當好吃。

準備「巧克力核桃奶油軟糖」，284頁，但拿掉核桃或是留下來撒在蛋糕頂部。到了最後擊打的階段，乳脂糖會開始變稠，失去光澤，此時加入1大匙鮮奶油攪拌均勻。使用橡膠抹刀刮下在碗底和周邊的沾黏物並將之拌入糖霜之中，繼續攪拌4到5分鐘讓糖霜密實黏稠，再調整黏稠度。有需要的話，再加入更多的鮮奶油，一次只加1小匙，直到調出用來塗抹的最佳黏稠度為止。若不立即使用的話，就用保鮮膜將糖霜表面覆蓋起來，如此在室溫下可以保存約1星期，冷藏的話可以放上3星期而不腐壞，而冰凍的糖霜更有長達半年的保存期限。請先軟化糖霜、攪拌調勻後再使用。

焦糖糖霜（Caramel Frosting）（約3杯）

紅糖的風味是香蕉蛋糕，44頁，或是任何一種香料蛋糕的最佳搭檔。喜歡的話，不妨在裹了糖霜的蛋糕上撒上碎堅果。

將下列材料放入一只厚重的中型平底深鍋之中，攪拌到紅糖完全溶解：

2杯壓實的紅糖

1杯濃鮮奶油或1/2杯（一條）切成小塊的無鹽奶油，並加上1/2杯牛奶

烹煮約3分鐘，並用濕的糕點毛刷刷下沾在鍋壁的結晶體。不要攪拌，繼續烹煮到溫度到達115到116度之間（軟球狀態）就停止加熱，加入：

3大匙無鹽奶油

不要攪拌，使其冷卻至43度，約45分鐘左右。加入：

1小匙香草

打到糖霜變涼、黏稠且多乳脂的狀態。
過於濃稠的話，可以倒入一些下面的材料來稀釋糖霜：
（濃鮮奶油或牛奶）
調整到適於塗抹的黏稠度為止。立即使用，不然就用保鮮膜覆蓋糖霜的表面，如此在室溫下可以保存約1星期，冷藏的話可以放上3星期而不腐壞，而冰凍的糖霜有長達半年的保存期限。請先軟化糖霜、攪拌調勻後再使用。

經典奶油淇淋（Classic Buttercream）（約3杯）

將所有的材料放置於室溫（20到21度之間）之下。將下列材料放入一只厚重的中型平底深鍋中，以中火烹煮攪拌，慢慢煮沸混合物：

1杯糖、1/2杯水
1/4小匙塔塔粉

停止攪拌，蓋鍋蓋沸煮約兩分鐘讓糖完全溶解。掀鍋蓋，使用濕的糕點毛刷刷下沾在鍋壁的結晶體，不要蓋鍋繼續烹煮糖漿，直到糖果溫度計的溫度顯示為115度（軟球狀態）為止。
同時，將一只廣口深煎鍋加水至1吋高，慢慢沸煮。將下列材料放入一只耐高溫的中碗裡，以高速連續擊打到黃白色的濃稠狀：

2顆大雞蛋或5顆大蛋黃

糖漿快要煮好前，再以中等速度攪打雞蛋。一面連續不斷地擊打，一面緩緩把熱糖漿倒入雞蛋之中，小心不要倒到攪拌器上面。把碗放到盛著快要燒開的水的煎鍋裡，不斷用攪拌棒攪拌混合物，直到即讀溫度計的溫度顯示為70度即停止加熱。用清洗好的攪拌器來擊打熱騰騰的混合物，讓它冷卻至室溫為止。每次以1大匙的分量，逐次將下列材料加入混合物中擊打：

1又1/2杯（3條）軟化的無鹽奶油

不斷地攪打到奶油淇淋順滑、適於塗抹的狀態。只要混合物一看起來凝固了，就不要停止擊打的動作，直到呈平滑狀態為止。若是奶油加得過快，混合物就可能變得如羹湯般稠膩；冷藏一下，再繼續擊打。
在冷藏的狀態下，奶油淇淋可以保鮮至多6天；要是冷凍的話，就可以保存長達半年之久。如果要軟化冷藏或冰凍的奶油淇淋，先用叉子分成小塊，再放入置於鍋中耐高溫的碗內，鍋裡盛有尚未煮開的水；不然就使用微波爐，以15到30秒的時間間隔，分段低溫加熱軟化奶油淇淋，當有些開始融化，再使用橡膠抹刀攪拌到其呈平滑、適於塗抹的樣態。你要是讓奶油淇淋過度軟化，就要將之再冷藏、再軟化。

瑞士蛋白霜奶油淇淋（Swiss Meringue Buttercream）（3至3又1/2杯）

這種蛋白奶油淇淋不需要煮糖漿，可說是法式經典奶油淇淋中最容易上手的。手拿電動攪拌器是必要的器材，碗器使用不鏽鋼材質，而不用玻璃或陶瓦材質，以確保蛋白霜能夠充分受熱。每次使用溫度計測讀溫度前，一定要將浸入煎鍋沸煮水裡的管柄沖洗乾淨，如此才不致於污染到蛋白。將奶油和蛋白置於室溫下（20到21度之間）。
將下面的材料放入不鏽鋼大碗一起攪拌：

4顆大蛋白、3/4杯糖、2大匙水
1/4小匙塔塔粉

把碗具放入一只寬口深煎鍋中，鍋中注

水約1吋高，緩緩沸熱，其水位至少要與碗裡的蛋白深度齊高。以低速攪打蛋白，直到即讀溫度計量測混合物的溫度為60度。碗具還在煎鍋內的時候，不要停止攪打的動作，否則蛋白會烹調過度。你若無法一面攪打蛋白，一面握好插入蛋白內的溫度計，那請先將碗具移離煎鍋以讀取溫度計的讀數，然後馬上把碗具放回鍋內。當溫度達到70度時，就高速擊打混合物約2分鐘到4分鐘的時間。碗具拿離煎鍋，並加入：

1小匙香草

繼續高速擊打約3到5分鐘的時間使其冷卻，此時，蛋白霜應該會有光滑的小尖角。在另一只大碗內，將以下的材料擊打到呈現乳脂狀，約需30秒：

1又1/2杯（3條）軟化的無鹽奶油

將一大團蛋白霜放入奶油中不斷攪打，使其完全混合，如法炮製，分批將約一半分量的蛋白霜打入奶油之中，然後把剩下的蛋白霜刮下來並放進混合物中，不斷擊打到平滑鬆軟才停止。將下列材料打進混合物中：

（1至2大匙利口酒）

在冷藏的狀況下，可以保存至多到1星期；若是冰凍起來，則可存放長達半年之久。軟化的方法與上述的經典奶油淇淋相同。

咖啡奶油淇淋（Coffee Buttercream）（3杯至3又1/2杯）

將1大匙即溶咖啡或是速沖咖啡粉溶於1又1/2小匙的水中，之後，將大部分的混合物攪拌製成「經典奶油淇淋」，159頁，或「瑞士蛋白霜奶油淇淋」，159頁，再依口味喜好添加其他材料。

摩卡奶油淇淋（Mocha Buttercream）

融化2盎司苦甜或半甜的碎巧克力，待其冷卻到微溫的狀態，放入上述「咖啡奶油淇淋」攪拌，喜歡的話，還可以加入2大匙咖啡利口酒。

巧克力奶油淇淋（Chocolate Buttercream）（約4又1/2杯）

融化8到12盎司苦甜或半甜的碎巧克力，而每2盎司巧克力就要加1大匙水，待其冷卻到微溫的狀態，再使用橡膠抹刀拌入「經典奶油淇淋」，159頁，或「瑞士蛋白霜奶油淇淋」，159頁，及（2大匙或更多蘭姆酒、白蘭地或利口酒）。

果仁糖或堅果奶油淇淋（Praline or Nut Buttercream）（3杯至3又1/2杯）

將1/3杯到1/2杯烘烤的碎堅果或果仁糖餡料，544頁、堅果、加糖或無糖罐裝栗子醬拌入「經典奶油淇淋」，159頁，或「瑞士蛋白霜奶油淇淋」，159頁。拌入（1大匙到2大匙利口酒）。

柳橙奶油淇淋（Orange Buttercream）（3杯至3又1/2杯）

準備2大匙柳橙皮絲、1小匙檸檬皮絲和1大匙到2大匙柳橙利口酒，將其拌入「經典奶油淇淋」，159頁，或「瑞士蛋白霜奶油淇淋」，159頁。

檸檬奶油淇淋（Lemon Buttercream）（3杯至3又1/2杯）

將4小匙檸檬皮絲拌入「經典奶油淇淋」，159頁，或「瑞士蛋白霜奶油淇淋」，159頁。或可拌入「檸檬凝乳」，102頁，以增添口感。

酒味奶油淇淋（Liquor-Flavored Buttercream）（3杯至3又1/2杯）

將至多1/2杯酒慢慢拌入「經典奶油淇淋」，或「瑞士蛋白霜奶油淇淋」。奶油淇淋因為加了酒而較不穩定：如果混合物開始分離，用橡膠抹刀快速攪拌到順滑為止，再放入1/4到1/2杯（1/2至1條）柔軟的無鹽奶油一起攪打。

| 關於速成糖霜 |

這些經典糖霜不但甜美且風味獨具，不會過於油膩，容易調製。其基本配方也便於牢記：

➠半杯（一條）奶油搭配四杯（一磅）糖粉以及分量恰當汁液材料，就能調製出你要的濃稠度。最快的做法是，將軟化的奶油與過篩的糖一起混合攪打，同時慢慢加入汁液材料和調味料，攪打混合物到濃稠度適當為止。

調整糖粉糖霜的濃稠度，大多是若要稠一點就加入更多糖粉，若希望稀一點就加入更多水。然而，因為這類型的糖霜靜靜放上幾分鐘會自行變稠，更別說是放在冰水上攪拌了，我們在加更多糖粉之前，都先試試這一、兩種方式，而糖霜的風味和質地也會因而降低。在要使用前才調製這些糖霜。保存的方法可用保鮮膜蓋住糖霜表面，如此在室溫下最多可以保存三天，冷藏的話就可存放至多三星期，而冷凍起來更可保存長達半年之久。使用前，請先軟化糖霜，並攪拌、擊打到順滑。含有奶油起司的糖霜若是冷藏的話可以保鮮約一星期；要是冷凍的話，至多可保存三個月。請先軟化並攪拌糖霜到軟滑再使用。

速成白糖霜（Quick White Icing）（約2杯）

這是糖霜最快的做法。

將下列材料放入一只中碗，並以中速攪打：

4杯（1磅）過篩的糖粉

1/2杯（1條）軟化的無鹽奶油

加入下列材料，攪打到軟滑狀態：

4到6大匙牛奶、不甜雪莉酒、蘭姆酒或咖啡

2小匙香草、1/4小匙鹽

想要調整黏稠度的話，見上所述。

速成檸檬糖霜（Quick Lemon Icing）

創造這種微妙風味的做法是，混合前粗磨1顆柳橙或檸檬的外皮，再用棉布包起外皮並擰出柑橘油，未攪拌前就放到糖粉上。將油脂拌入糖粉，且擱置15分鐘或

更長的時間來入味。

把1顆分量的檸檬皮絲放入糖粉混合物，並加入1到2大匙新鮮檸檬汁，需要的話，還可以添加牛奶一起攪拌。

速成柳橙糖霜（Quick Orange Icing）

把1小顆分量的柳橙皮絲放入糖粉混合物，並加入4到6大匙新鮮柳橙汁一起攪拌。

速成摩卡糖霜（Quick Mocha Icing）

將糖粉的分量減至1又2/3杯，並把2大匙無糖可可粉和1小匙即溶咖啡或速沖咖啡粉加入混合物。使用水做為攪拌汁液。

速成奶油糖果糖霜（Quick Butterscotch[Penuche] Icing）（約1又1/2杯）

這種糖霜散發著濃稠的紅糖風味，呈淡咖啡色。

將下列材料放入雙層蒸鍋的上層，加熱攪拌到順滑為止：

1/4杯（1/2條）無鹽奶油

1/2杯壓實紅糖

1/8小匙鹽

1/3杯淡鮮奶油或奶水

停止加熱，讓其冷卻約5分鐘，再慢慢放入以下材料，擊打此混合物到可以塗抹的狀態：

3杯過篩糖粉

1/2小匙香草或1小匙萊姆酒

如果糖霜成品似乎太稀，將有糖霜的平底鍋放入另一只裝盛冰水的較大平底鍋內，不斷攪打到可以塗抹的狀態為止。

有需要的話，可以加入更多：

（糖粉）

並將下面材料拌入混合物：

（1/2杯碎核桃或胡桃）

速成巧克力奶油糖霜（Quick Chocolate Butter Icing）（約1又1/4杯）

在雙層蒸鍋上層或一只耐高溫的碗裡融化：

3盎司粗碎無糖巧克力

3大匙無鹽奶油

停止加熱並拌入：

1/4杯熱咖啡、鮮奶油或牛奶

1小匙香草

慢慢加入以下材料，不斷擊打到可以塗抹的程度為止：

2杯或適量過篩的糖粉

速成焦味奶油糖霜（Quick Brown Butter Icing）（約3/4杯）

焦味奶油的味道可以為普通奶油蛋糕和香料蛋糕提味。這種糖霜上面會有少許焦黃色斑點，需要時才調製。

將下列材料放入一只中型煎鍋用中火加熱融化：

6大匙（3/4條）無鹽奶油

繼續加熱，不斷攪拌到出現深金黃色。慢慢拌入：

1又1/4杯過篩糖粉

1小匙香草

刮下糖霜，放入碗具連續打到順滑、可以塗抹的狀態；不要加入液體稀釋。立即使用。

椰香胡桃糖霜（Coconut Pecan Icing）（約2又1/2杯）

將下列材料放入平底鍋：
2/3杯糖、2/3杯奶水、2顆蛋黃
6大匙（3/4條）無鹽奶油
1/2小匙香草

用小火烹煮、不斷攪拌約10分鐘，或是讓蛋黃熟透，但不要煮到沸騰。停止加熱，加入：
1又1/2杯椰片、2/3至1杯碎胡桃

速成楓糖糖霜（Quick Maple Icing）（約1杯）

在一只中碗內，混拌：
2杯過篩糖粉、1大匙軟無鹽奶油
1/4小匙鹽、1/2小匙香草

加入以下材料並打到適合塗抹的程度為止：
約1/2杯純楓糖

奶油起司糖霜（Cream Cheese Frosting）（約2杯）

有兩個訣竅可以做出完美順滑的奶油起司糖霜，分量足以旋繞蛋糕或是供擠花袋澆飾裱花：就是不要過度擊打材料，並使用沒有軟化的冷奶油起司。如果要用奶油，要用室溫溫度的奶油，先秤量糖粉再過篩使用。

照著你的口味來調整糖粉的分量：我們看過有食譜每盎司的奶油起司只用1小匙糖粉，也有多到1/2杯的分量。

I. 使用食物調理機的做法
這是最快速的做法。
將以下材料全放入食物調理機中，脈衝料理至濃郁軟滑即可：
8盎司冷奶油起司
（6大匙[3/4條]軟的無鹽奶油）
2小匙香草
3杯過篩糖粉
如果糖霜成品太硬，再多脈衝料理幾秒；不要料理過度。喜歡的話，依口味拌入額外的調味料，例如：
（檸檬皮絲或柳橙皮絲、肉桂粉或利口酒）

II. 使用電動攪拌器的做法
將下列材料放入一只中碗，以低速擊打到混合均勻即可：
8盎司冷奶油起司
（5大匙軟化的無鹽奶油）
2小匙香草
將以下材料分3等分，依次加入攪打到軟滑且黏稠度適當為止：
1磅（4杯）過篩的糖粉
如果糖霜成品太硬，再多擊打幾秒；不要擊打過度。喜歡的話，依口味拌入額外的調味料，例如：
（檸檬皮絲或柳橙皮絲、肉桂粉或利口酒）

巧克力奶油起司糖霜（Chocolate Cream Cheese Frosting）（約2又2/3杯）

將5盎司半甜或苦甜的碎巧克力和3大匙水或咖啡混合，不斷攪拌到軟滑狀，就擱放到微溫才拌入糖霜中。

花生醬糖霜（Peanut Butter Frosting）（約2杯）

依口味拌入碎花生，喜歡的話，也可以撒在做好的蛋糕上。這可以用來做為澆裹巧克力糖霜的蛋糕的夾餡。使用冷奶油起司，而奶油可以是冷的，但最好溫度在室溫20到21度之間。
在中碗內擊打：
1/2杯爽滑的花生醬
3盎司冷奶油起司
1又1/2大匙軟無鹽奶油、1小匙香草
3大匙鮮奶油或牛奶
（1至2大匙波本威士忌或蘭姆酒）
將以下材料分3等分，依次加入攪打到軟滑且黏稠度適當為止：
2又2/3杯過篩的糖粉
如果糖霜太硬，就加入以下材料擊打，但不要過度擊打：
1至2大匙鮮奶油、牛奶或烈酒，或是所需的材料

| 關於巧克力甘納許和其他濃郁巧克力糖霜和糖汁 |

果仁蛋糕上的那一層光滑濃郁的巧克力糖衣，如同巧克力松露的夾心，貼切說來應是巧克力甘納許。甘納許的英文Ganache源自於法語，是指任何巧克力和鮮奶油的混合物，偶爾可能含有奶油、雞蛋或蛋黃；不用鮮奶油而改用奶油，可以做出不同風味的甘納許。甘納許可做夾餡、糖霜或糖汁，用途廣泛。通常同一份食譜做出的成品，在二十度時是適於灌注的糖汁，而冷卻至室溫就成了可以塗抹的糖霜了。甘納許的做法簡單快速，入口即化且風味濃郁。

為蛋糕或果仁蛋糕澆淋巧克力糖衣

大量澆注的糖霜會掩藏蛋糕表層的缺點，但是澆裹的巧克力糖汁卻無法藏拙，從不對稱的形狀到塌陷裂縫的瑕疵都一覽無遺。而為蛋糕或果仁蛋糕完美淋上巧克力糖汁的兩大訣竅在於：蛋糕形狀和表面的製作，以及存放蛋糕與傾倒糖汁的溫度。

蛋糕一定要平整。有需要的話，不妨修整一下海綿或奶油蛋糕。如53頁的指示，中央明顯凹陷的巧克力或果仁蛋糕，可以藉由按壓周邊、倒轉蛋糕來弄平凹陷之處。把蛋糕放在如圓形紙板或彈簧扣模鍋底部等硬質基底，就可以避免蛋糕移動時而造成糖霜碎裂或鼓起。

一定要先讓蛋糕表面平滑，再澆裹糖衣。有些歐式經典甜點在上糖衣前，會用一層濾過的熱杏果或醋栗果醬來包裹蛋糕或果仁蛋糕。更有效的方法是，為蛋糕淋上一層薄薄的稠度適中的冷卻巧克力糖汁。就如同使用替蛋糕裹上「蛋糕屑塗層」，148頁，技法的蛋糕，如此一來可使表面平坦、填補裂縫並固定鬆脫的細屑。在室溫溫度的蛋糕就應在室溫下上蛋糕屑塗層，而一定要冷藏或是冰冷享用的蛋糕，就要冰鎮後才上蛋糕屑塗層。一旦上了細屑塗層，室溫的蛋糕要冷藏五至十分鐘來稍加固定塗層，但不應該讓蛋糕凍結，即使你後來還沒有要上糖霜，就要把蛋糕從冰箱拿出，而要冰冷享用的蛋糕則應該在上糖霜時才從冰箱中取出。

上糖衣時，將蛋糕放在餅乾烘烤淺盤的物架、餐桌轉盤或裝飾旋盤上。重新加熱剩餘的糖汁到可以傾倒為止（約三十度）。如果溫度不夠熱，糖汁馬上就會滯鈍；如果過於溫熱，糖汁都還淋得不夠厚就流到蛋糕外了。如下圖所示，把糖汁澆淋到蛋糕頂部，用金屬抹刀均勻塗抹頂部和側邊，而若是覆蓋糖汁的地方有間隙，可以用抹刀或手指頭沾浸在旋盤或餅乾淺盤上剩下的糖汁，觸抹在沒有塗到的地方。乾燥之後就不要塗抹糖汁，因為這會讓蛋糕表面滯鈍而出現紋路。冷蛋糕的糖汁會馬上定形，所以你上糖汁的動作一定要快。室溫的蛋糕就放在室溫下自然定形；無論在什麼情況下，都不要冷藏蛋糕。至於冷蛋糕，在上完糖汁後就馬上放回冰箱，到需要的時候才拿出，取出的確切時間倒是要看是什麼蛋糕，可以是要食用前，或是最多提早兩小時拿出蛋糕。

總之，糖汁出現滯鈍、斑駁或紋路，不是因為傾倒糖汁的溫度不對，就是蛋糕在上糖汁前後的溫度不對。

依循這些指示進行，保證可以做出如鏡面光滑閃亮的裹糖衣蛋糕。

大多的巧克力甘納許都可以放在冰箱冰藏保存一定的時間，或是冷凍存放至多三到六個月。使用前，加熱軟化、攪拌到平滑狀即可。

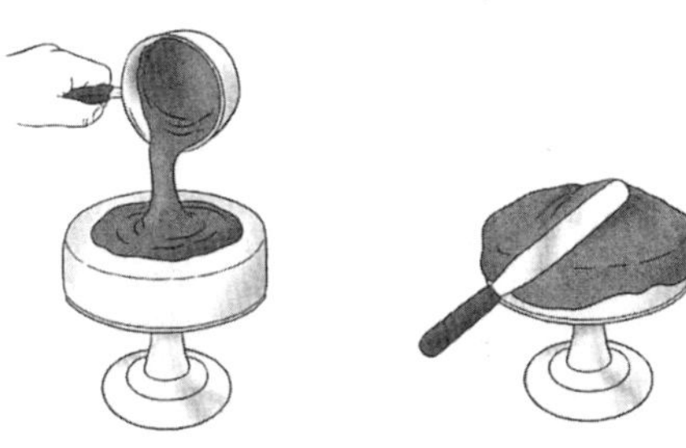

將糖汁傾倒在蛋糕中央，再用抹刀抹勻。

巧克力甘納許糖汁或糖霜（Chocolate Ganache Glaze or Frosting）（約1又1/2杯）

將下面材料放入小平底深鍋煮滾：

3/4杯濃鮮奶油

停止加熱，放入：

8盎司半甜或苦甜的細碎巧克力

繼續攪拌到大部分的巧克力融化為止。蓋鍋蓋，放置10分鐘，再輕輕攪拌或攪打到均勻軟滑。拌入：

（1大匙利口酒或是依口味添加）

若要調製可以傾倒的糖汁，就讓甘納許留在室溫下，偶爾攪拌，直到溫度降到約30度；若要製作糖霜，將甘納許放到可以塗抹的狀態即可。如果甘納許變得太硬，將盛甘納許的鍋子放入裝有熱水的較大鍋中，攪拌到軟化即可；不然，重新加熱融化，冷卻到30到35度之間以做為糖汁使用。這在室溫下可以保存多至3天，冷藏則可放到1星期之久。

苦甜巧克力糖汁或糖霜（Bittersweet Chocolate Glaze or Frosting）（約1杯）

這種糖汁或糖霜相當精緻，用於濃郁的巧克力或果仁蛋糕。若要調製出還要苦甜的口感，就將1盎司半甜或苦甜巧克力換成1盎司無糖巧克力。

將以下材料放入雙層蒸鍋上層或是微波爐內，中溫加熱，並不時攪動到巧克力融化軟滑即可：
6盎司苦甜或半甜的粗碎巧克力
1/3杯水、咖啡或牛奶、（1撮鹽）
停止加熱。用橡膠抹刀拌入下面材料，一次拌入2到3塊：
6大匙（3/4條）無鹽奶油，切小塊
繼續攪拌，但不要擊打，一直到完全軟滑為止。
拌入：（1到2大匙利口酒）
若要調製可以傾倒的糖汁，就讓混合物在室溫下，偶爾攪拌，直到溫度降到32度；若要製作糖霜，就放到可以塗抹的狀態即可。如果糖霜變得太硬，將盛糖霜的鍋子放入有熱水的較大鍋中，用橡膠抹刀溫和攪拌；不然，重新加熱融化，冷卻到32度以做為糖汁使用。這在室溫下可以保存多至3天，冷藏則可放至3星期之久。

歐式巧克力糖霜（European Chocolate Icing）（約2/3杯）

一位來自美國的新娘非常想念家鄉，從她的來信我們才明白熟悉的味道到了他鄉，就像是外國人說英文的口音，走味而陌生。想做出糖霜該有的味道，但要上哪兒去找做糖霜的苦巧克力呢？母親的朋友詹姆士．古格里（James Gregory）廚師的這份半甜食譜，讓母親彷彿吃到了家鄉味。要替蛋糕上糖霜的話，食譜的分量要多加一倍或兩倍。
將下面原料放入雙層蒸鍋的上層，置於滾水上方而不是水裡，加熱融化：
4盎司碎苦甜巧克力
1大匙無鹽奶油
停止加熱。加入下列原料攪打均勻：
1/3杯濃鮮奶油
拌入下面的原料直到糖霜軟滑且甜度適當：
1杯或適量過篩的糖粉
1小匙香草
趁糖霜仍溫熱時，滴澆或塗抹在蛋糕上。

巧克力軟緞糖霜（Chocolate Satin Frosting）（約3杯）

大人小孩都喜歡這種亮亮、甜甜的黑巧克力糖霜，用食物調理機製作容易，用剩的就裝入瓶中，放在冰箱保存，之後可以加熱融化快速做成冰淇淋淋醬，也可以塗在全麥餅乾或餅乾。
把下面的材料折碎或切成1/2盎司小塊：
6盎司無糖巧克力
把下面的材料放入小平底深鍋滾沸：
1杯奶水或濃鮮奶油
停止加熱，加入巧克力，但不要攪拌。蓋鍋蓋，放上整整10分鐘，再將糖霜刮下放進食物調理機或果汁機，並放入：
1又1/2杯糖
6大匙（3/4條）無鹽奶油，切小塊
1小匙香草
調理混合物到完全呈軟滑狀，需時1分鐘或更久，再放入碗內。有需要的話，放置幾分鐘（若使用鮮奶油，時間就長些），讓糖霜變稠到合適塗抹的黏稠度。如果使用的是鮮奶油，放入冷藏可以保存至多1星期；如果使用的是奶水，放入冷藏可以保存約3星期。

巧克力酸鮮奶油糖霜（Chocolate Sour Cream Frosting）（約2杯）

這種糖霜相當苦甜、有光澤，可以做為巧克力奶油蛋糕的夾餡或糖霜。使用前再調製。把以下材料放入雙層蒸鍋的上層或是微波爐，用中溫加熱融化，且不時攪拌：
10盎司苦甜或半甜的粗碎巧克力
停止加熱，拌入下面的材料，但不要攪打，直到混合均勻即可：
1杯酸鮮奶油
立即使用。只要糖霜一變得太硬或失去光澤，將有糖霜的鍋子放入裝有熱水的較大鍋中，攪拌幾秒到軟化即可。冷藏下能保存至多1星期。

白巧克力糖霜（White Chocolate Frosting）

準備「巧克力酸鮮奶油糖霜」，但請將苦甜或半甜巧克力換成10盎司白巧克力。

巧克力慕斯糖霜（Chocolate Mousse Frosting）（約3又1/2杯）

這種糖霜有著誘人的慕斯質地，不妨試著用來做「天使蛋糕」，17頁、濕潤的海綿蛋糕，19-22頁，或惡魔蛋糕，38頁的夾餡。
將以下材料放入一只耐高溫的中碗內攪打，最好使用不鏽鋼碗：
2顆大雞蛋、2杯過篩糖粉
1/2杯牛奶、咖啡或水、1/8小匙鹽
將碗放到一只大煎鍋加熱，鍋內的水尚未煮開，不時攪拌混合物，直到即讀溫度計測量出的溫度是70度才停止加熱，並拌入：
4盎司細碎無糖巧克力
6大匙（3/4條）無鹽奶油，切小塊
1小匙香草
繼續攪拌讓巧克力和奶油融化，且混合物呈軟滑狀，再把碗放進另一個裝著冰水、更大的碗內，用高速攪打糖霜到堅挺密實即可。冷藏的話，最多可以保存4天。

摩卡糖汁或糖霜（Mocha Glaze or Frosting）（約1又1/3杯）

這種糖霜搭配任何一種蛋糕都相當出色。
將以下材料放入一只小碗：
9盎斯細碎的牛奶巧克力
將下面的材料放入中型平底深鍋，慢慢煮沸：
2/3杯濃鮮奶油
1大匙淡玉米糖漿
1大匙即溶咖啡或速沖咖啡粉
（1/8小匙肉桂粉）
馬上淋到巧克力上，並攪拌到巧克力融化、混合物呈軟滑狀。若要做成糖汁的話，讓混合物冷卻到正好38度；若要做成糖霜的話，就讓混合物冷卻至室溫，再用木匙或橡膠抹刀攪拌到適合塗抹的狀態。如果糖霜變得太硬，就把將裝糖霜的鍋子放入有熱水的較大鍋中，用橡膠抹刀溫和攪拌即可；或是重新加熱融化，再冷卻到38度以做為糖汁使用。室溫下，可以保存至多3天；放入冷藏，可存放3星期之久。

甜奶油醬加料（Hard Sauce Topping）（約1杯）

將添加了白蘭地的「甜奶油醬」，263頁，放入耐高溫的碗內，再放到慢慢燒開的水上方稍微軟化。任何的冷卻蛋糕、餅乾或點心棒或是糕點，都可以塗上薄薄一層甜奶油醬。

烘烤糖霜（Baked Icing）（1個8吋方蛋糕的分量）

這種糖霜會跟著蛋糕一起烘烤，只適用於薄蛋糕，烘烤時間只要25分鐘，甚至是更短，如香料或薑蛋糕或佐咖啡糕點都屬於薄蛋糕。

預熱烤爐到190度或蛋糕食譜上註明的溫度。

將下列材料放入小碗打到黏稠發泡、但不乾硬：

1顆大蛋白、1/8小匙鹽

慢慢打入：

1/2杯壓實的深紅糖

用於巧克力糖霜上，要摻入：

（2大匙無糖可可粉）

將糖霜輕輕塗抹到蛋糕糊上，再撒上：

1/4杯碎堅果

就照著食譜指示烘烤蛋糕。

烤糖霜（Broiled Icing）（1個8×8吋方蛋糕的分量；約1杯）

趁糖霜還溫熱時，就塗抹到蛋糕、佐咖啡糕點或餅乾上。

預熱高架烤爐，混合以下材料並攪拌到軟滑狀：

2/3杯壓實的紅糖

3大匙融化的無鹽奶油

3大匙濃鮮奶油

1/8小匙鹽

1/2杯甜椰絲或碎堅果

將糖霜塗抹到蛋糕上，放在烤爐的加熱元件下3到5吋烘烤，烤到糖霜表面全部起泡即可；小心不要讓糖霜燒焦。

｜關於軟蛋白霜加料（Soft Meringue Toppings）｜

身為一位家庭烘焙師，沒有比看到蛋白霜派上的加料出水成窪更讓人失望受挫了；很少有廚房難題能如此，讓食譜書前仆後繼對此給予理論化、相互駁斥的建議。蛋白霜中沒有融化的糖常被當成這個慘劇的代罪羔羊，但老實說跟那關係不大，潮濕的氣候是另一個常被懷疑的可能因素，關聯就更小了。而對熱敏感的蛋白才是真正的罪魁禍首。大部分的食譜會引導你，把蛋白霜塗在冷卻或微溫的餡料上，再放入烤爐至多二十分鐘，讓加料烤到焦黃。這個程序的問題是，幾乎是生的蛋白底部接觸了溫熱的餡料，蛋白頂部因為烤爐的熱度而炙灼。在靜置派餅時，蛋白霜沒有煮熟的部分自然就會融化，在餡料與加料之間形成令人討厭、水溜溜的坑窪；同時，加熱過度的蛋白霜表面會像是煮過頭的卡士達一樣崩壞凝固，形成黏答答的難看糖珠。

預防蛋白霜底部融化的方法很簡單，只要在你加入蛋白霜時，確保餡料不只是微溫，而是熱的，即可藉由餡料熱度來煮熟蛋白霜的底層。如果餡料在你準備放入蛋白霜前就煮好了，那在放加料前，先將派餅放入烤爐烤五分鐘。理想的情況是，你在做好蛋白霜之前就想到要這麼做，因為一旦做好了蛋白霜，就不能久放不用。

蛋白霜表面烘焙過度與因而產生黏珠的問題更複雜。在熱水上方加熱蛋白霜，就像是瑞士蛋白霜，159頁，或七分鐘白糖霜，155頁的製作過程，是為了穩定蛋白霜，比較不容易出水。然而，加熱的蛋白霜嚐起來乾黏，烘烤時容易形成一層堅硬的外皮。我們認為比較好的做法，是用煮熟的玉米澱粉糊來穩定蛋白霜，如下文提到的「軟蛋白霜加料I」做法。的確，做麵糊意味多了一項你可能沒有時間迅速處理的步驟，因此如果你可以忍受幾點糖珠，當然就用「軟蛋白霜加料II」的傳統做法。

替派餅或布丁上蛋白霜的做法➡將蛋白霜填入中間部分前，先順著派餅皮或盤具的邊緣上一圈加料，因為若是從中間先開始，一些餡料可能會位置不對而外溢。➡蛋白霜如果沒有跟邊緣完全密合，烘焙時可能會被扯掉。替半熟或液態餡料加上蛋白霜時，如做「切斯派」★，508頁，或「佛羅里達酸萊姆派」★，516頁，務必要留心這一點。在沒有派皮的布丁放上蛋白霜的時候，將加料塗抹到餐具邊緣。但話說回來，這麼做可能無法避免布丁體積縮小，尤其是在盤具沾染油脂的情況下。

蛋白霜食用安全：如果想真的消滅蛋白可能攜帶的病原體，你一定要將蛋白霜加熱到七十度。照著食譜的指示，你在塗放加料時，派餅加料一定要是滾燙的。烘烤二十分鐘後，小心斜插即讀溫度計到蛋白霜中心測量溫度，若是測出了未達該有的溫度，就再烘烤一下。當心不要烤超過七十五度，蛋白霜可會開始崩塌，即便是用了玉米澱粉穩固的蛋白霜也可能會崩塌。

至於烘烤時間不長的點心，像是「香蕉布丁」，185頁，或「熱烤阿拉斯加」，249頁，你要是擔心能不能安心食用裡頭的蛋白霜和雞蛋，請用巴斯德雞蛋的蛋白，493頁。

軟蛋白霜加料（Soft Meringue Topping）

I. 1個9吋派餅的分量：約3/4杯

這種蛋白霜因為含有穩定功效的玉米澱粉，所以即使冷藏幾天也不會有裂縫或出水消氣。你上蛋白霜的時候，派餅餡料一定要是滾燙的，且事先就量好材料、準備好玉米澱粉糊。

將下列材料放入小平底深鍋混合均勻：

1大匙玉米澱粉、1大匙糖

緩緩拌入下列材料，調出平順流動的麵糊：

1/3杯水

用中火將麵糊煮沸，全程都要攪拌且動作俐落，然後再沸煮15秒。停止加熱稠麵糊，蓋鍋。將以下材料放入玻璃或金屬材質的無油脂乾淨鍋具內打到發泡：

4顆室溫下的大蛋白

加入下面的材料擊打到出現軟性發泡：

1/2小匙香草

1/4小匙塔塔粉

極慢速打入：

1/2杯糖，最好是特細砂糖

以高速擊打混合物到小尖角密實光滑，但不要太乾燥。之後，換成極低速打入玉米澱粉糊，一次一大匙。加入所有的麵糊之後，換成中速擊打 10 秒，就如上述把蛋白霜成品塗在熱的派餅餡料（或布丁）上，並照食譜指示烘烤即可。

II. 1個9吋派餅的分量；約3/4杯

這種傳統的軟蛋白霜加料比上一種更容易製作，可是成品較不穩定。最好是當天做、當天用，且量秤好材料再開始製作餡料。

請讀上文「關於軟蛋白霜加料」。將下面材料放入玻璃或金屬材質的無油脂乾淨鍋具，以中速打到發泡：

4顆室溫下的大蛋白

加入以下材料打到軟性發泡：

1/4小匙塔塔粉

以極慢速打入：

1/2杯糖，最好是特細砂糖

以高速擊打混合物到小尖角密實光滑，但不要太乾燥，再打入：

1/2小匙香草

如上述將蛋白霜成品塗抹於熱餡料（或布丁）上，並照食譜指示烘烤即可。

鬆脆杏仁加料（Crunchy Almond Topping）（約1又1/3杯）

這種加料其實是跟著蛋糕一起烘烤的派餅皮，倒放蛋糕脫膜而成為加料。

預熱烤爐至165度。將下面材料放到小烤盤或派餅烤盤烘烤到微焦，需5-10分鐘：

1/3杯去皮熱燙杏仁片

放置冷卻。使用下面材料替蛋糕烤盤充分抹油：

2小匙軟化無鹽奶油

把烘過的堅果壓入在盤底和盤壁的奶油內，並撒放：

2至3小匙糖

混勻蛋糕糊並小心倒進烤盤，再照指示烘烤與脫模。

烘烤前使用的酥粒和加料（Streusel And Toppings Applied Before Baking）

I. 酥粒加料（2/3到3/4杯）

準備：

任何一種甜蛋糕麵團★，403-419頁

將奶油揉進麵團後攤開，混合：

1/3杯糖

2大匙中筋麵粉或米穀粉

2大匙無鹽奶油

將這些材料混合到酥脆為止。加入：

1/2小匙肉桂粉

（1/4到1/2杯碎堅果）

如果要加上糕餅屑和堅果，此時就撒在麵團上，再依指示進行烘烤。

II. 蜂蜜糖汁（Honey-Bee Glaze）（2個9吋方形蛋糕的分量）

烘烤前才將這種糖霜塗在佐咖啡蛋糕上。

將下面材料放進小平底深鍋，用小火煮滾並攪拌讓糖融化：

1/2杯糖

1/4杯牛奶

1/4杯（1/2條）無鹽奶油

1/4杯蜂蜜

1/2杯碎堅果

完成後立即使用。

烘烤前或期間使用的糖汁（Glazes Applied Before or During Baking）

I. 若要為酵母麵團或糕點上色或上光，在烘烤前刷抹：
牛奶、奶油或是兩者的混合物

II. 法式蛋液（French Egg Wash）
若為酵母麵團或糕點上色或上光，在烘烤前刷抹：
將1顆蛋黃加入1至2大匙水或牛奶攪打

III. 若要糖汁發亮，在烘烤前撒上：
糖

IV. 若要糖汁透明，只要在糕點烘烤完成前刷抹：
1/4杯糖
上述的糖要先溶於下面材料：
1/4杯熱水或熱濃咖啡
（1/2小匙肉桂粉）
再放回烤爐完成烘烤。

烘烤後使用的糖汁（Glazes Applied After Baking）

喜歡的話，一上完這些糖汁，可以再用全堅果、切半的堅果或果乾蜜餞來裝飾蛋糕、甜麵包或糕點，而乾了的糖汁會將這些裝飾材料固定在甜糕點上。

I. 牛奶糖汁（Miik Glaze）（約1/3杯）
這可以替代在如花色小糕點上使用的翻糖。
把下面的材料攪打到軟滑狀：
1/2杯過篩的糖粉
2小匙熱牛奶
1/4小匙香草

II. 檸檬糖汁（Lemon Glaze）（約1/2杯；1個8吋方形蛋糕薄糖衣的分量）
這種糖汁應該塗抹在溫熱的蛋糕或聖誕餅乾上，它的黏稠度很好，嵌得住裝飾堅果和水果。
把下面的材料攪打到軟滑即可：
1又1/4杯過篩糖粉
1/4鮮檸檬、柳橙或萊姆汁
1小匙香草

III. 蜂蜜糖汁（約1/3杯）
將下面材料放入小平底深鍋煮沸：
1/4杯蜂蜜
2大匙糖
1大匙無鹽奶油

IV. 發泡奶油起司加料（Whipped Cream Cheem Topping）（約1/3杯）
將以下材料放入攪拌機打到軟滑：
3盎司奶油起司
1大匙濃鮮奶油
1/2小匙香草
加入攪勻：
3大匙糖粉

V. 利口酒糖汁（Liqueur Glaze）（約2/3杯）
將下面材料打到軟滑即可：
2杯過篩的糖粉
3大匙利口酒
2大匙融化的無鹽奶油
把成品塗抹在蛋糕餅乾上。

透明糖汁（Translucent Sugar Glaze）（約1/2杯）

這種糖汁可以為長條蛋糕和中空蛋糕穿上一層稍有光澤的脆糖衣，增加些許的甜味，也可以塗在餅乾上。若是用在大的中空蛋糕或用波形中空烤模做出來的蛋糕時，食譜的分量需要增加一倍。
將下面的材料輕快拌勻：
1杯過篩糖粉
（1/2小匙柳橙皮絲或檸檬皮絲）

2到3大匙水、烈酒、新鮮檸檬汁或咖啡
（1/4小匙香草）

立即使用。將糖汁刷抹到蛋糕上或用湯匙滴灑其上。

速成餅乾糖霜（Quick Cookie Icing）（約1杯）

這種糖霜適合製作兒童餅乾，可以用食用色素染色，並分裝在小杯子裡，之後塗抹在薑餅或糖餅乾上。混同一堆可以密封的塑膠袋（剪掉底部一角）來澆擠糖霜。

在一只中碗內拌勻：
4杯（1磅）過篩糖粉
3到4大匙的水
依需要加入以下材料來調整黏稠度：
糖粉或水

喜歡的話，可以著色。存放時，用保鮮膜覆蓋糖霜表面，在室溫下最多可以放上4天；冷藏則可以保存約1個月。

速成檸檬餅乾糖霜（Quick Lemon Icing For Cookies）

把水換成3到4大匙新鮮檸檬汁。

搭配水果派、塔餅和配咖啡蛋糕的糖汁

I. 杏桃、桃或覆盆子糖汁（Apricot, Peach, or Raspberry Glaze）（約4又1/2杯）

用於烘焙糕點最簡單的糖汁，就是融化的手工果醬或果汁果醬，如醋栗、榲桲或蘋果等口味的果醬。以下食譜可以做出一堆糖汁，不妨存放一些在冰箱備用，相當好用。

將下列材料放入中型的厚重平底深鍋：
3杯濾過的杏、桃或覆盆子
1杯糖
1杯淡玉米糖漿

烹煮攪拌直到糖融化為止。在混合物仍溫熱的時候，淋到放涼了的糕點上。

II. 水果糖汁（Fruit Glaze）（淋上3杯漿果或水果的分量）

奶油可以讓糖汁保持柔軟。

將下面材料滾煮到果漿階段，399頁，再過濾即可：
1杯糖
1杯洗淨、削皮的水果，口味任選
2顆中蘋果，削皮、去核、切塊
（一些紅色的植物性色素）
1/4杯水
（1大匙無鹽奶油）

果汁放涼到快要凝固的時候，就澆淋或塗抹到要上糖衣的水果上。

III. 草莓糖汁（Strawberry Glaze）（1個9吋水果派或塔餅、或是6個3又1/2吋塔餅的分量）

將下面材料放入食物調理機打成泥：
3杯切半草莓

之後用細孔篩網濾到中型平底深鍋，加入：
1/3杯糖
1大匙新鮮檸檬汁
1大匙玉米澱粉
（一些紅色食用色素）

用小火熬煮攪拌混合物到濃稠透明即可，約1分鐘。放涼後再塗抹在要上糖衣的水果上。

IV. 濃稠的水果糖汁（Thickened Fruit Glaze）

罐裝果露或果醬也可以是糖汁的原料。玉米澱粉可以做出軟滑的糖汁；葛粉做出來的糖汁就比較透明黏稠。

將果露或果醬煮沸到黏稠為止，每1/2杯的分量配加下面分量的材料：

1小匙玉米澱粉或葛粉

且拌入：

1大匙糖

透明焦糖糖汁（Clear Caramel Glaze）（約1杯）

許多歐式蛋糕都會使用這種脆脆的加料。

將下面材料加到小平底深鍋：

1杯糖

1/3杯水

用中火滾煮攪拌到糖融化為止。然後不要攪拌，繼續滾煮直到焦糖呈淡琥珀色、溫度約達155度，馬上使用熱抹刀上糖汁。如果你的動作夠快，可以標記上糖衣圖案，待會兒容易切分，使用的刀子要先沾浸奶油。

| 裝飾蛋糕的鮮花 |

可以使用食用花朵來裝飾蛋糕，你要確定➡不是噴畫出來的花朵。選擇顏色雅緻的盛開花朵，如蜀葵、甘菊、金蓮花、三色堇和紫羅蘭等。雛菊或非洲雛菊也相當適合。➡小心不要用鈴蘭或聖星百合等有毒花朵。且要移除雄蕊，剪去約四分之三吋的花莖，端上桌前才把花朵裝飾在冰凍的蛋糕上。喜歡的話，不妨在每一朵鮮花上插上一支小蠟燭。

點心

Desserts

此章節的焦點為卡士達、焦糖雞蛋布丁、清爽的舒芙蕾和蓬鬆蛋白霜。玉米澱粉布丁、米布丁和木薯澱粉布丁都會快樂地喚醒人們的童年記憶。我們認識的一位家庭廚師，總會要孩子們吃主餐時要節制一點，好讓胃有點空間可以享用「後來的點心」。點心真的是上天所賜的美好食物，同時也讓女主人得以有機會打造出自助餐飲的焦點，例如膠質做成的造型點心，從簡單的水果凍到滿滿堆砌的懸浮水果、堅果和其他糖類製品。點心還包括了柔軟清爽的慕斯、巴伐利亞鮮奶油和夏洛特布丁蛋糕，後者是前兩款甜點的近親，就是把慕斯用手指餅乾或蛋糕圍起來，如同蛋糕一樣烘烤和蒸煮而成的布丁。最後，你也可以在本章找到可以做出足以取悅所有賓客的起司餐的指南，還有讓人歡欣鼓舞的以起司做底而成的點心。至於其他點心，可別忘了「冷凍點心」，221頁、「糖煮水果乾」★，353頁。其他還有「蛋糕」★，4頁、「派與糕餅」★，469頁、「水果」★，346頁、「巧克力火鍋」，258頁、「可樂餅和炸餅」★，448頁、「鬆餅」★，439頁和「格子鬆餅」★，444頁。

| 關於卡士達 |

製作各式更令人垂涎欲滴的卡士達的時候，不論是簡單的杯子卡士達或鬆脆的法式烤布蕾（crème brûlée），要記得其中的技巧和基本材料都是相同的。謹記這些一般通則：➡雞蛋和牛奶或鮮奶油只需加熱到快要成形且呈現完美的滑順稠密狀態即可。如果卡士達加熱到超過某一溫度，雞蛋裡的蛋白質就會皺起而形成小凝塊，因而變得過硬、過乾且充滿顆粒感。

至於烘焙卡士達，只需將材料充分攪打後再倒入卡士達烤杯即可。我們喜歡使用上了瓷釉的模具或烤杯。水浴法（如下圖所示）就是所謂的隔水蒸煮法（bain-marie），這是廚師製作卡士達時為了控管熱度所採用的主要方法。把卡士達模具置入裝了水的大烤盤裡，以將卡士達間接與爐火隔離而有制止過度烹煮的效果。採用水浴法來做卡士達時，由於烤杯和烤盤盤邊要有間隔而不至相互觸碰，因此要選擇大小可以適切地容納所有烤杯的烤盤。在烤盤中放上一個蛋糕架，或者在盤底鋪上擦盤巾或幾層廚房紙巾，如此一來，卡士達就不會直接接觸到盤底。將卡士達排放在備妥的烤盤後，即可放入預熱至一百六十五度的烤爐架上，要立即在烤盤裡倒入滾燙熱水，水量要蓋到二分之一到三分之二的卡士達烤杯杯邊高度。先把烤盤放入烤爐，接著在烤盤中倒入熱水，這樣烤盤就可以保持平穩，熱水才不會濺到卡士達。

至於測試完成度的方法，➡可以輕搖一只烤杯，一旦發現顫動的卡士達的中間部分呈現如堅硬膠質般的狀態，就要立即從烤爐取出。或者，用一把刀➡插入杯子邊緣；如果刀刃抽出時沒有沾黏物，卡士達在冷卻時就會徹底凝固，因為杯裡殘留了足夠的熱氣來完成整個製作過程。將卡士達從烤盤中取出後，即放在架上冷卻。➡測試卡士達的中間部分。只要中間部分烤得跟邊緣部分一樣，就要把烤杯放進冰水中以立刻終止烘焙卡士達。

用水浴法烘焙卡士達

若是採用在烤爐上方的爐火來烹煮較為柔軟的卡士達和卡士達醬，記得要以極小火或雙層蒸鍋來烹煮，➡不是放在滾水裡，而是架在滾水上方。過大的火候會把蛋白煮硬萎縮，如此就無法留下應該存留的液體。雞蛋要充分攪打。你也可以用**調溫**的方式來處理雞蛋，就是逐步加入熱液體並不斷攪拌。烹煮到卡士達的溫度達到即讀溫度計測得八十度為止，濃稠到足以沾黏在湯匙上，而且用手指頭抹湯匙會留下一道抹痕，即可離火和過濾，喜歡的話，大可繼續攪拌來釋放內含的蒸氣。如果讓蒸氣冷凝其內，卡士達可能會因而變得稀薄。假如你堅信卡士達的溫度過高，就把卡士達放到冷藏過的碗裡並快速拌攪，或者是把卡士達放入果汁機以高速攪拌來加速冷卻。➡卡士達或用卡士達做底的點心，即便沒有腐敗現象也要加以覆蓋冷藏，以防受到細菌感染。

本書裡的卡士達食譜，鮮奶油、全脂牛奶、低脂牛奶和脫脂牛奶都可以相互替代使用；不過，跟與濃鮮奶油做成的卡士達相比，用脫脂牛奶做成的卡士達的濃度、香度和稠度都會比較低。至於雞蛋部分，根據經驗法則，使用一顆全蛋來讓卡士達變濃，跟使用兩顆半的蛋黃或一顆半的蛋白（或三大匙）相比，效果其實相當。如果想做出脂肪較低的卡士達，一定要按照食譜指示加入最大糖量。糖可以增加卡士達的柔軟度，甜度在某個程度上也彌補了減用脂肪而喪失的風味。➡在製程上，脂肪較低的卡士達比較高脂肪含量的卡士達要來得快速。

沸煮卡士達（Boiled Custard）（2又1/4杯；4人份）

這種甜點命名不佳而誤導人，這是因為➜絕對不能全程都用沸煮方式。做出的成品硬度會不如烤卡士達，而是比較接近薄卡士達醬，搭配「浮島」，181頁一起食用會相當美味。

在一個中碗裡輕輕攪打：

4顆大蛋黃

拌攪入：

1/4杯糖

1/8小匙鹽

在一個中型平底鍋將以下加熱到液體邊緣開始冒泡：

2杯牛奶

緩緩地把熱牛奶打入蛋黃和糖裡，再將混合物放回平底鍋以小火加熱。使用耐熱橡膠抹刀或木製湯匙輕輕但持續攪拌，並掃遍整個鍋底，連鍋角都不要放過。一旦卡士達濃到可以包覆湯匙匙背，而且用即讀溫度計測得80度的溫度，就可將卡士達倒入碗裡靜置在室溫下冷卻。冷卻期間，記得定時攪拌以便防止表面結膜。在完全冷卻前加入：

1小匙香草、蘭姆酒，或不甜雪利酒；或是些許檸檬皮絲

放入冰箱冷藏。卡士達可以裝盛於單只杯、碗，或用湯匙舀放到水果或蛋糕上頭等方式來食用。

豐美卡士達（Rich Custard）（6到8人份）

這種卡士達狀似濃卡士達醬，可以搭配蒸布丁或烤布丁一起食用。

在一個中型平底鍋裡混合：

3/4杯糖

2大匙玉米澱粉

1/8小匙鹽

再逐漸拌入：

2杯半對半鮮奶油

4顆打散的大蛋黃

2大匙無鹽奶油，切成小塊

以中低火煮到沸騰，期間要不斷拌攪，沸煮1分鐘。關火後，要立即拌入：

1又1/2小匙香草

倒入碗中，用保鮮膜加以覆蓋，放入冷藏。

將以下材料打到硬性發泡：

1/2杯冷的濃鮮奶油

再將之切拌入冷卻的卡士達中。

烤卡士達或杯子卡士達（Baked or Cup Custard）（5人份）

這是專屬個人享用的美味甜點。只需幾分鐘就可以用烤爐製作完成。

將烤爐預熱至165度。

在一個中碗中將以下材料拌勻即可：

3顆大雞蛋

1/3到1/2杯糖

1/8小匙鹽

將以下以小型平底鍋加熱到冒氣：

2杯牛奶

把熱牛奶逐漸打入蛋液裡，溫和攪拌到糖溶解為止。喜歡的話，可以用細網篩過濾混合液到碗中或是有開嘴的大量杯裡。再拌入：

3/4小匙香草或是從1條香草蘭豆取下的香草籽

倒入5個6盎司大小的卡士達杯或模具中。喜歡的話，可以撒上：

（磨碎的肉豆蔻或肉豆蔻粉）

用水浴法，175頁，烘烤，烤到卡士達成形但中間部分在搖晃杯子時依舊會顫動為止，40到60分鐘。將杯子從水中取出後要閒置冷卻30分鐘。接下來每杯卡士達都要以保鮮膜密封後放入冷藏到冰涼。喜歡的話，可以搭配以下一起食用：

（純楓糖漿、漿果、「焦糖醬」，259頁或一種水果醬，251-253頁）

焦糖烤卡士達（Caramel Custard）（5人份）

製作方式如同前述的烤卡士達或杯子卡士達，但不要加糖；加熱牛奶，不要立即與雞蛋和鹽混合。

製作焦糖時，在厚平底鍋中以中火加熱**3/4杯糖**，輕輕攪拌到糖溶解且形成清澈糖漿。在糖完全溶解之前，不要讓混合液煮到滾沸。將火候調至大火，緊蓋平底鍋後，沸煮糖漿2分鐘。掀蓋後，繼續以平底鍋沸煮到焦糖邊緣的顏色開始變深。輕輕旋晃平底鍋直到焦糖呈現深琥珀色。

立即離火，並加入**2大匙極熱熱水**。攪拌混合後，再加入熱牛奶。在將平底鍋放回爐上以小火加熱溶解焦糖，不時攪拌。將牛奶如同上述加到雞蛋裡，喜歡的話可加調味料。按照指示完成烘烤。

耐烤爐高溫的模具和卡士達烤杯

焦糖雞蛋布丁（焦糖奶凍）（Flan，法文Crème Caramel）（8人份）

焦糖雞蛋布丁是來自西班牙和拉丁美洲的極佳甜點，在法國也極受歡迎，法國人叫這種甜點為焦糖奶凍。焦糖雞蛋布丁就是底部加了焦糖的烤雞蛋布丁，從烤具取出卡士達並倒放在盤裡來吃。要讓烤卡士達有時間完全冷卻。

將烤爐預熱至165度。準備好8個6盎司卡士達杯或模具，或者是1個2到2夸特半的舒芙蕾烤盤。

在一只小型的厚平底鍋裡混合：

3/4杯糖

1/4杯水

不要攪拌，以中火烹煮到糖溶解，期間要輕輕旋晃平底鍋。➨在糖溶解之前，不能讓混合液煮到滾沸，因此，必要時要間歇性地將平底鍋從爐火移開。接著要開至大火繼續烹煮糖漿直到滾沸；緊蓋平底鍋，沸煮糖漿2分鐘。掀蓋，繼續以平底鍋沸煮到焦糖的顏色開始變深。輕輕攪拌平底鍋的內容物到焦糖沸煮成深琥珀色。

快速把焦糖倒入烤杯或舒芙蕾烤盤裡。隨即用鍋墊斜晃烤杯或烤盤，務必將焦糖鋪滿整個底部和一半的邊壁。在一個大碗中充分拌攪：

5顆大雞蛋，或是4顆大雞蛋加2顆大蛋黃

3/4杯糖

1/8小匙鹽

將以下以中型平底鍋加熱到出現蒸氣：

3杯全脂牛奶

將牛奶逐漸拌入雞蛋混合液，輕輕攪拌到糖溶解為止。喜歡的話，可以用細網篩過濾混合液到碗中或是有開嘴的大量杯裡。再拌入：

3/4小匙香草

將上述混合物倒入以焦糖襯底的烤杯或烤盤裡。用水浴法，175頁，烘烤，烤到卡士達的中間部分變硬為止。若是用個人烤杯烘烤，40到60分鐘；若是用單一烤盤的話，1到1個半小時。取出後放在架上冷卻，然後放入冷藏至少4小時或多至2天。個人烤杯放入冷藏之前，要記得用保鮮膜密封。脫模前，要先很快過一下熱水，用刀子插入烤杯杯壁鬆開布丁，接下來就可以倒放在個人盤或一個大盤子裡（裝盛大布丁的盤子一定要夠大夠深，如此才能盛接焦糖）。

煉乳焦糖雞蛋布丁（Flan with Condensed Milk）（8人份）

這是拉丁美洲的一種焦糖雞蛋布丁，先用熬煮的方式把牛奶和糖熬煮濃縮成濃稠的鮮奶油，接著才會加入雞蛋。由於熬煮牛奶和糖會花上1小時左右，因此許多人偏愛使用甜煉乳來做這道甜點。

將烤爐預熱至165度。將8個6盎司卡士達杯或模具，或者是1個2到2夸特半的舒芙蕾烤盤，如同前面焦糖雞蛋布丁的做法在上頭塗抹焦糖。在一個平底鍋裡混合：

1罐14盎司的甜煉乳

1又1/2杯水

1/2顆萊姆長條皮絲

1根肉桂棒

1小撮鹽

加熱至沸騰，接著火候調小繼續熬滾5分鐘。離火，蓋鍋靜置到溫熱即可。用篩子過濾混合液到碗中或是有開嘴的大量杯裡。

在一個大碗中把以下材料拌攪勻：

4顆大雞蛋

3顆大蛋黃

3/4小匙香草

將以上混合物慢慢攪入牛奶混合液裡。接著倒入以焦糖襯底的烤杯或烤盤裡。用水浴法來烘烤，烤到卡士達的中間部分變硬成形為止。若是用個人烤杯烘烤，40到55分鐘；若是用單一烤盤的話，50到70分鐘。依照前面「焦糖雞蛋布丁」說明，冷卻、脫模。

法式烤布蕾（Crème Brûlée）（4到6人份）

法式烤布蕾素以硬焦糖糖衣聞名。做出焦糖外衣的方法很多，你可以以液狀焦糖包覆卡士達，焦糖很快就會硬化成硬糖衣；或者，在卡士達上撒糖，再放在高架烤爐烘烤或用廚用噴槍燒烤。

將以下加熱到幾乎沸騰：

2杯濃鮮奶油

在一個中碗中以木湯匙將以下材料攪勻即可：

8顆大蛋黃或4顆大雞蛋、1/2杯糖

逐漸拌入鮮奶油。用細網篩把混合液過濾到碗中或是有開嘴的大量杯裡。再拌入：

3/4小匙香草

倒入4個6盎司或6個4盎司大小的卡士達杯或模具中，並用水浴法烘烤，烤具放入預熱至165度的烤爐，烤到卡士達成形且搖晃時中央部分會輕輕顫動為止，30到35分鐘。從水中取出杯具，閒置室溫下冷卻。

每個烤杯要以保鮮膜密封放入冷藏至少8小時或多至2天。要食用之前，以紙巾吸掉任何在卡士達表面形成的液體，接著再從下列方法擇一裹上焦糖。

焦糖糖汁（Caramel Glaze）

想要做出最佳成品，一定要在淋上糖汁前將卡士達放到極冷。

I. 這種方法可以做出堅硬光滑的糖果般糖衣。糖汁可以提前4個小時澆淋到卡士達上頭而不至於變軟。

在小型的厚平底鍋裡混合：

3/4杯糖、1/4杯水

以中火烹煮，不要攪拌，但要輕輕搖晃鍋子直到糖溶解為止。➡在糖溶解之前，千萬別讓混合液煮到沸騰。將火開至大火，繼續煮到糖漿滾沸；緊蓋鍋子，烹煮2分鐘。掀蓋，繼續烹煮到焦糖顏色開始變深為止。再次輕輕攪拌，直到焦糖煮成深琥珀色。

將平底鍋底很快浸一下冷水，隨即就把1大匙的熱焦糖淋到卡士達上頭，斜晃一下卡士達烤杯，讓糖汁平均覆滿表面，以同樣的方式為剩下的卡士達上頭上焦糖。如果在澆淋過程中，卡士達顏色繼續變深，就再將平底鍋很快浸一下冷水。或者，一旦焦糖變得太稠而無法澆淋，就以小火加熱攪拌使焦糖再恢復成液狀。上了焦糖的卡士達要冷藏至少30分鐘或多至4小時。

II. 這種方法可以做出精緻易脆的糖衣，且必須在食用前1小時上糖衣，否則糖衣會開始融化。假如平台烤爐不夠熱或卡士達無法接近爐火放置，就把卡士達放在裝了冰水的烤盤裡加熱烘烤，如此才不會烹煮到卡士達。

調整支架位置，讓卡士達頂端與平台爐火相距約2吋。假如你無法將支架架到足夠的高度，就將卡士達放在倒放的煎鍋上來架高卡士達。將平台烤爐預熱10分鐘。在每杯卡士達上頭撒上：

2到3小匙淡紅砂糖

或者，用篩子在每杯卡士達上篩撒：

3到4小匙壓實的一般淡紅糖

糖衣應該為1/16到1/8吋厚。將卡士達排放在一只烘烤淺盤或一個裝了冰水的大型烤盤裡，接著放入平台烤爐。烘烤到糖融化且起泡，假如有的卡士達烤得比較快，就要轉動烤盤和（或）移動烤杯。有些糖不會融化，有些會烤焦；這是這種焦糖卡士達的迷人之處。馬上食用，或是先冷藏多至1小時。

III. 這種方法做出的糖衣會比方法I的成品來得薄和精緻，也會比方法II做出更硬、更光滑和更透明的成品。

在每個卡士達上頭撒上：

1又1/2到2小匙糖

糖衣應該為1/16到1/8吋厚。用廚用噴槍把糖烤成焦糖，噴槍的火焰要在卡士達表面上方約2吋，並且逐漸轉動盡可能將糖融化且色澤均勻。

法式楓糖烤布蕾（Maple Crème Brûlée）

準備法式烤布蕾，前頁，以2/3杯純楓糖漿取代糖。

法式覆盆子烤布蕾（Raspberry Crème Brûlée）

準備法式烤布蕾，前頁，倒入卡士達之前，要在烤杯中放入4顆覆盆子（共計16到24顆）。

法式香草卡士達杯（Vanilla Pots de Crème）（6人份）

這種卡士達杯不是用全蛋而是用蛋黃來製作，相當豐美。西方人稱之為「Pots de crème」（奶油壺）的理由，在於傳統烘焙做法是使用加蓋的個人瓷壺或罐子。

將烤爐預熱至165度。在一個中碗中將以下材料拌攪混合即可：

6顆大蛋黃

1/3到1/2杯糖

將以下材料以小平底鍋加熱到沸騰：

2杯全脂牛奶或半對半鮮奶油

再慢慢打入蛋黃混合液中。用細網篩把混合液過濾到碗中或是帶嘴大量杯裡。用湯匙舀掉任何泡沫。再拌入：

1小匙香草

把混合物倒入6個加蓋卡士達瓷杯或4盎司的模具裡。蓋上瓷杯蓋子或以鋁箔紙密封模具，以防止卡士達表面結膜。用水浴法，175頁，烘焙，烤到中間部分在搖晃杯子時依舊會顫動為止，40到50分鐘。將杯子從水中取出後靜置冷卻30分鐘。食用前至少要冷藏2小時。如果是用瓷杯烘烤，就直接連蓋端上桌享用。

卡士達個人瓷杯

法式咖啡卡士達杯（Coffee Pots de Crème）

準備上述法式香草卡士達杯，使用1/2杯糖，並在熱牛奶裡加入4小匙即溶咖啡粉或1大匙速沖咖啡粉。

法式巧克力卡士達杯（Chocolate Pots de Crème）

I. 8人份

雖然這種甜點多採傳統烘焙技法，不過採用爐火烘焙法比較容易控制甜點的濃稠度。

在雙層蒸鍋的頂層混合：

2杯牛奶或鮮奶油，或1杯牛奶加上1杯濃鮮奶油

5到8盎司切碎的苦甜或半甜巧克力

（2大匙糖）

放在滾水上方而不是在滾水裡進行，烹煮攪拌到巧克力融化且牛奶正要沸煮即可。

烹煮期間，在一只中碗中輕輕攪打：

6顆室溫溫度的大蛋黃

蛋黃加入熱牛奶混合液前，先將約1/2杯熱牛奶逐漸拌入蛋黃液中調合一下，才把蛋黃液拌入雙層蒸鍋裡的混合物中。再加入：

1小匙香草或1顆柳橙皮絲

持續攪拌，要讓卡士達濃到可以黏附匙背而且用手畫過匙背會留下畫痕為止。喜歡的話，可以將卡士達過篩，再倒入8個加蓋卡士達瓷杯或4盎司的模具裡。掀蓋冷卻到不再冒出蒸氣為止，蓋上蓋子放入冰箱至少6小時或隔夜冷藏。

II. 4人份

這是快速做法。

用攪拌器攪拌，或者以攪拌棒在碗裡攪拌：

3/4杯巧克力碎片
3/4杯牛奶，要加熱到熱燙
巧克力融化之後，加入以下材料並攪勻：
1顆輕打過的大雞蛋
倒入4個加蓋卡士達瓷杯或4盎司的模具裡。放入冰箱至少8小時或隔夜冷藏。喜歡的話，可以在上頭點飾以下材料一起食用
（發泡鮮奶油，98頁）

浮島（Floating Islands）（4人份）

有無數點心都叫做「浮島」或「雪蛋」（snowy eggs）——法文分別是*îles hottantes*和*oeufs à la neige*。這些點心都使用某種蓬鬆甜食，一般來說都是蛋白霜，它會飄浮在液狀卡士達或其他點心醬汁上頭。此外，多數浮島點心也會加入焦糖、果凍、水果或果泥，一般都是撒放點綴的功用，不過有時也是鬆甜食的材料之一。
分離：
4顆大雞蛋
把蛋白放入一個大碗中，蛋黃則留存待用。攪打蛋白到硬性發泡。慢慢打入：
2/3杯糖
用一只大煎鍋將以下材料加熱到正好沸煮：
2杯牛奶
用湯匙滴落4小坨蛋白霜混合物到牛奶裡。輕輕烹煮蛋白霜約4分鐘，切勿讓牛奶煮沸，要翻面一次。小心用撇取器把煮過的蛋白霜撈出，在撇取器和蛋白霜下方放條毛巾，瀝掉多餘的牛奶。
利用使用過的牛奶和預留蛋黃調製：
沸煮卡士達，176頁或任何一種卡士達醬，254-255頁
做完以上後就倒入一個寬開口的碗裡，並且將蛋白霜放在上頭。放入冰箱冷藏到冰涼。喜歡的話，可以在食用之前在上頭撒上：
（焦糖I，582頁）

｜關於海綿卡士達｜

這個食譜源自一位粉絲，對方寄來一張詳盡的模具圖案，問道：「不知道你們是否能夠為我解答，我的姑姥姥做的是什麼點心，它的底部是海綿蛋糕，頂層透明、還會軟綿晃動？」她的姑姥姥做的必定是沒用模具烘焙的海綿卡士達。卡士達糊放入烤盤時會黏聚一塊，但是在烘焙過程卻神奇地分成軟綿晃動的卡士達底層和清爽的海綿蛋糕頂層。脫模放到盤子上食用時，海綿蛋糕就成了有裝飾效果的頂部；或者，你也可以帶模端上桌享用。假如你偏好蛋白霜質感而不是海綿蛋糕，就要保留四分之一杯糖並緩慢打入硬性發泡的蛋白中，接著才切拌入蛋黃混合液。

檸檬海綿卡士達（Lemon Sponge Custard）（6人份）

請閱讀前述「關於海綿卡士達」的說明。將烤爐預熱至165度，將1個9×2吋圓形烤盤或6個6盎司卡士達烤杯或模具輕抹一層奶油。

在一個中碗中混合以下材料，以木湯匙匙背把材料搗爛：
2/3杯糖、2大匙軟化的無鹽奶油
1/8小匙鹽
打入：3顆大蛋黃
再加入以下並攪拌到滑順：
3大匙中筋麵粉
再逐漸打入：
2到3小匙檸檬皮絲
1/4過濾過的新鮮檸檬汁
拌入：1杯全脂牛奶
在一個中碗裡以中速將以下打到變硬但不乾的狀態：
4顆室溫溫度的大蛋白
把蛋白輕輕拌攪入牛奶混合液裡，混合到不再有大的蛋白凝塊為止。將卡士達糊舀入（而不要倒入）到準備好的烤盤或烤杯裡，可能會裝滿。用水浴法，175頁來烘烤，烤到頂部蓬鬆且呈金棕色，要到以手指下壓會回彈的狀態，不論烘烤的卡士達大小，烘烤時間為30到40分鐘。烤好後先留置水中10分鐘。不脫模或脫模趁熱食用、冷卻到室溫溫度或冷藏後再吃，以上皆可。喜歡的話，可以擇一搭配食用：
新鮮覆盆子醬，267頁或發泡鮮奶油，98頁

柳橙海綿卡士達（Orange Sponge Custard）

準備檸檬海綿卡士達，181頁，以1顆柳橙皮絲替代檸檬皮絲。檸檬汁要減為2大匙，並且加入1/4杯過濾過的鮮橙汁。

薩巴里安尼（Zabaglione）（4人份）

薩巴里安尼是義大利點心，做法是➡蛋黃、糖和馬沙拉酒放入雙層蒸鍋，用熱水蒸煮攪拌到混合物變稠成泡沫鮮奶油，一旦完成就要盡快吃完。薩巴里安尼的法文名稱是*Sabayon*（沙巴雍），主指有鹹有甜的點心醬料。做出這種點心的關鍵就在於火候的拿捏，要緩慢加熱混合物到70度。如果加熱過快，泡沫就稠得不漂亮，或煮不出最多的泡沫。如果熱度過高，泡沫會變得又濃又黏而最終凝結。最好是用雙層蒸鍋加熱。假如你的雙層蒸鍋寬度大於6吋，記得要使用極小火，這是因為混合物擴散變薄而特別容易過度烹煮的緣故。
馬德拉白葡萄酒和雪利酒，或不甜白葡萄酒和一點君度橙酒，都可以替代馬沙拉酒。至於甜味沙巴雍醬，見256頁。
先離火，在雙層蒸鍋頂層混合：
4顆大蛋黃、1/4杯糖
使勁拌攪到濃厚的白黃色。不斷拌攪，逐漸加入：
1/2杯不甜馬沙拉酒
用橡膠抹刀把雙層蒸鍋鍋壁刮乾淨，接下來，把蒸鍋放置➡在輕輕沸滾中的水上方，而不是在水中。不斷拌攪，把薩巴里安尼加熱到70度（在中央插入一根即讀溫度計，不要直接接觸到火源），到達那個溫度，薩巴里安尼的分量會增加好幾倍，並且變得夠濃厚而可以柔軟地堆在湯匙上。蒸煮時間應該要花5到10分鐘。如果發現薩巴里安尼加熱過快，有時就要移開遠離滾水並奮力拌攪使之冷卻下來。若喜歡較清爽的薩巴里安尼，就要將以下材料打到硬性發泡：
4顆大蛋白
接著再切拌入溫熱的卡士達裡。用湯匙將成品舀到杯裡或高腳玻璃杯裡，立即食用。

| 關於玉米澱粉布丁 |

對多數人來說，布丁是一種鮮濃奶香的點心，一般口味都是香草、奶油糖果或巧克力。這種備受喜愛的點心是用牛奶、糖、玉米澱粉，有時還會加上雞蛋一起烹煮變稠，成為綢緞般的滑順鮮奶油。布丁的做法簡單且風味迷人，讓人回味無窮。

結塊和燒焦是做布丁時會遇到的兩大難題，為了避免這兩種情況發生，就要用厚底平底深鍋來做玉米澱粉布丁，受熱才會溫和均勻。最好的攪拌工具就是一支耐熱的大橡膠抹刀或大矽膠抹刀，可以輕易地觸及平底鍋的底部、鍋壁和角落。次佳的工具則是木湯匙或長窄攪拌棒。混拌布丁時，記得一定要先用少量液體將玉米澱粉完全溶解，先混出沒有結塊的漿糊後，才加入剩下的液體。有兩個清楚的烘焙階段：首先是用中火到大火，接著則用小火。在較高溫烘焙的階段，要以大範圍的圓圈來緩慢攪拌布丁，藉此刮乾淨平底鍋底、鍋壁和角落，並且不斷把在鍋裡外層的熱布丁攪到溫度較低的中間部位。一旦布丁開始變稠，就要立即把爐火盡可能地調到極小火——如果使用的是電爐，要暫時將鍋盤移離熱源，以便讓爐頭冷卻下來——而且要開始以畫小圓圈的方式快速攪拌布丁，旋轉抹刀、湯匙或在鍋裡四處拌攪。此時，布丁可能看起來有些結塊，不過，只要攪拌的速度夠快，很快就可以打散結塊。把布丁沸煮到滋滋作響，仍要不停攪拌，沸煮整整一分鐘好讓玉米澱粉完全煮透。趁著布丁尚未凝結時，就要一口氣倒到碗裡或杯中。

享用布丁時，可以裝在大盤子裡或是個人杯中。為了避免表面結膜，在溫熱布丁還沒有冷藏之前，要在布丁表面直接壓鋪一張保鮮膜。如果你要將布丁脫模後再食用，➡就要使用個人杯而不是大盤子，這是因為較大的布丁會相當柔軟而在倒出時裂開或扭曲。如果做的是要脫模的布丁，就先在布丁杯裡噴抹一層植物油，或是把廚房紙巾浸蘸溫和植物油後塗抹杯子。接著以湯匙舀入布丁，冷藏至少四小時。脫模時，把每個布丁倒放在碟子上以便讓布丁落出。想要來點特別的呈現，可以用手指餅乾或蛋糕將布丁圈起來，其脫模方式如同「夏洛特布丁蛋糕蛋糕」，197頁。

最後，本書的許多讀者有著這樣的疑問：已經用平底鍋做出了濃度合宜的布丁，何以他們的布丁有時會突然變稀？這種令人沮喪的神祕狀況主要與玉米澱粉鍵結的本質有關，那是相當脆弱的關係，一旦布丁開始冷卻的時候尤其如此。如果鍵結破裂了，布丁就會變成了湯汁。為了避免發生這種狀況，➡一旦布丁離了爐火，就算出現結塊，切記別再攪打、混合或過濾布丁，而且➡如果使用雞蛋，記得要確實把加入雞蛋的混合物徹底煮沸，如此就可以防止雞蛋裡的酵素破壞玉米澱粉鍵結。倒布丁的動作要快，一定要在變冷和變硬之前就倒入要食用的杯盤裡靜置冷卻。喜歡吃消夜的人也要小心：假如你偷吃了幾口還在模具裡的布丁，記得要把吃過的部分滑順一下，不然的話，布丁極可能會自行液化而洩露了你的行為。

香草布丁（Vanilla Pudding）（4人份）

備好1個3杯分量的碗或4個5到6盎司的烤杯或模具。布丁之後若要脫模，記得要將小模具上油。

在一個中型厚平底鍋裡混合：

1/4杯糖、3大匙玉米澱粉

1/8小匙鹽

逐漸拌入以下材料，做出滑順流狀的漿糊：

1/4杯牛奶

打入：

1又3/4杯牛奶

不斷攪拌，以中火將混合物煮到快要沸騰。離火，在以下材料裡緩緩拌入1/2杯的牛奶混合液：

1顆充分打過的雞蛋

加完後就把以上混合液倒回牛奶混合液裡，再以中火煮沸，持續沸煮1分鐘，期間不停攪拌。離火，拌入：

1/2小匙香草

將布丁倒入碗裡或杯中，並在表面直接壓上一張保鮮膜。至少要冷藏2小時，未脫模的布丁要放4小時，或多至2天。

奶油糖果布丁（Butterscotch Pudding）（4人份）

備好1個3杯量的碗或4個5到6盎司的烤杯或模具。若做的是脫模的布丁，記得要將小模具上油。

在一個小型的厚平底鍋裡融化：

3大匙無鹽奶油

拌入：

1/3杯壓實的深紅糖

烹煮和攪拌至融化起泡。再逐漸拌入：

1/2杯濃鮮奶油

以小火烹煮攪拌到奶油糖果溶解為止。

加入以下材料並拌勻：

1又1/4杯全脂牛奶

1/8小匙鹽

離火。將以下材料混攪滑順：

3大匙玉米澱粉

1/4杯牛奶

將以上混合物逐漸拌入牛奶混合液中。以中大火烹煮，要不斷攪拌，直到混合液開始沸騰即可。接著把火候轉小；迅速攪拌，直到混合液確實煮沸，並沸煮1分鐘。關火後再拌入：

1小匙香草

依照前一食譜「香草布丁」的說明來完成並存藏布丁。

古早味巧克力布丁（Old-Fashioned Chocolate Pudding）（4人份）

備好1個3杯量的碗或模具，或者是4個5到6盎司的烤杯或模具。若做的是脫模的布丁，記得要將小模具上油。

在一個中型厚平底鍋裡混合：

1又3/4杯牛奶

1/2杯糖

2盎司無糖巧克力，切碎

1/8小匙鹽

用中小火加熱，要不斷攪拌，把巧克力煮到融化。攪拌以下材料直到滑順：

3大匙玉米澱粉
1/4杯牛奶
將以上混合物緩慢加入熱牛奶混合液中。不斷攪拌，以中火加熱烹煮到混合物快要沸騰即可。接著把火候轉小，要不斷攪拌烹煮到沸騰，並繼續沸煮1分鐘。關火後再拌入：
1小匙香草
依照前一食譜「香草布丁」的指示來完成和存藏布丁。

香蕉布丁（Banana Pudding）（8到10人份）

在一個中型厚平底鍋裡混勻：
2/3杯糖
3大匙玉米澱粉
1/8小匙鹽
逐漸拌入以下材料，要確實溶解玉米澱粉：
3杯全脂牛奶
打入拌勻以下材料：
3到4顆大蛋黃
加入：
2到3大匙無鹽奶油，要切塊
不斷攪拌，以中火加熱烹煮到混合物快要沸騰即可。接著把火轉小，要不斷攪拌烹煮到沸騰，並繼續沸煮2分鐘。關火後再拌入：
1又1/2小匙香草
在布丁表面直接壓上一張保鮮膜後靜置待用。備好：
60到70個香草薄餅
將以下材料去皮並切片至1/4吋厚：
4到5根硬的成熟大香蕉
在一個2到2夸特半的碟子底部和碟身鋪上薄餅做為襯底，在薄餅上頭鋪上一半分量的布丁和香蕉後，再鋪上一層薄餅，然後把剩下的布丁和香蕉都覆蓋在上方。如果不能全部覆蓋到香蕉，就用湯匙挖些布丁來覆蓋，如此可以防止香蕉烤焦。在表面直接壓上一張保鮮膜後就放入冰箱冷藏至少4小時。要食用之前，塗抹：
發泡鮮奶油，98頁

蛋白霜香蕉布丁（Banana Pudding with Meringue）

烹煮上述「香蕉布丁」之前，先備好1/2食譜分量的「軟蛋白霜加料I或II」，75頁，以及1/4到1/2杯磨細碎的香草薄餅。將烤爐預熱至220度，使用耐熱烤盤來盡快完成布丁層的部分。在熱布丁上頭塗上薄薄一層均勻的餅乾碎屑。接著把蛋白霜加料鋪在熱布丁上頭，記得要讓蛋白霜與餅乾層確實襯底盤身。將蛋白霜以烤爐烘烤5分鐘而成棕色。在室溫下靜置冷卻，接下來就可放入冰箱至少2小時或多至24小時。布丁冷藏時間越長，餅乾層就變得越軟。

椰奶布丁（顫動布丁）（Coconut Milk Pudding/Tremblèque）（8人份）

這是濃郁椰香布丁，顧名思義就是從模具取出時會「顫動」的布丁。
將一個1夸特半的舒芙蕾盤或模具抹油。
在一個厚平底鍋裡混合：
4又1/2杯罐裝無糖椰奶
1/2杯糖、1/4小匙鹽
以中小火加熱攪拌到糖溶解為止。
將以下材料混勻到滑順：
1/2杯罐裝無糖椰奶
1/2玉米澱粉
將以上材料緩緩拌入熱椰奶混合液中。以中火加熱，要不停攪拌，直到混合液開始沸騰即可。把火轉成小火後再繼續沸煮1分鐘，期間要不斷攪拌。把布丁倒入備好的烤盤裡，直接在表面壓鋪一張保鮮膜。至少要冷藏12小時。

倒放到碟裡、脫模。點綴：

新鮮熱帶水果切塊（如鳳梨、木瓜與芒果）

1份新鮮水果醬，267頁

炸鮮奶油（Fried Cream/Crème Frite）（16個1吋方形炸物）

請先閱讀➔「關於深油炸」，626頁的說明。

將一個8×2吋的方形烤盤抹奶油。在一只平底鍋裡放入：

2杯牛奶

（1/2個香草蘭豆，縱向分成兩半）

（1根肉桂棒）

煮沸後就可關火。在一個碗中打勻：

3顆大蛋黃

再打入：

1/4杯糖、1/4杯玉米澱粉

1大匙中筋麵粉、1/8小匙鹽

如果使用香草蘭豆的話，要從牛奶中取出並刮出香草籽放入牛奶中。丟棄香草蘭豆（和肉桂棒）後，逐漸拌入約1/2杯牛奶到蛋黃液中，再把混合液倒回平底鍋。拌入：

1大匙軟化的無鹽奶油

加熱平底鍋至沸騰，沸煮30秒；混合液會很濃稠。假如你之前沒有使用香草蘭豆和肉桂棒的話，此時可拌入：

1小匙香草、1/4小匙肉桂粉

將煮好的鮮奶油倒入準備好的烤盤裡。至少冷藏8小時，或隔夜冷藏。

把冷藏後的鮮奶油切成1吋方塊丁。在一個淺碗裡打入：

3顆大雞蛋

在一只碟上鋪滿：

精緻乾燥蛋糕、薑餅或麵包碎屑

小鮮奶油塊先沾裹碎屑、接著再浸到蛋液中、最後再裹一次碎屑，就可以188度的深油進行油炸，炸到金棕色為止。放在廚房紙巾瀝乾後再滾上：

（以糖粉做成的香草糖，584頁）

馬上就要享用的話，可以灑上：

蘭姆酒

或是搭配：

1份新鮮水果醬，267頁、楓糖漿，或新鮮水果

| 關於甜點舒芙蕾 |

如果你沒有做過舒芙蕾，➔請閱讀「關於舒芙蕾」★，339頁。舒芙蕾一般都認為製作困難，但是其實不然——做法實際上很簡單的。就像鹹味舒芙蕾一樣，甜點舒芙蕾是把攪打到硬性發泡的蛋白切拌到濃厚且具風味的基底。傳統的舒芙蕾食譜會以糕餅鮮奶油來做底，不過近來的食譜則會用堅果、新鮮果泥或者是將新鮮果汁混合蛋黃和糖。對於水果和堅果舒芙蕾來說，適當攪打蛋白和控制正確烘焙溫度是相當重要的。假如蛋白過度攪打或攪打不足，或是烘烤溫度過高，舒芙蕾就會呈現如同舊皮革般的外觀和質地。只要在攪打和焙烤時格外注意，用這些材料做出的甜點，質地的精細與強度就宛如是快要被吹散

的蒲公英種籽鬆茸似的。

準備甜味舒芙蕾的模具：在模具上刷上厚厚的軟化（不是融化的）奶油，接著再撒上滿滿的糖。將模具四處斜傾來把糖均勻平鋪，並且倒放模具以便倒出過多的糖。只要能夠適當備妥抹了奶油和鋪了糖的模具，舒芙蕾就會膨脹得高直均勻，更棒的是，可以用烤爐烤出讓人欣喜的鬆脆外皮，散發淡淡焦糖香。

烘烤漂亮的舒芙蕾其外觀應該堅硬但內餡仍呈濕潤乳脂狀，不會讓人覺得很乾。一旦約烤到最短的預估烘焙時間，要稍微打開烤爐爐門往內查看。如果看到舒芙蕾膨脹到約兩吋半的大小、頂部烤成深金棕色，你就可以認定舒芙蕾已經堅硬定形，可以承受接下來的測試而不會塌陷。首先，用手輕觸舒芙蕾頂部，如果感覺硬硬的，那舒芙蕾可能烤熟了。為了加以確定，用根長叉以四十五度的角度從舒芙蕾的邊緣插至中間部分。只要長叉子取出時沒有沾黏物，就可以將之取出；或者，假如你喜歡有些乳脂狀的內餡，長叉子取出時可以有些濕潤的濃稠糊狀沾黏物。不過，假如長叉子取出時相當濕潤，那就表示還要再烘烤一陣子。烤好的舒芙蕾至少會維持膨脹狀態一到二分鐘，這時間絕對足夠讓你趕緊將舒芙蕾端上桌食用。

將舒芙蕾端上桌之後，喜歡的話，可以用兩支叉子以叉背相對的方式在舒芙蕾的頂部開出一個裂口，然後倒入卡士達醬。或者，如果是盛裝在舒芙蕾個人杯來食用的話，可以在打開裂口後塞入一顆松露巧克力。

若要為舒芙蕾裹上糖衣，需在烤好前的二或三分鐘就在上頭撒上糖粉。撒上糖粉前，要確定舒芙蕾➜膨脹了兩倍高而且堅硬定形。因此，記得要將烤爐爐門稍微打開來細心觀察。如此一來，端上桌的舒芙蕾就會裹覆著一層閃閃發亮的糖衣。

要特別注意食譜指示需使用的盤具的大小，這會關係到舒芙蕾的蓬鬆度和體積。一個一夸特半或七吋的烤盤可以做出三或四人份的舒芙蕾；一個九吋或二夸特的烤盤則有六到八人份。

冷的甜點舒芙蕾是以膠質慕斯或「巴伐利亞鮮奶油」，197頁，做底來製作完成。

香草舒芙蕾（Vanilla Soufflé）（6到8人份）

你可以用2條香草蘭豆來替代香草萃取液。將香草蘭豆縱向剝開，把裡頭的香草籽刮到熱鮮奶油和糖裡，並放入剝完的豆條，接著覆蓋靜置30分鐘。撈出豆條後就把混合物放回加熱，依照食譜指示直到完成。

準備一只9吋或2夸特的舒芙蕾模具。➜請閱讀「關於甜點舒芙蕾」，前頁的說明。➜在烤爐最底層放上烤架，將烤爐預熱至190度。

在一個中型平底鍋裡以中火融化：

3大匙無鹽奶油

拌攪入以下材料直到滑順：

2小匙中筋麵粉

烹煮攪拌1分鐘。離火，再拌入：

1杯濃鮮奶油

1/3杯糖

再加熱至沸騰，期間不斷拌攪，接著就可關火。在一個大碗中充分拌攪混合以下材料：

4顆大蛋黃

將以上混合物相當緩慢地加入鮮奶油混合物中，接著拌入：

5小匙香草

於另一只中碗中攪打以下材料直到發泡：

5顆室溫溫度的大蛋白

加入以下材料並攪打到軟性發泡：

1/2小匙塔塔粉

1/8小匙鹽

增快攪打速度，以高速打到硬性發泡但不乾燥的狀態。使用一支大橡膠刮刀，輕柔地將1/4的蛋白加到蛋黃混合液中，接著切拌入剩餘的蛋白。把舒芙蕾糊放入備妥的模具裡，要把頂部抹順。

烘烤到舒芙蕾順利膨脹且頂部呈金棕色，25到30分鐘。馬上搭配以下材料食用：

任何一種卡士達，254-255頁、沙巴雍，256頁或熱奶油雞蛋醬，265頁

柑曼怡香橙舒芙蕾（Grand Marnier Soufflé）

準備前述的香草舒芙蕾，煮沸前要加入1顆大柳橙皮絲至鮮奶油和糖裡，以3大匙柑曼怡香橙干邑香甜酒取代香草，享用時可搭配橙酒醬，265頁或卡士達醬，254頁。

巧克力舒芙蕾（Chocolate Soufflé）（3到4人份）

本書的這份食譜不同於大部分的巧克力舒芙蕾，是不用牛奶或澱粉所做出清爽而濕潤的舒芙蕾，其帶著特殊的巧克力風味。

在烤爐最底層架上烤，烤爐預熱至190度，備好1個7吋或1夸特半的舒芙蕾模具。

請閱讀「關於甜點舒芙蕾」，186頁的說明。

使用一個耐熱碗混合：

6盎司半甜或苦甜巧克力，要切碎

6大匙（3/4條）無鹽奶油

2大匙蘭姆酒、咖啡或水

將碗放入盛了熱水的煮鍋裡，➡熱的水但不能煮沸，接著再攪拌到混合物滑順為止。靜置10分鐘，再打入：

3顆大蛋黃

在一個大碗裡以中速把以下材料打到發泡：

4顆室溫溫度大蛋白

加入以下材料並以高速攪打到軟性發泡：

1/4小匙塔塔粉

再逐漸打入：

1/4杯糖

打到硬性發泡但不乾燥的狀態。使用一支大橡膠刮刀，將1/3的蛋白加到巧克力混合物中，接著再切拌入剩餘的蛋白。把舒芙蕾糊放入備妥的模具裡，要把頂部抹順（舒芙蕾可以用倒放的碗覆蓋後靜置於室溫中多至1小時；或是在烘烤前以保鮮膜覆蓋放入冰箱冷藏至多24小時）。

烘烤到舒芙蕾膨脹成形，25到30分鐘。立即食用。

檸檬舒芙蕾（Lemon Soufflé）（6到8人份）

烤架放在烤爐的➡最底層架上。將烤爐預熱至190度，備好1個9吋或2夸特的舒芙蕾模具。請➡閱讀「關於甜點舒芙蕾」的說明。
在一個中型平底鍋裡以中火融化：
3大匙無鹽奶油
拌攪入以下材料直到滑順：
1/4杯中筋麵粉
烹煮攪拌1分鐘。離火，拌入：
1杯半對半鮮奶油或是1/2杯全脂牛奶加1/2杯濃鮮奶油
1/2杯糖、2顆檸檬皮絲
加熱到快要沸騰即可，要不斷攪拌，接著離火。在一個大碗裡將以下材料拌攪到稍微濃稠：
5顆大蛋黃
把以上混合物慢慢拌攪入鮮奶油混合液裡。再拌入：
1/3杯過濾過的鮮檸檬汁
在另一個大碗裡以中速把以下材料攪打到發泡：
6顆室溫溫度的大蛋白
加入以下材料並以高速打到軟性發泡：
1/2小匙塔塔粉
1/8小匙鹽
增快攪打速度，以高速打到硬性發泡但是不乾燥的狀態。使用一支大橡膠刮刀，輕柔地將1/4的蛋白加到蛋黃混合液中，接著再切拌入剩餘的蛋白。把舒芙蕾糊放入備妥的舒芙蕾模具裡，要把頂部抹順。
烘烤到舒芙蕾漂亮膨脹且頂部呈深金棕色，25到30分鐘。搭配以下材料立即享用：
豐美熱檸檬醬，251頁，或檸檬沙巴雍，256頁

鮮果舒芙蕾（Fresh Fruit Soufflé）（3到4人份）

在烤爐最底層架上放上烤架。將烤爐預熱至190度，備好1個7吋或1夸特半的舒芙蕾模具。➡請閱讀「關於甜點舒芙蕾」的說明。
將下面材料放入大碗：
1又1/2杯成熟果泥：去皮杏桃、去皮油桃、去皮桃子或李子、覆盆子或草莓
加入：
4顆打過的大蛋黃
4到6大匙糖、1到2大匙新鮮檸檬汁
1大匙柳橙皮絲
1/8小匙鹽
將以下材料打到硬性發泡但不乾燥的狀態：
4顆大蛋白
將1/4的蛋白拌入蛋黃混合液中，接著再切拌入剩餘的蛋白。把舒芙蕾糊放入備妥的舒芙蕾模具裡，要把頂部抹順。
烘烤到舒芙蕾順利膨脹且頂部呈深金棕色，25到30分鐘。搭配以下材料立即享用：
濃鮮奶油

酸鮮奶油蘋果蛋糕舒芙蕾「樂土」（Sour Cream Apple Cake Soufflé Cockaigne）（8人份）

我的曾祖母來自德國呂背克（Lübeck），這是她的獨門手藝。
去皮、去果心並切成薄片：
4顆蘋果

在一個大的厚煮鍋裡將以下材料融化：
4大匙（1/2條）無鹽奶油
放入蘋果後就開始以中火烹煮，要時時攪拌直到蘋果變軟，約5分鐘；千萬別把蘋果煮焦了。把爐火轉成小火。將以下材料混合並澆淋在蘋果上：
8顆打過的大蛋黃
1杯糖，如果蘋果很酸的話，分量可以多點
1/2杯酸鮮奶油
（1/2杯汆燙去皮的杏仁片）
2大匙中筋麵粉
1顆檸檬的皮絲和其汁液
攪拌到變稠為止，就放入一只大碗裡靜置冷卻。

將烤爐預熱至165度，一只9×13吋的烘烤淺盤抹油備用。將以下料打到硬性發泡但不乾燥的狀態：
8顆大蛋白
輕輕切拌入蘋果混合物裡，鋪到備用的烘烤淺盤上。將以下材料混合後撒在上頭：
2大匙乾燥麵包屑、2大匙杏仁碎片
2大匙糖、1又1/2小匙肉桂粉
烘烤到頂部呈深金棕色且下壓時會彈回，約45分鐘。可以趁熱食用，不過冰到極涼再吃風味最佳，淋蓋以下材料一起享用：
香草調味的發泡鮮奶油，98頁

| 關於膠質點心 |

這種點心有各式各樣的質地，做起來最簡單的是透明膠質的點心，可以加入水果和堅果。如果你加的是果泥，當然就會失去透明度，點心會變得很像慕斯，197頁。假如在膠質尚未完全定形就打入或混合打過的蛋白或鮮奶油的話，即可做成所謂的**發泡甜點、海綿甜點**或**雪花甜點**。➡在攪打或加入蛋白前，假如膠質沒有充分冷藏的話，就會還原成透明凍。我們在「海綿卡士達」，181頁，描述了有種方法可以做出凍狀底部而頂部為卡士達的甜點。➡至於處理膠質的細節，請閱讀「膠質」，514頁的說明。

如要將膠質冷藏到濃稠而可以裹住其他的材料的話，就要放入冰箱，期間要時時攪拌並刮下黏附盤壁的膠質，直到做出如未攪打過蛋白般的濃稠度而且可以從湯匙成片落下為止。整個過程最少要三十分鐘，也可能要花上一個半小時，時間長短取決於混合物和冰箱的溫度。想要更快速稠化膠質的話，可將裝了混合物的碗放入裝了冰塊和水的另一只大碗裡，一旦出現凝固的情況就要開始攪拌。如果你不小心讓膠質凝固定形了，只要以稍微沸騰的熱水來加以融化，重新來過即可。

某些水果，➡如新鮮鳳梨、奇異果、桃子、無花果、芒果和木瓜等，由於內含酵素的緣故而使得膠質無法固定。這些水果一定要先用糖漿煮過，要煮到完全變軟才能夠拿來用在膠質裡。罐頭鳳梨都是預煮過，因而不會在使用時出現問題。棉花糖、堅果和水果塊粒是傳統上素受喜愛的膠質點心添加物。

叮嚀的話：➡某些膠質點心含有未煮過的蛋白，假如你對此有疑慮的話，請閱讀「關於蛋類的食用安全須知」，497頁的說明，或者，乾脆做我們使用熟蛋白的點心食譜，像是蛋白霜、卡士達和冰淇淋。

想要做豐美的膠質點心，請閱讀「巴伐利亞鮮奶油」，197頁和「慕斯」，197頁。雖然沒有添加鮮奶油或雞蛋的膠質一定得冷藏，➡但卻萬萬不能冷凍。不過，以膠質為穩定劑的巴伐利亞鮮奶油和慕斯，即使內含豐富的鮮奶油和雞蛋，卻可以在凝固後冷凍➡至多三到四天的時間。這些點心裡的膠質可以防止粗晶體的產生，而讓點心的質地美好滑順。

幾乎任何向外開展的碗都適合做為膠質點心模具，模具一定要有斜邊，倒放時就能輕鬆倒出點心。若要做的是直邊點心，則可使用彈簧扣模鍋。**準備膠質點心的模具時**，多數情況都要用清水沖洗並甩乾多餘水分，之後倒入膠質混合物；有些食譜則建議在模具上輕抹一層植物油。膠質點心通常放入冰箱冷藏三到四小時就會變硬，用小模具定形的小點心可在此時就脫模。以高的或細緻的模具做出的膠質凍派或大的膠質點心，則至少要冷藏八小時，而最好是冷藏整整一天。膠質點心在接下來的二十四小時期間會繼續硬化。

脫模時，要將模具放入裝盛了極熱的自來水的碗槽裡。金屬製模具的浸水時間幾秒鐘即可；厚的玻璃製或瓷製模具則可能需要浸水十秒才能脫模。在模具上覆蓋一個倒放的碟子，接著就一口氣翻轉脫膜。假如膠質無法脫模，將模具稍微往一邊斜放，並用一把刀把膠質頂部的一小部分與模具分離，一旦膠質點心開始下滑，就要盡快收刀。以環狀、心型或星型模具做成的點心，只要在頂部——也就是完成倒放後的底部——有抹上一些油，是不太可能會在脫模前就皺成一團。

膠質點心搭配卡士達或果醬、發泡或未發泡的鮮奶油，甚至是牛奶，都相當好吃。食用前先在單人份點心上頭澆淋醬汁，或者是把醬汁配料裝在小壺中端上桌任人隨意添加也可以。

檸檬凍（Lemon Gelatin）（4人份）

在一個碗裡倒入：
3大匙冷水
在上頭撒上：
1包（2又1/4小匙）原味膠質
靜置5分鐘。加入以下材料攪拌到膠質溶解：
1又1/3杯滾水
加入以下並攪拌到溶解：
3/4到1杯糖、1/4小匙鹽
加入：
1/3杯新鮮檸檬汁
把以上混合液倒入3到4杯容量的濕模具裡，177頁。放入冰箱冷藏到凝固定形，約4小時。喜歡的話，混合液冷藏成如同未打過的蛋白般的狀態時，可以拌入：
（1小匙檸檬皮絲）
脫模後並搭配以下材料享用：
發泡鮮奶油，98頁，或卡士達醬，254頁

柳橙凍（Orange Gelatin）（4人份）

在一個碗裡倒入：
3大匙冷水
在上頭撒上：
1包（2又1/4小匙）原味膠質
靜置5分鐘。加入以下材料攪拌到膠質溶解：
1/3杯滾水
加入以下材料並攪拌到溶解：
1/2杯糖
1/4小匙鹽
加入：
1又1/3杯新鮮柳橙汁
5大匙新鮮檸檬汁
把以上混合液倒入3到4杯容量的濕模具裡，177頁。放入冰箱冷藏定形，約4小時。喜歡的話，當混合液冷藏成如同未打過的蛋白般的狀態時，可以拌入：
（1又1/2小匙柳橙皮絲）
脫模後並搭配以下材料食用：
發泡鮮奶油，98頁，或卡士達醬，254頁

水果塑形檸檬凍或柳橙凍（Fruit Molded into Lemon or Orange Gelatin）（4人份）

準備上述的檸檬凍或柳橙凍。將裝在碗裡的混合液冷藏成如同未打過的蛋白般的狀態，接著拌入共計1又1/2杯的以下材料：
煮過的或未煮過的水果，要徹底瀝乾
（堅果）
（棉花糖，各切分4塊）
新鮮鳳梨一定要先煮過才能加入膠質混合液裡。把混合液倒入3到4杯容量的濕模具裡，177頁，食用前先放入冰箱冷藏定形，約4小時。

鳳梨凍（Pineapple Gelatin）（8人份）

記得一定要先把新鮮鳳梨水煮過才加入膠質裡。
在一個碗裡倒入：
1杯冷水
在上頭撒上：
2包（4又1/2小匙）原味膠質
靜置5分鐘。加入以下材料攪拌到膠質溶解：
1又1/2杯滾燙鳳梨汁
1杯滾水
加入以下材料並攪拌到溶解：
3/4杯糖、1/8小匙鹽
將裝在碗裡的混合液冷藏成如同未打過的蛋白般的狀態。接著拌入：
2又1/2杯瀝乾的罐頭鳳梨碎片
3大匙新鮮檸檬汁
把以上混合液倒入4杯容量的濕模具裡，177頁。冷藏至凝固定形，約4小時。
脫模後並搭配以下材料一起享用：
卡士達醬，254頁

水果凍（Fruit Gelatin）（4人份）

在一只小碗裡倒入：
3大匙冷水
在上頭撒上：
1包（2又1/4小匙）原味膠質
靜置5分鐘。
期間，在一只中型平底鍋裡將以下材料

煮沸：

2杯蔓越莓汁、葡萄汁或蘋果汁

（1到3大匙糖）

離火，加入軟化膠質並攪拌1分鐘以讓膠質徹底溶解。將平底鍋底部放入一只裝了冷水的碗中，讓膠質降至微溫。

以下材料備用：

1到1又1/2杯水果，如蘋果薄片、草莓切片或整顆藍莓或覆盆子

想做出水果在頂部的點心，要把水果分裝在濕的6盎司大小的碗或杯裡，177頁，或是放入4杯容量的濕模具中，接著再澆上膠質。如果你想做的是懸浮水果點心，先將裝在碗裡的膠質冷藏成如同未打過的蛋白般的狀態，接著拌入水果，並把膠質倒入濕模具。放入冰箱冷藏到定形，約4小時。

喜歡的話，脫模後可搭配以下食用：

（牛奶或鮮奶油）

快速水果凍（Quick Fruit Gelatin）（4人份）

在一個小碗裡拌攪以下材料直到膠質溶解為止：

1包3盎司包裝的水果口味膠質

1杯滾水

加入以下材料達到快速冷卻的效果：

1罐6盎司的冷凍果汁（不能使用鳳梨汁）

倒入4只雪酪玻璃杯裡。放入冰箱冷藏到定形，約4小時。

覆盆子茶凍（Raspberry Tea Gelatin）（4到6人份）

英國早餐茶可以做成獨特的清爽點心凍，在大熱天裡會極受歡迎。

在一個中碗裡輕輕拌攪以下材料直到膠質溶解為止：

1包3盎司包裝的覆盆子口味膠質

2杯滾燙的英國早餐茶

放入冰箱冷藏成如同未打過的蛋白般的狀態，1到1又1/2小時。

切拌入：

1杯覆盆子

將混合液倒入4杯容量的濕的碗或模具裡，177頁。放入冰箱冷藏到定形，約4小時。

可脫模或不脫模享用。

櫻桃棉花糖堅果凍（Cherry Marshmallow Nut Gelatin）（4到6人份）

在一個中碗裡輕輕拌攪以下材料直到膠質溶解為止：

1包3盎司包裝的櫻桃口味或其他紅色膠質

1杯滾水

拌入：

1杯蘇打水

放入冰箱冷藏成如同未打過的蛋白般的狀態，1到1又1/2小時。

切拌入：

2/3杯切半、去核的新鮮櫻桃，或徹底瀝乾並對切的罐頭甜櫻桃

3大匙無汆燙去皮的杏仁碎粒

1/2杯迷你棉花糖粒

將混合液倒入3到4杯容量的濕的碗或模具裡，177頁。放入冰箱冷藏定形，約4小時。

喜歡的話，脫模後可搭配以下材料食用：

（發泡鮮奶油，98頁）

彩色玻璃凍（Stained Glass Gelatin）（8到12人份）

在當代膠質點心中，這是最令人驚嘆的點心之一。每一份點心凍都宛如一片彩色玻璃。如果將這種膠質點心堆入一個10吋碎屑外皮*，480頁，你就可以做成「彩色玻璃派」，額外餡料還夠用來做出一個小點心。

將三個8吋的方形烤盤輕輕抹油，並按包裝指示另外準備：

1包3盎司包裝的萊姆口味膠質
1包3盎司包裝的櫻桃口味膠質
1包3盎司包裝的柳橙口味膠質

把膠質倒入烤盤後，放入冰箱直到凝固定形，約4小時。將膠質切成1/2吋的小方塊，此時膠質仍在烤盤裡，再送回冰箱冷藏。

在一個大碗裡輕輕拌攪以下材料直到膠質溶解為止：

1包3盎司包裝的檸檬口味膠質
1杯滾水

拌入：

1/2杯冷水

放入冰箱冷藏成如同未打過的蛋白般的狀態。

將一個13×9吋的烤盤抹油。將以下材料攪打到硬性發泡：

1杯冷的濃鮮奶油

將鮮奶油切拌入檸檬膠質裡，接著再切拌入膠質小方塊，就馬上倒入上了油的烤盤裡。放入冰箱冷藏到定形，約4小時。

喜歡的話，可搭配以下材料食用：

（發泡鮮奶油，98頁）

奶凍（Blancmange）（6人份）

「Blancmange」這個花俏的英文名稱，其實指的就是香草玉米澱粉布丁。

用食物調理機把以下材料打成濕潤的小凝塊，約3分鐘：

1杯汆燙去皮的杏仁碎片
1/4杯糖

調理機還在運轉時，緩緩加入：

1又1/4杯滾水

將沾黏在調理碗的內壁四周的材料刮下後，再多打30秒，就靜置浸泡3分鐘。在一只碗架上一個篩網，篩網要襯一條濕棉紗布，然後就可倒入杏仁混合液，讓杏仁奶滲滴約45分鐘。在丟棄過濾後的固態殘渣之前，要用湯匙下壓杏仁以便盡可能的榨出杏仁的汁液。接下來把杏仁奶倒入一只大量杯，並且加入以下材料來做成正好為1又3/4杯的混合液：

約3/4杯全脂牛奶

倒入一只碗裡。在一只耐熱的小杯子裡攪拌混合以下材料：

1/4杯濃鮮奶油
1包（2又1/4小匙）原味膠質

靜置5分鐘使之軟化。

等待期間，將6個4到6盎司的卡士達杯或模杯輕輕上油。把裝了膠質的杯子放到裝了快要沸騰的水的煮鍋中，以小火烹煮並輕輕攪拌混合液直到濃稠發泡而且膠質溶解，約3分鐘。將膠質混合液徹底拌入杏仁奶中。再拌入：

1/2小匙杏仁萃取液
（4滴玫瑰水）

將做好的奶凍分放到備用模杯裡。放入冰箱冷藏到定形，約4小時。如果沒有馬上要享用，就在表面直接壓上一張保鮮膜後再放入冰箱，可冷藏至多3天。脫模後放到碟子裡，搭配以下材料一起食用：

新鮮覆盆子和（或）桃子切片

義式奶凍（Panna Cotta）（6人份）

義式奶凍（或是烹煮過的鮮奶油）就像奶凍一樣，也是豐美但清爽的滑順膠質鮮奶油點心。用小型模杯或卡士達杯來形塑義式奶凍，完成後倒出並搭配水果醬、新鮮水果，或兩者都加來一同食用。

將6個4到6盎司的卡士達杯或模杯輕輕上油。

在一個小碗裡倒入：

3大匙冷水

在上頭撒上：

1包（2又1/4小匙）原味膠質

靜置5分鐘使之軟化。

期間，在一個平底鍋裡混合：

1又1/2杯濃鮮奶油

1杯全脂牛奶或酪奶

1/2杯糖

（1條香草蘭豆，對半縱向撥開）

以中大火烹煮攪拌至沸騰。離火，若使用香草蘭豆的話就將之取出。加入軟化的膠質並攪拌1分鐘直到膠質徹底溶解為止。拌入：

1小匙香草（如果沒有使用香草蘭豆的話）

（1/2小匙杏仁萃取液）

倒入備好的模杯裡，放入冰箱冷藏到完全固定，約4小時。如果不是立即食用，就在鮮奶油表面直接壓上一張保鮮膜後再放入冰箱，可冷藏至多3天。

脫模後放到碟子裡，搭配以下材料一起食用：

糖漬金桔*，375頁，或新鮮水果切片和（或）水果醬，253頁

凍模卡士達（Molded Custard）（8人份）

這款香草口味的香濃膠質點心，就是素為人知的西班牙鮮奶油或波斯鮮奶油。

將一只4到5杯容量的模具或碗上油，或是把8個4盎司的模杯抹油。

在一只厚的平底鍋裡倒入：

3杯牛奶

在上頭撒上：

1包（2又1/4小匙）原味膠質

1/2杯糖

靜置5分鐘，接著就以小火加熱攪拌到牛奶變熱而且糖和膠質溶解為止。

在一個中碗裡打入：

3顆大蛋黃

1/4小匙鹽

緩慢拌攪熱牛奶混合液。將混合液倒回平底鍋，再以小火加熱。使用耐熱橡膠抹刀或木製湯匙，➡不停地輕緩攪拌，整個鍋底和鍋裡各個角落都要攪拌到。一旦混合液的濃稠度足以黏附在湯匙匙背的時候，就可以關掉爐火。加入：

1小匙香草

如果你希望凍模卡士達呈現某種一致的質地，在熱膠質混合液裡加入：

3顆大蛋白，打到硬性發泡

如果你喜歡的是有著透明果凍底層但渾濁頂層的凍模，就要在加入蛋白前先讓膠質混合液稍微冷卻。不管你想做的是哪種凍模，接下來都要把混合物倒入備用模具裡。冷藏到定形，約6小時。

脫模後可搭配以下材料食用：

新鮮水果切片或水果醬，253頁

堅果或椰子，要烘烤過

水果發泡甜點（Fruit Whip）（8人份）

水果發泡甜點好吃又好看──清爽口感並帶著漩渦般的漂亮顏色，裡頭加了柳橙、覆盆子、桃子、草莓、杏桃、蜜棗等水果（生的、煮過的或罐頭的，用食物調理機或果汁機弄碎或做成果泥），都可以單獨或混合使用。新鮮鳳梨一定要先煮過才能加入膠質混合液裡。

將以下材料拌在一起：

3/4杯又2大匙糖

1小匙檸檬皮絲

在一個碗裡倒入：

1/4杯冷水

在上頭撒上以下材料，假如水果多汁，就多加一點：

1大匙原味膠質

靜置5分鐘，再加入以下材料來把膠質攪拌到溶解：

1/4杯滾水

拌入糖混合物直到溶解。加入：

1杯碎水果或水果泥

3大匙新鮮檸檬汁

把碗放入裝了冰水的大碗之中，以將膠質冷卻到如同未打過的蛋白般的狀態。鞭攪或攪打混合液直到發泡。將以下材料打到硬性發泡：

4顆大蛋白

將以上蛋白打入膠質混合液中，直到混合液開始定形為止。

倒入1夸特的濕模具中，177頁。放入冰箱冷藏到凝固定形，約4小時。

搭配以下材料一起食用：

鮮奶油或卡士達醬，254頁

鳳梨雪凍（Pineapple Snow）（8人份）

在一只碗裡倒入：

1/4杯冷水

在上頭撒上：

1包（2又1/4小匙）原味膠質

期間，在一個平底鍋裡混合以下材料，煮沸並攪拌到糖溶解為止：

1罐20盎司的鳳梨碎片或2杯煮過的新鮮鳳梨

1杯糖

1/8小匙鹽

加入軟化的膠質，離火並攪拌到膠質溶解為止。倒入一只碗裡，放入冰箱冷藏到如同未打過的蛋白般的狀態。

在一個大碗裡將以下材料打到硬性發泡：

1杯冷的濃鮮奶油

加入：

1/2小匙香草

切拌入鳳梨混合物。將混合物倒入一個5杯容量的濕模具中，177頁。放入冰箱冷藏到定形，約4小時。

脫模並搭配以下材料一起享用：

（椰子，烘烤過，和橘子）或（開心果和馬拉斯奇諾櫻桃）

雪凍布丁（Snow Pudding）（6人份）

這是理想的夏季點心。

在一只中碗裡倒入：

1/4杯冷水

在上頭撒上：

1包（2又1/4小匙）原味膠質

靜置5分鐘。加入以下材料並將膠質攪拌到溶解為止：

1杯滾水

加入以下材料並攪拌到糖溶解為止：
1/2杯糖
1小匙檸檬細皮絲
1/3小匙新鮮檸檬汁
放入冰箱將膠質冷藏到如同未打過的蛋白般的狀態。
在一個大碗裡將以下材料打到硬性發泡：
3顆大蛋白
1/8小匙鹽
攪打時，倒入膠質混合液，繼續打到充分混合為止。將布丁倒到要食用的碗裡。放入冰箱冷藏到定形，約4小時。
搭配以下材料一起食用：
沸煮卡士達，176頁，一種水果醬，253頁或新鮮水果

| 關於慕斯、巴伐利亞鮮奶油和夏洛特布丁蛋糕 |

這些是用打發的蛋白或發泡鮮奶油所做成的柔軟清爽的點心。法文「mousse」(慕斯)一詞是發泡或泡沫的意思。任何一種甜點或鹹味菜餚，只要有發泡或泡沫般的質地，都可以叫做慕斯。用膠質做成的慕斯硬度足以脫模再食用。

巴伐利亞鮮奶油是種特別的慕斯，由兩種原料組成：一種是讓點心有硬度並可固定的濃稠膠質卡士達，另一種則是讓點心質地清爽的發泡鮮奶油或是有時會使用打發的蛋白。用塔狀且有細齒紋理模具所做成的巴伐利亞鮮奶油，倘若倒放在閃亮的銀製盤裡，那絕對是正式晚宴裡令人驚嘆的壓軸高潮。

夏洛特布丁蛋糕是用手指餅乾、蛋糕片或果醬蛋糕捲把慕斯包覆其中，脫模再開始享用。任何一種慕斯或布丁都可以做內餡，不過最佳選擇是如同巴伐利亞鮮奶油和其他以膠質做成的堅實餡料。分辨這種夏洛特布丁蛋糕與其他點心的不同是很重要的：一般是用奶油麵包條棒來包住的硬果泥，如典型的蘋果泥，再送入烘烤。

傳統上，只有慕斯會放在碟盤裡食用，不過我們長久以來也是如此將巴伐利亞鮮奶油和夏洛特布丁蛋糕端上桌。單一大點心裝盛在雕花玻璃碗是最好不過的，也可以舀入巧克力杯，177頁，來創造出華麗的效果。雪酪玻璃杯、酒類高腳杯和長形香檳杯，也可以相當漂亮地呈現出點心的樣貌。

所謂「冷舒芙蕾」其實就是慕斯——通常是巴伐利亞鮮奶油——只不過裝填的方式會讓慕斯突出於食用杯具上緣，因而看似舒芙蕾的樣子。不管是選用大型舒芙蕾碟盤或個人用的小模杯，裝盛總量約要少於點心分量的三分之一。把一張臘紙或羊皮紙縱向對半摺疊（假如用的是小碟子，就要摺成四等分），接著把它圍繞在碟盤的邊緣，並以廚房用線繩、橡皮筋或膠帶加以綑綁固定，做成一個領間。將領間的內裡上油，然後在模具裡填入至少高於模具邊緣一吋高的餡料。要上桌前，鬆開領間並小心將之剝除，如此就完成了一個貌似舒芙蕾的圓帽般點心。

脫模後，慕斯和巴伐利亞鮮奶油可是餐桌上令人驚喜的視覺宴饗。大點心要用舒芙蕾碟盤、麵包烤盤、攪拌碗、夏洛特模具或是環形、心形、星形的模具，而製作巴伐利亞時，人們相當愛用的瓜型模具。填餡前，模具要先抹上一層中性植物油或食用噴霧油，或是用冷水沖洗一下。個人點心要冷藏三到四小時，大點心則至少要冷藏四小時，不過，若是用高窄或複雜的模具來形塑的點心，就最好是冷藏十二到二十四小時。至於脫模的注意事項，請閱讀「關於膠質點心」，190頁的說明。或是以下針對「關於準備點心模具」的說明來準備和脫模夏洛特布丁蛋糕。

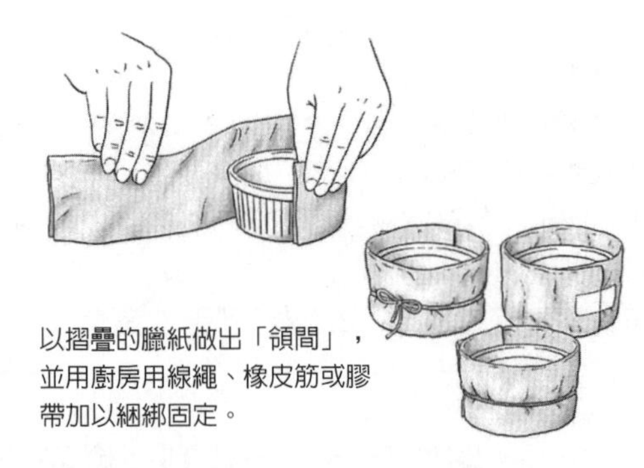
以摺疊的臘紙做出「領間」，並用廚房用線繩、橡皮筋或膠帶加以綑綁固定。

這些點心搭配卡士達、水果醬或發泡鮮奶油都會相當美味。你可以在餐桌上準備個別醬汁來讓人自行傳遞享用。或者，若是比較講究視覺的呈現，可以將點心脫模後裝盛在個人碟盤裡，在每個點心底部周圍淋上醬汁。

| 準備夏洛特布丁蛋糕或點心模具 |

要做出以手指餅乾或蛋糕包覆的夏洛特布丁蛋糕或其他點心，你需要一個平底模具，周邊要是直邊或是稍傾的斜邊。至於夏洛特布丁蛋糕的傳統模具，狀如頂土耳其氈帽，而且有著心形小把手，而夏洛特布丁蛋糕模具有著各式各樣的尺寸供人選擇。對於本書大多數的食譜來說，你需要準備脫模時頂部有約七吋的直徑、容量約2到2又1/2夸特的模具。本書的夏洛特布丁蛋糕也可以用9×5吋的麵包烤盤、2到2又1/2夸特舒芙蕾碟具、8吋的方形烤盤、9×2吋的圓形蛋糕烤盤或8x3吋的彈簧扣模鍋來製作。

可以用「全蛋打法海綿蛋糕」，23頁、「比司吉」，22頁或「海綿大蛋糕II」，66頁，來做出最簡單的蛋糕襯底。將蛋糕長條沿著模壁排放，並且切割出一個吻合底部大小的大塊蛋糕襯在底部，你也可以使用填餡的果醬蛋糕捲切片，66頁，或馬卡龍，126頁。最普遍的襯底是手指餅乾：依據使用模具的不同以及鋪襯底的方式，你需要十八到三十六根三到四吋的濕潤柔軟的手指糕餅，可以是自行在家烘焙完成，74頁，或是從商店買來的優質手指餅乾。千萬別用常常用來做提拉米蘇的乾硬酥脆的手指餅乾，這樣的餅乾修整時很難不碎裂的。

準備模具時，內部要輕輕抹油，用蠟紙或羊皮紙在底部襯底，紙上也要抹油。緊貼著模具四周排放手指餅乾或蛋糕，豎立手指餅乾，餅乾有弧度的一面要靠著模壁。若用的是淺的模具，要將手指餅乾對半切割，以切割的尾端向上的方式排列。如果是自己做的手指餅乾，記得在烘烤淺盤上要一根根靠近排好（餅乾之間要留約四分之一吋間隙），如此一來，烘烤時手指餅乾會黏在一塊，就可以輕鬆地將一排手指餅乾排入模具中。在手指餅乾上頭刷上簡單的「保濕糖漿」，107頁，或是食譜標明使用的特定糖漿。

你接下來就需要決定要如何處理模具的底部——也就是點心成品的頂部。假如使用的是夏洛特布丁蛋糕模具、舒芙蕾碟盤或其他圓形的深盤，裸露頂端是最漂亮的，如此一來，你就可以在倒出來的點心上頭點綴用發泡鮮奶油做成的玫瑰花飾，每朵花飾上頭可以用像是一顆咖啡豆、糖漬紫羅蘭或巧克力鬚等等來妝點。如果用的是淺的模具，你可能會希望蓋住頂部。至於方形或長方形的模具，要把手指餅乾排放在底部，必要時要加以修整。使用在圓形模具的傳統設計有點像是雛菊，就是花瓣圈繞著圓心。製作花瓣時，要用廚用剪刀或削皮刀把手指餅乾修整成淚滴形狀，排放時要將花瓣平坦面向上，花瓣尖端要對向圓心；有些花瓣需要進一步修整才能完全契合模具。當你將外緣填滿餡料之後，用另外一根手指餅乾修整出一個圓心放在正中央。假如你很擅長使用擠花袋的話，可以把手指餅乾的麵糊擠在頂部，這樣就一定可以跟模具完全契合。想將麵糊擠出雛菊狀、捲曲狀或其他你喜歡的設計，請閱讀第149頁。

用果醬蛋糕捲切片為夏洛特布丁蛋糕模具襯底

為夏洛特布丁蛋糕脫模，若用的是夏洛特布丁蛋糕模具，脫模是相當簡單的。假如用的是一夸特半到二夸特容量的不鏽鋼碗或玻璃碗，要先把碗浸入溫水幾秒鐘，接著在碗上蓋上一只碟盤後就可以翻轉倒出。

你不需要在頂部（也就是脫模後的底部）鋪放手指餅乾，不過，如果你有多餘的餅乾，放上一些是再好不過的：有著堅固底部支撐的夏洛特布丁蛋糕會更穩固，比起沒有襯底的成品來說，有襯底的布丁在切片時會更為俐落。必要時要修整手指餅乾以確保完全契合模具，而為模具底部和周身襯底後剩下來的餅乾仍可留用。排放手指餅乾時，要將平坦面向上，沿著在模壁襯底的手指餅乾的上頭排放，要將模壁的手指餅乾與底部的餅乾修齊。如果你仍有剩餘的「保濕糖漿」的話，請塗刷於底部襯底。

夏洛特布丁蛋糕也可以做成單人份的大小。將八到十個八盎司的舒芙蕾模杯或小型夏洛特布丁蛋糕模具上油，接著如上述襯上蠟紙或羊皮紙，用對半橫切的手指餅乾來為模壁襯底；底部和頂部則都不要鋪上手指餅乾。

巧克力慕斯（Chocolate Mousse）（8人份）

在美國緬因州的男童子軍營隊的主任曾經告訴我們一件事，當男童們在餐廳裡發現應允做為晚點心的居然不是樹林裡的「麋鹿」*，而是本書食譜裡的慕斯時，他們沮喪到臉都垮了。

在大型煮鍋裝入1吋高的水，用小火加熱煮沸到鍋底冒泡為止；接下來調整火候來維持此時的水溫。在一只耐熱大碗裡混合：

6盎司半甜或苦甜巧克力碎片
3大匙無鹽奶油
2大匙烈酒、利口酒、咖啡或水
（1小匙香草，如果以上是加水的話）

用水浴法來處理，放入後攪拌到巧克力融化。從水中取出大碗，靜置一旁待用。在另一只耐熱碗裡拌勻以下材料：

3顆大蛋黃
3大匙咖啡或水
3大匙糖

用水浴法來處理，期間不斷攪拌，將混合液加熱到如同棉花糖醬般的濃稠蓬鬆的狀態。從水中取出碗具，將混合液攪拌到融化的巧克力中，即可置於室溫下冷卻。在大碗裡將以下材料打出泡沫：

3顆室溫溫度的大蛋白

加入以下材料並打到軟性發泡：

1/4小匙塔塔粉

慢慢打入：

1/4杯糖

將攪打速度調到高速，把混合物打到硬性發泡但不乾燥的狀態，就用橡膠刮刀把1/4分量的蛋白拌入巧克力混合物而加以淡化，然後再把剩下的蛋白溫和切拌到混合物裡。在一個小碗中把以下材料打到軟性發泡：

1/2杯冷的濃鮮奶油

輕輕將鮮奶油均勻切拌入巧克力混合物裡，接著倒入一個5杯容量的碗裡或8個6盎司的模杯中。放入冰箱冷藏至少4小時，或多至24小時。

搭配以下材料一起食用：

發泡鮮奶油，98頁

喜歡的話，也可以撒上：

（1盎司磨碎的半甜或苦甜巧克力）

膠質巧克力慕斯（Chocolate Mousse with Gelatin）（8人份）

若在巧克力慕斯變硬的過程使用少量膠質的話，就可以用模具來定形和脫模，或是做為巧克力夏洛特布丁蛋糕或慕斯蛋糕的餡料。

在一只小杯裡倒入3大匙冷咖啡或水，在上頭撒上1又1/2小匙原味膠質，靜置5分鐘。準備上述食譜的巧克力慕斯，不過要把預備加入蛋黃裡的3大匙咖啡或水以做好的膠質混合物來替代。要確實把發泡蛋白和鮮奶油徹底切拌入蛋液裡。假如你想為慕斯脫模的話，記得要在慕斯定形用的模具或碗裡抹油。放入冰箱冷藏至少6小時。

---

*譯註：麋鹿（moose）的英文發音近似慕斯。

白巧克力慕斯裹杏仁碎粒（White Chocolate Mousse with Toasted Almonds）（6到8人份）

這種慕斯硬度夠而足以脫模或是做為夏洛特布丁蛋糕的餡料，不過吃起來卻是相當柔軟濃郁。

如果你想要將點心脫模倒出，準備好六到八個4到6盎司高腳杯、模杯或碗，或是一個2夸特的模具，要在上頭輕輕抹油。

將以下材料切成1/8吋的大小：

1/3杯汆燙去皮的杏仁切片，要烘烤過

將以下材料切塊成相同的大小：

1到2盎司白巧克力

與杏仁混合後就靜置一旁待用。在一個小碗裡量入：

3大匙冷水

在上頭撒上：

3/4小匙原味膠質

靜置5分鐘。用一把銳利刀子將以下材料細剁碎，或是用食物調理機磨成如同碎屑般的密度：

8盎司白巧克力

若是剁碎的巧克力，則放入一只碗裡；假如是用調理機研磨，就讓碎屑留在調理碗裡即可。用一個小型平底鍋裡將以下煮沸：

1/2杯濃鮮奶油

離火後，加入軟化的膠質並攪拌30秒來溶解膠質。接著立即把這個混合物加到巧克力裡，並且要不斷用手或調理機拌攪到滑順為止。需要的話，可以倒入碗中放入冰箱冷藏，以將膠質冷卻到如同未打過的蛋白般的濃稠狀態。

將以下材料打到足以在湯匙上保持形狀的硬性發泡狀態：

1杯冷的濃鮮奶油

把鮮奶油切拌入巧克力混合物裡，接著再輕輕切拌入杏仁混合物裡。放入玻璃杯或模具裡並送入冷藏2小時；或者，如果脫模的話，則至少要冷藏4小時。喜歡的話，可以裝點：

（1到2盎司磨碎的白巧克力）

可搭配以下材料一起食用：

（新鮮覆盆子醬，267頁）

巧克力冰磚（Chocolate Terrine）（12到16人份）

這種純巧克力糕點做起來就像是巧克力慕斯，完成後切片並搭配醬汁一起吃。此外，也可以當作相當結實的美味夏洛特布丁蛋糕餡料。冰磚密封後可以冷凍儲存多至1個月。切片食用前，要先讓冷凍的冰磚在室溫中靜置1小時。

將一個8又1/2×4又1/2吋的烤盤輕輕抹油，並用保鮮膜下壓在烤盤四周和角落緊貼襯底。保鮮膜也要輕輕上油。

在一個大型平底鍋裝入1吋高的水，加熱至快要沸騰的狀態。在一個大的耐熱碗裡混合以下材料，要在煮沸的水上方而不是在水中攪拌，要攪拌到融化滑順為止：

1磅剁碎的苦甜或半甜巧克力

1杯（2條）無鹽奶油，要切塊

處理完後就從平底鍋取出並靜置待用。在一只耐熱大碗裡拌攪以下材料：

8顆大蛋黃

1/3杯冷卻的濃咖啡，或1/4杯水加上1又1/2大匙烈酒或利口酒、1/2杯糖

把碗放置在平底鍋上頭。加熱的期間要不斷拌攪，直到呈現如棉花糖醬般的濃稠、蓬鬆和光澤為止，至少10分鐘。從水浴中取出，還是要不斷拌攪以便讓巧克力混合物完全混勻（混合物會消氣宛如有光澤的巧克力美乃滋）。如果混合物有分離的狀況，就要拌攪入一些冷水，每次1小匙，拌攪到再次滑順為止。

以中速在一個大碗裡打發以下材料：

4顆室溫溫度的大蛋白

加入以下材料打到軟性發泡：

1/4小匙塔塔粉

再逐漸撒上：1大匙糖

把攪打速度加快至高速，繼續打到硬性發泡但不乾燥的狀態。使用一把大橡膠刮刀把蛋白切拌入巧克力混合物裡。將混合物放入備妥烤盤並包上保鮮膜，即可放入冰箱冷藏至少8小時。

移除包覆的保鮮膜，把冰磚翻轉倒入食用的碟盤裡。橫切成片並搭配以下材料食用：

咖啡卡士達醬，254頁、卡士達醬，254頁和（或）新鮮覆盆子醬，267頁

冷檸檬舒芙蕾或巴伐利亞鮮奶油（Cold Lemon Soufflé or Bavarian Cream）（8人份）

這個點心可以做為夏洛特布丁蛋糕的餡料。

請閱讀「關於慕斯、巴伐利亞鮮奶油和夏洛特布丁蛋糕」，197頁的說明。

如果做的是冷舒芙蕾，要把紙製領圈綁在8個6盎司的模具或1個1夸特半的舒芙蕾碟盤裡。倘若做的是巴伐利亞鮮奶油，要把8個8盎司的卡士達杯或模具或1個2又1/2夸特的夏洛特布丁蛋糕或其他模具抹上油。在一只中碗裡混合以下材料：

1大匙檸檬皮絲

1/2杯過濾過的冷新鮮檸檬汁

在上頭撒上：

1包（2又1/4小匙）原味膠質

靜置5分鐘。

在一個大碗裡將以下材料拌攪混勻即可：

5顆大蛋黃、1/3杯糖

在一只厚平底鍋裡加熱：

1杯全脂牛奶

逐漸把熱牛奶拌攪入蛋黃裡，拌完後就把混合液倒入平底鍋中，以極小火烹煮並輕輕攪拌，直到混合液的濃稠度足以沾附湯匙匙背，而且用即讀溫度計測量要達到80度。接下來馬上把熱卡士達倒入膠質混合物，並且攪拌到膠質完全溶解為止。過濾至一個大碗裡；把碗放到裝盛了冷水的盤裡，攪拌到卡士達不溫熱並且稍呈濃稠的狀態。以中速在一只大碗裡將以下材料打到軟性發泡：

3顆室溫溫度的大蛋白

逐漸打入：

1/3杯又1大匙糖

將攪打速度加快至高速，繼續打到硬性發泡但不乾燥的狀態。假如卡士達變硬了，就要拌攪到滑順為止。先拌攪入1/3的蛋白，接著再把剩餘的部分切拌到混合物裡。

將以下材料打到軟性發泡：

3/4杯冷的濃鮮奶油

輕輕將鮮奶油切拌入蛋白混合液裡。接著就可放入備妥的模具中。舒芙蕾要冷藏至少4小時，巴伐利亞鮮奶油則至少要冷藏8到12小時。

鬆脫綁在舒芙蕾模具上的領圈，或者是將巴伐利亞鮮奶油脫模，然後放到碟子上。可用以下材料裝點舒芙蕾：

發泡鮮奶油

或是搭配以下材料享用：

發泡鮮奶油，98頁、新鮮覆盆子醬，267頁、或卡士達醬，254頁

冷柳橙舒芙蕾或巴伐利亞鮮奶油（Cold Orange Soufflé or Bavarian Cream）

選用一個不起化學反應的小平底鍋，在裡頭混合2大匙柳橙皮絲和1又1/2杯過濾過的新鮮柳橙汁，沸煮到剛好剩下約1/2杯的液體量。

靜置到完全冷卻，加入1大匙濾過的新鮮檸檬汁。以煮好的柳橙濃縮汁液替代檸檬皮絲和檸檬汁，其他就完全按上述食譜的冷檸檬舒芙蕾或巴伐利亞鮮奶油的指示進行。

冷萊姆舒芙蕾或巴伐利亞鮮奶油（Cold Lime Soufflé or Bavarian Cream）

準備上述的冷檸檬舒芙蕾或巴伐利亞鮮奶油，但是要用1大匙萊姆皮絲和1/2杯濾過的新鮮萊姆汁來替代檸檬皮絲和檸檬汁。喜歡的話，可以在打發鮮奶油時加入1滴綠色食用色素。

巧克力或咖啡巴伐利亞鮮奶油（Chocolate or Coffee Bavarian Cream）（8人份）

這份食譜和下一份食譜沒有用雞蛋，雖然不是經典點心，但是嚐起來實在美味極了。

在一只碗裡倒入：

3大匙冷牛奶

在上頭撒上：

1包（2又1/4小匙）原味膠質

將以下材料慢煨到快要沸騰：

1又1/2杯牛奶，或1/2杯牛奶加上1杯濃鮮奶油

離火，加入以下材料並且攪拌到糖溶解為止：

4盎司剁細切的苦甜或半甜巧克力，或1大匙即溶咖啡粉

1/4 到1/3杯糖、1/8小匙鹽

拌入膠質直到其溶解為止。再拌入：

1小匙香草

（1/4小匙杏仁萃取液）

將膠質冷藏到如同未打過的蛋白般的狀態。

把膠質混合物拌攪到蓬鬆狀。以下材料打到硬性發泡：

1杯冷的濃鮮奶油

將鮮奶油切拌入膠質混合物裡，即可倒入一只濕的或輕輕抹油的4杯容量的模具裡。或者，喜歡的話，用以下材料（在一只5到6杯容量的模具裡）與鮮奶油兩兩交替疊放：

（6個弄碎的蛋白餅或手指餅乾，要用蘭姆酒或不甜雪利酒浸泡過，以及1/2杯堅果粉，最好是杏仁粉）

如果你要將鮮奶油脫模的話，至少要冷藏8小時。

搭配以下材料食用：

整顆漿果或壓碎的漿果，或是新鮮水果切片以及發泡鮮奶油，98頁

漿果巴伐利亞鮮奶油（Bavarian Berry Cream）（8人份）

這不是經典的巴伐利亞甜點，而是較硬的「水果阿呆」*，350頁，是相當美味的夏季點心，也可以當作夏洛特布丁蛋糕的餡料。

一只大碗裡將以下材料搗碎：

1夸特去蒂草莓或覆盆子

加入：
1/2杯糖
靜置30分鐘。
一只小碗中倒入：
3大匙冷水
在上頭撒上：
2大匙原味膠質
靜置5分鐘。加入以下材料並將膠質攪拌到溶解為止：
3大匙滾水
拌入漿果裡。你也可以添加：
（1大匙新鮮檸檬汁）
將膠質冷藏到如同未打過的蛋白般的狀態。
將以下打到硬性發泡：
1杯冷的濃鮮奶油
輕輕切拌入漿果混合物裡。倒入一只輕輕抹了油或1夸特半的濕模具裡。如果你要將鮮奶油脫模的話，就要冷藏8小時。
搭配以下材料享用：
草莓，267頁、或水果醬，253頁

夏洛特布丁蛋糕（Charlotte Russe）（8到10人份）

真正的夏洛特布丁蛋糕有著豐美的香草鮮奶油，並且是以手指餅乾圈覆完成。這種點心永遠會搭配清爽的水果醬來一起食用。
依照「準備夏洛特布丁蛋糕或點心模具」，198頁的說明，用以下材料將一只2到2夸特半的模具襯底：
18到36根手指餅乾，自製，74頁，或購自商店皆可
以小火將以下材料攪拌到滑順：
1/2杯無籽覆盆子果醬
3大匙覆盆子利口酒或水
在手指餅乾的襯底上刷上糖漿。手指餅乾應該要徹底濕潤，不過，如果在塗抹完所有糖漿之前已有手指餅乾快要彈出的跡象，就要保留剩下的糖漿來塗刷可能會用在頂部的手指餅乾。
在雙層蒸鍋的頂部倒入：
3大匙冷水
在上頭撒上：
1又1/2小匙原味膠質
靜置5分鐘，再拌攪入：
6顆大蛋黃、1/2杯糖
將雙層蒸鍋的頂部放在沸水上方而不是沸水之中，加熱並不斷拌攪直到混合物呈現如棉花糖漿般濃稠蓬鬆的狀態（如果你對生雞蛋有疑慮的話，就要每隔15秒將蒸鍋自爐火移開並用即讀溫度計測量，直到溫度達70度為止）。把雙層蒸鍋頂部放到冷水裡，不時拌攪一番，靜置在室溫下冷卻。倒到一個大碗裡，拌入：
2大匙白蘭地、干邑白蘭地或水
2小匙香草
在一個大碗裡以中速將以下材料打到輕盈蓬鬆的狀態：
4大匙（1/2條）軟化無鹽奶油
1/4杯糖、1/8小匙鹽
用湯匙滿滿舀起拌入蛋黃混合液裡。
在一只大碗裡將以下材料打到硬性發泡：
1又1/2杯冷的濃鮮奶油
先用一把橡膠刮刀把1/2的鮮奶油拌入蛋黃混合液中，接著才溫和切拌剩下的鮮奶油。將混合物放入備好的模具中。如有多餘的手指餅乾，就蓋在上頭並且刷上剩下的糖漿。放入冰箱至少冷藏8小時或多至3天。將夏洛特布丁蛋糕倒放到碟子上，或者是脫模。搭配以下材料一起食用：
新鮮覆盆子醬，267頁、或火焰櫻桃，218頁

巧克力夏洛特布丁蛋糕（Chocolate Charlotte）（8人份）

依照「準備夏洛特布丁蛋糕或點心模具」，198頁的說明，用以下材料將一個2到2夸特半的模具襯底：

18到36根手指餅乾（自製，74頁，或購自商店皆可）、全蛋打法海綿蛋糕，23頁、比司吉，22頁、或海綿大蛋糕 II，66頁

在一只小碗中混合以下材料，要將糖攪拌到溶解為止：

1/4杯熱水或熱咖啡
2大匙糖

靜置冷卻至微溫。拌入：

1/4杯烈酒、利口酒或咖啡，做為慕斯調味之用

或者，如果只想用香草簡單調味慕斯，加倍上述熱水和糖的分量，再加入：

（1大匙香草）

用以上的糖漿刷抹手指餅乾襯底。準備：

膠質巧克力慕斯，200頁

喜歡的話，可以切拌入：

（1/2杯剁碎的堅果，要烘烤過）

將慕斯填入已襯底的模具裡。如有額外的手指餅乾，就用來覆蓋頂部，並且刷上剩下的糖漿。放入冷藏至少6小時或多至3天。把夏洛特布丁蛋糕翻倒在碟子裡來脫模。

搭配以下材料一起享用：

發泡鮮奶油，98頁、咖啡卡士達醬，254頁、或任何一種巧克力醬，256頁

咖啡夏洛特布丁蛋糕（Coffee Charlotte）（6人份）

準備上述巧克力夏洛特布丁蛋糕，不過要以咖啡巴伐利亞鮮奶油，203頁、來替代巧克力慕斯。搭配用蘭姆酒調味的卡士達醬，254頁、或巧克力醬，256頁

提拉米蘇（Tiramisù）（10到12人份）

義大利文*Tiramisù*（提拉米蘇）的意思是「將我帶走」——將手指餅乾浸泡過速沖咖啡和白蘭地，再塗上厚厚一層以馬沙拉醬裝飾的馬士卡彭起司（mascarpone），這樣的甜點怎麼不會讓人忍不住帶走呢？提拉米蘇最好在完成後的1到4小時內食畢。

備好：

24根手指餅乾，74頁（自製或購自商店皆可）或「全蛋打法海綿蛋糕」（用2個8吋方形烤盤製作，23頁

將烤爐預熱至180度。

如果用的是全蛋打法海綿蛋糕，只用1又1/2層：把一整層蛋糕切成8條，再把半層蛋糕切成4條；剩下的留作他用。所有的蛋糕條再對半成切。將手指餅乾或蛋糕條排放在一個烘烤淺盤上，烘烤成金棕色的脆條，8到10分鐘。靜置冷卻。期間，在一個耐熱中碗裡以高速攪打以下材料，打到濃稠且呈白黃色，約2分鐘：

5顆大蛋黃
1/3杯糖

拌攪入：

1/3杯甜馬沙拉酒
1大匙水

將碗放進盛裝了快要煮沸的煎鍋裡，以低速拌攪或攪打到混合物的溫度達到70度。把碗從水裡取出，靜置冷卻約15分鐘。

在一個大碗中混合以下材料並打到軟性

發泡：
12到14盎司軟化的馬士卡彭起司
1/2杯濃鮮奶油
2小匙香草
切拌入冷卻後的蛋黃混合液。
在一個淺碟子裡混合：
1又1/2杯冷卻後的速沖濃縮咖啡或超濃咖啡
2到3大匙蘭姆酒或白蘭地
2到3大匙糖
備好：
4盎司磨碎的苦甜或半甜巧克力
將一半的手指餅乾或全蛋打法海綿蛋糕條浸泡到濃縮咖啡混合液中，接著就排放到2到3夸特的食用碗裡，彼此間留下一點間隙。在手指餅乾或蛋糕上頭和間隙塗上一半的馬士卡膨起司，撒上一半的磨碎巧克力，將另外一半餅乾或蛋糕條浸泡到剩下的濃縮咖啡混合液中，並排放在上頭。再把剩下的餡料塗在上頭和間隙並撒上剩下的巧克力。在頂部篩上：
1大匙無糖可可粉
食用前，要先覆蓋放入冰箱冷藏至少1小時或多至24小時。

英式查佛蛋糕（Trifle）（12到14人份）

傳統上，香草卡士達和覆盆子是這款英式甜點的特色。不過，你也可以用任何新鮮、冷凍或罐頭水果；不要加酒，而要用咖啡、果汁或水果泥；並且（或）添加義大利杏仁餅（amaretti）碎屑或巧克力碎片。備好：
卡士達醬，254頁
製作材料如下：
9顆大蛋黃
3/4杯糖
1又1/2杯全脂牛奶
1又1/2杯濃鮮奶油
冷藏到冰冷。
備好：
24到30根手指餅乾，74頁（自製或購自商店皆可）、全蛋打法海綿蛋糕，23頁，或是切成任何大小的海綿蛋糕
1/2到3/4杯全果肉果醬
2杯漿果或水果切片
1/4杯汆燙去皮杏仁切片或裂片，要烘烤過
在2到3夸特的食用碗底部排放一半的手指餅乾或蛋糕切片（如用的是玻璃碗，要確實讓每一層餡料碰到碗壁，藉此可以看到對比的餡層）灑點：
2到4大匙甜酒（如雪利酒、蜜絲嘉麝香葡萄酒、馬沙拉酒或法國梭甸葡萄酒）、白蘭地或蘭姆酒
鋪上一半的全果肉果醬，撒上一半的漿果或水果，再抹上一半的卡士達醬，並撒上一半的堅果。重複以上的疊組方式來處理剩下的手指餅乾或蛋糕切片、酒和剩下的全果肉果醬、水果和卡士達。
將以下材料打到接近硬性發泡的狀態：
3/4杯冷的濃鮮奶油
2到3小匙糖
1/2小匙香草
在查佛蛋糕的頂部塗上鮮奶油或澆擠花飾，撒上剩下的堅果。食用前，要覆蓋後放入冰箱至少3小時，或最好是冷藏到24小時。

| 關於米布丁 |

由於短粒和中粒的白米富含澱粉，因此可以做出質地特別滑順濃稠的布丁。不過，用來做鹹燉飯（risotto）的義大利阿柏里歐米（arborio rice），即便是富含澱粉的中粒米，也不要使用，因為這種米做不出好吃的布丁。只要不是「蒸穀米」或是預煮米（也就是速煮米）的長粒米，也可以做出好吃的布丁。印度的香米和泰國茉莉香米等長粒米會散發本身獨特的氣味，所以千萬別用它們來做布丁。請閱讀「關於米飯」★，583頁的說明。米布丁可以用肉豆蔻、大茴香、丁香或肉桂等香料來添增風味。食用時，可以加入如烤堅果或椰子或是碎脆糖等頂層加料；水果醬或糖漬水果；或者是巧克力、咖啡、香草、焦糖或楓糖漿等做成的醬汁。

烤米布丁（Baked Rice Pudding）（6到8人份）

將烤爐預熱至165度，將一只1又1/2夸特的烘烤淺盤或六只6盎司的卡士達杯或模杯抹上奶油。喜歡的話，可以在模底和模壁鋪上一層：
（細碎的蛋糕或餅乾碎屑）
在一個大碗裡放入：
2杯煮過的短粒或中粒白米飯
混合並打勻：
1又1/3杯牛奶
2顆大雞蛋
6大匙糖或壓實的紅糖
2大匙軟化的無鹽奶油
1到1又1/2小匙香草（若有用檸檬，香草的分量就放少一點）
1/8小匙鹽
將以上混合物加到白米飯裡，喜歡的話，可以加入：
（1/3杯葡萄乾或剁碎的棗子）
（1/2小匙檸檬皮絲）
（1小匙新鮮檸檬汁）
用叉子輕輕拌合。把白米飯鋪到備好的烤盤或模杯裡，並鋪上更多碎屑；烘烤到用刀子插入中間部分抽出時無沾黏物為止，大米布丁約烤40分鐘，小一點的則要25分鐘。趁熱搭配以下材料享用：
鮮奶油或一種新鮮水果醬，267頁

米布丁烤布蕾（Rice Pudding Brûlée）

準備上述的單人份烤米布丁。放入冷藏到冰冷，接著澆淋焦糖糖汁 I、II或III，179頁。

爐面烹製米布丁（Stovetop Rice Pudding）（6到8人份）

在一個大型的厚平底鍋裡混合：
3/4杯中粒或長梗米★，583頁
1又1/2杯水
1/4小匙滿滿的鹽
以中大火加熱到快要沸騰，就把火候調至小火，蓋鍋後繼續沸煮到水分被完全吸收，約15分鐘。拌入：
4杯全脂牛奶

1/2杯糖
掀蓋繼續以中火烹煮約30分鐘，其間不時攪拌，快煮好時尤要勤於攪拌。一旦白米和牛奶煮成濃稠稀飯，就表示布丁做好了，千萬別過度烹煮。
離火，拌入：
1/2小匙香草
用湯匙將成品舀放到食用碗裡，或是六只5到6盎司容量的卡士達杯或模杯裡，表面要直接鋪壓保鮮膜以防上頭形成皮膜。趁熱、放涼到室溫溫度或是冷藏冰冷享用皆可。喜歡的話，可以撒上：
（肉桂粉）
布丁可以搭配以下材料一起食用：
（發泡鮮奶油，98頁，或一種水果醬，253頁）

木薯卡士達（Tapioca Custard）（4到6人份）

請閱讀關於木薯的說明，579頁。
如果你喜歡濃稠的卡士達或是不要加雞蛋，記得要用較多分量的木薯。使用淡紅糖或深紅糖，可以添加淡淡的糖果奶油風味。
在一只厚平底鍋裡拌勻：
2又1/2杯牛奶
1/3杯糖或1/2杯壓實的紅糖
3到4大匙快煮木薯
1/8小匙鹽
靜置10分鐘後，再以中火緩緩加熱到快要沸騰，其間要不斷攪拌。沸煮攪拌2分鐘。喜歡的話，可以把一半的布丁逐漸拌攪入：
（1或2顆打勻的大雞蛋）
將以上混合物加入剩下的布丁中一起拌勻。以小火烹煮攪拌，煮到看見開始變濃的跡象，約3分鐘。關火後，拌入：
1小匙香草
留置在平底鍋裡冷卻30分鐘；布丁會在期間變得相當濃稠，即可用湯匙舀到杯裡或碗中。趁熱或冷藏後享用皆可。喜歡的話，可以搭配以下材料一起食用：
（發泡鮮奶油，98頁，或一種水果醬，253頁）
（鮮奶油、新鮮漿果、水果碎泥或罐頭水果、或巧克力醬，256頁）

烤珍珠木薯布丁（Baked Pearl Tapioca Pudding）（8人份）

請閱讀關於木薯的說明，579頁。
在一只碗裡混合：
1/2杯木薯
1杯牛奶
覆蓋碗具後放入冰箱隔夜冷藏。
將木薯和牛奶混合物放到一只厚平底鍋中，拌入：
3杯牛奶
以中或到大火煮到沸騰，就把火候轉為小火繼續烹煮，要不斷攪拌，直到混合物呈現透明且開始變稠，約12分鐘，就倒入一只大碗裡靜置冷卻。
將烤爐預熱至165度，將一只2又2分之1到3夸特的烘烤淺盤抹上油。將以下材料打勻：
5顆大蛋黃
3/4杯糖
1顆檸檬皮絲和1/2顆檸檬汁，或是1又1/2小匙香草
拌入木薯混合物中。以下材料打到硬性發泡但不乾燥的狀態：
5顆大蛋白
切拌入木薯混合物裡，接著就倒到備好的烘烤淺盤中，送入烘烤約40分鐘，烤到

頂部膨脹且呈金棕色，而且稍微搖晃烤盤時布丁會輕輕晃動。喜歡的話，不論是趁熱吃或冷藏後食用，皆可搭配以下醬汁：
（熱水果醬，253頁）

椰子木薯布丁（Coconut Tapioca Pudding）（6人份）

請閱讀關於木薯的說明，579頁。
若是使用珍珠木薯來製作這款布丁，實在是超乎平常地好吃，不過，你可以以快煮木薯替代使用：木薯的用量要減少為1/3杯，並且只能浸泡10分鐘，接著只要沸煮2分鐘即可。
在一只大型的厚平底鍋裡混合：
2/3杯珍珠木薯
2又3/4杯全脂牛奶
覆蓋碗具後放入冰箱冷藏至少8小時或隔夜冷藏。
將以下材料拌入木薯中：
1罐14又2分之1盎司的無糖椰奶
2大匙糖
1/8小匙鹽
以中大火煮到快要沸騰的狀態，就把火候調小繼續烹煮，要不斷攪拌，直到珍珠呈現透明且不再有粗糙感，約15分鐘。小心別煮過頭了，否則布丁就會變得黏答答的。離火。
在一個小碗將以下材料打到發泡：
1顆大雞蛋
逐漸拌入1杯熱布丁，即將這混合物拌攪到鍋裡剩下的布丁裡，覆蓋靜置5分鐘（此時的布丁熱度足以煮熟雞蛋）。食用前，拌入：
2/3杯椰絲，要烘烤過
接著就可倒到碗裡或單人份的杯子裡，在上頭撒上：
烘烤過的椰子
搭配以下材料溫熱食用：
新鮮水果或水果醬，253頁

穀布丁（Farina Pudding）（4到6人份）

穀粉是以硬質小麥做成的澱粉產品；見511頁。不妨以這道濃郁的布丁做為一份講究的早點或是一道甜點。不要用標示「快煮」的穀粉來做這份食譜。假如使用蛋白的話，請閱讀「關於蛋類的食用安全須知」，497頁的說明。
在一只厚平底鍋中混合以下材料，煨煮到沸騰，且要攪拌到糖溶解為止：
2杯牛奶
1/4杯糖
拌入：
1/4杯穀粉
以小火烹煮到濃稠，期間要不時攪拌，約5分鐘。加入以下材料並攪拌到融化為止：
1大匙無鹽奶油
熄火。以下材料每次打入1顆：
2顆大蛋黃
倒入碗裡靜置冷卻，再加入：
1小匙香草
（3/4小匙肉桂粉）
（1/2小匙檸檬皮絲）
若想做的是較清爽的布丁，以下材料打到硬性發泡但不乾燥的狀態：
（2顆大蛋白）
切拌入穀粉混合物裡。如果做為甜點享用，冷藏後搭配以下材料：
發泡鮮奶油，98頁、一種新鮮水果醬，267頁，或甜漿果碎泥
（胡桃或核桃，要烘烤過）

紅漿果布丁（Rote Grütze）（4人份）

我的家人長久以來相當喜愛這款德式布丁，一般是以覆盆子果汁製作而成，也可以用草莓、櫻桃或黑醋栗，不過覆盆子和草莓的混合果汁仍是我們最鍾愛的基底，並且可以加入覆盆子果凍或紅酒來強化風味。冬季時節，烹煮冷凍的覆盆子和草莓並濾出汁液，你的舌尖就能夠享有一種美妙的新鮮滋味。

I. 在一只厚平底鍋裡慢煨煮沸：

2杯果汁

依據口味喜愛添加甜度：

1/2到3/4杯糖

用以下材料調味：

1/8小匙鹽

拌入：

3到4大匙穀粉

以小火沸煮到濃稠狀，要不斷攪拌，需5到10分鐘，即可倒入單人份的盤碟裡。用保鮮膜蓋緊並冷藏到極冷的狀態。搭配以下材料一同享用：

發泡鮮奶油，98頁、卡士達醬，254頁、或新鮮水果切丁

II. 用2又1/2大匙的快煮木薯替代穀粉。

| 關於麵包布丁 |

麵包布丁是讓不新鮮的麵包搖身一變成為各式美味點心的有效方式。麵包布丁就是烘烤的卡士達，因此，那些富含雞蛋的材料需要採用水浴法，否則會出現顆粒而變得稀薄。不過，假如有足夠的麵包浸漬在卡士達中的話，則不需要水浴烘焙。

基本上，麵包布丁可以用任何一種麵包或麵包捲來做，但是比司吉或瑪芬等快速麵包除外，這是因為裡頭加了泡打粉或蘇打粉的緣故。使用哈拉猶太麵包或布里歐修等雞蛋麵包，則可以做出質地輕盈的麵包布丁。許多食譜都指示使用許多的鮮奶油和蛋黃，不過這些材料的分量也應要視情況而彈性使用。鮮奶油總是可以用半對半鮮奶油或甚至是全脂牛奶來替代，而每三顆蛋黃可以用一顆全蛋來替用。我們喜歡添加葡萄乾、剁碎的乾杏子、烘烤過的堅果、巧克力碎片、柳澄或檸檬皮絲，或些許大匙的波本威士忌、白蘭地或蘭姆酒。麵包布丁最好是溫熱享用，依照以下食譜指示來搭配鮮奶油、牛奶和醬汁一起食用更是棒極了。大部分的麵包布丁可以在食用前的二到三天先行完成，食用時再以預熱至一百五十度或一百六十五度的烤爐加熱約十五到三十分鐘即可。

麵包布丁（Bread Pudding）（8人份）

將一只2夸特的烘烤淺盤抹上奶油。修整以下麵包外皮並切成1/2吋的小方塊：

12到16盎司白麵包片，不新鮮但不能變硬

你應該可以裝實4到5杯的分量。把麵包塊鋪在備妥的烘烤淺盤上，喜歡的話，可以再撒上：

（3/4杯葡萄乾或其他的果乾）

在一只碗裡攪勻：

4顆大雞蛋、3杯全脂牛奶
3/4杯糖、1小匙香草
3/4小匙肉桂粉
1/4小匙磨碎的肉豆蔻或肉豆蔻粉
一撮鹽
把以上混合物澆倒在麵包上，靜置30分鐘，期間不時用刮刀下壓麵包，藉以幫助麵包吸收汁液。烤爐預熱至180度。以水浴法烘烤布丁，175頁，要烤到用刀子插入中間部分抽出時無沾黏物為止，需55分鐘到1小時。搭配以下材料溫熱食用：
發泡鮮奶油，98頁、牛奶或鮮奶油

紐澳良麵包布丁（New Orleans Bread Pudding）（10到12人份）

在一只13×9吋的烘烤淺盤（最好是玻璃材質）底部塗抹：
3大匙軟化的無鹽奶油
將以下材料切成1/2吋厚的麵包片：
1又1/4磅法國或義大利麵包（1又1/2到2條）
將麵包片幾乎是垂直緊密間排於烘烤淺盤上。在麵包片間塞入：
1杯葡萄乾
在一個大碗裡把以下材料拌攪到發泡：
3顆大雞蛋
4杯全脂牛奶
2杯糖、2大匙香草
1小匙肉桂粉
把以上混合物澆倒在麵包上，靜置1小時，期間不時用刮刀下壓以讓麵包片頂部濕潤。將烤爐預熱至190度，烤到布丁頂部膨脹且呈淡棕色，約1小時。再淋上：
南方威士忌醬，265頁
靜置於架上冷卻30到60分鐘，即可以切成小方塊享用。

巧克力麵包布丁（Chocolate Bread Pudding）（10到12人份）

這是奢華豐美的點心。
將以下材料切成1/2吋厚的麵包片：
1磅哈拉猶太麵包、布里歐修或其他的雞蛋輕麵包
修整掉麵包皮時，要盡量留下麵包。麵包切成1/2吋的小方塊，應該有6到7杯的分量。
用一只厚平底鍋裡煮沸以下材料，並攪拌到糖溶解為止：
1杯濃鮮奶油、3/4杯糖、1/8小匙鹽
熄火後，加入：
12盎司剁碎的苦甜或半甜巧克力
靜置2分鐘，然後將以上混合物攪拌滑順。
在一只大碗裡攪匀以下材料：
2顆大雞蛋、2顆大蛋黃
加入：
2杯全脂牛奶
1大匙香草
以上混合物拌攪入巧克力混合物，接著拌入小麵包方塊。靜置1到2小時，輕輕攪拌，並不時用刮刀下壓來幫助麵包吸收汁液。
將烤爐預熱至165度，一只2夸特的烘烤淺盤抹上濃濃的奶油。將布丁混合物倒入備妥的烘烤淺盤裡，並抹平頂部。以水浴法烘烤，175頁，烤到布丁中間下壓時感覺堅實為止，55到65分鐘。
靜置冷卻45分鐘，然後搭配以下材料食用：
南方威士忌醬，265頁、或溫熱白巧克力醬，258頁

| 關於烤布丁 |

由於這款點心包含了高比例的麵粉、麵包屑、穀物或其他澱粉，比起澱粉布丁會更加硬實、更有分量。烤布丁冷熱享用皆宜，可以事先做好，等到要吃時再加熱即可。大部分的烤布丁傳統上都會搭配南方威士忌醬，265頁、或一種卡士達，254頁、檸檬醬，251頁、或是泡沫醬，264頁，但以上皆非強制性的吃法。

鄉村布丁（Cottage Pudding）（8到10人份）

將烤爐預熱至190度，將一只9吋方形烤盤抹油。準備好以下蛋糕糊：

閃電蛋糕，45頁

喜歡的話，可以在備好的烤盤底部鋪上：

（1杯柑橘醬，加熱成液狀）

將麵糊小心地倒在柑桔醬上頭，或是鋪在烤盤上，送入烘烤到用牙籤插入中間部分抽出時無沾黏物且下壓頂部會回彈為止，約40分鐘。

切成方塊，搭配以下材料溫熱食用：

熱檸檬醬，251頁、或熱巧克力醬，257頁

柿子酪奶布丁（Persimmon Buttermilk Pudding）（8人份）

這是有著古早味的軟布丁。記得要使用相當熟糊的柿子*，388頁。

將烤爐預熱至200度，一只3夸特的烘烤淺盤抹上奶油備用。以下材料對半縱切：

4到6顆相當熟的大柿子

要去籽，接著用茶匙沿果皮挖出果肉，用果汁機或食物調理機將果肉攪成泥。如果看似有纖維的話，就用匙背壓入篩子過濾。要量出1又1/2杯的果肉分量。

在一只大碗中將以下打到輕鬆狀：

4顆大雞蛋

拌攪入果肉，再拌攪入：

2又1/2杯酪奶

1/4杯（1/2條）融化的無鹽奶油

在另一只碗裡攪匀以下材料：

1又1/2杯糖

1又1/2杯中筋麵粉

1又1/2小匙泡打粉

1又1/2小匙蘇打粉

1/2小匙肉桂粉

1/2小匙磨碎的肉豆蔻或肉豆蔻粉

1/2小匙鹽

將乾燥的混合物加到柿子混合物中，拌攪均勻，即可將麵糊倒入備用的烘烤淺盤裡，烤到頂部呈金棕色且輕壓時會回彈為止，約50分鐘。

布丁冷溫食用皆宜，可搭配：

發泡鮮奶油，98頁、豐美的熱檸檬醬，251頁、或一種泡沫醬，264頁

南瓜酪奶布丁（Pumpkin Buttermilk Pudding）

準備上述柿子酪奶布丁，用1又1/2杯罐頭南瓜泥取代柿子泥。搭配熱白蘭地醬，263頁、發泡鮮奶油或香草冰淇淋。

印度布丁（Indian Pudding）（6到8人份）

這實在是溫暖人心的點心，有著類似南瓜派的風味和質地。

將烤爐預熱至165度，一只1又1/2到2夸特的烘烤淺盤抹上厚厚的奶油。

測量以下材料後丟入一只厚中的大平底鍋裡：

2/3杯粗玉米粉

拌入以下材料，從一開始時就要緩緩加入才不會結塊：

4杯全脂牛奶

不斷攪拌，以中大火煮沸以上混合物，接著轉成小火慢煨沸煮到濃稠，期間不時攪拌約5分鐘。離火，拌攪入：

1/3杯糖

1/4杯糖蜜

2顆大雞蛋

2大匙無鹽奶油，要切塊

1小匙肉桂粉

1/2小匙薑粉

1/8小匙磨碎的肉豆蔻或肉豆蔻粉

1小匙香草

1/8小匙鹽

把布丁放入備妥的烘烤淺盤裡，以水浴法烘烤，175頁，烤到中間部分看來變硬但搖晃烤盤時仍會輕晃為止，約1小時又10分鐘，布丁頂部會烤出一層深色硬殼。可冷熱享用，可搭配：

香草冰淇淋或鮮奶油

太妃糖黏布丁（Sticky Toffee Pudding）（8人份）

將烤爐預熱至180度，將八只6盎司容量的模杯或一個9×2吋方形烤盤抹油並裹麵粉。

用一個小平底鍋混合：

1又1/2杯去籽棗子，粗略剁切

1又1/2杯水

加熱至沸騰後，調降火候，掀蓋，繼續沸煮約5分鐘。離火並拌入：

1又1/4小匙蘇打粉

靜置一旁待用。在一只小碗裡拌攪：

2杯中筋麵粉

1/4小匙泡打粉

在一只大碗裡，以高速將以下材料打到顏色變淡且蓬鬆：

1又1/4杯壓實的淡紅糖

6大匙（3/4條）軟化的無鹽奶油

以下材料每次打入1顆：

3顆大雞蛋

再打入：

1又1/2小匙香草

慢慢加進麵粉混合物，以低速打到正好混合，再拌入棗子混合物，混勻後，倒入備用的烤盤裡，要是使用模杯的話，就要放到烘烤淺盤上。送入烘烤到布丁呈現深金棕色，且用長叉子插入抽出時沒有沾黏物但濕潤的狀態，若用模杯，需20到25分鐘；若是單一大烤盤，則要35分鐘。放置架上冷卻10分鐘，用一把刀子沿著烤盤邊緣劃一圈，就可以把布丁取出倒放在架上，要讓正確的一面朝上，再讓布丁冷卻一會兒。溫熱享用時，每份布丁要淋上豐厚的：

溫熱的奶油糖果醬，260頁

| 關於蒸布丁 |

對於多數的布丁來說，蒸煮是有效的做法；至為重要的是，這個做法可以保留風味。某些蒸布丁吃起來像蛋糕，有些則有著舒芙蕾般的濕潤質地。曾經一度出現過許多不同的水果牛脂布丁（吃起來就像是濃稠、濕潤且緊實的軟水果蛋糕），但是現在卻只剩李子布丁或聖誕布丁還為人熟知。

如果沒有布丁盆（耐熱的陶瓷深碗），你可以以任何一種耐熱碗替代，同樣可以做出好吃的布丁。而強力攪拌器的金屬製攪拌深碗有四到五夸特的容量，非常適合來蒸大布丁，不過，比起玻璃碗或陶瓷碗，這種金屬碗或其他金屬碗需要特別抹油，這是因為布丁更容易沾黏在金屬上頭的緣故。有些廚房用品專賣店會賣一些花俏的布丁模具，往往是管狀設計且會附上可以蓋緊的蓋子，以下會對此有所說明，只有李子布丁或其他相當硬的布丁製作時應要使用這種模具。對於「巧克力羽毛布丁」等輕盈但較脆弱的布丁來說，蒸煮時緊蓋模具會讓布丁無藥可救地黏附模具，布丁更可能會因而崩塌（或者，更糟的是整個炸開）。

蒸布丁時，要準備一只可以輕鬆放入布丁盆或碗具的大鍋。如果你要蒸數個小李子布丁，可以擺在兩只爐頭上的火雞烘炙器就相當適合（布丁一定得蒸煮於➡沸水中，所以不能使用雙層蒸鍋）。為了隔離布丁與鍋底，可以在鍋底放上三角鐵架、支架或摺好的擦盤巾。將布丁放入鍋裡後，倒入滾水，分量要足以淹到布丁碗邊的一半到三分之二的高度。以大火把水煮沸，接著把火候轉小繼續輕輕沸煮。鍋蓋要緊閉，每隔三十分鐘要查看一次，必要時補充熱水，重複此流程到做好布丁為止。從鍋裡取出蒸好的布丁時，記得戴上烤爐手套或矽膠手套保護雙手。

▲在高海拔地區做蒸布丁時，發酵劑用量要減半。

巧克力羽毛蒸布丁（Steamed Chocolate Feather Pudding）（8到10人份）

此款點心讓人不禁想起了巧克力舒芙蕾，但是質地更加豐盛緊實。

將烤爐預熱至180度。

在一只烘烤淺盤上鋪上：

1杯乾燥麵包細碎屑

送入烘烤到呈淡金色，期間攪拌2到3次，需約3分鐘。靜置至完全冷卻。

一只2夸特的耐熱碗具或布丁盆抹上厚厚的奶油，再將2大匙麵包屑撒入碗內，傾斜一下使其裹覆均勻。

在一只耐熱大碗裡混合：

8盎司剁碎的苦甜或半甜巧克力

1/2杯濃鮮奶油

4大匙（1/2條）無鹽奶油

2大匙黑蘭姆酒或濃咖啡

將碗置於盛了快要沸騰的水的煎鍋中，將混合物攪拌滑順。離火，拌攪入：

6顆大蛋黃

1大匙香草

在一只大碗裡以中速將以下材料打到起泡：

6顆室溫溫度的大蛋白

加入以下材料並打到軟性發泡：

1/2小匙塔塔粉

慢慢打入：

1/2杯糖

攪打速度增為高速，將上述混合物打到硬性發泡、出現光澤。用一支大橡膠刮刀切拌蛋白到巧克力混合物中，再撒上剩下的麵包屑和以下材料：

2大匙中筋麵粉

不停切拌到麵包屑和麵粉均勻混合，即可將麵糊放入備好的模具裡，並且倒置一只碟子覆蓋其上。準備一只可以輕鬆放入布丁的鍋子，鍋底再放上支架或鋪上摺疊的毛巾，放入布丁，倒入足夠熱水，其高度要超過模杯一半。以中大火把水煮到快要沸騰，要緊蓋鍋蓋，必要時加水，蒸到布丁的頂部平坦並看似堅硬，約需1又1/4小時。熄火後，讓布丁在緊閉的鍋裡靜置15分鐘。

把布丁倒放到大盤子上，搭配以下材料端上桌享用：

發泡鮮奶油，98頁、熱的或冷的泡沫醬，264頁，或焦糖鮮奶油醬，260頁

蒸焦糖布丁（Steamed Caramel Pudding）（10到12人份）

這款布丁是從極為獨特的隆鮑爾家族布丁改良變化而來的，從本書1931年初版問世就納入此份食譜。口感輕如羽翼但風味強烈，外形漂亮雅緻。

將烤爐預熱至180度。

在烘烤淺盤上頭鋪上：

2杯汆燙去皮的杏仁切片

送入烘烤到呈金棕色，期間要攪拌2到3次，需約5到7分鐘。靜置至完全冷卻，接著就以食物調理機磨細但不要磨到油膩膩的狀態。

把一只4夸特的耐熱碗或布丁盆抹上濃濃奶油，將3大匙杏仁粉撒入碗裡，傾斜一下使其裹覆均勻。

按「焦糖卡士達」，177頁的指示準備焦糖，使用材料如下：

1又1/2杯糖

3大匙極熱的熱水

拌入以下材料直到滑順為止：

1杯濃鮮奶油

6大匙（3/4條）無鹽奶油，要切塊

如有需要，以小火短暫加熱以融化焦糖，且要攪拌滑順。將焦糖放到一只大碗裡，靜置至微溫。將剩餘的杏仁粉和以下材料打入焦糖裡：

6顆大蛋黃

1/3杯中筋麵粉

1大匙香草

1小匙杏仁萃取液

3/4小匙鹽

在一只大碗中，以中速將以下材料打到發泡：

6顆室溫溫度的大蛋白

加入：

1/2小匙塔塔粉

以上混合物打到軟性發泡，接著將攪打速度調至高速，繼續打到硬性發泡但不乾燥的狀態。使用大橡膠刮刀把1/4的蛋白拌入焦糖混合物裡以淡化混合物，再溫和拌勻剩下的蛋白，即可把麵糊放入備好的模具中，並且倒置一只碟子或蛋糕烤盤覆蓋其上（尚未蒸煮的布丁可以先放入冰箱冷藏至多4小時）。

在鍋底放上支架或鋪上摺疊的毛巾，鍋

子的大小要可以輕鬆放入布丁。把布丁放到鍋裡，倒入足夠熱水，其高度要超過模杯一半。把水煮到快要沸騰，要緊蓋鍋蓋，必要時要加水，蒸到布丁用長叉子插入抽出時只黏附些許濕潤碎屑的狀態，約2小時。熄火後，讓布丁在緊閉的鍋裡靜置15分鐘。

把布丁倒到大盤子，搭配以下材料一起享用：

發泡鮮奶油，98頁

蒸李子布丁（Steamed Plum Pudding）（1個大布丁或2或3個小布丁；12到16人份）

這是聖誕節慶點心，製作時可需要一些耐心的。➡緩慢的蒸煮過程是必要的，如此一來油脂才會在麵粉顆粒膨脹之前先行融化。如果蒸煮過快，布丁會很硬。在節慶來臨之前，許多師傅會找個安靜的日子來做這道點心，反正布丁會在儲存期間變得更好而更好吃。李子布丁源自英國，不過裡頭其實沒有李子，會這麼稱呼是因為英國人把大部分的乾燥水果都叫李子的緣故。

要做單一大布丁，就得用一個3夸特的布丁模具或布丁盆，或是容量3到3又1/2夸特的耐熱玻璃製或陶瓷深碗。若想做的是小一點布丁，就要用總計容量為3到4夸特的2或3個模具、烤盆和（或）烘烤淺盤。

在模具裡塗抹厚厚的一層植物起酥油。將以下材料分成2份，其中一份要粗略切碎：

2又2/3杯葡萄乾

在一只大型的厚平底鍋裡將以下材料與所有葡萄乾一同混合：

2杯醋栗乾

2杯水

緊蓋鍋蓋後慢煨沸煮20分鐘；接著掀蓋繼續烹煮攪拌到所有水分都蒸發為止。在室溫下冷卻，至少2小時。

在一只碗裡混合：

1又1/2杯中筋麵粉

8盎司絞過或細切過的牛脂，580頁

用雙手將牛脂輕輕磨擦到顆粒開始要分離的狀態。加入：

1杯緊緊壓實的深紅糖

1又1/2小匙肉桂粉

1又1/2小匙薑粉

1/2小匙丁香粉

1/2小匙鹽

用雙手磋磨混勻上述混合物。在另一只碗裡將以下材料拌攪均勻：

4顆大雞蛋

1/3杯白蘭地或干邑白蘭地

1/3杯深甜雪莉酒

再拌入麵粉混合物中，接著拌入葡萄乾混合物和：

（1/2杯細碎棗子）

（1/2杯細碎糖漬香櫞）

把麵糊倒入備好的模具裡，至少預留1吋頂隙做為麵糊發脹的空間。假如你用的是加蓋的花俏模具，要記得將蓋子內部要抹油並扣緊到位。不然的話，用一張鋁箔紙捲覆每個模具邊框，但是只能包到一點或不要包到模具周邊，然後再倒放一只碟子覆蓋其上。在大鍋底放上支架或鋪上摺疊的毛巾，接下來就可以放上模具。倒入足夠熱水，水要超過模具2/3的高度，緊緊蓋緊大鍋。用大火把水煮到快要沸騰，接著火候調小繼續輕輕沸煮，必要時要添加滾水。單一大布丁要蒸6到7小時，2個較小的布丁要蒸4到5小時，3個小布丁則要蒸3到4小時。蒸好後，布丁接近中央的部位會顏色深沉。一旦蒸到如此的狀態就可熄火，大布丁可以留在加蓋的鍋裡保溫至3小時；較小的布丁1又1/2小時。

從鍋裡取出布丁後，任其在室溫下靜置20分鐘，接著就可以倒放到大盤子裡。如果你想要火燒布丁，先在一只平底鍋裡將以下材料熱至快要微溫即可：

1/2杯白蘭地或干邑白蘭地

把酒淋灑在布丁上頭，先退一步，接著就可以用木製長火柴點燃。搭配以下材料一起享用：

卡士達醬，254頁、熱酒醬或李子布丁醬，266頁、蓬鬆甜奶油醬，263頁，或熱泡沫醬，264頁

儲存時，布丁要先留在模具裡冷卻至室溫溫度，接著就可脫模。先包上保鮮膜，接著再包鋁箔紙；可在冰箱存放至多1個月（布丁會隨著時間逐漸變軟而色澤加深，但味道也更濃郁）。加熱時，要把布丁放回原初的模具裡，模具要先妥善抹油，接著就以輕沸的滾水蒸煮，大布丁要蒸1又1/2到2小時，較小的布丁則要蒸約1小時；或者，以刀子插入中間部分，停留15秒，抽出後的刀子是熱的就表示蒸好了。

| 關於鬆餅與格子鬆餅點心 |

在鬆餅和格子鬆餅的章節裡介紹了許多美味的食譜，可以做為飯後甜點：「橙酒可麗餅」★，451頁、「拔絲蘋果可樂餅」★，451頁、「可樂餅蛋糕」★，452頁、「果醬餡薄餅捲」★，453頁和傳統的匈牙利點心。不過，千萬別受限於這些食譜，畢竟任何鬆餅或格子鬆餅都可以妝點後當成甜點享用。

可以享用以下：

巧克力格子鬆餅★，446頁
比利時格子鬆餅★，446頁
格子鬆餅★，445頁
荷蘭寶貝鬆餅★，454頁
德國鬆餅★，454頁
奧地利鬆餅★，455頁
基本鬆餅★，439頁

搭配以下頂層加料食用：

酸鮮奶油或法式奶油
發泡鮮奶油，98頁
甜奶油醬，263頁
草莓或其他全果肉果醬
巧克力醬，257頁
巧克力卡士達醬，255頁

咖啡卡士達醬，254頁
甜奶油醬，263頁
南方威士忌醬，265頁
奶油糖果醬，260頁
楓糖醬，261頁
火焰櫻桃（見下文）
任何新鮮水果醬，267頁
冰淇淋
並且可以用以下材料裝點後食用：
巧克力碎片或奶油糖果碎片
新鮮水果切片
堅果或椰子，要烘烤過

心形鮮奶油（Coeur à La Crème）（8人份）

只要是用上等水果來製作這款相當簡單的點心，其成品跟我們知道的任何一種精巧的混合點心一樣美味。如果你有底部穿孔的傳統心形模具，就在底部放入濕的棉紗布襯底，並且讓鮮奶油留在模具裡瀝乾24小時。
在一只大碗裡備好：
1杯酸鮮奶油或發泡鮮奶油，98頁
將以下材料打到軟性發泡：
1磅鮮奶油起司
2大匙濃鮮奶油
1/8小匙鹽
把起司切拌到鮮奶油裡。在冰箱裡，將以濕棉紗布襯底的篩子放在一只碗的上方，把混合物放入瀝乾24小時。把起司平均分配到八個小模杯或他種模具裡，放入冰箱冷藏1小時。
脫模後搭配以下一起食用：
帶梗的草莓、覆盆子或其他新鮮水果，或是新鮮草莓醬，267頁

火焰櫻桃（Cherries Jubilee）（約1杯）

假如你不想用白蘭地燃點這道甜點，你也可以事先將櫻桃浸泡在白蘭地中。如果你要火燒甜點，記得要確定使用室溫溫度的水果和溫熱的白蘭地，601頁。其他的全果肉果醬果可以用來替代櫻桃。
在一個小平底鍋裡加熱：
1杯瓶裝去核檳櫻桃或其他種類的櫻桃
加入：
1/4杯微溫的白蘭地
後退一步，小心地用一根長火柴點燃白蘭地。等到火焰熄滅後，加入：
2大匙櫻桃利口酒（kirsch）
趁熱吃或搭配以下食用：
夏洛特布丁蛋糕，204頁、可樂餅★，448頁、任何的蛋糕，4-107頁、巧克力慕斯，220頁、或白巧克力慕斯，201頁

火焰焦糖香蕉（Bananas Foster）（4人份）

如果你喜歡用火鍋爐來烹飪，可以於餐桌上在客人面前準備這道甜點。

將以下剝皮並對半縱切：

4根硬的熟香蕉

再把對半的香蕉切成4小塊。在一個大型厚煎鍋裡融化：

2大匙奶油

將香蕉以切面向下放入煎鍋裡。以小火烹煮，要翻面一次，每面約烹煮5分鐘，煮到可用叉子插入的柔軟度即可——千萬別過度烹煮。撒上：

3大匙淡紅糖

1/4小匙肉桂粉

1/8小匙磨碎的肉豆蔻或肉豆蔻粉

將香蕉放到耐熱的碟子上，單層排列。在煎鍋裡加入：

1/2杯黑蘭姆酒

（1大匙白蘭地）

用把刮刀將鍋裡的焦糖物弄鬆，同時要以中火繼續烹煮。煮完後趁熱以長火柴燃點，接著就可以澆淋在香蕉上。用湯匙舀到以下食材上：

香草冰淇淋

｜起司拼盤｜

起司拼盤可以在主餐之後食用，或是在主餐後的沙拉後頭再享用。起司也可以在甜點後吃，或是與蘋果、梨子、葡萄或無花果乾等乾燥水果等適合搭配的水果點心一起吃。➡食用的起司應該永遠是室溫溫度。若是最好在流動狀態食用的起司，則應該要在食用前的三到六小時就先從冰箱取出退冰。

麵包和餅乾會放在另外的盤子上桌。可以用很棒的法國麵包或鄉村麵包；烤過的全麥麵包或裸麥麵包的厚切片；胡桃麵包或免揉工匠葡萄乾麵包切片；一批質量好的淡味口感的餅乾（沒有加料的英式小淡圓餅〔water biscuit〕極適合搭配藍紋起司等味道強烈的起司）；或是使用燕麥硬餅（oatcake），一種以燕麥做成的薄脆餅。軟化的奶油通常會與起司拼盤一起食用。烘烤過的無鹽堅果或新鮮去殼堅果、烘烤過的栗子，或是芹菜或球莖茴香切片，這些也都是很不錯的配料。或者，搭配濃烈刺激或香甜的其他配料來加強對比起司的味道。可以嘗試農夫醃菜、義式芥末醬或印度醃漬水果甜酸醬來搭配濃烈的切達起司；榲桲糊可以配西班牙起司或羊奶起司；全果肉的無花果醬則可以搭配任何風味香濃的熟成起司。

一盤理想的起司拼盤應該➡不能有超過三或四種起司。一般來說，起司種類應該要不一樣：例如，一塊新鮮的羊奶起司；一塊如布里起司、康門貝爾起司（Camembert）或波麗維克起司（Pont-l'Evêque）等軟的發酵起司（這種起司可以帶皮一起吃）；一個藍紋起司（經典的藍紋起司包括了法國的洛克福起司、義大利的戈拱佐拉起司和英國的斯提爾頓起司，當然也有許多其他種類可以選用，如一些很棒的美國藍紋起司）；一個硬起司，如農村風味的切達起司、卡爾菲利起司（Caerphilly）、品質佳的帕伏隆起司、葛呂耶起司、高達起司或蒙契格起司。另外一種方式就是只招待單一種類起司：不規則塊狀的易碎帕馬森起司，在起司上頭灑上如巴薩米克醋，或是整個布利熟起司或整一圈史蒂爾頓起司等軟到可以用湯匙挖來配著吃的起司。

雖然帕馬森起司可以直接用手拿起來咀嚼，➡其他起司則適合準備一把小刀。奶油刀適用在新鮮和（或）非常軟的熟起司；如果你沒有比餐刀更小的刀子，就用餐刀吧。起司通常是塗抹在或放在麵包或餅乾上，不過，你可能會想提供客人小叉子，這樣他們就可以恣意取用小塊起司。

紅酒是起司的傳統搭配品，不過這幾乎是可以省略的——通常就是搭配主餐的紅酒繼續搭配起司。某些起司（如新鮮羊奶起司）適合只有稍甜的白酒，相當甜的酒則會搭配藍紋起司和其他風味較濃的起司——例如，法國梭甸葡萄酒可配洛克福起司，波特酒則可配史蒂爾頓起司。請閱讀「葡萄酒和起司」★，102頁的說明。

有位友人常說道，布里起司有三個成熟階段：堅硬期、柔軟期和「快吃，軟到流出家門了！」期。事實上，每種起司都有一個完美的成熟點（或者應該說，依據個人口味，每種起司都有幾個完美的成熟點），因此儲藏起司時要一直細心照料到起司達到最佳狀態——法國人稱這為精緻狀態（affinage），而這可以說是一門複雜的藝術呢！➡除非你在購買起司當天就要立即用來招待客人，起司是絕對要儲藏的，要用鋁箔紙或蠟紙輕輕包裹後放入冰箱冷藏。

冷凍點心和甜醬汁

Frozen Desserts and Sweet Sauces

| 關於冰淇淋 |

傳說中，冰淇淋首先出現於古代中國，義大利人將之變得完美，後來再由法國人把它精煉化。不過，有件事是可以確定的，冰淇淋就是在美國殖民地時期，開始變身為如此受歡迎的點心。每當冷藏技術科學有了進展，冰淇淋就隨之轉變。最大的突破發生於一八四〇年代，美國女性南西・強生（Nancy Johnson）發明了首部小型手動曲柄式冰淇淋機。至此之後，所有人都可以在家裡做冰淇淋，冰淇淋派對蔚為風行。不過，冰淇淋的輝煌時刻發生在一九〇四年於美國聖路易斯世界博覽會，冰淇淋甜筒首次面市：五十個攤位竟在短短一天之內賣出了五千加侖冰淇淋，冰淇淋的銷售一開始就是如此強勁而且至今未歇。至此之後，我們都可以想起那陣音樂，今日的小孩同樣聚耳傾聽，那陣來自冰淇淋車的微弱鈴鐺聲：那是夏日、童年和歡樂的讚美樂章。

近年來，高品質的電動冷凍櫃已經廣為流行，證明了自製冰淇淋還是最棒的。儘管我們有成百上千的組合可以用來製作冰淇淋，但是香草、巧克力和新鮮水果的純粹滋味依舊無可比擬。鮮奶油、牛奶和糖加熱後的無蛋「糖漿」或是濃稠的雞蛋卡士達是冰淇淋的基本材料，一般都把這兩者做為冰淇淋的「基底」；前一種底做成的是所謂的**費城風味**（Philadelphia-style）冰淇淋，後一種底則可做成卡士達風味或**法式風味**（French-style）冰淇淋。雞蛋裡的天然乳化劑保留了卡士達風味冰淇淋的好質地；請閱讀「關於卡士達」，174頁的說明。費城風味冰淇淋➡最好是在冷凍後盡快吃完，否則可能在短短二十四小時內就會結冰或出現顆粒感。

熬煮（infusing）是為冰淇淋調味的技巧：將檸檬皮、香草蘭豆、堅果粉或椰子等調味材料加入食譜指示的汁液中熬煮，一旦混合物開始沸騰，鍋子就要離火，蓋鍋靜置一旁或稱**浸漬**，約三十分鐘，然後在放入冰淇淋機之前過濾汁液。

冰凍技巧主要採兩種截然不同的方式。**攪凍**（churned，也就是**攪拌冷凍**〔stir-frozen〕）點心，會利用手動曲柄式或電動冰淇淋機來將空氣打入混合物裡，並且破壞結晶而做出滑順濃稠的冰淇淋。**靜凍**（still-frozen）**點心**，244頁，則是把混合物裝入模具並送入冷凍櫃直到完全冷凍，期間不攪拌且不使用特別器具。這些點心通常都要使用有乳化功能的材料來確保滑順度。

| 關於攪凍 |

攪凍（攪拌冷凍）點心包括了大多數的冰淇淋、雪酪（sherbets）、冷凍優格和雪泥（sorbets），需要用製冰淇淋機來達到零下的固凍溫度，這是因為在不同混合物裡的糖會讓液體冰點從零度降至零下三・三度。市面常見的製冰淇淋機有三種：手動曲柄式（hand-cranked）冰淇淋機、冷凍筒（frozen-canister）冰淇淋機和電動冷凍內膽冰淇淋機（electric machines with a built-in cooling unit）。

手動曲柄式冰淇淋機有著一個金屬筒，冰冷的冰淇淋混合物會倒入其中，而金屬筒則是裝在充滿冰和鹽（鹹水）的更大的容器裡。機器攪拌的方式就是用手或電動馬達來控制金屬筒裡的攪拌板或攪拌槳。鹽會讓鹹水的溫度降到零度以下，金屬筒會因此而冰冷進而冷凍裝入的混合物。手動冰淇淋機讓你可以調整加入的鹽量而控制冰凍溫度，一般至少有兩夸特的容量，因此你可以一次做出大量冰淇淋。這種機器讓製作冰淇淋的過程和享用冰淇淋一樣趣味橫生，小孩子不僅愛看製作過程，甚至想要幫忙搖搖曲柄，最後更會忍不住把攪拌板舔個一乾二淨。

塞填冷凍容器時，碎冰塊與粗岩鹽的比例為四：一。沿著容器將碎冰塊和鹽填至三分之一的冷凍容器，再將鹽和冰一層一層放入直到填滿為止。靜置三分鐘再開始動手攪拌——一開始要緩慢攪拌，大約一分鐘轉四十圈，等到你開始感到一種拉扯吸力產生後，就要以原先三倍的速度攪拌五到六分鐘。如果想要加入水果或堅果，此時是最佳時機。接下來，必要時加入更多碎冰和鹽，慢慢減速至約一分鐘八十圈。冰淇淋應該混在十到二十分鐘之間完成，時間長短則取決於分量多寡。移除攪拌板時，先將冷凍容器裡的鹹水倒掉並擦乾蓋子；小心取出攪拌板，千萬別讓鹽或水滴落到金屬筒裡。

冷凍的冰淇淋應該相當滑順。➡如果出現一些小顆粒，那就表示你在填塞混合物裡加入了過多鹽、內裡的容器裝了過多的混合物，或者轉動速度過快。

冷凍筒冰淇淋機不貴，主要是一個小金屬筒，通常是約一吋厚、中空，筒壁有冷凍劑。降低冷凍劑溫度的方法，就是將金屬筒放入冷凍庫隔夜（或更長時間）。金屬筒剛好可以嵌入塑膠外殼，並可填入冰淇淋混合物。多數的冷凍筒冰淇淋機指示要求每幾分鐘就要轉一次攪拌板，但是最好是時常轉動，這樣做出來的成品質地也較佳。某些機種則有電動攪拌裝置。縱然這種冰淇淋機運作緩慢，但簡單到小孩子都可以動手操作，適合偶一為之的輕度使用者。多數機種的容量為一到一夸特半，而金屬桶使用後至少需要十二小時的時間冷卻才能再使用，這意味著你一天只能製作一批冰淇淋。

電動冷凍內膽冰淇淋機有著內裝的冷卻裝置，相當可靠有效。這種放在廚房流理台上的機器很重，體積約為一台小微波烤箱的大小。這種機器的冷凍方式仰賴其冷卻裝置，冰淇淋混合物要倒入機器內的金屬碗裡以啟動攪拌板。它們可以在約二十五分鐘內做出一到一夸特半的冰淇淋，而且成品質地極佳——冰淇淋有著絲質般的滑順度，雪泥永遠不會結冰。可連續做好幾批而且只需極短的停機時間，有些機種甚至可以不間斷地使用。這是最昂貴的冰淇淋製造機，不過，假如你經常做冰淇淋的話，絕對值得投資購買一台。

不論你使用的是哪一種冰淇淋機，製作攪凍點心有幾點一般通則。➡記得所有類型的冰淇淋機都會受到周遭狀況的影響。炎熱的夏日裡，手動冰淇淋機裡的鹹水溫度上升得更快，因此需要加入較多鹽。使用冷凍筒冰淇淋機和電凍冰淇淋機的時候，用電扇吹冰淇淋機會讓機器運轉更有效率。

➡一定要提早整整一天製作用於冰淇淋的鮮奶油或卡士達混合物，並且要放入冰箱冷藏來提升味道和質地。

➡不要塞填超過四分之三的金屬筒，要留下材料擴展的空間。假如你想要➡加入水果、堅果或糖果，一定要等到混合物幾乎凍結再添入。

雖然機器做好了冰淇淋仍會是在冷凍狀態，不過相較下還是相當柔軟的，多數冰淇淋在此時品嚐的風味最棒。如果你想要的是較堅硬的濃稠度，像是可以挖到甜筒吃的狀態，你需要把混合物放到可以密封塑膠保鮮盒裡，然後放入冷凍庫約一小時來讓冰淇淋更加堅硬。

| 關於冰淇淋和其他冷凍點心的保存和食用方法 |

➡若冰淇淋混合物含有更多的濃鮮奶油，就可以保存更久；➡比起製作過程沒有加熱過的混合物，有加熱過也會有較長的保存期限。可能的話，請使用立式或臥式冷凍櫃來儲存冰淇淋，如果是保存於冰箱的冷凍庫的話，冰淇淋就要放在中間部位或最酷冷的位置。為了防止冰淇淋在儲藏過程出現結晶，當你將冰淇淋填入冷凍容器時，一定要去除氣泡，要把頂端抹平，然後以保鮮膜或蠟紙加以覆蓋，最後才扣上蓋子。假如冰淇淋硬到無法從冷凍容器裡直接挖出的話，就放進冰箱物架上稍微解凍二十到三十分鐘，或是靜置於流理台上十分鐘，或者可用微波烤箱以低溫微波十五到二十秒。融化和再冷凍的過程會讓冰淇淋出現結晶。

儲藏雪泥、雪酪和其他低脂冷凍點心時，很難防止大冰晶的出現，不出一下子就變成了冰塊。假如出現這樣的情況，就把點心切成小塊並用食物調理機打漿。一旦打好的漿泥溶解而變得泥濘，就要把機器放入冷凍櫃一小時。

下圖所示的鏟式冰淇淋勺（shovel scoop）特別適合用來食用「雪花冰淇

淋」，240頁，當然也適合用來裝填一般的冷凍點心，可以將點心挖成小厚片而迷人地擺放在盤裡。彈簧式冰淇淋勺（spring-release scoop）也在下圖中，挖出的每一勺或每一球的冰淇淋大小都相當一致；每次使用冰淇淋勺時，先用熱水浸濕一下。

彈簧式冰淇淋勺和鏟式冰淇淋勺

冰淇淋的享用，有著各式各樣迷人和誘人的視覺呈現方式。可以用**仿大理石花紋**的方法，就是在儲藏淺盒裡疊放兩種柔軟的冰淇淋或搭配另外一種冷凍點心，交互疊放約半吋厚的點心層，即可將疊放的混合點心放入冰箱冷凍到可以用勺子挖出的硬度，當你下挖疊層的混合點心，就可以產生如大理石花紋般的冰淇淋。可以用兩個相同類型但口味不同的冰淇淋來做出大理石花紋，如香草冰淇淋和咖啡冰淇淋、桃子雪泥和覆盆子雪泥，或冷凍草莓優格和冷凍香蕉優格。或者混搭不同風味和質地的冷凍點心，如烤椰子冰淇淋和芒果雪泥、蔓越莓雪酪和萊姆雪泥，或香草冰淇淋和榛果雪糕（gelato）。

若是採用**波紋狀**（ripple）的方法，使用約半杯醬汁相對一夸特冰淇淋或其他冷凍點心的比例。在儲存盒裡，交互疊放半吋厚的軟冰淇淋和八分之一吋厚的醬汁（例如：「巧克力醬」，257頁、「焦糖醬」，259頁、「奶油糖果醬」，260頁、「棉花糖醬」，261頁、「梅爾巴醬」，252頁或果醬），接著就用木湯匙的柄拖拉混合疊層，讓醬汁與冰淇淋完全地交融在一塊，即可放入冰箱冷凍到可以用勺子挖出的硬度。有些相當不錯的波紋組合，如「南瓜味冰淇淋」和焦糖、「冷凍香草優格」和巧克力、以及「巧克力冰淇淋」和杏桃果醬或覆盆子果醬。

柳橙或檸檬驚喜冷凍霜（Frozen Orange or Lemon Surprise）

這種點心可以提早做好備用。上桌時，排放在鋪了碎冰塊的淺盤上，可以做為招待客人用膳前的核心餐點或餐桌擺飾。

將以下水果頂部切片：

臍橙（navel oranges）或厚皮檸檬

從上向下切約1/4的大小，這切下的部分是要做為小頂蓋的。接著再把每顆水果底部切去小小一塊，以便使其立直，相互契合的小頂蓋和要保管好以備後續填料之用。挖出小頂蓋和底部的果肉，然後將頂蓋和空外殼放入烘烤淺盤上冷凍2小時，取出後填入：

水果雪泥、雪酪或冰沙（granita）

或是以下的任一組合：

水果雪泥

冰淇淋

半凍覆盆子、桃子切片或草莓切片

些許利口酒

再放入冷凍櫃2小時。

食用前先靜置至少約30分鐘以讓點心軟化。要上桌時，把小頂蓋稍微斜放在水果殼上頭。喜歡的話，可以用未噴灑農藥的新鮮柑橘綠葉來裝飾外殼，或是在小頂蓋子和底部四周插上其他無毒的葉子。

巧克力杯（Chocolate Cups）（8到10杯）

只要巧克力的溫度正確，氣球就只需沾浸一下巧克力即可裹勻；倘若巧克力過冰，巧克力殼就會太厚；如果過熱，氣球可能就需要多浸一下巧克力才能裹好。保留剩下的巧克力以便填補任何巧克力杯上的破洞。

在一只烘烤淺盤上鋪上蠟紙或矽膠襯底。將以下材料充氣至5吋直徑大：

8到10個小氣球

調溫以下材料，然後倒入比氣球稍大的碗中：

1磅苦甜或半甜巧克力

將氣球底部1/3到1/2浸入巧克力裡，轉動一下以便讓氣球均勻地裹上巧克力。提起氣球，停滯一下讓過多的巧克力滴落，接著就可將裹覆巧克力的氣球底部朝下的放在烘烤淺盤上。按照以上步驟處理完剩下的氣球和巧克力。放入冰箱讓巧克力凝固定形，約30分鐘。用針刺破氣球洩氣，輕輕從巧克力杯裡取出洩了氣的氣球。巧克力杯若有破洞，可以用剩下的巧克力修補。將巧克力杯放入冰箱備用。

冰淇淋三明治（Ice Cream Sandwiches）

用湯匙在兩片餅乾間舀入半軟的冰淇淋來做成三明治，然後再次冷凍。以下是深受喜愛的一些組合：

巧克力碎片餅乾，119頁，配香草冰淇淋，227頁或法式香草冰淇淋，227頁

巧克力餅乾，配薄荷棒冰淇淋，229頁

夏威夷果仁怪獸餅，120頁，配咖啡冰淇淋，228頁

椰香馬卡龍，126頁，配鳳梨乳冰，232頁

將三明治的周邊滾裹上：

椰子，要烘烤過

巧克力裝飾粒或彩色裝飾粒

小巧克力碎片或迷你裹糖巧克力片

冰淇淋蛋糕捲（Ice Cream Cake Roll）

請同時參考「摩卡冰淇淋蛋糕」，59頁和「戚風蛋糕」，67頁的一些構想。剛攪凍完冰淇淋的時候是做此款點心的最佳時機。

準備：

海綿大蛋糕，66頁

填入：

任何一種剛做好的冰淇淋，227-232頁

捲起蛋糕皮並冷凍到硬。切片食用前，先靜置在室溫下5到10分鐘。喜歡的話，可以搭配：

（巧克力醬，257頁、焦糖醬，259頁或任何水果醬，250-267頁）

（發泡鮮奶油，98頁）

（烘烤過的堅果和新鮮水果）

冰淇淋派（Ice Cream Pie）

不妨從以下食譜的組合截取靈感，以不同的冰淇淋來混搭這些派皮。

I. 準備以下材料，烘烤、冷卻並冰凍到極冷的狀態，至少20分鐘：
蛋白霜派皮*，478頁或碎屑外皮*，481頁
填入：
香草冰淇淋，227頁、法式香草冰淇淋，227頁或奶油胡桃冰淇淋，230頁
淋上：
熱巧克力醬，257頁、焦糖醬，259頁、奶油糖果醬，260頁或棉花糖醬，261頁
冷凍到堅硬，約1小時。

II. 準備以下材料，烘烤、冷卻並冷凍到極冷的狀態，至少20分鐘：
巧克力餅乾做成的碎屑外皮*，481頁
填入：
薄荷巧克力碎片冰淇淋，228頁
淋上：
（熱巧克力醬）
冷凍到堅硬，約1小時。搭配以下一起食用：
發泡鮮奶油，98頁

III. 準備以下材料，烘烤、冷卻並冰凍到極冷的狀態，至少20分鐘：
堅果外皮*，481頁
填入：
南瓜味冰淇淋，231頁
淋上：
（焦糖醬）
冷凍到堅硬，約1小時。如果之前選擇不淋上焦糖醬的話，可以搭配以下材料一起享用：
（熱奶油楓糖漿，266頁）

| 冰淇淋的裝飾物和添加物 |

冰淇淋冰到幾乎成凍的狀態時，可以在每1夸特分量中添加以下材料：

1杯烘烤過的堅果碎粒，544頁
1杯細碎的花生脆糖，300頁
1/2到3/4杯果仁糖碎粒，306頁
2大匙剁碎的薑蜜餞和仔薑加1大匙糖漿
1杯義式杏仁薄餅碎片或杏仁馬卡龍碎片，126頁，並加上2大匙雪利酒或利口酒
1杯巧克力三明治餅干碎屑
1杯薑餅碎屑
3到4盎司細碎的苦甜巧克力、半甜巧克力、牛奶巧克力或白巧克力，或是2/3到1杯的巧克力碎片
2/3到1杯奶油糖果碎片
2/3到1杯裹糖巧克力片
1杯剁碎的黑松露巧克力，276頁

1/2到3/4杯速沖濃咖啡豆碎粒
1杯英式太妃硬切糖，301頁或太妃糖塊碎粒
1杯花生奶油杯碎片
1/2到2/3杯薄荷糖碎粒
1杯巧克力杏仁或巧克力花生碎粒
食用冰淇淋前，可以用以下材料加以裝飾：
甜醬汁，250-263頁
堅果碎粒或甜味椰絲
糖漬柑橘碎皮或糖漬水果碎粒
巧克力裝飾粒或彩色裝飾粒
半甜或苦甜巧克力絲或碎粒
杏仁膏製水果或玫瑰花飾
糖漬紫羅蘭
將自製冰淇淋、雪泥或雪糕裝入以下杯物：
巧克力杯，225頁
瓦片餅，142頁，做成杯狀
酥皮杯*，494頁
搭配以下材料與雪泥、雪酪和冰沙一起食用：
柳橙或檸檬驚喜冷凍霜，224頁

香草冰淇淋（Vanilla Ice Cream）（1夸特）

在中型平底深鍋裡混合：
1杯濃鮮奶油
3/4杯糖
1/8小匙鹽
將以下材料縱切對分：
（1條香草蘭豆）
把蘭豆籽挖到鮮奶油混合物裡，再加入蘭豆條。以中小火煨煮到沸騰，期間要不斷攪拌以使糖溶解，即可倒入碗裡，再拌入：
2杯濃鮮奶油
1杯全脂牛奶
1又1/2到2小匙香草（如果之前沒有用香草蘭豆）
送入冰箱直到冰冷，可以的話要隔夜冷凍。如果放了香草蘭豆的話，請先取出，再將混合物倒入冰淇淋製造機並按指示進行冷凍程序。
搭配以下材料享用：
火焰櫻桃，218頁、濃利口酒或是巧克力醬，257-258頁

法式香草冰淇淋（French Vanilla Ice Cream）（約1夸特）

在一只中型平底深鍋裡混合以下材料，以中小火慢慢煮沸，期間不斷攪拌使糖溶解：
1又1/2杯全脂牛奶

3/4杯糖

1/8小匙鹽

在一個碗裡打勻：

2或3顆大蛋黃

慢慢將約1/2杯的熱牛奶混合液拌入打過的蛋黃，接著把蛋黃倒入剩下的牛奶混合液中。以小火烹煮，要不斷攪拌，直到用溫度計讀取卡士達的溫度已達80度，且可黏裹湯匙匙背的濃稠度。不要把混合物慢慢烹煮到沸騰，喜歡的話，可以過濾，之後倒入碗中，送入冰箱冷藏直到冰冷。拌入：

2杯濃鮮奶油

1大匙香草

接著將混合物倒入冰淇淋製造機並按指示進行冷凍程序。

薄荷巧克力碎片冰淇淋（Mint Chocolate Chip Ice Cream）（約1又1/2夸特）

薄荷奶酒（Crème de menthe）是選擇性食材，不過加了之後確實會再增添一層薄荷味、質地也較柔軟而且呈現迷人的蒼綠色。準備上述的法式香草冰淇淋。按指示將牛奶、糖和鹽煮到沸騰，並拌入1杯薄荷碎片。離火，蓋鍋並靜置浸漬30分鐘。將混合物過濾到一個乾淨的平底深鍋中，壓緊混合物以便壓榨出所有的液體；丟掉薄荷。再按指示慢慢煮沸牛奶混合液，但不要添加香草。喜歡的話，可以加入1到2大匙薄荷奶酒。當冰淇淋快要凍好前，拌入3到4盎司苦甜或半甜巧克力碎片。

咖啡冰淇淋（Coffee Ice Cream）（約1夸特）

準備法式香草冰淇淋，227頁。按照指示將牛奶、糖和鹽慢慢煮到沸騰，並加入1/4杯咖啡豆碎粒或粗磨咖啡粉。關火後，蓋鍋並靜置浸漬30分鐘。將混合液過濾到乾淨的平底深鍋裡；丟掉過濾出來的咖啡豆。再按照指示把牛奶混合液慢慢煮沸，並按照食譜完成後續步驟，但是不添加香草。

蘭姆葡萄冰淇淋（Rum Raisin Ice Cream）（約1夸特）

準備法式香草冰淇淋，前頁。

開始做冰淇淋混合物之前，先以平底深鍋把1/2杯黑蘭姆酒和3/4杯葡萄乾慢慢煮到溫熱。關火後，蓋鍋並靜置浸漬20分鐘。瀝乾葡萄乾，蘭姆酒和葡萄乾都要保留待用。用蘭姆酒取代香草。當冰淇淋快要冰凍完成前，拌入葡萄乾。這種冰淇淋因為裡頭加了酒精，所以要冰凍數小時才會變硬。

綠茶冰淇淋（Green Tea Ice Cream）（約1夸特）

綠茶讓冰淇淋多了清爽的藥草味。我們建議使用散茶，但是你也可以用6個茶包。用茶包的話，就不用過濾牛奶。

準備法式香草冰淇淋。按照指示將牛奶、糖和鹽慢慢煮到沸騰，加入2大匙綠茶茶葉。關火後，蓋鍋並靜置浸漬15分鐘。將混合液過濾到乾淨平底深鍋裡，要下壓以便壓榨出所有的汁液；丟掉過濾出來的茶葉。再按照指示把牛奶混合液煮到接近沸騰，但不要添加香草。

焦糖冰淇淋（Caramel Ice Cream）（5杯）

在一只小型的厚平底深鍋裡混合：

3/4杯糖

1/4水

用中大火烹煮，要輕輕迴轉平底深鍋直到糖溶解且糖漿清澈。在糖完全溶解之前，不要把糖漿煮到沸騰。接著火候調至大火，蓋鍋繼續沸煮2分鐘。掀蓋後，繼續沸煮，煮到糖漿邊緣顏色開始變深為止。輕輕攪動鍋子，直到做出深琥珀色的焦糖。

按照下列食譜做法加熱牛奶、糖和鹽：

香草冰淇淋或法式香草冰淇淋

將煮好的焦糖從爐火移開，接著馬上拌入溫熱的牛奶混合液，攪拌到完全混合。假如焦糖變硬了，就用小火再次加熱平底深鍋，煮到焦糖變軟且與鮮奶油混合。關火後，就按照指示完成後續步驟。如果有使用香草萃取液的話，分量要減為1小匙。

薄荷棒冰淇淋（Peppermint Stick Ice Cream）（約1又1/2夸特）

將以下細磨成粉或弄碎：

8盎司薄荷棒棒糖

將以上材料裝入中碗並加入：

2杯全脂牛奶

覆蓋後放入冰箱冷藏12小時。將牛奶混合物攪勻後，再加入：

2杯濃鮮奶油

放入冰箱冰到極冷。倒入冰淇淋製造機裡，按照指示進行冷凍。搭配以下材料食用：

甜巧克力絲，476頁或巧克力醬「樂土」，256頁

巧克力冰淇淋（Chocolate Ice Cream）（5杯）

在中型平底深鍋裡混合以下材料，以中小火煨煮沸騰，偶爾攪拌一下以便讓糖溶解：

2杯全脂牛奶

1/2杯糖

在中碗裡拌攪混合：

4顆大蛋黃

1/4杯糖

拌攪入：

1/3杯荷蘭式加工（鹼化）可可粉

將約一半的熱牛奶混合液倒入蛋黃液裡，要不斷拌攪。接著把混合液倒回平底深鍋，開始以小火烹煮，不斷攪拌，煮到用溫度計讀取卡士達的溫度已達80度，且可黏裹木湯匙匙背的濃稠度。不要讓混合液煮到沸騰。關火後，用細網篩將卡士達過濾到碗中。拌入：

1杯濃鮮奶油

1小匙香草

放入冰箱冰到極冷，接著倒入冰淇淋製造機裡，按照指示進行冷凍手續。

碎石路冰淇淋（Rocky Road Ice Cream）

準備上述巧克力冰淇淋。當冰淇淋快要凍好前，拌入1杯小棉花糖和1/2杯烘烤過的胡桃或核桃碎粒。

開心果冰淇淋（Pistachio Ice Cream）（約1夸特）

如果你喜歡綠綠的開心果冰淇淋，加入杏仁萃取液後可再加1到2滴食用綠色食用色素。可以用「蛋白霜派皮」*，478頁，再裝飾上發泡鮮奶油和櫻桃來做成漂亮的聖誕節點心。

用食物調理機磨細以下材料，但不要磨成糊狀：

1又1/3杯去殼的無鹽開心果果仁，要烘烤過。

放置一旁待用。在中型平底深鍋裡混合：

2又1/4杯濃鮮奶油

2杯全脂牛奶

1杯糖

以中小火煨煮沸騰，要攪拌以便讓糖溶解。拌入磨好的果仁粉。關火後，蓋鍋並靜置浸漬30分鐘，即可用篩子過濾到中碗裡，要下壓以便壓榨出所有汁液；丟棄果仁。加入：

1小匙香草

1/2小匙杏仁萃取液

放入冷藏到冷卻，接著倒入冰淇淋製造機裡，按照指示進行冷凍程序。

奶油胡桃冰淇淋（Butter Pecan Ice Cream）（約1夸特）

如果使用加鹽胡桃的話，做出的冰淇淋會有相當特殊的辛辣感。

在一只平底深鍋裡混合以下材料並慢慢煮沸，期間要攪拌以幫助糖的溶解：

1杯壓實的淡紅糖

1/2杯水、1/8小匙鹽

將以上糖漿沸煮2分鐘。期間，在一只中碗裡打勻：

2顆大雞蛋

再緩緩打入糖漿。放入雙層蒸鍋烹煮，鍋子要置於滾水上方而不是直接放在水中，時時攪拌，烹煮到混合液溫度達80度，且可黏裹湯匙匙背的濃稠度。不要讓混合液煮到沸騰。加入以下材料並攪拌到融化：

2大匙無鹽奶油

即可過濾到中碗裡，放入冰箱冷藏到極冷。

加入：

1杯全脂牛奶

1小匙香草萃取液

（1大匙雪利酒）

將以下材料打到軟性發泡：

1杯濃鮮奶油

就將鮮奶油切拌到雞蛋混合液裡，接著倒入冰淇淋製造機，按照指示進行冷凍程序。冰淇淋快要凍好前，加入：

1/2杯胡桃碎粒，要烘烤過

椰子冰淇淋（Coconut Ice Cream）（約1夸特）

在中型平底深鍋裡混合以下材料，以中小火慢慢煮沸，並攪拌到糖溶解為止：

3/4杯全脂牛奶

3/4杯無糖椰奶

1/2杯糖

1/8小匙鹽

拌入：

2杯烘烤過的甜味椰絲，481頁

關火後，蓋鍋並靜置浸漬30分鐘。

將以上牛奶混合液過濾到另一只乾淨的平底深鍋中，要緊壓椰子以便擠出所有汁液。留下3/4杯的椰子，其他的丟棄，接著把椰子倒回濾過的牛奶混合液裡，以中小火煮慢慢煮沸。在碗裡打勻：

2到3顆大蛋黃

先緩緩拌入約1/2杯的牛奶混合液，然後

再把蛋黃混合液倒入剩下的牛奶混合液裡。開始以小火烹煮，期間不斷攪拌，煮到用溫度計讀取卡士達溫度已達80度，且可黏裹湯匙匙背的濃稠度。不要讓混合液煮到沸騰。關火後倒入碗裡並放入冰箱冰到極冷。拌入：

2杯濃鮮奶油

倒入冰淇淋製造機裡，按照指示進行冷凍程序。

南瓜味冰淇淋（Pumpkin Spice Ice Cream）（約1又1/2夸特）

在中型平底深鍋裡混合以下材料並煨煮到快要沸騰的狀態，要偶爾攪拌來讓糖溶解：

1又1/2杯全脂牛奶

1/4杯糖

1/2小匙肉桂粉

1/2小匙薑粉

磨碎的肉豆蔻或肉豆蔻粉

在一只中碗裡打勻：

4顆大蛋黃

1/2杯糖

先緩緩拌入一半的牛奶混合液，然後把這混合液倒回剩下的牛奶混合液裡。以小火烹煮，要不斷攪拌，煮到用溫度計讀取卡士達溫度已達80度且可黏裹湯匙匙背的濃稠度。不要讓混合液煮到沸騰。關火後，將卡士達用細篩過濾到碗裡。拌入：

1又1/4杯濃鮮奶油

1杯煮過或罐頭南瓜泥

1小匙香草

放入冰箱冰到極冷。倒入冰淇淋製造機，按照指示進行冷凍程序。

桃子、杏桃、芒果或油桃冰淇淋（Peach, Apricot, Mango or Nectarine Ice Cream）（約2夸特）

將以下材料去皮、剔核，並用食物調理機打漿：

2磅相當成熟的桃子、杏桃、芒果或油桃

將以上材料倒入中碗裡，再拌入：

1小匙新鮮檸檬汁

1/2小匙香草

1/2杯糖

些許鹽

放入冷藏直到糖溶解，偶爾攪拌一下。

在碗裡混合以下材料，要攪拌以便讓糖溶解：

1又1/2杯濃鮮奶油

1/2杯全脂牛奶

1/3杯糖

倒入冰淇淋製造機裡，按照指示進行冷凍程序。當冰淇淋快要凍好之前，加入備妥的水果混合物。

草莓冰淇淋（Strawberry Ice Cream）（2夸特）

用食物調理機混合：

1夸特草莓，去蒂切片

3/4杯糖

1小匙香草

用脈衝速度攪打2到3次，把草莓打碎。放入碗中並冷藏1小時。加入：

2杯濃鮮奶油

1杯全脂牛奶

攪拌到糖溶解為止，2到3分鐘。倒入冰淇淋製造機裡，按指示進行冷凍程序。

黑莓或覆盆子冰淇淋（Blackberry or Raspberry Ice Cream）（1夸特）

用食物調理機混合：
1品脫黑莓或覆盆子
1/2杯糖
1小匙香草
用脈衝速度攪打2到3次，把水果打碎。放入碗中並冷藏1小時。用細篩過濾混合物，要緊緊下壓以榨出所有的莓汁；將籽丟棄。加入：
1/2杯濃鮮奶油
1又1/2杯全脂牛奶
攪拌到糖溶解為止，2到3分鐘。倒入冰淇淋製造機裡，按照指示進行冷凍程序。

柳橙乳冰（Orange Ice Milk）（2夸特）

毫無疑問，在冰淇淋出現之前，就有乳冰了；在某些亞洲國家，乳冰至今仍相當風行。
在碗裡混合以下材料，攪拌到糖溶解為止：
1又1/2小匙柳橙皮絲
1又1/2杯糖
1又1/2杯新鮮柳橙汁
1/4杯新鮮檸檬汁
（3/4杯香蕉泥；約1又1/2根香蕉）
將以上材料慢慢拌入：
4杯極冷的全脂牛奶
如果牛奶有些許凝結，這並不會影響到做出來的乳冰質地。倒入冰淇淋製造機裡，按照指示進行冷凍程序。

鳳梨乳冰（Pineapple Ice Milk）（1又1/2夸特）

在碗裡混合以下材料，要攪拌到糖溶解為止：
1杯無糖鳳梨汁
1杯糖
1小匙檸檬皮絲
1/4杯新鮮檸檬汁
1/8小匙鹽
3/4杯瀝乾的罐頭鳳梨碎片
將以上材料慢慢拌入：
4杯極冷的全脂牛奶
倒入冰淇淋製造機，按照指示進行冷凍程序。

| 關於雪糕 |

雖然義大利文*gelato*（雪糕）一詞是指冰淇淋，但是這裡特指一種經攪凍或攪拌冷凍程序的雪糕，風味強烈而質地稠密。一般來說，雪糕是低脂冷凍點心，在較低溫度下會結冰，因此最好的食用溫度約在零下九度。要挖食雪糕之前，先靜置在室溫中五到十分鐘；或者，直接挖出在冰淇淋製造機的成品食用，此時的雪糕最好吃。

榛果雪糕（Hazelnut Gelato）（約1夸特）

用180度的烤爐烘烤堅果8到10分鐘，偶爾攪拌一下。用乾淨的廚房紙巾包住堅果，不斷用力搓揉，盡可能地搓掉堅果的外皮。

用食物調理機細磨以下材料，但不要磨成糊狀：

2杯烘烤過的榛果

用一只中型平底深鍋將以下材料慢慢煮沸：

3杯全脂牛奶

加入堅果。離火，蓋鍋並靜置浸漬30分鐘，即可將牛奶過濾到另一只乾淨的平底深鍋裡，要用力下壓以盡量榨出汁液；丟棄堅果。加入：

1/2杯糖

以中小火慢慢煮沸，偶爾攪拌一下，直到糖溶解為止。期間，在一只中碗裡攪打：

6顆大蛋黃

1/4杯糖

將約一半的熱牛奶混合液慢慢拌入蛋黃，然後再把蛋黃混合液倒入剩下的牛奶混合液裡。以小火烹煮，要不斷攪拌，煮到用溫度計讀取卡士達溫度已達80度且可黏裹湯匙匙背的濃稠度。不要讓混合液煮到沸騰。將卡士達用細篩過濾到碗裡。拌入：

1/4杯濃鮮奶油

1/4杯香草

（1大匙榛果儷〔Frangelico〕或其他榛果利口酒）

放入冰箱冰到極冷。倒入冰淇淋製造機，按照指示進行冷凍程序。

巧克力榛果雪糕或稱占度亞雪糕（Chocolate Hazelnut Gelato，或稱Gianduja）

準備上述的榛果雪糕，加入熱牛奶之前，先將1/4杯荷蘭式加工（鹼化）可可粉打入蛋黃混合液中。

| 關於冷凍優格 |

冷凍優格是以瀝乾的優格、全脂牛奶或鮮奶油、糖、調味料和膠質的混合物做成，其中膠質可以改善儲存過的冷凍優格的質地。原味低脂優格最適合用於我們的食譜，也可以依口味自行調味的優格。由於過多水分會讓冷凍優格結冰，瀝掉一些優格的汁液是很重要的步驟。在量杯上懸架上細篩子，再用湯匙將優格舀入過篩，接著靜置於冰箱內以便讓優格滴流汁液，約兩小時。

如同其他冷凍點心一樣，要等到快要冷凍完成前，才加入堅果碎粒、巧克力碎片、葡萄乾或碎餅乾等材料。每一批冰淇淋可加入約四分之三杯自選的添加物。

如果你希望自製的冷凍優格有接近市售優格的柔軟質地，就要在用冰淇淋製造機完成後盡快享用。一旦冷凍幾個小時，優格就會變硬。有些人喜歡強烈的氣味，不過，假如你想調淡優格的酸味，就多添加四分之一杯糖。

香草冷凍優格（Vanilla Frozen Yogurt）（5杯）

大量杯上懸架上細篩子，用湯匙將以下材料舀入過篩：

2杯原味低脂優格

將優格挖入一只中碗裡；丟棄篩過的汁

液。將以下：
1包（2又1/4小匙）原味膠質
撒到裝盛在小杯子中的：
1/4杯全脂牛奶
靜置10分鐘以使膠質柔軟。
在中型平底深鍋裡混合：
1又1/2杯全脂牛奶
3/4杯糖
將以下材料縱切對半剝開：
（1/2條香草蘭豆）
將蘭豆籽挖到牛奶混合液裡。加入蘭豆後，用小火煨煮沸騰，偶爾攪拌一下以便讓糖溶解。離火，靜置5分鐘，接著加入膠質和牛奶混合液，攪拌到膠質完全溶解為止。靜置冷卻到室溫溫度。
將膠質混合物輕輕攪入瀝乾的優格裡。
拌入：
1又1/2小匙香草（如果沒有用香草蘭豆的話）
放入冰箱冰到極冷。若有放入香草蘭豆的話，要先取出，再倒入冰淇淋製造機，按照指示進行冷凍程序。

巧克力冷凍優格（Chocolate Frozen Yogurt）

準備上述的香草冷凍優格，不要加香草蘭豆，而是在熱牛奶混合液裡加入1/2杯荷蘭式加工（鹼化）可可粉；打到滑順。如指示完成進行後續程序，要添加香草萃取液。

草莓冷凍優格（Strawberry Frozen Yogurt）（約5杯）

大量杯上放上細篩子，用湯匙將以下材料舀入過篩：
2杯原味低脂優格
放入冷藏到優格瀝出1/2杯的汁液，約2小時，接著把優格挖進一只中碗裡；丟棄汁液。
將以下材料放入食物調理機：
1品脫草莓，去蒂切片
用脈衝速度攪打2到3次，把水果打碎，但不要打成泥，倒入碗中並拌入：
1/4到1/3杯糖，依個人口味調整分量
1小匙香草
些許鹽
覆蓋後靜置在室溫下約1小時。
將以下：
1包（2又1/4小匙）原味膠質
撒到裝盛在小杯子中的：
1/4杯全脂牛奶
靜置10分鐘以使膠質柔軟。
在中型平底深鍋裡混合：
3/4杯全脂牛奶
1/4杯加上2大匙糖
慢慢煮沸，偶爾攪拌一下以便讓糖溶解。離火，靜置冷卻5分鐘。接著加入膠質混合物，攪拌到膠質完全溶解為止。靜置冷卻到室溫溫度。
將牛奶和草莓混合物輕輕拌攪到瀝乾的優格裡，即放入冰箱冰到極冷。接著倒入冰淇淋製造機，按照指示進行冷凍程序。

關於雪泥

雪泥是將新鮮果汁或果泥加以攪凍或攪拌冷凍，其中混了糖，有時還會添點酒，如此就做成了有著濃烈風味的冷凍點心。➡若想做出更繁複的味道，可以用柳澄汁或檸檬汁來替代水的使用。

雪泥就像其他攪凍而成的點心，剛用冰淇淋機做好取出時是柔軟的，放入冰凍庫幾小時就會變得有些硬，但是從冰庫取出的雪泥應該是不需再軟化就可挖出。而做出這種軟硬度的關鍵，就在於糖的用量（如果有加酒的話，酒的分量也很重要），其能降低水果混合物的冰凍點，也可以防止雪泥冰到過硬。

雪泥的傳統做法的第一步，就是將等量的糖和水一起沸煮五分鐘（或是高溫微波二到三分鐘）做成簡單的糖漿，冷卻後再加入兩份的果汁或果泥。不過，本書的大部分食譜都指示較少的水分，有時糖量也會較少，如此就可做出較正宗的水果滋味。由於較少的糖量和水分會影響雪泥長期儲存的效果，因此用本書食譜做出的雪泥最好是當天食用完畢。因為新鮮水果的甜度不一，所以應該在冰凍前先品嚐味道。➡味道嚐起來應該要較甜一點，這是因為冷凍效果會讓水果和糖味變得較淡的緣故。如果要甜一點的話，記得要每次多加一大匙的糖量，並攪拌到完全溶解。

用果汁做成的雪泥與果泥做出的成品相較，前者的質地較為清爽。不論是用果汁或果泥，每一杯果汁或果泥搭配半杯糖有時會過甜，而在每杯水果裡加入多至一大匙的檸檬汁，就能讓以甜水果做成的雪泥不致過於甜膩。酒精會加強水果味道並使其柔軟質地。對於多數食譜來說，使用利口酒來強化水果味道是很棒的選擇，不過也可以使用無味伏爾加酒。

雪泥可以做成漂亮的「柳橙或檸檬驚喜冷凍霜」，224頁。

覆盆子雪泥（Raspberry Sorbet）（5杯）

在小平底深鍋裡混合：

1杯糖

1/2杯水

慢慢煮沸，並偶爾攪拌一下以便讓糖溶解。放置一旁冷卻待用。將以下材料做成果泥：

1又1/2品脫覆盆子

再用細篩子過濾到一只中碗裡，要緊緊下壓以便盡可能榨出最多的汁液；丟棄種籽。拌入：

1大匙新鮮檸檬汁

（1大匙覆盆子白蘭地）

加入冷卻後的糖漿並攪拌均勻，即放入冰箱冰到極冷。嚐一下味道，需要的話，就多加一些糖，但記得要攪拌到糖完全溶解，2到3分鐘。接著倒入冰淇淋製造機，按照指示進行冷凍程序。

黑莓雪泥（Blackberry Sorbet）

準備上述的覆盆子雪泥，以1又1/2品脫黑莓替代覆盆子。喜歡的話，可以加覆盆子白蘭地，或以櫻桃白蘭地取代。

藍莓雪泥（Blueberry Sorbet）

準備上述的覆盆子雪泥，以2又1/2杯藍莓替代覆盆子，檸檬汁的分量增為2大匙。喜歡的話，可以黑醋栗酒（crème de cassis）或櫻桃白蘭地來取代覆盆子白蘭地。

草莓雪泥（Strawberry Sorbet）

準備上述的覆盆子雪泥，以1磅去蒂草莓切片替代覆盆子，喜歡的話，可加櫻桃白蘭地或杏仁香甜酒來替代覆盆子白蘭地。

芒果雪泥（Mango Sorbet）

準備上述的覆盆子雪泥，以3顆去皮剔核的中型成熟芒果替代覆盆子。糖量減為3/4杯，以2大匙新鮮萊姆汁取代檸檬汁。喜歡的話，可用柑曼怡香橙干邑甜酒或龍舌蘭取代覆盆子白蘭地。

桃子雪泥（Peach Sorbet）

準備上述的覆盆子雪泥，以1又1/2磅去皮剔核的成熟軟桃子替代覆盆子。檸檬汁要增為2大匙，並且在桃子打成果泥前就要先加進桃子裡。冰凍後要嚐一下味道，需要的話，可添加一些檸檬汁。喜歡的話，可用杏仁香甜酒或桃子白蘭地取代覆盆子白蘭地。

檸檬雪泥（Lemon Sorbet）（2又1/3杯）

這份食譜的重要材料就是新鮮檸檬汁和檸檬皮條。假如你可以取得到「梅爾檸檬」*，373頁的話，將可以突顯此款雪泥的甜味。

在小平底深鍋裡混合：

1又1/2杯水

1又1/4杯糖

1顆檸檬皮條*，371頁

用中火慢慢煮沸，要偶爾攪拌一下以便讓糖溶解。拌入：

（1/2杯切碎的薄荷、迷迭香、薰衣草或百里香枝段）

關火後蓋鍋，靜置浸漬直到散發出濃烈的味道，20到40分鐘，即可濾到一只中碗裡，拌入：

1/2杯新鮮檸檬汁

（1大匙檸檬伏特加）

放入冰箱冷藏到極冷。嚐一下味道，需要的話，多加一些糖，並攪拌到糖完全溶解其中，2到3分鐘。倒入冰淇淋製造機，按照指示進行冷凍程序。

萊姆雪泥（Lime Sorbet）

準備以上的檸檬雪泥，以1/2杯新鮮萊姆汁替代檸檬汁。喜歡的話，可用龍舌蘭取代檸檬伏特加。

柳橙雪泥（Orange Sorbet）（2又2/3杯）

在小平底深鍋裡混合：
1/2杯新鮮柳橙汁
1杯糖
1顆中型檸檬皮條*，371頁
用中火煮沸騰，攪拌以便使糖溶解。離火，蓋鍋，靜置浸漬15分鐘，濾至一只中碗中，拌入：
1又1/2杯新鮮柳橙汁
1大匙新鮮檸檬汁
（1大匙柑曼怡香橙干邑甜酒或柳橙汁）
放入冰箱冷藏到極冷。嚐一下味道，需要的話，多加一些糖，並攪拌到糖完全溶解其中，2到3分鐘。倒入冰淇淋製造機，按照指示進行冷凍程序。

粉紅柚雪泥（Pink Grapefruit Sorbet）

粉紅柚比白柚要來得甜，但是所含的酸度依然足以做出這款誘人的淡粉色雪泥。
準備上述的柳橙雪泥，不要加檸檬汁，而且要以1顆的粉紅柚皮和1/2杯新鮮粉紅柚汁來替代柳橙汁和柳橙皮。喜歡的話，可用龍舌蘭取代柑曼怡香橙干邑甜酒。

西瓜雪泥（Watermelon Sorbet）

準備2又1/2磅的紅肉西瓜或黃肉西瓜，去外皮和籽後打汁，而打汁方法就是先將果肉打成泥，再用細篩子過濾；丟棄搾完汁的果肉。準備上述的柳橙雪泥，不要加柳橙皮，而且要以2杯西瓜汁取代柳橙汁。檸檬汁增加為2大匙，並用金巴利酒（Campari）或伏特加取代柑曼怡香橙干邑甜酒。

迷迭香雪泥（Rosemary Sorbet）（5杯）

草本植物做成的雪泥，常會穿插於菜餚之間來潔淨食客的味蕾。假若搭配新鮮水果或一片蘋果塔一起享用，就成了一道振奮精神的輕點心。除了迷迭香之外，也可以使用羅勒、百里香或薄荷。
新鮮草本植物的氣味強度不一；由於冰凍會柔化草本植物的風味，所以它們浸漬於糖漿之中，就要嚐一下味道，且記得應該是相當強烈的味道。
在中型平底深鍋裡混合：
2又1/4杯水
1/2杯糖
慢慢煮沸，偶爾攪拌一下以便讓糖溶解。拌入：
1/2杯切碎的新鮮迷迭香枝段
離火，覆蓋並靜置浸泡20到40分鐘以使其味道濃烈。過濾到碗裡；丟棄迷迭香。放入冰箱冷藏到極冷。倒入冰淇淋製造機，按照指示進行冷凍程序。

快速雪泥（Instant Sorbet）

這是不需用到冰淇淋製造機就能快速做好的簡易冰凍點心，祕訣就是浸泡在濃糖漿中的罐頭水果。濃糖漿中較高的糖量，意味著雪泥的質地柔軟奶濃，就算是凍過幾天也是如此，味道也不同於需要挖食的雪泥，不過，你要是突然要用到點心的話，這就是相當便利的法寶。你也可以用淡糖漿來浸漬水果，但是成品質地會稍帶結冰。若是罐頭水果帶核，記得先去籽再使用。

這些顏色鮮豔的清爽雪泥混合之後，味道更是豐富。你可以冷凍兩三種不同的雪泥，享用時一層層放入透明玻璃杯裡，而且每層水果之間還可夾入一層原味優格來強化味道。不妨試試櫻桃和桃子、藍莓和桃子、覆盆子和芒果、草莓和鳳梨、櫻桃和藍莓，以及藍莓、桃子和覆盆子，以上都是不錯的組合。1罐15到16盎司的罐頭，可以做成1又1/2到1又3/4杯的冷凍雪泥；而2罐同樣大小的罐頭冷凍水果，可以疊出6到8人份的混合雪泥。

用食物調理機或果汁機將以下材料打成泥漿：

1罐15到16盎司以濃糖漿浸泡的罐頭水果，不瀝乾

將果泥裝入冷凍用塑膠袋，放入冰箱隔夜冷凍。重複以上步驟做出所需的果泥量。拌入混合以下材料，然後將之隔夜冷凍：

（原味優格）

食用前，從袋裡取出水果切片，放入食物調理機中，加入：

（2到3小匙利口酒）

脈衝處理混合物到幾乎滑順為止，其中應該還會有冷凍水果厚塊才對，也要刮下沾黏在調理機內壁的果泥一或兩次。重複以上步驟做好每份冷凍雪泥。把水果雪泥層層疊放入盛裝甜點百匯的短腳高玻璃杯或高腳酒杯，如要使用冷凍優格的話，就夾鋪於雪泥層間。放上頂層加料：

（發泡鮮奶油）

| 關於雪酪 |

雪酪是以攪凍或攪拌冷凍方式做成的冷凍點心，混合了全脂牛奶、糖、果汁和（或）果泥、調味料，有時還會添加膠質，而膠質是做出滑順奶濃的雪酪的關鍵，因為膨脹的膠質顆粒可以防止冰晶變大。用冷水浸泡膠質，同時混合果汁和糖並加熱到糖完全溶解其中以做為基底，接著倒入泡過的膠質。➔不要讓基底煮到沸騰。

摻和膠質的雪酪基底一旦冷卻，可能會開始凝固而出現結塊，不過不要擔心，只要開始攪動後，就會攪散結塊了。跟做冰淇淋一樣，用冰淇淋製造機完成的雪酪是相當柔軟的。如果你喜歡硬口感的雪酪，就要冰凍數小時。而零下六度的雪酪最好吃，先稍加解凍軟化再大快朵頤，其說明請見「關於冰淇淋和其他冷凍點心的保存和食用方法」，223頁。

雪酪和冰霜的絕佳配料為水果——不論是新鮮的、水煮的、做成果醬的或糖漬過。若是將雪酪填裝在水果皮裡享用，那滋味真是美妙，見「冷凍柳橙或檸檬驚喜冷凍霜」，224頁的說明。

覆盆子或草莓雪酪（Raspberry or Strawberry Sherbet）（5杯）

將以下：

1小匙原味膠質

撒到裝盛在小杯子中的：

1大匙冷水

靜置10分鐘以使膠質軟化。在小平底深鍋裡混合以下材料，加熱沸煮並要攪拌到糖溶解為止：

1杯水，或1/2杯水加上1/2杯鳳梨汁

3/4到1杯糖，依口味自行調整

蓋鍋沸煮5分鐘，期間不要攪拌。再加入：

1到2大匙新鮮檸檬汁

將膠質溶解於熱糖漿中，即可放入冰箱冷卻。用食物調理機將以下材料打成泥：

1夸特去蒂的草莓或覆盆子

用細篩子濾到碗裡，拌入膠質混合液。接著倒入冰淇淋製造機，按照指示進行冷凍程序。

柳橙雪酪（Orange Sherbet）（5杯）

將以下：

1包（2又1/4小匙）原味膠質

撒到小杯子中的：

1/4杯冷水

靜置10分鐘以使膠質軟化。在中型平底深鍋裡混合以下材料：

1顆柳橙皮條★，371頁

1又3/4杯新鮮柳橙汁

3/4杯糖

慢慢煮沸，偶爾攪拌一下以讓糖溶解。用細篩子過濾到碗中；丟棄柳橙皮。加入膠質並攪拌完全溶解，再拌入：

1杯全脂牛奶

放入冰箱冷藏到冰涼，即倒入冰淇淋製造機，按照指示進行冷凍程序。

檸檬雪酪（Lemon Sherbet）（5杯）

備妥柳橙雪酪，但以1顆檸檬皮取代柳橙皮，3/4杯新鮮檸檬汁和1又1/4杯水取代柳橙汁，糖量增至1杯。

萊姆雪酪（Lime Sherbet）（5杯）

準備柳橙雪酪，但以1顆萊姆皮取代柳橙皮，1/2杯新鮮萊姆汁和1又1/4杯水取代柳橙汁，糖量增至1杯。

蔓越莓雪酪（Cranberry Sherbet）（5杯）

可以試用這種酸雪酪來做為清味蕾的點心。這份食譜可以使用冷凍蔓越莓，但不要解凍（1包12盎司的標準包可以做出3杯蔓越莓，因此購買2包，剩下的就冰起來另做他用）。

將以下：

1包（2又1/4小匙）原味膠質

撒到小杯子中的：

1/4杯冷水

靜置10分鐘以得膠質軟化。在中型平底深鍋裡混合以下材料：

4又1/2杯蔓越莓

1又1/2杯水

以中火慢慢煮沸到蔓越莓裂開為止，約10分鐘。稍微冷卻一下，再用果汁器或食物調理機將蔓越莓混合物做成泥，用細網篩過濾到碗裡，要盡量下壓以便壓榨出最多的汁液；丟棄果肉。在小平底深鍋裡混合：

1/2杯水

1又1/2杯糖

加熱到糖溶解之後，即將混合物拌到蔓越莓泥裡。加入膠質，攪拌到膠質完全溶解，再拌入：

1杯全脂牛奶

放入冰箱冷藏到極冷，接著倒入冰淇淋製造機進行冷凍即可。

冰棒（Ice Pops）

將混合液倒入3盎司的塑膠杯或紙杯裡，或是倒入自製冰棒專用模具。當混合液開始凝固變硬時，每支冰棒都要插入木棒條以做為手柄，繼續凍到堅硬。將杯子或模具外圍用熱水淋一下，即可脫模。

I. 8根3盎司冰棒

拌勻以下材料：

2杯以新鮮水果、冷凍水果或罐頭水果做成的果泥，如鳳梨、漿果、芒果、桃子或西瓜

1杯新鮮柳橙汁

2大匙糖

如同前述指示進行冷凍與脫模。

II. 8根3盎司冰棒

拌勻：

1杯加2大匙新鮮柳橙汁

1又1/2杯原味優格

1/3杯糖

3/4小匙香草

如同前述指示進行冷凍與脫模。

III. 10根3盎司冰棒

拌勻：

1罐12盎司冷凍濃縮果汁，如柳橙汁、鳳梨汁、蘋果汁、蔓越莓汁或水果潘趣酒

2杯原味優格

1/3杯糖

1/3杯鳳梨汁或其他果汁

如同前述指示進行冷凍與脫模。

雪花冰淇淋（Snow Cream）

剛下雪兩小時的落雪乾淨無瑕，可以用來製作這道深受歡迎的童年點心，但千萬別用地上的積雪。

在一只冰過的碗裡裝入：

乾淨的新鮮落雪

在上頭滴淋：

加糖果汁或楓糖漿

或是1加侖的落雪，拌入：

1杯濃鮮奶油

3/4杯糖

1/2小匙香草

| 關於冰沙或冰霜 |

義大利文*Granita*（冰沙）指的是一種點心冰，以糖漿為基底，並用咖啡、果汁或果泥來調味，凍到堅硬之後，再經過刮磨或研磨來做出特有的粗冰晶的

質地。由於冰沙、冰霜（ices）或糖冰（glacés）的糖量比雪泥來得少，因此嚐到風味應該更為強烈。

經典冰沙是靜凍點心，將基底倒入13×9吋不鏽鋼鐵盤或冷凍托盤，再放入冰箱冷凍三十分鐘。覆蓋保鮮膜覆後，➡每隔三十分鐘，就用大湯匙或大叉子把正在冷凍櫃裡冰凍的混合物刮磨一下，將鐵盤周邊形成的冰晶攪回液體，藉此鬆動破壞冰晶。重複以上步驟直到混合物冰凍奶濃為止，共計約三小時。一旦冰沙凝凍好了，就應該要立即挖到個人碗裡或玻璃杯裡。如果在晚餐前幾個小時就開始做冰沙，剛好可以做為餐後點心。

想要更省力的話，➡不妨用食物調理機或果汁機來做冰沙。將混合物倒入兩只製冰盤裡，然後冷凍至少三小時（做好的冰塊可以裝入可重複密封的冷凍用塑膠袋裡，冷凍至多一星期）。端上桌享用前，用食物調理機把冰塊打成泥。每次只處理剛好可以做出碗裡一層的冰塊分量，脈衝處理十到十二次，或是打到冰沙滑順為止。如果打泥的時間過長，冰沙就會融化成泥濘般的狀態。

漿果冰沙（Berry Granita）（2又1/2杯）

備妥：

簡單糖漿

材料如下：

1/2杯水

1/2杯糖，或按照個人喜好調整

靜置冷卻。用食物調理機或果汁機將以下材料打成泥：

4杯漿果，需要的話去蒂梗，大漿果則切片

接著用細網篩過濾到碗裡；丟棄果籽或果皮。將果泥拌入冷卻的糖漿裡，放入冰箱冰到極冷，冷凍程序同上。

義式濃縮咖啡冰沙（Espresso Granita）（3杯）

這是經典義大利點心，會搭配無糖發泡鮮奶油一起享用。味道強烈的沖煮咖啡（brewed coffee）也可以用來替代速沖濃咖啡。

在中型平底深鍋裡混合：

2杯熱速沖濃咖啡

1/4到1/2杯糖

（1大匙杏仁香甜酒、榛果儷、珊布卡茴香酒〔sambuca〕）

攪拌到糖溶解。放入冰箱冰到極冷，冷凍程序同上。

拿鐵冰沙（Caffe Latte Granita）（3杯）

備妥上述的速沖濃咖啡冰沙，但用1杯熱牛奶取代1杯速沖濃咖啡。

檸檬冰沙（Lemon Granita）（2杯）

在小型平底深鍋裡混合：

1又1/2杯水

1/2杯糖

1顆檸檬皮條*，371頁

以中火慢慢煮到沸騰，偶爾攪拌一下以便讓糖溶解，繼續沸煮5分鐘。關火後，覆蓋靜置浸漬15分鐘。

將以上混合物過濾到中碗裡；丟棄果皮。冷卻降溫至室溫溫度，再拌入：

1/2杯新鮮檸檬汁

放入冰箱冷藏到極冷，冷凍程序同上。

萊姆冰沙（Lime Granita）（2杯）

準備上述的檸檬冰沙，以1顆萊姆皮和1/2杯新鮮萊姆汁替代檸檬。

粉紅柚冰沙（Pink Grapefruit Granita）（2杯）

準備上述的檸檬冰沙，以1顆粉紅柚皮和1/2杯新鮮粉紅柚汁替代檸檬。水量降至1/2杯，糖量也降至1/3杯。

｜關於冰淇淋百匯和冰淇淋聖代｜

冰淇淋百匯（ice cream parfaits）的做法，是將不同口味的冰淇淋和醬汁疊放在透明的冷甜點短腳高玻璃杯或高腳酒杯。冰淇淋百匯可以包含糖漿、利口酒、水果、堅果和發泡鮮奶油，或者只疊放不同口味的冰淇淋和醬汁。製作百匯時，➡要將玻璃杯放入冷凍庫三十分鐘。一旦百匯組合完成了，就要立即食用，或是放入冰箱冷凍備用。你可以將加了巧克力、焦糖、棉花糖或奶油糖果等口味醬汁的百匯送入冰凍堅硬，而加了水果醬或水果丁的百匯則最好馬上吃完，不過還是可以冰凍保存一到二小時。水果醬裡的糖量增量一半，可以讓醬汁不至於完全結凍。假如你凍硬了水果冰淇淋百匯，食用前，先在冰箱冷藏室軟化十五到二十分鐘，或者是在室溫下解凍五到十分鐘。

冰淇淋聖代（ice cream sundae）是以冰淇淋和醬汁組合而成的點心，也可以在一只碟子裡裝盛什錦冰淇淋和醬汁。最受歡迎的聖代加料是堅果、糖漿和發泡鮮奶油，不過添加水果也是美味的選擇。當然，別忘了在上頭點綴一顆櫻桃！

巧克力、香草和咖啡冰淇淋百匯（Chocolate, Vanilla and Coffee Parfait）（1人份）

在玻璃杯底部放上：

1球咖啡冰淇淋，228頁

淋上：

2到4大匙熱巧克力醬，257頁

再加上：

1球香草冰淇淋，227頁、法式香草冰淇淋，227頁或香草冷凍優格，233頁

再淋上：

2到4大匙奶油糖果醬，260頁

再加上：

1球巧克力冰淇淋，229頁或巧克力冷凍優格，234頁

再淋上：

2到4大匙棉花糖醬，261頁

漿果冰淇淋百匯（Berry Parfait）（1人份）

在玻璃杯底部放上：
1球藍莓雪泥，236頁
再放上：
1/4杯覆盆子
2到4大匙新鮮覆盆子醬，267頁或梅爾巴醬，252頁
再加上：
1球覆盆子雪泥
再添放：
1/4杯藍莓
2到4大匙新鮮覆盆子醬或梅爾巴醬
再放入：
1球藍莓雪泥
再加上：
1/4杯覆盆子
2到4大匙新鮮覆盆子醬或梅爾巴醬

冬日冰淇淋百匯（Winter Parfait）（1人份）

在玻璃杯底部放入：
1球咖啡冰淇淋，228頁
淋上：
2到4大匙摩卡醬，257頁
再加上：
1球奶油胡桃冰淇淋，230頁
再淋上：
2到4大匙焦糖醬，259頁
再加上：
1球咖啡冰淇淋
再澆放：
2到4大匙火焰櫻桃，218頁或櫻桃醬，251頁
發泡鮮奶油

熱巧克力聖代（Hot Fudge Sundae）（1人份）

在點心玻璃杯裡或碗裡放入：
3球香草冰淇淋，227頁、法式香草冰淇淋，227頁或薄荷棒冰淇淋，229頁
淋上：
2到4大匙熱巧克力醬，257頁
再淋上：
2到4大匙棉花糖醬，261頁
再放上：
發泡鮮奶油
2大匙烘烤過的堅果碎粒
1顆醉櫻桃

香蕉船（Banana Split）（1人份）

在一個船形盤的兩邊各自放上一半：
1根香蕉，要縱切對半
在兩邊切半的香蕉之間擺放：
1球香草冰淇淋，227頁
1球巧克力冰淇淋，229頁
1球草莓冰淇淋，231頁
每球冰淇淋上要淋上下列一種醬汁：
2大匙巧克力醬「樂土」，256頁或2大匙新鮮草莓醬，267頁
2大匙奶油糖果醬，260頁
2大匙棉花糖醬，261頁
再澆放：
發泡鮮奶油，98頁
再撒上：
（2大匙堅果碎粒，要烘烤過）
再點綴：1顆醉櫻桃

｜關於靜凍點心｜

靜凍點心的做法，就是讓混合物自行冰凍而不攪拌或使用任何特別器具。靜凍點心➡需要乳化媒介——濃鮮奶油、蛋黃、膠質、玉米澱粉或玉米糖漿——來制止在冰凍過程中出現大冰晶。這些靜凍點心與使用攪動法做成的點心有著相當不同的質地。將鮮奶油打到軟性發泡狀態，並盡快冰凍混合物，如此就可以減少結冰。等到混合物已經冰冷或呈半凍狀態，才混入發泡鮮奶油和堅果與糖漬水果等固體材料，而通常在冰凍程序快結束時才會加入利口酒。

將這些點心放入模具冷凍與爾後脫模的方式，跟**冷凍炸彈**，248頁的做法相同。或者，可以做成單人份**冰淇淋百匯**，以短腳高玻璃杯、高腳玻璃杯或高腳酒杯冰凍，再端上桌享用。你可以將混合物放在碗裡或托盤上冰凍，接著再加入其他材料，或者將混合物與水果和醬汁交互鋪疊於短腳高玻璃杯或高腳玻璃杯中，食用時，再點綴上剛打好的發泡鮮奶油和一顆櫻桃。➡如果希望維持令人滿意的質地，千萬別冰凍超過二十四小時。

半凍冰糕（semifreddi）通常是指以卡士達或雞蛋做基底的冷凍慕斯，添加發泡鮮奶油做出清爽口感，並裝模於麵包烤盤或個人高腳玻璃杯。**冷凍舒芙蕾**（frozen soufflés）並非烘烤完成，實際上也沒有發酵膨脹。反之，這種點心仿效舒芙蕾的高出模具的模樣，又像經典烘烤舒芙蕾一樣撒上糖粉，或是綴點漿果或漿果醬、巧克力絲或巧克力醬、烘烤過的無鹽堅果和（或）淋上幾團發泡鮮奶油以為裝飾。

冷凍草莓或覆盆子慕斯（Frozen Strawberry or Raspberry Mousse）（6人份）

準備：

漿果巴伐利亞鮮奶油，203頁

材料如下：

1杯糖

倒入1只1又1/2夸特的模具裡或6只單人短腳高玻璃杯裡，將之冰凍堅硬，單一模具冰凍約6小時，玻璃杯的話則是3小時。

加上：

發泡鮮奶油，98頁

新鮮漿果

冷凍水果慕斯（Frozen Fruit Mousse）（12到14人份）

準備：

2杯搗爛的桃子、杏桃、香蕉或草莓，或者是濾過的黑莓果泥或覆盆子果泥

拌入：

3/4到1杯糖粉

1/8小匙鹽

將以下：

1又1/2小匙原味膠質

撒到裝盛在小杯子中的：

2大匙冷水

靜置10分鐘以使膠質軟化，再將膠質加進以下材料溶解：

1/4杯滾水

靜置冷卻，加入：

2大匙新鮮檸檬汁
拌入水果混合物中。以下材料打到軟性發泡：
2杯濃鮮奶油
切拌入水果和膠質的混合物裡，即倒入一只2夸特的模具裡並冷凍到變硬，約8小時，脫模後靜置30分鐘。

咖啡百匯（Coffee Parfait）（6到8人份）

在雙層蒸鍋的頂層混合：
2/3杯糖
2大匙玉米澱粉
1/8小匙鹽
拌入：
2大匙全脂牛奶
2顆打過的大蛋黃
1杯速沖濃咖啡或特濃的咖啡
在蒸鍋裡，攪拌烹煮卡士達到可以裹覆湯匙匙背的濃稠度，即可倒入碗中並放入冰箱冰到極冷。以下材料打到軟性發泡：
1又1/2杯濃鮮奶油
切拌至咖啡混合物中，再均分倒入每只矮腳高玻璃杯裡，接著至少冷凍4到5小時。如果冷凍時間更長，食用前先靜置在室溫下5到10分鐘，再加上：
發泡鮮奶油
（磨碎的巧克力）

榛果半凍冰糕（Hazelnut Semifreddo）（6人份）

將烤爐預熱至180度。
在烘烤淺盤上鋪上：
2杯榛果
送入烘烤到出現香味，要偶爾攪拌一下。完成後立刻將堅果放到乾淨的廚用毛巾上包裹起來，用力搓揉以便盡量搓掉果皮。靜置到完全冷卻。
保留6顆榛果做為後來裝飾之用，其餘的堅果放入食物調理機中磨細，但不要磨至糊狀。
在中型平底深鍋裡將以下材料慢慢煮到接近沸騰狀態：
3杯全脂牛奶
拌入堅果粉。離火，蓋鍋並靜置浸漬30分鐘，再將牛奶濾到碗中，要緊壓堅果粉以便壓榨出最多的汁液。丟棄堅果，牛奶倒回平底深鍋裡，再加入：
1/3杯糖
慢慢煮沸騰，偶爾攪拌一下以使糖溶解其中。在一只中碗裡攪打：
4顆大蛋黃
1/2杯糖
緩緩把一半的熱牛奶混合液倒入蛋液中打勻，接著再倒回平底深鍋以小火烹煮，並用木湯匙不斷攪拌，直到用溫度計量測卡士達溫度為80度且可黏裹湯匙匙背的濃稠度。不要煮沸混合液。離火，將卡士達以細網篩濾到大碗中，即可靜置到完全冷卻。把以下材料打到軟性發泡：
1杯濃鮮奶油
把1/4的發泡鮮奶油溫和地拌入冷卻的卡士達中，接著切拌入剩下的發泡鮮奶油，就將混合物分別舀入6只高腳玻璃杯，並用保鮮膜直接壓蓋在卡士達表面，送入冷凍到變硬，至少3小時。每杯都放入1顆榛果做為點綴，立刻上桌享用。

巧克力半凍冰糕（Chocolate Semifreddo）（12到18人份）

若是想要大幅提升冰糕的風味，以白蘭地或榛果僞替代水的使用。

將一只9×5吋的麵包烤盤襯上保鮮膜，保鮮膜要垂下蓋住烤盤邊緣。將以下材料放入立式攪拌器的攪拌碗裡，以中高速攪拌2到3分鐘：

4顆大雞蛋

在小平底深鍋裡混合：

1/4杯水

3/4杯糖

以中火慢慢煮沸，煮到糖漿清澈透明。攪拌器繼續以中高速轉動，同時將熱糖漿自攪拌碗邊緣慢慢倒入雞蛋中。接著，一只平底深鍋盛水慢慢煮沸，將攪拌碗放於沸水上方，不要直接放入水中，如此加熱雞蛋混合液到70度，期間不斷攪拌，混合液才不會凝結，約2到4分鐘。離火，再以高速打到蓬鬆輕盈，就待其冷卻到室溫溫度，5到10分鐘。

輕柔切拌入：

6盎司融化的苦甜或半甜巧克力

1小匙香草

將以下材料打到軟性發泡：

1杯濃鮮奶油

將鮮奶油輕柔切拌至巧克力混合物之中，完成後倒入備妥的烤盤裡，接著將保鮮膜直接壓蓋在表面上，送入冰凍到堅硬狀，至少8小時。

拿掉蓋盤的保鮮膜，把半凍冰糕脫模並放到大盤子裡。撕掉表面的保鮮膜後，切片並立即享用。

速沖濃咖啡半凍冰糕（Espresso Semifreddo）

準備巧克力半凍冰糕，但不加入融化的巧克力。以1小匙熱水來溶解1大匙速沖濃咖啡粉，接著跟著香草一同輕輕切拌入冷卻的雞蛋混合物中。

義式多色冰淇淋（Spumoni）（8到10人份）

純正的義式多色冰淇淋，其實就是不用模具做出的冰凍炸彈，248頁，通常中間包著柔軟的半凍冰糕或糕點鮮奶油，也常用杏仁圓餅提味，並裝點著糖漬水果。

將一只9x5吋的麵包烤盤襯上保鮮膜，保鮮膜要垂下蓋住烤盤邊緣。在烤盤裡均勻鋪上：

2杯軟化的巧克力冰淇淋，229頁

冷凍到硬度可以再鋪放下一層材料，約30分鐘。將以下材料均鋪在第一層上面：

2杯軟化的開心果冰淇淋，230頁

以第一層的冷凍方式進行冰凍。完成後再鋪上：

2杯軟化的草莓冰淇淋，231頁

冰凍到堅硬狀，至少2小時。脫模並拿掉保鮮膜，切片並配搭以下材料享用：

發泡鮮奶油

（巧克力醬，257頁）

冷凍柑曼香橙干邑舒芙蕾（Frozen Grand Marnier Soufflé）（6人份）

這份舒芙蕾食譜可以使用任何一款利口酒（如君度橙酒、橙皮酒、卡魯哇咖啡香甜酒或金盃蜂蜜威士忌）、優質蘇格蘭威士忌或愛爾蘭威士忌，或是以水果為底的白蘭地酒（eau-de-vie，如覆盆子白蘭地或威廉梨酒）。

為六個4盎司的模杯或一只1夸特容量的模具準備領間，198頁。在立式攪拌器的攪拌碗中，以中高速攪將以下材料打到濃稠且呈白黃色，2到3分鐘：

5顆大蛋黃

在小平底深鍋裡混合：

1/4杯水

1/2杯糖

以中火慢慢煮沸，煮到糖漿清澈透明，繼續烹煮到糖果溫度計顯示糖漿達117.2度為止。繼續以中高速攪打，立即將做好的糖漿由攪拌碗的邊緣倒入雞蛋中，打入：

1/4杯柑曼怡香橙干邑甜酒

一只平底深鍋盛水慢慢煮沸，將攪拌碗放在沸水上方，不要直接放入水中，如此加熱雞蛋混合液到70度，期間不斷攪拌，混合液才不會凝結，約3到5分鐘即可離火，但繼續溫和沸煮鍋內的水。以高速將混合液打到蓬鬆輕盈的狀態，就靜置冷卻到室溫溫度，5到10分鐘。

在中碗裡混合：

4顆大蛋白

1/2杯糖

2大匙水

1/4小匙塔塔粉

碗不直接放入沸水中，而是置於上方來加熱雞蛋混合液到70度，期間不斷畫圓攪打而非來回鞭打以使蛋白不斷移動。離火，高速攪打蛋白直到冷卻而呈軟性發泡。

將1/4的蛋白慢慢拌入冷卻的蛋黃混合物中，然後再切拌入剩下的蛋白。將以下材料打到軟性發泡：

1/2杯發泡鮮奶油

把鮮奶油切拌入舒芙蕾混合物裡，接著就裝進模具中且滿至領間頂端，表面要抹平順滑，即可蓋上保鮮膜，送入冷凍至少3小時。上桌享用時，移除領間並在頂部撒上：

糖粉

冷凍漿果舒芙蕾（Frozen Berry Soufflé）（6人份）

在切拌果泥和發泡鮮奶油的時候，千萬不要過度處理混合物，否則舒芙蕾會因而分裂。

為六個4盎司的模杯或一個1又1/2夸特容量的模具準備領間，198頁。在中碗裡混合：

4顆大蛋白

2/3杯糖

2大匙水

1/4小匙塔塔粉

一只平底深鍋盛水慢慢煮沸，把碗放在沸水上方，而不直接放入水中，如此加熱到70度，期間不斷畫圓攪打而非來回鞭打以使蛋白不斷移動。離火，高速攪打蛋白直到冷卻而呈軟性發泡。切拌入：

1杯濾過的漿果泥（以2到2又1/2杯分量的漿果切片或整顆小漿果做成，新鮮或冷凍皆可）

將以下材料打到軟性發泡：

1杯發泡鮮奶油

為了讓舒芙蕾完整不分離，輕柔地把1/4的發泡鮮奶油拌入漿果混合物裡，接著再切拌入剩餘的發泡鮮奶油。將餡料填入模具且滿至領間上端，並將表面抹平順滑。用保鮮膜覆蓋後，至少冷凍3小時。

上桌享用時，移除領間並在頂部撒上：

糖粉

| 關於冷凍炸彈 |

在我們家裡，豐富滿盛的炸彈意味著節慶的來臨——切片時所顯露出來的是多層次口味，那就像是爆發出的令人迫不及待的歡樂，可以說為晚餐歡宴最後的一波高潮。**冷凍炸彈**是用模具做成的靜凍點心，包含了不同口味的冰淇淋、冷凍優格、半凍冰糕、雪酪或雪泥，並可用各式模具製作完成——都是你的廚房裡有的東西。儘管冷凍炸彈是傳統的靜凍點心，不過仍可以使用攪凍的、攪拌冷凍的或從店裡購買的冰淇淋和雪泥。

多數冷凍炸彈是由一、兩層外層和一層內餡組合而成，因而要使用能相互配搭的口味和質地，可以混用冰淇淋和雪泥或雪酪和半凍冰糕，至於會結冰晶的冰沙則要避免使用，也可以將碎糖果、餅乾或堅果拌入炸彈內部，或是在夾層間添加一些有嚼勁的加料。

選用不鏽鋼鐵或錫製模具；玻璃製品會很難脫模。脊背隆起的橢圓型模具或瓜形模具是冷凍炸彈的經典模具；不過，也可以用麵包烤盤、碗形模具、夏洛特布丁模具、膠質模具或彈簧扣模鍋。填入餡料之前，先把模具裡放入冷凍庫冰凍三十分鐘。如果使用的是攪凍或攪凍冷凍法做成的自製冰淇淋或雪泥，記得要先做好基底，接著才攪凍每一層，如此就能做出柔軟且易於平鋪的濃稠度，或是將冰淇淋放在冷藏室軟化到可以鋪抹的狀態，鋪抹的厚度為四分之三到一吋，一次只鋪一層到模具裡。➡鋪下一層之前，記得務必確定之前鋪好的那一層已經完全凍實。用食用湯匙的匙背把冰淇淋均勻壓實，如此一來餡料中才不會殘留氣泡。

當模具填滿後，一定要冷凍堅硬，至少要冰凍六小時或多至二十四小時。➡不過不能超過這樣的冰凍時間，而且最好是在早晨做好，能夠在當天或隔日就食用完畢。

脫模時，➡倒放到凍過的碟子或大盤子裡。將一條熱的濕毛巾蓋在模具上方三十秒，接著將模具輕輕敲擊檯面以使冰凍炸彈與模具鬆離。冷凍炸彈一脫模後，要立刻放回冰箱冷凍以便凍實外層。切片享用時，要先放在冷藏室軟化二十到三十分鐘。你也可以用銳利的刀子來切片，再將切片排放在大盤子上；先用熱水沖洗刀子再切片，每次切片的空檔要擦乾刀子。先把切片放入冷藏室五到十分鐘，之後就可上桌食用。冷凍炸彈剛剛開始融化則是最好吃的時候。

冷凍炸彈點綴了新鮮漿果、水果醬，250頁或發泡鮮奶油，不由洋溢著一股節慶的氣氛。

以下是一些很棒的組合，列在第一順位的是外層部分。

法式香草冰淇淋，227頁與草莓雪泥，235頁

巧克力冰淇淋與焦糖冰淇淋，229頁
巧克力冰淇淋與咖啡冰淇淋，228頁
南瓜味冰淇淋，231頁與柳橙雪酪，239頁或柳橙雪泥，237頁
開心果冰淇淋，230頁與蔓越莓雪酪，239頁或覆盆子雪酪，239頁
杏桃冰淇淋，231頁與草莓雪泥，236頁
香草冰淇淋，227頁與桃子雪泥，236頁
椰子冰淇淋，230頁與芒果冰淇淋，231頁、芒果雪泥，236頁或鳳梨乳冰，232頁
法式香草冰淇淋、巧克力冰淇淋與柳橙雪酪

火焰雪山（Baked Alaska）（10到16人份）

這款點心真是神奇，底層是小蛋糕，當頂層加料在熱烤爐中烤得焦焦的時候，上頭覆蓋的軟蛋白霜卻厚到足以保護冰淇淋不受熱融化。這神奇的結構實在是精心傑作，總是為餐點畫下完美的節慶尾聲。雖然需要等到最後一刻才動手準備，不過做起來並不困難。市面上售有這道點心專用的單人或大型耐熱烤盤，以及特製器皿。你也可以用耐熱的橢圓形器皿來打造類似的「蛋糕盒」。如果在加料和烘烤前組合硬冰淇淋的時間只剩不下1小時，此時可以用一層布朗尼取代蛋糕。

鋪上一層：

全蛋打法海綿蛋糕，23頁、天使蛋糕，17頁或海綿蛋糕，19頁

蛋糕層厚度至少要1/2吋，大小則要比用於以鋁箔紙為襯底的烘烤淺盤的冰淇淋底要稍大些。

灑上些許：

（蘭姆酒或白蘭地）

在蛋糕上方放上：

1塊1又1/2品脫到1/2加侖分量凍硬的冰淇淋

或者，如果做的是半球形或瓜形的燒烤阿拉斯加，冰淇淋放到蛋糕上方前，要先稍微軟化而放入以保鮮模襯底的碗或瓜形模具裡塑形，然後冰凍到變硬，才疊放到蛋糕上。

冰淇淋可以疊上第二層1/2吋厚的：

（全蛋打法海綿蛋糕、天使蛋糕或海綿蛋糕）

送入冷凍備用。

烤爐預熱到230度，準備：

雙倍食譜分量的軟蛋白霜加料I或II，169頁

將點心抹覆蛋白霜，表面要完全裹上至少3/4吋厚的蛋白霜，且一直往下鋪滿至裝盛器皿的表面，並用湯匙匙背在頂部做出迴旋飾花，或是保留部分蛋白霜放入擠花袋，然後擠出波狀邊飾和花樣。

烘烤5分鐘，期間要留心看著爐裡的點心，蛋白霜烤成淡棕色即可。搭配以下材料立即享用：

（溫巧克力醬，257頁或焦糖醬，259頁）

義式餅乾冰淇淋或杏仁馬卡龍冷凍炸彈（Biscuit Tortoni or Macaroon Bombe）（6人份）

在碗裡混合：

3/4杯弄碎的杏仁薄餅或杏仁馬卡龍，126頁

3/4杯濃鮮奶油

1/4杯過篩的糖粉

些許鹽

靜置1小時。將以下材料打到軟性發泡：

1杯濃鮮奶油

連同以下材料切拌到蛋白餅混合物中：

1小匙香草

平均分配到瑪芬蛋糕托盤或烘烤淺盤中的12只瑪芬蛋糕紙杯裡。冷凍前或是在稍微凍過後，點綴上：

烘烤過的無鹽杏仁（每份點心約1大匙；共計3/4杯）

（糖漬櫻桃）

冰凍到硬實，約3又1/2小時。

| 關於甜醬 |

享用搭配醬汁的點心，多了一份奢華感受而讓人記憶深刻，不過，除非醬汁可以襯托出點心的特色，不然就不要添加，進而創造出挑戰味覺、卻又讓人對點心和醬汁產生愉悅的對比感受。例如，慕斯、卡士達、冰淇淋或其他濃濃奶味的點心，可以用來配搭酸味水果醬、苦味巧克力醬或深焦糖醬；若是清淡的水果點心或膠質點心，不妨考慮搭配口味清淡的含奶醬汁，如發泡鮮奶油或沙巴雍醬，256頁；把蛋糕、麵包布丁、烤布丁或其他乾硬的點心浸入醬汁，結果則相當不錯。不過，你不需要老是尋求對比感受。豐美的巧克力麵包布丁或巧克力蛋糕，配上同樣豐美的焦糖、白巧克力或南方威士忌醬，那滋味可是棒透了。此外，李子布丁或許可以說是最豐美的點心，總是可以搭配如「甜奶油醬」，263頁、「熱酒醬」，266頁或「熱泡沫醬」，264頁等奶香濃郁的醬汁。

點心醬汁跟其相對的無糖醬汁相似，有著獨特的族系。➡不要過度攪打鮮奶油做成的基底或點綴料。➡煮雞蛋醬汁時，要放在滾水上方而不是直接放入水中。務必確定加了麵粉或玉米澱粉而變稠的醬汁沒有出現結塊，而且要煮透，才不會嚐起來沒煮熟似的。➡做濃糖漿時，當心別讓結晶狀況出現；見270頁的說明。

| 關於水果煮醬 |

這類醬汁比較濃稠，如果加了奶油的話，味道就比沒有煮過的水果醬汁或果菜醬汁，266頁來得豐美；通常是趁熱食用。有些醬汁可以配搭熱布丁或蛋糕，做為發泡鮮奶油或卡士達醬的低脂替代品。

熱檸檬醬（Hot Lemon Sauce）（1又1/3杯）

這種熱的奶油雞蛋醬汁，265頁是搭配薑餅麵包、磅蛋糕和天使蛋糕的傳統醬汁，而搭配用蘋果、藍莓、桃子、香蕉或椰子做成的點心也相當美味。

在小型的厚平底深鍋裡混合：

2/3杯糖

1顆檸檬皮絲

1/4杯濾過的新鮮檸檬汁

2大匙水

打勻：

3顆大蛋黃

加入：

1/2杯（1條）無鹽奶油，切分小塊

以小火烹煮，不斷輕輕攪拌，慢慢沸煮到濃稠為止，約1分鐘，接著倒入細篩網過濾，即可馬上食用或靜置冷卻，覆蓋並放入冷藏多至3天。以小火再加熱並攪拌一下，即可食用。

熱萊姆醬（Hot Lime Sauce）

搭配香蕉或椰子做成的點心特別好吃。

準備上述的熱檸檬醬，用1顆萊姆皮絲和1/4杯濾過的新鮮萊姆汁取代檸檬食材。

清檸檬醬（Clear Lemon Sauce）（1又1/2杯）

這是可以替代上述「熱檸檬醬」的宜人醬汁。

在小型的厚平底深鍋裡拌勻：

1/2杯糖、1大匙玉米澱粉

加入以下材料並充分拌勻：

1杯水或無糖蘋果汁

1顆檸檬皮絲

1/4杯濾過的新鮮檸檬汁

些許鹽

以中大火加熱煮沸，然後火候調小繼續煮到濃稠狀，期間要不斷攪拌，約10分鐘。拌入：

（3大匙無鹽奶油，切成小塊）

趁熱馬上使用醬汁或靜置冷卻備用，覆蓋並放入冷藏保鮮至多1星期。以小火再加熱並攪拌一下，即可食用。

清萊姆醬（Clear Lime Sauce）

準備上述的清檸檬醬，要用水而不用蘋果汁，並用1顆萊姆皮絲和1/4杯濾過的新鮮萊姆汁取代檸檬食材。

櫻桃醬（Cherry Sauce）（2杯）

此款醬汁可以搭配香草冰淇淋或巧克力冰淇淋。若想做不含酒精的櫻桃醬，見「熱藍莓醬」，252頁。

將以下材料放入中碗：

1磅新鮮甜紅櫻桃（如檳櫻桃）或瀝乾的瓶裝或罐頭甜櫻桃，切拌、去核

灑上：

1/3到1/2杯櫻桃白蘭地或櫻桃甘露酒（cherry cordial）

覆蓋靜置30分鐘，或放至3小時或更久，偶爾攪拌一下。將櫻桃混合以下材料：

3/4杯糖

3大匙濾過的新鮮檸檬汁

以上混合物放入一只厚煎鍋裡，以中大

火烹煮到沸滾，直到汁液呈紅色糖漿狀，約5分鐘。加入：

1/2杯白蘭地

往後退些，用一根長火柴小心點燃混合物，待火焰熄滅後，繼續煮成濃稠的糖漿醬。如果醬汁是要用來搭配溫熱或室溫溫度的點心的話，拌入以下材料並混合均勻：

（3到6大匙無鹽奶油）

再次沸煮使之濃稠。關火後拌入：

2大匙櫻桃白蘭地或櫻桃甘露酒

馬上使用醬汁或靜置冷卻備用，覆蓋並送入冷藏保鮮至多3天。如果提早做好了醬汁，重新加熱並加入櫻桃白蘭地，即可食用。

梅爾巴醬（Melba Sauce）（1又1/2杯）

此款醬汁可以做成桃子梅爾巴醬，搭配磅蛋糕、天使蛋糕或甚至是原味優格。

用果汁機或食物調理機將以下材料打成漿泥：

1又1/2品脫覆盆子或15盎司乾包的冷凍覆盆子（要解凍）

將果肉放入細篩子用力下壓過篩，刮一下篩網內側以清除黏附的覆盆子果籽。此時，你應該有1杯分量的濾過果肉，放入一只厚平底深鍋並與以下材料混合：

1/2杯醋栗果凍

用中小火慢慢煮沸，混入：

1/2杯糖

1小匙玉米澱粉

1/8小匙鹽

慢煨沸煮直到泡沫消失且表面如玻璃般光亮透明，約10分鐘。使用前，靜置冷卻並冷藏。

熱藍莓醬（Hot Blueberry Sauce）（約2杯）

此款醬汁相當適合澆淋於香草冰淇淋、磅蛋糕、熱比司吉或玉米麵包上，主要材料若換成櫻桃的話，就成了不含酒精的簡單「櫻桃醬」，251頁。

在不鏽鋼煎鍋裡混合：

1品脫藍莓或12盎司乾包的冷凍藍莓（冷凍或解凍皆可）

1/3杯糖

3大匙濾過的新鮮檸檬汁

以中大火烹煮攪拌到藍莓流出汁液。將以下材料攪拌成滑順的糊狀物：

1大匙水

1又1/2小匙玉米澱粉

把玉米澱粉混合物迅速攪拌到漿果中，並且烹煮濃稠，約1分鐘。如果醬汁將用於溫熱或室溫溫度的食物上，可以拌入：

（1到2大匙無鹽奶油）

馬上食用或靜置冷卻備用，覆蓋並送入冷藏至多3天。食用前，以小火重新加熱即可。

奶油蘋果醬（Buttered Cider Sauce）（約1杯）

這款美味奇特的醬汁，不論是搭配薑餅、南瓜派、水果奶酥，或是澆淋於烤牛肉上，皆風味獨具。以下材料不要去皮或去果心，直接切成1/4吋果塊：

1顆大的澳洲青蘋果（Granny Smith）或其他硬蘋果

在一只中型的厚平底深鍋裡融化：

1大匙無鹽奶油

放入蘋果切塊，以中火烹煮，偶爾攪拌一下，煮到蘋果變軟，約5分鐘。加入：

1又1/2杯蘋果汁（cider）或無糖蘋果汁
1/4杯糖
1/4杯蜂蜜

慢慢煮沸到蘋果塊清透為止，約15分鐘，即可濾到碗中，接著汁液倒回平底深鍋，而果肉則用篩子使勁過篩，丟棄果皮和果心，再將果肉拌入蘋果汁中，以大火快速沸煮並加以攪拌，煮到汁液減成1杯的分量。離火，拌入：

3大匙軟化的無鹽奶油
1/4小匙磨碎的肉豆蔻或肉豆蔻粉
1/8小匙鹽

奶油融化後，加入：

（2大匙白蘭地、蘋果白蘭地〔applejack〕或卡巴度斯蘋果酒〔Calvados〕）

趁熱立即食用或靜置冷卻備用，覆蓋並送入冷藏至多1星期。食用前，以小火再加熱即可。

水果醬（Fruit Sauce）（1又1/4杯；含水果的話則為2又1/4杯）

此款醬料可搭配冰淇淋、香料蛋糕或磅蛋糕或是原味起司蛋糕。如果材料中沒有水果碎泥的話，這種醬汁可以做為快速巧克力鍋醬，258頁，用以沾浸水果或蛋糕塊一起享用。

在中型平底深鍋裡混合：

1杯無糖果汁
1/2到3/4杯糖，依口味斟酌分量
1大匙玉米澱粉或2大匙中筋麵粉

以小火烹煮並攪拌到黏稠即可，約6分鐘。離火，拌入：

2大匙新鮮檸檬汁
（2大匙無鹽奶油）

加入：

（1杯弄碎的新鮮水果或煮過的水果）

用以下材料調味：

2大匙雪利酒或利口酒

冷食或熱食皆可。

椰子達爾西醬（Coconut Dulcie）（4又1/2杯）

這種醬料如同椰子果醬，適合搭配米布丁或水果布丁，而與番石榴和醋栗等酸果泥一同混合就成了一款醬料。

將以下材料放入大平底深鍋，以中火慢慢煮沸，攪拌到糖完全溶解其中：

4杯水
3杯糖
1/2杯玉米糖漿

烹煮糖漿到用糖果溫度計測量其溫度達104度即可，加入：

1顆剛磨碎的椰子果肉，481頁或1杯椰絲

緩緩烹煮到混合物變稠而且溫度再次達到104度，約40分鐘。

倒入消毒過的瓶罐中並密封，328頁，或是待其冷卻後再裝入密封保鮮盒，送入冷凍保鮮至多3個月。

關於卡士達醬（英式奶油醬）

雖然卡士達醬的基本材料與法式烤布蕾、焦糖雞蛋布丁和其他卡士達點心相同，但在濃稠度上卻相當不同，這是因為這種醬汁是放於爐頭上烹煮而且要

不斷攪拌的緣故。攪拌的動作讓雞蛋不致於凝固，因此就做出了液態醬料而不是半凝固狀的卡士達。卡士達醬的製作可以只使用牛奶，不過，如要搭配水煮水果或膠質點心的話，不妨考慮加點鮮奶油來豐富醬汁口感。

卡士達醬一定要加熱到八十度才會變稠，若達到此溫度，醬汁就稠到可以裹覆湯匙匙背——只用牛奶的話會比較稀，而加了部分鮮奶油的話就會較為濃稠——而且用手指畫過匙背會留下一條清楚的痕跡。醬汁開始變稠的首要徵兆之一，就是上方泡沫開始消散——醬汁有了稠度與些許的光澤。假如太稀的話，可以再加熱，但要記得醬汁冷卻後一定會變稠的。

使用厚重的鍋子以均勻傳熱，以極小火烹煮，並用耐熱橡膠抹刀或木湯匙來攪拌材料。加熱醬汁時要時常攪拌，但力道要輕柔，掃過整個鍋底，連鍋壁四周也不能放過。用力攪拌會使得雞蛋無法凝結，進而做出水水的醬汁。攪拌時，如果發現醬汁出現粒狀和沉滯的情況，這就是過度加熱的徵兆，得立刻倒入細篩子過濾。稍微煮過火的醬汁即便整體不是那麼滑順，但美味依舊，用果汁機打一下，可以稍微恢復醬汁的奶濃狀態。

卡士達醬（英式奶油醬）（Custard Sauce〔Crème Anglaise〕）（2又2/3杯）

準備：
沸煮卡士達，176頁
材料如下：
5顆大蛋黃
1/3到1/2杯糖
2杯全脂牛奶，1杯全脂牛奶加上1杯淡鮮奶油或濃鮮奶油、或者2杯鮮奶油牛奶

照食譜做法。喜歡的話，加入香草之前，醬汁可以先過篩。溫食或冷食皆可。若是冷食的話，醬汁要完全冷卻後再加以覆蓋。凝縮會使卡士達醬變稀。覆蓋的醬汁放入冰箱冷藏保存至多3天，若要重新加熱醬料，將存放醬料的保鮮盒放入雙層蒸鍋，蒸鍋要放在溫水（75度）的上方加熱，不斷攪拌到卡士達醬溫熱為止。

香草蘭豆卡士達醬（Vanilla Bean Custard Sauce）

準備上述的卡士達醬。加熱牛奶或鮮奶油之前，先將1條香草蘭豆對半縱切，挖出籽後再連同切半豆莢一起加入牛奶中，慢慢煮沸。離火，蓋鍋並靜置浸漬15分鐘。再次加熱牛奶，按食譜繼續進行後續步驟，使用1/2小匙香草。冷卻後，將籽和豆莢濾出丟棄。

咖啡卡士達醬（Coffee Custard Sauce）

準備上述的卡士達醬，使用1杯咖啡或速沖濃咖啡和1杯淡鮮奶油或濃鮮奶油來取代牛奶食材。喜歡的話，可以在醬汁裡加入1到2大匙咖啡利口酒。

巧克力卡士達醬（Chocolate Custard Sauce）（2杯）

用一只中型的厚平底深鍋加熱以下材料，期間不斷攪拌到巧克力融化：

2杯全脂牛奶

2盎司剁碎的無糖巧克力

同時，將以下材料放入中碗打勻：

4顆大蛋黃

3/4杯糖

1/8小匙鹽

慢慢將熱牛奶攪拌到蛋黃和糖的混合液裡，再將混合液倒回平底深鍋，以中小火烹煮，不停輕柔地攪拌醬汁，煮到用溫度計讀取卡士達的溫度達80度，並且可以黏裹湯匙匙背，立即把醬汁倒入碗裡。喜歡的話，可以過濾一下。冷卻時，攪拌一下以便釋放蒸氣。

拌入：1小匙香草

熱的或涼的醬汁，皆可澆淋在布丁、冰淇淋或填料鮮奶油泡芙上一起享用。

水果卡士達醬（Fruit Custard Sauce）（2又1/3杯）

在一只中碗裡將以下材料打到奶濃狀態：

1/4杯（1/2條）軟化的無鹽奶油

慢慢加入以下材料並打到蓬鬆：

3/4杯糖

以下材料一次打入1顆：

2顆大雞蛋

多放1或2顆蛋，做出的醬汁愈是營養豐富。

在中型的厚平底深鍋中，將以下材料加熱到鍋邊起泡：

1杯全脂牛奶

緩緩把牛奶攪拌到蛋黃和糖的混合液裡，再將混合液倒回平底深鍋以小火烹煮，煮到用溫度計讀取卡士達的溫度達80度，並且可以黏裹湯匙匙背。喜歡的話，立即用篩子過濾醬汁到碗中，靜置冷卻，期間攪拌一下好讓卡士達釋出蒸氣。冷卻10分鐘，定期攪拌。拌入：

1小匙香草

些許磨碎的肉豆蔻或肉豆蔻粉

切拌入：

1杯整顆小漿果或大漿果切片、桃子切片、鳳梨切塊、橘子瓣或寶石紅葡萄柚瓣★，372頁

| 關於沙巴雍 |

這款令人愉悅的雞蛋泡沫輕食的烹調做法，182頁有相關討論。沙巴雍（Sabayon）在義大利文稱為*Zabaglione*（薩巴里安尼），總是一做好就趁熱上桌食用。不過，沙巴雍醬可以提早做好並冷卻到室溫溫度再享用；或者，如果含有發泡鮮奶油的話，就成了一道冷點心。➡如果你想要提早準備沙巴雍，煮好後立刻把醬汁煮鍋放入冰水中，並且輕柔攪拌醬汁到冷卻至室溫溫度為止——否則，沙巴雍會消氣變扁。當沙巴雍在冰冷狀態時，任何的攪拌或搗弄動作也會使其皺縮的，因此➡沙巴雍倒入船形醬汁碟或塗抹在奶油烤水果上之前，一定要讓冷藏過的沙巴雍放涼到室溫。沙巴雍是不能重新加熱的。然而，一旦醬汁呈室溫溫度，即可放入盛裝了溫水的碗裡十分鐘，稍微溫熱一下。

白酒或柳橙利口酒沙巴雍（Sabayon with White Wine or Orange Liqueur）（2杯）

用雙層蒸鍋製作：

薩巴里安尼，182頁

用以下材料取代原食譜裡的馬沙拉酒：

1/2杯甜白酒，或1/4柳橙利口酒加上1/4杯水

馬上趁熱食用，或是將煮鍋頂層放入冰水裡，輕柔攪拌到醬汁摸起來是冷的。蓋鍋，放入冷藏至多1天。沙巴雍倒入船形醬汁碟或塗抹在奶油烤水果、蛋糕或水果之前，一定要讓冷藏過的醬汁靜置於室溫下至少2小時。

檸檬沙巴雍（Lemon Sabayon）（2杯）

這款醬汁淋上「檸檬舒芙蕾」，189頁，實在對味，尤其是剛做好而熱滾滾地舀放在點心上，那滋味真是絕妙無比。此外，它也是杏仁塔或杏仁蛋糕、新鮮漿果或奶油烤漿果的好配料。

在雙層蒸鍋頂層將以下材料用力攪打到稍微濃稠即可：

2顆大雞蛋

2顆大蛋黃

1/3杯又1大匙糖

不斷攪打並緩緩加入：

1/4杯水

3大匙濾過的新鮮檸檬汁

1顆檸檬皮絲

按照「薩巴里安尼」，182頁食譜說明烹煮。

沙巴雍冷醬（Cold Sabayon Sauce）（3杯）

此款醬料與經典版的沙巴雍醬不同，可以冷藏保存好幾天，其為佐新鮮水果的醬料。

在雙層蒸鍋頂層混合：

4顆大蛋黃

3/4杯糖

3/4杯不甜雪利酒或其他不甜的酒

將以上混合物放在滾水上方，攪打到呈濃稠狀，接著將煮鍋頂層放入冰水中，輕柔攪拌到醬汁變涼，加入：

1/4杯稍微發泡的濃鮮奶油

立即食用或是冷藏備用。

| 關於巧克力醬汁 |

製作巧克力醬汁最好是使用優質的巧克力——味道深厚濃郁，入口即化。無論巧克力醬汁的成分是黑巧克力、牛奶巧克力，其中許多都是人稱**甘納許族系**的一員，也就是基本材料為巧克力和鮮奶油。熱巧克力醬則是著名的例外，因為它其實是添加巧克力的糖漿。

巧克力醬「樂土」（Chocolate Sauce Cockaigne）（1又1/2杯）

這是搭配香草、咖啡和巧克力等口味的冰淇淋的夢幻醬汁。

雙層蒸鍋頂層置於滾水上方，而不放入水裡，在鍋裡融化：

3盎司剁碎的無糖巧克力
混合以下材料，再拌入巧克力之中：
1顆打勻的大雞蛋
3/4杯奶水、1杯糖
烹煮以上混合物，不時攪拌到用溫度計讀取醬汁的溫度達70度即可，約20分鐘。離火，用手持攪拌器打1分鐘或攪拌到混合均勻。拌入：
1小匙香草
（1/4小匙肉桂粉）
冷卻後再上桌，蓋好放入冷藏至多保存3天。

巧克力醬（Chocolate Sauce）（1杯）

使用食物調理機調製巧克力醬時，將巧克力磨成碎塊，接著讓機器繼續運轉，同時放入慢煨煮沸的鮮奶油混合液，全部都加完後，巧克力就會融化其中而做出滑順的醬汁。
在中型的厚平底深鍋裡混合：
1/2杯淡鮮奶油，或1/4杯濃鮮奶油加上1/4杯全脂牛奶
1到2大匙糖
1大匙無鹽奶油
煮到沸滾，期間要不停攪拌。離火，立即加入：
4盎司剁細碎的半甜巧克力或苦甜巧克力
靜置1分鐘，然後攪打到滑順。攪入：
1小匙香草，或1大匙黑蘭姆酒或干邑白蘭地
溫食冷用皆宜；需要的話，可加水稀釋。覆蓋放入冷藏，至多保存2星期。用小火重新加熱，倘若醬汁看似有些油膩的話，可以拌入一些熱水。

熱巧克力醬（Hot Fudge Sauce）（2又1/2杯）

此款醬汁佐搭冰淇淋，會變得硬實而富有嚼勁。搭配香草冰淇淋是經典組合，不過，澆淋在薄荷、咖啡、草莓和巧克力等口味的冰淇淋，也是好滋味。冰淇淋一定要冰凍到堅硬。
在大型的厚平底深鍋裡混合：
1/2杯糖
1/4杯無糖可可粉
1/4小匙鹽
倒入以下材料，攪打均勻：
1/2杯水
用中大火慢慢煮沸。離火，立即攪入：
1杯濃鮮奶油
1杯淡玉米糖漿
1/4小匙蒸餾白醋
2盎司粗剁碎的半甜或苦甜巧克力
放回爐火上以中大火加熱沸煮，不斷攪拌到泡沫變小而糖漿濃稠黏膩為止（糖果溫度計的讀數為107度），5到8分鐘。
離火，加入：
2盎司剁細碎的半甜或苦甜巧克力
1/4杯（1/2條）軟化的無鹽奶油
1大匙香草
攪拌到滑順。趁熱馬上食用或靜置冷卻，覆蓋後可以放入冷藏至多2星期。用厚平底深鍋以小火重新加熱。

摩卡醬（Mocha Sauce）（1又1/2杯）

此款黑摩卡醬極適合搭配巧克力慕斯。
在小型的厚平底深鍋裡混合：
2/3杯速沖濃咖啡或濃咖啡
3大匙糖
用極小火烹煮攪拌到糖溶解而混合液滾燙冒氣，加入：

8盎司剁細碎的半甜或苦甜巧克力
攪拌到巧克力融化且醬汁滑順為止。離火，攪拌入：
2大匙軟化的無鹽奶油
趁熱馬上食用。覆蓋冷卻的醬汁，送入冷藏保存至多2星期。用小火重新加熱，倘若醬汁看似有些油膩的話，可以拌入一些熱水。

巧克力薄荷醬（Chocolate Mint Sauce）（1又1/2杯）

將雙層蒸鍋置於滾水上方，在鍋內融化：
1包13盎司的巧克力薄荷鮮奶油塊，要剁碎
加入：
1/3杯濃鮮奶油
拌勻上述混合物到滑順為止。
溫醬汁淋上冰淇淋，即可上桌享用。

巧克力焦糖醬（Chocolate Caramel Sauce）（約1又1/2杯）

準備：
焦糖醬，259頁
材料如下：
1/4杯（1/2條）無鹽奶油
1小匙香草
待混勻鮮奶油之後，加入以下材料並拌到融化：
3盎司剁細碎的半甜或苦甜巧克力
溫食，或是待冷卻後放入可可粉來調製焦糖松露巧克力。

溫熱白巧克力醬（Warm Chocolate Sauce）（約1又1/2杯）

加熱過度的白巧克力會變成硬塊，因此要謹慎監控水浴法的溫度。
煎鍋盛水放在小火上，加熱到水冒蒸氣的狀態，約63度。在耐熱的碗裡混合：
8盎司白巧克力，剁粗碎或是碎成小塊
6大匙（3/4條）無鹽奶油，切小塊
1/3杯濃鮮奶油
用水浴法來烹煮碗裡的材料，攪拌到巧克力融化。離火，使勁攪拌到滑順為止。馬上趁熱食用，或是放置冷卻，然後覆蓋冷藏至多保存2星期。如上述方式將醬汁放入熱水中重新加熱，攪拌到薄稀為止。

溫牛奶巧克力醬（Warm Milk Chocolate Sauce）

準備上述的溫白巧克力醬，用8盎司牛奶巧克力取代白巧克力。

速成巧克力火鍋醬（Quick Chocolate Fondue Sauce）

此款醬汁可以做為鳳梨片、香蕉片或柳橙片等水果沾醬，或是小方塊蛋糕沾醬。

I. 1又2/3杯
在平底深鍋裡混合以下材料，用小火烹煮攪拌到滑順：
1又1/2杯巧克力碎片
3/4杯奶水
（4到5粒大棉花糖，或1/2杯迷你棉花糖）
用巧克力起司鍋保溫*，194頁。

II. 1又1/2杯

將以下材料放入平底深鍋，以中小火煮到溫熱：

3/4杯全脂牛奶、淡鮮奶油或濃鮮奶油、咖啡或雪利酒

加入以下材料，用小火加熱並攪拌滑順即可：

4盎司剁碎的無糖巧克力

1杯糖

1小匙香草或蘭姆酒

1/4小匙鹽

用巧克力起司鍋保溫。

| 關於焦糖醬和奶油糖果醬 |

焦糖就是把糖煮到融化而開始呈現燒焦的狀態，舊時的食譜都適切地直接稱為燒焦的糖。奶油糖果與焦糖相似，差別只在焦糖化過程中會加入奶油，藉此做出獨特的深沉堅果般的味道。要把焦糖和奶油糖果做成醬汁的話，就要在糖漿還熱時就加入奶油和鮮奶油的混合物以及（或）水或其他液體——不然的話，一旦糖將冷卻了，糖漿就會變成硬糖果。

許多專業廚師會直接用平底深鍋在火上乾炒糖來製作焦糖。不過，自己在家動手做時，先把糖加水混合會讓製作過程較為簡單。➡關鍵點是一定要讓糖完全溶解後再開始煮沸糖漿：倘若不是如此的話，一旦加熱至一一四・四度，糖就有可能再次結晶，廚師就只能在鍋裡煮出白色的大糖塊（其實，假如廚師用湯匙把糖塊弄碎後再續烹煮的話，最終仍可做出焦糖）。糖漿煮到接近焦糖的狀態時，平底深鍋裡的泡沫會變小而逐漸安靜下來。接著，就可以看見鍋邊出現糖變焦的第一個徵兆。手拿鍋子把手開始旋迴鍋子，以便把較熱的焦糖分散到中央較低溫的部分，如此繼續將焦糖煮出深沉的琥珀色，不過，假如開始變紅或成紅褐色，就停止烹煮。如果煮過頭，焦糖嚐起來會有苦鹹味。離火後，立刻加入奶油和鮮奶油，或是水或其他液體，藉此終止烹煮過程。要有心理準備，焦糖可能會噴濺和起泡。若要加水的話，如同下述的「焦糖漿」食譜，要後退一步才不會讓糖漿濺到自己。迅速攪拌醬汁，假如部分焦糖頑強不融化的話，就將平底深鍋以小火加熱攪拌到醬汁完全滑順為止。可以使用微波爐或雙層蒸鍋來重新加熱醬汁。

焦糖醬（Caramel Sauce）（1又1/2杯）

在小型的厚平底深鍋裡混合：

1/4杯水

1杯糖

用中小火烹煮，並輕柔攪拌到糖溶解而出現清澈的糖漿。在糖完全溶解之前，不要將糖漿煮沸。把火候調大，蓋鍋沸煮糖漿2分鐘。掀蓋後繼續沸煮糖漿，煮到糖漿周邊顏色開始變深，輕柔攪拌到糖漿呈深琥珀色。離火，加入：

1/2杯（1條）切塊的無鹽奶油

輕柔攪拌到奶油完全混勻，拌入：

1/2杯濃鮮奶油

假如醬汁出現結塊，將平底深鍋置於小火上加熱，攪拌到滑順。離火，拌入：

1小匙香草

些許鹽

溫食或冷卻至室溫再食用。覆蓋後可放入冰箱冷藏，至多保存1個月。用雙層蒸鍋或厚平底深鍋以極小火重新加熱，太稠的話，就加入一些水稀釋。

焦糖糖漿（Caramel Syrup）（約3/4杯）

在熱焦糖裡加水就可做成濃稠糖漿，淋在冰淇淋、卡士達，或是烤炙、水煮和嫩煎水果上，可是讓人無法抗拒的美味。

準備上述的焦糖醬，不要加奶油和鮮奶油，而是將糖和水混合並按照指示煮成焦糖，離火，退後一些，再加入1/3杯水，攪拌到滑順。假如焦糖還是有些凝塊，用小火快速加熱攪拌一下，關火後加入香草和鹽。立即食用或靜置冷卻，覆蓋後可放入冰箱冷藏至多6個月。以小火重新加熱，需要的話就拌入一些水。

焦糖鮮奶油醬（Caramel Cream Sauce）（1杯）

將雙層蒸鍋置於滾水上方，在鍋內混合攪拌以下材料到融化為止：

8盎司焦糖，286頁

5大匙濃鮮奶油或全脂牛奶，或添加所需的分量

加入更多鮮奶油以便做出想要的濃稠度。

奶油糖果醬（Butterscotch Sauce）（1又1/2杯）

這種深受喜愛的古早味醬汁，使用的材料與焦糖醬一模一樣，而不同之處是在烹煮的方式。不論是採用以下何種製作方式，成品都可放入冰箱冷藏至多1個月。

I. 用中型的厚平底深鍋以中小火烹煮攪拌以下材料，煮到奶油融化且材料混勻：

   1/2杯（1條）無鹽奶油

   1/4杯水、2大匙淡玉米糖漿

   加入：

   1杯糖

   攪拌到糖溶解為止。將火候調至中大火，不要攪拌，把混合液煮到沸騰而且周邊開始變色，4到8分鐘，接著繼續攪拌烹煮到混合液呈淡棕色。離火，先退一步，倒入：

   1/2杯濃鮮奶油

   攪拌到滑順。假如焦糖還是有些凝塊，用小火快速加熱攪拌一下。關火後，拌入：

   1小匙香草、1/8小匙糖

   趁熱馬上食用，或是待冷卻後覆蓋放入冰箱冷藏。用雙層蒸鍋來重新加熱醬汁。

II. 這是一樣美味的簡易版。

   用中型的厚平底深鍋以中小火烹煮攪拌：

   2/3杯淡玉米糖漿

   1杯壓實的紅糖

   1/4杯（1/2條）無鹽奶油

   1/8小匙鹽

   攪拌到糖溶解。將火候調至中大火，不要攪拌，沸煮混合液到如同玉米糖漿的濃稠度，約3分鐘。稍微靜置冷卻後，加入：

   2/3杯濃鮮奶油

   冷食熱用皆宜。用雙層蒸鍋來重新加熱醬汁。

紅糖奶油醬（Brown Sugar Butter Sauce）（滿滿2杯）

在中型平底深鍋裡混合：
1杯壓實的紅糖
1/4杯（1/2條）軟化的無鹽奶油
使用手持攪拌器，以高速將上述混合物打到完全混合。逐漸打入：
1杯溫熱鮮奶油牛奶或淡鮮奶油
以小火烹煮攪拌到混合液沸騰。離火，加入：
1/4杯波本酒、白蘭地或蘭姆酒
攪拌到滑順。拌入：
（1/3杯堅果碎粒）
可以搭配麵包布丁或新鮮的熱帶水果沙拉。

楓糖漿醬（Maple Syrup Sauce）（3/4杯）

此款醬汁適合搭配熱蒸布丁、烤布丁或格子鬆餅。
用小平底深鍋以小火加熱以下材料但不要煮到沸騰：
1/2杯純楓糖漿
加入：
1/2小匙檸檬皮絲
1/4小匙磨碎的肉豆蔻或肉豆蔻粉，或1/8小匙薑粉或丁香粉
（2到3大匙堅果碎粒）
冷卻並冷藏，冰冷時食用。若要趁熱食用，在溫醬汁裡拌入：
1到2大匙無鹽奶油

香草醬（Vanilla Sauce）（約1又1/4杯 ）

用小型的厚平底深鍋混合：
1/4杯糖
1大匙玉米澱粉
1杯水
以小火烹煮攪拌，煮到如濃鮮奶油的濃稠度，約10分鐘。離火，將以下材料攪拌到滑順：
2到3大匙無鹽奶油
1/8小匙鹽
從2吋長的香草蘭豆中刮出的香草籽，590頁
溫食或冷卻至室溫再食用。

蘭姆醬（Rum Sauce）

準備上述的香草醬，用2大匙蘭姆酒取代香草蘭豆。

棉花糖醬（Marshmallow Sauce）（6杯 ）

這是搭配熱巧克力聖代、雪泥、膠質點心和巧克力蛋糕的極佳醬汁。
用中型的厚平底深鍋混合：
1/3杯水
2/3杯糖
攪拌烹煮以上混合物到沸滾。離火，立刻加入：
20顆大棉花糖
輕柔攪拌到棉花糖融化，拌入：
1小匙香草
覆蓋後靜置一旁待用。馬上進行水浴法，在大煎鍋裡注入1吋高的水，以極小火加熱到68度到70度間的溫度，就繼續維持這樣的溫度。在耐熱的碗裡混合以下

材料，要攪拌以讓塔塔粉溶解：
3大匙水
1/4小匙塔塔粉
加入並攪勻以下材料：
3顆大蛋白
1/3杯糖
將碗具放入水浴加熱，不時攪拌混合液一下，直到溫度達60度，接著溫和攪拌以維持溫度在60度到68度之間，5分鐘。
從水浴裡取出碗具，用高速攪打蛋白混合液，打到碗底不再感到溫熱為止，4到8分鐘。加入棉花糖混合物，再攪打30秒。馬上使用，或是待冷卻後密封冷藏，至多保存2星期。

甜味奶油（Sweetened Butters）

I. 肉桂奶油（Cinnamon Butter）
3/4杯
將以下材料一起打勻：
6大匙（3/4條）軟化的無鹽奶油
1杯過篩的糖粉
1又1/2小匙肉桂粉
覆蓋冷藏備用。

II. 蜂蜜奶油（Honey Butter）
約1又1/2杯
將以下材料打到蓬鬆：
1杯（2條）軟化的無鹽奶油
拌入：
1/3杯蜂蜜
覆蓋冷藏備用。

III. 覆盆子奶油（Raspberry Butter）
約1杯
用食物調理機或果汁機將以下材料打成果泥：
3/4杯覆盆子
用篩子篩過；丟掉籽。用食物調理機、果汁機或手持攪拌器混合以下材料與果泥：
1/2杯（1條）軟化的無鹽奶油
3大匙過篩的糖粉
混勻以上混合物。室溫溫度的醬汁可以搭配鬆餅、格子鬆餅或烤土司。

IV. 見「橙酒可麗餅的奶油醬」*，451頁

酸鮮奶油醬（Sour Cream Sauce）（約1又1/2杯）

此款醬汁可以澆淋在漿果上，或是與漿果混合後再做為蛋糕或水果膠質點心的配料。
混合：
1杯酸鮮奶油
1/2杯壓實的紅糖
（1杯漿果）
（1/2小匙香草）

酸鮮奶油發泡加料（Sour Cream Whipped Topping）（約2又2/3杯；8到12人份）

在中碗裡混合：
1杯冷的濃鮮奶油
1/2杯冷的酸鮮奶油
用高速打到軟性發泡但是有形成明確的小尖角。立即使用，可配加在溫水果塔上，或是覆蓋冷藏至多1天。

關於甜奶油醬

甜奶油醬混合了糖粉、奶油以及烈酒，通常是白蘭地或黑蘭姆酒，或是香草或柳橙汁等其他調味料。經典甜奶油醬的英文「hard sauce」暗指的是凝固的醬，是由奶油和糖做成而且可以用刀子切分的密實蛋糕。若要搭配冷蛋糕或布丁，有個誘人搭法來澆淋甜奶油醬，不妨先冷藏後再用小花式切刀來切片，或是藉由單人份奶油模具塑形。甜奶油醬也可以攪打發泡成蓬鬆鮮奶油，如同奶油淇淋糖霜。見以下「蓬鬆甜奶油醬」章節。

甜奶油醬（Hard Sauce）（滿滿3/4杯）

「李子布丁」，216頁的經典良伴。
將下面材料放進中碗打成乳脂狀：
5大匙軟化的奶油
慢慢加入：
1杯過篩的糖粉
打到混合均勻且呈蓬鬆狀，加入：
1小匙香草或1大匙咖啡、蘭姆酒、威士忌、白蘭地或新鮮檸檬汁
1/8小匙鹽
把混合物打到相當滑順即可，待完全冷卻再使用。

蓬鬆甜奶油醬（Fluffy Hard Sauce）（3又3/4杯）

將以下材料放入大碗：
1杯（2根）軟化的無鹽奶油
3杯過篩的糖粉
2小匙香草
1/2小匙磨碎的肉豆蔻或肉豆蔻粉
以高速把混合物打到輕盈蓬鬆為止，但濃稠密實到可以定形，約6到10分鐘。一面攪打，一面慢慢加入：
1/4杯白蘭地、干邑白蘭地、黑蘭姆或柳橙汁
若要做出不含酒精的醬汁，加入：
（1顆柳橙皮絲）
立即使用；或是封起放入冷藏，至多保存3天。使用前，先將冰冷的甜奶油醬放在室溫下軟化到可塗抹的狀態，不然，醬料或會皺扁變稀。

紅糖甜奶油醬（Brown Sugar Hard Sauce）（2又1/3杯）

此款醬汁可以搭配「李子布丁」，216頁、磅蛋糕、蘋果奶酥、李子碎屑麵包或桃子碎屑麵包。將下列材料放入中碗打到蓬鬆狀：
1/2杯（1條）軟化無鹽奶油
慢慢加入：
1又1/2杯壓實的紅糖
攪打以上混合物到充分混合，再慢慢打入：
1/3杯濃鮮奶油
一滴滴打入：
2大匙不甜白酒或1小匙香草
覆蓋冷卻備用。可裝點：
（1/4杯碎堅果）

| 關於泡沫醬 |

在咱們祖母的年代，泡沫醬可是最流行搭配在熱布丁上的醬汁。這些醬汁是濃稠的泡沫，用湯匙舀到熱點心後就會融化。**熱泡沫醬**是以奶油做成，於滾水上方打到濃稠發泡，必須在食用前才動手做好。**冷泡沫醬**是濃稠的卡士達，加入發泡鮮奶油或蛋白霜來做出泡沫。跟熱泡沫醬相比，冷泡沫醬不是那麼特別，但是嚐起來味道差不多，因為可以提早數天做好備用而更方便。

熱泡沫醬（Hot Foamy Sauce）（1杯）

這是搭配「柿子酪奶布丁」，212頁、「李子布丁」，216頁或任何麵包布丁的時髦醬料。這份食譜稍微調整一下即可做出雙倍的分量。

在雙層蒸鍋頂層混合：

6大匙（3/4條）軟化的無鹽奶油

1又1/4杯糖粉

1/4小匙磨碎的肉豆蔻或肉豆蔻粉

1/4小匙鹽

用手持攪拌器以中高速度將以上混合物打到蓬鬆狀，5到10分鐘。在有杯嘴的量杯裡攪拌：

1顆室溫溫度的大雞蛋

2大匙白蘭地或干邑白蘭地或2小匙香草

攪拌器仍在運轉時，把蛋液緩慢穩速地倒入奶油混合物。此時，你可以將其封好置在室溫下多至1小時，或是放入冰箱冷藏多至3天。待冷藏過的混合物到室溫溫度，才繼續後續步驟。在雙層蒸鍋底座倒水至幾吋高並加熱煮沸，放上蒸鍋頂層，攪拌入：

2大匙滾水

一面以中速不斷攪拌或攪打醬汁，一面將其加熱到70度而變稠到出現輕盈的泡沫。立即食用。

冷泡沫醬（Cold Foamy Sauce）（1又1/4杯）

這是搭配「巧克力蒸布丁」，214頁、「巧克力麵包布丁」，211頁或溫巧克力蛋糕的美味良伴。

在雙層蒸鍋頂層內攪勻：

1顆大雞蛋

1/2杯糖

在雙層蒸鍋底座倒水至幾吋高並加熱煮沸，放上蒸鍋頂層來加熱混合物，不時攪拌或攪打一下，直到混合物變稠且溫度達到70度。把頂層蒸鍋自底座移開，加入：

2大匙白蘭地、干邑白蘭地或黑蘭姆酒

1/2小匙香草

以高速攪打混合物到蒸鍋底座不再感覺溫熱。在小碗裡，以中高速度把以下材料打到硬性發泡：

1/2杯冷的濃鮮奶油

輕柔地把鮮奶油切拌入雞蛋混合液裡，即可立即使用，或覆蓋後放入冰箱冷藏多至3天。直立靜置的醬汁會出現有點分離的狀況；食用前，先輕柔切拌來重新混合醬汁。

| 關於熱奶油雞蛋醬汁 |

這是英國的第一代殖民拓荒者帶到美國的醬汁，這些液狀奶油卡士達可以說是美國最初始的熱點心醬。它們其實就是卡士達，不過，由於主要材料是糖和奶油而不是牛奶或鮮奶油，所以看似透明的糖漿。這些醬汁若是預先做好後再重新加熱使用，就時常出現分離的狀況或變得稍甜，解決的方法很簡單，只要離火並攪入一些溫水即可。

南方威士忌醬（Southern Whiskey Sauce）（約1又1/2杯）

若想做出較溫和的醬汁，可以用水取代一半的威士忌；若是要較濃烈的口味，就用威士忌取代水的用量。

用小型的厚平底深鍋以小火融化：

1/2杯（1條）無鹽奶油

拌入：

1杯糖

1/4杯波本酒或其他威士忌酒

2大匙水

1/4小匙磨碎的肉豆蔻或肉豆蔻粉

1/8小匙鹽

烹煮攪拌到糖溶解，就可離火。在中碗裡把以下材料鞭攪到起泡：

1顆大雞蛋

緩慢地把奶油醬攪打到雞蛋裡，接著將此混合物倒回平底深鍋。用中火開始烹煮，要輕柔攪拌，慢慢煮沸，直到混合物變稠，約1分鐘。可立即食用，或是靜置在室溫下多至1小時。覆蓋冷卻後的醬汁，放入冰箱可冷藏多至3天。用小火重新加熱攪拌；假如醬汁出現分離的狀況，就攪入一點溫水。

熱白蘭地醬（Hot Brandy Sauce）

倘若用這款醬汁來搭配南瓜派，你將有個截然不同的感恩節。

準備上述的南方威士忌醬，用1/4杯白蘭地或干邑白蘭地取代波本酒。

熱紅糖醬（Hot Brown Sugar Sauce）

這是傳統威士忌醬的不含酒精版本的醬汁。

準備上述的南方威士忌醬，用1杯壓實的淡紅糖取代糖，不要加波本酒，水的分量要增為1/3杯。當醬汁完成時，關火後再拌入1大匙香草。

柳橙利口酒醬（Orange Liqueur Sauce）（1又3/4杯）

這是搭配巧克力或柳橙點心的美味選擇，尤其是舒芙蕾的絕佳醬料。

用小型的厚平底深鍋以小火混合：

2/3杯糖

1/3杯柑曼怡香橙干邑甜酒或其他柳橙利口酒

1/3杯濃鮮奶油

鞭攪入以下材料直到完全混合：

3顆大蛋黃

加入：

1/2杯（1條）切塊的無鹽奶油
用小火開始烹煮，要不斷攪拌，煮到醬汁稠到可以裹覆在抹刀上；不要讓醬汁煮到沸騰的狀態。用細篩網過濾醬汁，即可馬上食用，或是靜置冷卻後再覆蓋冷藏多至3天。用小火或放在熱水上方重新加熱；假如醬汁分離的狀況，則離火，然後再攪入一點熱水。

熱酒醬或李子布丁醬（Hot Wine or Plum Pudding Sauce）（滿滿2又1/3杯）

在雙層蒸鍋頂層混合：
1/2杯（1條）軟化的無鹽奶油
1杯糖
用手持攪拌器，以中高速將以上混合物打到蓬鬆而色澤變淡，打入：
2顆打過的大雞蛋
打入：
3/4杯不甜雪利酒或馬德拉酒
1小匙檸檬皮絲
（1/4小匙磨碎的肉豆蔻或肉豆蔻粉）
此時，醬汁或許看似凝結了，不過烹煮後就會滑順的。在滾水上方烹煮，要不斷攪打，煮到醬汁溫度達70度，約5分鐘。

熱奶油楓糖漿醬（Hot Buttered Maple Sauce）（1又1/3杯）

舀一球香草冰淇淋放在格子鬆餅上，接著淋上這款醬汁，如此就是一道美味的點心。
用中型的厚平底深鍋混合：
1杯純楓糖漿
1/3杯糖
要不斷攪拌並煮到沸騰，直到湯匙的最後一滴醬汁落下時會拉出一條短絲線。離火，加入：
6大匙（3/4條）切塊的無鹽奶油
2大匙水
1/8小匙鹽
快速攪拌到奶油融化且醬汁變得濃稠而呈乳脂狀。在中碗裡，將以下材料攪打到輕盈起泡：
1顆大雞蛋
緩慢地把熱楓糖漿鞭攪到雞蛋裡。用水沖洗平底深鍋，確實溶掉殘留的糖晶，接著再徹底擦乾。把醬汁倒回鍋裡，以中火烹煮，要不停攪拌，慢慢將醬汁煮沸煮稠，拌入：
（1/4杯胡桃或核桃碎粒）
馬上食用，或是靜置冷卻後再覆蓋冷藏多至3天。用小火重新加熱並要攪拌；假如出現分離狀況，離火，然後再攪入一點熱水。

| 關於未煮過的水果醬汁 |

未煮過的漿果或其他水果做成的無籽滑順果泥，在法文叫*coulis*（水果醬，意指濾過的果汁），也是今日這款醬汁的慣常稱法。這些迷人醬汁的做法簡單，味道鮮美而顏色鮮豔。材料上，冷凍水果和新鮮水果皆可，但是冷凍水果一定要用乾包裝的，通常是裝在塑膠袋裡販售，而不要選購用糖漿加工處理過的。

新鮮覆盆子醬（Fresh Raspberry Sauce〔Raspberry Coulis〕）（約1杯）

用果汁機或食物調理機將以下材料打成果泥：

1品脫覆盆子或12盎司的冷凍乾包裝的覆盆子（要解凍）

3大匙糖，或依口味斟酌分量

2小匙濾過的新鮮檸檬汁，或依口味斟酌分量

使用有彈性的橡膠抹刀把果泥壓入細篩網裡，過篩到碗裡，要緊實下壓，並不時刮下沾附在篩網內側的果籽，不然的話，可能會堵塞篩孔，可不要浪費任何寶貴的果泥。繼續下壓，直到只留下滿滿一大匙的硬籽團塊。嚐一下味道，需要的話，就再拌入一些糖或檸檬汁。放至室溫溫度或冷藏後食用皆可，覆蓋後可以送入冷藏至多3天。

新鮮草莓醬（Fresh Strawberry Sauce〔Strawberry Coulis〕）（約1又1/2杯）

如果使用的是蒼白未熟的草莓，可能需要加倍糖和檸檬汁的分量。

用果汁機或食物調理機將以下材料打成果泥：

1品脫草莓或12盎司的冷凍乾包裝的草莓（要解凍）

3大匙糖，或依口味斟酌分量

1小匙濾過的新鮮檸檬汁，或依口味斟酌分量

不需過濾果泥。品嚐一下味道，需要的話，調整糖或檸檬汁的分量。放至室溫溫度或冷藏後食用皆可，覆蓋後可以送入冷藏至多3天。

新鮮藍莓醬（Fresh Blueberry Sauce〔Blueberry Coulis〕）（約1又1/4杯）

由於藍莓富含膠質，這是凝膠的媒介，因此這種醬汁直立靜置時會變稠。食用前，必要的話就加水攪打稀釋一下。

用果汁機或食物調理機將以下材料打成果泥：

1品脫藍莓或12盎司的冷凍乾包裝的藍莓（要解凍）

3大匙糖，或依口味斟酌分量

1小匙濾過的新鮮檸檬汁，或依口味斟酌分量

用細篩網過濾果泥。品嚐一下味道，需要的話，調整糖或檸檬汁的分量。放至室溫溫度或冷藏後食用皆可，覆蓋後可以送入冷藏至多3天。

新鮮芒果醬（Fresh Mango Sauce〔Mango Coulis〕）（約1又1/4杯）

這款獨特的醬汁有著熱帶的風味，特別適合搭配香蕉或椰子點心。

準備：

1顆柔軟但不爛的大芒果，切成1/2吋小丁

用果汁機或食物調理機將以下材料打成果泥：

2大匙糖，或依口味斟酌分量

2大匙水

2小匙濾過的新鮮萊姆汁或檸檬汁，或依口味斟酌分量

需要的話，就多加一些水和調整糖量來淡化味道。放至室溫溫度或冷藏後食用皆可，覆蓋後可以送入冷藏至多3天。

糖果和甜點

Candies and Confections

對許多人來說，最初勾起對飲食的好奇心的就是熬糖鍋，這也是成為一位好廚師的開端，因此，如果你的小孩對廚房生活的甜蜜一面產生了興趣，這是值得欣慰的事。不過，另一方面來看，做糖果絕非兒戲，雖然有人監督的小孩很容易可以做出某些種類的糖果，然而多數糖果的製作就算不是門藝術，至少也需要手藝——而且多數糖果食譜都需要相當的耐心、時間、專注力和練習來完成。做好充分準備的功夫對任何一種廚藝都很重要，但是做糖果時尤其是如此。

動手之前，所需的一切材料和設備一定要準備齊全。要從頭到尾看過食譜，了解是否有任何步驟必須事先完成，例如烘烤堅果或準備鍋子，或者是任何你需要先閱讀而在別處有說明的特定技巧。在開始動手處理糖之前，你也需要確定所有的器具都非常乾淨，如此就可防止糖出現結晶，270頁。

正確量測材料對糖果製作相當重要，見「關於測量」，608頁的說明。

為了避免做成大糖塊，➡總是選用比起材料分量多上三倍到四倍的厚底鍋，以預留空間進行煮沸程序；材料溢出是很危險的。千萬別使用加襯或鍍鎳的銅鍋，這些材質會對奶製品和酸性物質起反應，而且糖漿的高溫也會融化鍍鎳。➡為了不讓自己燙傷，在漫長的烹煮過程中，要使用不會變熱的長柄木湯匙或耐熱矽膠抹刀。

最後基本忠告：要注意氣象報告與海拔高度。製作糖果時的熱氣、濕氣和廚房位置的海拔高度，都會影響到是否能夠做出最好的成品。在潮濕的日子，糖果一定要經過較長時間的烹煮，至少要煮到比乾燥時日高出兩度的溫度。只有等到冷卻乾燥後，你才能把糖浸到巧克力裡，或者是開始製作翻糖、硬糖、奶油蛋白糖、牛軋糖、太妃糖或其他需要放置架上乾燥的糖果。

▲海拔高度也會影響糖漿的烹煮；請參閱「關於糖果溫度計的溫度」，270頁的說明。

| 關於器具 |

使用對的器具會讓糖果做起來更簡單。你的廚房大概已經備有多數所需的器具，不過你還是可能需要購買一些特別的器具，這裡羅列了一些特殊用具，包括有些傳統做法會用到的基本工具。**糖果松露浸漬器**是以硬金屬環和木把手組成或是一體成形的塑膠器具。喜歡的話，你可以用拿掉塑膠叉子中間的兩個叉齒來自製成浸漬器。**裁切刀**則可用小餅乾切刀或肉凍切刀來做為糖果裁切刀。**雙層蒸鍋**可以用來融化巧克力，而不致於煮焦。頂層蒸鍋一定要能與底層蒸鍋緊緊結合，如此一來才不會讓蒸氣或濺出的水混到巧克力而搞砸了巧克力。你可以臨時用一個平底鍋和一個不鏽鋼碗或耐熱玻璃碗來組成雙層蒸鍋。

糖果刮刀、曲柄抹刀、雙層蒸鍋、糖果松露浸漬器

對於經常做糖果的人來說，準備大面積的**大理石板**會使得最終步驟輕鬆許多，對於需要快速冷卻的糖果來說，這種材質可以迅速均勻吸熱，但是速度又不至於快到加速結晶過程。次佳底材是厚重的陶石大盤子或淺盤，要放在架高的冷卻物架上來使得四周空氣可以流通。除了在製作翻糖之外，器具表面都應該要先塗抹奶油。

糖果刮刀或鉗工刀，後者是有把手的扁平金屬，這是多功能的器具，可以用來移動、刨刮和分割溫熱糖果團塊和麵團團塊。

若要以模具製作糖果，價格不高的塑**膠模**具有大量可供選擇的設計和尺寸。若是要做實心糖果，購買有數個杯模的淺盤。想做填料糖果，280頁，購買有彈扣片的兩件式模具；這類模具有些是球形或蛋形的簡單形狀，有些則很花俏或因應季節而生的不同形狀。用來做糖棒的長條形模具也買得到。➡不要使用任何摩擦物來清理這些模具，因為巧克力會黏附在有刮痕的表面上。**曲柄抹刀（曲柄刮鏟）**有著長形且有角度的彈性刀片，碰到在大理石板上鋪抹巧克力等程序時，這是特別有用的工具。**羊皮紙（烤盤紙或矽膠紙）**是處理過的不沾黏紙片，可以做為烤盤襯底或是做成擠花筒。**矽膠襯墊**極適合用來冷卻糖果和將糖果移離烘烤淺盤的簡易程序。**擠花袋和擠花嘴**是長型的帆布袋或塑膠袋，用來擠松露混合物和糖果餡料；十二吋和十四吋長的擠花袋最實用，會搭配一組簡單圓嘴並有著半吋的開口（每次使用完畢後，一定要徹底清潔，這樣擠花袋才不會發臭）。**羊皮紙擠花筒**是用來擠糖果和松露混合物以及填裝巧克力模具。你可以自己動手做這個用具，150頁，或是購買事先剪裁好的。**可封口塑膠袋**是羊皮紙袋或帆布袋的另一種選擇。擠填三明治塑膠袋或儲存袋時，擠出的填料不要超過三分之二的袋量，袋子封口後，在底部某個角落剪個小洞；如此就可以從這個小洞擠出填料。

融化糖時要刷下四周的沾黏物來避免結晶，此時要使用有天然鬃毛（不能是塑膠毛）的**糕點刷**或**金屬彎曲刮刀**。**糕餅刮刀（碗刮刀）**是以有彈性的薄細塑膠做成，用來調溫巧克力與刮下碗裡混合物的工具。**溫度計**是測量控制糖漿和巧克力溫度的用具。**糖果溫度計**是特別做來讀取糖在不同烹煮時期的溫度，這種溫度計會以至少二度的間隔層次來標示三十八度到二〇四度的溫度。**巧克力溫度計**的校準刻度則是以一度的間隔層次來標示四度到五十五度的溫度，因此溫度讀取可以更為準確。巧克力調溫時使用的**溫度計**，一定要以一度的間隔層次來標示校準刻度。因為金屬會受熱而變得太燙，所以千萬別用金屬製湯匙來做糖果，而是用**長柄木湯匙**或**矽膠湯匙**。

| 關於結晶 |

當做得好好的滑順糖果糖漿一下子稠縮成帶顆粒的大糖塊，這可以說是做糖果時最讓人沮喪的事了。這種狀況往往是因為將沾黏在鍋壁的糖晶往下拌入糖漿裡，而晶體在糖漿中倍速增加的緣故。以下有些方法，可以杜絕這種情況發生。➡如果食譜要使用奶油，在放入其他材料之前，先用部分奶油塗抹鍋壁。➡烹煮糖漿時，用沾浸過熱水的天然鬃毛（不能是塑膠毛）糕點刷把黏在鍋壁的糖晶刷到糖漿裡，假如糖漿煮得火烈，可能就要多刷鍋壁幾次。➡一旦糖漿煮沸之後，就停止攪拌（而罕見的例外狀況，單一食譜皆有說明）。➡如果採用冰冷水測法的話，務必使用絕對乾淨的木湯匙。假如你注意到開始結晶了的話，➡就往鍋裡倒入一些水，再重新開始烹煮過程。

把煮好的糖漿倒出或放入模具時，➡不要刮下鍋裡的殘餘渣滓。因為鍋底的糖漿受熱最劇，結晶程度會比起鍋子上方恣意流動的糖漿來得更快；把鍋底的渣子加到上方糖漿裡，可能會讓所有糖漿都開始出現結晶狀況。

| 關於糖果溫度計的溫度讀取 |

準確的糖果溫度計就是設計來讀取糖在不同烹煮時期的溫度，以至少二度的間隔層次來標示三十八度到二〇四度的溫度（頂級溫度計採用的是一度的間隔層次來標示零下七度到二百六十度的溫度）。一般來說，即讀（instant-read）溫度計的準確度都不足以用於多數糖果製作上。

若想測試糖果溫度計的準確度，將溫度計放入盛水的平底鍋裡，將水慢慢煮沸，過程中要注意別打破溫度計，此時溫度計應該標讀沸水溫度為一百度。如果有些誤差，使用時就要視需要而增減度數來修正讀取的溫度。不過，如果誤差超過五度，或者溫度計中的水銀出現了間隙，就要汰換溫度計。要定期檢測溫度計，假如摔了溫度計，就一定要再測試準確度。

使用溫度計時，插放到糖漿或糖果前，一定要先浸熱水，溫度計才不至於破裂，糖漿也不會因插入溫度計而結晶。放入時，不要讓球尖碰到鍋底，而許多溫度計是可以扣在鍋壁的。別讓溫度計在鍋裡滾動，如此可能會觸發結晶狀況；基於相同理由，取出溫度計時，要預備好湯匙來盛接可能會滴回鍋裡的糖漿。把溫度計放入溫水裡來加以清潔。如果糖漿或巧克力乾附在溫度球尖上頭，你會因而無法準確讀取溫度。

糖果溫度計緩慢達到一〇四度之後，會有很長一段時間沒有變化，但是卻會在一瞬間改變，因此千萬不要輕忽。溫度達一百一十度會再度持平一段時間，之後約每十度變化一次。要讀取最準確的溫度，眼睛要與溫度計齊高（這當然意味著你要施展些體操選手般的柔軟度），溫度計要稍微往一邊傾斜（糖漿有時會噴濺，所以臉可別太接近鍋子）。為了安全起見，溫度計要懸掛起來而不收放在抽屜裡。

| 不同烹煮時期的糖漿溫度 |

假如你沒有溫度計，仍可透過練習而精通煮糖漿的訣竅，知道如何從顏色、泡沫和糖絲的細微差異而辨認出重要溫度點。測試時一定要離火，才不致於烹煮過度，畢竟溫度升高幾度就會讓糖果進入製程的下一階段，而且每次測試都要換新冷水。

多數經驗豐富的糖果師會同時使用溫度計和冷水測試法。溫度計讀取的每個溫度都是有用的指引，不過，今日糖果在達到一百二十一度時完成，隔天的糖果卻可能要高一度才能做好：室溫、濕度、甚至是白砂糖的含水量，都會影響到糖果製作。進行冷水測試法時，要使用乾淨的木製或矽膠湯匙（不能是金屬湯匙），滴少於一小匙的小量糖漿到裝了冷水（不是冰水）的器皿裡，並快速用手指聚攏糖漿，只要觀察糖漿的反應，就可以知道糖煮到了幾度；見下圖說明。水分在加熱過程中會蒸發，糖漿裡的糖量濃度也會增加；糖量濃度越高，混合物冷卻時就會越硬。因此，相較於太妃硬糖等脆糖，焦糖糖果等軟黏的糖果就要用較低溫來烹煮。每個烹煮階段的說明包括了溫度範圍、不同的外觀特徵，以及哪些糖果要煮到某個階段。如果你是做糖果的新手，你可能會想練習把糖漿烹煮到各個階段，接著再用冷水法測試，藉此了解實際做糖果時要注意的事項。

由於測試需要花上幾分鐘的時間，我們建議先把鍋子移離火源，要記得如此一來會使糖漿冷卻而延緩烹煮完成的時程；假如你是箇中老手，那就不需離火，幾秒鐘的差異並不會有太大的影響。

珍珠狀——104度到106度

從湯匙上呈滴狀流下。

「果凍」，399頁、「糖霜」，148頁

絲狀——110度起

從湯匙末端如脆絲線流下。

裝飾用拔絲

風吹狀／舒芙蕾——104度到112度

如鬆線流下。

「冰糖」，304頁

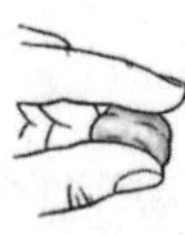

軟球狀——112度起

滴入冷水的少量糖漿而形成柔軟沾黏的小球，從水裡取出時是扁平狀，再用手指揉成小球。

「奶油軟糖」，282頁、「焦糖爆米花」，289頁、「翻糖」，290頁、「歌劇鮮奶油糖」，293頁、「鮮奶油拉糖」，299頁、「薄荷薄片」，292頁

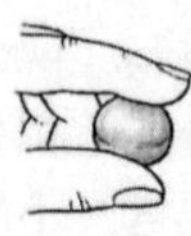

固球狀——118度到120度

固定的球形不會扁平，除非是用手指壓平。

「焦糖糖果」，286頁、「哈發糖」，308頁、「棉花糖」，295頁、「杏仁膏」，307頁

硬球狀——121度到130度

球形更固定但依舊有彈性。

「奶油蛋白糖」，294頁、「薄荷拉糖」，298頁、「太妃糖」，296頁

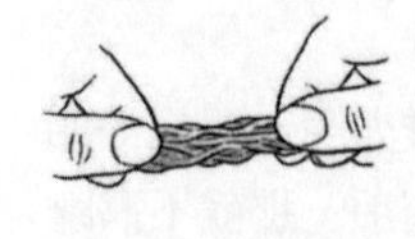

軟裂狀——132度到143度

將少量糖漿滴落到冷水裡，其將分裂成硬絲，從水中取出時會彎曲。

「牛軋糖」，293頁、「太妃糖」，296頁、「白糖漿爆米花」，289頁

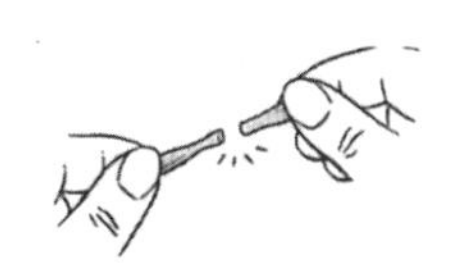

硬裂狀——149度到154度

糖漿會分裂成硬脆的絲線。

「奶油糖果」，303頁、「咖啡糖球」，303頁、「堅果脆糖」，299-300頁、「棒棒糖」，304頁

｜焦化的糖｜

154度到170度

糖會從蜂蜜色變成淡棕色，「芝麻脆糖」，301頁

180度

糖漿會變成中度棕色，「果仁糖」，305頁、「牛軋糖」，293頁、拔絲（spun sugar）、焦糖網罩(caramel cages)

190度

糖漿變成深棕色，做為醬汁調色之用

210度

黑焦糖：糖漿變黑後開始腐壞，無法使用

煮過的糖漿會頑強地黏附在沾到的表面，但只要用熱水耐心處理就可以清理乾淨。一旦鍋裡的糖漿都倒出後，要立即在鍋裡裝入熱水並放入黏膩的器具，靜置三十分鐘，接著就可用熱肥皂水好好清裡鍋子和器具。若是沾黏了焦糖，這可會相當膠黏，此時在鍋裡裝滿熱水，放入器具，沖洗前要先以中火煮沸熱水。你可能要重複幾次，才能洗淨相當頑強的焦糖部分。

▲如同烘烤的情形，海拔高度也會影響到糖果的製作。假如你在高於海平面的地區，按照以下食譜煮糖果糖漿時，每增加五百呎的海拔高度就要降低約〇・五度。舉例來說，做奶油軟糖的溫度至少要達到一百一十二度，不過，在海拔二千呎的地方，糖漿煮到約一百一十度時就應該煮成「軟糖」了，或是在海拔五千呎的地方，約一〇六度就行了。

｜關於包裝糖果｜

為了保護糖果並維持糖果的新鮮度，事先裁好的彩色方形箔片和玻璃紙最適合用來包裝硬糖、太妃糖和焦糖糖果。可以做糖果串來增加樂趣，方法就是剪出兩條長窄的玻璃包裝紙或塑膠包裝紙，接著在一張長條紙擺上糖果，糖果間要留些空隙，就可以蓋上另一張長條紙，扭轉紙張將糖果如包香腸般的封好；這些糖果串之後可以分割成一顆顆的包裝糖果，而糖果串可以做為繽紛聖誕樹的裝飾品。

可以購買紙杯、箔杯或玻璃紙杯，方便盛裝軟糖成品，糖果上桌時也會更挑動人的食慾；箔杯和玻璃紙杯不會吸掉糖果的油脂，而巧克力和其他油脂性糖果可能在紙杯裡留下油漬。糖果杯有各種尺寸；最實用的是直徑一吋半大小的杯子。

| 關於糖果的食用與儲藏 |

多數糖果在室溫溫度時食用最佳。多數巧克力糖裝入密封器皿並放入冷藏室可以存放多至三星期，冷凍的話，則可存放至兩個月之久。放在冰箱時，糖果要遠離有強烈味道的食物，這是因為巧克力（即使是封好的）很容易吸附其他味道的緣故。若要冷凍的話，裝入密封盒時，每一層都要用蠟紙隔開，並在器皿外包上幾層錫箔紙。松露巧克力、松露杯、造型糖果、奶油軟糖、杏仁膏和其他形狀或切割的糖果，都可以裝入糖果紙杯中方便享用。有些硬糖，如脆糖或太妃硬糖，可能大到無法放入糖果杯裡，最好就隨意放在大盤子裡端上桌——或者是放在耐油脂的小墊布上頭，小墊布在蛋糕店和糖果店裡都有販售。

要讓硬糖、焦糖糖果、太妃糖和奶油蛋白糖保持新鮮與最佳質地，最好是個別包好放入密封器皿中，放在室溫下不能超過三星期。不過，由於吸濕性極高，也就是會吸收濕氣而變軟碎裂，這些糖果都不適合冷藏。

假如糖果存放在冰藏室中，享用前，記得要讓糖果在室溫下靜置至少二十分鐘。要吃冷凍過的糖果之前，先要在冷藏庫解凍至少二十四小時，接著靜置在室溫下至少二十分鐘（謹記：突然的溫度變化可能會導致巧克力的外衣碎裂且變色）。

| 關於巧克力調溫 |

融化巧克力的方式，見478頁的說明。

調溫（tempering）是將融化的巧克力加熱、冷卻到特定溫度的過程，而做出表面平滑、質地滑順和脆裂度美好的成品。所謂的種子調溫法，是在融化的巧克力裡放入一大塊巧克力來降低溫度，接著移除巧克力塊以便讓溫度再次升高，一旦乾燥之後，就可做出「調溫過」的巧克力。工廠出品的巧克力就是在這樣的狀態，只要經過適當處理和儲藏，在店裡購買的成品也應是在調溫的狀態。然而，倘若你想用巧克力來沾浸甜點、倒入模具塑形以及製作花俏裝飾，一旦融化了巧克力，仍建議要進行調溫動作；倘若融化的巧克力只是食譜的一種材料，就不需調溫。如要確認巧克力的溫度，你需要使用巧克力溫度計，270頁，或是採用一度的間隔層次來標示溫度的溫度計。切勿讓溫度計球尖碰到鍋底，否則就無法讀取到正確溫度。**使用種子調溫法來調溫巧克力**，以下材料備用：

4盎司巧克力，要切成1吋小塊或磨碎

將以下材料磨碎或切塊：

1磅高品質的無糖、苦甜、半甜、牛奶或白色的巧克力

緩緩融化放在雙層蒸鍋頂層中的巧克力，鍋子要放慢慢沸煮的熱水上方而不是熱水中（假如你沒有雙層蒸鍋，同樣可行的方式就是把一只不鏽鋼碗放置在一鍋水的上方）。攪拌巧克力直到溫度達到四十一到四十六度（倘若沒有不斷攪拌，可可脂在三十八度以上的溫度會開始自巧克力分離）。將巧克力放到另一碗中冷卻到三十八度，此時就要加入準備好的巧克力塊；如果使用牛奶巧克力和白巧克力的話，攪拌到溫度至多降到三十度，若是黑巧克力、半甜或苦甜巧克力則是降至三十二度。接下來取出沒有融化的巧克力塊，放置在鋪了蠟紙、羊皮紙或矽膠襯墊的烘烤淺盤上，放入冷藏直到乾燥為止；這些巧克力塊可以之後重複使用。巧克力至此就即調溫完成了，可以按以下指示進行測試和使用。

使用大理石板法來調溫巧克力，按照上述的說明融化巧克力，接著將雙層蒸鍋頂層或碗具從水中移離，要擦乾底部，如此才不會讓水弄壞了巧克力。把三分之二的巧克力倒在大理石板上，開始用金屬刮刀和曲柄抹刀將巧克力鋪平成薄層，再快速刮聚成大巧克力團塊，如此重複幾次來冷卻巧克力。把這冷卻的巧克力團塊放回裝盛剩餘融化巧克力的碗中，再開始攪拌到團塊再次融化，重複幾次以上步驟直到巧克力降溫至二十九度，再將裝盛巧克力的碗具放在幾近沸騰熱的水上方，加熱到三十一度。

測試調溫過的巧克力，將少許巧克力靜置在蠟紙上冷卻三分鐘，假如巧克力摸起來是乾的且均勻光滑，這就表示巧克力已經完成而可以使用了。**要維持碗裡巧克力的調溫狀態一段時間的話**，就把碗放入盛水的鍋子中，水溫只能比調溫的黑巧克力、牛奶巧克力或白巧克力容許的最高溫度最多高上兩度（若是黑巧克力，就是為三十二度，牛奶巧克力和白巧克力則是三十一度），即是依據使用的巧克力類型來調整水溫。或者，必要時可以微波，以五秒的間隔微波到溫熱即可。調溫要謹慎；倘若溫度超過允許的最高溫度，你就會「破壞」巧克力的調溫狀態而要從頭來過。

黑松露巧克力（Dark Chocolate Truffles）（約1又1/2磅；約80顆）

這種巧克力糖的奇特命名是來自香鹹的黑松露，內心是巧克力和鮮奶油混合而成的原味或調味甘納許，甘納許內心沾浸過巧克力或是外部包覆不同的材料；下文會適時說明。「甘納許」，164頁放入冰箱冷藏可以保存多至1個月，或冷凍3個月。松露是最易上手的巧克力糖之一，製作時就用你負擔得起的最好的巧克力。

將以下切材料剁切到極小塊，放入中型攪拌碗裡：

12盎司苦甜或半甜巧克力

在小平底鍋裡以中火慢慢沸煮：

1又1/4杯濃鮮奶油

把熱鮮奶油一次全倒在巧克力上頭，輕柔攪拌到混合物滑順且混合均勻。冷卻至室溫溫度，偶爾攪拌一下，就放入冰箱3到4小時，冷藏到甘納許變稠堅硬。一只烘烤淺盤上鋪襯蠟紙、羊皮紙或矽膠襯墊，放入冰箱冰到酷冷。使用瓜果挖球器（melon baller）或1/2吋圓嘴的擠花袋，在冷卻的烘烤淺盤上做出約3/4吋直徑大小的甘納許小球。鬆蓋上保鮮膜，放入冰箱冷藏到變硬，約2小時。小球變硬後，放在雙掌間滾動來搓滑小球。放回烘烤淺盤，再次冷凍到松露內心可以沾浸巧克力，如以下食譜的指示說明。

沾浸式松露巧克力（Dipped Chocolate Truffles）

將以下材料調溫，274頁：

1磅優質的苦甜或半甜巧克力

沾浸巧克力之前，要確定內心的溫度約達21度，否則巧克力可能會出現灰條紋。使用叉子或糖果浸漬器，269頁來沾浸內心，分批沾浸一顆顆的內心，待處理的內心則先放在冷凍庫裡。每次只沾浸小量的巧克力，一次一顆，用叉子撈出後放到1/4吋的網架，架子要架在鍋盤上以便盛接滴落的巧克力，之後再次融化另做他用。將裹好的巧克力放入鋪襯蠟紙、羊皮紙或矽膠的烘烤淺盤，蓋好後就放入冰箱冰到凝固定形，約20分鐘，再將做好的松露裝入糖果紙杯。立即食用，或是以蠟紙或羊皮紙隔層儲存於密封盒中，冷藏的話，可以放到3星期，冷凍則可存放2個月。若是冷凍松露的話，先放於冷藏庫解凍24小時，食用前30到45分鐘才從冰箱取出松露。

微波松露巧克力內心（Microwave Chocolate Truffle Centers）

將以下材料剁切小塊，放入1夸特容量的玻璃微波碗裡：

10盎司苦甜或半甜巧克力

加入：

3/4杯濃鮮奶油

微波爐設於高溫，以30秒的段數將上述混合物加熱到融化滑順（共計1又1/2到2又1/2分鐘）。

加入：

1/4杯（1/2條）無鹽奶油，切小塊

攪拌到奶油融化與混合物吸混均勻。混合物冷卻冰凍後，按上述的黑松露巧克力的指示裹覆內心，再照指示搓揉塑形。

外裹式松露巧克力（Coated Chocolate Truffles）

除了沾浸巧克力之外，可用可可粉、糖、椰子或堅果來裹覆內心，這是包裹松露巧克力簡單又美味的方法，其中包裹可可粉在法國蔚為傳統，象徵著松露挖起時仍黏附著土壤的真實模樣，

按上述的黑松露巧克力做出冷凍的松露內心，之後就放在鋪襯了蠟紙、羊皮紙或矽膠的烘烤淺盤上。將以下一種或多種材料鋪於派盤或淺碗中：

1杯過篩無糖可可粉

1杯過篩無糖可可粉且混合2小匙肉桂粉

1杯過篩的糖粉

1杯甜味椰絲，要烘烤過，972頁

1杯堅果細粒，要烘烤過，544頁

把松露內心丟入裝著可可粉或其他包裹物的碗裡，搖晃一下碗具來裹覆內心，完成後取出放到有襯墊的淺盤，重複以上步驟裹好所有內心，即可裝入糖果紙杯，立即食用，按照上述「沾浸松露巧克力」說明加以儲存。

牛奶松露巧克力（Milk Chocolate Truffles）（約1磅；約54顆）

以12盎司牛奶巧克力替代上述黑松露巧克力的黑巧克力，並將鮮奶油減至1/2杯。把巧克力和鮮奶油放在雙層蒸鍋頂層或是熱水（不是滾水）上方的不鏽鋼碗中，不時攪拌到巧克力融化滑順即可。冷卻冷凍後，再按指示完成製程。

白松露巧克力（White Chocolate Truffles）（約1磅；約54顆）

以12盎司白巧克力替代黑松露巧克力，前頁的黑巧克力，並將鮮奶油減少為1/2杯。把白巧克力和鮮奶油放置在雙層蒸鍋頂層或是熱水（不是滾水）上方的不鏽鋼碗中，不時攪拌到巧克力融化滑順即可。冷卻冷凍後，按指示完成製程。

堅果松露巧克力（Nutty Chocolate Truffles）

準備黑松露巧克力、牛奶松露巧克力或白松露巧克力。在巧克力和鮮奶油混合物裡加入2/3杯杏仁、榛果、胡桃、核桃、夏威夷果、開心果或松子果仁的堅果細粒，要烘烤過，攪拌均勻，冷卻以上混合物並且冰凍1小時，接著妥善攪拌以便讓堅果碎粒均勻分布，再冷凍2到3小時，即可如指示捏揉沾浸內心。巧克力糖衣凝固前，每顆松露巧克力上可以裝點一粒與餡料配搭的堅果，不然就是讓松露巧克力滾裹跟餡料一樣的堅果細粒。

利口酒松露巧克力（Chocolate Truffles with Liqueur）

將黑松露巧克力食譜中的鮮奶油減為1杯。在溫巧克力和鮮奶油混合物中加入1/4杯波特酒、蘭姆酒、干邑白蘭地、覆盆子白蘭地、櫻桃白蘭地、柑曼怡香橙干邑甜酒或其他利口酒，攪拌均勻。冷卻冷凍以上的混合物後，按指示完成製程。

摩卡松露（Mocha Truffles）

準備黑松露巧克力、牛奶松露巧克力或白松露巧克力。在2大匙溫水中溶解1大匙又2小匙的即溶濃縮咖啡粉，然後徹底拌入溫熱的巧克力和鮮奶油混合物中。冷卻冷凍混合物，按指示完成製程。喜歡的話，巧克力糖衣凝固前，不妨在每顆松露上頭點綴一顆咖啡豆。

松露杯（Truffle Cups）（約1又1/2磅；約75個）

松露杯使用的材料與松露巧克力內心相同，都是巧克力和鮮奶油混合物。混合物可以澆擠到1吋大小的糖果摺花箔紙杯、放到迷你瑪芬蛋糕杯或排在烘烤淺盤上，然後再冷凍成型。

備妥黑松露巧克力或其他松露巧克力的巧克力和鮮奶油混合物，靜置在室溫下約30分鐘，直到變稠但不硬的狀態。

把混合物裝入有著圓形擠花嘴的擠花袋中，然後澆擠到每顆糖果頂部，杯子要輕敲工作檯面幾下以排除裡頭的氣泡。

喜歡的話，可以在每個松露杯上點綴跟餡料相襯的一整顆或半顆的堅果或者小片果乾、糖漬水果或糖裹水果，放入冷凍櫃20分鐘以便凝固定形。

剝除箔紙杯以露出摺花造型，按照指示食用或儲存。

黑巧克力薄片（Dark Chocolate Bark）（約1又1/4磅）

這是做來簡單的巧克力糖果，外觀與樹皮相近而得名。巧克力薄片通常使用兩種材料：調溫過的巧克力和堅果或者果乾、糖漬水果或糖裹水果。善用剩餘的巧克力來製作薄片，但在分量上沒有硬性規定，只要巧克力和堅果的比例符合以下食譜說明即可。

將烘烤淺盤裡鋪上鋁箔紙，調溫，274頁：

1磅苦甜或半甜巧克力

拌入：

2杯未汆燙去皮的杏仁或其他堅果，烘烤過並剁粗碎

徹底裹覆堅果，接著將混合物放入烘烤淺盤上平鋪至1/4吋厚，藉工作檯面輕敲烤盤以便排掉氣泡。

放入冷藏庫冰到硬實，約15分鐘，就放在涼快的地方30分鐘到1小時以讓其完全凝固。

為了不留下指紋，請用箔紙拿好巧克力折裂成可以入口的兩個不規則塊狀，假如巧克力硬到用手折不斷的話，就在其上方放上一張箔紙，拿木湯匙加以敲擊。儲存方式，見274頁的說明。

牛奶巧克力薄片（Milk Chocolate Bark）

胡桃與牛奶巧克力的溫和味道形成了強烈對比。

準備上述的黑巧克力薄片，用1磅牛奶巧克力取代黑巧克力，並加入胡桃。

白巧克力薄片（White Chocolate Bark）

若想做出全白的糖果，就要使用松子果仁；若是綠白相間的，就用開心果。
準備上述的黑巧克力薄片，用1磅白巧克力取代黑巧克力，並使用1又1/2杯去殼的開心果果仁或松子果仁。

水果巧克力薄片（Fruited Chocolate Bark）

所有的巧克力和水果的組合中，我們最愛的是苦甜巧克力的糖薑的組合。
準備上述的黑巧克力薄片、牛奶巧克力薄片或白巧克力薄片，用2杯切細碎的果乾、糖漬水果或糖裹水果或糖薑取代堅果。

堅硬小巧克力（Small Solid Chocolates）（約1磅；約32個）

動手做巧克力前，你或想用棉布或卸妝棉來磨滑模具；如此一來，可以降低出現氣泡的狀況。
調溫：
1磅優質的苦甜、半甜、牛奶或白巧克力
用曲柄抹刀把巧克力鋪平在模具上頭，藉工作檯面輕敲模具以便排除氣泡，並將剩餘的巧克力刮入空碗。
將模具放在烘烤淺盤上，放入冷凍庫約15分鐘使之凝固定形。
巧克力自模壁稍微萎縮的時候，就表示可以將之脫模。將模具倒放在鋪了蠟紙的碟子或烤盤上，稍微扭曲一下（就像扭曲製冰盒一樣）來鬆脫巧克力，這應該不難。若非如此，就放回冰箱冷凍10分鐘，再試一次。如指示食用或儲藏，274頁。

堅硬大巧克力（Large Solid Chocolates）（約1磅）

調溫：
1磅優質的苦甜、半甜、牛奶或白巧克力
製作每塊巧克力，要把每半邊巧克力模具對半扣在一起，以開口向上的方式拿好模具，再倒入巧克力填滿，藉工作檯面敲一下模具以排除氣泡。
模具要開口向上放入冷凍庫來凝固巧克力，約30分鐘。
從冷凍庫取出模具後要靜置在室溫中10分鐘。取下模具邊的扣環，小心地讓巧克力脫模，按指示食用或儲藏，274頁。

空心巧克力（Hollow Chocolates）（約1磅）

調溫：
1磅優質的苦甜、半甜、牛奶或白巧克力
用曲柄抹刀在各半的模具上鋪抹巧克力，剩餘的巧克力就刮入空碗，接著以工作檯面輕敲模具以便排除氣泡。讓巧克力靜置至多2分鐘，或是放到巧克力的邊緣看似開始凝固且顏色變得黯沉。
把模具倒放在架在空碗上的架子上，讓仍在融化狀態的巧克力從模具滴落3到5分鐘。重複以上步驟數次，直到做出想要的巧克力厚度為止。
將模具放在烘烤淺盤上，放入冷凍庫約30分鐘使之凝固定形。
輕柔地把巧克力脫模，小心不要弄破巧克力；把巧克力倒放在乾淨的廚房紙巾上，如此可減低破裂的機率。每半邊的巧克力側邊都塗抹一些融化的巧克力，接著將各半的巧克力合體1到2分鐘，使兩半緊緊密合一起。按指示食用或儲藏，274頁。

堅果巧克力糖（Chocolate Nut Bonbons）（約1又1/4磅；約55顆小糖果）

這種糖果外觀看似冰淇淋糖，不過包裹的內心不是冰淇淋，而是裹了層奢華松露巧克力的烤過的全堅果。

以下材料剁切小塊，放入中碗：

12盎司苦甜或半甜巧克力

用小平底鍋以中火煮沸以下材料：

1杯濃鮮奶油

把熱鮮奶油倒到巧克力上，輕柔地搖一搖碗具，使鮮奶油完全蓋住巧克力。靜置2到3分鐘，再用橡膠抹刀輕輕攪拌巧克力和鮮奶油混合物直到混勻滑順即可。

拌入以下材料並混和均勻：

1/2杯堅果，烘烤過，並切細碎

靜置冷卻到室溫溫度，直到混合物變稠但還是柔軟而可以擠壓的狀態。調溫，274頁：

1又1/2磅品質佳的苦甜或半甜巧克力

按上述「空心巧克力」的做法填餡，把模具倒放在架在空碗上的架子上5分鐘，滴出模具中多餘的巧克力而做出理想的巧克力厚度。

模具倒正靜置3到4分鐘來凝固定形巧克力。模具的每一只小模杯都放入：

1顆烘烤過的全堅果（總計約3/4杯）

使用羊皮紙筒或可封口塑膠袋，269頁，用1/2吋擠花嘴將稠化的巧克力和鮮奶油混合物擠壓填入模具中，裝填模具的小模杯到3/4滿，上頭再澆擠上剩餘的調溫過的巧克力。另一種做法則是把調溫過的巧克力輕輕鋪滿模具頂部，再用曲柄抹刀把過多的巧克力刮入空碗，有需要的話，清理每只模杯的邊緣。

將模具放入烘烤淺盤，放進冷凍庫約30分鐘以使巧克力凝固定形。

脫模方法，見275頁。依照指示食用或儲藏，274頁。

花生醬巧克力杯（Peanut Butter Cups）（約1磅；約24杯）

這是最讓人上癮的巧克力糖果之一。使用前要攪拌花生醬，藉以防止油脂分離。牛奶巧克力是傳統食材，不過可以用苦甜巧克力、半甜巧克力或白巧克力取而代之。

準備兩只有著11或12個杯槽的糖果模具，以及相對數量的1又1/2吋大小的摺花糖果紙杯，或者是把摺花糖果箔紙杯放入模具或迷你瑪芬烤盤中。做出3個羊皮紙擠花筒或使用可封口塑膠袋，269頁。

調溫：

1磅牛奶巧克力

先把一半的巧克力倒到一只羊皮紙擠花筒或開封塑膠袋裡，在擠花筒的一端或塑膠袋的底邊一角剪出1/4吋的開口，接著就把巧克力擠壓到每一個模杯裡，約填到1/3滿，靜置8到10分鐘。

在第二只羊皮紙擠花筒或封口塑膠袋裡填入：

3/4杯天然或一般的滑順花生醬，需室溫溫度

剪出1/2吋的開口，把花生醬擠壓到每個模杯中央部分，不要超過3/4滿，注意不要把花生醬擠到模具邊緣上頭，否則巧克力會無法接合起來。在第三個羊皮紙擠花筒或封口塑膠袋裡填入剩下的一半巧克力，剪出1/4吋的開口，把巧克力澆擠填滿每一個模杯，必要時可以傾斜模具來讓

巧克力填滿所有空間。另外一種方式，則是用曲柄抹刀由模具頂部鋪上巧克力，過多的巧克力就刮入空碗，稍微以工作檯面輕敲填料的模具以便排除氣泡。

將模具放入烘烤淺盤，放入冷凍庫約20分鐘使巧克力得以凝固。

脫模時，見275頁的說明，按指示食用或儲藏，274頁。

黑巧克力堅果棒（Dark Chocolate Candy Bars with Nuts）（約1磅；12條5x2吋的巧克力棒）

可以用不同大小或形狀的模具、各式巧克力和堅果來做出專屬個人的巧克力棒。

調溫：

1磅優質的苦甜或半甜巧克力

拌入：

3/4杯汆燙去皮的杏仁或其他堅果，要烘烤過，並剁粗碎

將以上混合物倒入12個5×2吋的棒條狀模具中，填滿後，輕柔地搖晃模具使巧克力均勻散布，並在工作檯面輕敲模具以便排除氣泡。

將模具放在烘烤淺盤上，放入冷凍庫約20分鐘使巧克力凝固定形。

脫模方法，見275頁的說明。用銀色或彩色箔紙包裹每條巧克力棒，按照指示儲藏，274頁。

歡樂椰子巧克力（Joy of Coconut）（約1又1/2磅；約24顆小糖果或18條小巧克力棒）

你根本無法分辨此款糖果與商店的人氣商品椰子杏仁糖果棒有何不同，唯一的不同，就是歡樂椰子巧克力使用較常見食材，品項也較少。這裡使用微波爐來做椰子餡料，假如沒有微波爐的話，可以放入烤爐來烤乾椰子但不要烤到焦褐，見烘烤椰子的說明，482頁，並用爐上爐火來加熱玉米糖漿。如果你選用了甜味椰子，就不要忘記它比起無糖椰子會花更久的時間來吸收玉米糖漿。

將以下材料裝盛在可微波的盤子裡進行烘烤：

2又1/2杯無糖椰絲

將以下材料倒入可微波的杯子中：

3/4杯淡玉米糖漿

用高溫的微波爐加熱1到2分鐘，直到玉米糖漿開始冒氣但未沸騰的狀態，就倒到椰子上加以攪勻，靜置1小時或到椰子完全吸收了玉米糖漿即可。將烘烤淺盤上鋪襯羊皮紙或矽膠襯墊。先將雙手浸過冷水，就可以開始把椰子做成糖球或是2又1/2×1吋的棒條，完成後就排放到烘烤淺盤。假如椰子會黏手，就要不時以冷水浸濕雙手。

在糖果頂部放上：

1顆未汆燙去皮的全顆杏仁（共計18到24顆）

調溫：

12盎司優質牛奶巧克力

用2根叉子或糖果浸漬器來把糖果裹上巧克力，甩掉過多的巧克力後，再把裹好的糖果放回烘烤淺盤。放入冷藏室約30分鐘使巧克力得以定形。食用前，先取出的糖果放在室溫下靜置10分鐘，即可放入糖果紙杯來享用，或按指示儲藏，274頁。

黑巧克力小糖串（Dark Chocolate Clusters）（約1磅；約25顆1吋小糖串）

此款糖果廣受歡迎，做法簡單，變化無窮，以下列出了其中一些樣式。

在烘烤淺盤上鋪襯蠟紙或羊皮紙或是矽膠襯墊。調溫，274頁：

8盎司高品質的苦甜或半甜巧克力

拌合以下材料：

1杯剁細碎的杏桃乾

1杯核桃，烘烤過，並剁粗碎

把以上混合物混入巧克力，攪拌到完全裹覆巧克力，將1吋大小的小糖串舀放到襯墊的烘烤淺盤上。把小糖串放入冷凍庫20分鐘使巧克力凝固。將每個小糖串裝入糖果紙杯來享用，依照指示食用或儲藏，274頁。

巧克力薑糖串（Gingered Chocolate Clusters）

準備上述的黑巧克力小糖串，用1杯細切過的糖薑取代杏桃乾，1杯烘烤過，且剁粗碎的夏威夷果仁取代核桃。

牛奶巧克力小糖串（Milk Chocolate Clusters）

準備上述的黑巧克力小糖串，用8盎司優質牛奶巧克力取代黑巧克力。使用1杯剁細碎的櫻桃乾取代杏桃，並用1杯烘烤過，且剁粗碎的胡桃取代核桃。

白巧克力小糖串（White Chocolate Clusters）

準備上述的黑巧克力小糖串，用8盎司優質白巧克力取代黑巧克力。使用1杯剁細碎的糖漬柳橙皮和1杯烘烤過，且剁粗碎的汆燙去皮的杏仁取代胡桃。

| 關於奶油軟糖 |

奶油軟糖是半軟的糖果，是添加了鮮奶油或奶油的糖漿烹煮而成。十九世紀晚期的純真年代，製作奶油軟糖掀起了一股學院狂熱，成為某種具競爭性的課後活動，這也一直是我們喜愛的糖果之一。雖然做法可能有些微妙，但是只要你遵循幾個簡單規則就能輕易掌握其中的竅門。

提高警覺心。➡奶油軟糖可以就在拿取正確的抹刀的剎那間就煮過火。奶油軟糖一定要用中火緩慢烹煮到軟球階段（一一二度到一一五度），要抗拒想要加速製程而調高火候的誘惑，因為這樣一來往往會造成焦味和過多顆粒的質地，不過，要記得軟球階段是從一一二度開始；專業糖果師傅預期煮到一一四度時可以做出奶油軟糖，不過，舉例來說，有時在相當潮濕的日子，除非糖漿烹煮到一一七度的熱度，糖果是無法呈球狀的。同樣重要的是要不斷攪拌糖漿混合物，直到糖完全溶解為止。接著在沸煮沸騰過程中蓋鍋，或是用浸過溫水的天然或矽膠鬃毛的糕點刷往下刷幾次沾黏在鍋壁四周的糖。另一方法就是蓋鍋後讓鍋內的蒸氣來洗下鍋壁四周的糖晶；移除鍋蓋時要小心，因為鍋裡的滾熱液體可能會在掀蓋時飛濺。一旦奶油軟糖開始沸騰，繼續烹煮➡而不要擾動，直到煮至適當溫度或軟球狀，否則你可能會煮壞了這批軟糖。如果做的是古早味的粒狀奶油軟糖，關火的那一剎那就要開始攪拌。若是濃郁滑順的奶油軟糖，在攪拌前讓糖漿混合物靜置冷卻至四十三度。

冷卻奶油軟糖：加快冷卻速度的最佳方法，就是把煮鍋放到另一只裝了冷水的鍋裡或水槽中，冷水要剛好淹覆到煮鍋鍋壁約一吋的高度，靜置冷卻到可以用手安心觸摸鍋底為止；另一種方式，就是把糖漿倒到灑過冷水的大理石板上或烘烤淺盤裡，大理石的好處在於吸熱均勻快速，但又不致於過快（一塊24x18吋的大理石板可以承載到二磅奶油軟糖）。當你倒出混合物時，由於烹煮過的鍋底糖漿混合物比其他部分的溫度都來得高，因此千萬別刮鍋底，否則其餘的糖漿可能因而出現結晶狀況。

等到混合物冷卻至四十三度之後，就將混合物放到強力攪拌器的攪拌碗裡，用攪拌槳以低速攪打八到十五分鐘。一旦混合物變稠而失去光澤，呈現硬性發泡，就可以把奶油軟糖倒到抹了奶油的鍋裡。如果你做的是巧克力奶油軟糖，➡小心看守，因為就算只是稍一閃神，軟糖就可能因為過稠太硬而無法使用。

奶油軟糖也可以用手來混合；這可能要用點手肘力道，不過對初學者是較安全的方式。如果你在大理石板或烘烤淺盤上冷卻好了混合物，就用糖果刮刀在面板上開始動手做。假如還在煮鍋中的話，就用木湯匙攪拌，要以輕柔、幾乎是懶散的步調在整個鍋底做出8字型的動作。一旦混合物濃稠而失去光澤，就把奶油軟糖倒到抹了奶油的鍋裡。

待二小時後，趁著奶油軟糖仍在半軟的狀態，用一把銳利刀子在上面刻痕，接著即可冷藏使其凝固。

放一、兩天的奶油軟糖才會入味，質地也會變得更好。但是，千萬別放到不能吃：假如在室溫下儲藏超過十天或是冷藏超過一個月，奶油軟糖會出現白點，也就是俗稱的白糖花（bloom），軟糖並不會因此而變味，但是看起來卻讓人倒胃口。所有的糖果都一樣，奶油軟糖在室溫溫度時的味道最棒。

奶油軟糖可以做出相當多的變化，除了巧克力之外，還可以放入許多東西來調增滋味：楓糖漿和花生醬是最受歡迎的選擇。本章節介紹的奶油軟糖都可以做成糖果內心，按照指示刻痕並冷藏後，再把每顆奶油軟糖搓成球狀，沾浸調溫過的巧克力，也可以把奶油軟糖打稠而搓揉成球狀，再浸泡到調溫過的巧克力中。

奶油軟糖「樂土」（Fudge Cockaigne）（約1又1/4磅；52顆軟糖）

請閱讀上述「關於奶油軟糖」說明。在一只大型的厚底平底鍋裡沸煮：

1杯減1大匙的牛奶

離火，拌入以下材料並攪拌到糖溶解為止：

2杯糖

1/8小匙鹽

2盎司磨碎的無糖巧克力

將以上混合物沸煮5分鐘，用浸過溫水的糕點刷澆刷下在鍋壁四周形成的糖晶。調降火候，在鍋中放入一支溫熱的糖果溫度計，不要攪拌，繼續烹煮到112度的軟球階段。快要煮到112度時，整個表面會開始小小冒泡並同時呈現粗糙紋理，就像是小小冒泡的地方被往下拉扯而編織成粗糙的紋理一樣。離火時，不要推擠或攪拌糖漿。

把奶油軟糖冷卻至43度。你可以把煮鍋放到另一只裝了冷水的大鍋裡來加速製程，冷卻到鍋底都是冷卻的狀態。

加入：

2到4大匙無鹽奶油

拌入：

1小匙香草

攪打到混合物濃稠並開始失去光澤，此時，你翻轉湯匙時，湯匙裡的糖漿應該要可以黏附湯匙底部而且維持住形狀。

快速拌入：

1/2到1杯堅果碎粒

將奶油軟糖倒入抹了奶油的8吋方烤盤中。在奶油軟糖變硬之前，就先切成小方塊。

白奶油軟糖「樂土」（White Fudge Cockaigne）（約1又1/2磅；64顆軟糖）

請閱讀「關於奶油軟糖」，282頁的說明。在一只大型的厚平底鍋裡混合以下材料，並以中火烹煮攪拌到糖溶解為止：

2又1/2杯糖

1/2杯酸鮮奶油

1/4杯牛奶

1大匙淡玉米糖漿

1/4小匙鹽

混合物煮到滾沸，再沸煮2到3分鐘，用浸過溫水的糕點刷澆刷下在鍋壁四周的糖晶。調降火候，在鍋中放入一支溫熱的糖果溫度計，不要攪拌，繼續烹煮到112度的軟球階段。

馬上將混合物倒入電動攪拌器的攪拌碗；傾倒的時候別刮到鍋底。在混合物上方浮放以下材料，不可拌入（此時攪拌的話，混合物會呈粒狀）：

2大匙軟化的無鹽奶油

1小匙香草

靜置冷卻到室溫溫度，約1小時。

將奶軟糖打到開始失去光澤，喜歡的話，可以快速拌入：

（3/4杯堅果碎粒）

（1/4杯剁細碎的杏桃乾、蔓越莓或櫻桃乾）

將奶油軟糖倒入抹了奶油的8吋方烤盤中，任其放到變硬，接著就可切成小方塊。

巧克力核桃奶油軟糖（Chocolate Walnut Fudge）（約1又1/2磅；64顆軟糖）

這是奶濃香滑的奶油軟糖。

請閱讀「關於奶油軟糖」的說明。在一

只大型的厚平底鍋裡混合：

2杯糖
1/8小匙鹽
1/2杯鮮奶油牛奶
1/2杯濃鮮奶油
1/4杯淡玉米糖漿

以小火烹煮攪拌到糖溶解為止，約5分鐘，接著沸煮1分鐘，期間不攪拌。用浸過溫水的糕點刷除在鍋壁四周的糖晶，接著離火，拌入以下材料直到融化滑順為止：

6盎司剁碎的苦甜或半甜巧克力

再次刷一刷鍋壁四周。以中火烹煮，在鍋中放入一支溫熱的糖果溫度計，不要攪拌，煮到112度的軟球階段。離火，在混合物上方浮放以下材料，不可拌入（此時攪拌的話，混合物會呈粒狀）：

2大匙軟化的無鹽奶油
1小匙香草

把鍋底浸到冷水中來停止烹煮，而使混合物冷卻至43度。還有一種方式，就是倒到灑過冷水的大理石板上或烘烤淺盤（倒放在物架上），期間留心別刮到鍋底。

混合物冷卻後，用木湯匙攪拌鍋中或者是用糖果刮刀在大理石上加以處理，直到「劈啪折斷」而開始失去光澤即可。或是，將冷卻的奶油軟糖放入強力攪拌器的攪拌碗，用攪拌槳低速攪打到濃稠且失去光澤，5到10分鐘。要小心看護，否則軟糖就會煮太稠而無法使用。

拌入：

1到1又1/2杯剁粗碎的英國核桃或黑核桃

將奶油軟糖倒入8吋方烤盤中，烤盤用抹了奶油的箔紙襯底並鋪到烤盤邊緣，用曲柄抹刀或橡膠抹刀抹勻頂端，需要的話，適時浸濕抹刀。靜置至少1小時。

使用一把大型厚刀在奶油軟糖上劃出一個個1吋小方塊的切線，即可蓋封冷藏至少24小時。

將奶油軟糖從烤盤中取出並撕掉箔紙，用刀子完成奶油軟糖切塊的步驟，放入糖果紙杯來食用，或按指示放入儲藏，274頁。

楓糖核桃奶油軟糖（Maple Walnut Fudge）（約1又1/2磅；64顆軟糖）

請閱讀「關於奶油軟糖」的說明。在一只大型的厚平底鍋裡混合：

1杯鮮奶油牛奶
3/4杯楓糖漿
1/2杯濃鮮奶油
3杯糖
1/4杯濃玉米糖漿
1/8小匙鹽

以小火烹煮攪拌到糖溶解為止，約5分鐘，用浸過溫水的糕點刷刷下鍋壁四周的糖晶。火候調至中火，在鍋中放入一支溫熱的糖果溫度計，不要攪拌，繼續烹煮到混合物達到112度的軟球階段。離火，在混合物上方浮放以下材料，但不可拌入（此時攪拌的話，混合物會呈粒狀）：

3大匙軟化的無鹽奶油
2小匙香草

冷卻方式，見上述「黑巧克力核桃奶油軟糖」說明。切拌入：

1又1/2到2杯剁粗碎的核桃

按指示讓奶油軟糖靜置凝固並加以儲藏，274頁。

花生醬奶油軟糖（Peanut Butter Fudge）（約1又1/2磅；64顆軟糖）

備妥一只8吋方烤盤，底部要抹奶油。在大型的厚平底鍋裡混合：

1又1/4杯（2又1/2條）無鹽奶油

1又1/4杯滑順的花生醬

以中火烹煮沸混合物。關火後，加入：

些許鹽

1又1/2小匙香草

（1/4小匙楓糖萃取液）

拌入：

4又1/2杯過篩的糖粉

攪拌均勻，就將混合物倒入抹了奶油的烤盤裡，直接蓋上保鮮膜，送入冷凍到堅硬。

巧克力奶油軟糖（Chocolate-Dipped Fudge）（約100顆軟糖）

準備任何一種奶油軟糖，284-286頁。烹煮1小時，接著標記出奶油軟糖3/4吋小方塊的切線。冷凍2小時後，就可完成切塊步驟，再用手掌將每個小方塊揉滾成小圓球。調溫，274頁，8盎司高品質的苦甜、半甜、牛奶或白巧克力，按276頁沾浸奶油軟糖內心。

| 關於焦糖糖果 |

焦糖糖果是以糖、玉米糖漿和（或）蜂蜜、牛奶和（或）鮮奶油以及奶油為基底，其中的特殊香味是來自焦糖化的糖，但是添加如巧克力、咖啡、柑橘皮和堅果也很不錯。焦糖糖果是以中火緩慢地煮到固球階段（一一八度到一二〇度），要克制想要加速製程而調高火候的誘惑，不然會出現焦味和過多顆粒的質地。焦糖糖果的烹煮溫度決定其最終質地：溫度越高，糖果就會越硬；烹煮的時間長短會決定味道和顏色：烹煮時間越長，味道越成熟且顏色越深。而關鍵就在於耐心，依據不同的分量，花上二十五到四十五分鐘來做出一批焦糖糖果。

烹煮焦糖糖果時，剛開始的幾分鐘要輕柔地攪拌混合物以使糖完全溶解，接著用浸過溫水的糕點刷刷下鍋壁四周的糖晶數次，並用長柄木湯匙或矽膠抹刀不停攪拌混合物，烹煮完成之際，要更勤奮攪拌濃稠的混合物以免燒焦。八吋方烤盤要襯墊鋁箔紙，箔紙要蓋住烤盤邊緣，倒入混合物時，小心別刮到了盤底，這是因為沉在鍋底的混合物的溫度較高而且跟其他部分的質地不同。凝固和切割時，焦糖糖果要先靜置在室溫下，時間可以是幾小時或放到隔夜，之後才進行切割，不然焦糖糖果會過黏而不能動刀。**固定和切割的方法**，備妥如上述抹油襯墊的八吋方烤盤，馬上倒入煮好的焦糖糖果，靜置約三十分鐘直到部分糖果凝固，就用抹了油的刀子向下施壓刻記出一吋小方塊的切線，待其完全凝固，這可能要等上四小時到十二小時的時間，之後將糖果倒放於砧板上並剝掉鋁箔紙，再用抹了油的尖銳重刀或中國菜刀，順著刻痕輕輕鋸切分割即可。

儲存時，要用玻璃方形紙或蠟紙個別包裹焦糖糖果，或者以玻璃紙或蠟紙隔層儲放在密封儲藏盒裡。在室溫下，約可存放至一星期。

奶油焦糖糖果（Butterscotch Caramels）（約1又1/4磅；64顆軟糖）

紅糖和濃玉米糖漿混合做出的深沉奶油糖果香，味道之好甚至可以誘發一場求婚，將食譜分量減半，就可以做為「龜糖」，288頁的內餡。

請閱讀前述的「關於焦糖糖果」。用一只大型的厚平底鍋以小火烹煮混合混合：

1杯（2條）切塊的無鹽奶油
2又1/4杯壓實的淡紅糖
1/8小匙鹽
1/2杯濃玉米糖漿
1/4杯淡玉米糖漿

將以上混合物用小火煮到糖溶解，約5分鐘。用浸過溫水的糕點刷澆刷下鍋壁四周的糖晶，接著調高到中火，在鍋中放入一支溫熱的糖果溫度計，不停攪拌，繼續煮沸混合物，再刷下出現在鍋壁上的糖晶，取出溫度計清洗一下，煮沸後續煮至118度的固球階段，約25分鐘，即可離火。

用乾淨的木湯匙慢慢拌入：

1杯濃鮮奶油

再次煮沸並刷下鍋壁的糖晶。在鍋中放入一支溫熱的糖果溫度計，不停攪拌，繼續將混合物煮到118度，但不要超過這個溫度，否則焦糖冷卻後會像太妃糖般堅硬。

離火，用乾淨的木湯匙快速拌入：

2小匙香草

靜置數小時，直到凝固但不黏膩的狀態。

關於凝固、切割和儲藏，見前述的「關於焦糖糖果」說明。

鮮奶油焦糖糖果（Cream Caramels）（約2磅；64顆軟糖）

這種古早味的金棕色焦糖糖果入口即化，內含奶油和鮮奶油，可以說是最油膩的糖果之一。

請閱讀「關於焦糖糖果」。用一只大型的厚平底鍋或荷蘭鍋混合：

2杯糖
2杯濃玉米糖漿
1杯（2條）切塊的無鹽奶油
1杯濃鮮奶油

將以上混合物用小火烹煮攪拌到糖溶解，約5分鐘。用浸過溫水的糕點刷刷下鍋壁四周的糖晶，調高為中火，在鍋中放入1支溫熱的糖果溫度計，不停攪拌，繼續煮到沸騰，再刷一刷鍋邊的糖晶，煮沸混合食材後，再續煮至118度的固球階段（約25分鐘），離火，用乾淨的木湯匙緩緩拌入：

1杯濃鮮奶油

混合物此時會猛烈冒泡，小心別燙著了。放回爐火繼續煮到固球階段，至少要煮到118度。

關於凝固、切割、包裹和儲藏，見「關於焦糖糖果」的說明。

巧克力奶油焦糖糖果（Chocolate Cream Caramels）（約1磅）

請閱讀「關於焦糖糖果」。在一只大型的厚平底鍋或荷蘭鍋中，以大火烹煮攪拌以下材料，直到糖溶解為止：

1杯糖

3/4杯淡玉米糖漿

1/4小匙鹽

1/2杯濃鮮奶油

以適度的火候烹煮到112度的軟球階段，期間不斷攪拌。

加入：

1杯濃鮮奶油

再次烹煮到112度的軟球階段，期間不斷攪拌。

離火，加入：

3盎司剁細碎的無糖巧克力

將混合物倒入抹奶油的8吋方烤盤裡，按指示凝固與切割，286頁，但不要刮到鍋底。靜置到糖果變硬，約3小時，即可把糖果倒放於鉆板上，切成小方塊。

香料堅果焦糖糖果「樂土」（Spiced Caramel Nuts Cockaigne）（約1磅）

備好：

汆燙去皮的杏仁、榛果或胡桃（總計約1/2到3/4杯），要烘烤過

準備上述的巧克力鮮奶油焦糖糖果。等到糖溶解後，加入1小匙肉桂粉。在糖果幾乎要煮到121度的硬球階段，離火，在大理石板上把糖果平鋪至1/4吋厚，269頁，再刻記出1吋小方塊的待切割痕線，每塊小方塊都放上1顆烘烤過的全堅果，靜置一會兒，趁著焦糖尚未變硬，就把堅果包入小方塊而搓揉塑形。

龜糖（Turtles）（約2磅；35顆）

將兩只烘烤淺盤稍微抹上奶油，或放入矽膠襯墊。在烘烤淺盤上以4顆分組堆放：

2杯的半粒胡桃

在一只中型的厚平底鍋裡混合：

1杯濃鮮奶油

1/2杯淡玉米糖漿

3/4杯壓實的淡紅糖

2大匙無鹽奶油

以小火沸煮以上混合物，攪拌到糖完全溶解，然後用浸過溫水的糕點刷刷下鍋壁四周的糖晶，在鍋中放入一支溫熱的糖果溫度計，不停攪拌，煮到混合物達119度的固球階段，即可離火。

用乾淨的木湯匙快速拌入：

2小匙香草

將混合物放到小型攪拌碗裡或以抹些油的箔紙襯墊（為了方便清洗）的長形烤盤中，靜置冷卻約5分鐘。

動作要快好讓焦糖不致變硬，使用抹了油的湯匙舀1大匙焦糖到每一堆的胡桃中央。讓焦糖冷卻30分鐘，接著就可以脫模糖果。

調溫或融化：

6盎司優質的半甜或牛奶巧克力

舀1滿匙的巧克力到每顆焦糖糖果上，放入冰箱冷藏20分鐘以便讓巧克力凝固定形。

將糖果裝入密封儲藏盒裡，以蠟紙隔分糖果層，在室溫下可以保存至10天，放入冷藏室的話，則可保鮮至3星期。取出糖果，回溫至室溫再享用。

| 關於糖漬爆米花 |

在近七千年前的中美洲開墾遺跡中，曾經發現爆米花的玉米粒，不過糖漬爆米花則是現代點心。半杯未爆的玉米粒可做出約四杯爆米花。如果是用電動爆米花機的話，請遵照製造商的說明書操作。➡雖然微波爐爆好的爆米花，是可以做為點心享用，但做成爆米花球的話，就太脆弱了。

糖漬爆米花時，準備任何以下的糖漿，接著就倒在爆好的玉米上，用木湯匙輕輕攪拌到玉米全裹上糖漿，即可取出放於以羊皮紙襯底的餅乾烤盤上。

待玉米冷卻到可以處理的狀態，雙手抹些奶油，把玉米分成個別的玉米粒，或者是壓到球裡或棒棒糖中（有著嵌入的粗繩環或木棒）。糖漬爆米花也可以做成聖誕節的裝飾品，或用抹了奶油或塗了油的蛋糕烤盤來形塑各式形狀。玉米裹好糖漿後，即可緊緊壓入模具的每個角落，你也可以用食用色膏為爆米花上色。

糖漬爆米花可以用密封儲存盒妥善存放約十天。

焦糖爆米花（Caramel Corn）（約6杯）

這是觀賞馬戲團或在漫步步道時享用的黏膩甜食。如果你想要加入花生的話，就用這種糖漿。請閱讀「關於糖漬爆米花」的說明。

發爆：

3/4杯爆米花（6杯爆好的玉米）

在一只中型的厚平底鍋裡融化：

1又1/2大匙無鹽奶油

加入：

1又1/2杯壓實的淡紅糖

6大匙水

以小火加熱攪拌到糖溶解為止，再用中火加熱至沸騰，用浸過溫水的糕點刷澆刷下鍋壁四周的糖晶。在鍋中放入一支溫熱的糖果溫度計，不要攪拌，煮到112度的軟球階段，完成後就倒到爆米花上。

白糖漿爆米花（Popcorn with White Sugar Syrup）（約6杯）

比起前一食譜，這款爆米花的味道較強、甜度較低。請閱讀「關於糖漬爆米花」的說明。

發爆：

3/4杯爆米花（6杯爆好的玉米）

在1只中型的厚平底鍋裡混合：

2/3杯糖

1/2杯水

2又1/2大匙淡紅糖

1/8小匙鹽

1/4小匙白醋

以小火加熱攪拌到糖溶解為止，再用中火加熱至沸騰，用浸過溫水的糕點刷澆刷下鍋壁四周的糖晶。在鍋中放入一支溫熱的糖果溫度計，不要攪拌，煮到143度的軟裂階段的最高溫度，迅速將煮好的糖漿倒到爆米花上即可。

| 關於翻糖 |

翻糖本身就是糖果，但可以製作其他的糖果，做為內餡或裹成外衣。翻糖內心可以拿來沾浸巧克力，而融化的翻糖可以做為糖霜來澆淋在糕餅甜食上。（特別適用於「花色小糕點」，72頁）。翻糖的材料包括水、糖和塔塔粉或玉米糖漿。想要豐富味道的話，你可以用牛奶或濃鮮奶油來替代水，或用紅糖來取代部分白糖。翻糖要煮到軟球階段（一一二度到一一七度），假如煮得溫度過高，冷卻後的翻糖會變硬而難以處理。翻糖的迷人之處，就是可以一次做出一批，等到味道逐漸成熟後，可以使用好幾個星期，做出不同口味、顏色和形狀來搭配不同時節場合。在烹煮時，翻糖也可以變化出各種樣式。你可以用咖啡替代食譜指明使用的水，或是使用一半白糖和一半楓糖。

做好翻糖的關鍵就是控制糖的結晶——是控制而不是要防止，這是因為混合物一定必須出現結晶，但要在可以預期的狀態下。糖漿煮沸之後，你一定要用浸過溫水的糕點刷澆刷下沾黏在鍋壁上的糖晶，在此階段烹煮糖漿，不要有攪拌動作，見「關於結晶」，270頁的說明。接著把糖漿倒在不透水的檯面上，如輕灑過水的大塊大理石板、烘烤淺盤或不鏽鋼流理檯面。➡不要刮到鍋底，這是因為鍋底糖漿有不同質地的緣故。不要干擾靜置中的翻糖，一旦冷卻後，用糖果刮刀提起和摺疊翻糖，進行時一定要由外往中心來動作。在這過程中，翻糖會出現不同階段的變化，從最初的清澈開始變得不透明，再變得混濁，最終呈現白色。一旦翻糖變稠、顏色變白之後，用手揉壓到滑順柔軟即可。假如翻糖是要融化使用，完成後立刻動作；否則，就要等待二十四小時，翻糖味道成熟後才能使用。

讓翻糖味道成熟時，將翻糖做成小球，靜置到完全冷卻而至室溫溫度，接著用保鮮膜或可封口的塑膠袋包緊。翻糖可以在冰箱裡冷藏一段時間，不過使用前一定要覆蓋並回溫到室溫溫度。

將糖果內心沾浸翻糖時，把翻糖放在雙層蒸鍋頂層或耐熱碗中，放置在快要沸煮的水上方加熱成液體，不停攪拌，但注意別讓溫度高過六十度。離火，但讓翻糖繼續留放在水上以便保持液體狀態，放入糖果內心，轉動一下來裹好翻糖。用糖果浸漬器或叉子取出糖果時，滴掉多餘的翻糖液，就放入用蠟紙襯底的盤子裡。把浸裹好的糖果放入冰箱十五到二十分鐘，以待其變硬凝固。

關於用翻糖裹覆花色小糕點或其他糕點的指示說明，見157頁。

基本翻糖（Basic Fondant）（約1又1/4磅）

請閱讀上述「關於翻糖漬」的說明。在一只大型的厚平底鍋裡混合：

1杯水

3杯糖

煮到滾沸，偶爾攪拌一下，煮到糖溶解為止。撒上：

1/4小匙塔塔粉

這可能會煮滾糖漿，因此要拿根長柄木湯匙備用攪拌。用浸過溫水的糕點刷刷下沾黏在鍋壁的糖晶，放入一支溫熱的糖果溫度計到沸煮的糖漿中，繼續烹煮但不再攪拌，煮到112度的軟球階段，就立刻把煮好的糖漿倒在不透水的檯面上，如輕灑過水的大理石板或烘烤淺盤，記得要讓煮鍋傾斜遠離自己，期間不要刮到鍋底。讓糖漿靜置冷卻20到30分鐘（此時烘烤淺盤裡的混合物會變得更濃稠，冷卻時間因而可能會超過30分鐘）。當你可以把手放在翻糖上方而不會感到溫度上升時，即可用指尖觸碰測試翻糖的一角，如果留下了凹痕的話，那表示可以開始做翻糖了。

用糖果刮刀或金屬刮刀來提起和摺疊翻糖，進行時一定要由外往中心來動作，繼續這個動作直到糖漿混濁、變白，整個團塊變厚但有彈性。在這個階段，用沾滿糖粉的雙手好好揉壓，把翻糖搓成球形，用掌緣向外推出，再用糖果刮刀收回翻糖，重複動作直到表面滑順且呈乳脂狀，即可用保鮮膜包緊翻糖球，或是把翻糖球放入可封口的塑膠袋裡，待冷卻至室溫溫度，再封袋放在涼爽的地方過夜以熟化翻糖；每多放一天，味道就會更好。倘若想讓翻糖放上數星期或數月的話，就要放入冰箱。

假如不小心煮過頭了，翻糖會硬到無法揉壓，此時就要再煮一次：放入置於快沸騰的水上方的蒸鍋頂層，加入2/3杯熱水，開始烹煮並時時攪拌，直到翻糖完全液化為止，然後倒入乾淨的厚平底鍋中，再次煮到沸騰。用浸過溫水的糕點刷刷下沾黏鍋壁的糖晶。在鍋中放入一支溫熱的糖果溫度計，繼續烹煮但不再蓋鍋也不要攪拌，如此煮到混合物達112度的軟球階段。按上述說明冷卻、攪拌和揉擀。當翻糖可以使用時，準備好：

糖粉，用來鋪撒工作檯面

上色時，翻糖要放在鋪撒了糖粉的工作檯面上，在上頭劃下幾刀，並用牙籤在上頭壓點微量的食用色膏，只要1/8小匙的分量就可以創造出鮮明的顏色。揉壓摺疊翻糖以便讓顏色可以均勻分布，用同樣的方式來為翻糖添味。你可能會想用有麵團攪拌鉤的立式攪拌器處理，然後才徒手揉壓。使用以下一種材料來添味：

1到2小匙香草、杏仁萃取液、玫瑰水或橙花水

3到5滴薄荷油或大茴香油

1大匙柑曼怡香橙干邑甜酒、櫻桃白蘭地、覆盆子白蘭地或其他利口酒

2小匙柳橙皮絲或檸檬皮絲

1/2杯甜味椰絲或椰片

2到4盎司融化冷卻的苦甜、半甜、牛奶或白巧克力

1/3杯胡桃或榛果奶油

1/2杏仁或核桃碎粒，要烘烤過

1/3杯剁細碎的櫻桃乾、糖漬橙皮或糖薑

捏塑翻糖時，要確定翻糖為室溫溫度。在工作檯面上撒上滿滿的糖粉，你或許會發現一次處理一半的翻糖比較容易，用雙掌揉壓成長圓筒狀，再切成糖果大小或放入模具塑形。

若要使用液狀翻糖，雙層蒸鍋底層放入快煮沸的水來加熱頂層的翻糖。假如過稠的話，每次加入1大匙熱水來烹煮到你想要的濃稠度，但別把翻糖煮到超過60度，翻糖可能會因而過硬。

關於用翻糖裹覆糕點或花色小糕點的說明，見157頁。

生翻糖（Uncooked Fondant）（約1又1/2磅；約75個1吋小圓球）

這是糖果或糖果內心的生翻糖版本，做起來很快又很簡單，不過不會像烹煮版本那樣奶濃，可以用同樣的方式加以添味或上色。小孩子很喜歡把生翻糖（或杏仁膏，307頁）做成南瓜、火雞、聖誕樹或其他樣式。縱然質地類似黏土，但嚐起來實在是好吃太多了！

在一只大碗裡將以下材料打到軟性發泡：

1/2杯（1條）無鹽奶油

3/4小匙香草

1/4小匙鹽

（1小匙杏仁萃取液、1/2小匙薄荷萃取液或1/2小匙柳橙或檸檬萃取液）

相當緩慢地加入以下材料，打到相當鬆軟：

2/3杯甜煉乳

1次加入1杯：

5杯過篩的糖粉

在工作檯面撒上：

1杯過篩的糖粉

把翻糖翻放到工作檯面上，在糖粉中揉壓做出一顆顆的1吋小圓球，可以用在內心加入葡萄乾、堅果或一點糖漬水果，接著將小圓球放入冰箱冷藏到變硬。

巧克力翻糖（Chocolate-Dipped Fondant）

「糖果，」美國女詩人桃樂絲・巴克（Dorothy Parker）曾如此提醒我們：「是奢侈的。」而沾裹巧克力的糖球絕對會引起一陣騷動。

準備上述的基本翻糖或生翻糖，按你的口味添味，做成1吋小圓球備用。調溫，1磅品質佳的苦甜、半甜、牛奶或白巧克力。依照「沾浸式松露巧克力」，276頁的說明，將翻糖放入巧克力中沾浸一番。

薄荷薄片（Peppermint Wafers）（約1磅；約36個1吋薄片）

在茶點和優雅午宴風行的年代，女主人會用這款翻糖薄餅做為裝飾和（或）餐前招待。假如你想要恢復這個習俗的話，見「關於裝飾用途的糖霜」，152頁的說明。想要做出更甜美豐滿的糖果的話，可以用淡紅糖取代一半的砂糖。

在一只大型的厚平底鍋裡以中火混合：

2又1/2杯糖

1杯濃鮮奶油

2大匙切小塊的無鹽奶油

攪拌到糖溶解為止，再加入：

1/4小匙塔塔粉

繼續按「基本翻糖」的指示烹煮及冷卻。放入底下有接近沸騰熱水的蒸鍋頂層來烹煮，攪拌到其溫度觸摸剛好溫熱，且混合物可以順著湯匙輕易流動，必要時加點水，但別煮到超過60度，否則混合物可能會煮得太稠。離火，混合：

1大匙軟化的無鹽奶油

10滴薄荷油

加到翻糖中並攪拌到滑順。喜歡的話，可以添加：

（幾滴綠色食用色膏）

用羊皮紙或蠟紙襯墊烘烤淺盤，並撒上：

過篩的糖粉

用小匙把混合物滴落到淺盤上，必要時用另一根湯匙推落混合物，以濕潤的指尖輕輕拍打壓平尖端。假如翻糖在小糕點成形前就變硬了，就要放回雙層蒸鍋再加熱融化。一旦小糕點變硬成形後（約5到10分鐘），將一把小曲柄抹刀浸到溫水並甩乾，接著開始小心鬆開小糕點的邊緣，然後抹刀滑入小糕點下方，如此就可將小糕點翻面，移放到另一只襯底的烘烤淺盤上，靜置乾燥到摸起來很硬而且沒有任何濕潤的跡象。

調溫：

1磅品質佳的苦甜、半甜、牛奶或白巧克力

依照275頁的說明將薄荷小糕點浸裹巧克力，即可裝入糖果紙杯中，以蠟紙隔層儲存在密封儲存盒中來存放，室溫中可以存放至多10天，放入冰箱則可保存2個月。要在室溫溫度時食用。

歌劇鮮奶油糖或內心（Opera Creams〔or Centers〕）（約1又1/4磅；64個1吋小方塊）

歌劇鮮奶油糖就是黃褐色的翻糖，是為了維多利亞時期的歌劇劇迷所創造出來的點心。由於當時在公共場合咀嚼食物是不禮貌的行為，這些入口即溶的小糖果因而使得歌劇劇迷得以在觀看表演可以不冒失地享用這些甜食。歌劇鮮奶油糖一般都會沾浸巧克力。

將以下材料放入一只大型的厚平底鍋中：

2杯糖

3/4杯濃鮮奶油

1杯全脂牛奶

2大匙淡玉米糖漿

1/8小匙鹽

以小火煮沸，要攪拌到糖溶解。用浸過溫水的糕點刷刷下沾黏在鍋壁的糖晶。繼續以小火烹煮，偶爾攪拌一下才不會燒焦，煮到混合物的顏色變成中度黃褐色且達112度的軟球階段。這個過程要花上30到35分鐘，不要為了要加速製程而調高火候。混合物一開始會出現分離的狀況，但是繼續煮下去就會混在一塊。把混合物倒到強力攪拌器的攪拌碗中，靜置冷卻至43.3度。

加入：

1小匙香草

用攪拌器的攪拌槳以中速攪打混合物，直到變得濃稠、看似乳脂狀、且失去了些許光澤為止，接著就倒入輕抹了油的烘烤淺盤裡，輕柔擀壓到糖果變硬而可以維持形狀為止，然後就輕拍成8吋的方形，約1/4吋厚。不要覆蓋，讓歌劇鮮奶油糖在淺盤中靜置隔夜而熟化。

隔日，用輕抹了油的刀子把歌劇鮮奶油糖切成1吋的小方糖，切完後分別放入糖果紙杯中，在室室溫度時食用。

如果你要將歌劇鮮奶油糖沾浸巧克力的話，調溫：

8盎司品質佳的苦甜或半甜巧克力

依照275頁的說明沾浸內心。

儲存在密封儲存盒中，放入冰箱可保存至多1個月。

| 關於牛軋糖 |

牛軋糖是有嚼勁的堅果糖果，有時會添加糖漬水果，是用煮過的糖漿混合硬性發泡的蛋白所做成的糖果。傳統的牛軋糖會用可食的米紙（rice paper）壓層而成，米紙的義大利文是*ostia*，德文則是*Oblaten*，可以購自某些超市和食品店、亞洲市場、蛋糕裝飾和糖果用品店，或是以郵購或網購的方式自糖果供應商取得，也可以使用可食用的麥紙（wheat paper）。鋁箔紙也可以做為代用品，但是食用前要記得移除。

牛軋糖很怕潮濕，會變軟且變得濕濕水水的，因此最好是在乾燥時日製作。

經典牛軋糖（Classic Nougat）（約1又1/4磅；24個2½×1吋的條棒）

這個食譜要用到杏仁和開心果，但是也可以用等量的汆燙去皮的榛果和（或）核桃來替代。

請閱讀以上「關於牛軋糖」的說明。在一個8吋方烤盤裡鋪上可食米紙或抹了奶油的鋁箔紙做為襯底。

在一只大型的厚平底鍋裡混合：

1/2杯水
1又1/2杯糖
1又1/4杯淡玉米糖漿

以小火烹煮到沸騰，以長柄木湯匙攪拌到糖溶解，用浸過溫水的糕點刷刷下沾黏在鍋壁四周的糖晶。在鍋中放入一支溫熱的糖果溫度計，火候調至中火繼續烹煮但不攪拌，煮到135度的軟裂階段。

同時，在裝上打蛋器的強力攪拌器的攪拌碗中放入：

2顆室溫溫度的大蛋白

糖漿還在烹煮時，就以低速開始緩慢攪打蛋白。當糖漿煮到接近軟裂階段之際，把攪打速度增為中速，所以糖漿煮到135度時，蛋白也同時打成硬性發泡的狀態。

把攪拌器調成高速，以緩慢平穩的流速，把糖漿加到打過的蛋白中，要注意別倒到打蛋器上，繼續攪打10到12分鐘，直到混合物溫度降至溫熱而不再滾燙。

打入：

2大匙軟化的無鹽奶油，要切小塊

從攪拌碗裡取出牛軋糖，接著切拌入：

1杯杏仁切片，稍微烘烤過
1/2杯去殼開心果，要烘烤過
（1/2杯剁碎的櫻桃乾或糖漬櫻桃，或是糖漬柳橙皮）

將混合物均勻平鋪在備妥的烤盤裡——你可能還需要用手將之攤平。在上頭鋪上另一層可食米紙，接著放上另外一只8吋方烤盤，輕輕下壓來壓平混合物，使得米紙能夠黏合。

在頂層烤盤上面再放上罐頭或其他重物，在室溫下靜置過夜。

移除上面的烤盤和重物，用薄刀沿著烤盤邊緣下劃以便鬆開牛軋糖，就取出倒放到在砧板上，用輕抹了油的刀子將牛軋糖切成條棒，用玻璃紙或保鮮膜包好每一根條棒，裝入密封儲存盒中存放，在室溫中可以放上1星期，放入冰箱則可保存3星期。要在室溫溫度時食用。

奶油蛋白糖（Divinity）（約1又1/2磅；約30個1又1/2吋圓糖）

奶油蛋白糖是經典的美國南方糖果，跟「棉花糖」（見下一食譜）和「牛軋糖」是近親。奶油蛋白糖素以難做聞名，不過，只要你有強力攪拌器，並選擇乾燥日子製作，其實是一點都不難的。海洋泡沫糖其實就是奶油蛋白糖，不過就是以紅糖取代白糖，並以濃玉米糖漿取代淡玉米糖漿。倘若想為食譜裡增添一股令人愉悅的南方氣息，可用小火烹煮加入1/3杯雪利酒來豐富葡萄乾，煮好後瀝乾多餘的雪利酒，並且要先冷卻葡萄乾才加到糖果裡。

用一只大型的厚平底鍋以中火煮沸：

1/2杯水

1/2杯淡玉米糖漿

加入：

2杯糖

烹煮到沸騰，要攪拌到糖溶解。用浸過溫水的糕點刷刷下沾黏在鍋壁的糖晶，在鍋中放入一支溫熱的糖果溫度計，以中火繼續烹煮但不再攪拌，煮到硬球階段（121度到124度）。

同時，在裝上打蛋器的強力攪拌器的攪拌碗中放入：

2顆室溫溫度的大蛋白

以中速攪打蛋白，打到硬度可以維持形狀為止。

攪拌器繼續運作時，以細緩平穩的流速，把糖漿加到打過的蛋白中，要注意別倒到打蛋器上。一旦蛋白的體積增大了，你可以加快倒入和攪打的速度。用中速攪打12到15分鐘，或是打到混合物變得濃稠、蓬鬆且降溫為止。

切拌入：

1杯胡桃或核桃碎粒

1杯黃金葡萄乾

1小匙香草

在輕抹了油的烘烤淺盤上，落放1湯匙分量的混合物，做出1又1/2吋的小圓糖，你或許需要用另一根湯匙來幫忙自湯匙推落黏膩的混合物，完成後靜置冷卻。

奶油蛋白糖很快就會變乾，儲藏不易，可以裝入以蠟紙隔層的密封儲藏盒，在室溫下放上幾天。

棉花糖（Marshmallows）（約1又1/4磅；108個1吋方形棉花糖）

居家自製的棉花糖跟店裡買的很不一樣，味道好到你無法想像。除非你有強力攪拌器可以為你攪打食材，否則就千萬別試著自己動手做棉花糖。

在一只中碗裡混合：

1/4杯玉米澱粉

1/4杯糖粉

把一部分的以上混合物輕撒於抹了油的9×13吋的烤盤上，剩下的就留著備用。

將以下材料倒入強力攪拌器的攪拌碗：

1/2杯水

在水面上撒上：

4包（3大匙）原味膠質

靜置5分鐘來軟化膠質，接著把攪拌碗放在裝了快沸騰的熱水的鍋子上方約2到3分鐘，直到膠質溶解即可，即可放回裝上打蛋器的強力攪拌器上待用。

用一只大型的厚平底鍋混合：

2杯糖

3/4杯淡玉米糖漿

1/2杯水

1/4小匙鹽

以小火烹煮到沸騰，需要的話，要用長柄木湯匙攪拌到糖溶解。用浸過溫水的糕點刷刷一刷鍋壁，在鍋中放入一支溫熱的糖果溫度計，調至大火繼續烹煮但不再攪拌，煮到固球階段（118度到119度），但不要煮到超過這個溫度，否則會做出硬棉花糖。離火。

攪拌器繼續以中速運作時，用細緩平穩的流速，把糖漿緩慢加入膠質中，要注意別倒到打蛋器上，期間千萬別刮到鍋底，攪打10到15分鐘，直到混合物變得濃稠蓬鬆，不過仍是溫熱而可以傾倒的濃稠度。加入：
2大匙香草
將混合物放到備妥的烤盤中，靜置到完全冷卻，接著以鋁箔紙輕輕覆蓋，靜置乾燥4到6小時或是硬度可以切割為止。
在廚用剪刀上撒上：
玉米澱粉
從烤盤取出棉花糖，用以上的廚用剪刀剪成一個個1吋的小方塊（想要浮放在可可上的話，就要剪得更小）。
在棉花糖上撒上剩下的糖粉混合物，即可裝入以蠟紙隔層的密封儲藏盒在室溫下存放。

| 關於太妃糖 |

假如你渴望再次做出古早味的拉糖，要確定自己有著強勁的胳膀。不過，假如你決定要常常做太妃拉糖的話，你會發現購買一個糖果鉤是很值得的投資。糖果鉤通常會掛在離地面至少六呎高的地方，拉出的糖繩會不斷重複甩勾在上頭，其他就交給地心引力了。

當太妃糖的糖漿煮到指示的溫度時，➡就要緩慢地倒在抹了油的大理石板或烘烤淺盤上。➡倒糖漿時，煮鍋要遠離自己而且只離大理石板面幾吋的高度，如此一來，危險的熱糖漿才不會濺燙到自己，並讓糖漿稍加冷卻一下。➡這是為太妃糖添味的時刻，使用調味精油，見「關於硬糖」，299頁，就直接灑在熱糖漿上，少量即可，因為這些調味精油都具有強烈味道。假如想加巧克力的話，得要研磨過才倒入抹了奶油的大理石板上的糖漿裡。等到拉糖時，再加入堅果、水果和椰子。

用糖果刮刀或金屬刮刀開始把糖漿做成一大團塊，努力翻轉到糖塊降溫到可以用沾了油的指尖來觸碰為止。➡拿起團塊時要小心，因為有時表面已經冷卻了，但是內心卻依然滾熱，而在壓入糖塊時把你燙傷。煮到一三二度的太妃糖，應該在接近火源的地方進行拉糖動作，如此一來，太妃糖才不會變硬。一旦你可以用手拉起之後，就開始用指尖拉扯太妃糖，在雙手間將糖塊拉開約十八吋長，然後再翻摺在一塊，有節奏地重複以上的動作。當糖塊從黏膩的絡腮鬍狀拉成宛若閃閃發光的水晶緞帶，就可以一面摺疊拉扯，一面扭轉。➡拉扯到扭曲的脊狀部分可以維持住形狀。糖果會變得混濁、結實且有彈性，但是仍保有綢緞般的質地。依據烹煮過程、天候狀況和個人的拉糖技巧的不同，整個過程會花上五到二十分鐘。

備好➡撒了糖粉或玉米澱粉的工作檯面。用雙手把太妃糖滾成球形，再用指緣下壓出一個窄點，一手抓住窄點，開始從球體向外拉扯而做出約四分之三吋厚的糖繩，讓糖繩如蛇般掉落在撒過粉的工作檯面上，用抹了奶油的廚用剪刀裁剪出你想要的大小，靜置冷卻。

假如你不想要個別包裝每顆糖果，就把太妃糖放入撒了粉的密封錫鐵罐裡。有些太妃糖，特別是加了許多鮮奶油的糖果，自行會從有嚼勁的拉糖變成乳脂質地的糖果。有時候 ，這種情況在切割完沒多久就會出現；有時候則在十二小時後才發生。倘若出現乳脂化的情形，太妃糖只要接觸到空氣就會變乾，因此一定要用錫箔紙包好，並儲存在密封的錫鐵罐裡。

香草太妃糖（Vanilla Taffy）（約12盎司；約60顆）

這是經典太妃糖，可以用無限方式加以調味——譬如，巧克力、椰子、糖漬柑橘皮或堅果碎粒等等。這也會拿來做成古早味的太妃拉糖：親朋好友分隊，看看誰可以先做完拉糖。對小孩子來說，這些將是充滿回憶的活動。

請閱讀上述「關於太妃糖」的說明。在一只中型的厚平底鍋裡混合：

1杯糖
1/4杯水
1/4杯淡玉米糖漿

以小火烹煮，攪拌到糖溶解。用浸過溫水的糕點刷澆刷鍋壁四周。在鍋中放入一支溫熱的糖果溫度計，調至中火繼續烹煮，不要加蓋，也不攪拌，煮到硬球階段的最高溫129度（若想做較軟的太妃糖，混合物要煮到121度；如果是較硬的質地，就要煮到132度的軟裂階段）。

離火，火速拌入以下材料，用木湯匙攪拌到完全溶解：

2大匙軟化的無鹽奶油
1大匙蒸餾白醋
2小匙香草

小心地把糖漿倒在抹了油的大理石板或抹了油的冰冷有邊烘烤淺盤上，別刮到鍋底，讓混合物靜置3到5分鐘稍微冷卻一下。假如你想加入調味油，此時就可以灑一些在混合物上。用堅固的刮刀或抹刀開始從混合物的邊緣摺入中央部分，不停地刮抹摺疊，直到混合物冷卻到可以處理為止。用抹了油或奶油的指尖把混合物集中做成圓球，開始拉扯、摺疊和扭曲的動作，持續到太妃糖變混濁且結實到出現薄脊部分即可。在檯面撒上：

糖粉或玉米澱粉

把太妃糖做成3/4吋粗的糖繩，讓糖繩掉落在工作檯面上，用抹了奶油的廚用剪刀剪成1吋大小的糖塊。

儲存方式，見「關於太妃糖」的說明。

巧克力太妃糖（Chocolate Taffy）

準備香草太妃糖，不過糖漿只煮到126度；添加的巧克力會讓完成的混合物變得很硬。將糖漿倒到烘烤淺盤後，撒上3盎司磨碎的苦甜、半甜或牛奶巧克力，再按指示完成製程。

椰子太妃糖（Coconut Taffy）

準備香草太妃糖。將糖漿倒到烘烤淺盤後，撒上2/3杯輕烤過482頁的甜味椰絲，按照指示完成製程。不過，由於添加的椰子會讓拉扯延展過度的太妃糖從中間破裂，拉扯太妃糖時，拉到8到12吋間的長度就要往內反摺。

鹽水太妃糖（Saltwater Taffy）（約1又1/2磅；約60顆）

這款有名的太妃糖是美國紐澤西的特產，當地傳統上會用海水來做這種糖果。不像其他種類的太妃糖，這種鹽水版本不會出現乳脂化的情形。這並不是因為其中含鹽的緣故，而是裡頭添加了甘油，以及與烹煮溫度比其他太妃糖要來得低有關，而糖果供應店皆買得到食用甘油。

在一只大型的厚平底鍋裡混合：

2杯糖
1又1/2杯水
1杯淡玉米糖漿
1小匙鹽
1大匙食用甘油

以小火烹煮，攪拌到糖溶解，並用浸過溫水的糕點刷澆刷鍋壁。煮到沸騰，在鍋中放入一支溫熱的糖果溫度計，調至中高火繼續烹煮，不要攪拌，煮到硬球階段的121度，即可關火。

加入：

2大匙無鹽奶油

攪拌到奶油完全融化，接著小心地把糖漿倒在抹了油的大理石板或抹油並經冷卻的帶邊烘烤淺盤上，別刮到鍋底，讓混合物靜置3到5分鐘直到稍微冷卻。假如你想要做出其他口味的太妃糖，就把糖漿倒到另外的大理石板或烤盤上，用以下材料來添加味道和顏色（巧克力不只可以增添太妃糖的顏色，也會增加味道）：

肉桂油和紅色食用色膏
柑橘油或香蕉油和黃色食用色膏
薄荷油或荷蘭薄荷油和綠色食用色膏
研磨過的苦甜、半甜或牛奶巧克力

讓糖漿冷卻到不再冒出熱氣，而且用指尖加壓會留下凹痕。使用糖果刮刀把糖漿聚成一團，進行提起、翻轉和摺疊的動作。混合物冷卻到了可以拉糖的狀態，就用抹了油或奶油的指尖把混合物做成圓球，開始拉扯、摺疊和扭曲，重複到太妃糖變濁、結實且有彈性，但可以維持薄脊狀的狀態。

在檯面撒上：

糖粉或玉米澱粉

把太妃糖拉成3/4吋粗的糖繩，就讓糖繩甩落在工作檯面上。用抹了奶油的廚用剪刀割剪成1吋大小的糖。做好的太妃糖仍舊有嚼勁又黏膩，常會彼此沾黏成一團。包裝和儲存方式，見「關於太妃糖」的說明。

薄荷拉糖（Pulled Mints）（約1磅；約40顆）

這種糖果形似老式的小薄荷抱枕。

用一只大型的厚底平底鍋裡煮沸：

1杯水

加入以下材料，攪拌到糖溶解：

2杯糖
1/4小匙塔塔粉

用浸過溫水的糕點刷澆刷鍋壁四周，以中火烹煮到糖漿沸騰，接著再次刷一刷鍋壁，放入一支溫熱的糖果溫度計到鍋裡，調至中高火繼續烹煮，不要攪拌，煮到約128度的硬球階段（如果要的是較硬的質地，就要煮到132度的軟裂階段），即可離火，小心把糖漿倒在抹了油的大理石板或抹了油的冰冷有邊烘烤淺盤上，期間別刮到鍋底。

用滴管或牙籤沾浸以下材料來灑上：

6到8滴薄荷油

不要用攪拌方式把油加到混合物裡。讓糖漿冷卻到不再冒出熱氣，而且用指尖加壓會留下凹痕，即可用糖果刮刀把糖漿聚成一團，進行提起、翻轉和摺疊的動作。當混合物冷卻到了可以徒手拉糖的狀態，就用抹了油或奶油的指尖把混合物做成圓球，開始拉扯、摺疊和扭曲，直到太妃糖變濁、結實且有彈性，但可以維持薄脊狀的狀態。
在檯面撒上：
糖粉或玉米澱粉
把太妃糖拉出3/4吋粗的糖繩，就甩落在工作檯面上，用抹了奶油的廚用剪刀將糖繩剪成1吋大小的糖塊。為了讓這種太妃糖乳脂化，要放入有蠟紙隔層的密封儲存盒中；這可能需要30分鐘或是靜置過夜。當糖果乳脂化之後，要分別用玻璃包好，可以在室溫下用密封儲存盒加以保存。

鮮奶油拉糖（Cream Pull Candy）（約1又1/2磅；約60顆）

這是介於焦糖糖果和太妃糖之間的柔軟奶油糖。這種糖果做起來難以捉摸，不適合在炎熱或潮濕時日製作。
用一只大型的厚底平底鍋裡煮沸：
1杯水
加入以下材料，攪拌到糖溶解：
3杯糖
1/2小匙鹽
1/4小匙蘇打粉
用浸過溫水的糕點刷澆刷鍋壁四周，將糖漿煮到沸騰。在鍋中放入一支溫熱的糖果溫度計，調高火候，不要攪拌，繼續煮到軟球階段（112度到114度）。
將火調小，但是不要讓糖漿溫度低於107度。加入以下材料，每次加1小匙，才不會加得太快而改變混合物的濃稠度，但不可使用攪拌方式：
1杯濃鮮奶油
1/4杯（1/2條）無鹽奶油，要切小塊
用中火烹煮，不要攪拌，煮到比硬球階段高出幾度的溫度，約125度，即可離火。小心地將糖漿倒在抹了油的大理石板或抹了油的冰冷有邊烘烤淺盤上，傾倒時要掃動延展糖漿，別刮到鍋底。讓糖漿冷卻到不再冒出熱氣，而且用指尖加壓會留下凹痕，即可用糖果刮刀把糖漿聚成一團，進行提起、翻轉和摺疊的動作。當混合物冷卻到了可以徒手拉糖，就用抹了油或奶油的指尖把混合物做成圓球，開始拉扯、摺疊和扭曲，重複到太妃糖變濁、結實且有彈性，但可以維持薄脊狀的狀態。團塊會還有點溫熱，但是此時就不要繼續拉糖，否則可能會出現結晶和變硬的狀況
在檯面撒上：
糖粉或玉米澱粉
把太妃糖拉成3/4吋粗的糖繩，就讓它甩落在工作檯面上。用抹了奶油的廚用剪刀切剪成1吋大小的糖。為了讓這種太妃糖乳脂化，要放入有蠟紙隔層的密封儲存盒中；這可能需要30分鐘或是靜置過夜。
當糖果乳脂化之後，要分別用玻璃紙包好，在室溫下用密封儲存盒加以保存。

|關於硬糖|

歸類為硬糖的特製糖果，包括了脆糖、太妃硬糖、堅果硬糖、奶油糖果和棒棒糖，這些都要烹煮到高溫，多數要到硬裂階段（一四九度到一五五度），有些甚至要煮到更高溫的淡焦糖階段（約一六〇度）。硬糖的敵人是濕氣，你

或許要把糖漿溫度煮到高出五度，才能填補潮濕氣候所帶來的影響，因此，我們建議你不要在雨天動手做硬糖。

一定要用厚底平底鍋來做硬糖，以長柄木湯匙或耐熱矽膠抹刀來攪拌到糖溶解，且混合物煮沸為止。煮糖漿時，要用浸過溫水的糕點刷澆刷鍋壁四周幾次，如此才不會出現糖結晶。如果食譜指示使用甘油，一定要購買不是標示「只能外部使用」的瓶罐；你要用的是食用甘油。一旦煮沸糖漿後，就停止攪拌，用大火快速烹煮，如此糖漿的顏色才會保持清澈而沒有結晶。煮好混合物之後，就可倒在抹了油的大理石板或抹了油的冰冷有邊烘烤淺盤上，倒糖漿的時候，要讓煮鍋遠離自己並且貼近板面，如此一來，熱糖漿就不會濺燙到你。除非另有指示，不要刮到鍋底。

為糖果添味時，要選用專為硬糖製作的濃縮油，因為其味道可以經得住糖漿的高溫，反之酒精萃取液的味道可能在高溫下揮發不見。棒棒糖和其他有顏色的硬糖要用食用色膏來上色。

硬糖冷卻後，用方形玻璃紙或保鮮膜包好，放入密封儲存盒在室溫下加以保存。硬糖很容易吸收空氣的濕氣而變得黏膩或變軟碎裂，不過，只要有妥善密封，就可以存放二到三星期。

花生脆糖（Peanut Brittle）（約1又1/4磅）

在美國南方，花生脆糖有時也稱為落花生糖（groundnut candy）；落花生其實就是花生的別稱。如同太妃糖，不透明的花生脆糖需要經過拉糖步驟；這是以抹了奶油的指尖趁熱進行的動作。許多脆糖行家使用的是生堅果，直接加入糖漿一起烹煮；有些人則偏好烘烤過的堅果。依照個人喜愛，也可以用其他堅果或堅果組合來替代花生。要用毛巾搓一搓加了鹽的花生，以減少糖果鹹度。這款糖果會越放越香。

在一只大型的厚平底鍋裡混合：

2杯糖

1杯淡玉米糖漿

1/2杯水

1/4小匙塔塔粉

以小火煮沸，攪拌到糖溶解，並用浸過溫水的糕點刷澆刷鍋壁四周。在鍋中放入一支溫熱的糖果溫度計，調高火候，不要攪拌，繼續煮到129度的硬球階段。離火，快速用木湯匙拌入：

3大匙無鹽奶油，要切小塊

1/4小匙蘇打粉

放回爐上繼續烹煮，不要攪拌，煮到148.8度的硬裂階段。加入：

2杯西班牙花生、胡桃或切碎的巴西堅果，或以上的任一組合，要烘烤過

用輕抹了油的木湯匙或矽膠抹刀，攪拌到糖漿完全裹住堅果為止，即可離火，快速拌入：

1小匙香草

小心地把糖漿倒在抹了油的大理石板、抹了油的冰冷有邊烘烤淺盤、矽膠襯墊或抹好油的鋁箔紙上；你可以刮鍋底以便倒出所有混合物，但是動作要快。用輕抹了油的木湯匙盡快鋪平混合物，接著就讓混合物靜置2到5分鐘。
用抹油的曲柄抹刀弄鬆混合物。戴上抹了厚奶油的塑膠手套，一邊使用抹刀提起脆糖，一邊用手溫柔拉扯延展，把脆糖拉得極薄。如果在未完全拉好前就變硬，可以放回平底鍋於中火爐火上方6到8吋的距離重新加熱，煮到脆糖變軟而可以再次延展為止，完成後靜置至完全冷卻。
將脆糖碎裂成小塊，儲存在用蠟紙隔層的密封保存盒裡，室溫下可存放至1個月。

太妃硬切糖（Scotch Toffee）（約1又1/2磅）

這種古早味的美國南方糖果，使用的是汆燙去皮的杏仁碎粒來取代花生，而且會添加巧克力。
將一只10×15吋帶邊烘烤淺盤塗抹：
2大匙軟化的無鹽奶油
準備：
花生脆糖
但要用以下材料來替代花生：
2杯汆燙去皮的杏仁碎粒
先把堅果攪拌入熱糖漿，再把混合物倒到備妥的淺盤裡。用抹油的曲柄抹刀把脆糖平鋪至淺盤的每個角落，靜置冷卻5到10分鐘。
將雙層蒸鍋放於熱水上方來融化於頂層的：
4盎司苦甜或半甜巧克力
將一半的巧克力澆倒在脆糖上，糖面要鋪覆完全。
撒上：
1/2杯汆燙去皮的杏仁細粒，要烘烤過
把糖果放入冰箱10分鐘以便凝固巧克力，之後倒放在一只大蠟紙上，鋪上剩下的一半巧克力，若有必要，可再溫熱一下巧克力才抹到糖果上。
撒上：
1/2杯剁細碎的杏仁，要烘烤過
把糖果再次放入冰箱以使巧克力凝固。
將太妃硬糖弄碎成小塊，儲存在用蠟紙隔層的密封保存盒裡，室溫下可存放至1個月。

芝麻脆糖（Sesame Seed Brittle）（約1又1/2磅）

這是充滿了胡麻籽（benne）或芝麻籽的美國南方特產。
在一只大型的厚平底鍋裡混合：
1又1/2杯糖
3/4杯淡玉米糖漿
1/4杯（1/2條）軟化的無鹽奶油
以小火烹煮攪拌到糖溶解，並用浸過溫水的糕點刷澆刷鍋壁四周。在鍋中放入一支溫熱的糖果溫度計，煮沸混合物，期間不要攪拌，煮到166度的淡焦糖階段。
離火，用輕抹了油的木湯匙快速拌入：
2杯芝麻籽，要烘烤過
接著拌入：
1又1/2小匙香草
小心地把混合物倒在大理石板、抹了油的烘烤淺盤或是塗油的鋁箔紙上；用木湯匙鋪薄混合物，靜置至完全冷卻。
將脆糖碎裂成小塊，儲存在用蠟紙隔層的密封保存盒裡，室溫下可存放至多1個月。

英式太妃硬糖（English Toffee）（約1又1/2磅）

雖然太妃硬糖比太妃糖硬，但依舊黏膩、嚼勁十足，我有位朋友就戲稱這是「牙醫師的特產」。

以矽膠襯墊或強力鋁箔紙鋪襯13×9吋的烤盤，兩端窄邊要多鋪垂2吋的鋁箔，再用防沾噴霧油替鋁箔紙上一層塗層。

在一個大型的厚平底鍋裡混合：

1又3/4杯糖
1杯濃鮮奶油
1/2杯（1條）無鹽奶油
1/8小匙塔塔粉

以小火烹煮攪拌到糖溶解，並用浸過溫水的糕點刷澆刷鍋壁四周，煮沸後，再沸煮3分鐘。在鍋中放入一支溫熱的糖果溫度計，不時攪拌，煮到約138度的軟裂階段，糖漿色澤淺而質地濃稠。

離火，用木湯匙拌入：

2小匙香草或1大匙黑蘭姆酒

把糖果倒入預備的烤盤，靜置冷卻3分鐘。在熱太妃硬糖上撒上：

4盎司剁細碎或磨碎的苦甜、半甜或牛奶巧克力

靜置1到2分鐘，接著用小曲柄抹刀將太妃硬糖均勻平鋪，在上頭撒上：

1/2杯杏仁碎粒，要烘烤過

把太妃糖放入冷藏20分鐘以便凝固巧克力。之後，太妃硬糖折碎成小塊，儲存在用蠟紙隔層的密封保存盒裡，室溫下可存放1個月。

奶油脆糖（Buttercrunch）（約2又1/2磅）

用矽膠烘焙襯墊或強力鋁箔紙鋪襯一只13×9吋的烤盤，兩端的窄邊要多鋪垂2吋的鋁箔，再用防沾噴霧油替鋁箔紙上一層塗層。

在一只大型的厚平底鍋裡混合：

2又1/3杯糖
3/4杯（1又1/2條）大塊切分的無鹽奶油
1/4杯淡玉米糖漿
2大匙水
1/2小匙鹽

以大火煮沸，攪拌到糖溶解。用浸過溫水的糕點刷澆刷鍋壁四周。將火候調小繼續慢煨沸煮，並用木湯匙輕柔攪拌，煮到約160度的淡焦糖階段。拌入：

1又1/4杯杏仁切片，要烘烤過
1又1/4杯剁粗碎的胡桃或核桃，要烘烤過

繼續烹煮到杏仁變成豐膩的焦糖褐色，約3分鐘，留心不要煮焦混合物。

離火，馬上拌入：

2小匙香草

動作要快，要在混合物變硬前用湯匙背均勻地平鋪到備好的烤盤裡，靜置至完全冷卻，約1小時。將以下材料淋到太妃硬糖上：

8盎司融化的苦甜或半甜巧克力

淋上後要用抹刀或餐刀均勻鋪平，立即撒上：

1/2杯剁細碎的的堅果，要烘烤過，可以是一半杏仁和一半核桃或胡桃，或是其他分量的組合

用指尖輕輕地把堅果嵌入巧克力中，但不要完全埋入，放入冷藏到巧克力凝固即可。

將奶油脆糖碎裂成小塊，儲存在用蠟紙隔層的密封保存盒裡，在涼爽室溫下可存放至多3星期。

奶油糖果（Butterscotch）（約1又1/4磅；約80顆）

奶油糖果一煮好就會開始變硬，因此可能在烹煮前就要先割痕或塑形，而且動作要迅速，才能做出最棒的糖。假如不覆蓋而暴露於空氣中一段時間，奶油糖果會吸收濕氣而變得柔軟黏膩，不過，喜歡吃糖的家庭是不太可能發生這樣的事情。

如同「英式太妃硬糖」的做法，將一只13×9吋的烤盤襯及上油。

在一只大型的厚平底鍋裡混合：

2杯糖

2/3杯濃玉米糖漿

1/4杯水

1/4杯濃鮮奶油

以小火烹煮攪拌到糖溶解，並用浸過溫水的糕點刷澆刷鍋壁。將火候調為中大火，繼續烹煮到沸騰，要不斷攪拌，將一支溫熱的糖果溫度計放入鍋裡，繼續沸煮及攪拌，煮到149度的硬裂階段。

將糖果倒到預備的烤盤裡，不要刮到鍋底，靜置冷卻3到4分鐘。

用抹了奶油的刀子在糖果上刻劃出1吋的刻痕，靜置待其完全冷卻。

沿著刻痕把奶油糖果折裂小塊，用玻璃紙包好每顆糖果，或者是儲存在以蠟紙隔層的密封保存盒裡，在室溫下可存放至多1個月。

巧克力糖球（Chocolate Drops）（約1又1/4磅；約80顆）

假如你的補牙物料鬆動了，那就千萬別吃這種會讓人上癮的小糖。

用防沾噴霧油替烘烤淺盤稍上塗層，或者是在烘烤淺盤上排放3/4吋大小的糖果箔紙杯。混合：

1/4杯即溶咖啡粉、3大匙水

1大匙蘋果醋或其他溫和的醋

1/2小匙食用甘油

備好：

上述的奶油糖果

平底鍋離火，就立即把備好的咖啡混合液淋到糖漿上，用木湯匙輕柔攪拌均勻，從湯匙邊緣將糖漿滴落到烘烤淺盤上或個別的箔紙杯中，做出一顆顆3/4吋的小糖果。

冷卻後，用玻璃紙包好每顆糖果，儲存在密封保存盒裡，室溫下可存放至多1個月。

墨西哥柳橙糖球（Mexican Orange Drops）（約2磅）

加熱：

1杯奶水

同時，在平底深鍋裡融化：

1杯糖

當糖煮成了深棕色，慢慢拌入：

1/4杯滾水或柳橙汁

加入熱牛奶及以下材料，攪拌到糖溶解為止：

2杯糖

1/4小匙鹽

煮到沸騰，蓋鍋，再烹煮3分鐘，或是煮到鍋內蒸氣澆刷下鍋壁上的糖晶為止。將火候調小，掀蓋後繼續烹煮，不要攪拌，煮到112度的軟球階段。加入：

2顆柳橙皮絲

靜置冷卻。

把混合物攪打到乳脂狀。拌入：

1杯剁碎的堅果

從湯匙滴落糖球到以鋁箔紙襯底的烘烤淺盤上，冷卻後，用玻璃紙包好每顆糖果，儲存在密封保存盒裡，在室溫下可存放至多1個月。

棒棒糖（Lollipops）（約1又1/2磅；約24根1大匙大小的棒棒糖）

雖然棒棒糖就不過是木棒端上的一坨硬糖，但是這坨硬糖卻是千變萬化的呀！你可以變化出無窮盡的口味、顏色、大小和形狀——不只是扁平或球形，還可以用鑄鐵或塑膠模具（都可自糖果供應店或網路供應商購得）做成拐杖糖、聖誕老人、復活節兔子和其他許多造型的糖果。

為棒棒糖調味時，一定要使用超濃縮香味精油，而不是在熱糖漿中會迅速揮發的酒精基底的萃取液。你可以堅持使用如櫻桃、萊姆、檸檬和柳橙等棒棒糖的傳統口味，或是選擇如肉桂或大茴香等特別的味道。為棒棒糖上色的話，最好是要使用食用色膏，而不是色液。

用防沾噴霧油為棒棒糖模具稍加噴上塗層，接著插入木棒。或者，倘若做的是樣式不拘的棒棒糖，就將大理石板或烘烤淺盤輕抹一層油，再排上木棒，木棒間要預留足夠的空間。

在一只大型的厚平底鍋裡沸煮：

1杯水

離火，加入：

2杯糖

3/4杯淡玉米糖漿

1大匙無鹽奶油

放回爐上繼續以小火烹煮輕拌到糖溶解，並用浸過溫水的糕點刷澆刷鍋壁，在鍋中放入一支溫熱的糖果溫度計，將火候調為大火繼續烹煮，不要攪拌，煮到149度的硬裂階段，即可離火，用長柄木湯匙拌入調味物和（或）色膏。我們建議的口味為：

1/4小匙薄荷油或肉桂油

1/2小匙柳橙油、萊姆油或荷蘭薄荷油

1/8小匙大茴香油

為棒棒糖上色，拌入：

3到4點的微量食用色膏

假如你用的是模具，立刻填入熱糖漿；假如做的是形式不拘的棒棒糖，先讓糖漿降溫至110度到116度，接著才將1大匙的混合物滴落在每根棒棒糖木棒上頭。

一旦棒棒糖凝固冷卻之後，用玻璃紙個別包好，儲存在密封保存盒裡，可在室溫中存放至多1個月。

冰糖（Rock Candy）（約1磅）

冰糖看來就像是閃耀的糖鑽。在派對中，可以將碎冰糖放入碗裡堆得高高端上桌享用，或者是做為搭配咖啡的精緻糖品，不然用紅色或綠色食用色素來為冰糖染色，串上線繩就可做為聖誕節的裝飾品或是節慶時的主要餐桌裝飾。

在一只8吋鋁箔方烤盤的相對兩邊各打出7到8個1/2吋大小的洞孔，從一端洞孔至另一端來回穿結約7條線繩，接著將穿結線繩的烤盤放到另一只較大烤盤裡，較大的烤盤至少要有1吋深以便盛接溢滴的糖漿。在一只中型的厚平底鍋裡混合：

2又1/2杯糖

1杯水

些許塔塔粉

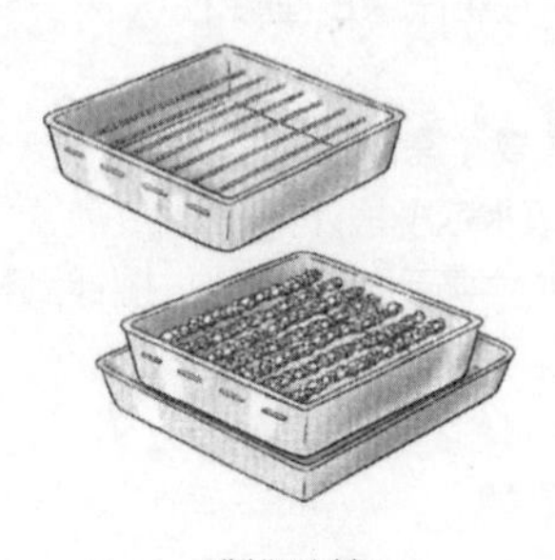

製作冰糖

以小火烹煮攪拌到糖溶解，並用浸過溫水的糕點刷澆刷鍋壁。在鍋中放入一支溫熱的糖果溫度計，將火候調為中火繼續烹煮，不要攪拌，煮到混合物達121度的硬球階段，即可離火，喜歡的話，用木湯匙快速拌入：

（3到4點的微量食用色膏）

將糖漿小心倒入備好的結繩的烤盤裡，不要刮到鍋底，糖漿應該要超過線繩1/2到3/4吋，用保鮮膜覆蓋烤盤，如此一來，你就可以觀察烤盤裡的變化而不會擠撞到烤盤。靜置在如烤爐等溫暖乾燥且不受干擾的地方，觀察並等待，在36到48小時之間，你應該就可以看到結晶開始形成，當糖漿都結晶了，即可取出結繩的烤盤，整個過程可能會花上幾天的工夫。剪斷線繩，自烤盤中取出冰糖並放入烘烤淺盤，送入預熱至90度的烤爐進行乾燥步驟。線繩可以留作裝飾之用，或是取出冰糖裝入密封保存盒裡於室溫中存放。

關於果仁糖和紅糖糖果

這兩款不同的糖果都是屬於果仁糖果（praline）。「果仁糖」是美國紐奧良的小餡餅狀的核桃糖果；法式果仁糖指的是包含杏仁或榛果的透明堅果脆糖，研磨成粉後會做成各式的甜點。美國紐奧良的果仁糖則有顯著的質地，其獨特處主要來自於趁溫熱時攪打糖漿混合物的結果；跟法國脆糖不同，紐奧良眾所皆知的潮濕氣候做出的是較柔軟且更像奶油軟糖般的糖果。紐奧良果仁糖要煮到約一一三度的軟球階段；法國脆糖則要煮到更高的溫度，要達到約一八〇度的中度焦糖階段。

紅糖糖果（penuche）嚐起來近似紐奧良果仁糖，不過通常會像奶油軟糖一樣切成小方塊，紐奧良果仁糖則是做成小餡糖。

酪奶胡桃果仁糖（Pecan Buttermilk Pralines）（約42顆2吋糖果）

烤爐預熱到180度。

將以下材料平鋪在烤盤裡，放入烤爐烘烤，偶爾攪拌一下，烤到極淡的棕色，5到8分鐘：

2杯半邊胡桃或胡桃碎片

靜置一旁冷卻。將一只烘烤淺盤襯上蠟紙、橡膠襯墊或輕抹奶油的鋁箔紙。

在一只大型的厚平底鍋裡混合：

2杯糖、1/2杯壓實的淡紅糖

1小匙蘇打粉、些許鹽、1杯酪奶

以小火烹煮，用長柄木湯匙攪拌到糖溶解，並用浸過溫水的糕點刷澆刷鍋壁四周。加入：

1/4杯（1/2條）無鹽奶油，要切小塊並加以軟化

攪拌到奶油完全融化。將火候調為中火，在鍋中放入一支溫熱的糖果溫度計，繼續烹煮但不攪拌，煮到113度的軟球階段，即可離火。

快速拌入烘烤過的胡桃及：

1小匙香草

用木湯匙攪打約1分鐘，或是打到混合物開始濃稠且變得混濁。將1大匙大小的混合物一個個滴落到以蠟紙、橡膠襯墊

或輕抹奶油的鋁箔紙做襯底的烘烤淺盤裡，做成直徑約2吋的小餡球。讓果仁糖靜置到完全冷卻，約30 分鐘。

儲存在用蠟紙隔層的密封保存盒裡，可存放至多3天。

果仁糖（Praline）（約1/2磅）

這份食譜傳統上是混合等分量的杏仁和榛果，不過也可以用其他堅果替代。果仁糖不只是做為其他甜點的材料，也可用來裝飾點心。人們通常會把果仁糖撒在香草冰淇淋上，也可以混入糖霜烤焙食品中。

在一只9×13吋的有邊烘烤淺盤裡，以防沾植物噴霧油上塗層。在一只小型的厚平底鍋裡混合：

1杯糖、1/2杯水、1/8小匙塔塔粉

以小火烹煮攪拌到糖溶解，並用浸過溫水的糕點刷澆刷鍋壁四周。烹煮至沸騰，即在鍋中放入一支溫熱的糖果溫度計，火候調為中大火繼續烹煮，不要攪拌，煮到180度的中度焦糖階段。

加入以下材料，以木湯匙快速攪拌以使焦糖完全裹覆堅果：

1杯汆燙去皮的全杏仁或榛果，或是兩者的組合，要輕烤過

接著立即倒入備好的烤盤，靜置至完全冷卻。

把果仁糖弄碎成小塊，可以使用擀麵棍弄碎，或是放入食物調理機磨成果仁糖粉。

裝入密封保存盒裡，冷凍存放至多1年。

紅糖糖果（Penuche）（約1磅；64顆）

紅糖糖果的名稱是源自西班牙文的粗糖，其實就是用紅糖做成的奶油軟糖，而紅糖為其帶來了濃郁的糖蜜味和顆粒感。傳統上，紅糖糖果會添加胡桃，不過放入椰子也很不錯。

在一只大型的厚平底鍋裡混合：

3杯壓實的淡紅糖、1/8小匙鹽

1/2杯鮮奶油牛奶、1/2杯濃鮮奶油

以小火烹煮攪拌到糖溶解，約5分鐘，並用浸過溫水的糕點刷澆刷鍋壁四周。將火候調為中火，在鍋中放入一支溫熱的糖果溫度計，烹煮但不攪拌，煮到混合物達114度的軟球階段，即可離火。

加入以下材料但是不能拌入（此時攪拌會出現顆粒感）：

2大匙無鹽奶油

1小匙香草

冷卻至43度（見284頁的說明）。接著切拌入：

1杯剁粗碎的胡桃

（1杯甜味椰絲）

按「巧克力核桃奶油軟糖」，284頁的做法完成後續步驟。凝固和儲藏的方式，見274頁的說明。

| 關於杏仁糊和杏仁膏 |

杏仁糊和杏仁膏都是用杏仁細粉和糖粉混合做出的糖果，而兩者之間的顯著差異：杏仁糊的食材比例是堅果多過於糖，而且不經過烹煮處理；杏仁膏則是用煮過的糖漿來製作。杏仁糊會比杏仁膏稍具顆粒感並較為黏膩，而杏仁膏

則相當滑順柔韌。傳統上，其混合物都會使用甜杏仁和苦杏仁，不過，苦杏仁含有害的氫氰酸（hydrocyanic acid），因此在美國是禁止使用的。為了能夠做出較為溫和的甜杏仁味道，我們會加入一點杏仁萃取液，它其實就是從苦杏仁提煉而來的。杏仁膏和杏仁糊都可藉由揉入色料和調味料來上色和添味。

杏仁糊（Almond Paste）（約1磅）

杏仁糊的堅果多過於糖的材料比例，很適合用來為蛋糕糊調味，或是做為小糖果的內心；或是用來填入果乾的缺洞。在沒有食物調理機或強力攪拌器的年代，這種杏仁糊是做工耗時的甜食。這食譜的可以加倍分量，使用大容量的食物調理機來處理，或一次做一批。

在食物調理機的攪拌碗裡混合：

1又1/2杯汆燙去皮的全杏仁

3/4杯糖粉

1/2杯糖

放入處理到堅果磨成細粉為止。加入：

1/4杯淡玉米糖漿

1/2小匙杏仁萃取液

繼續讓混合物攪拌均勻，並且用手加壓時有足夠濕度結合成塊。假如有點乾的話，就加入1小匙左右的水再混合一下即可。

從食物調理機中取出杏仁糊，為了使其黏合成塊，在撒了以下材料的表面揉壓幾下：

糖粉

現在杏仁糊可以使用了，或用塑膠袋緊緊密封，室溫中可存放1星期；若要長期儲存，放入冷藏可保鮮至多4星期，冷凍則可放至3個月之久。使用前，要先回溫到室溫溫度。如果杏仁糊似乎相當硬實，就用手或是放入裝了攪拌槳的強力攪拌器的攪拌碗裡揉壓一下，加點以下材料一起揉壓：

玉米糖漿（或是調味液，如玫瑰水或橙花水，或是水果或堅果口味的利口酒）

杏仁膏（Marzipan）（約1又1/2磅）

杏仁膏通常會以模具形塑成水果、花朵、禽鳥和羔羊，而盤狀、球狀和木結狀的調味杏仁膏可以沾浸巧克力，半月形和其他形狀的杏仁膏常會填入稠密、味道溫和的果醬。徒手或用模具把杏仁膏做成各種形式，真是樂趣無窮。用食用色素為形塑好的杏仁膏上色；此時可用一般的食物色液。

在食物調理機的碗裡混合：

1又1/2杯汆燙去皮的全杏仁

1又1/4杯糖粉

將堅果磨成細粉為止，留在原處備用。

在一只大型的厚平底鍋混合：

1又3/4杯糖

1/4杯淡玉米糖漿

1/4杯水

以小火烹煮，用木湯匙攪拌到糖溶解，並用浸過溫水的糕點刷澆刷鍋壁四周。將火候調為中火，在鍋中放入一支溫熱的糖果溫度計，繼續烹煮但不攪拌混合物，煮到118度的固球階段。

即可關火，同時啟動食物調理機，立即倒入糖漿，研磨成細膏狀，接著加入：

1又1/2小匙杏仁萃取液

以脈衝速度混合上述食材，同時以防沾植物噴霧油替一只中碗稍加塗層，放入拌好的混合物，這團軟稀的材料在冷卻後會變得濃稠，碗具要蓋上一條廚用毛巾，杏仁膏在冷卻過程中才不會乾掉。

做好的杏仁膏可以使用了。喜歡的話，可以揉入幾滴食用色膏或一些額外的調味物，如玫瑰水或橙花水，或是一款水果口味的利口酒。杏仁膏可以存放於室溫下，以保鮮膜包緊放入密封的儲存盒中，存放2到3個月，也可以冷凍保存至多6個月之久。使用前，要先解凍回溫至室溫溫度。

杏仁膏的塑形，徒手或使用巧克力裝飾塑膠模具皆可。動手前，需用防沾噴霧劑在模具上稍微塗層，之後掐下一小塊杏仁膏，揉壓一下好讓膏塊滑順柔軟，然後下壓到模具中。用一把利刀修掉多餘的部分，讓杏仁膏與模具表面齊平（當心別刮到模具的凹陷處。把模具倒放在廚檯上輕敲幾下，此時杏仁膏塊應該就會脫出；如果沒有的話，用把刀子輕柔地刺出膏塊）。

不拘形式的杏仁膏很適合讓小孩子來動手做，他們會從創作俏皮生物和超寫實的水果中獲得樂趣。徒手形塑杏仁膏就像是手捏黏土，只不過要用點淡玉米糖漿來黏合不同的形狀，比方說，可以用一個個的全瓣形做出水果莖部，或是用磨碎器粗糙的一面來壓點出柳橙皮的質感——觀察一下你的廚櫃，汲取一些創作靈感吧。杏仁膏也可以放在撒了糖粉的工作檯上擀成薄皮，再用餅乾造型切模或小刀尖端切割成各式形狀。

可用一般的食用色液來為模塑的杏仁膏著色。在小型的杯碗裡，放入幾大匙的清澈利口酒（如櫻桃白蘭地、覆盆子白蘭地或義式渣釀白蘭地等），接著一點一點地加入食用色液來調好顏色。你就可以如此調配出自己想要的色彩。用一枝小水彩筆刷來為杏仁膏上色，靜置乾燥1小時，再輕輕替膏糖裹上糖衣而做出閃亮的成品，也可藉此保持杏仁膏的濕潤度。

上糖衣時，在一只小平底鍋裡混合：

1/3杯水

1/3杯淡玉米糖漿

煮到沸騰，離火，趁著糖汁尚熱時，輕輕地澆刷到膏糖上，靜置30分鐘，或是待其完全乾燥為止。存放在可密封的儲存盒中，在室溫下或放入冰箱皆可存放至多1個月。

哈發糖（Halvah）（約100顆1吋糖果）

將芝麻醬，587頁，和糖漿混合後，再烹煮到固球階段，如此就做出了稠密、軟黏、堅果味的糖果。

在一只大型的厚平底鍋裡混合：

1又3/4杯糖、1/2杯蜂蜜、1/2杯水

以小火烹煮，輕柔攪拌到糖溶解，要用浸過溫水的糕點刷澆刷鍋壁，煮到沸騰。在鍋中放入一支溫熱的糖果溫度計，繼續烹煮，不要攪拌，煮到固球階段（119度到120度）。

同時，強力攪拌器裝上拌攪棒，以下材料放入攪拌鍋：

1罐16盎司的瓶裝或罐裝芝麻醬（最好是稍加烘烤過）

用拌攪棒以中速攪打到滑順。

攪拌器仍在運轉時，以細薄穩定的流速把熱糖漿倒入芝麻醬中，不要倒到拌攪棒上，等到倒完糖漿而且混合物打到滑順後，加入：

1/2小匙肉桂粉、1/8小匙丁香粉

1又1/2小匙香草

混合均勻，再加入：

1杯芝麻籽，要烘烤過
用防沾噴霧油替一只9×13吋烤盤輕上塗層，放入混合物，再用抹刀抹平頂端，靜置到完全冷卻。
把哈發糖倒在砧板上，用輕抹了油的刀子切成1吋大小的小方塊。放入以蠟紙隔層的密封儲存盒，可在室溫下保鮮至多3個月。

果凍糖（Fruit Jellies）（64顆1吋小方糖）

這款糖果有著寶石般的色澤，蘊含了鮮明的水果味，可說是巧克力之外的一種讓人歡喜的變化。任何的鮮果或解凍後的冷凍水果幾乎都能用來做果凍糖，甚至也可以用二至三種水果的組合口味。
一只8吋的方烘烤淺盤中，鋪入抹了油的蠟紙、羊皮紙或矽膠襯墊做為襯底。在一只中型的厚底平底鍋裡放入：
3杯新鮮或解凍後的冷凍覆盆子、切半的草莓、黑莓或藍莓
用中火烹煮到漿果流出汁液，約5分鐘。將細孔過濾器架在中碗上，放入漿果過濾並用橡膠抹刀使勁下壓，壓擠出2/3杯的果泥，剩餘的就另做他用。
在果泥中拌入：
2大匙新鮮檸檬汁
撒上：
4包（3大匙）原味膠質
拌入混合物中，即可靜置一旁以便讓膠質軟化。
在一只大型的厚平底鍋裡混合：
1杯水、3杯糖
以中火烹煮，用長柄木湯匙攪拌到糖溶解，並用浸過溫水的糕點刷澆刷鍋壁四周。火候調為大火，在鍋中放入一支溫熱的糖果溫度計，繼續烹煮，不要攪拌，煮到113度的軟球階段，即可離火，加入膠質混合液，攪拌到膠質完全溶解為止。
再放回爐火烹煮，要不斷攪拌，煮到107度，就要立即將果凍倒入預備的烤盤裡，讓果凍在室溫下靜置12小時，再做切割。
把果凍糖倒到砧板上，剝掉襯底的鋪紙，用銳利的重刀將果凍糖切割成1吋大小的小方塊。替果凍糖滾裹或浸沾：
3/4到1杯特細砂糖
裹好後，排放在蠟紙上風乾，接著就可裝入糖果紙杯中，再放入以蠟紙隔層的密封儲存盒，在室溫下可存放至多1星期，放入冰箱則可保鮮2星期之久。食用時，要回溫到室溫溫度。

柑橘果凍糖（Citrus Fruit Jellies）

準備上述的果凍糖，用2/3杯新鮮檸檬汁、萊姆汁、柳橙汁、橘子汁或柚子汁來取代漿果果泥。

榅桲膏（Quince Paste）（5到6杯）

你會發現只要是榅桲的生長地，就有這款精緻的甜點——通常搭配柔軟的新鮮起司一起享用。這種水果泥需要耐心準備，然後跟糖一起熬煮成珊瑚色的透明果凍，不過，你可以利用微波爐來節省一些烹煮的時間；見以下相關說明。番石榴、蘋果（要選用較酸且汁液較少的品種）、杏桃或桃子也可以做出類似的

水果膏；若是使用以上這些水果，可減少糖量。

在一只大煮鍋裡，加水淹覆混合：

5磅擦洗乾淨的榲桲（約10個）

3到4顆洗淨切片的檸檬

不要蓋鍋，加熱到沸騰，烹煮到榲桲變軟，約30分鐘，瀝乾並丟棄檸檬片。

榲桲冷卻到可以料理時，就切成四等分並去果心。假如你要放入食物調理機打果泥的話，先削皮，再用食物研磨器或食物調理機做成果泥。

將果泥放入一只大型的厚鍋或荷蘭鍋，拌入：

6杯糖

5顆檸檬的汁液（約3/4杯）

煮到沸騰，就將火候調小，慢煨沸煮混合物到相當濃稠而閃亮的狀態，而且不再黏附鍋壁為止，至少1小時——花上2小時也是很正常的。要用木湯匙攪拌，一開始只要不時攪拌一下，到後來的攪拌次數就要越來越頻繁；在完成前的15到20分鐘，你一定要不斷攪拌，否則的話，較濃稠的水果膏會黏附鍋壁而燒焦。用湯匙來測試水果膏，滴落一湯匙到盤子上應該要能維持形狀。

替單獨的模具或一只有邊烘烤淺盤上油，接著用湯匙舀放水果膏，要均勻鋪平。靜置在室溫中（或是只留母火的烤爐中），直到水果膏從模具邊萎縮並且摸起來不再黏膩。這可能會花上1天到1星期，時間長短視濕度而定。

將水果膏倒放在鋪了蠟紙的網架上，靜置風乾到另外一面也不再黏膩為止。

假如是以烤盤來做榲桲膏，就切割成2×1吋的條棒。用蠟紙輕輕覆蓋，在室溫中可以存放至多1個月。1個月之後，就要放入以蠟紙隔層的密封儲存盒，在室溫下可存放上一段時間。

奧瑞岡小方糖（Oregon Delight）（64顆1吋小方糖）

這種小方糖近似著名的Aplets & Cotlets糖果——這是土耳其軟糖的美國西岸版。若要更多的中東風味，就以無糖石榴汁取代蘋果汁或杏桃汁，並加入1小匙玫瑰水。杏仁、開心果或夏威夷果也是替代核桃的極佳選擇。

在一只小碗中放入：

1/2杯蘋果汁或無糖杏桃汁

撒上：

4包（3大匙）原味膠質

靜置一旁讓膠質軟化。

在一只小碗中將以下材料拌攪到滑順：

1/4杯又2大匙玉米澱粉

2大匙新鮮檸檬汁

2大匙新鮮萊姆汁

在一只大型的厚平底鍋裡混合：

2又1/2杯蘋果汁或無糖杏桃汁

1又1/3杯糖

煮到沸騰，用長柄木湯匙攪拌到糖溶解，再烹煮15分鐘以便減少濃縮汁液。

離火，加入膠質混合液，攪拌到膠質完全溶解為止。再放回爐火烹煮，加入柑橘和玉米澱粉混合物，再次煮沸。沸煮並不斷攪拌10分鐘，混合物則會相當濃稠。

拌入：

1杯剁碎的核桃，要烘烤過

即可離火。用冷水沖洗一只8吋方烤盤，甩乾多餘水分，倒入果汁混合物，靜置果凍12小時或過夜來使之變硬。

用輕抹了油的刀子將果凍切成1吋大小的小方塊，用小型曲柄抹刀從烤盤裡取出，放入以下材料滾晃裹覆：

1/2杯玉米澱粉

要裹覆完全，即可放入波形糖果杯裡，再裝入密封儲存盒中，可在室溫下存放至多1星期，放入冰箱則可儲存達3星期之久。食用時，要回溫到室溫溫度。

填餡果乾（Stuffed Dried Fruits）（約1又1/4磅）

填餡水果只要保存妥當，即可提早做好以宴請賓客，或者是用來招待不速之客。

將以下材料放在熱水上方蒸軟，5到10分鐘：

1磅（3杯）去籽的棗乾、無花果乾或梅乾

蒸到每顆水果都變軟且有可塑性，接著用鉗子一顆一顆取出。每顆水果都填入壓平的1/2小匙分量的以下一種材料：

基本翻糖，290頁，或生翻糖，292頁，用杏仁萃取液調味過

杏仁糊，307頁或杏仁膏，307頁

全顆堅果或堅果細粒，要烘烤過

將填了餡的水果滾裹：

特細砂糖或過篩的糖粉

細磨過的甜味或無糖椰子

堅果細粉

把每顆甜餡果乾放入糖果紙杯中，再裝入以蠟紙隔層的密封儲存盒，放入冰箱可存放至多1個月。食用時，要回溫到室溫溫度。

波本糖球（Bourbon Balls）（約60顆1吋小糖球）

我們的許多讀者都認為聖誕節絕對少不了本書這款珍藏經典甜點。這種小糖球是越放越好吃，也可試試加了蘭姆酒的變化。

在一只中碗裡一起過篩：

1杯糖粉

2大匙無糖可可粉

在一只小碗裡拌勻：

1/4杯波本酒或黑蘭姆酒

2大匙淡玉米糖漿

以上混合物拌入可可粉混合物中，靜置一旁備用。混合：

2又1/2杯香草威化餅乾屑

1杯剁粗碎的胡桃

再拌入可可粉混合物中。

用雙掌間把混合物搓成小圓球（不需要很圓整）。滾裹上：

1/2杯糖粉

即可放入波形糖果紙杯中，再裝入以蠟紙隔層的密封儲存盒，在室溫下可存放至多3星期。

天堂雜糖（Heavenly Hash）（約1又1/4磅）

至少這對小孩子來說就是天堂般的滋味！

在一只9吋方烘烤淺盤裡鋪上蠟紙襯底。融化：

1磅牛奶巧克力

將一半的巧克力倒到有襯底的淺盤裡，再撒上：

12顆大棉花糖或48顆迷你棉花糖，切丁

1杯堅果碎粒

再澆上剩餘的巧克力。

將糖果折成碎片，裝入以蠟紙隔層的密封儲存盒，放入冰箱可存放3星期之久。食用時，要回溫到室溫溫度。

糖漬蘋果（Candied Apples）（5顆糖漬蘋果）

在一只中型的厚平底鍋裡混合：

2杯糖

2/3杯淡玉米糖漿

1杯水

（1根肉桂棒）

以中火烹煮攪拌到糖溶解。煮到沸騰，蓋鍋再煮約3分鐘，或是煮到蒸氣澆刷下鍋壁上的糖晶。掀蓋後繼續烹煮，不要攪拌，煮到143.3度的硬裂階段。

同時，將一根木叉子從以下的莖部末端插入：

5顆中型蘋果，洗淨擦乾

如果有使用肉桂棒的話，此時就要取出。加入：

幾滴紅色食用色素

放入雙層蒸鍋頂層，鍋子是放在滾水上方而不是在滾水中。迅速沾浸蘋果，滾裹時要旋轉一下，同時將金屬花插放在蠟紙或矽膠襯墊上，架上沾浸好的蘋果直到變硬為止，見以下圖示。或是做成沾浸後較易拿取的棒棒糖形式，再撒上堅果細粒或甜味蓬鬆乾燥麥片，接著就可立放在鋁箔紙上。或者，以3顆切半的胡桃或核桃在每顆蘋果上方排出三葉草的裝飾圖案，然後立放在鋁箔紙上即可。

製作糖漬蘋果和焦糖蘋果

焦糖蘋果（Caramel Apples）（5顆焦糖蘋果）

快速的做法就是以小火加熱融化1磅焦糖。

將一根木叉子從以下的莖部末端插入：

5顆中型蘋果，洗淨擦乾

將以下材料放到雙層蒸鍋頂層，底鍋裝入近沸騰的水：

1/2食譜分量（1磅）的鮮奶油焦糖，287頁

2大匙水

加熱攪拌到焦糖融化成滑順的糖衣。把插了叉棒的蘋果浸到醬汁中，轉動一下以使其完全裹覆，按上述指示風乾。若是冷藏的話，蘋果在幾分鐘之內就會變硬。

糖漬柳橙片（Candied Orange Slices）（約36片）

裹糖柑橘片是古老的地中海做法，也可以如此來處理半月形或塊狀的新鮮鳳梨。

將以下材料頭尾切除、縱向切片，每片厚度3/8吋：

3顆大無籽臍橙

在一只大型的厚鍋裡或荷蘭鍋裡混合：

4又1/2杯糖

4杯水

以小火烹煮，用長柄木湯匙攪拌到糖溶解。火候調至中火，烹煮到沸騰，並用浸過溫水的糕點刷澆刷鍋壁四周。

同時，把柳橙切片寬鬆疊放在能放入煮鍋中的架子上，架子綁上線繩以便方便

取出。將架子放入鍋，上頭壓上一圈羊皮紙或蠟紙，再慢煨沸煮糖漿，以此狀態——不要煮滾——繼續烹煮10到15分鐘，煮到切片透明柔軟即可。離火，蓋鍋，讓柳橙切片在室溫下靜置浸漬24小時。

用線繩將放置水果的物架自煮鍋中提出，移放到有邊的烘烤淺盤上，靜置瀝乾30分鐘到1小時。

把水果放到廚用紙巾上，靜置乾燥3到5小時，切片表面應要完全乾燥堅硬才行。

裝入以蠟紙隔層的密封儲存盒，在室溫下可存放至1星期，放入冷藏則可存放3星期之久。

糖漬柑橘皮（Candied Citrus Peel）（約2杯）

糖漬柑橘皮可以是單吃的零嘴，或沾浸巧克力來享用，也可以是其他點心的明亮提味品：例如，細切成糖漬柑橘皮絲而拌入起司蛋糕、薑餅麵糊，甚至是冰淇淋中。這份食譜可以輕易加倍分量來加以製作。

刷洗：

3顆柳橙、2顆葡萄柚或6顆檸檬

將柑橘皮大塊條狀剝下，放入平底鍋中，注入冷水加以淹覆，慢煨煮沸30分鐘，瀝掉水分，再注入冷水淹覆，慢煨煮沸到柑橘皮變軟為止。瀝乾，用冷水加以沖洗，移除殘留的果肉或用湯匙刮下白色的纖維襯皮，將柑橘皮切成2吋長和1/4吋寬的長條狀。

在一只大型的厚平底鍋裡混合：

1杯糖

3大匙淡玉米糖漿

3/4杯水

以小火煮沸攪拌到糖溶解，並用浸過溫水的糕點刷澆刷鍋壁四周，放入柑橘皮，以小火輕柔烹煮到多數的糖漿都被吸收殆盡，即可離火，蓋鍋，靜置過夜。

再次慢煨到幾近煮沸，稍微冷卻一下，瀝乾水分。在櫥台上鋪上幾層的廚用紙巾，然後鋪滿：

1杯糖

把柑橘皮放到糖層上，來回滾動到裹好糖衣，即可放到蠟紙上，靜置風乾至少1小時。

柑橘皮如要沾浸巧克力的話，調溫：

4盎司優質的苦甜或半甜巧克力

抓住每條柑橘皮的一端，浸入融化的巧克力中，移放在另一張蠟紙上，靜置風乾到巧克力凝固為止。裝入以蠟紙隔層的密封儲存盒，放入冰箱可存放4個月之久。

薑糖（Candied Ginger）（約1磅；約3杯）

薑糖可以做為甜點食用，無論是原味品嚐、把兩端沾浸巧克力或翻糖，或是做為其他糖果或點心的材料之一皆可。新鮮嫩薑的外皮很薄、幾近透明而帶點粉紅色，對於這份食譜來說，使用這樣的嫩薑是非常重要的；在漫長的烹煮過程中，富含纖維、棕外皮的老薑會變硬。亞洲市場通常都有販售嫩薑。

去皮並修整：

1又1/4磅新鮮嫩薑

縱切成1/8吋的切片，也可以選擇將切片再切成薄片。

薑片放入一只中型的厚平底鍋，注入大量的水加以淹覆。煮到沸騰，接著就調小火候繼續煨煮，偶爾攪拌一下，煮到薑片變軟而可以用叉子穿透即可，30到40

分鐘。瀝乾水分。

在一只平底鍋裡混合：

2杯糖、2杯水

以小火烹煮，用長柄木湯匙攪拌到糖溶解，約5分鐘，並用浸過溫水的糕點刷澆刷鍋壁四周。將火候調為中大火，煮到沸騰，接著就把薑放入，改以較小的火候煨煮，偶爾攪拌一下，煮到液體幾乎都蒸發不見為止，1又1/2到2小時。

瀝乾薑片，排放在以羊皮紙或矽膠襯墊為襯底的烘烤淺盤裡，靜置風乾過夜。或者，倘若你想要將薑裹糖的話，可以滾裹：

特細砂糖

趁薑片仍微溫時進行以上步驟，然後按指示風乾。

裝入密封儲存盒中，在室溫中可存放1年之久。

| 糖霜花朵（Crystallized Flowers） |

盛開的花朵鑲裹著透明閃亮的糖霜，不啻為蛋糕或是點心的優雅裝飾。不過，並不是每一種花都能夠使用：有些花種具有毒性（其中如翠雀花、指頂花和鈴蘭等都該避免使用），而有些可食花朵卻可能含有殺蟲劑或防腐劑的毒性。為了避免使用有毒的花朵，請洽詢在地的花卉種植或培育的供應店或是地方農業推廣辦公室，或者是參照近來出版的花卉工具書。不要購買花店販賣的花朵，因為那些幾乎都有噴灑或用過某些你不該吞嚥下肚的東西。食用花朵的理想來源之一是農夫市場，不過還是要確實詢問對方的花朵是否是有機培育而且未經處理的，現在在某些超市和專門農產品店也買得到食用花朵。當然最理想的來源就是自己的花園，你可以確保花朵未經處理，而且可以在其盛開的最佳時刻摘取。不管來源為何，花朵要確實洗淨風乾。這項技巧也可以用來為無籽紅葡萄和青葡萄裹上閃亮的糖衣。

在一只小碗裡放入：

巴斯德殺菌蛋白粉

拌入剛好足夠的水來做成稀糊漿；（由於不希望產生泡沫，不要攪打蛋白）。

在一只小碟子上鋪放：

特細砂糖或砂糖

用鉗子夾拿花朵（或是花瓣或葉子）來進行裹糖步驟，用一枝小水彩刷筆輕輕地在整片花瓣表面塗上一層蛋白。將花朵拿在裝了糖的碟子上方，用湯匙輕柔撒上砂糖，多餘的部分就會落於下方的碟裡。讓表面全都覆蓋到蛋白和糖是很重要的，不然暴露在外的部分會因而腐壞——假如你錯過了丁點部位，就再刷上蛋白和更多糖來加以補強。接著將花朵置於碟子上方，以鉗子（或是用手指頭）輕輕拍打碟子一側來抖掉過多的糖。

將羊皮紙或矽膠襯墊鋪入烘烤淺盤，放入做好的花朵，繼續為剩下的花朵上好糖霜。完成後，檢視花朵是否有任何部位需要補強即可。

烘烤淺盤需靜置在溫暖乾燥的地方風乾上幾天，每天翻轉花朵（或是花瓣或葉子）一次，以確保其均勻風乾（處理整朵花的時候，這尤其重要，因為其重量會使得濕氣無法從底部揮發）。花朵一旦風乾得相當乾燥時，就會變得酥脆。

成品要裝入以羊皮紙隔層的密封保鮮盒，放在涼爽乾燥的地方。花朵只要乾燥保存得宜，可以存放至少三個月，甚至到六個月或更長的時間。

塑糖膏（干佩斯）（Pastillage〔Gum Paste〕）（約3杯）

塑糖膏是深受喜愛的裝飾用混合物，特別是使用在結婚蛋糕上，可以利用模具做出迷人的花朵葉片，要單獨做出各式形狀，再用「速成裝飾性糖霜」，153頁，接合在一起。你可以像派皮一樣擀壓干佩斯，但可別一次擀壓超過馬上要捏塑的分量，因為干佩斯很快會乾掉而碎裂成粒。研磨成粉的黃蓍膠（gum tragacanth）可以郵購或網購取得。

在雙層蒸鍋頂層混合以下材料，蒸鍋要置於熱水上方而不是熱水中：

1大匙原味膠質

1/2杯水

1大匙黃蓍膠粉

1小匙塔塔粉

攪拌到膠質溶解。為了讓塑糖膏保持白色，加入：

1或2滴藍色食用色液

將以下材料與混合物一起混合揉壓：

4杯糖粉

一旦混勻了糖粉，喜歡的話，此時可把混合物分等分，揉壓入不同的食用色素。將塑糖膏放到一只碗裡（或數個碗中），用濕布覆蓋後至少靜置30分鐘。

當你準備開始使用塑糖膏時，在工作板、擀麵棍和雙手上都撒上：

玉米澱粉

只擀壓馬上要用的塑糖膏分量，擀到所需厚度，再切割出想要的形狀。扁平的大塊塑糖膏要在撒了玉米澱粉的工作板上至少風乾24小時；各式形狀的塑糖膏頂部也要撒上玉米澱粉。花瓣、葉片和其他形狀的塑糖膏，都應該存放在玉米澱粉中乾燥備用。

儲存食物

Keeping and Storing Food

隨著生活日趨現代化，許多人日益遠離食物的主要源頭，我們也漸漸將現代包裝奇蹟視為理所當然。我們不再密切察覺食物的成長與衰敗，不了解熱可以抑制酵素的生長，冷則可以延緩分解，而濕度和通風間的相互影響可以減緩黴菌的滋生。無論我們探究的是哪種保存食物方法——冷凍、罐藏、鹽醃、燻製、乾燥、防腐或是儲存，我們仍會發現不停運作的一連串複雜反應，我們還是面臨了遠古時代保存者遭遇到的相同問題。在以下章節，我們將提供在不同的季節裡最安全的食物保存方法的知識。只要循序實踐，就幾乎可以圓滿保存食物，即使仍有可能出現偶發意外而發生罕見，甚至危險的食物腐敗的狀況。➡只要食物出現腐壞的微小徵兆，如包裝滲漏、走味、發霉、發泡或不自然的混濁液體、罐頭凸起或生鏽或開罐時噴出液體，請接受我們所知的最好建議：**只要有疑慮，就要丟掉**。這樣的食物，連一小口都不要嚐。

食物安全是我們掌廚的人必須擔負的責任，以下章節會討論冷凍法、罐藏法、乾燥法、鹽醃法、燻製法和其他保存食物的最佳辦法。在所有保存過程中，無論是居家處理或商業處理，冷凍法——只要有關注時間限制——似乎是最能夠保留上等風味與營養價值的方法；一般來說，罐藏法則是保存風味和營養的次佳辦法，但是在長期質量的保存上卻是最棒的。

延長食物儲藏時間的方式，除了冷凍、罐藏、乾燥、燻製和鹽醃之外，近來已經有其他的處理方法。一般居家乾燥法只能瀝出百分之二十五到百分之三十的食物水分，但是商業**脫水**設備卻可以去除高達其中百分之九十八的水分。市面上有些商業脫水食品，包括脫脂奶粉和蛋粉，此外也有以此法做成的湯粉、糕餅混合配料以及乾燥的穀類、水果和蔬菜；有些商業脫水食品宣稱，只要妥善包裝並放在適當溫度之下，可以保存十五年而不腐壞，不過，比較安全的預估年限似乎是五年左右。

與商業脫水食品相比，體積較大的冷凍乾燥食品也可以達到想要的儲存效果。**冷凍乾燥食品**的做法，是將切片過或加工後的食物浸泡或噴灑防腐劑後就直接冷凍，置於真空室並加熱。融化後的冷凍食物裡的冰晶會被「抽」走，但是食物的細胞結構會被保留，如此就可讓食物量輕、多孔而且可以快速重組使用。

輻照食物是通過輻照場的食物。食物不會接觸到放射性物質，而且所接受的輻照劑量甚至還不足以瓦解一個食物分子的原子核，通常是用來消滅大部分而不盡然是全部存在食物中的微生物。輻照的一般用途為延長特定食物的儲存期限，但是醫院也可能用輻照來為免疫系統受損的病患加工處理食物，其過程中所流失的營養比烹煮或冷凍要來得少或大致相當。輻照確實會讓食物產生化學變化，但我們並無法藉由觀看、嗅聞、品嚐或感覺而識別出輻照食物。根據丹麥、瑞典、英國及加拿大的獨立科學研究，美國食品藥物管理局（FDA）一再重申食品輻照的安全性。

大部分的致病**細菌**好發於低酸性食物之中——這意味著幾乎是除了水果之外的所有食物。考慮到細菌生成的溫度和速度，食品科學家給了我們兩小時法則：➠容易受到細菌污染的食物，不要置於四度到六十度的溫度之間超過兩小時，這段時間包括了食物從市場的冷藏櫃到你的冰箱、從你的冰箱到飯桌（及飯桌回到冰箱），或者是從你的冰箱到野餐地點的往返時間。

在常見的食源性細菌之中，**沙門氏菌**在冷凍溫度到四度間可以存活但不活躍；➠由於加熱到七十四度的溫度才能消滅這種細菌，因此食物務必煮到熟透。**葡萄球菌**對於溫度有類似反應，會由活細胞或生物體製造出有毒物質，也就是葡萄球菌，這種產生出來的毒素只有以一百一十度的高溫長時間沸煮才能殲滅。**肉毒桿菌**在二十一度和四十三度會滋長；一百度的高溫可以殺死細菌細胞，不過，➠卻要到一百一十六度或更高的溫度才能除去致命的細菌孢子。由於這些孢子常常出現於食物之中，因此一定要多費功夫來儲藏綠豆、玉米、甜菜和蘆筍等居家罐藏，見324頁的低酸食物，如此一來才能預防其可能造成的危害。儲存低酸食物時，一定要用足以產生超高溫的蒸氣壓力製罐鍋來進行處理。

酵素可以引發味道、質地、顏色和營養物質——然而，一旦植物成熟後而不再需要酵素，酵素卻沒有發出「停止！」訊號的調節器而會繼續活動，反而會因此破壞食物的維生素、改變食物的味道、軟化食物細胞壁並加深食物顏色。➠低於冰點的溫度則會大幅減緩酵素的活動；溫度若是高於冰點，每上升十一度，酵素的活動就會加倍。縱使有些酵素在沸煮時仍舊繼續活動，但是多數酵素並無法存活在七十七度以上的高溫。

黴菌是植物性食品的主要破壞者，會侵害已經損壞的植物組織或棲身於已經發霉的食物部位。請避免選購市場上切傷或撞瘀的水果蔬菜。如果在廚房不小心損傷了這類食品，就要盡可能地快速處理食用。葉菜類食物要保持濕潤，而嬌嫩的水果蔬菜則要保持乾燥。存放時，不要擠放或碰撞蔬果。一旦發現食物發霉，就要立即丟棄。黴菌➠在零度以下並不活躍，零度以上就會開始生長，而在十度和三十八度之間的活動力最旺盛，但是六十度和八十八度之間的高溫則足以殺死黴菌。在新鮮的蔬果之中，**酵母**可以誘發天然的糖發酵，食物即便安全可食，但卻是平淡無味。酵母在相同的高低溫度之中的表現與黴菌完全一致。

| 廚房應儲放的器具食品 |

要完善一間配備齊全的廚房所需要的鍋碗瓢盆和其他的烹飪器具，請閱讀656頁的說明，以及個別食譜需要使用的器具的適時插圖。請運用以下清單，確保你的廚房備妥一套基本用品，並盡量購買包裝上有標示日期的產品：不然的話，你根本無從分辨食品到底上架了多久，甚至連之前庫存的時間都難以得知。在流通率可能很低的商場購買盒裝物品，更要謹慎小心。

冰箱

奶油或乳瑪琳、胡蘿蔔、番茄醬、芹菜、起司、奶油起司、蛋、新鮮調味用草本植物、濃鮮奶油或發泡鮮奶油、辣根、果凍或果醬、檸檬、楓糖漿、美奶滋、牛奶、芥末、酸鮮奶油、酵母、優格

食物室

杏仁萃取液、鯷魚、蘋果糊、泡打粉、蘇打粉、麵包、肉高湯、紅糖、豆類罐頭、水果罐頭、刺山柑、穀類食品、辣椒番茄醬、巧克力脆片、半甜巧克力、無糖巧克力、綠辣椒碎末、柿子椒碎末、可可粉、椰子、咖啡、濃縮奶油湯、玉米糖漿、粗玉米粉、玉米澱粉、蘇打餅乾、塔塔粉、乾燥豆類、小扁豆、裂莢豌豆、乾麵包屑、果乾、乾燥義大利通心粉、雞蛋麵、麵粉、果汁、蒜、原味膠質、砂礫、蜂蜜、辣椒醬、即溶木薯粉、奶水、加糖煉乳、不沾鍋食用噴霧油、燕麥片、橄欖油、植物油、橄欖、洋蔥、洋蔥湯調理包、鬆餅糖漿、花生醬、醃瓜、馬鈴薯、葡萄乾、米、鮭魚和鮪魚（罐頭或袋裝皆可）、莎莎醬、醬油或溜醬油（tamari sauce）、紅糖、糖粉、砂糖、茶、番茄膏、番茄糊、番茄醬汁、番茄丁或碎番茄、全顆番茄、香草萃取液、植物起酥油、巴薩米克醋、蘋果醋、紅酒醋、米醋、伍斯特郡辣醬油

調味用草本植物和香料

多香果或多香果粉、羅勒、月桂葉、葛縷籽、紅辣椒（cayenne pepper）、芹菜籽、辣椒粉、細香蔥、肉桂棒或肉桂粉、丁香粒或丁香粉、粗鹽、糖薑、小茴香粉、咖喱粉、蒔蘿籽和蒔蘿草、茴香籽、鮮薑、鮮蒜、薑粉、碘鹽、肉豆蔻乾皮、馬鬱蘭、芥末，乾燥粉末和芥菜籽、肉豆蔻粒或肉豆蔻粉、牛至草（或稱奧勒岡）、紅椒粉、胡椒子、醃漬香料、罌粟籽、紅辣椒片、迷迭香、搓碎

的鼠尾草、芝麻籽、香艾菊、百里香、薑黃

|關於食物儲藏|

以下是食物儲藏時間的一些通則。為了最佳品質著想，我們假定你會給予食物理想的包裝和儲存條件。假使你的食物存放室的溫度經常會高於二十一度，儲藏時間就會短些；倘若是存放在低於二十一度但高於零度的溫度，多數物品也會有較長的保存時間。

要採用輪放制度，把新買的食品放在後方物架，依家庭的每日所需先使用前面比較舊的品項。

➨約五年：包裝完善的脫水食品。

➨約二年：鹽、糖、胡椒粒

➨約十八個月：肉類、家禽肉、單純的蔬菜罐頭——不包括德式酸菜和番茄罐頭——或者混了穀類食物的蔬菜罐頭；水果罐頭，但柑橘類水果、果汁和漿果除外；存放於不鏽鋼或鋁製容器的乾燥豆科植物和包裝適當的冷凍乾燥食品。

➨約十二個月：魚罐頭、氫化脂和油、麵粉、放在不銹鋼或鋁製容器的乾燥穀類速食品、放在原包裝的穀類生食、堅果罐頭、布丁速食調理包、乾燥鮮奶油和清湯即溶產品、蘇打粉和泡打粉。

➨約六個月：奶水、放在金屬容器的脫脂全脂奶粉、濃縮肉品和牛肉湯、罐裝的柑橘類水果和果汁、櫻桃罐頭。水的存放，見「烹飪方式與技巧」。

|冰箱|

四度以下的溫度可以減緩或暫停食物破壞者的活動力。➨你的冰箱的主要儲藏隔間的溫度應該介於一・六度到四・四度之間，肉品儲藏抽屜要維持在正好零度之上，而整體目標是讓所有食物的溫度在四・四度或以下。每種冰箱機型的主要隔間的最冷的位置都不盡相同（請用溫度計找出來），通常是在頂層物架的後面；假使冷凍設備在冰箱內部，最鄰近該處的物架即是溫度最低的地方。所有冰箱溫度最高的地方都是冰箱門的物架，這是因為每次開門就會接觸到暖空氣的緣故。冰箱門越不常開合，就能讓冰箱的運作更省電且更有效能。不妨試著一次取出所有需要的物品。

不要在冰箱裡堆擠食物，擺放時也不要讓食物觸碰到內壁，如此冷空氣才能循環順暢無阻。最易腐壞的食品應盡量往前置中擺放，這樣一來，你就能一眼看到而不會忘記食用；沉重的食品要放在最堅固的架上，確保某種食物可能會產生的有毒物質不會濺灑到其他食物。生食儲藏在熟食下方，生的肉品和家禽肉放在最底層或是肉品儲藏抽屜，並且要以鍋盆盛放生的肉類、家禽肉和魚類，如此一來，就不致於讓流出的汁液沾滴到蔬果或其他的熟食。

食物在冰箱中的保存時間與其包裝方式大有關係。冰箱裡的冷凍空氣有乾燥效果，因此需要防止食物脫水。除了蔬果之外，只要是沒有包裝的物品都要放入冰箱存放，要放入有蓋的保鮮盒，或者是裝在可密封的大容量塑膠袋內。食物放入保鮮盒時，要盡量放滿，如此才得以排除空氣。

蔬果需要空氣，最好是存放在有濕氣的環境裡，如保鮮儲藏格或農產品儲藏室。只放滿三分之二空間的保鮮儲藏格，具有最好的保鮮效果。如果你的冰箱沒有保鮮儲藏格，或是當你的儲藏格裝滿，此時可以把蔬果放入有排孔的塑膠蔬果袋。若要讓草本植物保持新鮮，或是要讓如蘆筍等帶梗蔬菜保持脆度，可以把莖梗捆起插入水瓶中，並且用塑膠製食物袋罩住菜葉或頂部，如此一來就可讓蔬果有水分和氧氣但又不會接觸到變乾的空氣。水瓶要放在不可能會被撞翻的地方。

如果一天內就會使用完畢，從市場買回肉品後就可立即送入冰箱冷藏。為了最好的品質，鮮魚要用保鮮膜包好，放在碎冰上，當天食用，而活貝類則放在冰塊上保鮮，數小時內食用完畢。開封的便餐肉和熱狗應該重新用保鮮膜包好，並在幾天內吃完。應購買不透明容器的乳製品，儲放時也要使用不透明的容器，且任何時候都要關緊密封以杜絕異味。所有的起司都要先用一層蠟紙或羊皮紙包裹，接著再包上一層保鮮膜。發霉的乳製品（起司自然生出的黴菌除外）要直接丟棄而且千萬別試吃。蛋類要存放在冰箱溫度最低的地方。若想保存久一點，請將油品冷藏，橄欖油也是如此（堅果類油脂尤其容易變質）；使用前，要讓油脂回溫到室溫溫度。純楓糖漿和水果糖漿都需冷藏。

開封後的罐頭食品，用剩的部分要存放在玻璃罐或塑膠保鮮盒之中，而不是留存在開封的金屬罐裡，這是因為曝露空氣的金屬罐會開始影響食物的顏色與味道。

縱然現代居家型冰箱都有快速冷凍食物的功能，但是熱騰騰的食物或是量大的溫食還是應先冷卻到室溫再送入冷藏，否則冰箱的溫度會升高，而存放在裡頭的冷卻食物也會因此增溫而危及到食用安全。然而，只把少量的溫食——如卡士達醬——放入冰箱是不會造成損害的。

冰箱要保持乾淨。要養成以濕布拭擦容器瓶罐再放入冰箱的習慣。一旦打翻了東西，就要馬上清理，否則冰箱內的乾冷空氣會讓東西很快變硬而難以清除。如果在冰箱任何一處發現了發霉食物，就要用漂白水稀釋液，沖洗其表面。我們建議要定期檢查所有食品的新鮮度，並用蘇打粉清洗置物架，再謹慎地用乾布擦乾表面，畢竟過度潮濕的環境會生黴菌。在冰箱裡放置一盒打開的蘇打粉，如此可以保持空氣清新。

| 食物室 |

未冷藏過的日常用品要儲放在家裡最陰暗乾燥的地方，常溫最好不要超過二十一度。食物應按輪放制度排放：新食品放在櫥櫃後方的物架，依家庭日常所需先使用前方較舊的品項，所有的包裝都要密封緊閉。如果你有幸擁有如同下文所述的陰涼場所，合適的食品都可儲放在那裡。

在冷藏盒與冰箱尚未出現的年代，食物都是儲放在食品室——那通常是通風涼爽的儲藏櫃或壁櫥。只要可行，都會在屋子最冷的北方牆面設置食品室（larder）。食品室的溫度會隨著通風、氣流和氣候的不同狀況而改變，通常是介在十六度到十八度之間，即便是炎熱夏日也是如此。你如果擁有「一處陰涼場所」，也就是條件類似我們說的食品室的地方，溫度可以維持在十三度到十八度之間，你就可以用來儲放食品：每天必備的麵包；香蕉、柑橘類水果、番茄、鳳梨和甜瓜；茄子、蕪菁甘藍、酪梨、洋蔥、蒜、青蔥、馬鈴薯、甘薯、冬季小南瓜和南瓜；去殼堅果；乾食雜貨；茶；可可粉；糖；巧克力；麵粉（非全穀）；蘇打餅乾；乾燥麵包屑；橄欖油（相對而言是短期保存）；植物起酥油；醋；蜂蜜、糖蜜、玉米糖漿、高粱糖漿、鬆餅糖漿；伍斯特郡辣醬油和辣椒醬；膠質和布丁調理包；調味萃取液；脫脂奶粉；罐頭食品；用瓶塞塞住的已開瓶的酒（只能放一天）；以及香草、香料罐。所有存放的蔬果都不能切分；一旦切開了，務必冷藏。

麵粉、蘇打餅乾和麵包等食品一定要包好，藉以防止灰塵沾染和昆蟲蛀咬。除了蔬果和罐頭食品之外，只要有存放在密封緊實的容器瓶罐的話，這些食品都可以大幅延長其儲藏期限。氣候涼爽時，酵母麵包最好用鋁箔紙或可密封的塑膠袋包好，並且放在陰涼的地方；麵包在濕熱的天氣下會容易發霉，此時就可以冷藏，即便麵包會因此而乾掉一些，可以用箔紙或是寬鬆的保鮮膜包好放入冰箱。

隨著熱氣升高，臨時可以派上用場的涼爽地方就是廚房流理檯下方的櫥櫃。如果你在朝北的牆面有幾立方呎的閒置空間，不妨考慮改造成一間迷你食品室，裝上一扇厚門來隔開緊鄰的溫暖地方，並在上方設置通風孔。可能的話，在內部空間安裝石板或大理石材質的物架，這樣就可以獲得最好的冷卻效果。

| 關於眞空包裝 |

今日已有家用真空包裝機，其附有各種尺寸的真空袋、可以自製袋子的塑膠捲材以及儲物罐。假如你不想購買這樣的器具，可是你又想要以接近真空包裝的方式來儲存食物的話，可以利用有封口鍊的可密封保鮮袋來達成。盡可能地將封口鍊封關至袋口最後一吋的地方，抓著袋口封合的地方，將袋子沉入冷水中，直到袋身全在水裡，但是手握住的一吋左右的部分要在水面之上。此時，因為水壓強迫空氣排出，你會看見袋子塌陷而緊貼在食物上；你甚至會聽到空氣排出的微弱聲響。接著就緩緩地拉上封口鍊將食物袋完全封住，拉上封口時要同步將水上的部分慢慢沉入。按照如此步驟完成後，就算袋子內還有剩餘空氣，那也是少之又少。

| 儲存農作物過冬 |

對於遠古農業社會的人們來說，保護種子穀粒在收割和播種之間的品質不變，這可以說是再急迫不過的事了，他們更因此發展出許多巧妙方法來避免穀粒遭受齧齒動物、雨水、昆蟲的侵擾，和腐爛蛀蝕的厄運。時至今日，在我們努力使新鮮農作物安然過冬的時候，面對的依然是折磨著先人的相同敵人：我們需要尋找相當涼爽的藏放地點來遏止酶化作用，並且要讓場所的通風良好以便避免腐爛蛀蝕。如果氣候沒有過冷、過潮或過乾的話，有著石牆和泥地**地窖**依舊是最切實的解決方法，不僅讓人出入方便而且有足夠空間分放蔬果。地板牆面若是混泥土的話，存放農作物時就要遠離這些表面，如此即可避免黴菌滋生。如果地下室需要加熱，不管是透過鄰近的暖氣爐或其他方式，階梯一定得因應此情況而加以調整；然而，談到預防措施，仍需顧慮到太多的個別因素，故無法於此一一羅列。

最佳的過冬儲物是最近一批尚要成熟的農作物，但不應太過成熟。選個乾燥的日子，將農作物收割。如果可以在田地過夜來進行冷卻乾燥的話，就可以讓儲藏過冬的多數農作物維持最佳質量。不過，有些例外情況：譬如，採收後的洋蔥需要約一星期的時間才能到達一般的適藏狀態。至於如胡蘿蔔、甜菜、蕪菁甘藍和球莖甘藍等根菜類，儲藏時一定要保留頂部一吋，並且要丟棄剩餘的部分。

此外，只有沒有挫傷瑕疵的農作物才適合儲藏，而且大部分儲藏期間的溫度要介於一・六度到四・四度之間。甘薯和山藥適合在稍高的溫度，即四・四度到十度之間，並要存放在適度乾燥的地方；晚熟的甘藍菜、馬鈴薯、金瓜、冬南瓜、根菜類、硬蘋果和梨子則需要適當濕潤的儲放條件。有些人偏愛在儲藏前清洗蔬菜；有些人則是害怕流失維生素而選擇不這麼做。無論如何，➡要儲藏的農作物的表面應該要是乾燥的。雖然我們耳聞有人抱怨沙會損及農作物的味道，但是以乾沙或鋸木屑來包裹可以將農作物與外界隔絕，儲藏溫度也會因此更加平穩。像是蘋果、梨子等類的水果，可以用紙張分開包裹，藉此減少因為未注意到的損傷而衍生的接觸性腐壞。不管包裝材料為何，只要用完一季，就要丟棄做為堆肥之用。

使用強化草皮土墩做為**露天儲藏則相當複雜**多變，**這些場所的**平均溫度為零下一度或較高的溫度。在地面會結冰的氣候環境中，沒有保溫入口的土墩就要蓋得小一點，因為一旦打開了，掩蓋的泥土即失去了完全阻絕寒冷的功能。如果這樣的情況發生了，所有農作物都應該要迅速取出使用，不然的話，可以將適合冷藏的農作用放入冰箱。土墩應座落在排水良好的區域，外圍環繞著排水溝渠，而且底部疊放至少六吋高的稻草或枯葉。為了預防齧齒動物咬啃作物，需要在保溫基底上鋪上一片金屬布，這種材質可以順著你要擺放的錐形般蔬果堆的四周塑形。➡蔬菜和水果絕對不要存放在相同的土墩。每個洞窟要覆蓋上約六吋的稻草或枯葉，然後再堆上一層六吋泥土，錐墩頂部要留個煙囪般的開口，即便在塞滿的稻草上蓋了一塊木板或金屬且又壓上一塊石頭的狀況下，頂部空氣仍舊要可以充分流通。最後，在錐狀農作物堆的周邊再覆蓋一層稻草或枯葉，藉此進一步加強保溫和控制腐蝕程度。

比起土墩儲藏法，你或許會比較喜歡用窪坑來儲藏作物。在排水良好的多蔭處挖掘一個窪坑，其深度要足以放置一塊18×30吋的瓷磚，下方要墊上一塊金屬布為基底，基底要先覆蓋一層稻草或枯葉保溫。接著就可放入農作物。用瓷磚填滿之後，再覆蓋一層厚厚的稻草，並外加一層泥土稻草，之後如上述方式在中央部分做一根煙囪通風，而且要沿著完成的儲藏地挖出一條排水溝。不論使用的是土墩或窪坑，只要你身處於雪的國度，要記得插上一枝高高的杆子來標記儲藏地點。

當然，儲藏根菜類作物最簡單的方法是就地保存，留在原生土壤並蓋上十五到十八吋的稻草。晚熟作物也可以用同樣方式處理，霜降前蓋上稻草的土壤應該就不會被凍硬了。同樣的道理，記得用高桿子標記出一排排的農作物，並且畫出一張播種平面圖，否則的話，當農作物的頂部受到更嚴寒氣候或者白雪皚皚的影響而隱遁時，你就會對遍尋不著農作物的情形而驚訝不已。

罐藏、鹽醃、燻製和乾燥

Canning, Salting, Smoking, and Drying

擁有放滿自製罐頭食物的儲物架是會令人感到悸動的！事實上，當你將自己的心血結晶端出讓人享用，其中引來的（通常是暗中的）打量和愉悅，這是只有在展現良好道義或穿戴迷人帽子時才會出現足以比擬的情形。

| 關於罐藏法 |

罐藏法的程序步驟有時並不簡單，希望在我們的引導之下能夠讓你覺得這沒有那麼困難。➡我們的建議是，你第一次自製罐頭時只試做小量食物，或許不超過六罐或八罐。閱讀以下小節，你可以快速熟悉自製罐頭的流程，後面的章節則會按部就班地說明每一個步驟、設備用具及安全須知。事實上，在加工製罐的時候，你一定要秉持良心，百分百確定自己存製的食物在食用上安全無虞。進行罐藏食物時一定要極為謹慎以便防止腐壞。

現在要把食物做成罐頭絕非難事（即便過程相當費時），只要遵守這裡概述的符合美國農業部（USDA）最新《居家罐藏法完全指南》（*Complete Guide to Home Canning*）的指示方針，你就毋需有安全上的顧慮。在進行居家罐藏計畫之前，請詳讀此章節的內容。▲如果你居住在高海拔地區（海拔一千呎以上），為了獲得最高安全保障，請記得相應調整殺菌與加工處理的次數；請閱讀「高海拔罐藏法」，330頁的說明。

罐藏的英文是「canning」（字面意思為製造金屬罐頭），這個用字實在是不太正確，畢竟多數居家食物「保存」不是用金屬罐，而是使用特殊設計的玻璃瓶。生熟食裝入瓶罐之中，藉著注入足夠的汁液來排出大部分的氣體，之後在兩種製罐鍋中選一種來加熱或是加工處理瓶罐。在所有新鮮食品中，都存在著終會導致食品腐敗的微生物和酵母，加工處理後就可以一舉殲滅。因此，要特別當心的是，假如加工處理不當而讓微生物存活了下來，那可是會讓人生病的。

加工處理也會迫使空氣排出瓶罐之外。冷卻後的加工瓶罐會排出多餘氣體而達到**真空密封的狀態**。這道密封程序是防止細菌侵入食品的重要環節，不這麼做的話，細菌有可能跑進瓶罐並污染內容物而使人致病。你如果打算把大量食物製成罐頭，尤其是罐藏低酸性食品的話，不妨考慮購買一台壓力製罐鍋，不僅不到一百美金的價格就能購得，還可以省下數小時的加工時間。

｜罐頭製造注意事項｜

加工罐藏食品務必萬分謹慎，永遠要遵守本書的食譜說明、加工方法及次數。➡製罐加工漿果、李子與近乎所有的蔬菜等非酸性食物或低酸性食物時，要特別小心預防形成潛在致命的肉毒桿菌毒素（botulism toxin）。因為肉毒桿菌（學名：*Clostridium botulinum*）孢子所產生的毒素或可在一百度的沸水下存活數小時之久，所以一定要用調至到一百一十六度的蒸氣壓力製罐鍋來加工處理低酸性食品。

如何察覺罐頭食品是否已有了肉毒桿菌呢？事實證明這是很困難的，畢竟即便食品的質地沒有變軟、出現異味或變色，食物卻可能早已感染了肉毒桿菌。➡罐頭食品損壞的首要指標，就是查看封口是否毀損或瓶蓋隆起。然而，如果低酸性食品的加工製罐程序有瑕疵的話，食物仍可能在毫無徵兆的狀況下感染肉毒桿菌。密封的瓶罐並無法保證食品安全；瓶罐裡食物的烹煮加熱過程也同等重要。請熟讀「檢查腐壞食品」的原則方法，333頁，並且➡決不試吃有疑慮的罐頭食品。經驗告訴我們最安全的方法就是，**只要有任何的疑慮就要丟掉**。

｜製罐設備｜

沸水製罐鍋

沸水製罐鍋很容易自廚具五金行購得，然而，只要能容納六只到八只瓶罐且鍋身比瓶罐至少高出二又二分之一吋（淹覆瓶罐的沸水高度一吋、水煮沸時翻騰滾濺的高度一吋以及置於鍋底的蒸架高度二分之一吋），這樣的大鍋子都可以充當沸水製罐鍋之用。鍋子應該要可以只端放在一只爐頭上，儘管鍋底可能會比爐子寬了幾吋（假使大鍋子大到得放在兩只爐頭上，鍋裡中間的瓶罐可能會受熱不足）。若是以煤氣爐加熱的話，可用「波紋」底部的鍋子；若是以電爐加熱的話，則非用平底鍋不可。鍋蓋一定要能緊蓋，或是重到滾滾沸水無法將其沖撞開。

沸水製罐鍋

蒸氣壓力製罐鍋

這類製罐鍋比沸水製罐鍋更複雜且價格更高，但是卻是安全罐藏低酸性食品不可或缺的設備。請閱讀製造商在製罐鍋附帶提供的產品說明書。蒸氣壓力製罐鍋的鎖蓋，不但可以留住鍋內蒸氣而加壓，並可使其溫度達到一百一十六度到一百二十一度左右，見下圖。鍋蓋也會嵌入排氣閥以及針盤式壓力錶或加重式壓力錶，有些蒸氣壓力製罐鍋則是兩款壓力錶皆備。至於製罐鍋的內部壓力，可以藉由手動調節火頭的火候來加以控制。

加重式壓力錶會控管製罐鍋裡的壓力，會在每次加工過程中受到釋放的少量蒸氣的作用而引發壓力錶搖動或鳴笛。此款壓力錶可靠且安全，唯一的缺點是海拔一千呎以上的高度的壓力讀數的選擇較少，十磅是一千呎以上任何高度的僅有選項，再來就是十五磅了。使用壓力製罐鍋，一開始都要讓蒸氣完全排出十分鐘，接著再放上適當的加重重量。

針盤式壓力錶在任何海拔高度都可以準確顯示製罐鍋內部的壓力讀數。此種壓力錶一定要每年檢查其準確度；許多美國縣郡合作推廣顧問都有檢查此款壓力表的設備，不然就詢問住家附近的五金行是否有此項服務。如果你的壓力錶在五磅、十磅或十五磅壓力的讀數都高出了二磅的話，請換新壓力錶。

購置製罐器具時，要購一九七〇年後生產而且具有美國的產品安全認證機構Underwriter's Laboratory（UL）的認證標誌的產品。我們並不建議使用一九七〇年以前製作的古董級或傳家的製罐鍋。美國農業部（USDA）認為做為製罐鍋的鍋子應該至少可以容納四只夸特瓶，若非如此，就會過小而不適合做為製罐鍋之用。使用較小型壓力鍋來製罐加工是不夠安全的。每次使用製罐鍋之前，要依照製造商的說明書進行全面的檢查和清洗；儲放製罐鍋時，要蓋上鍋蓋並倒放在涼爽乾燥的地方，鍋內要放入皺紙巾來吸收閒置期間可能產生的濕氣和味道。

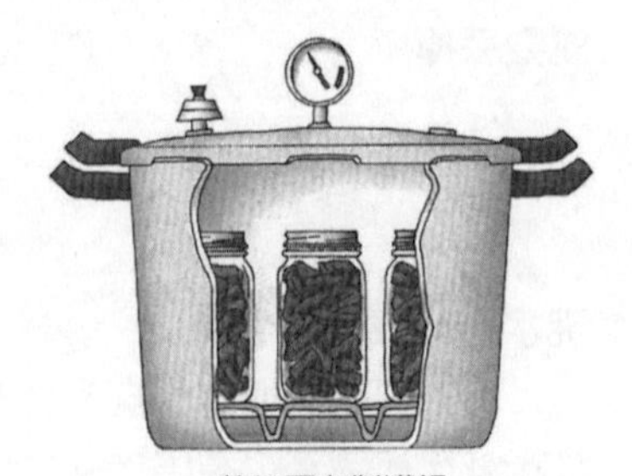

蒸氣壓力製罐鍋

瓶罐

居家罐藏的容器，我們只建議使用專為罐藏食品而製的美製梅森瓶（mason-type jars）。以強化玻璃製成，這款瓶罐的設計足以承受加工過程的極度高溫（以及冷凍過程的極度低溫）。只要罐頭瓶的狀況完好，邊緣平整且沒有缺角、裂痕、缺口和刮痕，就可以再次使用。不過，瓶蓋就只能使用一次。

罐頭商品的瓶罐都是製造來做為單次使用，因此並不適合做為居家罐藏的容器。儘管古董瓶罐和裝飾性罐頭瓶相當誘人，可是其材質的強化處理可能不當、易碎，或者有瑕疵，因而可能導致在加工過程中破裂，故應避免使用這類瓶罐。

罐頭瓶的標準尺寸的範疇為半品脫到夸特。市面上也有半加侖的罐頭瓶，但是使用上比較不方便；我們只會用半加侖瓶的罐子來罐藏極酸的果汁。此外，現階段並沒有針對其他種類的半加侖食品的輔助流程。罐頭瓶的開口可寬可窄，而寬口瓶會比較容易填裝和淨空。

瓶蓋和金屬環

罐頭瓶使用的是以一只瓶蓋和一只金屬環組成的二件式真空瓶蓋來封口。瓶蓋只能使用一次；金屬環則可能可以重複使用到開始生鏽變形為止。各家廠牌的真空瓶蓋設計和使用方法或有出入，記得要閱讀製造商的說明書。我們不再推薦使用較老式的半球型瓶蓋、其他的半圓形拎環、彈簧鎖蓋或一件式金屬蓋以及舊式襯瓷鋅蓋。

用具

將瓶罐從製罐鍋中取出的夾瓶器、以及能把瓶蓋從熱水中拿出的取蓋棒，這些都是過程中不可或缺的用具。有些製罐鍋則會用烤箱手套或防熱墊來取出瓶罐。以下再羅列幾種相當重要的用具：填裝瓶罐時，瓶罐用漏斗可以維持瓶口邊緣乾淨無染；瓶罐倒入內容物後，可以用非金屬材質的細瘦的長抹刀去除裡面的氣泡；計時器；鍋墊；乾淨的毛巾。處理熱裝食品時，你需要使用不鏽鋼材質或不起化學反應的寬口厚底的平底深鍋，如此才能讓食物烹調均勻並維持色澤。

以下器具也可以幫助準備罐藏食物：糖果溫度計、水果刀、主廚刀、蔬果削皮器、漏勺、杯勺、大型過濾器、測量杯勺組、砧板、熱燙用籃框、冷卻架、大濾鍋、小型研缽和杵、食物研磨機、十磅廚房用秤，以及用來標記瓶罐的油性麥克筆。

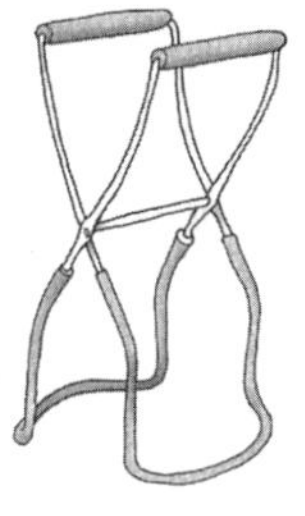

夾瓶器

瓶罐用漏斗

| 準備罐頭瓶 |

進行任何製罐作業時，第一步驟都是在熱肥皂水或洗碗機中清洗罐頭瓶、新瓶蓋和金屬環，然後再仔細沖洗乾淨。所有果凍和一些果汁等加工製罐時間少於十分鐘的食物，一定要裝入殺菌過的瓶罐。

在海拔高度一千呎（含）以下的地點進行殺菌時，瓶罐要垂直放入製罐鍋並淹覆熱水，接著要沸煮十分鐘。▲在海拔高度較高的地區，每升高一千呎就要多沸煮一分鐘。完成殺菌後，讓瓶罐留在熱水中備用。備用時間可能長達數小時；倘若真是如此，就要重新沸煮瓶罐後再裝入食品。

瓶罐上的蓋子要以沸水澆淋，如此可以軟化密封劑並加以消毒。瓶蓋鎖入瓶罐時一定要是熱的，但千萬不能沸煮瓶蓋，否則可能會無法完好密封。請閱讀瓶蓋製造商提供的使用說明書。

| 填裝瓶罐 |

填裝瓶罐的兩項基本技巧：**冷（生）裝**與**熱裝**。➡使用生裝法時，將生食或只有半熟的食物裝入熱瓶罐，然後以滾燙汁液淹覆；這些食品是在熱水而非滾水中開始加工程序。

➡熱裝法則是在熱瓶罐中裝入事先煮好的熱食並倒入滾燙汁液。預先加熱要罐藏的食物可以排出食物中的空氣而提升罐藏品質。由於空氣排出，瓶罐也因此可以裝填更多食物，同時也比較不會有碎塊漂浮，色澤味道的保鮮時間更長，而因氧化作用流失的營養也會減少。➡熱裝法應只用於不加糖的水果，我們更是大力建議要以沸水浴法處理所有食品並且要使用蒸氣壓力製罐鍋加工多數食品。

使用上述兩項技巧填裝瓶罐時，➡內容物要填裝緊實，但也不要放得過緊而壓碎食品。最好的裝填法是層層交叉疊放切拌削片好的蔬果。

記得永遠要先放入固態食物，接著才倒入滾燙的汁液。**頂隙**是指瓶罐食物頂部和瓶邊緣下方之間夾雜空氣的部分，記得要在這個部分預留讓食物在加熱時的擴展空間。➡水果和酸性蔬菜裝填到瓶罐頂部的距離要在半吋之內。➡相較於其他蔬菜，利馬豆（lima beans）、乾豆、豌豆、玉米與其他低酸性食品的膨脹地更多，連同加壓製罐的肉品，這些食品都應鬆散地裝填到距離瓶罐頂部一吋之內。倒入的滾燙汁液要完全淹蓋固態食物，但是要依照個別食譜的指示而在汁液上方預留食物發脹的頂隙空間。你可以按每夸特食品加一小匙鹽的比例將鹽加入肉品和蔬菜。

在水果罐裡填裝糖漿，335頁，到距離瓶頂半吋之內。▲不需因海拔高度的改變而調整頂隙。

填裝瓶罐時，熱裝的食品要是不夠滾熱，就要重新沸煮。倘若最後一只瓶罐只能裝到半滿，請放入冷藏或冷凍，並於數天內食用完畢裝填的食物。

蓋上瓶蓋前，➡一定要排出所有滯留於汁液中的空氣。將一根細長抹刀伸入罐內和內容物之間攪動，藉此不時改變內容物的位置來釋放滯留其中的空氣。接著要先小心擦拭瓶罐頂部再蓋上瓶蓋。放好瓶蓋並旋緊金屬環，➡扭轉到你感到有阻力出現時即可停止。

| 添加物 |

鹽是大多罐藏食品的選擇性添加物。除了醃漬或發酵過程中會大量用鹽之外，鹽其實只能提味而不具防腐效用。可以在蓋上瓶蓋前就直接將鹽放入瓶內。有些熱裝食品則可能要在烹調時就先加鹽，不要在罐藏食品使用碘鹽或鹽類替代品——製罐過程出現的高溫可能會讓鹽變苦。使用罐頭用鹽或醃漬鹽可以預防食品出現受到其他鹽品中的添加物而變色或沉澱的情形。

酸是一些罐藏食譜的指定材料，不僅可做為防腐劑，更可為一些食品提味增色。若要使用檸檬汁來提高酸含量，記得不要使用酸度多變的新鮮果汁，而是只用酸度固定的商業瓶裝或冰凍果汁。柑橘酸來自柑橘類水果，在雜貨店的符合猶太教教規的食品區可以找到晶狀的「酸味鹽」（sour salt）。不同於檸檬汁，酸味鹽可以增添強烈氣味但卻不會使汁液混濁。

使用至少含百分之五醋酸（有時標示為五十喱）的高級**醋**。**我們推薦使用**蘋果醋或蒸餾白醋。

| 沸水製罐法 |

沸水製罐法適用於高酸水果以及鹽漬和醃漬蔬菜。除非你的製罐鍋內含可以安置瓶罐的瓶罐蒸架，不然就要在鍋底放置蒸架，如此才不會使瓶罐出現相互碰撞或觸碰製罐鍋的狀況。瓶罐間和瓶罐與鍋子之間的間距為兩吋。在製罐鍋裡倒入半滿的熱水，生裝食品要加熱到六十度，熱裝食品則是八十二度。手邊要備妥一壺滾水，等到瓶罐裝入就在鍋內加滿水。把填裝完畢的加蓋瓶罐放入製罐鍋內的蒸架上，記得留些空間讓滾水流通循環。要加減滾水量以便讓水面保持至少高於瓶罐兩吋。蓋上鍋蓋後，把火候調到大火並開始把水煮到沸騰。在水沸騰的時刻，即在計時器上設定所需的加工時間，並且要注意海拔高度以便調整製罐時間，調整方式請見以下的說明。要定時檢查水面高度並且備妥一壺滾水，只要發現水面高度不到瓶罐上方一吋，此時就要加水。

| 蒸氣壓力製罐法 |

蒸氣壓力製罐➡是在海平面的地區以一百一十六度的溫度進行，這是處理非酸性水果、蔬菜和魚肉的唯一建議製罐法。製造商會提供蒸氣壓力製罐鍋的詳細使用方法，請確實遵守——檢查量錶要特別小心。

在製罐鍋底放入蒸架，接著就可倒進二吋到三吋的熱水。喜歡的話，可以添加二大匙白醋來防止製罐鍋和瓶罐染色。用夾瓶器或鉗子把填裝完畢的加蓋瓶罐放入製罐器，要留一些空間讓蒸氣循環。將瓶罐蓋好並扣緊瓶蓋後，接著就打開排氣閥。把溫度調至高溫，一旦蒸氣開始往外噴溢，要讓蒸氣持續排出十分鐘，▲在高海拔地區需要較長的排氣時間，請見下面的說明。排氣完畢後，就要關上氣閥，並讓製罐鍋開始加壓。

若是以加重式壓力錶調節壓力，要放調恰當的加重物件件數或標記裝置，請參閱製造商的說明書以得知在全壓狀況下加重物件的表現。若是針盤式壓力錶，在高溫下調節到低於目標二磅到三磅的壓力，然後就調降火候至中溫直到到達正確的壓力為止。無論使用何種壓力錶，▲務必要隨著海拔高度增加而加以調整，請見下方說明。一旦到達了建議的壓力值，就要立即開始計時。記得要隨時監控壓力錶。你可以聽到加重式壓力錶發出的鏘鏘振動聲響，但是針盤式壓力錶就一定要留心監看。

一旦壓力開始低落於目標壓力值，➡你一定要讓壓力完全回到建議的壓力值，然後再重新計時。如果壓力超過理想值，熱度就要調降一些。➡爐火火力起伏不定會使得壓力大幅波動，食物有可能會從瓶罐吸出而破壞密封狀態。試著不要讓鍋內壓力超過十五磅。

當➡計時器鳴響時，就要熄火，並將製罐鍋拿離爐頭。讓製罐鍋靜置冷卻到壓力錶歸零——時間長短端視壓力值和製罐鍋尺寸而定，有可能會長達一小時。接下來就要打開排氣閥或移除加重物件，再靜置幾分鐘後才掀開鍋蓋。這段冷卻時間同樣要計算在加工時間之內，縮短冷卻時間或突然任其冷卻都有可能會破壞製罐成果或導致瓶罐破裂。

| 加工製罐時間 |

罐藏食品所需的加工時間取決於食物稠密度、裝填方式、瓶罐的容量與形狀、加工方法和海拔高度。▲參見下文關於「高海拔罐藏法」的說明。

假如使用容量小於一品脫的瓶罐，除非食譜另有說明小容量器皿的加工時間，否則就要依照食譜指示加工一品脫瓶罐的建議時間來執行。容量為一夸特的瓶罐通常需要額外的加工時間。請遵照個別食譜指示的加工時間。

| ▲高海拔罐藏法 |

罐藏食譜都是針對海平面高度地區所設計。隨著海拔高度增加，達到沸水和蒸氣狀態的所需溫度會降低。➡在食品製罐的安全考量之下，這意味著進行沸水製罐時就必須延長加工時間；施以蒸氣壓力製罐法時則要提高鍋內壓力值。

沸水製罐

1,001—3,000呎，增加5分鐘
3,001—6,000呎，增加10分鐘
6,001—8,000呎，增加15分鐘
8,001—10,000呎，增加20分鐘

蒸氣壓力製罐

使用適用海平面的製罐時間，但是要將壓力磅數調整如下：

針盤式壓力錶

0—2,000呎：11磅
2,001—4,000呎：12磅
4,001—6,000呎：13磅
6,001—8,000呎：14磅
8,001—10,000呎：15磅

加重式壓力錶

0—1,000呎：10磅
1,001—10,000呎：15磅

| 冷卻瓶罐 |

加工製罐完畢後（如是壓力製罐法的話，則進行減壓），要馬上用夾瓶器、鉗子或烤箱手套從製罐器取出瓶罐，瓶罐要立放在布、板子、報紙或架子上（若留置製罐鍋中，有可能會損壞熱瓶罐）。要以至少一吋的間隔放置瓶罐以便讓空氣可以流通，可是不要放在敞開的窗戶前方或通風設備之中（經過蒸氣壓力處理的罐裝食物會繼續沸煮一段時間，但是冷卻後就不再沸騰）。

切忌在此時拴緊金屬環，這樣一來可能會損害密封劑而破壞密封。每只瓶罐冷卻時，你應該會聽到一聲中空的爆裂聲，這表示瓶內的真空狀態已經把瓶蓋吸拉就位。檢查封口之前，要先請讓瓶罐在室溫下靜置十二小時到二十四小時。

| 檢查封口 |

移除金屬環，查看瓶蓋是否稍加內陷，然後按壓每只瓶蓋中央部位：瓶蓋

應該固定不動。如果瓶蓋下沉而回彈，就代表沒有密封完全。或者，測試金屬蓋的封口也可以➠使用金屬湯匙或刀子輕敲瓶蓋，要是發出清脆的聲響，即代表安全密封。如果內容物碰到瓶蓋，發出的聲響或許低沉但不至於空洞。➠如果聲響低沉空洞，就需要換新瓶蓋並重新加工製罐。或者，喜歡的話，不妨立刻使用食品。

沒有密封完全的瓶罐應該馬上送入冰箱，要不是在幾天內使用完畢冷藏的食品，不然的話就得立刻冷凍（只有保留至少一又二分之一吋頂隙允許內容物膨脹的瓶罐才能如此），不然就是在二十四小時內依照原本的製罐程序重新加工罐藏。

重新加工製罐時，先移除丟棄瓶蓋。檢查蓋著瓶蓋的瓶罐邊緣是否有任何會影響密封的小裂痕。準備一只新瓶蓋，有需要的話，也備妥一只新瓶罐來進行製罐流程。以相同的方法讓食品在相同的時間內製成罐頭，同時謹慎審視每一道步驟來找出失誤所在。重新加工製罐的食品多少都會因此而減損品質。

|密封、標記和儲藏罐頭食品|

儲藏瓶罐之前，記得要先拿掉金屬環，瓶罐要用濕布擦拭乾淨，如此一來，往後才不會出現金屬環腐蝕或難以取出的問題。你也可以藉機檢查是否有食物卡在瓶蓋和瓶口邊緣間。倘若瓶口邊緣確實卡了食物殘渣但密封仍舊安全無虞，那麼就只需在瓶罐上做上標記並且盡早食用。➠一定要立放瓶罐並靜置十二小時。➠不要再轉緊冷卻後瓶罐的瓶蓋。密封後，你或許還會看到食物仍在沸騰發泡，這是由於罐內的真空狀態使得沸點降低的緣故；一旦內容物冷卻，沸騰情況就會停止。

將瓶罐標記並➠儲藏在陰涼通風的地方。介於七度到十六度之間的儲藏溫度可以維持食品色澤，這種溫度通常也適合用來儲放所有經過嚴格加工程序的罐頭食品。使用油性麥克筆在每只瓶蓋上記下製罐的時間和食品種類，如果做了不只一批的罐頭，還要記下批號。日後要是出現儲藏上的問題，瓶蓋上的標記即能派上用場。➠為了取得罐頭食品的最佳品質，請在一年內使用完畢，不然的話，食品在一年之後就會因化學變化而開始減損流失味道、外觀和營養價值。

居家自製罐頭要儲放在乾淨、陰涼、乾燥的地方（溫度介於五度到二十一度間）。➠濕氣會腐蝕瓶蓋和封口，來自暖氣、爐具、火爐或陽光的熱氣也會損害罐頭食品。儲放瓶罐的場所溫度不要超過三十五度。如果儲藏地的溫度接近冰點，瓶罐要先用報紙包好並放入厚紙箱，再覆蓋報紙毛毯即可。

安全製罐的規則

你尚未動手將食物做成罐頭之前，請徹底閱讀食譜兩次，備妥所需的食材和器具用品。務必確實遵守本書的食譜說明，這些說明都符合美國農業部的指導原則。

務必確保一塵不染。➡會觸碰到要做成罐頭食物的一切東西都要乾淨無瑕。徹底洗淨食物以便去除污染物。➡按食譜說明來量測和切分食物。千萬不要自作主張。確實依照食譜的指示進行製罐，不使用混合食物或替代品項。安全製作罐頭食品並不容許自由即興的烹飪手法。

不要罐藏如➡蔬菜、香蕉、無花果、熟芒果或木瓜等打成泥漿的低酸性食物，製罐前也不要為了讓液態食物變稠而添加麵粉或玉米澱粉。泥漿食物或稠化食物的濃稠度會在裝瓶後阻礙熱氣的傳導。喜歡的話，食用前再將罐頭食品打漿或變稠即可。

準備➡製罐鍋一次所能裝載的瓶罐數量就好。兩種較大型尺寸的製罐鍋可以容納兩層的半品脫罐，放置方式為在兩只瓶罐上方放上一只瓶罐，如此交叉疊放，而且層與層間可以放上瓶罐架或蛋糕架來幫助安置瓶罐。

記得要穿著恰當衣物以保護自身安全。➡要穿著可以抵擋吸收突然噴出的蒸氣的長袖衣服或戴上烤箱手套。衣物的長袖子要能貼緊手臂，不能鬆垮到滑進鍋裡或因而引火上身。

檢查腐壞食品

食用自製罐頭食品之前，要先查看是否有腐壞情況。務必確認每只瓶蓋都是扭緊的而且瓶蓋中央仍是下陷狀態，這就表示瓶罐封口完好無損。如果食品顯然出現下文敘述的腐壞徵兆，**千萬不要試吃**，馬上按「已污染食品和瓶罐的處理方法」，334頁的說明來加以處理。

打開瓶罐前，請檢查是否出現這些情況：瓶蓋隆起或瓶蓋中央不再呈下陷狀態；瓶罐外有來自罐頂的食物殘渣乾；瓶罐外身發霉；瓶罐內有氣泡浮起；瓶罐滲出汁液或食物；食品的顏色不自然或者是比應有的顏色來得深；汁液呈現混濁的不正常現象。如果發現了這些腐壞徵兆，**不要開瓶**。

撬開密封良好的瓶罐時，你應會聽到讓人放心的一聲「啵」的聲響。接著，嗅聞是否有不自然或難聞的（酸臭）氣味；找尋是否有噴出的汁液、氣體或其他發酵跡象；查看食物表面或瓶蓋下方是否出現顏色變化，甚至是小斑點來確定是否發霉；用叉子檢驗質地是否出現滑溜或不正常的變化。如果出現了這些跡象，按下文的指示，不要試嚐，要立即丟棄瓶罐。不過，有時水果罐頭頂部會有變黑現象，這是因為頂隙空間過大且罐內水果沒有覆蓋到汁液的結果。要是沒有其他腐壞跡象，這並不會傷害人體健康。瓶蓋下方的黑色沉積物也用相同方式判斷，那只是酸和鹽腐蝕的結果，對人體是無害的。

｜已污染食品和瓶罐的處理方法｜

瓶罐只要出現上述任何一種跡象，就要以視同感染肉毒桿菌毒素的狀況來處理。**不要試吃！**

處理的時候，瓶罐的任何一部分都不能碰到往後有可能接觸到食物的表面。如果瓶罐的瓶蓋仍是密封狀態，用厚垃圾袋包好後就可丟入有密封蓋的垃圾桶。

如果是無封口、打開的或滴漏著內容物的瓶罐，此時就要先進行消毒程序再丟棄，並且不得讓孩童、寵物或粗心的野生動物觸碰瓶罐而發生感染病毒的意外。

你或許應該戴上塑膠手套或橡膠手套。小心地把瓶罐完全側放到製罐鍋內。要徹底洗淨雙手。在鍋裡加入至少一吋的水淹覆瓶罐，盡量不要濺起水花，蓋鍋煮沸三十分鐘。**此時食物已經去毒，但還是不可食用**。冷卻後，用厚塑膠袋包裹瓶罐後就可丟入有密封蓋的垃圾桶，食物和水可以丟到垃圾桶或倒掉即可。

將氯漂白液和水以一比五的比例混合做成溶劑，在進行去毒程序前，徹底洗淨可能接觸到瓶罐和其內容物的所有東西，連你的衣服和雙手也不例外。用溶劑沾濕物品表面和器具，待靜置五分鐘後再沖洗乾淨。用垃圾袋把清洗用的海綿、布或其他材料包好丟棄。記得要再洗一次手。

｜危險的製罐方法｜

多年來，民間出現了許多不安全的製罐方法。不管你祖母的說法如何，**不要這麼做**：將未加熱處理的食物做成罐頭（所謂的開鍋製罐法）；未經過加壓處理就進行蒸氣製罐；或者是用烤爐、微波爐、慢鍋、洗碗機，或是在太陽下進行加工製罐。不要用阿斯匹林或所謂做罐頭粉劑做為防腐劑而取代正確的製罐程序；假如不是使用驗證過的食譜，那就千萬別在單一瓶罐內混合食物。

｜關於水果製罐方法｜

水果可以放入水、果汁或糖漿之中來加工製罐，不同的液體會做出風味稍微不同的成品。

以淡水做成的水果罐頭，成品的顏色和質地在幾個月內就會消退。可以放入一點甜味劑來幫助罐頭水果保持色澤、風味和果形，但是太多的糖則會掩蓋過水果的自然味道。因此，我們建議只添加到你覺得有味道的最少分量即可。

做水果罐頭的糖漿使用方式

糖百分比	甜度強度	1 夸特糖漿的糖量
10	極淡：近似於大部分水果的自然甜度	1/3 尖杯
20	淡：適合甜水果	3/4 尖杯
30	中：大部分酸甜水果的完美強度	1 又 1/4 杯
40	濃：只用於極酸水果	約 1 又 2/3 杯
50	極濃：甜得發膩	2 杯

蔗糖素是代糖，可以抵抗製罐時的熱能，也可以代替糖來調整口味。不過，在做水果罐頭時，通常可以用糖來維持食物的顏色和質地，蔗糖素可以增加甜味但是卻沒有這方面的效用。你要是偏好使用其他種類的代糖，不要在製罐過程中放入，等到要食用時再添加即可。

淡糖漿具有近似大部分水果的天然甜味，每只品脫罐只要加不到一大匙的糖即可保存水果品質。最常見的淡糖漿是用白糖做成的，因為無色無味，水果的自然風味因此能成為鮮明焦點。

紅糖會散發出一股焦糖底味而添補一些水果的味道。**淡蜂蜜**或**淡玉米糖漿**可以用來取代糖漿中三分之一到二分之一的糖。要注意的是，蜂蜜具有本身的味道，而玉米糖漿則是超級甜膩。

不加糖（但散發天然甜味）的**蘋果汁**或**白葡萄汁**也能充當甜味劑，來做為淡糖漿的替代品。➡可以加入要做成罐頭水果的果汁，只要水果自身的汁液過濾乾淨且比建議使用的糖漿稀薄，就可以拿來使用。

在準備水果之前，要先烹煮糖漿，如此一來，水果備妥時，糖漿也做好了。將糖放於夸特量杯或水壺內，加入足夠分量的冷水至一夸特並攪拌到糖溶解即可。每一品脫水果約需四分之三杯到一杯的糖漿成品。

準備水果

除非另有說明，不然都要挑選完全成熟的優質結實水果。➡水果切片要盡量大小一致。結實的水果可以放在不斷流動的冷水下用刷子洗淨，漿果和其他嬌貴的水果則要放在濾器中洗過幾趟冷水。削皮後的水果也要沖洗。

罐藏水果的抗褐變溶劑

為了預防淺色水果在切分後變色，可以把水果切片快速的浸泡（十分鐘到二十分鐘）再根據以下方式備妥的溶劑裡：

1. 將六錠五百毫克維生素C（又稱抗壞血酸）壓碎，放入一加侖的水中溶解，或
2. 按製造商的說明使用商業抗褐變產品，或
3. 將一小匙檸檬酸或檸檬汁加入一加侖的水中。維生素C（又稱抗壞血酸）與大量的水果中最能發揮效用。水果一定要瀝乾但不要沖洗，再與所需汁液一同加工製罐。
4. 或者，準備二大匙鹽、二大匙醋與一加侖的水混合而成的溶劑，使用時，水果不要浸泡在溶劑中超過二十分鐘，且➡要先沖洗水果再裝罐。

常見水果的預估分量

	每夸特瓶的磅重	每蒲式耳（Bushel）或條板箱的夸特瓶數
蘋果	2又1/2至3	16至20
杏桃	2至2又1/2	7至11
漿果	1又1/2至3	12至18
櫻桃	2至2又1/2	（未去核）22至32
桃子	2至3	18至24
梨子	2至3	20至25
李子	1又1/2至2又1/2	24至30
番茄	2又1/2至3又1/2	15至20

沸煮水果

將備妥的水果放入寬口的淺平底鍋內，但不要塞得滿滿的。用另一只鍋來煮沸喜愛的汁液，再倒入淹覆水果。調高火候，當汁液開始沸騰時，按食譜說明設定計時器的沸煮時間。期間要不時攪拌。

水果製罐指南

加工製罐前，請閱讀「關於罐藏法」，324頁。我們說明了每款水果最適合做成罐頭的品種，但是這只是起著導引作用；其他品種也是可以拿來做成罐頭的。除了葡萄柚和芒果之外，所有的水果皆採熱裝法，且瓶罐可使用半品脫、十二盎司、一品脫或夸特等容量。除非另有說明，不論瓶罐的尺寸大小為何，所需的加工製罐時間都相同，並且是以海平面地區為時間計算基準。海拔較高地區的時間調整，請見330頁。

蘋果（Apples）

蘋果非常適合製成罐頭。要挑選清脆多汁的蘋果，最好是甜酸參半。建議汁液：水或10%到30%的糖漿，要使用內含高達1/3的淡蜂蜜做成的糖漿。

水果需要清洗、削皮和去核；切成1/4吋厚的楔形水果片。將水果切片放入前述的抗褐變溶劑中，浸泡完成後要瀝乾。
以喜愛的汁液（可加入一些肉桂、多香果或肉豆蔻）溫和地沸煮五分鐘。將熱蘋果裝入熱瓶罐並倒入熱煮汁液，留半吋頂隙，328頁，加工製罐20分鐘。見「沸水製罐法」，325頁。

蘋果醬（Applesauce）

建議汁液：水。
準備蘋果的方法如上所述，喜歡的話可以削皮。鍋子要加入足夠的水（每夸特的蘋果片約加半杯到一杯水），這是為了不讓蘋果黏鍋。以大火快速烹煮，不停攪拌到蘋果柔軟，5分鐘到20分鐘。搗碎或打漿；喜歡的話，可以依口味喜好加入適當的糖，也可以加入些許肉桂、多香果或肉豆蔻。加熱煮沸，趁熱舀入熱瓶罐，留半吋頂隙，328頁，加工製罐15分鐘（夸特容量則需20分鐘），330頁。

杏桃、油桃和桃子（Apricots, Nectarines, And Peaches）

果肉緊貼於核的桃子最不會變形。建議汁液：白葡萄汁或10%到30%的糖漿，336頁。
將桃子浸沾滾水後剝皮。洗淨杏桃和油桃——杏桃，不一定要剝皮，但油桃不剝皮。水果切半並去核。製罐之後，果核挖空的凹洞的紅色果肉顏色會變深，喜歡的話，可以挖除。為了方便裝罐，請將已切半的大塊水果再橫切成四塊楔形小片。切好水果後就浸入上述抗褐變溶劑。浸完後要記得瀝乾。
把水果放入鍋內，不要擠到水果，以喜愛的汁液淹蓋，加熱沸煮。將熱水果舀入熱瓶罐，切半水果以切面朝下的方式一層層放好。加入熱汁液，留半吋頂隙，328頁，加工製罐20分鐘（夸特容量則需25分鐘），330頁。

漿果（Berries）

雖然所有的罐頭漿果都會變軟，但是不會改變它的好滋味。漿果特別適合做為蛋糕、冰淇淋和格子鬆餅等點心的清淡頂層加料。最佳的製罐品種為黑莓、藍莓、柏森莓、醋栗、露珠莓、接骨木、鵝莓、越橘莓、洛根莓、桑椹、黑覆盆子、紅覆盆子、草莓和楊氏莓。建議汁液：加糖果汁和水，336頁。
一次只處理一夸特到二夸特的漿果，要去梗、洗淨、瀝乾，需要的話順道去殼。若有體積大上許多的草莓，記得要切半。以每夸特水果配半杯糖的比例在淺碗內混合食材。接著要靜置於陰涼的地方2小時，期間要偶爾攪拌一下。
在一只大型的厚煎鍋裡散放漿果，以大火加熱，溫和攪拌到糖漿開始沸騰或是皮緊貼果肉的漿果閃閃發亮，這表示大部分的糖都已經溶解了。將熱漿果舀入熱瓶罐，需要的話，要加點滾水，留半吋頂隙，328頁，加工製罐15分鐘（草莓只需10分鐘），330頁。

櫻桃（Cherries）

甜櫻桃和酸櫻桃都可以做成很棒的罐頭，而且是理想的派餅餡料。建議汁液：水、蘋果汁、白葡萄汁或30%的糖漿，336頁。

將櫻桃去梗並洗淨。縱然不去核的櫻桃最能維持色澤和果形，但是可能還是要去核。為了防止帶核櫻桃裂開，請用乾淨的別針挑刺一下櫻桃。浸入備妥的抗褐變溶劑，335頁，浸完後要瀝乾。

將櫻桃散放於鍋中，每夸特櫻桃要混入半杯所需汁液並快速煮沸。用漏勺將煮好的熱櫻桃裝入熱瓶罐，並倒入熱汁液，留半吋頂隙，328頁，加工製罐15分鐘（夸特容量則要20分鐘），330頁。

蔓越莓（Cranberries）

雖然冷凍過的蔓越莓會比較硬實，罐頭蔓越莓卻是搭配家禽肉和肉品的美味醬汁。建議汁液：40%糖漿，336頁。

將蔓越莓去梗並洗淨。先把糖漿煮沸，接著就可加入莓果沸煮3分鐘，期間要不時攪拌。用漏勺子將熱燙的蔓越莓裝入熱瓶罐，並倒入滾燙的糖漿，留半吋頂隙，328頁，加工製罐15分鐘，330頁。

蔓越莓醬凍（Cranberry Sauce, Jellied）

此款醬凍是搭配感恩節火雞的經典醬料。冷藏後的醬凍也可以是一道美味點心，將醬凍切片並放上發泡鮮奶油和碎核桃即可。建議汁液：水。

將蔓越莓去梗並洗淨。在鍋子內散放漿果並加水混合，比例為一夸特漿果配一杯水，煮到柔軟，然後壓擠過篩。根據原本的漿果量，每夸特的漿果要拌入3杯糖。沸煮3分鐘並不時攪拌。將熱醬汁舀入熱的寬口瓶罐，留半吋頂隙，328頁，加工製罐15分鐘，330頁。

無花果（Figs）

罐頭無花果的外觀漂亮且質地極佳，美中不足的是其味道會因而減損。揀選沒有裂開的堅實無花果，由於無花果的酸度並不明顯，因此是一定要加酸的。建議汁液：20%糖漿，336頁，要使用內含高達1/3的淡蜂蜜做成的糖漿。

不要剔梗或去皮。將無花果洗淨。以水淹覆無花果，溫和沸煮2分鐘；煮好後要瀝乾。

先沸煮糖漿，接著再加入無花果並溫和沸煮5分鐘。將熱無花果裝入熱瓶罐，每一只品脫罐要加入1/4小匙檸檬酸或一大匙罐裝檸檬汁，每只夸特瓶則要加倍分量。倒入熱煮汁液，留半吋頂隙，328頁，加工製罐45分鐘（夸特容量50分鐘），330頁。

水果泥和嬰兒食品（Fruit Purees And Bady Food）

除了香蕉、網紋甜瓜和其他甜瓜、椰子、無花果、芒果和木瓜等酸性不足的水果之外，其他水果都能打成果泥（這裡的指示說明並不適用於製作蕃茄泥罐頭）。如有需要，用糖或蜂蜜依個人口味喜好來替水果增添甜度。然而，**倘若是要把水果泥做成嬰兒食品，那就不能用蜂蜜**，否則的話有可能會讓一歲以下的嬰孩出現肉毒桿菌中毒的狀況。建議汁液：水。

將水果去梗洗淨、剔核、削皮，或（並且）是因應需要而去掉果心。浸入抗褐變溶劑，336頁，浸完後要瀝乾。

稍微壓碎或剁切水果，放入鍋內，以一夸特水果配一杯熱水的比例加入熱水混合，要不時攪拌，慢煮到柔軟即可。把煮好的水果壓擠過篩或是以裝有薄刀的食物研磨機打成果泥，依口味喜好調整甜度。要是添加蜂蜜的話，要攪拌到煮沸為止；若是以糖調味的話，則要沸煮到糖溶解為止。將熱果泥倒入熱的半品脫罐或品脫罐之中，留1/4頂隙，328頁，加工製罐15分鐘，330頁。

葡萄（Grapes）

最適合製罐的品種為火焰葡萄（Flame）、格倫諾拉葡萄（Glenora）、信實葡萄（Reliance）、康考特無籽葡萄和湯普生（Thompson）葡萄。建議汁液：10%到20%的糖漿，336頁。

揀選果皮緊貼果肉的無籽葡萄，成熟高峰期前兩週摘下的葡萄最為理想。洗淨、去梗，並浸泡褐變溶劑，335頁。用一只鍋煮沸糖漿，另一只鍋內煮沸一加侖的水。先把葡萄瀝乾後，接著放入熱燙籃筐或篩網之中並浸入滾水30秒。浸完後要瀝乾。將熱葡萄裝入熱瓶罐，並倒入熱糖漿，留半吋頂隙，328頁，加工製罐10分鐘，330頁。

枇杷（Loquats）

做成冬季水果盤和醬汁的杏桃、梨子、柳丁和枇杷切丁嚐起來是相當美妙的。建議汁液：20%糖漿，336頁。

洗淨後要去梗、去蒂、切半並去籽。溫和煮沸3分鐘到5分鐘，將熱水果裝入熱瓶罐並加入熱糖漿，留半吋頂隙，328頁，加工製罐15分鐘（夸特容量則需20分鐘），330頁。

青芒果（Green Mangoes）

要用生裝法，328頁。只有要酸不酸的熟芒果才需要注意到需要加酸的重要性，而且也只有硬實的青芒果才能用這裡的指示說明來做成罐頭。建議汁液：20%到30%的糖漿，336頁。

揀選結實的青芒果。**注意**：有些人處理青芒果時，皮膚可能會出現如同觸碰到野葛般的過敏症狀（兩者為同科植物）。為了防止皮膚過敏，請戴上塑膠手套來準備製罐用的生青芒果；假如有觸碰或切分到青芒果，記得不要碰觸到自己的臉部、嘴唇或眼睛，並且要在完畢後仔細洗淨雙手與砧板。

洗淨青芒果，接著要縱向畫記四等分以便剝掉果皮。從大果核的任何一側切出數塊1/4吋厚的芒果片。不要使用纖維過多的果片。將水果切片放入平底鍋，並倒入足夠糖漿淹覆切片，然後就要加熱沸煮2分鐘。

用漏勺將熱水果裝到熱瓶罐，每只品脫

罐要添加1/4小匙的檸檬酸或一大匙瓶裝檸檬汁，夸特瓶則要分量加倍。糖漿要再加熱到完全沸煮才能倒入瓶罐，留半吋頂隙，328頁，加工製罐15分鐘（夸特容量則需20分鐘），330頁。

柳丁、橘柑、葡萄柚和柚子（Oranges, Mandarins, Grapefruits, And Pomelos）

只用生裝法。只用柳丁並無法做出最美味的罐頭食品，製罐時不妨試著放入等量的葡萄柚。建議汁液：10%到30%的糖漿，336頁。

洗淨水果、去皮並切去白色襯皮。可以的話，切分果瓣，棄籽和薄膜。

加熱沸煮喜愛的汁液。將水果裝入熱瓶罐，並倒入熱汁液，留半吋頂隙，328頁，加工製罐10分鐘，330頁。

木瓜（Papayas）

罐頭木瓜的質地和色澤極佳，味道也會變得更加濃郁。木瓜是交界酸度的水果，因此是需要加酸的。建議汁液：20%到30%的糖漿，336頁。

將木瓜洗淨去皮。切半去籽並切成半吋的水果丁。切完後就可放入平底鍋的糖漿之中，不要放得太擠，接下來要煨熬溫燉2分鐘到3分鐘。

用漏勺將熱水果裝到熱瓶罐，每只品脫罐添加1/4小匙的檸檬酸或一大匙瓶裝檸檬汁，夸特瓶則要分量加倍。倒入熱糖漿，留半吋頂隙，328頁，加工製罐10分鐘，330頁。

桃子（Peaches）

見「杏桃、油桃和桃子」，337頁。

梨子（Pears）

梨子可以說是適合做成罐頭的食物之一，有著味道豐美並且不會過於軟爛的大塊果肉。最佳製罐品種為巴氏梨、克拉普梨（Clapp's Favorite）、女爵梨（Duchess）、基弗梨和月光梨（Moonglow）。建議汁液：水、去渣的蘋果汁或白葡萄汁或10%到30%的糖漿，336頁。

將梨子洗淨去皮，對切成半或均切四份，去果心。浸泡抗褐變溶劑，335頁，浸完後要瀝乾。

把梨字切片放入喜愛的汁液之中並溫和沸煮5分鐘。煮好後就可將熱梨片裝入熱瓶罐，加入熱汁液，留半吋頂隙，328頁，加工製罐20分鐘（夸特容量則需25分鐘），330頁。

鳳梨（Pineapple）

建議汁液：水、鳳梨汁或10%到30%的糖漿，336頁，其原料最高有1/3是淡蜂蜜。

洗淨鳳梨，去皮和黑目，縱切成四等分並去掉鳳梨心，切成半吋厚的鳳梨片、楔形果片或1吋果塊，接著就可放入喜愛的汁液煨燉10分鐘。

用漏勺將熱水果裝入熱瓶罐，加入熱汁液，留半吋頂隙，328頁，加工製罐15分鐘（夸特容量則需20分鐘），330頁。

李子（Plums）

最適合製成罐頭的品種為伯班克李（Burbank）、早期義大利李（Early Italian）、費倫貝格李（Fellemberg）、青李子（Greengage）、義大利梅（Italian Prune）、拉羅達李（Laroda）、皇山李（Mount Royal）、努比阿納李（Nubiana）、聖羅沙李（Santa Rosa）、薩摩李（Satsuma）、塞內卡李（Seneca）、斯坦利李（Stanley）和維多利亞李（Victoria）以及野李子。建議汁液：水或20%到30%的糖漿，336頁。

將李子去梗並洗淨。大部分的李子都最好是用整顆李子來做成罐頭。以叉子刺挑果皮，李子才不會爆裂。加入喜愛的汁液並溫和沸煮2分鐘，然後就要蓋鍋並靜置20分鐘到30分鐘。

將熱李子舀進熱瓶罐，倒入糖漿，留半吋頂隙，328頁，加工製罐20分鐘（夸特容量則需25分鐘），330頁。

燉大黃（Rhubarb, Stewed）

建議汁液：水果自身的汁液或水。

選擇鮮紅嫩莖的大黃，去除葉子和綠色部分，洗淨後切成一吋丁塊。在一只大鍋內散混大黃切塊和糖，兩者比例為每夸特切塊配半杯到一杯糖，之後要放在涼爽的地方直到汁液流浮，時間不要超過4小時，期間要偶爾攪拌一下。

緩緩加熱沸煮。用漏勺將熱水果裝到熱瓶罐，視需要加入滾水，留半吋頂隙，328頁，加工製罐15分鐘，330頁。

| 罐藏果汁 |

製作罐藏果汁的所有環節都與罐藏整顆水果一樣簡單安全。居家自製的罐頭果汁除了相當可口營養之外，還能按口味喜好來調整甜度。揀選熟透的硬實水果。果汁機可以快速榨取果汁；沒有果汁機的話，可以按個別食譜的建議來煨燉水果切塊，倒入果凍袋或襯墊四層濕棉紗部的濾器過濾即可。如果想要濾出最清澈的果汁，就要把濾過的果汁冷藏二十四小時，接著就可倒出澄清的果汁並丟棄沉澱物，而且要再次以濕的咖啡過濾紙過濾一次。

將濾過的果汁倒入厚底平底鍋，以小火加熱。喜歡的話，可以依口味喜好加糖調味。此時不要沸煮，只要加熱攪拌到糖完全溶解即可。接下來才調大火候烹煮，要不時攪拌，煮到果汁幾乎沸騰即可。過度烹煮或沸煮新鮮果汁都會破壞果汁的味道和營養，我們因而建議烹煮溫度不要超過八十八度。將煮好的熱果汁立即倒入熱的品脫或夸特容量的瓶罐，並注意是否保留了食譜載明的頂隙。加工製罐時間少於十分鐘的果汁一定要裝入殺菌過的瓶罐。請按沸水製罐鍋罐藏高酸性食品的說明指示來調整瓶蓋和製罐程序，324頁。因為液體吸收熱能比起完整食物來得快速，所以清果汁的烹煮及製罐時間都很短。

加工製罐前，請閱讀「罐頭製造注意事項」，325頁和「安全製罐的規則」，333頁。除非另有說明，要以熱裝法將所有果汁裝入任何一種瓶罐之中，並且要保留四分之一吋頂隙。

無論瓶罐的尺寸大小為何，加工製罐的時間都一樣，並且是以海平面為高度基準來計算時間。➜較高海拔高度的時間調整，見330頁。

去渣蘋果汁（Apple Juice）

此款飲品混合了汁液甚豐的蘋果，味道甜美強烈。

洗淨蘋果並去掉梗蒂。使用果汁機、榨汁機或食物調理機來切碎水果，接著就可加熱煮沸到呈現柔軟狀態。接著要先過濾，然後就要把果汁加熱到88度，在將加熱好的果汁倒入殺菌過的熱瓶罐中，留1/4吋頂隙，328頁，加工製罐5分鐘，330頁。

蘋果汁（Apple Cider）

此款飲品混合使用三種以上的硬實熟蘋果，務必在甜蘋果和酸蘋果之間取得平衡。野生酸蘋果很澀，因此要少量使用。

只能採用生裝法。將蘋果放入蘋果榨汁機或榨汁機處理，過濾後就可裝入消毒過的熱瓶罐之中，以沸水浴法在85度的溫度加工製罐30分鐘。

杏桃甘露、油桃甘露和桃子甘露（Apricots, Nectarines, And Peache Nectar）

此款飲品品質絕佳，只能使用品脫罐來進行製罐。

洗淨水果並去核，粗切成塊後就可放入果汁機處理。或者，將水果切塊放入鍋中，不要放得太擠，並以一杯滾水配一夸特切碎水果的比例加水混合。加熱烹煮，但不要煮到沸騰，期間要不時攪拌，煮到水果軟化後，壓入過濾器或是用裝了薄刀的食物研磨機來加以打漿。每一夸特甘露要添加一大匙到二大匙瓶裝檸檬汁，再依口味喜好調整甜度。完成後，立即將熱甘露裝入熱瓶罐，留1/4吋頂隙，328頁，加工製罐15分鐘，330頁。

漿果汁、櫻桃汁或醋栗汁（Berry, Cherry, Or Currant Juice）

此款飲品色味純真，要使用甜或酸的品種。

漿果要洗淨、去梗、壓碎；櫻桃的話則要洗淨、去梗剔核並加以切剁。放入果汁機處理；或以近煮沸的方式烹煮，不時壓碎攪拌到水果軟爛，並且視需要加水以便防止黏鍋。將水果過濾後，就要加熱到88度，並按口味喜好調整甜度。完成後要立即將果汁倒入熱瓶罐，留半吋頂隙，328頁，加工製罐15分鐘，330頁。

蔓越莓汁（Craneberry Juice）

此款果汁的味道比商業製造的罐頭商品更加新鮮。
洗淨蔓越莓並去梗，要挑出並丟棄軟掉或脫色的莓果。在鍋內混合等量的莓果和水，但是不要放得太擠，快速加熱煮沸，然後調降火候以近煮沸的方式煮到所有莓果爆裂即可。過濾，再加熱到88度，按口味喜好調整甜度。完成後立即將果汁倒入熱瓶罐，留1/4吋頂隙，328頁，加工製罐15分鐘，330頁。

葡萄汁（Grape Juice）

移除葡萄的粗梗，洗淨後就可放入果汁機處理。或者，放入鍋內以沸水淹覆，以近煮沸的方式煨煮到葡萄軟爛，期間要不時將之壓碎。無論是用果汁機榨汁或是烹煮取汁，都不要壓碎（滋味苦澀的）葡萄籽。接著就要過濾。把濾過的果汁冷藏一晚，果汁會有沉澱物，之後就可倒出清澈的果汁（這是做葡萄汁不可或缺的手續，否則果汁中會出現酒石酸鹽晶體）。清澈果汁要再濾過一次並加熱到88度，按口味喜好調整甜度。完成後就要立即將果汁倒入消毒過的熱瓶罐，留1/4吋頂隙，328頁，加工製罐5分鐘，330頁。

葡萄柚汁或葡萄柚柳橙汁（Grapefruit or Grapefruit - Orange Juice）

做葡萄柚柳橙混合汁的時候，兩種果汁要等量，使用水果製罐指南列出的品種，336頁。
洗淨水果。接著就要切半並榨取汁液，果汁要過濾，並按口味喜好調整甜度。放入雙層蒸鍋加熱到88度並在此溫度燜煮5分鐘。完成後要馬上將果汁裝入熱瓶罐，留1/4吋頂隙，328頁，加工製罐15分鐘，330頁。

李子汁（Plum Juice）

最適合做成罐頭果汁的品種為奧——生產者李（AU Producer）、象心李（Elephant Heart）、煙斗石李（Pipestone）、紅心李（Red Heart）、薩摩李和瓦尼塔李（Waneta）。
將李子洗淨、去核並剁切成塊。可使用榨汁機。或者，散放到鍋內，以一夸特水配一夸特水果切片的比例加水混合，以近煮沸狀態烹煮到水果軟爛，期間要不時攪拌。將果汁過濾後，再加熱到88度，按口味喜好調整甜度。完成後就把果汁倒入熱瓶罐，留1/4吋頂隙，328頁，加工製罐15分鐘，330頁。

大黃汁（Rhubarb Juice）

這是味道濃烈的夏日消暑聖品。記得使用水果製罐指南列出的品種，336頁。選擇鮮紅嫩莖的大黃，去除葉子和綠色部分，不要削皮，剁切成塊。以每夸特大黃切塊配半杯糖的比例混合，放在陰涼的地方入味直到汁液流浮，偶爾攪拌一下，時間不要超過4小時。使用榨汁機。或者，放入鍋內烹煮，以一夸特水配五夸特水果的比例加以混合，快速加熱到水開始沸騰即可。將果汁過濾，再加熱到88度，完成後就要即刻將果汁倒入熱瓶罐，留1/4吋頂隙，328頁，加工製罐15分鐘，330頁。

關於罐藏番茄

番茄素來是最為人喜愛的居家罐藏水果。番茄在量產時節時的產量豐富，有許多種不同的使用方法，而且易於做成罐頭。

可以用沸水或蒸氣加壓的方式來加工罐藏番茄。儘管沸水製罐可以做出不錯的成品，但是為了提升味道和營養價值，我們建議使用蒸氣加壓製罐法。揀選優質、硬實的熟（不要過熟）番茄，必須是沒有軟爛、瘀傷、發霉或破皮的番茄，也不要使用從壞死或凍傷的藤蔓上摘下的番茄來做罐頭。要將番茄沖洗到漂洗的水呈現清澈狀態為止。按照下文說明的技巧把洗過的番茄加以剝皮。熟番茄的製罐建議也同樣安全適用在使用綠番茄的時候。櫻桃番茄和葡萄番茄則不適合做成罐頭。

番茄的酸值變化莫測，甚至以高酸性著稱的傳統品種也真是如此。為了安全起見，熟番茄請加酸（綠番茄或墨西哥酸漿則不需如此）。我們偏愛使用無味的檸檬酸，但也可用瓶裝檸檬汁，或在情況緊急時就在每只夸特瓶加入四分之一杯酸度百分之五的蘋果醋（儘管加入後者做成的罐頭番茄會失去天然純正的味道）。必要的話，可以加點糖來平衡沖淡番茄的酸味，但是切勿放入會減低酸值的蔬菜或其他材料。而放入如甜羅勒等洗淨的新鮮一小片香草葉倒是無妨，其味道會隨時間而增強。

墨西哥酸漿是一種酸的帶莢小綠球形漿果，廣泛用於墨西哥菜餚之中，儘管只是番茄的遠親，仍可以用相同的手法來做出美味的罐頭。

如何剝番茄皮

1. 如果要將一大堆番茄做成罐頭，請在烤盤上放一層番茄並用沸水淹覆，冷卻之後就可動手滑剝番茄皮，剪去梗柄及番茄上任何的傷疤或綠色部分。
2. 如果只是要把少許番茄要製成罐頭，剝番茄皮的方法如下：用一把鋒利的小刀子，在每顆番茄底部的果皮上淺淺劃出一個X，切忌割到果肉。小心地把番茄一個個放入滾水汁中，熟番茄要汆燙約十五秒，近成熟的番茄則約三十秒，然後就可以用漏勺撈起，將番茄放到盛冰水的碗內冷卻即可。

3. 如果食譜允許有淡淡煙薰味的番茄，就用長柄叉子刺拿番茄放在爐頭上方烘烤，一次一顆，邊轉邊烤到番茄皮裂開為止。烤好的番茄此時不要浸水，而是按以下說明剝皮，並去除番茄所有瘀傷、綠色或褐色的部分。
4. 用刀尖剝去番茄皮。倘若果皮黏住果肉而剝不下來，此時就可以滾水浸汆番茄十秒鐘。

加工製罐前，請➡閱讀安全合宜的罐藏法指示，324-333頁以及「關於罐藏番茄」。所有種類的番茄都要用熱裝法放入品脫罐或夸特瓶。裝填完成後，要在每只品脫罐中加入四分之一小匙檸檬酸或一大匙瓶裝檸檬汁；倘若使用夸特瓶的話，就需雙倍分量。此處是以海平面為基準高度來計算加工製罐時間。➡關於較高海拔高度的時間調整，請見330頁。

壓碎番茄

將番茄洗淨、剝皮並去心。切除任何瘀傷或脫色的部分，再切分四等分。➡一次只準備一只製罐鍋所能容納的番茄分量。番茄一旦切開，就要迅速處理，在大鍋內只放一層番茄。以大火加熱，用馬鈴薯搗碎器或搗杵壓碎番茄以便避免黏鍋，並攪拌烹煮到沸騰為止。喜歡的話，可以在搗碎番茄時撒上鹽。逐次加入剩下的番茄，要攪拌一下但不要有搗碎的動作。放入所有的番茄之後，就要溫和沸煮五分鐘，期間要不時攪拌。

將熱番茄裝入熱瓶罐，留半吋頂隙，328頁，並如上述原則加酸。將瓶罐放入沸水製罐鍋加工處理，品脫罐需要三十五分鐘，夸特瓶則為四十五分鐘；或者，可以放入蒸氣壓力製罐鍋加工處理，兩種尺寸的瓶罐的加工時間都是十五分鐘，330頁。

泡水番茄

此道加工程序➡只適用於泡水番茄。關於其他整粒、切半或四等分的番茄裝罐法，請參閱美國農業部的《居家罐藏法完全指南》。

將番茄洗淨、剝皮並去心。如是整粒製罐，請揀選大小一致的多肉小番茄。如是切半製罐，為了盛接流出的汁液，請在盤內切割番茄，再將切片散放入鍋內，倒入裝盛的汁液和水把番茄加以淹覆，接著就溫和沸煮五分鐘。

將熱番茄裝入熱瓶罐，如前述說明加酸，並依口味喜好添加鹽巴，倒入熱烹調汁，留半吋頂隙，接著就可放入沸水製罐鍋加製罐，品脫罐要四十分鐘，夸特瓶則為四十五分鐘；或者是以蒸氣壓力製罐鍋來加工處理，兩種瓶罐皆為十分鐘。

番茄汁或番茄湯

將番茄洗淨、去梗、並切除任何瘀傷或脫色的部分。為了避免汁液分離，只將約一磅的番茄放在盤子內粒粒切分四等分，並以盤子盛裝外流汁液。把番茄放入鍋內，以大火加熱到沸煮，沸騰之際就用馬鈴薯搗碎器或搗杵壓碎番茄，一面不停用力沸煮，一面依序放入並搗碎剩餘的番茄與汁液。整個處理過程中，混合物都要保持在沸騰狀態。喜歡的話，期間可以撒些鹽巴。放入所有番茄之後，要溫和沸煮五分鐘，期間要不時攪拌。

趁熱將混合物壓擠過篩或用食物研磨機，處理完後就要放回鍋內並快速沸煮，並趁熱將汁液裝入熱瓶罐，留半吋頂隙，如前述說明在瓶罐裡加酸。送入沸水製罐鍋加工處理，品脫罐要三十五分鐘，夸特瓶則是四十分鐘；或以蒸氣壓力製罐鍋處理，兩種尺寸的瓶罐皆加工十五分鐘即可。

做番茄湯時，不要稠化或加入鮮奶油。真的想要的話，請留到開罐享用時再調整口味。

蕃茄蔬菜汁或蕃茄蔬菜湯（Tomato-Vegetable Juice or Soup）

使用上述做果汁或湯品的番茄品種。將番茄秤重，然後就可洗淨、去梗、除去不良部分且切四等分，並且按上述番茄汁的做法壓碎沸煮。將胡蘿蔔、芹菜、洋蔥和（或）甜椒或紅辣椒剁細碎混合，接著就可混入番茄。每5又1/2磅番茄要搭配不超過3/4杯的前述蔬菜混合物。加熱沸煮20分鐘，期間需不停攪拌。

趁熱將混合物壓擠過篩和研磨，處理完後就放回鍋中並且要丟棄蔬菜。快速沸煮果汁，煮好後就倒入熱瓶罐，留半吋頂隙，328頁，每只瓶罐要如前述指示加酸。送入沸水製罐鍋加工處理，品脫罐要35分鐘，夸特瓶則為40分鐘；或以蒸氣壓力製罐鍋處理，兩種尺寸的瓶罐皆加工15分鐘即可，330頁。

做番茄蔬菜湯時，不要稠化或加入鮮奶油。真的想要的話，請留到開罐享用時再調整口味。

番茄糊（Tomato Puree）

使用上述做果汁或湯品的番茄品種。遵照上述做番茄汁的做法，將番茄洗淨、處理、烹煮和過濾之後，就可放入大湯鍋來加以沸煮，期間要不時攪拌，沸煮到內容物濃縮到所需的濃稠度為止。將泥糊裝入熱瓶罐，留半吋頂隙，328頁，並如前述說明加酸。放入沸水製罐鍋加工處理，品脫罐要35分鐘，夸特瓶則為40分鐘；或以蒸氣壓力製罐鍋處理，兩種尺寸的瓶罐皆加工15分鐘即可，330頁。

墨西哥酸漿（Tomatillos）

由於墨西哥酸漿有著穩定的高酸值，故不需要額外加酸。

揀選未成熟的硬酸漿，剝掉外莢、洗掉覆蓋的黏物，而且每一顆都要用乾淨的針刺穿頭尾，如此一來，漿果才不會裂開。

按上述泡水全番茄的做法來備妥酸漿裝罐，要留半吋頂隙，328頁。放入沸水製罐鍋加工處理，品脫罐要40分鐘，夸特瓶則為45分鐘；或以蒸氣壓力製罐鍋處理，兩種尺寸的瓶罐皆加工10分鐘即可，330頁。

｜關於罐藏蔬菜｜

罐藏蔬菜時，要謹記在心就是蔬菜是低酸植物，因而極可能會滋長有害細菌，因此，➡務必以蒸氣加壓的手段進行製罐程序，325頁。

以下羅列了一些蔬菜，這些蔬菜的較好保存方式是醃漬、冰凍和鮮食，而且➡**不應該做成罐頭**：朝鮮薊、青花菜、抱子甘藍、高麗菜、花椰菜、黃瓜、茄子、菊苣、野苦苣（chicory）、萵苣、其他沙拉用綠色蔬菜與本章未提及的根菜類蔬菜。

揀選優質結實且大小相近的熟蔬菜。只要有變軟、瘀傷、發霉和破皮的地方，這樣的蔬菜就不要使用。胡蘿蔔、馬鈴薯和小南瓜等粗硬的蔬菜要放在冷的自來水下刷洗乾淨；去殼豌豆等結實的小蔬菜則要放在濾器內於自來水下搖動攪拌洗淨；至於綠色蔬菜等嬌嫩的蔬菜，要用溫水沖洗幾次，洗到洗菜水不見泥沙雜質為止。去皮剝殼之後的蔬菜也必須沖洗一下。

對大部分要做成罐頭的蔬菜來說，事先汆燙是有好處的。將一只寬口淺鍋置於爐頭上，放入備妥的蔬菜但不要放得太擠，倒入足以淹覆蔬菜的滾燙鹽水，火候調大，只要鍋內汁液開始沸滾就開始計時。有些蔬菜裝罐會用烹煮的汁液來加以淹覆，有些蔬菜則最好加入新鮮沸水。由於某些特定蔬菜比較容易沾染上潛在

常見蔬菜的預估分量

生蔬菜	每夸特瓶的磅重	每蒲式耳的夸特瓶數
帶莢的豆子、利馬豆	4至5	6至8
四季豆	1又1/2至2	15至20
甜菜根	2又1/2至3	17至20
胡蘿蔔	2又1/2至3	16至20
切除玉米穗軸的玉米	7穗	8
綠色蔬菜	2到3	6至9
秋葵	1又1/2至2	17
帶莢豌豆	2至2又1/2	5至10
夏季小南瓜	2至2又1/2	16至20
甘薯	2又1/2至3	18至22
番茄	2又1/2至3又1/2	15至20

的污染物，因此最好要用烹煮汁液沖洗乾淨。

加工製罐前，請閱讀安全合宜的罐藏法指示說明，324-333頁。倘若沒有特定指示，所有蔬菜都要熱裝到半品脫罐、十二盎司瓶、品脫罐和夸特瓶，並且留下一吋頂隙。加工時間是以海平面為計算基準。關於較高海拔地區的時間調整，見330頁。我們列出的最佳製罐蔬菜品種只是僅供參考；其他品種其實也可以做成美味的罐頭食品。

蘆筍（Asparagus）

挑選筍尖緊密厚實的蘆筍並清洗乾淨。全枝蘆筍都要切到少於瓶罐高度一吋的長度，斷筍則要去除厚皮和尾端並切成一吋的小段。溫和沸煮2分鐘到3分鐘，煮好後就可將熱蘆筍鬆散裝入熱瓶罐之中，全枝蘆筍的筍尖要朝上擺放，接著就倒入沸騰的烹煮汁液，留一吋頂隙，328頁，放入蒸氣壓力製罐鍋加工30分鐘（夸特容量的瓶罐則需40分鐘），329頁。

綠豆子、四季豆和扁豆（Green, Snap, or Wax Beans）

挑選鮮脆、柔軟、多肉的豆莢。洗淨豆莢，除去莢尖和纖維，無論是保留完整的豆莢、拍莢取豆和均切成塊皆可。溫和沸煮5分鐘。煮好後即可將熱豆子散裝到熱瓶罐，完整的豆莢要尾端朝下立放，接著就可倒入滾燙的烹煮汁液，留一吋頂隙，328頁，放入蒸氣壓力製罐鍋加工20分鐘（夸特容量的瓶罐則要25分鐘），329頁。

新鮮的豆子和豌豆（Fresh Beans And Peas）

挑選柔嫩鼓脹的豆莢。徹底洗淨去殼。需要的話，可分揀豆粒大小。溫和沸煮三分鐘。煮好後就可將熱豆子鬆散裝入熱瓶罐，並且加入滾燙的烹煮汁液（如果要做成罐頭原料是菜豆，就不用烹煮汁液，而是倒入新鮮沸水來淹覆豆子），留一吋頂隙，328頁。不過，如果使用的是米豆、克勞德豌豆（crowder peas）和紫花豌豆（field peas）的話，裝罐的夸特瓶就要留一吋半頂隙。然後就可用蒸氣壓力製罐鍋加工40分鐘（夸特容量的瓶罐則要50分鐘），329頁。

甜菜根（Beets）

甜菜根的最佳製罐品種為大紅（Big Red）、底特律深紅（Detroit Dark Red）、底特律頂級（Detroit Supreme）、福曼納法（Formanava）、小球（Little Ball）、和事佬3號（Peacemaker III）、紅色王牌（Red Ace）和紅寶石皇后（Ruby Queen）。

選擇球根直徑不超過三吋的脆嫩甜菜根，洗淨後並切裁根莖部至一吋長。溫和沸煮到外皮恰好鬆脫，約25分鐘到30分鐘，切掉甜菜的根莖部並去皮。小甜菜根（一吋到二吋）則保持完整即可。將柔軟的嫩甜菜切成一吋丁塊，較大的老甜菜根則以半吋為基準切丁或切片。將熱甜菜裝入熱瓶罐，每品脫分量需加1/4小匙鹽，加入新鮮沸水，留一吋頂隙，328頁，用蒸氣壓力製罐鍋加工30分鐘（夸特容量的瓶罐則要35分鐘），329頁。

胡蘿蔔（Carrots）

挑選甜脆的嫩胡蘿蔔，直徑不能超過1又1/4吋。將胡蘿蔔洗淨，削皮後要再洗一次，以半吋為厚度基準切條、切塊或切片。溫和沸煮5分鐘，煮好後就可將熱胡蘿蔔裝入熱瓶罐，倒入滾燙的烹煮汁液，留一吋頂隙，328頁，用蒸氣壓力製罐鍋加工25分鐘（夸特容量的瓶罐則要30分鐘），329頁。

全玉米粒（Whole Kernel Corn）

居家自製的罐頭玉米脆嫩甜美。超甜或未熟的玉米粒可能會褐變但不會有害。除去玉米殼和玉米鬚，將玉米洗淨後就丟進滾水沸煮3分鐘。從玉米粒約四分之三深度之處切離穗軸。切勿刮玉米穗軸，否則穗軸物質會使瓶罐混濁而增加會有食安風險的澱粉。將玉米粒放入一只鍋內，每四杯玉米粒就要混合一杯滾水（依口味喜好斟酌放鹽），並加熱到沸騰，接著再煨煮5分鐘。將熱玉米粒裝入熱瓶罐，倒入滾燙的烹煮汁液，留下一吋頂隙，328頁，用蒸氣壓力製罐鍋加工55分鐘（夸特容量的瓶罐則要1小時25分鐘），329頁。

玉米漿（Cream-Style Corn）

由於此種混合料非常濃稠，因此只能用品脫或更小容量的瓶罐來裝瓶加工。

去除玉米殼和玉米鬚。洗淨玉米後就丟入滾水中沸煮4分鐘。把玉米粒從二分之一深度之處切離穗軸。用餐刀刮下剩餘的玉米粒並「壓擠玉米乳汁」，但不要和入穗軸的任何物質。在一只鍋內混合沸騰鹽水、玉米粒和刮下的玉米碎末，鹽水分量是玉米粒和碎末的一半。加熱沸煮並不時攪拌。將熱混合物舀入熱瓶罐，留下一吋頂隙，328頁，將半品脫罐（只使用品脫容量的瓶罐）放入蒸氣壓力製罐鍋加工1小時25分鐘，329頁。

綠色蔬菜（Greens）

由於罐頭綠色蔬菜保有道地味道但是質地柔軟，因此是做湯的完美食材。混合多種綠色蔬菜做成的罐頭最棒。

選用剛採收的鮮脆肥厚的綠葉。洗淨綠葉後，切掉任何的根部、粗筋和厚莖，只留下嫩筋細莖。用長鉗把綠葉放入沸水裡的熱燙籃筐或濾器中，一次只丟二夸特，如此汆燙到完全萎軟，約3分鐘到5分鐘。把瀝乾的蔬菜散裝到熱瓶罐中，每夸特需要加入各1/4小匙的檸檬酸和鹽。接著就可倒入新鮮沸水，留下一吋頂隙，328頁，用蒸氣壓力製罐鍋加工1小時10分鐘（夸特容量的瓶罐要1小時30分鐘），329頁。

蘑菇（Mushrooms）

此法可以做出美味的罐頭蘑菇。注意：**不要把野生蘑菇做成罐頭！**只用品脫或更小容量的瓶子來裝罐。

選用直徑一吋到一又二分之一吋的商業生產的無瑕蘑菇，並要挑選同級尺寸中較重且菇傘緊閉的蘑菇。將蘑菇莖切到與菇傘齊平。把蘑菇傘放入冷水浸泡10分鐘，接著要用乾淨的水洗淨。用冷水淹覆洗淨的蘑菇傘後，開始溫和地沸煮5分鐘。將熱蘑菇裝入熱瓶罐，每品脫要加一顆壓碎的五百毫克維生素C錠（抗壞血酸）及1/4小匙鹽。接著就可倒入新鮮沸水，留下一吋頂隙，328頁，用蒸氣壓力製罐鍋加工半品脫或品脫罐（只使用品脫容量的瓶罐）45分鐘，329頁。

秋葵（Okra）

罐製的完整秋葵莢柔軟卻不黏滑，並且擁有絕佳滋味。

揀選柔軟的嫩秋葵，洗淨但不切分。溫和沸煮2分鐘。煮好後就將熱莢立放到熱瓶罐內，接著就可加入熱烹煮汁液，保留一吋頂隙，328頁，用蒸氣壓力製罐鍋加工25分鐘（夸特容量的瓶罐要40分鐘），329頁。

水煮洋蔥或珍珠洋蔥（Boiling/Pearl Onions）

罐製洋蔥質軟且味美。泡過油的洋蔥在食用前會稍呈褐色，但是在製罐前不會出現這種顏色。

選擇大小一致且直徑在一吋以內的甜洋蔥。將洋蔥洗淨並剝皮，並在每顆洋蔥底部淺淺割劃一個×字。溫和沸煮5分鐘。接著就可把煮好的熱洋蔥放入熱瓶罐中，並加入沸騰的烹煮汁液，留下一吋頂隙，328頁，用蒸氣壓力製罐鍋加工40分鐘，329頁。

綠豌豆（Green Peas）

記得只能使用品脫或更小容量的瓶罐來罐藏綠豌豆，否則將會過度烹煮豆子。

使用柔嫩甜美的小型到中型的豌豆，並以處理新鮮豆子和豌豆一樣的方式將之去殼，但是要加熱到沸騰狀態並再沸煮2分鐘。裝罐方式與處理新鮮豆子和豌豆相同，要留一吋頂隙，328頁。

以蒸氣壓力製罐鍋加工40分鐘，329頁。

辣椒（Peppers）

只能罐藏內果壁超肥厚的辣椒，其他種類的辣椒會太軟而不適合製成罐頭裝罐時只能用品脫或更小容量的瓶罐。

選擇嫩脆多肉的辣椒，顏色不拘。將辣椒洗淨、烘烤★，485頁，並剝開去心及內籽。小辣椒要整條不切分，其餘辣椒要用刀子縱切兩次，大辣椒要切四等分或拍平。將辣椒裝入熱瓶罐，每品脫加1/4小匙鹽調味，接著就可倒入沸水，留一吋頂隙，328頁，用蒸氣壓力製罐鍋加工半品脫或品脫罐（只使用品脫容量的瓶罐）35分鐘，329頁。

馬鈴薯（Potatos）

罐頭馬鈴薯吃來結實且甜美。

揀選緊實滑溜的嫩馬鈴薯。直徑一吋以內的馬鈴薯就不用切分，更大的馬鈴薯就要切半。將馬鈴薯洗淨，削皮後要再清洗一次。喜歡的話，可以切塊。半吋大小的馬鈴薯塊要溫和沸煮2分鐘；較大的薯塊和整顆馬鈴薯則要沸煮10分鐘。將熱馬鈴薯裝進熱瓶罐，按口味喜好加鹽，接著就可倒入新鮮沸水，留下一吋頂隙，328頁，用蒸氣壓力製罐鍋加工35分鐘（夸特容量的平觀要40分鐘），329頁。

註記：儲藏在低於7度的罐頭馬鈴薯可能變色，但是這是無害的。

甘薯（Sweet Potatoes）

注意事項：不要把甘薯塊搗碎或打漿，否則成品可能無法安心食用。

挑選寬度二吋以內且肉質黏滑的甘薯（整顆製罐、單只夸特瓶可以裝填三顆到四顆）。備妥20%糖漿，335頁。將甘薯洗淨，接著就溫和沸煮或蒸煮到甘薯皮鬆脫，約15分鐘。將熱甘薯剝皮，然後就可裝入熱夸特瓶，加入半小匙鹽，倒入沸騰的糖漿，留下一吋頂隙，328頁，用蒸氣壓力製罐鍋加工1小時30分鐘，329頁。

冬季小南瓜和南瓜（Winter Squash And Pumpkin）

只能罐藏南瓜丁，並且不要在做成罐頭前就將南瓜搗碎或打漿。待要食用時再搗碎成泥並搭配奶油和肉豆蔻一起享用。

選擇硬果皮的小型南瓜，果肉要甜美、乾燥、肥厚、質細（不黏）。將南瓜洗淨削皮，並橫切成一吋的南瓜片，接著要去籽和去除纖維並切成南瓜丁。溫和沸煮2分鐘。將煮好的熱南瓜裝入熱瓶罐中，加入滾燙的烹飪汁液，留下一吋頂隙，328頁，用蒸氣壓力製罐鍋加工55分鐘（夸特容量的瓶罐要1小時30分鐘），329頁。

利馬豆玉米粥（Succotash）

這種美國傳統菜很適合做成罐頭。可以自行決定要不要添加番茄。

使用新鮮的去殼利馬豆和剛切下的全玉米粒（喜歡的話，可以加入番茄，依照345頁的說明將番茄壓碎），並且遵照348頁的指示備妥每一種蔬菜。在一只鍋內混合食材，以4：3：2的比例混合利馬豆和玉米粒及碎番茄（若有使用的話）。溫和沸煮5分鐘。將煮好的混合料裝入熱瓶罐中，接著就可加入滾燙的烹飪汁液，留下一吋頂隙，328頁，用蒸氣壓力製罐鍋加工1小時（夸特容量的瓶罐要1小時25分鐘），329頁。

蕪菁（Turnips）

做成罐頭的甜脆嫩蕪菁仍舊味美飽實，最好的製罐品種為市場快遞（Market Express）、紫頂白球（Purple Top White Globe）和東京雜交（Tokyo Cross）。

選擇直徑小於三吋的軟嫩蕪菁。將蕪菁徹底洗淨去皮，並以一吋為基準切丁或切片。溫和沸煮5分鐘。將煮好的熱蕪菁裝入熱瓶罐中，接著就可加入滾燙的烹飪汁液，留下一吋頂隙，328頁，用蒸氣壓力製罐鍋加工30分鐘（夸特容量的瓶罐要35分鐘），329頁。

| 關於罐藏肉品、家禽肉、野味和魚肉 |

相較於傳統的鹽漬和燻製保存方法，在家自製肉品、家禽肉和野味罐頭可以說是一種更便利的安全手法。然而，大多數的人們偏愛冷凍保存食物，認為冷凍法的效果更加令人滿意。冷凍法也是保存魚肉和留存更佳味道與食物價值的另一建議方法。為了能夠安心食用居家自製的肉品罐頭，所有食物都要以蒸氣壓力製罐鍋加工處理，加工期間的鍋內溫度絕對不能低於一百一十六度。壓力鍋要使用正確的壓力值，並且要隨著海拔高度變化而作出適當調整，330頁。

最好只用新鮮而非鹽醃或裹鹽的肉類來做罐頭。若要保存鹽醃或裹鹽的肉品，燻製法的成效優於罐藏法。至於如何屠宰要做成罐頭的肉品，請閱讀「關於準備野味」★，249頁的說明。

由於罐製煮熟肉品要先煮好並再花費與生肉品相同的加工裝罐時間，我們因而偏愛使用只有一道手續的生裝法。➡請閱讀安全合宜的罐藏法指示說明。**若要生裝新鮮肉品和家禽肉**，請先備妥瓶罐，327頁。從骨頭上切下生肉（骨頭雜碎可以用來做高湯★，199頁）。雞隻的處理，則要從關節處分塊。➡因為脂肪在製罐後會發出強烈氣味，所以要仔細切除生肉和家禽的脂肪。➡不要淹浸肉品。肉要逆著肉的紋理切成一吋大的肉條或肉塊，接著就可裝入備妥的熱瓶罐。➡不要加入任何液體。➡不要用調稠的肉汁，否則製罐過程會變得不安全。每一夸特的食物可以加入一小匙鹽來調味。肉塊裝罐後要留一吋頂隙，家禽肉則要留一又四分之一吋頂隙。蓋上瓶蓋前，要先將瓶罐頂部和螺紋處擦拭乾淨。如果是居住在海拔高度一千呎以下的地方，請以針盤式蒸氣壓力製罐鍋（壓力值設於十一磅）或加重式壓力製罐鍋（壓力值設於十磅）加工製罐。➡海拔較高地區要依照330頁的指示加以調整。品脫罐的加工時間為一小時十五分鐘，夸特瓶則是一小時三十分鐘。接下來就讓製罐鍋的壓力值自然冷卻歸零，331頁。至於如何從製罐鍋取瓶、冷卻、測試瓶蓋與儲藏，請見332頁的說明。

肉品和家禽肉在製罐過程中會流出汁液。不過，製罐後的汁液有時會不夠豐足，以至於會沒有淹覆到一些肉塊。由於這樣的罐頭在儲藏後會讓肉塊的色澤質地稍微加深和乾燥，因此最好要先使用這些罐頭。

| 預煮和裝罐要做成罐頭的肉品和家禽肉 |

不論是稍加爆香，或者是做成肉餅、肉條、小肉丸，烤肉或絞肉都可因此製成罐頭。要選用牛肉、羔羊肉、豬肉、山羊肉或鹿肉。

採用**熱裝法的鮮肉**要送入預熱到一百七十七度的烤爐內烘烤。將肉分切成各一磅重的肉塊，要去掉骨頭、筋腱和表面脂肪，接著就可放到不加蓋的烤盤並送入烤爐烘烤，要烤到幾乎看不到肉中央的紅色或粉紅色澤，約二十分鐘到四十分鐘。接著就要把烤好的肉塊切至可以裝入瓶罐的小肉塊，➡並且趁熱緊實地填裝入備好的熱瓶罐中。➡如果要用肉的滴油做為罐藏的淹泡液的話，記得要撈掉脂肪。肉滴油中要倒入足夠的沸水或高湯以便淹覆肉塊，並留下一吋頂隙，328頁。➡切勿使調濃的肉汁。除去瓶罐裡的任何殘留空氣。需要的話，可以調整泡液高度，➡同時要小心除去殘留的脂肪並將瓶罐頂部和螺旋部分擦拭乾淨。要調整瓶蓋，倘若是住在海拔高度一千呎以下的地方，記得要放入針盤式壓力製罐鍋（壓力值設於十一磅）或加重式壓力製罐鍋（壓力值設於十磅）來加工製罐。➡請遵照330頁的說明進行海拔較高地區的任何調整。品脫罐需一小時十五分鐘，夸特瓶則為一小時三十分鐘。完成後，讓製罐鍋的壓力值自然冷卻歸零，331頁。至於如何從製罐鍋取瓶、冷卻、測試瓶蓋與儲藏，請見332頁的說明。

燉肉時，肉要均切成小塊，並以沸煨十二分鐘到二十分鐘，或是煮到幾乎看不到中央的生肉顏色。舌頭部分則要煨滾約四十五分鐘，或是煮到可以移除外皮為止。燉好後，要把肉塊再切成小肉塊，並去除脂肪和筋腱，接著就可緊實裝罐並淹泡沸騰的肉汁，要留一吋頂隙，每只夸特瓶可以加入一小匙到二小匙鹽來加以調味。記得除去殘留氣泡，而且要徹底拭淨瓶罐邊緣。

使用品脫罐會比用較大的瓶罐來得好，如此才能確保熱能可以很快傳到食物中央。

絞肉或香腸可以做成更小的肉餅或肉球；包腸衣的香腸長度應為三吋到四吋，料理到微焦即可。絞肉也可以不塑形而直接烹炒。將這些絞肉預先料理好之後，記得要去除多餘脂肪，並如前述趁熱裝罐。

調整瓶蓋。若是居住在海拔高度一千呎以下的地方，請以針盤式壓力製罐鍋（壓力值設十一磅）或加重式壓力製罐鍋（壓力值設十磅）來加工製罐。➡請遵照說明進行海拔較高地區的任何調整。品脫罐需一小時十五分鐘，夸特瓶則為一小時三十分鐘。➡完成後，讓製罐鍋的壓力值自然冷卻歸零。至於如何自製罐鍋取瓶、冷卻、測試瓶蓋與儲藏，請見332頁的說明。

預煮雞肉時，要先將雞塊去脂肪，接著就以高湯或肉湯煨滾到中等熟度即可。把雞塊裝入備好的瓶罐並淹泡滾熱的肉湯，留下一又四分之一吋頂隙，你也可以在每只夸特瓶裡加入一小匙到二小匙鹽來加以調味。記得除去殘留氣泡，並徹底拭淨瓶罐邊緣。

調整瓶蓋。若是居住在海拔高度一千呎以下的地方，請以針盤式壓力製罐鍋（壓力值設十一磅）或加重式壓力製罐鍋（壓力值設十磅）加工製罐。➡請遵照330頁的說明進行海拔較高地區的任何調整。➡加工罐製**帶骨雞肉**時，品脫罐要六十五分鐘，夸特瓶要一小時十五分鐘。➡加工罐製**無骨雞肉**時，品脫罐要一小時十五分鐘，夸特瓶則是一小時三十分鐘。雞肫和雞心可以一起泡入滾沸的雞湯做成罐頭，但是要與雞肉分開裝罐，以品脫罐加工一小時十五分鐘。➡完成後，讓製罐鍋的壓力值自然冷卻歸零。至於如何自製罐鍋取瓶、冷卻、測試瓶蓋與儲藏，請見332頁的說明。

肉餡（Mincemeat）

這份食譜可以做出二十塊派餅的肉餡。有些書迷就照著這份食譜做出聖誕節禮物。最好是能夠在使用前的兩星期就先備妥肉餡。請閱讀安全合宜的罐藏法指示說明，324-333頁）。

準備：

9夸特去皮和去核的蘋果片

在一只大鍋裡混合以下材料：

4磅瘦牛肉碎肉
2磅剁碎牛脂
3磅（7杯）糖
2夸特蘋果汁
4磅葡萄乾
3磅醋栗乾
1又1/2磅碎糖漬香櫞
8盎司糖漬橙皮渣
8盎司糖漬檸檬皮渣
1顆檸檬的皮絲和汁液
1大匙肉桂粉
1大匙肉豆蔻乾皮粉
1大匙丁香粉
1小匙鹽
1小匙黑胡椒
2顆磨碎的肉豆蔻
4夸特酸櫻桃及汁液
1磅破堅果
（1小匙胡荽粉）

煨滾上述材料約2小時，期間要不時攪拌才不會燒焦。煮好後就可以舀進備妥的熱夸特瓶，留下1/2吋頂隙，去除任何殘留空氣，必要時則可以調整頂隙，並拭淨瓶罐頂部及螺紋部分。調整瓶蓋。若是居住在海拔高度1000呎以下的地方，請以針盤式壓力製罐鍋（壓力值設11磅）或加重式壓力製罐鍋（壓力值設10磅）加工製罐1小時30分鐘。請遵照330頁的說明進行海拔較高地區的任何調整。完成後，讓製罐鍋的壓力值自然冷卻歸零。關於自製罐鍋取瓶、冷卻、測試瓶蓋與儲藏的方法，請見332頁的說明。食用前可用以下材料調味：

白蘭地

| 關於製作香腸 |

香腸可以分成三個主要類型：鮮腸或鄉村香腸；熟腸或稍微醃漬過的香腸；及部分乾燥或乾燥的香腸★，235頁有更詳細的說明。製作這三類香腸都要混用最鮮美的肉品及野味，有時更會指明使用背部硬膘的肉。要做出滋味最佳的香腸，就得使用絞肉機刀葉來切剁肉類，而不是用典型家用絞肉機來進行攪碎步驟。可以從肉食業器材行、器材型錄公司、食品業器材供應商等專門店和網際商店購得足以勝任此任務的特製絞肉機。假如你計畫要經常做任何分量的香腸，不妨購買一台電動機器吧。肉食業器材行與專業型錄公司也有販售手動或電動的灌香腸器和香腸腸衣，不過說不定你住家附近的雜貨行就有販賣這類東西。

我們不建議使用塑膠腸衣來居家自製香腸，塑膠腸衣的透水性差，會容易導致有害細菌滋長。➡請閱讀「關於野味」★，248頁的說明來預防經由寄生蟲而感染旋毛蟲病。

由於可以食用，我們偏好使用由豬、羊或牛的大小腸製成的天然腸衣。更重要的是，天然腸衣在煙燻時會收縮且脫水時會黏在肉上。豬腸衣可以輕易讓煙霧和濕氣滲入，因而廣受居家做香腸的人的喜愛，相當適合用來製作波蘭香腸和早餐食用的香腸。纖維素腸衣較為強韌，因此較適合做成夏季香腸和類似的產品。膠原纖維腸衣結合了天然腸衣和纖維素腸衣的優點，而且可以立即套入灌香腸器上頭，而這類腸衣主要適用於如新鮮豬肉香腸與義式臘味香腸的類型。此款會透水並會收縮的腸衣也可以用來做乾香腸。

腸衣有不同的直徑尺寸以因應各式香腸製品的需求，常見的是一吋到四吋的圓腸衣。小一點的腸衣適合用於一節節的香腸，大一點的就適用於波隆納香腸（bolognas）、薩拉米香腸（salami）和午餐肉片。

如果買來的是乾醃的天然腸衣，使用前務必要沖掉鹽巴；若是泡在鹽水中，那就不需去鹽和沖洗。➡所有的腸衣都要放入冷藏備用。除非製造商有特別聲明冷凍不會損傷腸衣，否則的話就不該冷凍腸衣。請按照製造商的說明書來替腸衣去鹽。或者是使用以下的去鹽步驟。腸衣相當長而容易糾結一團，所以要謹慎拿好。➡將腸衣一束束拆分之後，以微溫的水浸泡至少三十分鐘，接下來就要用冷水不斷沖刷未開解的腸衣以便去除多餘鹽巴。

使用纖維素腸衣之前，要先浸泡於二十七度到三十八度的水裡至少三十分鐘或是更長的時間，但是不要超過四小時。如果你用的是未「預黏合」的纖維素腸衣，要用刀尖或別針刺洞以避免完成的香腸裡出現氣泡。

在製作香腸的整個過程中，基於安全及品質的考量，材料一定要冷凍保存。動手前與完成每道手續後一定要記得洗手。開始製作使用的器具一定要乾淨，而且會接觸到食材的所有表面務必要潔淨無染。工作前後，以一加侖水配一大匙氯漂白液的比例做出的溶劑來消毒表面和器具，並靜置風乾。肉品浸泡滷汁的程序應在冰箱中完成。

攪碎混合的過程中，應盡量讓肉品保持冷涼。➡除非你有特製的大容量器具，不然的話就要一次只做一小批的香腸，最多只做二十五磅，如此一來才能讓食材均勻分配。一般程序是先將肉品攪碎到所需的黏度，接著再混入其他材料，最後再攪拌一下以使內容物均勻拌合。混合內餡的黏度正是填灌香腸能否順利完成的主要關鍵。如果內餡有點乾，要在調味過的碎肉中加點酒或水。

並非所有的香腸都是填灌而成，也可以做成肉餅或肉塊。如果是填灌的香腸，訣竅就是腸衣裡不可殘留空氣。在迫使空氣排出的時候，動作一定要持續溫和，如此一來，才不會讓腸衣灌滿的香腸過緊而過於扭曲。

將腸衣的開口端套入灌香腸器的灌腸頭，接著就可把肉品放到灌腸容器直到填滿為止。從灌腸容器尾端擠出非常少的肉之後，就可拉出一吋或二吋的腸衣至尾端打結。繼續填灌腸衣直到達到想要的長度。如果之後要扭結腸衣做出一節節的香腸，記得不要灌得太緊實，要留出扭結的空間才不會撐破腸衣。你也可以每灌好一節香腸，就用乾淨的肉店或廚用棉線綁出香腸節，而且尾結要打緊到有些肉被擠出端部。

倘若你要煙燻小節香腸，就要切掉尾結，並預留額外棉線來做出掛圈。灌飽的香腸可以放入冷藏待用，爾後可如同冷藏前的生燻或熟燻的新鮮香腸般拿來食用。乾醃香腸則不需冷藏。

乾夏季香腸（Dry Summer Sausage）

這是人們在炎熱季節熱愛的一種食物。縱然是在冬季製作完成，卻可以存放到來春翌夏，故稱夏季香腸。

將以下材料切成2吋的塊丁：

6磅無骨牛肉塊

2磅無骨瘦豬肉

用一只玻璃、搪瓷或石頭材質的甕缸裝盛10%濃度的鹽水，將肉品浸泡其中並用一塊乾淨的磚石壓鎮固定，藉此確保肉品一直浸泡在鹽水中。放入2度的冰箱低溫冷藏，每隔2天到3天要攪拌一次。

待8天到12天後再取出，用冷水稍微沖洗並弄乾，接著就放在不鏽鋼網架上頭，並且要送入2度的冰箱再低溫冷藏4小時，等到肉品充分乾燥冷凍，再切塊到可以放入絞肉器的大小。加到用以下材料做成的絞肉之中並再攪一次：

2磅背部硬膘

用以下加以調味：

3大匙鹽、1/2小匙丁香粉

1小匙薑粉

1小匙磨碎肉豆蔻或肉豆蔻粉

1小匙胡荽粉

2小匙白胡椒

2杯不甜紅酒或水

關於灌香腸、垂掛風乾、煙燻和熟成的說明，請閱讀「製作香腸」的說明，355頁。

| 關於鹽漬乾醃肉品、野味和家禽肉 |

居家鹽醃肉品主要有兩種方式：泡鹽水（見下文「鹽醃牛肉」的說明）和乾醃法。用鹽水浸泡肉品，一定要謹慎控制溫度以免誘發食源性疾病。相較於鹽水泡製的肉品，乾醃肉品在加工過程中會比較能夠忍受溫度變動。鹽漬和儲藏肉品的理想溫度是介於二度到三度之間。需要加入如鹽、糖、亞硝酸鈉和（或）硝酸鹽等鹽漬混合材料，接著就要讓肉品在混合物中醃漬一段時間。

乾醃火腿（Dry-Cured Ham）

乾醃時，要讓剁好的肉品盡速冷卻。屠體應在低於4度的溫度先行冷卻，然後再進行剁切程序，而且這樣的溫度要一直維持到你購買或食用肉品為止。用以下鹽漬混合物來抹塗肉品，要充分塗抹到整個表面。將抹好的肉品放入消毒過的甕缸裡，切勿弄到鹽衣，然後就可蓋上鬆合的蓋子或棉紗布。

在每10磅肉品裡混入：

1杯鹽

1/4杯糖

2小匙布拉格粉2號（Prague Powder No. 2，亦稱Instacure No. 2）

同時混入以研缽磨碎的以下材料：

（2片月桂葉）

（2顆胡荽籽）

（3個整顆的丁香粒）

（6顆黑胡椒）

每1磅抹鹽的肉品要醃漬1又1/2天，如此才能確保鹽巴確實滲到肉裡。溫度不要低於2度，否則醃漬作用會因而減緩；也不要高於4度，那樣的溫度會讓肉品酸臭。最理想的溫度是在2度到3度之間。7天後要將肉品翻面。如果鹽巴已經沒有完全覆蓋肉的表面的話，就再抹一次鹽。務必記下開始醃肉、應該翻動及結束鹽醃的日期。

一旦鹽醃到預定的時間，就應以超過21度的乾淨冷水將肉品浸泡1小時，藉此溶解表面的鹽巴，如此才能煙燻入味。充分刷洗後，放在溫度介於10度到16度的環境中，靜置乾燥至少14天以便讓肉品鹽醃均勻。煙燻過的乾醃和鹽浸肉品會散發出迷人的「鄉村」滋味。如果不會煙燻，每塊肉品要個別包好，方法是先包一層乾淨的薄紗布，再層層裹上厚紙。包好的肉品要垂掛在通風良好的陰涼房間，溫度控制在24度到35度之間，相對濕度要介於55%到65%之間，給予火腿45天到180天的熟成時間，期間要使用抽風機來抑制黴菌滋長和避免乾燥過度。

鹽醃牛肉（Corned Beef）

這款醃牛肉跟玉米一點關係都沒有，英文名稱裡之所以會有玉米一字，主要是因為盎格魯．撒克遜時期的人們會用如小麥仁大小的鹽粒來醃製牛肉，而英國人口中的玉米（corn）就是指小麥仁。

進行鹽醃時，先把以下材料攪混到糖和鹽溶解為止：

4夸特熱水

2杯粗鹽

1/4杯糖

2大匙醃漬香料
1又1/2小匙布拉格粉2號
靜置冷卻，然後倒入：
1塊5磅重的牛腩或牛舌
以上材料已經先放入一只搪瓷厚鍋或粗陶罐內。加入：
3瓣大蒜
壓住肉品讓它不要浮起，並且蓋上鍋蓋。放入冰箱鹽醃3週，每5天就要翻動1次。關於烹煮鹽醃牛肉★，請見187頁的說明。

醃豬肉（Salt〔Pickled〕Pork）

醃豬肉可以切片如培根般使用，美國有些地區就叫它為白培根，但是更常被用來調味蔬菜或配搭烤肉享用。
請閱讀醃菜的「器具」，429頁。將以下材料切成6吋的丁塊：
背膘或其他肥豬肉薄塊
用以下材料充分塗抹每一丁塊：
醃漬鹽，561頁
將醃豬肉緊實地裝入消毒過的甕缸裡，放入冰箱靜置12小時。
每25磅的肉要混合用以下材料調配的鹽水：
2又1/2磅猶太鹽
1/2盎司布拉格粉2號
4夸特沸水
靜置到完全冷卻，然後倒入鹽水醃泡豬肉。豬肉要以重物壓好並蓋鍋，放入2度到3度的冰箱冷藏到醃好備用。請於3星期內使用完畢。

肉乾（Jerky）

肉乾可以做為野外活動的食物或高蛋白零食。因為肉品分量從動手製作到完成只會剩下1/4到1/3重，這種味美且有嚼勁的食物可以說是一大奢侈品。適合用來做肉乾的肉品包括後腿或側腹肉排、烤臀肉、胸肉和橫肋肉，而肥肉紋理太密或太肥的肉品則會無法妥善乾燥而造成味道上的問題。
生肉可能會受到致病微生物的污染。為了安全料理肉類和家禽，開始前要洗淨雙手和器具。肉類和家禽肉要冷藏備用。需要解凍凍肉時，不要放在流理台而是要在冰箱內進行。切片醃漬豬肉和野味之前，應先撲殺可能寄生其中的旋毛蟲。肉品要切成厚度小於六吋的切塊，並且要冷凍至少30天，溫度則要為攝氏零度或更低。
居家自製肉乾曾爆發過幾次重大的沙門桿菌和大腸桿菌O157:H7型感染事件。➡將肉品的內溫加熱到71度即可降低感染風險，然而，重要的是不要讓肉品的表面在加熱過程硬化，見363頁。處理方式有二：乾燥加工前，先讓肉乾條泡於滷汁中並加熱；或者，乾燥加工完成後，再送肉乾條到烤爐裡加熱。而採前法做出來的肉乾會不同於多數人慣常見到的成品。不論是何種方式，都要用即讀溫度計來控制溫度以便確保其間的安全。若想在家裡乾燥肉乾，優先選用附有恆溫器的電脫水器。
將烤爐或食物脫水器預熱到60度，時間至少為15分鐘。將瘦肉傾斜橫切成條，肉條要長6吋、寬3吋、厚度則介於1/8吋➡到1/4吋之間。使用垂直切法的肉乾比較容易嚼咬或在燉品中還原。事先冷凍過的肉品會比較容易切片。肉品上殘留的脂肪塊及任何肌纖維膜都要一併切除。
肉乾條可以用鹽、胡椒或醃泡滷汁加以調味。浸泡滷汁的時間需要1小時到24小時不等，➡應在冰箱中進行。如果肉乾條泡過了滷汁，放到烤架上前要先用乾淨的紙巾瀝乾。
如果要在乾燥前加熱醃泡肉乾，醃泡後要煮沸肉條和滷汁。如上述，沸煮5分鐘再瀝乾肉條一次。➡重要的是要在瀝乾肉條之前至少要加熱到71度。➡如果跳過這個步驟，你就要在乾燥後用烤爐加熱肉乾條（見下文）。
瀝乾的肉乾要以單層擺放在乾燥架上頭，如此一來肉乾就不會相互觸碰。以烤爐或脫水器乾燥架上肉品10小時到14小時，直到肉條乾燥到彎曲時會裂開但沒有斷裂的狀態。➡肉乾一定要徹底乾燥，不然的話就會孳生細菌。稍微靜置冷卻後再進行彎曲測試。當肉乾已經適當乾燥並完全冷卻之後，此時就可用乾淨紙巾拍吸表面的油脂並儲藏在陰涼的地方。
如果肉乾條在乾燥前沒有先醃泡於滷汁中加熱的話，包裝前就要放入預熱到135度的烤爐中加熱。肉乾要排放在烘烤淺盤裡，如此才不會相互觸碰或交疊。➡把肉乾條加熱到71度。如果是切到1/4或更薄的肉乾條，應該加熱10分鐘即可。待肉乾條冷卻後，必要時要用乾淨紙巾再拍吸表面的油脂一次。
肉乾要儲存在密封冷凍保鮮袋或瓶蓋緊合的罐子。真空包裝相當合適，因為➡儲存容器留有越多的空氣，就越容易走味腐臭。包裝上一定要標註並記下日期。儲藏在陰涼乾燥的地方或放入冰箱冷藏或冷凍，這樣一來肉品就能有較長的保鮮期。在涼爽的室溫環境中，乾燥得宜的肉乾只能存放約2星期，放入冰箱可以保鮮3個月，而冷凍的肉乾則可放上1年。➡如果發現肉乾發霉的話，就要整包丟棄。

準備魚子醬的魚卵（Preparing Roe for Caviar）

從鮮魚中趕快取出：
魚卵
將卵塊撕小塊，擠過1/4吋或有著更細篩目的篩網來分脫薄膜，接著就可以浸泡在用以下成份調配的冷鹽水之中：
每夸特冷水加入1杯又2大匙醃漬鹽，561頁
使用鹽度計的話，其指數應為28.3。鹽水分量應該為魚卵的兩倍。從鹽水中取出魚卵，放入過濾器中並放入冰箱冷藏約1小時以待其完全瀝乾。
瀝乾的魚卵要裝入非金屬製的密封容器，並儲放在1.1度的溫度下1個月到2個月。取出魚卵後，瀝乾並重新包裝，接著就可放到零下17度的冷凍庫中備用。

| 關於煙燻食物 |

煙燻是一種用火間接加熱食物的方法，可以用包覆的烤架或一種特製的「煙燻爐」戶外器具來煙燻食物。

關於如何升起烤架的間接火源的說明，651頁。按照製造說明書來使用瓦斯或電動戶外煙燻爐，使用牧豆樹、橡木、山核桃木、楓樹、蘋果或其他果樹材或硬木來加熱食物，可以得到最令人滿意的煙燻味道。

➡絕不用綠木或樹脂材；屑片泡水可以預防火焰外爆。

煙燻食物的方法有**熱燻**與**冷燻**。只要在煙燻前進行過肉品鹽泡或醃漬的程序，**冷燻**就可達保存食物之效。然而，冷燻並不會烹煮食物，故缺少事先醃漬的冷燻食品是不安全的。基本上，冷燻是一道乾燥加工程序，用來煙燻肉品、野味、家禽肉或野禽等鹽泡食品，時間可以是二十四小時到三星期之久。煙燻時間取決於加工食物的大小和煙燻室的溫度穩定度。➡冷燻要在至少二十七度的低溫中進行。冷燻的溫度很少會高於三十二度到三十八度，這是因為細菌會在此範圍的溫度孳生，因此應該是只有醃漬過的肉品才能冷燻處理。煙燻任何醃漬肉品時，要先冷藏讓肉品變乾並要擦乾表面。煙燻前，乾醃火腿應該要掛在十度到十六度間的環境中至少十四天以便讓鹽漬滲透均勻。個人口味與最終濕潤度是煙燻肉品時間長短的決定性因素，但一般準則建議火腿最多煙燻七十二小時、豬肩胛最多六十小時，而培根肉等瘦一點的肉塊則最多四十五小時。加工過程中，一旦食物的重量少了至少四分之一，那就代表已經充分煙燻；鄉村火腿的最終濕潤度甚至會更低，這類火腿的重量通常會縮水百分之三十五。在這樣的溫度下進行煙燻，一定要謹慎控管食物安全，因此謹慎監控溫度和按重量來計算流失的水分就顯得格外重要。正因如此，應該要使用附有溫度計的煙燻室或煙燻爐來嚴格控管冷燻食物時的室內或爐內溫度。

要將冷燻過的食品垂掛在溫度不超過十六度的處所，冷卻後即可儲藏備用（因應不同的氣候，大塊肉品有時需要一星期甚至更長的冷卻時間）。如果表面積聚了鹽晶體，請擦拭乾淨，否則這類結晶會吸收濕氣而損壞食品。乾醃香腸要加以覆蓋，不然的話會持續流失水分。如果是要馬上享用的話，香腸只要裝入寬鬆的塑膠袋即可；若想長期存放的話，就應該要真空包裝冷藏。

不同於冷燻，**熱燻**會烹煮食物，因而無法產生足夠的乾燥功效來確保儲藏安全或保存品質。熱燻比燒烤的溫度要低並且要耗費更長的時間。質地較粗的豬肩胛、牛胸肉或排骨就適合長時間的緩慢熱燻，肉質得以充溢那自然的煙燻香味。熱燻的時間可以是短短的二到三小時，也可以長達十小時，時間上的拿捏則決定於熱燻食品的種類和尺寸。➡一般原則是每磅肉品在煙燻爐中要加工一小時到一小時三十分鐘。熱燻的溫度要在一〇七度到一四九度間。煙燻爐中負責測量溫度的溫度計肩負著重要職責，確保了溫度可以被控制在這個範圍之內。➡肉類和家禽肉要煮到內部達到安全溫度★，90頁。同時可以使用食物溫度計來測量食物的內部溫度。

熱燻後的食物要馬上食用完畢。倘若沒有要立即享用，要趕緊切小剁塊冷藏。離開冷藏超過二小時，或放在溫度高於三十二度的環境下超過一小時，這樣的熱燻食品就要丟棄。冷藏的煙燻肉品和家禽肉要在四天之內食用完畢。假如預計稍後才要使用食品的話，要把冷卻後的煙燻食品以專為冷凍儲藏的方式包裝，然後再送入零下十八度的環境中冷凍。

燻牛肉（Pastrami）

要把「鹽醃牛肉」，357頁，加工成燻牛肉的話，一定要經過煙燻程序。

你或許會想要試試更精緻的滷汁，可以將一半的水換成2夸特紅酒醋，再加入下列一種（以上）的材料：

（2大匙薑末）

（1大匙胡荽粉）

（1大匙紅椒粉[paprika]）

（1小匙黑胡椒）

醃泡完成後，商業販售的燻牛肉是全程在160度的溫度下熱燻6小時到7小時。，由於家用器具很能持續提供熱燻所需的相對高溫，我們的一位朋友就用自己的戶外烤肉架來做燻牛肉，他把醃肉貼在不停轉動的回轉式烤肉器上，使用一堆木炭、橡木和山核桃木的屑片來進行煙燻。整個煙燻過程大約要花上10小時。

| 煙燻禽鳥和烹煮燻禽鳥 |

準備拿來煙燻的野禽，要先放血、快速冷卻、拔毛、洗淨★，137頁，並且要以流動的冷水快速但徹底地沖洗。

接下來要乾醃，或是以鹽水浸泡。以一磅紅糖、二磅無碘鹽和三加侖水調製出基本鹽水。雞和野禽應以鹽水浸泡二十四小時到四十八小時，時間長短依大小而不同；鴨、鵝約醃泡三天；而十二磅到二十磅的火雞則要五天。以加重的蓋盤覆蓋醃泡的禽肉並放入冰箱，浸漬期間不時查看以確保禽鳥完全醃泡在滷汁中。

鹽醃或醃泡過的禽鳥以乾淨冷水浸泡三十分鐘到二小時。徹底擦乾後就懸吊於三度的環境中，好讓禽肉更加乾燥。

若要將禽鳥一次食用完畢，就以預熱到一百七十七度的烤爐加以烘烤，烤到四分之三的一般烘焙時間就要取出，接著就放到煙燻爐中以一〇七度的溫度熱燻入味，煙燻到表皮出現賞心悅目的豐富色澤為止。煙燻過的肉質會紅通透裡。一旦只要稍微用力就可以把禽鳥腿部扭塞到肉裡，而且禽肉最厚的部分的內部溫度達到至少七十四度，那就表示已經煙燻完成。採用冷燻法的禽鳥一定要經過醃泡的程序。在煙燻後和進行最後烹煮手續之前，應要先把禽肉蒸煮十分鐘以便去除多餘的鹽分。

燻家禽肉一定要冷藏，在二度到四度的環境下可以保存三星期到四星期。發霉的禽肉要棄之不用。縱然冷凍禽肉並不是我們會最想要建議採用的保存方法，但是冷凍過的禽肉可能可以保存到六個月之久，可是一旦超過這段冷凍時間就可能會陳腐走味。

| 燻魚 |

跟肉類、家禽肉、野禽和野味一樣，沒有經過適當鹽醃料理步驟的煙燻魚肉可能會引發食源性疾病，甚至是可能會致命的肉毒桿菌。想要不冷藏而安全保存燻魚的話，就必須這麼做：把魚肉加熱到內部溫度達到至少七十一度且至少要加熱三十分鐘，然後就要將魚肉鹽漬醃泡到可以確保成品會含有足夠的鹽分。➠要使用高油脂的鮮魚來做燻魚。少於三磅的小魚在醃泡前應該要洗淨、去頭並取出內臟★，44頁；處理超過三磅的魚的最佳方法則是帶皮剔骨切片★，45頁。所有的魚都要徹底洗淨，去掉血液、黏液和有害細菌。➠甚至魚塊的大小一致都有助於更加均勻的吸收醃泡時的鹽分。魚肉要盡量保持冷涼，但是只能冰凍一次，而且需在冰箱裡解凍冷凍過的魚。➠洗淨後和煙燻前的閑置時間不能超過一小時或二小時。

如同前述野禽的做法，魚肉一定要先醃泡再進行煙燻。一杯鹽配七杯水調製的基本鹽水可以醃泡二磅到三磅的魚肉。四盎司以下的魚肉的醃泡時間為三十分鐘，一磅到二磅要二小時，四磅到五磅則是五小時。醃泡好的魚肉要馬上快速用冷水沖洗，謹慎瀝乾，再懸掛或架放的方式在最低三度的環境中進一步乾燥，無論採用何種乾燥方式，都要防止昆蟲沾碰。若將煙燻爐維持在二十七度到三十二度的低溫，無煙且敞開門蓋，也可以讓魚肉在煙燻前先在裡頭乾燥。

將魚或魚片放在➠抹了油的架上，帶皮的一面要朝下擺放，而且整個煙燻過程都不需翻動。吊掛在煙燻爐裡之前，最好是能夠把整條小魚的魚肚切開，並且在胸腔內塞入乾淨的小尖頭木楔子，這麼一來，胸腔和切邊以下部分就能保持敞開，並且不會在燻魚的過程中相互觸碰或阻礙循環。煙燻時的烤爐溫度應該為九十三度到一〇七度，並且要把魚肉加熱到至少七十一度的溫度且維持至少三十分鐘之久。典型的煙燻程序應該要在六小時到八小時之內把魚的內部溫度烤到超過七十一度。然而，最好是等三小時到五小時才把魚肉內部溫度提升到七十一度，畢竟此時已經去除了大部分的水分而能夠更容易加以增溫。等到魚肉的七十一度內部溫度維持三十分鐘之後，就可以開始進行額外的煙燻和乾燥程序。為了避免孳生有害細菌，無時無刻都要讓魚肉溫度高於六十度。倘若你的煙燻爐無法提供九十三度到一〇七度的烤爐溫度，可以移用廚房烤爐做最後料理程序。無論如何，切勿要為了那重要的三十分鐘的七十一度以上的內部溫度而苦等六小時到八小時以上的時間。

如果沒有要馬上享用燻魚，將燻魚送入低於三度的冰箱保鮮是很重要的。要使用布或紙巾等透氣材質來包裹燻魚，在這種透氣材質的密閉包裝中會比較不易發汗，因此可以抑制黴菌生長。若想保存兩星期以上的話，就要緊緊包裹或真空包裝後再送入冷凍。

| 關於乾燥食物 |

儘管乾燥食物是歷史悠久的習俗，但是並沒有太多的氣候環境擁有進行日光乾燥的理想條件。我們現在已經有現代電動脫水器可以營造出更令人滿意的環境來乾燥優質食品。許多食物比較適合罐藏和冷凍的保存方式，不過，一旦收成頗豐，乾燥食物法就成了許多食物的一個保存選項。再者，在儲藏空間有限的情況下，乾燥食品僅需三分之一到六分之一的存放空間。儘管水果乾會因為乾燥過程的熱氣而流失部分維生素，只要食用時不經過水分重組，與鮮果或其他加工水果相較，水果乾的熱量含量較高，有多少重量就有多少熱量。若想要抑制腐敗生物的孳生，如所有食物都有的細菌、黴菌和酵母等，水果最少要脫去百分之八十的水分，而酸性較低的蔬菜則要脫水百分之九十。乾燥草本植物的方法，參見518頁；肉類和魚類甚至要脫去更多的水分，見「肉乾」，358頁。

乾燥法需要配合其他的處理過程才能完成，如建議的蒸軟或汆燙，642頁等預先處理的步驟；硫化或以亞硫酸類化合物進行預先處理；和鹽漬的預先處理，357頁，畢竟鹽漬通常是以日光或其他熱能來乾燥肉類和魚類的最終步驟前的必要過程。由於商業乾燥法會使用硫化或添加物等其他手段來控制成品的腐敗或水含量，家庭自製的乾燥成品因此很難做出可以比擬的成品質地。

熱燙可以停止酵素作用、抑制儲存期間的氧化變化，並且➡是處理大部分蔬菜的必要程序；我們建議有些水果要熱燙處理，但是熱燙法對大部分水果來說只是一個選項。我們鼓勵以熱燙來保存最佳品質。不管有沒有熱燙處理，水果都要先用冷水洗淨。如要去除杏桃、油桃、李子和藍莓等水果的塗膜，可以把水果放入濾器快速浸入沸水約三十五秒。藍莓、櫻桃和葡萄等預備乾燥的小水果也應該熱燙到果皮裂開，如此一來，就可以防止水果在乾燥過程出現表皮硬化（敘述如下）的情況。熱燙冷凍蔬果的次數也適用於預備乾燥的食物。

乾燥法要快速進行，才能在過程中抑止腐敗生物孳生，但是乾燥箱的溫度應該經常保持在六十度以下。加熱食物的速度不應過快而使得食物外部變硬，以至於內部中央的水分無法發散出去。這就是所謂的的**表面硬化**，可能會造成食物在儲藏期間腐敗。

想進行溫度最為一致的乾燥法，就要購買具有讓整個裝置空氣流通的良好風扇的電子脫水器，並且還要有恆溫器來調設空氣溫度。在爐門稍微打開的情況下，只要爐內溫度可以維持在六十度以下，那麼就可以使用電烤爐或瓦斯烤爐來進行乾燥。你可以自製乾燥箱，如圖示，內部包含了如熱源的熱板和通風口。

乾燥箱

乾燥箱通風口是位於近頂部的兩側邊，各具有十二吋長和二吋寬的屏幕槽。為了讓空氣自底部進入，鉸鏈門蓋的底部開了一個二吋高的長形屏幕槽。

箱壁和門蓋要鋪上與食物等高的鋁製油毛紙。如圖所示，熱氣擴散是藉由在發熱元件的上方托掛金屬板來做為下層架子。在烤爐或乾燥箱進行乾燥時，裝盛食物的底架都要遠離熱源六吋到八吋。不管是用何種裝置乾燥食物，都可以使用小電風扇在烤爐門外面或是自乾燥箱底部的進風口送風來幫助空氣流通。常規烤爐或乾燥箱的托盤需用可以安全盛裝食物的材質做成的烤架，如不鏽鋼篩盤、塑膠網或尼龍網或餅乾烤盤上的蛋糕架。最後，托盤尺寸應比烤爐或乾燥箱內部小三吋到四吋以讓空氣流通。

如同所有食品加工過程，乾燥法要求極度的潔淨，並且要挑選沒有絲毫腐爛或變質狀況的優質產品。所有的食品要切得均勻細薄以便加速乾燥。切片應該單層散放在乾燥托盤上，不要相互觸碰或重疊。如在戶外進行乾燥，托盤的側邊邊高應至少是二吋，這樣才能用細紗布或單布加以覆蓋而將昆蟲和空氣汙染物隔離於食物之外。

日光乾燥法只能用來乾燥水果（原因在於水果的酸含量），並且只能在白天溫度達到二十九度的低濕環境中才能進行。此種加工法比使用電動脫水機更為費時，這是因為水果一定要➡在日落前運至室內，否則冷涼的夜氣和露水會凝結而補回食物的水分。下圖所示的是加裝一層玻璃冷框來強化熱氣的特製日光乾燥器具。

器具的頂部和底部一定要有隔濾條來幫助通風，而其本身重量要夠輕，才能在白天搬移到戶外捕捉大部分的日光，而且托盤內的食物要每小時翻動一次。若是日光充足，採用此法的食物大多在二小時內就可以完成乾燥——當然，這是在低濕度的狀況下才是如此。使用任何這類的器具時，最好在最低的物架上放置一支溫度計控管溫度不會超過六十度。當其他食物正在乾燥加工時，倘若此時要加放食物，加放的食物最好要放置在熱氣不強的頂層架上。➡不應該在戶外空污地區進行食物乾燥加工。

不論是用電動脫水機、烤爐、乾燥箱或是在戶外乾燥食物，都要經過多重步驟來測試其完成度。要先將食物塊片從托盤取出冷卻後再進行測試。➡水果若呈現堅硬革質就是夠乾燥了，而乾燥的農產品則是切擠時都不會出現水分。對折一片食物時，食物不應該黏在一起。這些乾燥品不會跟你外頭買來的果乾一樣潮濕，畢竟市面販售的果乾都使用了添加物或二氧化硫來使得水含量可以較高但又不致於腐敗。➡蔬菜若是酥脆易碎就表示已經乾燥完成，狀態就好像是用榔頭一擊就會粉碎似的。乾燥蔬菜放在托盤內攪動時會嘎吱作響。不過，測試乾燥度時，要取出幾片蔬菜靜置一旁冷卻，接著才做最後的判斷。

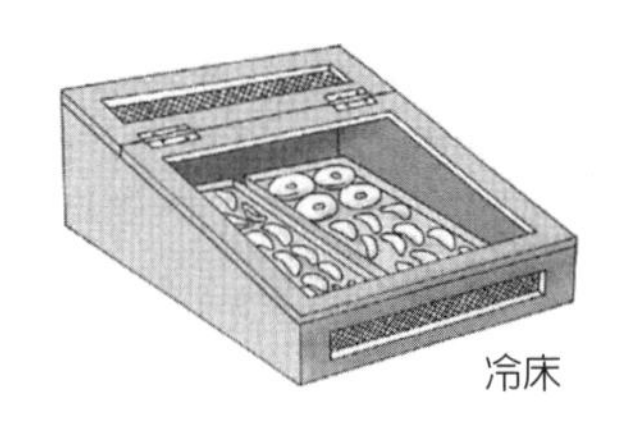
冷床

適度完成乾燥之後，要讓水果的剩餘水分均勻分布且確定已經達到可以儲藏備用的乾燥程度。將冷卻的果乾散裝到玻璃瓶或塑膠容器，蓋緊瓶蓋，靜置於室溫下七到十天，期間每天都要搖晃打散和混合裡頭的果乾。如果出現凝結的現象，就將水果放入冰箱冷藏，或者是送回脫水機再乾燥一下；出現凝結現象就表示其太過潮濕而無法因應在室內的長期儲藏。

戶外乾燥的食物要先做巴氏殺菌處理再放入儲藏。將烤爐預熱到七十一度到七十七度，把果乾單層放入烤盤或淺鍋中，加熱三十分鐘。取出後，放在紙巾上靜置冷卻即可。

將乾燥食品裝入塑膠保鮮袋，然後再放入如玻璃罐或冷凍箱等密閉的容器。也可以使用大容量的保鮮袋，但是保鮮袋的長期儲藏與防潮的效果不佳。容器要標註並記下日期。➡果乾可以保鮮四個月到十二個月，至於多長的時間就取決於食物的含水量、預先處理方式、溫度和光照程度。一般而言，果乾可以比蔬菜保存得久一點。

開封後的許多水果乾就是完美的零食。然而，為了多方用途，你會想要先泡開水果乾，見363頁。若想泡開大多數的乾燥蔬菜，就要以冷水泡到幾乎恢復原初的質地為止。要使用浸泡的水來烹煮蔬菜。➡不要浸泡綠色蔬菜，而是用沸水淹覆煨煮到柔軟即可。

水果軟糖捲（Fruit Leather）

果皮捲就是乾掉的水果漿膜。蘋果、杏桃、漿果、甜櫻桃、油桃、桃子、梨子、鳳梨和李子，這些都是可以做出絕佳果皮捲的新鮮水果。製作乾燥果皮捲最簡單的方式就是使用電動脫水機：也可以用烤爐來進行乾燥加工。用保鮮膜包好一只乾燥的托盤或烤盤，連邊緣都要一起包覆，而且一定要使用有邊緣的烤盤或托盤，這樣水果漿才不會溢出。你的電動脫水機或許附有專為製作果皮捲的塑膠墊。不要忘記水果乾燥後會變甜的。一杯果漿可做出二人份到三人份；兩杯果漿可以覆蓋一只12×17吋的烤盤。

將以下材料洗淨、剝皮、修裁、去籽或剔核：

成熟或有點過熟的水果

將水果放入平底深鍋以小火烹煮攪拌，一煮到糖果溫度計的量度為88度為止。

靜置到完全冷卻，然後就用果汁機、食物調理機或食物研磨機打漿；如果要做出細滑的濕潤果漿，記得要加以過濾。倘若果漿相當濃稠，可以加入以下材料來加以稀釋：

果汁

加入：

每2杯水果加1/2小匙抗壞血酸（維生素C）或2大匙檸檬汁

如果需要為水果增加甜度或額外味道，加入：

每2杯水果加1到2大匙玉米糖漿、蜂蜜、糖或檸檬汁或柳橙汁

玉米糖漿可以預防結晶，故相當適合長期儲存；也可以使用人工甜味劑。將果漿均勻鋪抹在托盤或烤盤上，中央部分為1/8吋厚而四周邊緣則為1/4厚，鋪好後就可放入60度的脫水機或烤爐乾燥加工。若是使用烤爐的話，就要定期用烤爐溫度計測量溫度，不要讓烤爐過熱。若有需要，可以不時關閉一下烤爐來降低爐內溫度。

果皮捲需要4小時到10小時的乾燥時間，而且要常常測試乾燥程度。等到水果漿膜呈現堅硬皮質和不沾黏的狀態，那就表示已經乾燥完成。觸摸果皮捲的一些部位，應該不會在上頭留下凹痕，而且應該要能夠輕易地從保鮮膜或托盤墊剝移下來。趁著果皮捲仍舊溫熱的時候，放到保鮮膜上捲成果醬蛋糕捲的形狀。喜歡的話，可以用剪刀將果皮捲剪塊享用。待其完全冷卻後再裝入密封容器，儲藏在陰涼乾燥的地方；若想保存長一點的時間，則要冷藏或冷凍。

乾燥辣椒（Drying Chile Peppers）

乾燥的辣椒可以完好保存，隨手即可放入你喜歡的許多菜餚之中。

乾燥綠辣椒，要先洗淨並弄乾辣椒。剝開辣椒，需要的話，可以戴上手套處理：在每條辣椒的外皮上切一道狹縫以鬆開外皮，在瓦斯爐火上轉烤6分鐘到8分鐘，或用滾水蒸烤或熱燙，接著就可以剝開辣椒並去掉籽梗。放入乾燥設備的托盤並送入脫水機乾燥，或是放到烤盤上以60度溫度的烤爐烤到辣椒酥脆且呈中綠色。

乾燥紅辣椒，要先洗淨並弄乾辣椒。如果是小辣椒的話，可以整條不切分；不然就要切片。喜歡的話，可以用滾水汆燙4分鐘來防止辣椒腐爛。將辣椒放入乾燥托盤並送入脫水機乾燥，或在60度溫度的烤爐中烤到辣椒皺萎、呈暗紅色且有點彈性即可。

乾燥辣椒可能要花上12小時到24小時不等的時間。待辣椒乾完全冷卻後就可裝入密封的容器中，要儲藏在陰涼乾燥的地方。

乾燥番茄（Drying Tomatoes）

以滾水蒸烤或汆燙30秒到60秒直到番茄皮裂開為止。

立即浸入冰水以便讓番茄皮鬆脫並加以剝除。接著就把番茄切成1/2吋厚的番茄片，並浸入以下調配出的溶劑10分鐘：

每夸特水配1小匙檸檬酸

放入乾燥設備的托盤並用脫水機加以乾燥，或是在60度溫度的烤爐中烤到酥脆，過程可能花6小時到24小時不等的時間。待成品完全冷卻後就可裝入密封容器。

冷凍

Freezing

居家冷凍是相對簡單而省時的食物保存方式，也因而是長期或短期儲存的最便捷方式。不過，那些只是把食物丟進冰箱就等著好結果出現的人，可能要大失所望了。➡只有進去的是高品質食物，出來的才會是高品質食物，其他重要因素也會決定最後的品質，也就是說，給了什麼就冷凍出什麼。➡快捷謹慎的準備工作。食物一定要➡用防濕潮、蒸氣的包裝加以密封並保存於➡零下十八度的恆溫中以獲得最佳品質。冰箱溫度要是忽然高於零度又降回零度的話，可會造成食物水分流失，進而降低品質與營養價值。最後，想當然耳就是正確解凍和烹煮食物。

肉品、魚、家禽、水果和預煮食品都是馬上可以冷凍的東西，蔬菜因為要經過熱燙程序，就要多花點時間和注意力準備，即便如此➡冷凍法只需罐藏法的三分之一到一半的時間精力，而且大多數的食物以冷凍保留的味道比做成罐頭更新鮮。無論是罐藏還是冷凍，成品的分量大致相同，見336頁及347頁。

| 確保冷凍食品的品質 |

冷凍加工本身並無法創造品質。水果應該熟透而堅硬，蔬菜應該是鮮採柔嫩且沒有發黃枯萎，如果不是一採收農產品即冷藏的話，最好也要在農收時節期間完成。園藝作物科學家不時測試研究蔬果的特性來將之改良，因此假如你計畫冷凍大量食物，➡最好請教在地農業推廣代表最佳栽種品種的資訊，之後即在當地購買。

營養價值和味道的保留跟食物採收後的加工速度大有關係。自採收完成起，➡食物應存放在最冷溫度，這樣就能將酵素及微生物的活動減至最低。冷凍僅是暫時抑制細菌、黴菌和酵母的活動，只要食物再度解凍回暖，裡頭的生物體就會恢復活力，再度成為污染物而令人擔憂，見「冷凍加工」說明，369頁。

如果人們使用冰箱的方式只是胡亂囤積，那可是違背了維持一座物藏豐富的冰箱運作的經濟原理，其需要勤快規畫並且流通所儲存的食物。食物儲藏太久會導致品質降低，甚至最後令人看了就倒胃口。➡不要對在店裡放太久的冷凍食品斤斤計較，因為它們早失去了維生素和味道，買回家放進冰箱只不過是讓其品質更加惡劣而已。➡即便自己沒有在菜園中種植儲藏用的農作物，市場裡到處都是新鮮的食品特產，好好採買一番吧。

任何讓冰箱溫度回暖而損壞儲藏食物的行為都要避免。➡冰箱也不要超過負荷，➡每立方呎的冰箱空間，不要在二十四小時之內就放入三磅以上的食物。倘若你準備要冷凍一定分量的新鮮食品，放入新食品的數小時前，冰箱的溫度調節裝置就要調到最冷溫度。➡按冰箱製造商的說明，剛備妥包好的食物要放於溫度最低的架上到凍結為止。未冷凍食品不要相互疊放，而是要分散放置到其凍結，之後有需要的話，再重新安排擺放位置。

有些食品根本招架不住冰凍法。比方說，膠質、美乃滋以及許多的蛋白霜食品一冷凍就會損壞。煮熟的義式通心粉或米飯徹底冷凍後，不只會變得糊糊的，還會散發出一股油騷味。奶醬類可能出現原料分離，甚至凝固的狀況，如酸鮮奶油、卡士達和鮮奶油填餡等。含水量極高的蔬菜一經解凍，質地會變化頗大而且有點澇軟，這類蔬菜包括萵苣、芹菜、甘藍、黃瓜、菊苣和蘿蔔。

｜停電｜

你如果收到居住區域可能施行燈火管制或停電警告的話，要將冰箱調至最低溫度。➡如果沒有打開冰箱，滿載的冰箱在停電的狀況下，可以維持食物安全冷凍約兩天的時間；半滿的冰箱可能維持冷凍一天的時間；內容物稀疏的冰箱，就要趕快把食品擺到一起，然後關上門，就不要再打開冰箱。

如果停電的時間似乎會超過食物維持冷凍的時間，可能的話，取來一些乾冰，就是低於零下七十三度冰凍的固態二氧化碳，十磅乾冰能使二十磅冷凍食品在兩天內都不解凍。使用乾冰要迅速並注意安全，放入冰箱時要打開門窗讓其煙霧散逸，要戴超厚手套來預防凍傷（千萬不要用赤裸的雙手觸碰乾冰），而且每塊乾冰都要包裹幾層厚報紙。如果冰箱沒有裝滿，要牢固食品包並緊緊堆放一起，挪出頂層的空間給乾冰，食品頂部要放些厚紙板，紙板上就是放置乾冰的位置，關上冰箱，再用毛毯或其他隔離物包覆冰箱，但不要蓋住冰箱的通風口。

電力恢復的時候，趕快檢查食物，且盡可能不要拆開包裝。➡如果食物為冷藏溫度（四度或四度以下）或是你可以感覺或看到冰晶，見「重新冷凍的時間」，375頁。➡如果食物為室溫溫度，但你不知道其是否在這個狀態超過兩小時，不要試吃、馬上丟棄。尤其是低酸性食品聞起來沒問題，但裡頭卻窩滿了危險的生物體，故一定要這麼處理。潛在的有害食物要先包好再丟棄，這樣才不會有人、畜誤食。

| 冷凍加工 |

食品冷凍是一種鏈式反應。先冷凍的是細胞空隙間的水分，接著這些冷凍的部分會將水分拉出細胞進而結凍。因為將其稀釋的水分減少，細胞內的鹽分和酵素會濃縮而弱化細胞膜，細胞的空隙則會出現冰晶。當食物急凍的時候，細胞內和其間的空隙會形成眾多微細的晶體。➡微細晶體最不會危害到細胞結構，因此其食物解凍後的質地最好。生水果在冷凍時會加糖，其功用不只是增加甜味，還可以硬化細胞壁並保持晶體微小；反之，慢慢結凍的食物則是形成針狀的大晶體（倘若食物反覆解凍一半又再冷凍的話，也是如此）。大晶體會刺穿細胞膜和細胞壁，而使得食物解凍後的質地粗糙。➡儘管盡量快速冷凍食物是很重要的，但每一種食物的冰點都不相同。純水冰點為零度，然而有些食物沒有降到零下四度的低溫是不會結凍的。

重要的是謹記，微生物經冷凍並不像在製罐過程中會被消滅殆盡，細菌、黴菌和酵母頂多給抑制不活躍而已。酵素不是不活動，只不過是減緩活動（有些活動甚至在零下七十三度仍舊持續著），而導致色澤和維生素減退。不過，沸滾的溫度可以抑制酵母活動，這就是為何所有的蔬菜和一些水果在冷凍前都會煮沸的緣故，不幸的是，這個方式對其他食物是不可行的。冷凍殺不死微生物，卻可以破壞其他的生物體。譬如，如果豬肉放在零下十五度的環境中二十天，即可撲殺其內會引發旋毛蟲病的寄生蟲，日本的壽司廚師一般都將魚冷凍在零下二十度的溫度中七天或是急凍庫之中，以破壞其可能攜帶的寄生蟲，才敢料理上桌供客人食用

| 關於冷凍庫 |

如果要購買新的冷凍庫，可以根據未來二十年的預計平均儲藏量、可以容納冷凍庫的樓層空間以及購買價格與之後的運轉花費來選購款型。大部分專家的建議是，每一餵養人口應分配六立方呎；平均而言，一平方呎的可用空間儲放約三十五磅的冷凍食物。一九九三年一月一日後製造的二手冷凍庫，倒是不錯的投資選項；這個期間製造的冷凍庫一定要符合能源效率標準，如此，它的運轉是更經濟、更環保。以下是在市面上的冷凍庫款型，務必要可以維持零下十八度或是更低的溫度。

如果空間夠大，**臥式冷凍櫃**是最佳選擇。每一立方呎的箱櫃空間可以容納更多的食物，開關時流失的冷空氣較少，價格比較經濟實惠而且使用操作壽命更長。購買前，務必選購配有活動式或滑動式筐籃的款型，並且試一試從底部拿出一個十五到二十磅重的包裹（正是一隻感恩節火雞的重量）。

立式冷凍櫃是儲物、卸物最便利的款型，而且最能有效利用樓層的空間，然而這款冷凍櫃的售價和運轉費用是最高的，不止如此，每次一開櫃門，就會流失不少冷空氣。**下冷凍式冰箱**的冷凍區幾近冷藏室的一半大，比上冷凍式的冰箱來得實用划算（因冷空氣會下沉到底部，開冰箱時比較不會流失），不過缺點是裝滿東西的抽屜會太沉而難以拉出。一般而言，上冷凍式冰箱的冷凍區和冷藏室各占百分之四十的空間，擺放東西相當方便，特別是高個子的人，因為他們一眼就望見裡頭的內容物。

對開門冷藏及冰凍庫的冷凍區比冷藏區的一半還少一些。有些機型的冷凍空間一分為二，因此拿放物品時，只有一半的冷凍區會流失冷空氣。不過，狹長的造型意味著塞不進標準烤盤和大盤子，要是正好要冷凍托盤或快速冷卻酥皮麵團和其他食物，這就挺令人困擾的。

因為**設置於冰箱裡的冷凍區**缺少獨立厚門的隔離保護，所以這類的冷凍庫並無法提供長期儲存食物所需的恆常冷度。所幸，這類型的冰箱今日已經相當少見，應只用於萬不得已的情況下。這種冷凍空間，只能用來冰凍冰塊和數天內就要吃完的小包食物。

無霜冷凍庫應該不需要除霜，但表面只要有溢洩物就要立即擦乾淨。所有的冷凍庫應該一年做一次大掃除，淨空食物，用蘇打水和水調配的溶劑擦拭乾淨。清理冷凍庫時，可以先將冷凍食物放在冷藏室或冷卻箱中，擦好後，沖洗、乾燥並擺回食物。

| 包裝材料 |

放入冷凍的食物的包裝方式很重要。包裝材料本身一定不能有味道或異味、不吸水且盡量可以不讓濕氣和空氣滲入，選擇材料的依據為食物的尺寸形狀和預計保存的時間。

硬式冷凍保鮮容器的種類繁多。**罐藏冷凍兩用瓶罐**的材料是強化玻璃，就是極好的容器。➡尋找紙箱上有標註「適合冷凍」的瓶罐。如果你手邊沒有紙箱，只使用直邊的寬口瓶罐，其最大容量限制一品脫半。對於冷凍來說，有瓶肩的製罐用瓶罐並不實用，因為經冷凍的食物會膨脹，在瓶中會往上移動，圓瓶肩的部分可能因而產生足夠的應力而導致瓶罐破裂。如果除霜方便為優先考量，不妨使用可以直接從冷凍庫送進微波爐的塑膠容器，但記得移除冷凍用膠帶（注意：裝冷凍食品的玻璃瓶在微波爐中可能會破裂，而在冷凍庫中儲存時可能會出現裂痕。倘若玻璃有了裂紋，馬上從冷凍庫中取出，瓶罐和內容物一併丟棄）。

冷凍保鮮容器的容量大小，從半品脫到半加侖不等。➡選擇瓶罐造型，以冷度可以快速滲透到食物中央為主。例如，捨立方體而用淺而長的長方形；捨厚柱造型而用高而窄的橢圓形。塑膠要是顯得易脆或似乎開始裂開，就不要用來冷凍食物。

需要保護的易碎品要包好，先裝入打厚蠟的乳品紙箱或上蓋的咖啡罐，再放入玻璃或塑膠容器中（這些紙箱和咖啡罐本身，並不足以阻擋冷凍過程中的濕潮水氣）。➠可以重複使用顯然是硬容器的優點，但是無法排擠出所有的空氣就成了這類容器的缺點，滯留的空氣是具破壞性的，其會吸出食物中的水分而凝結成霜，結霜的原料正是食物本身寶貴的汁液。

有些玻璃、塑膠、陶瓷和當代素材，可以忍受溫度在溫度計兩端的來回極端波動。➠只有特別標註冷凍、解凍和烹煮皆安全無虞的時候，才使用相同的容器來進行這三道手續。這樣的容器是節省時間的好幫手，但如果其材質是厚的，相對上可能減緩冷凍程序。

冷凍庫專用塑膠保鮮膜，箱子上一定要有「freezer」（冷凍庫）的字樣。專為微波爐設計的包膜也能用在冷凍庫。不論亮面是否朝外，**強力鋁箔紙**抗水氣的能力可是無可攀比，缺點是容易撕裂。冷凍用包裝材質是以紙、塑膠或鋁箔（而且標示）專為冷凍庫配製而成。**冷凍庫用包紙**是塗鍍或積疊塑膠的紙張。➠這最適合用於烘焙食品和其他可以快速乾燥的食品，使用時要把食物放在塑膠亮面，並用冷凍庫專用膠帶封好包裝。**冷凍庫專用塑膠袋**有許多不同的大小造型，從半品脫到兩加侖不等。將小量的食品平放在袋內，可以加速冷凍，而且經此解凍後的食物品質最佳。➠垃圾袋或草皮樹葉專用袋含有化學物質，未達儲藏食物的標準，因此不要用來冷凍食物。

冷凍庫專用可煮袋是以特厚塑膠做成的專業袋子，可以用來裝食物冷凍、然後解凍並丟入一鍋沸水中加熱。這種的袋子一定要用特別器具加熱密封，最棒的款型會在封口前淨空袋內空氣以真空包裝食物。儘管它的價格昂貴，還不是都可以回收使用，但是用來冷凍食物的效果絕佳，蔬菜尤其適合，請按附在用具裡頭的指示熱燙蔬菜。

| 冷卻、包裝和冷凍 |

冷凍前，如果沒有充分冷卻食物，會造成外緣凍得很硬、但內部卻尚未冷卻到不會腐敗。為了最佳品質，➠食物從備妥到送入冷凍庫的過程一定要越快越好。想要以最快的速度冷卻完全煮熟的食品，大塊的分切小塊，然後分成八杯分量或是更少的分量，用鋁箔包裝或裝入不銹鋼容器中，深度不要超過二吋（玻璃和塑料是很差的熱導體），容器不要加蓋就浸入在鍋子或洗滌槽裡的冰水之中（很重要的，冰塊一定要多過水），而且每十五分鐘攪拌一下，如有所需，可以更換冰塊。三小時後，熱的食物即會冷卻到約四度的溫度，即可包裝、冷凍。關於冷卻熱燙食品的說明，見642頁。

切記冷凍不會破壞微生物。重要的是➡準備調理食物時，工作環境要保持非常整潔，否則自冷凍庫取出的待處理食物，會比較容易受到污染。動手前，洗乾淨雙手和器具，並用很多的冷自來水來攪拌清洗農作物（去皮前後都要這麼做）。肉品、家禽肉、海鮮和像是奶製品和起司等易腐材料，都要冷藏在四度的溫度下備用。

除非食譜另有載明，否則在冷凍脫水食物時，不需要預留頂隙。➡如果在室溫下呈液態的食物，置於硬式塑膠容器中，要留四分之一到半吋頂隙；寬口品脫玻璃瓶罐，留半吋頂隙；使用一品脫容量的冷凍庫專用袋，只裝到離束口鍊四分之三吋滿，而更大的袋子則到離束口鍊一到二吋或二吋以上；立方形托盤約留四分之一吋。裝盛果汁要留一吋半頂隙。

想要輕易從包裝個別取出小份食物的話，在乾包裝前（指水果不加糖、糖漿或不淋汁液），就要先分批放入托盤冷凍，或是**盤凍**。這適合用於整顆或切半草莓、小顆漿果、桃子切片、甜瓜球和許多切好備用的蔬菜。調理好的食物單層鋪在淺托盤中冷凍到堅實，然後再迅速包裝小份食物，不需留頂隙，即可放回冷凍庫，因此小份食物仍會鬆散放置，就可以一次取出一些。➡過了一小時之後，要經常查看托盤內的食物，因為冰凍太長的時間，會讓水分流失。**準備送入盤凍的水果**，先洗淨，需要的話一併修剪或削皮，拭去多餘水分再放到托盤，水果之間要留空隙，不要疊放水果。**準備送入盤凍的水果**，要洗淨、修剪並切分到適合熱燙的大小，在熱燙、冷卻、瀝乾，之後單層散放水果、不要重疊。

冷凍庫專用塑膠袋裝入含液體的混合物時，將袋子先放在約相同容量的碗內以舀倒食物；➡罐頭漏斗有助舀倒。小袋子距封口四分之三吋的頂隙，大袋子要留一到二吋的頂隙。➡盡量排出塑膠袋的所有空氣：如果是拉鍊式袋，在一端的半吋內合上袋子開口；非拉鍊式的，就在食物上方約一吋處束窄袋子。要準備一深鍋的冷水，拿著尚未拉上拉鍊的袋子或緊抓袋子束窄的地方，慢慢把袋子推入水中，小心袋子不要進水了。袋子沉入水後，壓力會擠出空氣而讓袋子扁平，就可以取出袋子，拉上閉合袋口的拉鍊、或是扭轉袋子束窄處，並用紮帶在手的下方但食物上方約半吋（預留膨脹的空間）綁好袋子。➡不要重複使用冷凍庫專用袋子，因為清洗袋子可能會讓接縫或拉鍊更脆弱或是出現針孔大的小洞。要不然也可以按製造商的指示，使用真空包裝器具。➡只使用那台器具專用的保鮮膜或袋子。

硬式冷凍庫容器裝入固體食物時，用薄金屬抹刀或刀子將食物往下壓來擠出氣泡，填充完成，將容器邊框擦拭乾淨，然後合蓋並壓下塑膠蓋，盡量將空

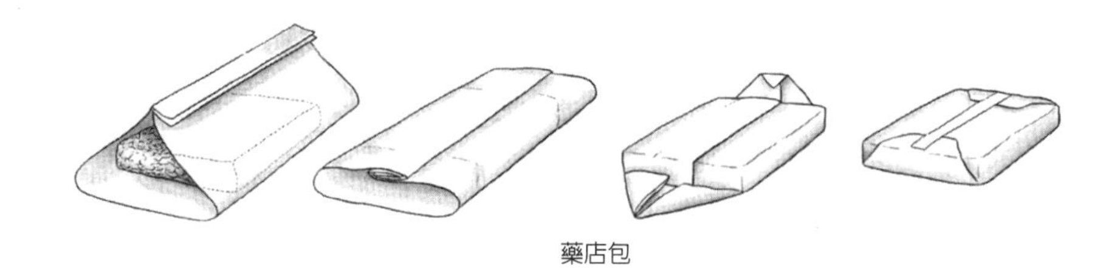

藥店包

氣擠出。

藥店包（drugstore wrap）是許多地方推廣辦公室提倡的包裝法。➡包起全部的食物時，如果有任何突出的部分，如骨頭或薑餅人的腳，都要先用保鮮膜墊好。➡藥店包既可以壓出又阻隔空氣，製作材料要用冷凍庫用包紙。➡如上圖所示，冷凍庫用包紙的尺寸要大到可以打摺兩次，把食物放到包膜的正中央。

如果食物太大的話，➡可以用膠帶把兩張包紙黏在一起，摺疊接縫、沿邊黏好。將兩側長邊抓至食物上方，以半吋到一吋的寬度摺疊壓皺，拉下接縫、壓平在食物頂部。將包紙兩端往中央摺三角形疊角，然後向著包裝把三角形頂角往下壓平，同時也擠出空氣，再將尾端拉上壓平在包裝上，直貼上膠帶。包好後，要把藥店包放入冷凍庫專用塑膠袋並擠出所有的空氣，以使其獲得最佳保護。將幾個扁平品項疊成一包，並用兩張方形包紙隔開每個品項。為了快速冷凍，每疊高度不要超過三吋，整疊放到一張包紙上包成藥店包，之後裝進冷凍庫用塑膠包袋，送入冷藏。

如果數人份的肉品、餅乾或其他小品項要合裝成一包，在尚未上外包裝時，先在兩品項間放入兩張厚度的防水紙，見左圖，或是滑入摺疊的鋁箔中，見右圖，即可方便區隔包在裡頭的品項。➡應以方便食用或膳食分量來包裝食品。

將數人份的食物合裝成一包

食物的標記，就用防水毛氈筆直接寫在包裝上或可重複使用的容器上。➡記下內容物、份數以及（或者而不是）冷凍日期，還要註明食物維持好品質的終極月分（及年分）。➡留一份記載著冷凍日期、肉品磅數和其他食品客份數量的總清單。

| 冷凍食品可以保存多久 |

每份冷凍食品都有保存期限，期間一經解凍，品質相當接近新鮮的食品。

➡儘管過了期限的食品還是可以安心食用，但卻越來越不美味營養。熟食的保存期限是短於生食的。食物要是長期曝露在空氣中，內含的脂肪會腐臭。
➡你也許會發現我們建議的保存期限跟別人相比偏短，這是因為我們深信一定要食用風味質地符合頂級標準的食品。

如果使用的是極好的材料、沒有太多的鹽或脂肪，可以做出品質極好的市售冷凍食品，原因是經過了**急凍**處理——比我們的家庭式冷凍庫所能提供的冷凍速度要快上很多。基於相同理由，成品也比居家冷凍食品保存得久些。市售冷凍食品附有保存期限，但是標記方式通常是代碼，你可以聯絡製造商來解碼包裝上的保存期限。如果是你經常使用的品項，就記下這些代碼資訊方便未來作業。

| 解凍冷凍食品 |

解凍的食品比新鮮的食物更容易腐壞。不要忘記，冷凍程序只不過是讓大部分的微生物進入休眠狀態；在開始解凍的那一分鐘起，食物的破壞大軍就會又捲土重來。因為➡在室溫下解凍食物是危險之舉：不要這麼做。在四度（含）以上的溫度，微生物會很快增殖。除了水果之外，生食不論是經過什麼方式解凍，都要馬上烹煮。食物烹煮前，不要解凍又放入冷藏。有三種方式可以解凍食物，皆可保證生、熟冷凍食物安全可食。

在冰箱內解凍，將仍完好的包裹物或容器放在冰箱，最好放在空氣流通的地方。➡生肉、家禽或魚要放入鍋內以盛接流出的汁液（含有害細菌），放在最低的架上，靜待一天到兩天解凍，約每十二小時就要翻動一下包裝食物。裹麵包屑的冷凍食物要拿掉所有包裝進行冷凍，表面就不會凝結水分而弄濕那層麵包外衣。

在微波爐內解凍，將小、中分量的食物放入微波爐，以自動解凍循環設定進行解凍，或是按製造商的說明處理。放在冷凍庫專用塑膠袋的食物也可以用微波爐解凍，但➡要在袋角開個小洞通風。解凍完畢，把食物放到微波爐專用的盤子進行後續的料理。烹煮時，➡所有以微波爐處理的食物都要加熱到一般完成溫度，不然至少到達七十四度，取其最高者。烹煮期間，要轉動或翻攪一下，用溫度計量測不同部分的終極溫度。如果食物是或含有肉類、家禽肉或魚，覆蓋靜置兩分鐘再端上桌食用。

烹調解凍，可以一舉在解凍過程中直接將冷凍食物加熱到所需的完成溫度。這是解凍大部分蔬菜和一些水果最好的方式，因為冷凍物如在烹調前解凍，汁液或許會任意從細胞流出，而產生水爛的質地，風味與營養也會流失。
➡一定要多煮一些時間，期間不時嚐一下以確保食物煮透。

| 重新冷凍的時間 |

可以安心重新冷凍下列食物：特定食物➡內含冰晶並散透冷藏沁涼感；不含奶製品的醬汁；煮熟的肉品和家禽肉；蔬菜、水果、果汁、濃縮果汁；解凍食品、生穀類、麵粉、乾燥豆子和義式通心粉；各式堅果；所有烘烤食品，但不包括含奶製品餡料或奶油霜的食品。

以下食品不應重新冷凍，但可以烹煮並立即食用：含冰晶並散透冷藏的沁涼感的混合菜餚（燉雜燴、湯品、燉品）和醬汁，特別是含肉或奶製品的食品；不是烘烤的水果派餅；據你所知，置於室溫下不超過兩小時的解凍食品，包含肉品、家禽肉、魚、和蔬果。➡以下食品一**小口都不要嚐**就丟棄：冰淇淋和冷凍優格；外觀味道不對的食物；或置於室溫下超過兩小時的解凍食品。

二度冷凍的食品，總會多少損害到品質。部分解凍又送入冷凍會產生較大的冰晶，而讓質地變得比較粗糙。重新冷凍的食品的保存期限難以得知，因此要盡早食用，料理時則要多費心神。經過商業冷凍手續的肉品、家禽肉和魚，在購買當天即在市場解凍，可以安心再冷凍而不會損害其品質，因為商業急速冷凍幾乎不會損傷食物細胞。

| 關於冷凍水果 |

除非另有說明，➡挑選結實完好的熟水果。水果若有瘀傷、瑕疵，可以保留完好的部分來做水果泥。關於每種水果的盛產期，見《廚藝之樂［飲料・開胃小點・早、午、晚餐・湯品・麵食・蛋・蔬果料理］》347頁。盛產季的水果因為量多而較便宜，風味也是最棒的。

冷凍水果前，先冷藏到冰冷，因為冷組織更容易留住汁液。除非是不用農藥自家摘種的，否則水果都要快速洗淨，方法是水果放入濾器在冰冷的水下沖洗幾遍，甩乾後就散放在厚毛巾上以盡量吸乾水分，動作一定要輕柔以免壓到或瘀傷水果。馬上備妥水果送入冷凍，方法正是你吃水果前的準備流程：去梗、去殼、削皮、剔核、挖心等。水果若是大小相差過多，可以挑選、切分到大小相似，這樣一來，包裝裡的水果就能約以相同的時間冷凍、解凍。

| 冷凍過程抗褐變溶劑 |

存於許多水果果肉中的酵素，只要一接觸到空氣後氧化，就會使水果變色。變色的水果可以放心食用，只不過外觀沒這麼誘人罷了。➡迅速切開水果，趕緊放入冰箱或能避免碰到空氣而變色，不過除霜時果色還是會變深。有個防止褐變的方法，可以讓水果從頭到尾都不變色，如此一來，你在處理大量如下列的淺色水果時，即可預防褐變。➡以二夸特水加半小匙或一千五百毫克抗壞血酸的比例調好溶劑，準備過程中，將去皮切好的水果浸入其中。藥房可以找到維生素C粉末，你也可以將維生素C片劑（抗壞血酸的一種形式）磨細碎。純抗壞血酸是冷凍過程中最為長效的抗氧化劑，最常為人所使用。如果水果解凍後要生食享用，也最好在包裝好的水果中加入抗壞血酸。冷凍前可以放些抗褐變溶劑，或是將溶劑加到糖漿或果汁之中。

無論如何，➡加入之前，量好粉末並放入些許冷水中溶解。以下是果色最容易變深的水果。對於每顆水果，➡將定量的純抗壞血酸或維他命C碎末加到四杯糖漿★，349頁、果汁或水中。

以下列出了替代抗氧化劑：

蘋果：1/2小匙純抗壞血酸或1,500毫克維他命C

杏桃：3/4小匙純抗壞血酸或2,250毫克維他命C

香蕉：2小匙純抗壞血酸或6,000毫克維他命C

櫻桃：1/2小匙純抗壞血酸或1,500毫克維他命C

無花果：3/4小匙純抗壞血酸或2,250毫克維他命C

甜瓜：1/4小匙純抗壞血酸或750毫克維他命C

油桃：1小匙純抗壞血酸或3,000毫克維他命C

桃子：1小匙純抗壞血酸或3,000毫克維他命C

梨子：3/4小匙純抗壞血酸或2,250毫克維他命C

李子：1/2小匙純抗壞血酸或1,500毫克維他命C

此外，也有市售抗壞血酸混合物（市場上都與罐頭製造材料一起販售），其內含糖與檸檬酸；按產品標籤上的說明使用。檸檬酸、檸檬汁和萊姆汁也能防止氧化，但效果較差，所以需要添加較多的分量，這麼一來卻可能改變水果的味道，因此最好只做為抗褐變的臨時備用方式。冷凍前要瀝乾水果。

蒸燙，643頁，是防止褐變的建議替代法，蘋果和梨子切片蒸燙一分半到兩分鐘；大黃一分鐘；杏桃半分鐘。包裝前，先讓熱燙水果在冰水中冷卻。

| 加工要冷凍的水果 |

冷凍水果的方法，要考慮到適合自己的口味和除霜後的享用方式。

乾包冷凍水果（生的和無糖）：用於果醬、煮熟點心、派餅、漿泥或水果醬汁的話，生水果可以整顆或切分冷凍。➡需要的話，可以加入抗褐變溶劑：每四杯水果，就要將前述分量的抗壞血酸或維生素溶解於三大匙冷水中，再灑到水果上。托盤冷凍，373頁，然後裝入冷凍庫用塑膠袋，甩一甩讓包裝中的水果集中，再送回冷凍庫。因為酵素尚未甦醒，所以採此法冷凍的水果解凍後會相當柔軟多汁。在冷凍庫中，乾包冷凍水果維持品質的時間最短，一個月後，就會快速腐敗。

製作水果泥時，解凍水果只要煮到釋出果汁和味道即可打泥，桃子就是一例，不然就是將水果煮到軟爛再打漿，如蘋果即採此法。其用途可做為頂頭加料、醬汁或是跟牛奶、冰一起放入果汁機中旋攪做成奶昔。註：用於罐頭製造過熟的水果，冰起來滋味很好，再如上準備享用。

糖漬冷凍水果（中度甜味）：用於煮熟點心、派餅、果泥、水果醬汁，多汁水果使用這個方法最好。➠尚未加糖時，需要的話，先用抗褐變溶劑處理：每四杯水果，就要將前述分量的抗壞血酸或維生素溶解於三大匙冷水中，再灑到水果上。將所需分量的糖加到水果之中，攪拌到每一塊水果都裹了糖為止；有些人則喜歡攪拌到部分或全部的糖都溶解，水果因此而出現盈滿豐碩感，再者溶解糖需要水，溶解的糖就意味這汁液是來自水果。無論使用哪一種方法，都是可行的。水果立即裝入冷凍庫專用塑膠袋或硬式冷凍保鮮容器，或是托盤冷凍，再包裝放回冷凍庫，且要甩一甩袋子好讓包裝裡的水果集中。採此法冷凍的水果幾乎跟放入糖漿中冷凍的水果的保鮮期等長，但是解凍速度快於以糖漿或乾包冷凍的水果。飲用果汁時，任何的解凍果汁都可以加到其他的果汁之中。

果汁冷凍水果（無糖）：用於煮熟點心，而以此法冷凍的水果解凍時，尤以那純正的風味勝過用水冷凍的水果。不過，很少會出現糖漬冷凍水果的豐滿感，而且需要更長時間解凍。將全顆水果或切塊裝入冷凍庫用塑膠袋或硬式冷凍保鮮容器，並淹覆相同或配搭水果的汁液，每兩杯水果加三分之一到半杯果汁的分量。生果汁或熟果汁皆可。➠需要的話，加入抗褐變溶劑：每四杯水果，以376頁所列分量的抗壞血酸或維生素溶解於三大匙冷水中，再灑到水果上。包裝頂隙再壓放一張皺蠟紙，水果就不浮起，封口，送入冷凍。解凍的果汁可以混入其他的果汁而成混合果汁。

果汁冷凍水果（以非營養性甜味劑增加甜味）：這類產品的製造商皆會提供冷凍程序的說明。

糖漿冷凍水果（甜味）：用於未烹煮點心或裝飾，➠水果的味道、形狀和質地會保存得最好；水果切塊且放入糖漿汁中，其保存期限最長。調製可以平衡水果酸味的糖漿——通常百分之二十用於甜水果，百分之三十用於酸水果或百分之四十用於極酸水果。喜歡的話，你可以不用水，而是加入水果自己的汁液或是配搭果汁也行。假如喜愛紅糖、蜂蜜、玉米糖漿或純楓糖漿等的獨特風味，你可以擇一或一種以上來取代四分之一的糖。➠注意：如果有不足一歲的寶寶要吃水果的話，不要使用蜂蜜，因為其可能含有嬰兒消化系統無法處理的肉毒桿菌孢子。➡讓糖漿完全冷卻，➡使用前可以加入抗褐變溶劑。一般而言，糖漿冷凍水果的最佳技巧，是將約半杯糖漿加到硬式一品脫容量的冷凍保鮮容器中（仍要考慮到水果的密度和形狀，分量從三分之一到一杯不等），然後直接加水果，要壓入並倒入額外的糖漿加以淹覆。包裝頂隙再壓放一張皺蠟紙，水果就不會浮起，封口，送入冷凍。解凍的糖漿可以用來煮水果。

果膠糖漿冷凍水果（微甜）：此法用於烹煮過或未烹煮點心，不用過多的糖就能加工冷凍水果。調配兩杯果膠糖漿，要在一只平底鍋裡混合一盒標準果膠粉和一杯水，不停攪拌，以大火加熱到沸騰，並沸煮一分鐘。熄火，加入半杯糖，繼續攪拌到糖完全溶解，即離火，將之倒入兩杯容量的量杯，靜置完全冷卻。➡需要的話，加入抗褐變溶劑：每四杯水果，以376頁所列分量的抗壞血酸或維生素溶解於三大匙冷水中，再灑到糖漿上。如前述糖漿冷凍水果立即加工處理，送入冷藏。解凍的糖漿可以與其他果汁一起攪打飲用。

| 冷凍水果指南 |

備妥你的器具和包裝材料。確保所有的容器都已洗淨擦乾，喜歡的話，不妨先寫好標籤內容和日期。下文標出了水果名稱和維持最佳品質的儲存時間，而下列水果一經冷凍後即會損害品質：番荔枝、金柑、仙人球、人心果、楊桃和羅望子，因此請用他法加以保存。

蘋果（6個月）

喜歡的話，不要去皮。去果心，切片至四分之一吋厚。如要用來做派餅的話，汆燙，642頁，蘋果片二分鐘，然後快速冷卻、瀝乾。冷凍選擇：乾包冷凍；以半杯糖配四杯水果的比例糖漬冷凍；百分之四十糖漿冷凍；果汁冷凍。

杏桃（6個月）

水果削皮或汆燙，642頁，三十秒，快速冷卻、瀝乾。喜歡的話，切片。冷凍選擇：乾包冷凍；以半杯糖配四杯水果的比例糖漬冷凍；百分之四十糖漿冷凍；果汁冷凍。

香蕉（1個月）

若沒有放太久的話，解凍的水果是新鮮的。托盤冷凍前去皮，先沾浸抗褐變溶劑，整條或切片冷凍皆可。冷凍選擇：乾包冷凍。

黑莓、柏森莓、露珠莓、洛根莓和楊氏莓（6個月）

全果；乾包冷凍，不洗莓果。冷凍選擇：乾包冷凍；以四分之三杯糖配四杯水果的比例糖漬冷凍；百分之二十到百分之四十糖漿冷凍。

藍莓、接骨木和越橘莓（6個月）

全果；乾包冷凍，不洗莓果。冷凍選擇：乾包冷凍；以半杯糖配四杯水果的比例糖漬冷凍；百分之二十到百分之四十糖漿冷凍。

櫻桃（6個月）

去梗剔核。冷凍選擇：乾包冷凍；以三分之二杯糖配四杯水果的比例糖漬冷凍；百分之四十糖漿冷凍甜櫻桃，百分之五十糖漿冷凍酸櫻桃；果汁冷凍；果膠糖漿冷凍。

柑橘類水果（葡萄柚、柳橙、橘柑、柚子和烏格利橘橙）（6個月）

不可冷凍臍橙。其他柑橘類水果去皮切片，或是剝瓣，去果膜和籽，裝入玻璃罐。冷凍選擇：乾包冷凍；百分之四十糖漿冷凍；果汁冷凍；果膠糖漿冷凍。

椰子（3個月）

椰肉碎成絲，481頁。冷凍選擇：裝入玻璃瓶並淹覆椰子汁，481頁；將椰絲乾包於冷凍庫用塑膠袋；以半杯糖配四杯椰子的比例糖漬冷凍。

蔓越莓（6個月）

全果；乾包冷凍，不洗莓果。冷凍選擇：乾包冷凍；百分之五十糖漿冷凍。

漿果乾和葡萄乾（6個月）

冷凍選擇：乾包冷凍。

新鮮漿果（6個月）

冷凍選擇：乾包冷凍；以四分之三杯糖配四杯水果的比例糖漬冷凍；百分之五十糖漿冷凍。

棗子（6個月）

縱向切分、去核。冷凍選擇：乾包冷凍。

鳳梨番石榴（6個月）

切半，挖出果肉並搗爛。冷凍選擇：果肉泥酌量加糖，裝入硬式冷凍保鮮容器。

無花果（6個月）

全果；喜歡的話，去皮。冷凍選擇：乾包冷凍；以四分之三杯糖配四杯水果的比例糖漬冷凍；百分之四十糖漿冷凍；果汁冷凍。

果乾（杏桃、漿果、櫻桃、桃子、鳳梨和梅乾）（12個月）

冷凍選擇：乾包冷凍。

鮮薑（2星期）

選擇新鮮、皮薄的小條根莖。乾包冷凍或托盤冷凍，然後裝入冷凍庫用塑膠袋。磨碎、切片或不解凍剁切。

鵝莓（6個月）

喜歡的話，修剪一下。冷凍選擇：乾包冷凍；果汁冷凍。

葡萄（6個月）

全果。冷凍選擇：乾包冷凍；百分之四十糖漿冷凍；果汁冷凍。

番石榴（6個月）

番石榴一定要熟透。全果、不去皮。冷凍選擇：乾包冷凍。

奇異果（6個月）

去皮、切片四分之一吋厚。冷凍選擇：乾包冷凍。

檸檬和萊姆（6個月）

解凍後的檸檬和萊姆極適合榨汁，也可以切片裝飾用。全果。冷凍選擇：乾包冷凍。

龍眼（6個月）

冷凍選擇：全果乾包冷凍，解凍一半即可食用；或去皮剔籽，以百分之三十糖漿冷凍。

枇杷（6個月）

如平常準備烹煮。冷凍選擇：百分之四十糖漿冷凍。

芒果（6個月）

去皮、剔核並切片。冷凍選擇：乾包冷凍；以三分之一杯糖配一杯水果的比例糖漬冷凍；百分之三十糖漿冷凍。

甜瓜（網紋甜瓜、冬甜瓜、肯夏瓜、哈蜜瓜、波斯甜瓜和西瓜）（6個月）

去籽和外皮，切成四分之三吋的果丁或果球。部分解凍即可享用。冷凍選擇：乾包冷凍；百分之二十糖漿冷凍。

油桃（6個月）

不去皮，切半去核，喜歡的話，切四等分或切片。冷凍選擇：以三分之一到三分之二杯糖配四杯水果的比例糖漬冷凍；百分之二十糖漿冷凍；果汁冷凍。

木瓜（6個月）

削皮和切片，如前述「甜瓜」冷凍享用。

百香果（3個月）

百香果一定要熟透。全果。冷凍選擇：乾包冷凍。

桃子（6個月）

去皮或熱燙，643頁。切半並去核，喜歡的話，切四等分或切片。冷凍選擇：以三分之一到三分之二杯糖配四杯水果的比例糖漬冷凍；百分之二十糖漿冷凍；果汁冷凍。

梨子（6個月）

梨子做成罐頭的成效比冷凍好，不過真要冷凍的話，不要選到口感粉粉的梨子。去皮，再切半、切四等分或切片，放入溫滾的糖漿，335頁，或果汁中加熱一到二分鐘；靜置冷卻。冷凍選擇：百分之四十糖漿冷凍；果汁冷凍。

柿子（6個月）

全果。冷凍選擇：乾包冷凍。

鳳梨（6個月）

削皮、去果心，喜歡的話，可以切分。冷凍選擇：乾包冷凍。

李子（6個月）

李子做成罐頭的成效比冷凍好。如要冷凍的話，用全果或切半、去籽並切小塊。冷凍選擇：乾包冷凍；百分之五十糖漿冷凍；果汁冷凍。

榲桲（6個月）

如「蘋果」處理冷凍。

覆盆子（6個月）

全果；乾包冷凍，不洗果子。冷凍選擇：乾包冷凍；以四分之三杯糖配四杯水果的比例糖漬冷凍；百分之四十糖漿冷凍；果汁冷凍。

大黃（6個月）

將修剪過的莖梗切到所需長度（葉子有毒，一定要全部去除）。冷凍選擇：乾包冷凍；百分之四十糖漿冷凍；果汁冷凍。

草莓（6個月）

洗淨、去蒂。全果乾包冷凍，或喜歡的話，可以切片而採其他冷凍法，在冷凍前要徹底乾燥。冷凍選擇：乾包冷凍；以四分之三杯糖配四杯水果的比例糖漬冷凍；百分之五十糖漿冷凍；果汁冷凍；果膠糖漿冷凍。

｜享用冷凍水果｜

解凍時讓水果密封於包裝內，可以留住色澤和維生素C，一解凍完畢要馬上使用，原因是解凍的水果很快會敗壞。當水果是用來做派餅、塔餅、倒轉蛋糕、果餡餅、布丁、冰品或包入麵團之中，只要解凍到足以正確量測分量即可。許多漿果在冷凍狀態可以做出比較細緻的果凍，因為這麼一來果汁即可恣意流動。➡若要生食，只需部分解凍水果和漿果，因為有點冰凍的狀態可以留住品質以及大部分的汁液。冷凍漿果可以完全解凍來做醬汁和調料，不但味道絕佳，更有寶貴的汁液。使用壓碎或打漿的水果來做餡料、加料或加到冰淇淋或冰品之中，不然也可以放入水果膏或果醬中烹煮。

｜冷凍水果泥｜

李子、梅乾、酪梨、木瓜、芒果、柿子和甜瓜，這些水果不經過烹煮的話，水果泥是比較好的做法，而打泥糊可以用食物研磨器★，212頁。蘋果糊可是最美味的冷凍熟泥糊之一，特別早熟蘋果做出來的泥糊。熟泥糊四個月內使用完畢。任何的水果泥若要包裝的話都不加糖，不然就是每磅水果放一杯糖的量。如果冷凍漿果破碎固定、尚未解凍，放入食物研磨機時，要以細刃處理，多籽漿果做成的水果糊或果餡餅餡料會比較滑順，黑莓糊尤是如此。

| 冷凍果汁 |

蘋果、覆盆子、李子、櫻桃和葡萄做成的水果西打和果汁，冷凍方式效果最好。如要留住色澤的話，每加侖的櫻桃或蘋果汁可以加入半小匙抗壞血酸或二小匙檸檬汁。櫻桃、李子、梅乾和葡萄，榨汁前煮一下，可以萃取一些果皮味，味道更佳。要榨汁的桃子蒸煮到六十五度，可以讓色澤鮮明而沒有煮熟味。處理覆盆子的最佳方法，就是每十磅的整顆水果混合一磅或是二到二又四分之一杯的糖並且加以冷凍；要使用時再萃取果汁。冷凍柑橘果汁時，每加侖要加半小匙抗壞血酸或兩小匙檸檬汁。

全顆水果也可以乾包冷凍，再進行榨汁。➠做果汁的水果可以無糖冷凍，之後不需烹煮即可榨汁。做果凍的話，按一般做法，見399頁。

如想做冰鎮的新鮮番茄汁，將成熟的甜番茄洗淨、去心，但不去皮，粗切小塊，再煮約五分鐘。接著打成果泥、過濾、靜置冷卻，就可以裝入硬式冷凍保鮮盒，而且至少要留一吋頂隙，送入冷凍。

| 關於冷凍蔬菜 |

大部分的蔬菜都可以完好冷凍保存的。如果是剛從菜園中採收的蔬菜，經過適當的加工程序，享用時的味道真是太棒了。➠選擇軟嫩的蔬菜，而豌豆、玉米和利馬豆等澱粉品項則是稍微不成熟的最好。

每種蔬菜的盛產期，請參閱《廚藝之樂［飲料・開胃小點・早、午、晚餐・湯品・麵食・蛋・蔬果料理］》400-530頁，產季的水果不但比較便宜，味道也最棒。

如果不要一次備妥冷凍來保存鮮度的話，蔬菜在採收和加工的空檔一定要冷凍。直接從菜園農田採下的青花菜和花椰菜，要浸泡在一加侖水配兩大匙鹽比例調製的溶液之中三十分鐘，再沖洗乾淨、瀝乾。

倘若蔬菜在冷凍前熱燙過，就按平時的烹煮程序放入冷水中沖洗。不經熱燙就放入冷凍的蔬菜，如有需要可以用冰水清洗。需要的話，就如同你準備烹煮蔬菜一樣，按指示去梗削皮。➠大小一致的蔬菜，可以熱燙、冷凍和烹煮得最均勻，所以請視需要進行揀選切分。蔬菜不切碎，其品質和風味較佳。甜椒在去籽膜、切丁之後，不需熱燙即可冷凍，托盤冷凍，373頁，再包裝。至於其他的切分蔬菜，長期儲藏最好是要熱燙。

南瓜、小南瓜和甘薯等這些蔬菜，冷凍前最好完全煮熟。蘑菇冷凍前要先嫩煎一下，在一只不蓋鍋的鍋內放入一大匙奶油加熱融化，放入兩杯蘑菇片或小朵全顆蘑菇約炒三分鐘，冷卻、立即冷凍。冷凍番茄並不適合生吃，不過要燜燉或調味的番茄，喜歡的話，可以用沸水燙兩分鐘以鬆脫果皮，再去果心、不需要額外加熱，以適合冷凍庫的包裝法處理，享用前再烹煮即可。

生凍的蔬菜：無熱燙的蔬菜解凍後非常柔軟且汁液漫流，這對用來調味的蔬菜和草本植物是可以的。譬如，你從藤蔓上摘下一堆熟番茄，只要沖洗一下就可以放入冷凍庫，只不過品質約過四周就會變差，所以盡量在那之前就使用或提早做成湯品、燉品。解凍時，小心留下蔬菜的汁液，裡頭不但營養豐富而且味道又好。

| 熱燙蔬菜 |

冷凍無法完全破壞導致植物組織變質的酵素，但是稍微汆燙或蒸燙可以減緩、甚至是停止酵素的活動。為了最佳品質，➡每份蔬菜若要冷凍一個月以上且單獨使用的話，應該熱燙過再冷凍。熱燙除了可以破壞酵素和表面的微生物之外，蔬菜色澤還因而更鮮豔、體積更小，使得包裝更結實。熱燙蔬菜的方法有三：

浸入沸水中的汆燙透熱最快，最能有效破壞酵素和微生物，又最不費時。進行汆燙時，在一只蓋緊鍋蓋的大鍋內煮沸四夸特無鹽的水，把八盎司綠葉蔬菜或十六盎司的其他種類的蔬菜放入熱燙籃筐中或是放入一塊大棉紗布綁起，之後完全浸到水裡，蓋鍋，設好定時器，火候調到大火，如此一來水應該很快再度沸騰。若沒有的話，等到水滾後再啟動計時器；下次就要放更燙的水或是減少熱燙蔬菜的分量。

掀鍋，搖動籃筐或是揮抖布袋幾次以使透熱均勻。計時器一響，從水中拿出蔬菜冷卻（見後文）。

蒸燙方式，一只大平底鍋放入二到三吋的水，蓋緊鍋蓋加熱沸煮。➡在金屬籃內排放一層蔬菜並置於水上方。➡蓋緊鍋子，火候調大，蒸氣一開始散逸就啟動定時器，不時掀鍋搖動籃筐幾次以使蒸氣均勻分布。計時器一響，蔬菜離火冷卻（見後文）。蒸燙的蔬菜比較鮮美，並可保留水溶性維生素C和維生素B，不過➡蒸燙比汆燙費時。

使用**微波爐熱燙**蔬菜，可靠的做法就是按照操作中的指示說明。如果指南沒有熱燙步驟說明，致電給製造商的客服部詢問所需的資訊。➡微波爐熱燙是有爭議的：最好的效果是留住最佳風味和更多水溶性維生素，但卻無法抑制所有的酵素，在幾個月後，蔬菜的品質因而變差。再者，蔬菜如果烹煮受熱過度，色澤、味道和營養都會流失；受熱不足，實際上不會抑制酵素而是刺激其活動，結果比不熱燙還糟。

蔬菜熱燙後要立即冷卻，才不會繼續軟化內部的組織。如果是冷自來水（十度或更低），就任其流沖蔬菜。如非如此，以每磅蔬菜配一磅冰的比例將蔬菜浸入冰水之中。➡冷卻時間應約等同於熱燙時間。冷卻後，拿出蔬菜好好瀝乾：蔬菜要散放在毛巾上，再蓋上多一點毛巾以盡可能吸出水分，輕拍拭乾。➡冷凍時，多餘的水分會使品質惡化。

將熱燙過的蔬菜裝入冷凍用塑膠袋或硬式冷凍保鮮容器中立即冷凍，或是托盤冷凍到結凍後再包裝。不加調味料，且一定要留足夠的頂隙。

| 冷凍蔬菜指南 |

動手前，請閱讀「關於冷凍蔬菜」。選擇盛產期間最鮮嫩的蔬菜，盡快處理完畢，可以按尺寸形狀裝入冷凍專用塑膠袋或硬式冷凍保鮮盒。如果提及冷凍庫專用可煮袋，是因為那袋子處理那一種蔬菜的效果特別好。以下按蔬菜名，皆標明其維持最佳品質的儲存時間。

現提的蔬菜冷凍後的品質不佳，請改用其他的儲藏方法：刺菜薊、樹薯、日本蘿蔔和他種蘿蔔、菊芋、豆薯、巨昆布、萵苣和其他沙拉用蔬菜、橄欖、婆羅門參、酸模、籽苗、芋頭、松露和菱角。

莧菜（4個月）

同「綠葉蔬菜」備妥冷凍。

朝鮮薊；朝鮮薊心（4個月）

揀選葉片包緊的朝鮮薊，修短到中心部位★，413頁。氽燙七分鐘，快速冷卻、瀝乾，之後托盤冷凍，裝入硬式冷凍保鮮容器，送入冷凍。

亞洲時蔬（4個月）

同「綠葉蔬菜」備妥冷凍。

蘆筍（4個月）

選擇青嫩的蘆筍苗。準備烹煮★，415頁，氽燙再裝入可煮袋冷凍。或細梗的氽燙兩分鐘，中厚度的梗氽燙三分鐘，厚梗四分鐘；不管蘆筍厚度如何都再蒸燙一分半鐘。快速冷卻、瀝乾、裝入冷凍專用塑膠袋送入冷凍。

酪梨（2個月）

酪梨要是打成泥，冷凍時的顏色不會變深，不然顏色會受影響的。選擇沒有瑕疵、有點軟的果實。去皮、剔核、打成泥。而且為了防止顏色變深，每四杯果泥要加四分之一小匙抗壞血酸或者每兩顆酪梨加一大匙新鮮檸檬汁。若是製作酪梨冰淇淋，每四杯果泥還要加入一杯糖。快速裝入硬式冷凍庫用容器，放入冷凍。

豆子、利馬豆和其他有殼的豆子（4個月）

選擇豆莢內的豆子飽滿、不堅硬的，去殼、再按大小撿豆。小豆子汆燙兩分鐘，中型豆三分鐘，大豆子四分鐘；不管大小豆都再蒸燙一分鐘。快速冷卻、瀝乾、而且托盤冷凍後裝入冷凍用塑膠袋，送回冷凍。

乾燥的豆子、豌豆和豆莢（1年）

最好放在乾燥陰涼的場所，但這些都可以冷凍。不要熱燙。

四季豆（4個月）

送入冷凍的理想四季豆是豆莢薄脆、達四吋長且隱約可見裡面的豆子。需要的話，修整豆莢並抽筋絲，但不要分半。汆燙三分鐘或是蒸燙五分鐘；新鮮的義大利豆要多燙三十秒。快速冷卻、瀝乾並裝入冷凍用塑膠袋，送入冷凍。然而，有些廚師偏愛將生凍四季豆，簡單修整一下豆莢即可裝入冷凍專用袋。

大豆和蠶豆（4個月）

挑選豆子成熟但不硬的嫩豆莢。汆燙四到五分鐘，時間長短視豆子大小和柔軟度而定。快速冷卻，推出豆子，沖洗瀝乾，裝入冷凍專用塑膠袋，送入冷凍。

甜菜（6個月）

大部分的甜菜都是做成罐頭或鹽漬保存，不過甜菜若是相當稚嫩就非常適合冷凍。挑選完好鮮嫩且顏色一致的小甜菜，一定要完全煮熟才冷凍；若沒有烹煮就放入冷凍，甜菜會有顆粒感。整顆甜菜不削皮烹煮，之後再削皮、快速冷卻。托盤冷凍，再裝入冷凍專用塑膠袋，送回冷凍庫。

甜菜綠葉（6個月）

同下文「綠葉蔬菜」備妥冷凍。

青花菜（6個月）

揀選稚嫩的青花菜，再選莖梗軟脆而且青花頭的花蕾緊密。將花蕾和莖梗切分成一吋大小的丁塊以供食用，汆燙三分鐘或蒸燙五分鐘。快速冷卻、瀝乾，再裝入冷凍專用塑膠袋並冷凍。冷凍的青花菜在烹煮之前最好部分解凍。

抱子甘藍（6個月）

挑選中、小顆的堅實甘藍頭。備妥烹煮★，401頁，再揀選大小。小顆的汆燙三分鐘或中型的四分鐘，兩者都要再蒸燙兩分鐘。快速冷卻、瀝乾，再裝入冷凍專用塑膠袋送進冷凍。

甘藍和大白菜（6個月）

大部分的解凍甘藍都太水而品質差。倘若一定要冷凍甘藍，要選頭部堅硬鮮脆的，大白菜要找葉子完好鬆脆的。準備食用堅實的甘藍菜頭★，436頁，可以切成楔形或粗略剁絲。楔形菜塊汆燙三分鐘或菜絲一分半鐘；然後分別蒸燙半分鐘或一分鐘。快速冷卻、瀝乾，再裝入冷凍用塑膠袋而送入冷凍。不要熱燙甘藍的外部菜葉（做湯或甘藍捲）就放入塑膠袋內儲藏冷凍。

胡蘿蔔（6個月）

將解凍的胡蘿蔔煮熟搗碎成泥，最能展現其真正味道，質地也是最棒的，不過，澆淋奶油糖霜的熟胡蘿蔔也適合冷凍。挑選去皮無心的嫩甜胡蘿蔔（不是迷你胡蘿蔔），可以切塊冷凍、汆燙，裝入可煮袋再送入冷凍。不然，將整條的小胡蘿蔔汆燙五分鐘或是切成四分之一吋圓塊狀和丁塊兩分鐘；再分別蒸燙三分鐘或一分鐘。快速冷卻、瀝乾，托盤冷凍並趁著蘿蔔堅硬的時候就裝入冷凍用塑膠袋，放回冷凍庫。如果要冷凍蘿蔔漿泥的話，按著「胡蘿蔔泥」★，442頁的方法料理，再將煮熟的蘿蔔打漿。稍加調味之後快速冷卻，再裝入硬式冷凍保鮮容器冷凍，解凍要在冷藏室內進行。

花椰菜（6個月）

如上述「青花菜」備妥冷凍。

芹菜（6個月）

挑選無筋絲的嫩莖梗。準備烹煮★，401頁，切成四分之一吋的薄片，切去葉子並按草本植物★，382頁的方法冷凍。汆燙兩分鐘或蒸燙三分鐘，快速冷卻、瀝乾，裝入冷凍專用塑膠袋並送入冷凍。膠凍沙拉★中的生芹菜相當適合冷凍，292頁。

佛手瓜（6個月）

佛手瓜趁新鮮的時候品嚐滋味最佳，不過薄皮佛手瓜是可以冷凍保存的。挑選那些很硬的完好果實，準備烹煮★，447頁，去籽但不削皮，切成半吋丁塊，汆燙兩分鐘。快速冷卻、瀝乾，裝入冷凍專用塑膠袋並送進冷凍。

玉米（6個月）

剝去外殼與玉米鬚，修整兩端並沖洗玉米穗。玉米棒上的玉米要汆燙並裝入可煮袋送入冷凍或汆燙玉米穗（直徑大到一又四分之一吋的需七分鐘；直徑一吋半的九分鐘；更大玉米穗的十一分鐘；再各自蒸燙三、四或五分鐘）。去水並快速冷卻完全，瀝乾後裝入冷凍用塑膠袋送入冷凍。加熱前要完全解凍。也可以只是除去玉米穗的玉米鬚，之後不熱燙就將帶殼玉米穗裝入冷凍專用塑膠袋送入冷凍。若是要用於玉米仁糊的製作，汆燙玉米穗四分鐘或蒸燙六分鐘。快速冷卻並瀝乾，從玉米棒上切除刮下玉米仁和汁液，裝下硬式冷凍保鮮容器並送入冷凍。

豇豆和黑眼豆（4個月）

按利馬豆的準備方式★，420頁，小豆子汆燙一分鐘，大豆子兩分鐘。

綠色蔬菜（4個月）

挑選嫩菜葉，莖梗最好是柔軟的。準備烹煮時，去除堅韌的葉脈莖梗，只留下柔軟的即可。一次只汆燙一到二磅，羽衣甘藍和韌芥菜三分鐘，較柔軟的葉子兩分鐘，或是以高溫炒二到三分鐘到葉子軟萎為止。快速冷卻、瀝乾後就讓菜葉帶水裝入可煮袋或硬式冷凍保鮮容器中送入冷凍。烹煮前，冷凍綠葉蔬菜最好部分解凍。

羽衣甘藍（4個月）

如上述「綠葉蔬菜」備妥冷凍。

大頭菜（6個月）

挑選纖維少的柔軟莖梗。備妥烹煮★，464頁，切成半吋的丁塊。汆燙兩分鐘，快速冷卻、瀝乾，裝入硬式冷凍保鮮容器放入冷凍。

韭菜（6個月）

備妥烹煮★，465頁，剁切小段並按以下「洋蔥」冷凍。

蘑菇（4個月）

冷凍後的蘑菇會改變質地，即便味道仍舊鮮美也只能用在烹煮上。沖洗乾淨、修整、拍打乾燥，因為蘑菇的顏色很快就會變深，故得馬上處理。小蘑菇應該全朵冷凍；大的菇傘要切片至四分之一吋。蒸燙或煎炒的蘑菇可以保存久一點。首先，以每兩杯水配半小匙抗壞血酸、一小匙鮮檸檬汁或一小匙半檸檬酸的比例調出抗褐變溶劑，將蘑菇浸泡其中。整朵大蘑菇蒸燙五分鐘，鈕釦蘑菇或四等分的大菇塊三分半鐘，蘑菇片三分鐘。快速冷卻、瀝乾，不然在平底煎鍋裡以高溫用奶油煮蘑菇到幾近全熟。將鍋子放入冰水冷卻，然後連同烹煮液裝入硬式冷凍保鮮盒內，送入冷凍。

秋葵（6個月）

軟嫩的秋葵只要不切分豆莢，可以冷凍保存得很好。秋葵先洗淨，再撿分大小。不到四吋長的豆莢汆燙四分鐘，再長的豆莢就燙五分鐘；分別再蒸燙二或三分鐘。快速冷卻、瀝乾，托盤冷凍後裝入冷凍用塑膠袋內或是直接裝入冷凍用的袋子亦可。

洋蔥（1個月）

若要冷凍蔥段和成熟洋蔥，要先洗淨修整，將柔軟部分橫切成四分之一吋厚片狀或是剁切成塊。用雙倍厚度的冷凍用保鮮膜密封以進行托盤冷凍，再用冷凍用保鮮膜包包裝半杯的裹包，就裝到雙層冷凍用塑膠袋以隔絕其辛辣味。

蒲芹蘿蔔（6個月）

同「蕪菁」備妥冷凍。

四季豆和荷蘭豆（6個月）

這兩種豆子屬於冷凍保存效果最佳的蔬菜。準備烹煮★，481頁，小豆莢汆燙一分半鐘，大豆莢兩分鐘；分別再蒸燙兩分鐘。快速冷卻、瀝乾，托盤冷凍後裝入冷凍用塑膠袋，送回冷凍庫。

豌豆（6個月）

挑選豆子嫩軟的豆莢。洗淨豆莢後，剝殼並按大小撿分豌豆。當豆皮開始變硬時，就馬上汆燙，再裝入可煮袋以送進冷凍。不然的話，小豌豆汆燙兩分鐘，大豌豆燙三分鐘；再分別蒸燙兩分鐘。快速冷卻、瀝乾，裝入冷凍用塑膠袋。

甜椒和辣椒（6個月）

選擇肥厚的脆椒。甜椒可以不經熱燙乾包冷凍，但這是處理辣椒應有的程序。如要能保存最長的時間，將甜椒切分對半、圈形或條狀以汆燙兩分鐘，都再蒸燙一分鐘。快速冷卻、瀝乾並托盤冷凍，再裝入冷凍用塑膠袋。像上述切好的洋蔥一樣把甜椒包起來；辣椒可以烘烤去皮★，485頁。托盤冷凍後再裝入冷凍用塑膠袋或硬式冷凍容器，送回冷凍庫。

馬鈴薯

「烤馬鈴薯★」，493頁、「薯條★」，497頁和「薯餅★」，495頁放入冷凍可以保存完好，但是熱燙過的馬鈴薯則不然。

青花菜苗（4個月）

「broccoli rabe」（青花菜苗）也稱「broccoli raab」、「brocccoli di rape」或「rapini」。選擇莖梗的葉子柔嫩而且芽苗要緊密或沒有芽苗。除去厚莖，準備烹煮菜葉芽苗★，432頁，後續做法同「綠色蔬菜」。

蕪菁甘藍（4個月）

要選嫩柔的中型根部。若要擁有最佳品質，削皮烹煮到柔軟，再搗碎成泥，裝入硬式冷凍保鮮容器送入冷凍。

青蔥

同上「洋蔥」備妥冷凍。

大頭蔥（1個月）

同上「洋蔥」備妥冷凍。

菠菜（4個月）

選擇軟莖嫩葉的菠菜，同「綠色蔬菜」備妥冷凍。

金線瓜（6個月）

要選硬皮的成熟金線瓜。切半烘焙，切面朝下放入烤盤再送入一百八十度的烤爐中烤軟。去籽，然後用叉子拉出南瓜絲。快速烹煮，然後裝進硬式冷凍保鮮容器送入冷凍。

夏季小南瓜（6個月）

挑選軟實的小南瓜。切片至半吋厚，汆燙後裝入水煮包冷凍。不然也可以汆燙三分鐘，快速冷卻、瀝乾，再裝入冷凍專用袋送入冷凍。有些廚師會將義大利櫛瓜切成長條狀，汆燙一到二分鐘再送入冷凍，這麼一來，在準備櫛瓜做麵包、蛋糕的時侯省掉一個步驟。長瓜條要解凍到得以擠出多餘的水分才進行分量量測。

冬季小南瓜和南瓜（6個月）

挑選熟透的小南瓜，而且要皮硬、果肉乾美。洗淨並切分成大小適中的南瓜塊，送入一百八十度的烤爐中烤軟。去籽，刮下果皮的南瓜肉搗泥或打漿。如果是要做成點心的話，按口味喜好增加甜度。快速冷卻，裝入硬式冷凍保鮮盒送進冷凍。

甘薯（2周）

挑選色澤明亮的中型甘薯塊莖，至少是一週前採收的。刷洗甘薯，不削皮放入一百八十度的烤爐中烤軟。靜置冷卻後再削皮，放入以每兩杯冷水加四分之一杯鮮檸檬汁比例調配的抗褐變溶劑中。可以以全顆的甘薯進行料理，瀝乾後就各別用冷凍箔紙包好放入冷凍。享用時，將未拆封的冷凍甘薯放進烤盤，送入一百八十度的烤爐中烤到炙熱。若要製作薯片的話，削皮後將甘薯切成半吋厚的片狀，裝進冷凍用塑膠袋再冷凍。若是做糖漬甜點的話，薯片浸泡抗褐變溶劑且瀝乾後，每片都要撒上白糖或紅糖。托盤冷凍，再裝入冷凍用塑膠袋並送回冷凍。薯泥或薯漿可以冷凍保存得相當好，做法就按上述烘烤未削皮的甘薯，但要完全烤透才行，切半，從外皮上取下薯肉再打漿或搗泥。每四杯甘薯混入兩大匙新鮮柳橙汁或檸檬汁來維持其色澤，之後裝入硬式冷凍保鮮盒以冷凍之。

瑞士甜菜（4個月）

從菜莖切下帶葉的部分，菜莖留作他用。準備烹煮，後續程序同「綠色蔬菜」。

墨西哥酸漿（6個月）

要選有著薄紙狀外殼的堅實墨西哥酸漿。剝去外殼，將酸漿放進鍋中以水或無鹽湯汁淹覆，蓋鍋沸煮到軟化即可。快速冷卻，裝入硬式冷凍保鮮盒冷凍。

綠番茄（4個月）

挑選有光澤的堅實的綠番茄。洗淨、去果心並切片至四分之一吋厚，裝入硬式冷凍保鮮盒➡番茄片間要放冷凍專用紙張。冷凍。

熟番茄（1個月）

挑選堅實的熟番茄，未去皮的整顆番茄可以乾包冷凍（替冷凍蕃茄剝皮，讓冷水下沖洗一番，其果皮即會滑落）。不然，番茄也可以烹煮打漿。而為了節省空間，不蓋鍋溫和沸煮番茄漿到稠黏或是縮小到番茄膏的樣態，快速冷卻，裝入硬式冷凍保鮮盒以冷凍之。或是做成燉番茄★，518頁，快速冷卻再裝入硬式冷凍保鮮盒加以冷凍。

蕪菁綠葉（4個月）

同「綠葉蔬菜」備妥冷凍。

蕪菁（4個月）

解凍的冷凍蕪菁切丁或搗泥的品質都不錯。挑選軟嫩的蕪菁，備妥烹煮★，520頁，再切片或切小丁，汆燙兩分鐘。快速冷卻、瀝乾，裝入冷凍用塑膠袋。或將蕪菁煮軟搗泥；快速冷卻、瀝乾，裝入冷凍用硬容器冷凍之。

菜泥或蔬菜漿汁

胡蘿蔔、蒲芹蘿蔔、馬鈴薯、南瓜、蕪菁甘藍、夏季小南瓜、甘薯、蕪菁和冬季小南瓜，這些蔬菜煮過或打漿搗碎再冷凍都比以其他方式冷凍的品質來得好。修剪蔬菜後再以慢熬、蒸煮或烘烤使其變軟，接著放入食物調理機搗泥或放入食物研磨器打漿，但小心不要摻入空氣。每四杯橘色蔬菜加入兩大匙鮮檸檬汁，可以防止漿汁顏色變深。接著把漿汁裝入冷凍用硬容器，用叉子輕輕敲塞以防止氣泡產生。馬鈴薯可以裝入烤過的馬鈴薯殼，澆蓋融化的起司，再托盤冷凍，趁著馬鈴薯仍硬時，各別包好並裝入冷凍用塑膠袋。濃漿可以做成薯餅或薯球，塗上融化奶油，再用托盤冷凍。趁著馬鈴薯沒有變軟，裝入冷凍用硬容器，而且每層要放兩張冷凍用紙以輕輕擠掉空氣。

| 解凍烹煮冷凍蔬菜 |

一般來說，➡冷凍蔬菜不要解凍即烹煮。蒸煮是最能保存營養和味道的方式，水盡量少放（可留作湯汁使用），而且一批蔬菜要分塊以單層放入蒸鍋內，如此即可快速均勻受熱。從保鮮盒中取出冷凍蔬菜泥或漿汁，放入蒸鍋的盤子裡。烹煮大部分的冷凍蔬菜，只需新鮮蔬菜的二分之一到三分之一的時間，因此以冷凍蔬菜取代食譜標示的新鮮蔬菜，就要縮短烹煮時間，比方說，在燉品快煮好時才加蔬菜。若要水煮，將分份的冷凍蔬菜鋪放在正好容納得下的厚平底鍋中，加入少量的滾水，約每兩杯蔬菜四分之一到半杯，如烹煮花椰菜和大豆，你大概需要用半杯水，而利馬豆則用一杯水。蓋鍋且以高溫煮沸，之後再調降火候煨煮蔬菜到軟即可。無論是蒸煮或水滾，都要不時用叉子分開冷凍的蔬菜凍塊直到解凍為止。小心不要煮過頭。為了吸取到最多的營養，馬上享用；也可以在要享用或按食譜做菜之前，才將尚未解凍的冷凍蔬菜放入微波爐加熱。

| 肉類、野味、家禽、魚和海鮮的冷凍法 |

家馴和野生的肉類都應該以單餐分量分開包裝。為了最佳品質，你從店裡購買的肉品、家禽、魚和海鮮，一到家就趕快冷凍起來，等到要烹煮時，跟準備新鮮肉品一樣處理即可。

給予所有冷凍農產品的同一份建議也適用於選擇的肉品：關注品質。低溫冷凍並不足以將老韌的肉品變軟，因此你要是經常直接購買優質肉片的話，確保要冷凍的肉是來自你所信賴且銷量很大的肉商。

挑選和準備工作：➡要選嫩的瘦肉（肥肉的保存期限較短），且肉品價格下降時的存量要增加。家禽或野禽可以全隻或部分冷凍，不過內臟部位永遠要分開冷凍保存，而且➡冷凍前整隻禽鳥不要塞東西（餡料會腐爛的），也不剝皮，因為外皮可以保護肉品。家禽和鳥在冷凍前要完全冷卻，這對於全隻火雞需要兩天的時間。生凍肝、腎、心臟和舌頭；小牛或小羊的胰臟和肚子要煮熟冷凍。

一般而言，魚在未清洗前重量若在兩磅以下，就該整條冷凍。魚的切片至少要四分之一吋厚，魚的肉質才不會糊掉。所有的貝類、牡蠣、烏賊和章魚全要清洗乾淨；蛤、牡蠣和可以帶殼或去殼生凍；貽貝要蒸到外殼開啟以挖出貝肉。蟹要沸煮五分鐘，快速冷卻後冷凍殼內的蟹肉；龍蝦要帶殼煮熟冷凍；蝦子去頭不剝殼生凍，才能保存得最久。

包裝：請閱讀「冷卻、包裝和冷凍」說明，特別是藥店包的部分，373頁。調味料是會腐敗的，所以這所有的食品都不要調味就包裹起來。➡除去肉品、野味和禽肉上可見的脂肪。肉品越大，冷凍的時間就越長；反之，肉塊越小，就越易結凍、解凍，不但可以維持肉質的鮮美，也可省時。大的切塊分別以藥店包法包好；牛排、厚肉片、肉餅、魚片和家禽塊等扁平肉品，可以分別或堆疊一起包裝。若保存時間沒有超過兩星期，大部分的肉類、所有的新鮮家禽、蟹和龍蝦部分、活牡蠣、去殼貽貝和蝦子，都可以放入排掉空氣的冷凍用塑膠袋。➡若是長期保存的話，袋子外再用冷凍用鋁箔或紙張包成藥店包。豬肉、穿腸衣的香腸和各式肉類應該用冷凍用保鮮膜或塑膠袋包緊，然後加上同上的外包裝。煙燻和鹽醃的肉類、家禽和魚應該要包兩層或三層，這樣它們的味道才不會沾染到其他食品。市場包裝的肉類、家禽和魚——無論是以肉商用的厚紙包緊或是放在托盤上用耐凍保鮮膜壓出空氣密封——最多只能冷凍存放一星期。如果托盤上的食物沒有真空包裝而殘留空氣，就要移出重新包裝才能延長保存時間。

魚和貝類在撈獲當下到放入冷凍期間一定要冷卻。以四杯冷水加四分之一杯鹽（無添加物）和二大匙抗壞血酸調製鹽水，低脂魚★，74頁，在冷凍前要先泡在鹽水中二十到三十秒以留住品質。只要保存一或二周的話，用冷凍用保鮮膜用藥店包法包好。若中、小型的全魚、魚排和魚片要放上更長的時間，就要上一層冰衣：沾浸冰水，以托盤冷凍到水凍結，重複沾浸、冷凍的程序，直到魚物裹上八分之一到四分之一吋厚的冰衣為止。之後，用耐凍保鮮膜以藥店包法包好或裝入冷凍用塑膠袋——無論是何種方式，魚物間都要夾放兩張冷凍保鮮膜。以下海鮮最好裝入冷凍用硬容器，留半吋頂隙：去殼且帶汁液的蛤、扇貝和牡蠣，以及泡在水中的烏賊和章魚。

| 解凍烹煮冷凍的肉類、野味、家禽、魚和貝類 |

大部分的冷凍肉類、野味、家禽和魚，解不解凍都可以烹調料理。➡未解凍的肉類的烹煮時間是鮮肉的一倍半。➡烤炙時，烤爐的溫度定不可低於一百六十五度，且保持恆溫。燒炙時，未解凍肉類的位置至少要離熱源五到六吋。用鍋子燒炙如肉排的薄肉塊，其所需的時間是烹煮解凍肉類的一又四分之一倍。➡裹撒添加物的各式肉類食品、海鮮（蝦子除外）以及填餡的家禽，都一定要完全解凍。蝦子只有用深炸烹調時，才需要解凍。家禽和野禽若不是要慢慢煮沸的話，烹煮前才解凍的肉質最好。

這些食品一定要在溫度不超過四度的冰箱內解凍，解凍時，不拆封置於托盤或鍋子裡以盛接流出的汁液，任何煮熟或即食食品要放在冰箱下部。慢速解凍肉類和家禽，肉質會多汁鮮美（而流出的汁液就加到烹煮的鍋具裡）。這些食品也可以使用微波爐解凍。➡滷汁可以加到冷凍用塑膠袋內解凍中的肉類和家禽上。而肉類要解凍到中央柔軟、表面仍看得到一些冰晶，通常這樣的狀態在烹煮之後，味道最好而且肉質最棒。與快速解凍的魚類相較，慢速解凍的肉質更為多汁細緻。

| 蛋的冷凍與解凍 |

冷凍蛋類一定要去殼。若是短期冷凍，各別將要冷凍去殼的蛋放入冰格，再包裝存妥。不過，蛋白和蛋黃通常會分開存放，蛋白可以裝入密封的小型單餐保鮮盒，分量或許正好可以做一個自己最喜歡的天使蛋糕。➡蛋黃應要加以穩定，否則冷凍後呈漿糊狀而難以混合。無糖食物所使用的蛋黃，每兩杯的分量加一小匙鹽；用於甜點的話，每兩杯蛋黃要加一大匙糖、蜂蜜或玉米糖漿，然後替蛋黃加上標記說明。每一個品脫保鮮盒，約可放入十顆全蛋、十六顆蛋白或二十四顆蛋黃。使用時，➡放在冰箱解凍八至十小時。

你如果偏愛包裝全蛋的話，每品脫的蛋要拌入一小匙半的糖或玉米糖漿或者是一小匙鹽，分量多寡就看蛋要如何使用而定，盡量不要拌入空氣，包裝時，留半吋頂隙做為冷凍過程中的膨脹空間。拿來做食譜材料前再解凍全部的蛋，而一顆全蛋的分量是三大匙解凍的全蛋，若是用分開包裝的蛋白和蛋黃重組一顆全蛋的話，需蛋黃一又三分之一大匙及蛋白兩大匙。

| 冷凍奶油、鮮奶油和牛奶 |

無鹽奶油可以冷凍保鮮六個月，然而鹹奶油的上限應該只有三個月。➡鮮奶油至多可以冷凍兩個月。解凍的濃鮮奶油的用途，主要是做凍點心及小量添加到蔬菜或燉雜燴中。然而，冷凍會減弱鮮奶油的發泡特性，脂肪浮升接觸咖啡而且質地也不適合跟穀類食品混用。如果你要做冰淇淋或冷凍點心，221頁，加以冷凍，選用要先加熱鮮奶油的食譜做法。一般不建議冷凍酸鮮奶油。➡冷凍牛奶只能存放一個月。

使用時，➡奶油要置於冷藏室物架上解凍約三小時，而牛奶或鮮奶油約四小時。

| 冷凍起司 |

硬起司和切達起司可以冷凍保存至多四個月。奶油起司冷凍後容易脆碎，但可用來做三明治或沾醬。冷凍起司需放在冷藏室物架上解凍約三小時。

| 冷凍預煮食品 |

冷凍預煮食品不論品質變好變壞，都已是常態。比方說，一次烹焙幾個派餅、蛋糕或幾批麵包，吃不完的先儲藏待用；或是加倍燉雜燴的分量而冷凍其中的一半；事先做好上學的午餐盒，到了中午時間餐盒中的冷凍三明治就會解凍而冷卻其他的食物。不過，我們力勸你們閱讀適合放入冷凍的產品類別，367頁，記得➡你要冷凍的菜餚要徹底冷卻後才開始包裝。菜餚倘若沒有充分冷卻，就可能發生外緣冷凍得硬硬的、內部卻來不及冷卻到足以防腐的情況。➡再者，不要一次冷凍太多的東西，因為超載的冰箱的溫度會升高而損壞儲藏其中的冷凍食物。處理生食跟包裝熟食一樣不可大意。盡量在一個月內使用，而且重新加熱時，務必正確解凍或慢慢加熱。

炸物在冷凍之後，幾乎無一例外都會變得餿臭乾硬。通心粉、麵條和米食等澱粉類食品，冷凍後的保鮮時間並沒有太大的不同。一如往常，按你最喜愛的食譜做法準備主食，然而，放入的蔬菜一律都不要煮到熟，因為等到再加熱食用的時候還要煮過的。

也許可以這麼說，冷凍食品預煮時，最該顧慮的就是不要烹煮過度之後要再加熱的食品。牛奶醬汁有時會凝結分離，因此重新加熱一定得不時攪拌，不然，就不要這麼做。燉雜燴中的馬鈴薯會變得濕澇而出現粉粉的口感；避免重新加熱以雞蛋為基底的醬汁；芹菜和甘藍可能會走味而變得軟杳水澇。➡謹慎調味。胡椒、丁香、蒜、洋蔥的味道往往會更強烈或苦澀；芹菜調味變得更刺鼻；有些草本植物味道更強烈了，而有些則是變淡，鹽巴也是如此；咖哩則會散發一股變質的霉味。無論如何，冷凍前清淡調味，等到重新加熱或食用時再斟酌調整即可。

重新加熱燉品或奶濃的菜餚，可以用平底鍋以小火加熱或在一百八十度的烤爐烤盤中烤熱，期間盡量不攪拌。冷凍燉品以慣常的溫度加熱，時間是一般燉品的一倍半；冷凍肉派餅要置於溫度介於一百八十度到一百九十度的烤爐內烘烤到呈褐色為止。解凍炸丸子或➡任何裹了麵包屑要煎炒或深炸的食物➡不蓋鍋冷藏，才不會凝聚濕氣。如果是炸過了的食物的話，解凍時➡不蓋鍋冷藏，再放入二〇五度的烤爐烤熱。➡食用前，所有的肉類和（或）蔬菜菜餚都要重新加熱到其內部溫度至少達到七十五度。

| 冷凍卡納佩和三明治 |

卡納佩和三明治不應儲放超過數星期之久。製作組合時手腳要迅速，才不會讓麵包乾掉。全部的麵包一定都要鋪好，並調製深富脂肪的內餡，如此一來，麵包就不會飽滲汁液而濕漉漉的。或者，你偏愛的做法是做好三明治塗料並冷凍備用，之後再塗在新鮮的麵包上。用於卡納佩的麵包照理說可以切成各式花俏的形狀並加以冷凍，然後要放餡料時才稍微解凍一下。➡選擇餡料食譜時，要迴避美乃滋和沸煮過的沙拉醬、煮熟的蛋白、果凍以及所有鮮嫩的沙拉用食材。點綴性食材如水芹、歐芹、番茄和黃瓜等是不能冷凍的，因此端上桌前再加即可。

你也可以先托盤冷凍卡納佩或是小心包裹好而放入冷凍。無論是何種方式，不同的卡納佩要分開擺放，並且不要碰到冷凍庫的內壁，因為一觸碰到的話，麵包就會沾濕沉悶。卡納佩和三明治解凍時不要拆掉包裝，在冰箱物架上解凍需一到二小時，室溫解凍十五到四十五分鐘，時間長短則視其大小而定。

| 冷凍湯品 |

湯品以冷凍保存是再適合不過的了。冷凍湯品時，照平常的方式準備湯汁，然後放到冰水上方快速冷卻，湯汁再放入適合的容器內，品脫容器留半吋頂隙，夸特容器則留一吋。至於濃縮的魚高湯或肉高湯，應該要煨熬煮沸到只剩二分之一或三分之一的分量，見「關於高湯★」，199頁。高湯的儲存最不占空間了，喜歡的話，可以用冰盒冷凍，若是肉汁和醬汁的話，還要將冷凍湯塊裝入塑膠袋封口才行。冷凍湯汁還有另一種方法，就是把封了口的塑膠袋裝入咖啡罐中並蓋上塑膠蓋，湯汁凍硬了即可自瓶罐中取出。如果湯品或海鮮巧達濃湯要加馬鈴薯的話，最好在享用前再放入剛煮好的馬鈴薯；倘若你真要冷凍馬鈴薯，就不要煮到全熟。魚、肉高湯解凍後放入果汁機，加入新鮮蔬菜攪拌混合，一下子就可以做出美味的湯品。冷凍的湯品先放入平底深鍋加熱到沸煮，才端上桌享用——但要是濃高湯或是以奶油做為湯底的話，就需要使用雙層蒸鍋或是以極小火加熱。若做的是冷湯品，解凍到汁液狀，趁著仍舊冰涼沁心時大快朵頤。

| 冷凍沙拉食材 |

一聽到沙拉這個詞，腦海浮出了鮮嫩的綠葉蔬菜、番茄、黃瓜和肉凍，這些材料都不可能放入冷凍保存的，不過有些傳統的沙拉食材仍可冷凍保鮮得很好，因而可以縮短做沙拉的時間。譬如，冷凍預煮肉品、家禽和魚，無論是全品、切丁或切片並淹覆濃縮高湯，將之解凍瀝乾後就是很棒的沙拉食材。大小一致的全顆預煮綠豆子即可包裝冷凍，之後再與法式調味醬一起淋放沙拉上。而且，幾乎所有的綜合水果（梨子除外）皆可冷凍以備往後調製水果沙拉之用。如果使用香蕉的話，香蕉片要分開冷凍。

| 一日烹煮一週的食用分量 |

只要善用一天的時間下廚，然後正確冷卻、冷凍煮好的食物，你的冰箱就可以塞滿各式各樣的居家自製菜餚。對於繁忙的家庭和個人而言，這樣規畫準備食物的方式不僅真的帶來生活上的便利，也相當經濟實惠。擬定菜單的時候，不妨多加利用打折商品、大量採購和季節性的特價品，如此做出的餐點營養又好吃。參見「菜單★」章節，47頁的一系列本書的食譜，即可落實一份完美的菜單。

準備一週的食物時，你的菜單的焦點是食材和菜餚冷凍之後可以盡可能留住原味、質地和營養價值。合適的候選菜餚為湯品和燉品；燉雜燴；義大利麵醬；煮熟的水果、蔬菜、肉品和家禽；鹹派餅和甜派餅；蛋糕；及餅乾。本章可以做為選擇食物的指南，在你動手做菜之前，先選好食譜並且備好食譜需要的所有材料，再來手邊也要備妥選好的冷凍工具：冷凍用塑膠袋、冷凍用可煮袋、冷凍保鮮硬容器、冷凍用保鮮膜和箔紙，以及用來標明包裝內容和冷凍日期的防水簽字筆和標籤紙。關於更多的訣竅，見371頁；冷凍食物的包裝，見

371頁。接著快速冷卻，以單人或家庭的分量冷凍煮好的食物。冷凍庫清單總表上要記下每一種食物，並放置在冰箱旁查閱。按照食用時間，解凍冰箱的餐點。冷凍餐點可以佐配新鮮水果或綠色沙拉，一餐就大功告成了。

｜冷凍未烘焙的糕點、餅乾和麵團｜

麵團、麵糊和未烘焙的糕點整體上比其成品較不適合冷凍保存，餅乾和派餅則不在此限。➡我們不建議冷凍蛋糕麵團；所有的蓬鬆劑在冷凍儲藏的狀態下都是詭譎易變的，那些混入較濕麵團的蓬鬆劑更是如此。

未烘焙的酵母麵團只冷凍一星期或十天的話，保存效果最好。它是以一般做法★，353頁，調配搓揉，靜待體積發酵到兩倍大再搓揉塑形，包裝成不超過二吋厚的長條，解凍時，薄的長條麵團當然比厚的來得快。「等一下就上桌了」不啻是個更適時的暗示，因為解凍、烘焙的麵包麵團乾硬得很快。慢速解凍的冷凍食品品質最佳，顯然就不適用於冷凍的麵包麵團：將麵團放入溫度一百二十度的烤爐加熱四十五分鐘，然後就按正常程序烘焙、冷卻，即可端上桌享用。有些要烤到棕色的麵包，可以不解凍就送入烤爐。

要做酵母餐包的未烘焙麵團，不應冷凍超過一星期。見奶油餐包★說明，387頁，按照上述的程序來冷凍麵團，所有的餐包麵團表面都要抹油，放入托盤冷凍二到四小時，不要碰到冷凍庫內壁，冷凍後一天之內完成包裝。或是在冷凍前包好餐包麵團，並用保鮮膜或可重複封口的塑膠袋等防潮材料片隔開。食用前，拆封餐包麵團並蓋上一塊布，放到溫暖的地方發酵到體積兩倍大，需二到四小時，則可照常烘焙。

未烘焙的比司吉在冷凍前也可以先托盤冷凍或包裝。如果麵團擀薄的話，也能漂亮發酵並快速解凍。拆封比司吉，在室溫下解凍一小時，再照常烘焙。

富含脂肪的糕點，像是派餅、塔餅、填餡甜甜圈和香濃餅乾等，不論是烤好或未烘焙冷凍，都可以凍藏良好。如果你在冷凍前就要切分餅乾的話，可採托盤冷凍，再包裝凍藏；如果要冷凍後再切分的話，麵團擀成捲狀，用防潮材料包好每批餅乾所需的分量，接著密封即可。這些生餅乾麵團約可存放兩個月，只要將餅乾放入一百八十度到一百九十度的烤爐烘焙十到十二分鐘，就可以享用了。

｜冷凍烤好的糕點、蛋糕、餅乾和麵團｜

烤好的麵團比起生麵團更容易冷凍，所需時間更短，而且一般說來成效也更令人滿意，其中不可或缺的環節就是謹慎包裝。➡因為凍藏的麵團乾硬得很快，所以每次只解凍烘焙所需物件的分量。儘管不是凍藏最久的品項，卻較可留住原味。

雖然脂肪豐富的預煮糕點凍藏成效最好，但卻只能保鮮二到三個月左右。烤好的酵母麵包和餐包可以凍藏最久（六個月以上），不過凍藏兩個月之後就會開始走味。這些糕點一律按常法烘焙，包裝前都要靜置冷卻三小時。如果冷凍麵包是要做為吐司之用，是不需要解凍的，否則在食用前的二到三小時，就要在室溫下不拆封解凍，以預熱至一百五十度的烤爐熱酥麵包二十分鐘。

烤好的蛋糕不解凍可以保存二到三個月，但解凍後的保鮮期只有一個月。包餡蛋糕往往會濕透，並且餡料若是以雞蛋為基底的蛋糕是不應該凍藏的，事實上比較好的策略是等到要享用的時候再添加餡料。香料蛋糕不應該凍藏超過六周，因為味道會在過程中改變；使用最少量的香料且不要加丁香。如果解凍了的蛋糕又要凍藏的話，要用以糖粉和奶油為基底的糖霜。紅糖糖霜和那些含蛋白或糖漿的糖霜會結晶而使得凍藏效果不佳，而沸煮糖霜解凍時則會黏答答的。

冰箱內無包裝的糖衣蛋糕，待糖霜完全冷卻變硬後才上包裝。包裝時，裹糖霜的部分要放張蠟紙，包上外包裝封好，再加多層厚紙盒以防壓碎蛋糕。之後，拆封蛋糕的包裝，放入加蓋的蛋糕容器內於室溫下解凍兩小時。

餅乾若在冷凍前就烤好了，為了最佳品質著想，請一到二個月內食用。照常烘烤餅乾，接著冷卻並包裹緊實，以防潮材料隔開每層餅乾，包好後要再裝入厚紙盒來防止餅乾因撞擊而碎裂。之後，不要拆封餅乾而直接放入冷藏室解凍。➡放入預熱至一百八十度的烤爐讓餅乾熱酥幾分鐘。

| 冷凍未烘焙的派 |

使用鋁箔烤盤或是多餘的烤盤，如此一來，你就可以在同一個容器內冷凍和烘焙派餅。若想做出比較美味可口的派餅，使用的冷凍派餅殼得含➡高脂肪。派餅殼可能是冷凍收捲起來的，只要攤開就可以使用，或是已經展開了，放入烤盤即可；➡處理尚未展開的麵團，一定要趁著冰冷的時候，因為那時的麵團才會柔軟可以塑形。冷凍在烤盤內的未填餡派餅殼，接著取出且不包裹就堆放在盒子內，不然也可以加以包裹並存放在拋棄型的鋁箔烤盤內。不需解凍，放入預熱至二百二十度的烤爐內烤十二到十五分鐘。如果所做的派餅是要凍藏的話，在派餅殼的內底刷上蛋液以防其在填餡前變濕，派餅殼頂部也要刷蛋液，但等到烘烤之前再扎孔。➡絕不用水、蛋或牛奶做為糖汁。

新鮮水果或肉餡是最棒的凍藏派餅餡料，保存期限四到六個月。南瓜派餅在四個月內食用，風味最佳。桃子、蘋果和杏桃等水果曝露在空氣中會產生褐變，故要泡抗壞血酸加以處理。未烘焙的派餅餡料所含的玉米澱粉或木薯粉分量，應是平常的一倍半；要不，可能的話，就使用糯米粉；見579頁。➡絕不凍藏鮮奶油派餅或卡士達派餅。

如果是會搖動的餡料，先冷凍派餅，再包緊封好，並且別讓派餅在未凍硬前就被冷凍庫中的其他物品壓著。

烘烤時，拿掉外部包裝並在派殼頂部切出排氣孔，烤爐預熱到二百三十度，將未解凍的派餅送入其最低部的烤架上烘焙十五到二十分鐘，調降火候到一百九十度繼續烤到好為止，整個過程約一小時左右。

| 冷凍烤好的派 |

請閱讀前述「冷凍未烘焙的派」說明。使用鋁箔烤盤或多餘的烤盤，如此一來，➡就可以用同一個烤盤烹煮、儲存並重新加熱派餅。烤好後待其完全冷卻，再包裹耐凍保鮮膜，並封好派餅。

如果凍藏的是含有澱粉的預煮餡料，務必➡要完全煮熟，可能的話，使用糯米粉。➡絕不凍藏烤好的鮮奶油派或卡士達派，也不要冷凍蛋白霜派。如果戚風派的餡料至少混入半杯的稠鮮奶油的話，就可以裝到烤好的派殼內凍藏。➡不拆封解凍、冷藏。喜歡的話，可以在享用前澆綴發泡鮮奶油。

如果是做涼點心用的話，將烤好的派放入冷藏室解凍；如果是做為熱點心的話，則靜置於室溫下十五分鐘，然後放入預熱到一百九十度的烤爐內使其溫熱即可，約三十至四十分鐘。

在所有的冷凍品項中，未烘烤的無餡派殼是最便利的一種，即可填入鹹派餡糊或如杯式派餡的奶濃食物或是水果餡料。凍藏烤盤內未包裹的派殼，然後取出且先不包裹就放進盒子裡；不然也可以包裹儲放在拋棄型的箔紙烤盤內。

| 冷凍果乾和堅果 |

全顆、剁切或磨碎的果乾和堅果可以凍藏完好六到七個月。將其分成方便使用的分量加以包裝，並照平常的預防措施將空氣擠出袋外。

果凍和果醬

Jellies and Preserves

在下午時光調製儲藏碎果肉果醬、果凍、水果泥或其他甜味全果肉果醬，會讓人感覺如同是隱退到另一個時空——事實也真是如此。這是非常愉悅的過程，擴充了食物儲存櫃，讓人一年到頭都能品嚐到當季盛產水果的滋味，還可以做成深富巧思的古早味禮物，那是商業製造的果醬無法比擬的風味。

果凍、碎果肉果醬、全果肉果醬、蜜餞、柑橘醬、水果泥以及水果醬凍都會加入甜味劑（糖、蜂蜜或果汁）來烹飪保存水果。但是它們彼此之間有何不同呢？

果凍相當透明，需要經過兩道烹煮程序：首先，果汁僅只從水果中萃取而出；再者，只使用那夠薄夠透明而能滴過布料的部分，跟著糖一起熬煮到➡變硬成形，但不到僵硬膠黏的程度。➡**碎果肉果醬**、**水果泥**和**水果醬凍**都是果泥，其濃稠度依序遞增。➡**全果肉果醬**、**柑橘醬和蜜餞**則是把水果碎塊放入濃糖漿中熬煮成半透明狀態。這些成品及**碎果肉果醬**都只需用一道程序加以耐心烹調，並且➡細心攪拌，如此在熬煮收汁時才不會燒焦。

| 器具 |

調煮果醬、碎果肉果醬或全果肉果醬之前，請先備好器具。除了標準的切割、量測和混合的器具之外，最重要的就是一把八夸特到十夸特寬口的厚平底淺鍋。不沾鍋的耐用鍋相當適用，表面不起化學反應的鍋具也是可以的，但不要使用無鍍膜的鋁製、銅製、鐵製、薄搪瓷或是鍍鋅的鍋子。寬面矽膠烹飪鍋鏟、不鏽鋼的大湯匙、打蛋器、撇渣器、四盎司到八盎司大小的勺子（最好帶有勺嘴）、一吋寬的天然鬃毛糕點刷等長柄用具，都可以用來刷下糖晶。你或許也知道細孔過濾器、濾鍋、尺、計時器和（或）瓶罐用漏斗也用來調製果醬。若要罐藏瓶罐，請用一只大型的寬口深鍋做為沸水製罐鍋，以及無裂口破痕且殺菌過的罐頭瓶、金屬環、新瓶蓋（如325頁圖示）和夾瓶器（如327頁圖示）。若要過濾果汁來做果凍的話，最好是用果汁或果醬專用的濾袋（如407頁圖示），或用四層乾淨的棉紗布取而代之。在微波烹飪時，請用二夸特的玻璃量杯。再來，食物調理機、（十磅）廚房秤、糖果溫度計、食物研磨器、馬鈴薯搗碎器或大杵槌、櫻桃去核器、柑橘榨汁器和刨絲器都能派上用場。

| 選擇水果 |

只選用最新鮮美味的水果，而測試的適當方法就是鼻聞和品嚐——如果水果的風味不夠飽滿，你的成品是會令人失望的。➡理想食材是用快要熟到熟透結實的水果，太熟的水果可能會有損壞或質地不佳的問題而不建議使用。若是你要的水果不在盛產期的話，明智的替代方式就是購買無糖的冷凍水果。

此章的食譜大部分都以重量來標示使用的水果分量，因為這是最準確的量測方法。➡然而，由於冷凍水果含有多餘的水分，應該在稍加解凍後依體積來量測使用量。如果食譜說明新鮮水果要削皮的話，皮要削得越薄越好，並切掉挫傷或腐爛的部分。所有的食譜，基本上水果都一定要沖洗並去籽再使用。

| 果膠 |

果膠藏身於水果的外皮、種籽和果肉中，它是一種天然物質，而且與糖和酸交互反應即可產生厚厚的果凍。水果的果膠含量有高有低（見「水果的果膠含量」。➡高果膠含量是做出果凍、柑橘醬和水果醬凍的關鍵因素；至於質地較軟的碎果肉果醬、蜜餞和水果泥，果膠含量的多寡就不是那麼重要。不幸的是，果膠還會隨著氣候與水果的種類和熟度而有所變化。水果成熟後，果膠也會隨之分解，這就是為何我們偏愛使用快要成熟的水果的原因。長時間的烹煮也會破壞果膠，因此不要烹調超過食譜建議的時間是很重要的。反之，若是膠凝是特別重要的環節時——像是製作果凍的時候——我們就建議要測試果膠的含量。如果你的水果本身沒有足夠的果膠來做果醬的話，請使用商業果膠並且遵從包裝上的指示。

有個簡單的方法可以把果膠含量少的水果做成結實的蜜餞，就是把水果與磨碎的等分量酸蘋果一起混合，可以這麼做是因為後者含有豐富的果膠。而磨碎的蘋果可以確保烹煮快速，並做出濃稠的全果肉果醬而不會影響到主要水果的風味或質地。

我們建議➡只在使用果膠含量極低的水果來做果凍的時候，才使用商業果膠）——這主要是從蘋果渣或柑橘皮萃取出的汁液或粉末。有些使用商業果膠的食譜，為了滿足我們的口感會添加過多的糖，使得濃重的糖味掩蓋了水果的風味。食譜標明使用液狀或粉狀果膠，是不可以任意互換的。食材的混合與烹煮順序則視使用的果膠種類而定。

| 水果的果膠含量 |

應該選用快成熟到結實成熟的水果。

果膠含量高的水果：酸蘋果；小酸蘋果；蔓越莓；醋栗；鵝莓；康考爾葡萄、慕斯卡黛葡萄、斯卡珀農葡萄；檸檬；大楊莓；苦橙；大馬士革和其他的酸李子（非義大利的品種）；以及榲桲。

果膠含量低的水果：杏桃、黑莓、藍莓、櫻桃、接骨木、無花果、去除上述種類的所有葡萄、越橘莓（huckleberries）、番石榴、油桃、桃子、洋李、鳳梨、石榴、覆盆子、大黃、甜李子或義大利李子和草莓。

如何測試果膠含量：單憑品嚐滋味是無從判斷果膠含量的。➡由於果膠是讓果凍漂亮凝凍不可或缺的材料，我們因此建議要測試榨取的果汁的果膠含量。有兩種方法來判定果汁的果膠含量：第一是比較接近科學實驗的酒精測試法，第二就是製作少量的果凍樣本。

酒精測試法：水果榨出果汁後（見「榨取果汁」），將一小匙冷卻煮過的果汁與一大匙藥用酒精混合均勻。➡這種酒精混合物不可食用；切勿試吃！如果混合物聚成一團而且用叉子叉得起來的話，這代表內含的果膠豐富足以製作果凍、柑橘醬和水果醬凍。此時，一杯水果或果汁要加四分之三杯到一杯糖。

如果混合物分成了二、三團，每杯水果或果汁則放三分之二杯糖即可。如果混合物分成很多團塊的話，就要做成不需膠凝的果醬，糖的用量為水果或果汁的一半；不然的話，就要添加商業果膠來做成凝膠果醬。而少數無法解釋的情況是，富含果膠的果汁卻對酒精不起任何的反應，這就是為何第二種測試法或許更加實用。

少量果凍樣本測試法：榨出果汁後，將三分之一杯過濾果汁放入小鍋裡慢慢燒開，拌入四分之一杯糖，沸煮到膠凝點，再用快速冷卻測試法。

有需要的話，就整個食譜加以計算來調整檸檬汁的分量，然後加入剩餘的果汁來繼續後續的烹調程序。要是不是很確定的話，可以多放些糖並且加入新鮮的柑橘汁來平衡甜味。

如果測試樣本沒有凝結成塊的話，請直接棄置不用，至於食譜的剩餘果汁就改加商業果膠。

| 酸 |

水果的酸含量與果膠不同，只要口嚐即可判斷。水果要是嚐起來像是青蘋果、酸李子或大黃一樣酸的話，代表裡頭含有足夠的酸，再加上比例恰當的果膠和糖，就能煮出濃稠的果醬。要是水果不及上述酸澀的話，如酸櫻桃、接骨木、鮮食葡萄和甜李子等，➡烹煮前，鍋中每杯分量的水果或果汁要加入四分之一大匙瓶裝檸檬汁。酸含量低的水果，包括甜蘋果、甜櫻桃、無花果、油桃、桃子、洋李和草莓，每一杯要加一大匙的瓶裝檸檬汁，或是在尚未烹煮的水果中加入橙汁，加到快出現柳橙的味道為止。果汁的功用除了幫助果醬凝凍之外，幾滴的檸檬汁或柳橙汁亦有提味之效。➡切記，尚未成熟或剛成熟的水果酸含量是最高的。柑橘皮也可以提升香甜果醬的風味，但在添加之前，要先放在水中慢慢滾煮到柔軟，一旦煮軟了，就瀝乾橘皮放到水果中。可能的話，剩下的富含果膠的滾水也可以加到果醬之中。

糖和其他的甜味劑

製作果凍或果醬時，糖不只是扮演甜味劑的角色而已，還可以抑制細菌滋生來保存水果。➡減少食譜的糖用量，則會大大縮短保存期限。此外，糖要跟果膠產生反應而使果凍或果醬凝結成膠狀物。果膠含量高的水果可以凝凍出最漂亮的果醬，但前提是要加入足夠分量的糖。而混合物中的果膠愈多，所需的糖量就愈多，做出來的果凍就愈結實。

只需一丁點兒的糖就能引出水果的風味，而找出正確的糖用量可不是容易的事。較少的糖意味著做出的果醬分量較少，其保存期限也較短，不過水果的風味卻因而更加鮮明。白糖的味道中性，不會蓋過新鮮水果的滋味。

有時候，果醬的瓶罐出現了結晶顆粒，累積到最後會使得內容物變硬。➡為了預防發生這樣的狀況，在烹煮的時候，可以用蘸了水的糕點毛刷來溶解黏在鍋壁四周的糖晶。假如烹煮完成後鍋壁仍沾有糖晶，舀出果醬前可以先用濕布小心拭去。

如果喜歡比較深重飽滿的口感，請將食譜中至多四分之一的白糖換成紅糖。或者，只要是沒有使用商業果膠的食譜，其至多一半的糖可以用淡蜂蜜來取代。而有些商業果膠的製造商，則允許以淡玉米糖漿來取代至多四分之一的糖。➡切記蜂蜜的口味比糖來得甜膩強烈；玉米糖漿也很甜，但是味道中性。另一個選項是用果汁，其中因為蘋果汁的味道相對是中性的，果膠含量也高，而深受人們的喜愛。

非營養性的人工甜味劑只能用在濃稠的碎果肉果醬和水果泥，因為它們不依賴糖和果膠的交互作用來凝凍成形。切記➡任何使用非營養性甜味劑的成品並沒有糖的防腐能力，而且需以水浴法加工處理十五分鐘。若要更換白糖的話，請依照製造商的指示或商業果膠包裝盒上的指示分量。

膠凝果醬（Jellied Preserves）

果凍、柑橘醬、碎果肉果醬以及一些全果肉果醬和蜜餞，無論質地是結實柔軟的固體或幾近流體，其製作原則都是沸煮加糖水果或果汁到一定分量的水分蒸發而讓果膠、酸和糖濃縮集結。而這個瞬間就稱為**膠凝點**（the jelling point），而且➡快速沸煮是達到膠凝點的最佳方式，因為促使果醬膠凝的成分——果膠、糖和酸——以高溫加熱時最能有效產生交互作用（長時間低溫加熱會破壞果膠）。快速沸煮不但可以留住新鮮水果的風味，做出來的果凍也往往比慢速烹調來得清澈透明。

本章都是小批製作的食譜。➡不要加倍食譜的分量；加倍分量的食譜有時並無法凝凍出漂亮的成品。

沸煮果醬（Boiling Preserves）

選擇一只大型寬口厚鍋。➡我們建議一鍋只烹煮兩磅到兩磅半或更少的水果，並以高溫快速烹煮來保留水果的風味和果膠。

膠凝物在沸煮時往往會大量發泡，要是再加入如蜂蜜等材料的話，則會加劇發泡的情況。若是要做出透明果凍的話，在烹煮過程中要不斷撇除泡沫。

膠凝點

這是所有材料聚合一起的關鍵時刻，並且一旦冷卻之後，果醬就會膠凝成形。然而，我們很難預測何時為膠凝點，因此比較好的方式就是按下述在烹煮時提早並不時加以測試。當鍋內的混合物沸煮到發泡漲高而皺縮下來時表面突然都是猛烈的沸滾小氣泡的時候，即是判定膠凝點的不錯視覺指標。

有三種可靠的測試法，可以用來判斷不加商業果膠製成的果醬或果凍的膠凝點：湯匙測試法、溫度測試法和快速冷卻測試法。➡最好交互使用這些方法。你要是第一次做果醬或果凍的話，更需如此；然而，絕大多數的果醬、果凍的經驗老手只需要仰賴單一的測試法，即可找出膠凝點。無論你選用哪一種方式，在宣告做好成品之前，一定要確認混合物達到所需的黏稠度。

湯匙測試法最適用於尋找果凍的膠凝點，但除了特稠的水果泥以外的果醬也是有效的。用一支乾燥、冷的不鏽鋼湯匙舀起一些滾燙的糖漿或是水果混合物最稀薄的部分，將湯匙高舉在鍋子上方而且要遠離蒸氣，然後旋轉湯匙以使糖漿自湯匙邊滑落滴回鍋內。一開始，液體滴落如蜜糖般地輕快，而隨著糖漿繼續熬煮而愈加濃稠，沿著湯匙邊緣會凝聚成兩大滴。➡當滴狀混合物滑聚合一而落下的時候，就是開始凝膠的時刻。如果想做出軟實的凝膠的話，就要等滴狀物聚結沉重。當滴狀物滑聚一起而且垂掛於湯匙邊快要掉落前的那個時刻，即達到**拉片階段（sheeting stage）**，這就是果膠所能做出的結實凝膠。

在**溫度測試法**中，我們以溫度為指標來測知混合物是否快要到達膠凝點，接著使用快速冷卻測試法結束。➠使用糖果溫度計。傳統上，膠凝點會高於水沸點八度到十度，即攝氏一百度。因此，海平面的膠凝點介於一O四度到一O五度之間（至於較高海拔的地區，請見「高海拔的果醬製作」。這些溫度的基準是一杯水果佐以四分之三杯糖，即可做出適度結實的果凍。若想做出非常柔軟的果凍的話，沸煮到溫度低個二度到三度就要停止；若要做出相當結實的果凍的話，則要沸煮到溫度高出三度到四度。

快速冷卻測試法雖然程序稍微複雜了些，卻是最可靠的測試法，因為你真的是看著成品凝結成膠狀物。我們建議以溫度或湯匙測試法來掌握烹煮的進度，然後在果醬開始膠凝定形的時候，就換用快速冷卻法。動手烹煮之前，將一些碟子放在冷藏室中或在裝盛冰水的大碗中放入一只小金屬碗。➠每次做這項測試時，鍋子都要離火，不然果醬可能會煮過頭。在冷卻的碟子滴上少量的糖漿，再放回冷藏室，或是在冰碗中放入樣本糖漿。約等三分鐘之後，用手指畫過冷卻果醬的中央部分。➠如果是柔軟的凝膠果醬的話，其周邊應會慢慢滑回聚合；若是軟實的凝膠果醬，其周邊就不會移動，並且輕推表面應會出現皺紋。

一旦達到了所需的濃稠度，➠馬上讓鍋子離火。烹煮不足的果醬可以回鍋再煮到膠凝定形——只要有需要你就可以將鍋子拿離火源，次數的多寡都不會影響到果醬的品質——但是煮過火的果醬通常就會品質不佳。所有的膠凝成品在冷卻後都會變得更加濃稠，並在一星期到三星期之間繼續膠凝成形。

| 保存果醬 |

有三種方式來保存自製果醬，請依據預計保存的時間長短，自冷藏、冷凍或罐藏等方式中擇一使用。

冷藏法：冷藏是最簡單的方法，但也意味著保存期限最短。將熱果醬倒入殺菌過的瓶罐（見下文「罐藏法」）、之後封口、靜置冷卻並放入冷藏。➠冷藏果醬的保存期限取決於食譜中的糖的分量——由一半或三分之二的水果分量的糖所做成的果醬，在冰箱中可以存放至少二星期到三星期。而那些使用與水果同分量的糖做成的果醬，則有兩個月或甚至是更長的保鮮期。

冷凍法：煮過的膠凝果醬並無法完好冷凍，而其他的果醬放在冷凍容器中，可以保存六個月。➡容器要留半吋的頂隙；冷凍袋也要留下相同的頂隙，但要擠出空氣。要標明內容物和冷凍日期。

罐藏法：請閱讀安全合宜的滾水罐藏方法的指示。保存果醬的最佳方式，就是把果醬倒入殺菌過的小罐頭瓶內。➡最好是用半品脫容量的尺寸，而且你幾乎不會用到大於一品脫的瓶罐。➡除非食譜另有說明，不然都是用金屬環和新的扁平瓶蓋，並留下四分之一吋頂隙。➡照著食譜在沸水製罐鍋中加工處理五分鐘到十五分鐘。

確保➡瓶罐沒有裂痕縫隙。瓶罐和未受損的金屬環可以重複使用，但每一次都要使用新的扁平瓶蓋，請見「器具」，399頁。請用熱的肥皂水清洗，之後要沖洗乾淨。➡果凍等果醬類食品的加工時間不要超過十分鐘，而且一定要放在殺菌過的瓶罐中。

殺菌瓶罐的方式，就是在製罐鍋底部擺上物架並注入熱水，把瓶罐放入鍋內，全部的瓶罐一定要封口並注水，在海拔一千呎或更低的地方，要沸煮十分鐘。➡（而在更高的海拔地區，每上升一千呎，就多沸煮一分鐘）。將瓶罐留在製罐鍋中備用。

➡依照製造商的指示來殺菌瓶蓋和金屬環。但不要將之沸煮，不然你可能會破壞它們的密封力。

準備裝填瓶罐時，一次一罐依次取出瓶罐，將其熱水倒回鍋內，立放在乾淨的抹布上。

除非食譜另有說明，不然都是將熱果醬舀入熱瓶罐中，留四分之一吋頂隙。➡用濕紙巾把金屬環擦拭乾淨，並裝在瓶蓋上。旋上金屬環，用夾瓶器把瓶罐放入盛有熱水的製罐鍋中，熱水一定要覆蓋到瓶蓋，並加熱到沸滾，依標示的時間加工製罐。➡請見加工製罐食品的說明。小心用夾瓶器取出瓶罐，並放到乾淨的布上冷卻。➡見「冷卻瓶罐」，331頁。密封完成並且瓶罐冷卻到完全乾燥的時候，請用油性簽字筆在瓶蓋上寫上成品的名稱和日期，見「儲藏罐頭食品」，332頁。

果醬要是出現以下任何狀況的話，就要丟掉：發霉（這鮮少發生在沒有開封的果醬，但是冷藏果醬到了某一時間卻一定會發霉的）、發酵或是發泡。請見「檢查腐壞食品」，333頁，和「已污染食品和瓶罐的處理方法」，334頁。

所有的果醬一旦開封，都要放入冷藏。抑制黴菌生長的方法，就是將瓶罐打開或拿出冰箱的時間減到最少。黴菌漂浮於空氣之中，每一次你將果醬曝露在空氣之中，就會讓其受到黴菌的污染。

| ▲高海拔的果醬製作 |

隨著海拔高度遞增，膠凝點的溫度如下：

1,000呎　103度到104度

2,000呎　102度到103度

3,000呎　101度到102度

4,000呎　100度到101度

5,000呎　99度到100度

6,000呎　98度到99度

7,000呎　97度到98度

8,000呎　96度到97度

加工時間遞增如下：

1,000到6,000呎，增加5分鐘

6,001呎以上，增加10分鐘

| 關於做果凍 |

好的果凍是明亮、清澈、滑嫩的膠凝物，其由濾過的果汁、酒、烈酒，甚至是草本茶製作而成。有兩道烹煮程序：首先，從水果的每一部分榨取出果汁來。之後，果汁至少經過十二小時或隔夜沉澱，再與糖一起熬煮，直到冷卻時可以結實成形。做出外觀完美的果凍是需要時間的，而且比起其他種類的果醬，其果膠、糖和酸的比例更需恰到好處。

| 準備水果 |

一般而言，選擇水果來做果凍的時候，➡混合的水果，其中四分之一是用有點不熟到成熟結實的水果來獲取果膠，而另外的四分之三則是用結實成熟的水果來增添風味。然而，若用果膠含量中等或較低的水果的話，就一定要加果膠，因此要用熟透的水果才能做出風味濃郁至極的果凍。如蘋果等硬實的水果要洗淨，並切成（四分之一吋）水果丁，柔軟的水果壓碎即可。果皮、果核與果籽含有果膠而（或）能增加香氣，所以不要除去，而且到最後都會被過濾掉。唯一要裁去的部分是厚莖。

| 榨取果汁 |

將準備好的水果放入一只寬口、厚重的大型平底淺鍋——越寬的鍋口，越能有效烹煮水果。或許需要加水以預防煮焦或是讓如蘋果或榲桲等硬水果產生果汁，但只加進所需的分量即可。➡當食譜說要用水「覆蓋」水果，是指只要稍微淹覆即可，絕不可讓水果浮起。蓋鍋並以高溫加熱到沸滾，並不時掀鍋來搗碎攪拌水果。將溫度調低來將水果煨燉到完全軟化，期間要不時地搗爛攪拌。➡為了留住果膠，不要快速煮沸，也不要烹煮超過食譜所標示的時間。

過濾果汁的方法，➡我們建議你使用現成的果凍袋，就是用三角鐵框裝配一塊布或尼龍袋的器具。有些樣式附有一只淺碗，就勾掛於袋子下方的框架上。每一次使用完畢都要依照製造商的指示清洗或更換果凍袋。

你如果沒有果凍袋，請使用以下的方法：將四層乾淨的棉紗布浸濕並且擰乾。把布放在深碗內的濾器裡，並舀入或倒進鍋中的內容物，即讓袋子或濾器靜置滴漏三小時到四小時的時間——之後就不太會再流出超過一湯匙分量的果汁。➡若要做出清澈的果凍，不要擠壓袋子或是隔著棉紗布壓水果。若想要做出分量最多，但可能是苦澀的混濁果凍，就要擠出所有的果汁。在袋子不再滴出果汁的時候，你就可以輕輕壓平袋子，然後讓中央的果泥滴落汁液。為了做出最清澈的果凍，請用乾淨的濕布再過濾一次果汁，但不要擠壓。用來做果凍的所有果汁一定都要用布過濾過，這也包含添加的柑橘汁。將濕布墊在小型過濾器裡，將果汁倒入濾器而流到平底鍋中。

使用現成的果凍袋和襯墊棉紗布的濾器來過濾果汁

過濾之後，➡就讓所有的果汁靜置沉澱。這道沉澱手續對葡萄汁而言是不可或缺，可以防範之後可能在瓶罐內形成的酒石酸鹽晶體。將果汁倒入玻璃容器，即放入冰箱靜置一段時間。待十二小時到二十四小時之後，小心地倒出清澈的果汁（丟棄沉澱物）。喜歡的話，此時可以先把果汁冰起來備用。

| 改變果汁的分量 |

水果榨出的果汁分量偶爾會不如預期多，這常是因為水果本身乾枯的緣故（蘋果尤其常會出現這種狀況）。如果果汁很濃的話，可以加水調和到出現天然果汁的濃稠度和味道為止。或者，假使果汁不夠濃的話，可以將果泥加點水放回平底鍋內，再重複烹煮和過濾的程序即可。

| 熬煮果凍 |

進行下面步驟之前，請先閱讀安全得宜的罐藏方式的章節說明，324-366頁和上文的「做果凍」部分。果凍成品的分量一般等同於濾過的果汁分量，因此請準備好數量正確的瓶罐，也要備妥溫度計和冷卻的盤子來進行快速冷卻測試法，404頁。

把量好的果汁放入厚平底淺鍋。➠糖漿滾沸的時候會漲高，因此要用比糖漿高度至少高四倍的平底鍋。以大火慢慢燒開果汁，即可將鍋子拿離火源，加入糖（1）和所需分量的檸檬汁並且攪拌均勻。➠用濕的糕點毛刷刷掉沾在鍋壁的糖（2）。再將鍋子放回火源，快速煮沸，期間要不停攪拌。➠糖漿明顯變稠的時候，就開始測試膠凝的情況，403頁，（3）。如果表面在鍋子離火等待快速冷卻測試時凝結了一層皮，可以把它攪碎並混回糖漿內。糖漿熬煮到膠凝點時，➠馬上離火並且撈掉泡沫。

將熱果凍倒入➠殺菌過的半品脫的熱瓶罐，記得留四分之一吋頂隙，328頁，放入沸水製罐鍋加工處理五分鐘，329頁。果凍或許可以送入冷藏，但是無法凍結完好。

| 裝飾點綴 |

一大片月桂葉、一撮柑橘皮絲、一根肉桂棒、一小枝野玫瑰果、一小枝調味用草本植物或是一根乾燥的紅辣椒——熱果凍尚未倒入瓶罐前，若是將上述一種裝飾提味物放入瓶罐中，即可讓這特別的果凍晉升為人間美味。要選擇味道跟果醬互搭的提味物，加以洗淨並擦乾，就放入瓶罐密封並靜置完全冷卻，要是此時提味物浮到上頭，可以偶爾轉動瓶罐直到其回到適當的位置為止。果凍變稠之後，就不要倒置瓶罐——你可不想讓果凍黏在瓶蓋上吧。

| 疑難排解 |

假如罐頭果凍太水或太軟的話，首先不要忘記有些混合物沒有放到兩星期之久是無法完全膠凝定形的。冷藏是讓果凍變硬一點的方法。或者，若要挽救太水的果凍，最有效的方法就是，以每杯的果凍配加一大匙糖、一大匙水及一小匙果膠粉的混合物，再回鍋沸煮果凍，但一次不要烹煮多於一夸脫的分量。需要的話，慢慢溫熱化開軟果凍。以大火煮沸糖、水和果膠混合物，期間要不時攪拌，再加入水水的或融化的果凍，將其加熱到完全沸滾，而且只要沸煮三十秒並且要不時攪拌。離火，撇掉泡沫，倒入殺菌過的瓶罐。不然，最簡單的變通方式就是把太水的果凍標示為糖漿來做為加料或肉類糖汁之用。

| 果凍袋果泥（Jelly Bag Butter） |

滴漏果汁之後，如果袋子裡的果泥仍有味道但沒有殘留果籽或是硬皮渣，可以把果泥放入厚平底淺鍋中，拌入蘋果汁直到果泥出現蘋果醬的濃稠度，接下來慢慢煮沸，不時攪拌到濃稠即可放入食物研磨機中處理，再將泥醬送回加熱，並添加白糖、紅糖或蜂蜜增加甜味。緩緩煨煮到水果泥的稠度，喜歡的話，可以加一些甜香料。食譜請見416頁。

紅醋栗或白醋栗果凍（Red or White Currant Jelly）（約3只1/2品脫罐）

這種技巧相當古老，可以做出精緻的果凍。製作過程不加水，只需稍微烹煮一下果凍即可。成品可以塗抹在麵包上、做為糖汁或是白肉的佐料。這種果凍不可以做成罐頭，但膠凝定形後可以送入冷藏，而未開封的果凍可以存放6個月。

請閱讀「關於做果凍」，406頁和「保存果醬」，404頁。

清洗瀝乾以下材料，放入一只大型的厚平底深鍋中徹底壓碎：

3磅去梗的紅醋栗或白醋栗、或3又3/4磅未去梗的紅醋栗或白醋栗

蓋鍋煮沸，然後將火候調至低溫熬煮到沒有色澤為止，約10分鐘，期間不時要壓搗醋栗。瀝乾方法，見407頁。

每一杯果汁，加入：

3/4到1杯糖

快速沸煮混合物，並不時攪拌而使其達到膠凝點，403頁，之後倒入殺菌過的1/2品脫熱瓶罐，蓋好瓶蓋並裝上金屬環，放在毛巾或物架上冷卻，即可送入冷藏。

黑覆盆子和鵝莓果凍（Black Raspberry and Gooseberry Jelly）（約5只1/2品脫罐）

請閱讀「關於做果凍」和「保存果醬」。

清洗瀝乾所有的水果。

將以下材料放入平底深鍋混合，慢慢文火煨煮到柔軟，並且不時攪拌、搗碎鍋內的水果：

4夸特黑覆盆子

1/4杯水

將下面材料放入另一只平底深鍋，慢慢煨煮到柔軟為止：

2夸特鵝莓或約2杯青蘋果片（連皮帶果心）

1/2杯水

混合並且瀝乾上述水果。加熱煮沸果汁，而且每一杯果汁，加入：

3/4到1杯糖

快速沸煮，並不時攪拌而使其達到膠凝點。離火，撇除泡沫，即可將熱果凍倒入殺菌過的熱瓶罐，要留1/4吋頂隙，製罐處理5分鐘。

黑莓果凍（Blackberry Jelly）（約3只1/2品脫罐）

幾乎任何一種黑莓都可以用來做這種果凍，但其中以波伊森莓、大楊莓、馬里昂莓和奧拉里莓（olallieberries）做出的成品滋味最棒。各式黑莓的產季從六月到九月中旬不等。製作這種純漿果果凍不要加水，而且糖量正好足以讓果凍堅實。請閱讀「關於做果凍」和「保存果醬」。

以下材料清洗、瀝乾，放入一只大型的厚平底深鍋徹底壓碎：

4磅黑莓

蓋鍋煮沸，並且不時攪拌以防黏鍋。調降火候，慢慢煨煮到如羹湯般稠濃即可，約10分鐘，期間要不時搗碎黑莓。瀝乾方法，見407頁，將果汁放入玻璃容器並放入冷藏到沉澱物落定為止。

將清澈的果汁倒入量杯，留下沉澱物。每杯果汁，加入：

3/4杯糖

快速沸煮，並且不時攪拌到果汁到達膠凝點，403頁。離火，撇除泡沫。將熱果凍倒入殺菌過的1/2品脫的熱瓶罐，要留下1/4吋頂隙，製罐處理5分鐘，329頁。

葡萄果凍（Grape Jelly）

準備上述黑莓果凍，要請將黑莓換成康考爾葡萄、慕斯卡黛葡萄或是斯卡珀農葡萄。將葡萄洗淨、瀝乾並去梗後，就放入鍋中壓碎。加熱烹煮，再放進濾器榨出果汁，如上文說明讓果汁的沉澱物落定，即用布濾出清澈的果汁以便除去酒石酸鹽晶體。每杯果汁加1杯糖。

蘋果或酸蘋果果凍（Apple or Crab Apple Jelly）（約4只1/2品脫罐）

這種果凍風味細緻，其用途廣泛更是難能可貴，舉凡做為雞肉或豬肉的佐料糖汁、水果塔糖衣或是鬆餅淋醬皆合適。若是找得到格拉文斯頓蘋果、威爾士蘋果（Wealthy）、舵手橘蘋果（Cox's Orange Pippin）等香氣濃郁的品種，就選用這些蘋果。所有的酸蘋果都是很棒的材料，不僅含有超級豐富的果膠，那風味更是芳香飽滿。

將以下材料洗淨去梗，切成1/4吋水果丁：

3磅的帶皮青蘋果或是清脆的酸蘋果

跟以下材料一起放入一只大型的厚平底深鍋：

3杯水

蓋鍋煮沸，之後調降火候慢慢煨熬，並且不時攪拌壓碎鍋內的水果，直到完全煮軟為止，蘋果需煮20到25分鐘，酸蘋果則是20到30分鐘。瀝乾。預期分量約1夸特果汁；需要的話，加水稀釋。

每杯清果汁，請加入：1杯糖

拌入：2大匙瓶裝檸檬汁

快速沸煮，而且要不時攪拌來讓果汁到達膠凝點。接著離火，撇除泡沫。將熱果凍倒入殺菌過的熱的1/2品脫瓶罐，要留1/4吋頂隙，加工製罐5分鐘。

芭樂果凍（Guava Jelly）（約3只1/2品脫罐）

請閱讀「關於芭樂*」，380頁。
準備上述蘋果或酸蘋果果凍，要將蘋果換成3磅快成熟的芭樂。慢慢煨熬到柔軟，約30分鐘。瀝乾兩次。用2大匙萊姆汁來取代檸檬汁。

榲桲果凍（Quince Jelly）（約3只1/2品脫罐）

榲桲富含果膠，味道細緻，是做果凍的絕佳食材。依照上述蘋果或酸蘋果果凍的做法，但使用3又1/2磅去梗的榲桲和7杯水，慢慢煨熬約30分鐘。

酸李果凍（Tart Plum Jelly）（約3只1/2品脫罐）

李子汁相當濃郁，需要加水稀釋。
依上述蘋果或酸蘋果果凍的食譜，使用12盎司李子和1又2/3到3又1/4杯水，分量多寡則視果汁濃度而定。煨熬15到20分鐘，不加檸檬汁。

草本植物果凍或香果凍（Herb or Scented Jelly）

依上述蘋果或酸蘋果果凍的做法。溫和沸煮果凍的時候，用廚房用麻繩將薄荷、羅勒、龍蒿、百里香、檸檬馬鞭草或未噴灑農藥的玫瑰天竺葵等搗碎的葉子捆綁成束。測試凝膠狀態後，但在未停止加熱之前，握住植物的莖柄尾部，讓葉子掃過果凍，不斷反覆這麼做，直到達到恰當的香氣濃度為止。喜歡的話，加入少量的食用色素。離火，撇除泡沫，如指示加工罐藏。

天堂果凍（Paradise Jelly）（約7只1/2品脫罐）

這款嬌貴的果凍呈現優雅的玫瑰色，是極受歡迎的居家甜食，本書1931年到1975年的版本都收錄了這則食譜。製作時放少一點的糖，果凍顏色會變深而果味則會較濃郁。
將下面材料切成1/4吋水果丁，分開放入2只大型的厚平底深鍋：
3磅帶皮青蘋果、1又1/2磅榲桲
在蘋果中加入：
3杯水
在榲桲中加入：
3又1/2杯水
用另一只平底深鍋中混合：
8盎司蔓越莓，需挑過、洗淨、切碎
2/3杯水
每只鍋都加熱到沸騰狀態，然後調降火候煨熬到水果完全柔軟：蔓越莓約10分鐘；蘋果和榲桲約25分鐘。瀝乾。
混合上述果汁，然後對分2份。每杯清果汁，加入：
1杯糖
分兩批熬煮：快速煮沸，不時攪拌以使果汁到達膠凝點）。離火，撇除泡沫。
混合兩批果凍，將熱果凍倒入殺菌過的1/2品脫容量的熱瓶罐，要留1/4吋頂隙，製罐處理5分鐘。

辣椒果凍（Hot Pepper Jelly）（約3只1/2品脫罐）

這款果凍有著均衡的甜辣滋味，無論做為玉米麵包的佐料或是嫩煎雞肉和豬肉的醬汁，都別具風味。因為加了熟紅辣椒的緣故，果醬的外觀透明橘紅。

洗淨瀝乾以下材料，放入食物調理機或絞肉機中剁切或磨碎：

1磅成熟的紅色鐘形甜辣椒

8盎司墨西哥辣椒（喜歡的話，可以去籽減低辣嗆味）

在一只大型的厚平底深鍋混合以下材料、辣椒及其汁液：

1又1/2杯白酒醋

攪拌、煮沸混合物，再將火候調到中火慢慢煨熬到辣椒完全柔軟，10到12分鐘。瀝乾。預期分量約為2杯果汁；需要的話，加水稀釋。

將果汁倒回平底深鍋，加入：

2又1/2杯糖

煮沸混合物，而且要不時攪拌。加入：

6大匙液態果膠

強力沸煮1分鐘。離火，撇除泡沫。將熱果凍倒入殺菌過的1/2品脫容量的熱瓶罐，要留1/4吋頂隙，加工製罐5分鐘。

薄荷果凍（Mint Jelly）（約4只1/2品脫罐）

這是烤羊肉的經典配料。夏天最適合來做此款果凍，因為那是薄荷茂盛芬芳的季節，做果凍的時候，我們一般使用的兩種薄荷為胡椒薄荷和綠薄荷。

將以下材料洗淨擦乾，放入一只大型的厚平底深鍋並要完全壓碎：

1又1/2杯壓實的薄荷葉

加入：

1又1/2杯蘋果汁

1/2杯瓶裝檸檬汁

以高溫加熱到沸騰，離火並蓋鍋，靜置10分鐘。瀝乾。預期分量約為1又3/4杯果汁；需要的話，加水稀釋。將薄荷汁放回平底深鍋，加入：

3又1/2杯糖

（4滴綠色食用色素）

3/4小匙鹽

煮沸混合物，而且要不時攪拌。加入：

6大匙液態果膠

強力沸煮1分鐘。離火，撇除泡沫。將熱果凍倒入殺菌過的1/2品脫容量的熱瓶罐，要留1/4吋頂隙，加工製罐5分鐘。

仙人掌果凍（Prickly Pear Jelly）（約5只1/2品脫罐）

請閱讀「關於仙人掌果★」，393頁、「關於做果凍」和「保存果醬」。戴上手套清洗以下材料並切半：

4又1/2磅熟仙人球，切半

用湯匙尖端刮出果肉放入一只大型的厚平底深鍋，完全壓碎果肉，然後混入：

1杯水

煮沸混合物，期間不時攪拌，然後離火、瀝乾。所需的果汁分量3杯；如果分量多於3杯，可以煨熬縮濃縮到3杯即可。

將果汁倒入一只大型的厚平底深鍋，加入：

6大匙濾過的萊姆汁

2大匙濾過的柳橙汁

1包1.75盎司裝的果膠粉（5大匙）

攪拌並以大火煮滾。混入：
4杯糖
不時攪拌再煮滾混合物，並依包裝指示繼續沸煮。將熱果凍倒入殺菌過的1/2品脫容量的熱瓶罐，要留1/4吋頂隙（，加工製罐5分鐘。

檸檬果凍（Lemon Jelly）（約6只1/2品脫罐）

這款果凍的黏稠度適中，有著檸檬柑橘醬的口感，可以塗抹在熱麵包上或是做為鹹食的獨特佐料。
將以下材料洗淨並切4等分，放入食物調理機切細碎：
2磅帶皮檸檬
8盎司帶皮柳橙
以上材料放入一只大型的厚平底深鍋，並混入：
7又1/2杯水
煮沸混合物，然後調降火候，蓋鍋煨熬1又1/4小時，期間偶爾攪拌一下。瀝乾。
每杯清果汁，加入：
1/2杯糖
果汁分成兩批烹煮。快速沸煮，並不時攪拌到果汁達到膠凝點。離火，撇除泡沫。混合兩批熱果凍，並倒進殺菌過的1/2品脫的熱瓶罐，要留1/4吋頂隙，加工製罐5分鐘。

佐鹹食檸檬果凍（Savory Lemon Jelly）（約6只1/2品脫罐）

按上述檸檬果凍的做法，每罐果凍要封口之前，從以下材料擇一加入其中。
佐魚類的話，加入：
1又1/2小匙茴香籽
佐雞肉的話，加入：
2小匙去皮的鮮薑細粉
佐牛肉的話，加入：
1/2小匙壓碎的紅辣椒片
佐羔羊肉的話，加入：
3小枝3又1/2吋的迷迭香，洗淨並擦乾
佐豬肉的話，加入：
1小匙小茴香籽
佐蔬菜的話，加入：
1/2到1小匙白胡椒

關於做碎果肉果醬（About Making Jam）

碎果肉果醬含有稍作凝膠狀的全顆或壓碎的水果。這種甜果醬做法可以說是最簡單且最有彈性，而且是把果肉物盡其用而一點都不浪費。這種果醬在濃稠度上相當隨意，多數水果都只需要一點準備工夫。除非另有說明，要用堅實的熟水果，切成薄片或剁切為四分之一到半吋厚的丁塊。

加工罐藏前，請閱讀安全合宜的罐藏方法說明。

紅紅草莓果醬（Red Red Strawberry Jam）（約4只1/2品脫罐）

將下面材料洗淨、乾燥並去蒂梗：

1夸特草莓

將草莓放入非常厚重的10吋鍋裡，要劃切幾顆草莓來取出一些汁液。放入：

4杯糖

以小火加熱混合物，用塑膠匙或木湯匙相當輕柔地攪拌到「出汁」為止。然後調到中火，停止攪拌。當整鍋的內容物煮到啵啵發泡時，就把你的計時器定時15分鐘，若用的是熟透的草莓的話，就定時17分鐘。此時不要攪動果醬，但你可以拿根湯匙緩緩劃過鍋底來防止黏鍋。定時器響起，就傾斜鍋子，你應該可以看見鍋底的液體快要膠凝成形，即可將鍋子滑離熱源，不要蓋鍋而讓草莓醬冷卻。然後拌入：

（1/2顆檸檬汁或2大匙瓶裝檸檬汁）

將果醬舀入殺菌過的1/2品脫罐，送入冷藏。

藍莓果醬（Blueberry Jam）（約4只1/2品脫罐）

如果一大早就去摘採藍莓，而且採的都是些半生不熟、尚未變藍的紅色藍莓，用它們做出來的果醬，味道可是比一般來得更美味，像極了斯堪地納維亞越橘果醬。請閱讀「關於做果凍」）、上述「做碎果肉果醬」和「保存果醬」。

挑揀以下材料、洗淨去梗：

2磅藍莓

然後把藍莓放到不鏽鋼的厚鍋裡，要壓碎最底層的藍莓。喜歡的話，加入：

（1/2杯水）

以中火煨熬，煮到藍莓幾乎變軟為止。每杯藍莓，加入：

3/4到1杯的糖

快速沸煮，期間不時攪拌到內容物達到膠凝點。離火，撇除泡沫。將成品舀入殺菌過的1/2品脫的熱瓶罐，要留1/4吋頂隙，加工製罐10分鐘。

香料梨子鳳梨果醬（Spiced Pear Jam with Pineapple）（約4只1品脫罐或8只1/2品脫罐）

因為很難去估量所使用梨子的酸度，所以烹煮時要嚐一下果醬的味道，有需要的話，就加入糖或檸檬汁來調味。請閱讀「關於做果凍」、「做碎果肉果醬」和「保存果醬」。

清洗以下材料，削皮並且去果心：

3磅結實的巴梨、基弗梨（Kieffer）或是西施梨

洗淨以下材料：

1顆柳橙

1顆檸檬

將上述材料切半、去籽。將全部的水果放入裝著粗旋葉的研磨機磨碎，或是用食物調理機脈衝處理。留下果汁，隨後跟著以下材料倒入在10吋厚鍋裡的果肉中：

1杯罐頭碎鳳梨

4到5杯糖

用1塊方形棉紗布紮捆好以下材料並放入鍋中：

3或4個丁香粒

2根肉桂棒

1根1吋的鮮薑，洗淨並去皮

煨熬上述混合物約30分鐘，期間不時攪拌

到其達到膠凝點。離火，取出香料袋，撈出泡沫。將成品舀入熱瓶罐，要留下1/4吋頂隙，加工罐藏10分鐘。

漿果果醬（Berry Jam）（約5只1/2品脫罐）

請閱讀「關於做果凍」、「做碎果肉果醬」和「保存果醬」。
將以下材料削皮、去核並細磨：
8盎司酸青蘋果
混入：
2磅黑莓、蔓越莓、洛根莓、接骨木果或覆盆子，洗淨去梗
1大匙柳橙汁
3杯糖
在一只10吋的厚鍋中，壓碎鍋內1/4的漿果（不要壓碎覆盆子）。快速沸煮，期間不時攪拌到漿果達到膠凝點。離火，撈掉泡沫。將成品舀入1/2品脫容量的熱瓶罐，要留1/4吋的頂隙，加工罐藏10分。

鵝莓果醬（Gooseberry Jam）（約3只1/2品脫罐）

依上述漿果果醬的食譜做法，但不放蘋果而用2磅鵝莓。可以的話，就用棉紗布紮捆6朵接骨木花一同丟入烹煮，把其糖漿擠入碎果肉果醬後，即可丟棄花朵。

五果果醬「樂土」（Five-Fruit Jam Cockaigne）（約9只1/2品脫罐）

請閱讀「關於做果凍」、「做碎果肉果醬」和「保存果醬」。
洗淨以下材料，去蒂梗，需要的話，也去核，將每種水果放入各自的碗內：
1磅草莓
1又1/2磅醋栗
1磅甜櫻桃
1磅鵝莓
1磅覆盆子
把草莓放入一只鍋內，醋栗和櫻桃放到另一只鍋內，而鵝莓和覆盆子則放在第三只鍋內。除了鵝莓和覆盆子外，其他全部的水果都要稍微壓碎。
量：
7杯糖
草莓和1杯糖混合，剩下的每一只鍋子都加3杯糖來跟裡頭的水果混合。每只鍋都要加熱沸煮，期間不時攪拌，快速沸煮，攪拌到內容物到達膠凝點。離火，撈掉泡沫。混合所有的果醬，並舀進1/2品脫的熱瓶子，要留1/4吋頂隙，加工罐藏10分鐘。

無籽紅葡萄果醬（Seedless Red Grape Jam）（約5只1/2品脫罐）

這款果醬對於無法取得康考爾葡萄和慕斯卡黛葡萄的人來說，真是一大福音。
請閱讀「關於做果凍」、「做碎果肉果醬」和「保存果醬」。
將以下材料去梗：
3磅紅焰無籽葡萄
混入：
2又1/2杯糖
靜置浸泡，方法見419頁。
將葡萄糖漿過濾到一只大型平底深鍋中，

葡萄留著備用。將以下材料加入鍋中：
1/4杯瓶裝檸檬汁
慢慢煮沸糖漿，然後快速沸煮到其在湯匙懸凝成沉重的2大滴，拌入葡萄。快速沸煮，並不時攪拌使混合物到達膠凝點。離火，撈掉泡沫，將成品舀入1/2品脫容量的熱瓶子，要留下1/4吋頂隙，加工製罐10分鐘。

李子果醬（Plum Jam）（約4只1/2品脫罐）

請閱讀「關於李子★」說明，391頁。多汁的青李子、大馬士革李、黃香李以及許多的野李子都能做出很棒的果醬。做果醬時，李子不去皮以留住最多的風味和營養。請閱讀「關於做果凍」、「做碎果肉果醬」和「保存果醬」。
洗淨以下材料，除梗、切半並且去核：
2磅李子
大的李子要再切半一次。將李子和以下材料全都放入大平底深鍋：
2又1/2杯糖
1/4杯瓶裝檸檬汁
稍加壓碎，然後加熱煮沸並且不時攪拌到混合物達到膠凝點。離火，撈掉泡沫。將成品舀入1/2 品脫容量的熱瓶罐，要留1/4吋頂隙，加工製罐10分鐘。

天然甜味梨子葡萄果醬（Naturally Sweetened Pear and Grape Jam）（約3只1/2品脫罐）

這份食譜一定要使用高果膠含量的葡萄（康考爾、慕斯卡黛、斯卡珀農等品種）。請閱讀「關於做果凍」、「做碎果肉果醬」和「保存果醬」。
清洗以下水果：
6磅高果膠含量的葡萄（品種如上述），最好是選用深色果皮的葡萄
煨熬葡萄時，同時將之壓碎。離火，用篩子將煮好的葡萄過濾到碗中，並壓出全部的葡萄汁；揚棄莖梗和葡萄籽。
將葡萄汁倒入一只大型平底深鍋，熬煮收汁到3杯的分量，期間要經常撈掉泡沫。
同時，清洗以下材料，去核並切成1吋寬的水果片：
2磅梨子
上述材料加到鍋中的葡萄汁中。慢慢煨熬，不時攪拌到梨子柔軟，約15分鐘，然後再快速沸煮並攪拌混合物到膠凝點。離火，撈掉泡沫，再將成品舀入1/2品脫的熱瓶罐，留1/4吋頂隙，加工製罐10分鐘。

金黃櫻桃番茄鮮薑果醬（Golden Cherry Tomato and Ginger Jam）（約3只1/2品脫罐）

這些金黃果醬幾乎都是熱帶食物，做為佐料或果醬皆可。請閱讀「關於做果凍」、「做碎果肉果醬」和「保存果醬」。
洗淨以下水果，切半並且要接盛水果流出的汁液：
2磅黃色或橘色的櫻桃番茄或羅馬番茄（plum tomatoes）
若選用羅馬番茄的話，每顆請切4等分。
將番茄和以下材料放入碗內：

2杯糖

靜置浸泡。

洗淨鮮薑和檸檬。並將以下材料去皮切絲：

4盎司鮮薑

將番茄漿汁過濾到一只大型平底深鍋中，番茄留著備用。加入薑與：

8盎司的檸檬汁與其皮絲

慢慢煮滾漿汁，然後快速沸煮到用湯匙舀起會聚合而大滴大滴落下的濃稠度即可，再混入番茄之中。快速沸煮，並且不時攪拌到內容物達到膠凝點。離火，撈掉泡沫。將成品舀入1/2品脫的熱瓶子，要留1/4吋頂隙，加工製罐10分鐘。

製作水果泥（Making Fruit Butter）

水果泥其實就是果泥，經過慢工熬煮而讓水分蒸發的稠化過程，結果就是有著濃郁水果香的成品。水果泥名稱源自於其適合塗抹的滑順黏稠度。水果泥相當經濟實惠，外加的糖量是所有果醬中最少的，並且常用香料加強味道。➡製作水果泥的最大挑戰就是要慢煮數小時而且不能燒焦。想要做出最棒的味道，方法跟做果凍差不多，要從烹煮整顆水果開始著手。➡要用食物研磨機來去除無法食用的部分，接著再慢慢煨熬濾過的果肉，直到黏稠到可以堆立在湯匙上為止。這兩道烹煮水果的步驟都可以在烤爐中完成。請先閱讀關於安全得宜的罐藏方式的章節說明，再進行製罐處理。依照食譜說明，將熱水果泥裝入半品脫或一品脫的瓶罐，記得留下四分之一吋頂隙，並且放入沸水製罐鍋中加工處理。

烤蘋果泥（Baked Apple Butter）（約8只1/2品脫罐）

這是最簡單而且可能是最好的蘋果泥食譜。請閱讀上述「製作水果泥」和「保存果醬」。

洗淨以下材料，去柄並且切四等分：

6磅連皮的烹調用蘋果，如科特蘭蘋果或麥肯蘋果等品種

在一只大型的厚平底深鍋中混合蘋果與以下材料：

8杯蘋果汁

蓋鍋煨燉，偶爾攪拌一下，煮到蘋果變軟即可，約1又1/2小時。

預熱烤爐至95度。

將蘋果放入食物研磨機碾磨或用中型篩孔篩網過篩處理，再倒回鍋內，並加入：

1顆檸檬的汁液和皮絲

1又1/4杯糖（其中一半可用壓實的紅糖取代）

1又1/2小匙肉桂粉

3/4小匙丁香粉

1/4小匙多香果粉

慢慢煮沸，期間不時攪拌。喜歡的話，不妨拌入：

（1/2杯波特酒或不甜的紅酒）

將3/4的果泥倒入一只深烤盤中，剩下的留著備用。不要覆蓋烤盤送入烘焙，烤到果泥變硬到能堆立在湯匙上，約10小時。在混合物縮小時，拌入備用果泥，

繼續烤到全部的混合物很燙即可。

將熱水果泥裝入1/2品脫的熱瓶罐，要留下1/4吋頂隙，加工製罐15分鐘。

天然甜味蘋果泥（Naturally Sweetened Apple Butter）

不妨試用加拉、金冠或北密探等蘋果品種來變化此款純蘋果泥。依上述烤蘋果泥的食譜做法，使用烹飪用甜蘋果，不要加糖，並用1/2杯解凍的冷凍無糖濃縮蘋果汁來取代酒。在果泥變稠的時候，拌入些許的鹽。

微波水果泥（Microwave Fruit Butter）（約4只1/2品脫罐）

用微波爐烹調出的水果泥，無論在色澤或是味道上都比用烤來得淡些。做完果凍之後，將留在果凍袋的果肉打成細泥，即可做出這種水果泥。➡請閱讀上述「製作水果泥」和「保存果醬」。

混合物微波到相當滾燙時，可能會噴濺到外頭或是體積增大。因此，要用至少2夸特容量的容器來加熱食物，而且攪拌或移動內有熱燙的混合物的容器時，要格外謹慎才好。

將以下材料放入微波爐專用的容器，攪拌均勻：

3又3/4杯水果泥

3/4杯淡蜂蜜

1大匙瓶裝檸檬汁

2又3/4小匙肉桂粉

3/4小匙肉豆蔻乾皮粉末或是磨碎的肉豆蔻或肉豆蔻粉

蓋上蠟紙，放入微波爐，並以高溫加熱到混合物濃稠到幾乎可以堆立在湯匙上，每5分鐘就要攪拌一下。喜歡的話，可以加入：

（約1大匙白蘭地）

將熱水果泥裝入1/2品脫的熱瓶罐，要留下1/4吋頂隙，加工製罐10分鐘。

關於製作全果肉果醬（About Making Preserves）

儘管我們都用「全果肉果醬」（preserves）這個詞彙來討論本章的所有食物——精準說來，這其實包含了水果泥、碎果肉果醬、果凍、蜜餞、柑橘醬及水果醬凍，然而「全果肉果醬」的定義是將濃糖漿中的果肉熬煮到呈透明狀，它很類似碎果肉果醬，但是裡頭的果肉更大塊。全果肉果醬有兩種形式：一種是水果聚攏在一起並且濃稠到可以塗抹在食物上；另一種比較是歐洲風味，水果浸泡在淡糖漿中而鬆軟多汁。這種果醬塗在吐司上時可能一不小心會滴出來，但是味道非常新鮮。多汁的全果肉果醬非常適合做為鬆餅和格子鬆餅、冰淇淋、優格、布丁，甚至是蛋糕的淋醬。

不管你選用了何種形式，請用最好的水果來做全果肉果醬。由於凝膠程序對這種果醬來說並不是那麼重要，因此可以使用剛成熟到熟透的水果。

｜浸泡和膨脹｜

因為全果肉果醬的質地獨特，➡在罐藏處理前，**浸泡**和**膨脹**水果有利於果醬的製作。在不起化學反應的碗具中，溫和攪拌生水果和糖，直到糖完全融化為止，覆蓋水果混合物並放在陰涼處浸泡至多四小時（或是放入冷藏至多二十四小時）。

依照「沸煮果醬」的說明來烹煮果醬。只要果醬煮到膠凝點，即可加工罐藏這些果醬，或是將其倒入淺盤內，稍加覆蓋就送入冰箱靜置膨脹一晚。雖然做果醬並不一定要膨脹水果，但是我們建議加入這道程序來確保瓶內的柔軟水果不會浮在糖漿上。翌日，重新煮沸果醬並且加工罐藏。

草莓全果肉果醬（Strawberry Preserves）（約4只1/2品脫罐）

請閱讀上述「製作全果肉果醬」和「保存果醬」。
將以下材料去蒂：
2磅硬的熟草莓
喜歡的話，可以把草莓放入一只碗具中並壓碎其中的一半。溫和混入：
3杯糖
依上文說明，浸泡上述混合物。拌入：
1/4杯瓶裝檸檬汁
放入一只10吋的鍋子裡，快速沸煮，而且期間要不時攪拌以使混合物到達膠凝點。離火，撈掉泡沫。
如上述靜置過夜來讓水果膨脹。將果醬送回加熱到沸騰，再倒入1/2品脫的熱瓶罐，留下1/4吋頂隙，加工製罐10分鐘。

杏桃全果肉果醬（Apricot Preserves）（約6只1/2品脫罐）

請閱讀上述「製作全果肉果醬」和「保存果醬」。
將以下水果沿著腹縫線剝開：
5磅帶皮結實的熟甜杏桃
將杏果放入碗內，並溫和拌入：
6杯糖
依上文說明浸泡杏果。拌入：
1/4杯瓶裝檸檬汁
1/4杯柳橙汁
分兩批放入一只厚鍋中熬煮：快速沸煮，並不時攪拌以使混合物到達膠凝點。離火，撈掉泡沫。混合兩批成品，如上述靜置過夜膨脹。
將果醬送回沸煮，即可舀入1/2品脫的熱瓶罐，留下1/4吋的頂隙，加工製罐10分鐘。

桃子或油桃全果肉果醬（Peach or Nectarine Preserves）

請使用你可以取得的最美味的水果。依上述杏桃全果肉果醬的食譜做法，以5磅桃子或油桃來取代杏桃，去皮、剔核並切成1/4吋厚的水果片，再按上述說明處理。

草莓鳳梨全果肉果醬（Strawberry and Pineapple Preserves）（約4只1/2品脫罐）

請閱讀上述「製作全果肉果醬」和「保存果醬」。

清洗下面材料並且去蒂：

約1又1/2磅結實的熟草莓

如上述混合下面材料並靜置過夜膨脹：

4杯草莓（剩下的留著備用）

4杯糖

1杯罐頭碎鳳梨

1/2顆檸檬的汁液和皮絲

煮沸混合物並且不時攪拌，再調降火候煨熬到呈濃稠狀，約20分鐘。離火，撈掉泡沫。將成品舀入1/2品脫的熱瓶罐，留下1/4吋頂隙，加工製罐10分鐘。

草莓大黃全果肉果醬（Strawberry and Rhubarb Preserves）（約5只1/2品脫罐）

請閱讀「製作全果肉果醬」和「保存果醬」。

清洗並修整以下材料，再切成1/2吋的塊段：

約12盎司大黃

在一只碗具裡混合2杯大黃（剩餘的留著備用）和：

4杯糖

放入冰箱內浸泡12小時。

清洗下面材料，並且去蒂：

1夸特草莓

將大黃混合物快速煮沸。加入草莓後再加熱沸煮，期間要不時攪拌，然後調降火候並且煨煮到混合物變稠，約15分鐘，繼續攪拌到呈稠黏狀即可。離火，撈掉泡沫。如上述靜置過夜使其膨脹。再將果醬煮沸，就可以舀入1/2品脫的熱瓶罐，要留下1/4吋的頂隙，加工製罐10分鐘。

大馬士革李、義大利李或青李子全果肉果醬（Damson, Italian Plum or Greengage Preserves）

請閱讀「製作全果肉果醬」和「保存果醬」。

清洗以下材料、切半並且去核：

大馬士革李、義大利李或青李子

在碗內混合李子和等量的：

糖

（水果要是很甜的話，每磅只要加12盎司的糖即可）蓋好並靜置浸泡過夜。再將果醬煮沸，即可舀入1/2品脫的熱瓶罐，要留下1/4吋頂隙，加工製罐10分鐘。

榲桲全果肉果醬（Quince Preserves）

請閱讀「製作全果肉果醬」和「保存果醬」。

刷洗：

榲桲

每顆榲桲切成8等分並且去皮剔心，留著水果，削下的果皮則要放入鍋中並且淹覆足夠的水份。每夸特的汁液要加入：
1顆檸檬，洗淨、切片並去籽
1顆柳橙，洗淨、切片並去籽
將混合物煨煮到果皮變軟為止。過濾鍋內的汁液，加入稱重過的榲桲片並且稱量等重的：
糖
先擱置一旁。煮沸榲桲片並且加糖，再煮滾一次。調降火候來煨燉到水果軟爛，放置過夜使其膨脹。再將果醬煮沸，使用漏勺把水果裝入1/2品脫的熱瓶罐中，繼續熬煮到糖漿收汁而呈黏稠狀，將濃縮糖漿倒入淹覆水果，留下1/4吋頂隙，加工製罐10分鐘。

豐收全果肉果醬（Harvest Preserves）

準備酸蘋果、梨子和李子，全部洗淨、削皮或可去核，並且切成四等分，再按上述榲桲全果肉果醬的做法處理。

番茄全果肉果醬（Tomato Preserves）（約3只1/2品脫罐）

若是用黃番茄的話，做出來的果醬風味尤佳。
請閱讀「製作全果肉果醬」和「保存果醬」。
將以下材料去皮★，517頁：
1磅番茄
在碗內混合番茄及：
2又1/4到2又1/2杯糖（1磅）
靜置於冰箱中浸泡12小時。
番茄擠出汁液就擱置一旁備用。快速煮沸汁液，並且要不時攪拌到其到達膠凝點，接著加入番茄和：
1或2顆檸檬的汁液和皮絲，檸檬要洗淨、切薄片並且去籽
2盎司醃製薑片或1根肉桂棒
再煮沸混合物，期間要不時攪拌，然後調降火候並且煨燉到濃稠即可。放置過夜使其膨脹。再次煮沸果醬，然後舀入1/2品脫的熱瓶罐，要留下1/4吋頂隙，加工製罐10分鐘。

無花果全果肉果醬（Fig Preserves）（約4只1/2品脫罐）

此款果醬是佐紅肉糖汁上上之選。如果無花果皮太硬的話，就用熱水淹覆無花果，靜置浸泡10分鐘後再處理。
請閱讀「製作全果肉果醬」和「保存果醬」。
洗淨下面材料，去梗並縱切4等分：
2磅堅實的熟無花果
上述材料放入碗內，混入：
2杯壓實的淡紅糖
靜置浸泡。拌入：
1/4杯解凍的冷凍無糖濃縮蘋果汁
煨煮到無花果皮變軟為止，約需25到30分鐘。拌入：
1/4杯瓶裝檸檬汁
2大匙柳橙汁
快速煮沸，並且不時攪拌到混合物到達膠凝點。離火，撈掉泡沫。拌入：
1/8小匙肉桂粉
靜置浸泡過夜。
再次煮沸果醬，然後舀入1/2品脫的熱瓶罐，要留下1/4吋頂隙，加工製罐10分鐘。

金柑全果肉果醬（Kumquat Preserves）（約6只1/2品脫罐）

請閱讀「製作全果肉果醬」和「保存果醬」。
稱重並且洗淨：
3磅金柑或是四季橘
將上述材料剝皮並留下果肉。用冷水淹覆果皮，加熱煨煮到軟爛為止（如果你不喜歡苦味的話，此時就要多沖洗果皮幾次，再換上乾淨的水即可）。將果皮滴乾、切薄片或是用絞肉機或食物調理機來碾磨果皮。同時，用3杯水來淹覆果肉並且煨燉30分鐘。過濾果汁到平底深鍋中（丟棄果肉），加入：
3杯水
每杯果汁要量配：
3/4杯糖
加熱果汁，然後拌入上述的糖直到溶解為止。再加入果皮並且快速沸煮，期間要不時攪拌到混合物到達膠凝點。離火，撈掉泡沫。放置過夜使其膨脹。再次煮沸果醬，然後舀入1/2品脫的熱瓶罐，要留下1/4吋頂隙，加工製罐10 分鐘。

關於製作蜜餞（About Making Conserves）

蜜餞在濃稠度上類似黏稠的全果肉果醬，不過蜜餞不是用來塗抹的，而是用叉子或湯匙取出食用。蜜餞通常是水果混合物，向來都會有柑橘在內，並放入如葡萄、堅果、椰肉或是薑等特別的點綴物。蜜餞可以做為禽肉和肉品的佐料或是拌入軟化的冰淇淋中。

用來做蜜餞的柑橘類水果，一向都會冰鎮過以方便切片。由於蜜餞料多而容易煮焦，大部分都會用小火來煨煮到凝膠點或是濃稠狀。➠要小心攪拌這些混合物，特別是快完成的時候更要格外謹慎。加糖後，重要的是要攪拌煨熬到糖完全溶解，並用快速冷卻法來測試膠凝點，➠測試時機是混合物明顯變稠的時候。如果水果已經煮熟但是糖漿卻太稀薄的話，就用漏勺取出水果擱置一旁，只煨熬糖漿到適合的黏稠度。糖漿一煮到膠凝點，就馬上停止加熱並將水果放回糖漿中。

進行下面步驟前，請先閱讀安全得宜的罐藏方式的章節說明。將熱水果裝入熱瓶罐中，要留下四分之一吋頂隙，送入沸水製罐鍋加工十五分鐘，或是按食譜的指示處理即可。

桃子蜜餞（Peach Conserves）（約8只1/2品脫罐）

此款蜜餞是深色肉類和辣食的配料搭物。請讀上述「製作蜜餞」和「保存果醬」。
清洗下面材料，用削皮器刨皮絲：
1顆大柳橙、1顆小檸檬
上述水果削皮，再切剁皮絲和果肉，棄籽。
清洗下面材料，削皮去核並切成1吋大的

果塊：
3磅硬實的熟桃子
在一只大型的厚平底深鍋中溫和攪拌所有的水果。拌入：
8盎司黃金葡萄乾（2杯）
3又1/2杯糖
加熱煮沸，然後再降溫煨熬，要不時攪拌到變稠即可，約1小時。拌入：
4盎司（1杯）碎胡桃，烤過的
再煮5分鐘。離火，加入：
1/4杯波本威士忌
將熱蜜餞舀入1/2品脫的熱瓶罐，要留下1/4吋頂隙，加工製罐15分鐘。

藍李子蜜餞（Blue Plum Conserves）（約9只1/2品脫罐）

此款蜜餞可以做為豬肉和白色禽肉的配料。
按上述桃子蜜餞的食譜做法，將桃子換成3磅藍（或是任何的）李子。不放黃金葡萄乾而是加入10盎司深色葡萄乾和3又3/4杯糖。胡桃則換成4盎司碎核桃，需烘烤過，波本威士忌則由1/4杯熱白蘭地取代。煨敖時間約1又1/4小時。

蔓越莓蜜餞（Cranberry Conserves）（約6只1/2品脫罐）

這款蜜餞不只是淡口味的火雞的好搭檔，搭配烤豬肉也相當美味。請閱讀上述「製作蜜餞」和「保存果醬」。
冰鎮以下材料，之後洗淨且縱切對半，再切成極薄的果片，要去籽：
12盎司帶皮柳橙
將柳橙片和其汁液放入小煎鍋中，再加入：
1/2杯蘋果汁
蓋鍋煨煮到柳橙皮變軟，需15到20分鐘。
同時，清洗以下材料，去皮剔心，再切成1/2吋的水果塊（總計1又1/2杯）：
1磅新鮮鳳梨
揀選並且洗淨：
1磅蔓越莓
在一只大型平底深鍋中混合全部的水果和：
4杯糖、1/2杯瓶裝檸檬汁
1小匙肉桂粉、1/2小匙丁香粒
煮沸混合物，然後降溫煨煮並且要不時攪拌到變稠即可，約45分鐘。
將熱蜜餞舀入1/2品脫的熱瓶罐，要留1/4吋頂隙，加工製罐15分鐘。

耶誕蜜餞（Christmas Conserves）（約9只1/2品脫罐）

使用充滿耶誕假期氣氛的水果來製作這款色彩繽紛的蜜餞吧。
請閱讀上述「製作蜜餞」和「保存果醬」。
冰鎮以下材料，之後洗淨並且切四等分，再切成很薄的果片，要去籽：
12盎司帶皮柳橙
冰鎮以下材料，之後洗淨並且盡量切出最薄的圓果片，要去籽：
12盎司帶皮萊姆
清洗以下材料，縱切對半（因為果籽在烹煮時自會軟化，故不需理會）：
12盎司金柑
將水果放入平底深鍋，以冷水淹覆，蓋

鍋微熬到柑橘果皮都軟爛為止，約15分鐘。
將瀝乾的水果放入平底深鍋，再混入：
3杯糖
快速煮沸到果片呈透明狀而且混合物變稠即可，約35分鐘。
同時，洗淨以下材料，削皮、切四等分並且去籽，縱切成1/2吋厚的果片，果片要丟入冷水中以防顏色變黑：
12盎司酸蘋果
12盎司硬實的熟梨子
12盎司熟榲桲（假如沒有的話，就用總計1又1/4磅蘋果和1磅梨子來替代）
在一只大型的厚平底深鍋中混合：
3杯糖
5杯水
以小火加熱攪拌到糖溶解為止，然後蓋鍋煨熬糖漿。把蘋果混合物瀝乾並且加入糖漿之中，煨煮15分鐘。
將上述的柑橘類水果加入蘋果混合物中，並且混合：
12盎司蔓越莓，需揀選洗淨
再次煮沸混合物。離火並蓋鍋靜置5分鐘，然後攪拌一下。
將熱蜜餞舀入1/2品脫的熱瓶罐，要留1/4吋頂隙，加工製罐15分鐘。

香料大黃蜜餞（Spiced Rhubarb Conserves）（約5只1/2品脫罐）

此款酸辣蜜餞端上桌前要稍微溫熱一下，即可跟豐富的家禽肉或肉類一起食用。
請閱讀上述「製作蜜餞」和「保存果醬」。
冰鎮以下材料，之後洗淨並且切成很薄的果片，要去籽：
8盎司帶皮柳橙
4盎司帶皮檸檬
將以下材料去皮後切薄片：
1盎司鮮薑
在一只小平底深鍋裡混合上述柑橘類水果和其汁液、薑以及：
1杯蘋果汁
蓋鍋煨煮到果皮變軟，約15分鐘。
同時清洗並切修整以下材料，再切成1吋大的塊段：
1磅纖細的紅色大黃
在一只大型平底深鍋中混合柑橘類水果和大黃以及：
1/2杯黃金葡萄乾
1/2小匙肉桂粉
1/4小匙肉豆蔻乾皮粉末
3又1/4杯糖
煮沸混合物，然後降溫煨熬並且不時攪拌到變稠即可，約40分鐘（蜜餞放涼後，就會變得更稠）。
將熱蜜餞舀入1/2品脫的熱瓶罐，要留1/4吋頂隙，加工製罐15分鐘。

甜櫻桃蜜餞（Sweet Cherry Conserves）（約8只1/2品脫罐）

請閱讀上述「製作蜜餞」和「保存果醬」。
清洗以下材料，切成極薄的果片，棄籽：
2顆柳橙
將柳橙片放入一只大型平底深鍋中，注入約1/4杯的水來稍加淹覆，加熱熬煮到軟爛即可。
清洗以下材料，去梗剔核並加入：
1夸特甜櫻桃

加入：
6大匙瓶裝檸檬汁
3又1/2杯糖
3/4小匙肉桂粉
（6個丁香粒，要放入棉紗布袋並捆綁好）
煨熬蜜餞，期間要不時攪拌一下，煮到濃稠清澈為止。若有使用香料袋的話，請丟棄。將熱蜜餞舀入1/2品脫的熱瓶罐，要留1/4吋頂隙，加工製罐15分鐘。

關於製作柑橘醬（About Making Marmalade）

柑橘醬的最佳描述就是含有小水果塊的柔軟果凍，多數是柑橘類果皮，會浮懸在澄清的果凍之中。柑橘醬有著如同碎果肉果醬的彈性製作空間，成品可軟可硬；不過，柑橘醬又必須跟果凍一樣使用清澈透明的果汁，而且需富含果膠和酸。由於要用來做成柑橘醬的糖漿會凝結成膠狀物，➡因此要用果凍的相同做法來熬煮。➡進行下面步驟前，請先閱讀安全得宜的罐藏方式的章節說明。將熱柑橘醬裝入殺菌過的熱瓶罐，記得留下四分之一吋頂隙，放入沸水製罐鍋中處理十分鐘。

準備做柑橘醬的柑橘類水果

要選用大小同級偏重的柑橘，這樣的果實會含有最豐沛的汁液。柑橘外皮色澤與內部果肉品質無關。若能取得血橙的話，其深紅的果色可以做出很棒的柑橘醬。假如有其他較少見的柑橘，如萊姆金柑（limequats）、柚子、烏格利橘橙（guli fruit）等，製作下述「苦橙果醬」時，不妨嘗試用來替代苦橙。

➡冰鎮過的柑橘比較容易切成極薄的果片。➡切片時要用不鏽鋼刀（碳鋼刀碰到酸會產生反應而污染水果）。由於柑橘類水果的果心硬實，將之摘除後再做成柑橘醬會有更好的滋味。首先，洗淨水果，切分成半，然後用乾淨的剪刀沿著與果瓣尖部外圍連接的白色部分喀嚓剪掉，再一路剪開來摘除果心並且彈掉果籽。果心和果籽富含果膠，捆入單層棉紗布內後，就把袋子加入水果中。滾煮到快好的時候，擠出袋內的汁液來混到柑橘醬汁中。

➡大部分的果膠都集中在有色柑橘皮正下方的果皮輕軟中間部位，因此一定要放一些到柑橘醬中。若末端切片是純果皮和果核，最好切成跟其他切片厚度一樣的條片。

➡軟化柑橘皮是做柑橘醬相當重要的食材。將備好的水果和果皮浸泡在水中並且放入冰箱過夜。隔日，將之蓋鍋煨煮到果皮完全變軟，需十五分鐘到超過一小時不等，時間的長短就要看水果切片的厚度尺寸而定。測試果皮變軟與否的方式，➡可以用木製或塑膠湯匙的邊緣靠著鍋壁切下一小片果皮——如果已經變軟的話，果皮馬上會一分為二。

苦橙醬（Bitter Orange Marmalade）（約10只1/2品脫罐）

請閱讀「關於柳橙★」，374頁。冬季時節，要使用塞維亞苦橙（bitter Seville oranges）或是血橙，亦或用1又1/2磅的甜橙和1磅檸檬來做甜橙醬。若要做琥珀柑橘醬的話，一半的糖要用紅糖。請閱讀「製作柑橘醬」與「保存果醬」。

冰鎮以下材料，接著洗淨、橫切對半，再剪去堅硬的果心部分並且切薄片和去籽：

2磅帶皮苦橙、8盎司帶皮檸檬

在一只碗內混合上述水果和其汁液，再加入：

8杯水

覆蓋並且靜置於冰箱過夜。

接著加水煨煮到柑橘果皮變軟。加入：

6又1/2杯糖

混合物均分成兩份，分兩次烹煮：快速沸煮、不停攪拌到膠凝點。離火，撈掉泡沫。混合兩次做出來的果醬，然後裝入1/2品脫的熱瓶罐，留1/4吋頂隙，加工製罐10分鐘。

四果柑橘醬（Four-Citrus Marmalade）（約8只1/2品脫罐）

請閱讀「製作柑橘醬」與「保存果醬」。

清洗以下材料：

1又1/2磅葡萄柚，最好是用紅寶石（ruby）葡萄柚

1磅甜橙

8盎司軟皮萊姆（可能的話，請用比爾斯品種[Bears]）

8盎司檸檬

切下外皮和1/8吋的中果皮；將水果靜置一旁。用手或食物調理機把外皮切成1/4吋小塊。在一只平底深鍋中混合果皮和：

2杯水

接著煨煮到果皮變軟，5到10分鐘。期間，將水果剩下的白色中果皮切下丟棄。水果切半，除去中心部分和果籽，果肉則要切成1/4吋的果肉塊。在碗內混合果皮、果肉和：

4杯水

覆蓋碗具，靜置於冰箱過夜。

將以下材料放入水果中：

5又1/2杯糖

混合物均分為兩份，分兩次烹煮：快速沸煮並且不停攪拌到達到膠凝點。離火，撈掉泡沫。混合兩次的果醬，然後裝入1/2品脫的熱瓶罐，留1/4吋頂隙，加工製罐10分鐘。

萊姆醬（Lime Marmalade）（約3只1/2品脫罐）

準備6顆萊姆和3顆檸檬，洗淨後切下薄外皮。按上述四果柑橘醬的食譜做法，把水果換成切裁過的萊姆和檸檬，按指示去籽切分，然後如上述加工罐藏。

鮮薑柑橘醬（Ginger Marmalade）（約4只1/2品脫罐）

這款提振精力的果醬可以塗抹在英式瑪芬或是油膩的肉類上，也能拌入滷汁或醬料之中。避免使用多纖維的薑來做鮮薑柑橘醬，而兩階段加糖有助於薑的膨脹。請閱讀「製作柑橘醬」與「保存果醬」的說明。

清洗下面材料，然後去皮、切薄片並且切末：

2磅鮮薑

在一只大型平底深鍋中混合薑和：

12杯水

加熱沸煮混合物，然後降溫煨煮，偶爾攪拌一下直到把薑煮軟為止，約2小時。

拌入：

1又1/4蘋果汁

5大匙瓶裝檸檬汁

5大匙淡玉米糖漿

拌入：

3杯糖

然後慢慢滾煮15分鐘。將混合物倒入碗內，靜置於冰箱中過夜。

加熱煨熬上述混合物，加入：

1杯糖

繼續煨煮，並且要不時攪拌，煮到湯匙劃過柑橘醬可以留下一道痕跡即可，需45分鐘到1小時。將熱柑橘醬裝入1/2品脫的熱瓶罐，要留下1/4吋頂隙，加工製罐10分鐘。

關於製作水果醬凍（About Making Jellied Fruit Sauces）

水果醬凍跟水果泥一樣，是以水果濃漿做為原料，但是水果醬凍仰賴果膠來做出甘美結實的質地。在罐藏、脫模和切分之後，這些濃果醬又稱為水果起司，熟成期從六個月到二十四個月不等，與常見的罐裝蔓越莓醬非常相似，那風味真是無與倫比。

水果醬凍最好放上至少半年以上的時間才開封享用——其風味仍會繼續發展至多兩年之久，而果醬可以保存其最佳滋味至多三年。享用時，用餐刀沿著瓶罐壁劃一圈，小心不要損傷了玻璃，搖出果醬後再以半吋的厚度切片，接著點綴剁碎的杏仁並且澆繞波特酒或冰淇淋，這就完成了一道絕佳的點心。

動手前，請先閱讀安全得宜的罐藏方式的章節說明。製作這些果醬的訣竅，就是要快速滾煮濃漿來熬出果膠。濃漿滾煮時會噴爆得到處都是，因此請穿上圍裙、貼身長護袖和保護鏡。使用長柄湯匙不停地攪拌，並且沿著鍋壁刮擦到鍋底，一吋都不要放過。你拉著湯匙劃過濃漿中心的時候，要是可以看見鍋底的話，這就表示果醬煮好了。

殺菌過的瓶罐內部若是稍微噴塗中性味植物油，可以幫助水果醬凍滑出瓶罐。將醬凍裝瓶，記得要留下半吋的頂隙，放入沸水製罐鍋加工處理十五分鐘（這些濃果醬需要較長的製罐時間）。

大馬士革李醬凍（Jellied Damson Sauce）（約5只1品脫罐）

在醬凍切片上撒上碎杏仁和一團發泡鮮奶油，很快就完成了一道出色的點心。這個方法也能用在其他的酸李子，以及酸的青蘋果、快要成熟的榲桲、蔓越莓和酸黑莓。每磅的濃漿需要使用1又1/2杯糖。

烤爐預熱到135度。在殺菌過的冷卻寬口直邊品脫罐的內部噴刷上：

植物油

將以下材料洗淨並且去梗，就放入4又1/2夸特的瓦罐或烘焙陶盤或是兩只大碗中：

6磅大馬士革李

蓋好器具，送入烘烤到煨滾並且呈糖漿狀，約2又1/2小時。將熱果肉送入食物研磨機或是帶著杵搗或塑膠匙的濾器處理；丟棄果核。

量秤以下材料並分二等分：

8杯糖

分2批烹煮果漿：在一只7至8夸特容量的寬口厚平底深鍋中，以小火煨煮果漿，烹煮每一批果漿時加入一半的糖，待糖溶解再以大火煮沸並且攪拌，直到用湯匙劃過果漿中心時而能看見鍋底為止，約9到10分鐘。將熱果醬倒入備好的瓶罐，記得留下1/2吋的頂隙。請見「保存果醬」的說明。喜歡的話，在封罐之前，可以把以下材料壓入每只罐子的頂部：

（1片新鮮月桂葉，要洗淨並且乾燥，共約5片）

加工製罐15分鐘。

內賽爾羅德醬凍（Nesselrode Sauce）（3杯）

混合拌勻：

3/4杯碎酒漬櫻桃

1/3杯剁碎的香櫞皮或柳橙皮

加入：

1杯柳橙醬

1/2杯剁粗碎的薑糖

2大匙醉櫻桃果汁

1杯剁碎的水煮栗子*，448頁，或是瓶裝去皮栗子

1/2杯或更多的蘭姆酒，以讓醬凍有適當的黏稠度

裝瓶封罐，靜置2星期再開封食用。

醃菜和碎漬物

Pickles and Relishes

彼得・派柏（Peter Piper）果真是位深受老天眷顧的採辣椒人，他採收的辣椒是醃好的*，而我們其他人就沒這麼幸運了，一定要先去採收農作物，再適當加工做成醃漬品。醃漬食品有許多的做法，其中有些過程是冗長了些，但都不困難。在醃漬過程中，縱使相當可觀的維生素和礦物質會被濾掉而殘留在汁液裡，醃漬仍可提升辣嗆味，也是保存食物的重要方式。

現今建議在做醃菜和碎漬物時採用➡沸水浴法（329頁），這是我們母親那一代從未試過的方式。

｜器具｜

請閱讀安全合宜的罐藏法指示。➡不要用會與酸產生反應的材質所做成的用具，這包括鋁、黃銅、銅、鍍鋅的鐵和鑄鐵。慢煨煮沸食物時，要用不鏽鋼或完好搪瓷做成的器具。一只厚重的大深鍋（大約11又3/4吋x 2又1/4吋高）或是八到十夸特容量的湯鍋，即可處理以下食譜沸煨時所要用到的大部分材料。甕缸醃漬會將食物浸漬在酸性食材之中，因此只能使用無裂痕的陶石、完好搪瓷、玻璃、不鏽鋼和食物級塑膠材質的甕、罈、鍋、碗、桶，才不會有安全上的顧慮。每五磅食物需要一加侖的容積，這樣食物和容器頂部之間就一定能保留幾吋的基本氣隙。

攪拌和移動醃菜的時候，請用包搪瓷的不鏽鋼、開槽孔的塑料或是耐熱矽膠等材質的長柄湯匙，也可以用玻璃量杯。除非另有說明，醃菜要裝入做罐頭的熱玻璃瓶，瓶罐不能有瑕疵並使用兩件式瓶蓋。

使用波紋刀刃切具，不僅讓食物切片更有趣，所接觸到醋液表面積也會更大，廚具行都有販售這類波紋刀刃切具。所有的器具一定要完全乾淨而且沒有油污。

---

*譯註：作者在此指涉的是一首廣為人知的英語童謠《彼得・派柏》。

｜醃漬的材料｜

為了做出最棒的醃漬品，➡一定要用最好的蔬果來醃漬加工，園丁應該在醃漬前的二十四小時內採收材料。如果一天前就摘下的話，黃瓜在醃漬過程中往往會凹陷。

選擇使用手邊就有的最新鮮蔬果，熟透漂亮而且完全沒有傷疤或發霉，但也不要過分強調新鮮度。如果不能在採收後的二十四小時之內進行醃漬的話，就將食物送入冷藏，盡快使用即可。如果蔬果很硬或有點不熟的話，➡一定要拉長烹煮時間，鹽水才能滲入蔬果中央。這樣一來，蔬果往後就不會浮到瓶罐頂部，也比較不會腐敗。

許多蔬果的大小、重量和產量都是無法預期的。譬如一磅的澤克爾梨可能可以填滿一只夸特瓶、品脫罐或甚至更少的容量，因此要適時靈活處理。尤其是整條醃漬的時候，專為醃漬而栽種的短期品種的黃瓜就可以醃出上等的成品，其組織吸收鹽水進行醃漬而不會變得太軟。亞洲「不打嗝」（burpless）和英國溫室（English hothouse）都是長黃瓜品種，不論是醃漬或做成罐頭，成品的質地都不佳。

醃瓜的標準長度是四吋。醃用小黃瓜（gherkin）和醋漬小黃瓜（cornichon），就要選培育約一到一又二分之一吋長時採收的品種，即便有些較小就採收的黃瓜可以做出相當不錯的醃漬物。圓滾滾的西印度小黃瓜（West Indian gherkin）能如海綿般地吸收鹽水和糖漿，堪稱為冠軍醃瓜。畸形或是清洗時會浮起的（中空）黃瓜，就可以拿來做碎漬瓜。➡細菌最喜歡藏匿在蔬果的莖柄、果頂和縫隙周圍，因此清洗的時候就要特意刷洗這些地方。

食譜都有準備農產品的特定指示；不過➡切記黃瓜的果頂含有軟化醃菜的酵素，因此➡務必切除十六分之一吋的果頂（如果你不確定到底哪一端才是果頂的話，就兩端都切除）。再者，醃漬整條辣椒的時候，要用薄刀鞭拍辣椒一兩次，醋液才能滲入裡頭。至於其他的完整醃菜，刷洗乾淨之後，可以留下八分之一到四分之一吋的莖柄。

➡酸可以抑制有害微生物的生長。為了食用安全著想，➡請用至少含百分之五的乙酸（有時標示為五十喱）的高級醋，也推薦使用蘋果醋或蒸餾白醋。蘋果醋的優點是其醇厚的果香味，不過時間一久本身的色澤會讓醃瓜的顏色變深；蒸餾白醋清澈透明，是多數快速醃漬物的理想醋液，但味道強烈了些，偶爾為了柔和其味道，我們會混用兩種不同的醋液或是加入含酸量極高的瓶裝檸檬汁。你要是認為食譜中使用的醋液過於強烈的話，不要忘記醃漬之後是會變得醇香的。➡不要擅自減少食譜所列的醋液分量。

巴薩米克醋和麥芽醋約含百分之六的乙酸，而且商標上的乙酸含量也是如此的話，即可有效醃漬。然而，因為醋的味道可能會蓋過要醃漬的食物味道，最好是混搭蘋果醋或蒸餾白醋。大多用酒、水果和米做成的醋液的乙酸含量只有百分之四・三，因此酸度是不夠的。➡如果商標上沒有醋的含酸量，就不要用它來醃漬食物。➡再者，不要用居家自製的醋，理由是它的含酸量不明。

➡應該要使用軟水；見598頁。水要是含有鐵或硫化合物的話，醃菜的顏色會加深。如果沒有自來軟水，可以用蒸餾水，或是將水沸煮十五分鐘，蓋鍋再靜置二十四小時，撈掉水面上的浮垢，然後小心將乾淨的水倒出而留下沉澱物。使用前，每加侖的水要加入乙酸含量百分之五的醋液。

➡鹽是長期鹽漬或發酵過程中的主要防腐劑。在這些程序步驟裡，含鹽多寡密切關係到其食用安全和發酵成功與否。進行長期鹽漬或發酵以及短期鹽漬或快速醃漬的時候，➡只用醃漬鹽或罐頭用鹽，因為裡面不含會混濁醋液的添加物。不要用會加深醃菜顏色的各式密度的猶太鹽或是碘鹽，也不要用「淡」鹽或低鈉鹽。

➡糖可以增添食物的風味、強化色澤並使蔬果豐滿堅硬，也可以滋養食物在醃漬時所產生的益菌。紅糖可以增加焦糖般的色澤和風味。儘管快速醃漬或短期鹽漬可以用人工甜味劑，但其根本沒有保存食物的功效，若要以其替代糖的話，請依循製造商的指示說明。

香料應該➡用新鮮完整的，才能在醃漬過程中物盡其用。縱然有時似乎值得犧牲清澈度來換取濃烈的味道，但是香料粉卻會使醋液混濁不清。月桂葉的香氣尤其濃烈——慢慢煮沸醋液時不妨放入一、兩片，在製罐前取出即可。醃漬一般都會放芥菜籽來增添風味和質地，在以下的食譜中，黃色、棕色和黑色的芥菜籽是可以交換使用的。薑黃粉是醃漬食物的人最愛用的一種香料，因為只要小小一撮就足以讓鹽水明亮生輝。比方說，沒有薑黃的碎漬玉米蒼白暗淡，只要一放了薑黃，瞬間就生氣煥發。雜貨店都有販售**綜合醃漬香料**，一般是混合芥菜籽、肉桂、薑粉、月桂葉、胡椒、多香果粉、葛縷籽、丁香、肉豆蔻乾皮和小荳蔻的粉末。這些香料和其他的完整香料通常用布袋捆起來，這樣一來製罐前要取出的時候就很方便。

傳統的食譜中，有時會加入明礬和醃漬用石灰來增加醃菜的脆嫩度。醃漬用石灰（又稱消石灰或氫氧化鈣）的鈣質確實可以讓醃菜堅硬，不過味道也會變苦，因此使用前得要沖洗數次，真是件麻煩的事。➡加入太多的明礬是不安全的，故已不建議這麼做，而且使用當今的技術與上等新鮮食材做出來的醃菜，不需要加化學物品就相當清脆可口。

我們最愛用來增加醃漬物脆度的技巧，➡就是蔬菜在浸泡鹽水時，上方再放一層二到三吋厚的碎冰塊，這麼一來不僅可以增加脆度，加熱時也比較不會破碎。冰塊和食物間放條濕毛巾的話，寒氣可以滲入但在終了時就不必挑出食物間的冰塊。需要的話，可以多放些冰塊。

荒野也孕育出增加脆度的好媒介：葡萄藤葉（尤其是斯卡帕農品種）、櫻桃樹、黑醋栗灌木叢和橡木都含有可以抑制酵素軟化蔬菜（特別是黃瓜）的物質。將未噴灑農藥的葉子洗淨，鹽漬時跟黃瓜一起疊放，然後再丟棄葉子即可。

| 醃漬安全規則 |

許多傳統的食譜因為不合乎現代食安指南的規定，而在修訂食譜書時遭到刪除。雖然儲放醃菜是輕而易舉的事，但是醃漬食物實際上卻是相當複雜的過程，任何的隨興之舉都可能造成潛在的傷害。

肉毒桿菌是危險的細菌，潮濕、不通風、低酸的室溫環境是其滋生的溫床。醃漬物似乎不可能是低酸性的，不過，低酸性食物沒有泡在分量足夠而濃度正確的醋液中，卻是有可能發生的事。安全的做法就是，只用測試過的最新醃漬食譜，如本章羅搜的食譜即是，並確實遵照指示來製作。

| 醃漬方法 |

有兩種基本方法可以將酸引入食物或醃漬過程。**直接醃漬法**——或稱快速醃漬（quick-pickling）或短期鹽泡（short-brining）——就是將食物淹泡在醋液中，如此而已。有時候，蔬菜在醃漬前會短暫地浸泡在鹽和冰或是鹽水中，這段鹽泡時間就足以吸出食物中的水分，➡但卻不足以誘發發酵作用，以讓食物吸收更多的醋液，有時還可以增加脆度。➡醋液和後續製罐程序即可保存醃菜。

水果蔬菜是最常使用快速醃漬法的食物，快速醃漬法使用蘋果醋和蒸餾白醋，兩者都含有百分之五的純乙酸。快速醃漬物新鮮而味道強烈，但是只要過了幾星期就會變得柔醇。以水果和甜蔬菜做成的醃菜，會用糖來混和本身的酸而調製出香甜刺鼻的味道。

間接醃漬法——常稱鹽醃（salting）、長期鹽泡（long-brining）、發酵（fermentation）醃漬（curing）——➡因為食物會自行造酸，所以醋是不需要的。從直接鹽醃或鹽泡（鹽泡意指將鹽加入溶液中，正常狀況下是以水做為溶液，而且通常是高濃度的鹽水）開始醃漬的程序。➡鹽的分量只要恰到好處，就能抑制有害的微生物，同時又可以促進發酵。➡進行發酵、長期鹽泡或鹽漬時，鹽是整個過程是否安全成功的決定性物質，千萬不要減少它的分量。發酵產生乳酸，就是基本的防腐劑，這要花上數星期甚至是數月的時間，這些醃漬物會緩慢發展出深沉豐饒的味道，甕缸醃漬的醃菜和德式酸菜就是這樣做出來的。

| 保存醃菜 |

保存自製醃菜的方法有二：冷藏和做成罐頭。你可以冷藏任何的速製醃菜而不需要裝瓶以沸水浴法加工製罐，可是瓶罐仍要消毒一番。無論是未經處理的或是開封處理過的醃菜，放入冷藏室可以保存二到四星期，或許更久一點的時間也沒問題。幾乎沒有醃菜可以冷凍保存完善。

將直接醃漬或間接醃漬的醃菜做成罐頭時，➡如果不要放入冰箱儲藏的話，就一定要用沸水浴法製罐。➡加工製罐前，請閱讀安全合宜的罐藏法指示，324-334頁。

➡將醃菜做成罐頭一定在十分鐘內就裝入消毒過的瓶罐，見關於醃菜「器具」。除非另有說明，不然熱醃菜及其汁液都要裝入熱瓶罐，見「準備罐頭瓶」，327頁。

填裝醃菜的最佳容器是品脫罐，而且寬口瓶最好，如此一來，在製罐過程中，醋液和熱能即可均勻觸及到所有的醃菜，若是使用錐口瓶，要放入醃菜比較困難。一只品脫罐可以裝入兩杯醃菜及四分之三到一杯的醋液，不要擅自更動加工時間和瓶罐的大小。再者，沒有裝滿的瓶罐，不要製罐處理，而是放入冰箱冷藏，內容物在二到四周內食畢。

有些食譜會要求用生裝法，328頁，來填入做好的農產品，並倒入熱的香辣醋加以淹覆，有些食譜明示農產品裝罐前在醋液中沸煨或烹煮一會兒，而有些食譜則要食材過夜發脹。

裝瓶時，先將食物塊裝入備妥的熱瓶罐，至少留二分之一吋頂隙。然後➡倒入滾燙的醋液淹覆固態食物，➡留二分之一吋頂隙，除去氣泡，325頁，用乾淨的濕抹布擦拭瓶罐邊緣和螺紋部分，蓋好瓶蓋，即可放入滾水中製罐處理，加工時間以食譜說明為準。

至於碎漬物或是剁碎的蔬果，就要隨著汁液一起裝瓶，而且汁液一定要完全覆蓋到罐頂的食物，沒有的話，食物在儲存期間會變色乾涸。

➡儲放六星期才開封使用的話，幾乎所有的醃物都會更加入味。➡你把醃菜安置好在不會冰凍的乾涼陰暗的地方後，別忘了要留心查看，倘若發現發酵跡象、瓶蓋凸起、外溢或是其他腐壞的徵兆的話，333頁，➡連一口都不要嚐，就將產品丟棄銷毀；見334頁。

醃黃瓜（Yellow Cucumber Pickles）（約7只1品脫罐）

這份食譜改編自本書1931年版本，要使用在藤蔓上就已經黃熟的大黃瓜，做好的醃黃瓜冰冷過可以佐拌肉類一起享用。
請閱讀關於醃漬的說明。
洗淨削皮：
15磅醃漬用大黃瓜
縱切成半，刮掉瓜籽並切成2又1/2×1又1/2 ×3/4吋的瓜條。
調配鹽水：
5又1/2夸特水
2杯醃漬鹽或罐頭用鹽，430頁
攪拌以上混合物到鹽溶解為止，然後倒到在大碗裡的瓜條上，再壓上盤子來讓瓜條不會浮起，放入冷藏12小時。
瀝乾後沖水，再瀝乾一次。將以下材料放入每一瓶熱品脫罐（若是夸特瓶的話，就加倍分量）：
2根切成1/3吋丁塊的去皮辣根
1根以1/4吋切段的紅辣椒
2小枝帶籽的蒔蘿花
1又1/2小匙芥菜籽
(總計約3又1/2大匙)
2顆白胡椒粒（共約14顆）
在1只平底深鍋裡混合煮沸以下材料，攪拌到糖溶解為止：
6杯蘋果醋、3/4杯水、1/4杯糖
將以上混合物分裝到二或三只大煎鍋，加入瓜條後再放回煮到沸騰——就不要再烹煮，否則黃瓜會變軟。接著裝入熱品脫罐或是夸特瓶，倒入熱醋液，留1/2吋頂隙。見上述的「保存醃菜」的說明，如前述處理品脫罐10分鐘，夸特瓶15分鐘。

酸甜香料小黃瓜（Sweet-and-Sour Spiced Gherkins）（約6只1品脫罐）

請閱讀關於醃漬的說明。
洗淨：
5磅1又1/2到2吋小黃瓜或醃用黃瓜
自果頂切除1/16吋，但留下1/4吋的莖梗。
在1只大碗中混合：
3夸特水
1杯醃漬鹽或罐頭用鹽
攪拌到鹽溶解為止，然後加入黃瓜，上頭再放上一只盤子，黃瓜才不會浮起，即可放入冰箱冷藏24小時。
瀝乾，注入沸水淹覆黃瓜，再快速瀝乾一次，就裝入熱品脫罐。用一只平底深鍋加熱以下材料，攪拌到糖溶解為止：
4杯蘋果醋、2又3/4杯糖
用潮濕的方形棉紗布包捆以下材料，再放入平底深鍋：
2大匙混合醃漬香料
2根2吋的肉桂棒，折碎
1/4小匙整顆的丁香粒
煮到正好沸騰，就移除香料袋，接著將熱醋液倒入瓶罐中，留1/2吋頂隙。見「保存醃菜」，433頁，加工製罐10分鐘。

麵包奶油醃菜（Bread-and-Butter Pickles）（約5只1品脫罐）

這種醃菜的命名由來，大概是因為它們是許多三明治豐富滋味的配料。這份食譜有著爐灶和微波爐的烹飪選擇。
請閱讀關於醃漬的說明。
清洗以下材料，接著每根末端切下1/8吋：
2又1/2磅醃用黃瓜
再切成1/4吋厚的瓜片。以下材料去皮，

並以相同的方法切片：
1磅2到2又1/2吋的洋蔥
在大碗內混合黃瓜和洋蔥切片以及：
3大匙醃漬鹽或罐頭用鹽
混合均勻以讓鹽溶解，就覆蓋1條乾淨的濕布，再疊放2吋的冰塊，送入冷藏3到4小時，就丟棄冰塊；瀝乾蔬菜，沖洗一番，再瀝乾一次。用一只4夸特或更大的微波爐專用的碗具（若是使用爐灶的話，就用鍋子）混合：
2杯蒸餾白醋、2杯糖、1大匙芥菜籽
（1小匙壓碎的紅辣椒片）
3/4小匙芹菜籽
3/4小匙薑黃
1/4小匙丁香粉
攪拌到糖溶解為止。蓋上蠟紙以高段微波（或是不覆蓋而放到爐頭上烹煮）到糖漿沸騰，加入蔬菜，攪拌混合，再以中高段微波（或以爐火加熱）到糖漿正好開始沸騰。接著用漏勺將熱切片舀入熱品脫罐，倒入熱糖漿，留1/2吋頂隙，見「保存醃菜」，加工製罐10分鐘。

低鹽甜黃瓜片（Low-Salt Sweet Cucumber Slices）（約4只1品脫罐）

請閱讀關於醃漬的說明。
清洗以下材料，每根尾端要切除1/8吋：
2磅3到4吋醃用黃瓜
切成1/4吋厚的瓜片。
在平底深鍋中混合：
1又2/3杯蒸餾白醋、3杯糖
1大匙整顆的多香果粉漿果
1大匙芹菜籽、1/4小匙薑黃
以中火烹煮攪拌到糖溶解為止。關火，覆蓋糖漿。在一只大型深煎鍋裡混合：
4杯蒸餾白醋、1/2杯糖
1大匙芥菜籽
1大匙醃漬鹽或罐頭用鹽
攪拌到糖溶解。加入黃瓜，慢煨沸煮到黃瓜的綠色由明亮轉晦暗，5到7分鐘，期間不時攪拌，但不要煮到瓜片變軟。同時，煮沸糖漿。
瀝乾瓜片，丟棄汁液，用漏勺將瓜片裝入熱品脫罐，然後倒入熱糖漿，留1/2吋頂隙，見「保存醃菜」，加工製罐10分鐘。

醋漬小黃瓜（Pickled Gherkins〔Cornichons〕）（約8只1品脫罐）

請閱讀關於醃漬的說明。
清洗：
5又1/2磅1又1/4到1又1/2吋長的醃用黃瓜或小黃瓜
從果頂切下薄片，要留1/4吋的莖梗。（如果用的是標準大小的黃瓜，以1又1/2吋的厚度橫向切片，再縱切四等分。）
調配鹽水：
8杯水
1/2杯醃漬鹽或罐頭用鹽
攪拌到鹽溶解，就倒到大碗內的黃瓜上頭，再放上一只盤子，黃瓜才不會浮起，靜置於室溫下12小時。
瀝乾黃瓜，沖洗，再瀝乾一次，並用乾淨的布拍乾。將黃瓜擠裝到熱的品脫罐或夸特瓶，以下材料加入品脫罐（夸特瓶則加倍分量）：
幾小枝香艾菊（共1束）
（1/2小匙芥菜籽；共約4小匙）
5顆完整的白胡椒粒（約共40顆）
在一只平底深鍋中混合以下材料，烹煮到正好沸騰，並攪拌來讓鹽溶解：
5又1/4杯蘋果醋
4又1/4杯水

1/3杯醃漬鹽或罐頭用鹽
將以上混合液倒入罐中的黃瓜上頭，留1/2吋頂隙，見「保存醃菜」，品脫罐加工製罐10分鐘，夸特瓶15分鐘。若想做出純正的醋漬小黃瓜味道的話，醃漬1個月再食用。

速成蒔蘿醃瓜（Quick Dill Pickles）（約6只1品脫罐）

相較於傳統醃菜的做法，蒔蘿醃瓜的鹽水過於淡薄而且醃漬過程又快，所以最好在幾個月內食用完畢。
請閱讀關於醃漬的說明。
清洗：
4磅4吋的醃用黃瓜
縱向切半，裝入熱品脫罐（黃瓜過長的話，就以4吋的長度切分，再用碎塊填滿瓶罐空隙）。在平底深鍋中混合以下材料，烹煮到正好沸騰，攪拌到鹽溶解為止：
3杯蘋果醋
2又1/4杯水
1/4杯醃漬鹽或罐頭用鹽
每瓶罐都放入：
1個去皮蒜瓣（共約6瓣）
1小匙蒔蘿籽（共約2大匙）
1小匙混合醃漬香料（共約2大匙）
6顆完整的黑胡椒粒（共約36顆）
倒入熱醋液，留1/2吋頂隙，見「保存醃菜」，加工製罐10分鐘。

芥末醃菜，或稱什錦醃菜（Mustard Pickle〔Chow-Chow〕）（約10只1品脫罐）

這是本書的另一份獨創食譜，早在1931年的版本就收錄了，這種什錦醃菜可以做為奶濃碎漬品或是清脆冷醬汁來佐拌食物。請閱讀關於醃漬的說明。
洗淨全部的蔬菜，頭尾切去薄片，然後以1/4吋的厚度橫向切片：
2磅未去皮的4吋醃用黃瓜
跟以下材料一起攪拌到鹽溶解為止：
5杯冷水
1/2杯醃漬鹽或罐頭用鹽
就倒到大碗內的黃瓜上頭，再壓上一只盤子來防止黃瓜浮起，放入冰箱冷藏12小時。
做醬汁的話，混合以下材料並攪拌到糖溶解為止：
2又1/2夸特蘋果醋、2又1/2杯糖
在1只中碗裡將以下材料攪拌混合到滑順：
1又1/2杯中筋麵粉、6大匙乾燥芥末
1又1/2大匙薑黃、3大匙芹菜籽
再慢慢倒入約2杯分量的醋液混合液並攪拌滑順。用一只大平底深鍋以小火將剩下的醋液混合物慢煨煮沸，慢慢攪入麵粉混合物，烹煮到幾近沸騰，並不斷攪拌到滑順，即可關火、蓋鍋備用。
以下材料去心或切修一下，切成1/2吋大小的丁塊：
1又1/2磅堅實的綠番茄
1又1/2磅綠甜椒
1磅修整過的柔嫩豌豆
以上材料共約3夸特分量，放入一只大平底深鍋，再混入以下材料：
1又1/2磅嫩花椰菜，切成口咬大小的小花
放入滾水汆燙1分鐘來去皮，加入：
8盎司珍珠洋蔥
倒入滾燙的鹽水（以1小匙鹽配1夸特水的調配比例）來淹覆蔬菜，送回煮沸，然後完全瀝乾。將黃瓜完全瀝乾，放入蔬

菜之中，攪拌均勻。將芥末醬汁加熱到滾燙，即可拌入熱蔬菜中。
調味用：
醃漬鹽或罐頭用鹽，分量依口味調整
將熱混合物倒入熱品脫罐，留1/2吋頂隙，見「保存醃菜」，加工製罐15分鐘。

辣醃菜（Piccalilli）（約5只1品脫罐）

兩世代以前，辣醃菜在許多美國人的心目中只不過是碎漬品，但卻是人們最喜愛的漬物。請閱讀關於醃漬的說明。
清洗：
5磅小條的醃用黃瓜
薄切去頭尾再斜切。在一只大碗中混合：
1又1/3磅細切的綠甜椒
1又1/3磅細切的洋蔥
在另一只碗內拌勻以下材料，拌到鹽溶解為止：
10杯冷水
1杯醃漬鹽或罐頭用鹽
將鹽水加入蔬菜之中，上頭再壓上一只碟子來防止蔬菜浮起，放入冰箱冷藏12小時。
接著瀝乾蔬菜但不要沖洗。在一只大平底深鍋或是鍋子裡混合以下材料，烹煮到沸騰，並攪拌到糖溶解為止：
4杯蘋果醋、4杯糖
用一塊方形濕棉紗布捆好以下材料，放入平底深鍋：
3大匙混合醃漬香料
1又1/2小匙芹菜籽
1又1/2小匙芥菜籽
加入瀝乾的蔬菜，再放回烹煮沸騰。喜歡的話，拌入：
（1大匙又2小匙紅辣椒碎片）
丟掉香料袋。用漏勺將熱蔬菜舀入熱品脫罐中，然後倒入熱汁液，留頂隙1/2吋，見「保存醃菜」，加工製罐15分鐘。

碎漬綠番茄（Green Tomato Relish）（約6只1品脫罐）

請閱讀關於醃漬的說明。
清洗全部的蔬菜。在一只大碗內混合：
8磅綠番茄，切薄片
2又3/4磅洋蔥，切薄片
撒上：
1/2杯醃漬鹽或罐頭用鹽
攪拌均勻，覆蓋放入冰箱冷藏12小時。
接著用冷水沖洗蔬菜並加以瀝乾。在一只大平底深鍋或鍋子中混合以下材料，加熱煮沸並攪拌到糖溶解為止：
6杯蘋果醋、2磅紅糖
拌入：
2磅綠甜椒切片、1磅紅甜椒切丁
6片磨碎的蒜瓣、1大匙乾燥芥末
1又1/2小匙鹽
加入番茄和洋蔥，攪拌均勻。
用一塊方形濕棉紗布捆好以下材料，放入平底深鍋：
1大匙整顆的丁香粒
1大匙薑粉
1又1/2小匙芹菜籽
1根折碎的肉桂棒
慢煨煮沸到番茄呈半透明狀，期間不時攪拌，約1小時，即可丟棄香料袋。
用漏勺將熱蔬菜舀入熱品脫罐中，然後倒入熱汁液，留頂隙1/2吋，見「保存醃菜」，加工製罐15分鐘。

醃綠番茄（Green Tomato Pickle）（約6只1品脫罐）

請閱讀關於醃漬的說明。
清洗全部的蔬菜。將以下材料切薄片：
4夸特綠番茄
把番茄放入一只大碗，再加入：
3磅的洋蔥，切薄片
撒上：
1/2杯醃漬鹽或罐頭用鹽
攪拌均勻，覆蓋放入冰箱冷藏12小時。
接著用冷水沖洗蔬菜並瀝乾。
在一只大鍋內煮沸：
6杯蘋果醋
將以下材料去籽並剝除薄膜，加入：
2又1/2磅綠甜椒，切薄片
1磅紅甜椒，切丁
6片磨碎的蒜瓣
2磅紅糖
1大匙乾燥芥末
1又1/2小匙鹽
加入番茄和洋蔥。用一塊方形濕棉紗布捆好以下材料，放進鍋子裡：
1大匙整顆的丁香粒
1根折碎的肉桂棒
1大匙薑粉
1又1/2小匙芹菜籽
沸煨到番茄呈半透明狀，約1小時，要不時攪拌。丟棄香料包。
用漏勺將蔬菜舀入熱品脫罐中，倒入熱汁液，留頂隙1/2吋，見「保存醃菜」，加工製罐10分鐘。

碎漬辛辣玉米（Tart Corn Relish）（約10只1品脫罐）

請閱讀關於醃漬器具及醃漬材料的說明。
將以下材料剝殼、去鬚並洗淨：
18穗黃色或雙色的中型玉米
放入滾燙的鹽水（以1小匙鹽配1夸特水的比例）烹煮5分鐘。瀝乾，放入冷水中冷卻，再瀝乾一次；拍乾。從玉米穗軸切下玉米粒並放到大碗中，不要用刮的。
剁切然後加入：
8盎司綠甜椒
1磅紅甜椒
4盎司去籽的溫和綠辣椒
1又1/2磅紅洋蔥
12盎司綠色或紅色的甘藍菜
拌入：
5杯蘋果醋
1杯糖
1杯水
1/2杯瓶裝檸檬汁
3大匙剁碎的新鮮蒔蘿或1又1/2小匙乾蒔蘿
2大匙鹽漬鹽或罐頭用鹽
2小匙黃色芥菜籽
2小匙薑黃
1小匙芹菜籽
混合均勻。在一只小碗內攪勻：
1杯水
1/2杯中筋麵粉
將蔬菜分半放入兩只大鍋內（需要的話，分兩批烹煮），以大火煮沸，再調降火候沸煨10分鐘，期間要時常攪拌。將麵粉混合物分半，各拌入兩只鍋內，烹煮攪拌到混合物濃稠為止，再烹煮10分鐘，並不時攪拌。
將熱混合物舀入熱品脫罐中，留1/2吋頂隙，見「保存醃菜」，加工製罐15分鐘。

碎漬玉米番茄（Corn and Tomato Relish）（約3又1/2杯）

這款醃漬品是以美國南方的辣醃菜或碎漬醃菜變化而來的，佐配豬肉的滋味特別好。喜歡的話，你可以使用解凍的冷凍玉米，但只能使用優質的熟番茄。

以下材料要剝殼、去鬚並洗淨：

3穗玉米

用沸鹽水淹覆玉米並烹煮1分鐘，然後瀝乾，切下玉米粒。將以下材料和玉米粒一道放入小碗中：

2顆熟番茄，切細丁

1顆小紅洋蔥，切細丁

1/4杯切丁的甜醃菜

1/2杯蘋果醋

1大匙糖

1大匙芹菜籽

鹽和黑胡椒碎粒，依口味斟酌分量

混合均勻，覆蓋冷藏到醃漬完成即可上桌享用。這道碎漬品封好冷藏的話，可以保存4到5天。

紅洋蔥醬（Red Onion Marmalade）（約2杯）

洋蔥醬是烤肉和燉肉的良伴。

在一只不起化學反應的中型平底深鍋中以小火加熱混合：

3又1/2顆大紅洋蔥，切半後再以1/4吋厚度切片

1/3杯不甜紅酒

1/3杯紅酒醋

1/4杯壓實的淡紅糖

1/4杯溫和蜂蜜

烹煮並攪拌到糖溶解為止，然後沸煨並不時攪拌到出現果醬的濃稠度，約30分鐘。

拌入：

1大匙柳橙汁

1大匙檸檬汁

繼續烹煮攪拌到混合物完全吸混果汁。靜置冷卻，蓋鍋送入冷藏至多3星期，取出回溫到室溫溫度即可食用。

蒔蘿醃豆（Pickled Dilled Beans）（約1只1品脫罐）

請閱讀關於醃漬器具及醃漬材料的說明。你可以將這份食譜的分量彈性增加一或二倍來滿足所需，相當方便。

清洗或切裁（材料長度不應超過4吋）：

8吋鼓脹的四季豆

在一只乾淨的熱品脫罐中放入：

3到6小枝的新鮮蒔蘿或是2又1/2大匙蒔蘿籽

（1片去皮的蒜瓣）

（1小匙紅辣椒碎片或1/4小匙紅辣椒粉）

將四季豆立直緊密地裝入瓶罐。在一只平底深鍋內混合以下材料並加熱煮沸：

1/2杯蒸餾白醋

1/2杯水

1大匙醃漬鹽或罐頭用鹽

將以上熱醋液倒入瓶罐中，留1/2吋頂隙，見「保存醃菜」，加工製罐10分鐘。

醃紅甜菜根或黃金甜菜根（Pickled Red or Golden Beets）（約3只品1脫罐）

請閱讀關於醃漬器具及醃漬材料的說明。

清洗以下材料，去頭尾到1吋大小：

1又1/2到2又1/2磅大小一致的紅甜菜根或

黃金甜菜根（1到2又1/2吋寬）
放入一只平底深鍋，倒入滾水淹覆之，沸煨到甜菜根變軟為止，瀝乾並丟棄汁液。去根、莖和外皮，不要切分小於1又1/2吋的幼小甜菜根，而大甜菜根則以1/4吋的厚度切片。
去皮薄切：
6盎司2到2又1/2吋的洋蔥，最好使用白洋蔥
在一只大型的深煎鍋中混合煮沸以下材料，要攪拌到糖溶解為止：
2杯蘋果醋、1/4杯瓶裝檸檬汁
3/4杯水、2/3杯糖
2小匙整粒的黑胡椒
3/4小匙醃漬鹽或罐頭用鹽
再加入甜菜根和洋蔥，沸煨5分鐘，期間不時攪拌，而在最後1分鐘時，拌入：
1/3杯剁細碎的獨活草或其他新鮮的草本植物
使用漏勺將蔬菜舀入熱品脫罐內，再倒入熱醋液，留1/2吋頂隙，見「保存醃菜」，加工製罐30分鐘。

醃西瓜皮（Pickled Watermelon Rind）（8到10只1品脫罐）

這是正宗的美式醃漬品，吃起來清脆爽口。請閱讀關於醃漬器具及醃漬材料的說明。
清洗以下材料，縱切8等分：
20磅有點不熟的西瓜，要挑外皮厚硬的
果肉全部挖去但留下薄薄（不脆嫩）的一層，接著切掉綠色外皮，而切下的西瓜肉可冷藏留作他用。將西瓜皮切成1吋寬的菱形或方形，或用餅乾切模壓出1吋寬的小塊，放入滾水汆燙到變軟但用串針插入中心部分仍有點脆的狀態，約10分鐘——不要熱燙過火。瀝乾，放入大碗中。
在一只大型深煎鍋中混合煮沸以下材料，期間攪拌到糖溶解為止：
7杯糖、2杯蒸餾白醋
1/2小匙肉桂油、1/4小匙丁香油
將糖漿倒到西瓜皮上，只要淹覆即可，蓋鍋放入冰箱過夜使其脹大，419頁。
翌日，瀝出糖漿並回鍋加熱沸煮，再倒到西瓜皮上。如前述覆蓋放入冰箱過夜脹大。
第3天，將糖漿和西瓜皮加熱煮沸。使用漏勺將熱西瓜皮舀入熱品脫罐內，倒入熱糖漿，留1/2吋頂隙，見「保存醃菜」。可將以下材料加入瓶中來變化此款醃瓜的味道：
（1個八角茴香；共8到10個）
（1到2小匙醃薑絲或糖漬檸檬皮絲；共約3到6大匙）
加工製罐10分鐘。

蔓越莓醃梨（Cranberry-Pickled Pears）（約2只1品脫罐）

在這份食譜裡，整顆的澤克爾梨或佛瑞梨（Forelle pears）的果肉顏色會相當漂亮。如果使用的是如亞洲梨等2吋硬梨，先去果心再放入糖漿中。如用大硬梨的話，則要切分四等分、去果心，放入水中沸煨10到15分鐘，才放入糖漿裡。請閱讀關於醃漬的部分。
清洗揀選：
1又1/2磅蔓越莓
在一只大型深煎鍋中混合蔓越莓及以下材料，需足以醃梨的分量：
2又1/4杯蘋果醋
3杯壓實的淡紅糖
1/8小匙醃漬鹽或罐頭用鹽
以中火烹煮並攪拌到糖溶解為止，然後沸煨10分鐘。用細目篩網篩過糖漿到鍋

內，擠出莓果的汁液並倒回鍋裡。用潮濕的方形棉紗布包捆以下材料，放入平底深鍋：

12顆完整的多香果粉漿果

2根2吋的肉桂棒

1/2小匙整顆的丁香粒

洗淨：

2磅大小一致的小型熟硬梨

削皮，切去果頂但留下莖柄，放入抗褐變溶劑中，375頁。瀝乾梨子。再次煮沸的糖漿並加入梨子，繼續沸煨並不斷用木湯匙把梨子推沉到糖漿中直到煮軟為止，15到25分鐘；不要煮過火。之後倒入淺盤，稍微用蠟紙覆蓋一下，送入冰箱冷藏過夜。

取出梨子和糖漿，慢慢煮沸並加以攪拌，拿掉香料袋。用鉗子或漏勺將熱梨子緊實裝入熱品脫罐內，再倒入熱糖漿，留1/2吋頂隙，見「保存醃菜」，加工製罐20分鐘。

醃桃子（Pickled Peaches）（約12只1品脫罐）

這是另一份本書初版的經典食譜，摘下樹枝上成熟的桃子來做出味道飽滿的醃桃。請閱讀關於醃漬的部分。

清洗：

16磅果核果肉緊連的小桃子

去皮後放入抗褐變溶劑中，撈起瀝乾，每顆梨子要等距塞入：

3顆完整的丁香粒

在一只大鍋內混合煮沸以下材料，攪拌到糖溶解為止：

8杯蘋果醋

12杯糖

沸煨5分鐘，撈掉表面浮物，然後加入：

6根2吋的肉桂棒，用方形棉紗布包捆起來

瀝乾桃子。重新煮沸糖漿，加入桃子，慢煨沸煮到變軟而可用細串針插入，約5分鐘——不要煮過火。接著倒入淺盤中，用蠟紙稍微覆蓋，放入冰箱冷藏過夜。

取出梨子和糖漿，煮沸並加以攪拌，拿掉香料袋。使用漏勺將熱梨子緊實裝入熱品脫罐內，倒入熱糖漿，留1/2吋頂隙，見「保存醃菜」，加工製罐20分鐘。

咖哩杏桃醬（Curried Apricot Chutney）（約2只1品脫罐）

請閱讀關於醃漬的部分。

在一只大平底深鍋中混合以下材料，沸煨30分鐘：

2杯水

2杯切碎的杏桃乾（1個11盎司的包裝）

3/4杯切細碎的洋蔥

1/4杯糖

同時，在一只小鍋內混合以下材料並烹煮5分鐘：

1又1/2杯蘋果醋

1小匙薑粉

1又1/2到2又1/2小匙咖哩粉

1根肉桂棒

1/2小匙醃漬鹽或罐頭用鹽

喜歡的話，上述材料可以拿掉肉桂棒，而且在調成香料醋混合物前就放入桃子中。拌入：

2杯黃金葡萄乾

將熱醬汁倒入熱品脫罐，留1/2頂隙，見「保存醃菜」，加工製罐10分鐘。

蘋果醬或綠番茄醬（Apple or Green Tomato Chutney）（約3只1品脫罐）

請閱讀關於醃漬的部分。
使用水果和甜椒的話，要先洗淨。
在一只大型的平底深鍋中混合：
1顆去籽細切的檸檬
1片剁切的蒜瓣
5杯剁切削皮的硬蘋果或是去皮的堅實綠番茄
2又1/4杯壓實的紅糖
1又1/2杯葡萄乾
3盎司細切的醃薑或1/4杯細切的去皮鮮薑
1又1/2小匙醃漬鹽或罐頭用鹽
1/4小匙紅辣椒粉
2杯蘋果醋
（2顆剁切的紅甜椒）
接著慢慢煮沸且不時攪拌，至少煮2小時或煮稠醬汁即可。將熱醬汁裝入熱品脫罐，留1/2吋頂隙。見「保存醃菜」，加工製罐15分鐘。

辣椒番茄醬（Chili Sauce）（約8只1品脫罐）

請閱讀關於醃漬的部分。
清洗蔬菜。
用中型刀刃的食物研磨機分批磨碎以下材料，或用食物調理機剁切到中細厚度：
6顆粗切的紅甜椒
6顆粗切的大洋蔥
以上材料放入1只大鍋中，再拌入：
14磅去皮、去籽、剁切的熟番茄
3杯蘋果醋
2杯壓實的淡紅糖
2大匙醃漬鹽或罐頭用鹽
1大匙黑胡椒
1大匙多香果粉
1小匙丁香粉
1小匙薑粉
1小匙肉桂粉
1小匙肉豆蔻碎粒或肉豆蔻粉
1小匙芹菜籽
將上述混合物攪拌均勻，以中火煮到沸騰，再慢煨沸煮到濃稠狀，約3小時，期間要常攪拌才不會燒焦。視口味喜好斟酌添加調味物。
將熱醬汁倒入熱品脫罐，留1/2吋頂隙，見「保存醃菜」，加工製罐15分鐘。

關於番茄醬

很早以前，英國人就從遠東地區帶回了番茄醬的做法，到了十九世紀又傳入美國而成為我們的日常醬料之一。它的英文稱呼「catsup」源自馬來語的「味道」一詞。

在美國人熟悉的食物之中，番茄醬的英文拼法之多，居於首位。番茄醬起初類似於今日的亞洲無糖調味醬——薄淡、強烈、暗沉。有些番茄醬是從番茄汁調配而成，不過很多是用蘑菇、核桃、鯷魚或牡蠣為基底製成，英式醬汁「蘑菇醬」，444頁，就保留了早期番茄醬的風味。

番茄醬（Tomato Catsup）（約10只1品脫罐）

只要嚐過自製番茄醬的味道，你就會了解為何這是值得花時間調製的醬料了。
請閱讀關於醃漬器具及醃漬材料的說明。
洗淨所有的蔬菜。
在一只大鍋中混合：
14磅去皮、去籽、剁切的熟番茄
8顆切片的中型洋蔥
2顆切丁的紅甜椒
以中火慢煨煮沸到上述材料變得軟爛，偶爾攪拌一下。
即用中型刀刃的食物研磨機打漿或是擠壓過粗篩孔過濾器，再倒回鍋中。拌入：
3/4杯壓實的淡紅糖
1/2小匙乾燥芥末
用方形棉紗布包捆以下材料，並加到番茄混合物中：
1根肉桂棒
1大匙整顆的多香果粉漿果
1大匙整顆的丁香粒
1大匙肉豆蔻乾皮粉末
1大匙芹菜籽
1大匙整顆的黑胡椒粒
2片月桂葉
1片去皮蒜瓣
烹煮以上混合物到沸騰，然後調降火候沸煨，煮到醬汁縮減到一半的分量，要不停攪拌才不會煮焦，取出並丟棄香料袋，拌入：
2杯蘋果醋
鹽漬鹽或罐頭用鹽，分量依口味調整
（適量的紅辣椒粉）
調降火候沸煨且不停攪拌10分鐘，即可將煮好的熱番茄醬倒入熱品脫罐中，留1/8吋頂隙。見「保存醃菜」，加工製罐15分鐘。

果汁機番茄醬（Blender Tomato Catsup）（約9只1品脫罐）

請閱讀關於醃漬的說明。
洗淨所有的蔬菜。
將以下材料分小批放入果汁機或食物料理機中打泥，每一批約料理5秒鐘：
24磅去皮、去籽、切4等分的熟番茄
2磅切4等分的洋蔥
1磅切條狀的紅甜椒
1磅切條狀的綠甜椒
放入大鍋中拌勻，以中火煮沸而且時常攪拌，接著稍微降低火候沸煨1小時，期間經常拌勻混合物。拌入：
9杯蘋果醋
9杯糖
1/4杯醃漬鹽或罐頭用鹽
用方形棉紗布包捆以下材料，再加到番茄混合物中：
3大匙乾燥芥末
1又1/2大匙整顆的多香果粉漿果
1又1/2大匙紅椒粉
1又1/2大匙整顆的丁香粒
2根肉桂棒
溫和沸煮並經常攪拌，直到混合物縮減到一半的分量，而且湯匙舀起時沒有汁液和固態物分離的狀況。
取出香料袋丟棄，就將熱番茄醬裝到熱品脫罐中，留1/8吋頂隙。見「保存醃菜」，加工製罐15分鐘。

紅洋蔥蒜味番茄醬（Red Onion-Garlic Catsup）（約3只半品脫罐）

這款番茄醬的味道豐富、深沉、醇厚，正是牛排或烤牛肉的完美佐料。請閱讀關於醃漬的說明。

洗淨所有的蔬菜。

用一只大型深煎鍋以中火加熱：

1/3杯橄欖油

放入以下材料，炒拌到呈漂亮的褐色，10到20分鐘：

5顆大紅洋蔥，切薄片

拌入以下材料，並烹煮到薑、蒜變軟，約3分鐘：

1/4杯剁碎的薑

1大匙剁碎、去皮的鮮薑

1顆切細丁的中型熟番茄

加入：

1小匙辣醬或按口味調整分量

5大匙伍斯特郡辣醬油

1/2杯糖蜜、3/4杯蘋果醋

1小匙多香果粉

火候降到小火繼續烹煮到稍微黏稠，偶爾攪拌一下，約15分鐘。離火，用以下材料調味：

鹽和黑胡椒，按口味斟酌分量

靜置冷卻至室溫溫度。

混合物冷卻後，就放入果汁機或食物調理機打成漿泥。溫食冷用皆可。

蘑菇醬（Mushroom Catsup）（約3只半品脫罐）

這款英式醬料稀薄、辛辣而味道重。請閱讀關於醃漬器具及醃漬材料的說明。

清洗以下材料，並粗略切塊：

4磅蘑菇，最好使用小褐菇

一只有邊的大烘烤淺盤襯鋪蠟紙後，將蘑菇鋪排其上，撒上：

7大匙猶太鹽

蓋好放入冰箱冷藏2到3天，偶爾要攪拌一下。接著，瀝乾蘑菇並沖洗乾淨，跟以下材料一起放進大平底深鍋混合：

1杯紅酒醋、2/3杯蘋果醋

1顆中型紅洋蔥，剁細末

1片蒜瓣，剁細末

1/2小匙黑胡椒、1/4小匙薑粉

1/4小匙多香果粉

1/4小匙肉豆蔻碎粒或肉豆蔻粉

加熱煮沸，就調降火候，掀蓋繼續沸煨並經常攪拌到散發出濃濃的香味，約30分鐘。

過濾混合物後放入乾淨的平底深鍋，要擠出所有的汁液，加熱沸煨，然後倒到鋪襯濕棉紗布的篩網過篩。將煮好的熱番茄醬裝到熱的半品脫瓶，留1/8吋頂隙。見「保存醃菜」，加工製罐15分鐘。

醃薑（Pickled Ginger）（1夸特）

請閱讀關於醃漬的說明。將以下材料削皮、切薄片：

1磅薑（2塊大薑根）

混入：

1又1/2小匙鹽

就裝到夸特容量的容器裡。將以下材料放入大平底深鍋以中高火加熱：

1又1/4杯米醋

1/2杯糖、1/2杯味醂

將上述的溫汁液淋到薑片上。靜置冷卻，即可覆蓋送入冷藏至少1星期而最多到2個月。

醃辣根（Pickled Horseradish）（約2只半品脫罐）

請閱讀關於醃漬的說明。
在熱水中洗淨：
12盎司新鮮辣根
刷掉外皮。準備一只玻璃碗或不鏽鋼碗來混合：
1杯醋
1/2小匙鹽
磨碎、剁碎或攪混辣根，再跟醋混合物一起混合，接著裝入消毒過的瓶罐中，放入冰箱保存。

核桃番茄醬（Walnut Catsup）（約3又1/2夸特）

請閱讀關於醃漬器具及醃漬材料的說明。
揀選並挫搗：
100粒未成熟的綠殼英國核桃
核桃仍舊柔軟到可以用針刺穿，接著跟以下材料一起裝入瓦甕：
2夸特醋、6盎司鹽
覆蓋、搗碎並靜置8天，期間每天都要攪拌一下。瀝出汁液，跟著以下材料一起放到一只搪瓷或不鏽鋼材質的鍋子裡：
4盎司剁細碎的鯷魚
12根青蔥碎末或1片蒜瓣碎末
1/2杯磨碎的新鮮辣根
各1/2小匙的肉豆蔻乾皮、肉豆蔻、薑、整顆丁香粒及胡椒子
蓋鍋，將以上混合物加熱到沸騰，然後溫和沸煮約40分鐘。接著過濾、冷卻並加入：
2杯波特酒
將以上混合物倒入消毒過的玻璃瓶，用軟木塞塞好，軟木塞處要蠟封，就存放在陰涼乾燥的地方。

伍斯特郡辣醬油（Worcestershire Sauce）（約5只半品脫罐）

將以下材料放入1只壺中：
1夸特蘋果醋
6大匙上一食譜的核桃番茄醬
5大匙鯷魚油或2盎司剁細碎的鯷魚
些許紅辣椒粉
1小匙鹽
1大匙糖
塞上軟木塞存放2星期，每天要搖晃4次。接著，過濾混合物並裝入消毒過的瓶罐中，用軟木塞塞緊，儲放在陰涼的地方。

關於蔬菜的發酵

蒔蘿醃瓜、德式酸菜及一些橄欖，在發酵過程中會各自發展出獨特的風味。蔬果在低於十五・五度以下的環境中可能完全無法發酵；蔬菜要是採未冷藏的鹽泡法，在十五・五度到十八・三度之間做出的成品品質最佳，發酵時間為四到六星期不等。為了安全起見，食物一定要完全泡在醋液或鹽水中。在室溫下（二十一度到二十四度）快速醃漬蔬菜要花三到四星期的時間，如此做出來的醃漬物是不錯，但仍舊比不上在更低溫環境下的成品風味。若是醃漬環境

超過二十七度，醃菜就會太軟或是腐壞。叮囑：發酵的過程中，食物要是變軟或黏滑或是出現異味，請按334頁的說明，一口都不要嚐就馬上丟棄。

所有泡鹽水的食物一定要加重鎮壓，才不會浮上來而得以發酵完好。有個相當簡易的加重方式可以用於長期鹽泡，就是把一只冷凍專用的可密封大塑膠袋套入另一只塑膠袋內，內袋裝入醃漬鹽水，再將兩只袋子密封好，就壓放在瓦甕裡的食物上頭（袋子裝鹽水而不裝水是很重要的，因為要是袋子有滲漏或破裂的狀況，流出的液體才不會稀釋掉鹽水）。外加的重量要重到足以把食物沉入鹽水一吋到二吋的深度，而且袋子一定要能完全覆蓋並潛沒食物，這樣才不會產生浮渣。

如果不用填物的塑膠袋，就以乾淨的濕棉布或棉紗布蓋好食物，布邊要沿容器的側邊塞好，布的上頭放上一只潔淨的乾盤子——大小應該正好可以放入容器內。再準備幾個裝滿乾淨水的瓶罐並蓋緊蓋子，壓放到盤子上。每天要檢查是否出現浮渣，有的話，就從表面或沿著瓦甕內壁撈掉。

攪拌或取出醃漬物的時候，只使用塑膠、矽膠、木頭或不鏽鋼等材質的工具以做為防護措施——而且要用鉗子而不是你的雙手。理由是即便最乾淨的雙手，也可能會散播細菌。置於室溫下的瓦甕要用潔淨的厚浴巾加以覆蓋，如此就可以杜絕灰塵、昆蟲和其他的污染源，而冰箱中的容器最適合使用可以緊蓋的厚蓋子來保護醃物衛生。

甕缸蒔蘿醃瓜（Crock-Cured Dill Pickles）（約3只1夸特瓶）

縱然醃瓜要完全醃好可需要等上幾星期的時間，而在醃泡了一星期時，我們稱之為「新醃瓜」（new dill），對於有些醃瓜而言，這時候的風味可是最棒的。這份食譜可以填滿1加侖的甕缸，加些葉片可以增加醃瓜脆度，但這不是不可或缺的材料。請閱讀關於醃漬的說明與上述「關於蔬菜的發酵」。

清洗：

4磅4吋長的醃用黃瓜

從果頂切下1/16吋，而留下1/4吋的莖柄。清洗並拍乾：

（8杯未噴灑農藥的葡萄或櫻桃的葉片）

4到6小枝蒔蘿

清洗以下材料，再削皮、切薄片：

2到6片大蒜瓣

量出：

1大匙到1/3杯混合醃漬香料，分量多寡視口味而定

如果有放葉片的話，就跟著黃瓜、調味料一起鬆疊放入1加侖的甕缸內，黃瓜之間要留些空間來讓空氣流動，而第一層和最後一層都是葉片和調味料。在一只大碗內混合以下材料，攪拌到鹽溶解為止：

8杯水

1/2杯醃漬鹽或罐頭用鹽

1/4杯蘋果醋

就澆到黃瓜上頭，放上重物壓沉並覆蓋甕口。接著，每天都要檢查是否出現浮渣，而且每2到3天要攪拌一下，等到過了1星期就試試醃瓜是否符合自己的口味。

新醃瓜——黃瓜顏色從鮮綠色轉成暗沉的黃綠色時，就代表可以了——應該要密實地裝入消毒過的熱壺罐內，用鹽水淹覆並送入冷藏。完全發酵的醃瓜放入缸甕冷藏的話，可以保存4到6個月。冷藏的醃瓜若是出現任何表面浮渣或發霉的話，一定要迅速移除，不然很快就會腐敗。

將鹽水倒入平底深鍋，緩緩加熱煮沸，再沸煨5分鐘。將醃瓜裝入熱瓶裡，倒入熱鹽水，留1/2吋頂隙，見「保存醃菜」，品脫罐加工製罐10分鐘，夸特瓶15分鐘。

德式酸菜（Sauerkraut）（約1夸特）

居家醃漬的德式酸菜跟工廠生產的大不相同，不但吃起來相當美味，做起來更是挑戰十足。一次只做5磅的甘藍。請閱讀關於醃漬的說明與上述「關於蔬菜的發酵」。

去除以下材料的外部菜葉，在冷水下沖洗乾淨並瀝乾：

5磅硬實的熟甘藍——除了皺葉甘藍以外，任何品種皆可

切分4等分，去除菜心，碎切甘藍，跟著以下材料一起放入大碗：

3大匙醃漬鹽或罐頭用鹽

混合均勻，靜置數分鐘以使甘藍萎軟一些（這樣比較好裝瓶），接著就均勻紮實地放入陶石材質的甕缸或是其他適合的容器，用湯匙壓到汁液上升到表面的高度為止。要是汁液在擠壓後沒有升高覆蓋過甘藍碎絲的話，就用以下材料調配鹽水：

每4杯水要配加1又1/2大匙醃漬鹽或罐頭用鹽

將調好的鹽水煮到沸騰、靜置冷卻，再倒入甕缸裡，如上一則食譜所述，放上重物壓沉並封好甕口。隔天如果出現氣泡的話，就代表開始發酵了。每星期要檢查甘藍一到兩次，倘若出現浮渣的話，要馬上撈掉，不然甘藍會因而敗壞。發酵3到6星期期間，一旦沒有再出現氣泡，即是發酵完成。

將完全發酵的德式酸菜儲存在封口的壺罐內並放入冰箱，只要甘藍一直完全浸泡在汁液中，可以保存數月之久。若想放久一些，就要慢慢將甘藍和汁液煮沸，期間不時攪拌，之後把甘藍緊實裝入熱瓶罐，倒入熱鹽水，留1/2吋頂隙，見「保存醃菜」，品脫罐加工製罐10分鐘，夸特瓶15分鐘。

鹽醃黑橄欖（Salt-cured Black Olives）（1磅橄欖約可做出1品脫）

你可以先沖掉橄欖上的一些鹽分，再端上桌享用。

將一口板條木箱鋪上乾淨的粗麻布，安放在帆布上（碰到橄欖的深色單寧是會給染色的）。清洗以下材料，然後仔細拍乾：

未醃漬的小顆熟透深色橄欖

在箱內排放一層橄欖，接著撒上一層：

食用級岩鹽

岩鹽要正好覆蓋橄欖，繼續交錯疊放橄欖和岩鹽，最後一層鋪蓋的是岩鹽，用帆布覆蓋箱子，放到明亮、通風但遠離充足陽光的地方靜置24小時。

期間，每隔一、兩天，就手戴橡膠手套來溫柔混勻橄欖和鹽——如果沒有照著做的話，橄欖是會腐壞的。約等4到6星期的時間，橄欖就醃漬完成了。

將橄欖從鹽堆中取出，並刷掉大部分沾

黏的鹽粒（不要把鹽全部洗掉，因為殘留的鹽粒可以醃漬橄欖）。將橄欖裝入消毒過的瓶罐，見「保存醃菜」，每瓶罐再放入：

（1片新鮮月桂葉）
（按口味適量的白胡椒）
橄欖油，用來淹覆橄欖
即可密封儲放在陰涼的地方。

醃辣椒（Pickled Peppers）（約7只1品脫罐）

請閱讀關於醃漬的說明與上述「關於蔬菜的發酵」。

香蕉辣椒、匈牙利辣椒和墨西哥辣椒（jalapeño peppers）非常適合用來做這款醃辣椒。料理辣椒時要戴上手套，不然的話，碰過辣椒的手在碰觸臉龐之前，要先用肥皂和水完全洗淨。

清洗：
4磅紅色、綠色或黃色的長辣椒
3磅紅色和綠色都有的甜椒
放入滾水汆燙或是用平台烤爐烤炙到果皮鬆脫，就待冷卻剝皮。小辣椒可以整條不切，可是每根都要鞭拍弄平到裂開2到4個開口；大辣椒切4等分。將辣椒裝滿熱品脫罐，留1/2吋頂隙。在一只大平底深鍋混合以下材料並加熱煮沸，然後調降火候沸煨10 分鐘：
5杯蒸餾白醋、1杯水
4小匙醃漬鹽或罐頭用鹽
2大匙糖、2片剝皮的蒜瓣
拿掉蒜頭，即可將上述的熱醃漬汁液倒到瓶裡的辣椒上，留1/2吋頂隙，見「保存醃菜」，加工製罐10分鐘。

關於酒釀物

烈酒（酒精飲料）如同醋液一樣，基本上就是藉由擊敗損壞物來保存食物。用烈酒醃泡的水果可以舀到冰淇淋上頭，或是用來搭佐布丁或糖煮水果。糖漿過濾後就裝入瓶子，用來增添水果和點心的風味，當然也可以倒入甜酒杯中啜飲。儘管白蘭地或是蒸餾水果酒傳統上是來自海外，但在美國境內實在沒有理由捨棄波本威士忌不用，以下列出了三種烈酒醃漬水果的方法。

縱然這裡是以桃子、櫻桃和杏桃為例，但全顆的小李子和去皮小梨子都能做出風味獨具的醃物。不過，無論是何種水果，醃製後的顏色都會加深；這並不意味過程中出了什麼差錯。水果可以留住風味約一年之久，之後才會逐漸褪味；烈酒實際上是可以永久保存的。因為這些混合物都含有酒精成分，所以盛裝的瓶罐不需要消毒，但還是要細心清洗乾淨，這麼一來，在滾水中燙煮或浸泡也就無妨了。涼冷的儲藏溫度是絕對必要的。

酒釀桃（Brandied Peaches）（1磅桃子約可做出1品脫）

請閱讀上述「酒釀物」的說明。
秤重：
成熟的小顆硬桃子
在一只大平底深鍋內混合以下材料來調製糖漿，其為每磅水果的用量：
1杯糖、1杯水
桃子洗淨去皮；全顆不切分。將桃子放入糖漿沸煨5分鐘，就用漏勺把桃子舀入熱品脫罐，留1/2吋頂隙。每只瓶子都倒入：
2到4大匙白蘭地
煮沸糖漿，再倒到瓶內的水果上頭，留1/2吋頂隙，見「保存醃菜」，加工製罐15分鐘。儲放在陰涼的地方3個月，再開封食用。

酒釀櫻桃（Brandied Cherries）（1磅櫻桃約可做出1品脫）

這份法式食譜記載了最早醃漬夏季水果的方法。
請閱讀上述「酒釀物」的說明。
將以下材料的梗剪短到1/2吋，然後洗淨、量重：
飽滿成熟的甜櫻桃
每1磅水果，要量配：
堆尖的1/2杯糖
將水果和糖疊放在品脫罐中，留1/4吋頂隙，用以下材料填滿瓶罐：
白蘭地、櫻桃白蘭地、覆盆子白蘭地、義式渣釀白蘭地、伏特加或波本威士忌
蓋緊瓶蓋，包上牛皮紙，靜置在陰涼的地方7到8星期，才開封食用。醃漬的第1個月，偶爾就要來回搖一搖瓶罐，這有助於糖的溶解，味道也可以分散均勻。

酒釀杏桃（Brandied Apricots）（1磅杏桃約可做出1品脫）

這些水果有著淡淡的白蘭地味道，這是因為使用的是加水稀釋過的白蘭地，所以在儲放前就一定要破壞潛在的污染物。稍微烹煮一下水果，就裝滿瓶罐並放入沸水製罐鍋處理，324頁。倘若你喜歡較強烈的酒味，糖、水比例為每1杯水配1又1/2杯糖。水煮水果後，糖漿要沸煮濃縮到楓糖漿的黏稠度，接著用同等分量的糖漿和白蘭地來淹覆水果。請閱讀「酒釀物」的說明。
清洗、量重：
大小一致的熟硬杏桃
汆燙去果皮。用一只大型的厚平底深鍋混合以下材料來調製糖漿，其為每磅水果的用量：
1杯糖、1杯水
煮沸糖漿，並攪拌到糖溶解為止。加入杏桃繼續慢煨沸煮，煮到以細串針插入測試時有點變軟即可，約5分鐘。用漏勺將杏桃舀入熱品脫罐中，接著把熱燙的糖漿倒到水果上頭，要倒到瓶罐的3/4滿，再加入以下材料，留1/4吋頂隙：
白蘭地、櫻桃白蘭地、覆盆子白蘭地、伏特加或波本威士忌
製罐處理10分鐘，432頁。儲放在陰涼的地方至少1個月，才可開封食用。

了解你的食材

Know Your Ingredients

當代廚師面對著寬廣豐富的資源——我們現在比從前有著更多材料可供烹煮。就如食譜指示使用香草、紅椒或草莓，即使是冬令時節，我們也不會慌亂，我們知道走路或開個短程車程就能買到這些材料。大宗出產的商品現在可說是個蘊藏更多選擇的寶庫：不論你想要怎樣的牛奶、豆子、堅果、調味草本植物、起司、巧克力或奶油——全脂、低脂、脫脂、乾燥、新鮮、罐裝、切碎、烘烤、撕切成絲、研磨、切片、為你混入某種更好的東西、調淡、軟化或替代？只要開口詢問就買得到。

這些可能性該如何配合你的廚房呢？怎樣的品質讓這些發生效用，而你又必然需要補充些什麼呢？你該如何混搭、匹配而獲得成功呢？

許多最基本的烹飪材料都是如此為人所熟悉、如此經常為人所用，以至於人們將它們的特點視為理所當然，甚至經驗豐富的廚師也是如此，而這些特點更是常常被初學者忽略了。然而，做出一手好菜的祕訣，大半在於全然了解尋常和不尋常的材料的反應。我們在這裡聚焦在關鍵要素——從水到氣候——來檢視這些要素對烹飪過程的影響。掌握了本章和關於烹飪方式與技巧，624頁的知識，加上在適當時機以箭頭標記資訊並與我們的食譜互作索引，我們可以向你保證，你將一步一步地成為一位更棒的廚師。

| 了解味道和調味 |

「調味以便得到滋味。」這樣一個經得起時間考驗的指引方向果真激勵了一位廚師的誕生！我們知道調味品、香料、調味草本植物和佐料可以補充強化食物的滋味，不過是我們的味覺才完成了食物的饗宴。味覺是如何完成這一切的呢？味覺解剖學分野了五個基本味覺：甜味、酸味、鹹味、苦味和鮮味（umami，這個獨特味覺是在一九〇八年首次命名，通常是用來描述鹹甘味和肉味）。當我們品嚐東西時，東西會很快就經過味蕾和舌頭，很快地如琶音或和和弦般產生了一連串味道。當我們年幼時，棒棒糖是吃起來最甜的時候——這並非是沒有道理的，主要是因為感覺會隨著年齡增長而遲鈍，而年幼時的味蕾是比較敏感的。我們不僅被告知要快速嚥下藥物，我們也會將藥物冰過再服用以便減輕衝擊。在另一方面，為了能夠嚐到正常的甜度，我們會在冰凍的冰淇淋裡添加比溫食還要來得多的糖。當我們在吞下糖之前會先含一小口在嘴裡，這也會釋放出較多甜味。熱則似乎會影響酸度和鹹度：啜飲滾燙的茶水時，檸檬似乎比較不酸，熱湯比冷湯喝起來較鹹。因此，判斷調整鹽巴分量的最佳時刻，就是在食物剛好低於三十七度的時候。

不過，甜味、酸味、鹹味、苦味和鮮味只是味覺的基礎。複雜微妙的味覺結構是建立在這五個基礎之上所帶來的愉悅感受，我們籠統地稱為「味道」，但是與這個說法更有關的是我們的嗅覺而不是味覺。不妨試著捏著鼻子來品嚐食物，你會發現，只有在從鼻腔呼出氣息時，我們才能感受到飽滿特定的味道。由於食物必然要溶解後，我們才能夠品嚐到它的獨特滋味，質地因而直接或對照地扮演著重要的角色。在液態時很明顯的味道，因為使用了黃蓍膠（tragacanth）或瓊脂（agar）等膠狀物質來做為稠化劑，該味道可能會因而鈍化而不明顯。由於含有不易揮發的成分，辣椒和薑因此讓人有些許痛苦感受，但也同時產生令人亢奮的熱麻感。相對之下，薄荷因為含有大量的薄荷醇而有清涼的效用。不同調味品會修正彼此的效用。例如，鹽可以讓糖較不甜膩且會中和酸味。如此推論，糖或醋可以減少鹹味。薑、白蘭地或雪利酒可以沖淡魚類和野禽的「腥味」或強烈味道，而帶來令人舒適的暖意。鹽、辣椒和歐芹可以做為其他味道的催化劑。貼心提醒：用餐前飲酒過度或是在用餐時抽菸，都會造成品嚐食物的整個管道變得不敏感。

調味品的歷史說來諷刺。在中古世紀時期，到東方的香料之路為兵家必爭之地，這是因為香料是讓保存不佳的歐洲食物變得美味的重要東西。時至今日，許多西方世界的食物卻受到過度精緻或人工處理，反而需要調味品才能讓食物有趣到讓人足以下嚥！味覺、香氣和質地融合了世襲和國家的偏好，彼此無盡地相互影響而挑戰了明確的分類，並且使得多數人只接受熟悉的東西。現在不妨航向無止境的迷人味覺海洋來探索新的餐點吧。

添加調味品時，一定要細心謹慎以便強化食物天然或是原有的味道。調味品的角色是帶出食物裡最好的東西，而不是猛放不合適的加料來掩蓋食材。首要且最好的調味品，當然就是在沒有添加調味品之前的食物本身內部味道，來自豐富的土壤或者是來自特別用引發味道的植物豢養的動物。例如：著名的法國海邊濕地放牧的羔羊、蘇格蘭啄食石南花的松雞，以及美國南方餵食桃子的豬隻和北方飽食杜松果或其他充滿香氣的漿果的獵禽。接下來則是受熱而突出的味道：料理到焦酥的肉品或糖衣；基本烘烤的咖啡豆和可可豆；烤過的堅果、種籽和麵包；超級珍貴的醇溶肉汁浸膏（osmazome），饕客就是這麼稱呼這種出現在豐美的肉汁的東西；以及一般慢燉細熬的混合滋味。

醬油、伍斯特郡辣醬油、番茄醬、辣椒醬和其他調味品，都可用來掩蓋或加強其他的味道。我們發現這些調味品相當適合用來凸顯味道，我們也說明了不同醬汁適用的分量組成。

最後，味道也可以受到發酵作用和細菌活動而引發出來，例如酒類和起司；那些蒸餾而來的萃取液和利口酒的味道；那些經過煙燻、鹽漬或醃泡而來的味道。強化食物的味道也可以透過純粹機械的方式：分裂或烘烤如小茴香、芫荽、大茴香、葛縷子和罌粟等種籽，可以逼出香氣來源的內部精油。在剁碎草本植物和用研缽搗碎香料時，也會出現同樣情形。手邊要備妥廚用剪刀，以便隨時快速地在食物中添加草本植物、芹菜、培根和辣椒等有味道的材料。加入未調味過或是稍微調味過的食物到調料食譜中，記得一定要在加入後再嚐一下味道。或許最重要的事情是➧小心加熱調味過的食物，像是卡宴辣椒粉、紅椒粉和咖哩等特定香料混合物很容易燒焦，有些過度加熱則會產生苦味。

| 以味底來調味 |

許多食譜都會從製作味底開始，以此來做為湯、醬汁、燉品、烤肉等餐點的基礎。這種味道混合物是烹飪時很重要的起點，在奶油、橄欖油或豬油中烹煮洋蔥、大蒜、芹菜和紅蘿蔔等富含香氣的蔬菜混合料。有些時候，這些香氣蔬菜會從油脂中取出而不會出現在烹調後的成品中──它們的作用就是用來增添油脂的味道。這些味底會因為不同的菜餚而用不同材料來做。例如大火快炒的第一步就是要用熱油炒大蒜或薑，但是在非洲有些地方卻是要用花生油和辣椒先嫩煎洋蔥和大蒜的碎末。至於經典味底的製作，請閱讀「調味蔬菜」，537頁和「西班牙蔬福利托」，568頁的說明。

酸性水（Acidulated Water）

調製微酸的水並不難，它在烹飪中有許多用途，主要是用來防止切過的水果和蔬菜在準備食物的期間產生褐變。有下列四種方式來做出酸性水：

I. 在每1夸特的水中加入1大匙蘋果醋或蒸餾過的白醋。
II. 在每1夸特的水中加入2大匙蘋果醋、蒸餾過的白醋或是3大匙檸檬汁，喜歡的話，也可加入1小匙鹽。
III. 在每1夸特的水中加入1/2杯酒。
IV. 請參閱「罐藏水果的抗褐變溶劑」，336頁、「冷凍過程抗褐變溶劑」，375頁和「防止新鮮水果褐變的方法」，349頁。

| 多香果（Allspice）|

多香果也叫亞買加辣椒（Jamaica pepper），整顆或粉末狀販賣。儘管受到一般人的誤解，但是多香果並非是香料混合物，不過在一顆紅棕色的小漿果裡，確實含有肉桂、丁香、肉豆蔻和杜松漿果的混合味道。從湯品到堅果，都可以使用多香果，單獨使用或者是混合其他香料皆可。

多香果（或稱pimento）與辣椒（也叫pimiento）的別名拼字相當接近。Pimiento是給辣椒屬（Capsicum，554頁）的辣椒名稱，而Pimento或植物學名Pimenta dioica則專指多香果。

杏仁（Almonds）

帶殼或去殼的杏仁都買得到；帶皮烤過的杏仁和熱燙去皮的杏仁也買得到。同樣可以買到杏仁片、杏仁薄片或整顆杏仁。要買飽滿光滑的果仁，帶殼的杏仁較省錢而且最新鮮。杏仁可以研磨後做成果仁蛋糕、杏仁膏和杏仁糊，或是切成薄片做為頂層加料。若要做為裝飾，請見以下說明。也可用未成熟的軟杏仁來搭配起司和酒食用。**馬可納杏仁**（Marcona Almonds）是扁平的大堅果，比一般杏仁的味道更加強烈，這種原產於西班牙的杏仁，現在已經逐漸容易取得。**苦杏仁**（Bitter Almonds）是調味用杏仁，也會用在一些經典歐洲食譜裡，可是由於含有毒的氫氰酸，在美國境內並沒有販售。不過，這種杏仁現在多經過加工後，以杏仁萃取液和杏仁口味的利口酒的形式銷售。

杏仁（含杏仁的）裝飾（Almond〔Amandine〕 Garnish）（約1/2杯）

這種可算是經典裝飾，即便是最一般的餐點也能變得閃亮。若是想讓杏仁來裝點不同的蔬菜，可以試試烤南瓜、小南瓜或芝麻籽。

在一個小煎鍋裡融化：

1/4杯（1/2條）奶油

加入以下材料，以小火炒到堅果變為淡棕色：

1/4杯杏仁片

加鹽調味

鯷魚（Anchovies）

鯷魚是種小魚，切片和鹽漬後會捲曲或平放地油漬裝罐。謹慎地加入食物中，會增添一股讓人胃口大開的味道，但是又讓人摸不清這種味道是從何而來。在一杯醬汁中加入八分之一小匙鯷魚碎丁就有這樣的作用，或者是加入八分之一小匙鯷魚醬。鯷魚醬裝在軟管中販賣，是混合了鯷魚糊、香料、醋和水的混合醬膏，如果你只會用到一點鯷魚調味的話，這就是很方便的選擇。這種醬膏味道較淡，也比鯷魚切片來得鹹，而鯷魚切片有幾種不同的使用方式。

I. 如果要加入沙拉或卡納佩或是生吃，就要先用冷水或牛奶浸泡鯷魚三十分鐘來降低鹹度。使用前要先瀝乾並以廚用紙巾拍乾。

II. 若是要用在醬汁中，鯷魚要先用溫水浸泡五到十分鐘。使用前要先瀝乾並拍乾。鯷魚有時會做為夾心鹹肉來為肉品調味★，見155頁的說明。

鯷魚青醬（Anchovy Pesto）

這是一種烤小圓麵包的塗醬。
將以下材料一起搗爛：
1份鯷魚切片
2大匙帕馬森起司粉
並混合等量的：
奶油

｜西洋當歸（Angelica）｜

這種甘草味植物的葉子可以糖漬做為點心裝飾，312頁。種籽也可以加到糕餅裡，把嫩端加到大黃或鵝莓中。

西洋當歸（植物學名為*Anglica archangelica*）可以長到四到八呎，開花後就會枯死，但是只要能夠抑制開花，即可終年生長。使用的種籽一定要新鮮、土壤要濕潤、並且種植在有蔭庇的地方。

｜大茴香（Anise）｜

大茴香具有微妙的甘草餘味。種籽可用在「大茴香酥」，132頁，提煉的油可用來為海綿蛋糕調味。試試用八角，576頁來醃西瓜皮。為了釋放出全部的風味，用研缽和磨槌加以搗爛，或者是用厚塑膠袋裝好大茴香後再用擀麵棍壓爛。

大茴香（植物學名為*Pimpinella anisum*）可以長到三呎。由於主根很長，在幼苗階段就要移植到光亮豐富土壤之處。請同時閱讀「八角」。

｜婀娜多籽或稱胭脂樹籽（Annatto〔Achiote〕）｜

婀娜多籽或是胭脂樹籽來自胭脂樹，一般常見於墨西哥、加勒比海和南美洲的烹飪中。整顆或粉末的形式都買得到。由於有黃橘色色調，學名為*Bixa orellana*的婀娜多籽多為番紅花替代物，會用來為米上色。婀娜多籽沒有味道，但是食物製造商經常以種籽的鮮明顏色來為起司和乳瑪琳添色。種籽的顏色可以用食用油來提取，在一杯植物油中加入半杯種籽，以文火沸煨十到十五分鐘。接著過濾掉種籽，將油放入冰箱冷藏可存放至一個月。

｜葛粉（Arrowroot）｜

見「澱粉」，576頁的說明。

｜烹飪用氨水（Baker's Ammonia）｜

烹飪用氨水是現代較穩定的化學酵母出現前使用的發酵劑，也稱為**碳酸氫銨**（ammonium bicarbonate）、碳酸銨（carbonate of ammonia）和**鹿角精**（hartshorn）。長久以來在歐洲被用來製作持久的酥脆餅乾，並且被製作成細粉來販售，常可從藥房或網路零售商取得。由於沒有密封緊閉收藏的話會快速揮發，因此購買小量即可。可與乾燥材料一起過篩或者是放入溫水、溫蘭姆酒或溫酒等溫熱液體中來加以溶解。不能直接食用含有烹調用氨水的生麵團或麵糊。可以用來替代餅乾和蛋糕食譜中的泡打粉和蘇打粉。

｜泡打粉（Baking Powder）｜

泡打粉是現成混合物，含有蘇打粉和多種液態反應和熱反應的酸鹽，如酒石酸（塔塔粉）（tartaric acid〔cream of tartar〕）、磷酸二氫鈣（monocalcium phosphate）、焦磷酸二鈉（sodium acid pyrophosphate）或是硫酸鋁鈉（sodium aluminum sulfate）。

現有三種主要泡打粉：雙重反應（double-acting）泡打粉、磷酸鹽和酒石酸鹽（phosphate and tartrate）泡打粉和單一反應（single-acting）泡打粉。典型來說，➡標籤都清楚標示了類型。在這些泡打粉裡，都必定含有一種酸性物質和一種鹼性物質，會對加入的液體分別產生不同的反應進而形成一種氣體——二氧化碳——而在麵團或麵糊中產生出小小的氣泡。烘焙時，這些氣泡會快速脹大麵糊，接著會因受熱而定形並產生蓬鬆質地的麵包心。在測量這些發酵劑之前，要先攪拌搗散任何結塊，接著再用乾燥的量匙來測量。

多數的泡打粉商品都是雙重反應的類型，意味著一種酸性物質會先開始作用在冷麵糊或麵團中，另外一種酸性物質會到麵糊達到某個溫度（通常是六十度）才開始反應。這兩階段式的反應確保了烘焙後期可以有額外的推力，通常可以做出較高聳蓬鬆的成品。

如果你不確定某種泡打粉的效用，➡先用一小匙泡打粉加入三分之一杯熱水來進行測試。只使用會產生大量氣泡的泡打粉。

假如泡打粉用完了，你可以動手混合自製單一反應的泡打粉：對應於食譜中指示的每一小匙泡打粉，你可以使用半小匙塔塔粉、三分之一小匙蘇打粉和八分之一小匙鹽的混合組合。加入以上的混合物後，要馬上將麵糊放入烤爐。➡不要嘗試儲藏這種混合物，儲藏後的品質都會變差。

▲由於高海拔地區的氣壓壓力降低，二氧化碳氣體脹大地更加快速，因此發酵作用更強大。正因如此，用於海平面地區的食譜的泡打粉使用量就要減少。或者是選擇特別為高海拔地區撰寫的食譜，見645頁的說明。

雙重反應泡打粉（Bouble-Acting Baking Powder）

有時指的是➡組合式泡打粉，本食譜書裡指示使用的正是這種類型的泡打粉。這種泡打粉一般使用硫酸鋁鈉和磷酸二氫鈣來做為酸性材料。它們也會在冷麵團或麵糊中開始起作用，但是要等到麵團在烤爐中受熱才會出現更大的發酵效應。

磷酸鹽泡打粉（Phosphate Baking Powder）

磷酸鹽泡打粉的酸性材料是磷酸二氫鈣或焦磷酸二鈉，或者是兩者的組合。這些材料的反應稍微遲緩，在冷麵團或麵糊中就會釋放出多數的二氧化碳，剩餘的會在烘焙時釋放出來。磷酸鹽泡打粉是不含鋁的泡打粉。

酒石酸鹽泡打粉（Tartrate Baking Powder）

單一反應的酒石酸鹽泡打粉，裡頭是蘇打粉混合了酒石酸或塔塔粉混合了酒石酸。反應時間最短，一遇到水就會立即釋放出二氧化碳。如果你使用的是這種泡打粉，要確定➡烤爐有預熱，並且混入麵糊的動作要快，如此一來，才能讓氣體不至於從麵團或麵糊中跑掉太多，讓細胞可以在膨脹的形式下受熱變硬。特別是➡不要使用酒石酸鹽泡打粉來製作在烘焙前先儲存於冰箱內的麵團和麵糊。

蘇打粉（碳酸氫鈉）（Baking Soda〔Sodium Bicarbonate〕）

蘇打粉單獨使用並不會產生發酵作用。不過，一旦與酪奶、酸奶、優格、酸鮮奶油或糖蜜等酸性材料混合使用，蘇打粉就可以做出最柔軟的麵包心。這種發泡反應是化學發酵的基礎。二氧化碳在麵糊中施力，使得麵糊在烘烤和定形之際同時膨脹。只要正確掌握時間，在澱粉膠狀化和麩質蛋白固定的期間，烘烤的東西可以同時膨脹到最大體積，如此就可以做出完全發酵膨脹的麵包或蛋糕。不過，假如麵糊過稀而無法維持發酵，會使得烘焙物在定形前就塌陷。如果發酵劑太早起作用，也會讓麵糊在固定前就塌陷。蘇打粉與酸性材料的反應跟泡打粉的兩種材料遇到液體時的反應是如出一轍的，因此蘇打粉一定要先與乾燥材料混合。單一反應發酵劑會在蘇打粉與酸性材料混到濕麵糊時就開始作用，蘇打粉會立即開始產生二氧化碳；加了蘇打粉的麵糊因此應該要盡快開始進行烘烤。

蘇打粉和酸奶或酪奶的比例一般為➡一小匙蘇打粉加入一杯牛奶和四杯麵粉。關於蘇打粉和酸奶或鮮奶油反應的更詳盡說明，見569頁。

巧克力、蜂蜜、柑橘汁和玉米糖漿的酸度並不足以做為酸性物質的唯一來源，正因如此，在一些使用這些材料的食譜中，可能會指示要同時加入泡打粉和蘇打粉。如果食譜確實如此指示，每一杯麵粉要使用約四分之一小匙蘇打粉和一小匙泡打粉。較少量的蘇打粉是用來中和酸性食材，而主要的發酵作用則是來自泡打粉。前述指示加入每一杯麵粉的泡打粉的用量，並不適用於高海拔地區的烹飪。

至於使用蘇打粉來替代泡打粉，請閱讀「替代品」，617頁的說明。

▲在高海拔地區，如同泡打粉，蘇打粉的用量也要減少，不過，有些時候則可以採用增加麵糊酸度的方式——這是高海拔地區烹飪的優勢——但是兩者的使用比率要調整，泡打粉的用量要多於蘇打粉。

| 羅勒（Basils） |

這種植物被稱為「皇家草本植物」（the royal herb或*l'herbe royale*）並不是沒有原因的，這種萬用草葉超級適合搭配番茄、魚類與雞蛋餐點，幾乎所有的鹹食也適用。羅勒切了之後會很快變黑，而且應該是在要完成餐點前才加入。如同義大利當地的方式來享用，把一小叢枝葉插入裝了水的小瓶子，放在桌上自行為食物添加味道。一定要試試「青醬★」，320頁，來搭配義式通心粉。

亞洲菜使用了各式蘿勒。多數亞洲羅勒有著類似丁香的味道，比起地中海地區的羅勒味道更強烈。泰國菜使用兩種不同的栽培品種：聖羅勒（holy basil，植物學名為*Ocimum sanctum*）和泰國羅勒（Thai basil，植物學名為*Ocimum basilicum*）。甜羅勒（sweet basil，植物學名為*Ocimum basilicum*）會長到兩呎高，不好乾燥，而乾燥時的熱度不該超過四十三度。幾天就可在水裡生根。接著要第一次降霜前就剪枝並移植到有著豐富土壤的小盆栽裡，否則會凍死柔軟的新葉。冬季時，相當值得在手邊至少一盆羅勒，可以植物再發之前供給新鮮羅勒的滋味。矮生灌木羅勒（dwarf bush basil，植物學名為*Ocimum minimum*）高度不會超過一呎，味道最甜也最溫和，最適合溫室栽培。

關於將羅勒細切或切成如緞帶般的碎條的方法，請閱讀672頁的說明。想做羅勒油★的話，見352頁。

| 月桂葉（**Bay Leaves**）|

不論是新鮮或乾燥的月桂葉，都要謹慎使用——不要在加到鍋子前就把葉子弄碎或弄爛了；整片使用會較易清除。月桂葉不僅可以用做填餡，也可以加到高湯、醬汁和醃泡品裡；用來調味烹煮中蔬菜和肉類；和做成混合香料。可以在八月乾燥月桂葉。➠可食的月桂樹（bay laurel tree，植物學名為*Laurus nobilis*）的葉子挫碎後香氣濃郁，千萬別把它跟花園裡的有毒桂櫻（cherry laurel，植物學名為*Prunus laurocerasus*）或稱英國月桂樹的葉子搞混了，後者含有氫氰酸或氫化物。市面上最常販售的是加州月桂樹（California laurel，植物學名為*Umbellularia californica*）的月桂葉，跟月桂樹的味道相近但是較為強烈。➠烹飪過程完畢時，一定要將月桂葉移除。

| 山毛櫸堅果（**Beechnuts**）|

真是好吃的堅果——不過你可能要先打敗松鼠和冠藍鴉（blue jay）才拿得到。山毛櫸堅果並沒有做成商品販售。

| 豆豉醬（**Black Bean Sauce**）|

用大豆做成的醬，這是很多中國菜的必備材料。你可以買得到用整顆豆子做成的有獨特質地的醬，也可以買得到用豆粉做成而感覺較鹹的醬。各式的豆豉醬都可以無限期的密封冷藏。

| 柴魚片（**Bonito Flakes**）|

又名鰹魚乾片（katsuobushi）或煙燻魚花（smoky fish flakes），柴魚片是乾燥、鹽漬和發酵過的木魚花。這是加入肉湯調味的日本食材。柴魚片可以無限期地保存在食品儲藏室中。

| 月見草（**Borage**）|

只有新鮮的月見草才適合烹飪；乾掉後的月見草味道就消失了。當你想要為湯品、魚醬或沙拉添點小黃瓜的味道，就可以適量加入這種有絨毛的葉子。選用藍色星狀的花，可以在潘趣酒或檸檬水中優雅地飄浮，或者是做為裝飾之用。嫩月見草可以如同菠菜般烹煮。植物學名為*Borago officinalis*，月見草會自體播種（self-seed）而在來年夏季再次生長，就算是在貧瘠的土壤上也可以長到二又二分之一呎高。

｜混合香料（Bouquet Garni）｜

混合香料組合了調味草本植物和蔬菜，有時也會加入香料，會用棉紗布綑紮或者是用線繩綑綁，然後再加入湯品、高湯和醬汁中調味。食用前要先移除。

I. 將以下材料捆束在一起：

3到4小枝歐芹

1/3到1/2片月桂葉

2小枝百里香

（1根細香蔥，只使用白色部分）

（2粒丁香）

為了方便移除，你可把以上材料放在以下材料的中間：

（幾根疊放的芹菜梗或細香蔥葉）

然後再以廚用線繩緊緊捆綁。

II. 如果你無法取得新鮮的草本植物，就使用乾燥的產品，粗略弄碎即可，不要弄成粉末，接著就用4吋大小的方形棉紗布綑紮做成香料袋。用可密封的保存盒可存放至1個月。

用以下材料做成12袋：

2大匙乾燥歐芹

1大匙乾燥百里香

1大匙乾燥馬鬱蘭

12片月桂葉

2大匙乾燥芹菜葉

｜巴西果（Brazil Nuts）｜

巴西果是體積大且長的堅果——是腰果或杏仁的兩倍大。可以整顆食用，或者是將這種大果仁切片，用冷水浸泡去殼的巴西果，緩慢地煮沸後，再沸煨五分鐘。瀝乾後，可以縱切或用蔬菜切片器切成捲曲狀。你可以用預熱至一百七十五度的烤爐來烘烤切片約十二分鐘。

｜麵包碎屑（Bread Crumbs）｜

閱讀食譜時，要看清楚使用的是哪種麵包碎屑。注意要的是乾燥的、新鮮的、烘炒過的或加了奶油的麵包碎屑，不同的碎屑會讓成品有不同的風味。搗細碎的餅乾碎屑、蛋糕碎屑或玉米片、以及玉米或馬鈴薯片碎屑，這些有時可以代替裹麵包衣和焗烤，461頁的麵包碎屑。將麵包末端或剩餘的麵包切片存放在冷凍庫裡，等到要製作碎屑（或脆麵包〔croutons〕）再從冰箱取出。

焦酥或奶油麵包碎屑

使用乾燥麵包碎屑，見下文說明。用鹽調味，每一杯麵包碎屑要加入半小匙鹽。用四分之一杯（四大匙）奶油來慢慢炒到焦酥。要一次用畢。你也可以用一點碎的熟培根、碎堅果、起司粉、調味草本植物粉或碎片、大蒜或洋蔥粉、鹽或胡椒粉來調味。炒到麵包碎屑完全吸收了奶油且呈金棕色即可。

乾燥碎屑

乾燥碎屑是以乾燥的麵包、玉米麵包、餅乾或蛋糕做成的。假如麵包或蛋糕尚未充分乾燥，在製作碎屑前，要先放在一只烘烤淺盤並送入預熱至九十度的烤爐烘烤到鬆脆，約一到二小時；但是不要烤到變色。倘若只做小量碎屑，就用手動旋轉研磨器（如圖所示）來研磨，或是用食物調理機以脈衝速度處理幾次來研磨出想要的質地。或者，裝入一個可密封的袋子後，以擀麵棍或木槌碾碎成碎屑。要烘烤碎屑時，先鋪在一只烘烤淺盤上，以預熱至一百九十度的烤爐烘烤十到十五分鐘。➡測量乾燥碎屑的方式跟糖一樣，581頁，用湯匙舀入量杯中，用刀背將頂部抹平。裝入密封儲藏盒中，然後要存放在涼爽乾燥的地方。

以手動旋轉研磨器製作麵包碎屑

日式乾燥麵包碎屑（麵包糠〔Panko〕）

麵包糠是日式乾燥麵包碎屑，可購自專賣店或亞洲市場。這種碎屑的質地粗糙，極適合做為較大的酥脆碎屑來裹覆食物。假如無法取得麵包糠的話，餅乾碎屑或梅爾巴薄片土司（melba toast）碎屑是不錯的替代品。

柔軟或新鮮的麵包碎屑（Soft or Fresh Bread Crumbs）

用新鮮的麵包來製作這種碎屑。你可以用手指輕輕弄碎麵包，不過，為了讓這種碎屑保有適當的鬆軟質地，較安全的方式是以叉子謹慎地把麵包扯開，或是用食物調理機以脈衝速度處理到想要的質地為止。➡測量柔軟麵包碎屑時，要鬆散地放入量杯中；千萬不要壓實，除非是食譜指示要將這些新鮮碎屑浸泡到水、牛奶或高湯後再瀝乾使用。當碎屑自然地扎實之後，一次使用完畢。➡一片麵包可以做出約半杯新鮮碎屑。

| 將食物拌裹麵包衣、麵粉和碎屑（Breading, Flouring, and Crumbing Foods）|

當以麵粉或碎屑**撒裹**（dredging）或輕裹食物時，或者是用更繁複的「束縛」來裹覆食物，要記得的要點就是➡你要的是薄平、均勻和沒有破裂的黏著裹衣。食物應該是在約室溫溫度並且要➡乾燥。裹覆魚片、蝦子、肉類或任何有濕表面的食物時，最基本的就是要把食物拍乾，才撒裹或拌裹外衣。

要將食物簡易地拌裹麵包衣時，➡要使用麵粉、麵包細屑或粗玉米粉。粗玉米粉可以做出最結實的裹衣。假如不是太脆弱的食物，只需把小量的裹覆材料裝入紙袋或塑膠袋中，並放入要搖晃裹覆的食物。你會發現這是相當均勻、快速且經濟的裹覆方式。或者是參閱下面關於準備「調味過的麵粉或碎屑」的說明。

為袋中的食物裹覆外衣

焗烤（Au Gratin）

在美國，「焗烤」一詞總是讓人聯想到起司。然而，這個詞指涉的可以是任何輕少但完整的頂層加料，材料是用品質新鮮或乾燥的麵包碎屑或均勻搗碎的玉米片、餅乾碎屑、或在扇形焗烤或砂鍋菜的堅果細粉。這些焗烤餐點通常是結合了煮過的貝類、魚、肉、蔬菜或蛋，用一種醬汁把這些材料混在一起，並且就在烹煮的碗盤中食用，通常會放入烤爐或在高架烤爐下焙烤到呈現出酥脆的金黃外皮。把砂鍋盤或烘烤淺盤放置在一張鋁箔紙上頭，鋁箔紙的亮面要朝下以便偏轉熱能，或者就放置在一只烘烤淺盤上。

I. 撒上：

乾燥麵包碎屑

在食物上覆蓋薄薄的一層。用175度到190度的烤爐烘烤出酥脆的金棕色外皮。或者，把盤具放入預熱的高架烤爐下距離熱源3吋之處。

II. 放上：

乾燥麵包碎屑

（紅椒粉——每杯約1/2小匙）

一點奶油

在食物上蓋滿薄薄的一層。用175度的烤爐烘烤出酥脆的金色外皮。或者，把碗盤放入預熱的高架烤爐下距離熱源5吋之處。

III. 將食物完全裹覆：

乾燥麵包碎屑

（紅椒粉——每杯約1/2小匙）

一點奶油

切達起司粉、羅馬諾起司粉、帕馬森起司粉

用預熱175度的烤爐，或者是放入預熱的高架烤爐下距離熱源5吋之處，烘烤出酥脆的金色外皮。

綑裹麵包衣或裹覆物

這種裹覆方式特別適合平鍋油煎或深油炸的食物，可以做出比乾燥碎屑更黏著的麵包衣。

先從把食物擦乾開始。在一只淺碗裡放入：

調味過的麵粉，如下文

在第二個淺碗裡混合：

1顆輕打過的雞蛋

2到3小匙水或牛奶

（2小匙植物油）

用湯匙攪拌均勻，輕打10到12下。不要讓雞蛋發泡，否則裹覆會不均勻。在第三個碗裡放入：

3/4杯麵包衣的調味麵包碎屑，如下文，或其他碎屑

把每個食物都撒裹上麵粉：如下圖所示，在雙掌間輕輕來回拍擲一下，在整個上頭輕拍一下，並且甩掉多餘麵粉。接下來只用或只「弄髒」一隻手來把沾裹麵粉的食物浸過雞蛋混合液，要確實裹覆整個表面；並讓多餘汁液滴落。然後就用同一隻手將食物放入鋪有碎屑的碗裡，讓碎屑裹覆食物的所有邊緣和較大的表面。假如你發現有沒有沾黏到碎屑的地方，就在上頭撒上一些碎屑。輕拍掉多餘碎屑，這些可能會很快脫落並且烤得焦酥而使得炸油變色。➡煎炸前要先放在支架上乾燥約20分鐘。➡油炸前別讓食物受冷，食物可能會因此而吸收過多油脂。

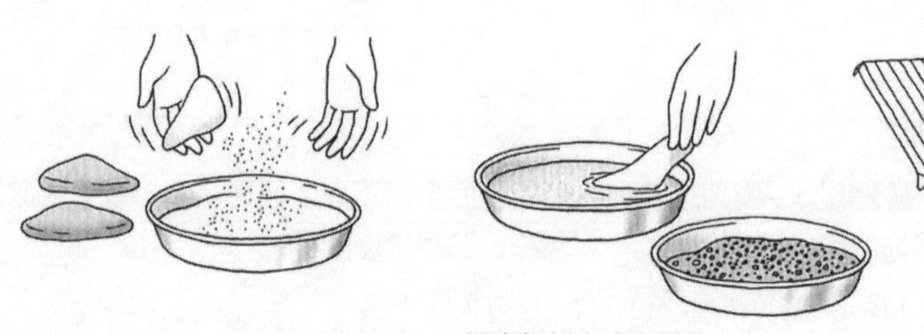

綑裹麵包衣或裹覆物

調味麵包衣的麵粉或碎屑

I. 混合：

1杯中筋麵粉、乾燥麵包細碎屑或玉米片細碎屑

1小匙鹽

1/4小匙黑胡椒或1/2小匙紅椒粉

（1/8小匙薑粉或肉豆蔻碎粒或肉豆蔻粉）

II. 混合：

1杯乾燥麵包細碎屑、玉米片細碎屑或餅乾細碎屑

3大匙磨碎的帕馬森起司粉
1/2小匙乾燥草本植物，如百里香、羅勒、細香蔥、香薄荷或香艾菊或是些許迷迭香

鹵水（Brine）

把鹽溶解於水就做成了鹵水；鹵水在烹飪上有兩個用途。鹵水可用來浸漬蔬菜，讓食物釋出天然糖分和水分，可因此防止腐壞細菌產生。鹽漬食物效果最強的，大概是加入**百分之十鹵水**，這是把一杯半醃漬鹽加到一加侖的水中，或者是把六大匙鹽加到一夸特水裡。鹽泡過程中，水果和蔬菜會釋出更多水分，鹵水因而會變淡。記得要把總計二加侖的百分之十鹵水和足夠食物裝到四加侖的瓶罐中。➡測試百分之十鹵水的經驗法則，就是鹵水可以浮載一顆二盎司的大雞蛋，蛋殼會剛好浮出鹵水表面。

鹵水也可以讓豬肉、家禽和貝類更加多汁濕潤。比例是一杯精製食鹽或二杯猶太鹽加入一加侖水，若是要較小量的鹵水，比例就是四分之一杯精製食鹽或半杯猶太鹽加入一夸特水。➡將食物裝入塑膠或玻璃材質的器皿中，用鹵水覆蓋，**豬排**要浸泡四小時，**超大的蝦**要浸泡三十分鐘，**火雞胸肉**要四到六小時，**全雞**要三到四小時，碎**雞塊**則要浸泡兩小時。浸泡後的鹵水要丟棄。想獲知更多資訊，請閱讀「關於把家禽泡鹵水★」，88頁的說明。

地榆（Burnet）

地榆有時也稱做沙拉地榆——事實上，義大利人認為沒有地榆的沙拉較像是沒有女人的一場愛戀。這種草本植物有著強烈的小黃瓜般的味道。地榆無法妥善乾燥，但是冬季時可以在花園裡生長得綠意盎然，因此需要時再摘取使用即可。要摘取中間部分的葉子；較老的葉子吃起來過硬且苦澀。使用葉子部分，或者是用醋浸泡種籽後再用在沙拉上。地榆是耐寒的終年長青植物，可以長到兩呎高，植物學名為*Poterium sanguisorba*，跟蕨類植物的習性相近，很容易種植在有陽光、排水良好的土壤上。

奶油（Butter）

本書裡的許多食譜都要使用**無鹽甜奶油**——A級奶油是以甜鮮奶油做成而不加鹽的奶油。有些食譜裡的奶油用量的指示是以分量範圍來標示，若是如此情形，較少的用量就會有很好的效果，而較多的用量則可能會做出最棒的成品。

所有奶油都是以新鮮鮮奶油做成。在美國，法律規定至少要含有百分之八十的脂肪，較豐美或歐式奶油則會含有高達百分之八十六的脂肪，剩下的百分之十四到百分之二十的內含物則多為水和一些乳固形物。有時會為了調味或保存目的而加入少量的鹽。**有鹽奶油**可以購自商店或自行以甜鮮奶油或酸鮮奶油製作。由於額外添加了鹽，有鹽奶油的保存期限比無鹽奶油要長，但是鹽也同時稍微改變了奶油的原味。雖然鹽的內容物會因為品牌而不同，一條有鹽奶油一般含有八分之三小匙鹽。除了製造商有時會添加顏色之外，奶油其實都是相當蒼白而不是我們慣常看到的溫暖的「奶油黃」。

為了符合食品商標的規定，所謂**低脂（light）或「清淡」（lite）奶油**的脂肪含量會比一般奶油少百分之五十。由於含有較高比例的水，低脂奶油只適合拿來塗抹而並不適用於烹飪或烘烤上。

將讓酪奶產生光滑濃稠度和香味的相同細菌加入鮮奶油，就可做成**發酵奶油（cultured butter）**。

添加的培養菌通常是乳酸菌，會讓鮮奶油發酵到剛好可以出現一點微酸的味道，有一些則有更強勁的獨特風味。

發泡奶油（whipped butter）則是在打入氮氣或空氣到奶油中而同時打到發泡，通常會打入最多總體積的百分之六十——一杯發泡奶油的重量是一杯傳統奶油的三分之二。不過，以重量計算，依舊有百分之八十的脂肪含量。

奶油包裝上有時會加上「乳品廠」（creamery）的字樣，這是指奶油被送到乳品廠加工期間的剩餘物。這個字樣現在並沒有表示任何顯著標準或類型——只不過是為了強調食品安全罷了！

➡所有奶油都應該要儲存在冰箱裡，要密封以便防止奶油吸入其他食物的味道。從店裡買來的有鹽或無鹽奶油，最好是在包裝標示日期的一星期內食用完畢。你可以冷凍奶油至多六個月。

存放在室溫下的奶油會腐臭掉。市面上有特別為奶油而設計的儲藏盒，也就是奶油盅（butter bell）或奶油保存罐（butter keeper），讓奶油可以在室溫下保存較長的時間。使用時，要把奶油裝入蓋杯中，並在底杯加入一吋的水。當蓋杯裝到底杯時，裝入的水就會產生密閉的效果而使得奶油不需冷藏就能保持在比較新鮮的狀態。

➡一磅奶油等於兩杯的分量。當每磅奶油包裝成條狀或是四小塊時，每一條奶油等於八大匙或半杯的分量。

若要替代奶油或其他脂肪，見486頁的說明。雖然這些替代物在烹調的效用都還不錯，但是就不盡然會與奶油有相同味道和營養成分。至於調味奶油★，請見304頁的說明。有關堅果醬★的說明，則見301頁。

攪拌奶油

多數人都會漫不經心地用電動攪拌器或果汁機來把小量鮮奶油做成奶油。我們甚至可能會有節奏地模仿8字形的動作來翻打一盒鮮奶油。想做出較大量的奶油，就要使用攪乳器，而且整個製作過程中要保持鮮奶油的溫度在十三度到十五度之間。較高的溫度會做出滑溜的濃稠度；較低的溫度則會做出易碎油膩的成品。一加侖的濃鮮奶油應該可以做出三磅奶油。

要使用至少含有百分之三十脂肪的鮮奶油，裝入消毒過的攪乳器，裝到三分之一到一半的量。根據製作分量多寡，奶油應該會在攪拌十五到四十分鐘之內「做好」。我們經常到一位鄰居家中看她攪製奶油，讓人訝異的是在天氣轉壞或暴風狂作的時候製作過程就會拉長許多。在攪拌的頭一半時間中，鮮奶油通常會依舊呈現泡沫狀，隨著時間流逝，鮮奶油會開始變得像是玉米片粥，此時要小心進行，接著變成玉米粒的大小，即可停止攪拌，將液體瀝出並測量瀝出的液體或是酪奶的分量。用與你瀝出的酪奶等量的水量來清洗奶油兩次，水溫約介於十度到二十一度間。如果你想在奶油中加鹽，每一磅奶油要加一小匙半的鹽。用濕的攪拌槳把鹽切拌到奶油中。以模具塑形或形塑成條狀，接著就以用羊皮紙或箔紙包裹起來。至於儲存部分，見上述「奶油」的說明。

澄化或融製奶油（Clarified or Drawn Butter）

澄化奶油是除去其中的水分和乳固形物，保存期限比奶油約長三倍，用嫩煎等高溫烹飪法處理時不會燒焦，並且散發出一種純粹乾淨的味道。想做澄化奶油的話，請見302頁的說明。冷藏過的澄化奶油會出現顆粒感。澄化奶油不該用來塗抹而只在烹調上使用。

印度酥油（Ghee）是印度菜和南亞菜所使用的主要油脂，由於烹煮的時間比澄化奶油來得長，奶油中的乳固形物因而會呈現淡棕色並散發出堅果香。原本就是沒有冰箱的溫暖氣候地區的主要產品，印度酥油可以用密封儲存盒存放在冰箱中至六個月到八個月。因為比澄化奶油更為精製，印度酥油的烹煮發煙點溫度極高，而可以使用在深油炸等高溫烹飪法中。想做印度酥油★的話，見302頁的說明。

用果汁機製作奶油（Blender Butter）（3盎司）

先把果汁機的容器冷藏過。將以下材料高速攪打15秒：

1杯冷濃鮮奶油

或是打到鮮奶油裹覆在攪拌刀上頭。加入：

1/2杯冰水

繼續以高速攪打，直到奶油開始浮到表面為止。將奶油過濾，壓掉任何多餘的液體，放入模具並冷藏。喜歡的話，可以保留瀝出的液體或「酪奶」，覆蓋後送入冰箱存放以便另作他途使用；但是這種液體濃度不足，而無法用來代替真正的酪奶。

手工奶油（Hand-Made Butter）（6盎司）

好的鮮奶油就可以做出好的奶油。要冷卻鮮奶油，整個奶油製作過程中，鮮奶油一定要保持約在13度。

將蓋上密封蓋的1夸特容量的玻璃罐放入冰箱至少冷藏1小時。在冰冷的罐子裡倒入：

2杯冷濃鮮奶油

蓋緊密封蓋，使勁搖晃到開始形成奶油塊狀物即可，15到30分鐘。倒入架置在碗上的過濾器，留在過濾器上頭的塊狀物就是奶油，碗裡的液體就是酪奶。

把酪奶倒入乾淨的容器裡，覆蓋並放入冰箱存放以便日後另作他用。立刻把奶油倒到一個乾淨的碗裡，接著倒入相當冰冷的水來淹覆，再以過濾器過濾，這次瀝出的液體就要倒掉。用相當冰冷的水清洗奶油，洗到水變得澄澈為止。用木湯匙或橡膠抹刀壓除任何殘留液體。

喜歡的話，可用木湯匙切拌入1/2到3/4小匙鹽到奶油中。

將奶油放到一只乾淨的容器中，用木湯匙或橡膠抹刀下壓出任何氣泡。奶油可以用模具塑形或捲成條狀，接著再用羊皮紙或箔紙包裹起來。至於儲存說明，見「奶油」的部分。

塑形和形塑奶油

這種美味的產品值得迷人的包裝。可以試試奶油曲刨刀（butter curler），這是我們喜愛的器具，可刨出八分之一吋厚的捲條，不僅裝飾性十足，質地也可以用來塗抹在食物上。使用曲刨刀要先浸過溫水，再輕輕地刨刮堅硬的奶油。如果奶油過冰的話，捲條會斷裂。將捲條一次泡到冰水裡，放入冰箱存放到完成，取出後要瀝乾再食用。同樣的處理步驟，也可以讓下述的奶油球和形塑奶油完好無損。

將要形塑的奶油先切成半吋厚的奶油片。用活塞（plunger）是最簡單的方式，或者，如果是要做奶油球的話，就用一對波狀木拍槳（corrugated wooden paddles）來做。用一對拍槳是因為如此奶油的條痕會呈現出交叉的刻痕。接著就按照上文奶油捲條的做法來處理。使用這兩種器具，一定要用冒著蒸氣的滾水澆淋過，然後再浸入冰水中。

另外一個比較簡單但可能不太優雅的方式，就是用尺寸多樣的西瓜挖球器（melon baller）來做奶油球。先將挖球器浸到熱水中，接著就用來挖出奶油球並放到有冷水的盤裡。可以將奶油球疊放在物架上的冰塊上來招待客人，而另外一個迷人的擺置方法就是把奶油裝入一只小泥瓦罐中。我們的最愛是用可以放入有冰水的底具的奶油保存罐來裝盛奶油球。或者，你可以用細小的草本植物葉子或花朵來裝飾均勻切割的奶油小方塊，用指尖輕輕地把葉子和花壓入奶油表面。

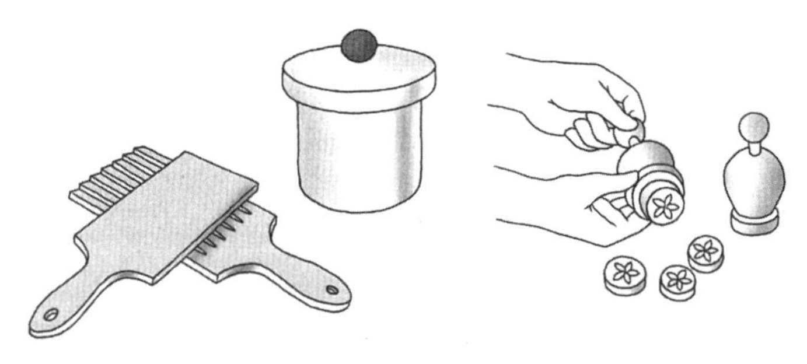

波狀木拍槳、奶油泥瓦罐、奶油活塞

酪奶（Buttermilk）

見「酸奶和酸鮮奶油」，569頁的說明。

蔗糖漿（Cane Syrup）

蔗糖漿是以除去水分的濃縮蔗糖汁液做成的濃稠糖漿。搭配熱比司吉可說是相當美味，並且可以做為「糖蜜」，538頁的替代品。

刺山柑和類似刺山柑的芽苞和種籽（Capers and Caperlike Buds and Seeds）

刺山柑是西洋白花菜灌木叢（caper bush）如子彈般未開苞的芽苞，嚐起來就像是小小的強味醃用小黃瓜，通常是泡在鹵水中來販售，但有時只是鹽漬過；前者使用時應該要先瀝乾，後者則要先洗過再瀝乾。刺山柑可以做為鹹酸味的強化劑，特別適用在魚類的塔塔醬，或者是你想要為食物添加辛辣風味的時候。刺山柑的大小不一，小到可以是如迷你胡椒子般，大到可以是小指指尖的大小。最小的刺山柑會標示為「極品」（nonpareil）。植物學名為*Tropaeolum minus*的小金蓮花或*Tropaeolum majus*的金蓮花的未成熟或成熟的種籽和芽苞也可以鹽漬，植物學名為*Caltha palustris*的立金花（marsh marigold）的芽苞也可以鹽漬。類似用法的還有發酵過的黑豆和植物學名為*Martynia proboscidea juisieui*的角胡麻的鹽漬過的綠色種籽，角胡麻可以長到兩呎半高，會開出引人的花朵和邪惡的帶刺豆莢。刺山柑的植物學名為*Capparis spinosa*，是生長在南歐的三呎高的常綠灌木。➡千萬別與植物學名為*Euphorbia lathyrum*的有毒續隨子（mole plant或caper spurge）搞混了。

| 葛縷（Caraway）|

要節制使用這種草本植物的葉子到湯裡和燉物裡。這種種籽是裸麥麵包、起司、醃汁、甘藍、德國酸菜、蕪菁和洋蔥的經典添加物。這也是無色的克梅爾（Kümmel）利口酒的基本調味物。將種籽加到湯品或燉物時，要先用棉紗布袋裝好，由於加熱過久會讓種籽變苦，因此只有在要完成前的三十分鐘才加入。加到蔬菜或沙拉之前，要先把種籽搗碎以便釋出味道。植物學名為*Carum carvi*的小茴香，會開出像是安妮皇后蕾絲（Queen Anne's lace）般的花朵，這種栽種容易的兩年生植物，可以在第二年長到兩呎高，而此時正是種籽發育的時刻。

| 小豆蔻（Cardamom）|

小豆蔻的植物學名為*Elettaria cardamomum*，這種豆莢包括了有著些許味道的外殼，裡頭則是味道強烈的小種籽。豆莢是青色或白色。有些香料商喜歡白紙般的豆莢色，因此會漂白青色豆莢，不只是把豆莢變成白色，也會減少香料的色澤和刺激度。由於小荳蔻的種籽磨粉後會喪失大量的香氣，有需要才這麼做。如同肉桂和丁香的用法，可單獨使用或是混合使用。加入小荳蔻的咖啡相當美味。棕色小荳蔻豆莢比較大、比較圓，植物學名為*Amomum cardamomum*，通常是整顆用於BBQ醬汁和醃菜裡。植物學名為*Amomum subulatum*的黑豆蔻則是另外一種小荳蔻，具有獨特煙燻般的味道。

| 腰果（Cashews）|

腰果具有可食的圓滾果殼（帶殼腰果〔cashew apple〕），可以趁鮮生吃、烹煮享用或是發酵後再食用。在可食的外殼和我們熟知的腰果之間，卻有著刺激性毒油，毒性與野葛相近，因此，一定要加熱來去除或破壞這種毒性——正因如此，販售的腰果從來不會帶殼。依照花生醬，553頁的做法來做腰果醬。烘焙時，要使用沒有烤過的腰果。腰果因為含有相對較高的澱粉含量，比起多數的堅果，更適合做為燉物、湯品和有些含奶點心的稠化劑。

| 芹菜（Celery）|

你自己栽植或購買的芹菜嫩葉，不論是新鮮的或乾燥的，都可以用在幾乎所有的鹹食裡。芹子末鹽（celery salt）是將這種可食葉子研磨成粉並混入鹽的調味品。芹菜籽是調味用商品，不過並非來自我們種植摘取莖葉的植物，而是取自特別種植以便取得其種籽的苦草（smallage或wild celery）。這些種籽不管是整顆或磨粉食用，具有強烈味道，因此一定要謹慎使用：全籽可用在高湯、什錦湯料（court bouillon）、醃菜和沙拉；粉末則可以用於沙拉醬、海鮮或蔬菜。植物學名為*Apium graveolens*，需要濕潤沃土才能成長。芹菜可以生長在土堆中，但是缺乏日照會讓芹菜變得蒼白。想多了解蔬菜芹菜與芹菜根，請見《廚藝之樂［飲料・開胃小點・早、午、晚餐・湯品・麵食・蛋・蔬果料理］》446頁的說明。

| 洋甘菊（Chamomile）|

洋甘菊以做成草本茶或湯藥而聞名。偶爾會在牛肉高湯中放入小量的洋甘菊。洋甘菊最為珍貴的就是花朵鮮黃色的中央部分，不過有時也會使用新鮮的葉子。這種小雛菊乾燥後，會拔除有著蘋果味的花瓣。植物學名為*Anthemis nobilis*，這是有著匍匐根莖的多年生植物，在乾燥的輕土上可長到六呎高。

| 起司（Cheese）|

我們衷心同意美國作家克利夫頓・費狄曼（Clifton Fadiman）的話，他曾經讚譽起司「化牛奶為不朽之物」。用一點起司來做為裝飾、頂層加料或點心，不僅讓食譜和餐點的味道更加鮮明，更常會添加蛋白質來讓菜餚更營養。沒有兩種一模一樣的起司。不同的起司對熱的敏感程度都不盡相同，每份食譜也反應出每種起司的特性。此外，許多起司都必透過精巧的熟化過程和謹慎的儲藏方式來達到該有的味道和烹調品質。

起司是會不停改變的物質。在某些氣候下，特定的硬起司可以隨著存放多年而熟化和變得更棒。不過，由於到不了製作起司的山區洞窟的廚師就必須向起司製造商付出額外酬金。像是新鮮的莫扎瑞拉起司和羊奶起司等軟起司，最好是在做好後盡快食用完畢。起司不適合冷凍，就算要放入冰箱也只能是短時間冷藏。

應該要小量購買臻至成熟的起司，並且要立刻食用。直到被食用下肚之前，起司都會繼續熟成過程。有些起司會以特製保鮮膜來包裹，讓起司得以呼吸透氣。食用後，用羊皮紙包裹剩下的起司；比起保鮮膜和鋁箔紙，羊皮紙更透氣。起司要存放在冰箱的起司室或蔬果室，冰箱的這些分室的設計允許額外濕氣流通，因此很適合來存放起司。假如你使用的是可重複密封的保鮮袋，記得只能將袋子半封，讓濕氣得以進入而起司同時可以呼吸透氣。不要一從冰箱取出就開始食用起司。起司最好的食用溫度是室溫溫度。若是較高的溫度，起司裡的脂肪極可能會融化而自起司流出。

製作半硬起司和硬起司

這可以有許多變化，不過，一般來說，在起司加工過程中，越用力和越頻繁地加壓和瀝乾起司，起司就會變得越硬。除了加壓起司的部分（變通方法如下），以下製作軟起司部分提到的消毒過的一般廚房用具都可以用來做半硬起司和硬起司。加入黴菌熟化促使成熟的起司，如洛克福起司和藍紋起司，其因在熟化過程中特別浸染芽孢桿菌而布滿黴菌紋路，這並不是多數家庭式做法可以掌握的技巧。起司的**堆積法**（cheddaring）是另外一項烹飪操作程序，加以繁複切割和疊層起司，並且經過長達三年的成熟過程，如此就可做出味道鮮明的切達起司。

自製起司（1又1/2磅）

如果你計畫自己熟化起司，製作大一點的起司輪比較不會乾掉。

在一個大型不鏽鋼鍋或搪瓷鍋裡倒入：

1加侖全脂牛奶或山羊奶或綿羊奶

加入以下材料並拌勻：

3大匙酪奶

假如你用的是山羊奶或綿羊奶，你可能需要加入兩倍的酪奶。覆蓋後靜置在室溫下至少4小時，但是不能超過12小時。

如果你想為起司上色的話，溶解：

（1錠麥芽做成的色素片——可以購自起司製造供應商）

以上混合物要加入以下材料充分溶解：

2大匙水

把裝了備用牛奶的鍋子放置在盛了熱水的更大的鍋子裡，緩緩加熱直到牛奶溫度達到30度。假如你要替起司上色，此時就要均勻拌入色素液。

同一時間，溶解以下材料來做出凝結劑：

1錠家用凝乳酶片（可購自起司製造供應商）

以上要溶解於：

2大匙冷水

在拌入凝乳酶片溶液之前，要把牛奶加熱至31到32度。加入後要繼續攪拌約1分鐘，接著就把鍋子自熱水中取出，覆蓋後讓混合物靜置30分鐘到1小時，應該在這段靜置期間就會凝結。測試是否已經達到要的凝結程度時，用洗淨的手指斜插入凝乳中，就像是要挖出一些凝乳的角度。假如凝乳會從你的手指乾淨分開，那就表示已經可以切割凝乳了。

如下圖所示，用一把長柄不鏽鋼凝乳切刀或不鏽鋼刀，以1/2吋的間距從縱向和橫向來切分凝乳。接著再如下圖示以45度對切，重複以上步驟把凝乳平均切割成小塊。只要謹慎地從鍋子的上部切

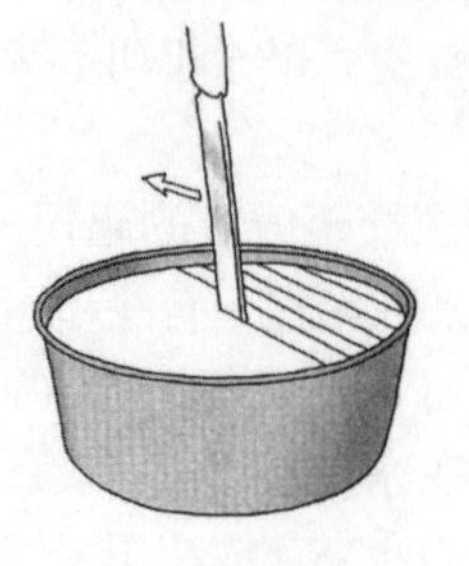

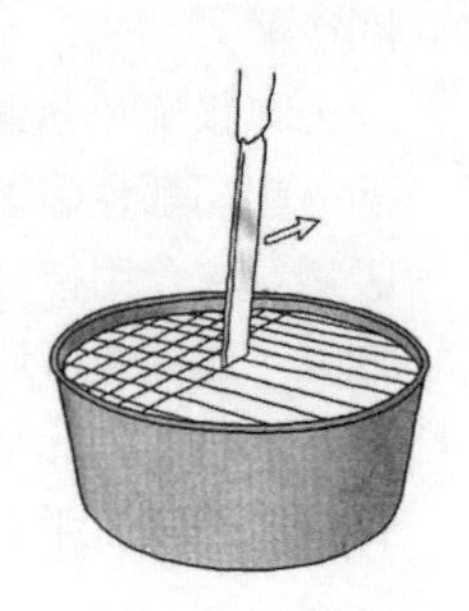

縱向和橫向切分凝乳

割到底部，開始用手處理凝乳時，應該就不會出現大塊凝乳。不過，倘若出現了一些大塊凝乳，現在就要用凝乳切刀切割，而不能用手指捏碎。用潔淨的一隻手來處理凝乳15分鐘，動作要緩慢，從凝乳上方邊緣往下，再從底部向上，每次帶到表面的部分要輕柔地再揉進團塊裡。凝乳會與黃色乳清分離而開始縮小。將凝乳放回爐上，用熱水浴法再次加熱烹煮20到30分鐘，緩緩地將凝乳和乳清加熱至39度。

維持39度的溫度再烹煮30到40分鐘，期間要每隔3到5分鐘就用長柄木湯匙輕輕攪拌一下。當凝乳已經可以在你手中形成鬆散的團塊，那就表示可以進行固化的步驟。個別凝乳會有如麥粒的大小，而整團凝乳會看似以高溫炒過的炒蛋。

進行固化凝乳的步驟時，先把鍋子從熱水中取出，覆蓋凝乳和乳清的混合物，靜置1小時。在這段期間，要每隔5到10分鐘就攪拌一下。

瀝乾凝乳，在濾鍋中鋪上幾層厚的棉紗布，布要大到可以垂在濾鍋邊緣，接著再把濾鍋放在一個碗上或水槽中。將凝乳和乳清倒入襯了布的濾鍋裡，提起在棉紗布中的凝乳，讓凝乳團塊在棉紗布上來回滾動來瀝掉乳清。然後就可把還在棉紗布上的凝乳團塊一起再次放到濾鍋裡。喜歡的話，你可用潔淨的手在團塊裡加入：

（約5小匙鹽）

把棉紗布裡的凝乳團塊捏塑成球狀，盡可能地用手擠出乳清。沿著凝乳球把棉紗布結成袋狀，即可把袋子掛在水槽的水龍頭上，讓起司瀝乾20分鐘。

在進行加壓步驟之前，你可以加入以下材料調味：

2大匙葛縷籽、搗碎的黑胡椒子或小茴香籽；2到4大匙細切過的辣椒或蒔蘿、羅勒或鼠尾草等新鮮草本植物；或1/2杯整顆的杏仁、胡桃或榛果或是以上堅果的切片

現在就可以準備加壓起司。加壓的時候會滴漏汁液，因此要在水槽附近進行才好。如果你沒有加壓器具，變通的辦法就是用直徑約4到5吋的圓形塑膠盒剪出一個7到8吋的深邊框。如下圖所示，把剪好的深邊框放在碟子上。你將會需要兩個1吋厚的橡木圓盤，大小要比模具的直徑小一些，你還需要磚頭來向下重壓。整個模具就完成了。鋪上已沸煮過的15吋的方形棉布或棉紗布做為襯底。當凝乳都堆放到已經襯底的模具之後，向上折疊棉布或棉紗布，將所有凝乳都包覆起來。放上一片橡木圓盤，接著再放上磚頭向下重壓。當乳清浮高或流動或者溢出，而且凝乳開始收縮時，此時就在磚頭下放上第二片橡木圓盤，然後就繼續加壓的步驟。

在接下來20分鐘裡，逐漸加放磚頭來增加

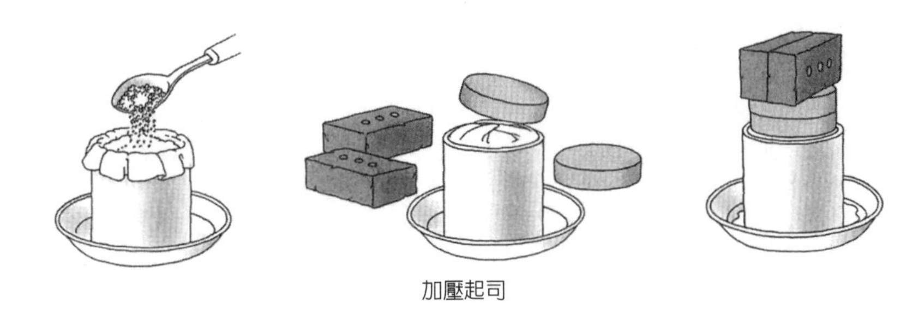

加壓起司

向下加壓的重量。要注意的是，增加加壓的重量只到讓乳清而不是凝乳釋出即可。接下來就讓加壓下的起司在陰涼的地方靜置12到24小時。

移除加壓的重量並鬆開棉布，取出起司後就放在物架上，讓沒有包覆棉布的起司在陰涼處的地方風乾12到36小時。

這樣做出來的新鮮起司的味道溫和，適合做為起司塗醬食譜的材料★，142頁，或製作一些起司點心，219頁。若要熟化剛做好的起司以便讓它發展出全然的風味，要等到起司外部完全乾燥，就把起司浸裹上一層薄薄的起司臘（可購自起司製造供應商），如此就可以隔絕空氣而防止黴菌滋長。用標籤標明裹覆的日期，放在冰箱內的物架上，裡頭的溫度不能低於2度，或者是放入溫度約在4度的蔬菜儲藏格中。高於12度的溫度會讓起司開始腐壞。在兩星期到兩個月或更久的時間之內，起司就會開始出現味道。

假如起司的表面有發霉的情況，就要把該處弄乾淨；或者已經侵入起司內部的話，此時就要把發霉部位切掉。

製作未熟的軟起司

就是要花時間讓牛奶在一個溫暖地方靜置到變酸和凝結或凝固，然後用棉紗布袋過濾凝乳和乳清——混濁液體——來分離兩者。一旦凝乳摸起來是硬的，就要放入冰箱冷藏幾個小時，接著就可以加入鮮奶油一起攪打到滑順而做出鄉村起司。

雖然起司做出來的質地、味道和顏色都不一樣，多數的起司開始製作時都要使用相同材料——牛奶、凝乳酶，557頁，和一點促使牛奶酸化的起始菌，然後就是調味和調整質地，在某些情況下，還讓起司長出想要的藍色或綠色黴菌。

用來做起司的乳源都不盡相同（山羊奶、牛奶或綿羊奶），有的是生奶，而有的是用巴斯德法消毒過的乳品。在美國，用生奶做成的起司一定要經過至少六十天的熟化過程；販賣少於六十天熟化過程的生奶起司在美國是非法的。在法國、瑞士和義大利等國家，歐盟有針對傳統生奶起司制定規範，那些起司有部分是不能購進口到美國銷售的。

本書的食譜都使用巴斯德法消毒過的乳品。不過，不幸的是，這也意味著有些可以讓起司風味迷人的細菌和酵素也被殺死了。

準備好：一支乳製品溫度計、一根長柄木湯匙、一只大鍋、一只物架和用來瀝乾起司的棉紗布或圓錐型過濾器（China cap strainer或chinoise，請見右方圖示）。切割凝乳則要使用一把不鏽鋼的長刀。或者，假如你常做軟起司的話，➡不妨自製一把凝乳切刀，用一片不鏽鋼片環狀彎曲成狹長的U字形，兩邊要距離一到二吋，深度要夠深以便讓可以深入你用來做凝乳的鍋中。遵照下面的食譜完成製程。凝乳完成後，就可以如前頁的指示用切刀縱向和橫向切分鍋裡的凝乳，然後再從鍋底向上以一吋的間隔橫切，以此把起司凝乳切割成小方塊。接著就按照食譜指示完成所有步驟。

這些起司都要冷藏。➡冷藏不得超過四或五天。搭配以下裝飾材料食用：

切碎的細香蔥、羅勒或香艾菊

切碎的橄欖或堅果

或者是用來做為前菜的基底，浸沾並填入番茄殼中。或者是用來做：

心形鮮奶油，218頁

鄉村起司（Cottage Cheese）（約1又1/2磅）

市面上買得到許多商業製作的各式鄉村起司。不同的鄉村起司會有不同的乳脂含量和凝乳大小。**小凝乳鄉村起司**（small-curds cottage cheese）和**大凝乳鄉村起司**（large-curds cottage cheese）是依據凝乳大小而命名。凝乳大小只會影響到質地，但不會造成味道不同。**鮮奶油鄉村起司**（Creamed cottage cheese）混入了鮮奶油，因此含有相當於全脂奶的脂肪價值。同樣買得到低脂鄉村起司。**環狀起司**（Hoop cheese）跟鄉村起司一樣，是用脫脂奶做成的起司，不過，由於這種起司的凝乳沒有經過洗滌，因此會比較酸，並且今日比較難在零售店買到此種起司。**農夫起司**（Farmer's cheese）可以是用全脂奶來做，但是凝乳裡的水分要充分加壓移除，這種起司因此是可以切割的。

請閱讀上述「製作未熟的軟起司」的說明。重點是要使用脫脂奶，不然的話，在移除乳清時也會一併失去鮮奶油。

在一只大型平底深鍋裡倒入：

1加侖室溫溫度的脫脂奶

拌入：

1/2杯酪奶

在室溫下靜置到凝結變酸，587頁，12到14小時。如說明將凝乳切割成小方塊。靜置10分鐘。加入：

8杯溫水（37到38度）

把鍋子放在架於裝了水的較大鍋子裡的物架上，加熱凝乳到37到38度。不要讓溫度升高，就保持這樣的溫度繼續烹煮30分鐘到1小時；期間要每5分鐘就輕輕攪拌一下，不然凝乳會變硬。不要讓凝乳碎裂。當乳清或清澈的液體開始自凝乳分離出來時，凝乳就會開始固定。進行完成度測試時，壓擠凝乳：凝乳應該要能夠在你的手指間裡清楚斷裂，加壓時也不應該流出半液體狀的乳狀殘餘物。輕輕地將凝乳和乳清倒入圓錐型過濾器（下圖所示），或是有著超細篩孔的過濾器。喜歡的話，可以用以下材料洗條凝乳：

（冷水）

藉此把酸味減到最低。放置在陰涼地方瀝乾，直到不再有乳清或液體釋出，但是瀝乾時間不要長到讓起司表面變得很乾。要製作鮮奶油鄉村起司的話，就要在起司凝乳中混入：

（濃鮮奶油）

關於食用和儲存方法，見「製作未熟的軟起司」的說明。

圓錐型過濾器

鮮奶油起司（Cream Cheese）（約1又1/2磅）

鮮奶油起司是用牛奶做成的未熟的白色軟起司。市面上可以買到兩種類型的鮮奶油起司。一般的鮮奶油起司很軟且味道溫和，內含至少百分之三十三脂肪。法國納沙特爾起司（Neufchâtel）是內含較低脂肪的鮮奶油起司。以下食譜是家庭自製版，有著如同店裡買來的鮮奶油起司的強烈味道，但是質地卻較為柔軟。要記得以下食譜要花上幾天的工夫才能完成。請閱讀「製作未熟的軟起司」的說明。

在一只大深鍋裡混合以下材料並加熱至29度：

1加侖全脂牛奶
1/2杯酪奶

溶解：

1/4到1/2錠家用凝乳酶片（可購自起司製造供應商）

以上要加入以下材料徹底溶解：

1/4杯冷水

加到牛奶裡，牛奶的溫度應為29度，並充分攪拌1分鐘。將鍋子放到另一個裝了溫水的較大鍋子裡，保持牛奶在26度到29度的溫度，烹煮到表面覆蓋了乳清，而且傾斜碗具時，凝乳會與碗壁分離；這可能會花上24小時。用勺子或大湯匙把凝乳——不要用倒的——裝入濾鍋中，濾鍋應該鋪襯幾層棉紗布，這些棉紗布已經弄濕、擰乾並放置於碗上。在凝乳上頭覆蓋上一層棉紗布，接著就用保鮮膜將碗包裹住。隔夜冷藏。瀝掉多餘的乳清。拌入：

1又1/2小匙鹽
（濃鮮奶油）

關於食用和儲存方法，見上述「製作未熟的軟起司」的說明。

細葉香芹（Chervil）

細葉香芹是知名的細混香辛料，是比起歐芹更為優雅的蕨類植物。葉子可來做為雞肉、牛肉捲、蛋餅、綠葉沙拉和波菜的裝飾；加在「油醋醬★」，325頁裡；並總是會用來製作「貝亞恩醬★」，308頁。這是值得栽種的草本植物——原因是在於，即使是在低於三十二度的溫度下進行乾燥，這種植物也不會有味道。植物學名為*Anthriscus cerefolium*，細葉香芹是每年會天然播種的植物，會長到兩呎高。需要蔭庇以防止葉片變紫和變粗。每年四月到九月時節播種——不要有移植動作，否則會造成閃電般或過快的成長速度而過早結籽。

栗子（Chestnuts）

栗子經常做為家禽的填料，特別是填入感恩節和聖誕節食用的火雞肉和鵝肉大餐裡，並且傳統上會與抱子甘藍和紅甘藍一起使用。我們的一位熟識堅稱，用四季豆來取代栗子加入強力混合了咖啡或杏仁膏的點心，幾乎無法分辨其間的不同。我們沒有試過這種做法，但是這可能值得一試。秋冬季節可以買到新鮮的栗子，至於其他時節，有罐裝、瓶裝、真空包裝和乾燥形式的栗子可供購買。食用前，新鮮栗子一定要先烘烤或沸煮過，接著就可剝去外殼和去內果皮。

要為栗子去殼和剝皮時，先用尖刀在果實的兩個扁平邊各做出X形裂口（外殼可能此時就會剝落，不過內裡依舊會有保護果仁的果皮）。將堅果放入鍋裡，開至大火，在堅果上頭滴灑油或奶油，分量比例為一磅堅果要灑上一小匙。搖晃鍋子讓油裹覆堅果，接著就可放入預熱至兩百度的烤爐中，烘烤到外殼和內部棕色果皮開始剝落而可以輕易移除。內果皮有苦味，一定要趁溫熱剝除。

或者，假如食譜指示使用沸煮過的栗子，就用滾水淹覆沸煨十五到二十五分鐘，瀝乾後，應該就可以剝除外殼和內果皮。或者是以紙盤裝盛放入微波爐，以高溫微波到內果皮開始往後剝離即可。

果肉應該是柔軟到可以用食物研磨器處理。如果不夠軟的話，就以滾水淹覆再次烹煮到果肉變軟。關於如何沸煮、烘焙或蒸煮栗子★，見448頁的說明，至於烘烤栗子★則見134頁的說明。

若要恢復乾燥栗子的水分，先加水淹覆而浸泡一夜。洗滌並揀選。以文火煨煮到膨脹柔軟。➡以相同分量來替代食譜指示使用的新鮮熟栗子。

由於富含水分，新鮮栗子很容易變壞。覆蓋後放入冰箱並且要盡快用完。一磅半的帶殼栗子的分量等於一磅去殼栗子。三十五到四十顆一般大的完整栗子，可以做出約二杯半的去殼去皮的栗子。至於栗子的許多用法，請參照索引。

辣椒粉（Chili Powder）

I. 約1/4杯

辣椒粉可以用不同香料組合而成，包括小茴香、芫荽、奧勒岡草、黑胡椒、丁香和辣椒粉。或者用以下材料快速混成辣椒粉：

3大匙紅椒粉

1大匙薑黃

1/8小匙紅辣椒粉

不過，不管是簡單或是複雜的組合，一定要放入許多：

薑末

為了加強以辣椒粉調味的食物味道，加入調味料之後，要文火煨煮食物至少15分鐘。

II. 約1/2杯

這種混和辣椒粉以乾燥辣椒粉做底，會用來搭配美國西南方菜餚。每種混合組合會因人而異，有時會顏色深黑，有時則是鏽紅色。可使用自商家購買辣椒粉，若要自行研磨辣椒粉的話，見555頁的說明。

將以下材料放入煎鍋混合，並以小火烘炒2分鐘或炒到香味四溢：

5大匙味道溫和的辣椒粉，如新墨西哥辣椒粉、墨式帕時拉辣椒粉（passila）或西班牙安可辣椒粉

2大匙乾燥的奧勒岡草

1又1/2大匙小茴香粉

1/2小匙紅辣椒粉，或依口味斟酌分量

｜細香蔥（Chives）｜

請閱讀「蔥屬植物」，546頁的說明。

｜巧克力和可可（Chocolate and Cocoa）｜

巧克力和可可是美洲帶給世人的另一個禮物，而且或許是流傳最廣的，來自植物學名為*Theobroma*屬的常青樹，這個屬名的意思是「來自上天的食物」。可可豆生長在可可樹的豆莢裡。巧克力和可可的製作生產方式，從可可粒或去莢的可可豆中萃取出可可漿來做成固態團塊之前都是一樣。可可粒富含可可脂，那是鮮奶油色的天然植物油脂，在研磨過程會融化，進而形成人稱可可漿的一堆黑棕色液體——這是任何形式的巧克力（白巧克力除外）的主要原料。如果將可可塊中大量的這種油脂或可可脂移除，就可以研磨成粉末。假如可可塊添加了額外的可可脂，就可以做成各式各樣的巧克力。令人驚嘆的是，可可脂在正常儲藏狀況下可以保存多年而不會腐臭。

無糖巧克力是沒有額外添加物的純巧克力，幾乎含有等量的可可脂和可可塊（可可豆的果肉部分），正因如此的比例才能給予深沉豐美的巧克力味道。無糖巧克力總是會混合糖和其他材料來做成蛋糕、布朗尼、糖霜和奶油軟糖。

苦甜或半甜巧克力則是混合了至少百分之三十五的可可漿、可可脂、糖、香草或香草醛（vanillin）和卵磷脂（lecithin）。苦甜巧克力棒通常會比標示「半甜」的巧克力的味道更深沉，比較不甜，但是內含糖量並未調整過。本書多數食譜都可以相互替代使用這兩種巧克力，不過兩者的差異還是會影響到成品的味道、質地和外觀。由於苦甜巧克力在調溫和融化後會呈現某種光澤，因此適合用來做糖霜、醬汁、餡料和浸裹糖果之用。

牛奶巧克力是倍受歡迎的食用巧克力，是所有甜巧克力中最甜的。比起苦甜或半甜巧克力，牛奶巧克力顏色較淺且味道也較不強烈，內含較少的可可漿、至少百分之三・三九的可可脂和百分之十二牛奶塊。由於內含高糖量和熱敏牛奶塊，牛奶巧克力很少會用來烘焙；最適合用來做糖果、糖霜、派餅和布丁。

白巧克力的組成內容類似牛奶巧克力，不過，其中並不含可可漿，因而是象牙色而不是棕色，內含的可可脂則讓白巧克力有著相當溫和的牛奶巧克力味道和濃郁口感。白巧克力的保存期限很短並且很容易腐壞，因此一次只購買小量即可。白巧克力會用於如起司蛋糕、鬆輕質地的蛋糕、慕斯和糖霜等食物，來增添一種所需的微妙巧克力香味。

杰門甜巧克力（German's sweet chocolate）英文名稱中的German指的不是德國而是一位名叫山姆・杰門（Samuel German）的精明商人，他發現販售已經加糖的巧克力是相當有益可圖的商品。通常用來製作「杰門巧克力蛋糕」，40頁。

巧克力層（Couverture）意味包層或覆層，是用來辨識最高品質的黑巧克力、牛奶巧克力和白巧克力的條件。巧克力層含有高比例的可可塊，並且有著深沉豐美的味道和光滑濃郁的質地。經過調溫，271頁的巧克力層會維持一種滑順平滑的光澤。巧克力層可用來為糖果包覆一層薄薄的巧克力外衣、塑形以及沾浸草莓。

巧克力珠（Chocolate Chips）有各式口味與大小，是特別做來抵抗正常烤爐爐火，即便裡頭的油脂已經融化了，烘烤點心仍不會變形。正因如此，巧克力珠無法替代食譜中指示使用融化巧克力的巧克力條棒。

另外一種為人所知的巧克力類型是**裹覆巧克力（coating chocolate）**或稱**複合巧克力（compound chocolate）**，裡頭所含的部分或全部的可可脂被以其他油脂所取代。這種巧克力沒有真正巧克力的全部風味，但是價格較低且不需調溫。

為了做出最佳成品，請使用食譜特別指示的巧克力類型。不過巧克力嚐起來都不一樣，我們還是鼓勵下廚的你們嘗試不同品牌的烘焙巧克力，不要只是使用標準烘焙巧克力方塊，用其他巧克力來實驗看看。

可可粉（Cocoa powder）是部分去脂的可可漿的粉末，內含百分之十到百分之十二的可可脂且不加糖。超市有販售兩種可可，**無糖**或稱**非鹼性可可粉（nonalkalized cocoa powder）**的顏色較淡且有點酸，但是有著強烈明確的巧克力味。若是食譜指示使用蘇打粉，使用非鹼性可可粉就相當重要。**荷蘭加工（鹼化）可可粉**會在烹飪過程中引入少量的鹼性物質來中和酸性，即可做出顏色較深但味道較溫和的可可。購買荷蘭加工（鹼化）可可時，請查看標籤或原料標示，要買有特別標示荷蘭加工（鹼化）或歐式的可可產品。

在一些烘焙食譜裡，➡可可粉會產生不同反應，我們因此建議要使用食譜指示的可可粉類型。不過，如果只是因為口感而使用可可粉的食譜，我們只會使用無糖可可粉。不要將可可粉與**即溶可可（instant cocoa）**混淆，即溶可可通常含有百分之八十的糖而且會預煮過，裡頭也會加入乳化劑以便可以在熱或冷液體中快速溶解。

關於可可和巧克力飲品★，請閱讀75頁的詳細說明。巧克力的調溫與浸漬，見271頁的說明。➡如果你對巧克力會有過敏反應，可嘗試刺槐，506頁，它嚐起來近似巧克力，只是在味道上沒有巧克力那麼強烈。

理想的情況下，巧克力應該要存放在遠離熱源和直接日照的陰涼地方，溫度要介於十三度到十八度，而且濕度要少於百分之五十。溫度上的變動可能會使得巧克力表面出現鐵灰色物質或是「起霜」（bloom），但是這樣的表面缺陷再把巧克力融化後就會消失。在最樂觀的情況下，黑巧克力至少可以保持一年，牛奶巧克力是十個月，而白巧克力則是八個月。

一整塊烘焙巧克立方塊為一盎司。一杯半甜巧克力珠的重量為六盎司。

至於巧克力和可可的交互替換和等量使用方面，請閱讀609頁的說明。➡可可可以輕易替代醬汁中的巧克力：相對於一盎司的巧克力，只需以一大匙奶油和三大匙可可來替代使用。烘焙時，最好是選用指示可可或巧克力的食譜，這是因為可可具有麵粉般的質感，如果要用來替代巧克力，一定要將這部分加以補強，否則的話，做出來的蛋糕質地就會不如所願。製作蛋糕和餅乾，通常會加入蘇打粉來給予巧克力紅潤的調性。

當研磨或切碎巧克力時，由於靜電效應，巧克力會大幅移動——記得要使用大砧板或研磨到大碗裡以便進行控制。**研磨巧克力**時，要先冷藏一下（由於凝縮效果會損壞巧克力，所以時間不要過長），再以手動旋轉刨磨器，460頁，或食物調理機刨削或研磨。要準備好大碗來盛裝刨磨後的食材——不然的話，可能會出現浮動飛舞的惱人情況。**製作巧克力卷條或削條**時，要先把包起來的巧克力方塊放在手裡暖化一下。開封後，持蔬菜削皮器或銳利小刀以四十五度角刨削出細薄長條。**剁切巧克力**時，要使用乾的大砧板和大刀，從巧克力或條塊的邊角開始剁切，接著再以如同切碎堅果的方式處理，543頁。

巧克力對熱很敏感而且容易燒焦，尤其是單獨融化巧克力的時候。白巧克力是最精巧脆弱的類型。巧克力在超過五十五度時會分離，因此別讓黑巧克力溫度高過四十九度，而牛奶和白巧克力則不能超過四十三度。盛裝的器皿和攪拌的器具一定要潔淨並徹底乾燥，並且不能讓飛濺的水滴或凝珠觸碰到巧克力，這是因為一點點水就有可能會讓巧克力「凝滯」。一旦出現這樣的情形，巧克力就會失去光澤並出現顆粒而無法順利融化。假如真的發生這樣的狀況，要在每一盎司的巧克力中加入半小匙或更多的植物起酥油（不能加奶油）來讓巧克力重新液化。

在爐面上融化巧克力時，要先以乾燥的利刀把巧克力切成杏仁般的顆粒大小。把三分之一的切碎巧克力放在雙層蒸鍋的頂鍋或者是裝入平底深鍋的耐熱碗裡。在底鍋裡倒入熱自來水（五十五度），水量要足以接觸到上面的碗底，但是不能多到會使得碗漂浮，接著再把碗放好。要避免水飛濺到巧克力中。當巧克力的邊緣出現液化時，就用橡膠抹刀開始攪拌巧克力，再緩緩拌入剩餘的巧克力。巧克力幾乎融化時，要小心謹慎地將碗自水中取出，擦乾碗底，並且繼續攪拌到巧克力呈現滑順和光澤的質地。

以微波爐融化巧克力時，將切碎的巧克力裝入可微波的乾碗盤中，不要裝到超過半滿；你一次可以最多融化八盎司的巧克力。記得不要覆蓋碗盤。苦甜和半甜巧克力要以中溫（功率百分之五十）加熱；牛奶和白巧克力則是低溫

（功率百分之三十）加熱。以二十秒的間隔分段加熱，每隔二十秒就要攪拌一下；假如使用的是沒有轉盤的微波爐，記得要同時轉一下碗盤。用微波爐融化的巧克力會保持其在微波時的形狀，因此在開始變硬之際要記得攪拌。必要時，逐漸縮短間隔時間並以合適的加熱功率繼續微波，加熱到大部分的巧克力都融化為止，然後再攪拌到巧克力滑順而光澤。➡將巧克力加入蛋糕、餅乾或布丁混合物前，要先讓巧克力降溫至二十七度。

｜芫荽葉（Cilantro）｜

見「芫荽」，483頁的說明。

｜肉桂（Cinnamon）｜

真正的肉桂的植物學名為*Cinnamomum zeylanicum* 或*C. verum*，來自成長於斯里蘭卡馬拉巴（Malabar）的樹木的樹皮。不論是捲成緊實的卷條或條棒，或者是研磨成粉，其味道都是極為溫和。我們在市面上購買的所謂肉桂其實是植物學名為*Cinnamomum cassia*的桂皮，其樹皮近似真正肉桂的樹皮，有時會做成卷條，或者是從兩端卷曲成中央扁平的小卷軸。與真正肉桂的溫甜香氣相比，這種類肉桂的味道較苦且較辛辣。最好的桂皮產自中國、越南和印尼。不管是哪一種肉桂，加入熱巧克力、香料酒、糖漬水果和醃物中的必須是肉桂棒。你們都知道可以把肉桂粉混糖後放在塗奶油的吐司上頭、撒在餅乾頂部、或者是混入點心或烘焙食品中，但是也不妨考慮在燉品、醬汁、乾抹香料、滷汁或海鮮食品中加入少量肉桂粉。

｜柑橘皮絲、果汁和裝飾（Citrus Zests, Juices and Garnishes）｜

用「風味」（zest）來稱呼檸檬、柳橙、橘子和萊姆的多彩果皮的研磨皮絲實在是再恰當不過了——垂手可得且價值非凡，卻不知何故而沒有受到應得的重視！加入烘焙食品、餡料、醬汁、湯品、肉類和點心的柑橘的價值，就在於風味。➡不過，皮絲一定要微量使用。如果你準備好容易清洗的磨皮器或刨刀式磨皮器★，372頁，你會為了可以快速添加的微妙調味而感到驚喜萬分。洗淨柑橘水果，只移除水果有顏色的外皮部分；果皮下方白色部分的味道是苦澀的。

準備要加入水果醬汁或糖果的柑橘皮絲時，使用如下圖所示的銳利水果刀、蔬菜削皮器或特製的刨皮器具（channel zester tool）來刨下果皮的有色部

柑橘裝飾和柑橘皮絲

分。用滾水汆燙三分鐘直到果皮柔軟，再用冷水加以洗滌。必要時要將果皮刨成薄片並再次放入醬汁中沸煮一次，或者按照食譜處理。

由於含有濃縮的油精，柑橘皮絲會比果汁的味道更為強烈。例如，當初始混合步驟完成時，就要將皮絲切拌入糖汁或糖霜中，如此一來就不會影響到皮絲的質地。另外一個取得這香氣十足的油渣物的方法就是粗略刨磨皮絲，放在粗棉布中，接著再把擠出果油放入食譜指示使用的糖中。使用前要靜置約十五分鐘。想要讓皮絲保存久一點的話，可以將皮絲乾燥後放入密封的儲存盒中，並且糖漬果皮；見312頁的說明。

我們非常喜愛經常使用少量的新鮮柑橘果汁，以便引出和活化肉類、魚類、家禽，甚至是蔬菜等食物的味道，特別是不加鹽巴的餐點，柑橘的味道就可以替代缺席的鹽巴。佳餚需要加醋來增添微妙的滋味時，都可以用柑橘汁替代。➡要從柑橘水果萃取最多汁液時，把水果放在堅硬表面上滾動一下，滾動時輕柔但堅定地用手掌下壓，然後才開始切水果。檸檬和萊姆可以用小網篩來快速擠出汁液，或者用手掌心握好柑橘水果的切面而用力加以擠壓。只要拿水果的方式正確，種籽就會留在水果內。檸檬汁可以儲存備用。把新鮮檸檬汁倒入製冰盤中加以冷凍，再將檸檬冰塊放入耐用塑膠袋中，送入冷凍庫冰存。

➡只有新鮮的柑橘皮絲和汁液擁有真正的神奇調味效用。不過，假如你真的必須交互替用的話，可遵照以下的粗略估計用量：一小匙皮絲＝兩大匙新鮮果汁＝一小匙乾燥皮絲＝半小匙萃取液＝兩小匙糖漬果皮。

使用檸檬來裝飾食物時，➡如圖所示來切出誘人的造型。

手邊可備妥「柑橘風味糖」，584頁，以便調味飲品和醬汁。

| 丁香（Cloves） |

這是植物學名為*Syzygium aromaticum*的丁香樹的乾燥花苞，顏色鮮紅而味道辛辣，內含的油脂豐富到用手指甲就能擠壓而出。由於味道相當強烈，有時使用時會先摘除頭部才加入調味，以便有較溫和的味道。通常會用這些花苞比較溫和的部分來磨製成丁香粉。以整顆丁香一起烹調的餐點，記得要先取出丁香再享用。最好的丁香產自馬達加斯加島和印尼。可以用在咖哩、燉水果和柑橘醬中；加到調味果醬、醃品和滷汁裡；以及加入少量丁香來調味洋蔥和肉類。丁香特別適合用來調味火腿，用來調味香料滷燉物也很不錯。在一顆洋蔥裡塞入三到四個丁香是燉湯和燉品的經典添加物。可以用丁香油來烹飪調味淡色食物，但是要小心那股非常辛辣的味道。

｜椰子和椰奶（Coconuts and Coconut Milk）｜

如果你住在盛產椰子的國家，你對這種優雅棕櫚樹的花液和鮮綠成熟果實所帶來的愉悅感絕對不會陌生。烹調時，你可以用椰子的「椰奶」、「椰乳」和「椰油」來替代乳製品。不過，要注意到如此交互使用並非有相同的營養替代效果，這是因為椰子的蛋白質含量低很多的緣故。➠椰製品對於高溫相當敏感，正因如此，要等到最後一刻才將椰製品加到滾熱醬汁中。準備咖哩和精緻的魚類和水果佳餚時，椰製品尤其是珍貴的材料。

當然，處理椰子的首要項目就是要取得想要的東西。如果沒有有力工具，你可以將整顆大椰子砸放到如石般堅硬的表面上。假如砸開的程度不到可以把殼剝除，就要使用可信賴的斧頭來剖開椰子。剝開外殼後，就是覆蓋著纖維的椰果。搖晃一下，若有波浪般晃動的聲響，這就表示椰果是新鮮的，你一定可以在裡頭取得一些被誤稱為椰奶的椰汁。如果剝了外殼的椰果是鮮綠色，可以用把重刀或彎刀將頂部砍掉。裡頭的椰汁是潔淨的，而其中綠色果凍般的果肉極適合做為幼兒食物。要打開更堅硬的成熟椰果時，從尖端的形成狀似猴臉的三個小黑點穿刺下去，用一把有力的冰鑿敲打下去。將倒出的椰汁放入冰箱冷藏，記得在二十四小時內要使用完畢，或者是冷凍保存。用把槌子俐落地敲打椰果四周，如此一來，椰果通常就會縱向裂開，裂開的椰殼可以做為盛裝冷熱食物的器皿。

你也可以用加熱方式來打開椰殼。若是採用這個做法，要將尚未倒出汁液、但已剝除外殼的椰果放入預熱至一百六十五度的烤爐中烘烤十五到二十分鐘。➠千萬別過度烘烤，否則會喪失椰子的風味，從烤爐取出後要靜置冷卻到可以處理的溫度為止。接著就可以用槌子敲裂，此時要包裹一塊厚布，碎片才不會亂飛，接著就可以用槌子敲裂。➠要準備一個碗在旁邊盛裝裡頭的椰汁。

含有豐富脂肪的椰奶和椰乳是以椰果內的堅實成熟果肉研磨而成。有時是在果肉還在椰殼內就磨製完成。你可以保留褐色薄皮，以便在用手研磨時可以保護自己的手指。用把蔬菜刨刀移除外皮。外皮移除之後，將果肉切成小塊並放入果汁機絞碎，每次最多只能處理半杯。可以加入四分之一杯熱水一起攪拌成椰奶，或者是加入熱牛奶一起做成椰乳。接下來就是過濾並量測分量。如果需要更多的椰奶或椰乳，就在果汁機中加入更多熱水，重新攪拌並再次過濾即可。

另一個處理技巧是用椰子本身的天然汁液來加熱研磨過的椰肉，➡加熱到沸點即可，然後就要關火靜置冷卻。你可以在研磨過的椰肉上頭淋上滾熱的水或牛奶，接著再加入天然椰汁——中等大小的椰子所需的所有汁液共約一品脫。不管是採用哪一種方式，當混合料冷卻之後，要用兩層厚的棉紗布過濾椰子，將留在棉紗布中的椰肉擠壓和揉捏到乾燥無汁為止。過濾過的汁液可以留置冷藏；汁液會凝固成冷奶油，接著就可以整塊取出。當「椰乳」浮出後，就要舀起並加以冷藏。

磨製的新鮮椰子可以浸泡在牛奶中冷藏六小時，使用之前再倒出即可。如此的做法會讓椰子具有如同罐裝、絲狀或片狀椰子般的濕潤度——當然就可以用來替代這些產品。

椰奶（coconut milk）也買得到罐裝產品。喜歡的話，你可以用罐裝椰奶來做出椰乳，先靜置沉澱，接著再舀出浮在上方的濃厚椰乳。千萬別將椰奶和椰乳跟**椰製鮮奶油（cream of coconut）**混淆，後者是豐美、濃厚、甜膩的罐裝液狀產品，一般會用來做成「鳳梨可樂達★」，118頁等混合飲品。食譜指示使用的椰奶和椰製鮮奶油是無法互相替代使用的。

椰油（coconut "butter"） 也就是椰肉的油脂，通常在室溫下會凝固。雖然是屬於植物油，但是裡頭卻含有飽和脂肪酸。椰油是將冰冷的椰乳（同樣富含脂肪）以手動旋轉攪拌器或果汁機做成的。當凝固的團塊浮現之後，要用湯匙背部加壓擠出多餘的水分。

可以用做椰油過程中的剩餘椰子物質來做出**愛之粉（polvo de amor）**，可以做為早點和點心的裝飾或做為調味醬料。將以下材料放入厚鍋中以小火緩緩炒成棕焦色：

1杯濾過的椰肉

2大匙糖

當炒成淡棕色時，就可關火，接著以鍋子和椰子本身的餘熱來繼續烘烤到焦酥。

用烤爐烘烤椰子碎粒或椰絲時，將烤爐預熱至一百六十五度，在一只烘烤淺盤上平鋪淺淺一層，接著再烘烤約十分鐘。要經常攪拌。至於以磨製椰子做點心或塗醬，見「椰子達爾西醬」，253頁。**用微波爐烘烤椰子**時，在微波專用的碗盤或烤盤上平鋪一層薄薄的椰子，以三十秒分段來高溫微波，每三十秒要攪拌一次，如果微波爐沒有轉盤的話，記得要同時轉動碗盤。完成後，用手指搓揉椰子，椰子應該會成碎屑狀。

若要以椰片替代椰子碎粒，➡使用一又三分之一杯壓實的椰片來替代一杯碎粒。

紫草（Comfrey）

紫草是一種有療效的藥草——其英文名字是拉丁字源的聚合草之意——而且會做成頗受歡迎的草本茶或藥草湯劑★，74頁。謹慎使用紫草的嫩葉，要在植物開花前就剪下葉子，可加在沙拉中生食，或是如同菠菜烹煮。植物學名為*Symphytum officinale*的紫草是耐寒的多年生植物，可以長到三呎高，喜愛生長在肥沃、易碎的石灰土上，需要水分和遮蔽。在春季可將其白色長根分枝來進行繁殖。

芫荽（Coriander）

這種草本植物的種籽和葉子都可用來烹調。許多人都會在薑餅、蘋果派、香腸、醃菜中聞出加入這種植物的種籽的味道，也可以做為咖哩粉的材料之一。這種種籽可整顆或研磨成粉來使用，使用前烘烤一下，565頁，也相當不錯。我們也常用英文cilantro來專指芫荽的綠葉部分，這可以說是世上最廣泛使用的新鮮草本植物。新鮮芫荽葉也被稱為中國香芹，不過這跟香芹是不同的植物。斯里蘭卡人稱芫荽為kothamille，印度人則稱它為dhania，這些地方特別珍視其惡臭的氣味和油滑的口感。只使用葉子部分——莖部不要使用——來整個或輕輕切碎後加到豆湯、雞湯或燉品裡，或是撒在烤肉上頭；或者是加到蛤蠣湯料中。芫荽葉加熱後會很快就失去香味，正因如此，可以做為裝飾，或者是在熱食烹煮完成時再加入，或者是加到沙拉、莎莎醬或沾醬等生食中。芫荽乾燥後的味道比較不辛辣。芫荽的植物學名為*Coriandrum sativum*，是十二到十八吋高的植物，需要成長在適當的黏重土壤，需要排水，但是也可以有些水分。

玉米澱粉（Cornstarch）

見「澱粉」，576頁的說明。

玉米糖漿（Corn Syrup）

一般來說，玉米糖漿會用來製作罐頭、點心、甜醬汁和果凍。玉米糖漿有深淡兩種類型，深玉米糖漿稍具有糖蜜的味道。➡當本書提到「玉米糖漿」

時，指的是淡玉米糖漿。若有需要，食譜裡會特別指示使用味道較強的深玉米糖漿。➡為了有相同的甜度，你一定要以兩杯玉米糖漿來替代一杯糖的使用分量。烹調時，為了有最好的成品➡千萬別用玉米糖漿去替代超過一半食譜指示使用的糖量。烘焙時，替用玉米糖漿是有風險的，不過，假如你真的必須這麼做的話，若食譜中指示使用兩杯糖，就要將原先指示的——除了糖漿之外——液體用量減少四分之一杯。舉例來說，假設你要烘烤的蛋糕原先指示要加入兩杯糖，「糖漿的最大容忍使用量」在這裡就是一杯糖、兩杯糖漿。至於原先每使用的兩杯糖，你就要將其他液體材料的分量減少四分之一杯。玉米糖漿是由葡萄糖和果糖所組成。

｜艾菊（Costmary）｜

在醬汁、湯品和餡料中加入艾菊時要謹慎，有時會用來取代薄荷，不過艾菊暗藏苦味。植物學名為*Chrysanthemum balsamita*，艾菊是多年生植物，在英文中也叫alecost，可以長到四呎高，並沒有需要特定土壤才能成長。

｜鮮奶油（Cream）｜

鮮奶油是取自未均質化（unhomogenized）的新鮮全脂牛奶在靜置後浮出的脂肪。如同下列所述，牛奶靜置的時間越長，鮮奶油就會更濃稠。今日的市場上，可以買到經過巴斯德殺菌的和超高溫巴斯德殺菌（ultrapasteurized）兩種型式的未發酵的「甜」鮮奶油（相較於發酵的「酸」鮮奶油）。超高溫巴斯德殺菌的鮮奶油可以存放較長的時間，不過傳統的巴斯德殺菌鮮奶油則風味較佳、發泡時較蓬鬆且可維持較長的發泡狀態。

法式尚蒂麗鮮奶油（Crème chantilly）

這是本書的「發泡鮮奶油」的法國版。

法式酸奶油（Crème fraîche）

請閱讀「酸奶和酸鮮奶油」，571頁的說明。

半鮮奶油（Half-and-half cream）

這是牛奶和鮮奶油的混合產品，通常會均質化，內含百分之十・五到百分之十八的脂肪。

濃鮮奶油或稠鮮奶油（Heavy or whipping cream）

標示為**濃鮮奶油（heavy cream）**的鮮奶油，有時也會標為濃稠鮮奶油（heavy whipping cream），內含至少百分之三十六的脂肪，這是多數店裡買得到的最豐美的鮮奶油。**稠鮮奶油（whipping cream）**含有百分之三十到百分之三十六的脂肪。倘若沒有經過發泡過程，這些鮮奶油可以用來豐富醬汁和湯品和做成冰淇淋。假如發泡過且加了糖，這些鮮奶油一般會用來做為點心的糖霜或裝飾。濃鮮奶油的發泡和堆砌效果最好。超高溫巴斯德殺菌的鮮奶油有較長的保存期限，不過傳統的巴斯德殺菌鮮奶油則通常風味較佳、發泡時較蓬鬆且可維持較長的發泡狀態。

淡鮮奶油、咖啡或餐用鮮奶油（Light cream、coffee or table cream）

這些鮮奶油含有百分之十八到百分之三十的脂肪，除非有添加膠質（下頁），否則無法發泡得很好。

發泡鮮奶油（Whipped cream）

打入空氣的發泡鮮奶油的體積會擴張成兩倍。若要打出最理想的發泡鮮奶油，鮮奶油一定至少要含有百分之三十的脂肪，要是達百分之三十六更好，這樣才能打出不會分離的穩定泡沫。為了做出最好的成品，打發用的碗、攪拌棒或攪拌器以及鮮奶油都應該要➠放入冰箱冰過才取出使用，要在冷藏室冷藏至少兩小時，或是放入冷凍庫十分鐘。如此一來，脂肪才能在發泡過程保持紮實，而不至於受到產生的摩擦力的影響而變得油膩。➠在酷熱的廚房中，要在冰塊上攪打發泡。假如攪打時的鮮奶油的溫度高過七度，鮮奶油一打很快就會變成奶油。➠千萬別過度攪打。

鮮奶油可以用大型的氣球形攪拌棒來手動打發，不過使用電動攪拌器絕對是比較簡單的。➠用電動攪拌器來**攪打鮮奶油**，要以中高速打到冰冷的鮮奶油開始變稠為止，期間以穩定的流速加入糖或調味品。接著要放慢攪打速度，並且要像老鷹般警戒觀察，一旦鮮奶油已經打硬到可以維持發泡狀態時，就要停止攪打。要注意別打過頭了，否則鮮奶油可能會油滑並有顆粒感而開始形成奶油粒子。我們喜歡的發泡鮮奶油是剛好打到成一大團的軟性發泡但是還帶著光澤的狀態。這種狀態幾乎就像是➠將蛋白打到硬性發泡但不乾燥的狀態。若要使用在這種令人喜愛的精緻狀態的鮮奶油的話，只能在要上桌前才將鮮奶油打發到這個狀態。

➠千萬別試著用果汁機來打發鮮奶油。有著一般鋼刀片的食物調理機則可以用來做發泡鮮奶油。調理機中只能裝入少於一半容量的鮮奶油，讓鮮奶油維持在不高於刀片的頂端，不然的話，鮮奶油可能會溢出。經處理幾秒鐘，只要鮮奶油變硬且表面出現如同甜甜圈般的彎弧即可。千萬小心別攪打過度，食物調理機一般都會讓內容物的溫度上升，這樣鮮奶油可能會很快打成奶油。

假如鮮奶油之後會調味的話，在鮮奶油裡加入少量糖粉來一起攪打，確實有其效益，這是因為糖裡的玉米澱粉具有穩定劑的效果。至於一些調味發泡鮮奶油的有趣做法，見98頁。

如果發泡鮮奶油將做為裝飾之用，就要把鮮奶油打發到硬，打到鮮奶油的分子幾乎要成為奶油的狀態。假如鮮奶油打過頭而快要變成奶油的話，就多打入兩大匙或更多的鮮奶油或奶水，然後再繼續攪打。打到硬性發泡的鮮奶油可以裝入擠花管來澆擠裝飾。➡要冷凍小型裝飾物的話，先把鮮奶油擠壓到箔紙上成型，不要覆蓋就送入冰箱冷凍，冰凍到硬之後就可包裹起來，然後放在冰庫裡待用。倘若發泡鮮奶油要先冷凍幾小時後才會使用的話，我們建議不要把鮮奶油打發完全，而是在使用前才很快地把鮮奶油打到想要的濃稠度以便混合任何分離了的液體。

發泡鮮奶油的替代品（Whipped cream substitutes）

首先，我們必須聲明沒有其他可以讓人滿意的發泡鮮奶油的替代品，以下是有時會派上用場的權宜之計。最好是能夠加入香草（每杯要加入1小匙的量）或其他在「發泡鮮奶油」食譜，99頁，所建議的調味料，藉以掩飾這些替代品的次級味道和質地。

I. 約2杯

將以下：

1或1又1/2小匙原味膠質

依據鮮奶油所需的濃稠度，浸泡在：

2大匙蘋果汁

泡到柔軟，約5分鐘。將以上材料徹底溶解於：

1/2杯煮溫熱過的淡鮮奶油，533頁

加入：

1杯淡鮮奶油

1大匙糖粉

放入冷藏，期間要不時攪拌。在4到6小時的早期冷藏階段需要正確冷卻，並且加入：

1/2小匙香草

以處理發泡鮮奶油的方式進行攪打，約5到7分鐘。

II. 約3杯

如果部分冷凍過的話，奶水可以打到發泡到原本三倍的分量，不過打發後一定要立即使用。

將以下材料冷藏約12小時，然後倒入一只小碗裡：

1罐12盎司的奶水

將攪拌器或攪拌棒放入碗裡，連著牛奶放入冰箱冷凍，冰到碗壁出現冰晶，約30分鐘。以高速攪打2分鐘或打到相當蓬鬆。再慢慢加入：

（1/4到1/2杯糖粉）

1小匙香草

繼續攪打2分鐘或打到鮮奶油變硬。立即使用。

脆麵包丁（Croutons）

這些乾燥或油炸的調味麵包丁的大小不一。其做法就是把麵包切成小方塊或切成小片，喜歡的話，可以抹油或抹奶油，再嫩煎或烘烤即可。至於粗麵包碎屑，則可做為麵條、餃子或德式麵疙瘩（spätzle）的誘人裝飾。若是切成小方塊，則可以加到沙拉和湯品中來增添咀嚼和分量的感受。可以在野味或厚肉片之下放上一些大的烤麵包丁來吸取肉汁。用麵包薄片所做成的脆麵包丁也叫做小酥塊（crostini）或麵包酥皮（croûtes），超級適合用來做塗醬麵包和肉末餅（pâtés）。

脆麵包丁（Croutons）

I. 將新鮮或乾燥麵包切丁或切薄片，以奶油或橄欖油嫩煎至棕焦酥脆。或者是把塗了奶油的麵包切片切丁並放入190度的烤爐烘烤成棕色。

II. 6杯

將烤爐預熱至220度。在一只烘烤淺盤上混放：

6塊法國麵包厚片，切成1吋小方塊

3大匙特級冷壓橄欖油（extra-virgin olive oil）

烘烤，期間要搖晃烤盤一次或兩次，烤到脆麵包丁呈現金棕色，約10分鐘。

III. 2杯

將烤爐預熱至180度。在一只烘烤淺盤上混放：

2杯1/2吋玉米麵包丁（切量約2片大麵包片）

2大匙橄欖油

烘烤期間要搖晃烤盤一次或兩次，烤到脆麵包丁呈現金色，約10分鐘。烤完後放到盤裡靜置冷卻。

IV. 用鍋子嫩煎好或用烤爐烤好2杯脆麵包丁後，趁熱丟入放了以下材料的袋子中：

1小匙鹽

1小匙紅椒粉

2到4大匙帕馬森起司細屑或草本植物細末

封好袋子後開始搖晃到脆麵包丁完全裹覆上述材料為止。可以加到熱湯或沙拉中享用。

V. 適合來配佐湯、麵或凱薩沙拉。

將以下材料切成1/2吋小方塊或1/4吋的切片：

麵包

加入以下材料嫩煎：

熱奶油或橄欖油

也可以加入以下材料一起嫩煎：

（蒜末或洋蔥絲）

輕柔地拌炒小方塊或搖晃煎鍋，讓小方塊完全裹覆上述材料。撒上：

起司碎末或草本植物細末

VI. 以下適合用來做餡料或家禽肉淋醬。

將以下材料切成小方塊：

麵包或玉米麵包

放入一只烘烤淺盤並送入90度的烤爐烤乾，要偶爾攪拌一下，烘烤1到2小時，烤到乾燥且呈金棕色即可。

｜小茴香（Cumin）｜

小茴香的經典味道，在墨西哥、印度和北非食物嚐得到，也可以跟著起司、雞蛋、豆子、米飯、辣椒、德式酸菜和未發酵的麵包一起享用。小茴香籽可以研磨過或整顆使用在滷汁、辣椒粉和番茄醬裡，這也是咖哩粉的主要材料之一。烘烤，544頁，可以加強小茴香籽的香味。植物學名為*Cuminum cymimum*或*Cuminum odorum*的小茴香可以自然成長到一呎高，若要妥善生長，需要種植在接近熱帶的環境中。

｜咖哩葉（Curry〔kari〕Leaves）｜

咖哩葉是植物學名為*Chalcas koenigii*的咖哩樹的葉子，這是印度南方和西南方用來調味食物的材料。新鮮的咖哩葉可以購自印度食品專賣店。你可以用乾燥的咖哩葉來替代使用，不過其味道比較不強烈。

｜咖哩粉和咖哩膏（Curry Powder and Paste）｜

咖哩其實是高度調味過的醬料，不過，當我們想到它時，總只是想到食品儲藏室隨時為食物提味而準備的粉末。然而，在印度被稱為瑪撒拉（masalas）的咖哩粉並不是單指某一種香料，實際上是好幾種香料的混合物，就像每位廚師都有自己的烹調祕方，咖哩粉也都各不相同。最好的咖哩粉是用新鮮的研磨香料研磨而成，或者是直接將香料加入混了洋蔥、蒜頭、水果和蔬菜的咖哩膏中，裡頭包括了一般常見的蘋果和胡蘿蔔，或是加了羅望子（tamarind）和石榴（pomegrante）等異國食材。

咖哩不管是膏狀或粉末，用印度酥油（465頁，是一種澄化過的奶油）或橄欖油等類的脂肪來烹煮會使得風味更佳。咖哩應該要根據每道食物而調製：乾咖哩可以裹覆肉類；酸咖哩可以用來醃泡肉食；還有其他的混合咖哩來搭配雞肉、羔羊肉或羊肉、米飯、豆子、蔬菜和魚類，口味強度從印度南方馬德拉斯（Madras）的嗆辣咖哩到印尼的溫和咖哩是應有盡有。以下羅列的一些組合可以讓你了解到咖哩的多元和範疇。每一份的使用量就是味蕾能承受多少的問題。選擇啤酒、酸萊姆汁或優格飲料等飲品來搭配咖哩食物。烹調時，要使用大量蒜頭和洋蔥，可能的話，還要加上椰奶，481頁，特別當你做的是「泰式咖哩★」，351頁的時候。

咖哩粉和咖哩膏（Curry Powder and Paste）

I. 1大匙薑粉
1大匙芫荽粉
1大匙小荳蔻粉
1小匙紅辣椒粉
3大匙薑黃

II. 2/3杯小茴香籽
2/3杯芫荽粉
1/2杯薑黃粉
各1/3杯希臘草籽和小荳蔻籽
1/3杯整顆黑胡椒子
4又1/2大匙罌粟籽
4小匙芥末籽
2大匙薑粉
1/2杯紅辣椒片
4大匙肉桂粉

III. 各4大匙薑黃和芫荽粉
4又1/2大匙小茴香粉
2大匙薑粉
1又1/2大匙整顆黑胡椒子
1大匙紅辣椒片
1大匙球莖茴香籽
1又1/2小匙芥末粉
各1小匙罌粟籽、丁香粉、肉豆蔻乾皮粉

IV. 馬德拉斯咖哩粉（約1又1/3杯）
在一只乾燥的煎鍋中混合以下材料並以中火烘炒，炒到香氣四溢且些微焦黑，約4分鐘：
6大匙芫荽籽
1/4杯小茴香籽
3大匙黃馬豆（*chana dal*或yellow split peas）
1大匙黑胡椒子
1大匙黑芥末籽
5顆乾燥紅辣椒
（10片新鮮或乾燥的咖哩葉）
再混合：
2大匙希臘草籽
用香料碾磨器或咖啡研磨器分批研磨成粉。加入以下材料混合均勻：
3大匙薑黃
用密封儲存盒收藏在陰涼的地方

V. 印度綜合香料（Garam Masala），請見513頁。

魔鬼調味料（Devil Seasoning）

我們選擇的是亞歷斯克斯・索爾（Alexis Soyer）的通用魔鬼調味料，來自他的著作《烹飪戰役》（*Culinary Campaign*），這是一本關於克里米亞戰爭（Crimean War）的很精采的書籍，這位英國首位名廚描述了自己以烹飪的狂熱度過戰爭。沒有人比他對自己的工作更具有說服力，不論是改善了英國軍隊的飲食、在革新俱樂部（Reform Club*）的烹飪工作，或是重塑了英國工人階級的烹調習慣——他曾在《英國大眾食譜書》（*A Shilling Cookery Book for the People*）加以敘述後者。原始食譜裡指示使用的是一大匙紅辣椒，我們則將分量改為少許。在索爾的年代，卡宴紅辣椒跟著麵包一起烘焙並研磨成粉，這種做法使得其辣度如同較溫和的紅椒粉。

＊譯註：英國上流社會紳士會所。

魔鬼調味料（Devil Seasoning）（約3/4杯）

混合：
1大匙乾芥末
1/4杯辣椒醋或蘋果醋
1大匙預製辣根
2只珠蔥，切碎末
1小匙鹽
些許紅辣椒粉
1/2小匙黑胡椒
1小匙糖
（2小匙切碎紅辣椒）
燒烤前先塗抹在肉類或家禽肉品上。索爾的食譜指示：「一開始時要緩慢燒烤，最後則要盡可能以接近狂熱大火（Pandemonium Fire）完成。」

| 蒔蘿（Dill） |

這是一種軟如羽毛、味道刺激且稍具苦味的植物，其種籽和葉子都可用在酸鮮奶油、魚類、豆子、小黃瓜和包心菜做成的菜餚裡，也可以用於馬鈴薯沙拉、新鮮馬鈴薯，當然還有蒔蘿醃瓜，446頁。製作蒔蘿奶油醬汁時，千萬別把奶油烹調到棕焦色。乾燥的蒔蘿葉片或葉株部分會當作蒔蘿草來販售。種籽也很適合加進醋裡，葉子是很棒的菜餚裝飾。蒔蘿的植物學名為*Anethum graveolens*，屬一年生植物，可以長至三呎高且會自體播種成長。當花朵變成棕色時，就可將植物拔起並放在紙上乾燥，如此就很容易收集四散的種籽。花朵的柔軟頭冠可以如同其葉子般使用；特別適合加入醃瓜罐中，風味奇佳。

| 乾蝦米（Dried Shrimp） |

有點鹹且具蝦香的乾蝦米是亞洲菜的調味料。可以加入拌炒、麵食、醬汁和湯品中。小包販售，整隻蝦米或研磨成粉；要以可密封的儲藏盒儲放在涼爽處。使用前要以溫水浸泡使其恢復原狀。

| 雞蛋和蛋製品（Eggs and Egg Products） |

雞蛋有著所有來自完整有機體所發展而來的均衡營養，沒有其他食材可以比一顆新鮮的好雞蛋更能夠刺激老練廚師的想像力和營養學家的狂熱。雞蛋提供了發酵物的結構架構而轉變了蛋糕麵糊和麵包麵團、雞蛋讓卡士達變得厚實滑順、黏著肉卷和麵包佐醬、也幫忙做出了滑順豐美的冰淇淋。雞蛋可以乳化醬汁、荷蘭醬和美乃滋；可以讓湯品變清或更加豐美；蛋液可以塗抹卷條；可以讓派皮麵團與濕氣隔絕；可以做成美味的蛋白霜和舒芙蕾；可以做成理想的早午餐、午餐和快餐或應急餐點。

使用新鮮的雞蛋來發揮以上的功效比用不新鮮的雞蛋來得好，兩者的味道和質地更是無法相提並論，➠因此記得一定要買你所能找到的上等雞蛋。蛋黃的顏色深淺或者蛋殼是白色或棕色，其實都不重要。除非有試吃，否則根本無從測試雞蛋是否好吃，➠要測試雞蛋是否相對新鮮，可以放入盛了冷水的碗裡，會漂浮的就表示不能使用了。你也可以將雞蛋打在碗裡來聞味道，不新鮮的蛋會有一股濕草或濕稻麥的味道，那會毀壞任何的美食或純蛋製品。如同492頁的圖示，將打破蛋殼的雞蛋放在碟子上，➠真正新鮮雞蛋的蛋黃會呈半球形並維持這種形狀，濃厚透明的蛋白會含有兩道絞繩般的物質，也就是所謂的蛋白帶，其可以固定蛋黃。這樣的雞蛋就可以使用，有時會有一些紅斑或血點出現在蛋黃上的雞蛋也是可以使用的。血點是無害的，若是要用在淡色醬汁或點心時，喜歡的話，不妨用刀尖將血點移除。

在強調完務必購買新鮮雞蛋後，現在又加上以下的注意事項，看似有點奇怪，但實則不然！➠千萬要用生下來三天以上的雞蛋來煮水煮蛋，如果你這麼做了，會很難剝除蛋殼的。➠永遠別用有異味或變色的雞蛋，尤其別用有裂痕的雞蛋，沙門桿菌，497頁，會因而可以伺機而入。蛋殼是雞蛋的天然保護層，一旦出現裂痕或損傷，其內容物很快就會變壞；不應該使用出現裂痕、受到損壞或有著髒蛋殼的雞蛋。

雞蛋要依重量購買和測量，不過這種明智的做法並不符合傳統習慣。➠除非食譜另有指示，本書的食譜都設想使用的是二盎司的雞蛋。這種重量的雞蛋就是所謂的「大」雞蛋。不過，任何大小的雞蛋都可以用來炒、沸滾或做成水煮荷包蛋——只要雞蛋的大小不會影響到整體食譜的成果即可。一般食用的蛋量是每人一到二顆雞蛋。至於舒芙蕾、卡士達和蛋糕等食譜有著精確的大雞蛋使用數量而受到影響，請參照「雞蛋大小與同等分量」對照表來替代較小或較大的雞蛋。

雞蛋大小與同等分量

參照本表使用任何大小的雞蛋來替代食譜指示使用的大雞蛋，括弧裡的分量是每顆含蛋殼的雞蛋重量。

大（2盎司）	特大（2又1/2盎司）	超大（2又1/4盎司）	中（1又3/4盎司）	小（1又1/2盎司）
1	1	1	1	1
2	2	2	3	3
3	2	3	3	4
4	3	4	5	5
5	4	4	6	7
6	5	5	7	8

新鮮雞蛋的半球形蛋黃

2顆大型蛋或3顆中型蛋等同1/2杯的分量

商店販賣的雞蛋有A級或AA級的標章，也會同時註明評定等級的日期和新鮮度代碼。AA級和A級是美國農業部用來標示雞蛋品質的兩個最高等級，是自願送檢制度。這些等級的標章其實與雞蛋的大小和新鮮度無關，標示的不過是雞蛋剛生下來的時候有著高圓蛋黃和穩厚蛋白。雖然AA等級的雞蛋表示雞蛋的形狀比較勻稱，不過這兩個等級的差異其實很小，過了一段時間之後，不管等級為何，蛋黃都會變平且蛋白都會變得水水的。假如不太確定雞蛋的大小，就將雞蛋秤重或測量一下即可。一顆二盎司雞蛋的蛋黃約為一大匙加一小匙的量；蛋白則是約兩大匙的量。關於雞蛋大小與同等分量，請見上頁說明。要了解雞蛋大小在體積上的差異，說明如下，兩顆大雞蛋約有半杯的分量，但是要三顆中型雞蛋才能有同樣半杯的分量。有時候，去掉蛋殼再秤重或測量是有其方便或必要的。當你要減少食譜的量而只使用一部分的雞蛋時，要輕打雞蛋後再測量半顆雞蛋為約一大匙半，三分之一顆雞蛋則為一大匙，或者是使用以下的估計換算：

1顆大蛋白=約1盎司=約2大匙

1顆大蛋黃=約1/2盎司=約1大匙

別期待從鴨子到鴕鳥等其他家禽或飛禽的蛋會有如雞蛋的質地或味道（在此一提，一顆鴕鳥蛋可以製作二十四人份的早午餐）。若是不尋常的蛋，要先相當確定其新鮮度才使用。至於冰凍和解凍雞蛋，見392頁的說明。以下羅列了在市面上買得到的一些蛋類產品。

雞蛋替代品

多數雞蛋替代品都含有百分之九十八到百分之九十九的蛋白，因而缺乏全蛋的膽固醇和豐美的蛋黃味道。因為蛋白在烹煮時會乾掉，記得要輕柔地烹煮雞蛋替代品；可加入熱醬汁或切碎的新鮮草本植物等調味料來提味。

還有一個可以減少脂肪和膽固醇但依舊保有一些全蛋味道的方法，就是用蛋白來取代食譜中多至一半的全蛋用量。每拿掉一顆全蛋要以一顆半蛋白（或淺淺的三大匙分量）來替代。

自製雞蛋替代品（約1又1/2杯）

這種混合物約1/4杯的分量相當於1顆大型全蛋。

輕柔混勻：

12顆大蛋白

1大匙植物油

1/4小匙鹽

若要更接近雞蛋色澤的話，加入：

6滴黃色食用色素

蛋白液和蛋黃

經過巴斯德殺菌程序的蛋白和蛋黃，會分裝在可以傾倒的容器內銷售。對於需要使用生蛋白或蛋黃的食譜來說，這些產品相當便利。由於是巴斯德殺菌產品，用蛋白液來製作蛋白霜時，可能需要比食譜上指示還要長的攪打時間。

全蛋液

這些是經過巴斯德殺菌的全蛋，殺菌過程會殺掉可能存在雞蛋中的有害細菌，適合用於要使用生全蛋的食譜。只要冷藏得當，沒有開封的全蛋液可以保存三個月。

蛋白霜粉

蛋白霜粉是以乾燥的蛋白做成的產品，裡頭添加了糖和稠化劑。製作蛋白霜時，將水加入粉中並加以攪打。蛋白霜粉有經過巴斯德殺菌處理，適合用來做生的蛋白霜。可以長期保存。關於新鮮蛋白霜的做法，見74頁。

巴斯德殺菌全蛋

巴斯德殺菌全蛋是將帶殼雞蛋以熱處理的方式來殺死細菌；這種處理過程並不會煮熟雞蛋。巴斯德殺菌過的雞蛋在蛋殼上都會加以標示。這種全蛋比一般帶殼雞蛋貴，不過是要使用生雞蛋或部分煮熟雞蛋的食譜的另一極佳選擇。這種產品可以如同未經過巴氏殺菌的雞蛋般用於任何一種雞蛋料理。

蛋白粉

有些經過巴斯德殺菌的蛋白粉不會含有其他材料，有些則會加入可以在打蛋白時幫助增加體積和穩定泡沫的添加物。這些冷凍乾燥法做成的蛋白產品保存期限很長，而且不需要冷藏。由於只需簡單地加水混合即可做成蛋白液，因此使用上相當方便。

全蛋粉

無法取得新鮮雞蛋時，這種乾燥蛋粉就很便利。這種產品可能會受到細菌沾染，除非產品標明其中含有高比例的酸，不然只會用於會完全煮熟的食譜上。存放在室溫下，開封後就要冷藏。如果想做出相當於三顆新鮮雞蛋的分量的話，要把半杯過篩的全蛋粉加到半杯水中並打到滑順為止。要替代一顆新鮮雞蛋的話，就混合兩大匙半全蛋粉和兩大匙半的水，並且打到滑順即可。➠混合後在五分鐘內使用完畢。你也可以將全蛋粉加入食譜指示的其他乾燥材料，水則加到食譜的其他液態食材中。

打蛋

教人怎麼打蛋白，就跟要指導人們如何幸福過日子一樣愚蠢，不過，由於一道菜的成功關鍵可能就在於這個步驟，我們還是在此說明些細節。➠全蛋要打出最大的體積，雞蛋的溫度要在十八度到二十四度之間。在加入麵糊和麵團之前，除非食譜另作指示，要把全蛋和蛋黃一起攪打，打到顏色變白且質地輕盈為止。➠若要讓雞蛋回溫至室溫的話，就把雞蛋放入盛了熱自來水的碗裡五分鐘。

對於一些食譜來說，使用電動攪拌器攪打全蛋和蛋黃五分鐘或以上的時間有其好處，如此可以把雞蛋打到原本體積的六倍之多。

要將蛋白打出最多體積的話，➠要注意是否正確地分離出蛋白，並且要在介於十八度到二十四度的溫度進行。➠選用一只大深碗，496頁，來打蛋白。勿用鋁製碗，這種碗會讓蛋白的顏色變灰；也不要使用塑膠碗，不管如何仔細洗滌，仍可能會殘留油漬而減少打發的體積。法國人鍾愛銅製品，不過，假如有加入塔塔粉以便打出較為穩定、柔軟的泡沫的話，塔塔粉的酸性物質會讓銅碗裡的蛋變綠。

若是攪打的力道輕柔並且使用攪拌棒的話，將可讓蛋白細胞的空氣含量顯著增加。➠要選用有許多細網的長型攪拌棒。➠使用的碗、攪拌器具和刮刀絕對不能殘留任何的油漬——如果是塑膠製品的話，可能是無法完全去除油脂的。洗滌時，使用洗滌劑或檸檬汁與醋的混合液來徹底洗淨，並好好擦拭乾燥。

假如預備使用蛋白來進行烘焙，要先預熱烤爐。等到其他所有的材料都混勻後，才開始打蛋白。

使用電動攪拌器打蛋白時，有打蛋器的話，就用打蛋器來攪打，而攪打的時間會比用手打蛋白的時間來得短，但是仍以相同方式來測試蛋白打好與否。我們不建議使用果汁機、手持式調理棒（immersion blender）或食物調理機（除非安裝了攪打器）來打蛋白。

用手打蛋白時，要準備好在兩分鐘內要將兩顆蛋白攪打約三百下，這樣預期可以打到原始體積的兩倍半到四倍之多。開始時要以放鬆的腕部動作緩慢輕柔地攪打，以穩定的速度打到蛋白不再是黃色的半透明狀態而且開始出現泡沫，接下來逐漸增快攪打的速度。要不間斷地攪打，➡打到蛋白輕薄而且出現堅挺的小尖角，但仍舊柔軟而不失彈性。

製作各式蛋白霜和一些蛋糕時，要在打發蛋白時打入一些糖，每一顆雞蛋約加一小匙糖。雖然這麼一加會使得體積稍微變小而且要攪打得更久，但是卻可以打出更加挺拔的泡沫。

從開始到完成，攪打過程不應該有任何中斷，一路打到所謂的最佳狀態，➡就是不乾燥的硬性發泡狀態。另外一個測試完成度的方式，就是觀察傾斜攪拌碗時的流速，打到硬性發泡的蛋白不應呈液狀且不會流動。有些廚師會用倒碗法來進行測試，蛋白應該要徹底地攀附在倒置的碗底。不幸的是，這也可能是蛋白打過頭而過度乾燥的徵兆。雖然這種狀態的蛋白有較大的體積，但是其細胞卻在烘焙時無法大幅拉展而破裂。

切拌蛋白時，應該總是手動而不是用機器來進行，基本原理就是要盡可能讓空氣滯留在蛋白裡。➡動作要快速且輕柔，目的就是要把較輕盈的混合物混入較厚重的混合物，以兩種不同的動作來結合這兩種不同物質。用一把大橡膠抹刀，一開始時的動作要俐落乾淨，就像是切蛋糕般地把抹刀帶到碗底。接下來就要採用提升的動作，把較厚重的物質從碗底帶上來包住蛋白。交替重複上述的切下和提升的動作，過程中要記得轉動碗具，同時盡可能不要弄破打發的蛋白。

煮雞蛋

「有人」這麼說道，在炎熱的夏日，是有可能在人行道上煎蛋的。我們不是要建議你這樣做；之所以這麼說，無非是要提醒你，不論使用熱源為何，雞蛋都會快速煮熟——在六十六度就會開始變厚。一旦受熱，雞蛋會產生明顯的變化，這一簡單過程的結果就是從薄稀的液體變成硬實的不透明食物。當雞蛋開始受熱，內含的蛋白質就會拆解而彼此結合在一塊。在相對低溫的情形下，蛋白質會保持鬆散柔軟，使得雞蛋得以固定但是同時濕潤而軟嫩。然而，當以高溫長時烹煮時，蛋白質就會溶成硬實的團塊。在只是煎炒、水煮和熟煮的情況下，雞蛋會烹煮成有彈力的蛋白和乾碎的蛋黃。若是卡士達、法式鹹派和以雞蛋稠化的醬汁和湯品，做出的就是凝結狀態的蛋品，有著顆粒感和水般的濃稠度。接下來就要加倍謹慎，➡所有蛋料理都不該過度加熱，也不該延長烹煮的時間。

鮮奶油、奶油和起司特別適合加入蛋料理，不單只是因為這些材料會添增豐美度，也包括其脂肪可以保護蛋的蛋白質並阻止凝結。然而，只有事前謹慎處理才能做出滑順的蛋醬汁或是蛋料理。一旦蛋的蛋白質萎縮之後，蛋無法維持住濕潤度，成品就一定會變得稀薄平淡。假如你將蛋加入熱混合物，要先用所謂的**調溫**技法來加以控制。調溫時，先把少量的熱混合物加到打過的蛋裡，接著再將蛋倒入剩餘的熱混合物中。在烹煮蛋料理時——假如你正準備舒芙蕾的基底或正要稠化湯品、醬汁，或是用蛋黃做成卡士達——通常在此時的煮鍋裡保有足夠的熱能來完成所需的烹調過程。

如果你要烹煮蛋黃和糖的混合物，先打蛋，再加入糖，並繼續打到混合物呈現可以從湯匙邊如同寬緞帶般流滑的狀態。達到這樣的階段的時候，烹煮的蛋就不會凝結在一塊。

我們在此再提供兩個祕訣，你就會品嚐到包覆於蛋殼中的豐美、完整、好吃的蛋白質的真實魔力。烘焙時或製作蛋餅或炒蛋時，不要忘記如果雞蛋一開始約在室溫溫度的話，這樣的雞蛋所做出的成品質地較佳且體積較大。此外，由於三分之一的蛋黃是脂肪，也請記得蛋在布丁或醬汁中冷卻後會產生稍許稠化的作用。

分離雞蛋

你一定聽過有不會煮雞蛋的廚師，但是其實也有廚師甚至連打破分離雞蛋也不會。方法如下：可以用雞蛋分離器或徒手來分離雞蛋。使用雞蛋分離器時，要將器具架在杯子的杯緣或小碗的碗邊。小心地把雞蛋打破並放入器具中央，蛋白就會沿著周邊的水平裂縫流到底下盛接的器皿中，而蛋黃則會在留在分離器的下凹處。或者，如圖所示，準備好三個碗。用一手拿蛋，以蛋側面的中間俐落地輕敲流理檯等平面，來敲出均衡的裂縫，接著用兩手拿著雞蛋並置於一只碗的中心上方，有裂縫的表面朝上，並讓較寬的一端傾斜向下。大拇指握著裂縫邊緣，拉開邊緣來加大裂縫而將雞蛋分成兩半。在這過程中，有些蛋白就會流到下方的碗裡，但是蛋黃和剩餘的蛋白會留在下方的蛋殼中，在兩個

分離雞蛋和打發蛋白

分離的半邊蛋殼之間來回傾倒蛋數次，每次都讓更多蛋白流到碗裡，直到蛋殼裡只剩下蛋黃為止。在這個來回傾倒的過程中，你可以很快地輪流觀察每顆蛋是否有變色或異味的問題。將蛋放到左方的裝盛蛋黃或右方裝盛蛋白的大碗之前，丟棄任何可能變壞的蛋。要是蛋黃在分離雞蛋過程中破碎了，你可以試著用以冷水浸濕的廚房紙巾一角來撈出蛋黃碎粒。如果你沒有將蛋黃與蛋白完全分離的話，這顆蛋（蛋黃和蛋白）就要另作他用，這是因為一點點蛋黃脂肪就會減少打發的蛋白體積，質地也會不同。

儲存雞蛋

儲存雞蛋是很簡單的，只需遵循以下幾個基本原則。➡將裝在原本包裝盒的蛋儲放在冰箱裡（不是在冰箱門上）較冷（下方）架子的後面，也就是在較冷恆溫的地方。➡含有生雞蛋或稍微煮過的蛋的食物，如自製的美乃滋和卡士達就含有生蛋或是稍微煮過的蛋，應該要加以覆蓋冷藏。這樣的食物很容易吸附外在味道，因此要遠離切過的薑、洋蔥和刺鼻起司等味道強烈的食物。

存放蛋白時，要放在密封保鮮盒裡，並且冷藏不可以超過一星期。➡只用來製作要用蛋白的食譜。存放完整的蛋黃時，要記得淹覆一點點冷水來防止蛋黃乾掉，接著蓋好並放入冰箱冷藏。這些蛋黃要瀝乾後再使用。➡只用來製作要使用蛋黃的食譜。生蛋黃可以存放至兩天。若是水煮過的蛋黃則可以多存放幾天。關於額外蛋白或蛋黃的其他用途，見527頁。

在結束這個部分的說明之前，我們要祭出如魔術師的技巧。如果你不知道如何分辨冰箱裡冷藏的蛋哪些是煮熟的而哪些不是，有個簡單的測試法，就是以雞蛋尖端為基點來迅速旋轉雞蛋，煮熟的雞蛋會像個陀螺般旋轉；生蛋一轉就會翻倒。

有個小訣竅可以洗淨沾黏雞蛋的器皿。因為冷水可以去除蛋白質而不讓它黏在器皿上，所以要一開始就用冷水清洗。如果手邊沒有磨光劑，可以用鹽巴來擦拭沾了雞蛋的銀器。

關於蛋類的食用安全須知

腸炎沙門桿菌（*salmonella enteritidis*）會引發疾病，偶爾會在生雞蛋中出現，甚至沒有裂縫的雞蛋也可能藏有這種細菌。雖然機率極低（估計一萬顆雞蛋中有一顆會感染腸炎沙門桿菌，但是只要有適當儲存和烹煮，即使是感染的雞蛋也可能不會造成任何傷害），我們仍建議要謹慎處理雞蛋，若是要為小孩子、老年人、孕婦或是免疫系統不佳的人烹煮雞蛋，尤其要特別注意。購買冷藏的雞蛋，並且要盡快把買來的雞蛋放到冰箱裡。有疑慮的雞蛋就千萬別使用。打破或分離雞蛋時，要確保新鮮的雞蛋內容物沒有接觸到較可能沾染感染物的蛋殼外部。處理雞蛋的前後時刻，都要記得洗手，並清洗可能接觸到蛋殼或蛋內容物的器具或設備。

不論是單煮雞蛋或含有其他材料的蛋混合物，當煮到六十度且繼續烹煮三分半到五分鐘，或是在達到七十度後煮個幾秒鐘，就可以殺死所有的有害細菌了。有薄探針的即讀溫度計是量測許多餐點的烹煮溫度最簡單的方法。如煎蛋或水煮蛋等單煮雞蛋時，你可以用眼觀察，蛋白在六十六度時就會變硬而定形，蛋黃則是在六十六度時會變稠而在七十度時定形。當蛋白定形且蛋黃正要變稠但中間部分還是液狀時，蛋就煮到了可以安全食用的狀態。至於炒蛋或蛋餅等全蛋料理，蛋混物會在七十四度定形，這是高於安全食用邊緣的狀態。其他添加的材料，特別是脂肪，雞蛋在較高溫才會定形，這就表示：即使煮到較高溫度，額外加入鮮奶油和（或）奶油的炒蛋依然柔軟濕潤，炒蛋因而既可以安全食用又鮮美多汁。至於如法式沙鍋和鹹派等餐點，如果用刀子插入中間而可以乾淨抽出，這就表示蛋煮得差不多了。

美乃滋、糕點慕斯、蛋酒和凱薩沙拉等用生蛋或稍煮過的蛋的一些經典食譜，就讓人比較擔心了。有些廚師現在會用巴斯德殺菌過的雞蛋液或乾燥蛋白粉來替代使用。蛋液跟新鮮雞蛋相當接近，只有在乳化或攪打時的成效略遜於新鮮雞蛋。乾燥蛋白粉最適合用來做要稍微煮過的蛋白霜。有些廚師則拒絕妥協，而堅持使用生的或稍微烹煮的新鮮雞蛋且平安無事。假如你是屬於這類型的廚師，要降低風險的話，就盡量使用最新鮮的雞蛋，並且將蛋儲存低於四度的地方。重要的是要立即食用煮好的蛋料理，不然就要將其盡速冷卻並放入冰箱冷藏；在烹煮之前，任何含有生蛋的餐點都要放入冰箱。

|土荊芥（Epazote）|

土荊芥有著刺鼻的草本植物般的味道，植物學名為*Chenopodium ambrosioides*，與藜麥（quinoa）和菠菜為同屬植物，墨西哥湯品和如玉米粥★，578頁，等燉物中經常添加這種植物。

|萃取液和調味料（Extracts and Flavorings）|

除了香草之外，也有一些來自漿果、香料、柑橘水果、堅果、巧克力、利口酒和咖啡的萃取液。這些萃取液可以增添一縷味道，使用上則要謹慎小心，只要加一點就有很好的效果。其他用於烹飪和烘焙調味料包括取自石榴汁液的**石榴糖漿（grenadine）**，以及**玫瑰水和柳橙水**等使用在中東食物烹調上的甜味蒸餾水。➡我們並不建議使用不含酒精的利口酒調味料，其雖然價格較低廉，但是味道卻可能較稀薄。若要找尋正宗味道的最佳萃取液，請注意在商標上有標示「純」（pure）的產品。

| 烹調用的脂肪（Fats in Cooking） |

沒有東西比得上菜餚裡的脂肪，可以毫無差錯地顯露出國菜或地方菜的特色。培根可以勾起我們對美國南方的記憶，橄欖油喚起了心中對地中海料理的感受，而不同類型的奶油也同樣讓我們想起了世界各地的菜餚。不同脂肪的特色和味道都非常獨特，正因如此，使用不同的脂肪，不只是味道不一樣，連食物的質地也會隨之改變。

讓我們談談脂肪在烹調上的千變萬化。在謹慎熟練的使用脂肪，即有收斂味道的功效，也可以包裹麵筋並將之「縮短」來做出更柔軟的結構。脂肪也可以形成肉汁和美乃滋的乳化劑，以及做為裹覆如油封菜★，134頁等食物的防腐劑。奶油則可以讓麵包糕餅呈現出漂亮的棕色色澤。

脂肪取自動物（奶油和豬油）和植物（固態植物起酥油、穀物、種籽和堅果油脂）。當然，烹調用的脂肪包括的固態脂肪和液態油。➡脂肪在室溫下呈固態狀。油在室溫下都會維持液態，不過冷藏後可能會變成固態狀。許多人都責怪脂肪所帶來的卡洛里，也責怪飽和脂肪和反式脂肪對健康的影響。想更了解脂肪的性質，見《廚藝之樂[飲料・開胃小點・早、午、晚餐・湯品・麵食・蛋・蔬果料理]》23頁的說明。

澄淨油脂

澄化油炸過的油脂，並去除殘留其中的食物燒焦碎粒和其他的雜質，➡要緩慢加熱到溫熱狀態。你可以在溫熱油脂中加入馬鈴薯，以一杯油脂配四到五片馬鈴薯片的比例來加入，如此有助於吸收掉不希望殘留的味道。當馬鈴薯變成棕色時，或是在油脂融化之際，就用棉紗布過濾溫熱的油脂。➡放入冰箱冷藏。至於澄化奶油的方式，見465頁的說明。

測量脂肪

測量油、奶油條、乳瑪琳或起酥油的方法並不神祕。測量油時，使用標準液體量杯和量匙即可。測量奶油條、乳瑪琳或起酥油時，就按照包裝上事先標好的測量記號來切割即可。

測量固態起酥油、奶油塊、桶裝的乳瑪琳或奶油等大批脂肪的方法有二。其中一種是錯置法。假如你想要半杯脂肪，就在一杯液態量杯中裝入半杯的水，並在杯中放入脂肪碎片或脂肪塊，讓水位向上推升到一杯的刻度，此時杯裡裝盛的脂肪量就相當於半杯，接著只要倒掉杯裡的水即可。

有些人則偏好使用一組乾的量杯，尤其是在測量固態起酥油的時候。假如你確定要用這些量杯，記得先用溫水洗滌過，然後就要將固態起酥油緊實推壓到這些量杯的底部，不然的話，杯裡會留下不少的氣體空間，而導致測量結果不準確。

測量大塊脂肪

移除脂肪裡過多的鹽分

在使用培根或鹹豬肉來做精緻的燴煮食物、蔬菜燉肉或肥肉條★，157頁之前，若想要先移除其中的過多鹽分，要先依照個別食譜的指示將培根或鹹豬肉切成小塊，以便進行半熱燙，642頁。將培根或鹹豬肉放到重鍋裡，➡淹覆冷水，再逐漸把水煮到沸騰。將火轉小並➡繼續沸煨，不要蓋上鍋蓋，烹煮三到十分鐘。如果是1×1×1/2吋大小的切塊，就要烹煮更長的時間。瀝乾後即可使用。

若要移除烹飪用奶油內含的鹽，要緩慢加熱但不要煮到焦褐色。撇除浮沫。讓奶油在鍋裡冷卻，接著再移出脂肪團塊，沉澱物和水分都應該會在鍋底。有若干情況要使用到澄化奶油，特別像是需要較緩慢煮到焦褐的烹調或者製作荷蘭醬或「貝亞恩醬★」，308頁，就要用到澄化奶油。

精煉脂肪

精煉或「提煉」（trying-out）肉類是指從動物產品中萃取和淨化固態脂肪的過程，藉由移除了結締組織、可能的雜質和水分來改善品質，而且很容易自行在家執行。先從肉品修剪下脂肪來並切成小塊，不要在乎脂肪上是否還黏著一點皮或肉，這都可以在精煉後再過濾掉。

精煉有分乾和濕兩種方式，會做出兩種稍微不同的精煉脂肪。以濕煉法做出的精煉脂肪較純淨且味道溫和，而以乾煉法做出的精煉脂肪則較有香味並且顏色較深。烹煮培根或肉末時就是在以乾煉法精煉脂肪。烹煮肉品時，鍋裡會出現脂肪，可以將這些脂肪收集起來做為烹調用的油脂。與濕煉法做出的脂肪相比，乾煉法做出的脂肪在較低的溫度就會烹煮到冒煙或燒焦。乾煉法是許多肉湯或燉肉湯的第一道烹煮步驟：在鍋裡丟入一點培根、碎牛肉或雞脂肪，加熱到脂肪融化，然後才加入其他材料。乾煉法也可以用預熱到一百八十度的烤爐來執行。

一般來說，濕煉法是等到你已經收集了大量脂肪之後才會進行。將碎脂肪切丁，➡在重鍋裡跟少量的水來一起緩慢烹煮。你可以用湯匙或馬鈴薯搗碎器的背面下壓脂肪來加速流程。當脂肪煮成液體之後，趁溫熱時用棉紗布加以過濾，然後➡放入冰箱冷藏。留在過濾器裡的焦褐結締組織，也就是所謂的油渣（cracklings），可以留下來調味煮好的乾豆子、四季豆或任何你想要用培根或豬膀子調味的菜餚裡。

滴油脂（Drippings）

滴油脂是指在烹煮肉品和家禽的過程中精煉而來的脂肪。做肉汁的時候，滴油脂讓人想要用來加強做出該滴油脂的肉類的風味，就如同我們從烘煮感恩節火雞的過程中知道要保留烤盤裡的滴油脂來做成肉汁。羔羊和成年羊的滴油脂味道強烈，因此使用時要格外謹慎。培根油脂通常會用於玉米麵包和含肉派皮的製作，以及為需要加入鹹豬肉的餐點加以調味。➡以上所有脂肪都要經過前述的澄化過程，才能放入冰箱冷藏，並提升脂肪儲放時的品質。我們會不禁想要在烤爐裡面放一個待用的器皿來接收或重複使用這些滴油脂，這樣的慾望要加以抑制！因為這些油脂暴露在不同的熱度中，很快就會腐壞。

➡用滴油脂取代奶油時，油脂分量要減少百分之十五到百分之二十。

豬脂肪

使用的豬油要新鮮且帶有鹽味。鹹豬肉是以豬腰肉做成，會用在「肥肉條」和「包油★」，140頁。新鮮豬脂肪可以做為餡料和醬汁以及混合肉醬的材料。關於移除鹹豬肉的過多鹽分，見前頁的說明。

家禽脂肪

取自雞、火雞、鴨和鵝的脂肪在料理應用上極受到重視。取自腎臟四周和腹腔的精煉脂肪是堅實的、味道溫和且顏色清淡。至於其他利用撇掉浮沫的肉湯和烤肉所取得的精煉脂肪，就比較柔軟、有顆粒感並且顏色較深。➡覆蓋後儲放在冰箱中。若要做為替代品，以四分之三杯精煉和淨化的家禽脂肪來替代一杯奶油。

球莖茴香（Fennel）

佛羅倫斯球莖茴香（Florence fennel）的葉子或是羽狀莖葉可以與甜球莖茴香的種籽和莖葉交互替用，我們主要是要使用其中稍強的大茴香般味道。用來調味時，就如同蒔蘿，490頁，球莖茴香的葉子和種籽皆可使用，尤其是用來調味富含油脂的魚類、米飯和馬鈴薯，也會與小扁豆（lentils）用在香腸裡，以及加入含有蘋果和梨子的水果料理中。魚類有時會放在球莖茴香的莖葉上烹煮。用來做醬汁時，記得別烹煮過久而使得葉片枯爛。球莖茴香的莖葉乾燥之後是沒有味道的。植物學名為*Foeniculum vulgare dulce*的甜球莖茴香以及其變種的銅球莖茴香（bronze fennel）都可以自體播種，不論是野外生長或人工培育都可長到五呎，不過這兩種球莖茴香的球莖並不能食用。植物學名為*F. vulgare azoricum*的佛羅倫斯球莖茴香★（義大利文的別稱*finocchio*）的球莖就可當作蔬菜食用，458頁。

|希臘草（Fenugreek）|

希臘草具有如同芹菜一般但較苦澀的味道。人們喜愛將希臘草做成草本茶或花草茶★，74頁），也會使用在衣索比亞香料菜等許多北非菜餚裡。希臘草是印度咖哩的主要材料之一，同時是人工楓糖味道的底味。希臘草的植物學名為*Trigonella foenum-graecum*，可以長到一或二呎高，需要生長在排水良好的壤土中。

|豆豉（Fermented Black Beans）|

豆豉是以大豆做成，用特殊黴菌讓豆子部分腐爛後，再加以乾燥且有時會經過鹽漬程序。豆豉有著酒味般的美好滋味，只要適當使用，即是海鮮和肉類的美味佐料。除了有些需要保留豆豉鹹度的食譜之外，一般建議在使用前先洗滌豆豉。先加入豆豉並嚐一下味道，才加入其他的調味料。豆豉是應該要稍微切碎還是用大刀的側邊加以弄爛，就視不同的料理來斟酌處理。市面上販售的豆豉一般都是以塑膠包裝，有時會加入一點薑和柳橙皮來調味。拆封的豆豉要放入可覆蓋的瓶罐裡並儲藏在陰涼的地方，可以無期限保存。

|細混香辛料（Fines Herbes）|

Fines Herbes這個法文詞彙的意思就是新鮮草本植物的精緻混物，相當適合用來調味鹹醬汁、湯品以及起司和鹹味雞蛋料理。它是混了等量的歐芹、香艾菊、細香蔥和細葉香芹，有時也可以悄悄加入如百里香（或稱麝香草）等味道溫和的草本植物。這些用利刀剁成細末的混合香辛料，要➡在食物快要煮好時再加入，如此就會去掉其中的精油而留住迷人的新鮮度。多數超市都有販售乾燥的細混香辛料。

魚醬（Fish Sauce）

這是東南亞料理的正宗材料，與古羅馬的調味魚醬可以說是表親。魚醬有許多不同的名稱，越南人稱為*nuoc nam*，在泰國則叫做*nam pla*，菲律賓人說是*patis*，法國人稱作*sauce de poisson*，在日本則是*shottsuru*。魚醬的做法是把魚（通常是鯷魚）裝到瓦罐或桶子裡，以鹽巴覆蓋後就要經過六個月到一年的發酵過程。完成後會瀝掉滲出的茶色液體，再加以過濾和裝瓶。若是加了橄欖油，首次加壓（在此以虹吸方式）所流出的清澈琥珀色汁液是相當珍貴的。魚醬有著極為強烈的鹹味，可以做為調味料、提味佐料或沾醬。可以無限期儲放在陰涼地方。如果出現結晶或顏色變深的情況，就要丟棄更換。

五香粉（Five-Spice Powder）

這是味道強烈並稍帶甜味的混合香粉，可以購買現成的產品或是自己動手製作。這種混合香粉有時會加入小荳蔻粉或薑粉，其中的四川花椒（Szechuan peppercorns）可以用黑胡椒來加以替代。

用來準備烤肉或烤家禽時要謹慎使用。

將等量的以下材料研磨成粉：

八角茴香、球莖茴香籽、四川花椒、整顆丁香、以及破裂或弄碎的肉桂棒

以密封儲存器皿加以存放。

調味油（Flavored Oils）

見「關於調味油★」，351頁的說明。

麵粉（Flours）

我們現在如此習慣使用漂白過的白麵粉，都忘了早期的廚師只知道全玉米粒或全穀粒磨製的麵粉，那是以包括胚芽的整顆穀粒做成的，與我們的商業世界裡所謂的全麥麵粉可是大不相同。今日一般使用的許多麵粉都不含胚芽和麥麩，現代碾磨過程通常會除掉營養價值高且好吃的胚芽部分，這是因為含胚芽的麵粉比較難以碾磨和保存的緣故。我們現在使用的麵粉在去除外殼和胚芽後，可能會再加以「強化」。➡強化麵粉含有一些在碾磨中除去的許多材料。你可以混入一些下述的粉狀物質來進一步加強你的強化中筋麵粉，下述粉狀物質可能含有多至十六倍的麥類蛋白質價值，並且擁有常用的小麥粉和裸麥麵粉所缺乏的其他重要物質。假如你有興趣了解這些穀物成分，可以上網至www.nal.usda.gov/fnic/foodcomp/美國農業部國家營養資料庫進行搜尋。

麵粉必須符合嚴格的政府特定要求，並且規定量產的麵粉不能含有超過百分之十五的水分。麵粉要以可密封的乾淨器皿存放在陰涼處。麵粉裡的不同蛋白質成分會影響到麵粉的「處理」方式，正因如此，有些麵包糕點食譜可能會有如「2又1/2到2又3/4杯麵粉」這樣的指示。如果遇到這樣的指示，➠要先測量出較少量的麵粉使用量，接著才加入足夠、甚至比指示更多的剩餘麵粉量，添加到麵團開始不黏碗壁為止，或者是到如同食譜指示的狀態。為了讓麵粉可以充滿氣體，要除去塊狀物或可能的雜質，並且分離麵粉細粒。我們有時會建議要過篩來做蛋糕、餅乾的白麵粉。不過，不論是白麵粉或是顆粒較粗的麵粉或是粗玉米粉，若是拿來做麵包的話，都不需要過篩。

使用麵粉做為稠化劑的不同方式，見《廚藝之樂[飲料・開胃小點・早、午、晚餐・湯品・麵食・蛋・蔬果料理]》281頁的說明。

測量麵粉

測量麵粉時，尤其重要的是千萬別將麵粉壓實。測量之前，先將麵粉放入袋中或罐中攪拌一下以便讓麵粉混入一些空氣。將麵粉鬆鬆地舀入杯中讓其滿出杯緣，接著再用直邊刀子輕輕在上頭掃過以便撫平麵粉，見圖示。➠千萬別用搖晃杯子的方式來弄平麵粉。

測量麵粉

假如食譜指示使用過篩的麵粉，➠有個簡單方法可以俐落、快速地過篩和測量麵粉。如圖示，以羊皮紙、箔紙或蠟紙剪出兩張十二吋大小的方形紙，將麵粉過篩到第一張方形紙，把篩子放在第二張方形紙邊上，將第一張方形紙

過篩麵粉、測量過篩的麵粉、與其他乾燥材料再次過篩

捲曲成可以讓麵粉可以滑落到量杯的漏斗形狀，量杯必需是乾的。為了要有相當準確的測量結果，最好是使用設計為四分之一、三分之一和二分之一分量的量杯。選用你要測量的分量的量杯。裝滿量杯之後，用刀子劃過杯子上方來撫平麵粉。➡千萬別用搖晃杯子的方式來弄平杯裡的麵粉，這麼做只不過是再裝一次過篩的麵粉罷了。接下來就可以將麵粉與其他乾燥材料再一起過篩一次。在過篩之間，將篩子移放到尚未篩上東西的方形紙上，把另外一張紙上的乾燥材料以紙漏斗滑落到篩子上頭；方式就如同插圖裡的中間圖示。

永遠要記住一個重要事實：➡麵粉吸收水分的能力有超過百分之二十的差異，會因為碾磨的麥類種類和麵粉內含的蛋白質而有所不同。含有較多蛋白質的麵粉可以吸收較多水分。正因如此，即使是最精確的測量，也難保不會做出失敗的成品。如果使用的麵粉與食譜指示的麵粉各自含有不同的蛋白質，做出來的麵糊或麵團就會比食譜指示完成的要來得較濕或較乾。關於麵粉蛋白質含量的更多說明，見「小麥粉」，508頁。

請閱讀關於麵粉的替代品，617頁。

｜非小麥粉（Nonwheat Flours）｜

下列某些非小麥粉可以單獨使用。不過，如果麵包食譜並沒有使用小麥粉的話，你心裡一定得有個譜兒，知道會做出質地大不同的成品，這是因為小麥粉和水所形成的麩質有著獨特彈性的緣故。在麵粉遇水後和處理過程中會活化麥類裡形成麩質的蛋白質，這也就是所謂麩質開始「發展」的時刻。麵粉因此可以吸收比本身重量多至兩百倍的水分。討論非小麥粉時，有些的整體蛋白質含量要比小麥粉更為豐富，我們會提供自己所知的最接近的替代方式，➡不過，可能的話，我們建議要使用至少一杯的小麥粉來替代兩杯其他種類的粉狀物，否則可會揉出相當沉重的麵團。若要增加蛋白質含量，我們建議用「康乃爾三重豐富麵粉配方★」，361頁，或小麥蛋白，512頁）。

粗糙粉在測量前不需要過篩，但是的確比其他的粉狀物需要更多的酵母。➡每一杯粗糙粉要加入二小匙半泡打粉。

大麥粉（Barley Flour）

替代使用時，以半杯大麥粉代替一杯中筋麵粉。

豆粉（Bean Flour）

乾燥的豆子可以研磨成粉，適合用來製作無麩質的烘焙物。➡以四到五杯的豆粉來代替一杯中筋麵粉。

蕎麥粉（Buckwheat Flour）

蕎麥粉有極高蛋白質含量，最好是按四分之一杯蕎麥粉和四分之三杯中筋麵粉的比例來使用，如此即可做出風味濃醇的優質成品。

刺槐粉或刺槐粉末（Carob Flour or Powder）

這是以刺槐樹莢碾磨而成的巧克力味粉，素稱為聖約翰麵包（St. John's bread）。對巧克力過敏的人可以以這種營養的粉類做為替代品，脂肪含量低，有自身獨特的美味。

加到麵糊或麵團時，每一杯的麵粉量要以八分之一到四分之一杯刺槐粉加八分之七到四分之三杯中筋麵粉的比例來調配。➠要替代巧克力的話，三大匙刺槐粉加上兩大匙液體就等同於一盎司無糖巧克力。刺槐具有天然甜味，要減少糖的用量。

玉米粉（Corn Flour）

黃玉米或白玉米都可以碾磨成玉米粉，玉米粉也可能是製作粗玉米粉時的副產品。烘焙時，將玉米粉與其他麵粉混合使用，可以增添玉米的香味。千萬別將玉米粉與**馬薩麵粉（masa harina）**搞混了，後者是以乾燥的玉米糝★，574頁，做成的黃色或白色麵粉，主要是用來做玉米薄餅（tortillas）或墨西哥粽。

粗玉米粉（Cornmeal）

黃色粗玉米粉和白色粗玉米粉的營養成分和烘焙性質相差無幾。以石磨研磨而成的粗玉米粉不僅保有胚芽，而且更有超棒的玉米風味。粗玉米粉可以單獨用來做成「玉米道奇包★」，423頁，或者是與其他麵粉混合做速成的酵母玉米麵包。自發粗玉米粉含有正確比例的酵母和鹽，而且可以順利地使用在專為自發粗玉米粉所研發的食譜。➠假如食譜指示使用自發粗玉米粉而你要自已動手做的話，就在每一杯粗玉米粉裡加入一小匙半泡打粉和半小匙鹽。

棉籽粉（Cottonseed Flour）

棉籽粉內含至少四倍的麥類蛋白質含量，適合用來強化麵包。➠在一杯中筋麵粉中，以兩大匙棉籽粉取代兩大匙麵粉。

堅果粉（Nut Meal）

細磨的堅果或堅果粉可以做為用來製作許多蛋糕的麵粉的替代材料；見52頁。

燕麥粉（Oat Flour）

燕麥會研磨至不同的粗細顆粒，可以混入小麥粉，每三分之二杯麵粉要混三分之一杯磨好的燕麥。燕麥粉特別適合用來做餅乾和速成麵包。

花生粉（Peanut Flour）

花生粉內含至少十六倍的麥類蛋白質含量。在每杯麵粉中，以兩大匙花生粉取代兩大匙中筋麵粉。

馬鈴薯粉（Potato Flour）

將整顆煮透的馬鈴薯乾燥並研磨成粉即為馬鈴薯粉，主要是與其他粉狀物混合後用在湯品、肉汁、麵包和蛋糕之中，或者是單獨用來做「海綿蛋糕」。馬鈴薯粉不同於馬鈴薯澱粉，578頁。為了避免蛋糕糊出現結塊，在混合前要先將馬鈴薯粉與糖混合，或是在加入液態食材之前要先用起酥油把馬鈴薯粉加以乳脂化。用於麵包食譜時，馬鈴薯粉可以做出不易腐壞的柔濕麵包。➡烘焙時，以半杯又二大匙的馬鈴薯粉取代一杯中筋麵粉。➡若是做為稠化劑，以一大匙馬鈴薯粉取代兩大匙中筋麵粉。

非糯米米粉（Rice Flour〔Nonwaxy〕）

在大量用蛋的食譜中，非糯米米粉可以做出稠密但質地精緻的蛋糕，也很適合做不含麩質的麵包。對於使用米粉的食譜，請查閱索引。➡以一杯減二大匙的米粉取代一杯中筋麵粉。烘焙時，別錯用到甜米粉（糯米粉，579頁），這是因為甜米粉並不是麵粉而是稠化劑或澱粉。

粗燕麥片（Rolled Oats）

這些分離的小薄片是把烤過的去殼全燕麥仁或燕麥粒加以輾軋並蒸過的成品，薄片的薄度端視使用的是一般燕麥或快煮燕麥。人們喜歡在餅乾中加入粗燕麥片，以便添加味道和質地。若是讓燕麥粒或燕麥仁通過特製切割機器，就是鋼切（steel-cut）燕麥片。➡以一又三分之一杯粗燕麥片替代一杯中筋麵粉。或者，混合小麥粉來製作麵包時，每一杯麵粉要使用三分之一杯粗燕麥片。至於將粗燕麥片當作穀物烹調的說明，見《廚藝之樂[飲料・開胃小點・早、午、晚餐・湯品・麵食・蛋・蔬果料理]》600頁。

裸麥粉（Rye Flour）

在大多數的裸麥麵包食譜中，白色裸麥粉與中筋麵粉或小麥蛋白的混合比例都不盡相同，這是因為裸麥粉蛋白質可以提供黏度但卻缺乏形成麩質的蛋白質的緣故。以裸麥為主要食材所做出來的麵包相當濕潤扎實，而且通常需要使用酸麵團酵母；或者，如果是使用乾燥酵母的話，裸麥粉就要與中筋麵粉混合使用。➡以一又四分之一杯裸麥粉來替代一杯中筋麵粉。除去部分麥麩的中色裸麥粉（medium rye flour），由於含有更多全裸麥穀物成分，所以顏色比白色裸麥粉的顏色來得深。

粗裸麥粉（Rye Meal）

粗裸麥粉是粗略研磨的全裸麥粉。➡以一杯粗裸麥粉替代一杯中筋麵粉。見上述「裸麥粉」的說明。

高粱粉（Sorghum Flour）

高粱粉不含麩質，是以黃色或白色的大顆高粱穀物研磨而成。這種粉的另一外文名稱為milo maize，通常用來為不含麩質的烘焙品添加味道，也做為製作餅乾、蛋糕和麵包的麵粉的添加物。網路零售商、一些超市和多數健康食品店皆有販售。

大豆粉（Soy Flour）

大豆粉是以輕烤過的大豆或生大豆所製成，內含高蛋白質和高脂肪，市面上也買得到用已壓榨出多數脂肪的大豆所磨製而成的低脂產品。由於脂肪含量高，大豆粉不應與乾燥材料混合使用，而是要以起酥油加以乳脂化或是加入液態食材一起調和。測量前要先攪拌。你可以在一杯麵粉中，➡以兩大匙大豆粉替代兩大匙中筋麵粉。然而，如果你喜歡大豆粉的味道，最多可以將食譜指示的麵粉重量的百分之二十換成大豆粉。大豆粉會讓外皮烤得很焦，因此烘烤溫度要調降十四度。

斯佩爾特粉（Spelt Flour）

斯佩爾特是種古老的穀物，為小麥的近親，由於內含形成麩質的蛋白質而令多數對麩質敏感的人難以接受。斯佩爾特粉可與小麥粉交互使用。

| 小麥粉（Wheat Flours）|

要了解小麥粉，我們首先就必須了解小麥仁。多數穀物★的結構都近似小麥仁，見567頁的放大剖面圖示。小麥的外層，也就是麥麩部分，包括胚芽（見圖示右邊較深色的漩渦狀部分）在內，含有穀物裡大部分的維生素和礦物質。雖然胚芽只佔整個小麥仁的百分之二，但是卻含有最好的蛋白質成分和所有的脂肪。大部分的胚乳（endosperm）都是澱粉，但是也有一些蛋白質，這個部分的蛋白質與胚芽含有的蛋白質不同，不過兩者可以互補。小麥的外殼和胚芽在整顆小麥仁中只佔有小小的分量，卻有無法比擬的內容物和無法取代的味道。

石磨麵粉是以整顆穀物進行碾磨。因為含有高油脂的胚芽部分，這些麵粉比較容易敗壞，不含胚芽和外殼的精製麵粉就有較長的保鮮期。試著只買你可以在兩個月內用完的麵粉量。要存放在乾涼的地方，全穀物麵粉則要放入冰箱冷藏。

當小麥粉加水攪拌的時候，麵粉裡頭會分別出現麥蛋白（glutenin）和麥膠蛋白（gliadin），這兩種物質會與水作用並彼此互動，進而產生有彈性的麩質。小麥是唯一具有大量麥蛋白和麥膠蛋白的穀物，而只有在存有水分以及給予如揉壓等處理或激發麵團或麵糊的情況下，才會形成麩質。麵粉含有越多這類的蛋白質，就越能吸收水分。

假如食譜指示使用特定的蛋糕麵粉或麵包用麵粉，由於這兩種麵粉的蛋白質成分始終一致，廚師只要選用適合的麵粉就可以做出不錯的成品。不過，如果食譜指示使用中筋麵粉，可能就有許多不同的選擇，這是因為市面上的中筋麵粉的蛋白質成分可以從每杯麵粉含八克以上（百分之八）到十三克（百分之十三）的蛋白質。美國南方產的中筋麵粉是屬於蛋白質含量較低的產品，每杯含有八到九克的蛋白質，是接近蛋糕麵粉的蛋白質含量的麵粉。美國新英格蘭區和加拿大出產的麵粉則是蛋白質含量較高的產品，約有十三公克，這樣的含量比較接近麵包用麵粉的蛋白質含量。美國品牌的中筋麵粉的蛋白質含量則介於兩者之間，每一杯約含十二克蛋白質。每杯麵粉的蛋白質克數和麵粉裡的蛋白質百分比數通常是相近的數字，但是這兩種標示方式其實在測量上是不相同的。

麵粉的標籤通常是以每杯的克數來標示蛋白質含量。不幸的是，美國政府將蛋白質單次食用分量（portion size）改為四分之一杯並取以四捨五入的方式來標示數字。因此，幾乎所有的麵粉現在都是標示每四分之一杯含三克，但是這種標法可說是毫無意義。實際上，中筋麵粉的蛋白質含量可以從每杯約含九克（百分之八到百分之九）到十四克左右（百分之十二到百分之十四）。

含有較高蛋白質的麵粉所做出的麵團和麵糊會產生更多彈性麩質，這是讓酵母發酵的理想物質。酵母會滲出液體而釋出二氧化碳和酒精到麵團的氣泡中，如此一來，氣泡就會膨脹，麵糊和麵團也就因而發酵了。麩質所產生的結構會包住釋出的二氧化碳，並且會隨著更多二氧化碳的釋放而持續延展。高蛋白含量的麵粉與會產生輕柔膨脹作用的酵母是完美的組合。

另一方面，低蛋白質含量的麵粉則最好是用在含有泡打粉或蘇打粉等化學發酵劑的麵團和麵糊中，這些是用來做出速成麵包、蛋糕、鬆餅和比司吉。這些發酵劑產生的二氧化碳氣泡較小且較細緻。有著大量麩質的強韌麵團會抑制和干擾化學發酵劑製造出來的細小氣泡。混用泡打粉和蘇打粉發酵劑來讓脂肪充滿氣體的效果最佳。

如果你需要替代讓人過敏的小麥粉，手邊可以準備這種混合物來做肉汁和一些速成麵包、鬆餅和比司吉。將半杯玉米澱粉和半杯以下一種材料的混合物過篩六次：馬鈴薯粉、大豆粉或米粉。當你使用這種混合物來進行烘焙時，在每一杯麵粉混合物中，你需要加入兩小匙泡打粉。➡使用玉米澱粉或米粉時，務必不要用蠟質的粉。

中筋麵粉

中筋麵粉一般是以硬（高蛋白）和軟（低蛋白）小麥粉混合碾磨而成，不過，誠如上述，不同麵粉的蛋白質含量都不同。硬小麥粉裡含有較多形成麩質的蛋白質，可以做出相當有彈性的多孔成品。➡漂白和沒有漂白的中筋麵粉可以替代使用，但是沒有漂白的麵粉通常比漂白過的麵粉有較高的蛋白質含量。

有些品牌會標示麵粉碾磨的地點，從美國北方或加拿大所出產的中筋麵粉一般有較高的蛋白質含量。當酵母麵包指示使用中筋麵粉時，請選用在美國北方和加拿大碾磨的中筋麵粉。有些在美國南方碾磨的中筋麵粉具有接近蛋糕麵粉的質地和蛋白質含量。如果使用化學發酵劑的食譜指示要用中筋麵粉的話，請選用美國南方碾磨或美國品牌的中筋麵粉。➡多數的食譜都可以使用一又八分之一杯加兩大匙蛋糕麵粉來取代一杯中筋麵粉。

煮過的穀物或許可以用來➡替代一些麵包食譜裡使用的中筋麵粉，替代比例如下：一杯煮過的麥片或穀物來取代四分之一杯麵粉。不過，你一定要同時減少食譜指示的液態食材分量，每使用一杯煮過的麥片就要減用一杯液態食材。與其他材料混合之前，先將煮過的麥片拌到剩餘的液態食材裡，再加以混合。

麥麩粉（Bran Flour）

麥麩粉是以麥仁的麵麩部分研磨而成，為了避免做出過乾的成品，使用時要先軟化麥麩，讓尚未加入酵母或泡打粉的濕潤麵包混合物靜置約八小時。麥麩粉通常會混合一些中筋麵粉，主要是為麵包增添纖維。

麵包用麵粉（Bread Flour）

麵包用麵粉到處都買得到，由於其中的高蛋白質含量，特別適合用來做麵包；有時這種麵粉也稱為「高麩質」麵粉。促成麩質的蛋白質會讓麵團有彈性，讓酵母產生的氣體得以滯留而脹大麵團。用手指搓磨麵包用麵粉時，你會感覺幾乎是粒狀或砂礫狀。嚴格來說，「高麩質」的說法並不正確，可是許多麵包師傅還是這麼稱呼高蛋白質或麵包用麵粉。實際上，麵粉是不含麩質的，裡頭含有麥蛋白和麥膠蛋白這兩種蛋白質，只要經由與水調和和揉壓步驟就會形成麩質。關於麵粉蛋白質含量的進一步說明，見509頁。

蛋糕麵粉（Cake Flour）

蛋糕麵粉是以柔軟且較低蛋白質含量的小麥做成的麵粉，研磨得比中筋麵粉更細，美國的產品還會以氯消毒過，正因如此，蛋糕麵粉可以吸收更多水分，同時有助於在脂肪和氣泡的散布過程中做出更精緻的蛋糕。雖然你不會做出一樣的成品，應急時可以➠以一杯減兩大匙過篩的中筋麵粉來替代一杯蛋糕麵粉。

碎小麥（Cracked Wheat）

當小麥仁是以切割而不是研磨的方式處理，就會做出碎小麥。由於以這種方式處理的小麥幾乎不會失去做為黏合劑的澱粉，用來烘焙的碎小麥一定要與中筋麵粉或全麥麵粉混合使用。碎小麥會為麵包麵團增添一種類似堅果的質地和嚼勁。我們有時會喜歡先把碎小麥★烹煮過，595頁，再加入麵粉混合物之中。

粗穀粉（Farina）

這種乳色顆粒狀的麵粉富含蛋白質，是以杜倫小麥（durum）以外的硬小麥所做成，研磨時除去了麥殼和大部分胚芽。這本書裡是用粗穀粉來做粗穀麵球（Farina Balls），這是種餃子，一般會如同熱早餐麥片般來食用。

快速麵粉（Instant Flour）

這是以特殊配方做成的顆粒狀麵粉，多數用來製作肉汁和醬汁★，281頁，可以快速地溶解於液態食材中而不會結塊。➠快速麵粉不應該用來替代中筋麵粉，但是可以代替糕餅麵粉。

糕餅麵粉（Pastry Flour）

糕餅麵粉近似蛋糕麵粉，這是柔軟且經過細磨的低蛋白質麵粉，但是通常不會用氯消毒過。糕餅麵粉可以網購或購自專賣店，最適合用來做糕餅和快速麵包。如果你想要的是柔軟且經過細磨的全穀物麵粉，市面上也買得到全麥糕餅麵粉。➠你可以用三分之二杯中筋麵粉和三分之一杯蛋糕麵粉來替代一杯糕餅麵粉。

裸麥粉（Rye Flour）

見507頁。

自發麵粉（Self-rising Flour）

自發麵粉含有適於烘焙的正確的發酵劑和鹽的分量。因為內含的發酵劑可能無法發揮作用，因此許多麵包師傅不喜歡使用這種麵粉。雖然常用來製作速成麵包、比司吉和鬆餅，我們卻不建議用自發麵粉來做糕餅，這是因為做出的成品往往有著海綿般而不是薄層狀的質地。我們也不建議用它來做麵包，不過，如果你一定得用這種麵粉的話，要記得別再加入食譜指示使用的鹽。➡如果食譜要用自發麵粉而你想要自己動手調製的話，就在每一杯中筋麵粉裡加入一小匙半泡打粉和半小匙鹽。

粗粒麥粉（Semolina）

這種商業製造的乳色粒狀麵粉是用來做乾燥的義式麵食之用。杜倫小麥是高蛋白小麥，這是多數粗粒麥粉的碾磨原料，正因其中的高蛋白質含量，因此可以做出優質的義式麵食。不論你在準備和烹煮自製的義式麵食或麵條時有多麼小心，但是卻仍無法讓這些食材保持形狀的話，那可能是因為你像多數廚師一樣使用了較低蛋白含量的中筋麵粉。粗粒麥粉可以網購或購自專賣店。

小黑麥麵粉（Triticale Flour）

這是以杜倫小麥、硬紅冬麥（hard red winter wheat）和裸麥混種的小麥做成的麵粉，營養豐富而味甜。雖然這種麵粉比中筋小麥粉含有較高的蛋白質，但是其可形成麩質的蛋白質卻比較少，正因如此，應該要混合其他含有較高蛋白質的麵粉才能拿來做麵包。可以如嫩芽般使用這種穀物，565頁，或是如「裸麥粉」，507頁，烹煮食用。

小麥蛋白或高筋麵粉（Vital Wheat Gluten or Gluten Flour）

這是不含澱粉的高蛋白質麵粉，洗掉硬麥麵粉的澱粉部分之後，再把殘留物乾燥並加以研磨。每一杯這種麵粉可以含有多至五十克的蛋白質，用來做為麵包的添加物，見「麵包與糕點★」，353頁的說明。這種麵粉可以加在其他內含較少可形成麩質的蛋白質的麵粉裡，如裸麥粉、大豆粉和米粉，以便做出發酵得更漂亮的麵包。

小麥胚芽（Wheat Germ）

小麥胚芽可以為麵團添加味道、質地和纖維，其開封後就一定要放入冰箱冷藏。你可以➡以三分之一杯小麥胚芽和三分之二杯中筋麵粉來替代食譜中的一杯中筋麵粉。若是考慮到味道的話，混入麵團前先稍微烘烤過小麥胚芽效果最好。烘烤過和未烘烤過的小麥胚芽在市面上皆可購得。

全麥麵粉或全穀物麵粉（Whole Wheat or Whole-grain Flour）

全麥麵粉保留了麥麩和胚芽，也因此保留了全穀物果仁裡的原始維生素、礦物鹽和脂肪。不論是粗磨或細磨，這種麵粉是把整顆小麥仁碾磨而成。➡你可以用一杯極細磨的全麥麵粉來替代一杯中筋麵粉。若是要使用粗磨的全麥麵粉，要以一杯又兩大匙粗磨全麥麵粉來替代一杯中筋麵粉。量測此麵粉之前，要先輕輕攪拌而不是過篩。由於含有麥麩和胚芽的緣故，全麥麵粉形成麩質的能力會因而降低，因此百分之百都是用全麥麵粉做成的麵包就相當厚重。而改善方法就是混用全麥麵粉和麵包用麵粉，或者是在每一杯全麥麵粉裡加入一到兩大匙的上述小麥胚芽，不然也可以考慮使用全麥糕餅麵粉，這種麵粉的蛋白質含量較低，其內含的小麥仁帶有胚芽和麥麩，因此可以做出膨脹漂亮的麵包。

| 高良薑（Galangal） |

高良薑是薑的近親，種類有二，其中一種是大根莖的南薑（greater galangal），看起來就像是表面刻劃著交叉環條的蒼白黃薑，在泰國，比起薑的味道，當地人更喜愛南薑的辛辣、薑椒般的酸味。南薑的質地有如木頭；南薑片要薄切（留在盤裡而不食用）或搗碎爛或研磨後再用來烹煮。南薑的選擇和儲存與「薑」，516頁相同。良薑（lesser galangal）的根莖較小，果肉為橘紅色且味道較強烈，是一些苦啤酒（bitters）、利口酒和啤酒的材料；良薑泡劑在中國是做為藥物使用。市面上很難買到新鮮的良薑。

| 印度綜合香料（Garam Masala） |

這是傳統的多用途混合香料，是包含坦杜里菜（tandoori）在內的印度料理的特別味道。

印度綜合香料（Garam Masala）（約1杯）

用厚塑膠袋裝入下列材料並以擀麵棍稍微壓碎：

1/2杯綠色或黑色小荳蔻豆莢

剝開豆莢並取出小種籽。將豆莢丟棄，

把小種籽與以下材料混合一起：

1/3杯整顆丁香

1/4杯小茴香籽

1/4杯黑胡椒粒

5根粗厚（約1/3吋厚）肉桂棒

用磨粉機或咖啡研磨機把以上混合物分批加以碾磨成粉。放入在密封儲存盒後，儲放在陰涼處。

｜大蒜（Garlic）｜

見「蔥屬植物」，546頁的說明。

｜膠質（Gelatin）｜

膠質充滿了戲法，可以將液體變成固體來做成晚宴點心和沙拉凍，也可以做出精緻的蛋白霜和慕斯以及簡單的棉花糖。膠質讓冷凍點心、起司蛋糕、戚風派、果凍和冷湯品擁有滑順的質地，也讓冷醬汁和糖衣變得濃稠。用在海綿點心和發泡點心時，膠質則會讓點心的分量倍增。

膠質榨取自動物的骨頭、皮、蹄和身體組織，是富含蛋白質但無味無色的物質。要從膠質獲取最多的營養的話，可加入堅果、水果、肉類、魚類或牛奶來強化其營養價值。要展現膠質最迷人的效果，➡就永遠別加太多膠質，否則做出的成品吃起來如同橡膠般地難以下嚥。做好的膠質應該在推擠時會顫動而不僵硬。膠質幾乎可以搭配所有食物，➡除了新鮮或冷凍的鳳梨、木瓜、桃子、奇異果、無花果、哈蜜瓜、芒果和薑之外，原因在於這些食物含有會破壞膠質並防止膠質凝結的酶。若要將以上一種水果加到膠質裡的話，由於先煮過水果可以殺死酶，因此要先烹煮水果或使用水果罐頭。

當然，膠質餐點必須要冷藏到可以使用為止。此外，當將這些餐點做為自助餐點時，最好是裝盛在冰冷的餐盤裡。膠質一定要保持冰冷，不過➡除非食譜的脂肪含量相當高，如某些冰淇淋冰品即是，否則就不應該冷凍膠質。

膠質可以移轉水分是來自於其凝凍力和「凝花」（bloom）過程。家用膠質級列凍力150，其意指每一包或每一盒的原味膠質，或二又四分之一小匙，可以凝凍約兩杯的液體。市面上販賣的現成膠質有盒裝顆粒的類型外，也找得到稱為膠質葉或薄片膠質的片狀類型。關於其等量使用方式，見620頁的說明。最美味的魚凍和肉凍是以高湯做成的，這是因為高湯裡含有來自骨頭、皮和魚頭的天然膠質的緣故。

高濃度的糖和沸煮步驟會延緩膠質化的過程，進而影響到膠質的凝凍力。除了過極酸的食譜之外，一包（二又四分之一小匙）膠質配搭兩杯液體——如果膠質是透明的話——應該可以在冷卻兩小時後做出凝固程度足以脫模的膠質。不過，如果膠質裡加入了水果、蔬菜、草本植物、鮮奶油、酸鮮奶油或堅果的話，冰卻時間就要四小時。相對於分批個別的分量，較大的模具就需要有符合其大小的較長結凍時間。倘若你喜歡較軟質地的話，就以一包（二又四分之一小匙）膠質配搭二又四分之一到二又二分之一杯的液體。如此調配而成的膠質並無法定形，但是可以以單次食用的分量裝入杯中享用。如果你想要➡以使用兩杯液體的食譜做出雙倍的膠質，液體就只要用三又四分之三杯即可。

關於基本肉凍★食譜，見292頁的說明。至於「膠質點心」，見190頁。

混合膠質

I. 將一包（二又四分之一小匙）膠質撒在四分之一杯冷水裡，➡不要攪拌，讓膠質浸泡約五分鐘，直到其吸飽水分而呈透明狀態。把一又四分之三到兩杯高湯、果汁、牛奶、酒或水加熱到沸騰，接著再混入浸泡過的膠質，攪拌到完全溶解即可。

將膠質放在盛了碎冰的碗裡或放入冰箱加以冷卻——不能放入冷凍庫中，那可會做出如橡膠般的成品而且表面會龜裂地很誇張。有趣的是，從冰箱取出後，緩慢結凍的膠質也會碎裂得比較緩慢，不過，任何一種膠質置於高溫的時間過長都會開始出汁。

II. 如果你不希望將食譜指示使用的液體以高溫烹煮或減輕其味道的話，就要用雙層蒸鍋：將一包（二又四分之一小匙）膠質撒在四分之一杯冷水裡浸泡一會，接著就讓膠質在➡滾水之上而不是滾水中加以溶解。將一又四分之三到兩杯的室溫溫度液體加到溶解的膠質裡，並加以拌勻。

III. 如果你趕時間，又要製作要用一杯水和一杯高湯或果汁的膠質的話，你可以依照上述I的方式準備膠質，把高湯或果汁煮滾，接著再拌入約八個大冰塊或十個小冰塊來冷卻滾燙的汁液。要不斷攪拌冰塊二到三分鐘，接著撈出沒有融化的冰塊，讓混合物靜置三到五分鐘。混入所需的水果或其他的固態材料，然後倒到模具中即可。

IV. 想要更快速地做出冷凍水果膠質食物的話，見「水果發泡甜點」，196頁。

| 天竺葵類香葉（Geraniums） |

香甜的天竺葵類香葉味道多樣，會用在磅蛋糕、果凍和糖漬水果中，或者是漂浮在洗指碗裡來為正式宴會增添優雅的娛樂效果。可在卡士達裡加入萊姆香的葉子，或者是在烤蘋果裡用上蘋果香的葉子。萊姆香的葉子可取自植物學名為*Pelargonium nervosum*的香葉；蘋果香的葉子可取自植物學名為*Pelargonium odoratissimum*的香葉；薄荷香的葉子可取自植物學名為*Pelargonium tomentosum*的香葉；玫瑰香的葉片則可摘自植物學名為*Pelargonium graveolens*的香葉。雖然這些天竺葵類香葉很柔弱，但是在一般家庭環境下盆栽種植即可生長良好。

薑（Ginger）

這是取自植物學名為*Zingiber officinale*的粗壯多年生植物的根莖，會開出香氣迷人的薑花，一定要在恰當時刻收成，否則就會變得木質化和纖維化。完整的鮮薑應該是外皮光滑，呈現均勻的淺黃色。記得選購結實厚重的薑。新鮮結實的薑可以存放在流理檯上一星期；裝入塑膠袋冷藏的話，則可保存三星期。或者，你可能會先清洗薑，記得要以雪莉酒淹覆後再放入冰箱冷藏。將薑切成薄片，並加以嫩煎來引發味道是最好的食用方式。按食譜用來烹飪時，去皮、研磨、切片或搗碎皆可。薑可以用蔬菜刨刀輕易地去皮，甚至是用湯匙匙邊即可輕鬆地刮除外皮。薄薑片可以加到燉品裡，或者是像大蒜般地塗抹在家禽肉品或魚類上頭。千萬別在膠質沙拉裡使用鮮薑，這麼做會破壞膠質的凝凍力。

使用乾薑時，先切成半吋小方塊，然後再放入醃汁或冰水中靜置浸泡幾個小時，浸泡完的汁液可以做為調味汁。乾薑可以購自香料零售商和網購取得。以糖漿沸煮醃製過的薑就成了**糖水浸薑（stem ginger）**，味道溫和而可以佐配點心相當美味，剁細碎後加入，不論是否連著糖漿加入皆可；很值得試著搭配香蕉、番茄、小南瓜、洋蔥和番薯一起享用。**醃薑**，444頁是用調味用米醋來醃製新鮮的薄薑片，可以調味料或配菜，多數會搭配壽司食用。市面上可以買得到染了粉紅色和天然淡黃色的醃薑。**糖薑**，318頁可以用在烘焙品或點心裡，可以把洗掉糖分的糖薑來替代鮮薑來應應急。我們也都很清楚乾薑粉可以為烘焙食品調味。➠以上不同類型的薑用來調味的等量強度如下：半小匙乾薑粉等同於一到二小匙醃製薄薑片，或等同於兩大匙糖水浸薑。

金黃糖漿和甜蜜（Golden Syrup and Treacle）

金黃糖漿是糖蜜的殘餘物，有時也稱為**精煉糖漿（refiner's syrup）**，經過淨化和去色的過程，因此味道較為溫和，可以做為冰淇淋、鬆餅、格子鬆餅或麵包的頂層加料，或者是做為各式烘焙食品的甜料。➠可以與玉米糖漿以等量替代使用。Treacle（甜蜜）一詞是molasses（糖蜜）在英國的稱法，也是糖蜜的渣滓，顏色和味道都比金黃糖漿要來得深重。金黃糖漿和甜蜜皆不可用來替代糖蜜。

西非荳蔻（Grains of Paradise）

西非荳蔻別名為幾內亞辣椒（Guinea pepper）、細砂荳蔻（melegueta pepper）和鱷魚辣椒（alligator pepper），辛辣、溫熱並且稍具苦味，有著近似辣椒、芫荽和小豆蔻等令人興奮的味道。搭配蔬菜相當不錯，也是黑胡椒的極佳替代品。種籽不僅用來調味食物，更可以在冷天時直接咀嚼來溫熱身體。植物學名為*Aframomum melegueta*的西非荳蔻有類似罌粟的豆莢，每個豆莢都含有約五十顆立方體種籽。可以用來烹調中東羊肉料理和茄子餐點。

義式格瑞磨辣塔醬（Gremolata）

這種混合調味料可以用來調味義式燉小牛腿肉（osso buco）、醬汁、鍋煮肉汁及火烤或燒烤肉品。

義式格瑞磨辣塔醬（Gremolata）（3大匙）

混合：
2大匙仔歐芹碎細末
2瓣蒜頭，要切碎
2小匙檸檬皮絲
在烹煮食物的最後5分鐘才撒放以上混合調味料。

黃蓍膠（Gum Tragacanth）

有些糖霜會用黃蓍膠來增加柔韌性，而有大量製造的商業販售沙拉醬也利用黃蓍膠做為調味料以便增加分量。每一杯液態食材要加入一到四克的粉末，依照所需的濃稠度斟酌調整。

哈里薩醬（Harissa）

哈里薩醬就是摩洛哥料理中為人熟悉的紅醬，是紅辣椒、大蒜和橄欖油混合醬汁。哈里薩醬通常就放在餐桌上讓大家傳遞著調味，一般常搭配北非小米一起享用。在民族或專賣市場都買得到；或者，想自己動手做的話，見《廚藝之樂[海鮮・肉類・餡、醬料・麵包・派・糕點]》321頁。

榛果和榛子（Hazelnuts and Filberts）

榛果有著獨特、稍具香氣的細膩味道，特別適合用來搭配巧克力。榛子是美國當地種植的榛樹果子。

| 草本植物（Herbs） |

孔老夫子拒絕食用任何非當季收成的食物。品嚐過以新鮮草本植物做成的食物的人，都知道那味道好過使用乾燥草本植物的食物，因此都會明瞭孔老夫子是個多麼有智慧的人。在市場上並無法總是可以買到新鮮草本植物，但是多數植物都可以自行種植。想更進一步了解特定草本植物的資訊，見個別植物的說明。

細切新鮮草本植物（Chiffonade of Fresh Herbs）

這是將草本植物細切如細緞帶的方法，可做為調味或裝飾之用。多數寬葉或長葉植物都可以細切得相當漂亮，特別是細香蔥、羅勒和平葉歐芹。我們最喜愛使用一束新鮮採集或購自店裡的柔軟草本植物，將其細切成絲，恣意地裝點湯品而使其生輝或是調味烤魚片或新鮮番茄沙拉。見「配湯的辛香草和青菜★」，256頁和細切蔬菜技法，672頁的說明。

種植烹飪用草本植物

我們鼓勵讀者動動自己的綠手指來種植草本植物，至少是那些油精會在乾燥後敗壞或幾乎消失的種類：細葉香芹、琉璃苣（borage）、地榆和夏風輪草（summer savory）是油精流失得最嚴重的植物。此外，一些主要的草本植物（芫荽葉、細香蔥、香艾菊、歐芹和羅勒）在乾燥後是絕對無法達到新鮮狀態下所有的品質。新鮮鼠尾草只要能夠謹慎使用，其味道更精緻、更可發揮補強效果而趣味橫生。

你可能會想要照著下頁的圖式順序來種植植物：最尾端是鼠尾草，接著依序是香艾菊、歐芹、矮生羅勒（dwarf basil）和百里香，這每種植物間都是種植細香蔥來加以分野。或者，你喜歡的是以修剪過的薰衣草或蕨葉狀的地榆來區分不同的植物，連同鼠尾草和百里香的端部，這些植物在冬季時會讓你的花園呈現顯明的形態。我們也曾以許多種不同式樣來種植草本植物。多數草本植物都喜愛日照、需要空氣並且討厭競爭的生長環境，如圖示中的中圖和下圖的植床配置，可以說是極為適合的方式。

不論是以木箱或者只是選擇梯田栽植，適當完善的排水設計是種植草本植物的重要考量。圖示中的上圖和下圖有著提高的種植土床：上圖的半月形土床是以堅硬的路邊圓石架高而成；下圖則是以煙道襯塊搭高的土床，這種方式也可以抑制如薄荷等會狂獗生長的植物。圖示中的煙道襯塊土方的半下凹處種植的是薄荷、金盞花、金蓮花（nasturtiums）以及共生的細香蔥和歐芹，其皆可食用且色彩繽紛。你也可以嘗試以土方種植其他一年生或落葉生的草本植物，

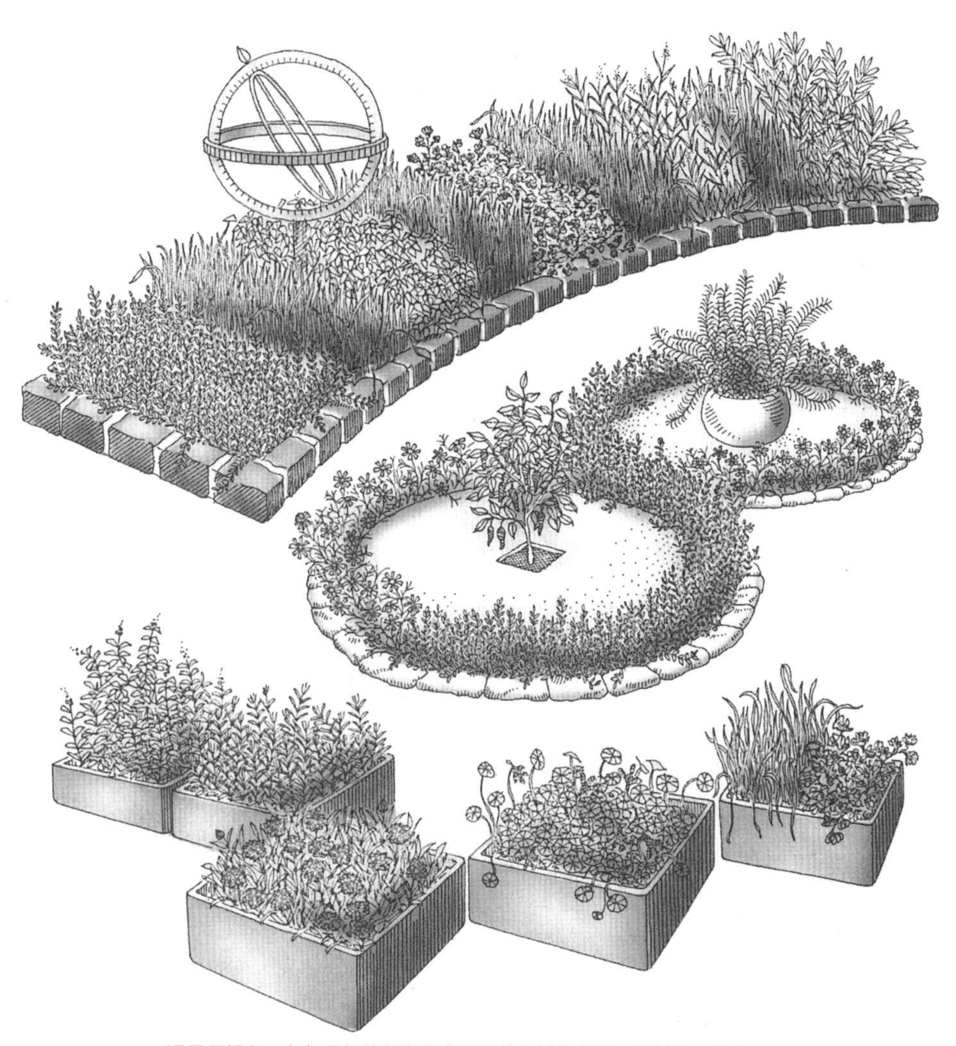

這是母親在一九七〇年代初期的烹調用草本植物花園，位於美國辛辛那提

或者是輪流種植常綠植物和落葉植物，可以種植些冬季型草本植物。你也可以依據自己的空間來嘗試用回紋（Greek fret）或其他的圖案設計來取代煙道襯塊土方。

你可能偏愛用方形土床來栽植植物。以十五到二十四吋的方型區塊來種植一種最常用來烹調的草本植物，這樣的大小區塊就能種出足以應付繁忙廚房的所需用量。有時候，假如我們只需要一株單一植物，如鼠尾草或薰衣草，我們會將植物修剪成位於中心的灌木叢，然後就其邊緣種植其他小型植物。有時候，我們會重複一種顏色的植物，如灰色的鼠尾草或薰衣草，藉此讓複雜的土方呈現出一致性的整體感。有種更優雅的解決方式，就是圍鋪磨石或其他大型圓石，這些石頭可以反射多數植物生長茁壯所需的熱能，同時也讓園丁有理想的進出點來除草。磨石也讓周遭的草本植物可以自由生長到其邊緣之外，並且可以趴附在土床邊界的扁平石頭上。雖然一株種植在格子架的櫻桃番茄會讓花園整體規畫呈現出一些高度，但是在此圖示中間種植的是一盆迷迭香和一棵矮生辣椒植物。圖示中做為畫分界線的植物是洋甘菊和百里香，也可以使用如矮生木質薄荷（dwarf savories）等矮生蔓生植物。若非是種植在規畫出的土床之上，就可以考慮頂頭會亂發生長的巨型植物蒔蘿；球莖茴香、圓葉當歸和酸模；鬆軟的琉璃苣和瘦弱的芫荽；以及大茴香、芝麻和芥菜。假如沒有將這些特立獨行的植物圍圈種植，琉璃苣、蒔蘿、球莖茴香、細葉香芹、芫荽和歐芹會自體播種，其狀態和結構即會較不穩定，此時就可用靠著籬笆或在南向屋牆種植，不僅可以保護這些植物，也可以讓植物有整體感。對有潔癖的人，這些植物是會令人頭痛的，而這些植物都屬於珍貴的蔥屬家族，見546頁和551頁的圖示；除了細香蔥之外，這些植物在成熟後就會變黃枯死。

如果你沒有足夠的空間來規畫如前頁的延展花園，可以試著在陽台種植一些一年生植物盆栽。有些耐冬的多年生常青植物可以種植在草莓罐或瓦盆裡。在用來種植草本植物的罐子裡，要鋪滿三分之一的脆性沃土和三分之二的砂石的混合土壤。試著沒有日曬的地方栽種百里香、甜馬鬱蘭、地榆和細葉香芹，也可以用限制根部生長的方式來矮化球莖茴香、琉璃苣和鼠尾草。用有療癒效果的希臘克里特島的白蘚屬草本植物（dittany）來取代粗野的馬鬱蘭，也可以用植物學名為*Mentha requienii*的義大利柯西嘉島的小薄荷來取代粗俗的薄荷，兩者都是溫和的多年生植物。

你也可以在室內日曬處以盆栽方式來種植草本植物。我們還算不錯的栽植經驗，種植過迷迭香、甜馬鬱蘭、羅勒、細香蔥、百里香、檸檬馬鞭草和香味天竺葵，這些是以夏末截枝來栽植，我們也曾以種籽種植過蒔蘿和銅球莖茴香。如果你計畫將植物移至室內，要在八月底就把植物裝盆，並放置在半遮陽的地方。在霜氣降臨前就要移至室內。將經過冬季休眠後的香艾菊挖起，移入室內栽種後，可能會在十天內就長出六吋的綠葉。一小盆月桂樹（sweet bay）不僅有裝飾價值，更有其用處。➡不過，就像高溫溫室培育的番茄一樣，多數室內栽植的草本植物的味道都較差。

我們發現多種百里香、盆種馬鬱蘭和冬風輪草（winter savory）可以在石造花園裡生長。不需費心照料，就能有二十年的收成。不過，我們也發現在美國夏季炎熱和冬季多變的地區，種植在花園沃土中的鼠尾草、地榆和香艾菊較能度過時節的變化。只要在冬季來臨的八月初前先修剪至三分之二的高度數次，多數多年生的草本植物都較能耐寒。如果是百里香等蔓生植物，也要修剪到接近基底的部位。每次修剪後，就要施以一劑的液態肥料或其他肥料。倘若是常青類的草本植物，在首次酷霜降臨之前，要徹底灌溉仔細照料。

收成、乾燥和冷凍草本植物與香料

種植和使用草本植物的天生傾向，以及想要終年享用的渴望，讓人類幾世紀以來都有草本植物為伴：英國約克學者阿爾昆（Alcuin）是法國查理曼大帝的導師，他曾稱道草本植物是「內科醫生的朋友和廚師的讚美之物」。這樣的說法引領我們關照起草本植物的收成、乾燥和冷凍——這些是讓廚房裡的草本植物源源不絕的程序。

收成草本植物的首要法則就是要在整個七月間不斷地修剪植物；千萬別讓植物長至開花結果的階段。過晚的重度修剪可能會使得百里香、奧勒岡草和馬鬱蘭等多年生植物變得脆弱，使其無法在冬季來臨前及時恢復。除非在個別栽植的記事上有特別說明，草本植物的收成時機➡一定是在花朵快要綻放之前。此時，剛冒花苞的植物的葉子香氣最濃郁。草本植物可說相當耐蟲害，因此要栽植在不會噴灑到農藥的地方。儘管如此，記得洗掉草本植物上的土壤，在收成的前一天要對植物輕輕灑水。隔天清晨要趁早摘取植物，葉片上的露珠一乾就要開始動作。必要的話，要將葉片拍乾，但是要小心而不至於弄傷細嫩的葉片。

由於多數新鮮草本植物很容易枯萎，妥善保存是相當重要的。可能的話，將植物一束束綑起並且根莖浸水，再放進冰箱存放。以塑膠袋裝盛零散的葉子和花朵，再放入冰箱保鮮盒裡收藏。假如葉片有多餘水分的話，就在袋子裡鋪上一張廚用紙巾，然後才將葉片放在紙巾上頭。一點點水分可以保鮮儲藏的植物部分，但是過多的水分可會加速腐壞。

草本植物的新鮮葉片和種籽，如大茴香籽、甜羅勒、月桂樹葉、葛縷籽、芹菜籽、蒔蘿籽、球莖茴香籽、杜松子、馬鬱蘭、薄荷、芥菜籽、奧勒岡草、罌粟籽、迷迭香、鼠尾草、夏風輪草、香艾菊和百里香等等，在乾燥後都保有好味道。採收完草本植物之後，你可能要以棉繩一小束、一小束地捆綁起來，接著再倒掛直至完全風乾。還有另外一種乾燥方式，把每一小束倒放入戳了幾個透氣孔的大紙袋中，將袋口綁緊後，以葉片往下的方向，把袋子懸掛在溫暖通風的地方。紙袋可以防止光線滲入而損害葉片或花朵，並且可以留住任何爆出的種籽。收集的每八磅新鮮草本植物可做出約一磅的乾燥物。傳統上建議在通風的閣樓或陰暗的通風道來進行乾燥。或者，若要在室內進行乾燥的話，最好是在溫度低於三十二度的地方。最好是採取烤爐乾燥方式，或者甚至是在將烤爐預熱可能的最低溫，等到溫度降到三十二度以下時，就放入草本植物，但是植物的味道較弱。如果是厚葉種類，可能就要多重複幾次這種烤爐法直到草本植物徹底乾燥為止。

➡要在包裝前測試乾燥度，將一些脆枝葉或葉片放到密封的玻璃罐裡，觀察其收縮、黴菌生長或變色的狀況。這個步驟對羅勒尤其重要。➡以密封的玻璃罐裝盛乾燥的草本植物和香料，並存放在陰涼乾燥的地方。只要看到罐裡有昆蟲活動的徵兆，就要丟棄。

在乾燥或冷凍前，你可能想要自根莖上拔下葉片。若是乾燥的種籽，要以紙袋而不是塑膠袋來加以收集，在裝入玻璃罐前要先讓種籽完全乾燥。➡如圖所示，在使用前先以研缽和搗槌將乾燥的草本植物研磨成粉的話，即可留住其最佳風味。關於研磨和烘烤香料，見575頁。

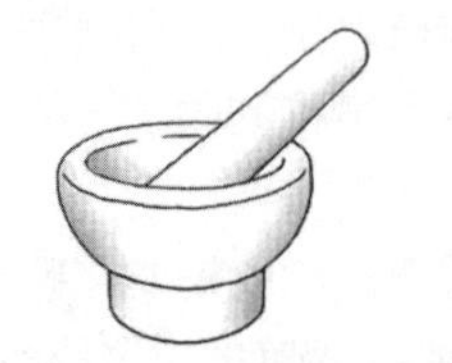
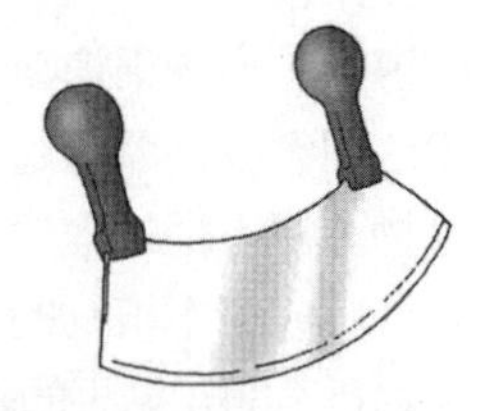

研缽和搗槌及新月形切刀

你也可以冷凍草本植物。若是如此的話，記得要在解凍前就按照新鮮草本植物的用量來使用。冷凍的植物過於鬆沓而不適合用於裝飾。細香蔥等有些草本植物在冰凍後會變得黏糊糊的，➡因此，冰凍細香蔥前，要先半熱燙，639頁，十秒，接著浸入冰水一分鐘，然後再放在毛巾中拍乾。要將草本植物以食譜指示的分量來個別袋裝冷凍，如適合做為一份沙拉調味醬或一批燉品的分量，或者是做成用來做湯汁和醬汁的冷凍「混合香料」，459頁。你也可以冷凍如羅勒和歐芹等葉片草本植物，方法就是洗淨剁碎後再裝入製冰盒裡，並倒水來填滿空隙。冷凍成冰之後，取出冰塊並儲藏在密封的冷凍盒中。等到使用時，只需將草本植物冰塊丟入湯品或燉物裡即可。

若要以鹽巴來保存草本植物，見558頁的說明。草本植物搭配鹽巴相當開胃，可以在兩星期之內烹調使用。想做羅勒油★的話，見352頁的說明。

使用草本植物

雖然有張草本植物的圖表似乎很方便，但是我們在此並不想提供這樣的一張圖表，這是因為有些草本植物的味道過於強勁的緣故，實在很難提供一般使用量的指示說明。正因如此，個別食譜都標示了適合的草本植物使用量。我們也要在此進一步說明，有著精緻味道的草本植物應該要在烹調結束之際才加到醬汁和湯品中。同樣的道理，我們再次說明，➡要記得有時候使用大量草本植物會改變整道料理。

我們在下面記述每種烹飪用草本植物的詳細特色和有用的園藝訣竅。這些成熟的草本植物中，有些會結出可以用來烹調的種籽，例如，「蒔蘿」，490頁、「芫荽」，483頁和「球莖茴香」，501頁。嚴格來說這些種籽是香料，但是我們在此還是將它們納入說明，畢竟這些草本植物都可以在草本植物花園裡欣然生長。

如果想要熟悉草本植物的味道，而且你在某個「懶散日子」突然想要實驗一下的話，將八盎司溫和的切達起司研磨後，再與兩大匙酸鮮奶油和兩大匙伏特加酒一起混合。伏特加不是必要材料，但會把草本植物獨特的味道組成溶解到塗醬裡。接下來就把混合物均分成小份，並在每份中加入一種草本植物或其混合組合。混合時要記得標示每份起司醬料樣本。如此一來，你就可以與伴侶或朋友舉行一場試吃派對了。

要以乾燥草本植物來取代新鮮草本植物時，使用三分之一小匙粉末狀或一小匙碎片狀的乾燥草本植物來替代一大匙切碎的新鮮草本植物。➡若想要復原乾燥的草本植物和其味道的話，就將其泡入食譜指示使用的液態食材（水、高湯、牛奶、檸檬汁、酒、橄欖油或醋），要浸泡十分鐘到一小時再使用。或者是放入奶油中沸煨一下。在烹調時，要將不是粉末狀的乾燥草本植物裝入棉紗布或金屬濾茶球中，以方便等會兒取出。

｜普羅旺斯混合香料（Herbs de Provence）｜

見「薰衣草」，526頁的說明。

｜山核桃和油胡桃（Hickory Nuts and Butternuts）｜

山核桃和油胡桃就像胡桃，都是豐美的美國土生堅果。永遠不需去皮就可使用。

｜中式海鮮醬（Hoisin Sauce）｜

這種濃稠的深色中式醬汁是以大豆做成，幾乎總是味道香甜辛辣而且有蒜味。醬汁散發著多香果粉的大茴香香味，並且用一點乾紅辣椒來增添辣味。一旦開封，就要放入冰箱冷藏。

｜蜂蜜（Honey）｜

幾千年來，蜜蜂一直供給我們蜂蜜，我們都應該對此心懷感激。我們現在知道的美妙蜂蜜就有好幾百種，可能還有許多是我們不知道的。多數蜂蜜的名稱都是來自花蜜的來源以及其散發出的不同味道：百里香、山茱萸（tupelo）和柳橙的花朵，而這些只是少數例子而已。不同的蜂蜜極為容易辨別，不過，由於不同的種植土壤和生長氣候，來自同一種植物的不同蜂蜜嚐起來也會差異極大。蜂蜜的顏色可以從幾乎是白色到琥珀色或是深棕色，而根據經驗法則，顏色越淡的蜂蜜的味道就越加溫和。蜂蜜含糖量極高並具有抗黴酵素，故保存品質良好，人們也因此長久以來都珍視這種珍貴的材料。廚師們無不珍視蜂蜜的軟黏質地，以及其為蛋糕、餅乾和麵包麵團所增添的棕色色澤。蜂蜜的組成成分主要是果糖和葡萄糖。

市面上有大量製造的蜂蜜商品，也有小型或手工製造的蜂蜜，主要有兩種基本類型：蜂巢型和萃取型。萃取蜂蜜有液狀或乳狀（結晶化）的型式，乳狀的蜂蜜可能會標示著「乳脂」（creamed）、「糖漬」（candied）、「翻糖」（fondant）、「棉絲」（spun）和「塗醬」（spead）等形式。

在烹飪時使用蜂蜜的話，要先讓蜂蜜溫熱，或者是把蜂蜜加入食譜指示使用的其他液體裡來攪拌地更為均勻。測量蜂蜜時，要先在量杯中或量匙上抹油，蜂蜜就可以更加容易流出；或是先測量起酥油，接著再以同一量杯測量蜂蜜。

由於蜂蜜比糖更甜，我們偏好以一杯蜂蜜取代一又四分之一杯糖，並且減少四分之一杯食譜指示使用的液體量。烹調時用了過多蜂蜜會讓成品太焦黃。除非食譜使用的是酪奶、優格或酸鮮奶油，不然就要加入一點蘇打粉來中和蜂蜜的酸性。如果是以蜂蜜替代來製作果醬、果凍或糖果，烹煮時就需要使用較高的溫度。製作糖果時，需要更持續地攪打材料，存放時更要小心避免吸收到空氣裡的濕氣。

儲存蜂蜜的最佳方式就是覆蓋後放在室溫溫度的乾燥地方。假如蜂蜜出現結晶，讓蜂蜜再次液化的方法很簡單，只需將開封的罐子放在➡盛裝了溫水的鍋子裡，放到結晶融化，或者是放入微波爐以低溫加熱蜂蜜。➡由於蜂蜜被認為是嬰兒肉毒桿菌症的來源，因此不足周歲的幼兒不該餵食蜂蜜。

| 苦薄荷（Horehound）|

這些取自苦薄荷的毛狀葉片有著比甘草（licorice）更多的甘草味，其萃取液可以加糖來做成古早味的糖果。植物學名為*Marrubium vulgare*的苦薄荷是多年生植物，可以長至三呎高，種植在貧瘠土壤也能茂密生長。

| 辣根（Horseradish）|

辣根是乳白色的長根。連同芫荽、蕁麻、苦薄荷和萵苣，辣根是猶太逾越節會使用五種苦味植物之一。由於具有如同為強味小蘿蔔般非常強烈的味道，使用辣根時要相當謹慎。新鮮辣根的味道最佳。若要防止辣根變黑，可把去皮的新鮮辣根研磨放置在檸檬汁或蘋果醋裡。粉末狀的辣根必須➡在使用前三十分鐘之內才加以回復，這是因為粉末一旦混合就會釋放出裡頭的揮發性油脂。若要使用乾燥辣根粉來做成冷牛肉的美味醬汁，要將一大匙乾燥辣根浸泡到兩大匙的水裡，並且要加入二分之一杯濃鮮奶油。乾燥辣根也會用來做成粉末狀的山葵（wasabi），597頁。不論是新鮮、復原或罐頭的辣根——本書中將罐頭辣根稱做「預製辣根」——為了避免失去揮發性油脂和產生強烈苦味，使用任何類型的辣根都要快速進行。辣根特別適用在「燉牛肉★」，181頁、「關於火腿★」，220頁、「法國蔬菜燉牛肉湯★」，234頁、「烤牛肉★」，167頁和其他豐美的肉品裡；也會用在雞尾酒醬汁和馬鈴薯沙拉；並且用來搭配冷的肉類、魚類和貝類食物。

準備新鮮辣根醬時，將約一磅去皮辣根切丁後，放入食物調理機處理切末，接著再倒入蘋果醋，讓混合料呈現可以做為塗醬的濃稠度為止，再按口味喜好，加入鹽和幾大匙糖，這可以放入冰箱冷藏幾個月之久。假如並非是在辣根生產的季節（早春時節），可以從雜貨店或乳製品店購買預製辣根醬。辣根的植物學名是*Armoracia rusticana*，這是可生長到二呎高的多年生植物，屬於根莖繁殖，需要生長在潮濕的沃土。可以利用潮濕的沙土來儲藏辣根以備冬季使用。請參閱「山葵」，597頁的說明。

牛膝草（Hyssop）

這是帶有薄荷香、辛辣味和苦味的草本植物，其葉片會被謹慎地用來做沙拉或搭配水果。這種植物的乾燥花會用在湯品和草本茶或草藥湯★中，74頁。牛膝草的植物學名是*Hyssopus officinalis*，這是可生長到兩呎高的多年生植物，性喜在乾燥的石灰土中生長，外觀就像是有著柔軟綠葉的小型迷迭香。

杜松子（Juniper Berries）

這是來自植物學名為*Juniperus communis*的杜松的漿果，極適合用來調味野味、肉品、甘藍和豆類料理。每次使用三到六顆漿果就足夠了。事實上，半小匙杜松子浸泡在滷汁中幾個小時——或是在燉品中慢慢煨燉——就可做出味道相當於四分之一杯的杜松子酒（譯註：在台又稱為琴酒），這是來自杜松子的香氣的酒。假如無法取得杜松子的話，可以灑些琴酒加以替代。

豬油（Lard）

豬油是以豬肉的油脂做成，比奶油、乳瑪琳和其他固態起酥油都要來得柔軟、味甜和油膩。板油（leaf lard）是優質豬油，這是以豬腎周遭的層狀脂肪做成，而不是用碎豬肉或附帶脂肪部位做出的油。由於具有更為結晶化的結構，這種豬油無法用來烘焙蛋糕，但是相同的晶化結構卻能讓這種豬油切拌到麵粉中，以便做出擁有美好層狀質地的比司吉和糕餅外皮。大批製造的散裝或（和）袋裝豬油都經過漂白、氫化、精煉和（或）乳化的過程。➡所有豬油都應該加以覆蓋且最好是放入冰箱冷藏。純豬油（含百分之九十九脂肪）的發煙點高，因而是倍受珍視的烹飪用油。因為有些商店的商品汰換周期不高，因此可能不易購買到新鮮豬油。少數民族市場是購買新鮮豬油的極佳去處。倘若➡要以豬油取代烹飪和烘焙用的奶油，要使用比奶油用量少百分之十五到百分之二十用量的豬油。

| 薰衣草（Lavender）|

這種充滿香氣的植物的葉片和花瓣可以為沙拉添加苦辣感。我們多數會將薰衣草當作香包使用，但是現在也逐漸出現一些創新方式來做為調味之用，尤其是添加到經典的普羅旺斯混合香料中，將薰衣草混合百里香、迷迭香、羅勒、歐洲薄荷、馬鬱蘭和球莖茴香。來自植物學名為*Lavandula dentate*、*L. angustifolia*和*L. stoechas*等不同種類的薰衣草的花朵，會用在調味醬、糖食、醬汁中，並做為裝飾之用。薰衣草帶著灰色色澤，為草本植物花園增添了一股迷人的特色。植物學名為*L. vera*的薰衣草是多年生的草本植物，可以長到四呎高，性喜乾燥鈣質土和溫暖氣候。

| 發酵劑（Leaveners）|

我們都習慣於做出鬆輕的麵包和蛋糕，卻很少質疑何以會有這樣的質地或者發酵劑在其間的作用為何。

到底這種膨脹的力量從何而來？首先，在任何烘焙過程中，從麵糊或麵團裡的濕氣轉化而來的蒸氣就具有讓麵糊或麵團膨脹百分之三十到百分之八十體積的作用。較大膨脹作用典型就是泡泡蛋糕★，429頁和含有豐富蛋白的蛋糕。想要觸發這種相當容易失去的作用力，➡記得總是要先預熱烤爐。

提到發酵劑，我們一般想到的是泡打粉，455頁、蘇打粉，456頁和酵母，602頁，這些的主要膨脹作用都是來自釋放出來的氣體。不過，我們卻常常忘記了來自空氣的機械連結的重要性，這其實也是膨脹作用的來源之一。要加強其中的化學反應，要確保自己知道如何讓脂肪和糖乳脂化，7頁；要了解如何切拌和攪拌麵糊，6頁；要熟稔打蛋技巧，494頁；尤其要明白如何將蛋白打到「硬性發泡但不乾燥」的狀態，495頁。

｜韭蔥（Leeks）｜

見「蔥屬植物」，546頁的說明。

｜剩餘食物（Leftovers）｜

牧師的新娘在餐桌上大張旗鼓地擺上午宴砂鍋，等待著牧師說出感恩詞。「對我來說，」她的丈夫喃喃說道，「我真有福氣可以享用之前早就吃過的食物。」

當然，剩餘食物可以只是重複的食材，但是也可以刺激廚師的創造力。對我們來說，我們對冰箱裡有著整齊存放的食材而深感福氣。許多時刻，這些剩餘食物都在我們開始做料理時給予所需的刺激，有時可以把剩菜混合做成蔬菜舒芙蕾或者是讓煎蛋捲有豐富的加料。而且，常常用剩菜就可以把一個湯罐頭變成一道佳餚。

我們從經驗中學到的祕訣，就是要限制將要使用的剩餘食材的種類，保留住剩餘食物原本的樣子。假如混合食物過於複雜，食物就會消弭彼此的味道，如此一來也會讓人失了胃口。

另外一個祕訣就是要注意剩菜的顏色。呈現這些食物時，要積極搭配番茄或鮮綠材料，又或是使用顏色對比的醬汁來讓它們更為新鮮。

還有一個祕訣就是要小心地做出對比的質地。倘若剩餘食物的混合料顯得較軟時，可以加入切碎的芹菜或辣椒、堅果、菱角、脆培根，或草本植物來凸顯對比的質地。

請查閱索引裡你想要使用的食物類型或是嘗試以下列建議：

見關於使用現成的或剩餘的麵包、蛋糕和餅乾的說明（641頁），同時參閱「麵包碎屑」，460頁和「關於剩餘的麵包與餡餅」章節，436頁。

使用煮過的穀物和義大利麵條的方法，見「義大利麵沙拉★」，289頁、「關於穀物和米沙拉★」，287頁，或「關於湯的裝飾配料★」，254頁。同時參閱「炸丸子☆」，467頁和「義式烘蛋★」，336頁。

請閱讀「關於高湯★」，199頁和「關於家禽肉湯和紅肉的湯品★」，231頁，了解骨頭、肉類、野禽肉、魚類和蔬菜的碎料的使用方法。

使用煮過的剩餘肉類、魚肉和蔬菜的方法，請見「早午餐、午餐和晚餐菜餚★」，171頁、慕斯、舒芙蕾、甜巴勒烤餡餅和肉派；「麵包碗或酥皮碗★」，195頁和「關於鑲餡蔬菜★」，408頁。

煮過的馬鈴薯可以用來做「牧羊人派★」，182頁，或參閱「關於吃剩的馬鈴薯★」，499頁的說明。

可以使用剩餘的肉汁和鹹味醬料來搭配蔬菜、義大利麵條、肉類、熱三明治以及「關於肉末雜碎★」，189頁。

關於使用起司，見舒芙蕾、甜巴勒烤餡餅、醬汁和「焗烤」，461頁。

使用剩餘蛋黃的方法，見「關於海綿蛋糕」，19頁、「八蛋黃金蛋糕」，33頁、沙拉醬汁、卡士達的說明。煮硬的蛋黃也可以用來做醬汁或蛋粒來裝飾奶油波菜★，507頁，或是做為派皮的隔絕物。

使用剩餘蛋白的方法，見「天使蛋糕和白蛋糕」，17頁和28頁；各式蛋白霜；「水果發泡甜點」，196頁；熱的和冷的舒芙蕾點心，186頁；糖霜，145頁；以及拌裹麵包屑和「巢中蛋★」，333頁。

柑橘皮條可以做成「糖果和甜點」，268頁和皮絲，479頁。

酪奶的用法，見「關於湯品★」，211頁和「酸奶和酸鮮奶油」。

剩餘果汁的用法，見果汁飲品或水果膠質的說明。或者可以做為加入蛋糕和卡士達的液體、滋潤肉類、做成醬汁或是做成水果沙拉的淋醬。

剩餘咖啡的用法，見「關於咖啡★」，63頁和摩卡點心與點心醬的說明。

｜檸檬香蜂草（Lemon Balm）｜

這種檸檬香的葉子可以煮成香草茶或草藥湯，或是水果潘趣酒或水果湯的裝飾品，也可用來裝點水果沙拉。檸檬香蜂草的植物學名為*Melissa officinalis*，是多年生草本植物，可以長至二又二分之一呎高，可以種植在有日照的任何土壤中。

｜香茅（檸檬）草（Lemongrass）｜

香茅是東南亞菜的主要材料。亞洲市場或有些一般超市都有販售乾燥或新鮮的香茅，灰綠色莖桿可以長達近兩呎，外觀近似含纖維的青蔥。烹調上珍視的是香茅散發的氣味而不是其添加的物質部分。只會使用六到八吋的球狀底部部分。修剪掉香茅頂部之後，要把葉子堅硬的外層剝除以便顯露內裡的「茅心」。香茅的植物學名為*Cymbopogon citratus*，不像人們認為地那般外來難養，生長得很快。香茅可以長到約二到三呎寬和六呎高，可以在日照充足和溫軟濕潤之處茂盛生長。

｜檸檬馬鞭草（Lemon Verbena）｜

由於具有強烈的檸檬味和香氣，與其加到食物中，有些人認為檸檬馬鞭草更適合做成香袋或放在櫥櫃裡。不過，我們發現少量的檸檬馬鞭草適合做為飲品中的檸檬替代品，並且可以做成草本茶或草藥煎劑。檸檬馬鞭草的植物學名為*Aloysia triphylla*，是柔韌的多年生植物，可長至五呎高，適合盆栽植種。

｜金針苞（Lily Buds）｜

英文別稱為golden needles和tiger lilies。乾燥金針苞是金針菜未開的花。「酸辣湯★」，227頁，就有加入金針菇。購買乾燥金針苞時，要選購顏色蒼白但不脆的產品，放入瓶中存放在乾冷的地方。使用前，你可能要修掉約四分之一吋的底部長度，以此卻除掉木頭般的莖部部分。使用前也要以溫水浸泡。

｜圓葉當歸（Lovage）｜

圓葉當歸的莖部可以如同西洋當歸，454頁一樣糖漬，或是氽燙去皮後如同芹菜般食用。這種粗葉草本植物的葉子通常是做為芹菜的替代品，可以加在燉品、番茄醬、家禽肉和餡料中。其種籽有時也可以如刺山柑般進行醃漬。圓葉當歸的植物學名為*Levisticum officinale*，多年生植物，可以長到八呎高，並不一定要種植在特定的土壤；最好是在春季分離。

｜夏威夷果（Macadamia Nuts）｜

這種外來的營養堅果比其他堅果要大，不論有沒有烘烤過，可以將這種一吋大的圓堅果做為食譜裡指示使用的堅果，或者是做為佐雞尾酒的點心，或者是做為菱角的替代品。由於外殼堅硬而且容易酸敗，多數夏威夷果都是去殼販賣，以真空罐裝或瓶裝的形式出售。如果是帶殼的夏威夷果，要打開的話，記得要以厚布包裹每顆堅果，接著就可試著在堅硬檯面將之敲碎。若要烘烤，將去殼的堅果鋪放在一只淺盤裡，用預熱到一百二十度的烤爐烘烤十二到十五分鐘，要經常攪拌一下。加入少許鹽後，裝入密封保鮮盒並放入冰箱冷藏。

｜肉豆蔻乾皮（Mace）｜

見「肉豆蔻和肉豆蔻皮」，541頁的說明。

｜麥芽糖漿（Malt Syrup）｜

這是以發芽的大麥做成的液態甜味劑，深棕色而近似糖蜜，濃度稠厚且黏膩。有時也稱為大麥麥芽糖漿，大麥麥芽之外，可能會添加米糖漿或玉米麥芽。這種糖漿的甜味溫和並且經常用來做麵包和點心。

｜楓糖漿（Maple Syrup）｜

根據規定，每加侖楓糖漿的重量至少不能少於十一磅。這種糖漿是以多數的蔗糖加上一些轉化糖組合而成。美國將楓糖漿分成以下等級：AA級或特級（Fancy）楓糖漿的顏色較淡且口味最溫和；A級楓糖漿則為琥珀色和味道醇厚；B級楓糖漿的味道飽滿並且有著比A級楓糖漿更深的色澤。C級楓糖漿則近似糖蜜，色深味濃。

雖然通常是存放在室溫下，開封後的楓糖漿最好是送入冷藏，如此才能防止黴菌滋生。發霉的楓糖漿就得丟棄不食。假如出現結晶，就把裝楓糖漿的器皿浸入熱水中；楓糖漿很快就會恢復液態而滑順。

烹飪時要以楓糖漿替代糖的時候，一般是以四分之三杯的楓糖漿代替一杯糖的用量。➠若是要在烘焙時以楓糖漿取代糖，用量則維持食譜指示用量，不過，每使用一杯楓糖漿代替一杯糖時，要將其他液態食材的指示用量減少三大匙。每一品脫的楓糖漿的甜度相當於一磅楓糖。

楓糖口味的糖漿只含有少量的純楓糖漿，裡頭主要是玉米糖漿等便宜糖漿。雖然比純楓糖漿的價格便宜，但是最好是不要用來替代純楓糖漿來做為烹飪或烘焙使用。這種糖漿是用來淋灑在鬆餅和格子鬆餅的頂層加料。**鬆餅糖漿**是人工調味、調色的玉米糖漿。

製作楓糖漿

楓糖是所有糖漿中最上等的，你可以盡情取用而不會對生產楓糖的樹造成傷害。不過，採集楓糖比其處理過程要來得簡單，四十到五十份樹液只能取得一份楓糖漿。糖楓（Acer saccharum）分泌著最甜的樹液。最好的採集月分是二月底、三月和四月初，在夜間溫度約為零下七度且日間溫度約為七度的時候。若樹幹直徑為十二到十八吋，可以在上頭掛一個桶子；十八吋以上的話則可以掛兩個桶子。裝置樹液出嘴時，可以選擇離地面二到五呎高的樹幹上的任何部位；假如是在採集時節的末期，裝置的地方就要是樹木面北的部位。鑿出十六分之七吋的開孔，開孔要在對角斜方向上二到三吋，接著就可插入有著附加桶勾的樹液插嘴，如下圖所示，輕輕地把插嘴穩定敲入，如此才不會讓樹幹出現裂縫，否則可能會出現樹液滲流的樹孔。如果是用有邊框的桶子，記得在邊框下方做出一個小切口，桶子才可以幾乎完全緊貼在樹幹上。或者，也可以使用特製的塑膠採集袋。

以樹液插嘴和桶子採集楓糖漿

桶子集滿後，就可倒出楓糖，用有著細篩目的過濾器把純淨的楓糖過濾到消毒過的器皿中。盡快將之煮滾來降低微生物滋生的機會。倘若無法立即沸煮，就要將楓樹液冷藏（嚴寒時節期間，你可能不需憂心出液孔或桶子裡會有微生物滋長）。直到樹芽膨脹之前，樹液皆可清澈流出而加以使用。一旦出現不好的味道和些微變色的情況，那表示採集時節已經終了，此時就要拔除樹液插嘴。

當你採集了足夠的樹液後，我們建議要開始在戶外以淺鍋滾煮，而不要在室內廚房裡完成整個沸煮過程。由於楓糖漿含有相當多的水分，剛開始是不需擔心會煮到燒焦，但是稍晚就要小心不要煮過頭。楓糖樹液的沸點跟水一樣是在一百度，煮到一〇四度就會變成楓糖漿。因此，接著就要根據沸煮當天的大氣壓力來調整火候。▲在較高海拔地區，要依據所處海拔高度的燃點和沸煮當天的大氣壓力來調整溫度。

在儲存楓糖漿之前，要趁熱以鋪上粗棉布襯底的過濾器過濾掉裡頭的多為蘋果酸鈣的糖沙（sugar sand）。過濾完後就可倒入消毒過的器皿中，必要時可以再次加熱。將八十二度的楓糖漿封藏起來，如此就可保持無菌狀態一年或更長的時間。

乳瑪琳（Margarine）

如同奶油，法律規定乳瑪琳至少要含有百分之八十的脂肪，而其餘成分是水、乳固態物質，以及有時還會有鹽或其他調味料。幾乎所有的乳瑪琳都增添了維生素和色澤以便媲美奶油。現在市販的乳瑪琳通常是來自牛奶和精緻植物油的乳狀液，有些可能會經過氫化且含有反式脂肪★，24頁，有些也會添加動物脂肪。購買時記得要看清標示說明。➡由於具有相近的含水量，一般的乳瑪琳條塊可以用來替代奶油，同重量或同計量單位來替換使用。不過，在烹飪或烘焙中使用乳瑪琳所做出的成品質地與奶油有些不同，而且欠缺了想要的奶油香味。乳瑪琳容易腐壞，一定要密封冷藏。使用桶裝乳瑪琳、發泡乳瑪琳和低卡乳瑪琳來替代奶油或一般條狀奶油，是無法做出令人滿意的烘焙物的。將乳瑪琳放在餐桌上使用就好，可做為麵包或烤土司的抹醬，或者是烹煮蔬菜時的提味物。

｜金盞花（Marigolds）｜

乾燥後的盆栽金盞花的中心部分，可以做為番紅花顏色的替代品；金盞花的嫩葉也可以用來為沙拉添加一點點苦味。金盞花的花瓣只在食譜需要時才使用，如放入燉物的料理中。

金盞花的植物學名為*Calendula officinalis*，並不需要特定土壤才能生長，且可以成長到十五吋高。寶石金盞花（gem marigolds）的植物學名為*Tagetes tenuifolia*，這是另外一種金盞花，花瓣有著柑橘融合香艾菊般的味道。倘若要採集來做為料理之用，這兩種金盞花的花朵都不應該噴灑過農藥。

｜馬鬱蘭和奧勒岡草（Marjorams and Oreganos）｜

不論是超甜馬鬱蘭、土耳其奧勒岡草或墨西哥奧勒崗草，這些植物都有著強烈味道，而且都是牛至屬（Origanum）的植物。儘管使用方法相近，這些植物生長的方式都大不相同。可以用在香腸、燉物、番茄醬和料理中；搭配羊肉、豬肉、雞肉和鵝肉；可以加在煎蛋卷、雞蛋、比薩醬、辣椒醬和鮮奶油起司中；可以搭配所有甘藍菜類和綠色豆類；也可以加到義式蔬菜湯（minestrone）和假甲魚湯（mock turtle soup）。此外，當然別忘了也可以趁新鮮來細切做成沙拉。關於商業奧勒岡草和購買牛至屬名下的種籽方面，在園藝上其實讓人相當困惑。植物學名為*Origanum vulgare*和*Origanum onite*的奧勒岡草或是盆栽馬鬱蘭可以長至兩呎高，並不是多年生植物。烹調用的甜馬鬱蘭的植物學名為*Origanum marjorana*，是可以長到約一呎高的柔韌多年生植物；性喜生長在鹼性土壤。

｜牛奶和鮮奶油（Milk and Cream）｜

「喝牛奶」可以說是許多美國家庭餐桌上老掉牙的訓誡，牛奶極富營養價值是普遍接受的事實。購買牛奶時，最重要的考量是容器上的購買期限。營養豐富的牛奶是很容易腐壞的。永遠要購買能找到的最新鮮的牛奶➡要一直冷藏在四度的溫度。縱然牛奶可以存放到過了購買期限後的七天內，可是大部分的味道和稠度可能都流失了。要買裝在不透明容器的牛奶，而不要選擇玻璃瓶裝的產品，前一種容器可以避免牛奶受到陽光和日光燈的照射而產生氧化作用。

在這本食譜書中，➡除非另有特別說明，文中的「牛奶」指的是巴式消毒殺菌的全脂牛奶。這樣的牛奶含有約百分之八十七的水分、百分之四的牛奶脂肪、百分之三的蛋白質、百分之五的乳糖或醣及百分之一的礦物質。

牛奶和鮮奶油的替代使用

有時候，可能要用牛奶來替代鮮奶油；不過，如果是在烘焙時出現這樣的替代情況，除非另行補足鮮奶油的內含脂肪量，否則是無法做出相同質地的成品的。➡要補足每一杯淡鮮奶油，使用四分之三杯加上二大匙牛奶和三大匙奶油。要補足一杯濃鮮奶油的話，則使用四分之三杯牛奶和三分之一杯（五又三分之一大匙）奶油。（當然，這種替代方式是不做攪打發泡的。）

牛奶和鮮奶油的巴斯德消毒殺菌與均質化

在美國跨州販賣的牛奶和鮮奶油，依法必須進行巴斯德消毒殺菌。巴式消毒法是以嚴密監控的加熱和冷卻過程，以便有效地消滅許多經由牛奶傳播的可怕疾病，畢竟不管多麼謹慎地執行保護生乳的衛生，總不是可以保證做到的。美國販賣的牛奶多數也是經過均質化的過程，透過機械程序將牛奶中的脂肪顆粒打碎而均勻分散其中，進而防止脂肪浮升到上方而形成一層鮮奶油層。

在合法允許販售生乳的地區，還是有可能買得到沒有均質化，甚至是沒有經過消毒殺菌程序的牛奶。販賣生乳的乳酪場都時常受到檢查和認證，牛奶也會有警告標示說明。因為生乳含有可以幫助消化和營養吸收的活性酶，有些人認為生乳比商業製造的牛奶要更加健康。許多起司製造者偏好使用生乳，這是因為巴氏消毒殺菌過的牛奶會降低起司的味道發展，均質化的牛奶會讓起司如同嚼蠟的質感。不過，在美國有許多州都是禁止販賣生乳的。

在一九九四年，美國政府允許使用人工激素（Bovine Growth Hormone，簡稱BGH）來刺激牛隻生產更多牛奶。對於來自餵食人工激素的牛隻所取得的牛奶，現在尚無定論人工激素會對飲用的人造成怎樣的影響，但是似乎並不會因此而產生嚴重的健康風險。如果你不想買到含有BGH的牛奶，就要買經過認證的有機產品。

生乳或鮮奶油或可在家自行消毒殺菌。在一個鍋子中放入一個架子，把消毒過的耐熱玻璃罐排放在架上。當你倒入生乳或鮮奶油時，記得在罐子上方留下一到二吋的頂隙，將水注入鍋子中，直到高過瓶罐裡裝盛的內容物高度。➡在一只罐子裡放入一支消毒過的乳製品溫度計（可以購自乳製品供應店或網購）。➡開始加熱鍋中的水，等到溫度計顯示六十三度的時候，就要維持此溫度繼續燒煮三十分鐘。➡將熱水快速冷卻下來，直到牛奶降至十度到四度之間。➡接著立即覆蓋並放入冰箱冷藏。

燙煮牛奶

燙煮牛奶現在更常是用來加速或改善烹飪過程，而不是為了殺菌的目的。燙煮是把牛奶煮到出現輕微的泡沫狀態，就是煮到剛好達到八十二度。實際操作時，我們通常是以古老的目測法來觀察是否是燙煮的狀態——燙煮好的牛奶➡會在鍋壁形成許多細小的氣泡。可以直接在爐上加熱或是放在雙層蒸鍋的頂層來加熱，➡後者是指放在滾水上方而不是在滾水中的間接加熱法。在燙煮牛奶之前，為了方便之後的清洗工作，最好先用冷水沖洗鍋子。

乾燥牛奶或奶粉（Dry or Powered Milk）

乾燥的奶粉是以風乾法去除掉消毒殺菌過的牛奶顆粒裡的大部分水分。乾燥全脂牛奶含有不少於百分之二十六的脂肪，乾燥無脂牛奶則約含百分之一點五的脂肪。乾燥全脂牛奶一定要存放在冰箱裡。一旦開封後，所有的乾燥牛奶都應該以密封器皿存放在冰箱冷藏。只要牛奶的味道不對勁就丟棄不用。遇到急用或是戶外露營時，乾燥牛奶就相當方便。

➡還原乾燥全脂或脫脂牛奶時，請照包裝指示進行，或者是一杯水來沖泡三到四大匙奶粉，這樣就可做出比一杯新鮮全脂或脫脂牛奶的分量稍多的分量，但是營養是相同的。為了取得最佳風味，記得要至少在使用和冷藏的二小時前先沖泡完成。

乾燥奶粉可以有效地在飲食中添加蛋白質、鈣質和熱量，但是需要特別的處理方式。乾燥奶粉很容易燒焦，因此要以較低溫度來進行烹調或烘焙。為了避免把乾燥牛奶做成的肉汁和醬汁煮到燒焦，要使用雙層蒸鍋或以極小火烹煮。準備醬汁時，記得不要在每一杯的液體中加入超過三大匙的牛奶固態物。為了避免出現凝塊，要先混合牛奶固態物和麵粉，在關火之下再加入融化的脂肪或油，接著才慢慢加入溫熱而不滾燙的液體。

烹煮早餐麥片時，動手前要先把三大匙的牛奶固態物加到每半杯的乾燥麥片裡，然後才放入食譜指示使用的等量水量或牛奶。製作可可、卡士達和布丁時，在食譜指示的每一杯液體用量中加入三大匙乾燥奶粉。烘焙時，將乾燥奶粉混合麵粉材料，請見「康乃爾三重豐富麵粉配方★」，363頁，不過，注意別在每一杯麵粉中加入超過四分之一杯牛奶固態物，否則的話，麵團將會發酵不佳，麵包外皮也會過於厚重。

倘若要以還原的乾燥脫脂牛奶取代食譜使用的全脂牛奶，每一杯還原的乾燥脫脂牛奶中要加入約二小匙奶油。

奶水（Evaporated Milk）

奶水有全脂、低脂和無脂的種類，去除了裡頭百分之五十的含水量；罐頭密封且加熱消毒過。由於處理過程的緣故，奶水有著些許焦糖般的味道。罐頭奶水有五又三分之一盎司和十二盎司的大小。若想讓奶水更容易從罐頭倒出，就在罐頂接近邊緣之處打出兩個相對方向的洞。若有用剩的奶水，要倒存在另一器皿中，加以覆蓋並放入冰箱冷藏。一旦開封後，奶水就要視同為新鮮牛奶給予保存。若想還原，在奶水中加入等量的水。➡若要攪打發泡的話，見「發泡鮮奶油的替代品II」，486頁。

無脂或脫脂牛奶（Fat-Free or Skim Milk）

這類牛奶也稱為無脂牛奶，僅含百分之零點五或更少的脂肪，但卻含有跟全脂牛奶相同價值的蛋白質和礦物質。脫脂牛奶的顏色白中帶藍，並不具有全脂牛奶的稠度和味道。脫脂牛奶會以維生素A來加以強化，有時則是加入維生素D。

換脂牛奶（Filled Milk）

這種仿製的牛奶有著牛奶的組成成分，但是會以植物油取代裡頭的脂肪。換脂牛奶具有近似全脂牛奶的質地和熱量價值，但是沒有同等的營養成分。

調味乳（Flavored Milks）

巧克力和其他口味的調味乳可能含有巧克力糖漿、果汁、水果調味料和其他調味料，同時也會額外添加糖或甜味劑，因此，儘管可能含有一般牛奶的相同營養成分，調味乳可能添加了更多熱量。

山羊奶（Goat's Milk）

山羊產出的奶比牛奶來得更白而且味道更濃郁，但是兩者有著相近的營養成分。雖然山羊奶的膽固醇含量稍低，可是卻含有比牛奶還要多的脂肪。由於山羊奶的脂肪分子相對較小，因此不需要經過均質化的程序。不同於商業生產的牛奶，山羊奶並沒有低脂產品，也沒有以維生素D強化的種類。有乳糖不耐症和（或）對牛奶蛋白質過敏的人也要避免飲用山羊奶。

低乳糖牛奶（Lactose-Reduced Milk）

許多成人發現自己很難消化乳糖，對非歐洲血統的人來說尤其如此，而乳糖卻是牛奶裡的主要糖分來源。這些人在飲用新鮮牛奶產品後會感覺脹氣。牛奶可以用酶來加以處理，將乳糖分子分裂成兩種單糖，即為葡萄糖和半乳糖，如此處理過後就比較容易消化。低乳糖牛奶喝起來比一般牛奶要來得更甜，但是兩者的營養價值相當。

減脂／低脂牛奶（Reduced-Fat/Low-fat Milk）

低脂牛奶移除了部分而不是全部的脂肪，會依據內含的脂肪重量百分比來標示：2%、1%或½%。這些牛奶含有與全脂牛奶相同的蛋白質和乳糖成分。為了補足移除脂肪時所流失的維生素，低脂牛奶會以維生素A來加以強化，有時則是加入維生素D。低脂牛奶可以混合等量的全脂牛奶和無脂牛奶而自行在家製作。

甜味煉乳（Sweetened Condensed Milk）

製作煉乳的程序遠在美國內戰就有了，過程中包括了去除全脂牛奶或脫脂牛奶內含的百分之五十含水量，並且要添加糖。一罐十四盎司的煉乳相當於兩杯半牛奶加上半杯糖的分量。一旦開封後，用剩的煉乳應該要倒存在另一器皿中，加以覆蓋並放入冰箱冷藏。由於含糖量高，開封後的煉乳可以比奶水有更長的保存時間。人們很喜歡使用煉乳來製作焦糖醬、派和棒條。

全脂牛奶（Whole Milk）

新鮮的均質化液狀牛奶一般都含有至少百分之三・二五的脂肪，以及至少百分之八・二五的蛋白質、乳糖和礦物質。全脂牛奶可以用維生素A和維生素D來加以強化。

薄荷（Mints）

我們都知道胡椒薄荷（peppermint）和綠薄荷（spearmint），不過，薄荷屬（Mentha）其實有許多不同的物種。許多種薄荷都很值得一試，像是捲毛類的薄荷、蘋果薄荷、柳橙薄荷和鳳梨薄荷等等，這些薄荷或許沒有那麼刺激，但是依然會讓人提神。可以把任何一種薄荷加入水果杯、甘藍沙拉和鮮奶油起司之中；摻入豆子、櫛瓜、羊肉和小牛肉裡；混入任何巧克力組合裡；做為點心的裝飾；放入茶飲；當然，還可以加到果凍和朱利酒（juleps）。不論是新鮮或經過糖漬的薄荷葉，都可以是迷人的料理裝飾。倘若使用的是新鮮薄荷葉，四分之一到半小匙——使用前才能切碎——通常就是一人份的量。請遵照食譜指示。假如是用薄荷油，通常一滴就算太多，要節制慎用。胡椒薄荷葉是上好的乾燥素材；要在植物開花前就加以採收。以下介紹的所有薄荷屬植物都可以在日曬或半遮蔭的地方茂盛成長，性喜濕土，但是在乾地也可以生長。植物學名為*Mentha viridis*的薄荷或許是最辛辣的薄荷；植物學名為*Mentha piperita*的薄荷就是最為人熟悉的胡椒薄荷；綠薄荷的學名為*Mentha spicata*，以及後人偏愛的學名為*Mentha crispa*的皺葉薄荷；毛茸茸的蘋果薄荷的學名是*Mentha rotundifolia*，有著毛絨般的外表，可以做為飲品的裝飾。所有的薄荷都是多年生植物，可以輕易分根種植，會長到一呎半到三呎高。在以金屬或石頭為邊的圈地種植，要種入地下至少六吋深，藉此讓薄荷不致侵犯到草本花園裡其他較不粗壯的草本植物。薄荷要修剪，頂端的毛絨葉子可以做為飲品的裝飾之用。如果是種植區域有限的話，可以試著種植學名為*Mentha requienii*的科西嘉薄荷（Corsican mint）——這種薄荷的葉子細小且只會長到一吋高，跟苔蘚一樣不引人注意。附帶一提，田鼠討厭薄荷的味道而會對種植著薄荷的四周植物敬而遠之。

｜調味蔬菜（Mirepoix）｜

這是一種蔬菜混合料——蔬菜切丁就是米爾普瓦調味蔬菜（mirepoix），剁碎蔬菜就成了馬提翁調味蔬菜（mantignon）。在義大利，人稱這種蔬菜混合料為蔬福利托（soffrito），其用橄欖油取代奶油，也可能添加球莖茴香、韭蔥、大蒜和歐芹等草本植物碎末。記得要在使用前才調製，這些調味蔬菜是許多醬汁，277頁，製作的必要起點，可以做為菜底或是調味之用，用來做燒烤和滷燉肉類或家禽肉、做湯品或者是貝類的調味料。若想做出淡色料理所需的白色調味蔬菜，就以大蔥的白色部分來替代胡蘿蔔。

調味蔬菜（Mirepoix）（約2/3杯）

切丁：
1條胡蘿蔔
1顆洋蔥
1根芹菜
加入：
1片月桂葉
1小枝百里香
（1大匙剁碎的生火腿或培根）
放入以下材料煨燉：
1大匙奶油
燉到蔬菜柔軟為止。喜歡的話，可用倒入以下材料替鍋子「去渣提味」，644頁：
（馬德拉白葡萄酒）

｜味噌（Miso）｜

味噌是發酵的大豆糊，可以用來調味和稠化醬汁、滷汁和沙拉醬，而最普遍使用的方式就是用來做「味噌湯★」，217頁的湯汁。不同的味噌嚐起來的味道強度不一，但都是鹹的；使用約一大匙味噌來調味四杯的液體或食物，不過，記得在完全拌入味噌之前，要用幾大匙的液體先混合一下味噌。烈火會破壞味噌裡的健康酶，因此，適當的時機是在料理要結束前才加入味噌，且不要滾煮。由於發酵時間長短不同，添加的是大麥或稻米等不同穀物所致，不同的味噌有不同顏色，白色、黃色和紅色都有，滑順或厚實的質地也都不同。味噌一般是分成白色、甜味和溫和（日文是shiro一字）三大類；顏色為中度金色或黃褐色（日文是赤色[chu]）；或是辛味、赤紅或棕色（日文是朱色[aka]）

——非常適合製作滷汁，但是不應烹煮過久。味噌的一般通則是，顏色越深就表示發酵時間越長，嚐起來的味道也較強而較鹹。因為只有較短的發酵時間，淡色味噌的味道較甜；大麥味噌味道樸實且很耐放。用可覆蓋的容器裝盛並放入冰箱冷藏。要享用味噌最棒的味道，那就最好在幾個月內食用完畢。

| 糖蜜（Molasses） |

糖蜜富含鐵質，可以為麵包、蛋糕和餅乾添加一股豐美樸實的味道。糖蜜是在做糖的過程中的副產品。這是將取自甘蔗或甜菜的汁液滾煮成濃稠的深色液體。加了水分的糖蜜，可以改善麵包和蛋糕的保存品質。本書中的「糖蜜」是指不含二氧化硫的糖蜜或淡糖蜜；不過，有些食譜會特別指示使用深糖蜜。

不含二氧化硫的糖蜜是以取自甘蔗或甜菜的汁液做成的產品，製造過程裡不會使用硫。**硫化糖蜜**是在製糖過程中的副產品；糖的製造過程會用到硫的煙燻，因而使得糖蜜中留有硫的成分。淡糖蜜來自第一次滾煮的蔗糖漿；深糖蜜則是第二次滾煮而得到的產物；**黑糖蜜**基本上是第三次滾煮時的苦味殘留物，會萃取出更多糖晶，但是留存了如鐵質等礦物質。

由於糖蜜的甜度不如糖，一杯糖蜜的甜度等於四分之三杯糖。若要以糖蜜來取代糖的使用，其用量不能超過食譜指示使用的糖量的一半。➡因為糖蜜內含的酸性物質，每加入一杯糖蜜就要加入半小匙蘇打粉，並且要捨棄或只使用一半食譜所要的泡打粉的用量。每用一杯糖蜜，就要減少五大匙食譜指示使用的其他液體。

| 味精（MSG或Monosodium Glutamate） |

味精是提味劑，可以萃取自穀物、甘蔗或其副產品，或者是甜菜。豆腐和醬油中也含有味精。大部分的中華料理都會用到味精，在美國境內有時也會使用，尤其是商業加工處理的食物，會利用味精來強化食物的部分味道。不過，味精似乎對雞蛋或甜點沒有效果。味精可以用來調整番茄的酸度、馬鈴薯的土味以及洋蔥和茄子的生味。味精也可以做為混合香料要混入肉類和魚類料理時的介質。味精可溶於水但是無法在脂肪中溶解。➡因此，假如你要使用味精，要把味精加到液體材料裡。雖然味精跟酒一樣可以凸顯一些食物的鹹度，可是卻會讓有些食物變得比較不鹹。➡我們發現用味精調味會抑制味道，因而要是肉品或蔬菜質優鮮美的話，反而喜歡不加味精而彰顯食物本身的特色味道。

味精素來為人詬病的是會引起過敏反應，有些人會出現不幸的生理副作用，特別是在空腹時大量食用味精。

｜香菇調味料（Mushrooms as Seasoning）｜

香菇家族成就了最令人垂涎的味道之一。➠千萬別丟棄香菇梗，尤其別丟菇皮，這些部位是最多的味道的來源。即使是罕有的香菇近親的松露的碎屑售價也不低，這些碎屑可以做成開胃的菜餚飾物。若要為罐頭香菇添味，可以用奶油嫩煎。調味時，可以考慮使用乾燥香菇或香菇粉。至於經典的香菇調味料，請看「法式蘑菇泥★」，472頁的說明。

學名為*Agaricus bisporus*的鈕釦蘑菇是超市最常販售的菇蕈，波特菇（portobellos）和義式蘑菇（cremini）也都買得到。有些種類的香菇，特別是羊肚蕈（morels）、黑喇叭菇（black trupmet）、中式香菇（shiitake）和牛肝蕈菇（porcini或cèpes）等香菇，都會在乾燥後變得更有味道，不過在乾燥過程中一定不要碰到濕氣，否則香菇會發霉的。

➠要將香菇乾燥加以儲存時，要撿選新鮮結實的種類。你可以先沖洗香菇，接著再放在下層烤爐來進行乾燥；或者，只需簡單地把香菇放在篩網上或用線繩穿掛起來日曬乾燥。徹底乾燥後的香菇要存放在已消毒過的密封玻璃瓶中，一定要保持乾燥備用。

關於香菇的種類和進一步說明，參閱《廚藝之樂［飲料・開胃小點・早、午、晚餐・湯品・麵食・蛋・蔬果料理］》467頁。家庭種植用的香菇孢子通常是以磚塊形式販售。

｜芥末（Mustard）｜

愛好芥末的人會以辣味鮮明的英式芥末或火辣的牙買加或中式芥末相較，進而爭辯辣味溫和的香檳底芥末或法式第戎芥末或美國路易斯安納混合芥末的好處。有許多種方法可以把乾燥的植物芥末做成芥末，這是取自芥末籽去油後所剩下的乾燥殘留物。不過，混合物的新鮮度是完成芥末的關鍵之一。芥末的味道遇水後會快速改變，而開封過的預製芥末的味道也會很快變化。想要保持芥末的新鮮度，可以在蓋上蓋子前先在上方放一片檸檬片；每一星期就要更換一片檸檬片。商業製造的芥末有著各自混合的粉末和香料，通常含有相當多的染色用的薑黃，並可能是用水、酒或醋為底。將乾燥芥末小量加入起司、調味粉、雞肉或燉肉塊裡，也可以加到冷或熱的醬汁中，有其好處。芥末的經典用法是搭配冷的肉品和用來醃菜，粉狀芥末或芥茉籽皆可。➠在本食譜書中，「預製芥末」指的是購自商店的醬料般芥末，並不是指芥末粉或芥末籽。這種芥末的味道強度約為乾燥芥末的三分之一或二分之一。自己動手把全顆芥末籽或芥末粉做成芥末是場烹飪的冒險——並且可以在你的廚房裡鍛鍊廚藝才能。不知何故，即使自製芥末的做法更簡單，卻比自製果醬來得讓人折服。芥末可以在冰箱冷藏保存良好，風味是越陳越香醇。

芥末籽（Mustard Seeds）

白色或黃色的芥末籽來自植物學名為*Sinapis alba*或*Brassica hirta*的不同白芥，這些辛辣但多少帶點甜味的種籽在超市裡都買得到。多數的這種芥末籽都會研磨成乾燥芥末粉或混製成預製芥末。棕色芥末籽是來自植物學名為*Brassica juncea*的芥菜，可以自然播種並可長至三呎高，其比白色芥末籽小且更加辛辣。白色或棕色的芥末籽都可用一點油或奶油放入煎鍋裡烘烤，544頁。細小的黑色芥末籽來自植物學名為*Brassica nigra*的黑芥，這是最辛辣的芥末籽。整顆芥末籽可以用來塗抹或滷燉食物，只要芥末籽軟化，就會產生強烈的辛辣味。如果想要的是芥末籽，芥菜可種植在貧瘠土壤。倘若要將芥菜葉子做為蔬菜食用的話，學名分為*Brassica nigra*、*Sinapis alba*和*Brassica juncea*的芥菜就要以豐饒土壤種植。

熟辣芥末（Cooked Hot Mustard）（1/2杯）

在一只耐熱玻璃碗或雙層蒸鍋裡放入：
2盎司（10又1/2大匙）乾燥芥末
淋上：
可將芥末淹覆的足量滾水
放在快速煮滾的熱水上方，而不能放入熱水中。蓋上鍋蓋之前，要注意芥末是否已經攪拌成糊，並且仍淹覆足量的熱水，但是要倒掉過多的水量。蓋上鍋蓋後烹煮15分鐘。
必要時可用以下材料加以稀釋：
溫水或植物油
你也可以加入：
（1小匙塘）
（1/4到1/2小匙鹽）
想要有顏色鮮豔的芥末，可以加入：
（1/4小匙薑黃粉）
將煮好的芥末放入罐中，不要覆蓋，靜置冷卻1到2小時。冷卻後要蓋緊蓋子。這樣的芥末不需放入冰箱而可以在室溫中存放至多2星期。

顆粒芥末（Grainy Mustard）（1杯）

這種芥末放個幾天後味道會變得更醇更棒。
在一只碗裡混合：
5大匙整顆黃色芥末籽
1/3杯不甜白酒
1/3杯白酒醋
（1又1/2小匙洋蔥末）
1/2小匙鹽、1/2小匙糖
1/4小匙白胡椒
覆蓋後送入冰箱隔夜冷藏。用果汁機打到以上材料混合但呈顆粒般的狀態。覆蓋儲藏，放入冰箱可存放至3星期。

生辣芥末（Uncooked Hot Mustard）（1/2杯）

讓喉嚨火熱的中式和德式芥末可能看似神祕，但是做起來並不複雜，不過就是把乾芥茉用水、跑了氣的啤酒或醋等冷液體加以混合成膏。加入的不同液體會讓芥末有各自的特色。使用優質的乾芥末來做出最棒的成品。可以單獨使用這種芥末，或加入下列建議的各式調味料一同使用。剛做好的新鮮芥末味道鮮明，但是會隨著時間而變得更好更香醇；我們建議要覆蓋後放入冰箱冷藏幾天才取出使用。這種芥末超級適合拿來塗抹在冷肉三明治上頭，特別是搭配烤牛肉、鹽醃牛肉或冷豬肉。

在一只碗裡混合：

1/2杯乾燥芥末、2大匙不甜白酒

2大匙蘋果醋、2大匙水

1小匙鹽、1/2小匙白胡椒

靜置2小時，再攪拌均匀。覆蓋後放入冰箱備用。覆蓋冷藏的芥末可以存放2到3星期。

調味芥茉的好主意

在上述的生辣芥茉中加入以下一種調味料：

1/4杯水果乾（如油桃、杏桃或李子），要先浸泡膨脹，419頁，再細切成丁，加上1大匙或依照個人口味喜好的蜂蜜分量

1/4杯剁碎或剪細碎的草本植物（如香艾菊、迷迭香、百里香或細香蔥），加上1又1/2小匙紅糖

1大匙新鮮檸檬汁，加上1又1/2小匙芫荽粉

各1/2小匙的丁香粉、肉豆蔻粒或肉豆蔻粉以及肉桂粉

1又1/2小匙瀝乾的預製辣根，加上1/2小匙蒔蘿籽

依據口味喜好加入蒜頭碎末

1/2小匙珠蔥碎末

| 金蓮花（Nasturtium）|

金蓮花的花朵、種籽和葉子都可以做為調味料之用。沒有噴灑農藥的葉子和迷人的橘黃花朵都是很棒的沙拉材料，醃漬的豆子可以取代刺山柑。屬於*Tropaeolum*的金蓮花科，不灑農藥的金蓮花最好是在花朵一落下的時刻就立即採收，馬上進行處理。植物學名為*Tropaeolum major*的大金蓮花的藤蔓可長至六呎；小金蓮花的植物學名為*Tropaeolum minus*就只能長到九吋高。

| 肉豆蔻和肉豆蔻乾皮（Nutmeg and Mace）|

肉豆蔻和肉豆蔻乾皮的味道極為相近，都是來自植物學名為*Myristica fragrans*的肉豆蔻樹的有著堅硬外殼的果實。果實打開之後，會露出一層花邊狀的種皮，肉豆蔻果要乾燥，偶爾會整顆用來烹煮水果或點心，或是研磨成**肉豆蔻乾皮**。肉豆蔻皮的傳統使用是加在蛋糕甜甜圈和肉類料理中。果實裡頭的堅

硬果仁就是**肉豆蔻**。肉豆蔻經常使用但需少量謹慎，想要獲取全部的味道，用只需扭轉的肉豆蔻研磨器——就像是胡椒磨罐一樣——或是銼刀型的磨碎器來研磨肉豆蔻。不僅可以試著在烘烤食品中加入肉豆蔻，也可以加到菠菜裡、搭配小牛肉、放在法國土司上——而且永遠可以搭配蛋酒★，128頁。➠一整顆肉豆蔻研磨後會有二到三小匙的肉豆蔻粉。

｜堅果（Nuts）｜

不論是種籽堅果，如胡桃和核桃，或是如荔枝等水果，還是花生等豆科植物，堅果都含有蛋白質和脂肪。除了栗子和腰果之外，堅果只含有極少量的澱粉。我們之所以會這麼珍視堅果，主要是其油脂裡所含有的味道和營養，以及堅果可以為料理添加的對比質地。在本書食譜中通常是將堅果列為可以自行選擇是否加入的材料，其中緣故乃是在於多數料理不一定需要堅果才能完成；不過加了堅果的料理會很棒。除了綠色杏仁和醃漬的綠色核桃之外，幾乎所有的堅果都要熟了才吃。想了解個別堅果，請閱讀個別堅果的說明。

由於堅果含有相當高的油脂，因此連殼存放最好。外殼可以阻擋造成腐壞的光線、熱、濕氣和空氣等因素。

帶殼堅果的保存時間都不盡相同，室溫下可放兩個月，而放在冰櫃則可存放長達一年。倘若堅果已經去殼，要密封存放在乾涼、陰暗或冰櫃中。不加鹽的堅果比加鹽堅果的保存期限要長，這是因為後者通常會較快腐壞。有些堅果，如胡桃和巴西豆，外包著頑強的外殼，用滾水澆淋之後會較易去殼，這些堅果可以靜置在滾水中十五到二十分鐘。發霉、乾癟和乾掉的堅果一定要丟棄，這些的堅果都有苦味或已經腐臭。

關於堅果的概括原則，➠一磅帶殼堅果約相當於八盎司去殼堅果。至於更詳盡的分量對比說明，見622頁。

堅果熱燙去皮法

如榛果和杏仁等一些堅果除了堅硬外殼之下，還有一層可能有苦味的薄皮需要剝除。要是如此，就要在使用前先在去殼的堅果上頭澆淋滾水。倘若是大量使用的話，可以讓堅果短暫地靜置在滾水中，但是時間不能超過一分鐘。➠浸泡時間要越短越好。瀝乾後，在堅果上頭澆淋冷水來停止加熱，再次瀝乾後，就可以捏掉或搓掉外皮。

若要剝除花生、榛果和開心果的外皮，你可能會想要以預熱至一百八十度的烤爐來進行，烘烤十到二十分鐘，接著就放在碗盤毛巾裡用力搓揉掉外皮。烤過的堅果，不論是放涼了或仍熱燙時皆可如此剝除外皮。

堅果剁碎法

如果需要使用的大顆粒堅果，只需用手將胡桃和核桃等剁裂即可。假如要的是較細的碎堅果，用刀子或**新月型切刀**，522頁，切碎，或者是以下述方式來切碎。➡濕潤溫熱的堅果和一把銳利刀子會讓整個過程簡單很多。把堅果集成一圈，圓圈直徑要如同刀子的刀刃長度。拿住刀子的上方兩端。快速地從刀尖到刀柄來回擺切，並逐漸地把刀子以半圓形的弧度往自己的方向移動。再把切碎的堅果集成一圈，重複以上的擺切動作，切到你想要的碎粒大小。堅果也可以用食物調理機來切碎，要用短脈衝速度進行。➡每次處理時不能放入多於兩杯的量，千萬別處理過頭，否則做出來的就成了堅果醬糊了。

切碎堅果

堅果研磨法

研磨堅果時，➡要使用特製的滾筒研磨機，可以乾淨俐落地切碎或研磨堅果來使其保持乾燥，而有的研磨機則會搗碎堅果而釋放出油脂。每次只能少量研磨。如此研磨出來的乾燥、鬆軟的輕量堅果粒子通常可以做為果仁蛋糕的一種材料。我們也發現使用附有銳利乾燥刀片的乾燥食物處理機（碗型）來研磨，也能妥善完成工作而不至於把堅果磨得油膩或成糊狀——不過，再次提醒，千萬別處理過頭。果汁機並無法有效地研磨切碎堅果。然而，如果你只有果汁機，每次就只能研磨四分之一杯的量，並且每次研磨前要確保果汁機的容器和刀片是乾燥的。不過，有些時候會使用果汁機來製作堅果醬和堅果糊。

烘烤過的堅果要等到完全冷卻後才能研磨。需要測量的體積是研磨後的堅果量而不是研磨前的堅果量。

人們太喜歡花生醬，幾乎都遺忘了其他堅果果醬的製作和使用。不妨嘗試著把杏仁、胡桃、腰果或核桃研磨成堅果醬★，請參見300頁的說明。這些堅果都非常油膩而不需再添加油。每一杯堅果要使用四分之一到半小匙的鹽。

堅果加鹽法

要把堅果加鹽，先在一個碗裡抹上發泡蛋白、奶油或橄欖油，接著放入堅果，然後要搖晃到完全裹覆堅果。如果你在烹調前才把堅果加鹽，記得別使用超過半小匙的鹽來裹覆每一杯堅果。將堅果鋪在一只烘烤淺盤上，以預熱到一百二十度的烤爐烘烤十到十五分鐘，期間要不時攪拌以便讓堅果烤出均勻棕色色澤。有個較快速的方式是用長柄厚煎鍋來煎炒，每一杯堅果要使用兩大匙油。加入堅果後要不斷攪拌約三分鐘。放在廚房紙巾上把油瀝乾，撒一點鹽，即可食用。更多有關堅果調味★的食譜，請參見134頁的說明。

堅果烘烤法

烘烤堅果的程序，可以讓堅果鬆脆並強化味道。由於烘烤過的堅果可以大幅提升料理的味道，因此絕對值得為此多花些時間。**使用烤爐烘烤堅果**：將堅果鋪在一只沒有抹油的烘烤淺盤上，以預熱到一百六十五度的烤爐烘烤五到七分鐘，時間長短視堅果的大小而定，期間要不時查看攪拌以免把堅果烤焦。**使用爐面爐火烘烤堅果**：將堅果放在一只乾燥的長柄平鍋裡，以中火烹煮，要不斷攪拌或搖晃平鍋以免把堅果煮焦，煮到堅果正開始散發香氣即可，約四分鐘。為了防止堅果的味道流失或變硬，千萬別過度烘烤，堅果一般在冷卻後的顏色較深，而且口感較脆；當堅果已經開始煮熱但顏色尚未變深之時，就要移離火源，餘熱會繼續烹煮離火的堅果約一到二分鐘。一旦烘烤完成，要把熱堅果立即移放到盤子或冰冷的烘烤淺盤上。可以趁熱用刀把堅果切碎；若是要用食物調理機或果汁機處理，要等到完全冷卻後才能加以研磨。**使用微波爐烘烤堅果**：把堅果裝盛在可微波的盤子裡。不要覆蓋，以高溫微波二到四分鐘，有需要的話，偶爾攪拌一下並轉動一下盤子。堅果會散發香氣且觸碰會感到熱燙，但是顏色不該是棕色。烘烤過的堅果可以覆蓋後儲藏在涼爽乾燥的地方至多兩星期。

| 橄欖油（Olive Oil） |

橄欖油就像酒一樣，以什麼樣的土壤種植就會產出怎樣的風味，橄欖油也是如此。有來自希臘、西班牙或義大利的橄欖油——不妨都試試看，找出自己最愛。縱然以加侖計量販售的橄欖油會比較便宜，不過，曝曬在光線和空氣中的橄欖油容易腐敗，尤其是冷壓產品，因此最好是分裝到較小的容器並存放在陰涼的地方。

橄欖油是以內含的酸度多寡和是否使用溶劑處理來進行分級。只有取自首次壓榨橄欖而得出的橄欖油才能夠被歸類為冷壓初榨（extra-virgin）或初榨（virgin）橄欖油。**特級初榨橄欖油**是頂級橄欖油，這是首次冷壓取得的油，過程中不會加熱或加入溶劑。這是酸度最低的橄欖油，人們想要的就是這種特性的油。橄欖油的顏色從金黃色到深綠色不同，不過顏色與油的品質完全無關。由於霧狀且未過濾的橄欖油有著更加豐滿的味道，因此被許多人所讚賞。雖然標示著「冷壓初榨」可能能夠保證橄欖油有著突出的橄欖味道，但是這絕對不保證會是很好吃的油。可能的話，購買前最好先品嚐一下。因為特級初榨橄欖油的價格最為昂貴，最好是把這種橄欖油用在不會加熱到橄欖油的料理中，也就是做為油醋汁或調味品之用。由於將橄欖油加熱會流失部分油品的味道，因此最好是使用品質較差的橄欖油來烹煮食物。

初榨橄欖油也是首次壓榨生產的油，同樣沒有經過加熱或使用溶劑，不過比特級初榨橄欖油內含較多的酸性物質。縱然初榨橄欖油的味道和特色不及於特級初榨橄欖油，不過如果有購買預算限制，初榨橄欖油就是極佳的替代品。這種橄欖油的使用也較廣泛，可以用來烹煮食物，但是還是有足夠的味道用來調味沙拉或做為調味品。**橄欖油**有時也會標示為「純」橄欖油，這是把精製橄欖油（透過壓榨、加熱、加入溶劑和／〔或〕化學物的萃取過程）和初榨橄欖油混合而成的油品，其顏色和味道都是來自初榨橄欖油。比起初榨或特級初榨橄欖油，這種橄欖油的發煙點溫度較高，可以說是烹煮食物的極佳選擇。**「淡」（light）橄欖油**是銷售上用來描述味道較淡或顏色較淺的精製橄欖油。儘管有這樣的名稱，這種橄欖油內含的熱量跟其他的橄欖油並無二致，都是每一大匙含一百二十卡的熱量。

｜橄欖（Olives）｜

只把橄欖分成綠橄欖或黑橄欖，並無法公正評論擁有這種種類豐富的食物。新鮮橄欖嚐起來是苦的，這是因為外皮含有混合苦甙（compound oleuropein）的緣故；為了適於食用，橄欖因而需要加以處理或「醃製」（cured）。綠橄欖是未成熟就採收的橄欖，黑橄欖則是熟了才採收。為了減少乾醃橄欖或醃漬橄欖的鹹度，可以存放在橄欖油中，而這種油之後並可做成油醋汁。

以鹽水、油或水醃漬的橄欖的外部濕潤，而且外皮滑順發亮；以鹽醃或乾醃的橄欖的外觀有皺摺並呈乾癟狀。每一種橄欖的味道都與其採收時的成熟度、生長的地方和加工處理方式有關。雖然加工處理商甚為重視橄欖的分級和種類，但是廚師應最關心的是橄欖的大小或顏色，其卻與橄欖的品質並非有絕對的關係。

要選購顏色均勻且表面沒有瑕疵和白點的橄欖。探索一下來自希臘、義大利、法國、西班牙、中東地區和美國加州的各式橄欖，選出最可以滿足你的味蕾的種類。

購買的大批散裝橄欖可以放在冰箱冷藏幾個星期。未開封的罐裝或瓶裝的橄欖可以在食物儲藏櫃裡存放至兩年，不過一旦開啟，就必須冷藏存放。

| 蔥屬植物（Onions） |

打從人們發現了蔥屬的鱗莖植物之後，這些百合科的植物就從未失去做為食物或花朵對於人們的吸引力——從最細小的細香蔥到龐大的韭蔥（植物學名為*Allium schubertii*），或者是有著精選小花形成大型煙火般的花籠的迷人煙火蔥（fireworks allium）。我們並不只是要請你用各式蔥屬植物來做料理，更希望你能夠自己種植這些多年生的植物而可以隨時使用。要把蔥屬植物當作蔬菜料理，請閱讀《廚藝之樂［飲料・開胃小點・早、午、晚餐・湯品・麵食・蛋・蔬果料理］》474頁的說明。沒有其他東西可以像蔥屬植物一樣為食物添加如此的微妙味道，但是也沒有東西這樣地被濫用。我們談到的蔥屬植物是指下面羅列的任一物種。我們在個別食譜裡都有這些植物的使用說明。使用新鮮或乾燥的鱗莖、蔥屬植物的綠色頂蔥或韭蔥來做湯品或什錦湯料。千萬別忘了，➡加入一點新鮮的蔥屬植物到罐裝或冷凍蔬菜和湯品裡，這種做法通常可以掩蓋罐頭的味道和改變預期的風味。

高溫和過長烹煮時間會帶出蔥屬植物最差的部分。➡燒焦的蔥屬植物吃起來是苦的。➡不過，蔥屬植物需要足夠的烹煮時間才能去除生味。如果你希望湯裡或精製燉物中的蔥屬植物能夠較為溫和，只要遵照以下程序進行烹煮，你就可以增進料理的味道和減輕蔥味。➡如果蔥屬植物的直徑達一吋，要先半熱燙五分鐘，接著才加到湯或燉物裡。假如你希望➡嫩煎出味道溫和的蔥屬植物，烹煮到呈現半透明狀而不要煮到軟爛。假如你希望➡嫩煎出味道逼人的蔥屬植物，就烹調到金黃色；如果要有滲透四處的味道，就要緩慢煎煮到焦酥，像是要做成洋蔥湯★，224頁或「洋蔥褐醬★」，298頁。要為法式

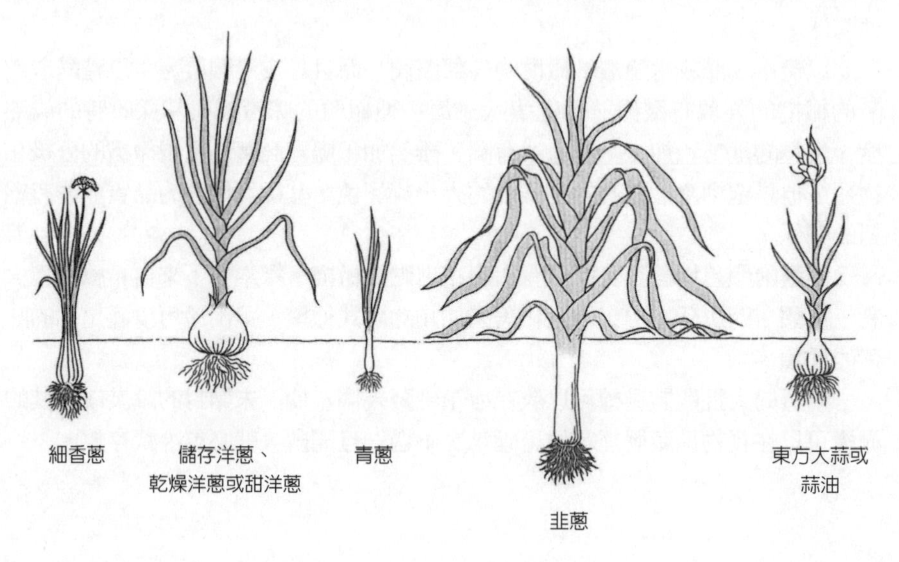

蔬菜燉牛肉★增添色澤和味道的話，請閱讀234頁。

烹調料理時，蔥屬植物通常會切碎或細切。有一些方式可以讓你不致淚流滿面；請閱讀《廚藝之樂[飲料・開胃小點・早、午、晚餐・湯品・麵食・蛋・蔬果料理]》475頁。如果你沒有時間妥當地嫩煎洋蔥，可是還是想要去除加到冷盤、醬汁或調味醬裡的洋蔥的生味，➡就要使用洋蔥汁。用檸檬榨汁器壓榨切過的洋蔥，或者用湯匙邊緣從中間切割的部分刮挖洋蔥。

要讓使用在沙拉中的蔥屬植物的味道較為溫和的話，就要先以牛奶浸泡。或者，將切片放在碗裡並以滾水澆淋。靜置二十到四十分鐘。瀝乾後，在上頭撒上大量鹽巴，再靜置一下，接著就可以極熱熱水沖洗。

所有蔥屬植物都很容易種植。這些植物性喜砂質潮濕的豐渥土壤，要在可完全日曬的地方淺層耕種。乾燥或儲存之前，都應該讓挖起的蔥屬植物日曬幾天。你可以把頂端綁在一起，如此一來，鱗莖部分就可在儲存期間一連串地掛起風乾。如果要裁剪掉頂端部分的話，千萬別剪得過於接近鱗莖的頸部。➡所有蔥屬植物都應該存放在涼爽、陰暗、乾燥且通風良好的地方。

細香蔥（Chives）

細香蔥其實是被視為草本植物，不過，我們在這裡是把細香蔥跟蔥屬植物歸在一塊，畢竟其種植方式和味道都很相近。只會使用新鮮裁切的葉子部分。可以與白色軟起司和雞蛋一起混合，或者是用來做綠色醬汁。要享用熱食或生食之前，才把剪下的葉子加入，如此就可保持細香蔥的鮮脆質地和獨特味道。用一把銳利的廚用剪刀或大剪刀就可以很容易地把細香蔥剪得細碎。➡為了維持植物學名為*Allium schoenoprasum*的細香蔥的漂亮外觀，由於裁剪的地方會變成棕色。記得只要剪短一些細管葉，而不是把頂端全部剪掉。要謹記在心，如同鱗莖植物部分，細香蔥的植物重新生長力是來自葉子部分——不要在同一季裡剪裁植物超過三次或四次。剪裁下的葉子相當軟嫩。記得要從低處摘取花朵，如此一來，你就不致於會把較硬的梗部和葉子混合使用，而且不需為播種而費心。秋季時，將約三到六顆小鱗莖植物種植在填滿腐植土的土壤裡，來年夏季就可以有掛在八到十吋高的一串食物。植物學名為*Allium sibericum*的北蔥是體積稍大的物種，有著較厚的葉子，也很耐苦耐寒。

大蒜（Garlic）

大蒜可能是最具爭議但是卻也會是最可口的食物添加物。十九世紀的法國小說家巴爾札克是個令人敬畏的美食家，他曾建議就連廚師也應該往身上塗抹大蒜。沒有大蒜，我們實在是無法繼續活下去！如果你喜歡大蒜，➡要監控使用量，即使對大蒜的容忍度可能會快速加大，但是你還是不要讓朋友感到不適。植物底部的鱗莖部分是料理寶藏。要注意扇貝型的鱗莖，其蒜瓣是在外皮之下。

學習在烹煮肉品前先放入大蒜裂片；用切過的大蒜輕輕塗抹沙拉碗裡；或者是做成拌蒜麵包★，266頁。食用前，將一顆去皮的蒜瓣以油醋汁浸泡二十四小時，浸泡時間不得更久，否則蒜瓣就會開始變壞。在醬汁裡擠入一點蒜汁。只要相當有用的廚用大蒜壓榨器就可輕易擠出蒜汁。假如你沒有大蒜壓榨器的話，可以用湯匙或叉子的背部靠著一個小碗下壓大蒜，或使用研缽和磨槌來進行。壓碎大蒜時要加上一點鹽巴，鹽巴幾乎可以一口氣就把鱗莖部分軟化。如果你加了一整顆蒜瓣倒液體中調味的話，➡記得要在食用前將蒜瓣過濾取出。烹調時，➡千萬別把大蒜煮到燒焦。永遠使用新鮮大蒜。蒜粉和蒜鹽類的產品一般都多了一點酸味。➡熱燙大蒜時，把尚未剝皮的蒜瓣放入滾水兩分鐘。瀝乾後就可去皮，用奶油緩緩沸煮約十五分鐘。將用奶油煮過的熱燙大蒜剁碎，接著就可加到醬汁中，如此獲得的就是味道較為醇厚的大蒜。烘烤大蒜的方法，請閱讀《廚藝之樂[飲料・開胃小點・早、午、晚餐・湯品・麵食・蛋・蔬果料理]》459頁的說明。

真正的大蒜植物會長到一到三呎高，但是並不耐苦耐寒。在三月時就要把植物學名為*Allium sativum*的大蒜的鱗莖埋種到鬆軟土裡。到了七月底就應該到了可以拔起收起的時機。記得要把蒜瓣日曬到外皮變白且乾透後才能加以存放。

象蒜（elephant garlic）是讓人困惑的東西。植物學名為*Allium ampeloprasum*，與一般大蒜相較，象蒜其實是大蔥的近親。象蒜的單一蒜瓣的大小就可能是一般大蒜的整個鱗莖部分。由於體積較大，許多人都以為象蒜的味道更為強烈，殊不知，事實正好相反。象蒜的味道其實較不強烈而且較甜。選購象蒜時，請遵照購買一般大蒜的指示方法：要選購堅硬且包覆著許多乾燥紙狀外皮的蒜頭。使用象蒜來料理時，要記得象蒜不是一般大蒜的替代品。如果料理要有不會蓋過其他食物香味的微妙蒜味，此時就可使用象蒜。象蒜通常是加到生沙拉來食用，或者式切片後以奶油嫩煎（嫩煎實較小心，象蒜很容易燒焦而變苦）。同樣也經常會利用象蒜來味湯品增添一股微妙蒜味。

韭菜（Garlic Chives）

這是一種粗野的植物，約有十五吋高，其較為扁平且味道稍加強烈的葉子可以如同前述的細香蔥的說明來加以使用。這種長年生的植物有著可以做為食物裝飾使用的迷人甜美的星狀花串，或者是把花朵灑放在沙拉上頭。植物學名為*Allium tuberosum*的韭菜的種植方式與細香蔥相同。

韭蔥（Leeks）

韭蔥的法文為*poireau*，甚受法國人喜愛，可以說是湯蔥裡的王者。也很適合做成燴式料理。植物學名為*Allium ampeloprasum var. porrum*，韭蔥是兩年生植物，在第一年會生長出長根和緊密交織的葉子。韭蔥通常是種植在山丘，並且會遮陽覆蓋以便保持白色。除非生長時有用紙領包覆根莖部分，這種種植方式會招致砂礫堆積。記得要確實妥善清洗去除砂礫《廚藝之樂［飲料・開胃小點・早、午、晚餐・湯品・麵食・蛋・蔬果料理］》465頁。韭蔥都是選擇在第一年摘取。長到第二年，韭蔥的莖部——從燦爛的銀綠花朵自葉子中剪去的部分開始——變得很硬且中空，而且在底部會形成更多小球根，這樣的韭蔥就很難下嚥了。不過，綠色的部分還是可以利用來做湯和調味料。準備韭蔥的方法，請閱讀《廚藝之樂［飲料・開胃小點・早、午、晚餐・湯品・麵食・蛋・蔬果料理］》465頁。

熊蔥或野韭蔥（Ramps or Wild Leeks）

熊蔥或野韭蔥的植物學名為*Allium tricoccum*，許多美國民俗慶典都是圍繞著這種植物的球莖而生。只在春季生長，而且要種植在相對緯度較高的地區，連同自家花園可以種植的植物學名為*Allium vineale*的強味野蒜（field garlic），熊蔥也可以做為很棒的配菜，用奶油稍微嫩炒一下，可以搭配炒蛋和熱炒小魚。生食熊蔥會是相當有趣的味覺驚艷，特別是搭配煙燻肉一起食用。

胡蒜（Rocambole）

這種耐苦耐寒的植物有著漂亮的綠灰葉和收攏莖部上的高尖花瓣。開展時的胡蒜是相當賞心悅目的。束擄在頂端的球莖可以食用，與前述的柔嫩大蒜的味道和形式並沒有不同。植物學名為*Allium sorodoprasum*的胡蒜的種植方式與細香蔥相同。

青蔥（Scallions）

青蔥綠色部分也就是人們所知的鮮春蔥，可以做為湯品調味之用，或者是加到莎莎醬和拌炒料裡中。細白球莖部分有著約四吋長的葉子，可以如同韭蔥一樣加以燴煮，有些好強的人會直接生食。青蔥是以植物學名為*Allium cepa*的洋蔥植物的間苗種植而成，或者是一起緊密播種在一塊，會在球莖尚未長出獨有外形前就加以採收。

珠蔥（Shallots）

珠蔥是醬料蔥屬植物之后，並不耐苦耐寒，但是絕對值得種植。比起蔥屬植物的味道，珠蔥的味道可能更接近大蒜。縱然珠蔥的味道更加細緻，使用時依舊要謹慎小心。珠蔥是「貝西奶油★」，304頁和「木犀草醬★」，319頁不可或缺的材料，在這些醬料中應該要與草本植物一同剁碎使用。酒類料理裡的珠蔥嚐起來味道特別棒。嫩炒珠蔥時，要加以剁碎但是不能受熱過多。➠千萬別炒焦，否則珠蔥會變苦。➠可以用三到四個珠蔥取代一顆中型洋蔥。若想把珠蔥當作蔬菜來烘烤或烹煮，請閱讀《廚藝之樂[飲料・開胃小點・早、午、晚餐・湯品・麵食・蛋・蔬果料理]》505頁的說明。

珠蔥的植物學名為*Allium cepa var. ascalomicum*，總是會集體種植，應該在早春就播種，但是不要緊蓋土壤。等到六月底，一旦珠蔥的葉子開始下垂——在頸部部分彎折——但是尚未變色之前，此時就要加以採收。留放珠蔥在土上乾燥幾天，接著再把葉子部分綁在一塊，如此一來就可以線繩懸掛在乾燥地方隨時使用。

儲存洋蔥或乾燥洋蔥和甜洋蔥（Storage or Dry Onions and Sweet Onions）

這些洋蔥類的蔥屬植物在市場上最為常見；這些洋蔥的味道、顏色和形狀多大不相同。用來料理使用的生鮮和溫和洋蔥是體積大的黃色或白色百慕達大洋蔥（Bermudas），或是維達利亞洋蔥（Vidalias）或瓦拉瓦拉洋蔥（Walla Wallas）等甜洋蔥。紅色洋蔥是添加到漢堡和沙拉的受人喜愛的裝點菜料；不過，烹煮過的紅色洋蔥會有些走味，因此，倘若想要使用溫和的紅色洋蔥的話，就要選用較圓且較長的義大利紅色洋蔥。珍珠洋蔥包括了會放在吉布生雞尾酒底部的種類，都是洋蔥類的群體播種植物。

學名為*Allium cepa*的洋蔥類植物都是兩年生的作物；會在每年二月集體播種，等到棕色葉子枯死後的七月就會加以採收。由於含水量高，甜洋蔥並無法妥善儲存。把洋蔥當作蔬菜來烹煮的方式，請閱讀《廚藝之樂[飲料・開胃小點・早、午、晚餐・湯品・麵食・蛋・蔬果料理]》474頁的說明。

頂頭蔥（Topping Onions）

這些蔥的使用方式就如同中型洋蔥一樣。植物學名為*Allium catawissa*，不同於市場上買得到的乾燥洋蔥，頂頭蔥是長年生植物。這些植物有著鬚根，蔥頭會在季節初始就在花枝頂部開始形成。事實上，有些種類甚至也會在頂部發芽，如此一來，會在同一季第二次發芽的頂部生出更多的蔥頭。沒有發芽的球莖可以放到來年八月或來春時再行播種使用。最初的植物也可以分枝插種。實在沒有任何藉口可以不試著種植這些易於種植的植物。這些頂頭蔥與植物學名為*Allium cepa viviparum*的埃及頂洋蔥（Egyptian topping onion）很相似（讓人意

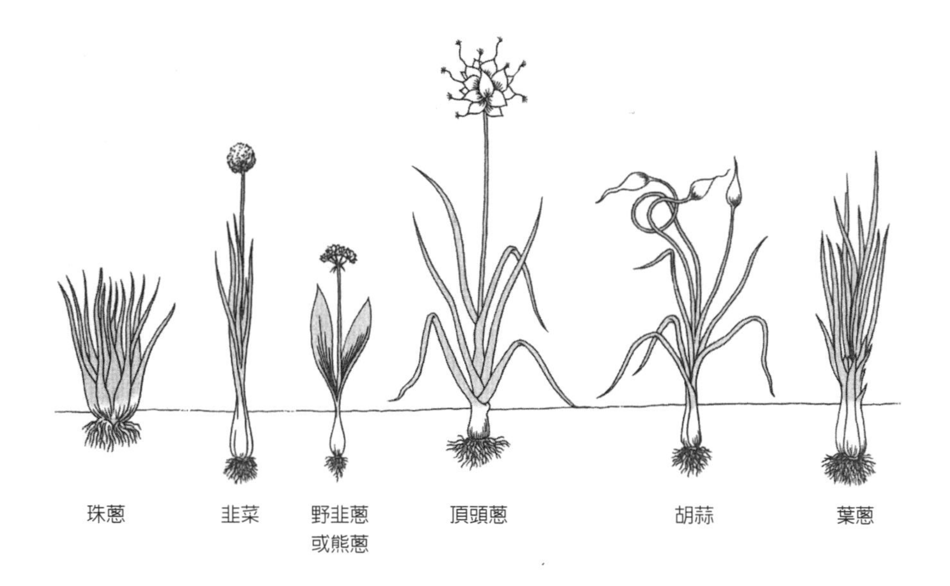

外的是，埃及頂洋蔥其實並不產自埃及）；埃及頂洋蔥耐苦耐寒，底部也有可以使用的莖球。

葉蔥（Welsh Onions）

這些葉蔥可以用來替代青蔥。植物學名為*Allium fistulosum*，綠蔥也被叫做**日本群蔥（Japanese bunching onion）**，通常是自家種植。

｜奧勒崗草（Oregano）｜

見「馬鬱蘭和奧勒崗草」，532頁。

｜蠔油（Oyster Sauce）｜

這是中式料理和菲律賓料理的特色醬汁之一。蠔油是以牡蠣、水和鹽做成的產品，現在可能會添加玉米澱粉和焦糖色來增進外觀和稠化液體，以便在拌炒時使用。選購蠔油時，要避免購買價格較低的產品，這些產品會使用較少的牡蠣而添加較多玉米澱粉。開封後的蠔油一定要冷藏儲存。

｜紅椒粉（Paprika）｜

見「甜椒和辣椒」，554頁。

| 歐芹（Parsleys） |

這些植物的根、莖、葉都富含維生素A。植物本身就有味道，但是也有做為混合其他草本植物味道的媒介物的價值，同時具有毀壞大蒜和洋蔥味道的作用。實際上，這些植物可以使用在所有沙拉、肉類和湯品裡頭。不過，這些植物都應該要謹慎使用，特別是在使用也被稱為**歐芹根**（parsley root）或**塊根芹**（turnip-root parsley）的**漢堡歐芹**（Hamburg parsley）的時候。這些歐芹跟有時會以如同「防風草根★」，480頁的方式加以烹煮。

皺葉歐芹有許多味道強度不同的種類。切碎或深炒時，要從味道較強烈的莖部移除掉小花或葉子。莖部會用來做白色高湯和醬汁，以便取得其強烈味道，這是因為莖部跟葉子都不會改變醬汁顏色的緣故。**平葉**（Flat-leaf）或**義大利歐芹**（Italian Parsley）是有些人比較喜愛的種類，主要是因為具有較為豐富強烈的味道而且在料理時可以耐高溫。**皺葉**和**平葉歐芹**（**學名為** *Petroselinum crispum*）與**漢堡歐芹**（*Petroselinum hortense*）都是市場上常見的歐芹種類。這些是二年生植物，在有日照的肥土上種植可以長到一呎高，經常會提早抽苔（bolt，開花之意）或過早播種，這種情況會在第二季提早出現，因此最好是把這些植物當成一年生植物。要以種籽播種的話，種籽要先用水覆蓋浸泡約二十四小時。扁葉歐芹最好是在秋季使用，其葉子不會屯雪並可保持常綠較久。植物學名為*Petroselinum carum*的香芹是較為粗俗生長和較為重根的二年生植物，可以長至三呎高。播種前要按照上述方式浸泡種籽。

歐芹醬汁（Persillade）（3/4杯）

此字的法文字源*persil*就是指歐芹，歐芹醬汁是把切碎的歐芹和大蒜混合調味料，在食物烹煮將屆之際才灑在上頭，是用來添味和添色之用。加入麵包碎屑可以做為魚排、烤羊排或烤蝦的外皮。

將以下材料混在一塊：

1/2杯切碎的歐芹、1大匙剁碎的大蒜

（1/3杯新鮮麵包碎屑）

2大匙橄欖油，或者是可以做成糊狀的油量

| 花生（Peanuts） |

花生是地面以下生長的豆莢，也被稱為落花生或土豆，是富含蛋白質的植物。在烘烤完或滾煮後立即食用的風味最佳。烘烤帶殼花生時，要以預熱到一百五十度的烤爐烘烤三十到四十五分鐘；若是去殼的話，則烘烤二十到三十分鐘。要經常翻動以免把花生烤焦。要去殼才能確定完成度。包覆果仁的薄皮吃起來味道極佳。然而，自家烘焙花生只能烘出一點味道，商業製造烘烤帶殼花生所經過的蒸氣過程才能夠帶出花生最棒的滋味。沸煮花生通常是拿來當成小點心，但是也可以做為乾燥、煮過的豆類的替代物。沸煮花生時，在一個大型湯鍋裡放入二到三磅鮮綠或生花生和一杯半的鹽，加水覆蓋後就煮到沸騰。要沸煮至少一小時或者長達三小時。確定完成度時，從湯鍋裡取出幾顆花生並剝殼打開。如果果仁已經柔軟，那就表示已經煮好了。如果覺得不夠鹹，關火後，讓花生繼續浸泡在鹽水中。一旦煮好了，瀝乾後就可馬上食用。➡要丟棄任何發霉的花生。

| 花生醬（Peanut Butter）|

根據美國聯邦政府食品規定，商業販售的花生醬要含有百分之九十去殼的烘好花生泥，其中不能加入超過百分之十的鹽、甜味劑和油。聰明如你，不妨自己動手做味道醇厚的花生醬。

在食物調理機的碗裡放入：

烘烤花生或加鹽花生

每1杯花生裡要加入：

1又1/2到2大匙紅花籽油（safflower oil）或芥花油（canola oil）

處理到花生呈現滑順的狀態。如果是使用沒有加鹽的花生，再加入：

每1杯花生粒要加入1/2小匙鹽，或是依據個人口味加入適當鹽量

| 胡桃（Pecans）|

胡桃是美國土產的堅果，產自多種山核桃樹，是含有超多脂肪的堅果之一，有些可以富含多達百分之七十五的脂肪。高脂肪量使得這種堅果會很快腐壞，正因如此，胡桃要放到冷凍庫冰凍。

| 胡椒籽（Peppercorns）|

所有胡椒籽都是來自胡椒的漿果群，這是學名為*Piper nigrum*的一種多葉綠藤蔓植物，是主要香料。**綠胡椒籽**是胡椒尚未成熟的漿果，有著溫和的新鮮味道，切碎後很美味，可以與奶油摻在一起做為調味料或拌入淡醬汁中。雖然有些會在豐滿的鮮綠狀態就出貨販賣，鮮軟的綠色漿果是可以用醋保存在瓶子裡的。**黑胡椒籽**是發酵過的黑色漿果，乾燥後會變硬且外皮癟皺，顏色會呈深棕色到黑色。黑胡桃籽的味道豐美香辣，尤其是馬拉巴（Malabar）或特利奇里（Tellicherry）的胡椒籽。如果留在藤蔓上不採收的話，綠色漿果會成熟而變紅。**白胡椒籽**是以完全成熟的紅色漿果做成的產品，把黑色外皮清理掉之後，就會露出內裡的灰色核心。白胡椒的味道最為辛辣，這是人們偏愛使用在淡色食物和醬汁的胡椒（若是追求顏色對比的話，那就另當別論了）。白胡椒籽也可以在香腸和罐裝肉品裡留存最多的胡椒味道。可以試著以研磨機研磨相等分量的黑胡椒籽和白胡椒籽；如此一來，你就可以同時獲得黑胡椒籽的香味和白胡椒粉的勁道。

端視不同的研磨方式，胡椒籽會為料理添加不同的味道。若是在湯裡或其他需要長時間烹煮的混合料理中使用整顆胡椒籽，胡椒籽的味道就會不那麼引人注意；加入時要以用粗棉布裝綁胡椒籽，等到要食用前再取出即可。如果是用研缽和磨槌或香料研磨機來弄碎新鮮的胡椒籽的話，多數的油脂會保留下來而且味道會很強烈。

搗碎或弄碎的胡椒可以用來做「胡椒牛排佐奶醬★」，173頁等胡椒餐點，要在燒烤前壓按到肉裡，或是在食用前才灑在魚肉和肉品上頭。如果想要的是大膽確實的味道，就要使用弄碎的胡椒籽。**要弄碎胡椒籽時**，把胡椒籽放入頂部可以封起的塑膠袋中，接著就以擀麵棍或肉槌來加以弄碎。新鮮研磨的胡椒粉永遠是最棒的。不同其他香料，胡椒令人印象深刻之處就是可以強化但卻不致於會掩蓋住食物的味道。

胡椒並非只適合使用在鹹味食物上頭。不妨在餅乾，如「胡椒果仁餅乾」，121頁、蛋糕和水果餐點裡偷偷加入一點。也可以試試用新鮮黑胡椒粉來搭配草莓食用。

研磨紅胡椒或番椒的方法，見下頁。

| 甜椒和辣椒（Peppers, Sweet and Chile） |

這些辣椒屬（*Capsicum*）的植物含有豐富的維生素A和維生素C。有些說法也認為其中含有抗菌和抗氧化的作用， 加入這些辣椒的脂肪、肉品和砂鍋菜的食品也因此會有較長的保存時間。這些是與胡椒籽相當不同的美國土產的植物。辣椒屬植物都有一個共通點：➡貫穿辣椒屬植物中間的主脈或胎座會產生和隱藏一種被稱為辣椒素（capsaicin）的刺激物質。因此，倘若要使用新鮮辣椒的話，記得一定要把主脈的部分去除。使用乾辣椒做成的調味品就不一定得要除去主脈或籽。➡烘烤辣椒和為辣椒去皮的方法，請閱讀《廚藝之樂[飲料・開胃小點・早、午、晚餐・湯品・麵食・蛋・蔬果料理]》485頁的說明。想了解不同種類的辣椒，請參見《廚藝之樂[飲料・開胃小點・早、午、晚餐・湯品・麵食・蛋・蔬果料理]》483頁。

甜柿椒是變種辣椒（*Capsicum annuum*），在美國中西部有些市場素來被誤稱為「芒果」（mangoes）。這些四到五吋長的辣椒植物的顏色有綠的，在更成熟的階段則可以是紅的、紫的或黃的，而這些植物都可以用來做為填餡之用，或是切塊後拿來調味。

植物學名*Capsicum tetragona*的帽形椒同屬於這種一般甜椒的類型，這種甜椒會用來研磨成紅椒粉。把溫和甜味的甜椒去籽並瀝乾後，研磨前要去除中脈部分。辣紅椒粉會選用椒肉較為辛辣的甜椒來製作；可以加入一些籽和中脈部分。多數紅椒粉會混成溫和、甜味和辛辣等不同味道。長久以來，最好的紅椒粉是產自匈牙利，製作紅椒粉是當地一項重要的料理傳統。紅椒粉對熱敏感，應該要在料理接近尾聲之際才加入。如果是要為烘烤的食物添色，紅椒粉會焦化而變成棕色。

多數辣椒都是屬於植物學名為*Capsicum annuum var. longum*的辛辣辣椒，有著淺黃綠色、黃色或紅色等多種顏色。世上有好幾百種雜交辣椒，許多地區都有著無數辣椒粉或摩爾粉（molc）的食譜，裡頭會使用多至六到八種的不同辣椒：安可辣椒、煙燻辣椒等不同種類，參見《廚藝之樂［飲料・開胃小點・早、午、晚餐・湯品・麵食・蛋・蔬果料理］》484頁的說明。

任何品種的辣椒都可以自行在家研磨成粉。➡**研磨乾燥辣椒時**，要先去除莖部和籽。使用香料研磨機或咖啡磨豆機來研磨。研磨時要小心，不要吸入研磨過程會出現的氣味或細粉，這些可能會使得眼睛和鼻子產生嚴重不適。

番椒粉是把植物學名為*Capsicum annuum L.*的番椒加以研磨而成，不過，商業製作上，會以學名為*Capsicum frutescens*的紅色乾燥小樹果或是素稱為鳥椒（bird peppers，學名為*Capsicum croton annuum*）來替代使用。➡由於番椒相當辛辣，使用時應該要只用最小量即可。學名為*Capsicum fasciculatum*的變種紅色串椒也相當辛辣，椒果可以長到六吋長，種籽據說是來自墨西哥的塔巴斯哥州（Tabasco）。美國南方的路易斯安納州現在就有種植這種串椒，已經成當地著名辛辣辣椒醬的料底，586頁，這種醬料會需二到三年的製作成熟期。➡挖籽時要戴手套以免皮膚刺激而過敏。不如番椒粉那麼辛辣，紅辣椒粉也是以這種辣椒研磨而成。廣受墨西哥料理使用的純辣椒粉是安可辣椒粉。

準備乾燥辣椒的方法，參見363頁的說明。至於其他辣椒食譜，請閱讀「辣椒粉」，475頁、「辣椒醋」。

｜松子（Pine Nuts）｜

松子的西班牙文為piñon，義大利文則為pignoli，這是從不同品種松樹的松球內部採集取出的象牙色小籽。松子主要有兩類，一種是有著體積較細薄且有著細緻甜味的地中海或義大利松子，另一種是有著強烈松味道的三角形中國松子。甜的和鹹的餐點都可以使用松子，松子也可以做為料理裝飾。由於這兩類松子都富含脂肪，為了防止腐壞，因此要以密封儲存盒存放在冰箱或冷凍庫裡。這些松子可以做成很棒的「義式青醬★」，317頁，也可以當作沙拉的裝飾，加到「葡萄葉捲★」，152頁，也相當不錯。

|開心果（Pistachio Nuts）|

人們甚為喜愛這種堅果的綠色色澤和回味無窮的味道，通常會用在餡料、糖粉、香腸或肉醬（pâté）中。要除去果仁皮的話，鋪在一只烘烤淺盤上，以二百度的烤爐烘烤四分鐘。冷卻後，即可用手捏去或擦去外皮。

|法式綜合香料（Quatre Épices/Spice Parisienne）|

人們特別喜愛在燉品和甜點中加入這種混合香料。依據雜貨商的想法或顧客的要求，這種混合香料的材料都會有些不同，不過通常都混了四種以上的香料。法國名廚安托・卡雷姆（Antoine Carême）是高級烹飪藝術之父，他研製出一種綜合香料（épices composées）的配方，混合了乾燥百里香、月桂葉、羅勒、一點芫荽和肉豆蔻皮，最後再加入三分之一的胡椒粉。

用密封儲存盒存放以下綜合香料。

I. 混合以下香料：

1小匙丁香粉、1小匙肉豆蔻粒或肉豆蔻粉

1小匙薑粉、1小匙肉桂粉

II. 混合以下香料：

1小匙白胡椒、1/2小匙肉豆蔻粒或肉豆蔻粉

1/2小匙薑粉或肉桂粉、1/2小匙丁香粉

|摩洛哥頂級綜合香料（Ras El Hanout）|

這種摩洛哥混合香料通常含有許多種不同成分，不只可以包括了種籽、葉子、花朵、根和幹枝，還會加入被視為可以刺激性慾的西班牙甲蟲（Spanish Fly Beetle）。通常會在燉肉和燉家禽肉以及非洲小米料理中加入一點或半小匙的這種綜合香料。本書以下提供的是不使用西班牙甲蟲的版本。

約1/2杯

充分混合以下材料：

2大匙薑粉、2小匙黑胡椒、2小匙多香果、2小匙肉豆蔻粒或肉豆蔻粉

2小匙肉豆蔻皮粉、2小匙小豆蔻粉、2小匙肉桂粉、2小匙薑黃

1小匙芫荽粉、1/4小匙丁香粉、1/4小匙紅胡椒粉

凝乳酶（Rennet）

凝乳酶是用來製作起司的凝結劑，這是來自小牛的第四胃袋的胃黏膜的萃取物（現在已為生物工程取得）。古希臘藥理學家迪奧斯科里德斯（Dioscorides）曾經這麼說過，凝乳酶具有重聚已經分散的東西和分解已經聚合的東西的能力。今日的科學家根本不敢挑戰這樣的主張！可以從起司製造供應商取得片劑裝或液裝的凝乳酶。

迷迭香（Rosemary）

這種含有樹脂的硬樹葉是來自迷迭香矮樹，具有極為強烈的味道——迷迭香並不是味道細微的草本植物。由於葉片堅硬，記得要細切使用。這種葉片可以妥善乾燥。人們喜愛使用這種葉片來製作滷汁，四人份的使用量是四分之一到半小匙的新鮮迷迭香，或者是依照食譜指示的使用量。稍微弄碎的迷別香可以用在羊肉、豬肉、鴨肉、鷓鴣肉、兔肉、閹雞肉、燉豆牛肉和菠菜裡，也可以加在佛卡夏麵包（foccaccia）和披薩上頭。學名為*Rosmarinus officinalis*，迷迭香是多年生植物，不同的種類可以長到二到六呎高，可以忍受乾燥和貧瘠的土壤，但是卻不耐夜間溫度會降至零下十二度的北方苦寒氣候。可以用盆栽妥善種植在室內以便在寒冷時節使用。

芸香（Rue）

芸香的學名為*Ruta graveoleus*，這是漂亮的灰綠色多年生植物，可以長至三呎高，性喜鹼性土壤。有些時候，這種草本植物會被建議做為水果或紅酒冷飲（claret cup）的調味品。由於許多人都對這種刺激性植物有過敏反應，會出現如同觸碰毒葛（poison ivy）的症狀，我們因此並不推薦使用這種草本植物。

番紅花（Saffron）

這是秋水仙的金橘色柱頭，可以為蛋糕、麵包和調味料提供無與倫比的香氣、金黃色澤和迷人味道，也可以做成經典的米料理，如西班牙鍋飯★，589頁和「義大利燉飯★」，592頁，或是加到「馬賽魚湯★」，242頁。➡即使只是少量的番紅花也有無法抗拒的效用，因此要謹遵食譜指示說明。二到三柱頭就可能過多，料理可能會因而變苦。如果主要是想取用番紅花的色澤，就要盡可能以食譜指示使用的液體用量來浸泡番紅花。使用越多液體，成品裡含有的味道就會越少。在烘焙食品時，使用五到六杯麵粉，以四分之一小匙混合兩大匙熱水就已經是適當分量；或者是依照食譜指示的使用量。若是用來調味六到八人份的醬汁的話，適當用量則以約是八分之一到四分之一小匙的番紅花混合兩大匙熱水。學名為*Crocus sativus*的番紅花要種植在鬆軟土壤。在所有球根植物中，這種秋季開花的植物的葉子一定要完全成熟，如此一來，番紅花才有可能茂盛生長。

｜鼠尾草（Sage）｜

有這樣的諺語：「年輕人種燕麥，老人家種鼠尾草。」鼠尾草或許可以說是最為人所知和最受人喜愛的美國風味調味料之一。可以用來使用在豬肉等肉品，尤其是用來做香腸，也可用在鴨肉、鵝肉和兔肉料理中。鼠尾草可以用來做起司和雜燴，當然更是家禽肉的填餡材料。切碎的新鮮嫩葉的味道會比乾燥葉片來得強烈，乾燥的鼠尾草會失去多數內含的揮發油。超市裡可以買得到「乾燥鼠尾草碎」和「乾燥鼠尾草粉」；雖然乾燥鼠尾草碎較為粗糙，但是揮發油和香氣的流失速度卻會較為緩慢。若是採收自己種植的鼠尾草，要小心乾燥，521頁，否則這種厚葉會很容易發霉。記得要保守使用這種草本植物。學名為*Salvia officinalis*，鼠尾草是多年生植物，可以長至兩呎高，開花後就應該要剪枝。不過，只能稍微修剪，而且只能修剪新種的鼠尾草。市面上也有雜種和矮生鼠尾草。

｜做爲調味料的醃豬肉和培根（Salt Pork and Bacon as Seasoning）｜

把醃豬肉和培根加在沙拉、湯品、燉肉和煮豆等許多食物中，可以增添一種極富趣味的刺激和裝飾作用。通常要經過熱燙，500頁的步驟來去除過多鹽巴。雖然醃豬肉和培根可以相互替用，但是兩者的味道是相當不一樣的。若是做為料理裝飾，這些煉出來的小物則被稱為**碎肉渣（cracklings）**、**鹹肉片（lardons）**或**鹹肉條（grattons）**。

將以下切塊：**醃豬肉或培根**

放入一個煮鍋裡來加以乾燥精鍊，500頁，直到脂肪釋出且肉品燒烤到鬆脆為止。或者是放入烤爐以及小火烤成金棕色。

｜鹽（Salts）｜

鹽可能算是最終極的多功能料理材料。鹽具有強化其他食物的味道的功能，這可以說是其最重要的料理資產。即使是在做糖果時，鹽也有這種確實效用，只需加入一點鹽通常就可以帶出糖粉最棒的特質，對尚未烹煮的食物也有這樣的效果，在柑橘類水果上撒上一些鹽的效果也會很棒。至於經過烹煮的食物，鹽的不同效用就很複雜。鹽可以加速烹煮時間：用鹽水來烹煮綠色豆子，可以節省百分之十煮軟的時間。鹽可以在烹煮肉品和魚類時讓水分釋出。鹽可以讓雞蛋變硬。做麵包時則要謹慎使用，太多鹽會抑制酵母成長作用而且不利於產生麩質。關於鹽水對於烹調的影響，請閱讀598頁的說明。

從古至今，人們對於鹽內含的多種物質有相當多爭議，如應該在烹調期間的哪個時刻加入這種相當重要的材料，針對這個問題就眾說紛紜。當然，如果是湯汁、滷汁、和醬汁等打從一開始就會讓液體蒸發極多的料理的話，倘若真的要加鹽，鹽的使用就要謹慎小心。不過，煮湯和燉湯時，早點加入少量的鹽是會讓湯汁維持清澈的。 加入鹽巴之後，將燒烤、炙烤或燒烤肉品熱封汁液，如此可以加強其風味。此外，因為幾乎不可能完全去除烹煮食物裡的過多鹽巴（偶爾加入一點糖可以使得食物更為可口），所以一定要小心衡量要加入的鹽量。

根據長久的料理經驗，在烹煮過程將完成之際才加入鹽，我們知道這樣才能讓鹽的強化味道的作用發揮最大效用。

食物中的鹽量都不盡相同，動物來源的食物比蔬菜會有較高的鹽量。海產類的食物，特別是貝類，會比淡水魚類含有較多的鹽量。當然，醃漬、醃製和鹽漬的肉品和香腸；肉湯、番茄醬和萃取液；鹽水處裡的魚類、沙丁魚、鯡魚和鯷魚；以及罐裝湯品（有標示「低鈉或減鈉的除外」）和罐裝魚類和肉品，以上這些都含有高鹽量。正因如此，處理這些食物時要注意加入的鹽量，而在烹煮朝鮮薊、甜菜、胡蘿蔔、芹菜、根刀菜、芥藍、菠菜、蒲公英、菊苣和玉米時也要注意，這些蔬菜天生就比多數其他蔬菜含有較多的鹽分。處理蜜棗、椰子和糖蜜時也要小心。

鹽與水的相互作用是生命的重要要素。維持適當的鹽平衡對人的身體是相當重要的事，而每個人需要的分量都不相同。對於低鈉或無鈉飲食的人來說，醫師會建議要有技巧地以草本植物、香料、檸檬汁和酒來替代這種飲食中缺乏的味道。這些人也要注意軟化水中的鹽或鈉的含量。➡鹽的保存作用使得祖先們得以在水域、莽荒和曠野之地生存下來，他們更因此而走出了世界歷史中偉大的貿易途徑。縱然冰箱出現後已經讓用鹽來保存食物變得不是那麼重要，令人驚訝的是我們依然是，在不同的食物處理過程、在醃製肉品時、在鹽漬和醃漬蔬菜時、在冷凍冰淇淋時，甚至從古至今在加熱牡蠣和烘烤馬鈴薯時，我們在這許多時候都還是相當倚重著鹽的使用。

食物保存時，鹽的作用有兩個方面：首先是讓食物裡的水分釋出鹽的滲透作用，這個過程會讓水分進入或出入食物而使得鹽的集中度得以均化，如此一來就可以抑制微生物的產生，畢竟微生物在濕潤食物裡比在乾燥食物中要容易出現。再者，用鹽和液體混合而成的鹽水可以進一步防止或延遲表面微生物的孳生。烹煮鹽漬肉品，請參照499頁的說明。想要移除培根和鹹豬肉上過多的鹽分，請參閱500頁。製作鯷魚★的方法，請閱讀73頁。

本食譜書裡提到許多種鹽。如果指示使用「鹽」而沒有特定說明的話，意謂的就是➡餐桌用的食用鹽。➡為了讓鹽維持散粒狀態，可以在鹽瓶或鹽罐中放入一些米粒。

粗鹽（Coarse Salt）

粗鹽並不是某種特定類型的鹽，而是指鹽的顆粒大小。可以是指海鹽或猶太鹽（kosher salt）。雖然我們經常會在烹調時使用細粒鹽，粗鹽則會被優先用來塗抹在雞尾酒杯的杯邊★，109頁、為魚類或肉類外部塗抹上一層鹽衣★，51頁，以及做為放置牡蠣的鋪床★，9頁。由於便於用手指來拿捏和輕灑，有些人也會偏好在烹調時使用粗鹽。

草本鹽（Herb Salt）

I. 將以下材料用研缽混合或放入食物調理機加以研磨3到4分鐘：

1杯碘化鹽或1又1/2杯猶太鹽

1又1/2杯搗爛的草本植物

把以上混合物平鋪在一只烘烤淺盤上。將烤爐預熱至90度之後，接著就可關火。把烤盤放入烤爐中，讓混合物閒置至乾燥為止。

II. 你也可以鹽漬的方法來保存新鮮草本植物，使用一個烤盤或玻璃碗並加以覆蓋，在其中交替鋪放1/2吋的鹽和1/2吋的草本植物；最下面和最上面要先鋪放的是一層厚鹽。放置幾個星期之後，鹽就會吸收了所混合的草本植物的味道，此時就可以拿來使用了。只要是鹽漬後依舊會保持翠綠的草本植物都可以使用。

碘化鹽（Iodized Salt）

碘化鹽就是加了碘的餐桌食用鹽。碘是相當重要的微量物質，生活在水裡和土壤缺乏鹽的地區的人們會建議要食用碘化鹽。基本上，超市裡販賣的鹽都是經過碘化，標籤上會標明是否「加碘」。

猶太鹽

猶太鹽是不含添加物的粗粒鹽，之所以會做為烹調使用，主要是因為這種鹽的質地、不含雜質和易於溶解的特性。這種鹽也會用來準備猶太肉品。由於猶太鹽是較大顆粒的鹽，若是用來替代餐桌食用鹽，記得要使用一倍半到兩倍的食譜指示使用的鹽量。通常是在肉品已經切割完要上桌前才會把猶太鹽灑在上頭，如此一來，鹽就不至於會在食用前就完全溶解在肉汁中。猶太鹽也可以做為淋灑的裝飾，可以在捲餅、椒鹽捲餅和麵包烘烤前先灑在上頭。

醃漬鹽（Pickling Salt）

醃漬鹽是不含添加物的純鹽，否則添加物可能會使得醃漬用的鹽水混濁。醃漬鹽有粒狀和片狀，粒狀和片狀的醃漬鹽是可以依等比磅數來替換使用。不過，假如是以體積來測量用量的話，每一杯粒狀醃漬鹽要以一杯半片狀醃漬鹽來加以替代使用。

岩鹽（Rock Salt）

岩鹽是不可食用且未精緻處理的一種鹽，這種鹽會與冰一起混合使用，用在以電動或手動轉柄的攪槳類型的冰淇淋機來製作冰淇淋，這種鹽也會做為烘烤馬鈴薯或半殼牡蠣的鋪底。

海鹽（Sea Salt）

這是經由海水蒸發後所取得的方粒鹽或細粒鹽，裡頭含有天然的碘和其他礦物質。這種鹽比傳統鹽的價格要來得高。由於極有味道，使用時要點到為止即可。不同的海水會做出不同的海鹽。➔千萬別把粗粒海鹽與岩鹽或猶太鹽搞混了。

調味鹽（Seasoned Salt）

商業製造的調味鹽通常式混合了鹽和香料，有時甚至會摻入味精（MSG，monosodium glutamate）；購買時請閱讀產品標示。若要使用調味鹽，記得要先嚐一下食物的味道才決定要添加額外的鹽。你可以用以下的準則自行製作調味鹽。

I. **1/2杯加2大匙鹽、5大匙白胡椒、3大匙黑胡椒、1小匙紅胡椒粉、各1小匙肉豆蔻粒或肉豆蔻粉、丁香粉、肉桂粉、鼠尾草、馬鬱蘭和迷迭香**

II. **1/4杯鹽、1大匙糖、1大匙紅椒粉、各1小匙肉豆蔻皮粉、芹子末鹽、肉豆蔻粒或肉豆蔻粉、咖哩粉、蒜粉、洋蔥粉和乾芥末**

燻鹽（Smoked Salt）

山核桃木的煙和其他有香味的煙都經過焦油純化，並且用電荷以化學作用聯繫成燻鹽。可以做為乾醃料★，348頁的材料之一，或是灑放在烹煮過的肉品、魚類和蔬菜上頭，也可以加到希望有煙燻味的湯品中。有些超市、專賣店或網路商店都可以買到燻鹽。或者按照以下說明自己製作混和煙燻鹽。

混合煙燻鹽（Smoky Salt Mixture）（約3/4杯）

可以做為燒烤肉品的和醬或抹醬，或者是做為燒烤肉品的餐桌調味品。

混合：

1小匙燻鹽、1/2杯番茄醬、1/4杯橄欖油、2大匙現成芥末

酸味鹽（Sour Salt）

酸味鹽也被稱為柑桔酸，有時會被代替檸檬來做為調味之用，或者用來防止水果或罐裝食物變色，有時也會用來製造香腸、醃漬和罐藏之用。一點酸味研究有相當於幾顆新鮮檸檬或萊姆榨汁的酸度，但是酸味鹽並不會有水果香。販售猶太食物的一些超市裡會將酸味鹽與罐藏材料一同販賣，或者是從專賣市場或網路商店購得。

餐桌食用鹽（Table Salt）

餐桌食用鹽是顆粒狀的細粒鹽，約含百分之九十九的氯化鈉。

蔬菜鹽（Vegetable Salts）

蔬菜鹽是在氯化鈉中添加如芹菜和洋蔥等蔬菜萃取液所做成的鹽。除了鹹度之外，同時也會為食物增添食物萃取液的味道。倘若使用了蔬菜鹽，記得要減少食譜指示使用的鹽量。

代鹽（Salt Substitutes）

代鹽是在氯化鹽中加入鈣、鉀或氨來取代鈉。由於含有較高的其他電解質來替代鈉，代鹽的使用一定要遵從醫生指示。**無鹽調味混合物（salt-free seasoning blends）**不同於代鹽，這些混合物沒有含鈉和其他電解質替代物，可以說是鹽和代鹽的另外美味的選擇。新鮮檸檬汁、切碎的新鮮草本植物和醋都可以加到食物裡來做為美味的無鈉調味料。請參閱「柑橘皮絲、果汁和裝飾」，479頁和「細切新鮮草本植物」，518頁的說明。

風輪草（Savories）

冬風輪草的葉子會用在燉品、餡料和肉捲中。冬風輪草的植物學名為*Satureja montana*，是樹脂質的多年生常綠亞灌木植物，可以長到十八吋高，可以種植在貧瘠的土壤。**夏風輪草**則是有著更微妙味道的草本植物，用途也更廣。經典使用方法是加到綠豆子和青豆沙拉中，有可以加至山葵醬和小扁豆湯裡，甚至可以用來做魔鬼蛋（deviled eggs）。此外，也可以用在鮮美肥魚、燒烤豬肉、馬鈴薯和番茄等料理，同時也能加到調味醋醬。夏風輪草的學名為*Satureja hortensis*，可以長至十八吋高，需要日照並要種植在妥善施肥的鬆軟土壤。

青蔥（Scallions）

見「蔥屬植物」，546頁的說明。

海藻（Seaweeds）

這些來自海裡的植物是日本料理廣受使用的材料。這些是可食性的紅色或棕色海藻，傳統使用方式是放到湯和沙拉裡，也可以做為稠化劑和包裹壽司的外皮。海藻受人珍視的是其礦物質的味道和高度營養價值。需要存放在涼爽乾燥的地方，一旦開封後就要緊緊封存。

洋菜（Agar）

洋菜又名瓊脂，這是一種看似透明麵條般的乾燥海藻。市面上也買得到粉狀的洋菜。洋菜有著不易被熱或酸破壞的果凍般韌度。製作肉凍或果凍點心時，每一杯的液體中要加入一小匙洋菜。先浸泡到四分之一杯的冰冷液體中，接著再加入四分之三杯溫熱液體加以溶解。為了不要有草氣和草味，記得要購買已經高度淨化的洋菜。若是做為沙拉的裝飾菜，要把一束束洋菜浸泡兩小時，期間要把浸泡的水更換二或三次。食用前要切成兩吋的長度。

鹿角菜或愛爾蘭苔（Carrageen or Irish Moss）

如果不希望鹿角菜有草氣和草味的話，就要如同洋菜一樣經過徹底淨化。鹿角菜膠取自愛爾蘭苔，會做為各式食物的乳化劑、穩定劑和稠化劑。視需要讓果凍硬化的程度而定，可在每一杯液體中加入一盎司鹿角菜粉。準備方式就如前述的洋菜處理方式。要加熱到六十度以便加以溶解，並且要➔記得鹿角菜遇酸就會變稀。

昆布（Kelp/Kombu）

這種棕色海藻的販售名稱是日文的「高湯昆布」（*dashi kombu*）。一包六盎司包裝的乾燥昆布就足以做成四到六人份的六份極受人們喜愛的日本高湯。昆布外層呈現白色是正常的；昆布不應該經過清洗，否則就會失去味道。使用乾燥或新鮮的昆布皆可，可以當成蔬菜食用，以可以做為湯底，或者是做成「鰹魚高湯★」，207頁、加到沙拉裡；有時還可炸昆布。用可密封的儲存盒可以永久存放。

海苔（Nori）

有人也把海苔稱做紫菜（laver），這是用來包裹壽司的一種乾燥海藻薄紙片。市面上可買到烘烤過和未經烘烤的海苔。海苔可以放入冷凍庫存放，取出後會快速解凍。

裙帶菜（Wakame）

裙帶菜多是以乾燥包裝的形式來販售，有時包裝上會標示為「絲線裙帶菜」（*ito wakame*）。泡水復原後，這種海藻的乾燥葉子會放到味噌湯裡短暫地熱煮一下，或者用來做成沙拉。要將裙帶菜加以復原，就要以微溫的水浸泡二十分鐘。如果發現有莖部部分，就要撕掉丟棄。

｜種籽（Seeds）｜

向日葵、南瓜、蕎麥、大麥和小南瓜的種籽都極具味道且極富營養，食用前或是照食譜使用之前，這些種籽都應該要先去殼。**烘烤時**，請參閱「堅果」的一般指示說明。不過，要烘烤大豆時，要先以一杯水浸泡四分之一杯的大豆，放入冰箱隔夜冷藏。取出後瀝乾並徹底弄乾。用一只淺的烤盤裝盛，放入預熱至九十度的烤爐烘烤約兩小時，取出後放在高架烤爐的下層把豆子烤成棕色。烤好後就可使用，或者是用油調味混合。

罌粟籽是來自學名為*Papaver somniferum*的鴉片罌粟，但是罌粟籽並沒有任何有毒物質。最受人喜愛的是來自荷蘭而且具有板岩青藍鹽色的罌粟籽。烤過或蒸過的罌粟籽的最佳使用時機是在要料理之際才加以弄碎，如此就可讓種籽的味道完全釋放出來。如果罌粟籽是你最愛的味道之一，購買一台手動研磨機來研磨是絕對值得的。不論是整顆或粉狀，罌粟籽可以用在烘焙食品，也可以灑在奶油雞蛋麵裡。

芝麻籽（sesame or benne seeds）是甚受喜愛的麵包、餅乾和蔬菜的頂層加料，市面上有主要三種種類：棕芝麻籽、白芝麻籽和黑芝麻籽。黑芝麻籽比白或棕芝麻籽來得更有味道和香氣。想要讓棕或白芝麻籽散發最強烈的堅果味，要以預熱至一百八十度的烤爐烘烤約二十分鐘，期間要不斷攪拌。芝麻籽可以做成油糊狀的「芝麻醬」，587頁。與鷹嘴豆一起烹煮，芝麻醬就成了「鷹嘴豆泥蘸醬★」，140頁的料底。烘烤芝麻籽取得的芝麻油是搭配沙拉的稱心選擇，也可以做為調味品。關於其他種籽的說明，請參閱「香料」，574頁和「草本植物」，518頁。

籽芽、穀芽和豆芽（Sprouting Seeds, Grains and Beans）

想像一下，花園中的新鮮綠色植物可以在你的廚房裡終年生長。不需掘土、不需除草、不需汗流浹背。用成本關係加以衡量，籽芽、穀芽和豆芽可以說是飲食中最營養的添加物。發芽的過程極度提高了原本就已經富含的維生素和酶，味道和質地也會變得明確。食用前再加到拌炒料理或湯品和燉湯中，不過最好的食用方式是生食，去皮後整個食用，可以做為沙拉或三明治的裝飾菜。

發芽是個相當簡單的步驟：只要有休眠種籽和水就可以開始動手，吸收的水分會讓種籽重生。產量可說是相當驚人。➡種籽發芽後可以有比原始重量多出二到八倍的產量。➡扁豆、碗豆、鷹嘴豆和赤豆等豆子，杏仁、南瓜、去殼葵花籽和花生等大豆子，以及小麥、裸麥、燕麥、大麥、卡姆小麥等**穀物**，這些都在發芽後可以產出比乾燥時多出約兩倍的產量。綠豆則是例外，這種豆子可以長出比原始狀態高出三到四倍的重量。➡**小豆子**的情況則不盡相同。青花菜、小蘿蔔、芥末和甘藍等芥屬植物的種籽（brassica seeds）可以長出介於出四到五倍的重量。諸如苜蓿和三葉草等**多葉籽芽**則會可以長出比原始狀態高出近八倍的重量——兩大匙尖滿的種籽可以在五到六天內就長滿一夸脫大小的發芽盒。

多數的發芽天數為三到五天，其中又大多數會在三十六小時內就會發芽。綠豆和大豆可能要六到八天才會發芽。豆子可以在發芽後就直接使用，或者是先沖洗後再瀝乾使用（約為每八到十二小時就進行一次），每次沖洗和瀝乾動作完成後要品嚐一下來決定自己最喜歡的味道。千萬別延遲過久。發芽的種籽終將長成植物——除了豆芽（主根）之外，扁豆芽、豌豆芽或鷹嘴豆芽幾天內就會發出主要的莖部部分。一般來說，豆子莖部發的越小就會越柔韌。在種植苜蓿、三葉草、芥屬植物和希臘草等小種籽時，通常需要花四到六天的時間。

如果你無法每天幫籽芽沖洗和瀝乾兩次的話，最好是能夠購買可以補償沖洗和瀝乾步驟的發芽設備。我們最喜歡的商業發芽設備是一夸特容量的塑膠發芽盒，設計上可以產生最好的空氣流通並控制濕度。附有網狀尼龍或粗棉布蓋子一夸特容量的寬口罐子，或者是商業製造的螺旋轉蓋的容器，也是相當有效益的設備。請避免使用自動發芽設備；這種裝置會生產出質量不均的作物，而且需要花費相當多的時間進行清洗而不具時間效益。以上的設備和其他發芽裝置以及各式各樣的種籽都可以網購或購自一些健康食品店。

發芽的種籽（約1/2磅籽芽）

不要使用馬鈴薯和番茄種籽，這些種籽發芽後是含有毒性的，也不要屬於極毒原料的蚕豆（fava）和利馬豆。最好是能夠使用或購買有機種植的種籽，也就是不曾為了農業目的進行過化學預先處理的種籽。要丟棄任何受損或發霉的種籽。

使用一夸特發芽盒或一夸特寬口罐，用打漩的方式將種籽以冷水清洗，接著要先瀝乾，然後就將以下任何一種種籽放入盒中或罐裡浸泡八到十二個小時：

2大匙苜蓿、三葉草、或多葉類等小種籽

3大匙甘藍、其他芥屬植物或希臘草等小種籽

4大匙中到大的蒜屬種籽（洋蔥、韭菜或韭蔥）

1/2杯豆子、穀物或種籽

用以下加以覆蓋：

2倍種籽量的冷水

別擔心是否加入太多冷水，畢竟因為種籽能夠吸收的水分有限。有些種籽浸泡較短的時間會有比較好的發芽狀況——例如，只需把去了外殼的葵花籽或南瓜籽浸泡一到二小時就可以有較佳的發芽狀況。

隔天早上要記得將發芽盒的蓋子緊密蓋好；如果用的是罐子的話，用罐子隨附的尼龍或粗棉布覆蓋開口，以金屬圈旋緊粗棉布或尼龍，或者是用橡皮筋綁緊固定，或是拉緊的蓋子。排水後，藉著要用冷水徹底的清洗一、兩次，四處搖晃罐子以便讓裡頭的種籽都有妥善浸泡到。然後就要使勁搖動和旋轉罐子或發芽盒來把裡頭的水都排出來。如果使用的是罐子，要把種籽搖晃到附著平鋪在罐子玻璃大面積的部分上頭，➡以稍傾的角度依著這個玻璃面存放罐子並撐起罐子底部。這樣一來就可以把裡頭的水都倒出來，空氣也會因而流通。重要的是要記得每天洗滌籽芽二到三次，每次洗滌後都要完全排水。➡在發芽期間要持續每八到十二個小時就洗滌和排水一次。➡種植籽芽要放在廚房流理台等不會直接日曬的地方。籽芽長出葉子就會吸收陽光，而陽光會讓葉子變綠。直接日曬等於是在「烹煮」籽芽，籽芽會因此而敗壞。

如果你想要去除外殼的話，就要放到裝了冷水的碗裡不斷攪拌直到外殼浮起為止。剝除後要徹底瀝乾籽芽。倘若沒有一次食用完畢，要把籽芽裝入可封口的塑膠袋裡，底部要放上一張廚房紙巾，接接著就可放入冰箱。有些冷藏的芽籽可以存放幾個星期，但是最好還是趁著新鮮食用，因此要試著只種植自己需要的分量，並食用自己種出來的籽芽。➡放入冰箱冷藏時，最重要的事就是要保持籽芽摸起來是乾燥的狀態。我們建議要在最後一次洗滌和排水的循環過後的十二個小時才把籽芽冷藏。籽芽可以冷凍，不過可能會因而喪失其中的營養價值。

發芽的小菜苗

種植小菜苗是英國的古老習俗。這些有著細小葉子的發芽小菜苗就像是娃娃屋的小花園一樣。有些種籽遇水會變成膠狀團物，如水芹籽、棕芥末籽、芝麻菜籽、亞麻籽和奇麻籽，這些被稱為膠質種籽，並無法用前述的傳統種植法來加以發芽。

種植小菜苗時，記得要徹底濕潤要種植的媒介——任何可以留住水分的東西都可以當作媒介——**土壤、蛭石、織物或特製小菜苗種植媒介**——並且要在上頭鋪上薄薄一層種籽。要規律地澆水七到十四天以便保持媒介和種籽的濕度。發芽時，讓籽芽留在要生長的表面。繼續保持水分並且要曝曬陽光，直到兩片小葉子長成綠色而且約為八分之一吋長。採收時要從種植媒介上方的莖部割下，洗滌拍乾後就可食用。小菜苗不僅美味可口，還可以做為沙拉和三明治的漂亮裝飾菜。不過，採收後的小菜苗很難存放，摸起來是乾燥狀態的小菜苗可以裝入可封口的塑膠袋保存冷藏，但是很快就會枯萎了。

來自英國的一個著名茶點三明治讓我們心悅誠服，其中就結合了學名為*lepidium sativum*的獨行菜和學名為*Brassica nigra* 或*Sinapsis alba*的芥末籽芽。想要同時收成這兩種小菜苗的話，由於芥末籽生長速度較快，因此要在種植獨行菜籽的四天之後再種植芥末籽。食用時要在輕抹甜奶油的麵包條上灑放一層薄薄的小菜苗。

| 珠蔥（Shallots） |

見「蔥屬植物」，546頁的說明。

| 七美粉或七味混合香料（Shichimi or Seven-Spice Mix） |

日文裡的Shichimi togarashi指的是「七味粉」（seven flavor chile pepper）。粗磨的紅辣椒粉經常會與柳橙皮、芝麻和罌粟籽、麻子（hemp seeds）和海苔譯起混成亞洲式的調味混合香料，會用來增添麵食、味噌和其他湯品，以及米飯的味道。

｜起酥油（Shortening）｜

植物起酥油的名稱來由，主要是因為其具有「縮短」（shorten）烘焙食品裡的麩質蛋白的能力，可以因此做出片狀的外皮。起酥油通常是無味或帶有奶油香的白色或黃色脂肪。通常多是以不飽和脂肪——大豆、玉米、棉籽或花生——為底，而經過精緻、去味和➡氫化過程的產品。氫化過程會加入氫分子來凝結液態植物油，會把氧氣吸收到自身的自由脂肪酸裡頭，然後再轉化成在室溫下呈凝固狀態的脂肪。氫化過程也會產生反式脂肪酸，由於這種物質對人體健康造成的疑慮，近來已經受到極大的審慎檢視。市面上有販售不含反式脂肪的起酥油，可以成功地用來烘焙或煎炒。

固態起酥油有時可能會添加了動物脂肪或椰子油或橄欖油等飽和植物脂肪。起酥油裡可能也會添加稠化劑、黃色素，有時也會加入奶油的味道。這些東西和添加到裡頭的氮都使得起酥油可以適用來烘焙食物：比起如奶油等其他固態脂肪，起酥油可以添入相當大的體積分量，而且做出較為柔軟、更具海綿綿密口感的質地。如果在這些產品裡頭有添加任何顏色、味道或其他脂肪，產品包裝上都會羅列出這些添加物。

植物起酥油➡可能可以覆蓋後在室溫下或放入冰箱冷藏。➡若要用固態起酥油取代奶油的話，取代的杯量和體積是對等的，這是因為奶油中的水含量和起酥油裡的空氣是相當的。➡不過若是以重量來相互替代時，要使用比奶油重量少百分之十五到百分之二十的起酥油，這是因為起酥油比同體積的奶油較輕的緣故。➡測量固態起酥油的方法，請參見「測量脂肪」，499頁的說明。

｜西班牙蔬福利托／調味豬油（Sofrito/Seasoned Lard）｜

加勒比海地區稱這種黃色珠油為蔬福利托（sofrito，不要與義大利蔬福利托搞混了；請參見537頁的「調味蔬菜」），其顏色是來自添加的胭脂樹籽（annatto seeds）。這種蔬福利托會事先做好，然後以可封口的存藏盒存放到冰箱。

將以下材料清洗並瀝乾，接著以重鍋用慢火烹煮，不加蓋且要時時攪拌：

1磅鹹豬肉，要切丁

關火後，把烹煮出的豬油過濾到另外一個重鍋裡。將以下材料清洗並瀝乾：

1/4磅胭脂樹籽

把胭脂樹籽放入珠油中，用慢火烹煮約五分鐘，接下來就可把變了色的豬油過濾到另一個大型重鍋裡。用食物調理機磨碎並加入：

1磅醃製火腿

1磅綠柿椒，要去掉中心部分、內籽和膜皮

4盎司紅辣椒，要去掉內籽和膜皮

1磅洋蔥

用研缽搗碎並加入：

15片芫荽葉

1大匙奧瑞岡葉

在濾茶球中放入：

6顆去皮的蒜瓣

將以上材料加到豬油裡，煮到接近沸騰並繼續用小火烹煮，期間要時時攪拌，約三十分鐘。煮好後要靜置冷卻，接著就要移除蒜瓣。要覆蓋並放入冰箱冷藏。

｜高粱糖蜜（Sorghum）｜

高粱是大型牧草，同名的液狀甜味劑是從這種牧草中取出的汁液所做成的糖漿。這種糖漿的別名為高粱糖蜜，比起甘蔗糖蜜，高粱糖蜜較稀且較酸。高粱糖蜜可以用來取代「糖蜜」，538頁。

｜酸模（Sorrel）｜

酸模的狹長葉子含有相當高的草酸而味道極酸，因而可以用來增加食物的酸度。酸模常會少量使用來調味湯品或醬汁，或者是與其他蔬菜少量混合在一起，也可以做為鵝肉或豬肉的裝飾菜。鮮嫩的葉子可以用研缽與糖和醋一起搗磨來做酸醬汁。學名為*Rumex acetosa*的酸模會長至三呎高。烹飪時，最好是使用植物學名為*Rumex scutatus*的盾葉酸模。

｜酸奶和酸鮮奶油（Sour Milks and Creams）｜

在東歐、斯堪地和西亞等地的某些文化中，這些地區的人都把長壽的主因歸咎於飲食中食用的發酵酸奶。這些奶製品裡含有有益細菌，也就是如*Lactobacillus fermentum*、*L. casei*和*L. brevis*等益生菌，會在動物腸部附生而將乳糖分解成乳酸，研究也指出一些益生菌會刺激腸內無生物的生長，因而促進人體的免疫系統反應。為了達到相同的效果，有些食物製造商現在會添加額外的益生菌到養殖的乳製品之中。

養殖發酵奶有許多種，**優格**，605頁、**馬乳酒（koumiss）**和**克弗（kefir）**都是這種乳製品，是從注射過各種桿菌的奶做成的產品，而不同的桿菌會造成其中的酸度、味道和內含物都不盡相同。如果使用了酵母——如在馬乳酒和克弗之中——來進行發酵，成品也會含有輕微的酒精內容物。製作這些乳製品的發酵材料可以從健康食品店購得，一般都會有完整的製作說明。比起用注射方式做成的優格或克弗，這些買來的材料通常可以做出較為穩定和較為可靠的成品，這是因為優格或克弗會暴露在空氣傳播的汙染物質之中，其中的桿菌數目會在消毒過程中減少而減低效果。

酸化的奶和鮮奶油在烹飪中也扮演了極為重要的角色。由於含有乳酸，酸奶和酸鮮奶油因而會有較為柔軟的凝乳，如此就可讓烘焙食品有柔軟的外皮，醬汁也會有較滑順的質地。使用酸奶和酸鮮奶油來做成醬汁，也會為醬汁添加些許受人喜愛的酸味。➡記得要在烹調過程的尾聲才加入酸奶和酸鮮奶油，要在關火之後或是微火狀態時才加到其中；如果不是如此的話，酸奶和酸鮮奶油會凝結起來。要不斷地輕柔攪拌。用來做麵包時，只要加熱到溫熱即可。進行使用酸鮮奶油的烹飪過程中，要謹慎使用鹽，這是因為鹽也會讓酸鮮奶油加以凝結的緣故。酸奶無法冰凍保存。

雖然可以採用自然的方式來酸化奶和鮮奶油，但是優格和當今的商業酪奶製品都是用專門的細菌養殖導引方式來進行人工加工。在本食譜書中，為了安全的考量，製作優格或酸奶時，我們建議只使用已經經過消毒過程的奶和鮮奶油——而且要使用最新鮮完成的產品來獲得最好的效果。

酪奶

最初的酪奶是來自製作奶油的殘留液體。現在的酪奶則通常是以消毒過的脫脂或低脂奶所做成的商業產品，會在過程中加入菌種以便產生出味道和酸度，同時能夠比用來製作的奶生產出較重的濃稠度和較厚實的分量。酪奶和奶的營養成分不同之處主要是酪奶含有大量的乳酸。商業製造的酪奶可能會添加鮮奶椰或奶油分子。在古老的食譜裡，可以用酪奶來取代食譜裡指示使用的酸奶。

酪奶粉有時也被稱為發酵酪奶粉，超市裡一般皆有販售。如果食譜裡指示使用液狀的酸奶或酪奶，要把指示使用的粉量與其他乾燥材料一起混合，接著再把與食譜指示使用的酪奶體積相等的水量加到其他的液體中。開封過的酪奶要放入冰箱冷藏。

或者，你也可以自己動手做酪奶。

1夸脫酪奶

混合：

1夸脫室溫溫度的脫脂牛奶

1/2杯室溫溫度的酪奶

1/8小匙鹽

妥善攪拌後要加以覆蓋。靜置在室溫下直到出現如下所述的凝結狀態。接著就要攪拌到滑順。食用前要先冷藏。以儲放新鮮牛奶的方式加以存放。

凝脂鮮奶油或德文郡鮮奶油（Clotted or Devonshire Cream）

這種英國特產是以認證的未經殺菌的鮮奶油製作而成；凝脂鮮奶油含有約百分之六十的脂肪。冬季時節，用耐熱的碗碟裝盛未經殺菌的鮮奶油並且靜置十二個小時；炎夏之際，靜置時間則約為六小時。接著就要以小火烹煮——火候越小越好。絕對不能煮到沸騰，否則可能會使得蛋白質部分凝結而毀壞了鮮奶油。等到表面出現小圈圈或波動形狀時，那就表示鮮奶油已經煮到足夠的熱度；這個加熱過程會將鮮奶油殺菌。接著就要熄火並移放到冰箱冷藏至少十二個小時。除掉表面形成的厚實凝結部分，趁著冰冷時可以做為漿果或新鮮水果的裝飾，或者是搭配司康和蛋糕一起享用。

法式酸奶油（Crème Fraîche）

法式酸奶油是用專門的方法來製造鮮奶油，使用的是內含百分之三十或以上脂肪物的鮮奶油，如此才能足以變得厚實和成熟，並因而產生接近酸鮮奶油的味道，但是又在酸味上多了較濃的堅果香。比起一般酸鮮奶油，凝結前的法式酸奶油可以承受烹調時的較高溫度。你可以用香草為自製的法式酸奶油添加味道，並且根據個人口味稍微添加甜味。你可以將之鞭攪發泡，一般來說可以用來取代濃鮮奶油。為了做出最好的法式酸奶油，不要使用超高溫殺菌處理過的鮮奶油。

1杯法式酸奶油

I. 混合以下材料：

1杯濃鮮奶油、1小匙酪奶

加熱到29度。倒入一個罐中並加以搖晃。接著就要靜置在16度和29度之間的地方直到變得濃稠為止，約12到48個小時。靜置時間不要過長而使得味道變得很酸或是如氨水的氣味（如果你要做出倍份的法式酸奶油，所需的發酵時間可能就要加長）。輕柔攪拌之後，覆蓋並放入冰箱冷藏到要食用為止。冰冷的法式酸奶油會變得更為濃稠。法式酸奶油可以放入冰箱冷藏至3星期。

1又1/2杯法式酸奶油

II. 混合：

1杯濃鮮奶油、1/4杯加2大匙酪奶、2大匙優格

接下來的處理方式如I.。

酸鮮奶油

酸鮮奶油的製作方式是在鮮奶油裡加入菌種使其發酵到內含的乳糖變成乳酸為止。接下來就會把發酵過的鮮奶油加以包裝、冷卻並熟化十二到四十八個小時。酸鮮奶油有全脂、低脂和無脂的版本，後者會以乾燥奶蛋白和澱粉取代原含的脂肪。這本書裡提供了使用這種滑順發酵鮮奶油的許多種使用方式。你也可以自已動手做酸鮮奶油。

2杯酸鮮奶油

使用的鮮奶油一定要內含至少20%的脂肪，脂肪含量可以更多——含量越高就能做出質地越佳的成品。記得永遠要在烹調尾聲以小火烹煮之際才加入酸鮮奶油，並且要輕柔攪拌以防止出現凝結狀況。千萬不要過度攪拌。

在一個1夸脫容量的玻璃瓶中放入：

1杯淡鮮奶油

加入：

5小匙發酵酪奶（非家庭自製）

蓋封玻璃瓶並使勁晃動。再拌入：

1杯淡鮮奶油

蓋封玻璃瓶，將混合物靜置在24度和27度之間的地方，約24小時。完成後的酸鮮奶油就可以一次使用完畢，不過，若能在冰箱裡再冷藏24小時的話，如此就有更好的成品。酸鮮奶油無法冷凍存放。

酸鮮奶油的替代品

如果無法取得低脂或無脂的酸鮮奶油，不妨試試這個替代品，但是只能用來替用微生食的淋料或裝飾。

用食物調理機混合以下材料2或3秒：

1杯滑順的鄉村起司

1/3杯酪奶

1大匙萊姆汁或檸檬汁

酸奶

這是以自然酸化處理過的未經殺菌的全脂或低脂牛奶。➡經過殺菌處理的牛奶只會壞掉而無法變酸。因此，在古老食譜中，若指示使用酸奶，就要用酪奶替代。或者，你可以用另一種方式來酸化牛奶；請閱讀以下「酸奶替代品」的說明。

酸奶替代品

如果食譜特別指示要使用酸奶或酪奶，可是你的手邊卻只有一般牛奶，此時就可以用添加酸性材料的方式來使得牛奶變酸，變酸的牛奶就可拿來替代使用。➡使用食譜裡指示使用的整體液體用量，在一杯容量量杯的底部放入：

1大匙檸檬汁或蒸餾過的白醋

接著要倒入：

牛奶或等量的重組脫水乳或乾燥全脂奶粉

攪拌後，讓混合料靜置到開始凝結為止，約五分鐘。凝結變酸的牛奶就像是發酵酪奶或優格，這是牛奶酸化到呈現堅實凝乳但是乳漿並未分離的狀態。記得要在乾燥材料而不是液狀材料中加入蘇打粉。如果食譜指示使用泡打粉，每一小匙的泡打粉就要以四分之一小匙蘇打粉加上二分之一杯酸奶或酸鮮奶油來替代使用，或者是四分之一小匙蘇打粉和二分之一大匙醋或檸檬汁，再加上足以做成二分之一分量的牛奶量。至於其他替代品，請參見621頁。

若是烘焙食品的話，牛奶和泡打粉可能可以與酸奶和蘇打法相互替用。

豆漿（Soy Milk）

參見「關於植物奶和堅果奶」，590頁。

醬油（Soy Sauce）

醬油是天然發酵的產品，其中包括幾個製作步驟並且要花上多至兩年的熟化時間。典型的製作方法是把烘烤過的大豆粉和一種輕磨過的穀物（通常是小麥）與黃麴菌（*Aspergillis*）黴菌種菌混合在一起；幾天內就會產生發酵菌體。接著會把滷汁加入已經發酵的大豆粉，並同時加入乳酸桿菌（*Lactobacillus*）種菌和酵母，然後就讓糊狀物緩慢熟化。一旦製作者覺得醬油已經完成了，此時就可把醬油過濾並裝瓶。以天然發酵法製成的亞洲醬油較受偏愛，這是因為美國境內製造的醬油採用的是化學製造法，其中的添加物使得醬油會較苦且較鹹，而且可能還會添加玉米糖漿或焦糖和味精。

醬油是由中國人所發明，日本人再從中國學習到相關製作技術。中國人食用**生抽（淡色醬油）**和**老抽（深色醬油）**。老抽要經過較長的熟化過程而且會在製作尾聲混入糖蜜而讓醬油呈現深焦糖般的色澤。兩者的使用準則就像是紅酒和白酒一樣，老抽可以為料理增添豐富飽滿的味道（和顏色），特別是紅肉料理；生抽則會用來烹調海鮮、蔬菜、湯品和做為沾醬。

日式醬油和中式醬油採用一樣的熟化和發酵技術。不過，日式醬油（日文為*shoyu*）的一項準則就是會使用較多小麥，也因此會稍甜而比較不鹹。標準的日式烹料裡會使用日人口中的老抽，包裝上就只會標示為醬油、*shoyu*或*koi-kuchi shoyu*。以中式醬油的生抽和老抽的標準來看，這種日式老抽只是生抽，因此可以在緊急狀況下用來替代生抽使用。日本人也同時製作低鈉醬油。不過，至於鹽的部分，最好是減用這種最基本調味品的用量，而不是選用任何改良產品。

日文裡的*tamari*被誤用來指稱一種不同特質的日式醬油，真正的tamari其實在日本也很少見，是一種不添加小麥的味道豐美的深色醬油，採用的是傳自中國古老醬油製作方法的剩餘技法。日式豬排醬（*Tonkatsu*）是以大豆為底做成的醬汁，裡頭會加入番茄和水果來使醬汁變甜。這種醬汁是烤肉的最愛，或者用來替烤魚和蔬菜麵包添加味道。這種醬汁要存放在涼爽暗黑的地方；雖然這種醬汁不會敗壞，但是存放幾個月後還是可能會失去部分味道。

香料（Spices）

美國人之所以會對香料有著極大的興趣，可能是與航海族系的祖先有關，他們不是落腳在新英格蘭的人，而是聚集在呂貝克港（Lübeck）的漢薩鎮（Hansa）的民族，他們會把裝載貨物的船隻停泊在特拉沃河（Trave）的碼頭。香料會被存放在商人居住所的上層倉庫。至於個別香料的資訊，請閱讀本書條列的個別說明。

說實在話，香料可以說是把世界聚集在一塊。如同酒和起司，香料具有強烈的個別特質而且有鮮明的地方色彩。香料是取自樹皮、豆莢、花苞、水果、根部、或是植物和樹木的種籽。相對來說，草本植物是植物的葉部或莖部。提起最好的月桂葉，我們就想到土耳其；最棒的真正肉桂則是來自斯里蘭卡；最佳的紅辣椒就歸屬於路易斯安納。西班牙和匈牙利紅椒粉的相對益處一直富有爭議，墨西哥和馬達加斯加的香草豆也是爭論不斷。與鹽相同，由於具有保存食物的效用，辣椒也曾一度擁有等同黃金的價值。

遠在第一位美國新英格蘭農婦買到假貨之前，人們就已經知曉香料貿易商會偽裝自己的貨品。今日的人們很幸運，在政府和貿易組織攜手努力之下，我們現在已經發展並維持高標準來買賣這些成本相對昂貴且依舊相當重要的調味物。

由於香料只會少量使用，我們建議要購買來自無瑕來源的產品。我們同樣建議：➡如果使用的是粉狀香料，由於會快速失去所有味道，最好是記得要至少每年定期替換補充。購買時一定要注意購買期限，也要記得在裝填的罐子上確實標明日期。要使用可以密封的玻璃製、金屬製或錫製的保存容器，並且要存放在如廚房器具之處等暗黑和涼爽的地方。但是要讓香料隨手可取。有差異性地使用香料可以把許多料理的味道提升到令人無法忘懷的境地。

烹調時，要把整個香料以粗棉布包裹或是放入不鏽鋼製的濾茶球裡，這樣一來，就可在料理完畢後較為輕鬆地將香料移除。➡切勿過度烹煮香料，尤其是辣椒和葛樓籽這類會變苦的香料。不要用大火來烹煮很容易燒焦的紅椒粉或咖哩。

有些香料可以買得到蒸餾過的香精或萃取液，如肉桂油、大茴香油或丁香油。這些濃縮的強味添加物的價值所在，乃是在於可以在不加入香料的情況下獲取香料的精華。這些產品都是小量販售，香料供應商或網路商店都買得到，使用時要依照指示注意使用量。用香精或萃取液來做淡「水果泥」，417頁或「醃菜」，429頁、或是加到蛋糕和餅乾等烘焙食品中，都會讓食品變得美味，不過其香味的持久度比不上用整個香料來一起烹煮食物的效果。請同時參閱「萃取液和調味料」，498頁的說明。

在冷凍食品裡，香料的味道並無法妥善維持。➡在大分量的料理中，倘若你是加大食譜的指示使用量，香料就無法用測量的方式調整而必須改用品嚐的方式。在本書的食譜中，我們建議的分量是依照一般人可以享用的分量來決定使用量。你可以依喜好增減我們指示的香料用量。

香料的味道可以具有讓人讚嘆的深度，只要你使用的是新鮮研磨的香料，而使用整個香料也永遠會比使用粉狀香料要來得好。幾個世紀以來，廚師們用石製、木製、陶製或瓷製研缽和配對的圓形搗槌來弄碎香料、草本植物和堅果。大理石製研缽的清理容易且不會吸附味道或氣味。為了獲得最佳味道，要視需要才用研缽和搗槌、香料研磨器或專屬電動咖啡研磨器來**研磨香料**。如胡椒籽和芫荽籽等部分香料，可以放入厚塑膠袋後再以擀麵棍碾壓的方式來搗碎。先將這些種籽整顆烘烤，可以因此強化其味道。**烘烤香料時**，要使用一個乾燥煮鍋，在中火烘烤種籽並持續搖晃直到種籽散放強烈香氣為止。

苗芽（Sprouts）

請閱讀「籽芽、穀芽和豆芽」，565頁的說明。

| 八角（Star Anise） |

八角產自中國，其學名為*Illicium verum*，這是來自木蘭屬的一種樹種的產物。這些具有醒目八角的豆莢是少數用在中式料理的香料之一。因為含有較強烈的味道和較高的精油含量，八角是以如同甘草般來做為調味之用，也比大茴香更常用來調味。中國人使用八角的方式與使用肉桂的方式極為接近，有時兩者會一起整個用在肉類和家禽料理之中。八角也是多香果粉的材料之一。越南人會把八角豆莢加到「越南河粉★」，235頁的牛肉湯裡。

| 澱粉（Starches） |

在料理澱粉之前，我們有必要先稍微了解一下跟澱粉有關的科學和其來源。所有天然產生的澱粉，不論是來自穀物、根部或塊莖，都是以下兩種基本澱粉混合而成：一種是被稱為澱粉 （amylase）的長直鍊麵粉，另一種是被稱為澱粉膠（amylopectin）的短枝鍊澱粉。由於這兩種物質在不同澱粉裡的不同含量比例，澱粉的特質以及其在料理中的反應都會不盡相同。對廚師們來說，自然之母簡化了其間的複雜度。所有穀物澱粉都有相同的特質，所有根部澱粉的特質也都一樣；馬鈴薯澱粉是來自莖塊而不是根部，因此具有介於穀物澱粉和樹根澱粉之間的特質。

穀物澱粉包括了研磨自小麥、玉米或燕麥的麵粉，裡頭含有相對高分量（約百分之二十六）的澱粉 （長直鍊麵粉）。這種澱粉受熱會變得透明，受冷則會顯得混濁。以這種澱粉稠化的混合物的濃稠度會足以用刀子來切割，但是冷凍後再經解凍就會變成海綿狀且會滲出水來。這種澱粉達到八十八度就會開始變得濃稠，可以繼續受熱而不致於受損，不過，一旦攪拌冷卻固定之後，混合物就會開始變稀。用麵粉做成的熱醬汁或冷醬汁都是成不透明狀，這是因為麵粉含有一些澱粉之外的物質的緣故。

根部澱粉包括了木薯和葛粉，裡頭含有比穀物澱粉要來得少的麵粉酶而有較高比例的澱粉膠。**黏性澱粉**則是來自玉米和糯米，裡頭可以含有多至百分之九十九的麵粉膠（短枝鍊麵粉）。不論受熱或受冷，根部澱粉和黏性澱粉都呈透明狀，受熱而達凝膠化溫度則是其最濃稠的狀態。冷卻後稍微變稀。即使可以固定做成有光澤的透明濃稠外層，但是卻可能硬度不夠而無法切割。這些澱粉可以妥善冰凍和解凍而不至於有任何變化，其稠化溫度也比穀物澱粉要來得低——在六十度到七十度之間。➡由於這些澱粉（在熱和冷的狀態下都一樣）會因為用力攪拌而變稀，因此記得要小心使用。

亞洲超市販售多種種類的澱粉。葛粉、馬鈴薯澱粉、甜米粉、木薯澱粉

（粉狀澱粉）和小麥澱粉都可以買得到，價格也比一般雜貨店要來得低。

澱粉的作用

澱粉溶液受熱之後，浸潤在液體中的澱粉顆粒會從原始大小膨脹成幾倍，最後就會爆破；澱粉顆粒爆破之後，裡頭的澱粉就會流到溶液中，稠化作用也會就此展開。受熱達到約八十八度時並且繼續加熱，穀物澱粉就會開始這種稠化作用。根部澱粉的稠化溫度比較低，約在六十度到七十度之間。

由於脹大到如氣球般的澱粉顆粒是稠化過程的一部分，過度攪拌就可能會使得澱粉醬汁變稀。以下是處理澱粉的一些叮嚀：➧澱粉需要將每一顆穀物分離，因此要使用如漿化★，281頁、油糊★，280頁或「法式酸奶★」，283頁的方法來防止凝塊產生。➧為了避免過度濃稠，要判定其濃稠度是否足夠之前，應該要把澱粉煮到輕微沸騰的狀態。➧如果含有太多酸或糖，澱粉將無法膨脹和變稠。正因如此，檸檬蛋白霜派的餡料通常是只會以澱粉、糖和水來加以稠化，等到變得濃稠後才會拌入檸檬汁。➧等到澱粉完全冷卻後要記得開始攪拌，固定的澱粉會讓料理變稀。

葛粉（Arrowroot）

葛粉是用來做鮮奶油醬和透明糖衣極受喜愛的底料，其烹煮的方法與玉米澱粉相同，不過，➧要以一小匙半的葛粉的分量來替代一小匙麵粉。為了確保能夠在冰冷酸性水果上做出有著迷人濃稠度的葛粉糖汁，要把一小匙半膠質用一大匙冰水溶解之後，再加到熱糖衣之中。將冷卻後的糖衣澆淋在冰冷的水果上頭，食用前都要保持冰冷。

玉米澱粉（Cornstarch）

這是用玉米胚乳做成的澱粉，可以說是極具價值的稠化劑。➧一大匙加一小匙的玉米澱粉可以用來替代兩大匙的中筋澱粉。

如果處理不當或沒有充分烹煮的話，玉米澱粉會形成結塊或有腥味，沒有什麼比得上這些情形會使人變得沮喪。以下就是我們學習到可以較輕易處理玉米澱粉的注意事項：

烹煮時要用溫火或雙層蒸鍋。如果食譜指示使用糖，為了避免出現結塊，混合玉米澱粉、糖和鹽的時機，➧要在正要逐漸加入冰冷液體之前。如果不會加糖，就可用一點冷水把玉米澱粉混成漿狀或糊狀。接著才把麵糊逐漸鞭攪入➧熱的但未沸騰的液體中。

由於玉米澱粉——如同木薯和葛粉——可以做出透明果凍餡料，因而可以做為酸性水果的稠化劑，這是因為玉米澱粉遇酸的稠化作用會比麵粉來得好。

不過，➡一旦過度烹煮，玉米澱粉就會快速失去稠化作用，即使沒有酸性物質也會如此。這些是我們彙整許多讀者來信而得來的派餡問題的真實結果。許多付出額外關注的廚師處理餡料時都有濫用的情形，很容易過度烹煮或是在烹煮後再過度擊打。要謹慎進行以下描述的烹飪步驟。

其他破壞稠化作用的原因可能是來自於料理中使用了過高比例的糖量。一些測試也指出➡煮鍋的材質同樣會直接影響稠化質量，對於以玉米澱粉為底料的布丁能否成功脫模也會有所影響。比起耐熱玻璃，不鏽鋼等可以均勻分布熱能的金屬就好上許多。然而，當玉米澱粉是以微波爐來攪拌稠化時，玻璃製品就是不錯的選擇。

現在讓我們談談烹飪方面的注意事項。一但玉米澱粉適當地加到液體中，不論是分散在糖裡或是泥漿或麵糊中，玉米澱粉就會經歷幾個不同的烹飪時期。在首先的小火烹飪時期中，➡玉米澱粉必須要輕輕攪拌以免混合料出現結塊，如此一來，也可以讓澱粉粒子懸浮到產生膠化過程而使得混合料變得濃稠。在這個時期，混合料的溫度至少要達到八十八度，這個溫度對能否適當稠化是相當重要的。

如果要加蛋，記得使用調溫法，這是讓雞蛋或蛋黃受熱的基本方式。首先要妥善攪打雞蛋。接著就要相當緩慢地把一部分熱混合料調到雞蛋裡，然後再把混合料回復到原本的團狀狀態，➡此時要先暫時遠離火源。➡這個階段不需要時時攪拌，但是攪拌的力道要極為輕柔。把回復原狀的混合物放回烹煮，如果之後會放入冰箱冷藏多至兩小時之久的話，➡此時的重要動作就是要把整個布丁或派的餡料烹煮到完全沸騰的狀態——混合料要變得濃稠，而且要整體出現大泡泡爆破的情形而不是只有邊緣出現泡泡。攪拌時，要使用平底抹刀刮抹煮鍋。高溫會殺死α-澱粉　（alpha-amylase），雞蛋含有這種酶，如果讓這種　存活下來的話，布丁或派的餡料就會在隔天變成湯狀。布丁應該會在冰冷過程繼續稠化。

如果要使用模具的話，要先用冷水洗滌備妥。以輕柔攪拌的動作將混合料放入模具中——藉此把會使得混合料凝結稀釋的蒸氣排放出來。接著就在室溫下靜置冷卻約三十分鐘。想要成功脫模的話，小型個別模具要先放入冰箱一到兩個小時；大型模具則需要冷藏六到十二個小時。

▲在海拔五千呎的地方，玉米澱粉需要較長的烹煮時間才能夠出現稠化或膠化的狀態，正因如此，以玉米澱粉做成的餡料和布丁需要較長的烹煮時間；為了得到最大的膠化效果，玉米澱粉要直接置於火源上方烹煮，並且要不時攪拌。

馬鈴薯澱粉（Potato Starch）

馬鈴薯澱粉屬於莖塊澱粉，是取自乾燥和磨成粉狀的白馬鈴薯肉做成的澱粉。使用馬鈴薯澱粉做為稠化劑的話，可以做出透明的果凍。馬鈴薯澱粉是所有澱粉中最具稠化效果的澱粉——只需一點就有長足作用。多數大型雜貨店都會販售馬鈴薯麵粉，不過可能不是與其他澱粉一起販售，而是放在猶太薄餅粉（matzo meal）和其他猶太材料的區域。

地瓜米粉/黏性澱粉（Sweet Rice Flour/Waxy Starch）

這也是人們口中的麻糬粉、糯米粉或黏性麵粉，黏性米粉會用來製作醬汁、甜食和亞洲點心。由於具有相當驚人的穩定作用，可以讓冷凍過的肉汁和醬汁在重新加熱後不會散開，同時也是最不可能結塊的澱粉。千萬別與非黏性麵粉搞混了。

木薯粉和西谷粉（Tapioca and Sago）

木薯粉來自巴西樹薯（casava），西谷粉則是來自某種印度棕櫚樹，這兩種粉的用法相似。巴西樹薯要加熱才能去除毒性；熱可以讓氫氰酸釋放出來。西谷粉和珍珠木薯粉（因其外觀形似珍珠而得此名）則一定要先浸泡過才能使用。用半杯水或牛奶浸泡四分之一杯珍珠木薯粉；應該要完全吸收液體——若非如此，珍珠木薯粉會過老而無法使用。➧珍珠木薯粉會在過長的存放時間中失去其稠化作用。不過，只有等到浸泡過或烹煮時才能知道珍珠木薯粉的狀態。如果你已經照著食譜混合過，你應當已經理解到珍珠木薯粉的稠化力其實很弱；因此，你可以用黏性米粉來替代相等分量的珍珠木薯粉。珍珠木薯粉在部分賓品專賣店和亞洲超市都購買得到。多數超市賣的是快煮木薯粉，這種預先煮過的產品的顆粒細小，會用來做木薯卡士達或布丁和稠化水果派。➧若要用快煮木薯粉或即溶木薯粉來替代珍珠木薯粉，每四大匙的珍珠木薯粉要以一大匙半到兩大匙的精製木薯粉來取代。➧若是要做為稠化劑，可用一大匙快煮木薯粉替代一大匙麵粉。

木薯麵粉（Tapioca Flour）

如同黏性米澱粉和黏性玉米澱粉，木薯麵粉是有效的稠化劑，可以用來做將會冰凍的醬汁和水果餡料。以麵粉為底料做成的醬汁在解凍後會分散而變得濕答答的，以木薯麵粉為底料做成的醬汁和餡料就不會如此。

用來做冰凍食品時，➧在一杯的液體中，可用一大匙木薯麵粉來取代兩大匙半中筋麵粉。➧若是不會冰凍的食品，就用一大匙半木薯麵粉來取代一大匙中筋麵粉。

想要做出極透明的糖汁，木薯麵粉也是很受歡迎的材料。將木薯麵粉和果汁煮到達至沸點即可。➧要注意別過度烹煮，否則木薯麵粉會變得纖維化；

➡千萬別煮到沸騰。一旦表面冒出了第一個泡泡，就要將煮鍋移離火源。混合料會看似稀薄且呈牛奶狀。讓混合料靜置二到三分鐘。攪拌一下，再靜置二到三分鐘，然後就再攪拌一下。如果食譜指示使用奶油的話，此時就可拌入奶油。接著就不再干擾混合物，再靜置十到十五分鐘，完成的糖汁應該就會有可以用來淋附食物的濃稠度。

黏性玉米澱粉（Waxy Cornstarch）

這並不是傳統的玉米澱粉，而是用某種特別玉米做成的黏性澱粉。由於具有很強的穩定作用，這種澱粉改變了冷凍醬汁和餡料的做法，➡但是這種澱粉並無法用來製作烘焙食品。若是用來稠化的話，➡用一大匙黏性玉米澱粉取代一大匙中筋麵粉。

｜牛脂和羊脂（Suet）｜

這是取自牛隻和羊隻的腎臟或腰部周圍的淡色固態脂肪，會用來準備「肉餡」，354頁、蒸布丁，214頁和牛雜餡肚（haggis）。最好的真正牛脂要直接購自肉販；這與賣來餵鳥的牛脂是完全不同的。購買至少十磅的牛脂和羊脂可以取得八盎司乾淨的脂肪。切除並丟棄任何紅色部分或看似乾掉的部分，接著把切剩的部分放在指間弄碎，移除任何具有堅硬纖維的碎塊，剩下的就是如紙般滑順纖維的質佳部分。要剁切時，將牛脂和羊脂的碎塊分離，加以冷凍後就可以準備剁切。若是用來做李子布丁，216頁，一定要剁切出相當細緻的密度，但是千萬別使之融化而變成糊狀。只要動作夠快，用大型廚師用刀是不會遇上任何麻煩的。另外一種處理方式，就是用具有合式金屬刀片的食物調理機來加以磨碎，但是千萬別磨過頭。剩餘的牛脂和羊脂可以用密封塑膠袋收藏，放入冷凍櫃可以存放多至六個月。

｜液態糖（Sugar, Liquid）｜

有幾個因素會讓人滿意於使用液態糖來替代固態甜味劑的結果：液態糖的甜味作用都會稍微有些不同；要考量液態糖所含有較多水分；糖蜜或蜂蜜等酸性液態糖則需要添加蘇打粉來中和酸味。測量液態糖時，要先在測量器皿噴上薄薄的不沾黏植物油噴劑或是在內部輕抹上一層植物起酥油或油，如此一來，完成測量的液態糖將不會黏附在測量器皿的四周而會比較容易倒出。要把這些黏性液態糖倒入或舀入測量器皿中，達到要的刻度即可。➡千萬別把測量杯浸入蜂蜜或糖漿的儲藏器皿中，沾附在測量杯外的額外蜂蜜或糖漿可能會讓成品太甜或太水。關於特定種類的糖，請參見書中條例的個別說明。

丨固態糖（Sugar, Solid）丨

多數烹調使用的糖都是取自甘蔗或甜菜。兩者在烹調上的反應和味道相當接近，只有閱讀包裝標示才能知道來源為何。不過，固態糖的不同研磨方式不僅會影響到相對的體積，同時也會影響其做為甜味劑的作用。

在其他的作用中，糖就像脂肪一樣可以讓麵團柔軟。不過，在醒麵★（proofing，356頁）期間，太多糖反而會阻礙酵母發酵作用。麵包、麵包捲和瑪芬蛋糕裡的糖會產生金黃色的外皮。可以在有些蔬菜中加入少量糖，如焦糖蔥的料理中，可以藉此增強蔬菜的味道。

不管是固態或液態，糖是無法相互替代使用的。想要快速比較糖的重量和體積，請參見609頁的圖表。許多烘焙食品食譜會指示在測量糖粉之前要先將糖粉篩過。除了紅糖之外，測量任何一種糖的時候，放到乾燥量杯時都要放到溢出，但要小心不要將糖晃出，接著就用刀子的平片抹平頂端，方式就如同505頁的麵粉測量方式。

➡要以液態糖取代固態糖時，其他液態材料的分量一定需要經過調整，特別是在進行烘焙的時候，這部分請參見在前述「液態糖」的討論說明。

紅糖和巴貝多司糖（Brown and Barbados Sugar）

紅糖是加了糖蜜的一種濕潤蔗糖或甜菜糖，淡色和深色紅糖在市面上都有——深紅糖有更強量的糖蜜味道。這兩種紅糖都很容易變硬和結塊，因此，一定要收藏在可緊密封蓋的保存盒或可緊封的塑膠袋裡。假如紅糖變硬且出現結塊的話，就用碟子裝盛並以保鮮膜包裹，接著就放入微波爐高溫微波三十秒，並用叉子把糖分散開來。或者，把紅糖放入可開封的塑膠袋中，在袋裡放入半顆蘋果或是一片麵包，然後靜置一段時間。放到紅糖軟化就可以取出蘋果。或者，用過濾器篩飾紅糖，用湯匙迫使結塊散開。➡在本食譜書中，如果沒有特別指明要使用的是淡紅糖或深紅糖，那就表示兩者皆可使用。如果希望有較強的味道和較深的色澤的話，就要使用深紅糖。

測量紅糖時，要把紅糖緊實地放入測量杯中，並用手掌施壓把頂端抹平。接著就可像是沙雕般地脫掉量杯，方法如圖所示。

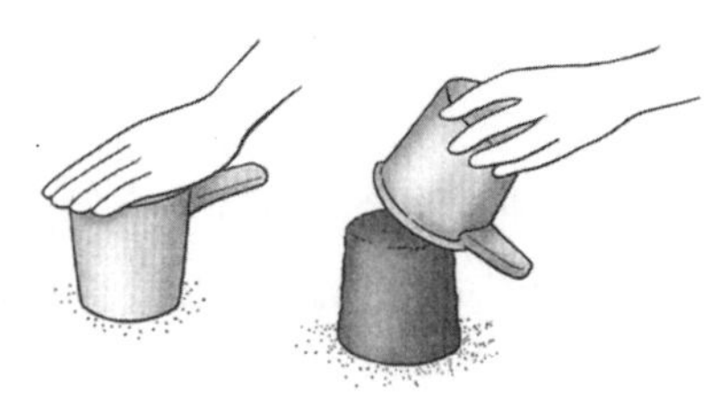
測量紅糖

➡要用紅糖替代砂糖時，一杯壓實

的紅糖可以取代一杯砂糖。

可傾倒的**紅砂糖**也在市面上廣泛販售。由於出產品牌不同，有些紅砂糖的甜度可能不足，因此一定要確知自己購買的紅砂糖種類，並且要遵循包裝指示使用在料理上。

巴貝多司糖的別名是**黑粗糖（Muscovado）**，這是顏色介於淡紅糖和深紅糖之間的深潤粗糖，有著強烈蜜糖味和粗顆粒。如同天然粗糖（turbinado sugar），巴貝多司糖是稍加精製的粗糖。➡淡紅糖和深紅糖可以等量用量替代使用。

焦糖（Caramelized Sugar）

有幾個做法可以做出這種無與倫比的味道。由於具有強烈焦糖味，糖的甜化效果也會因而減半。

I. **做為硬糖衣**

在一個小重鍋裡放入：

3/4杯糖

在上頭均勻灑上：

1/4杯水

以中火開始加熱重鍋，不要攪拌，但要相當輕柔地旋繞重鍋直到煮出透明糖漿的狀態。其中關鍵就是要在煮到滾沸之前就讓糖溶解並且出現澄清糖漿，正因如此，必要時要不時將重鍋來回移離爐火。接下來就要調成大火，把糖漿煮到完全沸騰。緊蓋鍋蓋並沸煮2分鐘。然後就要掀蓋，繼續把糖漿煮到開始變黑。再次輕柔地旋繞重鍋，把糖漿煮到呈現深琥珀色為止。

將緊密封存的糖漿存放在室溫下。靜置的糖漿會變硬，不過，如果是用耐熱罐封存糖漿的話，只要把罐子放入熱水中稍微加熱就可以讓變硬的糖漿輕易融化。

II. **做為調色用途**

焦糖在室溫下可以無限期存放。焦糖可以用來替代商業製造的顏色強烈的調色醬汁。焦糖的甜化作用會在烈火處理過程而被破壞殆盡。

在一個不反應材質的重鍋裡融化以下材料：

1杯糖

要不斷攪拌，把糖煮到焦煙狀的黑色色澤，約10分鐘。移離火源，靜置冷卻。➡快速地在溫度超過150度的極熱糖裡加水可能會出現爆濺的極端危險狀況。

一旦冷卻之後，在鍋裡幾乎是一滴一滴地加入：

1杯熱水

再以小火攪拌烹煮，煮到焦化的糖變成稀黑液體為止。

中式冰糖（Chinese Rock Sugar）

以精製蔗糖製作而成，這種糖是多種中式點心和湯品的甜味劑，販賣的是結塊的形式，亞洲超市都有銷售。通常會先搗碎或弄碎再拿來使用。

彩色糖（Colored Sugar）

你可以調和不同顏色來做出自己想要的顏色。

在一個大碗裡放入：

1杯糖或粗糖

在糖的表面灑上：

10到12滴食用色素

鞭攪一下使得色素均勻混合。倒入一只烘烤淺盤或任何平坦表面並均勻鋪平，接著就靜置約3小時。

糖粉（Confectioners' Sugar）

望文生義，糖粉就是顏色鮮白的粉狀的糖。10X等級是素知最好的糖粉，多數超式包裝販售的就是屬於這種等級。與糖粉相近的是英式**粉糖**（icing sugar）。為了鬆散結塊，會在處理過程中加入少量玉米澱粉。倘若真的出現結塊，就要加以篩濾。糖粉的測量方式就如同麵粉，505頁。有些時候，玉米澱粉會讓尚未烹煮的糖衣有生味。喜歡的話，在平鋪這類混合料之前，可以➡放在滾水上，154頁，加熱約十分鐘。不要以糖粉替代砂糖來進行食品烘焙——糖粉的稠密質地會使得蛋糕的酥度不同 。在其他種料理中，可以用一又四分之三杯糖粉取代一杯砂糖。

玉米糖（Corn Sugar）

玉米糖是以酸取自水解玉米澱粉的結晶葡萄糖。玉米糖會使用在啤酒自製製造過程。

各式調味糖（Flavored Sugars）

準備以下調味糖以備隨時使用。

I. 肉桂糖（Cinnamon Sugar）

混合一杯糖與兩大匙肉桂粉。可以用在塗抹奶油的吐司和糕點上頭，也可以做為優格的頂部加料。

II. 柑橘味糖（Citrus-Flavored Sugar）

在做卡士達和點心時，我們發現這種調味糖會極為有用且相當美味。在每一杯糖裡混入一到兩大匙檸檬、柳橙或萊姆皮絲。覆蓋後靜置於涼爽地方五到七天後再拿來使用。

III. 香草糖（Vanilla Sugar）

在2杯量的砂糖或糖粉裡放入一到兩個香草豆，並用罐子緊密封存。你可以先把幾大匙糖和香草豆一起弄碎，接著再混入其他的糖裡。使用前要先把糖篩濾過，香草豆可以放回罐中混合新添的糖，以如此方式使用到香草豆失去味道為止。可以用入熱麥片中、放在餅乾上和放入熱咖啡或可可裡。

砂糖（Granulated Sugar）

在本食譜書中，一旦提到「糖」，指的都是白色砂糖——以甜菜糖或甘蔗糖做成的砂糖都含有百分之九十九・五蔗糖。砂糖幾乎可以用來做各式料理，即使是蛋白霜也可以使用。英式砂糖的顆粒太粗，即使是**細白砂糖**（castor sugar）也比較接近特細砂糖。**粗糖或粗裝飾糖**（coarse or decorating sugar）是大粒結晶的砂糖，顏色可以是透明、白色或淡彩色。➡一磅砂糖約相當於兩杯量。

塊糖和方糖（Lump Sugar and Sugar Cubes）

塊糖和方糖是以模具或直接切割砂糖成方便使用在熱飲中的長矩形糖或方形糖。「冰糖」，304頁，可以做為有趣味的使用，不論是把冰糖分散或弄碎，都可以做成蛋糕糖霜上的閃亮裝飾糖。

楓糖（Maple Sugar）

這是將楓糖液或楓糖漿沸煮蒸發而成，煮到糖漿裡的水分完全揮發為止。楓糖有獨特的強烈甜味。由於製作成本高，楓糖通常會保留做為調味之用。楓糖溶解速度緩慢，要先刮磨或削刮才能與其他材料一起混合。➡若要替代使用，半杯楓糖可以取代一杯砂糖。

粗糖和天然粗糖（Raw and Turbinado Sugars）

粗糖的原料是甘蔗，美國農業部註記：「由於一般含有的不純淨的內含物，粗糖並不適合直接做為食物材料。」然而，**天然粗糖**和「巴貝多司糖」是部分精製的粗糖（是以鍋輪[turbine]精製處理，其英文名也是由此而來）。天然粗糖的淺褐色顆粒含有糖裡的蜜糖部分，其特質接近英國食譜裡會使用的黃色或褐色的褐色紅糖（Demerara sugar）。➡粗糖可以以等量分量方式替代砂糖，但是要注意粗糖具有較重的蜜糖味道。

特細砂糖（Superfine Sugar）

這種細砂糖的英文也叫bar sugar或berry sugar，是種研磨較細的砂糖，但是其顆粒還是大到足以辨別個別顆粒。由於易於溶解，這種特細砂糖會用來做蛋白霜，也會做為水果、冷混合料、雞尾酒和飲品的甜味劑。不過，其顆粒又過細而無法用來與奶油一起凝稠製作蛋糕和餅乾，也不能用在任何需要把糖晶「切拌」入奶油的烘焙食品中。如果出現結塊狀況，就把糖放入塑膠袋中，再以擀麵棍滾壓壓碎結塊。想要在家自行以食物調理機製作特細砂糖的話，以脈衝速度把砂糖打成精細粉狀。➡在適切的食譜中，特細砂糖可以以等量分量替代砂糖。

｜糖的替代品（Sugar Substitutes）｜

有些糖的替代品可以遵照製造商的指示用來烹調或烘焙。不過，這些替代品並無法做出使用真正的糖一樣的質地和顏色，基因於此，這些替代品應該只用在特別為其研製的食譜中。雖然我們有理由質疑所有不含熱量的甜味劑的系統影響性，但是有一些甜味劑是通過政府使用驗證的。**糖精（saccharin）**是一般餐桌上常見的合成甜味劑，比起蔗糖（砂糖）甜上三百倍，但是會稍具金屬的餘味。由於不會經過身體新陳代謝處理，糖精因此不會產生熱量。加熱後的糖精會有苦味，故不該用來烹飪。**阿斯巴甜（aspartame）**在市場上是以商業使用為主，早餐麥片、軟性飲料、商製點心和糖果裡都有使用。市場上也有販售給家庭使用的粉狀阿斯巴甜。嚴格來說，阿斯巴甜是有營養成分的甜味劑，每一公克會含有四卡熱量，不過要比一般糖要甜上兩百倍，因此只要使用少許分量就可以有甜味效果。然而，阿斯巴甜的熱量貢獻幾乎可以忽略，這是因為其會如同其他蛋白質食物一樣的方式而被消化和新陳代謝處理掉。➡患有罕見疾病苯酮尿症（phenylketonuria，PKU）的人需要限制苯酮的攝取量，這些人因此應該要注意飲食中食入的阿斯巴甜分量。**代糖（sucralose）**是市面上有販售的多功能甜味劑，這是以糖做成的結晶粉，比起一般砂糖要甜上四百倍到八百倍。受熱的代糖是相對穩定的，因此可以使用在各式熱或冷的飲品、糕餅和烘焙食品，以及冷凍和罐裝的水果與蔬菜中。代糖的化學結構與一般糖極為接近。**AK糖（acesulfame-k）**會被用來製作飲料、水果鋪料、烘焙食品、點心底料、餐桌甜味劑、硬糖、口香糖和口氣清香劑。AK糖比一般糖要甜上兩百倍。對於需要限制飲食中鉀的攝取量或者是有磺胺抗生素（sulfa-antibiotic）過敏症的人，應該要與醫師討論食用AK糖的問題。

野胡蘿菔／就荒本草（Sweet Cicely）

這種柔軟的香根芹類植物的綠色種子和新鮮嫩葉可以用來做為沙拉或冷蔬菜的裝飾菜。種籽也可以加到蛋糕、糖果和利口酒中。植物學名為*Myrrhis odorata*，這種多年生植物可以長到三呎高，性喜有半遮蔭和富饒濕土的地方。

香車葉草（Sweet Woodruff or Waldmeister）

這種植物的新鮮星形輪生的迷人深綠色葉子會浮懸在「五月酒★」，127頁等冰涼果汁混合酒精飲品中，但是浸泡的時間不應該超過三十分鐘。弄碎過切碎葉條後，這種植物會散發出強烈的新鮮乾草味，香氣在乾燥後會益加強勁。植物學名為*Asperula odorate*，香超葉草可以成長至一呎高，可以做為蔭蔽處的漂亮土壤植被。

四川花椒（Szechuan Peppercorns）

這些乾燥的紅棕色漿果與黑胡椒或紅辣椒完全沒有關係。由於具有乾淨辛辣的香味，四川花椒因而在中式料理廣受使用。「老油」（Seasoned Oil）是用花生油熱煮四川花椒，把煮到變黑的花椒過濾丟棄就煮成了老油，這是料理拌炸食物的極佳烹飪油，也可以做為中式沙拉的調味醬。此外，市面上也有以四川花椒做成的老鹽，可以讓你為任何料理添加花椒的香味；請見以下做法說明。這是極受歡迎的考豬肉或烤鴨的佐料，也可試著加入沙拉或雞蛋裡。

四川花椒鹽（Szechuan-Pepper Salt）（約1/3杯）

在一個乾鍋裡混合以下材料，以中火烤煮，其間要搖晃煮鍋，熱煮到花椒冒煙為止：
2大匙四川花椒
3大匙猶太鹽
1小匙白胡椒
完成後就以研缽或香料研磨器研磨成粗粉狀。

塔巴斯哥酸辣醬（TABASCO® Sauce）

這種獨特的美國調味醬的原料是塔巴斯哥辣椒、醋和鹽，會再利用先前用來製作波本酒的焦黑橡木桶來進行醬料熟化過程，以便完成這種火辣的酸辣醬。➡要從少量開始使用，畢竟一兩滴就可能會太辣了。可以用在湯品、雞尾酒醬、開胃醬或任何需要火辣味道的食物中。

｜芝麻醬（Tahini）｜

這種芝麻做成的糊膏如同新鮮花生醬，可以放入密封容器而冷藏在冰箱中好幾個月。如果有油脂分離的狀況，要先攪拌一下才使用。

將烤爐遇熱至180度。在一只烘烤淺盤鋪上：

4杯白芝麻籽

烘烤到香氣四溢，期間要不時搖晃一下，注意不要烤到顏色焦褐，約8到10分鐘。靜置冷卻。接著就可以把芝麻籽放入果汁機或食物調理機裡，加入：

1/4杯植物油，或添加所需的分量

攪打成滑順的糊膏，約3分鐘。必要的話，再加點油脂來做出可以流倒的濃稠糊膏。

｜木薯粉（Tapioca）｜

見「澱粉」的說明。

｜香艾菊（Tarragons）｜

法國人叫這種草本植物為*estragon*，而新鮮的香艾菊可是奢侈的料理材料。就化學角度來看，香艾菊的味道如同大茴香，在乾燥後會多少流失；此外，一旦葉脈變硬，就算是經過料理也不再變軟，正因如此，如果料理中使用了乾燥的香艾菊，一定要在食用前謹慎過濾出來丟棄。為了避免過濾的程序，並且希望能夠留住比乾燥的香艾菊更多的味道，我們會放入醋液裡保存，需要的話，可以去除葉片。不過這麼做時，不要塞到醋瓶過於擁擠，一夸特的醋液只浸泡約三大匙的香艾菊葉，這樣就有足夠的酸來防止葉片敗壞。記得要一直浸泡在醋瓶裡。雖然香艾菊的味道過於強烈而不適合拿來做湯，但是實際上它是可以加到任何一種料理中，雞蛋、蘑菇、番茄、牛羊雜碎、芥末、塔塔醬和魚肉或雞肉等食物皆適宜，這更是製作貝亞恩醬不可或缺的基本食材。香艾菊也用來做「細混香辛料」，502頁。真正的香艾菊的植物學名為*Artemisia dracunculus*，屬於多年生的植物。很少是以播種方式種植，一般是在三月初將萌發的葉枝以栽枝或（不是用栽切的方式）拉枝的方式來加以繁殖。植物學名為*Artemisia dracunculoides*的俄國香艾菊可以播種栽植，由於欠缺味道並較為粗糙，故較不受人喜愛。

百里香（Thyme）

百里香的細小葉片可以用來搭配任何一種肉品或蔬菜，烘烤的家禽、羊肉、牛肉、豬肉和兔肉豆；克里歐菜和秋葵濃湯（Creole dishes and gumbos）；調味棕醬；醃漬甜菜、義大利麵醬和番茄；也可以用來搭配鮮肥魚品、燉湯和餡料。百里香通常是會被做成「混合香料」，459頁，來加到高湯裡。新鮮百里香可以做任何開胃菜或卡納佩的迷人裝飾菜。百里香草葉可以妥善乾燥。有著葛縷籽般味道的百里香的植物學名為*Thymus herba-barona*是用來搭配烤牛後腿或牛腰肉的傳統香草。

有許多不同的百里香屬（Thymus）的草本植物，味道也都不盡相同，集合這些植物就可以種出一個百里香花園了。窄葉的法國花園百里香的植物學名為*Thymus vulgaris*是植株直立的銀葉百里香。植物學名為*Thymus serpyllum citriodorus*的百里香則是白花花一片，這是有著強烈檸檬香味的小草叢生植物，也是市面上最常販售的百里香。百里香是多年生草本植物，最好是種植在有日照的地方，可以在石頭間成長多年。開花後就可剪枝使用。

調味用番茄（Tomatoes as Seasoning）

不論是新鮮、罐裝、煮過、糊狀、膏狀或醬汁，甚至是做成湯，我們在無數料理中都可以發現番茄的蹤跡。想要有番茄的味道但是不要太多汁液的話，要把番茄對半切割，接著就擠壓出多餘汁液和內籽。使用前要去皮，喜歡的話可以如同《廚藝之樂[飲料・開胃小點・早、午、晚餐・湯品・麵食・蛋・蔬果料理]》517頁的說明來加以去籽。罐裝和煮過的番茄最好要瀝乾，有時則可以用篩子篩過美味多肉的部分以便去除番茄皮和內籽。如果要相互替代使用番茄糊、番茄膏和番茄醬，記得要補足彼此汁液的差異部分，並要讓味道強度有所不同。在出現現代罐裝方法之前，無法取得新鮮番茄時，就會使用乾燥的番茄。這些味道集中的乾燥番茄依舊廣為使用在前菜、沾醬和鋪料上，或者是做為醬汁提味之用。想要自製乾燥番茄，請閱讀366頁的說明。

義式番茄膏（Italian Tomato Paste）

這是種味道迷人的番茄膏，待烤爐乾燥或日曬乾燥之後，接著再滾成球狀。使用時，用一些滾水或高湯加以溶解，然後就可以加到醬汁或湯品之中。搭配義大利麵和麵條料理都很不錯，也可以做為煮過蔬菜或沙拉的調味料，或者是做為沙拉調味醬的添加料。

在一個大煮鍋裡混合：

6夸特成熟的李子或義大利番茄，要先清洗和切片

1大根有著一些葉子的芹菜肋，要切塊

3/4杯切碎洋蔥

3大匙剁碎的鮮鮮草本植物或1大匙乾燥草本植物，可以是蘿勒、百里香、馬鬱蘭或奧勒岡

3/4小匙整顆黑胡椒

12片整片丁香

1大匙鹽

1根2吋長的肉桂棒

（1個蒜瓣，要剁碎）

煮到要接近沸騰後，接著就文火煨煮到番茄變軟，期間要時時攪拌。用細篩子加以篩過，以木製湯匙匙背加以向下擠壓。再把番茄肉文火煨煮，可以是放在滾水上方而不是滾水中來加以煨煮，或者是直接以小火煨煮，必要時要使用散熱墊，656頁，以免防止燒焦。期間要時時攪拌。煨煮幾個小時之後，一旦番茄肉已經煮成厚實漿狀且分量約減為一半，此時就可將番茄膏在濕潤盤子上鋪成半吋的膏層，在膏上切劃幾刀以便讓空氣可以穿透。接下來就要把番茄膏放在陽光下或是預熱至九十度的烤爐中來使之乾燥。等到番茄膏乾到可以塑形時，就可以把番茄膏滾成球形。以密封無菌罐子封存後放入冰箱冷藏。

番茄膏或番茄絨（Tomato Paste or Velvet）（約3/4杯）

這可做為調味品或是醬汁的添加物。

將以下清洗並弄成糊狀：

6顆大的成熟番茄

在一個雙層蒸鍋上層融化：

2大匙奶油

加入番茄並添入：

1小匙紅糖、1/4小匙紅椒粉

3/4小匙鹽

在滾水上方而不是滾水裡加以烹煮，要偶爾攪拌，煮到形成厚實膏狀的濃稠度為止。以篩器將番茄膏篩過。放入冰箱冷藏。

薑黃（Turmeric）

薑黃是植物學名為*Curcuma longa*的植物根莖部分做成，乾燥後和磨成粉後會有點苦味，其多變的辣味和百里香般的香味會讓嘴巴感到辛辣，也因此一定要謹慎使用。薑黃含有受到高度讚揚的抗氧化薑黃素，其金黃的顏色也是混合咖哩粉和某些醃漬物的底色。少量的薑黃可以用來做為食物色劑，通常會用來替代價格昂貴許多的番紅花。

｜香草（Vanilla）｜

長細的香草豆是來自一種攀爬的蘭花蔓生植物的豆莢。採集的豆莢一開始並沒有味道，要等到熟化幾個月之後，被稱為香草精（vanillin）的細小香味晶體才會從豆莢的襯裡分泌而出。這些晶體的香氣最終會充滿豆莢內部，並在豆莢外部布滿晶體。豆莢會變皺而且變成棕咖啡色。香草萃取是把香草豆浸漬在三十五度的酒精溶液中。➠要注意買到合成香草，其便宜的味道可以立即辨識。為了保留最多的香草味，只有等到食物冷卻後才能加入香草萃取。可以嚐試以2：1的比例來調味香草和杏仁，這是越南人最喜愛的味道。或者，可以試著把香草豆浸放到白蘭地酒中，使用加味白蘭地來做為調味之用。

如果你對香草冰淇淋的小黑斑點感到好奇的話，這些斑點其實是從香草豆裡刮挖出來的小種籽。將豆莢縱身剝開之後，就可以用刀子尖端刮挖出裡頭的小黑色種籽斑粒。從約一吋的香草豆刮挖出的小種籽可以做出一小匙的香草萃取。香草的另一使用方式，請見「香草糖」。

香草膏的原料是香草萃取和細磨香草豆粉，將之浸浮在濃厚液體製作完成。在發泡鮮奶油、法式燉蛋和其他希望添加香草豆香味和口感的料理中，香草膏可以添加無與倫比的味道。➠一小匙香草膏等於一小匙香草萃取或一吋半的香草豆。

｜植物奶和堅果奶（Vegetable and Nut Milks）｜

這些都是有營養價值的奶製品。由於內含蛋白質的生物性價值較低，其中內含的維生素也不相同，因此這些奶製品還是無法與動物奶製品相比擬。不過，對於有乳糖不耐症的人和吃素的人來說，這些奶製品可謂是一大福音。

杏仁奶（Almond Milk）（1杯）

以食物調理機混合以下材料，處理成細小濕潤的叢塊，約3分鐘：

1杯熱燙過的杏仁切片

1/4杯糖

在調理機不停的情況下，緩慢加入：

1又1/4杯滾水

（2大匙柳橙水）

刮下沾黏調理機的鍋邊材料，再處理30秒。靜置浸泡3分鐘。將一個篩子架在碗上，篩子裡要以濕粗棉布襯底，然後就可倒入杏仁混合料。讓杏仁奶徹底滴落45分鐘，接著就可用湯匙使勁下壓杏仁料，盡可能把汁液壓出，剩下的殘質就可丟棄。要放入冰箱冷藏。

堅果奶（Nut Milk）

杏仁奶和核桃奶在歐洲已有長久的食用歷史。美國原住民會飲用山核桃奶和胡桃奶。這些微弱味道的奶製品和椰奶都是醬汁和布丁裡相當美味的材料。➡這些奶製品跟牛奶一樣易於腐壞，儲藏和烹煮的方式應該要如同「椰奶」，481頁來加以處理。

由於各式堅果的重量都不相同，倘若按照前述杏仁奶食譜但以其他堅果取代杏仁的話，記得要注意該堅果與杏仁的等量使用量，必要時要記得去皮。堅果通常會取代點心裡的牛奶，並且添加糖。如果要做點心醬之外的醬汁的話，你可能會需要用高湯來做為底液。

豆漿（Soy Milk）

豆漿是以整顆大豆做成的濃純「漿奶」，具有獨特的堅果香味和可觀的營養價值，其使用方式也相當多樣。豆漿冷熱食用皆宜，通常或加糖或添味。預製的豆漿到處都買得到。未開封的無菌包裝豆漿可以在室溫下保存幾個月之久。一旦開封後，就要放入冰箱冷藏。豆漿可以保持五天的鮮度。

未經過強化處理的原味豆漿是高品質蛋白質、多數維生素B群和鐵質的極佳來源。有些品牌會強化維生素和礦物質，這些豆漿是鈣質、維生素D和維生素B12的不錯來源。由於不含牛奶乳糖，對於有乳糖不耐症和（或）對牛奶蛋白質過敏的人，豆漿就會是極佳選擇。市面上也有販售一些減脂的「輕」豆漿。豆漿並不是餵食嬰兒的奶製品，但是一歲以上的兒童也可以盡情享用。

6杯

用這個食譜做成的豆漿具有天然的甜味和豐富營養。要加以調味時，趁著豆漿在文火煨煮時加入一條香草豆，待煮好後的豆漿冷卻後就可將香草豆丟棄。冷卻的豆漿也可以加入蜂蜜使之變甜。製作豆漿時，要使用附有金屬製、玻璃製或耐熱塑膠製的容器和封蓋的攪拌器；如果使用的是玻璃製容器，記得要先以熱水溫熱一下以免出現破裂的狀況。

如《廚藝之樂[飲料・開胃小點・早、午、晚餐・湯品・麵食・蛋・蔬果料理]》422頁的說明浸泡：

1杯乾燥大豆，要揀選過並洗淨

浸泡在：

5杯冷水

大豆瀝乾後均分3份。連同以下材料將1等分的大豆放入果汁機中以高速研磨：

3/4杯滾水

持續攪拌到混合料變得滑順，約1分鐘。移至架在碗上且鋪了幾層粗棉布的篩器或濾鍋中。再重複以上步驟兩次，把剩餘的大豆處理完畢，要記得加入更多滾水。弄爛大豆漿泥（日文裡稱為「高貴豆渣」的奧克拉「*okara*」），以木製湯匙將漿泥下壓入篩器中，盡可能擠壓出裡頭的汁液。接著就可拿起包裹住漿泥的粗棉布來使勁壓出剩餘的汁液。把擠壓出的豆漿移放到大煮鍋裡，開始以中火到大火的火候烹煮，期間要經常攪拌，煮到漿汁開始起泡沫為止，此時要先移離火源並靜置一分鐘。接下來要再將煮鍋放回爐火上頭，調降火候，文火煨煮約十分鐘，期間要時時攪拌。煮好後就要關火，靜置冷卻，期間要偶爾攪拌以免在漿汁上頭形成一層厚豆皮（如果形成厚豆皮的話，可以過濾一下豆漿）。

測量豆漿量，必要時可加水以便做成六杯量。冷藏的豆漿可保存多至五天，冷凍的話則可放到一個月（解凍後的豆漿可能需要用攪拌器或食物調理機處理，如此方能使豆漿滑順）。倘若計畫要做豆腐或豆花，524頁，你可以趁熱把豆漿一次使用完畢。

｜植物油（Vegetable Oils）｜

植物油是以不同種籽、水果和堅果壓製而成的油品。使用冷壓法處理的植物油可以保留最好的營養成分。冷壓法是以最小壓力和熱能來弄碎和加壓種籽、水果或堅果。以此方法萃取出的油可以保留自然的風味和質地。

植物油包括了**玉米油**、**棉籽油**、**葡萄籽油**、**大豆油**、**芥花油**、**紅花籽油**、**葵花油**、**花生油**、**椰子油和棕櫚仁油**。倘若再經過精製和去味過程，這些油品其實很難就口味和氣味來加以彼此分辨。除了椰子油和棕櫚仁油之外，多數植物油都含有大量單不飽和脂肪酸和多不飽和脂肪酸。椰子油和棕櫚仁油含有大量飽和脂肪酸。想更加了解脂肪和脂肪酸，見「營養★」，22頁的說明。

烘烤堅果油是如以核桃、杏仁、芝麻和澳洲胡桃等做成的油品，具有強烈風味但是無法高溫烹煮。這些油最好是當作調味品來使用，可以淋灑在煮好的食物上頭做為調味之用，或者是做為醬汁、沙拉調味料或醃汁的材料之一。這些油要小量購買。

不論使用的是哪一種油，都要避免把油煮到開始冒煙——開始冒煙就表示油品已經臨界安全食用的最高溫度，也就是所謂的**發煙點（smoking point）**。每一種油都有其發煙點。一旦加熱到發煙點，油品就會開始冒煙並分解，此時就可能會產生有毒酸性氣體。所有料理都應該在使用油品的發煙點之內完成。油品的發煙點取決其內含的脂肪酸。由於紅花籽油、棉籽油、葡萄籽油、花生油和芥花油有最高的發煙點，因此適用於深油煎炒或嫩炒的高溫烹調過程。要避免使用會使油產生氧化作用的銅製、黃酮製或青銅製等金屬製器具來烹煮食物；要使用不鏽鋼的廚房器具。

要將以密封器皿收藏的油品放在涼爽暗黑的地方。冷壓製成的油品和烘烤堅果油品要放入冰箱。放入冰箱冷藏並不會影響油品的風味。不過，一旦出現混濁或「硬化」（winterized）的狀況，只要放在室溫下就會恢復清澈液狀。為了避免油品「硬化」而不能夠隨時使用，不妨將油品以瓶子或密封罐分裝，然後才把其餘部分放入冰箱。➡一旦油品出現餿味、腥味或霉味，或者開始冒泡、變黑或加熱時會過度冒煙，此時就要將油丟棄不用。關於調味油*的更多說明和食譜，請閱讀351頁的說明。

因為油品的成分是百分百的脂肪，➡若要用來取代奶油時，不管是以重量或體積來計算，一定要減少百分之十五到百分之二十的用量。然而，如果是用來替用固態脂肪時，尤其是在烘焙的時候，替用方式就會比較複雜；請見25頁的說明。正因如此，在本食譜書中，➡倘若可以使用這些油品來烘焙食品，書中會特別指示並且提供適當的用量和處理步驟。

| 醋（Vinegar）|

在多數情形下，醋是經過兩個發酵階段的製品，幾乎可以用任何一種液體來加以製作完成。在第一個發酵階段中，酵母的作用會把糖轉變成酒精；到了第二個階段，細菌會把酒精轉變為醋酸。醋是以水果或穀物做成的製品。

不管醋的風味是鮮明、豐美或醇厚，料理都會因為醋的緣故而有很大不同。➡所有的醋都有腐蝕性，都有百分之四到百分之六的酸性，正因如此，準備醃漬或滷漬食物或是以調味醋醬調味的食物時，記得要使用玻璃製、搪瓷製或不鏽鋼製的碗或器皿。不要使用銅製、鋅製、鋁製和鍍鋅或鐵的器具。要儲存在有軟木塞或塑膠瓶蓋的玻璃瓶中。

義式巴薩米克醋（Balsamic Vinegar）

義式巴薩米克醋有兩種。傳統的巴薩米克醋是以白葡萄汁做成，而且只生產在義大利北部的摩德納（Modena）和瑞吉歐（Reggio）。根據年分長短，有些巴薩米克醋價格相當昂貴。根據法律規定，這種醋不會含有添加的酒醋，包裝上會標示義大利字「*tradizionale*」（傳統製法）來保證醋的真實可靠性。熟化年分十二年的就是「老」（*vecchio*）醋，二十五年的則為「陳年」（*extra vecchio*）醋。傳統巴薩米克醋可以做為濃醇醬汁或調味料，在完成的料理或草莓和西瓜等新鮮水果上滴上幾滴即可。

另外一種就是商業製造的巴薩米克醋，產地各地皆有，通常是以葡萄酒醋做成且添加焦糖色澤的產品。由於沒有製作規範，商業巴薩米克醋的品質不一。可以用來做滷汁、調味汁和依照食譜使用。

蘋果醋（Cider Vinegar）

蘋果醋是以發酵蘋果汁做成的產品。有時英文會標示為apple cider vinegar，醇厚的蘋果醋通常含有百分之五醋酸，經常會被用來醃漬食物。

蒸餾白醋（Distilled White Vinegar）

這是以稀釋蒸餾酒精發酵至含有百分之五醋酸的產品。如果需要讓醃漬物保持淡色色澤的話，此時就會以白醋來加以醃漬。

草本醋（Herb Vinegars）

市面上有商業製造的草本醋，不過自製草本醋是很簡單的。使用蘋果汁或葡萄酒醋可以做出最好的成品。香艾菊和迷迭香等個別草本植物都可以選用，或者是發展出自己專屬的草本組合——每一夸特醋要加入約三大匙新鮮草本植物葉片。需要如此小心管制使用分量的緣故，乃是在於使用太多植物性物質可能會使得醋的保存強度不足以防止肉毒桿菌的孳生。倘若使用的是蒜頭，要先弄碎並且只能放入瓶中二十四個小時，接著就要把蒜頭取出。經過二到四周浸製過程之後，用粗棉布將醋過濾，然後就可以殺菌過的容器重新包裝，要密封儲藏。

麥芽醋（Malt Vinegar）

麥芽醋是將大麥麥芽浸漬發酵，或者是浸漬發酵內含的澱粉已經被麥芽轉化過的玉米、裸麥或燕麥。不同於其他種類的醋，麥芽醋多數是做為調味汁，是調味英式炸魚薯條的傳統醬汁。

米醋（Rice Vinegar）

大多數的米醋都是以發酵米酒做成。有時也被稱為米酒醋。米醋味道迷人但含有較弱的（百分之四）醋酸，味道較其他種類的醋都要來得溫和。**調味米醋（seasoned rice vinegar）**會添加糖和鹽；可以用來調味壽司米。**中式黑醋（Chinese black vinegar）**是在中國南方極受歡迎的產品，最好的黑米醋也是產自這些地區。稻米是通常使用的原料，但是稷、小麥或高粱也可以替代使用。黑醋有著純黑色澤並且帶著接近焦味的深沉味道。在此叮嚀一句：市售黑米醋的品質有極大差異。黑米醋相當適合搭配燉熟的食物，也是很棒的沾醬。義式巴薩米克醋很棒但是可能價格會貴上許多，黑米醋可以拿來做為替代調味醬。

雪利醋（Sherry Vinegar）

發酵後的甜雪利酒或深甜雪利酒可以做成的醋，是介於義式巴薩米克醋和紅葡萄酒醋之間的特別葡萄酒醋。雪利醋有時會放入橡木桶來加以發酵和熟化。

葡萄酒醋（Wine Vinegar）

紅葡萄酒醋、白葡萄酒醋和香檳酒醋是最常見的三種葡萄酒醋，這些酒醋都含有約百分之七的醋酸。紅葡萄酒醋的味道最強烈，香檳酒醋則味道最弱；所有葡萄酒醋都極為適合做成調味醋醬或醃汁。我們不建議使用葡萄酒醋來醃漬食物，但是葡萄酒醋就很適合拿來做草本醋和香料醋。假如你計畫自製大量的醋來做為禮品，記得要分批少量混製。有些葡萄酒醋會出現「黏性物質」（mother），會在瓶底沉澱細微殘留物。這些殘留物是無害的，可以過濾或滲透酒醋將之去除。

辣椒醋（Chile Vinegar）（2杯）

你可以用此做出相當火辣的法式調味醬。

浸泡：

1盎司乾辣椒

浸泡在：

1品脫醋

浸泡10 天。要每日搖晃。浸泡之後就可過濾，要存放在可妥善密封的消毒過的瓶子裡，405頁。

蒜頭醋（Garlic Vinegar）（1杯）

可以用來做調味醬或醬汁。

將以下加熱到臨界沸點：

1杯葡萄酒醋

加入：

4個蒜瓣，要切半

浸泡24個小時之後，要將蒜頭取出移除，要以消毒過的玻璃瓶收藏醋。軟木塞要封緊。

薑醋（Ginger Vinegar）（約1杯）

混合：

1杯蘋果醋

4個1吋大小的新鮮或乾燥薑

2大匙糖

一個星期過後就可過濾，要收藏在已消毒過且可妥善密封的瓶中。

新鮮草本醋（Fresh Herb Vinegar）（12夸特）

這個食品可以做出大量的醋來當成禮物。記得要確實清洗所有蔬菜和沖洗所有草本植物，並且都要徹底瀝乾。

將以下加熱到臨界沸騰的狀態：

12夸特蘋果醋或白葡萄酒醋

將以下清洗後加入：

24顆整顆黑胡椒
12個珠蔥，要切片
3/4杯香艾菊
8小枝迷迭香
8小枝百里香
4枝冬香薄荷
1小枝細葉香芹
1根芹菜根，要擦洗但不要去皮和切片
1/2杯歐芹小支
（1根歐芹根，要擦洗且切片）
將這些材料裝入瓶中。2個星期之後，以粗棉布將醋過濾。要收藏在消毒過的瓶子裡。記得要封緊。

快製草本醋（Quick Herb Vinegar）（約1杯）

混合：
1杯葡萄酒醋或蘋果醋
1小匙弄碎的乾燥草本植物，可以是蘿勒、香艾菊等等
你可以用來做調味醋醬並一次使用完畢。喜歡的話，可以加入以下材料，要在浸泡24小時之間將之移除：
（1/2個蒜瓣）
食用前再加入：
2大匙切碎歐芹
1大匙切碎細香蔥

覆盆子紅醋「樂土」（Red Raspberry Vinegar Cockaigne）（4杯）

讓人意想不到的是，這種醋可以澆淋在碎冰上來做成無比迷人的夏日提神飲品。請閱讀「覆盆子或黑莓果汁甜酒★」，80頁。
在一個大型搪瓷製或不鏽鋼製煮鍋裡放入：
2夸特成熟紅覆盆子
用以下加以淹覆：
4杯蘋果醋
靜置於涼爽地方約48小時。將汁液過濾，過濾完的汁液再拿來淹泡：
2夸特成熟紅覆盆子
靜置48小時。接著就要過濾並測量醋汁，然後就可倒入一個搪瓷製或不鏽鋼製煮鍋裡。加入相等分量或分量稍少的：
糖
煮到沸騰，在文火煨煮10分鐘。撇取泡沫後就靜置冷卻。要收藏在消毒過且可妥善密封的瓶子裡。

香醋（Spiced Vinegar）（約6夸特）

這是相當棒但是讓人迷惑的混合物。嚐起來像是混合草本植物的美味味道，實際上卻是用整個香料或香料粉調味的醋。
混合以下並加熱到臨界沸騰的狀態，要攪拌以便使糖溶解：
6夸特蘋果醋、2杯糖
6大匙整顆黑胡椒
1/4杯整顆丁香
1/4杯多香果
1/4杯芥末籽
1/4杯剁碎的去皮新鮮薑或薑粉
3大匙芹菜籽
3大匙薑黃
2大匙肉豆蔻皮粉
將以上材料放入耐腐蝕的容器中。加

入：
4個或更多蒜瓣
24個小時之後，將蒜瓣取出移除。讓其他材料持續浸泡3個星期。以粗棉布將醋滲透過濾，接著就可倒入消毒過的玻璃瓶子裡。記得要封緊。

香艾菊醋或地榆醋（Tarragon or Burnet Vinegar）（約2杯）

這是味道強烈的浸泡醋，完成後可以稀釋做出更多醋。
清洗並妥善弄乾：
1又1/2大匙新鮮香艾菊葉或地榆葉
稍微弄碎之後就加到：
2杯溫熱蘋果醋
2顆整顆丁香
1顆蒜瓣，要切半
放入罐中並加以覆蓋。24個小時之後，將蒜瓣取出移除。2個星期過後，將醋過濾，接著就可倒入消毒過且可妥善密封的瓶子裡。

核桃（Walnuts）

核桃的味道豐美並富含有益的omega-3脂肪酸。熱燙三分鐘就可以去除有些人無法消化的酸性物質。接著可以試著烘烤。英國（或波斯）核桃和美國（或黑）核桃或許是最為人熟悉的核桃種類。核桃有著清脆的質地；相較於有著獨特味道的黑核桃，英國核桃的味道要來得溫和許多。採收的黑核桃要一次全部去殼；核桃外殼極難剝除，通常多數需要使用槌頭敲碎。

日式芥末（Wasabi）

別名為山葵，這種多年生草本植物是日本土生的植物。與山葵其實沒有關係，山葵的學名為*Wasabia japonica*，實則是與芥末和青花菜是同一屬的植物。日本山葵要種植在有小溪等流水旁的濕潤土壤上。從植物採收的根部會如同山葵一樣進行研磨，是使用在日式料理的傳統材料。新鮮的日式芥末現在已經廣泛在亞洲超市裡販售，美國東北部的部分地區現在也開始種植。新鮮的日本山葵根部具有強烈味道。小心輕柔地用蔬菜刨刀或削皮刀去皮，去除掉根部上的小結塊之後，就可用箱型刨磨器的最細磨面或磨薑器以圓形走勢加以研磨。沒有用完的日本山葵根要以濕廚房紙巾包覆並放入冰箱冷藏。

日式芥末粉會比新鮮根部更容易取得。不過，日式芥末粉卻可能並沒有包含任何日本山葵根，而是通常是以乾燥山葵粉或芥末粉做成並染成綠色的產品，除了強烈鮮明的味道之外，這種產品其實與日本芥末幾乎是全然不同。攪拌後要靜置十五分鐘以助產生味道。脫水後可以做成綠色小塊，搭配醬油就成了日本壽司的傳統調味醬。一旦日本芥末包裝開封之後，其味道強度就會快速退散，正因如此，最好是少量購進並且要盡速用畢。若想製作日式芥末醬，將一大匙日式芥末粉浸泡入兩大匙水中，並且加入半杯濃鮮奶油。

｜水（Water）｜

美國是世界上供應最安全用水的國家之一。只要自來水的水色清澈、流量豐富、冷熱皆有並且有合理的口感味道，很少人會需要擔憂水的純度。然而，雖然水很基本而且確實對人相當重要，這並不代表水是很簡單的東西；每個地方的水其實會因為水源和處理過程而有所不同。料理使用的水往往會關聯到我們在廚房裡完成的成品。

水的硬度與其中含有不同鹽分組合有關。如果你想要知道自己家裡使用的哪一種類型的水，請去電詢問地方自來水公司或健康部門。➠軟水含有極少或根本不含溶解後的鈣鹽或鎂鹽，因此是最適合烹煮和烘焙的使用水。不過，過軟的軟水會使得酵母麵團變得濕黏。➠硬水含有一些人們可以感知的溶解礦物質的分量。以人工方式增加甜味的水會影響到味道、會讓豆類和水果變硬、會使得綠色豆子的烹煮時間加長、並且會讓醃漬物枯壞。這樣的水也會顯著地改變甘藍家族的蔬菜變色，讓洋蔥、花椰菜、馬鈴薯和米變黃。如果家裡的水是硬水，要以白汁烹調法★（à blanc，161頁）來準備這些蔬菜。鹼性水有強化麩質的作用，也會增加保留氣體的能力，結果就會影響到麵包的成品大小。

有幾個方法可以減少水的硬度：使用離子交換器來過水，或是在水槽下或水龍頭上安裝濾水滲透器，或者是使用有過濾滲透效用的水壺。不過，大部分的這些系統主要都是水裡的鈉轉化成鈣，對於一般家庭用水有效，淡式烹飪用水可能就起不了作用。如果水裡含的鹽分是有鈣和鎂的重碳酸鹽，加熱沸煮二十或三十分鐘就會讓這些物質沉澱。倘若水裡原本就含有大量硫酸鹽，加熱動作不僅不會減低而是反而會增加硬度，這是因為硫酸鹽會在水分蒸發後集中的緣故。➠如果家裡的硬水或軟水確實會影響到烹飪和烘焙的成果，就要在儲物櫃備妥幾加侖的瓶裝水，如此一來就可確保你會成功地完成烹飪結果。

有些較早年代的食譜會指示要將食物放入水裡長時浸泡，我們並不建議這麼做。水果、沙拉綠色蔬菜和蔬菜都應該要盡速清洗完畢。浸水動作會洗掉蔬果的可溶性維生素。➠正是因為這個浸水動作，除非水有苦味或味道跑掉了，或者是食譜特別指示要丟棄浸泡水，有些廚師會盡可能保留下浸泡過和烹煮過的水來做為家用高湯之用。

在本食譜書中，➠一旦食譜指示要用「水」，我們指的是溫度介於十六到二十七度的自來水。➠如果需要使用較熱或較冷的水，各個食譜都會特定指明。

偶爾會看到有些食譜指示➡要以重量來測量水，十六盎司的液態水同樣等重於十六盎司或一磅的重量。遇到這種情況時，一大匙的量就是半盎司，一杯的量等於八盎司，兩杯則是一磅。

▲海平面的水的沸點是一百度，而沸點溫度會隨著水裡水溶物質的比重增加而升高。烹調時加入的鹽量和糖量並不足以影響一般正常的海平面沸點溫度。關於高海拔地區的沸點溫度，請參見641頁的說明。

緊急淨水處理

這些是水的暫時消毒方法，是在獲得飲用水做為飲水和烹飪時的建議緊急處理方式。使用和儲存水時要注意兩件事項：首先要確定水源沒有遭受汙染，再者就是儲存器皿要經過殺菌處理。水的顏色跟水的純淨度並沒有相關。由於疾病細菌通常是來自動物而非植物性雜質，因此棕黃色的沼澤水可能會比湛藍湖水要來得純淨。

儲水時，要使用符合食品安全級數並附有緊密吻合蓋子的塑膠瓶或玻璃瓶。汽水瓶和水、果汁或調和飲料容器都適用。由於可能會殘留難以移除的乳糖和蛋白質而使得細菌孳生，因此要避免使用塑膠牛奶壺。以包裝材料圍繞的方式存放儲水玻璃瓶，每個瓶子不要彼此相依。要定期審視儲水，一旦出現混濁情況就要將之丟棄。➡以兩星期期間規畫，每個人至少要飲用七加侖的水；個人清潔用水則要再多存放七加侖。每人每日至少要飲用兩夸特（八杯八盎司的水）或八杯水。氣候炎熱的地方的飲用水量要增加，老弱婦孺的飲水也要較多。貓狗的每日飲水量為一夸特。

如果對水的純淨度有疑慮的話，可以使用以下方法加以處理：

I. 大火沸煮五分鐘；海拔高度每上升一千呎就要多費煮一分鐘，沸煮過的水嚐起來沒有味道，可以用不同的瓶子互相裝盛傾倒幾次，如此一來就可使水經過接觸空氣而改善味道。

II. 使用含碘或氯的淨水藥片，依照品牌包裝指示使用藥片用量。這些藥劑是可在運動用品或露營用具供應店購得的飲水淨化劑。

III. 以每加侖的水加入八滴或八分之一小匙的比例，➡在乾淨水中加入沒有添加香劑、皂劑或其他含有百分之五・二五次氯酸鈉溶液的家用漂白水。產品包裝應該會標明此一資訊。➡倘若水變得混濁，此時就要將比例調增為每加侖的水加入十六滴或四分之一小匙的比例。➡不管是採用哪一種比例，要先將水攪拌並靜置三十分鐘，接著才加入漂白水。➡處理完的水應該會有可鑑別的氯的口感和味道。這就表示飲水可以安全食用。假如你聞不到任何氯味的話，就要再次加入漂白水並靜置十五分鐘。如果這樣處理後還是聞不到氯味，那就表示漂白水已經過期而失了效力，這樣的水是不能安全飲用的。

｜菱角（Water Chestnuts）｜

菱角有兩種，都相當脆碎且美味。其中一種的外殼會在一端長出小角，另外一種則是球根狀。菱角可以用來做「開胃菜和迎賓小點★」，131頁、「蔬菜★」，400頁和「沙拉★」，257頁。

｜料理用酒和烈酒（Wine and Spirits in Cooking）｜

不需要懷疑，在許多料理中，加了酒確實可以創造出迷人的額外層面。有時是讓食物變得豐美，有時則是增添氣味；通常是添加了味道的深度；多數時刻是產生了以上總合的作用。其他的酒精類飲品，特別是烈酒和啤酒，也可以在謹慎使用下偶爾拿來做為加強料理之用。在本食譜書中，你可以在無數食譜中發現使用酒和烈酒的例子。我們在這裡則是提醒一下一般通則、概念和技巧。

要使用哪一種酒呢？你不需要選用陳年或昂貴的酒，但是酒的品質還是要夠好，要是直接飲用會讓人愉悅的酒。不甜的餐桌用紅酒和白酒是最常使用的酒，但是品質好的不甜玫瑰紅葡萄酒也可用來料理較輕淡的食物。避免使用包裝標示「料理用」的酒，這些產品通常都加入很多鹽。酒和烈酒的最基本使用法則就是「只要是不好喝的酒，就不要拿來料理」。開封了一或二天的酒可能就會失去其最佳鮮度，不過，這樣的酒嚐起來還是不錯，可以考慮用來做火鍋。➠為了延長酒的使用度和減少其與空氣接觸的機會，將瓶裡的酒以另一個小瓶子或罐子加以分裝，接著就密封住原先的酒瓶並放入冰箱冷藏，如此就可存放至一星期。一般來說，除非是要用來做醃汁★，343頁，酒是必須要與極酸或極辣調味食物保持距離的。

要使用多少酒呢？酒量永遠別多到會打破食物味道的平衡或掩蓋食物本身的獨特味道。➠酒量要算入指示使用的液體量的總合之中，切勿當成是額外添加之物。料理砂鍋、燉鍋和燉肉時，有些廚師會先將酒加溫後才加入，如此的作法是不想打斷文火煨煮的過程。如果肉品和家禽肉食譜指示要同時使用酒和培根或鹹豬肉，要注意成品是否會過鹹。➠要在料理接近尾聲時試味道加以調味。為了增加調味作用，可以減少酒量，如此就可避免製作醬汁時出現過度溶解的情形。在十分鐘不加蓋的烈火煨煮期間，一杯酒會被減少至約四分之一杯。

坊間有許多跟廚房裡的酒有關的迷思。長久以來人們都相信酒製醃汁可以軟化肉品，事實上，酒的作用主要是將肉品調味和變得濕潤，浸過滷汁的肉之所以會感覺好像比較柔韌，這是因為肉裡保留了些許水分的緣故。酒裡的酒精有時也是人們考量的因素。➠然而，酒精的沸點要比水的沸點低許多，酒精加熱後幾乎都會相當快速地揮發掉，剩下只是極少量的酒精。正因如此，除了可以增進味道之外，這是在料理前先將酒加熱的另外一個好理由。

要在什麼時候加酒呢？製作醬汁時，如果希望有酒的獨特味道，通常的方式是在料理接近尾聲時才加入小量的酒。這個技巧特別適用於波特紅葡萄酒、雪利酒、馬德拉酒和馬薩拉酒等烈性葡萄酒，二或三大匙的烈性葡萄酒的味道強度就相當於半杯不甜紅酒或白酒。或者，可以用加熱溶解法直接把酒做成醬汁；見「醬汁★」，277頁。在已經有煮好的肉品、家禽肉或蔬菜的煮鍋裡，只需加入四分之一杯酒，調高火候，接著就將在鍋底的煮熟食材刮挖起來。

至於燉鍋和燉肉方面，在肉類和蔬菜已經煮熟，或者是已經煮好並且用草本植物、香料或其他調味料調味完成之後，此時就是最好的加酒時機。酒的多變特質和複雜性其實也被煮掉了（這也是不需使用昂貴酒品的另一個原因），而留下的是多少已經成熟的酒的基本特質和味道，當然還有一些豐美的滋味——這會讓人食慾大開。

你可以將酒加熱減少酒量，➡當用酒來烹煮食物時，永遠別把火候調到超過文火煨煮的狀態。➡為了避免結塊或分離狀況，假如食譜指示使用牛奶、鮮奶油或雞蛋，酒應該要總是比這些材料先加入。煮過的酒量會減少一些，將煮鍋一離火源後就可加入牛奶、鮮奶油或雞蛋。如果無法一次食用完畢，可以用雙層蒸鍋保溫，➡ 蒸鍋要放在滾水上而不是滾水裡。

誠如不需要使用昂貴或其他高尚酒品，也沒有必要需要依循古早的基本設想。意外發想不僅可以驗證這些設想，更常常可以改進這些想法。使用酒來料理時，我們鼓勵組合上的挑戰與創新。用白酒來料理雞隻可能會很美味，但是用不甜的紅酒做成的法式紅酒燉雞也相當不錯。鮭魚和鮪魚以紅酒烹煮是令人驚嘆的料理，用白酒來活火煨煮燉小羊肉也確實讓人垂涎。倘若要改變的是顏色方面的通則，有一件事情需要加以考量；例如，法國經典料理「紅酒煮蛋★」，329頁的深紫色澤可能會讓人乍看之下感到有點驚心。

烈酒、利口酒和調味甜酒是最經常會被用來調味點心；若要烹煮，也要輕微烹調，並且要節制添加。大多數的威士忌酒類都有顯著味道，這意味著一定要謹慎使用。蘭姆酒可以提供強烈的氣味和味道但是卻不會喧賓奪主，味道相對溫和的白蘭地酒則是另一個很好的選擇。焰燒（flambéing）是使用烈酒來料理的一種引人入勝的方式——有時會準備中途進行，有時則是在晚宴場合做為最後的高潮。➡焰燒時要能夠不出差池，則要端賴於烈酒要跟食物一樣，要先溫熱後再被點燃，請閱讀642頁的說明。焰燒水果★的說明則請參閱357頁。

料理上使用啤酒和蘋果酒也同樣有其特質，尤其是沒了氣的啤酒和蘋果烈酒。做為料理用酒，啤酒在「比利時啤酒燉牛肉★」，182頁和「牛肉腰子派★」，186頁等經典料理起著重要作用；啤酒和蘋果酒都可以為「啤酒麵包★」，415頁等各式麵團和麵糊增添清爽度和風味。你可以在本書適當指示使用的食譜中發現這兩種酒的蹤跡。

不同形式的米酒也經常用來料理。**清酒（sake）**是經過發酵處理的日本米酒，比較像是啤酒而不像酒。任何品牌的清酒都適合用來料理食物，不過，標示著「料理酒」（cooking wine）的品牌就不適合，這樣的清酒是以次級米酒製造而且可能會有添加物。清酒也會消除料理的強烈氣味。若要以其他酒類替代的話，可以嘗試使用極不甜的雪利酒、白酒或不甜苦艾酒。

味淋（mirin）有時會被叫做甜清酒，這是加了糖相當甜的日本米酒。如果買得到的話，請購買天然釀製且含有天然糖分的本味淋（*hon-mirin*）。味醂（*aji-mirin*）加了玉米糖漿使之變甜而且可能含有其他添加物。**紹興酒**是中國米酒，據傳已經有二千年的製造歷史。糯米、酵母和地方水源給予這種琥珀色的飲品一種獨特味道。有時會以陶製器存放在地底窖庫來加以熟化，最好的種類是經過百年熟化的紹興酒。如同清酒一樣，紹興酒也是溫熱飲用的酒品，而且是中國菜很重要的一種材料。由於顏色和酒精內含物與雪利酒近似，不甜雪利酒可以用來替代紹興酒。

| 伍斯特郡辣醬油（Worcestershire Sauce）|

英國人宣稱這種色深的調味醬源自英國，但是其實最早是從印度發展出來的。英國伍斯特郡是這種調味醬首次開始裝瓶生產的地點，其名稱也是因此而來。據說這種醬汁的根源來自羅馬，與當地的**魚醬油（garum）**近似，這是一種古羅馬帝國就有的以鳳尾魚為底料的魚醬，445頁。伍斯特郡辣醬油可以做為餐桌調味醬，也可以用來料理肉品，做成以肉為底的肉汁、湯品和雞尾酒，可以為料理增添鮮明強烈的味道和深沉的色澤。

| 酵母（Yeast）|

酵母是細小的單一細胞有機體，一磅的酵母約有三十二兆個細胞，而且沒有一個細胞彼此相同。餵食糖之後會產生酒精和二氧化碳，也就是麵糊和麵團中的「膨脹劑」。但是你可能會像我們一樣傾向於接受墨西哥人對於酵母麵團的態度，把酵母麵團視為「靈魂」（墨西哥語為*almas*），這是因為其中似乎充滿了靈性的緣故。

麵粉與水混合之後就形成麵團，靜置在溫暖的地方，來自空氣和麵粉裡的**野生酵母**就會開始作用而發展成酸麵團。麵粉裡的酶會把小麥澱粉轉化成餵食酵母的糖，如此就產生了酒精和二氧化碳。天然酸性物質和其他芬香混合物造成了酸化效用。「酸味酵頭★」，371頁就是這種原始細菌發酵作用的產物——這種方式可說是相當原始，在西元四千年前的埃及歷史中就有記載。這種發酵麵包甚至被稱為第一種「便利」食品，這是拜內含的酵母讓麵包可以有極佳保存品質之故。

至於其他種類的麵包，會加入從店裡購買的酵母——活性乾燥酵母、速發或快發酵母和壓縮酵母等。這些酵母在不同溫度下會被啟動作用；請見以下的說明。溫度和可取得的食物分量會限制酵母的生命週期。正因如此，酵母的作用力是可以輕易計算出來的。半盎司活性乾燥酵母可以讓四杯麵粉在一個半到兩小時間發酵膨脹；一盎司活性乾燥酵母可以讓二十八杯麵粉在七小時間發酵膨脹。若有加速發酵作用，你可以額外添加一些酵母，但是這樣一來就要注意到麵團的味道通常也會因此而有所影響，讓烘焙完的成品出現多孔的質地。添加少量糖也可以加速發酵作用，但是加了太多糖卻會適得其反——你可能會發現較甜的麵團會需要較長的發酵時間。鹽也會抑制發酵作用，➡因此永遠別用重鹽水來溶解酵母。在炎熱氣候時或悶熱廚房中，等到酵母溶解且加入麵粉之後，此時則可以加入少量的鹽來防止麵團過快膨脹。

酵母麵團至少必須發酵一次以便增進麵團質地，但是麵團也不能夠過度膨脹，如此一來反而會讓酵母吃光了可以依賴發酵的物質，使得其發酵作用力在進行烘焙時已經所剩無幾，而烘焙時卻是最需要酵母作用的。

關於把酵母混入麵團的不同方法，請閱讀「混製麵包麵團★」，355頁。酵母要添加液體，不論是單一或混合的液體，其中包括會帶出麵粉的小麥味道並做出酥脆外皮的水，以及不僅可以增添營養而且可以做出較柔軟麵包的脫脂牛奶。全脂牛奶裡的脂肪常常會包覆住酵母而使得酵母無法充分軟化。沸煮馬鈴薯後留下的馬鈴薯水可能也可以加以使用，但是會加速酵母的作用而使得麵團出現有些較為粗糙和較為濕潤的質地。不過，牛奶和馬鈴薯水都可以某種程度上增加麵包的存放時間。

想要做出最好的酵母麵包，你一定要讓麵團經過緩慢的發酵膨脹過程；整個過程在烘焙前要花上四到五小時的時間。如果使用的是一包活性乾燥酵母和一杯半液體，在溫度適當的狀況下，你可以預期在二小時左右就會完成第一次發酵膨脹；第二次發酵膨脹則要再多花上一小時以上的時間；然後則是讓麵團在烤盤或烘烤淺盤上再發酵膨脹一次。你可增加食譜指示的酵母使用量並連帶縮短發酵膨脹的時間。能否成功地快速完成發酵膨脹則要仰賴快速或速發酵母。不過就我們的看法，既然你已經使用酵母了，不妨試著做出經過比較緩慢發酵過程的最好成品。

活性乾燥酵母

這種細小顆粒的酵母是以密封防潮的二又四分之一小匙量的四分之一盎司容量包裝在市面上販售，另外也有四盎司大小的罐裝產品。活性乾燥酵母比壓縮酵母的販賣期間要來得長，包裝上會標示保存期限，在涼爽地方可以保存好幾個月，放入冰箱冷藏則能保存更長時間，冷凍的話就可以無限保存。比壓縮酵母或新鮮酵母要高的熱能和較多的濕度就可以啟動發酵作用。我們建議你要測試或檢驗酵母以便確保酵母是「活的」，➠使用約四分之一杯溫水（四十一度到四十六度）將酵母溶解，➠記得要同時減少使用食譜指示使用的液體量。為了迅速溶解，將酵母顆粒灑放在水面上。酵母也可以與其他乾燥材料用攪拌器製作法★，355頁來一同混合，然後用四十九度到五十五度的液體來加以啟動。為了強化檢驗效果，可以加入少量麵粉和糖。

➠使用活性乾燥酵母取代壓縮酵母時，一包（二又四分之一小匙）的乾燥活性酵母可以取代每〇・六盎司的壓縮酵母糕塊。使用活性乾燥酵母取代快速或速發酵母時，使用同等分量，但是要確實檢驗或為乾燥活性酵母補充水分。

啤酒酵母或營養酵母

啤酒酵母是可從健康食品店購得，這種乾燥酵母並沒有發酵作用力，主要要用來為食物添加營養價值。啤酒酵母可以加到麵包裡，以一到三小匙啤酒酵母和一杯麵粉的比例添加，並不會負面改變麵包的味道和質地。

壓縮（新鮮）酵母

壓縮酵母也稱做新鮮酵母，這是具有最高水分含量的酵母。這種酵母有機體有一定的發酵溫度範圍，會在十度開始啟動，➠二十六到二十八度之間會有最好的發酵作用。這種酵母在四十九度就會開始死亡，超過六十二度就完全無法用來烘焙。壓縮酵母糕塊通常是重約〇・六盎司，不過市面上也有販賣較大的糕塊。壓縮酵母一定需要放入冰箱冷藏。

如果你在超市買不到壓縮酵母，可能就要從烘焙供應商、網路業者或型錄販售商等通路取得。新鮮購入後，壓縮酵母將可以保存兩星期。冷凍的話，可以保存兩個月；記得只取出需要使用的分量，並且要放在冰箱冷藏室隔夜解凍。最佳狀態新鮮酵母的顏色是淡灰棕色，糕塊很容易碎裂，碎裂邊緣都是乾淨整齊，而且會散發一股迷人氣味。一旦酵母變老，顏色就會變為棕色。若要測試新鮮度，用等量的糖稠化少量的酵母。應該要能夠一次就成功液化。在與食譜指示使用的其他乾燥材料混合之前，要讓弄碎的壓縮酵母先行溶解在二十一到二十七度之間的溫熱液體裡約五分鐘。

使用壓縮酵母取代活性乾燥酵母或快發酵母時，每〇・六盎司的壓縮酵母糕塊可以取代一包乾燥活性酵母或快發酵母。

快速或快發酵母

包裝上也會標示為「快速作用」（quick acting）或「速發」（rapid rise）。這種活性乾燥酵母都是成包販售，可以顯著地縮短發酵膨脹時間，有時甚至可以節省一半的時間。

快速酵母的主要優點是在於可以直接加到乾燥才料理而且不需補充粉量或加以檢驗，也因此比起活性乾燥酵母要來得方便使用。快速酵母的作用力比活性乾燥酵母要強上百分之二十五。若要用來取代活性乾燥酵母，記得使用同等分量的快速或速發酵母。

| 優格（Yogurt） |

這是人工栽植發酵的奶製品，依據其取得的奶類原料，市面上有全脂、低脂和無脂的種類。優格還分原味優格和甜化調味優格，可能使用的天然甜化劑或人工填化劑；購買時要注意包裝說明。要放入溫度在四度以下的冰箱冷藏，一般可以在標示的銷售期限後保存十天。關於酸奶和酸鮮奶油的更多訊息，請閱讀本書569頁的說明。

自製優格

如同酵母，優格裡的發酵劑也是對溫度相當敏感的一種活的有機體。為了做出一致性的成品，要記得用溫度計測量牛奶溫度。優格有種添加的特性，也就是在製作過程中並不介意任何推擠的情形。記得要將所有器具留放在不會受到干擾的地方。如果你是使用某種電子器具來快速製作優格，要謹慎遵照製作指示說明。

不管是用隔熱野餐保冷箱或是溫熱到三十八度的烤爐，我們都曾經成功地做出優格，重點是要讓優格放在所含細菌可以「作用」的溫度之中。準備好消毒過的玻璃瓶並保持瓶身溫熱，以便盛載你正在準備的牛奶量。

要做出第一批優格，你需要一個菌元。購買一盒原味優格、跟朋友要少量優格或者是從健康食品店買入一包優格菌母。自行選擇喜歡的牛奶，從無脂牛奶到豐美的鮮奶油牛奶都行。

兩杯

將以下加熱至八十二度或幾乎要沸騰的狀態：

兩杯牛奶

靜置冷卻到溫度降為四十一到四十六度之間。將以下充分拌入牛奶中：

一包優格菌母或二到三大匙室溫溫度的原味優格

倒入罐瓶。不要讓倒入瓶中的牛奶溫度降至四十一度以下。把瓶子一次封存。接著就可放到溫熱烤爐或隔熱野餐保冷箱中。加了優格的牛奶應該會在三到四小時間達到奶凍般的濃稠度；加了優格酵母的牛奶則可能要放上七到八小時。每半個小時檢查一次，一半呈現奶凍般濃稠度，就要放入冰箱。保留一小部分首批完成的優格以便再行製作其他優格。一般來說，自製優格可以存放六到七天。不過，如果是做為菌元的優格的話，最好就不要超過五天。

你可能會想要知道怎麼會只需要用少量的菌元，也可能會好奇是否多加一點起動元可以做出更好的成品。答案是否定的。擁擠的芽苞桿菌（bacillus）將會導致成品有酸味而且會水水的。不過，只要菌母有足夠空間或餘地可以「作用」，做出來的就會是豐美、溫和且濃稠的優格。如果優格沒有在八小時內呈現凝結狀態，這可能就表示牛奶的溫度過高而且菌母已經被摧毀，或者可能使用的是不好的菌母。永遠要記得➨別把剛做好的一批優格全部吃光光。要留下二到三大匙來做為下一批優格的菌元。

要混入水果的話，➨要先把溫甜的碎水果放在瓶底，接著才倒入牛奶。

料理時使用優格，➨要輕柔地切拌入其他材料之中，否則擊打的力道將會破壞優格的質地。

優格起司（約1/2杯）

這個製品可以做為酸鮮奶油的替代品、做為馬鈴薯泥的頂端加料、鋪放在土司上頭，或是做為沾醬底料。在過濾器或濾鍋裡鋪放粗棉布或咖啡濾紙做為襯底，接著就架放在碗上。用湯匙舀入：

1杯原味優格

用保鮮膜包覆並放入冰箱至少6小時或隔夜冷藏；要丟棄濾出的液體。你可將優格起司放在冰箱藏放至1星期。要倒掉累積的液體。

關於食物的顏色（About Color in Food）

料理時，要壓抑這樣的衝動，不要想從小瓶子替食物添色或使用蘇打等化學劑品來保留食物的顏色。在一般的情形下，反而是要盡心維持食物本身就有的顏色，並且利用料理技巧和有效對比來強化食物的色澤。

首先就要懂得選用完好成長的新鮮食材，經過正確地洗滌、乾燥和修剪，然後再根據食譜裡的「指示要點」來加以準備食材。➨要放入食物烹煮的器具的材質要適合食材；見663頁的說明。如果你已經這麼做卻還是對成品不滿意的話，請檢視自己料理使用的是哪一種水；見598頁的說明。➨記得千萬別過度烹煮食物，沒有什麼比得上這種使得食物色澤平淡的無法恢復的烹煮結果。

以下是一些可以進一步保持食物顏色鮮明的方法。湯品和醬汁的顏色是來自其使用的高湯的製作方法。在製作肉類或家禽肉高湯的期間，會有灰色的泡沫浮現在表面。只要在烹煮時有移除浮渣並且是掀蓋烹煮的話，高湯的顏色和清澈度就會受到最輕微的影響。在烹煮期間有移除浮渣的話，淡色的肉也可以維持較佳色澤；藉著在烘烤或燒烤時抹油，或者是使用塗汁或焰燒料理手法，如此就可以改善深色肉煮熟後的色澤。先撒上紅椒粉才燒烤魚和淡色肉同樣可以改善食物顏色。使用水煮用紙蓋，634頁來讓燉湯通風。

肉雜碎——或是暴露在空氣裡會變色的蔬菜或水果——要用微酸性水，452頁，或白葡萄酒來烹煮。但是記得要在這些食物的切口表面先撒上一些檸檬汁。或者，使用「抗褐變溶劑★」，349頁，來防止在食用前先稍微去皮的新鮮水果變色。請謹記在心，只要沒有在料理後保溫且覆蓋，所有食物的顏色都會加重。要在料理綠色蔬菜保持顏色鮮綠，請閱讀《廚藝之樂［飲料・開胃小點・早、午、晚餐・湯品・麵食・蛋・蔬果料理］》403頁的說明。

搭配淡醬汁食用的食物可能可以烘烤碎末，645頁，或釉汁★，340頁處理。任何醬汁都可能可以用以下裝飾：草本植物細切沙拉，518頁；番茄丁★，311頁或紅椒切塊；龍蝦卵★，25頁；「龍蝦奶油★」，306頁；蛋黃；番紅花；肉汁；香菇和煮焦的麵粉。

如果你需要處理看起來毫無生氣的蔬菜，一點綠色添加劑可能可以放入攪拌機來快速處理一下：用少量高湯混合攪拌菠菜、歐芹或西洋菜（watercress）。

想要讓麵包和糕點外皮的顏色漂亮，不僅可以透過在麵團裡使用奶製品或蜂蜜，也可以謹慎添加一些奶油或油。外皮色澤的絕佳來源就是在麵團裡加入少量的玉米糖漿。像要增進外皮色澤也可以在烘焙前先塗刷上奶油、蛋液或糖衣。

至於顏色組合和顏色對比方面，除了不需要令人嘆為觀止之外，沒有人可以立下硬性規定。即使只是在沙拉裡使用淡色和深色萵苣的簡單組合——或是用水芹做為對比——都會讓人食慾大增。偶爾使用可食用的裝飾料——本書裡各處都有適時提供建議——也都會有所助益。同時要考量整體料理呈現：碗盤、餐具、桌面、桌布和裝飾都是實務能否滿意並多彩呈現的整體部分內容。

人工食用色素有液狀、膏狀或凍狀，超市和廚房供應店都有廣泛販售，這些色素可以為食物添上彩虹般或更多（黑色、灰色、銀色和金色）的色澤。經常會用來裝點蛋糕和餅乾，甚至連「紅絲絨蛋糕」，37頁都可以用，這些色素通常可以做出活潑鮮明的顏色。一般來說，少量色素就很夠用了。膏狀或凍狀色素比較不可能會如同液狀色素一樣稀釋或液化成糖霜或糖衣。➡要注意的是，近來研究指出有些人對人工色素會出現過敏反應。

關於氣候（About Weather）

氣候——潮濕或乾燥，炎熱或冷酷——對料理有很重要的影響。如果氣候是料理的決定性因素的話，本書中的個別食譜都有特別說明。我們在此就只重複一些例子：潮濕氣候會對烹煮好的食物裡——如蛋白霜——和製作糖果，268頁，期間的糖有相當大的影響。諸如稠化奶油和糖，4頁、成功做成「蓬鬆糕餅★」，483頁，或麵包發酵膨脹★，357頁等期間，冷和熱的影響則是正面和負面都有。脅迫的氣候甚至會延後奶油，463頁和「美乃滋★」，334頁的「完成」。馬克吐溫認為沒有人在意氣候，他顯然是錯的，畢竟只要是細心的廚師絕對會注意反覆無常的氣候狀況並且會根據變化而加以調整。

關於測量（About Measuring）

仔細測量的重要性，尤其是在進行烘焙時，那是怎麼強調也不為過的。每個廚房都要有三種測量工具。量匙是設計來測量小量的乾或濕的材料；購買一套包括四分之一小匙、二分之一小匙、一小匙和一大匙的量匙。乾糧杯是設計來測量麵粉，504頁、糖、紅糖，581頁、大脂肪和其他乾燥材料。用來測量液體的玻璃杯或透明塑膠杯的杯身都有標示刻度。請購買刻度容易讀取的量杯。有標示八分之一杯（每一盎司）刻度的一杯量或兩杯量的量杯適合在小量測量時使用，有著較不精準刻度的四杯量的量杯則適合用來大量測量時使用。➡不要使用測量液體的量杯來測量乾燥材料，如此使用的測量結果都是不準確的。

水果、蔬菜和肉類的秤重結果往往是許多料理成功或失敗的關鍵所在。許多烘焙師喜歡使用料裡秤來測量乾燥材料。廚用料理秤有的是像浴室用秤重器的機械裝置，有的則是有著數位顯示螢幕的緊密電子裝置。不管是哪一種料理秤，請購買具有將碗盤放到秤上後可以歸零功能的機種。如果你經常使用或預期會使用歐洲食譜來料理的話，標示公克/盎司的料理秤就是必要的器具。

本書裡的食譜都是➡依據標準美國器皿，也就是使用八盎司量杯和一大匙，正好需要以湯匙舀入十六次來填滿一整個量杯。我們建議要依據這個目的來選用使用的湯匙大小，畢竟市面上一般販售的湯匙都是不符合這樣的標準專業規格。

本書裡的食譜也因此都是以平匙測量為基礎——多數都是齊頭水平，「堆高」和「縮減」的方式都已經在多年前就從本書淘汰了。除非你已經經驗豐富，不然的話，我們強烈建議你要養成使用平匙標準測量方法。

為了證明謹慎測量對於體積數量的影響，不妨進行這樣的簡單試驗：用一支標準湯匙舀取麵粉或泡打粉，接著再用一把刀子將之齊頭劃平。記得別搖晃。接下來再從同樣的材料舀取出滿滿一匙並且不要齊頭劃平。兩相比較後，你會發現如此隨意舀取出的重量較輕的材料往往會比食譜指示的用量多上三倍之多。我們可以跟你打賭，那些不使用器具而是憑直覺來取用材料的自傲的廚師都是「老手」，多年以來都是使用相同的碗、杯、匙和爐灶，而且甚至都是使用相同品牌的主要產品——此外，對他們來說，這絕不是因為這些人有比較好的運氣。而且他們也很可能根本不在乎自己做出的成品有些許差異。

➡尤其是進行烘焙和料理中使用了膠質的時候，準確測量基本材料是必需的。➡測量乾燥材料時，使用可以測量正好一杯量的量杯，而且邊緣要易於齊頭劃平。➡如果食譜指示要篩過麵粉，這絕對是不應該掠過的步驟，否則的話，含蓄說來，成品就要看運氣了。事實上，篩過測量後的材料將會增進所有蛋糕的質地。連著麵粉來篩過鹽、發酵劑和香料可以確保所有材料均勻混合。

至於調味品和香料等所謂配料的測量也是相當重要的。不過，分量多寡往往都因個人喜好而異，如果不考量香料的新舊的話，使用量會因而有很大不同但是還不至於會導致料理失敗。

| 關於交互替換和等量使用（About Substitutions and Equivalents）|

身為新手廚師的你用完了手邊的砂糖。千萬別以為老手就不會遇到這樣的狀況！你其實只要用糖粉來替代就行了。此外，一旦做出來的蛋糕沒有預期的甜而且質地可怕，你會不禁好奇到底出了什麼差池。

撰寫良好的食譜和合理使用標準測量就能夠讓你做出好料理，而你根本不會注意到兩杯糖或奶油就是一磅，但是你可能會需要四杯中筋麵粉來做出一磅的量。這只要出了美國，你就會很快發現這樣的情況，畢竟美國以外的地方的料理都是以重量而不是以體積來進行測量。

我們在這裡提供了一些幸運的體積和重量的關係說明，可以讓身為新手的你在這樣的時刻有所依靠而不至於被古老的恐龍數學——還有物理學、化學和語意學——嚇壞了。以下就是我們攻無不勝的家常武器，都通過了與這些老花招交手的試驗。

就重量來說，這並不等同於體積，兩大匙奶油等同於兩大匙融化奶油。不過，切勿直接引用這個正面知識來做蛋糕而沒有事先閱讀「關於奶油蛋糕」，26頁的說明。

就重量來說，一杯百分之三十六濃鮮奶油等同於一杯百分之三十六發泡鮮奶油。就體積來說，一杯百分之三十六濃鮮奶油等於約兩杯百分之三十六發泡鮮奶油。➡倘若食譜指示只用發泡鮮奶油，那就表示你需要發泡過程所帶來的蓬鬆和較為乾燥的質地。

讓我們再仔細說明糖的注意事項。

1杯砂糖約重7盎司
1杯糖粉約重4盎司
1杯壓實紅糖約重7又1/2盎司
1杯糖蜜、蜂蜜或玉米糖漿重12盎司

這些糖製品的差異只在重量方面。但是你還是要估計與液體會產生的糖化作用和質地方面的變化——使用的是糖蜜和蜂蜜的話——會影響到酸性物質的產生。不要忘了試嚐一下，這可以說是最重要的技巧。

如果食譜指示使用前面提到的這些材料，這些食譜都已經顧慮到體積和重量不等同的問題。不過，譬如，假如你遇到突發狀況而要以糖替代糖蜜的話，請先閱讀「糖蜜」，538頁的說明。有一些替代方式可以發揮極佳效用，其他的一些替代方式則只有在特定情境才會使用。➡當你用朋友的食譜來做料理，假如你使用的起酥油和朋友的食譜指示的並不相同，那麼就別期待你會做出一樣的成品。你做出來的東西可能會比對方來得好或來得糟，但是成品就是絕對會不盡相同。

在你開始深入探討下面提供的一些圖表之前，我們在此要介紹你➡關於分述問題的加乘攻略。

你只想要做出1/3的食譜預定分量。食譜指示使用1/3杯麵粉：1/3杯麵粉等於5又1/3大匙。1大匙等於3小匙。因此，5又1/3大匙就等於16小匙，而16小匙除以3——還記得你要的是1/3的食譜預定分量——就是5又1/3小匙。現在你或許可以省略一些步驟，但是我們還做不到。

另外一個經過試驗而證實的廚房公式——這是比例方面的準則。你現在想要做祖母傳下來的水果蛋糕，成品是11磅，但是你只想要3磅。食譜指示使用10 杯麵粉。那麼3磅的蛋糕應該要用多少麵粉呢？以下就是一個簡單的比例公式：11磅蛋糕相對於3磅蛋糕等於10 杯麵粉相對於？杯或X杯麵粉，寫成公式就是11:3=10:X。各自相乘兩端數字（11×X）和內裡兩個數字（3×10），如此就得到11X=30。30除以11就得到X=2又8/11，或者是約2又3/4杯。如果你不確定8/11約等3/4，就把8和11相除，找出與標準測量最相近的小數點。絕對值得以同樣的遞減方式來處理雞蛋、液體和水果等其他基本材料，如此一來就可以做出會結合在一起的蛋糕。使用估計而出的香料分量。

改變食譜時還有一個注意事項。➡減少或增大時，遞減或加乘的數字不要大於4 ——純正成品則會建議是2。雖然這可能說來神祕，但是食譜事實上是不可能無限延展或縮減的。

等值表和換算表（Tables of Equivalents and Conversions）

在美國測量系統中，最不幸的是同樣的字卻可以有兩個意思。舉例來說，1盎司可能是指1磅的1/16，也可能是指1品脫的1/16；但是前者是專指重量測量，而後者是體積測量。請見前述的不同種類的糖的不同杯重的例子說明。除了三個例外情況（水、全脂牛奶和全蛋）之外，1液盎司和1盎司重量是完全不同的數量。或者正是因為這個緣故，美國之外的廚師多數都是用重量來測量固體材料。如果你預計會經常使用歐洲食譜來料理的話，標示公克/盎司的料理秤就是必備的器具。

美制度量（United States Measurements）

這些等值數字都是依據美國的「液體」或體積測量法。這種測量法並不是只能用來測量水和牛奶等液體，同樣可以用來測量麵粉、糖和起酥油等材料，而美國人已經慣常使用體積測量法來量測這些食材。

液量體積等值表（Liquid-measure Volume Equivalents）

請閱讀614頁的美國公制液量表。

幾顆粒 = 少於 小匙

60滴 = 1小匙

1小匙 =1/3大匙

1大匙 = 3小匙

2大匙 = 1盎司

4大匙 = 1/4杯或2盎司

5又1/3大匙 = 1/3杯或2又2/3盎司

8大匙 = 1/2杯或4盎司

16大匙 = 1杯或8盎司

3/8杯 = 1/4杯加2大匙

5/8杯 = 1/2杯加2大匙

7/8杯 = 3/4杯加2大匙

1杯 = 1/2品脫或8液盎司

2杯 = 1品脫或16液盎司

1吉耳（液體）＝1/2杯或4液盎司
1品脫（液體）＝4吉耳或16液盎司
1夸特（液體）＝2品脫或4杯
1加侖（液體）＝ 4夸特

｜長度測量（Linear Measures）｜

此為比較器具之用。
1公分＝ 0.394吋
1吋＝ 2.54公分
1公尺＝ 39.37吋

｜乾量體積等值表（Dry-measure Volume Equivalents）｜

如果處理的是大量的生鮮蔬果的話，乾量法就是使用的測量法。切勿別搞混了乾量品脫和夸特與液量的品脫和夸特；前者約比後者大上《1⁄6》。

	乾品脫	乾夸特	配克	蒲式耳	公升
1乾品脫	1	1/2	1⁄16	1⁄64	0.55
1乾夸特	2	1	1/8	1⁄32	1.1
1配克	16	8	1	1/4	8.8
1蒲式耳	64	32	4	1	35.23
1公升	1.82	0.91	0.114	0.028	1

｜一般罐型大小（Common Can Sizes）｜

以下羅列了一般罐型和其一般內含的容積大小。

罐型	液盎司	杯量
10號	104.9	13
5號	56.6	7
3號	33.5	4.25
3號圓筒	49.6	6
2又1/2號方筒	31.0	4
2又1/2號	28.6	3.5

2號	19.7	2.5
303號	16.2	2
300號	14.6	1.8
211號	13.0	1.6
12盎司真空罐	12	1.5
1號野餐罐	10.5	1.3
8盎司	8.3	1
6盎司	5.8	0.75
4盎司	4.1	0.5
2½盎司	2.5	0.25

一般冷凍食品包裝量（Average Frozen Food Packages）

蔬菜……8到16盎司
水果……10到16盎司
罐裝冷凍水果……13又1/2到16盎司
冷凍濃縮果汁……6盎司

美制和英制度量比較（Comparative U.S. and British Measurements）

許多英制或「帝制」度量單位的名稱都與美制相同，但是兩者卻並非都是一致的。一般來說，重量是相等的，但是體積就不相等。對於廚師來說，下面註記的就是最重要的差異之處，這是我們從用美制度量來料理英國食譜卻始終失敗的經驗所理解到的。

此外，英製小匙和大匙有各式尺寸，這也造成了更多問題。面對我們的困境，我們的英國朋友笑著告訴我們，英國家庭並沒有標準的小匙和大匙；她家裡使用的是從十五世紀祖傳下來的小匙和大匙，大小正好可以用來料理家裡的祖傳食譜。正因如此，我們能夠提供的建議就是要自行試驗以便得到最好的成果。以下是美式量杯和英式測量杯的差異所在：

1個8盎司美式量杯=16美式大匙

1個10盎司英式量杯=1個英式早餐杯，或是2帝國英式吉耳的每個5帝制盎司，或是20又4/5美式大匙，或62又1/2美式小匙。

關於度量換算（About Metric Conversion）

當你想要把美式食譜或英式食譜轉換成度量測量時，這些轉換重量和體積的換算表就會相當便利。

在下頁的換算表中，比較了一般從度量轉換成美國標準的廚房測量以及反算的方式。使用時，我們提供了這樣的例子：要決定食譜中的美式量杯的相等數量，如果只是使用500毫升的液體，就可查照美制度量液體體積表；在左方的直欄中找到1毫升，接著就可對照到杯量的欄位而得到0.004的數字。將500與0.004相乘，你就會得到答案是2杯。

美制度量液體體積

	液體打蘭	小匙	大匙	液盎司	1/4杯	（吉耳）1/2杯	杯	液品脫	液夸特	加侖	毫升	公升
1液體打蘭	1	3/4	1/4	1/8 .125	1/16 .0625	.03125	.0156	.0078	.0039	1/1024	3.70	.0037
1小匙	1又1/3	1	1/3	1/6	1/12	1/24	1/48	1/96	1/192	1/768	5	.005
1大匙	4	3	1	1/2	1/4	1/8	1/16	1/32	1/64	1/256	15	.015
1液盎司	8	6	2	1	1/2	1/4	1/8	1/16	1/32	1/128	29.56	.030
1/4杯	16	12	4	2	1	1/2	1/4	1/8	1/16	1/64	59.125	.059
1/2杯（吉耳）	32	24	8	4	2	1	1/2	1/4	1/8	1/32	118.25	.118
1杯	64	48	16	8	4	2	1	1/2	1/4	1/16	236	.236
1液品脫	128	96	32	16	8	4	2	1	1/2	1/8	473	.473
1液夸特	256	192	64	32	16	8	4	2	1	1/4	946	.946
1加侖	1024	768	256	128	64	32	16	8	4	1	3785.4	3.785
1毫升	.27	.203 1/5	.067	.034	.017	.008	.004	.002	.001	.0003	1	.001 1/1000
1公升	270.5	203.04	67.68	33.814	16.906	8.453	4.227	2.113	1.057	.264	1000	1

美制度量質量（重量）

	顆粒	打蘭	盎司	磅	毫克	公克	公斤
1顆粒	1	.037	.002	1/7000	64.7	.064	.006
1打蘭	27.34	1	1/16	1/256	1770	1.77	.002
1盎司	437.5	16	1	1/16	2835	28.35	.028
1磅	7000	256	16	1	相當多	454	.454
1毫克	.015	.0006	1/29,000	1/相當多	1	.001	.000001
1公克	15.43	.565	.035	.002	1000	1	.001
1公斤	15,430	564.97	35.2	2.2	1,000,000	1000	1

英制度量液體體積

這是英國現在使用的度量系統；如果你希望使用寫在1970年代早期之前的英國食譜的話，這些對照表就會相當有用。

	液體 打蘭	液盎司	1/4杯	（吉耳） 1/2杯	杯	液品脫	液夸特	毫升	公升
1液體 打蘭	1	1/8	1/20 .05	1/40 .025	1/80 .0125	1/160 .017	1/320 .003	3.55	.0035
1液盎司	8	1	2/5 .4	1/5 .2	1/10	1/20 .05	1/40 .025	28.4	.028
1/4杯	20	2.5	1	1/2	1/4	1/8	1/16	71	.07
1/2杯 （1吉耳）	40	5	2	1	1/2	1/4	1/8	142	.14
1杯	80	10	4	2	1	1/2	1/4	284	.28
1液品脫	160	20	8	4	2	1	1/2	568	.57
1液夸特	320	40	16	8	4	2	1	1136	1.13
1毫升	.28	.035	.014	.007	.0035	.0018	.0009	1	.001 1/1000
1公升	281.5	35.19	14.08	7.04	3.52	1.76	.88	1000	1

粗估溫度對照表

	華氏	攝氏
冷凍庫最冷區域	-10°	-23°
冷凍庫	0°	-18°
水的冰點	32°	0°
水開始沸騰	115°	46°
水開始滾燙	130°	54°
水的沸點（海平面）	212°	100°
軟球	234°	112°
固球	244°	118°
硬球	250°	121°
極低溫烤爐	250°-275°	121°-135°
低溫烤爐	300°-325°	149°-163°
中溫烤爐	350°-375°	177°-191°
熱烤爐	400°-425°	204°-218°
高溫烤爐	450°-475°	232°-246°
極高溫烤爐	500°-525°	260°-274°
炙烤	見炙烤，1046頁	

將華氏轉換成攝氏，先減去32，再乘以5，最後除以9。將攝氏轉換成華氏，則要反之而行：乘以9，除以5，加上32。

100℃×9=900°

900°÷5=180°

180°+32=212°F

美國農業部建議的料理溫度

雞蛋和蛋料理	
雞蛋	煮到蛋黃和蛋白變硬
蛋料理	160°F
肉泥或混肉	
火雞和雞	165°F
小牛肉、牛肉、羔羊和豬肉	160°F
新鮮牛肉、小牛肉和羔羊	
三分熟	145°F
五分熟	160°F
全熟	170°F
新鮮豬肉	
五分熟	150°F
全熟	160°F
家禽肉	
全雞	180°F
全火雞	180°F
火烤家禽胸肉	170°F
家禽腿和翅	180°F
餡料（獨自烹煮或放入家禽中）	165°F
全鴨或全鵝	180°F
火腿	
新鮮（生）	160°F
預煮（重新加熱）	140°F
魚	
全熟	145°F
剩菜或雜燴	165°F

編按：本套書三冊內容裡所提及的溫度均已換算成攝氏。

一般材料的替代和等量使用

請同時參見「關於」個別材料的說明；見本書索引取得進一步說明。

杏仁		
帶殼	3又1/2磅	1磅去殼
未經熱燙，整顆	6盎司	1杯
未經熱燙，粉末	1磅	2又2/3杯
未經熱燙，切片	1磅	5又2/3杯
經過熱燙，整顆	5又1/3盎司	1杯
經過熱燙，切片	4盎司	1杯
蘋果	1磅或3到4顆中型	3到4杯 去皮、去果心、切片
	3又1/2到4磅，生	1磅，乾燥
	約10顆蘋果	1磅，乾燥
杏桃，新鮮	5又1/2磅	1磅，乾燥
	1磅或12到14顆中型	2又1/2杯切片或2杯剁碎
杏桃，乾燥	1磅	3又1/4杯
杏桃，煮過並瀝乾	1磅	3杯
葛粉（做為稠化劑）	1又1/2小匙	1大匙中筋麵粉
	2小匙	1大匙玉米澱粉
蘆筍	1磅	20個中型筍尖
酪梨	1磅或2顆中型	2杯切片或1杯果泥
培根	16盎司，盒裝	16到20片
	8片，煮過	1/2杯碎片
烘焙用氨或碳酸胺	3/4小匙 粉末	1小匙蘇打粉
泡打粉	1小匙	1/4小匙蘇打粉加5/8小匙塔塔粉
	1小匙	1/4小匙蘇打粉加1/2杯酪奶或優格
	1小匙	1/4小匙蘇打粉加1/4到1/2杯糖蜜
雙效	1小匙	1又1/2小匙磷酸鹽或酒石酸鹽泡打粉
香蕉	1磅或3到4根中型	1又3/4杯香蕉泥
豆子，眉豆，新鮮	1磅，帶殼	1又1/2杯，去殼
豆子，蠶豆，新鮮	1磅，帶殼	3/4杯，去殼
豆子，青豆，新鮮	1磅或3杯	2又1/2杯，煮過
豆子，菜豆，乾燥	1磅或2又1/2杯	6杯，煮過
豆子，利馬豆，新鮮	1磅帶豆莢	1杯，去豆莢
豆子，利馬豆，乾燥	1磅或2又1/2杯	6杯，煮過
豆子，海軍豆，乾燥	8盎司或1杯	2又1/2杯，煮過
牛肉，煮過	1磅	3杯，剁碎
牛肉，生	1磅	2杯，細絞
甜菜	1磅	2杯丁塊或切片
黑莓	1磅	2杯
藍莓	1磅	3杯
巴西果	2磅，帶殼	1磅去殼或約3杯
麵包碎屑，乾燥	1/4杯	1片麵包
柔軟	1/2杯	1片麵包
青花菜	1磅	4杯剁碎

肉湯	10又1/2盎司罐頭	1又1/4杯
	14又1/2盎司罐頭	1又3/4杯
	48到49又1/2盎司罐頭	6杯
抱子甘藍	1磅	2又1/2杯
布格麥食	1磅或2又1/2杯	6杯，煮過
奶油		
1條	4盎司	1/2杯或8大匙
4條	1磅	2杯
	1杯	1杯乳瑪琳
		3/4杯加1到2大匙淨化培根脂肪或滴油脂
		3/4杯淨化雞脂
		3/4杯加2大匙豬油或植物籽油或堅果油（固態油或液態油）
	8盎司	7.3盎司起酥油
奶油，發泡	1磅	3杯
酪奶	1杯	1杯原味優格
甘藍	8盎司，剁碎	3杯，壓實
	1磅	4又1/2杯，切絲
蔗糖漿，見580頁的「液態糖」		
燈籠果	1磅，修剪過	3杯
刺槐粉	3大匙多	1盎司巧克力
	2大匙水	
胡蘿蔔，去頭	1磅	3杯切絲或2又1/2杯切丁
花椰菜	1磅	4杯，剁碎
芹菜	1磅	2又1/2杯，剁碎
起司，磨碎	1磅	4杯
起司，磨絲	4盎司	1杯
起司，藍	4盎司	1杯弄碎
起司，鄉村	8盎司	1杯
	12盎司	1又1/2杯
起司，鮮奶油	3盎司	6大匙
	8盎司	1杯
冷子番荔枝	1顆大型	2杯，去皮切塊
櫻桃	1磅	2到3杯未去核，2又1/2杯去核或2杯剁碎
栗子	35到40顆大型	2又1/2杯，去皮
	1又1/2杯，帶殼	1磅，去殼
巧克力	1盎司	1/4杯磨碎
巧克力，半甜	6盎司	6大匙不甜可可粉加7大匙糖加1/4杯植物起酥油
	1又2/3盎司半甜巧克力	1盎司不甜巧克力以上加4小匙糖
巧克力，不甜	1盎司	3大匙不甜可可粉加1大匙奶油或其他油脂
	1盎司	3大匙刺槐粉加2大匙水
巧克力碎片	6盎司	1杯
可可粉	1磅	4杯
椰子，新鮮，細磨過	3又1/2盎司	1杯
椰子，磨碎	1杯	1又1/3杯薄片
椰子，薄片	3又1/2盎司	1又1/3杯

椰子	1大匙剁碎乾燥	1又1/2大匙新鮮磨碎
	1顆中型	3杯新鮮磨碎
	1磅	5杯切絲不甜
	1磅	4杯切絲甜味
椰奶（972頁）	1杯	1杯牛奶
椰製鮮奶油（972頁）	1杯	1杯鮮奶油
咖啡	1磅	40到50杯（6盎司杯子）
咖啡，即溶或粉末	2盎司	25杯（6盎司杯子）
咖啡，凍乾	4盎司	約60杯（6盎司杯子）
玉米	1條中型玉米穗	1/2杯玉米粒
玉米糖漿，見580頁的「液態糖」		
粗玉米粉	1磅	3杯
	1杯未煮過	4到4又1/2杯煮過
玉米澱粉，見576頁的「澱粉」		
餅乾碎屑	3/4杯	1杯乾燥麵包碎屑
餅乾	24片奶油圓形	1杯碎屑
	15片全麥	1杯碎屑
	30片鹽味	1杯碎屑
蔓越莓	1磅	4杯
	12盎司袋裝	3杯
鮮奶油，鮮奶油牛奶	1杯	1又1/2大匙奶油加約3/4杯和2大匙牛奶或1/2杯淡鮮奶油加1/2杯牛奶
鮮奶油，淡	1杯	3大匙奶油加約3/4杯和2大匙牛奶
鮮奶油，濃（含36%脂肪）	1杯	2到2又1/2杯發泡
鮮奶油，酸	1杯	1/3杯奶油加3/4杯酪奶或優格
醋栗，乾燥	1磅	3杯
醋栗，新鮮	1磅，未去梗	約3又1/4杯，2又2/3杯去梗，或1又1/4杯汁液
西洋李子	1磅	2又1/2杯粗略剁碎
蜜棗	1磅	2又1/2杯去核
茄子	1磅	5杯切塊
雞蛋		
巨大	4	約1杯
超大	4	約1杯
大	5	約1杯
中	5	約1杯
小	6	約1杯
雞蛋，乾燥，過篩	1磅	5又1/4杯
	2又1/2大匙，連帶攪打	1顆全蛋
	2又1/2大匙	
雞蛋，冷凍	1磅	1又3/4杯加2大匙
蛋白		
巨大	5	約1杯
超大	6	約1杯
大	7	約1杯
中	8	約1杯
小	9	約1杯
蛋白，乾燥，過篩	1大匙加2大匙水	1顆大蛋白

蛋白，冷凍	2大匙，解凍	1顆大蛋白
蛋黃，稠化用	2個蛋黃	1顆大雞蛋
蛋黃		
巨大	11	約1杯
超大	12	約1杯
大	14	約1杯
中	16	約1杯
小	18	約1杯
蛋黃，乾燥，過篩	1又1/2大匙加1大匙水	1顆蛋黃
蛋黃，冷凍	3又1/2小匙，解凍	1顆大蛋黃
矮雞蛋	1	2/3盎司
鴨蛋	1	3盎司
鵝蛋	1	8到10盎司
雞蛋，乾燥	1磅	2又2/3杯，剁碎
鳳梨番石榴	8到10顆中型	1杯果肉
無花果，新鮮	1磅或12顆中型	約4杯
榛子或榛果	2又1/4磅，帶殼	1磅或3又1/3杯，去殼
麵粉，麵包	1磅	4杯
麵粉，蛋糕	1磅	3又3/4杯
	1杯，過篩	3/4杯加2大匙過篩中筋麵粉
麵粉，自發	1杯	1杯過篩中筋麵粉加1又1/2小匙泡打粉和1/2小匙鹽
麵粉，中筋	1磅	4杯
	4杯	3又1/2杯角片全麥粉
	1杯	1杯粗玉米粉
		1/2杯加2大匙馬鈴薯粉
		1杯減2大匙米粉
		1又1/4杯裸麥麵粉
		3/4杯加1大匙高筋麵粉
	5磅，袋裝	20杯
麵粉，全穀物或全麥	1磅	3又3/4到4杯，細磨
麵粉和澱粉，稠化用	1大匙中筋麵粉	1又1/2小匙玉米澱粉、馬鈴薯澱粉、米澱粉或葛粉
		1大匙快煮木薯粉
		1大匙黏性米粉
		1大匙黏性玉米粉
	1又1/2小匙中筋麵粉	1大匙炒成焦棕色的麵粉
水果，裹糖衣	1磅	約1又1/2杯
大蒜	1個小蒜瓣	1/8小匙蒜粉，1/4小匙蒜粒，或1/2小匙蒜泥
膠質	1/4盎司，袋裝	約2又1/4小匙
	1/4盎司，袋裝	4片膠質（4×9吋）
膠質，凝凍2杯液體	1/4盎司，袋裝	約2又1/4小匙
薑	1大匙糖薑，用糖洗過或1大匙新鮮薑泥	1/8小匙粉末
鵝莓	1磅，修整過	3杯
葡萄柚	1顆中型	1又1/4杯果汁或1杯剝片
		10到12大匙果汁

葡萄	1磅	3杯，去籽和切半
	1磅，去梗	約3杯
綠色蔬菜，新鮮	1磅	10杯，剁碎
乾燥的碎玉米	1磅或2杯	3杯，煮過
番石榴	1（2到3盎司）	約1/2杯，切片
榛果	2又1/4磅，帶殼	1磅，去殼；3又1/3杯
草本植物，見989頁	1/3到1/2小匙，乾燥	1大匙，新鮮剁碎
蜂蜜，見1018頁的	1磅	1又1/3杯
「液態糖」	1杯	1又1/4杯糖加1/4杯液體
山葵，新鮮	1大匙，研磨過	2大匙，預製成品
山葵，乾燥	6大匙，研磨過	10大匙，預製成品
奇異果	1磅或4顆大型	1又1/2杯，切片
豬油	1磅	2杯
檸檬	1	2到3大匙汁液，1到1又1/2小匙皮絲
	1小匙汁液	1/2小匙醋
	1小匙皮絲	1/2小匙檸檬萃取物
	1磅或4到6顆 中型	1杯汁液，1/4杯皮絲
小扁豆	1磅或2又1/4杯	5杯，煮過
萵苣	1磅	10杯，口咬大小的切片
萊姆	1	1又1/2到2大匙汁液
	1磅或8顆中型	約3/4杯汁液
通心粉	1磅	4杯，未煮過
	1杯	2到2又1/4杯，煮過
橘子	1磅（4顆小型，3顆中型或2顆大型）	2杯橘子瓣
芒果	1顆中型	1杯，去皮切片
楓糖，研磨過	1大匙，壓實	1大匙白砂糖
	1/2杯，壓實	1杯楓糖漿
楓糖漿，見1018頁的「液態糖」		
棉花糖	16顆大型或160個迷你型	1杯
肉，碎末	1磅	2杯，未煮過
甜瓜水果	1磅	3杯，切塊
牛奶，全脂	1杯	1/2杯奶水加1/2杯水
		1/4杯乾燥全脂奶粉加3/4杯加2大匙水
		1杯還原無脂乾燥牛奶
		加2又1/2小匙奶油或乳瑪琳
		1杯豆漿或杏仁奶
		1杯果汁或1杯馬鈴薯水（烘焙用）
	1杯	1杯水加1又1/2小匙奶油
	1夸特	1夸特脫脂牛奶加3大匙鮮奶油
牛奶，脫脂	1杯	1/3杯無脂乾燥奶粉加約3/4杯水
牛奶，全脂乾燥奶粉	1磅	14杯還原牛奶
牛奶，無脂乾燥奶粉	1磅	約5夸特還原牛奶
牛奶，酸化	1杯	加1大匙醋或檸檬汁到1杯減1大匙牛奶並靜置5分鐘
糖蜜，見580頁的「液態糖」		

香菇	8盎司或約3杯整顆	約1杯煮過切片
香菇，罐頭	6盎司，瀝乾	8盎司，新鮮
香菇，乾燥	3盎司，還原	1磅，新鮮
芥末	1小匙，乾燥	1大匙芥末成品
油桃	1磅或3到4顆中型	2杯切片或2又1/2杯剁碎
麵條	1磅	6到8杯，煮過
麵條，1吋大小	1杯	約1又1/4杯，煮過
堅果，見個別堅果說明	1磅，帶殼	8盎司，去殼 （較重的堅果會少些，較輕的則多些）
細燕麥片	1磅	5又1/3杯
	1杯	1又3/4杯，煮過
粗燕麥片	1磅或6又1/4杯	8杯，煮過
油	1磅脂肪	2杯
秋葵	1磅	4又1/2杯，切片
蔥屬植物		
珠形蔥	1磅	3又3/4杯（未去皮）
白蔥	1磅	2又1/2杯剁碎或2又1/2杯切片
柳橙	1顆中型	4到6大匙汁液，2到3大匙皮絲 3/4杯切丁
木瓜	1磅	1又1/4到1又1/2杯去皮切片
蒲芹蘿蔔	1磅	2又1/2杯切片
桃子	1磅或3到4顆中型	2杯切片
花生	1又1/2磅，帶殼	1磅，去殼或約3杯
花生醬	18盎司，罐裝	2杯
梨子	1磅或3到4顆中型	2杯切片
豆類，新鮮	1磅，帶殼	1杯，去殼
豆類，乾燥，剝莢	1磅或2又1/4杯	5杯，煮過
胡桃	2又1/2磅，帶殼	1磅，去殼或約4又1/4杯
甜柿椒	6盎司或1顆大型	1杯切丁
柿子	1磅	3/4杯切丁
鳳梨，新鮮	1顆中型	3又1/2杯切丁或4杯切片
開心果，去殼	1磅	3又2/3杯
李子	1磅	2杯1/4切片
石榴	1顆一般大小	1/2杯肉籽
柚子	1顆中型	1又1/4杯汁液或1杯剝片
馬鈴薯	1磅或3顆中型	3又1/2到4杯生切片或切丁，2又1/2杯煮過， 1又3/4杯熟薯泥
仙人球	1顆大型	1/4到1/3杯去皮切片或果泥
梅乾	1磅未去核	2又1/4杯去核
	1磅，煮過並瀝乾	2杯
南瓜	1磅	2又1/2杯切塊或1又3/4杯熟瓜泥
榲桲	1磅或3顆中型	4杯去皮剁碎
蘿蔔	4盎司	1杯切片
葡萄乾	1磅	約2又3/4杯
覆盆子	1磅	3杯
凝乳酶	1錠	1大匙液態凝乳酶
大黃	1磅	2杯，煮過

米	1磅或2杯	約6杯，煮過
快煮米	2杯	4杯，煮過
蕪菁甘藍	1磅	2又1/4切塊
青蔥	4盎司	1又1/4杯切片
珠蔥	1顆中型	2大匙剁碎
	1磅	約2杯剁碎
起酥油，植物	16盎司	2又1/2杯
條塊	1條塊	1杯
高粱糖蜜	1磅	1又1/3杯
義大利麵條	1磅	7到8杯，煮過
義大利麵條，2吋大小	1杯，乾燥	約1又3/4杯，煮過
義大利麵條，12吋長	1磅，乾燥	約6又1/2杯，煮過
小南瓜，夏季	1磅	2又1/2杯切片
小南瓜，冬季	1磅	2又1/2杯切塊或1又3/4杯熟瓜泥
	12盎司，冷凍	1又1/2杯瓜泥
楊桃	1磅	1又1/2杯切片
草莓	1夸特	4杯切片
	1磅	3顆整顆或2杯剁碎或切片
糖，烘焙用，見580頁的「固態糖」和「液態糖」		
白糖	1磅	2杯
紅糖	1磅	2又1/4杯，壓實
	1杯	1杯砂糖
特細砂糖	1杯	1杯砂糖
糖粉	1磅	3又1/2到4杯
	1又3/4杯	1杯砂糖
甜味劑－不含熱量	1/8小匙	1小匙糖
木薯粉	1又1/2到2大匙，快煮	1/4杯珍珠木薯，浸泡過的
木薯粉，稠化用	1大匙，快煮	1大匙中筋麵粉
茶葉	1磅	125杯，泡煮過
番茄	1杯，壓實	1/2杯番茄醬加1/2杯水
	1磅或2顆中型	1到1又1/2杯去皮、去籽、切丁
	1磅或2顆中型	2杯剁碎
櫻桃番茄	1磅	2杯
番茄汁	1杯	1/2杯番茄醬加1/2杯水
番茄醬	2杯	3/4杯番茄膏加1杯水
蕪菁	1磅	2又1/2杯切塊
核桃，英國	2到2又1/2磅，帶殼	1磅去殼或約4又1/2杯
核桃，黑	5又1/2磅，帶殼	1磅去殼或約3杯碎裂的
水	1磅	1品脫
西瓜	16磅	5到6磅 醃製西瓜皮
西瓜皮	1磅	約4杯剁碎或2杯醃製
小麥仁	12盎司	3杯
酵母，壓縮	1糕塊（3/5盎司）	1盒，活性乾燥
酵母，活性乾燥	1盒	2又1/4小匙
優格	1杯	1杯酪奶

烹飪方式與技巧

Cooking Methods and Techniques

大家一定都聽過下面的故事，但值得再說一次：有位野心勃勃的菜鳥廚師向一位酷酷的專業大廚請教一些初階意見，結果大廚只說了：「對著爐火站好。」第一堂烹飪課當下就告訴我們，不知曾幾何時大概百分之九十五的廚房工事都是要加熱的，長久以來皆是如此。

邁向做出一手好菜的目標的過程中，對我們最有用的叮囑莫過於關注烹飪基本原則，而且絲毫都不可以掉以輕心。那些嚷嚷著「我不會燒開水」的人發現只要自己有所準備就會燒開水的時候——或許很快就煮起蛋來了——通常是不敢置信的。專業大廚叫這是「*mise en place*」，這個法文詞組的意思是「準備就緒」，而接下來的步驟當然不是花俏的小工具或是充滿異國情調的食材，而是決定熱源。

我們在整本書中一直不停在識別並解釋各式的烹飪加熱方式，清楚明瞭地告訴你們如何開始、控制和停止熱源，以確保成品保留了最高的營養價值而同時擁有最棒的風味、質地和色澤，我們也試著闡述何種技巧可以讓熟食以最佳狀態上桌。我們總結的關鍵流程如下。

詢問廚師為何要加熱食物根本像是在問建築師為什麼人類以穴為居的荒唐，用膝蓋想也知道，就是加熱的食物比較好吃。當然也有其他的理由：烹煮可以鎖住自然汁液、萃取液並增添風味，有時可以改善不理想的質地，破壞不受歡迎的微生物，並使得許多的食物更容易消化，比較不會導致過敏症狀。

首先我們要想一想的是，熱如何透過空氣、水分、油脂或是鍋子而傳入食物，這些媒介傳熱會產生極為不同的結果。我們一般知道烹飪加熱方式分為**乾熱**或是**濕熱**兩類，每一類又有多種的變化。

關於乾熱烹飪法

乾熱烹飪食物有許多途徑，一般都是從食物的上方或下方或是經由食物周遭的乾熱來傳熱。在炭上方燒烤（grill）即為一例；其他的方式則是在烤爐裡炙烤（broil）、烘烤（bake）和火烤（roast）。我們談及「BBQ」時，可能是指「煙窯」，647頁的濕熱程序或是以小火慢烤的乾熱流程。順帶一提，有些語言學家追溯「barbecue」（BBQ）一詞回到西班牙文「barbacoa」，意指架高的烹飪平檯，不過我們根據其他權威看法，喜歡這麼想BBQ起源，一群來自法國定居在佛羅里達移民者火烤一整隻（法文為*de barbe en queue*，字面上的意思是從鬍子到尾巴）本地山羊的風俗。對於BBQ的進一步說明請見本章下文；見「野炊」，646頁。

奇妙的是，深油炸（deep-fat frying）其實是另一種乾熱烹飪法，此法不只是用熱油或油脂做為烹調媒介來傳導熱能，食物本身的水分也是傳熱途徑，由食物汁液轉化而成的一些蒸氣被迫排出進入油脂（成為氣泡），然後再遁入空氣中。以鍋子進行的乾熱烹調法中，嫩煎（sautéing）使用的油脂量最少。除了嫩煎和極乾熱之外，接續步驟為平鍋炙烤（pan-broiling）和平鍋油煎（panfrying）。使用這兩種烹飪法的食物比用嫩煎釋出更多的煉製油脂且吸收掉其大部分，如此一來，也會失去相對比例更多的汁液。因此，若想做出最好的鍋炙和鍋煎食物，烹煮時要倒入多一點的油脂。

在乾熱烹飪流程中，焰燒（flambéing/flaming）和平板燒（planking）可以說是「局部」乾熱。不論採取何種方式，食物都會事先加熱備妥，而這些流程只不過是在食物端上桌前給予最後一道妝點而已。

烘烤和火烤(Baking and Roasting)

烘烤是以熱能環繞食物的乾熱烹飪法。除了烤爐散發折射的熱能外，熱會從烤盤傳到食物中，或許也會進一步從食物和盤底間的羊皮紙襯墊、暫時的箔紙封蓋或是麵粉塗層來傳遞熱。縱然如此，烘烤的時候，食物會釋出一些水分，繼續以溫熱蒸氣的形式在密閉的烤爐中循環，這樣的流程仍舊被視為乾熱烹飪法。無論你使用的是傳統烤爐或對流式烤爐，即便後者的循環氣體可以烤出最勻稱的成品，烘烤技巧都是一樣的。

火烤是烘烤的同義詞，進行時乾熱會環繞著食物。在炙熱的火焰前火烤食物是最古老的烹飪形式之一，這是一切火烤形式的源頭。火烤的時候，幾乎都是不覆蓋食物的，而且使用比烘烤更熱的火源。使用未覆蓋的淺烤盤進行火烤的時候，如果想要烤得更焦的話，就不要加入液態物。火烤時將肉品和家禽肉放在烤架上，可以避免本身肉汁的蒸散。

▲在高海拔地區進行火烤，要使用稍高的溫度。

炙烤（Broiling）

無論是在烤爐裡炙烤或是在熱火上燒烤，原則都是相同的。輻散的熱源直接而猛烈，而且在流程中與火烤或烘烤不同的是，一次只有一面的食物會曝露接觸熱源。一般而言，你會希望烤炙或燒烤的食物本身就相當柔嫩、油脂較少而且不要太厚——雞胸肉、漢堡肉餅和魚片就是理想的選擇。若想閱讀更多關於燒烤的訊息，見647頁。

炙烤跟烘烤和火烤一樣，依賴著流通的空氣來有效傳熱。在絕大多數的居家爐灶中，你在炙烤時的溫度選擇相當有限，而且在瓦特數與通氣性能都各自不同，因此你一定要摸熟自己設備的特殊規定才好。譬如，有些爐灶一定要先預熱後才能進行炙烤；有些則是其高架烤爐的熱源是瞬間即發的。有些電爐灶在炙烤時的爐門是半敞開的；而有些的爐門則是（甚至是一定要）關閉的。

當家庭式爐灶的加熱指示燈調至炙烤位置的時候，爐灶溫度約在二百八十八度或是稍高一點，而且應該要維持恆溫。如果你真的期待成品可以達到自己所仰慕的餐廳烹飪的水準的話，你或許就要考慮購買一台市面上的專業爐灶來安裝在居家廚房裡，相較於標準家庭式爐灶，專業的設備可以傳送更高的熱源。

在家庭式爐灶的局限下，➠大部分的烤炙溫度的控制都取決於爐架的排放位置，一般都會調整到熱源與食物頂部留有三吋的間距。➠降低烤炙溫度來讓精緻的菜餚呈焦酥狀或是烹煮厚肉塊——烤厚肉塊時，熱需要時間穿透肉塊而又不至於烤焦——調低炙烤架以讓食物和熱源保持四到六吋的間距。關於炙烤和平鍋炙烤★肉品的詳細說明，見157頁；炙烤家禽★和野禽★，見90頁和137頁；炙烤魚肉★，見47頁；以及炙烤蔬菜★，見406頁。

深油炸（Deep-fat Frying）

這道流程要是細心處理的話，就會做出大量的佳餚，外層給熱油炸得酥脆、中間軟濕，而且一點都不油膩。魚、蝦蟹貝、家禽、肉類、蔬菜水果、麵包糕點等食物，都可以進行深油炸。縱然過程中熱度極高，可是炸的時間短暫，因此一定要使用柔軟的食物。為了裹上一層脆衣或是保護多數脆弱的品項，許多食物在深炸之前就會先行擊打過或是塗層。而熱油是這道流程的關鍵祕訣。

如同其他的烹飪技巧一樣，深油炸本身就是門藝術——一門以經驗為最佳導師的藝術。然而，即便是一名新手，只要如實照著我們的步驟，就可以做出沒有吸入過多油脂的美食。不要忘記，油脂的吸收是隨著烹煮時間及接觸到油脂的表面積而增加。

不需要使用複雜的器具，因為一把黑鐵鍋和一只最新型電炸爐都能做出同等好吃的炸薯條，這麼說並不是要貶低炸鍋的價值，其有便利的內建恆溫器，不過任何的一把深鍋或平底深鍋，最好是厚鍋，一樣相當適合用來做深油炸的程序。如果你選擇使用自給自足的有蓋氣炸鍋，就要購置有可以自動打開鍋蓋的轉盤，如此才不會在使用時為蒸氣所灼傷。瓦特數高一點的鍋子可以確保快速的預熱和恢復時間。一只三夸特或四夸特的鍋子或炸鍋，約要用三磅油脂，嘗試節省油脂用量可不是明智的舉動，因為深油炸的時候一定要有足夠的油脂來蓋住食物，這樣一來食物才可以在鍋內自由浮動。➡一定要有空間來讓油脂急速向上冒泡，這是深油炸馬鈴薯、洋蔥和其他高水分含量食物時絕對會出現的情況。➡容器絕不要裝入超過半滿的油脂或是超過製造商所標示的分量。➡也不要忘記油脂要慢慢加熱，而且不要蓋鍋蓋，如此一來，在加熱達到所需溫度的這段時間，油脂裡的水分就可以蒸發散去。

應該使用底部平坦的鍋子，這樣才能平穩地放在加熱設備上頭，同時要將鍋柄轉到爐灶背部才不會碰撞到。短鍋柄是比較理想的，可以避免不小心撞翻一鍋熱油脂而釀出小火災的危險。手邊隨時都要有一只金屬鍋蓋，一旦油脂著火，就可以蓋到鍋子上頭，你也可以撒把鹽或蘇打粉來把火悶熄。➡絕對不要用水熄火，因為水反而會讓火勢擴大。

在煎炸某種特定食物的時候，如甜甜圈或炸物，並不會有沸騰冒泡的問題，因此有時候一把厚煎鍋或電煎鍋會比深鍋或煮鍋來得合適，因為其較寬的鍋面可以一次多炸幾塊食物。

為了順利煎炸任何分量的小材料，需要準備一只實用的金屬絲籃筐或金屬絲撇渣器，這樣要上下撈放食物就容易多了，也就一定可以煎炸出一致的棕褐酥脆狀態。

進行深油炸的時候，最重要的環節就是適當的溫度。誠如那位年老睿智的法國美食家大仲馬曾經如此貼切地描述，熱油脂一定要「驚嚇」食物來炸出脆硬的金黃酥殼，如此與眾不同而讓人垂涎欲滴。就大部分的情況而言，適當溫度都是一百八十五度。

評估油脂的溫度時，要使用可以夾在鍋壁的深油炸溫度計，而且溫度計的讀數一定要在二百度以上。倘若使用的是玻璃溫度計，就要先盛一碗熱水，再浸入溫度計來減低量測時破裂的可能性，可是➡千萬不要把尚未完全擦乾的溫度計猛然地插入油脂中。

你如果沒有溫度計的話，有個簡單的方法，就是利用約一吋平方的小麵包方塊來測試溫度。當你認為油脂夠熱的時候，就丟入麵包方塊，並且慢慢數到六十或是用計時器設定六十秒計時。要是麵包塊在這個時間給炸出棕褐香酥狀態的話，就代表油脂溫度約為一百八十五度。有些食物——舒芙蕾馬鈴薯就是一例——需要的是更高或更低的溫度，不過這在特定食譜中都會有所標註。

首先，➡不要等到油脂冒煙才放入食物。這不只對油脂不好，因為冒煙意味著油脂正在崩解而且在重新使用時會損壞，再者在食物還沒熟透前，上頭的脆皮就可能處理得太過，導致成品表面炸焦了而裡頭卻還是生的。不僅如此，倘若食物放入油脂，但其熱度卻不能馬上煎炸出脆皮的話，食物往往會泡得油膩膩的。每煎炸完一批，➡就要讓溫度回升到所需的熱度，這樣一來你才能繼續「驚嚇」新的一批食物。➠煎炸時，要不時撇掉聚集在油脂中的食物殘渣或碎屑。若不撈掉的話，會讓油脂起泡變色，進而影響到食物的味道。接著，備妥一只托盤和一些紙巾來瀝掉炸熟食物上的多餘油脂，即可端上桌享用。

新鮮清澈的油脂是可以炸出最美味的成品，但是油脂仍舊可謹慎地再回收利用。煎炸完成後，讓油脂冷卻到可以安全拿取的溫度，用細篩目過濾器或是折疊的細紗布過濾油脂來除去外來的顆粒，即可妥善裝存並覆蓋冷藏待用。再使用前的澄化油脂說明，見499頁。➠我們建議重新加熱回收油進行煎炸時要格外小心，因為油脂的發煙點可能已經降到油脂冒煙的溫度，甚至是更糟的起火狀況。每次新炸一批食物時都加入一些新鮮油脂的話，便可以大大延長油脂的壽命，不過有時候油脂只用過一次，其品質就無法再用來煎炸食物了。

固態植物性起酥油、豬油和液態植物油（如花生油、玉米油、菜籽油、紅花油和大豆油）都是深油炸的最佳選擇。除了有著突出氣味和滋味的豬油之外，以上這些油脂都相當溫和，而且在外觀成分上也十分相近。它們大部分是百分之百的植物性原油，發煙點都遠高於深油炸所需的溫度。➠奶油和乳瑪琳為低發煙點油脂，不適合用來深油炸。

倘若因為特別的目的而且在某些情況下，可以精煉雞、鵝的脂肪（如小牛肉、豬肉、牛羊脂或牛腎脂肪等處）來進行煎炸程序。這些脂肪的發煙點一向不高，但是只要處理謹慎得宜，是可以做出尚可接受的油炸食品的。若有其必要的話，這些動物油脂可以跟任何一種烹飪油混合以將自身的發煙點提高到所需的限度。關於精煉這些脂肪，見500頁。

要煎炸的食物要準備得當，成品才會好吃。➠因此食物放入煎炸的時間都要相同，食物大小也應該一致，而且厚度最好不要超過一吋半。想當然耳，小一點的食物會比大塊的快些炸透，因此若想在這裡精確建議到底要煎炸多久的時間是很困難的。所以你要是不確定食物是不是炸好了，可以取出一塊來試試它的熟度。生食，➠尤其是濕的生食，放入煎炸前應該要用濕紙巾拍乾以拭乾表面的水分。經過了這道手續，將食物放入油脂裡就不會沸騰冒泡得厲害。

只要做得到的話，食物都應該在室溫溫度，而且放入熱油脂中時盡可能保持乾燥。➠用長柄鉗子或漏勺或油炸籃溫和地將食物浸入。➠先讓器皿沾浸熱油脂，這樣食物才能迅速放入而不會黏在一起。並且備妥一只鍋子或盤子來放置從油脂中取出仍在滴油的器皿。每放入一批生食材，都要慢慢浸入油炸籃，這麼一來你就可以觀察沸騰冒泡的情況，而可以在油脂似乎要蓋過食物頂部的霎那就將其取出。一次不要油炸太多的分量；食物分成數小批油炸而不要一次處理一大批。炸好的食物可以放在紙巾上——或是放入以牛皮紙襯墊的烤盤中並置於極低溫的烤爐中——保持熱度於六十六到九十度之間。

有些特定類型的食物，像是如炸丸子、茄子和魚等，都要特別塗裹一層外衣以便炸出適當焦褐的脆殼。關於「將食物拌裹麵包衣」，見461頁。這層外衣的食材可能是麵粉、粗玉米粉或是麵包餅乾細屑，或是用雞蛋和碎屑混合物做成的炸物麵團★，464頁，或者甚至是派餅皮。不管是什麼材料，都要均勻覆蓋到食物的表層，而要拌裹麵糊的食物——例如，蝦子或是蔬菜——應該在事前就已經完全乾燥。

甜甜圈、炸物和其他以麵團製成的食物，這些雞蛋澱粉混合物一放入熱油脂中，自身就會炸得焦褐漂亮，根本不需要再拌裹一層外衣。許多廚師沒有意識到➡越是油膩的麵團或麵糊混合物，在煎炸的過程中越會吸收油脂。甚至只是多放了些起酥油或糖到麵糊中，做出來的甜甜圈就可能脂肪過多而油膩膩的；炸物也可能就在熱油之中碎裂，或者麵糊太過油膩而整個油到洋蔥圈。

已經拌裹麵包衣並深油炸過的冷凍食品，只要送入烤爐解凍並重新加熱即可。解凍的時候要拿掉包裝物，如此一來，表面才不致於潮濕而影響到外衣的酥脆度。待拌裹外衣的冷凍生食在解凍後要拍乾，然後如一般程序塗裹外衣即可。

▲在高海拔地區進行深油炸的時候，你會發現潮濕的食物中的水沸點降低，所需的烹飪油溫度也就越低，這麼一來，食物才不會在內部尚未煮熟時外表就已經炸得過焦。縱然油脂溫度的降幅會因待炸食物而變動，不過大致的準則是海拔高度每增加一千呎，煎炸溫度就要調降約一・五度。

嫩煎（Sautéing）

嫩煎的英文源自於法文一字「*sauter*」，字面上的意思是「跳躍」，生動描述了嫩煎食物的情形。這種的烹飪法是使用一把➡不蓋鍋蓋的鍋子，期間不停搖晃鍋柄來讓鍋中物隨著鍋身的運動而移動。由於這道流程相當快速，所以要選用薄瘦或是經過剁切的食物來嫩煎，而且➡一開始嫩煎時才開大火候，煎到食物變軟為止。

此外，還有其他的條件。鍋子和➡使用的少量油脂一定要夠熱，如此一來，放入食物的時候就會立刻燒烤而不會黏鍋。食物應該要切到大小厚度一致，而且表面要保持乾燥。食物如果太冷的話，熱度就會因而下降；太潮濕的話，又無法煎出適當的焦酥狀態，最糟的情況是冒出熱氣而不能嫩煎得焦褐漂亮。為了維持其表面乾燥，食物在烹煮前要屢次裹拌麵粉或麵包衣，參見461頁。➡鍋子要是塞得太滿的話，也會因而冒出熱氣。因此，你在食物間一定要留些間隙，不然的話，食物可能無法煎到焦酥狀態，反倒會冒出蒸氣。

為了嫩煎出最好的成品，請用「澄化奶油」，465頁，或者是以三份奶油和四份油調出的混合油脂。在油脂烹煮出香味但尚未冒煙的時候，就要放入食物；先將最漂亮的一面或是要陳列的一面放入鍋中。一次不要放入過多的食物，才不會降低鍋中的熱度。要不時地搖動鍋子，食物才不會太快煎到焦酥狀態，而太常翻動食物會減緩加熱速度。不過，在烹煮前就塗裹麵包衣的食物，尤其是沒有夠長的時間來乾燥的麵包衣時，就可能會冒出熱氣。若是發生了這樣的情況，翻轉食物有助於更快速散發一些熱氣。將未裹麵衣或麵包衣的肉品的一面煎到焦酥狀態，或者烹煮到外露一面的表面滋滋冒出肉汁，就可以翻面將另外一面嫩煎到焦酥狀態即可。用相同的方法來料理魚肉，但是謹記嫩煎魚肉的時間會大幅縮短。一般說來，肉品或魚肉的煮熟面的表層要是竄出肉汁的話，就代表已經嫩煎熟透了，但這個說法並不適用於煎到一分熟的肉品，它只要煎到表面稍微變硬就要起鍋。魚只要煎到底部半面一呈不透明狀就應該要翻面，依照魚肉厚度約需一分鐘到四分鐘不等的時間。倘若裹麵包衣的食物無法煎到焦酥狀態，就要調大火力，而且有需要的話，倒入更多的油脂到鍋中。烹煮時，你翻面煎煮食物的另外一面時可能要調降火候。

雖然許多人會稱一般的煎鍋為深煎鍋（sauté pan），但是正宗的深煎鍋的鍋壁是垂直而不是外擴的，是烹煮多汁液的菜餚的絕佳用具。由於嫩煎的食物可能接下來也會滷煮，635頁，因此可以的話就購買有鍋蓋的鍋子，其材質最好是可以均勻傳熱，鍋柄要能耐烤箱高溫但不會留住熱。

要盛上有著醬汁的嫩煎菜餚時，將菜餚起鍋放入可以保溫的菜盤。接著用高湯或酒將沾黏在深煎鍋的殘留美味食物快速去渣，644頁——除非你煎煮的重味道的魚類，就不需要這道程序。讓醬汁收乾，倒到嫩煎好的菜餚上頭。➡你如果加熱或保溫浸在醬汁中的嫩煎食物的話，可會煮到冒出熱氣的。

平鍋油煎（Panfrying）

平鍋油煎與嫩煎非常相似，不過通常會用來處理如帶骨雞肉或是厚豬排等較大的食物。因為食物的體型較大，所以要降低火候並且使用的油脂分量也比較多，也不會仿同嫩煎的做法來翻攪或「跳躍」食物。鍋中食物至少要翻面一次以確保料理到最均勻的狀態。

大火快炒（Stir-Frying）

使用傳統的快炒烹飪法時，食物一向都要剁切到可以塞入口中的大小，然後不停地在極高的火候上進行翻炒的動作。然而，事實是有些家庭式爐灶可能沒有那麼大的火力來完成這項傳統的做菜手法。按照食材的分量多寡，快炒個三到八分鐘不等，你就可以端出一盤柔嫩但香脆的蔬菜夾雜著鮮美肉絲的好菜，馬上大快朵頤一番。

動手前，要先熟悉食譜，因為你一旦開始炒菜，可能沒有停下來讀食譜的時間。所有的材料都要準備齊全並量好分量，放在方便拿取的地方。快炒時，寧可不要炒得太熟，也不要炒過火——因為你永遠可以讓食物回鍋加熱。

理想的快炒鍋具是十二吋到十四吋的炒鍋（wok），但是你也能用一把煎鍋快炒出一盤漂亮的菜餚，只要是你的爐頭所能容納的最大尺寸的大型厚煎鍋皆可。空鍋子要能夠耐得住最大火力加熱而不會受損。在瓦斯爐頭上，不論是圓底或平底的炒鍋都合適，不過或許要加放圓形的爐架來穩住鍋身；至於其他類型的爐頭，就最好使用平底炒鍋。快炒時，都要先將炒鍋（或煎鍋）空燒到開始冒煙，接著倒油並傾斜一下鍋身讓油均勻覆蓋到鍋內表面，再開始執行食譜的程序。

準備食材是這道流程中最費時的一環。如果肉類要和蔬菜一起快炒——典型的做法——肉品就要均勻切片到約八分之一吋的厚度，並且要先烹煮到其紅色變成鮮粉紅色的半熟狀態，即可取出留著等一下加入半熟的蔬菜來完成最後的快炒程序。關於更多快炒蔬菜★的詳細說明，請見404頁；肉類★的說明，請見175頁。

平鍋炙烤（pan-broiling）

平鍋炙烤的時候，一只乾鍋成了直接的熱源。先將一把養鍋得宜的鐵鑄煎鍋、平底淺鍋或是沒有不沾鍋塗層的深煎鍋充分加熱，接著把如肉塊或魚片的食物放入熱鍋中，在食物的一面烤到焦褐的時候，就翻面炙烤另外一面。要是鍋裡聚集了油脂，就把它倒掉，這麼做才不會讓原本的炙烤食物成了炸食物。

烤黑（blackening）源自於肯瓊料理（Cajun cooking*）的烹飪法。這種獨特的平鍋炙烤法會將調味豐富的食物表面強力燒烤到出現一層硬殼，過程中散發濃濃的煙霧，因此一定要在通風良好的地方進行，而爐灶上的火熱爐頭或是在炙熱的瓦斯或木炭烤爐上方就能提供充足的熱源來烤黑食物。烤黑食物時，將一把乾的鑄鐵煎鍋（不用別的鍋具）放在大火上加熱到極熱的狀態，約五分鐘到十分鐘不等——就是鍋子中央開始形成一層白薄膜的時候。接著將食物浸入融化的奶油，而且要沾裹完全，之後整個裹上一層厚厚的「肯瓊醃料★」，348頁。即刻將食物放入煎鍋，上頭再撒放些奶油（小心為上，因為此刻通常會爆燃起來），底部烤硬之後，約二分鐘到三分鐘，就用鍋鏟翻面並塗抹些奶油加以濕潤食物，再多烤約二分鐘到六分鐘，時間長短就看你所烹煮的食物厚度而定，直到將食物烤黑為止。牛肉不要烤超過五分熟——這可會把牛肉外部烤

---

* 譯註：這是美國南方路易斯安那州的鄉村風味特色美食，源自於移居該地的加拿大法語區阿卡迪亞人(the Acadians)後裔的傳統料理。

焦而產生苦味。每炙烤完一輪，都要用厚棉布將煎鍋完全擦拭乾淨。

串烤烹飪法（Skewer Cooking）

舉凡從串在棒子上的棉花糖到嬌弱無比的海灣扇貝，這些串烤物似乎從未失去它對饕客的魅力。串烤食物的時候，首要步驟就是➠選擇烹煮速度相同的品項，要是食物烤熟的速度快慢不一的話，就要給予適當的調整措施。當選擇的肉類、家禽或魚類比較快熟的時候，就要輪流串搭洋蔥、椒類或其他比較慢熟的預煮蔬菜，這樣食物即可在同一時間內完成串烤。倘若肉品需要比較長的料理時間，享用時就用如番茄和蘑菇等嬌嫩食材分別輪流來跟肉品串插燒烤。肝臟等較嬌弱的肉品，串烤時可以包入培根薄片中加以保護。

挑選串棒的時候，不管是金屬或木製的串棒，都有矩形或橢圓形棒身兩種選項，這樣的設計可以防範在串烤中軟化的食物從轉動的串棒上滑落下來。➠木製串棒在使用前要先泡水一小時。

若是使用烤架的話，烤架要塗抹油脂，再放上串好的食物以中火燒烤，期間要不時轉動串物，採這種方式燒烤食物可能需要六分鐘到十二分鐘不等的時間。倘若是放入烤爐烘烤串物的話，串物就要放入抹油的烤盤並放置在離熱源約三吋的位置進行炙烤。當然，你也可以使用回轉式烤肉器的串棒裝置；關於回轉式烤肉器和烤肉鐵叉烹飪法的更多細節，見651頁。

你要是決定了預煮任何種類的串烤食物，把串物本身直接放入煎鍋中即可——當然，要這麼做有個條件，就是串棒不能長過鍋底。

| 關於濕熱烹飪法 |

濕熱烹飪有許多方法，其中進一步的變化更是豐富了這類技法。幸運的是，它們大部分都滿容許執行上的失誤，因此我們可以愉悅無畏地用它們來做菜。煮沸、加壓蒸煮（pressure cooking）、燙煮（scalding）、文火煨煮（simmering）、水煮（poaching）、燉（stewing）、燴（fricasseeing）、滷（braising）、卷物烹調法、雙層蒸鍋烹調法和蒸煮的方式都是完全濕熱的烹飪法。與乾熱烹飪相同，也有局部濕熱的烹飪法，如熱燙和慢煮就屬於這一類。再者，還有一些既不單是濕熱法也不是乾熱法，而是兩者的混合做法。譬如，有些燉品可能會先放入鍋子裡煎到焦酥狀態，如愛爾蘭式的燉肉就是如此，但仍有一些燉品是從未放入煎鍋內處理過的。同樣的，滷物、燴食和燜品（smother）可能如同煎到焦酥狀態的燉品一樣，都先經過乾熱嫩煎的手續，再泡入些許的高湯或其他汁液而烹煮完成。

煮沸（Boiling）

談論這道手法的時候，我們總會不由自主地再提一次跟燉品有關的一則諺語：「煮滾了一鍋燉物就是搞糟了一鍋燉物。」而且我們要說的是幾乎其他每一道菜也都是如此。縱然食譜常會指明要將食物煮到沸點——也就是在液態物中要達到一百度並要沸騰冒泡或是「翻滾」——不然的話就是浸入沸水中，但是幾乎不會要求長時間的沸煮，甚至「水煮蛋」（hard-boiled eggs）也應該只是用文火煨煮而已。

快速蒸發——除了在煮半熟的情況以外，不常建議這麼做——是讓食物維持在沸點狀態的正當理由之一。蒸發汁液的時候，是從不會蓋鍋沸煮的，不然的話，水蒸氣會凝結在蓋子上而滴落回到鍋子裡，這麼一來，即便液態物變少了，減少的分量也是相當有限的。

沸水放入食物後，水溫會因而降低，除非其水量至少是淹覆食物水量的三倍才能抵消因此而下降的水溫，這也是在「熱燙」和烹煮穀物、蔬菜和義式通心粉時的建議補償做法。而將食物放入急速沸騰的液態物中來鎖住它們的毛孔，爾後通常就降溫到文火煨煮。

文火煨煮（Simmering）

在幾乎沸騰的液態物中慢慢烹煮食物是最重要的濕熱烹飪法之一，其溫度通常介於約六十到八十五度之間。文火煨煮的手法可以保護脆弱的食物，並且煮軟堅韌的食材。法國人的說法是，文火煨熬「使得鍋子泛起了微笑」。其描述了煨煮食物時，氣泡會溫和地竄升到表面而且似乎很少破裂的模樣。這是最適合用來煮湯的加熱法（不蓋鍋）；也可用於湯類、燉品、滷肉、燉肉塊和燴食（蓋鍋）；以及燜煮的食物（蓋鍋）。

水煮（Poaching）

水煮是一種濕熱烹飪法，最常用來烹煮蛋類，不過它的用途是更為廣泛的。水煮法的準則亙古未變：熱源是快達到沸點的平靜液態物，連一個竄升到表面的氣泡都沒有；這道手法的特色，就是在烹煮的過程中可以不斷潤澤慢煮食物（basting）或將水分鎖在鍋內自給循環來潤澤食物（self-basting）。

在適當水煮之後，蛋會浮到煮水上，接著就用汁液潤澤慢煮，或是蓋上鍋蓋來讓水蒸氣聚集在鍋蓋而自行循環。因為蛋只會烹煮數分鐘，所以鍋蓋不會導致蒸氣過多的情形發生。不過水煮肉品或魚類的烹煮時間較長，就有可能滯留大量的蒸氣，所以料理魚肉和嬌弱食材時，不建議使用鍋蓋，而是應該換上一只水煮用紙蓋（poaching paper），參見下圖。

水煮用紙蓋可以讓多餘的蒸氣從頂部的排氣孔和四周縫隙散逸，此外，這

裁剪水煮用紙蓋

只窄孔也可以讓食物比在全然排除空氣的狀況下保持較佳色澤，就如同經過滷燉等較為封閉的其他濕熱烹調法做出成品一般。➡**水煮用紙蓋的做法**，剪出一張正方形的羊皮紙，要比你要覆蓋的鍋具直徑大一點，對摺四等分並從斜對角捲起：如插圖所示，要從摺疊的尖端起始，將它握拿在鍋具上方來量出半徑長度，然後剪去超過鍋具邊緣的部分，並從尖端剪去一小部分來做出排氣孔。你攤開紙張的時候，就會出現正好符合鍋具大小的圓形，而且排氣孔就在正中央的位置，只要放到食物上方就能迫使蒸氣自給循環。

如果烹煮過程短暫或是要小批烹煮食物的話，汁液在放入食材時可能會慢慢沸煨。如果處理的是像一整隻雞的大型食材的話，就將食物放入冷水中再以文火慢慢煮沸➡而且不要蓋上鍋蓋，接著可能要撇撈表面浮物並放上水煮用紙蓋。烹煮過程中，汁液可能會收汁得厲害，就要再補充汁液。這種水煮方式常被錯認為煮沸或燉煮。

倘若你要招待冷食的話，食物快要完成的時候，就要把鍋子拿離火源，並任其靜置於液態物中冷卻，這樣做出來的雞肉最適合用於雞肉沙拉中。

蒸（Steaming）

蒸是烹煮蔬菜、脹大果乾、將醃肉去鹽、完成一道完美的魚料理以及準備要冷凍蔬菜的最溫和的方式。蒸氣（不是沸煨的水）會產生濕潤均勻的熱氣來包覆食物，為其留住大部分的自然汁液和營養。儘管使用肉汁、啤酒或是其他浸漬草本植物的汁液是為蒸物增添味道的簡易方式，但是最常見的蒸煮媒介是水。

現成爐灶蒸鍋的尺寸、形狀、金屬材質和價格的選擇很多，凡從可摺疊蒸籃、義大利麵淺蒸籠到蘆筍蒸器以及全魚尺寸的橢圓形不鏽鋼蒸具等都有。中式竹蒸籠相當漂亮，是為了放入炒鍋使用而設計的（有頂部卻無底部的蒸籠），蒸東西時要看著才不會燒焦了蒸籠的邊緣。每次使用完都要用熱水沖洗並乾燥完全，才儲放在通風良好的地方。我們偏愛多層鋁製或量輕的不鏽鋼蒸具，用起來比較方便，不論是何種樣式都能放在爐頭上蒸好完整的一餐。使用時，最需要加熱的食物要放在最底層，最不需要加熱的就放在頂層。

蒸具的水量高度約要比蒸鍋底部低一吋左右，而大部分的食物要放離蒸具內壁約一吋左右。不出汁的食物（例如蔬菜）可以直接放入蒸鍋，多汁的食物則要放在淺碗或是深盤中蒸煮，碗盤就可以盛住流出的汁液。倘若你要蒸魚或蔬菜的話，可以將切得極薄的重味的薑、洋蔥、芹菜和（或）球莖茴香放到蒸格裡的魚上頭，這樣一來，它們的汁液就會滴流下來而增添魚的風味。

以中火蒸煮。有個小訣竅可以提醒你減少的水量，就是在蒸鍋底部放入二到三個的彈珠或錢幣，這會在蒸煮時不時發出鏗鏘聲響一直到水分蒸發消失為止；等到回歸寂靜就是該注水的時刻。

切記蒸氣可是滾燙的——由於我們的視覺無法捕捉到全部的蒸氣而會產生它是不燙人的錯覺。➡掀鍋蓋時永遠要站遠一點，才不會燙到自己的手。

滷和燉（Braising and Stewing）

滷東西的時候，一只可以緊蓋的鍋蓋是不可或缺的，我們常用這種方法在少量的汁液裡烹調一種食物（肉品、魚類或蔬菜），也可能放入大量的奶油和油脂來滷，有時（並不是總是）或許還會加點高湯；從高湯和食物汁液散發出的蒸氣會凝結在鍋蓋上再滴落回食物中，不斷地自給循環。菜餚在約一百五十度溫度的烤爐中緩慢烹煮而勉強達到沸煨的狀態，食材的汁液因而濃縮成美味的餘渣。取出滷物，需要的話可以將餘渣去油並接著去渣提味（deglazed），完成後即可做為澆淋菜餚的醬汁。有時這項烹調方式也稱為**燜煮（cooking à l'étouffée）**。倘若滷煮的是四磅或五磅的大肉塊的話，我們也叫這是滷肉（pot-roasting）。

可以用荷蘭鍋（Dutch oven）來滷菜餚。荷蘭鍋是有蓋的厚鍋，常見的材質是鑄鐵或是搪瓷鑄鐵。其有相當好的鎖熱功能，烹煮平穩，可以放在爐頭上或送入烤爐使用，也可以置於壁爐中烹煮食物，652頁。

荷蘭鍋與附掀蓋鉤棒的露營外用荷蘭鍋

燉東西要先將小塊一點的肉類、家禽或魚類煎煸到焦酥狀態，然後與蔬菜或其他的食材一道浸入鍋中的汁液中，將鍋蓋蓋住或半蓋住鍋子，再用烤爐、爐灶或慢鍋煨煮。

慢速料理（Slow Cooking）

如果某些食物需要長時間加熱烹煮的話，採用慢速料理法就有其好處，進行時一般都會使用稱為慢燉鍋的特別鍋具。慢鍋可以「守護鍋品」，延展烹煮時間，留住營養並且節省燃料，過程中廚房不會熱呼呼的，食物也無需人照看。再者，從辣椒到湯品以及燉鍋到義大利麵醬料等多種食物都可以放入慢燉鍋調理。這種鍋具的內鍋會套著一層絕熱材質，只要將食物放入內鍋並把熱源調至所需的溫度，就可以持續烹煮食物，同時維持烹煮的溫度。更多關於慢速調理與慢燉鍋的資訊，見651頁。

▲在海拔四千呎以上的高度，每升高一千呎，低溫料理要多一小時，高溫的話就要多煮三十分鐘。

卷物烹調法（Wrap Cookery）

將食物包捲好來直接加熱烹煮幾乎是最古老的一門烹飪術。迄今，許多文化為了煮軟而不煮焦食物，都會用各式的材料來包捲食材。在加勒比海地區，人們會用草編墊來包裹要煮軟的食物，就如同太平洋上的島民習慣用木瓜葉捲食物一樣。我們就曾經在一部印尼移動部落的紀錄片上看到令人垂涎欲滴的景象：一到吃飯時間，老老少少紛紛開始絞盡腦汁，要從摺疊細緻的葉子、一節可以塞住的竹筒和一只蘆葦編籃做出一個容器，以便放在煤炭裡烹煮自己的食物，你是知道的，一旦每個容器烹煮出了蒸氣，裡頭的食物就會產生獨特的滋味並且鮮美多汁。早期的美國原住民用泥土烤煮魚類、小動物和禽鳥，他們取出動物的內臟但不剝皮，再用泥土整個裹起來塞入煤炭之中——視體積大小而需要幾小時的時間。連著泥土撥除掉外皮和羽毛，如此就可食用去皮的野味。至於如何以泥土烘烤魚類，請閱讀638頁的說明。

由包捲食材原則變化出來的較為繁複的技巧為英國窯工的半圓形肉餡餅、富有美譽的「威靈頓牛肉★」的法式酥皮，164頁，以及紙包烹調法，639頁，這些方法分別是以酥皮和紙張做為外殼。而且，有人認為新英格蘭燒蛤大餐★這款珍品，14頁——其以海菜做為提味物堪稱一絕——即為捲物烹調法的榮美範例。不過，在真正的捲物料理中，使用的包覆材料多少都能排散一些蒸氣。倘若你是用鋁箔包捲食物，638頁的話，切記這樣的食物實際上是蒸熟的，而且味道質地都跟直接加熱或是用較不透水的包覆材質的烹煮物大不相同。

包葉（Leaf Wrappings）

萵苣、甘藍、葡萄葉或木瓜葉等一些沒有瑕疵的新鮮綠葉，可以用來包捲食物，味道宜人又可以食用，然而香蕉葉、棕櫚葉和玉米殼只能擔負起在烹煮時保護食物的功能。以下說明挑選合適葉子與包捲的方法及烹煮食物的時間。

一般而言，葉包物因為有包葉鎖住水分，在烹煮後的隔天會更入味而且重新熱過的滋味反而更出色。你在採撿或選購包葉的時候，要多準備一些；有些葉片會不小心給扯破或是你根本沒料想到自己多準備了餡料。而多餘的葉子可以拿來做為烹飪盤具的襯墊或是葉包物的夾層墊，或是在烹煮時用來鋪覆所有的食物而增添風味。

甘藍葉：從甘藍頂部切除菜心，要切得夠深以便剝開最外一層菜葉，接著將甘藍頂部丟入滾水中汆燙五到十分鐘，就可以再剝脫三到四片的甘藍葉，再浸入滾水繼續鬆脫並剝除葉子。之後把肉餡包入葉片中，你可以紮綁做好的葉包物或是直接將其接縫的那一面朝下放入鍋子或蒸具中，再按照以下流程烹煮即可。

I. 用荷蘭鍋或其他的厚鍋來融化：

2大匙奶油

加入：

2杯滾水或高湯

在鍋底排放一層葉包物，食物頂部再壓鎮一只耐熱的厚盤子。如果是生餡料的話，要慢煨到幾近沸騰，再調降火候來煨煮葉包物，➡蓋上鍋蓋，烹煮一小時到一個半小時。如果是熟餡料的話，只要十分鐘就可以煮透葉包物。

II. 葉包物要是有紮綁的話，要丟入幾近沸騰的肉汁中烹熟，➡蓋好鍋蓋，溫和烹煮到好為止；參見上述的烹煮時間。

III. 或者是將紮綁的葉包物放入蔬菜用蒸具中蒸煮；參見上述的烹煮時間。

萵苣葉：丟入沸水快速熱燙一下，即可瀝乾包餡，包法跟甘藍葉的包法一樣，並按照I或III的流程烹煮。萵苣葉不夠強韌，可是不能照著II的說明加以紮綁烹煮的。

新鮮葡萄葉：地中海式葡萄葉捲★的說明，參見152頁。把淺綠色的嫩葉丟入滾水中熱燙到顏色變深為止，約四到五分鐘，就撈出葉子放到架上瀝乾。如果是用大片葉子的話，還要切除中央葉梗的粗韌部分。將菜葉亮光的一面朝下放在板子上，放上餡料包捲成四分之三吋的菜球；如果是用米做餡料的話，由於米會脹大，故捲入的分量不要超過兩小匙。舀一坨餡料放在靠近板子底部的菜葉上★，然後如152頁所示，先包起左右兩邊的菜葉，再滾捲做出葉包物。按照上述I的說明，將接縫的一面朝下放入烹煮。

罐頭葡萄葉：浸一下熱水來分開菜葉，然後撈起瀝乾，接著按照新鮮葡萄葉的做法包餡烹煮即可。

木瓜葉：先淹浸冷水並且➡不要蓋鍋，沸煮一下來除去菜葉的苦味，就可以撈起瀝乾，再投浸到滾水中，➡不要蓋鍋，沸煨到菜葉變軟。按上述III的說明包餡烹煮即可。

香蕉葉：切除中央葉梗，並且沿著葉脈小心拉撕成一片片約十吋大小的小塊方葉，接著用海綿沾浸冷水洗淨葉片兩面，清洗的動作都要順著葉脈方向進行，再用紙巾輕輕擦乾。餡料就照著「墨西哥粽★」，579頁的做法放置中央，不過要先以葉脈為基準摺疊一次，然後提起包好兩端鬆脫的餡料，再用線繩紮緊即可，接續上述III的說明進行烹煮即可。

玉米殼：放入鍋內的滾水中，鍋子要離火靜置三十到四十分鐘，才可瀝乾玉米殼。用二到三個玉米殼重疊包捲食物，包裹時，如圖示先將一邊稍微摺過中央，然後疊上另外一邊，再摺疊好兩端，繞上線繩綁好即可。關於「墨西哥粽★」的說明，參見579頁。

泥窯烤魚（Baking Fish in Clay）

在地上挖出一個比你要拿來烹煮的魚大上一倍的洞孔，接著泥土要弄濕或搗實，或者在凹洞內排放石頭亦可；參見647頁。在凹洞裡準備煤炭堆，煤炭上要多擺些扁平的石頭並加熱一小時到兩小時的時間。將魚洗淨後，在腔體內塞入洋蔥或是草本植物調味或是塗抹檸檬，即可閉合魚體才不會讓泥漿跑進去。同時準備好一批的「泥餅」土來裹魚，最好是用青土，將魚包上一層層的泥土直到一吋半到二吋的厚度為止。接著，清除凹洞裡頂端的石頭和煤炭，將「泥魚」放到熾熱的推排的石頭上，蓋上泥土和你剛剛放在一旁的熱石頭，即可重新生火烤煮一小時到三小時，時間長短則視魚的尺寸而定；一條兩磅半到三磅的魚需要烤大概兩小時的時間。完成後，擊碎打開泥窯，清除裹魚的泥土時，魚皮、魚鱗、魚的頭尾也會連帶一起剝落，一條香噴噴的烤魚就在眼前了。不用多說，馬上搭配未剝殼的烤玉米★，450頁，一起享用吧。

箔紙烹調法（Foil Cookery）

鋁箔紙可以解決廚房裡的許多問題。有種省力的食物烹調法，就是烹煮時先用厚鋁箔以亮面向內的包肉方式來包覆食物，但是如果你要烹煮包覆鋁箔紙的食物的話，請考量以下事項：外部的空氣和濕氣並無法滲入鋁箔內，因此在烹煮的過程中，所有從食物釋出的水分都會滯留於內，即便是在像烤爐中的乾燥加熱的環境之下，一律都會做出蒸物，而不會出現燒烤或焦酥的食物。由於箔紙是高絕緣材質，包覆鋁箔的食物➡與無鋁箔紙料理相較，在相同溫度下就需要更長的料理時間。

你或許願意支付箔紙與額外熱能的費用來享受烹煮上的便利，以便毫不費力地做出如177頁的紅燒肉★。假如你是在戶外進行烹飪的話，請閱讀「燒烤蔬菜★」，406頁，以及「野炊」小節的建議，646頁，因為對於燒烤而言，裹箔紙是一項相當珍貴的技巧。

紙包烹調法（Cooking en papillote）

用這樣的方式來準備精緻的快速料理，像是有著淡醬汁的魚片或是貝類和蔬菜等，真是令人愉悅。這道料理會連同烹調時包裹的羊皮紙一起端上桌，食物的香氣就可以保留到開動的那一刻。此外，加熱食物所產生的多餘蒸氣可以從紙張散出，而且在加熱過程中，相同的原因會導致紙張鼓脹而大幅度地拉張摺縫——故請謹慎記下以下的說明和插圖。

紙包的做法：摺疊羊皮紙，➡不使用箔紙，紙張大小要適中並且斜邊對摺。接著從摺邊開始裁剪出一個半心形，如此一來，如下圖所示，只要一攤開紙張就會出現一個完整的心形。

紙張不要裁剪得太小，至少是要包裹的物體的兩倍大。將食物放置在靠近摺痕的地方，但也不要放得太近，接著將放餡料的紙張的摺邊轉向自己，抓合紙張的邊緣來摺出小框邊，並用手指將邊框打一次皺摺並再摺疊一次，用一隻手的手指按壓一下這條雙層摺邊，另外一隻手則再做出有點重疊的雙層摺邊。每一條雙層摺邊都應該跟之前的重疊，如此重複摺疊、打皺摺的動作並摺疊整條框邊直到心形的尖端為止，接著扭緊羊皮紙以便固定整個紙包。

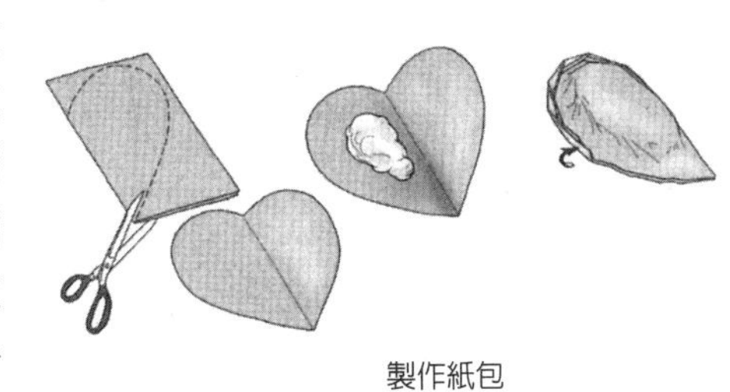
製作紙包

將紙張抹好奶油。準備一只耐烤爐高溫的盤子並塗抹奶油，放上紙包並按照說明指示進行烹煮。烤好端上桌時，就從對摺線旁的曲邊緣撕下約四分之三大小的紙張，以便露出賞心悅目的食物並且釋放香氣。

儘管紙張有各式各樣的材質，我們並不建議以超市型的牛皮紙袋來取代羊皮紙。

雙層蒸鍋烹調法（Double-Boiler Cooking）

有些食物直接放在熱源上加熱，即便是很短的時間，都會快速遭到破壞而不可能復原——特別是那些含蛋、鮮奶油或巧克力的食物——針對這些食物，我們建議使用雙層蒸鍋。雙層蒸鍋是由兩個鍋子相互套疊而成，欲烹煮的食物就放在頂層內鍋中。有時候，食物會先在雙層蒸鍋頂層裡直接在熱源上方加熱烹煮，而且➡是在滾水上方而非滾水中完成烹飪手續。不要在底鍋注入超過一吋高的水（不應該碰觸到頂鍋的底部），這樣才不會煮到水花四濺，並且煮水的時候也只能以文火熱煨。

做醬汁的時候，我們喜歡用相當寬的雙層蒸鍋。倘若是用深窄的容器的話，底層的醬汁即便在有攪拌的狀況下仍隨時會過度加熱。➡雙層蒸鍋頂部的材質非常重要，因為要是太薄的話，鍋子會傳熱過快，太厚的話，又會吸收滯留過多的熱度。

你要是沒有雙層蒸鍋的話，可以拿一只耐熱碗具放在平底深鍋的底部，碗底和鍋底之間要留出二到三吋的空間。多年以來，我們就是採用在雙層蒸鍋底部放入陶石器具的方法來煮出美味的荷蘭醬，過程一點也不費力。然後，碗破了，就再也烹調不出那種美好的滋味了。

壓力烹調法（Pressure-Cooking）

我們常會納悶這些方便食品是經過了什麼程序，而得以為我們省下採購和料理食材的時間，我們以為是某種重要的東西彌補了二手滋味的不足。對於一位趕時間但又不想犧牲味道和營養價值的廚師來說，我們給予的安慰建議就是使用壓力鍋。

不論是用多大的火候來煮滾鍋裡的水，溫度是不可能超過一百度。然而因為在壓力烹調的過程中，鎖緊的鍋蓋會滯留大量水氣，因此在壓力錶讀數為十五磅的情況下，加熱溫度可以高達並維持在一百二十一度。有些家庭式壓力鍋的壓力可以調到三又四分之三磅到二十磅的範圍，然而最常用的磅值是十五磅。在十五磅的壓力下所需的烹飪時間——從蓋上壓力鍋的蓋子到最終釋放壓力為止——僅是在沸騰溫度下以傳統方式煮食物的三分之一。每只壓力鍋的烹煮時間都不一樣，故請參閱你的使用手冊。

蔬菜在短時間內用較高溫的壓力烹煮，不只是節省了時間，更留住了營養和風味，見「壓力烹調法」和「壓力鍋煮蔬菜★」，406頁。然而，肉類和湯品在壓力烹調的過程中，都會使用較高的熱能，而導致所含的蛋白質變硬並且味道變差。因此，我們只建議你在時間比選擇結果更重要的時候才採用此法烹煮食物。

罐藏➡所有的非酸性食品的過程中，在製罐壓力鍋裡的壓力烹調的較高溫是殺死有害生物的必要條件；見325頁。

壓力鍋就是一只大型平底深鍋，其附有可以上鎖的鍋蓋。這個扣鎖式蓋子會將沸滾的液態物所產生的蒸氣滯留在鍋內，藉此產生極熱的壓力來加快烹煮程序，而沒有鍋蓋的壓力鍋就只是一把平底深鍋而已。「新」一代的壓力鍋以固定式壓力調節閥來取代以往的頂部晃動式（jiggle-top）調節閥。壓力鍋有鋁製的或不鏽鋼的材質，倘若不鏽鋼壓力鍋有銅或鋁塗層的話，其熱傳導功能相當不錯並且比較不容易跟食物產生反應。

較新型的壓力鍋相當安全，只要按照一般指南操作，用壓力鍋烹煮食物是一點也不危險的。採用任何壓力烹煮法時，最重要的就是了解你的工具。➡

要確實按照製造商的說明來使用壓力鍋，並遵守以下一般準則：➡絕對不要在壓力鍋內塞入超過三分之二到四分之三的食物，分量多寡就依你的鍋型而定，故請參閱使用手冊。➡壓力鍋一定要放入所需分量的液態物。➡此種烹調法與其他方式相較，可以用來稀釋味道的液態物較少，因此輕輕調味即可。壓力烹調一瞬間就會煮過頭，因此有定時器的話，請多加利用，沒有的話，就要謹慎看好時間。

壓力鍋尚未釋放完所有的蒸氣之前，不可以掀蓋。再重申一次，要確實按照指示來使用你的那一款鍋具。➡如果鍋蓋很難打開，千萬不要強行掀起；因為鍋裡仍有蒸氣，只要再等上幾分鐘的話，就會完全散逸。

你要是試著調整傳統烹調的食譜來進行壓力烹飪時，可以放少一點液態物，因為鍋內的液態物不會蒸發消失。蔬菜含有大量的水分，用壓力烹飪蔬菜（或是蔬菜燉物）時，可以加入少到半杯分量的水到鍋子裡——這是得以產生蒸氣的最少水分。

乾燥豆類和乾燥的整顆（非裂莢）黃豌豆或綠豌豆一定要事先浸泡，再放入壓力鍋中。如果使用頂部晃動式調節閥壓力鍋的話，總是在每杯的乾燥豆子加入一大匙油來控制起泡狀況；如果使用固定式調節閥壓力鍋的話，加不加油就按自己的喜好即可。再說一次，請參閱你的使用手冊。

烹煮米或乾燥豆類（或是含有米或乾燥豆類的湯品或燉物）的時候，因為這兩種食材會膨脹的緣故，不要放到超過壓力鍋一半的容量。

始終➡參閱你的手冊，以便處理會發泡起沫或是四處噴濺的烹煮食材，才不至於阻塞排氣孔。這類食材有蘋果糊、蔓越莓、大黃、珍珠麥、裂莢豌豆、含乾燥蔬菜的湯粉、任何的麵條或義式通心粉及燕麥片或穀類。新鮮水果一般來說太脆弱而不適合高壓烹調，但是還原的水果乾、卡士達、麵包和米布丁就是壓力鍋的絕佳食材。

高海拔地區壓力烹調法（Pressure-Cooking at High Altitudes）

▲若想要在高海拔地區達到跟海平面相同的沸煮溫度，每上升海拔兩千呎，壓力鍋的壓力一定要增加一磅，並且在海拔兩千呎以上的地區，高壓下的烹調時間每上升一千呎應該要增加百分之五。在海平面高度，壓力鍋一般都會設在十五磅的壓力值，不過在更高的海拔地區（五千呎〔含〕以上），十五磅並不能讓鍋內溫度到達到跟海平面一樣的沸騰溫度，而且大部分的家庭式壓力鍋的壓力錶都在十五磅以下。為了解決這個問題，就要延長海平面的建議烹煮時間，不然的話，可以將壓力鍋的壓力錶送回製造商那裡，以便調整到適合你居住的海拔高度的磅重值。在海拔二千呎以上的高度進行壓力烹調法的時候，烹煮時間也要隨之延長，在海拔兩千呎以上的高度，每升高一千呎就要延長百

分之五的烹煮時間。增加的烹煮時間明列如下：

3,000呎：5%

4,000呎：10%

5,000呎：15%

6,000呎：20%

7,000呎：25%

8,000呎：30%

高海拔地區的壓力烹調法的更多資訊，請見「蔬菜★」，409頁、「紅肉★」，152頁和「罐藏法」，324頁。

| 關於局部加熱法 |

某些烹調流程含有加熱食物的環節，但其整套的烹調法往往並非僅止於此，而會延伸到如用來增添色澤味道的極乾燥的烘烤法（toasting）到用來膨脹食物或去異味的完全浸泡法（steep）。

熱燙和煮半熟（Blanching and Parboiling）

以上二字可說是在使用上最漫不經心的烹飪用語。為了釐清混淆不清的傳統用詞，我們區分出四種不同的熱燙方式：

熱燙I（Blanching I）：這裡是指將水倒在食物上來除去外皮，像是鬆脫杏仁或榛果的褐色外殼或是讓桃子或番茄比較好剝除。人們也會應用這種方法來軟化草本植物或蔬菜，以便做為裝飾物時更有彈性而且保存得更久。

熱燙II或是半熱燙（Blanching II or Parblanching）：此法會將要熱燙的食物放入➡大量的冷水中，不蓋鍋而慢慢煮沸，再依熱燙所需的時間以文火沸煨。接著，瀝乾泡熱水的食物後就要快速浸入冷水，如此一來食物會變得緊實而且不會繼續加熱，再按食譜上的程序完成烹煮即可。這個方法也會用來濾掉舌肉的多餘水分、醃火腿或是鹽醃豬肉並且可去除各式肉類的餘血或腥味。熱燙後浸冷水的程序，可以有效緊實各式脆弱肉類中的蛋白質，如動物雜碎就是一例。

熱燙III或是煮半熟（Blanching III or Parboiling）：這就是將食物浸入➡大量快速煮好的沸水中，而且一次只放入一些食物以便維持沸煮狀態，然後再繼續沸煮到食譜所要的時間。這種特定熱燙或半熱燙方式的目的，可能是為了定色或者是——藉由局部脫水——來幫助留住營養和緊實蔬菜組織。如果當下要繼續烹煮的話，熱燙過的食物就不必經過上述的冷卻程序，只要瀝乾即可。如果煮好後沒有要馬上享用的話，就要將食物浸冷水冷卻、撈起瀝乾並加以冷藏。

用此方式來熱燙蔬菜以做為罐藏或冷凍的前置工作的細節，請見347頁。將小量的蔬菜或水果浸入➡沸水中，浸泡到足以減緩其中的酵素作用，並可縮小蔬果來節省包裝上的空間成本。然後，瀝乾蔬果，快速浸入冰水中來立刻中止加熱。

熱燙IV，蒸燙或半蒸煮（Blanching IV, Steam-blanching or Parsteaming）：此法類似於蒸的方式，但進行時間較短。347頁提供了另一種方式來處理要冷凍或罐藏的食物。

熬煮收汁（Reducing Liquids）

熬煮收汁就是把汁液沸熬到濃稠狀進而強化凝聚風味的方式：以充足的熱源加熱酒、濃鮮奶油、高湯或醬汁而使其蒸發濃縮，耐心等候收汁的食物達到了所需的濃稠度才給予調味，不然的話可能會調味過度或過鹹。所謂的濃縮清燉肉湯（double consommé）即是經過熬煮收汁而成，做出的成品分量是原初的一半。正常的狀況下，熬煮收汁只用在不加蛋的醬汁或液態物，因為含蛋的汁液在烹煮過程中會出現凝固現象。那些含有鮮奶油或麵粉基底的食物在熬煮收汁時一定要看好並常常攪拌，才不會煮焦。進一步的相關細節，見「關於肉汁和鍋底醬★」，284頁。

平板燒或平板燒烤（Planking or Plank-Roasting）

何苦要採用平板燒烹飪法？有個理由是因為那用平板燒烤出來的魚片和肉品的樣子可真是讓人食指大動；另外一個理由是硬木板可以帶給食物香氣四溢的風味。這種傳統的平板燒烤法就是直接在木板上烹飪食物——置於火源的上方，或是使用今日的高架烤爐或後院的烤架——而深受美洲原住民或太平洋西北岸的人們的喜愛。這種方法將木質炊煙的香味融入食物之中，可以保持食物的形狀與濕潤。

你可以從燒烤用品店購買平板燒烹飪專用的木板，或是用一塊未經處理過的「建築等級」的木頭，理想厚度約為半吋，這在絕大部分的堆木場可以找得到。對於多數的烤架而言，理想的木板尺寸是6到8吋寬×10到12吋長。傳統上是選用給予獨特風味的西洋杉（Western Cedar），但是只要是有香味的硬木（如櫻桃木、蘋果木、楓木或山核桃木）皆適用的，不要使用軟質木或樹脂木（如白楊、樺木、松樹和冷杉）。

烹煮前，將木頭浸入冷水（烤盤是合適的器具）至少六小時或是過夜，期間要用罐子或磚塊將木頭壓入水中。除非木板燒焦的程度輕微，不然的話不要重複使用平板燒木板。

焰燒（Flambéing/Flaming）

雖然焰燒總是餐點中戲劇化的時刻，可是如果只是燃起一點小火花，那可就成了哭笑不得的窘狀。焰燒是點燃澆淋在餐點上熱過的少量烈酒，而讓火焰迅速包覆餐點的一種技巧，為了避免發生令人掃興的結局，切記➡要點燃的食物和用來焰燒的白蘭地或是烈酒都要是溫熱的——但是溫度不要超過沸點。焰燒肉類的時候，用於每人份的烈酒不要少於一盎司；為保溫鍋裡的無甜味菜餚進行焰燒時，將溫過的烈酒倒在食物上頭，就點燃紙媒或火柴並碰觸盤具的邊緣即可焰燒食物；如果是熱點心的話，現在頂部撒上砂糖，加上溫熱的烈酒並且如上述點火焰燒，或是使用浸過白蘭地的方糖也可以。想要焰燒水果★的話，請見357頁。

燙煮（Scalding）

此詞彙在本書中的意思，意味著將食物加熱到約八十五度或是到快沸騰的程度。你會在牛奶小節，532頁，或是最頻繁使用的稠化食物步驟中讀到這項方法的相關討論。

去渣提味（Deglazing）

去渣提味是一種方法，就是你在烹調肉品、家禽肉或魚肉時在烤盤或煎鍋上留下了美味焦褐的殘渣，可以用酒、高湯或他種汁液來加以分解。進行去渣調味的時候，將烤具或煎鍋傾斜來去除油污，或是用湯匙撇去汁液表面的多餘油脂，即可加入許多的高湯、酒或水並溫和烹煮幾分鐘，期間攪拌並從鍋子的底部和內壁刮集珍貴的殘渣。

逼汁（Sweating）

譬如在放入醬汁、燉物或滷品中煨煮之前，先將剁細碎的氣味蔬菜（如洋蔥、大蒜、青蔥、胡蘿蔔與芹菜）逼出汁液以釋放其味道——就是在放入少量奶油、油、肉湯或高湯的加蓋鍋子中，用中小火溫和煨煮。過了幾分鐘，蔬菜變軟但尚未烤到焦褐狀態而且流溢汁液，即完成了逼汁程序。

烹煮到焦酥（Browning）

若是做為初始的一道烹飪手續的話，一般都是經由快速炙烤、嫩煎、平鍋炙烤，甚至是燒烤來讓肉類和蔬菜達到焦酥狀態。加**熱封汁**（searing）一詞特別是用來描述透過強烈高溫而爆香焦酥的食物（尤其是肉類），目的是為了給予另一層風味，再繼續往後的食譜步驟。若是做為收尾手續的話，就是在烤爐或高架烤爐中把菜餚烤得焦酥來提升風味和質地，並使其外觀更加賞心悅目。要是加熱到焦酥狀態的主角是（天然的或是添加的）糖的話，我們的用語是**焦糖化**（caramelizing）。

焗烤（Gratinéing）

這項局部烹飪的技巧，意指用麵包屑和（或）起司碎末包覆菜餚的表面，放入烤爐或高架烤爐中烤到焦酥而做出的金澄酥殼，如此做出來的菜餚就是「焗烤」（au gratin）餐點或簡稱為「烤菜」（gratin）。

｜▲高海拔地區烹飪法｜

在山區烹飪本身就是一門藝術。經驗告訴我們，基本上你可以在海平面上做出來的菜餚，在一哩高的地方也沒問題的。然而，在高海拔的廚房工作，你一定要屈就比較稀薄乾燥的空氣的影響。

如果你不熟悉高海拔烹飪方式，請留意高海拔烹飪的標記▲，裡頭的內容會告訴你調整食材和溫度的方法。比方說，火烤可能比在海平面進行時需要多一點的熱能。每類烘焙物的章節說明都有列出在高海拔地區使用海平面烘焙食譜的必要調整，而在高海拔地區製作蛋糕和其他烘烤物的基本原理和調整方法，請閱讀「關於高海拔蛋糕烘焙」，84頁。專為高海拔地區而設計的蛋糕食譜，請見88頁到96頁。在高海拔地區的酵母麵包★做法，請見358頁。

如果這些竅門都不足以為你所處的地區提供專業的建議，不妨諮詢你所在地的大專院校的消費者和家庭科學系所或是在地的推廣機構，以獲取更多的資訊。如果你採用壓力烹飪的方式，壓力錶的準確性是不可或缺的，這些機構也會告訴你可以檢測壓力錶的地方。

隨著海拔高度的增加，只要是有含液態物的烹飪工序的時間都會按比例延長。下表標出在不同海拔高度的水沸點，高度愈高，水的沸點愈低，大約溫度則以美國標準大氣為基準。

海拔高度	華氏212度	攝氏100度
2,000呎	華氏208.5度	攝氏98.06度
3,000呎	華氏206度	攝氏97.06度
5,000呎	華氏203.2度	攝氏95.11度
7,000呎	華氏199.8度	攝氏93.22度
7,500呎	華氏198.9度	攝氏92.72度
10,000呎	華氏194.7度	攝氏90.39度
15,000呎	華氏185度	攝氏85度

｜野炊或火炊（Outdoor Cooking or Cooking with Fire）｜

儘管在戶外烹飪可以使用任何種類的火源，但是堅守簡單的方法才是上策。或許這是我們的偏見，通常只要野外炊事一變得複雜難搞，整群人帶隊回到廚房的話，情況就會好轉，因為那裡隨手就有設備用具，較好操控而且結果也比較沒有問題。

說到簡便的戶外烹煮設備，讓人回想起有一回跟一群朋友去野餐的景況，接近晚餐的時間，我們的主辦人升起只夠烤一人份牛排的十字交叉的柴火。一開始，他先用約一吋厚的柴棒架起幾個約四層高如木屋般的基槽，並在每個基槽放入一把枯葉和細柴，接著繼續在基槽上方用鉛筆桿般的小柴枝再堆高約三吋。點火之後，正當柴堆迅速縮成了一堆發光的矩形骨架時，他冷靜地從冰桶拿出了瘦牛排直接就放到柴堆的餘燼上，我們在一旁看得相當錯愕，過了些時候，他用鉗子夾起牛排翻面，並甩掉黏在上面的煤炭，再以相同的方式燒烤另外一面，味道好極了。

法律當然沒有規定個人一定要使用臨時拼湊的炊具而不用現成的產品，只要在能力範圍之內一樣可行，市面上甚至還找得到太陽能炊具，不過我們建議最好先在家試用一下。化學材料店都有販售以六亞甲四胺（hexamethylenetetramine）做成的粒狀或散裝的多種固態燃料，不然的話，旅行用品店也找得到做成片劑的形式，不過，這類燃料只是適用於緊急狀況或是輕裝旅行。倘若是長時間的露營野炊，燃料方面最好是選用瓦斯，因為丙烷爐子在使用上相當便利，不過其在低溫下的效果不佳。

對於露營的人來說，野炊不是放縱的享樂而是必要的差事。然而，生火者所肩負最沉重的責任或許就是不要在荒野中釀出火災。在起火之前，在周遭挖掘出一條窄溝渠來防止火坑下方的植物根部著火，或者避免將其燜窒，有時會達數天之久，而突然在幾碼遠的地方燃火。在生火燃燒的期間，對於掉落在周圍植被的火星都要多加留意。

開始生柴火時，先收集一些有細枝分叉的枯枝，折斷並分類成火柴桿厚度、鉛筆桿厚度，再區分出拇指大小及更大的尺寸。用最小尺寸的枯枝鬆鬆地疊起約三吋到四吋高的柴堆，就點燃一根火柴丟入柴堆中央，在火焰熊熊燃起的時候，慢慢加入次厚的枯枝，然後放入拇指大的枯枝。在柴火順風的一側添加燃料，切記要留些通氣空間——空氣跟燃料是一樣重要的！跟大部分的軟木相較，硬木燃燒時產生的煙較少而且溫度要高出許多。較好的為橡木、山毛櫸、楓木和梣木，其次為常綠樹。山毛櫸可以生木燃燒；山楊則完全無法燃燒。如果木頭潮濕的話，就劈開成半，裡頭的部分一般都比較乾燥；如果已經起火了而且相當的熱，那麼除了浸濕的木頭外全部都會燒燼——儘管會燒得濃煙瀰漫。不妨聽從美洲原住民的告誡而不要讓火生得太大：這樣烹煮的用柴量較小，比較不麻煩而且比較舒適，冬天的時候，大家也比較容易依偎在一起取暖。

一定要有人看火。星星之火可以燎原，故務必留心火源上方的樹枝。最後要離開火源的時候，請把火澆濕，混入泥土並加入無植被的塵土攪和，還要重重踩踩一番，再跟雪或沙混合再待其➡熄滅。

把烹煮鍋具放近柴火之前，記得鍋底要防護性地塗上一層薄薄的肥皂或洗潔劑，這麼一來，清洗鍋子的時候，就可以不費氣力地除去煤煙。

焢窯（Pit Cooking）

焢窯是將炙熱的石頭埋入坑洞烹煮大量的食物。在所有的原始烹飪形式中，最迷人的就是焢窯，因為其大多伴隨著風景如畫的場所、熱誠的群體努力以及濃濃的節日氣氛。挖掘一個凹洞，大小至少要二呎深、三呎寬和四呎長。如果經常焢窯的話，就不要隨意換動地點，你或許還會發現更方便的做法是打造一個地表窯，即用混泥土塊建出一個高度約是真正凹窯的深度的空矩形。

在窯內，交錯硬木樹枝或浮木來堆出堅實的營火而加以點燃，相當適合的樹種有山核桃木、山毛櫸、楓木和橡木，也可以用豆科灌木木炭來熱窯。下一步就是將約四十顆中等大小的扁平石頭放入營火中；➡絕不要用從河床撿來的頁岩或石頭，因為加熱時可能會爆炸。謹慎看著火，需要的話，搧一搧火來增加火中的氧氣。當火完全燒燼而石頭通紅的時候——時間應該不超過二小時——就用鉗子或鏟子耙出沒有點燃的石頭。接著把熱石頭分散放到窯底，加放二吋的新鮮樹葉——葡萄樹葉、山毛櫸葉、番木瓜葉、鮮草或是香蕉葉——不然的話，也可以放入玉米殼或是用海草來準備一頓岸邊晚餐。你也可以加入一些香氣迷人的草本植物。有些焢窯的人會在樹葉上澆灑約一夸特的水來產生多一點的蒸氣。

在堆實的樹葉床上擺上你的餐點食材：魚、肉塊、青椒、洋蔥、未撥殼的玉米、連皮馬鈴薯和橡果形南瓜等。在上頭鋪上第二層綠葉，然後擺上第二層的食物，最後再鋪上第三層綠葉，在疊層上頭再蓋上剩下的燒紅的石頭和幾層濕的粗麻布，接著蓋上防水布或帆布以及四吋從窯裡挖出的泥沙來隔絕出烹煮室。毋庸置疑的，焢窯的時間長短端視食材種類而定——焢窯乳豬大概需要最久的時間：以每磅約要三十分鐘來計算，不斷用溫度計來量測溫度，肉品中央的部分一定要烤到七十七度。

不論是在森林中或在海灘上焢窯，整個過程實在是一場驚險的活動，而其中不可或缺的環節，就是定期檢查靠近窯洞邊緣的食物是否已經完成。準備享用時，掀開並一道移除防水布的當下，千萬要格外小心，不要讓泥沙搞砸了食物或是讓衝出的蒸氣熱度灼傷了自己。

有種變通的焢窯烹飪方式，請見「關於煙燻食物」的相關說明，359頁。若是準備岸邊晚餐的話，請填充海草，而且一般都會放上至少一層的金屬網絲，以便更能撐住小型甲殼動物、蛤和牡蠣的重量，相關細節請見「燒蛤大餐★」，14頁。

燒烤（Grilling）

燒烤無疑是最受歡迎的野炊烹飪技巧，就是直接用木炭或瓦斯加熱食物。

燒烤通常是一種乾熱烹飪法，以熱火來快速烹煮相對軟嫩的食物。食物直接以火焰加熱時，外表會烤出一層焦褐的乾殼來鎖住汁液。牛肉、豬肉或羔羊等柔嫩的肉塊燒烤起來漂亮好吃，而蝦、扇貝和肉質結實的魚類（鮪魚、鮭魚、箭魚和鬼頭刀）也是燒烤物的絕佳食材。

多數的戶外烤具可以分成兩類：開放式或封閉式。開放式烤具因尺寸和可攜性而有多種樣式，從最簡單的小烤爐（hibachi）到大型的內嵌式燒烤設備皆有。附有厚爐格（用來傳熱並烙上漂亮的燒烤印痕）和可調式火箱或爐格（有助於控制熱度）的開放式烤具，使用上最為便利。

封閉式烤具有許多形式，評價最高的就是圓筒烤爐（kettle grill），其中最受歡迎的組件不是放煤炭的炭格，也不是可調式燒烤爐格，而是用蓋子的使用設計，以便降低爆燃的情況發生並且透過空氣在食物周遭流通來加速燒烤速度。

瓦斯烤具已有很大的進展，最顯著的就是燃煤更有效率，得以達到更高的溫度來烤出美味的焦褐外殼。

進行全面燒烤時的所需器具，應該含有附長柄的**絞鏈式金屬籃**——特別適合用來烤魚和蔬菜；一支**燒烤刷**；一根有耐熱手柄的金屬叉；一根**長柄抹刀**；**一對長夾鉗**；一支耐熱長柄**塗抹刷**；一塊**砧板**；**烤肉串叉**——串叉一定不能是生鏽的而且➡需是尖頭的；**一捲厚鋁箔紙**；**鍋墊**或是**幾雙厚手套**；**一桶水**，外加上一個爆發式的驟滅器，如**注滿水的噴霧器**、一桶沙或甚至是**滅火器**；一只**風箱**或是扇子來送風助火；一只黑鐵鍋或是**荷蘭鍋**來烹煮菜燉肉、燉物或是豆粒；一把或兩把煎鍋；如果要燒烤全隻家禽或是烤牛肉或豬肉的話，你也需要一根調味滴管與一支**溫度計**。

「爐灶用烤架」——就是適用於爐頭上的各式金屬網格，並附有盛接滴落油脂的平底盤——可以加熱到夠熱來進行室內燒烤。一把燒烤用平底鍋或是鍋底有脊狀橫紋的特製煎鍋，可以烙出類似於木炭烤架或瓦斯烤具的焦痕；燒烤時，煉製油脂滴落到鍋具的脊紋中，肉品就不會太油。想要燒烤到透裡的話，你就需要使用壁爐，請閱讀「壁爐或爐床烹飪法」，652頁。

一談到燒烤，大家想到的就是超市裡販售的小枕頭形狀的木炭磚。木炭磚混合了木炭、木屑、碎木屑粉末、澱粉以及會讓食物沾染異味的添加物。不妨花些心思到雜貨店或五金專賣店找尋硬木木炭塊，與木炭磚相較，這些硬木塊比較容易點燃，燃燒得更快、更完全，熱度也更高。

市面上販售的木屑種類繁多，包括橡木、豆科灌木、櫻桃木、山胡桃木和蘋果木，都可以拿來加到燒紅的木炭之中——或是裝入煙燻盒的瓦斯烤具——而給予更多煙燻或木燒的風味。不過，這還要食物能在烤架上烤上幾分鐘的時間，不然的話，木屑的煙霧根本來不及滲入其中。使用前，木屑先泡水，烹飪時，一次只加入一些木屑。

在烤具裡生火時，先揉皺幾張報紙丟入烤具的底部，將炭格安放在報紙上方，將一些小樹枝或是引火物放入炭格，上頭再用稍大些的小樹枝（如果你選用的木炭做為燃料的話，就用一些木炭）鬆散地堆出一個圓錐形，並且點燃報紙，等到木柴或木炭都點燃了——木柴約需五分鐘，木炭則要十五分鐘——再多放些燃料。

如果選用的燃料是木炭的話，你可以捨棄報紙和樹枝而用電線圈點火器來生火，而藉由塑膠手柄接到電源線的電線圈相當牢靠堅固。使用線圈點火器的時候，要移開烤架，將點火器放在炭格上並且上頭要堆上木炭，將點火器插電，等到線圈變得通紅的時候，觸碰到線圈的木炭就會冒煙點燃，此時就可以拔掉插頭並拿開點火器；熱燙的木炭會接續點燃其他的木炭。若想延長電動點火器的壽命的話，就不要任其在火堆中冷卻，而是一點燃木炭就拿走點火器，拔掉插頭，並放到旁邊的防火檯面上冷卻，而且不能讓孩童有機會接近碰觸。另外一種工具是效益最高的煙囪狀點火器，也叫煙道點火器，使用起來可靠而且經濟實惠。基本上，那是一只金屬圓筒，兩端開口，裡頭離底部幾吋的地方架有放置燃料的鐵絲網。使用時，先在底部塞入揉皺的報紙，上面再裝滿木炭，即可點燃報紙，等到木炭燒得通紅的時候，就倒到外頭，再放上你要點燃的木炭即可。

若想準備燃料來延長燃燒時間，可以沿著炭格邊緣多放一圈木炭，等到中央的木炭燒到餘燼時，就把外圈的木炭往裡推送即可。

無論選用的是何種生火方式，一定要事先把火生好，以便確保火候均勻無焰而產生適當的熱度（約需十五到四十分鐘，時間長短則視選用的燃料而定），並要給予燃料充足的時間燃燒得通紅到逐漸弱熄為止。➡木炭蓋滿了白色灰燼的時候，就是你可以動手燒烤的時刻，請彈掉隔離炭火的灰燼。

確切說來，唯有從實際的操作訓練，才有辦法來判斷火的熱度。燒烤時，把手放在烤具上方約與木炭到食物的距離相等就開始數數，數到你受不了而將手挪開時，這個計數即可告訴你熱度的級別。

高	計數2
中高	計數4
中	計數6
中低	計數8
低	計數10

為了安全起見，➡一定要將你的燒烤器具安置在地平面，並且是遠離牆、木籬、飛簷或樹枝或是易燃物的最大開放空間。➡不要讓學步幼兒接近烤具，也不要讓其他較大的兒童在燒烤區域附近奔跑玩耍。➡如果使用燒炭的設備的話，一定要保持通風良好來讓過程中的一氧化碳完全散逸。➡絕對不要在房屋、帳篷、小屋、車庫或其他的密閉空間使用煤炭烤具——因為通風不良可能導致致命的後果。不要用汽油燃火，也不要在煤炭上噴灑點火器用的液態燃料。切記，火沒了氧氣就會熄滅，因此只要蓋上鍋蓋或通風口，即可滅去覆蓋的烤具中的燃火。

在野炊或燒烤的時候，該要烹煮什麼樣的食物呢？就如同我們建議在開放空間使用簡單的炊具設備，於此我們也極力主張簡單的野炊菜單。千萬記住不要讓昆蟲接觸到肉類和其他的食物。關於菜單★的建議，請見51頁。

戶外的烤架上可以用來熱炙或熱炊食物。關於燒烤蔬菜★的說明，請見406頁；串烤烹飪法，見632頁。

肉排和肉厚片特別適合燒烤烹飪。➡不要使用過厚的肉塊：單人份的厚度應該不要超過一吋半。➡選擇肥瘦均勻的肉品——然而，於此我們不是指說肉有邊脂肪或是領狀脂肪。反之，重要的是➡在燒烤前除去殘附的多餘脂肪，藉此降低突然冒火的風險，肉品也會因而沾附到油膩的煙霧和灰燼。再者，要劃破包覆的筋膜——當心別切到肉品本身——如此一來，在高溫燒烤下的肉品就不會蜷縮。肉品要先塗抹一些肉脂肪或植物油來加以潤滑。➡為肉品進行熱封汁程序的時候，先將爐格安置在靠近木炭的地方再放上肉品，不然的話，就要隨時使用風箱來送風助火。

基於要以熱火燒烤的緣故，比起在煎鍋或烤爐中炙烤提味，以熱封汁的燒烤方式來創造滋味的過程實在是更為冗長乏味。完成熱封汁步驟後，你可能需要架高燒烤爐格，讓肉品高於炭火三吋且繼續烤到完成為止。不只深受熱度所左右，肉品的完成與否也受到動物的年紀、肉質的老嫩、切肉的狀態，以及當然還有個人的喜好等影響因素，而難以設定確切的完成時程。然而，請將以下幾點銘記於心：如同任何的肉類烹飪，若以每磅肉品的烹煮時間相較，按照比例來計算，一磅整體重量較大的肉品會比較小肉塊需要較少的烹煮時間。如果是大肉塊的話，比起用刀、叉或是你的大拇指，利用即讀溫度計來量測完成度★是比較安全的，162頁，之所以會這麼提醒，主要是不希望你們遭受我們一位熱衷野外熱烤的老友相同的折磨，他的夫人總是澆熄他的熱情，一再無情地低聲訓誡：「歐維爾，記住烤到適中就好，不要全熟哦。」

烤肉鐵叉和回轉式烤肉器烹飪法（Spit and Rotisserie Cooking）

這些器具最適合來烹煮極小或大型禽鳥、烤肉（如烤羊腳）或是其他肉塊，請參閱器具的說明書來決定最大的重量，烤肉塊大概是十磅重，全隻的禽鳥會重到十五磅。如圖示，小一點的禽鳥要橫向串在鐵叉上，大一點的頭尾都要順著鐵叉軸串叉。

如要處理排骨的話，請你的肉販把它們對半橫切成兩個長條，在廚房裡先預烤或是煮半熟，接著如手風琴般地串在你的戶外鐵叉用具上，如圖。家禽和其他某些肉類，在串到鐵叉上烘烤之前，一定要把腳和翅膀綁緊★，89頁。特別是串烤很重或是不規則形狀的肉品，在串入串叉時，一定要約略估測重心的位置，這樣一來在轉烤的時候就可以平衡良好。串在鐵叉上的家禽事前要仔細抹上融化的奶油或是烹飪油，在烘烤過程中，你亦可在家禽上塗奶油或油品，但是➡烤肉醬得要在烤到最後的十五到二十分鐘時才能塗上。關於「烤肉醬★」的說明，請見346頁。

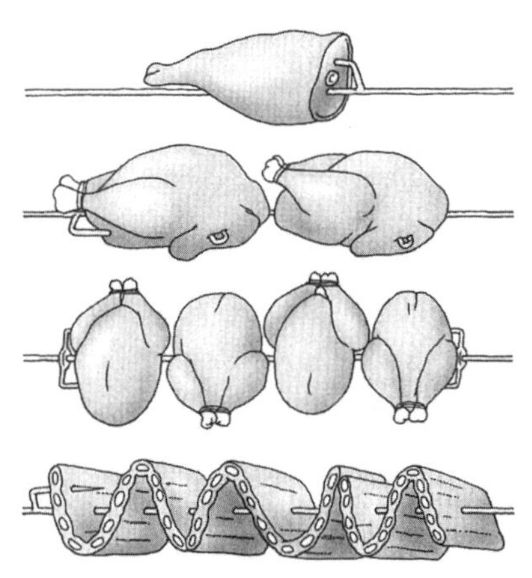

在鐵叉上串烤羔羊肉、家禽和排骨

切記因為串叉火烤時的溫度很高，肉品會因而縮小而減重許多，而且滴落的油脂也會經常引發爆燃的狀況（爐床烹飪法，652頁，是在火的前面而不是上方完成鐵叉火烤工事，因此不會發生火源過強和爆燃狀況）。細心去除多餘的脂肪可以減少部分爆燃的情況，不過有些短暫的爆燃卻可以爆香肉品；不需要的爆燃現象，可以用噴霧瓶對其噴水加以撲滅。

燒烤—火烤／間接燒烤（Grill-Roasting/Indirect Grilling）

這是一種混合烹飪法，就是用在覆蓋的烤具中的燃火間熱來火烤大肉塊，如羔羊腳或是整條魚或是全雞或火雞等家禽。如往常一樣先在烤具裡生火，然後將木炭都推到一側。喜歡的話，可以在另一側放上一只滴油盤來盛接汁液，並且讓芳香的液態物的蒸氣充盈煮鍋。當你要將食物放到烹烤爐格上時，要放在沒有煤炭的那一側，如果有滴油盤的話，其上方就是食物，這樣一來，準備燒烤的食物就不會在火源的正上方。接著蓋好烤具的蓋子，調整通風口以便讓溫度維持在一百二十一度和一百四十九度之間；在靠近食物處放上烤爐溫度計來量測控制溫度。

BBQ（Barbecuing）

燒烤要快速高溫進行，BBQ則要緩慢低溫。BBQ可以是烹煮全豬或小全羊，或是以烤架或用旋轉鐵叉在熱木炭上烹煮牛胸肉或是豬肩肉等堅韌的大肉塊。BBQ的溫度通常會保持約在一O五度，而慢烤的過程會讓肉品的締結組織膠原變得柔軟。基於是在飽含濕氣的封閉空間裡進行，BBQ是類似於滷肉的濕熱烹飪方式，可以把韌肉轉變成散發著煙燻味的柔軟肉品。

因為肉品會接觸煙燻熱氣好幾個小時，因此只要燃火就能烤出恰當的味道。在不得已的情況下可以用木炭磚做為燃料救急，不過更好的選擇是硬木木炭塊，硬木原木是上選，尤其是橡木、山胡桃木、豆科灌木或是任何一種的果木材。

如果要以後院的燒烤器具來模擬出真正的BBQ的話，先用你進行上述的間接燒烤方式來架置烤具，讓燃火降溫至中低熱度，並用木屑箔包來覆蓋木炭來煙燻肉品，359頁，每隔二十分鐘到三十分鐘就添加一把木炭或木塊。

煙燻（Smoking）

請閱讀「關於煙燻食物」，359頁。

｜壁爐或爐床烹飪法（About Fireplace or Hearth Cooking）｜

爐床烹飪可以簡單到就是用叉子的末端插著熱狗來進行燒烤、將洋蔥丟入餘燼烤熟或是把湯鍋架在火的前方烹煮。➡一般而言，在傳統磚石壁爐（無嵌入式壁爐）中燃燒柴火是很安全的，盡可放心烹飪食物。壁爐可以當成爐灶、慢鍋、平底淺鍋、烤具、回轉式烤肉器或是烤爐來使用。透過實際的操作練習，你會發現壁爐熱度的動態範圍比廚房爐灶來得更廣，在烹飪時更容易控制。初試任何新的烹飪法的時候，都只先試做一種菜餚看看，然後再逐步完成全部的餐點。不妨使用壁爐來烹調你的部分節慶大餐，相信不久這就會成為你的家庭傳統，一種散播無限歡樂和挑動味蕾的愛好。

爐床烹飪（Cooking on the Hearth）

在爐床上烹飪食物有許多做法：直接放在餘燼上、在熱灰裡以及火焰上方。➡煙囪下方的燃燒室是燃燒柴火和聚集餘燼的地方。爐床的延伸或是爐床本身是壁爐擴展到房間的部分，以及你可以進行許多烹飪活動的地方。➠在爐床上以餘燼做菜的時候，要在壁爐裡生起熊熊烈火並燒到煙霧往煙囪處竄升。如果煙囪通風不良，試著打開窗戶透氣，而且餘燼要保持在爐床前八吋內並往壁爐開口的中央部分集中。無時無刻都要遵守標準的壁爐安全守則，並且留意與燒烤烹飪或是營火有關的警示。每次做菜時只要拿壁爐鏟挖幾鏟的餘燼到爐床上就夠了，一旦用餘燼煮好了菜，就要馬上鏟回壁爐內。

生火進行爐床烹飪時，壁爐的地板上要堆留二到六吋的先前燃火的灰燼，平行放上兩根圓木來替代金屬柴架或是金屬爐柵，接著像平常一樣生火，需要的話，加入木柴來維持穩定的熱度，烹飪用的柴火最好是使用乾燥的老硬木。➠不要使用已經以漆或化學藥劑處理過的腐爛、潮濕的柴木，或是合成材料製成的木頭。

從火焰或是燃燒餘燼散發出來的輻射熱就是爐床最穩定可靠的熱源。切記即便只是自餘燼或火焰變動一吋或二吋的距離，都會大大影響到烹飪的熱度和速度，並且可以透過將食物移近或移遠燃火的方式來控制熱度。➠若是需要在鍋子裡烹煮一段時間的話，輻射熱應該落在鍋子側邊，而不是直接以鍋底承熱。➠直接在燃料室的餘燼上做菜的時候，可以在餘燼上撒上柴灰降溫或是扇風助火來控制熱度。

總之，在爐床上烹調食物的速度並不亞於一般的烹飪方法。套句十八世紀英國食譜作家的話語吧，火越熱，烤得越快；火越弱，烤得越慢。比方說，在不停添加柴木的大火下，不到兩個小時就能烤好一隻十二磅的火雞。如果你的食物煮了很久都還未煮好的話，可能是你的火候太小了。➠為了徹底掌握成品的結果，請讓食物（含肉類）回到室溫溫度，才放到爐床上進行烹煮。

➠設備要求很簡單：標準壁爐鏟、一對長柄夾鉗、兩塊普通的磚塊、你在廚房使用的炊具以及一只小型金屬燒烤架。如果有興趣的話，網路上都找得到特製的爐床烹煮器具，許多的五金行和戶外用品店都有販售鐵鍋。

使用輻射熱：富含汁液的食譜要用鍋子、豆盅或是平底深鍋並在爐床的火邊烹煮，讓火焰盡量靠近鍋子側邊以便煨煮食物。➠藉由將鍋子移近或移遠爐火來控制熱度，需要的話，攪拌一下。如果鍋子是放在壁爐的灰燼上的話，你可以鏟些餘燼堆在鍋的周邊來增加熱度。

烘烤用箔紙，638頁、如香蕉葉的韌葉，638頁或是紙張，639頁的捲物，又是一種在爐床上利用火的輻射熱做菜的方法。此法特別適合來烹飪魚類、家禽以及絞肉，其會佐以香草植物和蔬菜後用塗油的紙張或箔紙包裹起來。➠裹緊食物包後，就放到爐床火堆上方幾吋的地方或是放在火旁的灰燼上，如有需要的話，轉動一下食物。熱狗、肉排或是雞肉的切片或是麵包，都可以插在叉子末端而送到火的前方進行燒烤。全魚或是魚片也是可以燒烤的食材，如果要綁到未經過處理過的木板上燒烤的話，木板要先泡水才紮上食物，再放到火的前方烤熟。只要將燒得通紅的壁爐鏟靠近夾在三明治裡的起司，即可將其融化。

餘燼烹飪法：爐床烹飪的絕妙好滋味，就是一項再簡單不過的技巧的極致體現——直接在餘燼上烘烤。洋蔥、茄子和甜柿椒就極適合放在餘燼上烘烤。進行時，蔬菜要放在距火幾吋遠的最炙熱的餘燼上，有需要的話，用長柄夾鉗轉動一下，烤到外部燒焦而菜肉柔軟為止。完成後，將蔬菜自壁爐取出，靜置冷卻，然後再除去焦黑的外皮。

你也可以在餘燼上烘烤肉排。➡將肉排放到餘燼上時一定要先拍乾，這樣一來才不會沾黏灰燼。全魚（如鱒魚）或是魚片（如鮭魚片）皆可放在餘燼上烘烤（放魚片時，有魚皮的一面朝下），烤到魚皮燒焦而魚肉仍舊潮濕即可。➡用抹刀或是長柄夾鉗來翻動全魚。➡可以撒些炭灰來冷卻餘燼或是扇風助火來控制熱度的強弱。

熱灰燼烹飪法：食物埋入熱灰燼中烘烤與用烤爐烘焙有著異曲同工之妙。食物包覆後再進行烘烤或是裸烤皆可。用壁爐鏟來混合灰燼和餘燼並堆到火旁，一開始先用一半灰燼和一半餘燼的混合比例。隨著實務經驗的累積，你就可以掌握灰燼的熱度強弱。厚實的根莖類蔬菜（如馬鈴薯、蕪菁和甜菜根）可以不費力地埋入灰燼中裸烤，而牛胸肉和豬大排等烘烤物也可以如法炮製。埋入灰燼中烘焙時，肉類要先抹上麵粉來乾燥表面。沾黏在肉品上的灰燼可以輕易刷掉；不然的話，就用溫水沖洗一下即可。硬實的麵包（例如粗玉米粉做成的麵包）可以不包裹就埋入熱灰燼中烘烤，或是捲在甘藍葉中再埋入亦可。你在上床睡覺前，倘若把一鍋豆子埋在灰燼中過夜的話，明早一起床也就煮好了。

餘燼立架烹飪法：若要炒蛋、嫩煎蔬菜、燒烤魚肉、製作沙威瑪（kebab）或是製作要由下方加熱的菜餚的話，就將炊具或烤具放餘燼之上的立架上，立架高度約二吋半，還有一個可行的方法，就是在烹烤用具旁、近火源周邊放上兩塊磚塊，磚塊間要鏟入一層約一吋深的餘燼，把你的炊具架上磚塊上，有需要的話，再撒些餘燼來維持烹煮熱度。

「法式燉牛肉★」，179頁和「紅燒牛肉★」，177頁就是好例子，這兩道菜餚都先要自下方加熱煎焦食材，接著才會蓋上鍋蓋以文火慢煨烹調。在廚房的時候，你通常會先在爐灶上烹調這些菜餚，再送入烤爐中收尾；使用爐床的話，一開始會用下方的餘燼來給予爆發性的高溫，然後從鍋側以輻射熱來進行長時間的煨煮。

倘若你要將餐點頂部烤成焦褐狀態——如烹調「千層麵★」，562頁，或是「焗烤馬鈴薯★」，493頁——或是烘烤「玉米麵包★」，421頁、「愛爾蘭蘇打麵包★」，416頁，沒有一把炊具比露營式荷蘭鍋來得更為實用：這只鐵鍋有三根短鍋腳，平鍋蓋有高起的蓋唇來防止鍋蓋上的餘燼滑落，以及一把鐵鉤來提掀鍋蓋，請見635頁。使用時，熱度應該加熱荷蘭鍋的側邊，餘燼則可放在鍋的下方與鍋蓋上。➡用鐵鉤掀起蓋子來查看烹煮的進程。➡你通常需要更新蓋子上的餘燼，而鍋底的餘燼往往只要一鏟的分量就足以來烘烤食物。食物要是在端上桌前都還未烤到焦褐的狀態，就要加一些新的餘燼到鍋蓋上再多烹調幾分鐘。

在火的前方烤肉：在開放的燃火前烤出來的烤肉、雞、火雞或鴨★，128頁的滋味是如此與眾不同。可以修改一下電動烤肉鐵叉來放於爐床中使用，也可以購置發條裝置驅動的鐵叉。➡讓肉品和家禽回到室溫溫度再進行火烤，這樣烤起來會比用冷肉來得均勻。➡肉品應該要在爐床與滴油盤上方轉動，並且大約是離壁爐的火堆六吋的距離。若是壁爐較深的話，就要比平常再往前一點的地方生火。

如果不用烤肉鐵叉的話，不妨仿照古法把肉掛在繩子上來烤肉，經濟又實惠。掛在繩子上的肉品要放在火堆前朝一方向先烤一面，然後廚師只要偶爾輕轉一下肉品再烤另一面。從天花板、壁爐檯的底面或是邊緣吊下掛鉤，並在掛鉤上綁上一段棉線。➡線繩越長越細，不必推碰肉品就可以旋轉得越久——最久可達十分鐘。千萬不要用合成纖維來掛肉品。花點時間試驗一下，就能找出棉線的恰當直徑和長度，不過用過的棉線可以留下來重複使用。先做個單環，或是將棉線的兩端打個小結。肉品準備要掛起來的時候，要用一根烤肉叉從上部穿過，再用另外一根從底部三分之一的地方穿過。➡裁出一段十四吋長的線繩，兩端各打個小結，再如手提包的手柄般將線繩綁在烤肉叉上。你若是從線繩手柄提起肉品，肉品應會垂直垂下才對。如果沒有的話，就要重新調整烤肉叉的位置來平衡肉品。➡要把肉品放到爐床時，先鬆開烤肉叉一端的線繩來穿過長線繩底部的結環，然後再穿回烤肉叉上。讓肉品自然垂下而由線繩來負重，此時肉品垂掛在爐床上，高度約在滴油盤上方四吋而且離火堆約六吋。➡火烤約到一半的時間時，將線繩手柄移到另外一根烤肉叉來翻轉肉品，這樣才能烤得比較均勻。➡大部分在火烤的時候，火的熱度應要熱到你幾乎無法把手放到烤肉旋轉的地方。

在爐床處烹煮食物以及用線繩烤肉

火焰烹飪法：如果你的壁爐附有吊鉤，就是一只金屬臂可以掛上鍋具並放到火焰的上方，如此一來，你就能在火焰上方烹煮食物。➡只要將金屬臂移近或移遠火堆，就可以調控烹煮熱度，並且還可以使用不同長度的鉤子來調整鍋子到火之間的距離。這個方法相當適用於極大型的壁爐和煮開水，以及用來烹煮大量食物的煮鍋實在重到提不起來的時候。

｜關於室內烹飪的器具（About Indoor Cooking Equipment）｜

普通的美國廚房是複製不出我們青睞的某些烹飪效果的，以下更是如此，使用快速短暫的大火和大炒鍋才能做出的中華快炒；舊式法國廚房都能夠長時保持極低溫的爐室，就叫做乾燥箱（*étuve*）——這是用來乾燥蛋白霜或是以蓋鍋煨煮食物的理想設備；再者，這又讓人想到了在海邊用海草燜出的真正的焢窯龍蝦味道。現代的爐灶或許能夠創造出類似烹調條件，但是絕對無法複製出一模一樣的狀態。

如果你從小是用瓦斯煮飯的話，就能體會這種器具在火候控制上是相當機動的。如果是電爐灶的話，你就會珍惜它的均勻炙烤熱度和表面裝置的儲溫效果。因為微波爐加熱食物只要原先時間的一丁點，故受到大眾的歡迎，658頁。

不管你的烹調熱源為何，請充分認識你的西式爐烤箱（range）的特性，譬如說，你要知道炙烤裝置是否要預熱以及用烤箱炙烤時是否要打開或閉合爐門。

購買爐具時要考慮到操控面板的安全評價。如果是操控面板是在爐烤箱的正面的話，幼兒或許因而會亂開爐火而發生危險。如果是在後面的話，只要鍋具高一點就會擋住面板，或者是伸手操控時迫使手或衣物太近爐頭而發生意外。此外，選購時還要特別注意爐烤箱的隔熱效果以及排氣特性。

做醬汁時需要以文火慢慢煨熬，然而許多西式爐烤箱和無烤箱的爐灶（cooktop），其加熱設備並無法維持其所需的極低溫度。下圖的散熱墊可以減低熱度並將其均勻傳到炊具底部——這是極輕鍋具的特點。請選用堅固而不會變形的散熱墊，尺寸也要適合你的烹煮器具。

我們對於烤爐裝載食物的建議如下：➡要在加熱前而不是加熱後就將烤爐架放到恰當的位置。如要將烘雜燴烤到焦褐狀態的話，如658頁所示，烤盤的位置要短暫地靠近高架烤爐的下方。廚師使用傳統的烤爐時，很少有人會意識到空氣流通的重要性：食物放得過擠是無法烤焙均勻的。一定要用容易放到烤爐架上的烤具和烤盤，前述兩者之間以及烤具與爐壁之間都至少要

散熱墊

有兩吋的空間。盡量避免使用兩層烤爐架，不過非用不可的話，就如以下左二圖示，交錯放置烤具。至於熱度和烤具尺寸關聯的討論，見8頁。

對流式烤爐的內建式風扇，可以促進熱空氣在整個爐腔內的循環。由於空氣是流動的緣故，熱氣可以從四面八方有效傳導到食物中，即可烤焙得均匀一致，有時候甚至烤得比傳統烤爐來得快。對流式烤爐通常配有三只或是更多烤架來放置烤焙食物，熱氣因此是流通的，會把食物烤得相當均匀。

一般而言，蛋糕烘焙的烤盤最佳位置就在烤爐中央的正上方。不過，做天使蛋糕、果仁蛋糕或是舒芙蕾的時候，誠如圖示，最佳的擺放位置在烤爐中央的下方，而且多數的烤爐多半只要由頂部元件發散一點熱度即可烤好舒芙蕾的表層，但是放得太上面的話，舒芙蕾就無法向上爬升發脹。

有些商用烤爐的特色裝置是可以根據需要而將濕氣引入烤爐之中。在家庭式的烤爐中，食譜有此需求的話，變通的替代方式如以下最右方的圖示，在淺盤中放入一點水即可。

烘烤時，烤爐刻度盤要設到所需的溫度。要是沒有顯示燈通知你烤爐已經到達設定溫度的話，就預熱十分鐘到十五分鐘，接著，盡速放入烤盤，在烘烤完畢或快要結束的期間，盡量不要窺探烤爐。

不要透過將恆溫器調到超過食譜的要求溫度來加速烹煮過程，因為在要求的溫度下，你會做出比較好的成品。再者，切勿順道把烤爐當成廚房的暖氣來使用，這麼做可會讓恆溫器失去準頭的。然而，烤爐各不相同，即便在正常的使用狀況下，仍需經常調整恆溫器——至少每十二個月到十四個月就要調整一次。不妨花錢買支烤爐溫度計來監控烘烤溫度是否準確。

切記乾淨的烤爐比髒烤爐更能維持恆溫，並且在反射熱度上更為準確。買新的爐灶時，不妨考慮一下有自動清潔功能的烤爐的機型。

再次重申，無論是西式爐烤箱的爐面（range top）或是爐灶（cooktop）以及內部元件等，都是越用越上手的，使用上若有任何問題，可以從器具的操作說明中找到答案。要是你的爐烤箱正好沒有操作使用的說明書，或是發生了難以排解的問題，請致電請教賣給你器具的製造商或家電賣場。

使用瓦斯爐的時候，觀察一下火焰和鍋具間的關係。➜火焰到鍋底外緣的距離不應小於半吋。

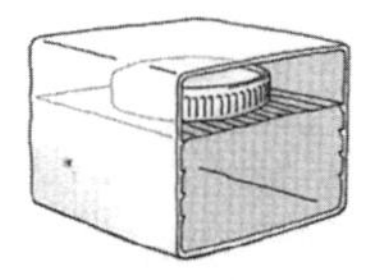
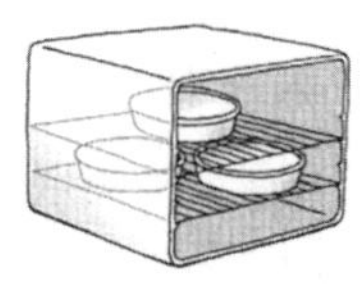
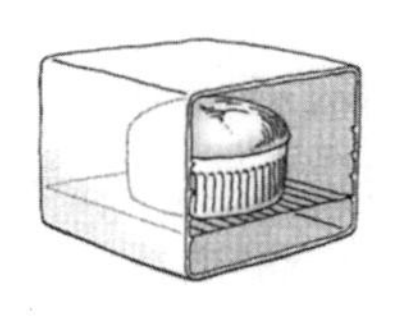
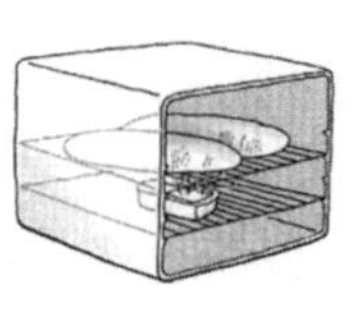

以烤爐中炙烤、烤到焦酥以及烤雜燴、蛋糕、舒芙蕾和蛋糕的恰當擺放位置

炒鍋或是能將特殊熱度（unusual heat）集中在爐灶表面等特製用具，在使用前要向製造商詢問實際性能與用法。有些一體成型的平檯式爐灶配有專屬炊具，其設計完全契合爐灶本身的加熱區域；鍋具的平底設計有助完全吸收熱氣。其他的平檯式爐灶可以使用任何的平底炊具，還有一種一體成型的平檯式爐灶，下方有電磁線圈來保持爐面的冷卻，只有在烹調食物的磁性鍋內才會產生熱能。

小烤箱（toaster oven）是深受歡迎的綜合器具，在許多的場合都可以當成烤爐、烤麵包機或是高架烤爐來使用。在炎炎夏日或是只能容納廚檯用具的小廚房中，有些人或許就只渴求或需要這麼一架小烤箱，是用來重新加熱食物的好幫手，但因為裡頭的恆溫器和溫度控制有時不是那麼準確，因此不適合用來烘焙任何的精緻食物。

平檯式燒烤機（countertop grill）又稱接觸式燒烤機（contact grill），是一種經濟實惠的電器產品，造型尺寸繁多，優點在於方便實用和烹飪速度。用燒烤機來烹飪任何的食物，一旦你蓋上蓋子，熱氣會直接自兩邊傳導到食物中，因此烤好的速度是深煎鍋的兩倍快，這樣的速度優勢使得平檯式燒烤機成為想在平日夜晚快速做出晚餐的人們的最佳利器。而且一開始使用如無骨家禽、肉排和魚排等厚度相對一致的食材，才能均匀燒烤出最棒的成品。

| 微波爐烹飪法（Microwave Cooking）|

我們使用微波爐的經驗經常脫離不了當代常見的模式：成效不足以滿足強烈的期望。一旦我們認定它是節省時間的冠軍用具，在漫漫的夏日午後，我們就得以延長跟孩子一起整理花園、打網球或是在海邊撿拾貝蟹的最後一分鐘的歡愉，才回到廚房迅速做出晚餐。如今，我們知道它的局限。即便是微波爐最顯而易見的好處——解凍而重新加熱食物——也已經證明成效是有限的，而且不管如何只能關照我們烹飪清單上最微不足道的部分。因為無論你擁有如何獨特的微波爐，重新加熱食物的時候，你多半要在現場的——轉動盤具、輪替烹煮或拿出食物，如此食物外部才不會在中央部分尚未解凍前就微波過頭，或是要不時攪拌食物來讓食物受熱均匀。

微波爐是受到人們誤解最深的廚房電器之一。請記住以下的基本事實：它不是爐灶和烤爐的替代品，它不是由內而外來烹飪食物。微波爐可以把一些食物烹調得很好，但卻不能滿足你所有的烹飪需求。

在微波爐中，電力會轉換成微波，再借助微波爐中的旋轉「攪動風扇」（stirrer fan）讓微波傳到爐腔的每一個角落。今日的微波爐有密封的爐門，皆符合安全標準。微波可以穿越玻璃、陶、紙張和塑膠的材質，不過遇到金屬會偏折，這也是微波爐內部會鋪襯金屬的原因。

大量的微波漫無目的地散布在爐腔內，就像是撞球台上撞歪的圓球，撞到牆又彈回斜翻直到降落到有水分的東西上——水或食物。那時，微波只會滲透四分之三吋到一吋半深，但是這麼一來，它們所觸碰的水分子會震動而引起摩擦來產生熱能。一旦水分子不斷移動，即可在簡單的傳導作用之下由外而內將食物煮熟。雖然微波是熱的來源，可是烹煮過程跟在爐火上用煎鍋或是放入熱烤爐中是相同的：熱能都是從外而內傳導到食物中央。然而是受到擾動的分子傳熱到中央，而不是在上、下方的熱源。

透過微波來烹煮新鮮食材也有令人失望的地方，尤其在口感和外觀上比不上使用傳統方法做出來的食物。微波的時間長短或許在微波操作手冊中差異極大，而且幾乎所有的食物在微波之後都會變硬。肉品會變乾，並且比傳統燒烤的成品失去更多的營養成分。微波爐烘焙出來的蛋糕，頂部的顏色蒼白，質地較粗而且太過濕潤。使用微波爐加熱或烹煮牛奶或牛奶混合物的時候，由於它們會快速沸騰，因此務必時時留意微波烹煮的狀況。

許多的傳統烹飪會用煎烤到焦酥的技巧來增添食物的風味和美學樂趣，然而這是微波爐做不出來的烹飪效果。變通方式是使用微波爐專用的燒烤盤（browning dish），或是事先或事後再以兼備傳統電熱的器具來把食物煎烤到焦酥，不過這麼做通常會讓烹飪程序更加複雜或是延長烹煮的時間，如此一來，微波烹飪或許需要比傳統方式更長的時間。

然而，微波烹飪還是有優點的。水分含量較高的食材——多數的蔬菜、幾乎全部的青菜、魚類和水果——都能用微波爐迅速煮熟，成品的質地就像是蒸出來的食物，但是少了蒸氣留下的過多水分。甜玉米微波幾秒即可，朝鮮薊則是幾分鐘，而冬季小南瓜或是烤馬鈴薯微波的話，時間只需要用烤爐或蒸器烹飪的一丁點即可完成。枯萎的菠菜沙拉——來自烹煮培根到完成菜餚——只要一下子就可以食用。番茄或桃子先用微波爐處理幾秒鐘，即可輕鬆剝去外皮，而且如果要融化起司、巧克力或是奶油的話，使用微波爐是最簡便的方法。

此外，由於微波食物時只會用極少或是根本不用倒水而沖掉食物的營養素，而且微波比其他烹飪法都要來得快速，微波烹調出來的蔬果因而會比其他實際烹調方式更能夠留住營養。因為微波爐可以快速解凍食物，所以也相當健康：肉品或是禽肉不會閒置在室溫下而滋生細菌。再者，因為奶油、油品或其他脂肪等食材在微波烹飪中只用來調味，而不是防止黏鍋，所以用量不多。

更動傳統烹飪食譜來製作微波食品是很麻煩的，因此最保險的做法是尋找類似的微波食譜來做為範本。所有微波食譜上的烹調時間只是給我們的參考。微波爐的瓦數會影響到烹調時間的長短；微波爐的瓦數越高，就越快把食物煮好。你永遠可以將食物送回爐中重新微波，不過你卻無法復原煮過火的食物

——而且微波爐一瞬間就可以將食物烹調過頭。由於在插入電源時而造成電壓的小幅波動也會造成影響，因此如何依據瓦數來調整時間是沒有常規可循的；請讓你的微波爐使用專用電路。微波爐的年齡是決定烹調時間的另一因素；越是老舊的微波爐不但可能瓦數越低，而且還會因為重複使用而效率下降。

進行微波時，務必謹慎選擇放食物的器皿材質。玻璃、一些塑膠、未塗油的白紙和一些陶瓷等的分子結構不會減弱傳入的能量；食物裝盛或放入這樣的材質來進行微波會吸收波段，但並不會對食物或爐具有不好的影響。不過，不要使用任何沒有標示微波爐適用的塑膠器皿。若想知道非塑膠的烹調器具是否適用於微波爐，有個簡單的測試方法，就是一只玻璃量杯注滿水，放入空炊具中並送入微波爐加熱一分鐘，如果水變熱了而容器仍是冷涼的，你就可以用它來進行微波烹飪。如果容器微溫，那用它來微波食物就有可能破裂；如果容器變熱了，絕對不要放入微波爐裡使用。無論如何，➡因為金屬或是金屬裝飾的盤具會跟爐具的牆面相互作用而產生電弧（即藍色火花），因此要避免使用。金屬紮線和金屬手柄也會導致電弧的產生，也要謹慎使用。

使用微波爐確實不會讓廚房變熱，而且上面談到炊具在整個烹飪過程中都會是冷的，幾乎所有的熱氣都為食物所吸收。然而，烹飪過程到了尾聲，熱燙的食物很快就會傳熱給盤具，而且——尤其是盤具盛滿菜餚的時候——或許就要用鍋墊輔助取出。移除蓋子或包裝物時，當心不要燙傷了自己。

覆蓋食物微波可以防止食物中的水分蒸發得太快，進而促使微波烹調得更均勻。人們慣常建議用保鮮膜來覆蓋要微波的食物，特別是需要大量蒸氣來軟化並加快烹飪程序的時候，更需如此。只是倘若微波溫度較高或是其接觸食物的時間較長的時候——尤其是微波食物含有較高的脂肪或是糖——塑膠在過程中融化的機率就會增高。若是食譜明示要用保鮮膜來覆蓋食物，兩者之間永遠要留一吋以上的間隙。一定只用有清楚標示微波爐適用的保鮮膜；沒有這樣標示的保鮮膜可能含有塑化劑，這會導致保鮮膜快速融化而將有害的化學藥品傳到食物中。

由於蒸氣在微波過程中會不斷積累，所以千萬不要用保鮮膜密封盤具。要是食譜指示你在烹調過程中緊蓋食物的話，請用微波爐適用的蓋子。若是使用保鮮膜的話，要讓蒸氣有散逸的出口：在邊緣處將保鮮膜翻摺約一吋即可。➡移除蓋子或保鮮膜的時候，從遠離你的一側掀起，才不會讓衝出的蒸氣燙傷自己。要是你在微波時不需要滯留蒸氣或是吸收水分（假設微波的是一盤剩菜的話），可以在盤具上頭放一張蠟紙。➡紙巾或餐巾則適合用來覆蓋會飛濺的食物，如融化的奶油等。使用微波爐融化巧克力的說明，見478頁。

用微波爐重新加熱食物的時候，轉動和（或）攪拌食物二到三次格外重要，這麼做可以確保均勻受熱，才不會過度微波某些部分。加熱麵包、餐包、瑪芬蛋糕和甜麵包捲的時候，用餐巾紙鬆鬆地包覆起來，並且以五秒鐘為單位分段微波到麵包溫熱就停止。微波加熱的麵包只要一冷卻即會出現不愉悅的橡皮質地，而且不論烘烤多久都無法改善的。若是微波一整盤食物的話，比較厚的部分要朝著盤子邊緣擺放，可以迅速加熱的部分則要對著中心，然後覆蓋蠟紙並以一分鐘為單位分段微波到完成即可。重新加熱肉品時，切成四分之一吋厚的片塊效果最佳。浸泡在肉汁中的肉片應該要用蠟紙加以覆蓋，沒有肉汁的肉片則應用紙巾裹好，然後以中火分段微波三十秒。➡小量的食物一不小心就會微波過頭而燒焦，尤要多加注意。如果微波的甜甜圈或丹麥麵包的中央有包果醬的話，要小心咬食——切記糖會吸引微波，因此那果醬內餡可會燙呼呼的而可能燙得你痛苦萬分。

千萬不要將食物放入緊閉的瓶罐中微波加熱，也不要用微波爐加熱脂肪或油品或是進行深油炸——油脂會吸附微波而迅速過度烹調食物。➡不要使用微波爐將食物加工做成罐頭。不要使用傳統的肉類溫度計——其金屬會導致電弧的產生。用微波爐爆爆米花的時候，只能將其裝在微波爐專用的袋子或爆米花鍋子中。

我們還要留心許多其他的安全因素。為了安全起見，爐門的結構裝置和開關應該沒有故障的情況。空氣過濾器一定要保持乾淨，而且微波爐內部不能有凹痕損壞。如有任何不平整的徵兆，都應該請專業人員服務檢修。

你也可以選用內嵌式微波爐和常規烤箱組合廚檯，如此一來即可解決上述的一些缺點。

可是這些設備並無法為一般家庭廚師帶來夢想著由廚房機器人動手而獲得的自由，畢竟熱能是一種永遠需要人類深深關注的微妙媒介。

因此，在考慮所有的事項之後——以及甘冒著被奚落沒有冒險精神或是擺明不用微波爐的風險——我們仍然喜愛傳統廚藝更勝於微波爐烹飪技巧。我們發現使用傳統方式做菜比較不吃力、空間更大而且成品也更加營養誘人。

| 烹調的時間元素 |

食物要加熱多久？這並沒有統一的答案，徵結就在於熱源、器具和導熱體（空氣、液體或是油脂）間的互動。

想想以下的傳熱速度：以二〇五度烘烤或是一百度蒸煮需要二十分鐘的麵團，放入深油中只要三分鐘即可加熱到二〇五度。如果將一顆熱的熟雞蛋浸入冰水的話，只要五分鐘就可以冷卻，置於零度的空氣中則需要二十分鐘才會變涼。蔬菜放入滾水（一百度）中要烹調二十分鐘，但是在一百二十一度並且加壓十五磅的環境中只要蒸二分鐘即可。

烹調的時間大半也取決於食物（尤其是蔬菜類）的新鮮度；肉品的熟成度和脂肪含量；以及食物的大小。如烤肉等大而厚的食物就要在較低的溫度下烹調比肉片較長的時間，以便讓熱能深入中心。表面積的大小也會影響到烹調時間，你只要比較整顆蔬菜和切片蔬菜的烹調即可從中獲得印證。

還有一個決定因素是使用鍋子的反射和吸收熱能的品質。近來的測試顯示，如果在一只吸熱的深色鍋內烹調一隻十磅或是十二磅的火雞，而不是用會反射熱能的發亮的金屬鍋的話，就可以將火烤時間縮減整整一小時。而且，我們在別處，636頁也討論了用於捲物烹調法的箔紙的絕緣特性。當然，個人的偏好和器具的特性會影響到烹調的時間。烤爐的擺放位置與一開始加熱的食物溫度都是影響的因素。

由於以上這些因素以及一些的惶恐不安，我們每一則食譜都標示了烹調時間。而從粉絲寄給我們的信件得知，新手廚師會遇到的問題中最令人煩惱的就是烹調時間的掌控。倘若我們的時間跟你的時間有所出入的話，我們央求你在開始動鍋動鏟之前要從上述的結論尋求解決方案。

| 保溫和重新加熱食物 |

每個人都知道保溫或是重新加熱過的食物在味道上和營養上皆比不上剛出爐就大快朵頤的成品。不幸的是，廚師不時就注定要處理剩菜廚餘（laggard）。然而，以下列出最佳操作程序的一些注意事項。

有三種方法來重新溫熱這些直接接觸高溫容易凝結的菜餚——包括焗烤、蛋和奶油菜餚，還有任何富含油脂的菜餚。第一種方法就是把菜餚放入裝盛熱水的容器中，水量約為一般煮鍋深度的三分之二，再送入中低溫的烤爐中加熱即可。第二種方法則是把菜餚放入餅乾烘烤淺盤中或是一張箔紙上——放入鍋盤中，亮面要朝下——如此一來即可轉移熱能。使用這種方法來重新加熱派或是糕點時，特別不會熱得太焦酥。第三種方法就是用雙層蒸鍋來重新溫熱蛋醬類和奶油醬類的食物，➡操作時要放在滾水的上方，而不是放入滾水中。並且要稍加覆蓋要加熱的蔬菜以便維持其色澤不變。

想要重新加熱烤肉的話，在澆淋滾燙的肉汁之前，先切片到如紙片般薄並且放在熱過的盤子上。➡其他重新加熱的方法都會讓烤肉變硬而嚐起來太老。

想要重新加熱深油炸物的話，要攤放在烤盤的物架上，➡但不要覆蓋食物，放入一百二十度的烤爐中烘熱。

想要保溫鬆餅的話，將鬆餅放在烤盤上並且用乾淨的毛巾分隔包放，再送入一百二十度的烤爐中烘熱。

想要重新加熱燉雜燴的話，將直接從冷藏室或是冷凍庫中取出的食物放入一百六十度的烤爐中烘熱前，要確保烤盤可以用於烤爐之中而且禁得起溫度的快速變化。

重新加熱奶油濃湯或是清湯的時候，加熱到沸點就馬上端上桌享用。

其他可以用來讓食物短時間保溫的設備包括保溫抽屜、電控保溫盤、歷史悠久的暖鍋以及隔水加熱或是水浴法，79頁。然而，你要是希望可以留住食物原味並且避免滋生細菌的話，都不應該拉長以上這些方法的使用時間。➡熱食的保溫溫度應該高於六十度，冷食的溫度則要低於四度。原則就是「維持熱食的熱度和冷食的涼度。」

| 關於用具 |

廚房用具的材質、尺寸和形狀都是烹飪成功與否的決定因素，因此我們在書中不但要讀者當心使用過高的火候，也不要在高溫下使用重量輕的鍋具。後者可能會讓食物產生熱點而發生黏鍋的情形，不然就是要不停地攪拌才不會煮焦食物。➡然後選用相當重規格的鍋具——不要重到難以使用，而是要夠重而能均勻傳熱。也要特別說明，有些用具有**防火耐熱**（**flame-or heat-proof**）的特性，就是說可以直接加熱——但不包含耐熱玻璃材質的器具——而**烘焙器具**（**bakeware**）則設計為烤爐專用用具。

鋁

鋁的優點是傳熱佳，但是不論是多麼昂貴的鋁都有凹陷的缺點。而且，往往不只自身會褪色，還會反過來影響像是蛋、番茄、綠葉蔬菜和酒等食物的顏色。如果你購買的是沒有經過處理或是未鍍膜的鋁製廚具，請選買找得到的最重的規格。不要用硬肥皂、強鹼或是研磨料來清洗鍋具。想要去除變色污點的話，就用二小匙塔塔粉配四杯水的比例來調製溶劑，倒入鍋具內沸煮五分鐘到十分鐘即可。

鋁製品的製造商已經找到方法來電鍍或是電化學處理鍋具的表面。電鍍鋁鍋的烹煮表面比較硬，跟未經處理過的鋁一樣，不會與大部分的食材產生反應，較為強固而重量仍舊是輕盈的。

銅

銅製用具中較重規格的效果最佳。銅鍋要是保持乾淨的話，可以快速均勻傳熱。不過，➡如果會接觸到食物的銅鍋表面沒有鍍錫或是不鏽鋼的話，遇酸即會起反應而成為有毒的鍋具。為了擦亮用具外部，不妨在身邊準備一罐裝滿鹽醋混合劑的擠壓瓶，需要時擠一些在布上，用布將褪了色的銅擦磨到光亮為止，然後放入熱水中沖洗乾淨即可。

如果你的銅具有鍍錫內層的話，記住錫這種材料本身也有問題。錫在高於二百一十八度的溫度是會融化的，因此這些鍋具不適合用來進行如深油炸等高溫烹飪。請用你處理不沾鍋鍋具的態度來照料銅鍋，謹慎使用才不會刮傷鍍錫內層，清潔時不要用腐蝕性的清潔劑。銅鍋的鍍錫內層需要定期重新鍍層。不鏽鋼沒有融化、磨損或是需要重新鍍層的問題，因此不鏽鋼內層的銅鍋就比錫內層的銅鍋來得容易保養。

不鏽鋼

這種材質的鍋具完全不會跟食材起反應，即便使用一段時間之後，仍舊光亮如新，其價格經濟實惠，是所有材質中最容易清潔的一種。不鏽鋼的導熱不佳，通常是透過瘦身規格或是不鏽鋼的厚度來彌補這個缺失，但是這麼一來在烹飪時又會產生熱點，食物因而容易燒焦。加入銅或鋁內芯的不鏽鋼，改善了導熱和散熱的性能而成為最令人滿意的烹飪用具。

鑄鐵

鑄鐵鍋具厚重而導熱性不佳，容易生鏽，並會讓酸性食物褪色。處理市面上販售的新煎鍋或是荷蘭鍋（已完成養鍋程序），只要用肥皂水清洗一番，沖洗乾淨並且乾燥，使用前稍微用無鹽植物油或是起酥油潤一下鍋具，再用紙巾擦乾即可。養一口鐵鑄煎鍋的時候，沖刷洗滌要用➡手洗液——而不用洗潔劑。乾燥後，用無鹽起酥油潤鍋，並放入一百七十七度的烤爐烘烤約兩小時。進行爐床烹飪時，建議使用鑄鐵鍋具。

搪瓷鑄鐵

這類鑄鐵鍋上了一層搪瓷釉。搪瓷會讓傳熱緩慢一些，但是烹煮表面就不會跟食物產生反應。搪瓷鑄鐵鍋很重，處理不當的話，可是會破裂或缺角的。此外，金屬器具會在搪瓷鑄鐵鍋上留下痕跡，因此該使用木製、塑膠或是矽膠工具。

強化玻璃

這類的玻璃材質經過強化處理而在極端溫度下不易變形。縱然是微波爐烹飪和烘焙的理想廚具，然而傳熱性不佳。再者，玻璃也容易破裂缺角。

陶

縱然傳熱不佳，上釉或無上釉的陶製砂鍋卻有極佳的保溫功能，並且不會讓烹煮的食物變色。不過，這類器具很重，在溫度驟然改變的情況下相當容易破裂。近來或是新生產的陶具使用的是無鉛釉，而舊一點或是古董陶具仍極可能使用含鉛的釉料，因此不應該用來烹飪食物。替無上釉的陶鍋或土砂鍋進行養鍋時，注入三分之一的水並置於一大盆水中，靜置浸泡到不再冒泡為止，約需五分鐘。進行爐床烹飪時，建議使用鑄鐵鍋具。➠千萬不要將土砂盤具直接放在熱源上加熱，才不會破裂。

錫

錫具導熱性佳，不過容易損傷，短時間就會生鏽。使用後會變黑，而且會受到酸性食物的影響。

矽膠

用具、所有種類的廚具、鍋襯墊或是烘烤墊都是以食品級矽膠製成的。矽膠可以耐烤爐溫度，適用於從零下四十度到二百六十度的溫度。其從冷凍庫到烤爐皆可使用；傳熱均勻；冷卻快速；不會生鏽、缺角或破裂；而且可以放入洗碗機、冷凍庫和微波爐。由於矽膠彈性佳又不沾鍋，你只要扭一下矽膠用具即可像冰塊一樣地翻取出蛋糕和瑪芬蛋糕。

不沾鍋和塗層

不沾鍋可說是突然改吃不含脂肪餐點的人們的一大福音。滑石烤盤的歷史悠久。新一點的器具，其表面材質為不沾鍋矽膠和氟碳樹脂，可以耐熱高達二百三十度。這些表面並不會影響到熱能的分布，但卻可以讓食物不會沾黏到鍋面；你烹煮蛋、裹麵包屑的魚類和肉品時，可能要加一些油脂。若是有些不沾鍋表面容易刮傷的話，就只使用塑膠、矽膠或是木頭等材料的用具。近來，相當持久的不沾鍋塗層已經應用在不鏽鋼鍋上——事實上，有些廠商現在也提供數年的保證書來確保不沾鍋表面的壽命。

甚至是不昂貴的有不沾鍋塗層的鋁煎鍋亦有其優點：重量輕、傳熱性佳、比較堅固、不會跟食物起反應、價格不高、比較不易損壞而且只要用海綿擦拭即可洗淨。

注意：美國國家環境保護局（The Environmental Protection Agency）最近評估了全氟辛酸（perfluorooctanoic acid，縮寫為PFOA，又稱C-8）對人體所造成的風險，這種物質常使用於不沾鍋廚具，早期研究指出其可能會讓人致癌。➠你如果使用不沾鍋鍋具的話，了解以上資訊並隨時掌握今後在安全上的相關研究新知是很重要的。

塑膠

縱然有些塑膠器具可以承受相當高的溫度，不過溫度高到可以用來烹飪或➡即便只是熱液體可是會融化塑膠並且嚴重燙傷廚師的。許多的容器、漏斗和其他廚房用具，甚至不應該用高於六十度的水來清洗，有些則會因沾碰油脂而損壞。所有的塑膠用具表面都會吸附一些油脂，➡因此不要在塑膠碗內打蛋白；見496頁。

| 選擇炊具 |

閱讀完了以上的利弊分析，你或許想知道選擇用具材質的方法。很幸運的是，有些廠牌的用具都有很好的平面底部，由合金製成，綜合了鋁的優良傳熱性、銅的快速導熱性和不鏽鋼不腐蝕性的特質。然而，談到金屬的組合，我們要說的是➡，要是烹煮的食物很酸的話，鐵鑄鍋和銅鍋（即便有層錫）必不可以覆蓋鋁箔紙，否則箔紙可能會溶解而滲入食物中。事實上，烹煮很酸的食物時，通常最好不要用不同材質的金屬鍋和蓋子。總之，你或許仍舊會偏愛使用厚重的鑄鐵荷蘭鍋（無論是上釉或無上釉）或是陶製砂鍋來做燉物。

除非你真的知道自己偏愛使用的鍋具，不然不要貿然投資購買一大組單一材質的鍋具。而且要確定鍋柄在接縫處有金屬加固的處理，這麼一來，在烹煮過程中才不會變熱。

你烹飪的時候，要選用適合爐頭大小的鍋具，這樣一來煮出來的成品較佳，也更能節約能源。如果烹煮程序要用到蓋子的話，務必使用可以蓋緊的。➡烹煮的鍋子大小要配合內容物的分量，尤其是滷東西的時候，鍋具大小和內容物的關係是極其重要的。

烘焙食物時，也一定要使用大小合適的烤盤。圓烤盤可以將食物烤得比較焦酥均勻，使用方烤盤的話，食物的邊角則往往比其他部分烤得焦酥。也要注意的是，光亮的金屬烤盤會移熱效果較好，深色金屬烤盤或是玻璃烤盤則是聚熱效果較好。➡因此用玻璃或深色金屬烤盤來烘烤食物的時候，要將我們在食譜中所指示的烤爐溫度至少降低約十四度。儘管用深色的金屬材質來烤餅乾可能會太快烤到焦褐，然而這種材質卻可以把派皮和起酥皮烤得焦酥漂亮。倘若出於某種因素而燃料不足，使用這些有保溫作用的鍋具即可省下極多的能源。

平鍋炙烤或是使用爐面平台煎板的時候，應該要慢慢把用具加熱到烹煮的溫度。➡一般原則是不要把鍋具置於高溫，除非是要將食物烤黑或是裡面盛有油脂或液體才這麼做。

假使你運氣不好而把食物烤焦了，請先把鍋具浸一下冷水後才把食物放到乾淨的容器中，就可以大幅減少燒焦味，之後可以使用內置洗潔劑盒的尼龍墊或尼龍刷來清理燒焦的鍋具，但不包含那些包覆矽膠或類似材質的鍋具。要是這樣還洗不乾淨的話，就將鍋子放入加了清潔劑的水中浸泡過夜。如果還是不行的話，不妨以每一夸特水配一小匙洗滌鹼或塔塔粉的比例來調製溶劑，接著倒入燒焦的鍋子中並且加熱沸煮即可。

| 基本的廚房配備 |

我們都喜歡在迷人的環境中工作，而造就迷人環境的主要特色之一，就是擁有美觀而且容易清理的流理檯面，這其實也是最實用的部分。要打造的是一間兼具實用性與美感的廚房。由於橫切木或是層積木的切板會藏匿有害細菌，因此要經常清洗。堅硬的石材和一些合成檯面會弄鈍刀緣或是硬到弄斷刀具。稍微有裂縫或缺角的陶器總是令人難以割捨，但是丟棄不用才是明智之舉；捨不得丟的話，就拿來做花器吧。挑選配備的時候，要選不會卡入食物的凹槽或接合處的形狀，並選用抗酸防鏽的材質。

有位男人曾經用這句刻文來總結他太太的一生：「她買東西買到死。」這種情況可能發生在任何人身上。我們被鼓勵要不斷地購買那些絕對可以正面提升廚房華美的最新玩意兒。然而，就方便性而言，即使只是標準配備，沒有一間廚房可以收藏處理。因此，即便只是要買一支抹刀，你也要想清楚了再添購。

購買可以套疊的鍋具烤盤。如果你實在克制不了而買了一只笨重的蛋糕烤盤，不妨就掛在不礙事的木拴壁板上，或是做為未利用的畸零角落的裝飾物。在節省儲存空間的考量下，要買方形而不是圓形的儲存罐來儲存香料和日常必需品，並以其字母順序來排放即可快速識別，而且要放在你最常使用的區域的附近。

今日廚房的格局陳設相當合乎科學。大多數的人都意識到大廚房不僅浪費空間也浪費時間，而且洗滌槽、爐具和冰箱——以及其附帶的工作空間——所形成的U形或三角形地帶，烹飪時就可以不需常常走動。雖然我們要接受我們現有的廚房，不過思考一下你的工作習慣會有所助益的，看看是否可以在烹飪時更有效率。

設計良好的防鏽手用工具，不但可以為你省下許多的紙巾，你也不會因而失了好脾氣。以下是一份合理詳盡的基本配備清單，請見本書的適時圖示說明。

烹飪用具

4只不同大小的平底深鍋、12吋有蓋深煎鍋、不沾鍋鍋面的小型輕煎鍋
大型的燉鍋或湯鍋、高湯鍋、雙層蒸鍋
6到8夸特容量的荷蘭鍋或是其他上釉的有蓋鍋子、壓力鍋
用來深油炸的器具、3只過濾器、可摺疊蒸具
濾鍋、咖啡壺、瓷茶壺和燒水壺、溫度計
平台煎板、附烤架的燒烤盤、小型烘焙烤盤、大型烘焙烤盤
1組攪拌碗、1組金屬量杯、8盎司測量液體的玻璃杯、1組量匙
大小金屬湯匙、木湯匙、曲柄抹刀、食物研磨機
馬鈴薯泥器或馬鈴薯壓粒器、沙拉碗、長柄勺、切肉叉、小廚叉
水果刀、鋸齒刀、切片刀或切肉刀、主廚刀、廚用剪刀
葡萄柚刀砧板、磨刀器、四面式箱型刨磨器
手動旋轉刨磨器和銼刀式刨磨器、鉗子、蔬菜削皮器
橡膠抹刀或矽膠抹刀、廚房秤、柑橘榨汁機、食物調理機
電動攪拌器、果汁機、三角火爐架、開瓶器
螺旋拔塞器、開罐器、胡桃鉗、鹽瓶和胡椒研磨罐、鍋墊

烘烤用具

深油炸用溫度計和糖果溫度計、3只9吋的圓形蛋糕烤盤
2只9吋的方形蛋糕烤盤、2只9×4吋的長形烤盤或麵包烤盤
2只冷卻用物架、瑪芬烘烤盤、2只派烤盤、2只餅乾烘烤淺盤
蛋糕捲烤盤或是有邊的烤盤、6只卡士達杯或模具
9吋或10吋的圓形或波形中空烤盤、13×9吋烤盤、8吋舒芙蕾烤盤
蒸模、糖勺或麵粉勺、漏斗、篩網、甜甜圈切模、比司吉切模
酥皮切刀、糕點面板、矽膠烘烤襯墊、糕點刷、蔬菜刷、擀麵棍
糕點布和擀麵棍套、鍋鏟、蘋果去心器、冰淇淋冷凍櫃
格子鬆餅機、蛋糕測試棒

其他有用的配件

4個或更多的儲存罐、蛋糕罩和蛋糕盒、碗盤瀝水架、烤麵包機、水桶
蠟紙和羊皮紙、可封口塑膠保鮮袋、鋁箔紙、洗碟用盆子
12條擦盤棉布、4條抹布

我們一直以來也很感恩擁有其他的小型廚房輔助器具，這包含了掀蓋器和鬆瓶蓋器、尼龍刷頭清潔劑分裝瓶、垃圾桶、鍋墊、儲存容器和紙巾。

就讓我們用個小叮囑來結束這份清單：➠瓶罐的頂部可能都是灰塵或是在商店時就已經被有毒的殺蟲劑噴到，因此一定要清潔乾淨才進行開罐動作。再者，開罐時，➠要繞過側邊接合口開始，並且在割破接合口前就要結束，這樣才不會有金屬碎片。

| 關於刀具 |

除了要有本食譜書之外，廚房裡最重要的工具毫無疑問的就是一把利刀。你可以選用營火、壁爐、烤爐或燒烤器具來料理食物，不過若無法深入橡子南瓜的內部、切分烤肉或切碎洋蔥的話，你就不可能開始料理。

現代刀具一般都是鋼合金。碳鋼刀具可以輕易磨利和維持銳利刀鋒。不過，要保養得當才能防止刀具生鏽。不鏽鋼不會生鏽，許多刀具也因此都是不鏽鋼材質，價格從便宜到昂貴的都有。不鏽鋼刀具相當耐用，但是也容易變鈍而不易磨利。由於結合了不鏽鋼的耐用度和碳鋼的銳利度，高碳鋼不鏽鋼刀具因此是較佳選擇。每個刀具製造商都有個別的製作程序，考量了材質平衡的專屬方式來打造出最好用和最耐用的刀具。

傳統上，打造刀具都會經過熱模鍛造（hot drop forging）的程序：將極燙的鋼倒落到模具中，接著徒手鍛打塑形。由於這道工法相當昂貴，現今許多的廠商因而仰賴比較便宜的衝壓法（stamping）來製刀，就是將長條鋼板送入切割機器中而衝壓出一個個外觀一致的刀身。儘管最好的鍛造刀優於最好的衝壓刀，但是這兩類的刀具在許多方面都達到相當的品質水準。

刀具設計中很多會在刀柄上加以變化。當代技術已經不局限以傳統木材來做刀柄，即便有些人覺得木刀柄握起來比較踏實，但是模壓塑膠刀柄在今日相當流行。不過，選擇刀柄實是個人偏好和舒適度的問題。

想當然耳，最棒的刀具往往價格不菲，但是也不要單憑售價就來斷定刀具的優劣。要拿著刀具，試一試握感和重量，才能確保它在手中是否舒適平衡。有著完整柄腳（延伸到刀柄部分的刀身）的刀具通常握起來的平衡感最好。

除了一把好刀之外，你也需要有一塊好**砧板**，其材質為木材或塑膠。無論是哪一種材質製成的砧板，沒有一塊的圓鑿和刻痕不會藏匿細菌。每次用畢，都要用熱肥皂水清洗所有的砧板，偶爾再用以一夸特水加兩小匙漂白水調製的淡氯漂白劑加以浸泡或刷洗。浸泡或刷擦幾分鐘之後，用清水將砧板完全沖洗乾淨，然後再用醋或檸檬汁來去除殘留的氯的氣味。有個不錯的方法就是在手邊準備一套完整的砧板，其中一塊專門用來切分沒煮過的牛肉、家禽肉和其他的生肉，另外一塊就用來切像是水果、萵苣、麵包和蔬菜等不會烹煮食用的食物。合成材料的砧板要刷洗乾淨，相當耐用。儘管木砧板很容易裂開與染色，但是木頭的溫暖和美麗仍深受許多人的青睞。玻璃砧板會弄鈍刀具的邊緣，因此我們並不建議使用。

刀具種類

到底要準備多少把刀具才夠呢？這真的就要看你的預算和烹飪方式了。就基本廚房的裝備而論，多數的廚師都需要一把水果刀、一把主廚刀、一把鋸齒刀和一把廚用剪刀。其他的刀子也有其用處，特別是切片（切肉）刀可以拿來處理火雞、雞、烤牛肉或是火腿。

主廚刀（Chef's knives）：主廚刀顯然是最有用的刀具，可以拿來切蔬菜、細切草本植物、切片水果和更多的工作。大部分的主廚刀都有弧形刀身，你就可以抵著砧板搖動刀具以便把草本植物或薑切細末。刀身的標準尺寸分別為六吋、八吋、十吋和十二吋。六吋的刀身可能對於許多工作來說過小，十二吋的又太長而不實用，不過要是你有一雙特大號的手而且喜歡大刀具的話，那就另當別論了。我們建議的刀身長度為八吋到十吋，這是最實用的綜合用途主廚刀。

水果刀（Paring Knives）：水果刀的刀身近似主廚刀，不過較小、較薄且彎弧稍小。它比主廚刀來得短些，使用上更有彈性。水果刀本來就是用來料理主廚刀比較無法處理的「較小」食物和細緻的切分工作，如修整水果或是將大頭蔥切細丁等。在削馬鈴薯、把蘋果一分為四或是將胡蘿蔔切塊放入湯鍋中等「騰空」切分或準備食物時，就會經常使用水果刀。

鋸齒刀（Serrated Knives）：鋸齒刀也常叫做麵包刀，是設計來切開如番茄和麵包等外硬內軟的食物。由於鋸齒狀的刀刃無法打磨銳利，因此這是一種可以以不加碳、不鏽鋼材質加以打造的刀具，不過在使用一段時間之後，可能再也切不好食物了，屆時你就只能買把新的來取而代之。要選價格合理的八吋或十吋刀身的鋸齒刀，再者，你可不想讓刀子在切割時壓壞了食物，所以要挑重量中等而不是重的刀。

去骨刀（Boning knives）：鑒於現今大多都是由超市和屠夫來替食物去骨，所以這種刀具已經不像在多年前是廚房必備的重要器具。不過，如果你想要自己動手為雞胸或羔羊腳去骨，你就非要有一把去骨刀。這種刀彈性好，可以順著骨頭來切肉、肌腱和軟骨以便把肉跟骨頭分離。刀身一定要尖頭、銳利、狹窄，這樣才能深入緊實的部位。較小、較有彈性的刀身是設計來為魚肉去骨；較大、較硬的刀子則比較適合用來為如羔羊腿等大塊肉品去骨。

剁刀（Cleavers）：這類刀具有多種形狀和尺寸，從厚重的屠宰到細切精緻的蔬菜等工作都適合，綜合用途的尺寸通常刀身為8x4吋。在劈剁細切食物的時候，如果主廚刀用起來不舒服的話，你或許會覺得形狀寬闊、刀身較重的剁刀比較好操控。而另一個讓人心動的特點，就是它那寬扁的刀身可是拍碎蒜頭和剷起切好的蔬菜的最佳幫手。

切片（切肉）刀（Slicing〔carving〕knives）：切片刀是很尖銳的細長刀，一般用來切分煮熟的肉類，而且大多數都有完整的柄腳來延伸刀身長度。購買時，要挑選八吋或十吋的刀身、鈍頭或尖頭的切片刀。你如果經常要將如鮭魚等較軟的食物切片的話，扇形刀刃可以減少與食物的摩擦，這樣就不會撕壞食物。

廚用剪刀（Kitchen shears）：若是要修整禽肉、剪下草本植物或是打開食物包裝，一把廚用剪刀可是少不了的工具。要挑選刀片可以擰開的剪刀以便清洗。最好的剪刀如同刀具一般，都是用高碳不鏽鋼材質製作而成。

刀具拿法

有兩種基本的刀具拿法。手握著刀柄，四隻手指會順勢包住手柄，大拇指則放在刀身與刀柄相連的金屬脊上；手握著刀身，大拇指和食指拿在刀的背面上，剩下的三隻手指頭就圈住刀柄即可。手小的廚師比較喜歡握在刀柄上，而刀身握法就比較適合手大到四隻手指頭無法自在地握著刀柄的廚師。雖然刀身握法所需的手腕力道較強，但是由於手拿在刀身的較前方，因此更好操控刀子。這兩種拿法如果執行正確的話都很安全，所以就用握起來舒服的那一種來拿刀即可。

刀具的收藏保養

刀具的使用相當頻繁，因此安全地放在隨手可得之處是很重要的，目前的一些解決方法如使用刀座、壁掛式磁性刀架和木抽屜刀架等，不勝枚舉。我們並不建議把刀具放入洗碗機洗滌，原因在於反覆加熱會對刀身造成影響，刀刃很快就會變形變鈍。

磨刀

一把鈍刀就如同是個懶惰的僕人，迫使你要做超過分內的工作。然而，一把利刀可以切出的切片更整齊、下刀更精準並可減少切削壓力，這意味著比較不會剁切到手指頭。

磨刀時，標準方法就在磨刀石。一顆好磨刀石的長度約六到八吋，有一面粗糙、一面細緻。如下頁圖所示，先將石頭放在自己前面，要與廚檯邊緣平行，讓刀具以十五度到二十度的角度靠著石頭粗糙的一面，並且以連續的弧曲線來拖曳刀子，磨好刀子的一邊後，再磨另外一邊，每邊各拖磨十次。接著將磨刀石翻轉到細緻的那一面，刀身要稍微放斜一點並重複上述流程。之後，一

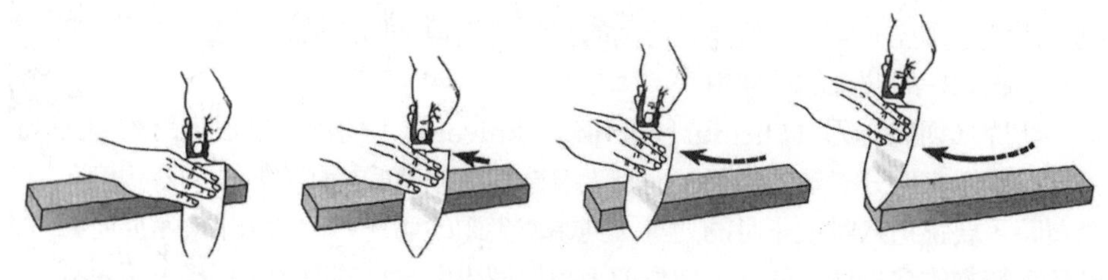

用磨刀石來磨利刀子

定要清除從磨刀石掉落到刀身的砂礫和金屬。

最後調刀（steeling）或「校準」（trueing）刀身的步驟，並不是磨利刀具，而只是磨平刀鋒的小毛邊。調刀應該是每日保養刀具的例行工作，以便盡量讓刀鋒保持鋒利。調刀的方法很多，最簡單的一種就是拿一把叫做磨刀棒（steel）的器具，要跟砧板垂直並且讓其金屬尖頭頂在砧板上。當你要把刀具向上滑過整個磨刀棒時，先將刀具根部置於磨刀棒的尖端，再朝著自己慢慢往後拉向上曳刀子，屆時會到達棒子的頂端，刀身應該幾乎碰觸到磨刀棒的手柄。➡應該讓整個刀身通過磨刀棒，要從棒器的一側到另一側輪流重複進行這個動作，而且刀身和磨刀棒一定要保持十五到二十度的銳角。刀身每一邊要做四到五下，刀鋒才能校準到中線。完成後，要用濕布擦拭磨刀棒和刀具。

如果養成三不五時磨利刀具的習慣的話，你會發現劈剁、切片以及切分的動作變得俐落無比，一把利器彷彿就是一位聽你使喚且生氣勃勃的有用忠僕。

電動磨刀器對於一些廚師而言有著莫大的吸引力，這些機械磨刀器讓人們在磨刀時不需要再臆測打磨進展。電動磨刀器大多都有二到三個窄槽來磨刀，使用時把刀具通過窄槽，槽中的磁鐵會將刀身吸在正確的角度來讓磨刀轉盤做工。

| 關於刀法 |

烹飪料理需要熟練地使用利刀來切肉、剁草本植物以及準備新鮮蔬菜，而學習基本刀法並且練就這些刀工更是許多廚藝的基礎。

切分大部分的食物都會從切片開始。儘管有許多的剁切和切片器具以供選擇，但是卻沒有一種可以取代放鬆的手腕與一把利刀。練習時，先切像是蘑菇或是麵包等柔軟的食物，因為這樣的食物放在砧板上時比較好控制而且不會滑動，之後再練習必較不好切的洋蔥或是馬鈴薯。切片食物的時候，刀尖一直是固定在砧板上以便做為施力的支點，反過來刀鋒則絕不會提高超過拿食物的手指關節。刀柄要拿在可以輕柔自在地上下移動的高度，並用握住引導要切分的食物的手關節來帶領刀身移動。引導食物的時候，你的手指頭要朝下彎曲才不會受傷，這樣一來，只有手指的第一關節會碰到刀身。切片的時候，握食材的手不要鬆手、緩慢地向後移動來完成動作。

切剁洋蔥的時候，「主廚式」（chef's style）刀法讓廚師得以控制洋蔥切塊的大小，就不會在砧板上切得到處都是，見《廚藝之樂[飲料・開胃小點・早、午、晚餐・湯品・麵食・蛋・蔬果料理]》475頁的說明和圖示。

大蒜剝皮切末的方法，見「關於大蒜★」，459頁。

細切蔬菜（chiffonade）或是把菜葉類草本植物或綠色菜葉切成薄絲細條時，將葉子一片片疊起並緊緊捲成如香菸般的圓筒狀，接著把葉卷橫切成條。

碎切（mince）時，先將草本植物或食物放在砧板上粗略剁切一下，再聚攏成跟刀身一樣寬的圓團，接著手握著刀背和刀柄並加以搖動（就是將刀尖固定在砧板上而讓刀柄上下移動）來切碎剁切過的食物。每切幾下就停一下，用刀身把食物切塊推聚整齊再繼續動作，沾在刀身側邊上的食物也要一併刮擦乾淨，繼續將食物碎切到細碎即可。

我們也建議閱讀「烹煮用蔬菜的切法★」，401頁，裡頭的圖示和操作指示包含了把食物**切片**或是橫切成一致的形狀，**切丁**或是切成立方體，以及切成像火柴棒的**條狀**或**絲狀**。

| 關於燒燙傷 |

在前面的章節中，我們提供了足夠的資訊來保護我們的讀者不會被加熱的食物給燒傷了。現在我們要談的是一些防護措施來保護廚師不要燙傷，以及遇到緊急狀況的應變作法。

選用跟周遭平台平行的爐灶爐頭或爐架，這樣一來，鍋子才不會傾斜。

使用在沒有盛物時平穩的鍋具，並且把手不要重到會讓鍋身傾斜，或者長到會勾住衣服的袖子。

滾燙的液態食物要用爐灶後方的爐頭進行烹煮，並且轉動一下鍋具，如此幼兒就不會碰到鍋柄而發生意外。

平鍋油煎時，濾鍋要放在手邊，一旦油脂開始噴濺時就放到鍋中。

油脂燃火時千萬不要加水，而要用鹽或蘇打粉來覆蓋火勢。如果燃火區域不大的話，就用金屬蓋來撲火。

進行深油炸的時候，慎讀625頁到630頁的預警說明。

重的鍋墊和金屬鉗要放置在爐灶邊來移取熱的物體和食物。

在觸碰或擦拭熱的手柄、蓋子或電氣設備時，要檢查確定你的雙手或是使用的鍋墊或抹布是乾燥的。

倘若你受到大範圍或痛苦的燒燙傷時，請立即向你的醫生或到當地醫院的急診室尋求醫療援助。躺下，保持冷靜並注意保暖，直到熟練的救護人員到來。若是嚴重燒燙傷的話，請撥打在地緊急救難電話求助。

大、小燒燙傷的急救處理方法大致雷同。要鬆開衣服，也要移除其他覆蓋或靠近傷處的東西，不過當心不要切到或剝除已經燒焦的皮膚或任何黏在燒焦表面的東西。要是出現水泡的話，不要戳破或切除。

受傷後盡量在一、兩小時之內，讓燒傷的區域浸入冷水或是沾塗上冷水，這麼做可以減輕痛楚，然後包上無菌紗布做為保護性繃帶。如果臨時找不到無菌紗布的話，也可以使用乾淨的亞麻布。

處理較大的燒燙傷時，應該要先用乾淨的大布來保護傷口並讓患者舒適一點，直到醫療援助來到。由於防腐製劑、藥膏、噴劑、奶油或是對治燒燙傷的居家藥物可能會干擾到治療，因此不要擅自使用。

顏面燒燙傷的患者更要謹慎觀察，務必確保其呼吸正常而不至於休克。

施行了急救處理之後，應該在醫師的指示下進行進一步的醫療照護。

| 去污漬 |

在此，我們針對最常在廚房飯廳遇到的污漬提供一些去污方法說明。這些方法適用於天然的亞麻布和棉布上的污漬。如果是毛料或合成纖維沾染污漬的話，不要使用熱水和漂白劑。至於其他的污漬處理，我們建議諮詢家事和洗衣方面的相關書籍。

酒精飲品：用海綿或濕布沾冷水揩拭污漬或是泡入冷水中三十分鐘或更長的時間，再用肥皂或洗潔劑洗淨。若是紅酒污漬的話，要立刻泡入冷水中，然後盡可能洗去污漬。

奶油、乳瑪琳、油脂或美乃滋：普通的洗潔法即可去掉一些污漬；其他的就要用肥皂或洗潔劑來刷洗而去除污漬，然後用溫水沖洗。若是污漬較大的話，就要使用商用油脂溶劑並遵照製造商的指示處理。

番茄醬和辣椒醬：見上述「酒精飲品」。

巧克力和鮮奶油：用海綿或濕布沾冷水揩拭污漬或是泡入冷水中三十分鐘或更長的時間，再用肥皂輕輕揉擦並沖洗乾淨。如仍未去漬的話，就用商用油脂溶劑處理。

咖啡和茶：如果是剛弄到的污漬，最佳方式就是從二呎高的地方倒下滾水加以沖洗：在一只碗具上撐開拉緊有污漬的物料，➡處理時要十分謹慎，才不會灼傷了自己。

水果、果汁和酒：如同上述「咖啡」使用滾水去污漬；或是嘗試先用檸檬水加鹽來沾污漬處，再放到太陽下漂白去污。

口紅：在污漬處塗抹未稀釋的清潔劑，揉擦一番後再清洗乾淨。有需要的話，重複此流程直到去除污漬為止。

芥末：見上述「口紅」。

清涼飲品：見上述「酒精飲品」和酒。

蠟或石蠟：刮一刮布料以先除去硬掉的蠟，接著在布的正、反面皆放上吸墨紙或面紙並用溫熨斗輕輕燙過，再用海綿或濕布沾點商用油脂溶劑加以揩拭即可。

索引

五劃

六劃

七劃

八劃

九劃

十劃

十一劃

十二劃

十三劃

十四劃

十五劃

十六劃

十七劃

十八劃

十九劃

二十劃

二十一劃

二十二劃

二十三劃

二十四劃

國家圖書館出版品預行編目資料

廚藝之樂(蛋糕・餅乾・點心・糖霜、甜醬汁・果凍、果醬・醃菜、漬物・罐藏、燻製):從食材到工序,烹調的關鍵技法與實用食譜/伊森・貝克著;周佳欣譯.
-- 初版. -- 臺北市:健行文化出版:九歌發行,民 105.02
面; 公分. --(愛生活;17)
譯自:Joy of Cooking
ISBN 978-986-92544-2-7(平裝)

1. 食譜

427.1 104028416

愛生活 017

廚藝之樂

[蛋糕・餅乾・點心・糖霜、甜醬汁・果凍、果醬・醃菜、漬物・罐藏、燻製]

——從食材到工序,烹調的關鍵技法與實用食譜

Joy of Cooking

作者 伊森・貝克(Ethan Becker)
譯者 周佳欣
責任編輯 曾敏英
發行人 蔡澤蘋
出版 健行文化出版事業有限公司
台北市105八德路3段12巷57弄40號
電話/02-25776564・傳真/02-25789205
郵政劃撥/0112263-4
九歌文學網 www.chiuko.com.tw
印刷 前進彩藝有限公司
法律顧問 龍躍天律師・蕭雄淋律師・董安丹律師
發行 九歌出版社有限公司
台北市105八德路3段12巷57弄40號
電話/02-25776564・傳真/02-25789205
初版 2016(民國105)年2月
定價 650元

書號 0207017
ISBN 978-986-92544-2-7
(缺頁、破損或裝訂錯誤,請寄回本公司更換)